Des M. A. C. Niz kleines griechisches Wörterbuch in etymologischer Ordnung.

Zum Gebrauch für Schulen.

Zweite Auflage besorgt von J. Bekker.

Berlin, 1821.
Gedruckt und verlegt bei G. Reimer.

Vorerinnerung
zur zweiten Auflage.

Die Veränderungen, welche sich diese Auflage mit der ersten (vom Jahre 1807) erlaubt hat, werden gerechtfertigt sein, wenn sie zweckmäßig sind, d. h. geeignet gleich in die erste Bekanntschaft des Anfängers mit den Vocabeln Ordnung und Zusammenhang zu bringen. Sie bestehn — nächst der Verringerung der Bogenzahl, die erreicht ist durch sparsamere Einrichtung des Druckes, knappere Fassung des Ausdrucks, Ausmerzung familienloser oder in den lesenswerthesten Autoren nicht üblicher Wörter, Weglassung des alphabetischen Registers — hauptsächlich darin daß der grammatische Theil von mancherlei Ungenauigkeiten und Unformen gereinigt erscheint, daß die etymologische Anordnung strenger und umfassender geworden, und daß auch Beziehungen der Bedeutung benutzt sind zu Zusammenstellungen. Freilich ist das alles mehr anversucht als durchgeführt, und namentlich für die Etymologie bei weitem nicht gethan was nach den treflichen Vorarbeiten dieser letzten Jahre thulich war: ein Uebelstand, der, bis Abhülfe möglich wird, vielleicht Entschuldigung findet in des Herausgebers anderweitigen Arbeiten, die ihm wenig Muße gelassen zu dieser nicht selbstgewählten.

Berlin, den 11. November 1821.

A.

A.

ἀάατος - - siehe in ἄτη
ἀαγὴς - - - ἄγνυμι
ἀάζω - - - - ἄημι
ἄατος, ἀάτω - - ἄτη, ἄδω
ἀβάκιον - - - ἄβαξ
ἀβαρὴς - - - βάρος
ἄβατος - - - βαίνω
ἀβλαβὴς - - - βλάπτω
ἄβληχρος - - - βληχρὸς
ἀβουλέω, ἄβουλος etc. - βουλὴ
ἄβρομος - - - βρέμω
ἁβρὸς, ἁβροσύνη, ἁβρότης etc. μαλὸς
ἁβρύνω, ἁβρύντης - - ib.
ἄβυσσος - - - βάθος
ἀγάζομαι - - - γαίω
ἀγαθότης etc. - - ἀγαθὸς
ἀγακλυτὸς - - - κλύζω
ἀγαλλιάω - - - γαίω
ἀγάλλω, ἄγαλμα etc. - ib.
ἄγαμαι - - - - ib.
ἀγανακτέω etc. - - ἄγαν
ἀγανὸς - - - - γαίω
ἀγαίομαι - - - - ib.
ἀγανόφρων -νῶπις - - ib.
ἀγαπάω, ἀγάπη, ἀγαπήνωρ etc. ib.
ἄγασμα, ἀγαστὸς etc. - ib.
ἀγαυὸς - - - - ib.
ἀγγέλλω -λμα - - ἄγγελος
ἀγέλη - - - - ἄγω
ἀγένειος - - - γίνομαι
ἀγενὴς, ἀγένητος - - ib.
ἀγέραστος - - - γέρας
ἀγέρθω, ἄγερσις - - ἀγείρω
ἀγέρωχος - - - γέρας
ἀγὴ - - - - ἄγνυμι
ἄγη - - - - γαίω
ἀγηλάζω - - - ἄγω
ἄγημα - - - - ib.
ἀγήνωρ -νόρια - - ἀνὴρ
ἀγήραος, ἀγήρατος - γέρας
ἀγητὸς - - - - γαίω
ἁγιάζω, ἁγιαστία, ἁγίζω - ἅγιος
ἁγιστία - - - - ib.
ἀγκάλη, ἀγκάζομαι - ἀγκὰς
ἄγκιστρον -στρόω -στρεύω etc. ib.

ἀγκοίνη - - siehe in ἀγκὰς
ἄγκος, ἀγκύλη, ἀγκύλος,
ἄγκυρα, ὄγκων - - ib.
ἀγλαΐα, αἴζω, ἀγλαὸς - γαίω
ἄγμα, ἀγμὸς - - ἄγνυμι
ἁγνεύω, ἁγνίζω etc. - ἅγος
ἀγνοέω -νοια -νόημα - νόος
ἄγνος, ἁγνὸς, ἁγνὴς - ἅγος
ἀγνὼς, ἀγνωσία etc. - νόος
ἀγορὰ, ἀγορεύω etc. - ἀγείρω
ἄγος - - - - ἅζομαι
ἀγὸς - - - - ἄγω
ἄγραυλος etc. - - ἀγρὸς
ἀγραῖος - - - ἄγρα
ἀγρεῖος - - - ἀγρὸς
ἀγρεύω -ευτὴρ - - ἄγρα
ἀγριαίνω, ἀγριόεις, ἄγριος,
ἀγριότης, ἀγριόω etc. - ἀγρὸς
ἄγροικος -κία - - - ib.
ἀγρότης - - - - ib.
ἄγρυπνος -νία - καθεύδω in ἄημι
ἄγρω - - - - ἀγείρω
ἀγρώστης, ἄγρωστις - ἀγρά u. ἀγρὸς
ἀγυιὰ - - - - ἄγω
ἄγυρις, ἀγύρτης -τάζω - ἀγείρω
ἀγχίαλος, ἀγχίμαχος, ἀγχί-
μολος etc. - - - ἄγχι
ἄγχιστα etc. - - - ib.
ἀγχόνη - - - - ἄγχω
ἀγωγὴ -γὸς -γεὺς etc. - ἄγω
ἀγωνία -νιάω, ἀγώνισμα,
ἀγώνιος, ἀγωνίζομαι etc. - ἀγὼν
ἀδάμας -δάμαστος - δαμάω
ἀδαξησμὸς - - - δάκνω
ἀδεὴς, ἀδεία - - - δείω
ἀδελφὸς -φὴ -φιδοῦς - πατὴρ
ἀδέω - - - - ἄδω
ἀδημονέω -νία -μέω - ib.
ἄδην, ἄδδην - - - ib.
ἀδὴς - - - - εἴδω
ἀδηφαγέω, ἀδηφάγος - ἄδω
ἀδήωτος - - - δαίω, 2.
ἀδιάβλητος - - - βάλλω
ἀδιάλλακτος - - - ἄλλος
ἀδιήγητος - ἡγέομαι in ἄγω

ἄδικος etc. = siehe in δίκη
ἀδινὸς - - - - ἄδω
ἀδμὴς, -μὴν - - δαμάω
ἀδόκητος - - - δέχομαι
ἀδολέσχης etc. - - ἄδω
ἄδοξος - - - δέχομαι
ἄδος - - - - ἁνδάνω
ἄδος - - - - ἄδω
ἀδρανὴς - - - δράω
ἄδραστος - - - - ib.
ἁδρέω, ἄδρησις, ἁδροσύνη,
ἁδρύνω, ἁδρὸς - - ἄγνυμι
ἄδυτος - - - - δύω
ἄδω - - - - ἀείδω
ἀεθλεύω, ἀεθλοσύνη, ἀέθλιον
etc. - - - - ἄεθλος
ἀειγενὴς - - - - ἀεὶ
ἀείδηλος, ἀειδὴς - - εἴδω
ἀΐδιος - - - - ἀεὶ
ἀειεστὼ - - - - εἰμὶ
ἀείζωος - - - - ἀεὶ
ἀεικὴς, ἀεικίζω -κεια - ἔοικα
ἀείναος - - - - ἀεὶ
ἀείρω - - - - αἴρω
ἄεισμα - - - - ἀείδω
ἀέλλα - λήεις - - - εἰλέω
ἀελπτέω -πτος -πὴς - ἔλπω
ἀέννναος - - - - ἀεὶ
ἀεργὸς, ἀεργία - - ἔργον
ἀερέθω - - - - αἴρω
ἀέριος - - - ἀὴρ in ἄημι
ἀερσίνοος - - - αἴρω
ἀερτάζω, ἀερτάω, ἀερέθω - ib.
ἀέτειος - - - - ἄημι
ἀετιδεὺς, ἀετὸς, ἀετώδης,
-τωμα - - - - ib.
ἀζαίνω - - - - ib.
ἄζηλος - - - - ζέω
ἀζηὸς - - - - ib.
ἄζυμος - - - - ib.
ἄζυξ -ζυγὴς - - ζευγνύω
ἀηδὴς -δία etc. - - ἁνδάνω
ἀηδὼν -δονὶς - - ἀείδω
ἀὴρ - - - - ἄημι
ἀήτης, ἀήτη, ἄητος - - ib.
ἀήττητος - - - ἧσσων
ἀθετέω -τησις - τίθημι in θ.
ἀθλέω, ἆθλιος, ἆθλος -λεύω,
ἀθλητὴς, ἀθλοθέτης - ἄεθλος
ἀθροίζω etc. - - ἀθρόος
ἀθύρωτος - - - θύρα
ἀθύρω, ἄθυρμα - - θύω
ἄθυτος - - - - ib.
ἀθῷος -όω - - - ζημία

αἰ für εἰ
αἶα - - - siehe in γαῖα
αἶαγμα, αἰάζω, αἰακτὸς - ἆ
αἰανὴς - - - - ib.
αἰβοῖ - - - - ib.
αἴγαγρος - - - ἀΐσσω
αἴγδην - - - - ib.
αἴγειος - - - - ib.
αἰγιαλίτης, αἰγιαλεὺς etc. - ἄγνυμι
αἰγιβότης, αἰγίδιον, αἰγοκε-
ρεὺς - - - - ἀΐσσω
αἰγίζω - - - - ib.
αἰγίοχος, αἰγὶς, αἰγισκὸς - ib.
αἰγλήεις - - - αἴγλη
αἰγοκερεὺς -ρως - - ἀΐσσω
αἰγυπιὸς - - - - γύψ
αἰγὼν - - - - ἀΐσσω
αἴδεσις, αἰδέσιμος, αἰδεστὸς
αἰδέομαι
ἀΐδηλος, ἀΐδης - - εἶδον
ἀΐδιος - - - - ἀεὶ
αἰδοῖος, αἰδόφρων - αἰδέομαι
αἰδὼς - - - - ib.
αἰεὶ - - - - - ἀεὶ
αἰέλουρος - - - εἰλέω
αἰζηὸς - - - - ζέω
αἰθάλη -λόεις -λόω - αἴθω
αἶθε - - - - - εἰ
αἰθέριος, αἰθὴρ - - αἴθω
αἰθήεις - - - - ib.
αἴθινος, αἴθιοψ, αἶθος -θυσα αἴθω
αἴθρα, αἰθριάζω, αἰθρὸς - ib.
αἴθων - - - - ib.
αἴθυγμα -κτὴρ -σσω - θύω
αἰκάλλως - - - αἴκαλος
αἶκε - - - - - εἰ
ἀϊκὴ - - - - ἀΐσσω
αἰκία, αἰκίζω, -κὴρ - ἔοικα
αἴλουρος - - - εἰλέω
αἱμακτὸς, αἱμαλέος - αἷμα
αἱμασιὰ - - - αἷμος
αἱμάσσω, αἱματηρὸς - αἷμα
αἱματία, αἱματίτης, αἱματόω - ib.
αἱμοῤῥαγία, αἱμοῤῥοῖς etc. - ib.
αἱμυλία - - - αἱμύλος
αἱμώδης - - - αἷμα
αἴνεσις, αἰνετὸς, αἰνέω, αἴνη - αἶνος
αἴνιγμα, αἰνίζομαι, αἰνικτὸς
-νίσσομαι - - - ib.
αἰνόλεκτρος etc. - - αἰνὸς
ἀΐξ - - - - ἀΐσσω
αἴξ - - τρώγω in τείρω
αἰολάω, αἰόλλω, αἰολόμητις,
αἰόλος etc. - = εἰλέω

αἰπεινὸς, αἰπήεις - siehe in αἰπὺς
αἰπόλος -λέω - - ἀΐσσω
αἰπήεις, αἰπὸς - - αἰπὺς
αἵρεσις, αἱρετὸς -τίζω - αἴρω
αἱρέω - - - - ib.
αἴσθημα, αἴσθησις, αἰσθητὸς etc. - - αἰσθάνομαι
αἴσιμος, αἴσιος - - αἶσα
αἴσυλος -συητὴς - - ib.
αἰσυμνάω -νήτης - - ib.
αἰσχρὸς, αἰσχύνω, αἰσχυντηλος - - - - αἶσχος
αἴτημα, αἰτίζω - - αἰτέω
αἴτησις, αἰτητὴς - - ib.
αἰτιάμα -σις, αἰτιατὸς, αἰτιάομαι, αἴτιος -τιώδης αἰτία
αἴφνης, αἰφνίδιος - φαείνω in φάος
αἰχμάζω, αἰχμάλωτος, αἰχμητὴς etc. - - αἰχμὴ
αἰψηρὸς, αἶψα - - ἄφαρ
αἰώνιος - - - - αἰὼν
αἰώρα, αἰωρέω - - αἴρω
ἀκάζω, ἄκαινα - - - ἀκὴ
ἀκαιροῤῥήμων etc. - καιρὸς
ἄκακος, ἀκακήτης etc. - κακὸς
ἀκαλαῤῥείτης - - - ἀκὴν
ἀκαλήφη - - - - ἀκὴ
ἀκαλὸς - - - - ἀκὴν
ἀκάμας -ματος - - κάμνω
ἄκανθα -θέων -θίων, ἀκανθόω -θήεις -θικὸς, ἄκανθος -θων - - - ἀκὴ
ἀκανθὶς -καλανθὶς - ὄρνεον
ἄκανος - - - - ib.
ἀχαρὴς -ριαῖος - - κείρω
ἄκαυλος - - - καυλὸς
ἀκάχημι -χίζω - - ἦχος
ἀκενθεὼν - - - ἀκὴ
ἀκέομαι - - - - ib.
ἀκέραιος - - - κέρας
ἀκέσιμος, ἀκέσιος - - ἀκὴ
ἄκεσις, ἄκεσμα, ἀκεστὸς, ἀκεστὴρ etc. - - - ib.
ἀκέων - - - - ἀκὴν
ἀκήριος - - καρδία u. κὴρ
ἀκιδώδης, ἀκιδωτὸς, ἀκίζω - ἀκὴ
ἀκὶς - - - - - ib.
ἀκκισμὸς - - - ἀκκίζομαι
ἀκμάζω, ἀκμὴ, ἀκμηνὸς, ἀκμαῖος - - - ἀκὴ
ἀκμὴς, ἀκμητὶ, ἄκμων - κάμνω
ἀκοὴ - - - - ἀκούω
ἀκοίτης -τις - - κεῖμαι

ἀκολασία, ἀκολαστὸς -σταίνω siehe in κόλος
ἄκολος - - - - κόλον
ἀκολουθέω -θία -θησις, ἀκόλουθος - - κέλλω
ἀκονάω, ἀκόνη - - - ἀκὴ
ἀκόντιον, ἀκοντίζω - - ib.
ἀκονιτὶ - - - - κόνις
ἀκόρητος, ἀκορία - - κόρος
ἄκος - - - - ἀκὴ
ἀκουάζομαι - - - ἀκούω
ἀκούσιος - - - - ib.
ἀκουστὴς -στικὸς - - ib.
ἄκρα, ἀκραῖος - - - ἀκὴ
ἄκραντος -κράαντος - κραίνω
ἄκρατον -τοπότης - κεράννυμι
ἀκρέμων - - - - ἀκὴ
ἄκρεα - - - - ib.
ἀκρία - - - - ib.
ἀκριβὴς -βεία -βάζω -βόω - ib.
ἀκρίδιον etc. - - - ἀκρὶς
ἀκρὶς - - - - ἀκὴ
ἀκρόαμα -τὴς - ἀκροάομαι
ἀκροβατέω -δρυον etc. - ἀκὴ
ἄκρος, ἀκρότης - - - ib.
ἄκρων -νία -μία - - ib.
ἀκρωτήριον - - - ib.
ἀκτάζω, ἀκταῖος - ἀΐσσω u. ἄγνυμι
ἀκτήμων -μοσύνη - κτάομαι
ἀκτινοειδὴς - - - ἀκτὶς
ἄκτιος, ἀκτίτης -τὴ - ἄγνυμι
ἄκτιστος, ἄκτιτος - - κτίζω
ἄκτωρ - - - - ἄγω
ἄκυρος - - - - κῦρος
ἀκωκὴ - - - - ἀκὴ
ἄκων - - - - ib.
ἄκων für ἀέκων
ἀλαβὴς - - δίδωμι in δάνος
ἀλαζὼν -ζονεία etc. - ἀλάομαι
ἀλαίνω - - - - ib.
ἀλαλαγὴ, ἀλαλάζω, ἀλαλατὸς etc. - - - ἀλαλὰ
ἀλάλημι - - - ἀλάομαι
ἄλαλος - - - - λαλέω
ἀλαὸς -όω -ωτὸς - λάω 1.
ἄλας - - - - - ἅλς
ἀλγέω, ἀλγύνω, ἀλγηδὼν -γεινὸς etc. - - ἄλγος
ἀλέα, ἀλεάζω -αίνω - εἰλέω
ἀλέγω, ἀλεγίζω -γύνω - λέγω
ἀλεεινὸς - - - - εἰλέω
ἀλεείνω - - - ἀλάομαι
ἀλέη - - - - ib.

ἄλειαρ	siehe in ἀλέω
ἄλειμμα	λίπος
ἄλεισον	λεῖος
ἀλείτης	ἀλάομαι
ἀλείπτης, ἄλειφαρ, ἄλειψις -λείφω	λίπος
ἀλεκτρυὼν, ἀλέκτωρ	λέγω
ἀλεξητὴρ -ξω	ἀλκὴ
ἀλεστὴς	ἀλέω
ἄλετος, ἀλέτης, ἀλετρεύω	ib.
ἀλετρὶς	ib.
ἀλετρίβανος	θυεία in θύω
ἀλεύομαι	ἀλάομαι
ἄλευρον	ἀλέω
ἀλέομαι	ἀλάομαι
ἀλεωρὴ	ib.
ἄλη	ib.
ἀληθὴς -θεία -θεύομαι -θινος etc.	ψεύδομαι in ψίδυρος
ἀλήθω	ἀλέω
ἄληκτος	λέγω
ἀλήμων	ἀλάομαι
ἀλὴς (ἁλὴς)	ἀλῆναι
ἄληστος	μιμνήσκω
ἀλητεύω	ἀλάομαι
ἀλθέω, ἀλθαίω -θαίνω	ἄλθω
ἁλία, ἁλίζω	ἀλῆναι
ἁλιὰς -λίζω	ἅλς
ἁλιεία, ἁλιεὺς, ἁλιεύω	ib.
ἀλίγκιος	ὁ
ἀλίμενος	λιμὴν
ἄλιμος	λιμὸς
ἀλινδέω, ἀλινδήθρα -δησις	κυλίω
ἄλινος	ἅλς
ἅλιος	ib.
ἄλιος -όω	ἀλάομαι
ἅλισις	ἅλς
ἀλιτέω, ἀλίτημι -τήμων -τήριος	ἀλάομαι
ἄλκαρ, ἀλκέω, ἀλκήεις, ἄλκιμος, ἀλκτὴρ, ἄλκω	ἀλκὴ
ἀλκύων	ἅλς
ἀλλαγὴ, ἄλλαγμα, ἄλλαξις, ἀλλάσσω, ἀλλὰ, ἀλληγορέω, ἀλλήλων, ἄλλην, ἀλλοιόω etc.	ἄλλος
ἀλλαντοποιὸς	ἀλλᾶς
ἀλλαχοῦ -χόσε -χῆ	ὁ
ἀλλοδαπὸς	δάπεδον
ἀλλοῖος -λοτε -λοθι	ὁ
ἅλμα	ἅλλομαι
ἁλμεύω, ἁλμὴ, ἁλμυρὸς -ρὶς	ἅλς
ἀλοητὸς, ἀλοιάω	ἀλοάω
ἀλοιφὴ	siehe in λίπος
ἀλοκίζω, ἄλοξ	ἕλκω
ἁλουργὸς	ἅλς
ἄλοχος	λέγω
ἅλσις, ἁλτικὸς	ἅλλομαι
ἀλυκτέω	ib.
ἄλυς, ἀλυσθαίνω	ἀλάομαι
ἀλύσκω, ἀλυσκάζω	ib.
ἀλύω, ἀλύσσω	ib.
ἀλφάνω -ζω -φηστὴς	ἀλφαίνω
ἄλφιτον	ἀλέω
ἀλωὰ, ἅλως, ἀλωεὺς, ἀλῶα	ἀλοάω
ἅλωσις, ἁλωτὸς etc.	ἁλίσκομαι
ἀμαθὴς, -θαίνω	δάημι
ἄμαθος	ψάμμος in ψάω
ἀμαθώδης	ib.
ἀμαλδύνω	μαλὸς
ἄμαλλα	ἀμάω
ἀμάραντος	μαίρω
ἁμάρτημα	ἁμαρτάνω
ἁμαρτωλὸς etc.	ib.
ἀμαρύγη, ἀμαράσσω	μαίρω
ἀμβάλλω	βάλλω
ἄμβη -βων	ὀμφαλὸς
ἀμβλύνω	ἀμβλὺς
ἀμβλίσκω -βλυώσσω	ib.
ἀμβρόσιος, ἄμβροτος	μείρω
ἀμέγαρτος	μεγαίρω
ἀμειδὴς -δητος	γελάω
ἀμελὴς -λησία -λητὶ	μέλει
ἀμεμφὴς -φία	μέμφομαι
ἀμέρδω	μείρω
ἀμεύω	ἀμείβω
ἄμη	ἀμάω
ἀμῇ	ἀμὸς
ἄμητος, ἀμητὴρ	ἀμάω
ἀμήτωρ	πατὴρ
ἁμιλλάομαι -λητὴρ	ἅμιλλα
ἀμισὴς	μῖσος
ἄμμορος	μείρω
ἄμμος, ἀμμώδης	ψάμμος in ψάω
ἀμόθι, ἀμοῖ	ἀμὸς
ἀμοιβαῖος, ἀμοιβὴ	ἀμείβω
ἀμολγεὺς	ἀμέλγω
ἀμοργὴ	ἀμέργω
ἄμορος	μείρω
ἄμπαυμα etc.	παύω
ἀμπελουργὸς, ἀμπελὼν etc.	ἄμπελος
ἀμπέχω, ἀμπεχόνη	ἔχω
ἀμπισχνοῦμαι, ἀμπίσχω	ib.
ἀμπνύω	πνέω
ἀμπρεύω	ἄμπρον

ἀμπυκάζω -κίζω, ἀμπυκτὴρ siehe in ἄμπυξ

ἀμύμων - - - μέμφομαι

ἄμυλον - - - μύλη

ἀμύντωρ -τὴρ, ἄμυνα - ἀμύνω

ἄμυξις - - - ἀμύσσω

ἀμυστὶ, ἀμυστίζω - μύω in μὺ

ἀμυχὴ - - - ἀμύσσω

ἀμφάδην -δὸν - φαείνω in φάος

ἀμφασίη - φάσκω in φάος

ἀμφαφάω - - - ἅπτω

ἀμφήκης - - - ἀκὴ

ἀμφίδεαι - - - - δέω

ἀμφιάζω - - - ἀμφὶ

ἀμφίβληστρον etc. - βάλλω

ἀμφιγυήεις - - - γυῖα

ἀμφιδέες - - - δέω, I.

ἀμφικτίονες -τύονες - κτίζω

ἀμφιλύκη - - - λάω I.

ἀμφινεικὴς - νεῖκος in νύσσω

ἀμφιῤῥοπὴς - - - ῥέω

ἀμφισβητέω - - - ἀμφὶ

ἀμφουδὶς - - - οὖδας

ἀμφότερος -ρωθι etc. - ἄμφω

ἀμφώης, ἄμφωτος - - ἀμφὶ

ἀνάβλησις - - - βάλλω

ἀναγκάζω -κάστηριον - ἀνάγκη

ἀναγρία - - - ἄγρα

ἀναθεματίζω, ἀνάθημα - τίθημι

ἄναθλος - - - ἆθλος

ἀναιδημόνως, ἀναιδὴς - αἰδέομαι

ἄναιμος - - - αἷμα

ἀναίνομαι - - - αἶνος

ἀναιρετὴς - - - αἴρω

ἀναισθησία, ἀναίσθητος αἰσθάνομαι

ἀνάκαρ - - - - κάρα

ἀνάκτορον, ἀνακῶς - - ἄναξ

ἀνακωχὴ -χεύω -χάζω - ἔχω

ἀναλγὴς -γητος - - ἄλγος

ἄναλκις - - - ἀλκὴ

ἄναλος - - - - ἅλς

ἀνάλωμα, ἀνάλωσις, ἀναλώτης etc. - - ἁλίσκομαι

ἀναμάρτητος - - ἁμαρτάνω

ἀναμίξ - - - κεράννυμι

ἄνανδρος - - - ἀνὴρ

ἀνανθὴς - - - ἄνθος

ἀνάντης - - - - ἀντὶ

ἀναξυρὶς - - - σύρω

ἀνάπαιστος - - - παίω

ἀνάπαυμα - - - παύω

ἀνάριστος - - - ἄριστον

ἀνάρπαστος - siehe in ἁρπάζω

ἀνάσσω - - - ἄναξ

ἀνάσχεσις, ἀνασχετὸς, ἀνασχετέω - - - ἔχω

ἀνατολὴ -λικὸς - - τέλλω

ἄνατος - - - - ἄτη

ἀναφανδὰ -δὸν - - φάος

ἀναχαιτίζω - - - θρίξ

ἀναχύρωτος - - ὄχυρον

ἄναυδος -δὴς -δητος - ἄημι

ἀναφὴς - - - ἅπτω

ἀνδίχα - - - - δὶς

ἀνδραγαθέω, ἀνδράποδον etc. - ἀνὴρ

ἀνδράχνη - - - λαχαίνω

ἀνδρεία, ἀνδρεῖος etc. - ἀνὴρ

ἀνδριὰς, ἀνδρίζω, ἀνδρικὸς etc. - ib.

ἀνδροτὴς, ἀνδρὼν - - ib.

ἀνέδην - - - - ἵημι

ἀνειμένως - - - ib.

ἀνεκτὸς - - - - ἔχω

ἀνεμιαῖος, ἀνέμιος, ἀνεμίδιον ἄνεμος, ἀνεμόεις, ἀνεμόω - ἄημι

ἀνεμώδης, ἀνεμώλιος, ἀνεμώνη - ib.

ἀνεξίκακος - - - ἔχω

ἄνεσις - - - - ἵημι

ἀνέστιος - - - ἑστία

ἄνετος - - - - ἵημι

ἄνευθε - - - - ἄνευ

ἀνεψιὸς -ψιὰ etc. - πατὴρ

ἄνεω - - - - ἄημι

ἀνήδονος - - - ἁνδάνω

ἄνηθον - - - λαχαίνω

ἀνήκιστος - - ἀκέω in ἀκὴ

ἀνηκοΐα - - - ἀκούω

ἀνήκοος, ἀνήκουστος - ib.

ἀνήνυστος, ἀνήνυτος - ἄνω

ἀνήροτος - - - ἀρόω

ἀνθάπτομαι - - - ἅπτω

ἀνθέρων, ἀνθεστήρια, ἀνθηρὸς, ἀνθίζω, ἄνθινος - ἄνθος

ἀνθρακιὰ -κόω etc. - ἄνθραξ

ἀνθύπατος - - - ὑπὸ

ἀνιαρὸς - - - - ἀνία

ἀνιάω, ἀνιάζω - - - ib.

ἀνιμάω - - - - ἱμὰς

ἀνιώδης - - - ἀνία

ἄνοια - - - - νόος

ἀνοκωχὴ - - - ἔχω

ἀνούτατος - - - οὐτάζω

ἀνοχὴ - - - - ἔχω

ἄνσχετος - - - - ib.

ἄντα, ἀνταῖος - - - ἀντὶ

ἀντάω - - - - ib.

ἀντέλλω - - - τέλλω

ἄντην - - siehe in ἀντὶ
ἄντησις - - - - ib.
ἀντιάζω, ἀντιάω - - ib.
ἀντιβολέω - - λίσσομαι
ἀντικρὺ - - - ἀντὶ
ἀντίος, ἀντιόω - - ib.
ἀντιπαθὴς - θεια - πάσχω
ἀντίπαλος - - - πάλη 1.
ἄντιτος - τίνω - τίω - - τίω
ἀντλέω, ἀντλητὴρ - ἄντλος
ἀντωμοσία - - ὄμνυμι
ἄνυσις, ἄνυστος, ἀνύτω - νύω ἄνω, 2.
ἄνωθεν - - - ἄνω, 1.
ἀνώϊστος - - - - οἴω
ἀνώμοτος - - - ὄμνυμι
ἀνώχυρος - - - ἔχω
ἀξία, ἀξιόω, ἀξίωμα etc. - ἄξιος
ἀξίνη - νίδιον - - πέλεκυς
ἀξόνιος - - - ἄξων
ἀοιδὴ, ἀοίδιμος - - ἀείδω
ἀολλὴς, ἀολλίζω - - εἰλέω
ἀορτὴ, ἀορτάω, ἄορ - - αἴρω
ἀορτὴρ - - - - ib.
ἄουτος - - - οὐτάω
ἀπαγχονίζω - - - ἄγχω
ἀπαθὴς - θεια - - πάσχω
ἄπαις - - - - παῖς
ἀπάλαμνος, ἀπάλαμος - πάλλω
ἁπαλότης, ἁπαλύνω - ἁπαλὸς
ἁπαντῆ - - - ἀντὶ
ἀπαρκὴς - - - ἀρκέω
ἀπαρτὶ - - - - ἄρω
ἅπας - - - - πᾶς
ἄπαστος - - - πάομαι
ἀπατάω, ἀπάτημα, ἀπάτη,
ἀπατηλὸς - - - ἔπος
ἀπάτερθεν - - - ἄνευ
ἀπάτωρ - - - πατὴρ
ἀπάτητος - - - πατέω
ἀπάφω, ἀπαφάω - - ib.
ἄπεδος - - - πέδον
ἀπειλὴ, ἀπειλητὴρ - ἀπειλέω
ἀπειρέσιος, ἀπείριτος - πέρα
ἄπειρος, ἀπείρων - - ib.
ἄπειρξις - - - εἴργω
ἀπειστὸς - - - πείθω
ἀπέλαστος - - - πέλας
ἀπέλεθρος - - πλέθρον
ἀπένθητος - - - πάσχω
ἀπέρατωτος - - - πέρα
ἀπεχθαίρω, ἀπέχθομαι,
ἀπεχθὴς - - - ἔχθος
ἀπηγορέομαι - - ἀγείρω

ἀπηλιώτης - siehe in ἄημι
ἀπήμαντος - - - πάσχω
ἀπηνὴς - - - - εὖς
ἀπηχὴς - εία - - - ἦχος
ἀπινὴς - - - - πίων
ἀπίθανος - - - πείθω
ἄπιστος - στία etc. - - ib.
ἄπιος - - - - ἀπὸ
ἄπλατος - - - πέλας
ἁπλότης, ἁπλοικὸς - ἁπλόος
ἄπλους - - - - πλέω
ἁπλόω - - - ἁπλόος
ἄπνοος, ἄπνους - - πνέω
ἀπόγνοια - - - νόος
ἀποδιδράσκω - - δράω
ἀπόδρασις - - - ib.
ἄποθεν - - - - ἀπὸ
ἀποθερίζω, ἀποθρίζω - θέρω
ἀποθέωσις - θεὸς in Ζεὺς
ἀποκριδὸν - - - κρίνω
ἀπολαύω - σις - στὸς - δίδωμι in δάνος
ἀπομάκτρα - - - μάσσω
ἀπόπαππος - - - πατὴρ
ἀπορία, ἀπορέω, ἀπόρημα - πέρα
ἀπόῤῥημα, - ῤησία - ῤητὸς etc. - ἔρω
ἀπρὶξ - - - - πρίω
ἄπταιστος - - - παίω
ἀπφὺς - - - πατὴρ
ἄπτερος, ἀπτὴν - πεταννύω
ἁπτικὸς, ἅπτομαι, ἁπτὸς - ἅπτω
ἀπωμοσία, - ώμοτος - ὄμνυμι
ἀπώτερος - τατος - - ἀπὸ
ἆρ - - - - ἄρω
ἄραβος, ἀραβέω - - ῥάσσω
ἀραγμὸς - μα - - - ib.
ἄραδος - - - - ib.
ἀράζειν, ἀραρίζειν - - ib.
ἀραιόω, ἀραίωμα - αιὸς - πύκα
ἀράομαι - - - - ἀρὰ
ἀραρίσκω, ἀράρω - - ἄρω
ἀράσσω - - - ῥάσσω
ἀργαλέος - γέω - γία - γὸς - ἔργω
ἀργὴς - γήεις - - ἀργὸς
ἀργινόεις - - - ib.
ἄργιλος - - - ἀργὸς
ἀργυρεῖον - - - ib.
ἀργυρίζω - ρικὸς - - ib.
ἄργυρος ρόω - ρώδης etc. - ib.
ἀρδεία, ἄρδα, ἄρδαλος - ἄρδω
ἄρδην - - - - αἴρω
ἀρδμὸς - - - ἄρδω
ἀρειὰ - - - - ἀρὰ
ἄρειος - - - - ἄρης

ἀρεόπαγος - - ſiehe in ἄρης
ἀρέσκω, ἀρεσκεία, -σκος - ἄρω
ἀρεστὸς - - - - ib.
ἀρετὴ, ἀρετάω - - - ib.
ἀρήγω - - - - ἀρκέω
ἀρητὴρ - - - - ἀρὰ
ἀρθμὸς -μέα -μέω - ἄρω
ἄρθρον, ἀρθρικὸς, ἀρθρῖτις -θρόω - - - ib.
ἀριθμὸς -μέω etc. - - ib.
ἀριστάω - - - ἄριστον
ἀριστεύω -στεὺς -στεία etc. ἀρείων
ἀριστίζω - - - ἄριστον
ἄριστος - - - ἀρείων
ἀρκετὸς -κιος - - ἀρκέω
ἀρκούντως - - - ib.
ἄρμα - - - - αἴρω
ἅρμα - - - - ἄρω
ἁρμάμαξα - - - ib.
ἁρμάτειος -τεύω - - ib.
ἁρματηλάτης - - ἐλαύνω
ἄρμενος - - - - ἄρω
ἁρμήλασις - - - ἐλαύνω
ἁρμογὴ, ἁρμόδιος, ἁρμόζω - ἄρω
ἁρμοῖ, ἁρμονία - - ib.
ἁρμὸς, ἁρμοστὸς, ἁρμόττω - ib.
ἄρνειος -νακὶς -νὼν - ἄμνος
ἀρνεύτω - - - νέω 1.
ἄρνησις -νητικὸς - ἀρνέομαι
ἀρνίον -νὼν - - - ἀμνὸς
ἄρνυμαι - - - - αἴρω
ἄροτος, ἄροτρον etc. - ἀρόω
ἄρουρα, ἀροτὴρ - - ib.
ἁρπαλέος, ἁρπακτὴς, ἅρπαξ, ἅρπασμα, ἅρπη, ἅρπυια - ἁρπάζω
ἁρπαγὴ -γδὴν - - - ib.
ἄῤῥεκτος - - - ἔργω
ἀῤῥενικὸς - - - ἄῤῥην
ἄῤῥιχος, ἄρσιχος - κάννα in καίω
ἀῤῥωδέω - - - ὄρος
ἄῤῥωστος -στημα - - ῥέω
ἄρσην - - - - ἄῤῥην
ἄρσις - - - - αἴρω
ἀρτάω, ἀρτέμων, ἀρτέω -τημα - ib.
ἀρτηρία - - - - ib.
ἄρτι, ἀρτίως - - - ib.
ἀρτιάζω, ἀρτιεπὴς, ἀρτίζω, ἄρτιος etc. - - - ἄρω
ἀρτίδιον -τίσκος - - ἄρτος
ἀρτιμελὴς - - - ἄρω
ἀρτοποιέω - - - ἄρτος
ἀρτύω, ἀρτύνω, ἄρτυμα - ἄρω
ἄρτυσις, ἄρτυς - - ib.
ἀρυστὴρ, ἀρύτω, ἀρύταινα, ἀρύω - - ſiehe in ῥέω
ἀρχαΐζω, ἀρχαϊκὸς - - ἄρχω
ἀρχαῖος -χαιότης, ἀρχεῖον etc. - ib.
ἀρχεύω, ἀρχικὸς, ἀρχὸς - ib.
ἀρχὴ -χίδιον - - - ib.
ἀρχιτέκτων - - - τεύχω
ἄρχων, ἀρχηγὸς etc. - ἄρχω
ἀρωγὴ, ἀρωγὸς - - ἀρκέω
ἄρωμα -ματικὸς - - ἄρω
ἀσάζω, ἀσαίνω - - ἄδω
ἀσαλὴς, ἀσάλεια - - σάλος
ἀσάομαι etc. - - - ἄδω
ἄσβεστος - - - ζέω
ἀσβόλη -λος etc. - - αἴθω
ἀσεβὴς -βεία -βέω - σείω
ἄση - - - - ἄδω
ἀσθενὴς -νέω -νεια - σθένω
ἆσθμα -μάζω etc. - ἀάζω in ἄημι
ἀσιγησία - - - σίζω
ἀσινὴς - - - - σείω
ἄσιος, ἄσις - - - ἄδω
ἄσκαλος, ἄσκαλτος, ἀσκάλευτος - - - σκάλλω
ἀσκαρὴς - - - σκαίρω
ἀσκελὴς - - - σκέλος
ἄσκημα -ησις -ητὴς - ἀσκέω
ἀσκίδιον - - - ἀσκὸς
ἀσκώλια -λιάζω - - ib.
ἆσμα - - - - ἀείδω
ἄσμενος -νίζω - - ἁνδάνω
ἀσπαίρω - - - σπάω
ἀσπάλαξ - - - - ib.
ἀσπάσιος, ἄσπασμα, ἀσπάζομαι - ib.
ἄσπετος - - - ἔπος
ἀσπίδιον -δίσκη - - ἀσπὶς
ἆσσον - - - - ἄγχι
ἄσσω - - - - ἀΐσσω
ἀσταθὴς - - - ἵστημι
ἀστάθμητος - - - ib.
ἀστεῖος etc. - - - ἄστυ
ἀστεμβὴς, ἀστεμφὴς - στείβω
ἀστερίσκος, ἀστερόεις - ἀστὴρ
ἀστεροπὴ -πητὴς - βροντὴ
ἀστὴ - - - - ἄστυ
ἀστικὸς, ἀστὸς - - - ib.
ἄστοχος - - - στείχω
ἀστραγαλίτης -λίζω - ἀστράγαλος
ἀστραπαῖος, ἀστραπὴ ἀστράπτω - - - βροντὴ
ἀστρόλογος -νόμος etc. - ἀστὴρ
ἄστρον - - - - ib.
ἀστρωσία - - - στορέω
ἀστυγείτων, ἀστυκὸς etc. - ἄστυ

ἄσυλος -λον -λία siehe in κύω
ἀσφαλὴς -λίζω - - σφάλλω
ἀσφυκτος -σφυξία - πάλλω
ἄσχετος - - - - ἔχω
ἀσχημάτιστος, ἀσχήμων - ib.
ἀσωματία -ματὸς - σῶμα in ζάω
ἄσωστος, ἄσωτος - σάος in ζάω
ἀταλὸς - - - ἀτάλλω
ἀτὰρ - - - - δὲ
ἀτάραχος - - - ταράσσω
ἀταρβὴς - - - - ib.
ἀταρπιτὸς - - - τρέπω
ἄταρχος - - - ταράσσω
ἀτάσθαλος etc. - - ἄτη
ἀτάω - - - - ib.
ἀτειρὴς - - - τείρω
ἀτελὴς etc. - - - τέλλω
ἀτενὴς -νίζομαι - - τείνω
ἄτερ - - - - ἄνευ
ἄτερος - - - ἕτερος
ἀτέω - - - - ἄτη
ἀτηρὸς - - - - ib.
ἀτίζω, ἀτιμάζω, ἄτιτος - τίω
ἄτλαντες - - - τλῆναι
ἀτμὴ, ἀτμιάω, ἀτμίζω, ἀτμὸς -μὶς - - - ἄημι
ἄτμην -μενὶς - - δαμάω
ἄτολμος - - - τλῆναι
ἄτος - - - - ἄδω
ἆτος - - - - ib.
ἀτραπὸς -πιτὸς - - τρέπω
ἀτρεκὴς -κία -κεια - τρέχω in δράω
ἄτρεπτος - - - τρέπω
ἄτρεστος - - - τρέω
ἄτροπος - - - τρέπω
ἄτροφος - - - τρέφω
ἀτρύγετος - - - τρυγέω
ἄτρυτος -τώνη - - τείρω
ἄττα - - - - πατὴρ
ἄττω für ἀΐσσω.
ἀτύζω - - - - ἄτη
αὐαίνω, αὐαλέος, αὔανσις, αὐασμὸς -αντὴ - - ἄημι
αὐγὴ, αὐγάζω etc. - - ib.
αὐδὴ, αὐδάω - - ib.
αὐερύω - - ῥύομαι in ῥέω
αὐθάδης - - - - αὖ
αὐθαίρετος - - - ib.
αὐθέκαστος - - - ib.
αὐθέντης - - - ib.
αὐθημερὸν - - - ib.
αὖθις - - - - ib.
αὐθωρὸν - - - - αὖ
αὐλαία, αὔλειος, αὐλείτης - ἄημι

αὖλαξ -λακίζω - siehe in ἕλκω
αὐλέω - - - - ἄημι
αὐλητὴς -τικὸς - - ib.
αὐλὴ, αὐλίζομαι, αὐλικὸς, αὔλιον, αὖλις - - ib.
αὐλίσκος, αὐλὸς - - ib.
ἄυλος - - - - ὕλη
αὐλῳδὸς, αὐλὼν - - ἄημι
αὔξω, αὐξάνω, αὔξη -σις - ἀέξω
αὖος - - - - ἄημι
αὔρα - - - - ib.
αὔριον - - - - ib.
αὐστηρὸς -ρότης - - ib.
αὐτὰρ - - - - δὲ
αὐτάρκης - - - αὖ
ἀϋτέω, ἀϋτὴ - - - ἄημι
αὐτήκοος - - - αὖ
αὐτίκα - - - - ib.
αὖτις - - - - ib.
αὐτοδίδακτος etc. - - ib.
αὐτόθι, αὐτόθεν - - ib.
αὐτόματος -τίζω - - ib.
αὐτομολέω -λησις - βλώσκω
αὐτόπτης -οψία - - αὖ
αὐτὸς - - - - ib.
αὐτοσχεδιάζω - σχεδὸν in ἔχω
αὐτοῦ - - - - αὖ
αὐτόχθων, αὔτως, αὕτως - ib.
αὐχενίζω, αὐχένιος, αὐχέω, αὐχὴν etc. - - τράχηλος
αὐχμὸς -μάω -μώδης - ἄημι
αὔω, ἀΰω - - - ib.
ἀφάζω - - - - ἅπτω
ἀφάκη - - - ὄσπρια
ἀφαρὴς -ρέω - - φᾶρος
ἀφάσσω, ἀφάω - - ἅπτω
ἄφεσις, ἄφετος - ἵημι in ε
ἀφὴ - - - - ἅπτω
ἀφηνιάζω - - - ἡνία
ἄφθαι - - - ἅπτω
ἀφθεγκτὶ - φωνὴ in φάος
ἄφνω - - φαείνω in φάος
ἄφορος - - - - φέρω
ἀφρέω, ἀφρίζω - - ἀφρὸς
ἀφρογενὴς -νεία - - ib.
ἀφροδίτη, ἀφροδισιάζω - ib.
ἀφρώδης - - - - ib.
ἀχεύω, ἀχέω - - - ἦχος
ἀχθεινὸς, ἄχθομαι - - ib.
ἀχλύω -λόεις - - ἀχλὺς
ἄχνυμαι - - - ἦχος
ἄχομαι - - - - ib.
ἄχρι - - - - ἀκὴ
ἀχυρμιὰ, ἀχυρώδης - ἄχυρον

ἀψίκορος - - siehe in ἅπτω
ἀψὶς - - - - ib.
ἄψοῤῥος, ἀψόῤῥοος - - αὖ
ἄωρος - - - - ἄημι
ἄωτον - - ib. u. ἄνθος
ἀὼς - - - - ib.

B.

βαβάζω - - - βάζω
βαβάκτης, βάβαξ - - ib.
βαδίζω, βάδος, βαδιστὴς etc. - βαίνω
βαθμὸς, βάθρον - - ib.
βαθύνω, βαθὺς etc. - βάθος
βακτήρια -ρεύω, βάκτρον, -τρεύω - - - βαίνω
βακχεῖος -χεύω -χευτὴς - βάκχος
βαλανεῖον -νινος etc. - βάλανος
βαλανεὺς -νεύω - - ib.
βαλβὶς - - - - βαίνω
βάλιος - - - βάλλω
βαλλίζω - - - - ib.
βαμβαίνω, βαμβακίζω -λίζω - βάζω
βάμμα - - - βάπτω
βάναυσος etc. - - βαῦνος
βάξις - - - - βάζω
βαπτίζω -τισμὸς - - βάπτω
βαπτρία - - - - ib.
βαρβαρίζω -ρόω etc. - βάρβαρος
βάρβιτος - - - λύρα
βαρέω - - - - βάρος
βαρύθυμος, βαρύνω, βαρὺς -ρύτης - - - ib.
βασανίζω -νιστὴς - βάσανος
βασιλεὺς -λεύω - - βαίνω
βασιλικὸς -λίσσα etc. - ib.
βάσιμος, βάσις - - - ib.
βασκαίνω -κανος -κω - βάζω
βάσσων - - - βάθος
βαστάζω, βαστάγμα - βαίνω
βατὸς, βατέω -της - - ib.
βάφη -φεὺς - - βάπτω
βδέλλα -λίζω - - βδάλλω
βδελύσσομαι, βδέλυγμος, βδελυρὸς - - - βδέω
βδέννυμι, βδέσμα - - ib.
βδόλος - - - - ib.
βδύλλω - - - - ib.
βέβαιος -όω - - βαίνω
βέβηλος -λόω - - - ib.
βέλεμνον - - - βάλλω
βελόνη - - - - ib.

βέλος - - siehe in βάλλω
βέλτιστος, βελτίων - βέλτερος
βελτιόω -τίωσις - - ib.
βέμβιξ, βεμβηκίζω - βέμβηξ
βένθος - - - βάθος
βηλὸς - - - βαίνω
βῆμι, βῆμα -ματίζω - ib.
βῆσσα -σήεις - - βάθος
βήσσω, βήττω, βηχικὸς - βὴξ
βιάζομαι, βίαιος, βιαστὴς, βιάω, βία - - - ἲς
βιβάω, βιβάζω - - βαίνω
βιβλίον -λὶς - - βύβλος
βίβλης, βιβλύδριον etc. - ib.
βιβρώσκω - - - βόσκω
βινέω. - - - - ἔχω
βίοτος, βιοτεύω, βιόω -ωσις - βίος
βλαβερὸς, βλάβη - βλάπτω
βλάβος -βω - - - ib.
βλακεία -κεύομαι -κικὸς - βλὰξ
βλάστη -στημα -στὸς - βλαστάνω
βλάσφημος - - βλάπτω
βλάψις -ψίφρων - - ib.
βλέμμα - - - βλέπω
βλέπος - - - - ib.
βλέφαρον -ρὶς -ρίζω - ib.
βλέψις - - - - ib.
βλήδην - - - βάλλω
βλῆμι, βλῆμα - - - ib.
βλητὸς - - - - ib.
βλήχημα - - βληχάομαι
βληχρὸς - - - βλὰξ
βλίτον - - - λαχαίνω
βλύζω, βλύσσω -στὴρ - βλύω
βλωθρὸς - - - βλώσκω
βοειακὸς, βοεικὸς, βόειος -εος - βοάω
βοὴ, βοηδρομέω - - ib.
βοηθέω -θὸς -θεια - - ib.
βόημα, βοητὺς - - ib.
βοθρεύω -θυνος - βόθρος
βολεὼν, βολὴ, βολίζω, βολὶς - βάλλω
βόλος - - - - ib.
βομβάζω -βαίνω - βόμβος
βομβέω, βόμβυξ - - ib.
βορὰ, βορὸς - - βόσκω
βορβορώδης -ρίζω - βόρβορος
βορβορυγμὸς -γὴ - βορβορίζειν
βόρειος - - - βορέας
βοῤῥᾶς - - - - ib.
βόσις -σκος -σκημα - βόσκω
βόστρυξ, βόστρυχος - βότρυς
βοτάνη, βοτὴρ -τεῖρα -τὸς - βόσκω
βότρυον -όω - - βότρυς
βοῦ, βούβαλος - - βοάω

βουγαῖος, βουθυσία -θύτης siehe in βοάω
βουκαῖος, βούκερως, βουκόλος etc. ib.
βουλαῖος -λεία, λεύω - βούλομαι
βούλευμα -λευσις - - ib.
βούλημα -λησις -λητὸς - ib.
βούλιμος -μιάω - - βοάω
βουλυτὸς - - - - ib.
βούνεβρος - - - ib.
βουνὸς -νίζω - - βαίνω
βουνώδης - - - ib.
βούπαις, βουπλὴξ, βουπόλος - βοάω
βοῦς, βοώνης - - - ib.
βούτης, βούτυρον - - ib.
βοῶπις, βοώτης - - ib.
βραβεῖον - - - βραβεὺς
βράγχια -χιάω - - βρόγχος
βραδύνω -δυτὴς - βραδὺς in βάρος
βράδος - - - - ib.
βράσμα, βράσσω - - βράζω
βραχιόνιον - - βραχίων
βραχύνω -χυτὴς - - βραχὺς
βρέγμα - - - βρέχω
βρενθύομαι - - βρένθος
βρέφος -φικὸς -φύλλιον - τρέφω
βρεχμὸς -χμα - - βρέχω
βριάω, βριαρὸς, βρίμη etc. - βάρος
βρίηπυος - - - - ib.
βρίθος -θοσύνη -θὺς -θω - ib.
βριμόομαι -μάομαι - - ib.
βριμηδὸν -μημα - - ib.
βρογχοκήλη - - βρόγχος
βρόμος, βρόμιος -μέω - βρέμω
βρονταῖος, βροντάω -τὴ - ib.
βρότος -τόεις -τόω - λῦμα
βροτὸς -τειος -τήσιος - μείρω
βροτοφόντης - - θείνω
βροχὴ -χετὸς - - βρέχω
βρόχθος -θίζω - - βρόγχος
βροχὶς -χος - - - ib.
βρύγμος -μὰ - - βρύκω
βρυχάομαι -χηθμὸς - βρυχὴ βληχάομαι
βρυώδης - - - βρύον
βρῶμα - - - βόσκω
βρωμάομαι - - βληχάομαι
βρώσκω, βρῶσις -σιμος - βόσκω
βρωτὸς -τὴρ - - - ib.
βυβλίον -λινὸς - - βύβλος
βύας - - - - ὄρνις
βύζην, βύζω - - - ib.
βύθιος, βυθίζω -θὸς - βάθος
βυκάνη -νίζω - - βύω
βύκτης - - - - ib.
βύρσινος, βυρσεὺς - siehe in βύρσα
βυρσοδέψης, βυρσόω - ib.
βύσμα - - - - βύω
βύσσος -σινος - λίνον in ἔρος
βυσσὸς -σοδομεύω - βύθος
βωλάκιον, βῶλαξ -ληδὸν -λινος - - - βῶλος
βωλώδης - - - - ib.
βωμὸς, βωμολόχος - βαίνω

Γ.

γᾶ - - - - - γῆ
γάγγραινα -νόομαι - φάκελλος
γαιῆθεν, γαῖα - - γῆ
γαιώδης - - - - ib.
γάλα - - - - γλάγος
γαλακτιάω -τίζω -λαξίας - ib.
γαλὴ - - - - γαλέη
γαλήνιος -νη -νίζω - ἄημι
γαλιδεὸς -λεώδης - - γαλῆ
γαλουχέω - - - γλάγος
γάλως - - - γάμος
γαμβρεύω -βρὸς - - ib.
γαμετὴς, γαμήλιος, γαμέω -μίζω -μικὸς - - ib.
γαμφηλαὶ, γαμψὸς - κάμπτω
γάννυμαι - - - γαίω
γάνος, γανόω - - - ib.
γαργαίρω - - - γάργαρα
γάστρα, γαστρίμαργος, γαστρίζω - - - γαστὴρ
γαῦρος, γαυριάω -ραξ - γαίω
γαύω - - - - ib.
γεισόω, γείσωμα - - γεῖσον
γείταινα, γειτονέω -νημα -νιάω -νιάζω - - γῆ
γελαστὸς, γελοιάζω, γελοῖος, γέλως - - - γελάω
γεμίζω, γέμω - - πίμπλημι
γενεὰ, γενέθλα -λία - γίγνομαι
γενειάζω, γενειὰς, γενειήτης -νειον - - - γένυς
γενεσία, γένεσις -νετὴρ -νετὴ - - - γίγνομαι
γέννα, γεννάδας, γενναῖος -νάω - ib.
γέννημα - - - - ib.
γένος - - - - ib.
γεραιὸς, γεραίρω - - γῆρας
γεργόντειος - - - ib.
γεράσμιος, γεραρὸς - - ib.

γεροντίας -τιάω - siehe in γῆρας
γερουσία, γερουσιαστὴς, γέρων . ib.
γεῦμα - - - - γεύω
γεφυρόω -ρίζω -ρίστης - γέφυρα
γεωδαισία -ώδης - - γῆ
γεώλοφος, γεώμετρος, γεωργὸς etc. - - ib. u. λέπω
γηγενέτης, γηγενὴς - - ib.
γήδιον, γῆθεν - - - ib.
γηθοσύνη, γῆθος - - γαίω
γήθυον - - - λαχαίνω
γήϊος, γήινος, γηΐτης - - γῆ
γηραιὸς, γηραλέος -ράσκω -ράω - - - - γῆρας
γηρύω - - - - γῆρυς
γήτειον - - - λαχαίνω
γήτης - - - - γῆ
γίγαρτον - - - πυρὴν
γίγας - - - - - γῆ
γιγνώσκω, γινώσκω - - νόος
γίννος - - - - ὄνος
γίνομαι - - - γίγνομαι
γλάγος - - - - γάλα
γλάμη -μάω -μυρὸς - λήμη
γλαυκιάω, γλαύκωμα, γλαῦξ γλαυκὸς
γλάφυ -φυρὸς - - γλάφω
γλεῦκος - - - γλυκὺς
γλῆνος - - - - γλήνη
γλίσχρων -χρος - - γλία
γλοιά, γλοιὸς - - - ib.
γλυκάζω -καίνω -κερὸς etc. - γλυκὺς
γλυκυθυμία -κύτης - - ib.
γλύμμα, γλύφω, γλυπτὴρ - γλάφω
γλωσσαλγία etc. - - γλῶσσα
γλωχὼ -χὶς - - - ib.
γνάθος - - - - κνάω
γνάμπω -πτὸς - - κάμπτω
γνάπτω, γναφεὺς -φεῖον - κνάω
γνήσιος - - - γίγνομαι
γνόφος -φερὸς -φόω νέφος in νίπτω
γνὺξ - - - - γόνυ
γνώμη -μικὸς -μονικὸς -μων νόος
γνωρίζω -ριμος -ρισμὸς - ib.
γνῶσις, γνωστὴρ -στης -στὸς γνωτὸς - - - - ib.
γογγύζω -γυσμὸς - μασάομαι
γογγύλη -λὶς - - λαχαίνω
γογγύλος -λις - στρογγύλος
γοερὸς, γόη, γοητεύω etc. - γοάω
γόμος - - πίμπλημι
γομφίος -φόω - - γόμφος
γονάτιον - - - γόνυ
γονὴ, γονεὺς -νιμος, γόνος etc. - - - γίγνομαι
γόος - - - siehe in γοάω
γουνάζομαι -νόομαι - γόνυ
γοώδης - - - - γοάω
γραία, γραϊκὸς - - γῆρας
γράμμα -μὴ -μικὸς - γράφω
γραμματεὺς -τικὸς - - ib.
γραπτὸς -τὺς - - - ib.
γράσος -σων - τρώγω in τείρω
γραῦς γῆρας
γραφὴ -φὶς - - γράφω
γρηγορὸς -ρέω - - ἐγείρω
γριπεὺς, γρίφος - - γρῖπος
γρύζω, γρυλλίζω etc. - γρῦ
γρυμαία - - - - ib.
γρυπότης, γρὺψ - - γρυπὸς
γρύτη - - - - γρῦ
γρῶνος - - - - γράω
γύα, γυία - - - - γῆ
γύαλον, γύης, γυῖον etc. - γυῖα
γυιὸς -όω, γύαλον - - ib.
γυμνάζω -νάσιον, γυμνῆς -νητεύω - - - γυμνὸς
γυμνικὸς -νόω - - - ib.
γυναικάριον, γυναικεῖος etc. - ἀνὴρ
γύναιον, γύνις -νὴ - - ib.
γύπινος - - - - γυῖα
γυρὸς -ρόω - - - γύρος
γυψόω - - - - γύψος
γωνίδιον, γωνιώδης -νία - γόνυ

Δ.

δᾶ - - - - - - γῆ
δαγκάνω - - - δάκνω
δαήμων - - - - δάημι
δαὴρ - - - - γάμος
δαιδάλλω - - - δαίδαλος
δαΐζω - - - - δαίω
δαιμόνιος etc. - - δάημι
δαίμων - - - - ib.
δαίνυμι - - - δαίω, 1.
δάϊος - - - δαίω, 2.
δαὶς - - - - δαίω, 1.
δαῒς - - - - δαίω, 2.
δαίτη - - - - - ib.
δαιτρεύω, δαιτρὸς, δαιτὺς -τυμὼν - - - δαίω, 1.
δακίθυμος - - - δάκνω
δακνᾶς -νώδης - - - ib.
δάκος -κετὸν - - - ib.
δάκρυ, δακρυτὸν - - ib.
δάκρυον -κρύω etc. - - ib.

δακτύλιος, δακτυλος etc. siehe in χεὶρ in χάζω
δαλὸς - - - δαίω, 2.
δαμάζω, δαμάλη, -λὶς - δαμάω
δάμαρ, δάμνημι - - ib.
δάνειον, δανείζω -νειστὴς - δάνος
δαπανάω, δαπανη - δαίω, 1.
δάπις -πίδιον - - δάπεδον
δάπτω - - - δαίω, 1.
δαρδάπτω - . - - ib.
δαρθάνω - καθεύδω in ἄημι
δᾷς, δᾳδίον - - δαίω, 2.
δάσμευσις, δασμολόγος, δασμὸς . - - δέω, 1.
δασύνω, δασύπους - - δασὺς
δατέομαι, δατητὴς - δαίω, 1.
δάφνη -νίτης - - δένδρον
δαψιλὴς - - - δαίω, 1.
δεδίσσομαι - - - δίω
δέημα, δέησις - - δέω, 2.
δεῖ - - - - - ib.
δεῖγμα - - - δείκνυμι
δειδήμων, δειδίζομαι, δειδίσκομαι, δειδίσσομαι, δείδω - δίω
δείελος, δειελιάω - - ἄημι
δείκελος -λίζω - - δείκνυμι
δεικτὴρ, δεικτικὸς - - ib.
δειλία -λιάζω -λίασις -άω -λὸς - ib.
δείλινος - - - δείλη
δεῖμα, δειμὸς -ματόω - δίω
δεινολογία, δεινὸς -νότης etc. - ib.
δεῖος - - - δέος in δίω
δεῖξις - - - δείκνυμι
δειπνηστὸς -πνάριον - δεῖπνον
δειπνίζω -νέω etc. - - ib.
δειρὰ -ρὰς -ροτομέω - τράχηλος
δειρῶ - - - - βύρσα
δεισιδαίμων - - - δείω
δεκαέτης -τηρος - - δέκα
δεκάζω - - - - ib.
δεκάκις, δεκαπλάσιος -πλοῦς etc. δεκὰς, δεκαταῖος etc. - ib.
δεκτὸς - - - δέχομαι
δελεάζω, δελεασμὸς - δέλεαρ
δελτάριον -τόω - - δέλτα
δέλφαξ -φάκιον - - - ὗς
δελφινίσκος, δελφὶν -φινίζω - ἰχθὺς
δελφὺς - - - - πατὴρ
δέμας - - δέμω in δαμάω
δέμνιον - - - - ib.
δενδίλλω - - - ἴλλος
δενδρίτης -δρῖτις - δένδρον
δένδρων etc. - - - ib.
δεξαμενὴ - - - δέχομαι
δεξιὸς -ότης -ωμα siehe in ἀριστερὸς
δέομαι - - - δέω, 2.
δέον, δεόντως - - - ib.
δέος - - - - δίω
δέπας - - - - κύω
δέραιον, δέρας - - βύρσα
δεργμὸς - - - βλέπω
δέρκομαι - - - - ib.
δέρμα - - - - βύρσα
δερῶ, δέῤῥις - - - ib.
δέσις - - - - δέω, 1.
δεσμὰ, δεσμέω, δέσμιος etc. - ib.
δεσπόζω -ποινα - δεσπότης
δετὸς -τις - - δέω, 1.
δεῦρο, δευρὶ - - ἔνθα in εἰς
δευσοποιέω - - - δεύω
δεύτατος -τερος - - δέω, 2.
δευτερεύω -ρεῖα etc. - ib.
δεφθέρα -ρίτης - - δέφω
δέχνυμαι - - - δέχομαι
δέψω - - - - δέφω
δῆγμα -μὸς - - - δάκνω
δῆθεν - - - - δὲ
δηθύνω -θὰ - - χρόνος
δηϊάω, δηϊότης, δηϊόω, δήϊος - δαίω, 2.
δήκτης, δηκτικὸς -κτήριος - δάκνω
δήλημα -λήτριον - δηλέομαι
δήλομαι - - - βούλομαι
δῆλος - - - - δάημι
δηλόω -λωμα - - - ib.
δημαγωγὸς, δημεύω -μηγόρος - - - - δαμάω
δημακίδιον -μίδιον - - ib.
δήμιος, δημιουργὸς, δημόθεν -όσιος etc. - - - ib.
δημὸς - - - - ib.
δὴν, δήναιος - - χρόνος
δῆξις -ξίθυμος - - δάκνω
δηόω - - - δαίω, 2.
δῆρις -ριάω - - δαίω, 1.
δηρὸς - - - χρόνος
δῆσις, δῆμα - - δέω, 1.
δῆτα - - - - δὲ
διαβατήρια - - - βαίνω
διαβόητος - - - βοάω
διαίνω - - - - δεύω
διαίτημα -τάω -τητήριον - δίαιτα
διάκονος - - - κόνις
διακόσιοι - - - ἑκατὸν
διάκριδον - - - δεύω
διάμειψις - - - ἀμείβω
διαμπὰξ - - - πᾶς
διαμπερὲς - - - πέρα
διαντητὴς - ἵστωρ in εἶδον

διάρμα - - siehe in αἴρω
διάττω - - - - ἀΐσσω
δίδαγμα, διδακτὸς, διδάσκω etc. - - - - δάημι
δίδραχμος - - δράσσομαι
δίδυμος - - - - δύο
δίδωμι - - - - δάνος
δίελος - - - - δείλη
δίενος - - - - εἷς
διερὸς - - - - ὕω
διετὴς -τία -τίζω - ἕνος in εἷς
δίζημαι -ζομαι -ζησις - ζητέω
διθύραμβος -βώδης - βάκχος
δικάζω, δίκαιος -καιόω etc. - δύο
δικανὸς -νικὸς - - - ib.
δίκη -κημα -κησις - - ib.
δικὸς in comp. - - ib.
δικαστὴς -στήριον, δικέω - ib.
δικέλλα - - - - κέλλω
δικλὶς - - - - κλείω
δίκτυον - - - - ἄρκυς
δίκω - - - - βάλλω
δίμυξος - - - - μὺ
δινέω, δίνησις -νεύω - δίνη
δῖνος, δινόω - - - ib.
διξὸς - - - δὶς in δύο
διὸ, διόπερ - - - διὰ
διόνυσος -σιάζω - - βάκχος
διοπὸς - - - - ἕπω
δίοπτρα -τρον - - ὄσσομαι
δῖος -άω -άζω - Ζεὺς in δ
διόσκουροι - - - ib.
διπλάσιος -σιάζω -πλάζω - ἁπλόος
διπλόος -όω - - - ib.
δίπους - - - - δύω
δίσκος - - - - δίκω
δισσάκις - - δὶς in δύο
δισσὸς - - - - ib.
διστάζω, δισταγμὸς, δίστασις - ib.
διττὸς - - - - ib.
διφθέρα -ρίας - - δέφω
δίφθογγος - - δὶς in δύο
διφρίσκος, δίφρος -φρεύω etc. φέρω
δίχα, διχόζω, διχῆ - δὶς in δύο
δίχηλος - - - - ib.
διχθὰ -θάδιος - - - ib.
διχογνώμων, διχόθυμος - ib.
διχόνοια, διχαστασία, διχοτομέω etc. - - - ib.
διψαλέος, διψάω, δῖψος -ηρὸς etc. - - - δίψα
δίωγμα, διωγμὸς, διώκω, διώκτης etc. - - - δίω

διωμοσία - siehe in ὄμνυμι
δμητὸς - - - δαμάω
δμωὴ, δμωὶς, δμὼς - - ib.
δνοπαλίζω - - - δονέω
δνόφος -φερὸς - - νίπτω
δοάζομαι - - δὶς in δύο
δόγμα, δογματίζω - δέχομαι
δοιάζω, δοιὴ - - - δύω
δοῖδυξ -δυκίζω - θυσία in θύω
δοκάζω, δοκέω, δοκεύω - δέχομαι
δόκη -κησις -κημα - - ib.
δοκιμασία, δόκιμος -μάζω γίγνομαι
δολερὸς, δόλιος, δολόεις, δόλος δέλεαρ
δόλιχος -χοδρόμος - - μῆκος
δολόω, δόλων -λωσις - δέλεαρ
δόμα - - δίδωμι in δάνος
δομὴ, δόμησις, δόμος - δαμάω
δονακεὺς, δόναξ - - δονέω
δόνημα - - - - ib.
δόξα, δοξάζω, δοξαστὸς etc. - δέχομαι
δοράτιον - - - - δόρυ
δορκὰς, δὸρξ - - βλέπω
δορὸς -ρὰ - - - βύρσα
δορπέω -πος - - δεῖπνον
δορυάλωτος -φόρος - δόρυ
δόσις, δοτὴς, δοτὸς - δάνος
δοῦλος -λόω -λωσις - δεσπότης
δουπέω - - - δοῦπος
δουρηνεκὲς - - - ἐνεγκεῖν
δοχὴ, δοχμὴ, δοχμὸς etc. - δέχομαι
δράγμα -μὴ - . δράσσομαι
δράκων -κόντιον - - βλέπω
δρᾶμα -ματικὸς - - δράω
δραπέτης -τεύω - - - ib.
δράσκω, δρασμὸς . - ib.
δραστὴρ -στικὸς etc. - - ib.
δραχμὴ -μαῖος - δράσσομαι
δρεπάνη -πανον - - δόρυ
δρέπομαι -πτὸς - - - ib.
δρήστης -στοσύνη - - δράω
δριμότης - - - δριμὸς
δριμὺς -μύτης - - γλυκὺς
δρίος, δρίον - - - δρῦς
δρομὰς, δρομεὺς, δρόμος - τρέχω in δράω
δρόσιμος, δροσερὸς -σώδης, δρόσος - - - πήγνυμι
δρῦς, δρυμὸς, δρυοτόμος - δένδρον
δρύοχος - - - - ib.
δρυοκλόπτης - - ὄρνεον
δρυπετὴς - - - - ib.
δρύπτω - - - - δόρυ
δρυφὴ, δρύψις - - - ib.

δρώπαξ -πακίζω siehe in δρέπομαι
δυάω, δυερὸς, δυηπαθὴς - δύω
δυθμὴ - - - - ib.
δύναμαι -μις, δυνατὸς -να-
στεύω, δύνω - - - ib.
δύπτω, δύπτης - - - ib.
δυσαγρέω - - - ἄγρα
δυσάερος - - - ἄημι
δυσκραὴς -κρασία - κεράννυμι
δυσκρινὴς -νεία -νέω - κρίνω
δύσις - - - - δύω
δυσκολαίνω, δυσκολία, δυσκο-
λὸς - - - - κόλον
δυσμαρὴς - - - χάζω
δυσμενὴς -ναίνω - μένος von μένω
δυσμὴ - - - - δύω
δυσπαθὴς -θεια -θέω - πάσχω
δυσχερὴς - - χεὶρ in χάζω
δυσώδης - - - - ὄζω
δυσωπέω -πία -πησις - ὄσσομαι
δύτης, δυτικὸς, δυτὸς - δύω
δώδεκα -κατος - - - δύο
δῶμα, δωμάω -μησις - δαμάω
δωρεὰ, δωρέομαι, δῶρον etc. - δάνος
δῶς, δωτὴρ, δῶτις, δωτίνη
-νάζω - - - - ib.

E.

ἔα - - - - - - ε
ἐὰν - - - - - - εἰ
ἔαρ -ρίζω -ρινὸς - - ἄημι
ἐάω - - - - ἵημι in ε
ἑβδομὰς, ἑβδομήκοντα etc. - ἑπτὰ
ἔγγειος - - - - γῆ
ἐγγήραμα - - - γῆρας
ἔγγονος -γόνη - - πατὴρ
ἐγγυαλίζω - - - γυῖα
ἐγγύη, ἐγγυάω, ἐγγυητὴς - ib.
ἐγγὺς, ἐγγύτατος -γίζω - ἄγχι
ἔγερσις -σιμος - - ἐγείρω
ἔγκατα - - - - εἰς
ἐγκύμων -κυος -κυτὶ - κύω
ἐγκώμιον -μιάζω - - κώμη
ἐγρηγορέω, ἐγρηγόρησις,
ἐγρήσσω - - - ἐγείρω
ἔγρομαι - - - - ib.
ἐγχεία -χος -χέσπαλος - δόρυ
ἔγχελυς -λις - - - ib.
ἐδανὸς - - - - ἔδω
ἔδαρ - - - - - ib.
ἔδεσμα - - - - ib.

ἐδητὺς - - - siehe in ἔδω
ἔδνα -νάζω -νόω - - δάνος
ἕδος, ἕδρα, ἑδώλιον - - εἰμὶ
ἐδωδὴ -δώδιμος - - ἔδω
ἔεδνα - - - - δάνος
ἐέλδομαι, ἐέλδωρ - βούλομαι
ἐέργω - - - - εἴργω
ἐῆος - - - - ἐΰς
ἐθὰς - - - - ἔζω
ἔθειρα - - - - θρὶξ
ἐθέλημα, ἐθελοντὴς, ἐθέλω
etc. - - - βούλομαι
ἐθήμων -θιμος - - ἔζω
ἐθίζω, ἐθισμὸς -στὸς - ib.
ἐθνικὸς - - - - ib.
ἔθνος -νηδὸν - - - ib.
ἔθος - - - - - ib.
ἐιάζω, εἶα - - - - ε
εἴγε - - - - - - εἰ
εἰδάλιμος - - - εἶδον
εἶδαρ - - - - ἔδω
εἰδέα - - - - εἶδον
εἰδεχθὴς -θεια - - - ib.
εἶδος, εἰδύλλιον, εἴδωλον - ib.
εἰκάζω - - - - ἔοικα
εἰκαῖος -κότης - - εἰκῇ
εἰκὰς - - - - εἴκοσι
εἰκασία, εἴκασμα -μὸς -στὴς - ἔοικα
εἴκελος - - - - ib.
εἰκονίζω, -νικὸς, -κόνιον etc. - ib.
εἰκὸς - - - - ib.
εἰκοσαπλάσιος - - ἁπλόος
εἰκοστὸς - - - εἴκοσι
εἰκότως - - - - ἔοικα
εἰκὼν, εἰκὼς - - - ib.
εἴκω - - - - εἶμι
εἰλαπίνη -νάζω -ναστὴς - δεῖπνον
εἶλαρ, εἰλάρχης - - - ib.
εἰλεὸς, εἰλέω, εἴλη - - εἰλέω
εἰληθερὴς -ρέω - - ib.
εἴλημα, εἴλησις -ληδὸν - ib.
εἴλιγγος, εἰλικρινὴς - - ib.
εἰλίσσω, εἴλυμα - - - ib.
εἰλύσσω, εἰλυφάζω -φάω - ib.
εἰλύω -λὺς - - - ib.
εἶμα -μων - - - ἕννυμι
εἱμαρμένη - - - μείρω
εἰν - - - - - ἐν
εἰνάτειρ - - - γάμος
εἴνατος - - - - ἐννέα
εἵνεκα - - - - διὰ
εἰνὶ - - - - - ἐν
εἶπα, εἶπον - - - ἔπος
εἱργμὸς - - - εἴργω

εἴρη - - - siehe in ἐρῶ
εἴρην, εἰρηναῖος, εἰρήνη, -νεύω . ib.
εἰρίνεος, εἴριον - - ἔρος
εἱρκτὴ - - - - εἴργω
εἶρος - - - - ἔρος
εἴρων, εἰρωνικὸς, εἰρωνεία - ἐρῶ
εἴσω - - - - - εἰς
εἶτα, εἶτε - - . - εἰ
ἐκ - - - - - εἰς
ἕκαθεν - - - - ἑκὰς
ἕκαστος -στοτε -σταχῆ - ἄμφω u. ὁ
ἑκάτερος -ράκις -ρωθεν - ib.
ἑκάτη -ταῖον - - - ib.
ἑκατόμβη, ἑκατοντάκις etc. - ἑκατὸν
ἕκατος - - - - ἑκὰς
ἑκατοστὸς -σταῖος - ἑκατὸν
ἑκατομπλασίων - - ἁπλόος
ἐκεῖ, ἐκεῖσε - - - - ὁ
ἐκεῖθεν -θι - - - ib.
ἐκεῖνος - - - - ib.
ἑκηβόλοι, ἑκατηβόλοι - ἕκας
ἔκηλος -λία - - - καλέω
ἕκητι - - - - διὰ
ἔκλιμος - - - - λείπω
ἐκμύζησις -ζηθμὸς - - μὺ
ἑκοντὶ, ἑκούσιος - βούλομαι
ἔκπαγλος - - - πλήσσω
ἐκπεπταμένως - - πετάννυμι
ἐκποδῶν - - - - πέδον
ἔκπωμα - - - - πίνω
ἐκρινίζω -νεια -νία - - ῥὶν
ἐκτενὴς - - - - τείνω
ἐκτικὸς - - - - ἔχω
ἕκτος -τεὺς - - - - ἕξ
ἐκτὸς - - - - εἰς
ἑκυρὰ -ρὸς - - - γάμος
ἕκων -κούσιος - - βούλομαι
ἐλαιήεις, ἐλάϊνος - - δένδρον
ἔλαιον, ἐλαιὼν - - - ib.
ἔλασις -σείω - - ἐλαύνω
ἐλασσόω, ἐλάσσων - - μέγας
ἐλαστὴς - - - ἐλαύνω
ἐλατὴρ -τειρα - - - ib.
ἐλάτινος -τη - - δένδρον
ἐλατὸς -τικὸς - - ἐλαύνω
ἐλάττων -τωμα -τόω - μέγας
ἐλάφειος -φος - - ἐλαύνω
ἐλαφρύνω -φρία -φρίζω, ἐλαφρὸς ib.
ἐλάχιστα -στος - , - μέγας
ἐλεαίρω - - - οἶ
ἔλδομαι - - - βούλομαι
ἐλεγεία -γεῖον - - ἔλεγος
ἐλεγκτὸς ἔλεγξις, ἐλεγμὸς - ἐλέγχω
ἔλεγχος -χείη etc. - - ib.
ἐλεητὸς -ημοσύνη - siehe im οἶ
ἐλεεινὸς, ἐλεέω, ἔλεος etc. . ib.
ἐλειονόμος - - - εἰλέω
ἕλειος - - - - ib.
ἐλελεῦ -λίζω - - - ἀλαλὰ
ἐλελίττω - - - - εἰλέω
ἑλετὸς - - - - ἑλεῖν
ἐλεύθερος -θέριος -ρία -ρόω
-ρωσις - - ἐλεύσομαι
ἔλευσις - - - - ib.
ἕλη, εὕλη - - - εἰλέω
ἐλεφαίρομαι - - - ἔλπω
ἑλιγμὸς, ἕλιγγος -γδὸν - εἰλέω
ἑλιγγιάζω, ἑλικὸς -κηδὸν - ib.
ἑλικτὸς -λικῶπις -κωψ - ib.
ἕλιξ, ἑλίσσω - - - ib.
ἕλκος -κόω -κύω - - ib.
ἑλκυσμὸς, ἕλκωσις - - ib.
ἕλλην -ληνίζω -λήνισμος etc.
βάρβαρος
ἐλλὸς - - - - ἐλαύνω
ἕλμινς -μίνθιον - - εἰλέω
ἕλξις - - - - ἕλκω
ἕλος - - - - - ib.
ἐλπὶς, ἔλπομαι, ἐλπίζω, ἐλ-
πωρὴ - - - - ἔλπω
ἔλυτρον - - - - εἰλέω
ἑλώδης - - - - ib.
ἕλωρ -λώριον - - - ἑλεῖν
ἐμβάδιον, ἐμβατήριον, ἐμβὰς - βαίνω
ἔμβολος -λὰς - - βάλλω
ἐμβριθὴς - - - βρίθω
ἔμβρυον - - - - βρύω
ἐμετικὸς, ἐμετὸς - - ἐμέω
ἐμμελὴς -λεια - - μέλος
ἔμμορος - - μόρος in μείρω
ἔμπας - - - - πᾶς
ἐμπάζομαι - - - λέγω
ἐμπαθὴς -θεια - - πάσχω
ἔμπαισμα -σικὴ - - παίω
ἔμπας - - - - πᾶς
ἔμπεδος - - - - πέδον
ἔμπειρος -ρέω - - - πέρα
ἐμπελαδὸν - - - πέλας
ἔμπης - - - - πᾶς
ἐμπὶς - - - - κώνωψ
ἔμπλην - - - - πέλας
ἐμποδῶν - - - πέδον
ἐμπορέω, ἐμπορία -πόριον
-πορος - - - πέρα
ἐν, ἐνὶ - - - - εἰς
ἐναγὴς - - - ἄγος
ἐνάγισμα - - ἅγιος
ἔναγχος - - - - ἄγχι

ἐναντίωσις - - siehe in ἀντὶ
ἔναρα, ἐναρίζω - - αἴρω
ἔνατος -ταῖος - - - ἐννέα
ἐνδαπὸς -πως - - δάπεδον
ἐνδεὴς, ἐνδεία - - δέω, 2.
ἐνδελεχὴς -χεια - - τέλλω
ἔνδικος - - - - δίκη
ἔνδινα - - - - εἰς
ἐνδοῖ, ἐνδόθι - - - ib.
ἐνδοιάζω -ασμὸς - - δύο
ἐνδόσιμον - δίδωμι in δάνος
ἔνδον - - - - εἰς
ἔνδοξος - - - δέχομαι
ἐνδότατος, ἐνδότερος - - εἰς
ἐνδυάζω -δυασμὸς - - δύο
ἐνδυκέως -κες - - - δύω
ἔνδυμα - - - - ib.
ἕνεκα -κεν - - - διὰ
ἔνεμα - - - - κλύζω
ἐνεὸς - - - - ἄημι
ἐνέπω - - - - ἔπος
ἐνεργὴς - - - - ἔργον
ἐνεργὸς - - - - ib.
ἔνεροι, ἔνερθεν - - - εἰς
ἐνέρτερος - - - - ib.
ἐνετὴ, ἐνετὸς - - ἵημι in ε
ἐνεσία - - - - ib.
ἐνηὴς - - - - εὖς
ἔνη, ἕνη - - αὔρα in ἄημι
ἔνθα - - - - - εἰς
ἐνθάδε, ἐνθαδὶ, ἔνθεν - - ib.
ἐνθεματισμὸς - τίθημι in ε
ἔνθεος, ἔνθους, ἐνθουσιάζω - Ζεὺς
ἐνιαύσιος - - - - εἰς
ἐνίζω, ἑνικὸς - - - ib.
ἔνιοι, ἐνίοτε - - - ib.
ἐνίπτω, ἐνίσπω - - ἔπος
ἐνίσσω - - - - ib.
ἐνναέτης - - - - ἔτος
ἐννακόσιοι, ἔννατος, ἐννεὰς - ἐννέα
  ἐννενήκοντα etc. - - ib.
ἐννέπω - - - - ἔπος
ἐνοπὴ - - - - ib.
ἔνος, ἕνος - - - - εἷς
ἑνότης, ἑνόω - - - ib.
ἔνταλμα - - - τέλλω
ἐνταῦθα -θοῖ - - - εἰς
ἔντεα - - - - - ib.
ἐντελεχὴς - - - τέλλω
ἐντελὴς - - - - ib.
ἔντερα - - - - εἰς
ἐντεῦθεν - - - - ib.
ἐντολὴ - - - - τέλλω
ἐντὸς, ἔντοσθε -σθια - - εἰς
ἐντύνω -τυία - siehe in εἰς
ἐνυάλιος - - - ἐνυώ
ἐνύπνιον -νιάζομαι - - ἄημι
ἔνωρος - - - - ib.
ἕνωσις - - - - εἷς
ἐξ - - - - - εἰς
ἐξάγιστος - - - ἅγιος
ἑξάγωνον - - - γωνία
ἑξαέτης - - - - ἕξ
ἑξάκις, ἑξακόσιοι - - ib.
ἐξαλίω - - - - κυλίω
ἐξαπιναῖος -νης - - φάος
ἔξαρνος - - - ἀρνέομαι
ἑξὰς - - - - - ἕξ
ἐξέραμα - - ἐράω in ῥέω
ἔξεσις, ἐξεσία - - - ἵημι
ἐξήγησις -γητὴς - - ἄγω
ἑξήκοντα, ἑξήκιστος - - ἕξ
ἐξήνιος - - - - ἡνία
ἑξῆς - - - - - ἔχω
ἕξις - - - - - ib.
ἐξίτηλος - - - - εἶμι
ἐξότε, ἐξοῦ - - - - ὁ
ἐξοχὴ, ἔξοχος - - - ib.
ἔξω, ἔξωθεν - - - εἰς
ἔξωρος - - - - ἄημι
ἐξωτάτω, ἐξωτερικὸς, ἐξωτικὸς - εἰς
ἑορτάζω -ταῖος -τιος - ἑορτὴ
ἐπαισχὴς - - - αἶσχος
ἔπαλξις - - - - ἀλκὴ
ἐπαρτὴς - - - - αἴρω
ἐπασσύτεροι - - - ἄγχι
ἐπεὶ, ἐπειδὰν -δὴ - - ἐπὶ
ἐπείγω -γωλὴ - - - εἴκω
ἔπειξις - - - εἴκω in εἶμι
ἔπεφνον - - - θείνω
ἐπήκοος - - - - ἀκούω
ἐπηλυγαῖος -γάζω -γίζω - λάω, 1.
ἔπηλυς -λύτης -λυτος - ἐλεύσομαι
ἐπήρατος - - - ἐράω
ἐπηρεάζω, ἐπήρεια - - ἀρὰ
ἐπητὴς - - - - ἔπος
ἐπιβρεμέτης - - - βρέμω
ἐπιγράβδην - - - γλάφω
ἐπίδερκτος - - - βλέπω
ἐπιδήμησις -μία - - δαμάω
ἐπιεικὴς - - - - εἴκω
ἐπιθηματόω - - τίθημι
ἐπίκουρος -ρημα -ρία - κόρος
ἐπιμαστίδιος - - - μάσσω
ἐπιμεμφὴς - - μέμφομαι
ἐπιμηθὴς -θεὺς etc. - μέδω
ἐπιμὶξ - - - κεράννυμι
ἐπινίκιον - - - - νίκη
ἐπι-

ἐπίπαππος - siehe in πατὴρ
ἐπιπλόμενος - - - πέλω
ἐπιπολῆς - - - - ib.
ἐπιπόρπημα - - - πέρα
ἐπισκύνιον - - - βλέπω
ἐπίσπεισις - - - σπένδω
ἐπίσταμαι - - ἵστημι in σ
ἐπίτηδες - δεύω - - ἅδω
ἐπιτολὴ - - - τέλλω
ἐπιχειρέω - - ἵημι in ε
ἔποψ - - - - ὄρνεον
ἑπτάκις, ἑπτακόσιοι, ἑπτὰς - ἑπτὰ
ἐπτύημαι - - - πίπτω
ἐπύλλιον - - - - ἔπος
ἐπωάζω - ασμὸς - ασις - ᾠὸν
ἐπωδὴς, ἐπωδὸς - - ἀείδω
ἐπώζω - - - - ᾠὸν
ἔρανος - νίζω - - - ἐράω
ἐραννὸς - - - - ib.
ἐράσμιος, ἐραστὴς, ἐρατὸς
- τεινὸς - - - - ib.
ἐρατίζω - - - - ib.
ἐργάζομαι - γον - - ἔργω
ἐργαλεῖον, ἐργασία - γάσιμος - ib.
ἐργαστήριον, ἐργαστὴς, ἐργάτης ib.
ἐργολάβος - βία - βέω - - ib.
ἐργώδης - - - ib.
ἔρδω - - - - - ib.
ἐρέβινθος - - - ὄσπρια
ἔρεβος - - - - ῥέω
ἔρεγμα, ἐρεγμὸς - - ῥάσσω
ἐρεθίζω - θισμα - - ἐρέθω
ἐρείδω - - - - ib.
ἐρείκω, ἐρεικτὸς, ἔρειξις - ῥάσσω
ἔρεισμα - σις - - - ἐρέθω
ἐρείψιμος - ψις - - - ῥέω
ἐρεμνὸς - - - - ib.
ἐρεοῦς - - - - ἔρος
ἐρεσία, ἐρέσσω, ἐρέτης, ἐρέτμος ἐρέθω
ἐρεσχηλέω - - - ib.
ἐρεύγω - γμος - - - ῥέω
ἔρευθος - θὴς - θήεις - ἐρεύθω in ρ
ἐρευκτικὸς - - - ῥέω
ἐρευνάω - νητὴς - - ἐρῶ
ἔρευξις - - - - ῥέω
ἐρέφω - ρεψις - - - ib.
ἐρέχθω - - - - ῥάσσω
ἐρημάζω, ἐρημία, ἐρημικὸς ἔρημος
ἐρημί - μοσύνη - μώτης - ἐράω
ἐρημόω - - - ἔρημος
ἐρίβωλαξ - - - βῶλος
ἐρίγδουπος - - - δοῦπος
ἔριγμα - - - - ῥάσσω
ἐριδαίνω, ἐριδῶ, ἐρίζω siehe in ἔρις
ἐριθαλὴς - - - - ἐρι
ἔριθος, ἐριθεύομαι - - θὴς
ἐρίκω - - - - ῥάσσω
ἐρινὰς - νεὸς - - δένδρον
ἐρίνεος - - - - ἔρος
ἔριον, ἐριοπώλιον - - ib.
ἐριοσθενὴς - - - - ἐρι
ἔρισμα - ριστὴς - στικὸς - ἔρις
ἔριφος - φων - - - τείρω
ἑρκάνη - - - - εἴργω
ἕρκος - κιος - κειος - - ib.
ἕρμα - - εἴρω u. ἐρέθω
ἕρμαιον - - - - ἑρμῆς
ἑρμὰς, ἑρμάζω - ματίζω - ἐρέθω
ἑρμάων, ἑρμείης - - ἑρμῆς
ἑρμηνεύω, ἑρμηνεὺς - νεία - ib.
ἑρμίδιον - - - - ib.
ἑρμῖνες - - - - ἐρέθω
ἑρμογλυφεὺς etc. - - ἑρμῆς
ἔρνος - - - - ἔχω
ἐρόεις, ἔρος - - - ἐράω
ἔρομαι - - - ἐρῶ
ἑρπετὸς, ἑρπετὸν, ἕρπης, ἑρπύζω,
ἑρπύλη - πυστὴς - - ἕρπω
ἐῤῥω - - - - ῥέω
ἐῤῥωμένως - - - - ib.
ἕρση - σήεις - - πήγνυμι
ἔρσην - - - - ἄῤῥην
ἔρσις - - - - εἴρω
ἐρύγμηλος, ἐρυγμὸς, ἐρύγω - ῥέω
ἐρυθαίνω, ἐρύθημα, ἐρυθρὸς
ἐρεύθω in P
ἐρυθραίνω, ἐρυθριάω - - ib.
ἐρύκω, ἐρυκάνω, ἐρυκανάω - ῥέω
ἔρυμα - - - - ib.
ἐρυμνὸς - νόω - - - ib.
ἐρύομαι - ρύω - - - ib.
ἐρυσίπελας - σίβη - ἐρεύθω in ρ
ἐρυστὸς - στὴς - - - ῥέω
ἕρψις - - - - ἕρπω
ἐρωέω, ἐρωὴ - - - ῥέω
ἔρως - - - - ἐράω
ἐρωτάω, ἐρώτημα - τησις - ἐρῶ
ἐρωτικὸς - - - - ἐράω
ἐς - - - - - εἰς
ἐσθὴς, ἔσθημα, ἔσθησις - θέω
ἕννυμι
ἐσθίω - - - - ἔδω
ἔσθλωμα, ἐσθλότης - λὸς - ἐῢς
ἐσλὸς - - - - ib.
ἐσμὸς - - - - μέλι
ἑσπερὶς - ριος - ρα - ἕως in ἄημι
ἐσσυμένως - - - σείω

ἔστε - - - siehe in εἰς
ἑστιὰς - - - - ἑστία
ἑστιάω, ἑστιάτωρ -στίαμα -στίασις etc. - - ib.
ἐσχαρεὼν - - - ἐσχάρα
ἐσχατιὰ -τόεις -τος - - εἰς
ἐσχατόγηρως - - γῆρας
ἔσω, ἔσωθεν, ἐσωτάτω - εἰς
ἐτάζω - - - - εἰμὶ
ἑταίρα -ρέω -ρίζω -ρος etc. ἔτης
ἐτεὸς - - - - εἰμὶ
ἑτεροῖος -ρωθι -ρωσε etc. - ὁ
ἑτερότης -ρόω etc. - ἕτερος
ἐτήσιος, ἔτος - - - εἰς
ἐτήτυμος -τυμία - - εἰμὶ
ἐτνηρὸς -ρυσις, ἔτνος - ἔδω
ἑτοιμάζω -μασία - - εἰμὶ
ἕτοιμος -μότης - - ib.
ἔτος - - - - ib.
ἐτυμολόγος, ἔτυμος - - ib.
ἐτώσιος - - - ἀλάομαι
εὖ - - - - - εὖς
εὐαγὴς - - - - ἄγος
εὔαγρος - - - - ἄγρα
εὐάζω - - - - E
εὐαὴς - - - - ἄημι
εὐὰν - - - - - ε
εὐάρεστος - - - ἄρω
εὖγε - - - - εὖς
εὐδία, εὐδιάω, εὐδιεινὸς - Ζεὺς
εὔδμητος - - - δέμω
εὐδρανὴς - - - δράω
εὐεπὴς -πεία - - - ἔπος
εὐεργὸς -γετέω - - ἔργω
εὐερκὴς - - - εἴργω
εὐετηρία - - - - εἰς
εὔζωμον - - - λαχαίνω
εὔζωνος - - - ζώννυμι
εὐήλατος - - - ἐλαύνω
εὐθετέω -θήμων etc. τίθημι in θ.
εὐθύνη -θυντὴρ -θυνος -θύνω -θύτης -θὺς etc. - θύω
εὔιος - - - - - ε
εὐκλεὴς -κλεία - - καλέω
εὔκομος -κόμης - - θρίξ
εὔκρατος -κρασία - κεράννυμι
εὐκρινὴς -νεία -νέω - κρίνω
εὐκταῖος, εὐκτὸς - - εὔχομαι
εὐκτίμενος -τιστος -τιτος - κτίζω
εὔλη - - - - εἰλέω
εὔληρα - - χαλάω in χάζω
εὐμαρὴς - - - χάζω
εὐμελὴς - - - μέλος

εὐμενὴς -νίδες siehe in μένος von μένω
εὔμηλος - - - μῆλον
εὐμολπέω - - - μέλπομαι
εὐνάστηρ, εὐνήτηρ, εὐνὴ, εὐναῖος, εὐνάω, εὐνάζω - ἄημι
εὐνοϊκὸς -νοια - - νόος
εὐνοῦχος - - - ἄημι
εὔορμος - - - - εἴρω
εὐοχέω - - - - ἔχω
εὔοχθος -θέω - - - ib.
εὐπάτωρ -τέρεια -τρὶς - πατὴρ
εὐπήμαντος - - - πάσχω
εὔπορος -ρία - πόρος in πειρα
εὐπρόσιτος - - - εἶμι
εὕρεμα, εὕρεσις, εὑρετὴς etc. εὑρίσκω
εὕρημα - - - - ib.
εὔρινος - - - - ῥὶν
εὖρος -ρόνοιος - - ἄημι
εὐρώεις -ρως - - - πίων
εὔρωστος - - - ῥέω
εὐσταλὴς - - - στέλλω
εὔστοχος - - - στείχω
εὐσχήμων - - - ἔχω
εὐτελὴς - - - τέλλω
εὐτρεπὴς - - ἔτος in εἰμὶ
εὐφραίνω - - - φράζω
εὐχερὴς - - χεὶρ in χάζω
εὐχετάομαι, εὐχὴ, εὖχος -χωλὴ - - - - εὔχομαι
εὐωπὴς - - - ὄσσομαι
εὔωρος - - - - ἄημι
εὐωχία, εὐωχέω - - ἔχω
ἔφαλος - - - ἅλς
ἐφάμιλλος - - - ἅμιλλα
ἔφεσις - - - ἵημι in ε
ἐφέστιος - - ἑστία
ἐφεστρὶς - - - ἕννυμι
ἐφετμὴ - - - ἵημι in ε
ἔφηβος etc. - - ἥβη in ὁ
ἑφθὸς - - - - ἕψω
ἐφιάλτης - - ἰάλλω in ἵημι
ἔφορος - - - - ὁράω
ἐχεπευκὴς - - δένδρον
ἐχέτλη - - - - ἔχω
ἔχθες - - - - ἄημι
ἔχθρα, ἐχθραίνω, ἐχθρὸς, ἔχθω etc. - - - ἦχος
ἔχιδνα, ἐχίδνιον -ναῖος - ἔχις
ἐχινώδης - - - ἐχῖνος
ἐχιόδηκτος, ἐχίτης - - ἔχις
ἔχμα, ἐχμάζω - - ἔχω
ἐχυρὸς, ἐχυρόω - - - ib.
ἑψαλέος, ἑψανὸς - - ἕψω
ἕψεια, ἑψιὰ, ἑψιάομαι - ψάω

ἔψησις, ἑψητὸς -ψημα siehe in ἕψω
ἕωθεν, ἑωθινὸς - - ἄημι
ἕωλος - - - - ib.
ἑῶος - - - - ib.
ἕως - - - ib. u. εἰς

Ζ.

ζάθεος - - - - Ζεὺς
ζειὰ - - - - σῖτος
ζέμα, ζέννυμι, ζέσις -στὸς - ζέω
ζευγηλατέω, ζευγίτης, ζευγλὴ
ζεῦγμα, ζεύγνυμι, ζεῦγος
-κτὸς -ξις etc. - ζευγνύω
Ζεὺς - - - - unter δ
ζέφυρος - - - - ἄημι
ζηλήμων, ζῆλος -λόω -λωτὴς
etc. - - - - ζέω
ζημιόω -μιώδης - - ζημία
ζητεύω, ζήτημα etc. - ζητέω
ζοὸς - - - - ζάω
ζόφος, ζοφερὸς -φόεις -ώδης
etc. - - - - νίπτω
ζυγὰ - - - - σελὶς
ζυγάδηρον, ζύγιον, ζυγὸς etc.
ζευγνύω
ζυγίτης - - - - ἕζω
ζύμη, ζυμίτης, ζυμόω - ζέω
ζωγρέω -γρία - - - ζάω
ζωγράφος -φέω - - γλάφω
ζωδιακὸς, ζώδιον, ζωὴ -ηρὸς
etc. - - - - ζάω
ζῶμα - - - ζώννυμι
ζωμεύω, ζωμὸς - - ζέω
ζώνη, ζωννύω -νάριον - ζώννυμι
ζωογονέω, ζῶον etc. - - ζάω
ζωρὸν - - - κεράννυμι
ζώσιμος - - - ζώννυμι
ζωστὴρ - - - - ib.
ζωτικὸς, ζώω - - - ib.
ζωΰφιον - - - - ζάω

Η.

ἡβάω, ἡβήτης etc. — ἡβηδὸν, ἥβη - ὁ
ἡγεμὼν -νία, ἡγέομαι, ἡγεσία, ἡγέτης, ἥγημα - ἄγω
ἠγορέω - - - ἀγείρω
ἠδὲ - - - - - ἤ

ἡδέως, ἥδομαι, ἡδονὴ, ἦδος
ἥδυμος, ἡδύνω, ἡδυντὸς,
ἡδυπαθὴς, ἡδὺς, ἥδυσμα,
-δύτης - siehe in ἀνδάνω
ἤδη - - - - - ἔτι
ἤδηποτε - - - - ὁ
ἠέριος, ἠὴρ - - - ἄημι
ἠθὰς -θαλέος - - - ἕζω
ἤθεῖος -θικὸς - - - ib.
ἠθέω, ἠθμὸς -θω - - σείω
ἦθος - - - ἔθος in ἕζω
ἠϊόεις - - - - ἠϊὼν
ἦκα, ἥκαλος, ἠκαλόεις - ἀκὴν
ἥκιστος - - - - ib.
ἥκω - - - ἴκω in εἶμι
ἠλαίνω - - - ἀλάομαι
ἠλαάζω - - - - ib.
ἠλεὸς - - - - ib.
ἡλιεύω, ἡλιαία, ἡλιάζω, ἡλιαστὴς - - - - εἱλέω
ἠλίθιος, ἠλιθάζω - ἀλάομαι
ἤλιθα - - - ἀλῆναι
ἡλικία - - - - ὁ
ἡλικιώτης, ἡλίκος, ἧλιξ - ib.
ἥλιος, ἡλιόω - - - εἱλέω
ἠλὸς - - - ἀλάομαι
ἡλόω, ἧλος - - γόμφος
ἠλύγη - - - λάω, I.
ἧμα - - - - ἵημι
ἧμαι - - - - ἕζω
ἦμαρ, ἠμάτιος - - ἄημι
ἡμεδαπὸς - - - δάπεδον
ἡμεκτέω, ἡμεκτέω - - αἷμα
ἠμὲν - - - - ἤ
ἡμερεύω -ρήσιος -ρινὸς -ριος
ἄημι
ἡμερότης, ἡμερίδης, ἡμερότης - - - ἥμερος
ἡμερόω - - - θῆσθαι
ἠμὶ - - φάσκω in φάος
ἡμιθνὴς, ἡμιόλιος, ἥμισος,
ἡμιτελὴς - - - μέσος
ἡμιοβόλιον - - - βάλλω
ἡμίονος - - - - ὄνος
ἡμὸς - - - - ἐγὼ
ἥμων - - - - ἵημι
ἦν - - - - - εἰ
ἠνεκὴς - - - ἐνεγκεῖν
ἠνεμόεις - - - ἄημι
ἡνία - - χαλάω in χάζω
ἡνιόχος, ἡνιοχέω -χεὺς - ib.
ἦνις - - - - - εἷς

ἠόνιος - - siehe in ἠϊών
ἤπειρος -ρόω -ρώτης - πέρα
ἠπεροπεὺς -πευμα -πεύω - ἔπος
ἠπίαλος - - - ἵημι in ε
ἠπιάω -πιος -πιότης etc. - ἔπος
ἦρ - - - - ἄημι
ἠρεμία -μίζω -μος - ἔρημος
ἠρι - - - - ἄημι
ἠρίον - - - - θύω
ἠρώικος, ἡρωΐνη - - ἥρως
ἧσσα, ἡσσάομαι -σων - κράτος
ἡσυχῆ -χος -χάζω -χία -χως
-χιαῖος - - - ἵημι in ε
ἡτέρα - - - - ἕτερος
ἦτοι - - - - - ἤ
ἦτορ - - - - ἄημι
ἤτριον - - - γαστὴρ
ἠΰκομος - - - - θρίξ
ἠΰς - - - - - εὖς
ἠχέω, ἠχήεις, ἠχὼ - - ἦχος
ἠῶθεν - - - - ἄημι
ἠὼν - - - - ἠϊὼν
ἠώς, ἠῷος - - - ἄημι

Θ.

θαάσσω - - - - ἕζω
θᾶκος, θακέω -κεύω - - ib.
θαλάμη -μος - - θάλαμος
θάλασσα -σιος -σαῖος etc. - σάλος
θάλεια, θαλέθω, θάλειος, θαλερὸς, θαλιάζω, θαλύσια, θαλλὸς, θάλος etc. - θάλλω
θάλπος, θαλπωρὴ -πνὸς - θάλπω
θαμάκις - - - θαμὰ
θάμβος, θαμβέω -βημα - θάομαι
θαμειὸς, θαμὴς, θαμίζω, θαμινὸς - - - θαμὰ
θάμνος -νίτης - - - ib.
θάνατος etc. - - θείνω
θάπτω - - - - θύω
θαῤῥέω -ῤύνω - - θάῤῥος
θάρσος, θαρσαλέος, θαρσέω, θαρσύνω, θαρσὺς - - ib.
θάσσω - - - - ἕζω
θάτερον - - - ἕτερος
θαῦμα, θαυμάζω, θαυμαστὸς - - - θάομαι
θέα, θέαμα, θεάμων, θεάομαι ib.
θεατὴς, θέατρον - - ib.

θεία, θεῖος - siehe in πατὴρ
θειάζω, θειασμὸς - - Ζεὺς
θεῖον, θεῖος, θειότης, θειόω - ib.
θεῖον -ώδης -όω - - θύω
θειώδης - - - - Ζεὺς
θέλγμα -γητρον - - θέλγω
θέλημα - - - - θέλω
θελκτήριον -κτρον - θέλγω
θέλυμνον - - - τίθημι
θέμα - - - - ib.
θέμεθλον, θεμέλιον, θεμερὸς, θέμηλον - - ib.
θέμις, θεμιστὸς, θεμιτὸς - ib.
θέναρ - - χεὶρ in χάζω
θεοειδὴς, θεοείκελος, θεόθεν Ζεὺς
θεουδὴς etc. - - - ib.
θεὸς, θεὰ - - - ib.
θεοφάνια - - - - φάος
θέραψ, θεράπων, θεραπεύω θάλπω
θέρειος -ρειγενὴς - - ib.
θερέω - - - - ib.
θερίζω, θερινὸς, θεριστὴς - ib.
θερμαίνω, θέρμη, θερμὸς, θερμωλὴ - - - θέρω
θέρος - - - - ib.
θέσις, θέσμιος, θεσμὸς, θεσμοφόρος - - τίθημι
θεσπέσιος - - - Ζεὺς
θέσπις, θεσπίζω, θεσπιῳδὸς - ib.
θέτης, θετικὸς, θετὸς etc. τίθημι
θευμορία - - - Ζεὺς
θεωρὸς, θεωρέω etc. - θάομαι
θηέομαι für θεάομαι - ib.
θηγάλεος - - - δάκνω
θήκη - - - - τίθημι
θηκτὸς - - - - δάκνω
θηλάζεσθαι, θηλὴ, θηλυδρίας, θηλὼ, θηλύνω, θῆλυς, θηλύτης - - - θῆσθαι
θήμων, θημονία - - τίθημι
θῆξις - - - - δάκνω
θήρα -ράσιμος -ρατρον - θὴρ
θήραμα, θηρανὴς, θηράω, θηρεύω - - - - ib.
θήρειος, θηρητὴρ, θηριακὸς, θηρίον etc. - - - ib.
θησαυρὸς - - - τίθημι
θῆσσα, θητικὸς, θητεύω - θὴς
θίασος, θιασώτης - - Ζεὺς
θὶν, θὶς - - τίθημι in θ
θινόω, θινώδης - - ib.
θλάσις, θλαστὸς, θλάω - τείρω
θλίβω -βερὸς - - - ib.
θλῖμμα -μὸς - - - ib.

θλίψις - -	siehe in τείρω
θνησείδιον -σιμαῖον -	θείνω
θνήσκω, θνητὸς - -	ib.
θοάζω - - - -	σείω
θοίνη, θοινάομαι -νητικὸς etc. - - -	θῆσθαι
θολερὸς -λόω - -	θολὸς
θολώδης - - - -	ib.
θοὸς, θοόω - - -	σείω
θορὴ, θόρνυμι -ρόεις -	θύω
θορυβέω, θόρυβος - -	τείρω
θουρὶς, θούριος, θοῦρος -	θύω
θράνος, θρανίτης - -	ἕζω
θράσος - - -	θάῤῥος
θράττω - - -	ταράσσω
θρασύνω, θρασὺς, θρασύτης	θάῤῥος
θραυλὸς, θραύω, θραῦσμα etc. - - - -	τείρω
θρέμμα -μάτιον - -	τρέφω
θρεπτὴρ -πτρια - -	τρέφω
θρῆνος, θρηνέω, θρηνώδης	θρέομαι
θρῆνυς - - - -	ἕζω
θρησκεία, θρῆσκος -κεύω	θρέομαι
θριαμβεύω -βικὸς -	θρίαμβος
θριγκόω -κος -κωμα -	γεῖσον
θρίδαξ -δακίνη - -	λαχαίνω
θριπήδεστος -πόβρωτος -	τείρω
θρὶψ - - - -	ib.
θρόμβος -βόω - -	τρέφω
θρόνος - - - -	ἕζω
θρόος, θροῦς, θροέω -	θρέομαι
θρῦλος, θρυλέω etc. - -	ib.
θρύμμα - - -	τείρω
θρύπτω, θρυπτικὸς - -	ib.
θρύψις - - - -	ib.
θρώσκω, θρωσμὸς - -	θύω
θυάζω, θυὰς, θυάω - -	ib.
θυγάτηρ -τρίζω etc. -	πατὴρ
θυεία -είδιον - -	θύω
θυέλλα - - - -	ib.
θυέστης -στὸς - - -	ib.
θυήεις, θυηλὴ, θύημα -ητὸς etc. - - - -	ib.
θυὶς - - - -	ib.
θύλαξ -λάκιον -λακος -	σάττω
θῦμα - - - -	θύω
θυμάλωψ - - - -	ib.
θυμάρης - - - -	ib.
θυμέλη -λικὸς - - -	ib.
θυμήδης -μήρης - -	ib.
θυμιάω, θυμιάζω -μίαμα etc. - - - -	ib.
θυμικὸς, θύμος, θυμόω -	ib.
θύμιον, θυμὸς - - -	ib.

θυννάζω -νίζω -	siehe in θύω
θυννὰς -νος -ναξ -νὸς -	ἰχθὺς
θύννος -νω -νέω - -	θύω
θυόεις, θύος, θυόω - -	ib.
θυραῖος, θύραζε, θύραθεν, θύρετρον, θυρεὸς, θυρίδιον θύριον etc. - -	θύρα
θυρεὸς -ρεοφόρος - -	ἀσπὶς
θύρσος - - - -	θύω
θύρωμα, θυρὼν, θυρωρὸς -	θύρα
θύσανος, θύσθλον - -	θύω
θυσία, θυσιάζω, θύσιμος -	ib.
θυτὴρ, θύτης, θυτικὸς -	ib.
θωὴ - - - -	ζημία
θῶκος, θόωκος - -	ἕζω
θωμίζω, θῶμιξ - -	θώμιγξ
θωμὸς - - -	τίθημι
θωπεύω, θωπικὸς, θωπεία	θάομαι
θωρακίζω, θωρήσσω -ρηκτὴς etc. - - -	θώραξ
θωῦμα - - -	θάομαι
θὼψ - - - -	ib.

I.

ἰάζω, ἰακὸς - - -	ἰάων
ἴακχος -χέω - - -	ἰὴ
ἰάλεμος -μίζω -μίστρια -	ib.
ἰάλλω - - - -	ἵημι
ἰαμβίζω - - -	ἴαμβος
ἰάομαι - - - -	ἰαίνω
ἰάπτω - - - -	ἵημι
ἰάπυξ - - - -	ἄημι
ἰὰς, ἰαστὶ - - -	ἰάων
ἰάσιμος, ἴασις, ἰατήριος, ἰατὸς -τρεύω -τρὸς - -	ἰαίνω
ἰαύω, ἰαυθμὸς - -	ἄημι
ἰάχω, ἰαχέω - - -	ἰὴ
ἶβις - - - -	ὄρνεον
ἴγδη -δὶς -δίζω - -	θύω
ἰγνύα - - - -	γόνυ
ἰγνὺς - - - -	ib.
ἰδιάζω, ἰδιαστὴς.	δῆμος in δαμάω
ἰδίω, ἴδισις, ἶδος - -	ὕω
ἰδιωτεύω -της - -	δαμάω
ἱδρύω, ἱδρυτὸς -δρυμα -δρυσις - - - -	ἕζω
ἱδρὼς, ἱδρώω - - -	ὕω
ἵεμαι - - - -	εἶμι
ἱεράομαι -ρεία -ρεὺς -	ἵημι
ἱέραξ - - - -	ὄρνεον

ἱερεύω, ἱερὸς, ἱερόω siehe in ἵημι
ἱερόθυτος -ρομηνία - - ib.
ἱερομνήμονες - - κτίζω
ἵζω, ἱζάνω - - - ἕζω
ἵημι - - - - - ε
ἰητὴρ - - - - ἰαίνω
ἰθαγενὴς, ἰθαιγενὴς - γίγνομαι
ἴθμα - - - - εἶμι
ἰθὺς, ἰθύνω - - - θύω
ἰίζω - - - - ἵημι
ἱκανὸς, ἱκανότης - - εἶμι
ἱκάνω -κω - - - ib.
ἴκελος - - - - ἔοικα
ἱκέσιος - - - - εἶμι
ἱκετὴς -τεύω etc. - - ib.
ἰκμάζω, ἰκμαίνω -μιος - ἰκμὰς
ἵκμενος, ἱκνέομαι - - εἶμι
ἴκτερος -ρικὸς -ράω - - ὕω
ἰκτὶν - - - - ὄρνεον
ἰκτὶς -τιδῆ - - - γαλῆ
ἰκτὸς, ἴξις in comp. - εἶμι
ἰλαδὸν - - - - εἰλέω
ἱλάομαι, ἱλαρὸς, ἱλάσκομαι - ἵλαος
ἰλεὸς - - - - εἰλέω
ἵλεως - - - - ἵλαος
ἴλη - - - - εἰλέω
ἵλημι -λήκω - - - ἵλαος
ἴλιγγος -γιάζω - - εἰλέω
ἴλλω - - - - ib.
ἰλυόεις, ἰλύω, ἰλυώδης, ἰλὺς εἰλέω
ἱμάντιον -τάριον -τίδιον - ἱμὰς
ἱμάσθλη, ἱμάσσω -μάζω - ib.
ἱματίζω, ἱμάτιον - - ἕννυμι
ἱμάω - - - - ib.
ἵμερος, ἱμερτὸς, ἱμείρομαι - ἵημι
ἱμητήριον - - - ἱμὰς
ἱμονιὰ - - - - ib.
ἶν - - - - - - ἴς
ἰνδάλλομαι - - - εἶδον
ἰνίον, ἶνις, ἰνώδης - - ἴς
ἰξεύω -εύτηρ - - - γλία
ἰξία - - - - - ib.
ἰξὸς - - - - - ib.
ἰξὸς - - - - ἔχω
ἴον - - - ἐρεύθω in ρ
ἴος - - - - - εἷς
ἰὸς, ἰόω - - - - ἵημι
ἴουλος -λάζω - - γένυς
ἰπνὸς, ἶπος, ἰπόω - - ἴπτω
ἱππάζομαι, ἱππάριον, ἱππὰς,
 -σία etc. ἵππειος, ἱππεὺς,
 ἱππικὸς, ἱππότα etc. - ἵππος
ἵππαρχος -χία - - ἄρχω
ἱππόδρομος - τρέχω in δράω
ἱπποκορυστὴς - siehe in κέρας
ἵπταμαι, ἵπτημι - πεταννύω
ἴρη, ἶρις - - - - ἐρῶ
ἱρὸς - - - - ἵημι
ἰσάζω, ἰσάκις - ἴσος in εἶδον
ἰσηγορία, ἰσόκωλος - - ib.
ἴσθμια -μιαστὴς - - εἶμι
ἰσθμὸς -μικὸς - - - ib.
ἰσόθεος - - - - Ζεὺς
ἴσος, ἴσως - - - εἶδον
ἰσότης, ἰσόω - - - ib.
ἵστημι, ἱστίον - - - in σ
ἱστορέω -ρία -ρικὸς - εἶδον
ἱστὸς - - - - ἵστημι
ἵστωρ - - - - εἶδον
ἰσχανάω, ἰσχάνω -χνὸς - ἔχω
ἰσχὰς - - - - ib.
ἰσχίον -ιὰς -ιακὸς - - ib.
ἰσχναίνω -νόω -νότης - ib.
ἰσχνοκελὴς - - - σκέλλω
ἰσχυρίζομαι, ἰσχυρὸς, ἰσχύω,
 ἰσχὺς - - - - ἔχω
ἴσχω - - - - ib.
ἰταμὸς -μότης - - εἶμι
ἰτέϊνος, ἰτεὼν, ἰτέα - δένδρον
ἰτέον - - - - ἵημι
ἴτης, ἰτητέον - - - ib.
ἰτὺς - - - - ib.
ἰυγὴ, ἰυγμὸς - - - ἰὴ
ἴυγξ - - - - ὄρνεον
ἰύζω, ἰυκτὴς - - - ἴς
ἴφθιμος, ἴφιος, ἶφι - - ib.
ἰχθυάω, ἰχθύδιον etc. - ἰχθὺς
ἰχνάομαι, ἰχνεύω -εύμων
 -νεία -νος - - - εἶμι
ἰχὼρ, ἰχρώδης - - ἰκμὰς
ἰωκὴ - - - - δίω
ἰωνίζω -νικὸς - - ἰάων
ἰωνιὰ, ἴων - - ἐρεύθω u. ib.
ἰωχμὸς - - - - δίω

K.

καγκαίνω -κανος - - καίω
καγχαλάω, καγχάζω - κλάζω
καγκαλέος - - - καίω
κάγχρυς - - - σῖτος
κάδος, κάδδος -δίζω - χάζω
καθαρεύω -ρίζω, καθάριος,
 κάθαρμα etc. καθαρὸς, κά-
 θαρσις, καθαρτὴς - καθαίρω

καθετὴρ, κάθετος - siehe in ἵημι
καιάδες - - - βάραθρον
καινίζω -νὸς - - - νέος
καινὶς - - - - καίνω
καίνυμαι - - - - ib.
καίπερ, καίτοι - - - καὶ
καίριος - - - καιρὸς
κάκη, κακία -κίζω -κότης -κὸς -κύνω etc. - - - χάζω
κακηγορία - - λέγω
κακκαβίζειν - - - ὄρνεον
κακκείω - - - κεῖμαι
κακκὸς - - - - χάζω
κάκκη - - - - μίνθα
κακοδαίμων - - - δάημι
κακολογία - - - λέγω
κακόστομος - - - στείβω
καλαθίσκος -θὶς - κάλαθος
καλαμεύω, καλάμη -μάομαι -μος - - - - καίω
καλήτωρ - - - καλέω
καλιὰ -λιὰς -λόπους - καίω
καλινδέω - - - κυλίω
καλιστρέω - - - καλέω
καλλιγύναιξ - - - ἀνὴρ
καλλιεπέω - - - ἔπος
καλλίπαις -παιδία - - παῖς
καλλιπίρειος - - γίγνομαι
καλπήζω, κάλπις - καλύπτω
καλύβη, κάλυμμα, κάλυξ etc. ib.
καλυπτὴρ -τρια - - ib.
καλώδιον -λως - - πρὸ
καμάκινος -μαξ - - καίω
καμάρα -ρόω -ρωτὸς - ib.
κάματος -τηρὸς - - κάμνω
καμηλίτης -ληλάτης -λος - ἵππος
καμινεύω -ναῖος -νευτὴς, κάμινος - - - καίω
καμμύω - - - - μύ
καμπὴ, κάμπυλος, κάμψις etc. κάμπτω
κἂν - - - - - καὶ
κάναστρον -ναθρον - καίω
καναχέω -ναχὴ -ναχίζω - κλάζω
κάνης, κάνεον, κανηφόρος - καίω
κάνθαρος -ρὶς - - κάραβος
κάννα, κάννη - - - καίω
κάνναβις - - λίνον in ἔρος
κανὼν -νονικὸς - - καίω
κάπη - - - - κάπτω
καπηλεύω, κάπηλυς - - ib.
καπίθη - - - - ib.
κάπνος, κάπνη -νίζω, καπνηδόχη etc. - - ὄψομαι
κάπρος -ρίσκος -ράω siehe in ὗς
καραδοκέω -κία - - κάρα
καρανιστὴρ, καρατομέω - ib.
κάρδαμον - - - λαχαίνω
κάρη, κάρηνον -ήατος -ητὸς κάρα
καρηβαρέω, καρηκομέω - ib.
καρκαίρω - - - κλάζω
καρκίνος -νὰς -νευτὴς - κάραβος
κᾶρος - - καθεύδω in ἄημι
καρπάλιμος - - ἁρπάζω
καρπάσινος -σος - - ἔργον
καρπίζω, καρπισμὸς -πιστὴς -πος, καρπόω -πωσις etc. κάρφω
καῤῥων - - - κράτος
κάρσις - - - - κείρω
κάρτα, καρτερέω -ρία -ρικὸς - - - - κράτος
καρτὸς ib. - - - ib.
κάρτος, κάρτιστος, καρτύνω - ib.
καρύκινος -κεάω - - καρύκη
κάρυον -ρύα -ρύδιον - δένδρον
καρφαλέος, καρφὶς -φος -φύνω etc. - - - κάρφω
καρχαλέος - - χαράσσω
καρχαρίας, κάρχαρος - - ib.
κασίγνητος -τη - - πατὴρ
κάσις - - - - ib.
κασσίτερος - - - χαλκὸς
καστόριον -ρίζω - - κάστωρ
κάταγμα - - - ἄγω
καταγύναιξ -νης - - ἀνὴρ
κατάντημα - - - ἀντὶ
κατάρατος - - - ἀρὰ
καταργέω - - - ἔργον
κατάῤῥους -ῤῥυὴς - - ῥέω
κατήκοος - - - ἀκούω
κατηρεφὴς - - ῥέπτω in ῥέω
κατηφὴς, κατηφιάω - - φάος
κατήχησις - - - ἦχος
κατόπιν - - ὀψὲ in ἕπομαι
κάτω - - - - - κατὰ
κάτωθεν - - - - ib.
κατωκάρα - - - κάρα
κατωνάκη - - - ἀμνὸς
καυθμὸς - - - καίω
καυλὸς -λέω -λωτὸς - - ib.
καῦμα, καῦσις, καῦσος, καυστὸς, καυτὴρ -τήριον, καύτικος - - - - καίω
καύχημα -χησις - - εὔχομαι
καχέκτης, καχεξία - - ἔχω
κάχρος - - - - σῖτος
καχυποτοπέομαι - - δάπεδον

κάψις - - siehe in κύπτω
κάω - - - - καίω
κέγχρος - - - - σῖτος
κεδάζω - - - - κεάζω
κέδρος -δρινος -δρωτὸς - δένδρον
κεῖθι -θεν - - - ἐκεῖ
κειμήλιος -λιόω - - κεῖμαι
κεῖνος - - - - ἐκεῖ
κεινὸς - - - - κενὸς
κεκραγμὸς -κρακτὴς - κλάζω
κέλαδος -δέω - - κέλλω
κελαινότης, κελαινὸς - - λάω
κελαρύζω - - - κέλλω
κέλευθος - - - - ib.
κελεύω, κέλευσμα -στης - ib.
κέλης, κελητίζω - - - ib.
κέλομαι - - - - ib.
κέλυφος -λύφη - - καλύπτω
κενέβρια -βρεῖα - - θείνω
κενεὸς, κενεὼν, κενόω - κενὸς
κενήριον, κενοτάφιον - θύω
κέντημα, κεντρίζω, κέντρον
-τρόω -ταυρος - - κένσαι
κεντρίνης - - - ἰχθὺς
κέντωρ, κέντρων - - κένσαι
κεραία, κεραΐζω - - κέρας
κεραμικὸς, κεραμεὺς etc. - λεκὸς
κεραννύω - - κεράννυμι
κεραὸς - - - - κέρας
κέρασος - - - δένδρον
κεράστης - - - κέρας
κεραστὸς - - κεράννυμι
κεράτινος, κεράτιον - κέρας
κεραύλης - - - - ib.
κεραύνιος -νόω - κεραυνὸς
κερδαίνω, κερδαλέος, κερδέω
-δίων, κέρδιστος, κερδο-
σύνη, κερδῷος -δὼ - κέρδος
κερκὶς, κερκίζω -κισις - κρέκω
κέρμα, κερματίστης - κείρω
κεροειδής - - - κέρας
κερχαλέος, κερχώδης, κερχνάω
etc. κέρχνος, κέρχω - κρέκω
κέρχη - - - - ὄρνεον
κεστὸς, κέστρον -ρόω - κένσαι
κεύθω,-θμὸς, κεῦθος -θάνω κρύπτω
κεφαλὴ -λαιον - - κάρα
κηδεστὴς -δος - - γάμος
κηδέω, κήδιστος -δεύω -δε-
μὼν etc. - - - κῆδος
κήλεος -λειος - - - καίω
κηλέω, κήλημα -ληθμὸς
-λητήριος etc. - - καλέω
κηληδὼν - - - σείρην

κηλήτης -λη - siehe in βρόγχος
κηλὶς -λιδόω - - - καίω
κηλὸν, κῆλα - - - καίω
κηπουρὸς -πωρὸς etc. - κῆπυς
κῆρ - - - - καρδία
κήρινος, κηρίον -ρὺς - μέλι
κηρόω -ρωμα - - - ib.
κήρυγμα, κηρύσσω etc. - γῆρυς
κῆρυξ -ρυκτὸς -ρυξις - ib.
κηφὴν -φηνώδης - - μέλι
κηώδης, κηώεις - - καίω
κιάθω - - - - εἶμι
κίβδηλος -λεύω -λιαίω - γίγνομαι
κίβισις -βυσις -βωτὸς - κίστη
κιγκλὶς - - - κλίνω
κίδνημι - - - κεάζω
κιθαρίζω etc. - - λύρα
κικλήσκω - - - καλέω
κιμβάζω - - - κάμπω
κινάβρα -βράω - - τείρω
κίνδυνος -νώδης -νεύω - εἶμι
κινέω - - - - ib.
κίνηθρον, κινητὴρ, κίνημα etc. εἶμι
κινναβάρινος - - ἐρεύθω in ρ
κινύρομαι -ρὸς - - δάκνω
κιρκησία -κόω - - κίρκος
κιρνάω, κίρνημι - κεράννυμι
κισσὸς - - - - θύω
κισσόω, κίσσινος - - κισσὸς
κιχάνω - - - - εἶμι
κίχλη - - - - ὄρνεον
κιχλίζω - - - κλάζω
κιχράω, κίχρημι - - χράω
κλαγγὴ κλαγγάω -γαίνω - κλάζω
κλαγερὸς - - - - ib.
κλάδος -δάω -δεύω - κλάω
κλαρῶται - - - πένομαι
κλᾶσις, κλάσμα -στάω - κλάω
κλαυθμὸς, κλαυτὸς, κλαυθ-
μυρίζω - - - δάκνω
κλάω, κλαίω - - - ib.
κλεινὸς - - - καλέω
κλεὶς, κλεῖθρον -στρον -στὸς κλείω
κλειτὸς - - - - καλέω
κλείω - - - - ib.
κλέμμα -μάδιος - - κλέπτω
κλέος - - - - καλέω
κλέπος, κλέπτης - - κλέπτω
κλεψίγαμος - - - ib.
κληδονεύω -νίζω - - καλέω
κληδὼν - - - - ib.
κλῆθρα - - - δένδρον
κληΐζω -ΐω - καλέω u. κλείω
κληῒς - - - - κλείω

κορύπτω -τιλος - siehe in κέρας
κορὺς -ρύθιον - - κάρα
κορύσσω -ρυστὴς - - ib.
κορώνη -νις -νὸς - ὄρνεον
κορκινεύω -νίζω -νον - σείω
κοσμέω -μητὴς, κόσμιος etc. κόσμος
κοτέω, κοτήεις - - κότος
κότταβος -βεῖον -βίζω - κλάζω
κουλεὸν - - - μάχομαι
κουρὰ -ρεῖον -ρεὺς - κείρω
κουρίδιος -ρίζω, κοῦρος κόρος,, 1.
κουριάω, κουρὶξ, κούριμος κείρω
κοῦφος -φόνεια - - βρίθω
κόφινος - - - - καίω
κοχλίον -λὶς etc. - κοχλὸς
κόψιχος - - - ὄρνεον
κράδασις -δαίνω -δαλὸς κραδάω
κραδίη - - - καρδία
κράζω - - - κλάζω
κραιαίνω - - - κραίνω
κραιπάλη -πνὸς - - οἶνος
κραῖρα - - - κραίνω
κρᾶμα - - - κεράννυμι
κραμβαλέος - - κράμβος
κρανίον, κρανιόλειος -νος - κάρα
κραντὴρ -τὴς -τωρ - κραίνω
κρὰς - - - - ib.
κρᾶσις - - - κεράννυμι
κράσπεδον - - - κρηπὶς
κράστις -στίζω - - χέω
κραταιὸς, κρατερὸς, κρατευ-
ταὶ -τέω -τὴς - κράτος
κρατὴρ -ριον -ρίζω - κεράννυμι
κράτιστος -τιστεύω - κράτος
κρατὸς - - - - κάρα
κρατὺς, κρατύνω - - κράτος
κραυγάζω -γάνω, κραυγὴ - κράζω
κραῦρος -ρότης -ρόω - κάρφω
κρεάδιον, κρεανόμος - κρέας
κρεαίνω - - - κραίνω
κρεηφαγέω - - - κρέας
κρεῖον - - - - ib.
κρείσσων - - - κράτος
κρείων - - - κραίνω
κρεμαστὴρ -στὸς, κρεμάθρα,
κρεμαννύω - κρεμάννυμι
κρέμβαλον - - - κρούω
κρεουργὸς - - - κρέας
κρέσσων - - - κράτος
κρέων - - - κραίνω
κρεωπώλης etc. - - κρέας
κρέως - - - - ib.
κρήδεμνον - - - κραίνω

κρῆθεν - - siehe in κραίνω
κρήμναμαι -μνίζω, κρημνὸς
-μνώδης - - κρεμάννυμι
κρήνη -νὶς - - κεράννυμι
κρηπῖδας -δόω - - κρηπὶς
κρητὴρ -ρίδιον - - κροῦνος
κρῖ - - - - σῖτος
κριγμὸς -γὴ - - κλάζω
κρίζω - - - - ib.
κρίθινος -θάριον -θῆ - σῖτος
κρίκος -κόω - - κίρκος
κρίμα - - - - κρίνω
κριμνώδης - - - κρίμνον
κρίνεα -νινος -νιὸν - κρίνον
κριὸς, κριηδὸν - - ἀμνὸς
κρίσις -σία - - - κρίνω
κριτὴς -τήριον, κριτικὸς -τὸς ib.
κροαίνω - - - κρούω
κρόκη, κροκὶς - - κρέκω
κρόκινος -κος -κόω - - ib.
κροκόεις -κώδης - - ib.
κροκὺς -κυδισμὸς - - κρέκω
κρόμμιον -μυον - - βόλβος
κρονικὸς, κρόνια - - κρόνος
κρόταλον, κρόταφος, κροτέω
-τος - - - κρούω
κρουναῖος -νίζω - κροῦνος
κροῦμα, κροῦσις -στικὸς - κρούω
κρύβδην - - - κρύπτω
κρυερὸς, κρυμὸς -μώδης,
κρυόεις -όομαι - - κρύος
κρυπτάδιος, κρυπτείομαι,
κρύπτη -τὸς - - κρύπτω
κρυσταίνω - - - κρύος
κρύσταλλος -λίζω -λινος - ib.
κρύφα -φαῖος -φιος, κρύψις
-ψίγονος etc. - - κρύπτω
κρωγμὸς, κρώζω - - κλάζω
κρωσσὸς -σίον - - καλύπτω
κτέανον, κτεατίζω, κτέαρ κτάομαι
κτείνω - - - - καίνω
κτεὶς - - - - κείρω
κτενίζω - - - - ib.
κτέρεα, κτερεΐζω - - κτάομαι
κτῆμα -μάτιον - - ib,
κτῆνος -νηδὸν -νίτης - ib.
κτῆσις, κτητικὸς, κτητὸς -τωρ ib.
κτίλος - - - - ὄϊς
κτίννυμι, κτιννύω - - καίνω
κτίσις, κτίσμα -στης -στὸς
.-της - - - κτίζω
κτόνος - - - - καίνω
κτυπέω, κτύπος - - δοῦπος
κύαθος - - - - κύω

κύαμος -μεύω etc. siehe in ὄσπρια
κυάνεος - - - κύανος
κύαρ - - - - κύω
κύβδα - - - - κύβη
κυβερνάω -νήτης -νησις - πρὸ
κυβεύω -βεία -βικὸς -βος - κύβη
κυβιστάω -στὴρ - - ib.
κυδαίνω, κυδάλιμος, κύδιμος, κυδίων - - - καλέω
κυδοιμέω -μὸς - - - ib.
κυδρὸς, κυδνὸς, κῦδος - ib.
κυέω, κύημα, κυΐσκω - κύω
κυκάω -κημα -κησις - κεράννυμι
κυκεὼν -κηθρον - - ib.
κύκλα (τὰ) - - - κύκλος
κυκλὰς -κλέω -εύω, κυκλικὸς -λιος -λόεις -όω etc. κυκλωψ - - - - ib.
κύκνος - - - ὄρνεον
κύλη - - - - κύω
κυλινδέω, κύλινδρος -λίνδησις - - - - κυλίω
κυλίννη -νοειδὴς - - βαίνω
κύλισις, κυλίστρα - - κυλίω
κύλιξ - - - - κύω
κυλλὸς - - - - κυλίω
κῦμα, κυμαίνω -ματίζω -τόω etc. - - - - κύω
κύμβαχος - - - κύβη
κύμβος -βιον -βαλον -βαλίζω κύω
κυνάριον -νάω - - κύων
κύνειος, κυνέη, κυνηγὸς -γετέω ib.
κυνηλασία -λατέω - - ib.
κυνίδιον -νίζω -νίσκος -νιστὶ -νισμὸς - - - ib.
κυνικὸς -νηδὸν -κύντερος - ib.
κυπάρισσος -σινος - δένδρον
κύπετος - - - δοῦπος
κύπη -κυπελλὶς, κύπελλον - κύω
κύπρις - - - κύπρος
κύπτω -τάζω -πτὸς - κύβη
κυρέω - - - - κύρω
κύρια -ρεία -ριεύω -ριος -ρόω etc. - - κῦρος
κύρμα - - - - κύρω
κυρτὸς, κυρτόω -τωμαι -τότης - - - - κύω
κύσθος - - - - ib.
κυσὸς, κύσσαρος - - ib.
κύστις - - - - ib.
κύτος - - - - ib.
κῦφος -φὸς -φόω -φων - κύβη
κυψέλη -λὶς -λιον - - κύω
κῶας - - - - οἶς
κώδεια, κώδων, κωδωνίζω siehe in κύβη
κώδιον - - - - οἶς
κωθονίζω - - κεράννυμι
κωλάριον -λῆ -λὴν - κῶλον
κωλικὸς - - - - ib.
κώλυμα, κωλύω -λυτικὸς - κόλος
κῶμα -ματώδης - - ἄημι
κωμάζω -μαστὴς - - κώμη
κωμήτης, κωμηδὸν - - ib.
κωμικὸς, κώμιον, κωμόπολις - ib.
κῶμος -μίδιον -μύδριον - ib.
κωμῳδέω -δὸς - - - ib.
κωνάω -νίον -νικὸς - κῶνος
κωνωπεῖον -πεὼν - - κώνωψ
κῶς - - - - κὼς
κώπη -πήεις - - κόπτω
κῶρος - - - - κόρος
κώρυκος - - - γώρυτος
κωτίλως - - - κωτίλλω
κωφὸς -φότης -φάω - κόπτω
κωχεύω - - - - ἔχω

Λ.

λαβὴ -βὶς etc. - δίδωμι in δάνος
λάβρος -βρεύομαι - - ib.
λαγαρὸς -ρίζω - - δάνος
λάγηνος -νιον - - λεκὸς
λαγίδιον - - - δασὺς
λαγνεία -νεύω -νος - λάγνης
λαγχάνω - - - κλάω
λαγώδιον - - - δασὺς
λαγὼν - - - - δάνος
λαγὼς - - - δασὺς
λάθρα -θραῖος -θρόω - κρύπτω
λάθυρος - - - ὄσπρια
λάϊγξ - - - - λᾶας
λαῖλαψ -λαπώδης - - θύω
λαιμάζω - - - δάνος
λαίμαργος - - - - ib.
λαιμάσσω, λαιμὸς - - ib.
λάϊνος - - - λᾶας
λαιὸς - - - ἀριστερὸς
λαῖφος - - - ἵστημι
λαιψηρὸς - - - ἄφαρ
λακαίνω - - - - λάκων
λακεδαιμόνιος - - - ib.
λακερὸς -ρύζα - - λακεῖν
λακίζω, λακὶς -κισμος - ib.
λάκκος -καῖον - - - ib.
λακπάτητος - - - βαίνω
λακτίζω -τιστὴς - - λὰξ

λακωνὶς -νίζω etc. siehe in λάκων
λαλαγέω -λὴ, λάλημα, λάλος, λαλίστερος, λαλιὰ etc. λαλέω
λάλλη - - - - ib.
λαμβάνω - - - δάνος
λάμια -μυρὸς - - - ib.
λαμπὰς -πάδιον -πετάω, λάμπος, λαμπηρὸς, λαμπρὸς, λαμπτὴρ, λαμπρύνω -πυρὸς etc. - λάμπω in λάω, 1.
λανθάνω - μιμνήσκω u. κρύπτω
λαξεύω -ξευτὴς - - λᾶας
λαὸς, λαοργὸς - - δαμάω
λάπαθον, λαπαρὸς λάβρος in δάνος
λαπάζω - - - - ib.
λάπη für λάμπη - - λάω, 1.
λάπτω - - - - δάνος
λάρναξ -νακοφόρος - κίστη
λάρος, λάρυγξ -ρυγγίζω - δάνος
λᾶς - - - - λᾶας
λάσιος -σίων - - δασὺς
λάταγα -γὴ -γεῖον - κλάζω
λατόμος -μέω -μία - λᾶας
λατρεία -τρεύω -τρις - θὴς
λαφύσσω -φυγμὸς - - δάνος
λάφυρος - - - δαμάω
λάχανον -χανεύω etc. - λαχαίνω
λάχεσις - - - - κλάω
λαχναῖος -νη - - - ἔρος
λάχος - - - - κλάω
λέαινα - - - λάω, 1.
λεαίνω - - - - λεῖος
λέβης -βήτιον - - - λεκὸς
λεηλατέω -λασία - - δαμάω
λεία - - - - - ib.
λειαίνω - - - - λεῖος
λείβηθρον - - - λείβω
λεῖμμα - - - - λείπω
λειμὼν -μώνιος - - λείβω
λειόω, λειότης - - - λεῖος
λειρίοεις -ριον -ρινος - κρίνον
λειτουργία -γὸς - - δαμάω
λείψανον -ψις - - λείπω
λεκάνη -κάνιον - - λεκὸς
λέκιθος - - - λάω, 1.
λεκτὸς - - - - λέγω
λεκτικὸς, λέκτρον - - ib.
λέμμα - - - - λέπω
λεξείδιον, λέξις etc. - - λέγω
λεόντειος -τιος, λεοντῆ - λάω, 1.
λεοντώδης - - - ib.
λέπαδνον - - - λέπω
λεπαῖος - - - - ib.
λέπας, λεπίζω, λεπιδωτὸς siehe in λέπω
λεπὶς, λέπισμα - - - ib.
λέπρα, λεπρὸς -πρόω -πρώδης ib.
λεπτὸς -τότης - - - ib.
λεπυρὸς - - - - ib.
λεσχάζω -σχαίνω -σχηνεύω λέσχη - - - - λέγω
λευγαλέος - - - λύγη
λευκαίνω - - - λάω, 1.
λεύκη, λευκὸς -κόω -κωμα - ib.
λευσμὸς -σιμος - - λᾶας
λεύσσω - - - λάω, 1.
λευστὴρ - - - - λᾶας
λευχείμων - - - λάω, 1.
λεύω - - λᾶος u. λάω, 1.
λέχος - - - - λέγω
λέχριος -χρις - - - λέγω
λέχω - - - - - ib.
λέω - - - - λάω, 1.
λεὼς - - δῆμος in δαμάω
λῆθος, λήθη -θάργος -θεδὼν -θομαι - - μιμνήσκω
ληΐας, ληΐη, ληΐζω, ληΐς - δαμάω
λήϊον - - - - - ib.
ληϊστὴρ -στὴς -στὸς -στὺς -ΐτις - - - δαμάω
λήϊτος - - - - ib.
ληκέω - - - - λάκω
λῆμα -ματίας -τόω - λάω, 2.
λημάω -μαλέος - - λήμη
λῆμμα - - - - δάνος
λημνίσκος - - - λῆνος
ληναῖος -νὸς -νεύω - τρυγέω
λῆξις - - - λέγω u. κλάω
ληπτὸς -πτὴρ - - δάνος
ληραίνω, ληρέω -ρώδης - λῆρος
λησμοσύνη - - μιμνήσκω
λῆστις - - - - ib.
ληστρικὸς - - λεία in δαμάω
ληχμὸς - - - - κλάω
λῆψις - - - - δάνος
λίαν - - - - κράτος
λιάζομαι - - - χάζω
λίβανος, λιβὰς -βος etc. - λείβω
λιγαίνω - - - - λίζω
λίγδην - - - - ib.
λιγέως - - - - ib.
λιγνὺς -νόεις - - λάω, 1.
λιγυρὸς -ρίζω - - λίζω
λιγὺς - - - - ib.
λίθαξ -θάζω -θάριον -θὰς -θος -θεος etc. λιθίδιον -θινος, λιθὶς -θόω etc. - λᾶας

λικμαίνω -μητὴς -μητὴρ siehe in ἄχυρον
λικμὰς -μὸς - - - ib.
λίκνον - - - - ib.
λιμαίνω - - - - δίψα
λιμενίζω, λιμὴν - - λείβω
λιμηρὸς - - - - ib.
λίμνη, λιμναῖος -νάζω - ib.
λιμὸς -μώδης -μώττω - δίψα
λιμπάνω - - - λείπω
λινάριον, λίνον, λίνεος - ἴρος
λινόπτης -νοπτῶμαι -τάζω - ib.
λινοῦς, - - - - ib.
λιπαίνω -πάω -παρὴς -ρέω λίπος
λιπαρὸς -ρότης - - - ib.
λίπτω -πτομαι - - λίσσομαι
λῖς, λίσπος - - - λεῖος
λισσὸς - - - - ib.
λίστρον -στρόω -στραίνω - ib.
λίσφος - - - - ib.
λιτάζομαι - - - λίσσομαι
λίτανος -νεία -νεύω, λιτὴ - ib.
λῖτον - - - - λεῖος
λιτὸς -τότης - - - ib.
λιχανὸς λιχνεία -νος - λείχω
λιχμάζω -μάω - - - ib.
λίχνος -νεύω - - - ib.
λὶψ, λιβὸς - - - ἵημι
λοβὸς, λόβιον - - - λέπω
λογὰς, λογίδιον, λογίζομαι, -σμὸς, λόγιμος -γιστὴς -στικὸς, λογικὸς, λόγιος -ότης, λόγος etc. - λέγω
λογχάνω -χη -χεύω - κλάω
λόγχη, λογχάριον - - δόρυ
λοιβὴ, λοιβάσιον -βὶς - λείβω
λοίγιος -γὸς - - - οὐλαὶ
λοιδορέω -ρημα -ρία - λοίδορος
λοιμώττω, λοιμικὸς -κώδης, λοιμὸς - - - λείπω
λοιπὸς - - - - ib.
λοξὸς -ξεύω -ξίας - - λέγω
λοπὰς -πὶς - - - λέπω
λοπὸς -πίζω - - - ib.
λούστης -τιάω -τὴρ - βάλανος
λουτρὸν -τρὼν - - - ib.
λοφία, λόφος -φόεις - λέπω
λοχαγὸς -γία - - - λέγω
λοχάδην - - - - ib.
λοχαῖος -χιος -χεύω -χεία - ib.
λοχάω, λόχμη -μιος - - ib.
λόχος - - - - ib.
λοχὸς -χισμὸς - - - ib.
λοχίζω - - - - ib.
λοχίτης - - siehe in λέγω
λυγαῖος -γη - - λάω, 1.
λυγγάνω, λυγδὴν - - λύζω
λυγίζω -γηρὸς -γιστὸς - λύγος
λύγινος - - - - ib.
λυγμὸς - - - - λύζω
λὺγξ, λυγκεῖος - - - ib.
λυγόω, λυγώδης - - λύγος
λυγρὸς - - - - λύπη
λύθρον -θρώδης - - λῦμα
λυκάβας - - - ἕνος in εἷς
λύκαινα -κος - - λάω, 1.
λυκαυγὲς -κόφως - - ib.
λυκέη, λύκειος, λυκῆ -κίς - ib.
λῦμα, λυμαντὴρ, λυμαίνομαι λῦμα
λύμη -μεὼν - - - ib.
λυπηρὸς, λυπέω, λυπρὸς - λύπη
λυρίζω, λυρικὸς -ρῳδὸς - λύρα
λύσις, λύσιος - - δέω, 1.
λυσιτελὴς -λεια - - τέλλω
λυσσώδης -σσάω -σσόω, λύσσα κίω
λυτὴρ, λυτὸς, λύτω -τρὸν τροῦμαι - - - δέω, 1.
λύττα - - - - μάω
λύχνις -νίδιον -νιον -νία, λύχνος - - - λάω, 1.
λωβάομαι, λωβητὺς -τὴς, λωβεύω - - λώβη
λώϊστος, λωΐτερος, λωΐων - λάω, 2.
λώπη, λῶπος, λωποδύτης - λέπω
λωφάω -φησις - - - ib.

M.

μαγὰς - - - - λύρα
μάγγανον -νεύω - - μῆκος
μαγεύω -γεία -γευτὴς, μάγος - ib.
μάγειρος -ρεύω, μαγεὺς - μάσσω
μαγικὸς - - - μάγος
μαγὶς, μάγμα - - μάσσω
μαδερὸς, μαδάω - - μαδὸς
μᾶζα, μάζιον, μαζίσκη - μάω
μαζὸς - - - - ib.
μάθημα -θησις -θητὴς -θητεύω. - - - - δάημι
μαῖα -μαιεύω etc. - - μάω
μαιμάω -μάσσω - - ib.
μαιμόω, μαίομαι - - ib.
μαίνομαι, μαινὰς - - ib.
μαιόω, μαίωθρον - - ib.
μάκαρ, μακαρία etc. - δάημι
μακεδνὸς - - - μῆκος

μάκελλα -κέλη - siehe in κέλλω
μακκοάω - - - - νόος
μακρὸς, μακρόθεν -κρύνω etc. ib.
μάκτρα - - - μάσσω
μάλα - - - - κράτος
μάλαγμα, μαλακία -κίζω - μαλὸς
μαλακιάω, μαλακὸς -κότης
etc. - - - - - ib.
μαλάσσω, μαλακτὸς etc. - μαλὸς
μάλη - - - - μασχάλη
μαλερὸς - - - μαλὸς
μάλθα -θακὸς, μαλθάσσω - ib.
μάλιστα - - - κράτος
μάλκη -κάω - - - μαλὸς
μαλλίον -λυξ -λωσις - θρίξ
μᾶλλον - - - κράτος
μαλλωτὸς - - - μαλλὸς
μαλὸς - - - - ib.
μάμμα -μαία -μίον -μία etc. πατὴρ
μανδαλωτὸν - - μάνδαλος
μάνδρα - - - κτάομαι
μανθάνω - - - δάημι
μανία -νικὸς -νιώδης - μάω
μανότης, μανόω - - μανὸς
μαντεύομαι -τεία -τικὸς,
μάντις - - - - μάω
μαπέω - - - μάρπτω
μάραγδος - - μαρμαίρω
μαραίνω -ρανσις -ρασμὸς - ib.
μαργαρίτης -ρον -ρώδης - ib.
μαργίτης -γότης - - μάργος
μαρίλη -λεύω -λεύτης - μαρμαίρω
μάρμαρος -ρύγη -ρύσσω - ib.
μαρσύπιον - - βαλάντιον
μαρτυρέω -τύριον -τυς - μάρτυρ
μάσημα -σησις -σητὴρ μασάομαι
μασθὸς - - - μάσσω
μασσάομαι - - μασάομαι
μάσσων - - - - μῆκος
μαστάζω, μάσταξ - μασάομαι
μασταρύζω - - - ib.
μαστεύω -στειρα - - μάω
μαστιγεὺς -γίας, μάστιγμα
-στιγόω - - - ἱμὰς
μάστιξ, μάστις - - - ib.
μαστιχάω, μαστίχη - μασάομαι
μαστίω -στίζω - - - ἱμὰς
μαστὸς -στὺς - - - μάω
μαστὸς -στάριον - - μάσσω
μαστρὸς -ρία - - μάω
μαστρύλλιον -τρύλλιον - ib.
μαστρωπεύω -στροπὸς, μα-
στρωπὸς - - - ib.
μάστωρ - - - - ib.
μασχαλίζω -λιστὴρ siehe in μασχάλη
ματαΐζω, ματάω, μάταιος
-ότης - - - - - εἰκῇ
ματεύω -τευτὴς - - μάω
μάτην - - - - εἰκῇ
μάττω, ματτύα -τυάζω - μάσσω
μάχαιρα - - - μάχομαι
μαχάω - - - - ib.
μαχλὰς -λος -λοσύνη - μάργος
μαχητὴς, μάχιμος, μάχη etc.
μάχομαι
μαψιδιῶς - - - μὰψ
μεγαίρω - - - φθάνω
μεγαλεῖος -λίζω -λύνω, μέ-
γεθος etc. - - μέγας
μεδέω - - - - μέδω
μέδιμνα - - - μέτρον
μεθήμων -μοσύνη - - ἵημι
μεθύσκω -θυσος -θυστικὸς,
-θύω -θη -θυ etc. - οἶνος
μειδάω -δημα -διάω - γελάω
μείζων - - - - μέγας
μείλιγμα -λινὸς -λιον - μειλίσσω
μειλικτὸς, μείλιχος etc. - ib.
μειονεκτέω - - πίμπλημι
μειόω, μείων -ωσις - μέγας
μελάγχολος -λάω - - λάω, I.
μέλαθρον - - - - ib.
μελαίνω, μελανείμων -λανία ib.
μελάνιζω -λας etc. - - ib.
μέλδω - - - - τέγγω
μελεαγρὶς - - - ὄρνεον
μελεδαίνω -δων - - μέλει
μελεϊστὶ - - - - μέλος
μελετάω, μελέτη -τωρ - μέλει
μέλημα -λησίμβροτος - ib.
μελίγηρυς -γλωσσος - - μέλι
μελίζω - - - - μέλος
μελία - - - - δένδρον
μελικὸς -κτὰς - - μέλος
μέλισμα -στὴς - - - ib.
μέλισσα -λίσσων - - μέλι
μελίτειον -τίτης -τόεις -τόω
etc. - - - - - ib.
μέλιττα, μελίχροος -χρὸς - ib.
μελλέποσις -λελόγαμος - μέλλω
μέλλημα -λησις -λητὴς - ib.
μέλομαι - - - - μέλει
μέλπηθρον - - μέλπομαι
μελύδριον, μελῳδὸς -δία - μέλος
μεμπτὸς -ψις - - μέμφομαι
μενεαίνω -νάκορος - - μένω
μενετὸς - - - - ib.
μέντοι - - - - μὲν

μένος - μενονὴ - μενοινάω
siehe in μένω
μερίζω - - - - - μείρω
μέριμνα -νάω -νητὴς - ib.
μερὶς -ρισμὸς -ριστὴς - ib.
μέρμηρα, μέρμερος -ρίζω - ib.
μερμὶς - ῥύομαι in ῥέω, 1.
μέρος - - - - - μείρω
μέροψ -ροπήϊος . - - - ib.
μεσαίτατος -σάτιος -σατος μέσος
μέσαυλος -σάζω - - - ib.
μεσεντέριον - - - εἰς
μεσεύω, μεσόω, μεσηγὺ -γὺς - ib.
μεσήεις - - - - - ib.
μεσημβρία -μέριος ἡμέρα in ἄημι
μεσίτης, μεσότης -σόω - εἰς
μεσονύκτιος - - - ἄημι
μεσπίλη - - - δένδρον
μέσσατος -σος - - μέσος
μεστὸς - - - - κενὸς
μέσφα - - - - ἀκὴ
μέσωρος - - - - μέσος
μεταλλάω -λεύω etc. - μέταλλον
μετανάστης - - - νάω
μεταξὺ -τὰ - - - μέσος
μέταυλος - - - - ib.
μετεξέτεροι - - - ἕτερος
μετεωρίζω, μετέωρος -ωρό-
λογος etc. - - - αἴρω
μετόρχιον - - - ὄρχος
μετρέω -τρημα -τρησις -τρη-
τὴς - - - - μέτρον
μετριάζω -μετρίτης -τριος - ib.
μέτωπον -τώπιον - ὄσσομαι
μέχρι - - - - ἀκὴ
μὴ - - - - - - οὐ
μηδαμὸς - - - - ἀμὸς
μηδαμοῦ -μόθεν -θι -μοσε - ὁ
μηδὲ -δέτερος - - - μὴ
μηδεὶς - - - - εἷς
μῆδος -δομαι - - - μέδω
μηκάομαι, μηκὰς -κασμὸς
βληχάομαι
μηκὴ - - - - μήκω
μηκύνω, μήκιστος -κυσμὸς,
μῆκος, μηκώνιον -κων - ἕψω
μήλη -λόω - - - ἵημι
μήλινος, μηλὶς -λέα -λον δένδρον
μῆλον - - - - ib.
μηλωτὴ - - - - ὄϊς
μὴν - - - - - μὲν
μὴν -νη -νιαῖος - - εἱλέω
μῆνις -νίω -νιάω -νιμα -ιθ-
μὸς - - - - μένω

μηνίσκος - - siehe in εἱλέω
μήνυμα -νυσις -νύω - δείκνυμι
μήποτε -πω - - - ὁ
μηριαῖος - - - μηρὸς
μήρινθος - - - ῥέω, 1.
μηρίον - - - - μηρὸς
μηρυκάζω -κάομαι - ῥέω, 1.
μήρυγμα - - - - ib.
μήστωρ - - - - μέδω
μήτε - - - - - μὴ
μῆτις -τίομαι -τιάω - μέδω
μητιέτης - - - - ib.
μήτρα -τρικὸς -τρὶς, τρόθεν,
μήτηρ -τράριον etc. - πατὴρ
μητρυιὰ -τρῷος -τρως -τρῴας ib.
μηχανὴ -νάομαι -νικὸς -νη-
τὴς -νιώτης - - μέδω
μῆχος -χαρ - - - ib.
μία - - - - - εἷς
μιαίφονος, μιαρὸς, μιαντὸς,
μιαίνω - - - καθαίρω
μίασμα -σμὸς - - - ib.
μίγα, μιγὰς, μίγδην, μίγμα
κεράννυμι
μίγνυμι - - - - ib.
μικκὸς, μικκύλος - - μέγας
μικρότης -κρύνω -κρὸς - ib.
μικτὸς - - - κεράννυμι
μίλτινος - - ἐρεύθω in ρ
μίμημα -μητικὸς -μηλὸς
-μησις - - - μιμέομαι
μίμνω -μνάζω - - μένω
μιμικὸς, μῖμος -μὰς - μιμέομαι
μίνθος -θόω - - μίνθα
μινύθω, μίνυνθα - - μέγας
μινυὸς - - - - ib.
μινυρὸς -ρίζω - - δάκνω
μῖξις, μίσγω - - κεράννυμι
μιξόφρυς - - - βλέπω
μισέω -σητὸς -σος etc. - μὺ
μίσθιος -θὸς -θόω etc. - θὴς
μιστύλη -λάομαι - μιστύλλω
μίσχος - - - - ἔχω
μίτυλος - - - μιστύλλω
μιτόω - - - - μίτος
μίτρα -τρόω - - - ib.
μναάῖος, μναῖος - - μνᾶ
μνεῖα, μνάομαι - μιμνήσκω
μνεῖα, μνήμα -μη -μων
μνημεῖον -μονεύω -μοσύ-
νη, μνῆσις - - - ib.
μνηστεύω, μνηστὴρ -στις
στὸς -στὺς etc. - - ib.
μνιαρὸς - - - βρύον
μνώεις - - - - ib

μνόος, μνοῦς - siehe in βρύον
μογερὸς -γέω, μόγις -γος πένομαι
μόθαξ -θων -θωνία - οἶκος
μοιμιάω -μύλλω - - μὺ
μοῖρα -ραῖος -ρέω - μείρω
μοῖσα - - - - μάω
μοιχάω -χαλὶς -λεύω etc.
γνήσιος in γίγνομαι
μολιβδέος -δοῦς - μόλιβδος
μόλιβος - - - - ib.
μόλις - - - - πένομαι
μολοβρὸς - - - μολέω
μολοῦμαι - - - βλώσκω
μολπὴ -πάζω -πηδὸν - μέλπομαι
μόλυμμα -λυνσις -λύνω καθαίρω
μολυσμὸς -λυχνὸς - - ib.
μομφὴ - - - μέμφομαι
μονάδικὸς, μονάζω, μόνας
-ναχὸς -ναστὴς -νήρης - εἷς
μονὴ, μόνιμος - - μένω
μονόω -νος - - - εἷς
μόρα -ρέω -ρία -ριον -ρὶς μείρω
μορέα -ρον - - δένδρον
μορμολύκειον - λύττομαι,
μορμὼ -μὼν - - μορφὴ
μόρος -ρόεις - - μείρω
μόρσιμος - - - - ib.
μορτὸς - - - - ib.
μόρυχος - - - καθαίρω
μορφάζω, μορφεὺς -φόω - μορφὴ
μοσχάριον - σχεύω -σχίον
-σχος - - - - ἔχω
μότον, μότη -τὸς - ὀλόπτω
μοῦνος - - - - εἷς
μοῦσα -σεῖον -σίζω -σικὸς
-σουργὸς etc. - - μάω
μόχθος -θηρία -θηρὸς - πένομαι
μοχλὸς -λεύω -λόω etc. - ἔχω
μυάω, μυγμὸς - - - μὺ
μυδαλέος -δαίνω -δὼν - μυδάω
μυελὸς -λόεις -λώδης - μὺ
μυέω -ησις- - - - ib.
μυζάω -ζέω, μύζω - - ib.
μυθάριον, μυθέομαι -θεύω
μῦθος, μυθίζω -θικὸς
-θώδης - - - λέγω
μυῖα - - - - κώνωψ
μυΐνδα- - - - - μὺ
μυΐσκος - - - - μῦς
μυκάομαι -κημα - βληχάομαι
μύκης - - - - μὺ
μυκτὴρ -κτηρίζω - - ib.
μυλιάω -λικὸς, μύλλω, μύλος -λωθρὸς - - μύλη

μυλλαίνω - - siehe in μὺ
μυριάκις -ριὰς - - μύριοι
μυρίζω - - - - μύρω
μυριοστὸς - - - μύριοι
μύρμηξ -μηκία - - μύρμος
μύρον -ρόω, μύῤῥα -ρίζω - μύρω
μυῤῥίνη ρσίνη -ρτὶς - δένδρον
μύρωμα - - - μύρω
μύσαγμα - σαρὸς - σάττομαι - - - - μὺ
μύσος -σις - - - ib.
μύσσω - - - - ib.
μύστης -στις -στήριον -στικὸς ib.
μυττωτὸς, μύττω - - ib.
μυχαίτατος -χατος - μυχὸς
μυχθίζω, μυχμὸς - - μὺ
μυχοίτατος, μύχοθεν etc. - μυχὸς
μύω - - - - - μὺ
μυώδης, μυὼν -νία -ξία - μῦς
μυωπίας -πάζω -πίζω, μύωψ
μὺ auch in μῦς
μωκάομαι - - - μῶκος
μῶλος - - - - μόλος
μῶλυς - - - - ib.
μωλύω -λύνω -λυξ - - ib.
μωλωπίζω -λωψ - ὄσσομαι
μωμάομαι -μήτης, μῶμος
etc. - - - μέμφομαι
μώομαι - - - - μάω
μωραίνω, μωρία -ρὸς - μάργος
μῶσα - - - - μάω

N.

ναϊὰς - - - νέω, 1.
ναέτης, ναιετάω - - νάω, 1.
ναίω - - ib. u. νέω, 1.
νάκη -κος - - - ἀμνὸς
νᾶμα -ατώδης - - νάω, 2.
νανώδης -νων - - νάνος
ναὸς - - - - νάω, 1.
νάπη -πος -παῖος - βάθος
νάπυ - - - - λαχαίνω
ναρθήκιον -κίζω -κώδης νάρθηξ
ναρκάω -κόω -κωτικὸς -κη θείνω
νασμὸς -μώδης - - νάω, 2.
νάσσω, ναστὸς - - νέω, 2.
ναυαγὸς -γία - - νέω, 1.
ναῦλον -λόω - - - ib.
ναῦσθλον, ναῦς, ναυσία -σιάω ib.
ναύτης -τία -τιάω -τικὸς
-τίλος etc. - - - ib.

νεά-

νεάζω - - - siehe in νέος
νεαλὴς - - - - - ib.
νεᾶνις -νίας -νιεύω νίζω etc. ib.
νέαξ - - - - - ib.
νεαρὸς, νέασις, νεατὸς, νεόω ib.
νεβρὶς -βρίζω -βρὸς - ἐλαύνω
νείαιρα - - - - νέος
νείκη -κέω -κείω -κος - νύσσω
νειὸς für νέος.
νειρὸς, νείρη - - - νέος
νείσσομαι - - - νέομαι
νείφω - - - - νίπτω
νεκρικὸς -κρόω -κρώδης - θείνω
νεκρόμαντις etc. - - ib.
νέκταρ -τάρεος - - μείρω
νεκυία, νέκυς - - - θείνω
νεμέθω - - - - νέμω
νεμεσάω -σίζω -σις - - ib.
νεμέτωρ, νέμησις - - - ib.
νέμος - - - - ib.
νέοθεν - - - - νέος
νεολὴ, νεολαῖα - - - ib.
νεόλλουτος - - - ib.
νέον - - - - - ib.
νεοσσὸς -σία - - - ib.
νεότης - - - - ib.
νεοττεύω, νεόττιον, νεοττὸς - ib.
νεόω - - - - - ib.
νέρθεν, νέρτατοι - - εἰς
νεῦμα - - - - νεύω
νευρὰ -ρὶς -ρίον -ρινος - νεῦρον
νεῦσις - - - - νέω, 1.
νευστάζω -στὸς - - - ib.
νεφέλη, νέφος -φόω - νίπτω
νεωκόρος -ρία - - - νάω
νέωμα - - - - νέος
νεώριον - - - νέω, 1.
νεωρὸς - - - - ib.
νεὼς für ναὸς.
νεωστὶ, νέως - - - νέος
νέωτα, νεωτερίζω, νεώτερος
-τατος - - - - ib.
νηγάτεος - - - - νὴ
νήγρετος - - - ἐγείρω
νήδυμος - - - ἁνδάνω
νηδὺς - - - - γαστὴρ
νηέω - - - - νέω, 2.
νήθω - - - - νέω, 3.
νήϊος - - - - νέω, 1.
νήκτης -τωρ -τὸς - - ib.
νηλεὴς - - - - ἔλεος
νῆμα - - - - νέω, 3.
νημερτὴς - - - ἁμαρτάνω
νήνεμος - - ἄνεμος in ἄημι

νηνέω - - siehe in νέω, 2.
νῆξις - - - - νέω, 1.
νηὸς für ναὸς.
νηπενθὴς - - - πάσχω
νηπιάζω -πίαχος -πιέα -πιος ἔπος
νήπλεκτος - - - πλέκω
νήπτης -τικὸς - - νήφω
νήριθμος - - - - νὴ
νηρὸς - - - - νέω, 1.
νησίδιον -σίζω - - - ib.
νῆσις - - - - νέω, 3.
νησὶς, νῆσος -σιώτης - νέω, 1.
νῆσσα -σαῖος - - - ib.
νηστεύω -στεία - - - ἔδω
νηστικὸς - - - - νέω, 3.
νῆστις - - - - ἔδω
νησύδριον - - - νέω, 1.
νήτη - - - - νέος
νῆτος - - - - ib.
νητὸς -τρον - - νέω, 2 u. 3.
νηῦς für ναῦς.
νηφάλιος -φαντικὸς - νήφω
νήχομαι - - - νέω, 1.
νῆψις - - - - νήφω
νίζω - - - - νίπτω
νικάω -κητὴς -κημα -κητὴρ νίκη
νίμμα - - - - νίπτω
νίπτρον -πτὴρ - - - ib.
νίσσω -σομαι - ib. u. νέομαι
νίτρον -τρόω -τρίτης - νίπτω
νιφάδες -φετὸς, νίφω νίψ - ib.
νοερὸς, νοέω, νόημα -μων
-ησις -τος - - - νόος
νοθεία -θεύω -θος - γίγνομαι
νοια in Comp., z. B. ἔννοια νόος
νομαδικὸς μαῖος -μὰς -μεὺς νέμω
νομεύω, νομὴ, νόμιος - ib.
νομίζω -μικὸς -μιμος -μισις
μισμα - - - - ib.
νόμος -μοθέτης - - ib.
νομὸς - - - - ib.
νοσερὸς, νοσέω -σηλεύω -ση-
μα, νοσηρὸς - - νόσος
νοσσεύω - - - - νέος
νοστέω, νόστος -στιμος - νέομαι
νοσφίζω -σφίδιος -σφι - χωρὶς
νοσώδης - - - - νόσος
νοτέω, νότιος -τίζω -τία
-τερὸς - - - νοτὶς
νότος, νότιος - - - ib.
νουμηνία - - - - νέος
νουνεχὴς, νουθετέω -θεσία - νόος
νοῦς - - - - ib.
νοῦσος - - - - νόσος

νύγμα -μὸς - siehe in νύσσω
νυκτερεύω -κτερινὸς -ρὶς
-ρος, νύκτωρ - ἡμέρα in ἄημι
νυμφαῖον -φεία -φευτὴς
-φη, νυμφεύω -φιος - γάμος
νυνὶ - - - - - νῦν
νύξις - - - - νύσσω
νυὸς - - - - γάμος
νύσσα - - - - νύσσω
νυστάζω -στακτὴς -σταγμα
e c. - - - - νεύω
νυχθήμερον, νυχεύω -χιος
ἡμέρα in ἄημι
νωδὸς - - - - ὀδοὺς
νώδυνος - - - ὀδύνομαι
νωθρὸς -θεια - - νωθὴς
νωλεμὴς -μέως - - λείπω
νωμάω - - - - νέμω
νώνυμος - - - ὄνομα
νώροψ - - - - ὄπτω
νωτιαῖος, νωτίζω -τισμα - νῶτος
νωχελὴς -λίζω -λεύομαι - νωθὴς

Ξ.

ξαίνω - - - - ξέω
ξανάω - - - - ib.
ξανθίζω - - - ξανθὸς
ξεῖνος, ξενία -νίζω -νικὸς,
ξένιος -νιτεύω -νόεις -νο-
σύνη, ξενόω - - ξένος
ξέσις, ξεστὸς - - - ξέω
ξερὸς, ξηραίνω, ξηραλοιφέω,
ξηραντικὸς -ρότης - ξηρὸς
ξιφίδιον -φίζω -φιον -φι-
στὴς, ξίφος - - μάχομαι
ξόανον - - - - ξέω
ξουθόπτερος - - ξανθὸς
ξυλεία -λεύομαι -λινος, ξύ-
λον - - - - ὕλη
ξυνὸς -νήϊος - - - ξὺν
ξυράω -ρήσιμος -ρησις -ρὸς κείρω
ξύσμα -στὸς -στὶς - - ξέω
ξύω - - - - ib.

O.

ὀαρίζω -ρισμὸς -ριστὴς -στὺς ὄαρ
ὀβελίσκος - - - βάλλω
ὀβελὸς - - - - ib.

ὄβολὸς - - siehe in βάλλω
ὄβριμος - - - βρίθω
ὄγδοος -δοήκοντα - - ὀκτὼ
ὀγκάομαι -κηθμὸς -κημα
βληχάομαι
ὀγκηρὸς -κόω -κώδης, ὀγ-
κύλλω - - - ὄγκος
ὀγμεύω - - - ὄγμος
ὄγχνη - - - - ἄπιος
ὀδὰξ, ὀδαξάω -ξησμὸς - δάκνω
ὅδε - - - - - - ὁ
ὀδειάσιμος -δεύωμα -δέω
-δαῖα -δηγέω - - ὁδὸς
ὅδιος, ὁδίτης - - - ib.
ὀδμὴ - - - - ὄζω
ὁδοιπόρος - - - ὁδὸς
ὀδοντιάω -τόω etc. - - ἔδω
ὁδὸς, οὐδὸς - - - βαίνω
ὀδοὺς - - - - ἔδω
ὁδόω - - - - ὁδὸς
ὀδύνη, ὀδυνηρὸς etc. - ὀδύνομαι
ὀδύρομαι, ὄδυρμα -δυρτικὸς ib.
ὀδύσσω - - - - ib.
ὄζος - - - ὄσχος in ἔχω
ὅθεν - - - - - ὁ
ὀθέω -θεύω - - - ὄθη
ὅθι - - - - - ὁ
ὀθνεῖος - - ἔθνος in ἔζω
ὄθομαι - - - - ὄθη
ὀθόνη - - λίνον in ἔρος
οἷ - - - - - ὁ
οἷα - - - - - ὄϊς
οἰακίζω - - - - οἴαξ
οἴγνυμι -νύω - - - οἴγω
οἰδάω -δέω -δημα -δαίνω οἶδος
οἶδμα - - - - ib.
ὀϊζὺς -ζυρὸς - - - οἴ
οἴη, οἰήϊον - - - οἴαξ
οἴηξ - - - - ib.
οἴησις -τὸς - - - οἴω
οἴκαδε -κεῖος -κέω -κέτης
-κημα -κησις -κίζω -κία
-μισις -κίδιον -κίσκος, οἰ-
κουρὸς - - - οἶκος
ὀϊζύω -ζυς - - - οἴ
οἰκόσιτος - - - σῖτος
οἶκτος -τίζω -τείρω -τίρ-
μων -τρὸς - - - οἴ
οἶμα - - - - οἴω
οἰμάω - - - - ib.
οἶμαι - - - - ib.
οἴμη, οἶμος - - - ib.
οἰμώζω -μωκτὸς -μωγὴ - οἴ

οἰνάριον, οἴνη -νίζω, -νοψ,
οἰνόω -ώδης, οἰνὼν -νάν-
θη - - siehe in οἶνος
οἰόβιος - - - - εἷς
οἶος - - - - - ὅ
οἰόω - - - - εἷς
οἶσος - - - δένδρον
οἴσπη - - - - ὄϊς
οἰσπώτη - - - - ib.
ὀϊστοὶ - - κᾶλον in καίω
οἰστὸς -στεύω, ὀϊστὸς - τόξον
οἰστράω -στρέω, οἶστρος - οἴω
οἰσύα -σύϊνος - - οἶσος
οἴσυπος - - - - ὄϊς
οἶτος - - - - οἴω
οἰφάω -φέω -φόλης ὀχέω in ἔχω
οἴχομαι - - - - εἶμι
οἰωνίζομαι -νιστὴς -νὸς οἶος in εἷς
ὀκέλλω - - - - κέλλω
ὀκιμβάζω - - - κάμπτω
ὀκλάζω -κλαδὸν -κλαξ - κλάω
ὀκνέω -νος -νηὸς -ναλέος - ἔχω
ὄκρις, ὀκριόεις -κρίβας - ἀκὴ
ὀκτάκις -κόσιοι - - ὀκτὼ
ὀλβίζω, ὄλβιος -βος - ὄμπη
ὄλεθρος -θριος, ὀλέκω -λε-
τὴρ -λεθρεύω - - οὐλαὶ
ὀλιγάκις -γος -γότης - πίμπλημι
ὄλιζος - - - - ib.
ὀλικὸς - - - - ὅλος
ὀλισθαίνω -σθέω -σθημα
-σθος - - - λεῖος
ὁλκὰς -κὴ -κὸς -κιμος - ἕλκω
ὄλλυμι -λύω - - οὐλαὶ
ὅλμος -μισκὸς - - θύω
ὁλοκαυστὸς -στίζω - - ὅλος
ὁλόκληρος -κληρία - - ib.
ὀλολυγὴ -λύζω - - ἀλαλὰ
ὀλοὸς - - - - οὐλαὶ
ὀλὸς - - - - θολὸς
ὁλοσχερὴς etc. - - ὅλος
ὀλοφυδνὸς, ὀλοφυρμὸς, ὀλο-
φύρομαι - - - ὀλοπέω
ὀλπὶς -πη - - λήκυθος
ὄλυνθος - - - δένδρον
ὄλυρα - - - - οὐλαὶ
ὀλώϊος - - - - - ib.
ὁμαδὸς -δέω - - ὁμὸς
ὅμαιμος -μαμμος - πατὴρ
ὁμαίχμιος - - - ἀκὴ
ὁμαλὴς -λίζω -λύνω -λὸς - ὁμὸς
ὁμαρὴς - - - - ib.
ὁμαρτῇ -τέω - - - ib.
ὀμβρέω -βρηρὸς -βριμος
-βριος - siehe in ὄμβρος
ὁμήγυρις -γερὴς - - ἀγείρω
ὅμηλιξ - - - - ὅ
ὅμηρος -ρεύω - - ὁμὸς
ὅμιλος -λέω -λητὴς etc. - ib.
ὀμίχλη -μιχμα -χέω - ὀρὸς
ὄμμα -ματόω -τιον - ὄσσομαι
ὁμογάστωρ - - - πατὴρ
ὁμόγνιος - - - γίγνομαι
ὁμοζυγὴς -ζυξ - - ζευγνύω
ὁμόθεν -μόσε -μοῦ - ἐμὸς
ὁμοιάζω, ὁμοῖος -μοιος
-ότης -όω - - - ib.
ὁμοκέλευθος - - - κέλλω
ὁμοπάτωρ -μήτωρ etc. - πατὴρ
ὄμοργμα -γνυμι - ἀμέργω
ὅμορος - - - - ὁμὸς
ὁμόω -μῶς - - - ib.
ὄμπνη -πνιος -πνηρὸς - ὄμπη
ὁμότεχνος - - - τεύχω
ὀμφαλὸς - - - ὄμπη
ὄμφαξ -φάκη -κινος - ἕψω
ὀμφὴ - - - - ἔπος
ὄναρ - - - - ἄημι
ὀνάριον - - - - ὄνος
ὄνειαρ - - - - ὄνημι
ὄνειδος -δίζω -δισμος - ὄνομαι
ὀνείρατα -ρώττω -ρωξις - ib.
ὀνεύω - - - - ὄνος
ὀνήσιμος -νησις -τὸς - ὄνημι
ὄνθος - - - - ὄζω
ὀνθυλεύω - - - ὄνθος
ὀνικὸς - - - - ὄνος
ὀνίνημι - - - ὄνημι
ὀνὶς - - - - ὄνος
ὀνοκίνδιος - - κινέω in εἶμι
ὄνομα - - - ὄνομαι
ὀνομάζω -μαίνω -μασία,
ὀνοστὸς, ὀνοτὸς -τάζω - ib.
ὄντως - - - - εἰμὶ
ὀνυχίζω - - - - ὄνυξ
ὀξηρὸς, ὀξὶς, ὄξος, ὀξύα -ξύ-
νω etc. - - - ὀξὺς
ὀξυδέρκεια -βλεψία - βλέπω
ὀπάζω -παδὸς -δέω - ἕπομαι
ὀπαῖον -πὴ - - ὄσσομαι
ὀπάων - - - ἕπομαι
ὄπη - - - - ὅ
ὀπηδὸς -δητὴρ - - ἕπομαι
ὁπηλικοσοῦν - - - ὅ
ὁπηνίκα - - - - ib.
ὀπίας, ὄπιον, ὀπὸς - - ἕψω
ὄπιθεν - - - ἕπομαι

ὀπιπεύω, ὀπιπτεύω; ὀπίπης siehe in ὄσσομαι
ὄπις - - - - - ἕπομαι
ὄπισθεν -θε -πίσθιος -σθόγραφος etc. - - - ib.
ὀπίσσω -πίστατος -πίστερος, ὀπίσω - - - - ib.
ὁπλέω -πλὴ -πλίζω -πλίτης -πλομαι, ὁπλότερος ὅπλον
ὅποι, ὁπόθι -θεν - - ὁ
ὁποῖος -πόσος etc. - - ib.
ὁπότε -ταν, ὅπου, ὁπότερος - ib.
ὀπτάω -τάνιον -τεῖον - ἕψω
ὀπτασία -τεύω -τήρ -τικὸς -τίλος - - - ὄσσομαι
ὀπτηρὸς -τησις - - ib.
ὄπτομαι - - - - ib.
ὀπτὸς - - - - ἕψω
ὀπυίω - - - - ἔχω
ὀπωπὴ -πητὴρ -πίω - ὄσσομαι
ὀπώρα -ρίζω -ρινὸς - ὄμπη
ὅπως etc. - - - - ὁ
ὅραμα -ρατὸς etc. - ὁράω
ὄργανον -νόω -νικὸς - ἔργω
ὀργὰς - - - - ib.
ὀργάζω -γεὼν - - ib.
ὄργια -γιάζω -γιαστὴς -γιασμὸς - - - ib.
ὀργὴ -γημα -γίζω -γιλὸς ὀργάω
ὀργυιὰ - - - ὀρέγω
ὀρέγδην -ρεγμα -γνυμι - ib.
ὀρειὰς - - - - ὄρος
ὀρεινὸς, ὄρειος -ότης - ib.
ὀρεκτὸς, ὄρεξις - - ὀρέγω
ὀρεστιὰς -στερος - - ὄρος
ὀρεὺς - - - - ὄνος
ὀρεχθέω - - - ὀργέω
ὀρθεύω -θιάζω -θιος -θότης - - - - ὀρθὸς
ὀρθόω -θωσις - - ὀρθὸς
ὀρθρεύω -θρίζω -θρινὸς -θριος - - - ὄρθρος
ὀρίγανον - - - λαχαίνω
ὀριγνάομαι - - - ὀρέγω
ὁρίζω - - - - ὅρος
ὀρίνω - - - - ὄρνυμι
ὅριον, ὅριος -ρισμὸς -στὴς ὅρος
ὁρκίζω -κιος -κόω - εἴργω
ὅρκος -κωτὴς - - - ib.
ὁρμαθὸς - - - εἴρω
ὁρμάω -μαίνω - - ὄρνυμι
ὅρμενος - - - - ib.
ὁρμέω - - - - εἴρω
ὁρμὴ -μημα -μητικὸς - ὄρνυμι
ὁρμιὰ - - siehe in εἴρω
ὁρμίζω, ὅρμος - - - ib.
ὄροβος - - - ὄσπρια
ὀρόκτυπος, ὀροδεμνίας - ὄρος, 1.
ὀροθύνω -δαμνὸς - ὄρνυμι
ὀρούω - - - - ib.
ὄροφος -φόω -φὴ - - ῥίω
ὀῤῥόπισσα, ὀῤῥόω - - ὀρος
ὀῤῥὸς, ὀῤῥωδέω - - ὄρος, 2.
ὄρπηξ - - - - ὄρνυμι
ὄρσις - - - ὄργνυμι
ὄρταλις - - - - ib.
ὀρτὴ - - - - ἑορτὴ
ὄρυγμα - - - ὀρύσσω
ὀρυκτὸς -ρυξις etc. - - ib.
ὀρυμαγδὸς - - - ῥέω
ὄρυξ - - - - ὀρύσσω
ὀρυχὴ -ρύχω - - - ib.
ὀρφανὸς -νίζω etc. - ὄρφος
ὀρφναῖος -φνος -φνήεις -φνη -φνώδης - - ῥέω
ὄρχαμος - - - ἄρχω
ὄρχατος - - - ὄρχος
ὀρχηθμὸς -χηστὴς -στὺς etc. ὀρχέω
ὅς für ἑὸς.
ὅσα, ὁσάκις -σαχὴ -χοῦ - ὁ
ὄσθω - - - - ὄζω
ὁσιόω, ὁσία etc. - - ὅσιος
ὀσμὴ -μάομαι -μητὸς - ὄζω
ὅσος -σάκις - - - ὁ
ὄσπρια - - - - ἔδω
ὄσσα - - - - ἔπος
ὀσταφὶς - - - βότρυς
ὀστέινος -στάριον -στολόγος ὀστέον
ὅστις - - - - - ὁ
ὀστοῦν, ὀστρακίζω -κον - ὀστέον
ὄστρεον -στρειος -στρειώδης ib.
ὀστώδης - - - - ib.
ὀσφραίνομαι -φραντὸς - ὄζω
ὄχος -χη - - - ἔχω
ὅτε, ὅτ' ἄν, ὅταν - - ὁ
ὅτι - - - - ib.
ὀτιὴ, ὁτιητὶ - - - ib.
ὀτοτύζω - - - - οἴ
ὀτραλέως, ὀτρηρὸς, ὀτρυντὺς -νσις - - - δράω
ὄτοβος - - - - οἴ
ὀτοτοῖ - - - - ib.
οὗ - - - - - ὁ
οὖας -ατόεις - αὔω in ἄημι
οὐδαμὲς -μόσε -μῆ -μῶς ἀμὸς
οὐδαμοῦ -μοῖ -μόθεν - - ὁ
οὐδὲ -δέπη - - - οἴ

οὐδεὶς -δάμινος -δενόω -δένεια - - - siehe in εἷς
οὐδὸς - - - - οὖδας
οὖθαρ -θατόεις - - μάσσω
οὐκ, οὐκέτι - - - οὐ
οὐκοῦν - - - - ib.
οὐλαμὸς - - - οὖλος
οὐλέω - - - - ὅλος
οὐλὴ - - - - - ib.
οὖλος - - - - ὅλος
οὐλοχύται - - - - ib.
οὐλόω - - - - ib.
οὐλῶ - - - - οὖλος
οὕνεκα - - - - ἕνεκα
οὔνομα - - - ὄνομα
οὔποτε, οὔπω, οὐδέπω - - ὁ
οὐρὰ, οὐραῖος, οὐραγὸς ὄρος. 2.
οὐρανίδης, οὐράνιος etc. οὐρανὸς
οὐρεὺς - - - - ὁράω
οὐρέω, οὐρήθρα, οὐρηρὸς -ρητὴρ -τικὸς -ρεσείω - ὀρὸς
οὐρίαχος - - - ὄρος. 2.
οὐρίζω - - - - ἄημι
οὔριος - - - - ib.
οὔρισμα - - - - ὅρος
οὖρον - - - - ὀρὸς
οὐρὸς - - - - ὀρύσσω
οὖρος - - - { ἄημι / ὁράω }
οὖς - - - - ἄημι
οὐσία -σιώδης -σίδιον - εἰμὶ
οὔτις, οὐτιδανὸς - - εἷς
οὗτος, οὕτως, οὕτω -τωσὶ - ὁ
οὐχ, οὐχὶ - - - - οὐ
ὀφειλέτης -λω - - ὄμπη
ὀφέλλω, ὄφελος - - - ib.
ὀφθαλμία -μιάω -μίδιον -μὸς -μίζω - - ὄσσομαι
ὀφείδιον -φιόεις -φις -φιώδης - - - - ἔχις
ὄφλημα -λητὴς, ὀφλίσκω, ὄφλω etc. - - - ὄμπη
ὀφρὺς -νάζω - - βλέπω
ὄχανον, ὀχάνη - - - ἔχω
ὀχεία, ὀχεῖον - - - ib.
ὀχέομαι - - - - ib.
ὀχετὸς -τεύω -τηγὸς - ib.
ὀχεὺς -χευμα - - - ib.
ὀχεύω, ὀχευτὸς -τὴς - ib.
ὀχὴ - - - - - ib.
ὄχημα - - - - ib.
ὀχθέω - - - - ἦχος
ὀχθηρὸς -θώδης -θος - λέπω
ὀχλεύω, ὀχλίζω -λεὺς - ἔχω
ὀχλέω -λημὸς -λησις -λικὸς,
ὀχλοποιέω, ὀχλώδης siehe in ὄχλος
ὄχμα -μὴ -μάζω - - ἔχω
ὄχος - - - - - ib.
ὀχυρόω -ρωμα -ρὸς - - ib.
ὄψ - - - - - ἔπος
ὀψάομαι -ψάριον etc. - ἕψω
ὀψὲ - - - - - ἕπομαι
ὄψημα - - - - ἕψω
ὀψία, ὀψιαίτερον, ὀψίζω -ψισμὸς - - - ἕπομαι
ὀψιμαθὴς, ὄψιμος -νὸς - ib.
ὄψις, ὄψομαι - - ὄσσομαι
ὄψον, ὀψοποιὸς, ὀψῶν - ἕψω
ὀψωνέω -νία -νιάζω - - ib.

Π.

παγερὸς -γετώδης, πάγη -γιδεύω, παγὶς, πάγιος -γιόω πήγνυμι
παγκρατιαστὴς, πάγχρηστος πάγχυ etc. - - - πᾶς
πάγος - - - πήγνυμι
παθαίνω, πάθη -θημα -θητὸς, πάθος - - πάσχω
παιὰν -νίζω cet. - παιήων
παῖγμα -γνία -γνιον -γνιάδης -γμων - - - παῖς
παιδάριον -δεία -δειος -δεύω παιδῆος -δία -διὰ -δικὸς, -δόθεν etc. - - - ib.
παίζω, παικτὸς -τὴς -τωρ - ib.
παιπάλη -λημα - - πάλη
παιστικὸς -στωρ -στης - παῖς
παιφάσσω - - σφαδάζω
παιὼν -ώνιος etc. - παιήων
πακτὸς -κτόω -των - πήγνυμι
παλάθη -θιον -θώδης - πλάσσω
παλαιὸς -λαιόω -λαι - νέος
πάλαισμα -λαισμοσύνη - πάλη
παλαισιὴ -σταῖος - - πάλλω
παλαιστὴς -στικὸς -λαίστρα etc. - - - - πάλη
παλαίω - - - - ib.
παλάμη, παλαμναῖος -λαμάομαι - - - πάλλω
παλάσσω - - - - ib.
παλαστὴ - - - - ib.
παλαχὴ - - - - ib.
παλευτὴς - - - παλεύω
παλιγγενεσία, παλίλλογος, παλίμψηστος, παλίῤῥοος etc. αὖ
πάλιν - - - - ib.

πέλανος - - siehe in ἕψω
πελαργὸς - - - ὄρνεον
πελατεία - λάτης - λατικὸν
-λάζω - - - πέλας
πέλεθος - - - σπέλεθος
πέλεθρον - - - πλέθρον
πέλεια, πελειὰς - - ὄρνεον
πελεκὰν - κίζω, πέλεκκον - πέλεκυς
πελεκάω - κημα - κησις - ib.
πέλεκαν - - - ὄρνεον
πελεμίζω - - - πέλω
πελέω - - - - ib.
πελιαίνω, πελιδνὸς - δνωμα πελὸς
πέλιος - λίωμα - - - ib.
πέλλη - - - - πέλλα
πελλὸς - - - - πελὸς
πελτὴ - τας τὴς - - ἄσπις
πελώριος - - - πέλω
πέμμα - - - - ἕψω
πεμπάζω - πὰς, πέμπε, πεμ-
πταῖος - - - πέντε
πεμπτὸς - - - ἕπομαι
πέμπτος - - - πέντε
πέμπω - - - ἕπομαι
πέμψις - - - - ib.
πενέστης - νης - νησσα - νη-
τεύω - πένομαι in πάσχω
πενθαλέος - - - πάσχω
πενθερὸς - ρὰ - - γάμος
πενθέω - θήρης - θητήριος
- θήτρια - θικὸς etc. - πάσχω
πένθιμος, πένθος - - ib.
πενία, πενιχρὸς, πένομαι - πένω
πεντάγωνον - - - γωνία
πένταθλον, in ἄεθλος, πεντά-
κις - κόσιοι, πεντὰς, πεν-
ταχῶς, πεντήκοντα - κόντο-
ρος - - - - πέντε
πενταπλοῦς - πλάσιος - ἁπλοῦς
πεπαίνω - παίτερος, πέπανος,
πεπασμὸς, πέπανσις, πέπειρος ἕψω
πέπνυμαι - - - πνέω
πεπτήριος - πτικὸς, πέπτω etc. ἕψω
πεπυκασμένος - - πύκα
πέπων - - - - ἕψω
περαίνω - ραντικὸς - - πέρα
περαῖος - ραίτερος - ραιόω - ib.
πέραν, πέρας - - - ib.
περάσιμος, περάσκω - ρασις - ib.
περατόω, περάω - - ib.
πέρδιξ - - - ὄρνεον
πέρδομαι - - - βδέω
πέρθην - ρηθεν - ρητὸς - ib.

πέρθω - - siehe in πρήθω
περιβρυὴς - - - βρύω
περιδεὴς - - - - δίω
περιθέσιμος - - τίθημι
περικλεὴς - - - καλέω
περικτίονες - - - κτίζω
περίνεως - - - νέω, I.
περὶξ - - - - περὶ
περιπεφλευσμένος - - φλέω
περιπλόμενος - - - πέλω
περιοσεύω - ρισμα - ρισσὸς
- σωμα - - - περὶ
περιστερὰ - - - ὄρνεον
περιττὸς - τωμα - - ib.
περιώσιος - - - - εἰμὶ
πέρκα - κάζω - κὶς, περκνὸς πέρκος
περνάσκω, πέρνημι - - πέρα
περόνη - νάω etc. - - ib.
περπερεύομαι - ρεία - πέρπερος
περσικὸς - σίζω - σιστὶ - πέρσης
πέρσις - - - πρήθω
περσονομέω - - - πέρσης
περυσινὸς - - - - εἷς
πέσημα - - - πίπτω
πέσκος - - - - κείρω
πέσσω - - - - ἕψω
πεσσεύω - σεία - - πεσσὸς
πέτακνον, πέταλον, πέταμαι
πεταννύω
πέτασος etc. - - - ib.
πεταυριστὴς - ρίζω - πέταυρον
πετεινὸς, πέτομαι - τηνος πεταννύω
πέττω - - - - πέπω
πεττὸς - - - πεσσὸς
πέτρα - τραῖος - τρηδὸν τρή-
εις, πετρόω - τρώδης - τρος λᾶας
πευθὴν - θομαι - - πύθω
πευκάλιμος - - - πύκα
πευκεδανὸς - κήεις - δένδρον
πεύκη - - - - πύκα
πεύκινος - - - - ib.
πεῦσις, πευστικὸς - στήρως πύθω
πέψις - ψία - - - ἕψω
πῆ - - - - - ὁ
πήγανον - - - λαχαίνω
πηγὰς - - - πήγνυμι
πηγετὸς, πηγεσίμαλλος - ib.
πηγὴ - γάζω - γεον - κρουνὸς
πηγνύω, πῆγμα, πηγὸς - γυ-
λὶς - - - πήγνυμι
πηδάλιον λοῖχος - - οἴαξ
πήδημα - δησις - δύω - πηδάω
πηκτὸς - κτὶς - - πήγνυμι
πηλακίζω - - - πηλὸς

πήληξ - - siehe in κάρα
πηλίκος - - - - ὁ
πήλινος -λόω -λώδης - πηλὸς
πῆμα -μαίνω -μονὴ -μοσύνη πάσχω
πήνη -νίζω - - - πῆνος
πηνίκα - - - - ὁ
πηνίκη -κίζω - - φέναξ
πήνισμα - - - πῆνος
πηνίον - - - - ib.
πηοὶ -οσύνη - - πατὴρ
πῆξις - - - πήγνυμι
πήρα -ρίδιον - - κίστη
πηρόω -ρωμα -ρὸς - πάσχω
πηχυαῖος - - - πῆχυς
πιάζω für πιέζω.
πιαίνω, πιαλέος, πῖαρ, πίασμα πίων
πιαρὸς -ασμὸς - - - ib.
πίδαξ -δακόεις - - πηδάω
πιδύω - - - - ib.
πίεσις -εσμα -εστὴρ - πιέζω
πιθανὸς -νότης -νόω - πείθω
πιθάριον -θίτης -θος - στάμνος
πιθηκίζω -κος - - πίθηξ
πικραίνω -κρία -κρότης etc. γλυκὺς
πικρὸς - - - δένδρον
πιλέω -λητὸς -λίδιον -λίον
-λίσκος -λινος - - πῖλος
πιλνάω -νημι - - πέλας
πιλόω -λημα -λητὸς - πῖλος
πιμελὴ - - - - ἵστημι
πίμπρημι - - - πρήθω
πινακηδὸν -κίδιον -κιον -κὶς
etc. - - - - πίναξ
πιναρὸς -νηρὸς - - πίων
πίνος -νόεις -νόω - - ib.
πινυτὸς -νύω -νύσσω etc. πνέω
πίνω - - - - πίω
πίος, πιότης - - - πίων
πιπίζω -πίσκω - - πίω
πιπράσκω - - - πέρα
πίσον, πίσινος -σος - ὄσπρια
πῖσος - - - - πίω
πισσήεις, πισσηρὸς -σσα δένδρον
πισσόω - - - - ib.
πιστεύω, πιστικὸς, πίστις
-στὸς -στόω - - πείθω
πίστρα -στρον - - - πίω
πίστωμα -στωσις - - πείθω
πίσυνος - - - - ib.
πιτνάω, πίτνω - - πετάννυμι
πίττα - - - δένδρον
πιτυλεύω -λος -λίζω - πτίσσω
πιτυόεις, πιτυὼν siehe in δένδρον
πίτυρον - - - πτίσσω
πιτυώδης - - - πίτυς
πιφάσκω - - - φάος
πλαγιάζω, πλάγιος -γιόω πλατὺς
πλαγκτὸς -τοσύνη - πλάγχω
πλαδαρὸς -δάω - - πλάδος
πλάζω - - - πλάγχω
πλάθανον -θάνη -θανος πλάσσω
πλάθω - - - - πέλας
πλαίσιον, πλαικίτης - πλατὺς
πλακοῦν -κοῦς -κώδης - ib.
πλάνη -νάω -νητὴς -νος
-νύττω etc. - - πλάζω
πλὰξ - - - - πλατὺς
πλάσις, πλάσμα -ματώδης
etc. - - - πλάσσω
πλάστιγξ - - - πλήσσω
πλαστὴς -στικὸς -στὸς πλάσσω
πλαταγὴ -γίζω -γὼν - πλατὺς
πλάτανος, πλατάσσω -τειάζω,
πλατεῖα -τεῖον -τη -τὸς etc. ib.
πλάτις - - - - πέλας
πλατυγίζω -τύνω - πλατὺς
πλέγδην -γμα -γματεύω πλέκω
πλειὰς - - - - πλέω
πλεῖος - - - πίμπλημι
πλειστάκις -στηριάζω -στος,
πλείων - - - - ib.
πλεκτὸς -κτάνη -κτὴ - πλέκω
πλεονάζω -νάκις -νασμὸς πίμπλημι
πλεονέκτης -νεξία - - ib.
πλέος - - - - ib.
πλεύμων - - - πνέω
πλευρῖτις - - - πλευρὰ
πλευστικὸς - - - πλέω
πλέως - - - πίμπλημι
πλήγανον -γὴ -γμα - πλήσσω
πλήθω -θώρη -θος -θύνω
-θὺς -θυσμὸς - πίμπλημι
πλήκτης -κτίζομαι, πλῆκτρον πλήσσω
πλημμελὴς -λέω -λημα - μέλος
πλημμύρα -ρὶς -ρέω - πίμπλημι
πλήμνη - - - - ib.
πλὴν - - - - ib.
πλὴξ - - - - πλήσσω
πλήρης -ρωμα -ρόω - - ib.
πλησιάζω -σιαίτατος -σιαί-
τερος -έστερος, πλησιασμὸς
-σιάζω -σιος - - πέλας
πλῆσμα -σμιος -σμονὴ
-σίγναθος etc. - πίμπλημι
πλήττω für πλήσσω.
πλῆστιγξ - - - πλήσσω

πλινθεύω -θινος -θευτὴς,
πλίνθος - - siehe in λᾶας
πλίσσομαι - - - πλήσσω
πλοὰς, πλοιάριον, πλοΐζομαι,
πλοῖον - - - πλέω
πλοκὴ -καμος -κανον etc. πλέκω
πλόος contr. πλοῦς - πλέω
πλουσιάω etc. πλούσιος -τέω
-τηρος, πλοῦτος -τίζω - εἷς
πλόω - - - - πλέω
πλῦμα, πλυντὴρ -της - πλήσσω
πλύνω, πλύντρια - - ib.
πλωὰς, πλώϊμος, πλῶμι,
πλώω etc. - - - πλέω
πνείω, πνεῦμα -ματικὸς -μα-
τόω etc. - - - πνέω
πνευμονία, πνεῦσις -στικὸς
-στιάω - - - - ib.
πνὶξ, πνιγμὸς -γος -κτὸς πνίγω
πνοιὴ, πνῦμι - - - πνέω
πνὺξ - - - - πύκα
ποάζω - - - - πόα
ποδάγρα - - - πέδον
ποδαπὸς - - - δάπεδον
ποδάριον, ποδεὼν -δηρὴς -δί-
ζω, πόδιον, ποδηνεκὴς etc. πέδον
ποθεινὸς - - - πόθος
πόθε -θὲν -θι - - - ὁ
ποθέω -θημα etc. - πόθος
ποῖ, ποὶ - - - - ὁ
ποιὴ -ήεις - - - πόα
ποιηρὸς - - - - ib.
ποίησις -ητὸς -της -ημα etc. ποιέω
ποικιλία -κίλλω -κιλμα etc. ἑλλέω
ποικίλος - - - - ib.
ποιμὴν -μαίνω -μνη -μνιον πάομαι
ποινάω -νάζω -νιμος - ποινὴ
ποῖος, ποιὸς -ότης -όω - ὁ
ποιπνύω - - - πνέω
ποιφύσσω - - - φῦσα
ποιώδης - - - - πόα
πόκος -κίζω -κη -κὰς -κάζω πείκω
πολέμιος -μέω -μήϊος -μί-
ζω -μικὸς, πολεμιστὴρ, πό-
λεμος -μόω -μία - πέλω
πολέσκω -λεύω -λέω - ib.
πολιὸς -λίζω -λιήτης - πόλις
πόλιος - - - - πέλος
πολιορκέω -κητὴς -κία - εἴργω
πολιόω - - - - πέλος
πόλισμα -λιτεύω -λίτης -τί-
ζω, πολίχνη -χνιον - πόλις
πολλάκις -λαχῆ -χοῦ -χόσε - ὁ
πολλὸς - - - πίμπλημι

πόλος - - siehe in πέλω
πολτάριον - - - πόλτος
πολυθρύλητος - - θρέομαι
πολυκοιρανιὴ - - κύρανος
πολύμητις - - - μέδω
πολυμήχανος - - μῆκος
πολυμνήστη - - μιμνήσκω
πολυπάμων - - πάομαι
πολὺς - - - πίμπλημι
πολυχρωμὸς -ματος - χράω
πόμα - - - - πίω
πομπαῖος -πεὺς -πιμος -πομ-
πεύω -πὴ -πὸς etc. ἕπομαι
πομφόλυξ - - - πέμφιξ
πονέω - - - πένομαι
πονηρεύομαι -ρὸς -ρία - ib.
πόνος - - - - ib.
ποντίζω -τιος -τιστὴς -τος βάθος
πόπανον - - - - ἕψω
ποππυλιάζω -λιάσμα - ποππύζω
πορδακὸς - - παρδακὸς
πόρδαλις - - - πάρδος
πορδὴ - - - - βδέω
πορεύω -ρεία -ρεῖον etc. - πέρα
πορθέω - - - πρήθω
πόρθημα -θητὴς - - ib.
πόρθμος -μεύω, πορίζω -ρι-
μος etc. - - - πέρα
πόριον - - - - ib.
πόρις - - - - πόρτις
πόρισμα -σμὸς -στὴς etc. πέρα
πόρνη -νεύω -νεία -νος - ib.
πόρος -ριμος - - - ib.
πόρπη -παξ -πάω -πακίζω ib.
πόῤῥω -ῥωτέρω etc. - πρὸ
πορσύνω -σαίνω - - πέρα
πόρσω für πόῤῥω - - πρὸ
πόρταξ -τάκιον - - πόρτις
πορφυρεὺς -ρὶς -ροῦς, πορ-
φύρω - - - πορφύρα
πορφυροβαπτὸς -βαφὴς - βάπτω
πόρω für πορίζω - - πέρα
ποσάκις, πόσε -σαχοῦ - - ὁ
πόσθιον - - - πόσθη
πόσιμος, πόσις - - πίω
πόσις - - - - - γάμος
πόσος -σόω -σότης - - ὁ
πόσσος, πόστος -σταῖος - ib.
ποταμὸς -μιος -μειος -μηδον πίω
ποτάομαι - - πεταννύω
ποταπὸς - - - δάπεδον
πότε, ποτὲ - - - - ὁ
πότερος - - - - ib.
ποτὴ -τηνὸς -τητος πεταννύω

ποτήριον, πότης - τὴς - τίζω,
  - τιμος, πότις - τισμα - τισμὸς etc. - - siehe in πίω
ποτὶ - - - - πρὸς
πότμος - - - πίπτω
πότος, ποτὸς - - - πίω
ποῖ, που - - - ὁ
ποὺς - - - - πέδον
ποώδης - - - - πόα
πρᾶγμα - ματώδης, πρᾶγος,
  πρακτὴρ - τὸς etc. - πράσσω
πρανὴς für πρηνὴς.
πρᾶξις - ξιμος - - πράσσω
πραότης - ονως - - πρᾶος
πραπίδες - - - φράζω
πράσιμος - - - πέρα
πρᾶσις - - περάω in πέρα
πράσον - - - λαχαίνω
πράττω für πράσσω.
πρατὴρ - - - πέρα
πρᾶτος für πρῶτος
πραΰθυμος - ΰνω - υνσις, πρᾶος
  - ότης - - - ἔπος
πρέμνον - νόθεν - - βάθος
πρέπων - πώδης - πτὸς - πρέπω
πρεσβεία - βειρα - βείω - βευτὴς etc. - πρέσβυς in πρύτανις
πρευμενὴς - νεια - - ἔπος
πρηγορεὼν - - - ἀγείρω
πρηκτὴρ für πρακτὴρ.
πρημαίνω - - - πρήθω
πρὴν für πρὶν.
πρηνὴς - νίζω - - - πρὸ
πρῆξις für πρᾶξις.
πρῆσις - - - πρήθω
πρήσσω für πράσσω.
πρηστὴρ - σμα - - πρήθω
πρηῢς - - - - ἔπος
πρίασθαι - - - πέρα
πρίζω - - - - πρίω
πρὶν - - - - πρὸ
πρίνινος - νώης - δένδρον
πρίσις, πρίσμα - στὴρ - στὴς
  etc. - - - πρήθω
πρίων, πριονώδης - νωτὸς - ib.
πρόβατον - βάτειος - βατεὺς βαίνω
προβόλιον - - - βάλλω
προετικὸς - - ἵημι in ε
προηγορεὼν - - ἀγείρω
προῖκα - κίζω - - δάνος
προίκιος - κίδιον - - ib.
προῖξ - - - - ib.
προκαλίζομαι - - καλέω
προμηθὴς - θεὺς - θεια - μέδω

προοίμιον - - siehe in οἴω
προπετὴς - - - πίπτω
προσδοκία - κάω - δέχομαι
προσεγγίζω - - - ἄγχι
προσεχὴς - - - - ἔχω
προσήλυτος - - ἐλεύσομαι
προσηνὴς - - - - ἐῢς
πρόσθε - θεν - - - πρὸ
πρόσπαιος - - - παίω
πρόσσω, πρόσω - σωθεν - ib.
προσωπεῖον - σωπον - ὄσσομαι
προσώτατος - σώτερος - πρὸ
πρότερος - ρέω - ρεύω - ib.
προτὶ für πρὸς.
προτιμάσσω - - - μάω
προτοῦ - - - - πρὸ
προῦμνον - ος - - προύνη
προυράω - - - ὁράω
προφήτης - φῆτις - - φάος
πρόχνυ - - - - γόνυ
πρόωρος - - - ἄημι
πρυμνὸς - ναῖος - νήσιος - πρὸ
πρυτανεία - νεῖον - νεύω πρύτανις
πρώην, πρωΐ, πρωϊαίτερος etc. πρὸ
πρωΐζα - ζον - ώϊμός - ώϊνος etc. ib.
πρωκτὸς - - - γλουτοὶ
πρὼν - - - - πρὸ
πρῷξ - - - - ib.
πρώξ - - - πήγνυμι
πρωπέρυσι - - - εἷς
πρῷρα - ρατεύω - ρεὺς etc. - πρὸ
πρῶτα - τεῖον - τεύω - τος - ib.
πρωτοκλισία - - - κλίνω
πταίω, πταῖσμα - - παίω
πταρμικὸς - μὸς, πτάρνυμαι πίπτω
πτελέα - λεὼν - - δένδρον
πτέον - - - - πύω
πτέρινος - ρὶς - - πετάννύω
πτερνὶς - νίζω - νισμὸς - πτέρνα
πτερὸς - ρόεις - ρόω - ρυγίζω
  - ρύγιον, πτερυγόω - γωτὸς
  πτέρυξ - ρωμα etc. - πετάννύω
πτηνὸς, πτῆσις - - πέταμαι
πτήσσω - - - πίπτω
πτίλον - λωτὸς - πετάννύω
πτιλώσσω - - - ὄσσομαι
πτίσμα, πτισάνη - - πίσσω
πτοέω, πτόα - ησις - πίπτω
πτοιέω, πτοία - ύω - - ib.
πτόλις - - - - πόλις
πτύαλον - ύελον - - πτύω
πτύγμα - - - πετάννύω

πτυκτὸς, πτύξις, πτὺξ siehe in πεταννύω
πτύον - ib.
πτύρω -ρικὸς -ρμὸς - πίπτω
πτύσις, πτύσμα - πτύω
πτύσσω, πτυχὴ - πεταννύω
πτωκάζω -κὰς - πίπτω
πτῶμα - ib.
πτὼξ - ib.
πτῶσις -σιμος - ib.
πτώσσω - ib.
πτωχεία -χεῖον -χεύω -χικὸς -χὸς - ib.
πυγὴ -γίζω - γλουτοὶ
πυγμαῖος, πυγμὴ, πύκα - λάξ
πυγούσιος -γὼν - ib.
πυελὶς -λώδης -λιον -λος πλήσσω
πυθεδὼν - πύθω
πυθία, πυθιὰς, πυθικὸς, πυθομαι, πύθω, πύθων - ib.
πυθμὴν -μένιον - βάθος
πυκάζω -κινὸς -κνάκις, πυκνὸς -νότης -νόω -νωμα etc. - πύκα
πύκτης -κτεύω - ib.
πυλαῖος -λεὼν -λὶς -λος -λὼν -λωρὸς, πύλη - θύρα
πύνδαξ - πυθμὴν
πυνθάνομαι - πύθω
πὺξ - πύκα
πύξος -ξις -ξινος -ξώδης etc. ib.
πύον, πύος -ὸς -όω, πυώδης πύθω
πυρὰ -ρακτέω etc. - πῦρ
πυραμοῦς - σῖτος
πυργηδὸν -γιον -γόω -γωτος -γωμα -γίσκος - πύργος
πυρεῖον -ρέσσω -ρεξις -ρετὸς πυρεύω -ρεταίνω -πυρὴ -ρία -ριάω etc. - πῦρ
πύρινος - σῖτος
πυρίτης - πῦρ
πύρνος -ναῖος -νον - ib.
πυρόεις - ib.
πυρὸς - σῖτος
πυρόω - πῦρ
πύῤῥιχος, πυῤῥὸς, πυρσεύω -σὸς - ib.
πύρωσις etc. - ib.
πύσμα -στις - πύθω
πυτία - ib.
πυτίζω - πτύω
πω - ὁ
πώγιον -γωνίας etc. - γένυς
πωλάριον - ἵππος
πωλάω - siehe in πέλω
πωλέω -λησις -λημα -λήτης -λης - ib.
πῶλος -λιον - ἵππος
πῶμα -μαίνω - τίθημι in θ
πωμάζω - ib.
πωρητὸς - πώρη
πωρόω -ρινος -ρωμα - πῶρος
πωῤῥὸς - πάσχω
πῶς, πωσῶς - ὁ
πῶϋ - πάομαι

Ρ.

ῥὰ - ἄρω
ῥαβδεύω -δίζω -δοῦχος etc. ῥάβδος in ῥέω
ῥάβδος -δωσις - ib.
ῥαγὰς, ῥάγδην -δαῖος - ῥάσσω
ῥαγολόγος - ib.
ῥαδινὸς - ῥέω
ῥάδιξ - ῥάσσω
ῥᾴδιος -διουργὸς - ῥέω
ῥάζω, ῥάσσω - ib.
ῥάθαγος -γέω - ib.
ῥαθάμιγξ -μίζω - ib.
ῥαθάσσω -θαίνω - ib.
ῥάθυμος -μέω -μία - ib.
ῥαιβὸς -βόω - βλαισὸς
ῥαίζω - ῥέω
ῥαίνω - ib.
ῥαιστὴρ -στὸς -στήριος - ῥαίω
ῥακένδυτος, ῥάκιον -κόεις, ῥάκος -κόω - ῥάσσω
ῥακτήριος -κτρια - ib.
ῥακώδης, ῥάκωμα - ib.
ῥάμμα - ῥάπτω
ῥάμφος - ῥέω
ῥανὶς, ῥαντίζω -τὸς - ib.
ῥὰξ, ῥάξις - ῥάσσω
ῥαπίζω -πισμα - ῥαπὶς
ῥάπτης -τὸς -τρια - ῥάπτω
ῥάσμα - ῥέω
ῥᾷστος -στώνη etc. - ib.
ῥάφανος - λαχαίνω
ῥαφὴ -φιδεὺς -φιον -φὶς ῥάπτω
ῥαχία -χίζω -χις -χιστὴς -χίτης -χος - ῥάσσω
ῥαψῳδὸς - ῥάπτω
ῥάων - ῥέω
ῥέα - ib.
ῥέγκος -γξις -γχος -γχω, ῥέγκω - ib.

ῥέζω - - - siehe in ἔργω
ῥέθος - - - - - ῥέω
ῥεῖα - - - - - ib.
ῥεῖθρον, auch ῥέεθρον - ib.
ῥεκτὴρ -τήριος -της - ἔργω
ῥέμβω -βὸς -βύζω - - ῥέω
ῥέος - - - - - - ib.
ῥέπω - - - - - ib.
ῥεῦμα -ματικὸς, ῥευστὸς -σις ib.
ῥηγὴ -γος - - - ῥάσσω
ῥῆγμα -μὶν - - - ib.
ῥηγνύω -νυμι - - - ib.
ῥηΐδιος, ῥήϊστος, ῥηΐτερος - ῥέω
ῥήκτης -κτὸς - - ῥάσσω
ῥῆμα -μάτιον - - - ἐρῶ
ῥῆξις -ξήνωρ - - ῥάσσω
ῥῆσις -σια -σείδιον - - ἐρῶ
ῥήσσω - - - - ῥάσσω
ῥητὴρ - - - - - ἐρῶ
ῥητίνη -νίζω -νόω - κόμμι
ῥητὸς, ῥήτρα, ῥητορεία - ἐρῶ
ῥήτωρ - - - - - ib.
ῥιγεδανὸς - - - - κρύος
ῥιγηλὸς - - - - - ib.
ῥῖγος, ῥίγιστος, ῥιγέω -γόω ib.
ῥιζηδὸν -ζηθεν - - ῥίζα
ῥιζόθεν -ζόω -ζωμα etc. - ib.
ῥικνὸς - - - - ῥῖγος
ῥίμφα -φαλέος - - ῥέω
ῥινηλατέω -νάω - - μὺ
ῥινέω -νημα -νίζω -νισμα,
ῥίνη - - - - - ῥινὸς
ῥινοτόρος - - - - ib.
ῥιπὴ -πὶς -πίζω -πος - ῥέω
ῥιπτέω, ῥίπτω -πτάζω - ib.
ῥιφὴ - - - - - ib.
ῥὶψ -ψις - - - - ib.
ῥοὰ - - - - δένδρον
ῥογχάζω -γχος - - ῥέγκω
ῥοδανὸς - - ῥόθος in ῥέω
ῥόδινος, ῥόδυξ -δόεις -δον
ἐρεύθω in ρ
ῥοὴ - - - - - ῥέω
ῥόθος -θιος -θέω - - ib.
ῥοιὰ - - - - - ib.
ῥοῖβδος -δέω - - - ib.
ῥοῖζος -ζέω -ζω -ζηδὸν - ib.
ῥοικὸς - - - βλαισὸς
ῥόμβος -βέω - - - ῥέω
ῥομφαία - - - - ib.
ῥόμμα - - - - ib.
ῥόος - - - - ib.
ῥόπαλον -πὴ, ῥόπτρον - ib.
ῥοφάω -φημα -φησις -φέω ib.

ῥοχθέω -θίζω - siehe in ῥέω
ῥοώδης - - - - ib.
ῥύαξ, ῥυὰς - - - ib.
ῥύγχος -χων - - - ib.
ῥύδην, ῥυδὸν, ῥυέω - - ib.
ῥύζω - - - - - ῥάσσω
ῥυθμὸς - - - - ῥέω
ῥυΐσκομαι - - - - ib.
ῥῦμα - - - - - ib.
ῥύμβος -βων -βονάω - ib.
ῥύμη -μηδὸν - - - ib.
ῥύμμα - - - - - ib.
ῥυμὸς - - - - ib.
ῥυμφάνω, ῥυμφέω - - ib.
ῥύομαι - - - - - ib.
ῥυπαίνω -παρὸς -ρία -παξ ib.
ῥυπάω - - - - - ib.
ῥυπόεις, ῥύπτω, ῥυπτὴρ - ib.
ῥύσιος - - - - ib.
ῥύσις - - - - ib.
ῥυσὸς, ῥυσσαίνω -σαλέος - ib.
ῥύσσημα - - - - ib.
ῥυσσὸς, ῥυστάζω -στακτὺς ib.
ῥύστης, ῥυσσόω, ῥυτὴρ -τωρ ib.
ῥυταγωγεὺς, ῥυστὶς, ῥυτιδόω ib.
ῥυτὸς - - - - - ib.
ῥυτὸν - - - - - ib.
ῥύψις - - - - - ib.
ῥωγαλέος -γὰς - - ῥάσσω
ῥωννύω -νυμι - - - ῥέω
ῥώμη -μαλέος - - - ib.
ῥὼξ - - - - - ῥάσσω
ῥωπήϊον -πιον - - - ῥέω
ῥωπογράφος, ῥωπικὸς -πος ib.
ῥωχμὴ -μὸς - - - ῥάσσω
ῥὼψ - - - - - ῥέω

Σ.

σαβάζιος -βάζω -βὸς - σαβοῖ
σάγαρις - - - πέλεκυς
σάγη -γήνη, σάγμα -γὶς - σάττω
σαθρὸς -θροίω - - πύθω
σαίνω - - - - - σείω
σάκκος, σάκος etc. - - σάττω
σακτὸς, σακτὴρ - - - ib.
σαλάγέω -γὴ - - σάλος
σαλαμάνδρα - - - σαῦρα
σαλαΐζω - - - - σάλος
σαλάκων -κώνια -νεία -νίζω etc. ib.
σαλάσσω -ττω - - - ib.
σαλεύω - - - - - ib.

σαλπιγγο - πίζω - πιστὴς siehe in σάλπιγξ
σάμβαλον - - - σανὶς
σάνδαλον - λίσκος - - ib.
σανιδόω - δώδης - - σανὶς
σάννας - νίον - - - σείω
σάος - όφρων - όω - - ζάω
σαπρὸς - πρόω - πρίζω - πύθω
σαρδάνος - δόνιος - - σαίρω
σάρισσα - - - - δόρυ
σαρκάζω - κασμὸς - - σαίρω
σαρκίδιον - κικὸς - - κρέας
σαρκυβορέω - κοφάγος - ib.
σάρκινος - κίον - κόω - κώδης ib.
σάρμα - - - - σαίρω
σάρξ - - - - κρέας
σάρος - ρὸς - ρόω - ρωθρον
- ρωμα - - - σαίρω
σατίνη - τινον - - σάττω
σατυρίασις - ρίζω - ρισμὸς σάτυρος
σαυλὸς - λόομαι - - σάλος
σαυνιάζω - - - σαύνιον
σαῦρος - ρίτης - - σαῦρα
σαυρωτὴρ - - - ὄρος. 2.
σάφα - φηνὴς - φηνεία - φὴς ἕψω
σβέννυμι, σβέσις - στικὸς - ζέω
σεβάζω - βας - βασις - βασμα
- βαστὸς etc. - βομαι - σείω
σειληνοὶ - νώδης - - σάτυρος
σειρὰ - - - - εἴρω
σειριάω - άζω - ραίνω, σειρέω σείριος
σειράζω - ράω - - - εἴρω
σειρὰς - ράδιον - ρὶς - - ib.
σειρὸς - - - - σαίρω
σεῖσις, σεῖσμα - μὸς - στὸς - στρον σείω
σέλας - λαγέω - γίζω, σελήνη
- νιάζω etc. - - ελλέω
σέλινον - - - λαχαίνω
σέλμα - - - - σελὶς
σεμνὸς - νόω - νύνομαι - σείω
σεπτὸς - πτήριος - - ib.
σεύτλιον - - - λαχαίνω
σεύω - - - - ib.
σήθω - - - - ib.
σηκάζω - κὶς - κίτης - σηκὸς
σημαία - μαίνω - μαντὴρ - μασία, σημεῖον - μειόω - ωτικὸς etc. - - - σῆμα
σηπεδὼν - πία, σήπων, σηπτὸς
- πομαι etc. - - πύθω
σήραγξ - γγόω - - σαίρω
σηρικὸς - σὴρ - - - ἔρος
σὴς - - - - πύθω
σῆσις - στρον - - - σείω

σῆτες - - - siehe in σὴς
σήψ - ψις - - - σήπω
σθένος - νόω - - σθένω
σιαλίζω - λος - λόω - σίαλον
σιαστὴς - στος - ἵστημι in σ
σιγάζω, σιγὴ - γηλος - γηλέος
- γηρὸς - γάω - - σίζω
σιγαλόεις - - - σίαλον
σιγμὸς - - - - σίζω
σιδήρειος - ριος - ριον - ρόω
- ρος - - - - χαλκὸς
σίδιον - δη - - - δένδρον
σίκιννις - νίζω etc. - - ὀρχέω
σικύα - κυὸς - κυος - λαχαίνω
σικχαίνω - χάζω - χότης - σικχὸς
σίλλος - λαίνω - - σάτυρος
σίλφη - - - - πύθω
σίμβλος - βλεύω - βλον - μέλι
σιμόω - μότης etc. - γρυπὸς
σιμὸς - μωμα - - - ib.
σιναρὸς - - - - σείω
σινδόνη - δὼν - δονίτης λίνον in ἔρος
σινδρὸς - δρων - - σείω
σίνις, σῖνος - νιον - νιάζω - ib.
σίνομαι - ντης - ντωρ - - ib.
σίξις - - - - σίζω
σιρὸς - - - - σαίρω
σίσυρνα - ρα - - - δέφω
σισυρνοδύτης - - - ib.
σῖτα (τά), σιτάρχος - ταρχεία σιτάριον - τεύω - τέω - τινος, σιτηρὸς - τίζω - τικὸς - τιον - των - - σῖτος
σιτοβολεὼν - - - βάλλω
σίττα - - - - σίζω
σιττακὸς - - - ὄρνεον
σιφλὸς - λόω - πηρὸς in πάσχω
σιὼ - - - - - σείω
σιωπὴ - πηλὸς - πάω etc. - σίζω
σκαιότης - οσύνη - - σκαιὸς
σκαλεύω - λίζω - λεία - σκάλλω
σκαληνὸς - νόω - - σκάζω
σκάλοψ - λμὸς - λσις - σκάλλω
σκαμβὸς - - - κάμπτω
σκάμμα - - - κάπετος
σκανδάληθρον - λίζω - λον σκάζω
σκάνδιξ - - - λαχαίνω
σκαπάνη - νεὺς, σκαπτὸς - τὴρ
- τω - - - - κάπετος
σκαρδαμυγμὸς - - βλέπω
σκαρδαμύσσω - μυκτέω - βλέπω
σκαρθμὸς, σκαρίζω - ρὶς - σκαίρω
σπαριφάομαι - φεύω - φος - ib.
σκαῦρος - - - κάμπτω

σκαφεὺς -εῖον, σκάφη -φὴ -φίδιον -φὶς - siehe in σκάπτω
σκαφίτης, σκάφος - κάπετος
σκεδάζω -δασις -δάννυμι κεάζω
σκεῖρος - - - σκίρος
σκελιω -λετὸς -τεύω -τεία σκέλλω
σκελὶς -λίζω -λος - - ib.
σκέμμα - - - σκέπας
σκεπάζω -πανὸς -πασμα -πάω -πη - - - ib.
σκέπαρνον -νισμὸς - πέλεκυς
σκέπτομαι -τικὸς - σκέπας
σκευάζω -άριον -ασία, σκευὴ σκεῦος
σκευωρέομαι -ρημα - - ib.
σκέψις - - - - σκέπας
σκῆνος -νόω -νωμα etc. - σκηνὴ
σκηπάνιον - - - σκήπτω
σκῆπτρον, σκῆψις, σκήπων -ριπτὸς -τω - - - ib.
σκιάδιον, σκιάζω -αρὸς, σκιὰς, σκιώδης - - - σκιὰ
σκιερὸς - - - - ib.
σκιμβάζω - - - κάμπτω
σκίμπτω - - - σκήπτω
σκίμπιον -πους -πόδιον - ib.
σκιόεις, σκίουρος, σκίρον - σκιὰ
σκίῤῥος -ρόω -ῤῥωμα σκίρος in χ
σκιρτάω -τημα -τησις - σκαίρω
σκιώδης - - - - σκιὰ
σκλέω, σκλῆμα, σκληρὸς -ρότης -ρόω -ρύνω, σκληφρὸς σκέλλω
σκολιότης -λιαίνω -λόω σκολιὸς
σκολόπαξ - - - ὄρνεον
σκόλοψ - - - σκῶλος
σκόπελος, σκοπέω -πεύω, σκοπὴ, σκοπία -πελος -πὸς σκέπας
σκορακίζω - - - κέρας
σκόροδον - - - λαχαίνω
σκοταῖος -τεινὸς -τίζω -τιος -τόεις etc. - - σκότος
σκυδμαίνω - - - κύων
σκυζάω, σκύζα -ζομαι - ib.
σκυθρὸς -θράζω -θρωπὸς - ib.
σκύλαξ -λακεύω etc. - - κύω
σκυλάω -λεύω, σκῦλον -λόω -λλω -λμὸς - - - ib.
σκύμνος -νίον -νεύω - - ib.
σκύνιον - - - βλέπω
σκυτάλη -τεῖον, σκῦτος - κύω
σκύφος -φῶν - - - ib.
σκώληξ -λήκιον etc. - εἰλέω
σκώπτω, σκῶμμα, σκώπτης etc. - - - - σκέπας
σκώψ - - - - ib.

σμάραγδος -διον siehe in μαρμαίρω
σμαραγὴ - - - σμαραγέω
σμάω - - - - μάσσω
σμερδνὸς - - σμερδαλέος
σμέω, σμῆγμα - - μάσσω
σμῆμα, σμηκτὴς - - ib.
σμῆνος -νουργὸς - - μέλι
σμηρινθος - - - ῥέω
σμήχω - - - - μάσσω
σμίλαξ -λάκινος - - δένδρον
σμιλεύω, σμίλιον - - σμίλη
σμινύη - - - - κέλλω
σμυγερὸς - - - πένομαι
σμύρνα - - - - μύρω
σμώδιγξ - - - ὄσσομαι
σμῶδιξ -δικὸν - - μάσσω
σμώχω - - - - ib.
σοβαρὸς -βησις -βη -βέω - σείω
σολοικισμὸς - - βάρβαρος
σόομαι, σόος - - - σείω
σόος, σοόω - - - ζάω
σοροὶ - - - - κρέας
σοῦμαι, σοῦς - - - σείω
σοῦσις - - - - ib.
σοφίζω -φία -φιστὴς etc. ἕψω
σοφὸς - - - - ib.
σπάδιξ -δίζω -δὼν - σπάω
σπύδων - - εὐνὴ in ἄημι
σπαθάω -θάλιον -θίζω - σπάθη
σπαίρω - - - - σπάω
σπάλαξ - - - σκάλλω
σπάνιος -νίζω -νη - σπανὸς
σπαράσσω -ραγμα - - σπάω
σπάργανον - - - σπάρω
σπαργάω - - - σπέρχω
σπάργω -γανάω -νίζω - σπεῖρα
σπαρίζω - - - - σπάω
σπατίζω - - - - ib.
σπατίλη -λουρος - - τῖλος
σπάρτον -τινος - - - ib.
σπαρτὸς - - - σπείρω
σπάσμα, -μὸς - - σπάω
σπατάλη - - - σπάθη
σπεῖρα, -ράω, -ρηδὸν, -ρημα, -ρον, -σπειρόω - σπεῖρα
σπέλεθος - - - μίνθα
σπέος - - - - γλάφω
σπέρχδην - - - σπέρχω
σπέρμα, -μαίνω, -μολόγος σπείρω
σπερχνὸς - - - σπέρχω
σπεύδω - - - ἕπομαι
σπευστικὸς - - - ib.
σπήλαιον, -λυγξ - - ib.
σπίζω, σπιδὴς, σπίζα - ὄρνεον

σπιθαμὴ, -μαῖος siehe in δέχομαι
σπιλὰς, -λόω - - σπίλος
σπινθὴρ -ρίζω - - φέψαλος
σπλαγχνίζομαι -νίδια σπλάγχνα
σπληνώδης -νίτης - - σπλὴν
σπογγιὰ, -γίζω etc. - σπόγγος
σποδέω -διὰ -δίζω -διος -δὸς,
- - - - τύφω in θύω
σπονδεῖος, -δὴ - - σπένδω
σπόρος, -ρὰς, -ριμος - σπεῖρα
σπουδάζω -δαῖος, -δάρχης,
-δὴ - - - - ἕπομαι
σπυραθία, -ρὰς, -ράθος σπεῖρα
σπυρὶς - - - - ib.
στάγμα, σταγὼν, στάζω - τέγγω
στάδην, στάδιον etc. σταθε-
ρὸς - - ἵστημι in σ
σταθμεύω, -μάω, -μὴ, -μὸς ib.
σταῖς, σταίτινος - - - ib.
στακτὸς, σταλάζω -λαγμα,
-λακτὸς - - - τέγγω
σταλτικὸς - - - στέλλω
σταμὶν - - ἵστημι in σ
στὰς, στατίτης - - - ib.
στάσις, -σιάζω, -σιμος, -σιώ-
δης - - - - ib.
στατὴρ, στατικὸς, στατίζω
-τὸς - - - - ib.
σταυρὸς, -ρόω, -ρωμα - ib.
σταφίδιος, σταφύλη, -λὶς βότρυς
σταφὶς -φιδίτης -. - - ib.
σταχάνη -χεις - - ἵστημι
στέαρ, -άτινος, -ατώδης - ib.
στεγάζω, -γανὸς, -γὴ, -γνὸς,
-γνόω - - - - στέγω
στειλειὴ, -λειὸν - - πέλεκυς
στείνομαι, στεῖνος -νός στενὸς
στεῖρα, -ρος, -ρόω - στερεὸς
στελεὰ - - - - πέλεκυς
στέμμα etc. - - - στέφω
στέμφυλα -λίτης - - στείβω
στενάζω, -νάχω, -ναγμα,
-νακτὸς - - - στενὸς
στενόω, στένω - - - ib.
στέργηθρον -γω - - γαίω
στερέμνιος, στερεόω, -ρέομαι στερεὸς
στέρησις, -ρίσκω, στερέω - στέρω
στέριφος - - - στερεὸς
στερκτικὸς, στερκτὸς - γαίω
στέρνον -νίτης -νίζω - ἵστημι
στέρξις - - - - γαίω
στεῤῥὸς - - - στερεὸς
στεφανίζω, -νισκὸς, -νίτης,
-νος etc. - - - στέφω

στέφος - - siehe in στέφω
στῆθος -θικὸς - ἵστημι in σ
στήλη, -λὶς, -λίτης, -λιτεύω
-λόω - - - - - ib.
στήμων, -μόνιος - - - ib.
στηρίζω, -ριγξ, -ριγμα στερεὸς
στήσιος - - - ἵστημι
στιβαρὸς, -βὰς, -βος, στιβέω,
-βεύω, στίβεια - - στείβω
στίβη - - - - πήγνυμι
στίγμα -ματίζω -μαῖος - στίζω
στικτὸς - - - ib.
στιλβηδὸν -δόω -βότης -βω λάω. ι.
στιλπνὸς -νότης - - - ib.
στὶξ - - - - - στείχω
στιπτὸς, στῖφος, -φρὸς - στείβω
στιχάομαι, -χηδὸν, -χίδιον,
στίχος - - - στείχω
στοὰ - - - - ἵστημι
στοιβὴ, -βάζω - - στείβω
στοιχάζομαι -χασμὸς -χεῖον,
στοιχέω, στοῖχος - - στείχω
στολὴ, στολὶς -λίζω -λιον,
-λιδόω, στόλος etc. - στέλλω
στόμα -μαχος - - στείβω
στομίας, -μιον, -μος, -μόω ib.
στόμφαξ, -φάζω, -φος στείβω
στόνος, στοναχέω -νόεις στενὸς
στοργὴ - - - - στέργω
στορέννυμι - - στορέω
στόχος -χάζομαι - - στείχω
στραβὸς -βων - - τρέπω
στραγγαλὶς -γεύομαι -γὸς,
στραγγουρία - - στράγγω
στρὰγξ - - - - ib.
στραγὸς - - - - ib.
στρατάομαι - - - στορέω
στρατεύω -τεία - - - ib.
στρατηγὸς, στρατιὰ -τιος,
-τιώτης etc. - - - ib.
στρατὸς -τόπεδον - - ib
στρεβλὸς, στρεπτὸς - τρέπω
στρεύγομαι - - - στράγγω
στρεφάσκω -φω - - τρέπω
στρηνὴς, -νὸς, -νιάω - στρῆνος
στροβέω, στρόβος, -βιλος τρέπω
στρογγυλὸς -λίζω -λόω στραγγὸς
στρόμβος - - - τρέπω
στρουθὸς -θίζω -θιος - ὄρνεον
στροφὴ, -φαλίζω, -φάω,
-φέω, -φιον, στρόφιγξ,
στρόφος - - - τρέπω
στρυφνὸς -νότης -νόω - στύφω

στρῶμα, στρῶσις, στρωμνὴ,
-ματίζω . - ſiehe in στορέω
στρωννύω - - - - ib.
στρωτὴρ, -τὴς, -τὸς - - ib.
στρωφάω - - - τρέπω
στυγερὸς, -γέω, -γημα, -γιος,
γος, -στυγνὸς, -νάζω - στύζω
στῦλος, -λόω etc. - ἵστημι
στύμμα - - - στύφω
στὺξ - - - - ib.
στυπεῖον, -πος, στύππη
ſiehe in στύφω
στύραξ - - - ὄρος. 2.
στυφελὸς, -λίζω, στυφλὸς στύφω
στύψις - - - - ib.
στωϊκοὶ - - - ἵστημι
στωμύλλομαι -λία - στείβω
συβώτης - - - - σῦς
συγγενικὸς - - γίγνομαι
συγκύρημα -ρία - - κύρω
σύδην - - - - σείω
σύειος, συηνὸς, συϊκὸς - σῦς
συζυγὴς -ζυξ - - ζευγνύω
συῆλαι - - - - σῦς
συκάζω - - - δένδρον
συκαμινέα -νος - - ib.
συκέα, σύκινος, συκόμορος.
σῦκον -κῆ - - - ib.
συκοφάντης - - - ib.
συλάω -λεύω -λημα -λησις
-λη - - - - κύω
συλλήβδην - - - δάνος
συμπαθὴς -θεια - - πάσχω
σύμπας - - - - πᾶς
συμπόσιον - - - δεῖπνον
σύνδικος etc. - - - δίκη
συνάγχη - - - ἄγχω
σύνεσις, -νετὸς, -νημωσύνη
ἵημι in σ
σὺν - - - - - ξὺν
συνηρεφὴς - - - ῥέω
σύνθηρος - - - - θὴρ
συνωμοσία - - - ὄμνυμι
σύρβη - - - - τείρω
σύρδην - - - - σύρω
σύριγξ -ρίζω -ριγμα -ρικτὴς,
-ρίσσω - - - σύρω
σύρμα, -μὸς - - - ib.
σύρτις, -τὸς - - - ib.
συρφετὸς, σύρφαξ - - ib.
συφεὸς, συφορβὸς - - σῦς
συχνὸς - - - - ἔχω
συώδης - - - σῦς
σύω - - - - σείω

σφαγεὺς, -γὴ, γιάζω, σφά-
γιον, -γὶς - - ſiehe in φάος
σφαδάζω -δασμὸς - - σπάω
σφάζω - - - - φάος
σφαῖρα, -ρίζω, -ρικὸς, ρι-
στὴς etc. - - - σπεῖρα
σφακελίζομαι -κελος - φάκελλος
σφάλμα, σφαλερὸς - σφάλλω
σφάραγος -γέω -γίζω σμαραγέω
σφάτιω - - - φάος
σφεδανὸς - - - σπέρχω
σφένδαμνος -νινὸς - δένδρον
σφενδόνη -νάω -νίζω - σνέλας
σφηνάριον -νίσκος -νόω - σφὴν
σφὴξ, -κόω, -κὼν - - ib.
σφίγγω, σφίγξις - - ib.
σφίγμα -κτὸς - - - ib.
σφόδρα -δρὸς -δρύνομαι ἕπομαι
σφόνδυλος - - σπόνδυλος
σφραγὶς -γίδιον -γίζω -γι-
στὴς -γώδης - - ῥάσσω
σφριγάω - - - σπέρχω
σφυγμὸς, σφύξις, σφύσδω σφύζω
σφύρα, σφυρίον, σφυρὸν σπεῖρα
σχάζω - - - - χάζω
σχάσις -σμὸς - - - ib.
σχαστήριον -ρία - - ib.
σχέδη, -δάριον - - κεάζω
σχεδὸν, σχέδιος etc. - - ἔχω
σχέθω - - - - ib.
σχελί - - - - σκέλλω
σχέσις, -τικὸς, -τήριον - ἔχω
σχέτλιος -λιασμὸς - - ib.
σχῆμα, -ματίζω - - ib.
σχίδαξ, σχίζα, -ζω, σχιν-
δαλμὸς, σχῖνος, σχίσις,
σχίσμα, -μὴ, -στὸς - κεάζω
σχοινίζω, -νιον - - σχοῖνος
σχολαῖος, -λάζω, -λαστὴς,
-λιον, -λὴ - - - ἔχω
σώζω, σῶκος, σωκέω - ζάω
σῶμα - - - - ib.
σωμασκέω, σωματεῖον, -τικὸς,
σωμάτιον, -τόω, -τώδης - ib.
σῶος - - - - ib.
σωρηδὸν, -ρεύω, -ρεία, -ρί-
της, -σωρὸς - - τίθημι
σῶς - - - - ζάω
σῶστρον - - - - ib.
σωτὴρ, -τηρία - - - ib.
σῶτρον - - - - σείω
σώφρων, -φρονέω, -νίζω, -φρο-
σύνη etc. - - - ζάω
σώω, σώομαι - σείω und ib.

T.

T.

ταγγὴ -γίζω -γὸς siehe in τέγγω
ταγεύω, τάγη, τάγμα -γὸς τάσσω
ταινία -νιόω - - τείνω
τακερὸς -ρόχρως - - τέγγω
τακτὸς -τικὸς - - τάσσω
ταλαίπωρος, ταλανίζω - τλῆναι
τάλαντος, τάλαν, τάλαινα - ib.
ταλαὸς, τάλας -ασις -ασίφρων ib.
τάλαρος -ρίσκος - - ib.
ταλάσιος - - - - ib.
ταλαύρινος - - - ib.
ταμεῖον -μίας -μιεύω -μιεία,
τάμνω - - - τέμνω
ταναὸς, τανύω -νυστὺς - τείνω
τάξις - - - - τάσσω
ταπεινόω -νωσις -νος - δάπεδον
τάπις für τάπης.
ταραγμὸς -ραξις -ραχὴ -ρά-
κτης - - - ταράσσω
τάρβος -βοσύνη -βαλέος -βέω
-βὴ - - - - ib.
ταριχεύω -χηρὸς -χος - στερεὸς
ταρσὸς, ταῤῥὸς - - θέρω
ταρφὴς etc. - - - τρέφω
τάρχεα -χύω - - στερεὸς
τάσις - - - - τείνω
ταυρεῖος -ρεος -ρος - βοάω
ταυρηδὸν -ρόομαι -ρώδης - ib.
ταύτῃ - - - - ὁ
ταὐτὸ -τότης - - - αὐ
ταφὴ - - θάπτω in θύω
τάφρος -φρεύω - - ib.
τάχα -χέως -χυνὸς, τάχος
-χὺς -χύνω etc. - - ὀξὺς
ταφὼν -φος - - θάομαι
ταὼν, ταὼς -ῶς - - τείνω
τεγκτὸς -γξις - - τέγγω
τέγος -γεος, τέγη - - στέγω
τέθηπα - - - θάομαι
τεινεσμὸς - - - τείνω
τείρεα - - - - τέρας
τειχίζω -χιόεις -χιον -χισμα
-μὸς etc. - - - τεῖχος
τεκμαίρω -μήριον etc. - τέκμαρ
τέκνιον, τέκνον -νόω, τέκος τίκτω
τεκταίνομαι, τέκτων etc. - τεύχω
τελαμὼν -μωνίζω - τλῆναι
τελέθω - - - τέλλω
τέλειος -λειόω -ωσις -ωτὴς - ib.
τέλεος -λεύω -λέσιος -λεσμα ib.
τελεστήριον -στὴς -στικὸς
-σφορος - - - ib.

τελετὴ -λευτὴ -λέω -λήεις
-λικὸς - - siehe in τέλλω
τέλμα -ματαῖος -ματόω - εἰλέω
τέλος - - - - τέλλω
τέλσον - - - - ib.
τελώνης -νέω - - - ib.
τέμαχος, τέμενος, τεμενίζω τέμνω
τέμπεα -πώδης - - - ib.
τεναγίζω -γώδης - τέναγος
τενης in Comp. - - τείνω
τενθέω -θης -θεύομαι - τένθω
τένων - - - - τείνω
τέραμνος -ράμων - - τείρω
τερατεία e c. - - τέρας
τεράστιος - - - - ib.
τερέτισμα - - - τερετίζω
τέρετρον - - - τείρω
τερέω - - - - ib.
τέρην - - - - ib.
τερηδὼν - - - - ib.
τερθρεύομαι - - - τέρας
τέρθρον - - - - ib.
τέρμα -ματίζω - - - ib.
τερμιόεις, τέρμων - - ib.
τερπνὸς, τερπωλὴ - - τέρπω
τέρσω -σαίνω - - θέρω
τέρψις - - - - τέρπω
τέσσαρα -ράκοντα -ράκοστος
τέσσαρες
τετανὸς -νικὸς - - τείνω
τεταρταΐζω -ταρταῖος -ταρ-
τος - - - τέσσαρες
τετιημένος -ηότες - - τίω
τέτμω - - - - τέμνω
τετράγωνον -νίζω - - γωνία
τετράδραχμος - δράσσομαι
τετράζω - - - τερετίζω
τετραίνω - - - τείρω
τετράκις -κόσιοι -κτὺς τέσσαρες
τετράρχης -τετρὰς -τρατος - ib.
τετραχῆ -χῶς - - - ib.
τετρεμαίνω - - - δράω
τέτταρες -τορες - τέσσαρες
τέττιγες - - - τερετίζω
τετύκω, τετύσκω - - τεύχω
τεῦγμα - - - - ib.
τεύτλιον - - - λαχαίνω
τεῦξις -ξίδιον - - τεύχω
τευχήεις - - - ib.
τεῦχος, τευκτὸς - - ib.
τέφρα -φρὸς -φρόω - θύω
τέως - - - - - ὁ
τέχνη -νάω -νικὸς -νίτης τεύχω
τῆδε, τῇ - - - - ὁ

τήγανον -νίζω - siehe in τέγγω
τηθὶς -θη -θαλλαδοῦς - πατὴρ
τηκτὸς -κεδὼν -κω - τέγγω
τῆλε -λαυγὴς -λεσκόπος - ἑκὰς
τηλεδαπὸς - - - δάπεδον
τηλεθάω - - - θάλλω
τηλέκλητος - - - καλέω
τηλίκος -κοῦτος - - - ὁ
τηλόθεν -λόθι etc. - ἑκὰς
τηνίκα -νικαῦτα - - - ὁ
τῆξις - - - - τέγγω
τήρησις -ρέω - - τηρὸς
τῆτες, τητινὸς - - - εἷς
τιθασσὸς, τιθασὸς etc. - θῆσθαι
τιθήνη -νέω - - - ib.
τίλαι - - - - τίλλω
τιλάω - - - - τῖλος
τίλσις -λτὸς -λμα -λος -λλω ὀλόπτω
τιμάω -μάορος - - τίω
τιμὴ -μήεις -μημα -μήορος ib.
τιμωρέω -ρὸς - - - ib.
τινάσσω -νάκτωρ -ναγμὸς τείνω
τίνω, τίννυμι, τῖσις - - τίω
τίς - - - - - ὁ
τιταίνω - - - τείνω
τίτανος -νόω -νωτὸς - γύψος
τιτθὸς -θίον -θεύω - θῆσθαι
τίτρημι -τραίνω - - τείρω
τιτρώσκω - - - - ib.
τίτυρος - - - σάτυρος
τλήμων, τλῆσις -τὸς - τλῆναι
τμήδην, τμῆμα, τμῆσις -τὴρ,
τμήγω - - - τέμνω
τόδε - - - - - ὁ
τόθι -θεν - - - ib.
τοὶ, τοιγαροῦν, τοιγὰρ, τοίνυν ib.
τοῖος, τοιοῦτος - - - ib.
τοίχαρχος -χίζω, τοῖχος τεῖχος
τοκὰς -κετὸς -κεὺς -κίζω
-κος -κιστὴς - - τέκω
τόλμα -μάω -μήεις - τλῆναι
τολύπη -πεύω - - - ib.
τομάω -μεύω -μίας -μὸς
-μος - - - τέμνω
τοναῖος -νιαῖος - - τείνω
τονθορύζω -ρυστὴς - μασάομαι
τόνος -νόω - - - τείνω
τοξάζομαι, τοξεύω, τοξικὸς
etc. - - - - τόξον
τοπάζω -πικὸς -πος - δάπεδον
τορεύω -ρέω - - - τείρω
τόρνευμα -νεύω -νόω - ib.
τόρνος, τόρος -ρὸς -ρύνη
-νάω -νητὸς - - ib.

τόσος, τόσσος, τοσοῦτος etc. siehe in ὁ
τότε - - - - ib.
τόφρα - - - - ib.
τραγάω -γημα -ματίζομαι,
τράγος - - - - τείρω
τραγίζω -γικὸς -γίσκος -γῳδία - - - - ib.
τρανὴς -νὸς - - - ib.
τράπεζα -ζεὺς -ζίτης - τέσσαρες
τραπελὸς -πέω - - τρέπω
τρασιὰ - - - - θέρω
τραυλὸς -λίζω -λισμὸς - τείρω
τραῦμα - - - - ib.
τραφερὸς - - - τρέφω
τραχηλίζω -λια - τράχηλος
τραχὺς -χύνω -χύτης -χωμα
-χὼν - - - ταράσσω
τρέμω - - - - δράω
τρέχω - - - - ib.
τρέω - - - - ib.
τρῆμα -μη - - - τείρω
τρήρων -ρὸς - - - δράω
τρῆσις -τὸς - - - τείρω
τρία -άζω -αινα -άκοντα - τρεῖς
τριακόσιοι -κοστὸς, τριὰς
-ακτὸς - - - - ib.
τριβακὸς, τριβὴ - - τείρω
τρίβολος - - - τρεῖς
τρίβος -βω -βων - - τείρω
τριγλώχιν - - - γλῶσσα
τρίγμος, τρισμὸς - - κλάζω
τρίγωνος -νίζω - - γωνία
τρίενος - - - - εἷς
τριετὴς -τηρὶς - - - ib.
τρίζω - - - - κλάζω
τριήρης - - - - τρεῖς
τρικυμία etc. - - - ib.
τρίμμος, τρίμμα - - τείρω
τριπλάσιος -πλοῦς - ἁπλόος
τριπτὴρ, τριπτὸς - - τείρω
τρὶς, τρισσὸς, τριταῖος, τρί-
τος, τρίχα -χθὰ - - τρεῖς
τρίχινος -χόω -χώδης -χω-
μα -χωσις - - - θρὶξ
τρίψις - - - - τείρω
τρόμος -μέω -μερὸς - δράω
τροπαῖος -παλίζω -πὴ -πάω
-πίας -πις, τρόπας -πόω τρέπω
τροφαλὶς -φαλλὶς -φεὺς
-φεύω, τροφὴ -φίας -φι-
μος -φις -φὸς - - τρέφω
τροχάζω -χαῖος -χαλεῖον
-χαλία -λὸς, τροχάω, τρο-

χερὸς -χιὰ -χίζω, τρόχος
-χὸς - - ſiehe in δράω
τρόχιλος - - - ὄρνεον
τρυβλίον - - - λεκὸς
τρυγάω -γητὴς -γία - τρυγέω
τρυγὼν, τρύζω - - κλάζω
τρυήλης -λις - - τείρω
τρῦμα -μαλιὰ -μη - - ib.
τρὺξ - - - - - τρυγέω
τρύπη -πανον -πάω etc. τείρω
τρῦσις, τρυτάνη - - ib.
τρύσκω - - - τρυγέω
τρυφάω -φερὸς -φὴ -φηλὸς -φος - - -- τείρω
τρύχενος -χόω -χηρὸς - ib.
τρύχος, τρύχω - - - ib.
τρύω - - - - - ib.
τρωγάλιος, τρώγλη, τρωγλοδύω ib.
τρώγω, τρὼξ, τρωκτὸς -ξιμος -ξις - - - - ib.
τρῶμα, τρῶσις - - - ib.
τρωπάω - - - τρέπω
τρωτὸς - - - - τείρω
τυγχάνω - - - τεύχω
τυκτὸς, τύκος, τυκίζω - ib.
τυλώδης -λίττω -λωμα -λόω -λόεις - - - τύλος
τυμβεία -βεύω -βος - θύω
τύμμα, τύμπανον -νίζω - δοῦπος
τυπὴ, τύπος -πανον -πετὸς -πόω -πτω - - - - ib.
τυραννεύω -νὶς -νος - κάρανος
τυρβάζω -βη - - - τείρω
τυρείω -ρός -ρόω - βοάω
τυφεδὼν - - - - θύω
τῦφλότης -λόω -λώττω, τυφλὸς λάω
τύφος -φόω - - - θύω
τύφω -φώδης -φὼν -φὼς -φωεὺς - - - ib.
τύχαιος, τύχη -χηρὸς -χων τεύχω
τωθάζω -θασμὸς -θαστὴς μῶκος
τῶς - - - - - ὁ

Υ.

ὕαινα - - - - οῦς
ὑάδες - - - - ὕω
ὑάλινος -λοῦς -λος - - ib.
ὑβὸς -βόω -βωμα - - κύβη
ὕβρις -βρίζω -βριστὴς - ὑπὸ
ὑγιάζω -αίνω -εία -ὴς - ὕω
ὑγραίνω, ὑγρὸς -γρότης -γρώσσω ib.
ὑδαρὴς -δάτινος -τιός -τόεις -τώδης - - ſiehe in ὕω
ὑδέω, ὑδὴς - - - ἄημι
ὕδερος -ρικὸς -ραίνω - ib.
ὕδος - - - - ὕω
ὕδρα, ὑδραίνω -δρεία -δρεῖον ὑδρεύω -δρηλὸς -δρία -δρίον ὑδρώδης, ὕδρωψ -δρωπικὸς, ὕδωρ - - - - ib.
ὕειος, ὑεικὸς - - - σῦς
ὑετὸς -τώδης - - - ὕω
ὑηνὸς -νία - - - σῦς
ὑΐδιον - - - - ib.
ὑϊεὺς, υἱὸς, υἱωνὸς etc. - πατὴρ
υἱοποιοῦμαι -θετοῦμαι - τίκτω
ὑλαγμὸς - - - βαΰζω
ὑλαῖος -λώδης - - - ὕλη
ὑλακτέω, ὑλακὴ - - βαΰζω
ὕλαξ - - - - ib.
ὑλήεις -λημα -λικὸς - ὕλη
ὑλίζω -λισμὸς -λιστὴρ - σείω
ὑμεδαπὸς - - - δάπεδον
ὑμὴν, ὑμενοειδὴς - ὑφαίνω
ὑμνέω -νιον, ὕμνος -νῳδὸς - ib.
ὕννις, ὗνις - - - σῦς
ὑοβοσκὸς -βότης -πόλος - ib.
ὑπαγροῖκος - - - ἀγρὸς
ὑπαὶ, ὕπαιθα - - - ὑπὸ
ὕπαρ - - - - ἄημι
ὑπατεύω -τικὸς - - ὑπὸ
ὕπατος - - - - ib.
ὑπεὶρ, ὑπὲρ, ὑπέρα - - ib.
ὑπερβασία - - - βαίνω
ὑπέρβιος - - - - βία
ὑπερηνόρια -νωρ - - ἀνὴρ
ὑπερήφανος -νεια - φαίνω
ὕπερθε, ὕπερος -πέρτερος -ρέω ὑπὸ
ὑπερμενὴς -νέτης - - μένω
ὑπερφίαλος - - - ἰάλλω
ὑπερώϊον -ρῷον - - ὑπὸ
ὑπήκοος - - - ἀκούω
ὑπήνη -νήτης - - χάζω
ὑπηρεσία -ηρέτης -τέω - ἐρέθω
ὑπισχνέομαι, ὑπίσχομαι - ἔχω
ὑπναλέος -νάω -νηλὸς -νίζω -νόω -νώττω -νος - ἄημι
ὑποβολιμαῖος - - βάλλω
ὑπόδημα - - - δέω
ὑποθημοσύνη - - τίθημι
ὑπομονητικὸς - - μένω
ὑποσκελίζω - - - σκέλος
ὑπουργὸς - - ἔργον
ὕπτιος, ὑπτιάζω - - ὑπὸ

ὑπώπιον - πιάζω siehe in ὄσσομαι
ὑπώρεια - ρειος - - ὄρος
ὑπωρόφιος - ωρόφος - ῥέω
ὗς - - - - - - οὗς
ὕσγινος - - ἐρεύθω in ρ
ὕσπληξ - - - πλήσσω
ὑσσὸς - - - - δόρυ
ὕστατος - στάτιος - στεραῖος
- ρέω - ρημα - - - πρὸ
ὑστέρα - ρικὸς - - γαστὴρ
ὑστερίζω - ρικὸς - ρος - πρὸ
ὕστριξ - - - - οὗς
ὑφασία - φάντις - φασμα ὑφαίνω
ὑφειμένως, ὕφεσις - ἵημι in ε
ὕφος - φὴ - - - ὑφαίνω
ὑφὸς - - - - κύβη
ὑψηλὸς, ὕψι, ὕψιστος - ψόθεν - θε - - - βάθος
ὑψιβρεμέτης - - βρέμω
ὕψος - ψόσε - ψόω - ψωμα βάθος
ὑώδης - - - - οὗς

Φ.

φάγαινα - γημα - γὰς - φάγομαι
φαέθω - είνω - εννὸς - φάος
φαὴς - - - - ib.
φαίδιμος, φαιδρὸς - δρύνω - ib.
φαίνω - - - - ib.
φαιὸς - - - - ib.
φάκελος - - - φάκελλος
φακῆ - κὸς - κωτὸς etc. - ὄσπρια
φαλάγγιον - γίτης - γηδὸν, φάλαγξ - - - φάος
φάλαινα - - - - ib.
φάλακρος - κρόω - - ib.
φάλανθος - θίας - - ib.
φαλαρὸς - ληρὸς - λιος - λης ib.
φαλὸς - - - - ib.
φαλλὸς - ληφόρος - - ib.
φανερὸς - ριον - ρὸς, φαντάζω - τασιόομαι, φάντασμα etc. ib.
φανὴς - νεια - - ib.
φάραγξ - γώδης - - φᾶρος
φαρέτρα - - - φέρω
φαρμακεὺς - κὸς - μάσσω - μάττω etc. - - φύρω
φάρυγξ - ρυξ - - φᾶρος
φάσγανον - - - φάος
φασιανὸς - - - ὄρνεον
φάσκω - - - - φάος
φάσμα - - - - ib.
φάσις - - siehe in φάος
φατειὸς - τις - τίζω - - ib.
φάτνη - νίζω - νόω - κάμπτω
φάτνωμα - - - φιάλη
φατὸς - - - - φάος
φαυλίζω - λος - λότης - ib.
φαῦσις - σιγξ - - - ib.
φαύσκω, φαύω - - - ib.
φέβομαι - - - - σείω
φέγγος - - - - φάος
φειδίτιον - δίτης - φείδομαι
φειδὸς, φείδω - δωλὴ etc. - ib.
φελλὸς - λινος - λόδρυς - δένδρον
φενακισμὸς - κίζω - ναξ - φάος
φερέστερος, φέρτερος - τατος φέρω
φέρετρον - ριστος - - ib.
φέρης in Comp. - - ib.
φέρμα - - - - ib.
φερνὴ - νιον - - - ib.
φερνοφορέω - - - δάνος
φερτὸς - - - - φέρω
φεύγω, φευκτὸς - ξις - σείω
φηγὸς - - - φάγομαι
φῆλος - ληξ - λέω - λήτης σφάλλω
φήμη, φημὶ - μὶς - μίζω - φάος
φὴρ - - - - θὴρ
φθαρτὸς - - - φθάνω
φθέγγομαι - γμα - - φάος
φθεὶρ, φθείρω - - φθάνω
φθινὰς - νασμα - νω, φθίσις, φθίω, φθιτὸς etc. - ib.
φθογγὴ - γος - - - φάος
φθόη - - - - φθάνω
φθόνος - νερὸς - νέω - - ib.
φθορὰ - ρος - ρικὸς - - ib.
φιδάκνη - - - στάμνος
φιδίτιον - - - φείδομαι
φιλαίτερος - τιος - μῖσος in μὺ
φιλέω - ληδὴς - λημα - λητὴς - λος - - - ib.
φιλήτης für φηλήτης in σφάλλω
φιλία - λικὸς - λιος - λεύω μῖσος in μὺ
φιλοίφης - - ὀχέω in ἔχω
φιλομμειδὴς - - - γελάω
φιλοτήσιος - λότης - - μὺ
φίλτατος, φίλτερος, φίλτρον ib.
φίλυρα - ριον - - δένδρον
φιμόω - - - - φιμὸς
φιτόω - τωμα - - φύω
φλάζω - - - - φλέω
φλασμὸς - - - - ib.
φλαῦρος - - - φαῦλος
φλεβικὸς - βώδης - - φλέω
φλεγέθω - - - φλέγω

φλεγμαίνω - μόνη - γυρὸς -γμα etc. - siehe in φλέγω
φλέδων - - - - φλέω
φλὲψ - - - - ib.
φλέως - - - στείβω
φλήναφος - φάω - - φλέω
φλία - - - - θύρα
φλίβω - - - - ib.
φλιδάω - - - - φλέω
φλόγεος - γερὸς - γίζω - γινος - γιστὸς - - φλέγω
φλοίζω, φλοιὸς - - φλέω
φλοῖσβος - - - - ib.
φλοιώδης - - - - ib.
φλὸξ - - - - φλέγω
φλόος, φλοῦς - - - φλέω
φλυαρέω - ρία - ρος - - ib.
φλύαξ - - - - ib.
φλυδαρὸς - δάω, φλύζω, φλύω ib.
φλύκταινα - κτὶς - - ib.
φοβερὸς - βέω - βη - βητικὸς, -βητρον, φόβος - - σείω
φοιβάζω - βὰς - βητὸς - βήϊος φοῖβος
φοινίκιος - κινος - κόεις - νιγμὸς - νιξις - νίσσω - φοῖνιξ
φοῖνιξ - νικίτης - - δένδρον
φοινὸς - νήεις - νιος - θείνω
φοῖτος - ταλέος - τητὴς - τάω οἴω
φολιδωτὸς - λὶς - - λέπω
φονάω - νεύω - νεύτρια - νος θείνω
φόξος - - - - ὀξὺς
φορὰ - ράδην - - - φέρω
φορβὰς - βὴ - - - τρέφω
φορέω - ρημα - ρησις - φέρω
φορμίζω - μιγξ - - λύρα
φορμίον - μὶς - μίσκος - μὸς φέρω
φόρος - ρὸς - - - ib.
φορτίζω - τικὸς - τίον - τὶς - ib.
φόρτος - - - - ib.
φορύνω - ρύσσω - ρυτὸς - φύρω
φράγμα - γνυμι etc. - ῥάσσω
φράδη - δέω - δμων etc. φράζω
φρακτὸς - - - ῥάσσω
φράσις - στὴρ - στικὸς - φράζω
φρατριάζω - τριος - τωρ, φρατρία - - - - φύω
φρυάτιον - τιαῖον - κοῦρος
φρέαρ - - - - ib.
φρένες - - - ῥάσσω
φρενῖτις - νόω - - φράζω
φρενοβλαβὴς - - βλάπτω
φρικαλέος, φρίκη - κτὸς - κώδης - - - - κρύος
φριμάσσομαι - μαγμὸς φρυάσσομαι

φριξὸς, φρίσσω, φρίττω, φρὶξ siehe in κρύος
φρονέω - νημα, φρόνησις - νιμος - - - - φράζω
φροντὶς - τίζω - τιστὴς - ib.
φροῦδος - - - ὁδὸς
φρουρὰ - ρὸς - ρέω - ριον ὁράω
φρύαγμα - ακτὴς - φρυάσσομαι
φρυγμὸς - γεὺς - - ib.
φρύγανον, φρυκτὸς etc. - φρύσσω
φρυκτωρὸς - - - ib.
φρων in Comp. - - φράζω
φυγαδεύω - γὰς, φύγδην - σείω
φυγγάνω - - - - ib.
φυγὴ - - - - ib.
φύζα - ζαλέος - - - ib.
φυὴ - ὴς - - - φύω
φύκιον - κόω - κος - βρύον
φυκώδης - - - - ib.
φυλακὴ - κίζω - κὶς - κικὸς - κος, φυλακτὴρ - κτικὸς, φύλαξ - ξιμος - κεῖον, φυλάσσω ὁράω
φυλὴ - λέτης - - - φύω
φυλλάριον - λὰς - λιάω - λινος etc. - - - ib.
φύλλον - λώδης - - - ib.
φῦλον - - - - ib.
φύλοπις - - - - ib.
φῦμα, φυματίας - - φύω
φύξηλις, φύξιος etc. - σείω
φυράω, φύρδην - - φύρω
φύρμα - ρσω - ρτὸς - - ib.
φυσαλλὶς - σητὴρ - σημα - σιασμὸς - σάω - - - φῦσα
φύσιγξ - σίγγομαι - - - ib.
φυσικὸς, φύσις - σιμὸς etc. φύω
φυσίωσις, φύσκη - - φῦσα
φύσσα - σαλὶς - - - ib.
φυταλιὰ - τὰς - τεύω - τικὸς - τιος - - - - φύω
φύτλη - - - - ib.
φώγνυμι - - - - φάος
φώζω, φωὶς - - - ib.
φωκαίνα - - - - φώκη
φωλεὸς - λεύω - λεία - λεώδης - λας - λητὴρ - - εἰλέω
φωνάριον - νία - - φάος
φωνὴ - νέω - νήεις etc. - ib.
φὼρ, φώριον, φωράω - ρίδιος - ριαμὸς - - - κλέπτω
φῶς, φὼς - - - - φάος
φώσκω, φωστὴρ, φωτεινὸς - τίζω - - - - ib.
φωσφόρος - - - - ib.

X.

χαδέω - - siehe in χάζω
χαίνω - - - - ib.
χαιρηδὼν -ρητίζω - - χαίρω
χαίτη -τήεις -τωμα - θρίξ
χάλαζα -ζάω -ζώδης - χάζω
χαλαίνω -λάω -λαρὸς - ib.
χαλεπὸς -παίνω - - χαλέπτω
χαλιμὰς -μος - - - χάζω
χαλινὸς -νόω - - - ib.
χάλις - - - - - ib.
χαλίφρων - - - - ib.
χάλκειος -κεος -κεὺς -κεύω -κίον etc. - - - χαλκὸς
χαλκοκορυστὴς - - κέρας
χάλυψ - - - - χαλκὸς
χαμᾶζε, χαμαὶ - - - γῆ
χαμηλὸς, χαμόθεν - - ib.
χανδὸν, χάνη, χάος - - χάζω
χαρὰ - - - - χαίρω
χαρακτὴρ -κτὸς - χαράσσω
χάραξ -ρακόω -ράδρα - ib.
χάραγμα - - - - ib.
χαρίεις - - - - χαίρω
χαρίζομαι, χάρις -ρισμα -τία -τόω, χάρμα -μοσύνη - ib.
χάρτης -τίον - - βίβλος
χαρτὸς - - - - χαίρω
χάσκω -κάζω, χάσμα -μη -μάτιος etc. - - χάζω
χατέω -τίζω -τεύω - - ib.
χαῦνος -νότης -νόω - - ib.
χέζω - - - - - χέω
χειὰ - - - - χάζω
χεῖλος - - - - ib.
χειμάδιος -μάζω -μάῤῥοος -ρους, χειμασία -μετλον -μερίζω -μέριος etc. χειμὼν - - χεῖμα in χέω
χεὶρ, χειριδωτὸς, χειρίζω, χείριος -ρὶς -ρόω - - χάζω
χείριστος, χειρότατος -ρων - ib.
χείω - - - - - ib.
χελιδὼν - - - ὄρνεον
χελώνη - - - - χάζω
χέλυς -λώνη -λειον - - ib.
χέραδος, χερὰς - - - ib.
χερμὰς -μάδιον - - - ib.
χερνήτης -τικὸς - - θὴς
χέρνης - - - - ib.
χέρνιβον, χερνίπτω -νιψ - χάζω
χεῤῥόνησος, χέῤῥος, χερσαῖος σκιῤῥὸς
χέρσος -σεύω - - - ib.
χεῦμα - - - siehe in χέω
χηλεύω -λινὸς -λὴ -λόω - χάζω
χημὴ - - - - - ib.
χὴν -νειος -νίσκος - - ib.
χηραμὸς -μὶς - χειὰ in χάζω
χηρόω -ρωσταὶ -ρεύω -ρος σκίῤῥος
χῆτος -τις - - - χάζω
χθεσινὸς, χθιζὰ -χθὲς - ἄημι
χθόνιος - - - - χθὼν
χιασμὸς - - - - χιάζω
χιλιὺς, χιλιοστὸς -στὺς - χίλιοι
χιλόω -λὸς - - - χέω
χίμαιρα, χίμαρος - - ib.
χιονίζω -νόω -νεος - νίπτω
χιτὼν -τονίσκος - - ἔρος
χιὼν - - - - - νίπτω
χλάζω - - - - κλάζω
χλαῖνα - - λάχνη in ἔρος
χλαμύδιον -δόω - - - ib.
χλανίδιον -νίσκος -νὶς - ib.
χλευάζω -αστὴς, χλευὴ - μῦκος
χλίασμα, χλιαρὸς - - χλιαίνω
χλιδανὸς -δὴ -δος - - ib.
χλοάω, χλοερὸς, χλόη -ηρὸς χλοιάω, χλοίη - - - ib.
χλοῦς - - - - - ib.
χλωρηὶς -ρίζω, χλῶρις -ρὸς etc. ib.
χναῦμα -ρὸς -στικὸς, χναύω κνάω
χνόος, χνοῦς, χνοίη -άζω - ib.
χόανον, χοεὺς, χοὴ, χοϊκὸς - χέω
χοινικὶς - - - χοῖνιξ
χοιρὰς -ρειος -ρεος, χοιρίδιον -ριον -ρώδης - - σῦς
χολέρα -λας -λάω -λὴ -λικὸς -λιξ, χολόω - - χέω
χονδρώδης - - - χόνδρος
χορδεύω, χορδολογέω -δὴ - λίρα
χορεύω, χορηγὸς -ρικὸς -ρεῖος χορὸς
χορτάζω -τασμα -ταῖος - χόρτος
χορῳδία - - - χορὸς
χοῦς - - - - - χέω
χραίνω - - - - χράω
χραισμέω, χραίσμη etc. - ib.
χραντὸς - - - - ib.
χραίω - - - - - ib.
χρεία, χρειὼ etc. - - ib.
χρεμετίζω -τισμὸς, χρεμίζω χρεμέθω
χρέμπτομαι - - - ib.
χρέος, χρεῖος, χρέω - χράω
χρεὼν -ως -ώστης - χρεμέθω
χρὴ, χρήζω -ηΐζω - - ib.
χρῆμα -ματίζω -τισμὸς etc. ib.
χρήμη, χρήσιμος, χρῆσις - ib.
χρηστὸς -στικὸς -στήριον - χράω

χρησμὸς -μῳδὸς, χρηστὴρ siehe in Ζεὺς
χρίμπτω, χρίω - - χράω
χρῖσις, χρῖσμα, χριστὸς - ib.
χρόα, χροία - - - ib.
χρομὴ -μος -μαδος - χρεμέθω
χρονίζω -νικὸς -νιος -νισμὸς -νος etc. - - - χρόνος
χροῦς, χρύος, χρόω - - χράω
χρυσάωρ - - - - αἴρω
χρύσειος -σεος -σιδάριον -σίδιον, χρυσίζω -σιον -σὶς -σίτης -σοῦς, χρυσόω -σωμα -σωσις - - χρυσὸς
χρώζω, χρῶμα -ματίζω - χράω
χρὼς, χρωτίζω, χρώννυμι - ib.
χυδαῖος, χύδην - - - χέω
χυλὸς -λίζω - - - ib.
χύμα -μὸς -μόω - - ib.
χυτλάζω, χύτλον, χυτὸς -τὴρ ib.
χύτρα -τραῖος -τρεος -τρεὺς, χύτρινος -τριον -τρὶς -τρῶς -τρος - - - λεκὸς
χωλαίνω -λεύω -λόω -λὸς σκάζω
χῶμα, χωννύω -νυμι - χέω
χῶνος - - - - ib.
χώνη -νεύω - - - ib.
χώρα, χωρέω -ρημα -ρητὸς χῶρος
χωριάζω - - - - ib.
χωρίζω -ρὶς - - - ib.
χωρίον - - - - ib.
χωρισμὸς -ριστὸς - - ib.
χωρίτης - - - - ib.
χώω, χῶσις, χωστὸς - - χέω

Ψ.

ψαθάλλω - - - ψάω
ψαθυρὸς, ψαδυρὸς - - ib.
ψαίρω, ψαίω, ψαιστὸς - ib.
ψακάδιον -κάζω -κὰς - ib.
ψαλάσσω -λακτὸς -λαγμα - ib.
ψαλίδιον -δόω -δωμα etc. ib.
ψαλίζω -λιστὸς - - - ib.
ψάλιον - - - - ib.
ψαλὶς - - - - ib.
ψάλλω, ψάλμα -τὴρ -της -τρια etc. - - - ib.
ψάμαθος, ψάμμος -μώδης etc. ib.
ψὰρ - - - - ὄρνεον
ψαύομαι, ψαυστὸς -σις - ψάω
ψαφαρὸς -φερος - - ib.
ψέγω, ψέγμα - siehe in ψάω
ψεδνὸς -νόω - - - ib.
ψέδω - - - - ib.
ψεία - - - - - ib.
ψεκὰς -κάζω, ψεκτὸς - - ib.
ψελλίζομαι -λισμὸς -λιον τείρω
ψέλλος -λότης - - - ib.
ψευδαλέος -δὴς -δίστατος, ψεῦδος, ψεῦσμα, ψεῦσις, -στὴς -δομαι - - ψίθυρος
ψευδομαρτυρίαι - - μάρτυρ
ψέφας, ψεφηνὸς - - ψέφος
ψῆγμα, ψηκτὴρ -κτρα - ψάω
ψηλαφάω - - - - ib.
ψῆξις, ψηστὸς - - - ib.
ψηφὶς, ψηφίζω -φισμα, ψῆφος ib.
ψήχω - - - - ib.
ψιάζω - - - - ib.
ψιὰ -ὰς - - - - ib.
ψίαθος -θηδὸν - - φέρω
ψιθυρίζω - - - ψίθυρος
ψιλὸς -λότης -λόω - δασὺς
ψιμμυθιόω -μύθιον -θος ψάω
ψὶξ - - - - - ib.
ψιττακὸς - - - ὄρνεον
ψίω - - - - ψάω
ψόγος -γερὸς - - - ib.
ψοίαι - - - - ib.
ψολόεις -λος - - λάω, I.
ψοφέω -φητικὸς -φώδης ψόφος
ψυγμὸς - - - - ψύχω
ψύθος - - - - ψεύδω
ψυκτὴρ -κτικὸς -κτὸς - ψύχω
ψύλλος - - - ψύλλα
ψυχάζω -χάριον -χεινὸς - ψύχω
ψυχὴ -χικὸς, ψύχος -χάω - ib.
ψυχρία -χρὸς - - ib.
ψύχωσις - - - - ib.
ψωμὸς -μίον -μίζω - ψάω
ψώμα -μαλέος -ρίασις -ρικὸς - - - - ib.
ψώρα - - - - ib.
ψωρὸς -ρώδης -ραλέος - λέπω
ψώχω - - - - ψάω

Ω.

ὠαιαὶ - - - - - ὤ
ὠάριον - - - - ὠὸν
ὠδεῖον, ᾠδὴ - - - ἀείδω
ὠδὶν, ὠδίνω - - ὀδύομαι
ὢε, ὢτ, ὤζω - - - ὤ

ὠθέω -θησις -θίζω -θισμὸς
siehe in ὤθω
ὤκιμον - - - λαχαίνω
ὠκύμορος - - - ὀξὺς
ὠκὺς -κύτης - - - ib.
ὠμοβόρας -βρὼς etc. πέπτω in ἕψω
ὠμόλινον -μὸς - - - ib.
ὦμος - - - - οἴω
ὠμότης - - πέπτω in ἕψω
ὠμοπλάτη - - - σπάθη
ὠνητὸς -της - - - ὦνος
ὠνὴ, ὤνημα - - - ib.
ὤνιος, ὠνέομαι - - - ib.
ὦρα -ριος -ραῖος - - ἄημι
ὥρα - - - - ὁράω
ὡραΐζω -ραιότης - - ὥρα
ὠρέω - - - - ὁράω
ὡρικὸς -μὸς, ὥριος - - ὥρα
ὦρος - - - - - ib.

ὠρύω -ρυθμὸς -ρυγὴ etc.
siehe in ῥέω
ὡς - - - - - ὁ
ὦς für οὖς - - - ἄημι
ὡσαύτως - - - - ὁ
ὦσις - - - - ὤθω
ὤστης, ὠστίζω -στικὸς -στὸς ὤθω
ὤσχη, ὦσχος - - - ἔχω
ὠτακουστὴς - - - ἄημι
ὠταλγία, ὠτάριον etc. - ib.
ὠτειλὴ - - - οὐτάζω
ὠτίον, ὠτὶς, ὠτὸς, ὦτος, ὠτώεις ἄημι
ὠΰφιον - - - - ὠὸν
ὠφελέω -φέλιμος -λον etc. ὄμπη
ὤχρα -χράω -χρίας -χρίαω
etc. - - - - ὠχρὸς
ὤχρωμα -χρότης -χρίασις - ib.
ὤψ - - - - ὄσσομαι
ὠώδης - - - - ὠὸν

A.

A, ἆὰ, interj. ha! ah! ἆ oder αἶ ach! ἂ ἂ ha ha! αἰβοῖ ach, αἰ. αἰάζω, f. ξω ich klage, ächze. αἴαγμα, ατος, τὸ das Aechzen. αἰακτὸς, ἡ, ὸν beklagenswerth.

αἰανὴς, ὁ, ἡ, schmerzlich, traurig, düster, schwarz.

Ἄβαξ, ακος, ὁ eine Platte oder Tafel, z. B. zum Rechnen oder Brettspiel; Prunktisch für Trinkgefäße im Essaal. ἀβάκιον, τὸ, dem.

Ἀγαθὶς, ίδος, ἡ das Knäuel.

Ἀγαθὸς, η, ὸν (die Comparation irregular s. die Sprachlehre) gut, brav, tüchtig in seiner Art. τα ἀγαθα Güter, Vermögen. ἀγαθοτης, η und ἀγαθωσυνη, η Güte, Biedersinn.

ἀγαθοεργὸς, ὁ, ἡ wohlthuend (ἐργον). In Lakedämon hießen die 5 ältesten Ritter, die in Staatsgeschäften gebraucht wurden, ἀγαθοεργοί. ἀγαθουργέω, f. ήσω, ich handle gut.

ἀγαθοποιὸς, ὁ, ἡ wohlthätig (ποιέω).

Ἄγαν, adv sehr. ὑπεραγαν überaus sehr.

ἀγανακτεω, f. ήσω (ακταινω) ich werde unwillig, ungeduldig, ich fahre auf.

ἀγανακτησις, εως, ἡ der Unwille; die Betrübniß.

ἀγανακτικὸς, ἡ, ὸν leicht unwillig, mürrisch.

Ἄγγαρος, ὁ (persisch Wort) ein reitender Eilbote, Staffette. τὰ ἄγγαρα die Tagesstationen des ἄγγαρος. ἀγγαρεία, ἡ dessen Dienst, Verrichtung, das Postreiten.

Ἄγγελος, ὁ, ἡ Bote, Ueberbringer einer Nachricht, auch die Nachricht selbst, wie nuntius.

ἀγγέλλω, f. ελῶ ich kündige an, berichte, erzähle.

ἄγγελμα, ατος τὸ, und ἀγγελία, ἡ die Botschaft. ἀγγελιαφορέω, f. ήσω ich überbringe eine Botschaft.

ἀναγγέλλω, ich verkünde wieder.

ἀπαγγέλλω, ich berichte, melde, erkläre, ernenne. ἀπαγγελία, ἡ der Bericht, Ausspruch, Ausdruck.

διαγγέλλω, ich berichte durch einen Boten; ich verbreite. διάγγελος, ὁ Unterhändler, internuntius.

εἰσαγγέλλω, ich melde hinein; ich klage an (von Staatsverbrechen). εἰσαγγελεὺς, έως, ὁ Ankündiger, Ankläger. εἰσαγγελία, ἡ Ankündigung, Anklage.

ἐξαγγέλλω, ich berichte hinaus; plaudre aus.

ἐπαγγέλλω, ich mache einen Befehl bekannt; gebe auf; Med. ich gebe mich für etwas aus; ich erbiete mich zu etwas.

εὐαγγέλιον, τὸ gute Nachricht; Geschenk für fröhliche Botschaft. εὐαγγελίζομαι, ich verkünde eine gute Botschaft.

καταγγέλλω, ich kündige an; ich klage an.

παραγγέλλω, ich kündige an, sage an was geschehn oder nicht geschehen soll; εἰς ὅπλα, ich rufe zu den Waffen; ich gebe die Parole; ich biete meine Freunde oder meine Partei auf. παραγγελία, ἡ der Befehl; das Aufgebot; die Parole; Faction. παράγγελμα, τὸ Ankündigung, Gebot, Regel. παραγγελσις εως, ἡ das Ankündigen, Befehlen, Ermahnen.

προαγγέλλω, ich kündige vorher an.

προσαγγέλλω, ich gebe hin und verkündige, melde an.

ὑπαγγέλλω, ich verkündige heimlich, verrathe.

Ἀγείρω, f. ερῶ ich sammle, versammle. ἄγερσις, ἡ und ἀγερμὸς, ὁ, die Sammlung, Versammlung, das Zusammenbringen.

ἀγορὰ, ἡ die Versammlung; der Versammlungsort, besonders der Marktplatz; ἀμφὶ ἀγορὰν πλήθουσαν zur Zeit wann der Markt voll ist, d. i. Vormittags von 9—12 Uhr; Marktwaare, Lebensmittel.

ἀγοράζω, f. άσω ich bin beschäftigt auf dem Markt; ich rede in der Versammlung; kaufe oder verkaufe.

ἀγοραῖος, ὁ, ἡ zum Markt oder zur Versammlung gehörig, z. B. Sachwalter, Redner; Marktverkäufer, Höker; Müßiggänger, Pflastertreter.

ἀγορανόμος, ὁ der Marktmeister, aedilis.

ἀγοραςὴς, οῦ, ὁ der Einkäufer. ἀγόρασις und ἀγορασία das Einkaufen. ἀγοραςὸς, ἡ, ὸν gekauft, zu kaufen.

ἀγοράομαι, f. ήσομαι, ich gehe in die Versammlung, berathschlage.

ἀγορεύω, f. εύσω ich rede in der Versammlung; ich kaufe. ἀγορητὴς, οῦ, ὁ der Redner, Sprecher. ἀγορητὺς, ύος, ἡ Rednervermögen, Beredsamkeit.

ἀναγορεύω ich rufe laut aus, verkünde. ἀναγόρευσις, εως, ἡ das laute Ausrufen, die öffentliche Ernennung.

ἀπαγορεύω ich untersage, verbiete; entsage, danke ab; versage, ermatte. ἀπαγόρευσις, εως, ἡ Verbot; das Versagen der Kräfte, die Ermattung, Entkräftung.

ἀνταγορεύω ich spreche entgegen.

διαγορεύω ich rede deutlich, setze auseinander, bestimme.

ἐξαγορεύω ich verkünde laut, mache bekannt.

καταγορεύω ich gebe an, plaudre aus.

προαγορεύω ich sage vorher, weissage.

προσαγορεύω ich rede an, begrüße. προσαγόρευμα, ατος, τὸ Anrede, Name.

συναγορεύω ich spreche für jemanden, vertheidige.

ὑπαγορεύω ich sage vor, dictire; gebe an die Hand; sage hinterher.

ἀπηγορέομαι, ich verantworte mich. ἀπηγόρημα, ατος, τὸ Verantwortung.

κατηγορέω, f. ήσω ich rede wider jemand, tadele, schelte; klage an, verklage; behaupte, sage aus. κατηγόρημα, ατος, τὸ der Klagepunkt, das Verbrechen dessen man angeklagt wird. κατηγορία, ας, ἡ Beschuldigung, Anklage; was man von einem Dinge aussagt, Prädikat. κατήγορος, ὁ Ankläger.

παρηγορέω, f. ήσω ich rede zu, ermuntere, tröste. παρηγορία, ἡ und παρηγόρημα, τὸ Ermunterung Trost.

προηγορέω ich spreche für jemanden (τινὸς), vertheidige. προήγορος, ὁ Fürsprecher, Sachwalter.

προηγορεὼν, ῶνος, ὁ (auch πρηγορεὼν) der Kropf der Vögel, wo sie die Körner vorläufig sammeln.

προσηγορέω wie προσαγορεύω. προσηγορία, ἡ, Zuname, Benennung.

συνηγορέω (τινὶ) ich vertheidige. συνήγορος, ὁ, Advokat.

ἀγύρτης, ου, ὁ, Bettler, Landstreicher, Marktschreier Gaukler; fem. ἀγύρτρια. ἀγυρτεία, ἡ der Stand eines ἀγύρτης, Gauklerhandwerk. ἀγυρτάζω, das Bettler- oder Gauklerhandwerk treiben.

ἄγυρις, εως, ἡ Aeol. für ἀγορά. Daher: ὁμήγυρις, ἡ die Versammlung, ὁμηγυρίζω ich versammle, ὁμηγερής, ὁ, ἡ versammelt.

Ἅγιος, ία, ιον heilig, geweiht, rein. ἁγίως adv.
ἁγιόω, f. ώσω ich heilige, weihe. ἁγιοσύνη, ἡ und ἁγιότης, ητος, ἡ die Heiligkeit. ἁγιστεύω oder εύω ich bin heilig, rein, betrage mich so. ἁγιστεία oder εία Gottesdienst, Ritus.
ἁγίζω und ἁγιάζω, f. άσω ich weihe, heilige, ehre. ἁγιασμὸς, ὁ, die Weihung ἁγίασμα, ατος, τὸ das Geweihete. ἁγιαστήριον geweiheter Ort. ἁγιαστία Heiligkeit
ἐναγίζω ich bringe ein Todtenopfer ἐνάγισμα, τὸ das Todtenopfer.
ἐξαγίζω für unrein und frevelhaft erklären. ἐξάγιστος, verwünscht, verabscheuet.
καθαγίζω, auch -ιάζω, ich widme, heilige, besonders durch Verbrennung des Opfers; ich verbrenne, von Opfern und Leichen; ich heilige wieder was entweiht war.

Ἄγος, εος, τὸ, die Sühne, Reinigung; das zu versöhnende Verbrechen.
ἁγνὸς, ή, ὸν und ἁγνὴς, ὁ, ἡ rein, keusch, unsträflich; heilig, ehrwürdig. ἄναγνος, ὁ, ἡ und δύσαγνος, ο, ἡ unrein, unkeusch, mit Verbrechen befleckt. ἀναγνεία, ἡ Verunreinigung, Versündigung.
ἁγνότης, ητος, ἡ Reinigkeit, Keuschheit; auch ἁγνεία, ἡ von ἁγνεύω, f. εύσω ich bin rein, keusch; reinige, entsündige. ἅγνευμα, τὸ Reinigung, Sühnung. ἁγνευτήριον, τὸ Reinigungsmittel.
ἁγνίζω, f. ίσω, ich reinige durch Sühnopfer. ἁγνισμὸς, ὁ die Reinigung.
ἀφαγνεύω und ἀφαγνίζω reinigen, aussühnen, heiligen.
καθαγνίζω reinigen, aussühnen.
ἐναγὴς, ὁ, ἡ durch Verbrechen verunreinigt, sündig.
εὐαγὴς, ὁ, ἡ rein, unschuldig heilig
ἄγνος, ἡ der Keuschbaum, Keuschlamm, vitex.

Ἄγρα, ἡ, Fang, Jagd, Beute.
ἀγραῖος, ὁ und ἀγρώστης, ὁ der Jäger. ἀγρεία, ἡ die Jägerin.
ἀγρεύω, f. ευσω fangen, jagen. ἀγρεὺς, έως, ὁ und ἀγρευτὴς, ῆρος, ὁ der Jäger. ἄγρευσις, εως, ἡ die Jagd. ἄγρευμα, τὸ das Erjagte, die Beute.
ἀναγρία, ἡ die Zeit wo man nicht jagen darf.
δυσαγρέω unglücklich jagen. δυσαγρία, ἡ unglückliche Jagd. εὔαγρος, ὁ, ἡ glücklich auf der Jagd.

Ἀγρὸς, ὁ Acker, Feld, Land; Landgut. ἀγρίδιον, τὸ dem.
ἀγρότης, ου, ὁ u. ἀγροιώτης, ὁ der Landmann (poet.). ἀγρότις fem.
ἄγρωστις, ιος, ἡ Feldgras, Quecken.
ἄγριος, ία, ιον zum Felde, Lande gehörig; wild, grausam, roh. ἀγριοσύνη, ἡ und ἀγριότης, ἡ Wildheit, Grausamkeit, Rohheit.
ἀγριόεις, εσσα, εν (poet.) so viel als ἄγριος.
ἀγρεῖος, εία, εῖον vom Lande oder Felde
ἀγριαίνω, f. ανῶ wild oder grausam machen; wild werden, verwildern. Dasselbe ist ἀγριόω, f. ώσω und ἀπαγριόω, wovon ἀπαγρίωσις, εως, ἡ die Verwilderung; ferner ἐξαγριόω, und ἐπαγριόω.
ἀγροῖκος, ὁ, ἡ oder ἄγροικος vom Lande; bäurisch, grob, unwissend. ἀγροικία, ἡ der Aufenthalt auf dem Lande; Rohheit, Grobheit, Ungesittetheit.
ἀγροικεύομαι, f. εύσομαι und ἀπροικίζομαι, f. ἀγροικίσομαι sich bäurisch betragen.
ὑπάγροικος ein wenig bäurisch, grob.
ἄγραυλος, ὁ, ἡ auf dem Felde übernachtend. ἀγραυλέω ich übernachte auf dem Felde.

ἀγρόνομος, ὁ, ἡ auf dem Felde weidend, auf dem Lande lebend. ἀγρονόμος zu Athen, der Verwalter der Stadtländereien. ἀγρονομία dessen Amt (νέμω).

Ἄγχω, f. ξω engen, zusammenschnüren, besonders den Hals, würgen; pressen, ängsten.
ἀγχόνη, ἡ das Erwürgen; die Angst. ἀγχονάω, f. ήσω ersticken, erwürgen, erhenken: auch ἀπαγχονάω, ἀπαγχονίζω, ἀπάγχω, διάγχω.
συνάγχη, ἡ das Zusammenschnüren; die Entzündung im Schlund.

Ἄγχι, und ἄγχου, nahe. (poet.) Comp. ἆσσον, Sup. ἄγχιστα. Auch ἐγγὺς (ἐγγύτερον, ἐγγύτατα od. ἐγγυτάτω) poet. ἐγγύθι. ἐγγύθεν aus der Nähe.
ἀγχιστεὺς, έως, ὁ der Nächste, Nachbar, Verwandter.
ἀγχιστεύω, f. εύσω nahe seyn, Nachbar oder Verwandter seyn.
ἀγχιστεία, ἡ die nahe Verwandtschaft, das Recht auf die Erbfolge.
ἀγχιστικὸς, ἡ, ὸν zur Nachbarschaft gehörig.
ἀγχιστῖνος, ίνη, ῖνον, nahe, dicht an einander.
ἐγγίζω und προσεγγίζω, f. ίσω ich nähere mich.
ἔναγχος, adv. neulich, kürzlich.
ἐπασσύτεροι, αι, α nah an einander, dicht auf einander.
ἀγχιμάχης, ὁ, ἡ (μάχομαι) in der Nähe streitend: auch ἀγχίμαχος, ὁ, ἡ. ἀγχίαλος, ὁ, ἡ (ἅλς) dem Meere nah. ἀγχίμολος, ὁ, ἡ (μολεῖν) in die Nähe kommend.
ἀγχώμαλος, ὁ, ἡ fast gleich (ὁμαλός).
ἀγχίνοος, contr. ἀγχίνους, den Verstand (νοῦς) bei der Hand habend, d. i. klug, scharfsinnig. ἀγχίνοια, ἡ Scharfsinn.
ἀγχίστροφος, ὁ, ἡ schnell umkehrend (στρέφω), d. i. schnell, plötzlich; wankelmüthig

Ἄγγος, εος, τὸ und ἀγγεῖον, ου, τὸ Gefäß, Behältnis, Blutgefäß: dem. ἀγγείδιον, τό.

Ἀγκὰς in die Arme, auf die Arme.
ἀγκάζομαι und ἀγκαλίζομαι ich nehme in die Arme, umarme.
ἀγκάλη, ἡ der Ellbogen, Arm: auch ἀγκοίνη. ἀγκαλὶς, ίδος, ἡ Arm; Armvoll, Bündel: was auch ἀγκάλισμα, ατος, τό.
ἄγκος, εος, τὸ, Thal.
ἀγκὼν, ῶνος, ὁ Biegung, Ellbogen, Winkel, Ecke.
ἀγκύλος, η, ον, krumm, gebogen, gekrümmt. ἀγκυλόω ich krümme.
ἀγκύλη, ἡ (dem. ἀγκύλιον) der Bug des Ellbogens oder des Kniees, Kniekehle; die Lähmung krumm gebogner Glieder (auch ἀγκύλωσις, ἡ); der Riemen am Wurfspieß; Schleife, Ring, Spange, um etwas zu halten. ἀγκυλέομαι und ἀγκυλίζομαι, ich werfe mit dem Wurfspieß, schleudere überhaupt.
ἄγκυρα, ἡ (dem. ἀγκύριον, τὸ) Anker. ἀγκυροβολέω ich werfe Anker, mache fest. ἀγκυροβόλιον Ankerplatz, Ankerwurf.
ἄγκιστρον, ου, τό, Haken, Angel. ἀγκιστρεύω ich angle, ködre, locke, fange. ἀγκιστρευτὴς, οῦ, ὁ, Angler. ἀγκιστρόω ich krümme wie einen Haken.

Ἀνάγκη, ἡ Zwang, Nothwendigkeit; Blutsverwandtschaft, necessitudo.
ἀναγκαῖος, ὁ, ἡ, fem. auch αία, nothwendig (τὰ ἀναγκαῖα was physisch nöthig ist, wie Essen, Trinken, Ausleeren); unangenehm; gezwungen; anverwandt. ἀναγκαιότης, ἡ Anverwandtschaft.
ἀναγκάζω, f. άσω, ich zwinge. ἐξαναγκάζω ich zwinge heraus, vertreibe. προσαναγκάζω ich zwinge noch dazu. ἀναγκαστός gezwungen. ἀνανάγκαστος ungezwungen. ἀναγκαστικός und ἀναγκαστήριος nöthigend, zwingend.

Ἄγω, f. ξω, ich führe, bringe; leite, regiere; bringe hin, z. B. αἰῶνα leben, σχολὴν Muße haben, ἑορτὴν ein Fest feiern; treibe, z. B. Vieh. ἄγειν καὶ φέρειν plündern; ἄγειν τι μέγα magnum ducere, groß achten. ἄγομαι ich führe mir zu, z. B. γυναῖκα hole mir eine Frau, heirathe. ἄγε auf, wohlan.

ἀγὸς, ὁ, ἡ und ἀγωγὸς, ὁ, ἡ und ἀγωγεὺς, έως, ὁ Führer. ἀγωγὴ, ἡ Führung; Auferziehung, Erziehung; Schule, Secte; Lebensart.

ἀγώγιμος, ὁ, ἡ leicht zu führen; lenksam; τὰ ἀγώγιμα, was ein= und ausgeführt wird, Frachtwaaren.

ἀνάγωγος, ὁ, ἡ ungezogen. ἀναγωγία, ἡ Ungezogenheit.

ἄκτωρ, ορος, ὁ Führer; Leitseil.

ἀγέλη, ἡ Heerde, Haufen. ἀγεληδὸν heerdenweis.

ἀγελαῖος, αία, αῖον zur Heerde, zum großen Haufen gehörig, gemein. ἀγελάζω zur Heerde zusammentreiben; med. heerdenweis leben.

ἄγημα, τὸ das Heer, agmen.

ἀγηλάζω ich treibe fort, vertreibe.

ἀγυιὰ, ἡ Weg, Straße, Gasse. ἀγυιεὺς, έως, ὁ auf der Straße stehend, ein da verehrtes Götterbild.

ἀνάγω, f. ξω ich hebe in die Höhe; erziehe auf; τὴν ναῦν mit dem Schiff in die hohe See gehen, was auch schlechthin ἀνάγομαι, zurückführen, reducere und referre, z B. εἰς τοὺς ἄρχοντας an die Obrigkeit verweisen.

ἀναγωγὴ, Erhebung, Erziehung, Zurückführung, Regress. ἀναγωγικὸς, ἡ, ὸν erhebend, vom Gemeinen abziehend. ἀναγωγεὺς, έως, ὁ Seil, Band, womit man herauf oder heran zieht.

ἀπάγω ich führe weg; trage ab, z. B. Tribut; neutr. weggehen. ἄπαγε! geh deine Wege, fort!

διάγω ich führe hinüber; ich führe, leite, z. B. πράγματα Geschäfte; ich lebe, bringe die Zeit hin, verst. βίον oder χρόνον. διάκτωρ, ορος, ὁ Ueberbringer, Bote.

εἰσάγω ich führe ein, z. B. Waaren; leite ein, z. B in Wissenschaften. ἐνάγω einen wozu bringen, bereden; etwas betreiben, anrathen.

ἐξάγω ich führe aus, z. B. die Armee ins Feld, Waaren aus dem Lande; ich bringe in Gang, bewege, verleite; med. ich verschaffe mir, bewirke.

ἐξαγωγὴ, ἡ das Aus= Wegführen; Ausgehen, Auswanderung, Tod.

ἐπάγω ich führe hinzu, herbei; führe die Armee gegen jemand, greife an; med. ich hole mir oder lasse mir holen· führe bei mir, mit mir, z. B. ein Gefolge; locke an mich, reize.

ἐπαγωγὴ, ἡ das Herbei= oder Einführen; Anführen, Beweis durch Anführung von Beispielen; Anmarsch, Angriff; Hinzufügung, Vermehrung; Anlockung, Anreizung.

κατάγω ich führe herab, z. B den Faden (κάταγμα, τὸ) vom Rocken, d. i. spinne; führe zurück, z. B. den Vertriebenen ins Land; führe das Schiff in den Hafen. κατάγομαι einlaufen in den Hafen; einkehren. καταγωγὴ, ἡ das Herabführen, Einlaufen, der Ort des Einlaufens oder Einkehrens, Zurückführen. καταγώγιον, τὸ Herberge.

μετάγω ich führe nach einem andern Ort, versetze; ich bringe nach.

παράγω ich führe vorbei; daneben, ab; verführe, täusche.

παραγώγιον, τὸ Zoll, Transitozoll. παραγωγιάζω τοὺς πλέοντας von den Schiffenden Zoll einfodern.

περιάγω ich führe herum; wende, drehe um; neutr. herumgehen, sich herumtreiben; med. mit sich herumführen, stets bei sich haben.

προάγω ich führe vor, weiter, befördere; bringe hin, dar; neutr. vorwärts gehen, vorgehen.

προαγωγός der fortführt, befördert; der zuführt, verkuppelt. προαγωγεία, ἡ Kuppelei. προαγωγεύω zuführen, verkuppeln, kuppeln.

προσάγω ich führe hin, zu; med. ich führe mir zu, hole; ziehe an mich, umarme. προσαγωγὴ, ἡ das Hinzuführen, Annäherung, Zugang, Zusatz. ἐκ προσαγωγῆς allmälig, nach und nach.

συνάγω ich bringe zusammen, versammle; verbinde, versöhne; folgere, schließe (colligere); ziehe in die Enge zusammen,

ὑπάγω ich führe darunter, herunter, führe ab (purgire); wohin locken, einen zu etwas vermögen; verklagen: neutr. ich ziehe mich zurück; gehe fort; ich gehe nach, folge.

ὑπεράγω ich übertreffe. ὑπεράγων part. vortrefflich, vorzüglich. adv. ὑπεραγόντως.

ἡγέομαι, οῦμαι, f. ἡσομαι, ich führe, leite, führe an, regiere (τινὶ oder τινὸς); ich meine, halte dafür, wie duco.

ἡγεμὼν, όνος, ὁ, ἡ Führer, Anführer; der zuerst etwas thut, und andre dadurch veranlaßt, auctor. poetisch ἡγέτης, ου, ὁ. fem. ἡγεμονὶς, ίδος und ἡγέτις, ιδος.

ἡγεμονεία, ἡ und ἡγεμονία, ἡγεσία, die Anführung, Oberherrschaft. ἡγεμονεύω und -έω eben das was ἡγέομαι. ἡγεμονικὸς, ἡ, ὸν zum Anführen, Herrschen gehörig. ἀνηγεμόνευτος, ὁ, ἡ ohne Leitung, Anführung. ἥγημα, ατος, τὸ Anführung, Anleitung; Meinung, Rath.

ἀφηγέομαι ich leite, führe an; ich führe zurück; ich erzähle. ἀφήγημα, ατος, τὸ die Erzählung. ἀφηγητὴς, οῦ, ὁ der Erzähler.

διηγέομαι ich setze auseinander, erzähle, erkläre. διήγησις, ἡ Erzählung, Erklärung. ἀδιήγητος, ὁ, ἡ unerklärlich, unbeschreiblich.

εἰσηγέομαι ich führe hinein, leite ein, leite an; ich führe an; ich trage vor; schlage vor.

ἐξηγέομαι vorangehn, leiten; τινὸς in einer Sache; τὶ, ich erzähle, erkläre etwas, zeige an, rathe. ἐξήγησις, εως, ἡ die Anleitung, Erzählung, Deutung, Auslegung. ἐξηγητὴς, οῦ, ὁ der erklärt, Rath und Anweisung giebt, Ausleger.

καθηγέομαι ich führe an. προηγέομαι ich gehe voran, leite, führe an. περιηγέομαι ich führe herum und zeige und erkläre. περιήγησις, ἡ Herumführung, Erzählung, Beschreibung.

ὑφηγέομαι, τινὶ ich gehe jemanden voran, führe an, rathe, lehre.

Ἄγνυμι, f. ἄξω, (a. 1. ἔαξα, perf. ἔαγα) ich breche, zerbreche.

ἄγμα, τος, τὸ das Abgebrochene; Bruch. ἀγμὸς, ὁ das Brechen; der abschüssige, steile Ort.

ἀγὴ, ἡ Bruch, Wunde; die sich brechende Welle, Brandung; das Ufer woran sie sich bricht. Das Ufer heißt auch ἀκτή und αἰγιαλός, wovon ἄκτιος und ἀκταῖος oder αἰγιάλειος, αἰγιαλώδης am Ufer befindlich, dazu gehörig; ἀκτίτης, ου, ὁ und αἰγιαλίτης, fem ἀκτῖτις, ιδος und αἰγιαλῖτις, am Ufer wohnend; ἀκτάζω ich bin am Ufer, schmause am Ufer, im Kühlen; αἰγιαλεύς, έως, Fischer.

ἀαγὴς, ὁ, ἡ unzerbrechlich, ungebrochen.

κατάγνυμι ich zerbreche, zerschlage. κάταγμα, ατος, τὸ das Abgebrochene, Bruchstück.

Ἀγὼν, ῶνος, ὁ Kampf, Wettkampf, Streit, gerichtlicher Streit; Kampfplatz; Mühseligkeit, Gefahr.

ἀγωνία, ἡ Kampf; Anstrengung, Gefahr, Furcht. ἀγωνιάω und ἀγωνιάζω kämpfen, ringen; sich ängsten, in Gefahr seyn.

διαγωνιάω sehr beängstigt seyn; τὶ etwas fürchten.

ἀγωνίζομαι, f. ίσομαι kämpfen, streiten, wetteifern, sich mühen, streben. ἀγωνισμὸς, ὁ, und ἀγώνισις, εως, ἡ wie ἀγών. ἀγώνισμα, τὸ Kampf, Wettstreit; Gegenstand und Preis desselben. ἀγωνιστὴς, οῦ, ὁ Kämpfer, Wettkämpfer (auch auf dem Theater, d. i. Schauspieler).

ἀνταγωνίζομαι ich kämpfe, streite gegen. ἀνταγώνισμα, τὸ Gegenkampf, ἀνταγωνιςὴς, ὁ Gegenkämpfer, Gegner, Nebenbuhler. ἀνανταγώνιστος, ὁ, ἡ ohne Gegner, ohne Widerstand.

καταγωνίζομαι ich kämpfe nieder, besiege.

προαγωνίζομαι ich kämpfe vor, vorher. ὑπεραγωνίζομαι ich kämpfe für, vertheidige.

ἀγώνιος, ὁ, ἡ zum Kampf gehörig, gefahrvoll.

ἀγωνάρχης, ὁ und ἀγωνοθέτης, ὁ der Kampfanordner. ἀγωνοδίκης, ου, ὁ der Kampfrichter.

Ἀδὴν, ένος, ὁ und ἡ die Drüse, Glandel.

Ἄδω, f. ἄσω ich sättige (τινὸς mit etwas). ἀδέω, f. ήσω ich habe satt, Ueberdruss, Ekel (τινὶ an etwas).

ἄδος, εος, τὸ, und ἄδος, ου, ὁ Sättigung, Ueberdruss, Ekel.

ἀδήμων, ονος, ὁ, ἡ überdrüßig einer Sache, verdrießlich, traurig.

ἀδημονέω ich bin verdrießlich, betrübt. ἀδημονία, ἡ oder ἀδημοσύνη, ἡ Traurigkeit, Betrübniß, Verlegenheit. ἀδημονιάω und ἀδημέω so viel als ἀδημονέω.

ἄτος, ὁ, ἡ, oder ἄατος unersättlich.

ἄδην, Ion. ἄδδην, sattsam, hinreichend, mit gen. ἀδινὸς, ἡ, ὸν (bei Dichtern) groß, in Menge, häufig, anhaltend.

ἀδηφαγέω, f. ήσω ich esse viel, esse mich satt. ἀδηφαγία, ἡ das Sattessen, Vielessen. ἀδηφάγος, ὁ, ἡ viel essend, viel verzehrend.

ἁδρὸς, ὰ, ὸν stark, groß, derb, ausgewachsen. ἁδρότης, ητος, ἡ und ἁδροσύνη, ἡ Stärke, Dicke; Gedrungenheit.

ἁδρόω, ἁδρύνω, ἁδρέω zur Stärke oder Reife bringen, med. stark, reif seyn. ἅδρησις, εως, ἡ das Wachsen, die Reife.

ἄση, ἡ Ekel, Ueberdruss; Traurigkeit. ἀσάομαι (auch ἀσάζω und ἀσαίνω) Ekel, Ueberdruss, Angst empfinden.

ἀδολέσχης, ου, ὁ oder ἀδόλεσχος (λέσχη) bis zum Ekel redend, geschwätzig; stets von etwas redend, stets daran denkend. ἀδολεσχέω, f. ήσω ich schwatze. ἀδολεσχία, ἡ Geschwätzigkeit; stete Unterredung, Beschäftigung mit etwas.

Ἀνδάνω (a. 2. ἕαδον, p. m. ἕαδα) ich genüge, gefalle τινὶ, auch mit dem acc. ich erfreue, vergnüge. ἥδομαι, f. ἡσθήσομαι ich freue mich.

ἡδομένως adv. mit Vergnügen, gern.

συνήδομαί τινι sich mit einem freuen, ihm gratuliren.

ἅδος, ὁ und ἦδος, τὸ Vergnügen, Freude; gewöhnlicher ἡδονὴ, ἡ.

ἡδονικὸς, ἡ, ὸν, vergnüglich, das Vergnügen liebend. ἀνήδονος, ὁ, ἡ ohne Vergnügen, lästig, unangenehm.

ἡδύς, εῖα, ὺ angenehm, süß; ἡδέως, adv. Poetisch ἥδυμος und νήδυμος.

ἡδύτης, ητος, ἡ Annehmlichkeit, Süßigkeit.

ἡδύνω ich süße, würze ἡδυντὸς, ἡ, ὸν gesüßt, gewürzt. ἡδυντικὸς, ἡ, ὸν süßend, würzend; ἡδυντὴρ eben so.

ἐφηδύνω dabei oder dazu erfreuen; med. sich freuen.

καθηδύνω versüßen, übersüßen.
συνηδύνω ich vergnüge, ich würze mit.
ἥδυσμα, ατος, τὸ die Würze; alles womit man etwas für den Gaumen oder den Geruch angenehm macht.
ἀηδής, ὁ, ἡ unangenehm, nicht süß, ekelhaft; ἀηδία, ἡ die Unannehmlichkeit, Widerlichkeit, Lästigkeit.
ἀηδέω ich habe Ekel vor etwas. ἀηδίζω Ekel machen: med. Ekel vor etwas haben.
ἡδυπαθής, ὁ, ἡ (πάθος) wollüstig; angenehm. ἡδυπάθεια, ἡ Wollust.
ἐπιτήδειος, ὁ, ἡ geschickt, tauglich, bequem, paßlich. οἱ ἐπιτήδειοι gute Freunde; τὰ ἐπιτήδεια was man zum Leben braucht, Lebensmittel.
ἐπίτηδες, und ἐξεπίτηδες mit Fleiß, absichtlich.
ἐπιτηδεύω, f. εύσω mit Fleiß thun, treiben, üben, z. B. eine Lebensart; ich treibe mit Kunst, putze, erkünstle.
ἐπιτήδευμα, τὸ Lebensart, Gewerbe, Studium.
ἐπιτήδευσις, ἡ das Betreiben; die Lebensart.
ἐπιτηδευτὸς, η, ὸν mit Fleiß gemacht; künstlich, gesucht.
ἀσμενος, ενη, μενον willig, zufrieden, gern. ἀσμενίζω, f. ίσω, c. gen. und dat. ich bin zufrieden mit etwas, nehme wohl auf.

Ἄεθλος, ὁ, pros. ἆθλος der Kampf. ἄεθλον, τὸ und ἆθλον der Kampfpreis. ἀεθλοσύνη das Kämpfen, Dulden. ἄναθλος, ὁ, ἡ ohne Kampf.
ἀέθλιος, ὁ, ἡ zum Kampf gehörig oder geschickt; den Preis davon tragend, was auch ἀθλοφόρος.
ἄθλιος, ία, ιον kampfvoll, mühselig. ἀθλιότης, ητος, ἡ Mühseligkeit. δυσάθλιος sehr elend.
ἀεθλεύω und εω, f. ευσω (auch ἀθλέω und εύω) ich kämpfe, ringe, dulde. ἀθλητής, οῦ, ὁ der Wettkämpfer, Fechter, Athlet; der es in irgend einer Kunst oder Wissenschaft zur Meisterschaft gebracht hat, z B. ἀθλητὴς πολέμου ein tüchtiger Krieger. ἀθλητικὸς, ἡ, ὸν zum Kampf geübt; zum Kampf oder Kämpfer gehörig.
συναθλέω ich stehe bei im Kampfe. σύναθλος, ὁ, ἡ Mitkämpfer, Beistand
ἀθλοθετέω, f. ήσω ich setze einen Kampfpreis aus, ordne Kampfspiel an. ἀθλοθέτης, ου, ὁ Kampfanordner, Preisbestimmer.
πένταθλον, ου, τὸ der Funfkampf, aus 5 (πέντε) besondern Kämpfen zusammengesetzt, dem Wettrennen, Ringen, Springen, Faustkampf, Diskuswurf

Ἀεὶ oder αἰεὶ adv. immer, jedesmal.
ἀΐδιος immerwährend, beständig. ἀϊδιότης, ητος, ἡ Fortdauer, Ewigkeit.
ἀειγενέτης, εος, ὁ, ἡ oder ἀειγενέτης, ου immerseyend, unsterblich.
ἀείζωος, ὁ, ἡ und αείζως ewig lebend (ζωός).
ἀέναος oder ἀέννᾱος, ὁ, ἡ immerfließend (νάω.)

Ἀείδω, pros. ᾄδω, f. ᾄσομαι ich singe, besinge, preise.
ἄεισμα, ατος, τὸ und ᾆσμα der Gesang, das Lied; das Besingen, Rühmen.
ἀηδών, όνος, ἡ und ἀηδὼ, οῦς, ἡ die Nachtigall. dem. ἀηδονὶς, ίδος, ἡ. ἀηδονιδεῖς, οἱ die Jungen der Nachtigall.
ἀοιδή, ἡ, pros. ᾠδή Gesang, Lied, Sage. ἀοιδὸς, ὁ, ἡ, und ᾠδὸς der Sänger, die Sängerin. ἀοίδιμος, ὁ, ἡ besungen.
ᾠδεῖον, τὸ ein Gebäude in Athen zu musikalischen Schauspielen.

ἀντᾴδω ich singe entgegen, antworte mit Gesang. ἀπᾴδω und διᾴδω ich singe anders, weiche ab, stimme nicht überein. ἐπᾴδω ich singe einem zu, locke ihn; ich besänftige oder heile mit Gesang, bespreche. ἐπῳδὴ, ἡ incantatio, Zaubergesang. ἐπῳδὸς, ὁ, ἡ Zauberer, Zauberarzt. κατᾴδω c. gen. ich belästige einen mit Gesang; c. acc. ich versinge, d. h. heile mit Gesang; ich erheitre mit Gesang. συνᾴδω ich singe mit, stimme überein. παρῳδὴ, ἡ Nebengesang; komische Nachahmung eines Gesanges; Parodie, Travestirung. παρῳδέω ich parodire.

Ἅζομαι ich verehre, scheue, fürchte.
ἅγος, τὸ Bewunderung, Schätzung, Verehrung.

Ἀθρέω, f. ήσω ich sehe, besehe, betrachte.
ἀναθρέω ich betrachte genau. διαθρέω ich sehe hin und her, suche auf.

Ἀθρόος, contr. ἀθροῦς versammelt, dicht. ἀθροότης, ητος, ἡ das Ganze, die Ganzheit.
ἀθροίζω, f. οίσω ich sammle, versammle.
ἄθροισις, εως, ἡ und ἀθροισμὸς, ὁ das Versammlen, Anhäufen. ἄθροισμα, ατος, τὸ das Versammelte, der Haufen. ἀθροίσιμος, ὁ, ἡ gesammelt, zahlreich. ἀθροιστὴς, οῦ, ὁ der Sammler. ἀθροιστήριον, ου, τὸ der Versammlungsort.

Αἴγειρος, ἡ schwarze Pappel; die weiße λεύκη, ἡ, poet. ἀχερωΐς, ίδος, ἡ.

Αἰγίθαλος, ὁ die Maise, parus.

Αἴγλη, ἡ Glanz, Schimmer. αἰγλήεις, εσσα, αἰγλῆεν, glänzend, schimmernd.

Αἰδέομαι, οῦμαι, f. έσομαι und ήσομαι, ich schäme mich, scheue mich; ich scheue mich vor einem, scheue, achte ihn; jemandes Bitten achten, d. i. erhören, verzeihen.
αἴδεσις, εως, ἡ die Scheu, Achtung; Rücksicht auf jemandes Bitte aus Mitleiden, Rührung. αἰδέσιμος, ὁ, ἡ was Scheu oder Achtung einflößt. αἰδεστὸς, ή, ὸν verehrungswerth.
αἰδὼς, όος, contr. οῦς, ἡ die Scheu, die Achtung; die Scham, die Schamtheile (auch τὸ αἰδοῖον). αἰδοῖος, οία, οῖον schamhaft, verschämt; ehrwürdig.
αἰδήμων, ονος, ὁ, ἡ verschämt, blöde, sittsam. αἰδημονέω ich bin verschämt.
αἰδόφρων, ονος, ὁ, ἡ verschämten Sinnes, ehrerbietig, mitleidig.
ἀναιδὴς, έος, ὁ, ἡ schamlos, unverschämt, dreist. adv. ἀναιδῶς, auch ἀναιδημόνως. ἀναίδεια, ἡ Unverschämtheit.
καταιδέω ich beschäme; med. ich schäme, scheue mich vor jemanden, τινὰ, achte einen.

Αἴθω ich brenne, verbrenne. αἴθων, ωνος, ὁ, ἡ brennend, feurig, hitzig; strahlend, schimmernd; brandgelb. αἴθουσα, ἡ (verst. στοά) die Halle vor dem Hause nach der Sonnenseite, um sich dort zu wärmen und zu sonnen.
αἶθος, εος, τὸ Brand, Hitze, Feuer.
αἰθὸς, ή, ὸν und αἰθήεις verbrannt, schwarz gebrannt, feurig. αἴθοψ, οπος, ὁ, ἡ eben so.
αἴθινος, ὁ, ἡ (auch fem. αἰθίνη) brennbar; schwarz gebrannt.
αἰθάλη, ἡ und αἴθαλος, ὁ der Ruß, die Asche (auch ἀσβόλη, ἡ und ἄσβολος, ἡ). αἰθαλόω ich mache russig, verbrenne. αἰθάλεος, έα, έον und αἰθαλώδης, εος, ὁ, ἡ russig, aschig, schwarz, auch ἀσβολώδης und ἀσβολόεις. αἰθαλόεις, εσσα, εν brennend, feurig.

αἰθίοψ, οπος, ὁ (fem. αἰθιοπὶς, ίδος) einer mit schwarzgebranntem Gesicht, schwarz, Mohr, Aethiopier (ὤψ).

αἰθὴρ, έρος, ὁ die helle, reine obere Luft, Aether. αἰθέριος, ὁ, ἡ (auch fem. ία) luftig, ätherisch; αἰθεριώδης eben so.

αἴθρα, ἡ und αἰθρία helle Luft, heiteres Wetter. αἴθριος, ὁ, ἡ heiter, hell, unter freiem Himmel. αἶθρος, ὁ Morgenkälte, Reif.

αἰθριάζω heitre Luft machen; in freier Luft abkühlen.

ἀπαιθριάζω und διαιθριάζω die Luft entwölken, aufklären; neutr. sich aufheitern.

δίαιθρος, ὁ, ἡ heiter, hell; διαιθρόω ich helle, heitere auf.

ἐναίθριος, ἡ, ὁ, in freier Luft, klar.

ἐξαιθριάζω ich lüfte aus, trockne.

ὑπαίθριος, ἡ, ὁ und ὕπαιθρος unter freiem Himmel. ἐν ὑπαίθρῳ im Freien, wie ἐν αἰθρίᾳ.

ὑπαίθω, ich brenne an, zünde an.

καταίθω, ich verbrenne.

Αἴθυια, ἡ Tauchente, Taucher.

Αἴκαλος, ὁ der Schmeichler. αἰκάλλω schmeicheln, eigentlich wie der Hund mit dem Schwanze wedeln.

Αἷμα, ατος, τὸ Blut; vergossenes Blut, Mord; Blutsverwandtschaft.

αἱμώδης, εος, ὁ, ἡ blutig. αἱμαλέος, έα, έον blutend, blutig.

αἱμάσσω, f. ξω ich mache blutig, verwunde, tödte; besudle.

αἱμακτὸς, η, ὸν mit Blut befleckt; blutig. ἀναίμακτος, ὁ, ἡ unbefleckt von Blut, unblutig. ἡμεκτέω und ἡμακτέω, auch περιημεκτέω, ich empfinde Schmerz von einer Wunde; ich betrübe mich, bin unwillig (ionisch).

αἱματόεις, εσσα εν blutig, blutunterlaufen, blutroth.

αἱματηρὸς, ὰ, ὸν blutig; blutbesudelt.

αἱματία, ἡ Blutsuppe; schwarze Suppe der Spartaner.

αἱματίζω blutig machen, blutrünstig machen.

αἱματίτης, ὁ und ῖτις, ἡ Blut ähnlich, z. B. λίθος αἱματίτης der Blutstein (Art Eisenstein).

αἱματικὸς, ἡ, ὸν von Blut gemacht; Blut habend.

αἱματόω blutig machen; zu Blut machen. αἱμάτωσις, ἡ die Blutmachung, Verwandlung in Blut. αἱματώδης, ὁ, ἡ blutig.

αἱματοχαρης, ὁ, ἡ (χαίρω) des Bluts sich freuend, blutgierig.

αἱμοῤῥαγία, ἡ (ῥήγνυμι) Blutsturz, Blutfluss.

αἱμοῤῥοὶς, ίδος, ἡ (ῥοή) Blutfluss; pl. (sc. φλέβες) die Hämorrhoiden, güldene Ader.

ἄναιμος, ὁ, ἡ, oder ἀναίμων, ονος, ὁ, ἡ ohne Blut, blutlos.

ἔναιμος, ὁ, ἡ blutig; mit Blut versehen; ἔναιμον φάρμακον blutstillend Mittel.

ὅμαιμος, ὁ, ἡ oder ὁμαίμων, ονος, ὁ, ἡ und σύναιμος, ὁ, ἡ von einerlei Blnt, blutsverwandt.

Αἷμος, ὁ der Busch, die Hecke. αἱμασιὰ, ἡ Dornenzaun, Hecke.

Αἱμύλος, ὁ, ἡ u. fem. ύλη, auch αἱμύλιος, ὁ, ἡ schmeichelnd, liebkosend, betrügerisch. αἱμυλία, ἡ schmeichelndes Betragen, Artigkeit.

Αἶνος, ὁ ein Wort, Rede; Erzählung, Mährchen, Fabel, versteckte dunkle Rede; Beifall, Lob, Lobpreisung.

αἴνη, ἡ Lob, Ehre.

αἰνέω, f. έσω (poet. αἰνίζομαι) ich lobe, billige; gelobe, verspreche; ich lasse mir gefallen, erdulde. αἴνεσις, ἡ das Loben, der Beifall. αἰνετὸς, ἡ, ὸν rühmlich, löblich. αἰνέτης, ὁ Lobpreiser

αἰνίσσομαι oder αἰνίττομαι ich spreche in versteckten Worten, spreche räthselhaft, dunkel; gebe zu verstehen.

αἴνιγμα, ατος, τὸ der versteckte Ausdruck, Räthsel, entfernter Wink. αἰνιγματικὸς, ἡ, ὸν und αἰνιγματώδης, ὁ, ἡ räthselhaft, dunkel. αἰνιγματίζομαι, in Räthseln sprechen, sich dunkel ausdrücken.

αἰνικτὸς, ἡ, ὸν dunkel gesprochen, räthselhaft.

ἀναίνομαι ich sage nein, verweigere, schlage ab; sage mich los davon, läugne: auch ἀπαναίνομαι.

ἐπαινέω ich sage zu; lobe, billige, ermuntere. ἔπαινος, ὁ Lob, Belohnung, Beifall. ἐπαινὸς, ἡ, ὸν und ἐπαινετὸς, ἡ, ὸν gelobt.

κατανέω, zustimmen; Beifall geben; versprechen.

παραινέω, ich rede zu, ermuntere, warne. παραίνεσις, ἡ Warnung, Rath, Lehre, Ermunterung.

συναινέω, c. dat. genehmigen, beistimmen; c. acc. mitbilligen. σύναινος, ὁ, ἡ beistimmend, billigend.

Αἰνὸς, ἡ, ὸν und adv. αἰνῶς fürchterlich, heftig; als Verstärkung der Adjectiven, z. B. fürchterlich groß; unglücklich,

αἰνόλεκτρος, ὁ, ἡ, auch αἰνολεχὴς, ὁ, ἡ unglücklich verheirathet (λέκτρον u. λέχος). αἰνόμορος, ὁ, ἡ unglücklichen Schicksals (μόρος).

Αἰπὺς, εῖα, ὺ hoch, erhaben; schwer, stark, z. B. θάνατος, ὄλεθρος schwerer Tod.

αἶπος, εος, τὸ Höhe, Gipfel.

αἰπήεις, εσσα, εν und αἰπεινὸς, ἡ, ὸν hoch, erhaben.

Αἶρα, ἡ der Hammer (gewöhnlich σφῦρα, ἡ); der Lolch (Unkraut).

Αἴρω, f. ἀρῶ, (alt ἀείρω) ich hebe, hebe auf; ich nehme, fasse, nehme weg; tödte (e medio) tollo; erhebe, d. i. vergrößere; hebe den Anker, d. i. segle ab, breche auf; med. ich nehme auf mich, übernehme, erhebe mich, trage weg. Poetische Formen sind ἀερέθω, ἀερτάω, μερτάζω.

ἀερσίνοος contr. νους (νόος) hochsinnig, hochherzig.

ἄορ, -ρος, τὸ Schwert. χρυσάωρ, ὁ, ἡ mit goldenem Schwert.

ἀορτὴρ, ὁ das Gehenk, z. B. Degengehenk.

ἀορτὴ, ἡ die große Schlagader, die aus dem linken Herzbeutel in die Brust aufsteigt, die Aorta.

ἀορτέω ich hänge an.

αἰώρα, ἡ ein Hängewerkzeug, z. B. Hängematte, Sänfte.

αἰωρέω ich hänge auf, hebe; pass. ich hange, schwebe, bin ungewiss oder in Erwartung. αἰωρητός, ὁ, ἡ hangend, schwebend. αἰώρησις, ἡ das Aufhängen.

μετέωρος, ὁ, ἡ über der Erde erhoben, schwebend, erhaben. τὰ μετέωρα die Luft und der Himmel mit allem was darin und daran ist, z. B. die Sterne, Sonne, Mond. μετεωρίζω in die Höhe heben, schweben lassen; ich erhebe die Seele, den Muth; med. sich erheben, stolz seyn; leichtsinnig seyn; unbeständig, ungewiß seyn. μετεωρία, ἡ Leichtsinn, Vergesslichkeit. μετεωρολόγος, ὁ der von überirdischen Dingen spricht

ἐναιωρέομαι in der Höhe schweben, drinnen schweben, hangen.

παραιωρέομαι daneben, an der Seite schweben, hangen

ἄρσις, εως, ἡ das Erheben; das Wegnehmen. ἆρμα, τὸ Last, Auflage.

ἄρδην adv. in die Höhe, von Grund aus.

ἀρτάω, ἀρτέω, ich hänge auf, lasse hängen. ἀρτέμων, ονος, ὁ das Bramsegel. ἄρτημα, τὸ das Herabhangende, z. B. Ohrgehenk, Halskette. ἀρτηρία, ἡ die Luftröhre; Pulsader.

ἀναρτάω ich hänge auf, an; ἐλπίσι, wie suspendere spe, setze in Erwartung; εἰς τινὰ an jemand sich anhängen, sich ihm ergeben; med. ich mache mir einen abhängig, ergeben (τινά); ich nehme auf mich, unternehme, nehme mir vor. ἀνάρτησις, ἡ das Anbinden, Abhängen, Verbindlichkeit. ἀπαρτάω ich hänge weg, trenne. ἐξαρτάω und προσαρτάω ich hänge auf oder an.

ἀναίρω ich hebe auf, erhebe, nehme weg.

ἀνταίρω ich erhebe mich dagegen, widersetze mich.

ἀπαίρω ich nehme, trage fort; ich gehe fort, breche auf.

διαίρω τὸ στόμα ich öffne den Mund; τὴν θάλασσαν ich setze übers Meer. δίαρμα, τὸ Erhebung, Ueberfahrt.

ἐναίρω ich nehme weg, tödte, vernichte. ἔναρα, τὰ die dem Erschlagenen genommene Rüstung. ἐναρίζω wie ἐναίρω.

ἐξαίρω ich hebe heraus, erhebe, bringe fort; ich breche auf, gehe ab.

ἐπαίρω ich hebe in die Höhe, ich ziehe auf, z. B. die Segel; ich bewege, treibe an, reize auf.

καταίρω ich komme herunter, z. B. von der See ans Land, lande an; überhaupt ankommen, einkehren.

μεταίρω ich trage, bringe über, versetze; ich breche auf, gehe oder segle ab. προαίρω ich breche vorher auf.

προσαίρω hinbringen, zubringen, herbringen; med. zu sich nehmen, essen. ὑπεραίρω darüber heben; sich darüber heben, z. B. übers Meer, über Berge gehen; übersteigen, übertreffen.

συναίρω ich hebe mit auf, helfe; med. mit über sich nehmen, theilen, z. B. Gefahren.

ἄρνυμαι (poet.) ich nehme, wähle, verlange; ich bekomme, erlange.

αἱρέω, f. ήσω (a. 2. εἷλον) ich nehme, ergreife, nehme ein, erobre, besiege, tödte, fange; τινὰ τινὸς einen wobei ergreifen, überführen, verklagen, verdammen; med. sich vornehmen, vorsetzen, wählen, wollen; mit μᾶλλον lieber wollen, vorziehen; αἱρεῖ ὁ λόγος diese Rede oder dies Raisonnement thut dar, zeigt.

αἱρετὸς, ἡ, ὸν genommen, gewählt; wählens- oder wünschenswürdig. αἱρέτης, ὁ Wähler. αἵρεσις, εως, ἡ das Nehmen, Erobern, die Wahl; das Gewählte, z. B. die Lebensart, die Lehre, Secte oder Schule, der man aus Wahl anhängt. αἱρεσίαρχος oder χης, ὁ Stifter oder Vorsteher einer Secte.

αἱρετίζω so viel als αἱρέω. αἱρετιστής, ὁ der sich zu einer Partei hält.

ἀναιρέω ich hebe auf, nehme weg; räume aus dem Wege, tödte; zerstöre, vernichte; παῖδα nehme ein Kind auf, erkenne es an, tollo; vom Orakel: ich erhebe die Stimme, antworte; med. ich nehme über mich, fange an, z. B. einen Krieg. ἀναιρέτης, ὁ Zerstörer, Mörder.

ἀφαιρέω ich nehme weg, entziehe; εἰς ἐλευθερίαν ich nehme aus der Knechtschaft, setze in Freiheit.

διαιρέω ich nehme von einander, theile, trenne, vertheile, theile ein; ich setze auseinander, erkläre, bestimme; erzähle, sage.

ἐξαιρέω herausnehmen, auswählen; einem etwas abnehmen, davon befreien, auch berauben; aus dem Wege räumen, umbringen; wegnehmen, erobern, zerstören.

καθαιρέω herunterreißen oder nehmen; niederwerfen, erlegen; erniedrigen, verringern.

μεθαιρέω ich nehme herunter, verändere. παραιρέω und περιαιρέω ich nehme ab, weg.

προαιρέω, vornehmen, herausnehmen; med. τὶ τινὸς oder ἀντὶ τινὸς etwas dem andern vorziehen; sich vornehmen, entschließen, vorsetzen.

προαίρεσις, ἡ Vorsatz, Wille; Secte, Schule, Partei, Regierungsform.

συναιρέω zusammennehmen; kurz fassen; wegnehmen, zerstören, enden, z. B. den Krieg.

ὑφαιρέω ich nehme heimlich weg.

Αἶσα, ἡ Antheil; Gebühr; Loos, Schicksal.

αἴσιμος, ὁ, ἡ vom Schicksal herrührend, bestimmt; schicklich, gebührlich. Dasselbe ist ἐναίσιμος, ὁ, ἡ.

αἴσυλος, ο, ἡ ungebührlich, frevelhaft.

αἰσυμνάω ich ertheile jedem das Gebührende, herrsche, regiere.

αἰσυμνήτης, ὁ und αἰσυμνητήρ, ὁ (auch αἰσυητὴς) Herrscher, Vorsteher.

αἴσιος, ὁ, ἡ von glücklicher Vorbedeutung. ἀπαίσιος, von unglücklicher Vorbedeutung.

Ἀΐω ich höre, vernehme, verstehe; auch ἐπαΐω.

Αἰσθάνομαι, f. αἰσθήσομαι ich nehme wahr, fühle, empfinde, merke; sehe ein, verstehe; höre, vernehme.

αἴσθησις, ἡ Wahrnehmung, Empfindung. pl. die Sinne.

αἴσθημα, τὸ das Empfundene.

αἰσθητήριον, sensorium. Sitz der Empfindung, Sinnenwerkzeug.

αἰσθητός, ἡ, ὸν empfunden; sinnlich, erkennbar. ἀναίσθητος, ὁ, ἡ unempfindlich, gefühllos; nicht empfindbar. ἀναισθησία, ἡ Gefühllosigkeit; Dummheit; Geistesabwesenheit.

αἰσθητικὸς, η, ον zum Empfinden geschickt, geübt.

προαισθάνομαι vorher fühlen, ahnden.

συναισθάνομαι mit empfinden, zugleich wahrnehmen.

Αἰών, ῶνος, ὁ Leben, Lebenszeit, Menschenalter, Zeitalter (aevum).

αἰώνιος, ὁ, ἡ, auch fem. -ία, von Dauer, immerwährend; was auch διαιώνιος.

δυσαίων, ωνος, ὁ, ἡ unglücklich lebend.

Ἀΐσσω, f. ξω, (zsgz. ᾄσσω oder att. ᾄττω) ich bewege mich lebhaft, heftig; stürze mit Ungestüm darauf los; schieße, springe darauf zu.

ἀΐξ, κος, ἡ und ἀΐκη, ἡ heftige Bewegung, impetus, Anfall.

αἴξ, αἰγός, ἡ oder ὁ, Ziege, Ziegenbock. αἰγίδιον, ου, τὸ Zicklein.

αἰγίσκος, ὁ Böcklein.

αἰγών, ῶνος, ὁ Ziegenstall.

αἴγειος, ὁ, ἡ und fem. εία (poet. αἴγεος), von Ziegen. αἰγὶς, ίδος, ἡ Ziegenfell (sc. δορά), Ziegenpelz; Brustharnisch, ursprünglich aus Ziegenfell; Schild des Zeus und der Athene. Daher αἰγίοχος, ὁ, ἡ (ἔχω) die Aegis tragend, Beiname der genannten Gottheiten.

αἴγαγρος, ὁ die wilde Ziege, Gemse (ἄγριος).

αἰγιβότης, ὁ und αἰγονομεύς, έως, ὁ und αἰπόλος, ὁ der Ziegenhirt. αἰπολέω, f. ήσω ich treibe Ziegen.

αἰγοκερεύς, έως, ὁ und αἰγόκερως, ω oder ωτος, capricornus, der Steinbock.

αἰγὶς, ἡ Sturmwind. καταιγίζω herabstürmen, ἐπαιγίζω daraufstürmen.
αἴγδην, adv. heftig, ungestüm, schnell.
ἀναΐσσω auffahren, aufspringen; anfangen.
διαΐσσω, gewöhnlicher διάττω, ich fahre, eile, schieße hindurch, hin und her. ἀστέρες διάττοντες Sternschnuppen.
ἐπαΐσσω darauf losgehen, anfallen.
ἀκτάζειν und ἀκταίνειν sich heftig, muthwillig bewegen; rasch seyn, voller Begierden seyn.

Αἶσχος, εος, τὸ Hässlichkeit; Schändlichkeit; Schande, Schimpf.
αἰσχρὸς, ὰ, ὸν (comp. αἰσχίων, sup. αἴσχιστος) hässlich, schändlich.
αἰσχρότης, ητος, ἡ Hässlichkeit, Schimpf, Schande.
αἰσχροκερδὴς, ὁ, ἡ schändlich gewinnsüchtig. αἰσχροεπὴς oder αἰσχρορρήμων schändlich redend. αἰσχροποιός schändlich handelnd, unflätig.
αἰσχύνη, ἡ Schimpf, Schande, Schändung; Schamhaftigkeit; Schamtheile.
αἰσχύνω, f. υνῶ ich beschäme; schände, entehre, beschimpfe, mißhandle. med. ich schäme mich. καταισχύνω eben so.
ἀπαισχύνομαι ich höre auf mich zu schämen.
αἰσχυντηλὸς, ἡ, ὸν schamhaft, verschämt. αἰσχυντηλία Verschämtheit. αἰσχυντὴρ, ῆρος, ὁ der Schänder. ἀναίσχυντος, ὁ, ἡ unverschämt, schamlos. ἀναισχυντία, ἡ Unverschämtheit.
ἐπαισχής, ὁ, ἡ schändlich, schimpflich.

Αἰτέω, f. ήσω (poet. αἰτίζω) ich bitte, fodre, verlange, τὶ τινὰ oder παρὰ τινὸς. Im med. besonders borgen.
αἴτησις, εως, ἡ die Foderung, Bitte. αἴτημα, τὸ das Begehrte, die Bitte.
αἰτητὴς, οῦ, ὁ der bittet, fodert. προσαίτης Bettler.
ἀπαιτέω, ich fodre ab, wieder, zurück; pass. gemahnt werden, τὸ χρέος um die Schuld. ἀπαίτησις, ἡ das Einfodern.
ἐξαιτέω ich fodre, verlange heraus; med. sich einen ausbitten, ausgeliefert haben wollen.
παραιτέομαι ich erbitte, versöhne; verbitte, schlage aus; ich bitte los.
ἐπαιτέω und προσαιτέω dazu fodern; mehr fodern; betteln.

Αἰτία, ἡ gerichtlicher Anspruch; Klage, Sache, causa; Grund, Ursache; Schuld, Beschuldigung.
αἴτιος, ία, ιον verursachend, veranlassend, schuld an der Sache; τὸ αἴτιον Grund, Ursache. αἰτιώδης, ὁ, ἡ den Grund enthaltend.
αἰτιολογέω, ich suche den Grund auf, führe ihn an. αἰτιολογία Angabe des Grundes, Beweisführung.
αἰτιάομαι, ῶμαι, f. άσομαι (auch αἰτιαζω, f. άσω) ich gebe als Grund an; beschuldige, tadle, klage an. καταιτιάομαι, eben so.
αἰτίασις, ἡ Anklage, Beschuldigung; αἰτίαμα, τὸ das Schuldgegebene. αἰτιατὸς, verursacht; verursachend. αἰτιατικὸς, ἡ ὸν zur Anklage gehörig; ἡ αἰτιατικὴ (verst. πτῶσις) der Accusativ.
ἀναίτιος, ὁ, ἡ grundlos; schuldlos. ἀναιτία, ἡ Schuldlosigkeit, Unschuld.
ἐπαίτιος, ὁ, ἡ schuldig.
παραίτιος, ὁ, ἡ und συναίτιος, ὁ, ἡ mitverursachend; mitschuldig.

Ἀκὴ, ἡ (auch ἀκὶς, ίδος, ἡ und ἀκωκὴ) die Spitze, Schärfe.
ἀκίζω, f. ίσω ich spitze. ἀκιδώδης spitzig. ἀκιδωτὸς zugespitzt.
ἄκαινα, ἡ Dorn Stachel; auch ἄκανος, ὁ.

ἄκανθα, ἡ Stachel, Dorn, Rückgrad (spina), besonders der Fische; pl. Spitzfindigkeiten. ἄκανθος, ἡ Bärenklau, ein Kraut. ἀκανθὶς, ίδος, ἡ Distelfink, Stieglitz. ἀκανθίων, ονος, ὁ Igel, Stachelschwein. ἀκανθεὼν, ῶνος, ὁ Dorngebüsch, auch ἀκανθών.

ἀκανθήεις, εσσα, εν und ἀκανθικὸς, ή, όν dornicht, stachlicht.

ἀκάνθινος, ίνη, ινον, von Dornen. ἀκανθώδης, εος, ὁ, ἡ voll Stacheln.

ἀκανθόω bestacheln. ἀκανθίζω dornicht, stachlicht machen; stachlicht seyn

ἀκάζω, perf. pass. ἤκαχμαι, ich schärfe.

ἀμφήκης, εος, ὁ, ἡ an beiden Seiten spitz oder scharf, zweischneidig. εὐήκης, εος, ὁ, ἡ sehr scharf, spitz; νεήκης, ὁ, ἡ frisch geschärft.

ἀκέομαι, f. ἀκέσομαι, mit der Nadel zusammenflicken; ausbessern; Wunden zuheften, heilen, Schäden abhelfen, wieder gut machen.

ἄκος, εος, τὸ Heilmittel, Heilung. ἄκεσις, εως, ἡ Heilung, Rettung. ἄκεσμα, τὸ Heilmittel. ἀκεσμὸς Heilung, Genesung. ἀκέσιμος, ὁ, ἡ und ἀκεσὸς, ή, ὸν heilbar. ἀνήκεστος unheilbar. ἀκεστὴς, ὁ und ἀκεστὴρ, ῆρος, ὁ der Helfer, Arzt, fem. ἀκέστρια und ἀκεστρὶς. ἀκεστήριος, ὁ, ἡ und ἀκεστικὸς, ή, ὸν zum heilen und verbessern geschickt, heilend. ἀκεστορία, ἡ die Heilkunst. ἀκέστρα, ἡ Nadel, Packnadel. ἀκέσιος, ὁ, ἡ Heiland, Retter, Arzt.

ἄκων, οντος, ὁ der Wurfspieß. ἀκόντιον τὸ dem.

ἀκοντίζω ich werfe den Wurfspieß, ich schleudere; τινὰ jemand werfen mit dem Wurfspieß. ἀκόντισις, ἡ das Schleudern. ἀκοντιστὴς, ὁ und στὴρ, der Wurfspieß-Schleuderer, iaculator. ἀκοντιστὺς, ύος, ἡ die Kunst oder Geschicklichkeit des iaculator.

ἀκόνη, ἡ der Schleifstein, Wetzstein. ἀκονάω, f. ήσω ich schleife, wetze.

ἀκμὴ, ἡ die Spitze, Schneide, Schärfe. κατ' ἀκμὴν χρόνου oder allein ἀκμὴν in puncto temporis, in dem Augenblick, jetzt; die Spitze an den Aehren, Achel (sonst ἀθὴρ, έρος, ὁ); die Blüthe, Reife des Menschen; die reife, rechte Zeit, Gelegenheit; das Aeußerste, der höchste Grad in einer Sache.

ἀκμαῖος, αία, αῖον in der Blüthe stehend, reif, erwachsen; zur rechten Zeit; in der höchsten Wirksamkeit. ἐνακμὴς, έος, ὁ, ἡ und ἔνακμος, ὁ, ἡ in der Blüthe, in voller Stärke

ἀκμάζω, f. άσω in der Blüthe stehen, in der Jugendkraft seyn; überhaupt in dem Zustande der größten Wirksamkeit und Kraft seyn. ἀκμάζει es ist Zeit. ἐξακμάζω verblühen, die Kraft verlieren. ἐπακμάζω ich wachse, nehme zu; τινὶ nach jemand leben oder blühen.

αἰχμὴ, ἡ die Spitze der Lanze, die Krallen der Raubvögel; die Lanze.

αἰχμάω und αἰχμάζω, f. άσω, ich führe die Lanze, streite, kriege.

αἰχμητὴς und τὴρ, ὁ Lanzenschwinger, Krieger. αἰχμητήριος, ία, ιον zum Krieger gehörig, kriegerisch.

αἰχμάλωτος, ὁ, ἡ (ἁλίσκω) mit der Lanze erbeutet, kriegsgefangen. αἰχμαλωσία, ἡ die Kriegsgefangenschaft. αἰχμαλωτεύω und αἰχμαλωτίζω ich mache zum Kriegsgefangenen.

ἐπαιχμάζω ich kämpfe gegen an, gehe darauf los, c. dat. ὁμαίχμιος Kriegsgenoss, verbündet, wie σύμμαχος.

ἄκρος, α, ον spitzig, scharf; auf der Spitze befindlich, äußerst, höchst, vollkommen. ἄκρα, ἡ Höhe, Gipfel; Berg; Vorgebirge. ἀκρία, ἡ Anhöhe, Gebirge.

ἄκρεα, τὰ und ἄκρια, τὰ die Höhen, Gebirge.
ἀκραῖος, αία, αῖον und ἐπάκριος, ὁ, ἡ auf der Höhe wohnend, befindlich.
ἀκροβολὶς, ίδος, ἡ (βάλλω) leichter Wurfspieß. ἀκροβολέω und ἀκροβολίζομαι ich schleudere, werfe aus der Ferne, necke den Feind, scharmutzire. ἀκροβολισμὸς das Scharmutziren, Plänkeln.
ἀκρόδρυον, τὸ ein Fruchtbaum; Schaalfrüchte, wie Nüsse, Kastanien.
ἀκροθίνιον, τὸ (θὶν) das oben vom Haufen den Göttern dargebrachte, z. B. Feldfrüchte. ἀκροθινιάζω ich nehme vom Haufen und bringe dar
ἀκρόπολις, ἡ die Oberstadt, Burg, Feste.
ἀκρόχειρ, ειρος, ἡ der Vorderarm an der Hand (χεὶρ); wie ἀκρωμία oder -μιον, auch ωμὶς, ίδος, der Oberarm, an der Schulter (ὦμος).
ἀκρότης, ητος, ὁ das Aeußerste, Ende.
ἄκρις, ιος, ἡ Höhe, Gipfel, Spitze.
ὄκρις, ιδος, ἡ Spitze, spitzige Hervorragung; als adj. rauh, spitz, (poet.) wie auch ὀκριόεις, εσσα, εν. ὀκριάομαι, exasperor, ich zürne, werde aufgebracht. ὀκρίβας, αντος, ὁ ein Gerüst auf dem Theater, wo die Akteurs sprechen. (Statt dessen kam hernach die θυμέλη.
ἀκρωτήριον, τὸ das Aeußerste, z. B. eines Berges, Ufers, Schiffes (Schiffschnabel), Hauses (Giebeldach), besonders des Körpers, z. B. Hände, Füße.
ἀκρωτηριάζω, f. άσω das Aeußerste eines Dinges wegnehmen, besonders die äußersten Glieder, wie Nase und Ohren, verstümmeln. ἀκρωτηρίασις, εως, ἡ und ἀκρωτηριασμὸς, οῦ, ὁ die Verstümmelung. Auch ἀκρωνία, ἡ.
ἄχρι und ἄχρις, bis. Dasselbe ist μέχρι und μέχρις, poet. μέσφα, alle mit dem Genitiv.
ἀκρέμων, ονος, ὁ der Zweig, Ast.
ἀκριβὴς, έος, ὁ, ἡ genau, sorgfältig, pünktlich, sparsam. ἀκρίβεια, ἡ Genauigkeit, Sorgfalt, Pünktlichkeit, Sparsamkeit.
ἀκριβόω, f. ώσω, auch ἀκριβάζω, f. άσω genau machen, bestimmen, prüfen. So auch ἀπακριβόω, διακριβόω, ἐξακριβόω.

Ἀκὴν, adv. und ἀκέων, έοντος, adj. (fem. ἀκέουσα) still, ruhig, schweigend.
ἦκα, und ἧκα, adv. sachte, gelinde, allmählig.
ἀκαλος, ἠκαλὸς, ἠκαλέος, ἠκαλόεις, ruhig, sanft, still. ἀκαλαῤῥείτης, ου, ὁ ruhig fließend.

Ἀκκίζομαι, f. ίσομαι ich verstelle mich, ziere mich. ἀκκισμὸς, ὁ Verstellung, verstellte Weigerung.

Ἀκοςὴ, ἡ die Gerste. ἀκοςέω, f. ήσω Gersten genug haben.

Ἀκούω, f. ούσομαι (poet. ἀκουάζω) ich höre, τινὸς einen; gehorche; ich werde genannt, heiße; εὖ, κακῶς ich stehe in gutem, in übelm Ruf (male audio). ἀκουσείω und ἀκουστιάω ich will gerne hören.
ἄκουσις, εως ἡ das Hören. ἄκουσμα, τὸ was man hört, Lehre, Gerücht, Musik. ἀκουστὴς, ῦ, ὁ der Hörer, Zuhörer. κατακουστὴς, ῦ, ὁ Horcher, Spion. ἀκουστικὸς, ή, ὸν hörend, gerne hörend; zum Hören gehörig, wie πόρος der Hörgang. ἀνήκουστος, ὁ, ἡ nicht zu hören, unhörbar.
ἀκοὴ, ἡ das Gehör, Gehörsinn; Gerücht, Ruf, Erzählung, Nachricht.
ἀνήκοος, ὁ, ἡ, nicht hörend; unfolgsam. κατήκοος gehorsam, unterthan. ἀνηκοΐα, ἡ Taubheit; Unfolgsamkeit.

δια-

διακούω ich höre bis ans Ende, τινός.

εἰσακούω ich höre an, vernehme, verstehe, gehorche. ἐπακούω ich höre darauf, bemerke, verstehe, gehorche. ἐπήκοος, ὁ, ἡ der hören kann; ἐς τὸ ἐπήκοον soweit man hören kann; der erhört; der erhört wird.

κατακούω ich behorche.

παρακούω ich höre nebenher, höre falsch, verstehe nicht; ich gehorche nicht (c. gen.)

ὑπακούω ich höre darauf, antworte auf den Zuruf; ich gehorche, folge, gebe nach (c. dat.).

Ἀκρίς, ίδος, ἡ die Heuschrecke, dem. ἀκρίδιον. ἀκριδοφάγος, ὁ, ἡ der Heuschrecken ißt; ἀκριδοθήρα, ἡ Heuschreckenjagd, -fang.

Ἀκροάομαι, f. άσομαι ich höre, höre zu als Schüler, lerne; ich gehorche (τινός).

ἀκρόασις, εως, ἡ das Hören, Zuhören, Folgen; die Vorlesung; der Ort des Vorlesens, Auditorium, Schule.

ἀκρόαμα, ατος, τὸ was man hört, sich vorlesen oder vorspielen läßt; Vorleser, Vorspieler. ἀκροαματικὸς, ή, ὸν zum Hören dienlich, zur Vorlesung gehörig.

ἀκροατὴς, οῦ, ὁ Zuhörer, Schüler. ἀκροατήριον, ου, τὸ Hörsaal, Auditorium.

Ἀκτὶς und ἀκτὶν, ῖνος, ἡ der Strahl. ἀκτινοειδὴς, ὁ, ἡ strahlenartig. ἀκτινηδόν adv. wie Strahlen. ἀκτινοβόλος, ὁ, ἡ Strahlen werfend. ἀκτινοβολέω ich werfe Strahlen.

Ἀλαλὰ und ἀλαλὴ, ἡ das Kriegsgeschrei beim Angriff, Hurrah. Auch ἐλελεῦ.

ἀλαλαγὴ, ἡ und ἀλάλαγμα, ατος, τὸ und ἀλαλαγμὸς, ὁ und ἀλαλητός, ὁ eben das. Dasselbe ist ferner ὀλολυγή und ὀλόλυγμα, was aber auch ein Klagegeschrei bedeutet.

ἀλαλάζω, f. ξω, und ἐλελίζω ich erhebe Kriegsgeschrei, rufe Hurrah, schreie, jauchze. Dass. ὀλολύζω.

Ἀλάομαι, ῶμαι ich schweife, irre herum (poet. ἀλάζω, ἀλαίνω, ἠλαίνω, ἠλάσκάζω).

ἄλη, ἡ das Herumschweifen; Ungewißheit der Seele, Angst, Verlegenheit, Irrthum. ἀλήτης ου, ὁ und ἀλήμων, ονος, ὁ, ἡ wer umherirrt ἀλείτης der Flüchtige, Umherirrende, eines Verbrechens wegen Landesverwiesene. Dass ἀλάστωρ, ορος; so heißt aber auch der Gott, der den Missethäter verfolgt. ἀλιτέω und ἀλιταίνω, ἀλιτραίνω ich fehle gegen etwas, sündige. ἀλιτήμων, ἀλιτήριος, ἀλιτρός frevelhaft, der Sündenschuld auf sich hat. ἀλητεύω, f. εύσω ich irre herum.

ἀλύω, f. ύσω ich irre herum in Ungewißheit, Verlegenheit, Angst; ich traure, klage; habe Langeweile. ἀλυκτέω, ἀλύκτημαι, ἀλυσθαίνω, ἀλύσσω sind gleichbedeutende Dichterformen.

ἄλυς, υος, ἡ Traurigkeit, Langeweile.

ἀλέομαι, ἀλεύομαι ich fliehe, meide; auch ἀλεείνω und ἀλύσκω, f. ύξω, desgl. ἀλυσκάζω. ἀλέη und ἀλεωρὴ, ἡ Vermeidung; Schutzwehr.

ἅλιος, ία, ιον vergeblich, nichts fruchtend. Poet. Wort, wie das gleichbedeutende ἐτώσιος (von ἐτός adv. umsonst, ohne Grund).

ἁλιόω ich mache vergeblich, vereitele.

ἠλὸς, ή, ὸν und ἠλεὸς, ή, ὸν thörichten Herzens, bethört. ἠλίθιος, ία, ιον thöricht, dumm; eitel, vergeblich. ἠλιθιάζω ich rede, handle als ein ἠλίθιος.

ἀλαζὼν, όνος, ὁ, ἡ Herumschweifer, Marktschreier; Aufschneider, Prahler, entgegenges. dem εἴρων ἀλαζονεία, ἡ Prahlerei, Aufschneiderei. ἀλαζονικὸς, ή, ὸν großsprecherisch, prahlend. ἀλαζονεύομαι f. εύσομαι ich prahle, brüste mich, schneide auf.

Ἄλγος, εος, τὸ Schmerz; Traurigkeit, Kummer; Leiden.

ἀλγέω, f. ήσω ich empfinde Schmerz; ich betrübe mich. ἀλγηδὼν, όνος, ἡ der Schmerz. ἀλγεινὸς, ή, ὸν schmerzlich (comp. ἀλγίων, sup ἄλγιστος).

ἀλγύνω, ich verursache Schmerz; pass. ich empfinde Schmerz.

ἀναλγὴς, έος, ὁ, ἡ und ἀνάλγητος, ὁ, ἡ schmerzlos; unempfindlich, stumpf. ἀναλγησία, ἡ Unempfindlichkeit, Stumpfsinn.

διαλγὴς, περιαλγὴς, ὑπεραλγὴς heftigen Schmerz empfindend. δυσαλγὴς heftig schmerzend; heftigen Schmerz leidend; gegen Schmerz abgehärtet.

ἀπαλγέω ich verschmerze.

συναλγέω ich leide mit; ich bezeuge mein Mitleiden (τινί).

Ἀλδαίνω und ἀλδήσκω, f. ήσω ich bringe hervor, mache wachsen, vermehre. ἄλσος, εος, τὸ (auch ἄλτις, ἡ) Hain, Wald. ἀλσώδης waldig, buschig.

Ἀλέω, f. έσω (auch ἀλήθω) ich mahle, zermalme. Vgl. μύλη.

ἄλειαρ, ατος, τὸ, gewöhnlicher ἄλευρον, τὸ das Mehl, bes. Waizenmehl, wie ἄλφιτον Gerstengraupen, Gerstenmehl. ἀλευρίτης, ου, ὁ, und ἀλευρῖτις, ιδος, ἡ von Waizenmehl.

ἄλετος, ὁ das Mahlen. ἀλέτης, ὁ, ἡ mahlend; als λίθος Mühlstein. ἀλεστὴς, ου, ὁ Müller. ἀλετρὶς, ίδος, ἡ die Müllerin.

ἀλετρεύω, f. σω ich mahle, zerreibe

Ἀλοάω, f. ήσω (Jon. ἀλοιάω) ich drehe oder treibe herum; ich dresche (welches durch im Kreise getriebene Ochsen geschah); ich schlage. ἀλόησις, εως, ἡ das Dreschen, Zermalmen; ἀλοητὸς, ὁ Dreschzeit. ἀλοιητὴρ Zermalmer.

ἅλως, ω, ἡ der Ort, wo gedroschen wird, die Tenne.

ἀλωὰ, ἡ Tenne, mit Korn belegter Platz; ein bebautes Stück Feld, Saatfeld; Weinfeld. ἀλωεὺς, έως, ὁ Drescher; Ackersmann.

ἀλῶα, ων, τὰ das Fest der Demeter.

Ἀλθαίνω und ἀλθήσκω, f. ήσω (auch ἀλθέσσω, f. ξω) ich heile. ἄλθομαι ich werde heil. ἄλθεξις, εως, ἡ Heilung. ἀλθήεις, εσσα, εν heilsam. Gew. ἰάομαι.

Ἀλῆναι sich zusammendrängen, -ziehen, sich sammeln.

ἀλὴς, έος, ὁ, ἡ (auch ἀλὴς) gedrängt, dicht voll.

ἅλις (Jon. auch ἤλιθα), haufenweise, reichlich, genug.

ἀλία, ἡ Versammlung. ἀλίζω und συναλίζω ich versammle.

Ἁλίσκομαι, f. ἁλώσομαι (aor. ἑάλων. perf. ἑάλωκα) ich werde gefangen, überführt, τινὸς eines Verbrechens, auch ἐπί τινι.

ἅλωσις, εως, ἡ das Fangen, Einnehmen; Ueberführen vor Gericht. ἁλώσιμος, ὁ, ἡ und ἁλωτὸς leicht zu fangen oder einzunehmen. ἀνάλωτος unüberwindlich. δυσάλωτος schwer zu erobern.

ἀναλίσκω, f. ἀναλώσω ich verwende auf etwas; ich verthue, verzehre; reibe auf, tödte. καταναλίσκω ich verbrauche, erschöpfe durch Verwendung. προσαναλίσκω ich verwende obenein.

ἀνάλωσις, εως, ἡ das Verwenden. ἀνάλωμα, ατος, τὸ Aufwand, Kosten. ἀναλωτὴς, οῦ, ὁ Verthuer, Verwender.

Ἀλκὴ, ἡ (dat. ἀλκί) Stärke; Muth; Hülfe, Hülfsmittel. Vgl. ἀρκέω.

ἀλκήεις, εσσα, ῆεν, gewöhnlicher ἄλκιμος, ὁ, ἡ und ἄλκιμος, ίμη, μον stark, muthig, streitbar. ἄλκαρ, τὸ Hülfe, Mittel gegen etwas.

ἀλέξω, f. ήσω ich helfe, helfe ab, wehre ab. ἀλκτὴρ, ῆρος, ὁ und ἀλεξητὴρ Helfer, Vertheidiger. ἀλεξητήριος und ἀλεξητικός zum Abwehren geschickt.

ἄναλκις, ιδος, ὁ, ἡ kraftlos, schwach. ἀνάλκεια, ἡ Schwäche.
ἔπαλξις, ἡ Schutzwehr auf der Mauer, Zinne.

Ἀλλᾶς, ᾶντος, ὁ Fleischwurst, alliatum. ἀλλαντοποιὸς Wurstmacher. ἀλλαντοπώλης Wurstverkäufer.

Ἄλλομαι, f. ἁλοῦμαι ich springe, hüpfe.
ἅλμα, ατος, τὸ der Sprung, Tanz. ἅλσις, εως, ἡ das Hüpfen, Springen. ἁλτικὸς, ἡ, ὸν zum Springen und Tanzen geschickt, Tänzer.
ἀν- ἀφ- ἐφ- μεθ-αλλομαι ich springe auf, ab, zu od. auf etwas, um: δι- εἰσ- ἐν- καθ- αλλομαι ich springe hinüber, hinein, darauf oder hinein, hinunter oder herab.

Ἄλλος, ἄλλη, ἄλλο ein anderer; οἱ ἄλλοι die übrigen; verschieden c. gen. z. B. ἄλλα τῶν δικαίων das Gegentheil vom Gerechten; auch ἄλλα ἢ τὰ δίκαια. ἄλλῃ und ἀλλαχῇ auf anderm Wege, auf andere Art. ἄλλην anders wohin; ἄλλην καὶ ἄλλην bald hier bald dorthin. ἄλλο τι in der Frage: nicht?
ἄλλοθι, auch ἀλλαχοῦ und ἀλλαχόθι, anders wo; ἄλλοθεν anders woher; ἄλλοσε anders wohin; ἄλλοτε zu anderer Zeit, sonst.
ἄλλως auf andere Weise; sonst, alioqui; ἄλλως τε καὶ schon aus anderen Gründen, und vornehmlich (deswegen), also insonderheit, vorzüglich; vergeblich, umsonst; obenhin, sorglos.
ἀλλὰ aber, sondern. ἀλλὰ μὴν nun aber, atqui.
ἀλλοῖος, οία, οῖον anderer Art, verschieden. ἀλλοιόω, f. ώσω ich mache verschieden; ich verändere, ändere um, mache jemand abwendig. ἀλλοίωσις, εως, ἡ Veränderung.
ἀλλότριος, ία, ιον einem andern gehörig, fremd, ausländisch; nicht passend, unschicklich, ungewohnt. ἀλλοτριόω, f. ώσω ich entfremde, mache abwendig; ich nehme weg; ich veräußere, verkaufe. ἀλλοτριότης, ητος, ἡ das Fremdseyn; Abgeneigtheit.
ἀλλήλων, ἀλλήλοις (-αις), ἀλλήλους (-ας -α) unter einander, wechselseitig, einer des (dem, den) andern. ἐπάλληλος, ὁ, ἡ einer auf den andern gedrängt, dicht, häufig. παράλληλος, ὁ, ἡ neben einander.
ἀλληγορέω (ἀγορέω) ich sage etwas anders als ich es verstanden wissen will, spreche verblümt; ich lege anders aus, als die Worte lauten. ἀλληγορία, der versteckte, verblümte Ausdruck, Allegorie.
ἀλλογενὴς, έος, ὁ, ἡ (γένος) und ἀλλόφυλος, ὁ, ἡ (φυλὴ) von fremdem Geschlecht oder Volk; auch ἀλλοδαπὸς, ἡ, ὸν (δάπεδον).
ἀλλάσσω, attisch ἀλλάττω, f. ξω ich mache anders, verändere, ich verwechsele, vertausche (τὶ τινὸς eins für das andere, auch τὶ ἀντὶ τινὸς).
ἄλλαξις, εως, ἡ und ἀλλαγὴ, ἡ Veränderung, Vertauschung, Tausch, Wechsel, Umsatz. ἄλλαγμα, ατος, τὸ id.
ἀνταλλάσσω, f. ξω ich verändere, vertausche dagegen.
ἀπαλλάσσω, ich schaffe weg; ich entferne, halte ab (τινὰ τινὸς); befreie. ἀπαλλαγὴ, ἡ Entlassung, Befreiung, das Weggehen, Verlassen. ἀπάλλαξις, εως, ἡ, idem.
διαλλάσσω, f. ξω ich verändere; vertausche; τινὰ τινὶ oder πρὸς τινὰ ich versöhne einen mit dem andern; ich bin verschieden, was auch ἐξαλλάττομαι. διαλλαγὴ ἡ die Veränderung, Vertauschung, Versöhnung. ἀδιάλλακτος unversöhnlich.
ἐναλλάσσω ich vertausche, verwechsele. ἐναλλαγὴ, ἡ Verwechselung.
ἐπαλλάσσω ich wechsele um oder ab, alternire, gehe in einander über, greife ein, verflechte, verbinde.
καταλλάσσω ich verwechsele, tausche um; versöhne.
μεταλλάσσω ich verändere, vertausche; τὸν βίον ich sterbe.

παραλλάσσω ich wechsele ab; verändere; ich gehe vorüber, vorbei; ich irre, weiche ab; ich bin verschieden (c. gen.). παράλλαξις, ἡ und παραλλαγὴ, ἡ die Verwechselung, Veränderung; der Unterschied; das Vorbeigehen.

συναλλάσσω ich wechsele einen mit dem andern ab; ich bringe zusammen, versöhne, vereinige. συναλλαγὴ, die Vertauschung, der Handel; Umgang; Versöhnung; Vertrag.

Ἅλς, ἁλὸς, ὁ das Salz (auch ἅλας, ατος, τὸ; ἡ ἅλς das Meer; οἱ ἅλες scharfsinnige, witzige Reden.

ἅλιος, ὁ ἡ oder ος, ία, ιον zum Meer gehörig, z. B. Θεὸς Meergott

ἐνάλιος, ὁ, ἡ im Meer befindlich, dahin gehörig.

πάραλιος, ὁ, ἡ, παράλιος, ὁ, ἡ am Meer befindlich; ἡ παραλία die Seeküste. ἔφαλος am Meer, ὕφαλος unter dem Meer.

ἁλιεὺς, έως, ὁ der Fischer. ἁλιεύω, f. εύσω ich fische. ἁλιεία, ἡ der Fischfang. ἁλιευτικὸς, ἡ, ον zum Fischen gehörig. ἁλιὰς, ἁδος, ἡ der Fischerkahn.

ἄναλος, ὁ, ἡ ungesalzen.

ἅλμη, ἡ die Salzigkeit; was salzig ist; Salzwasser, Lake. ἔφαλμος, ὁ, ἡ eingesalzen.

ἁλμυρὶς, ίδος, ἡ Salzwasser; Salzerde. ἁλμυρὸς, ὰ, ὸν und ἁλικὸς salzig. ἁλμυρίζω ich bin salzig. ἁλμυρότης, ητος, ἡ Salzigkeit. ἁλμεύω, f. εύσω und ἁλίζω, f. ίσω ich salze. ἅλισις, εως, ἡ das Einsalzen.

ἅλινος, ίνη, ινον aus Salz bestehend. ἅλιμος, ὁ, ἡ salzig, vom Meer.

ἁλουργὸς, ἡ, ὸν und ἁλουργὴς, ὁ, ἡ (ἔργον) mit Purpur der Meerschnecken gefärbt, purpurn. ἁλουργὶς, ίδος, ἡ das Purpurkleid.

ἁλκυὼν, όνος, ἡ der Eisvogel (der auf dem Meere gebiert, κύει).

Ἀλφαίνω, ἀλφάνω, aor. ἦλφον ich finde, erfinde, erlange. ἀλφηστὴς, ὁ Erfinder, Erwerber. ἀλφεσίβοιος, ἡ die Rinder gewinnt.

Ἀλφὸς, ὁ ein weißer Flecken auf der Haut, Flechte, Schwinde.

Ἀλώπηξ, εκος, ἡ der Fuchs; ein Schlaukopf. dem. ἀλωπέκιον. ἀλωπεκιδεὺς, έως, ὁ ein junger Fuchs.

ἀλωπεκῆ, ἡ der Fuchsbalg.

ἀλωπεκίας, ου, ὁ und ἀλωπεκώδης, ὁ, ἡ fuchsartig; schlau. ἀλωπεκίζω ich bin schlau und hinterlistig.

Ἅμα, zusammen, zugleich (c. dat.); sobald als.

Ἀμάω, f. ήσω ich sammle ein; ich mähe; ernte.

ἄμη, ἡ Hacke zum Graben; Harke, Rechen.

ἄμητος, ὁ das Abschneiden der Früchte, Ernte. ὁ ἀμητὸς, die Erntezeit, Ernte. ἀμητὴρ, ῆρος, ὁ Schnitter.

διαμάω und ἐξαμάω ich schneide ab, schneide aus; zerschneide.

ἐπαμάομαι und καταμάομαι ich häufe auf, über einander, wie Ernter die Garben.

Ἅμιλλα, ἡ der Kampf, Wettkampf, Streit; ἐξ ἁμίλλης um die Wette.

ἁμιλλάομαι, f. ήσομαι ich streite, kämpfe (τινὶ oder πρὸς τινὰ).

ἁμιλλητὴρ, ῆρος, ὁ Wettkämpfer, Streiter. ἁμιλλητήριον Kampfplatz. ἁμιλλητικὸς gehörig zum Kampf.

ἐφάμιλλος, ὁ, ἡ streitig, worüber gestritten wird; gleich im Streit, gewachsen.

Ἅμαξα, ἡ der Wagen; der Wagen am Himmel, der große Bär. dem ἁμαξίς, ίδος, ἡ und ἁμάξιον oder ἁμαξάριον, τό.

ἁμαξιὰ, ἡ Wagengleis.

ἁμαξιαῖος, αία, αῖον und ἁμαξίτης, ὁ, ἁμαξῖτις, ἡ für den Wagen geschickt, so groß daß man es auf dem Wagen fortbringen muß.

ἁμαξιτὸς, ἡ (auch mit ὁδὸς) und ἁμαξήλατος (ἐλαύνω) ein Fahrweg.

ἁμαξικὸς, ή, ὸν zum Wagen gehörig; nördlich.

ἁμαξεὺς und ἁμαξιεὺς, έως, ὁ Fuhrmann, auch Waaner. Letzterer auch ἁμαξοπηγὸς (πήγνυμι). ἁμαξοπηγέω ich verfertige einen Wagen.

ἁμαξεύω ich fahre den Wagen; ich fahre auf dem Wagen. ἀναμάξευτος unfahrbar (von Wegen).

ἁμαξόβιος, ὁ, ἡ auf dem Wagen lebend, nomadisch.

Ἄξων, ονος, ὁ Achse am Wagen; der Erde, Pol.

ἀξόνιος, ία, ιον zur Achse gehörig.

ἀξονήλατος (ἐλαύνω) von der Achse bewegt (poet.).

Ἀμάρα, ἡ Graben, Canal zur Wässerung der Wiesen.

Ἁμαρτάνω, f. ἁμαρτήσομαι, aor. ἥμαρτον (poet. ἥμβροτον) ich fehle, verfehle das Ziel, c. genit.; ich erhalte nicht; irre, begehe einen Fehler, sündige (εἰς τινὰ). Eben so διαμαρτάνω und ἐξαμαρτάνω.

ἁμάρτημα, ατος, τὸ und ἁμαρτία, ἡ der Fehler, die Sünde.

ἁμαρτωλὸς, ὁ, ἡ der Sünder.

ἀναμάρτητος, ὁ, ἡ nicht fehlend oder sündigend; unfehlbar, der nicht fehlen kann.

νημερτὴς, ὁ, ἡ untrüglich, wahr (poet.). νημερτεια, ἡ Wahrheit.

Ἀμαυρὸς, ρα, ρον und ἀμυδρὸς, ὰ, ὸν dunkel, finster; unbekannt, obscurus. Auch μαυρός.

ἀμαυρόω, f. ώσω und ἐξαμαυρόω ich mache dunkel, verdunkele. ἀμαύρωσις, εως, ἡ die Verdunkelung. μαυρόω wie ἀμαυρόω (poet.)

ἀμαυρόβιος in Dunkelheit lebend. ἀμαυρόκαρπος mit dunkeln, schwarzen Früchten.

Ἀμβλὺς εῖα, υ stumpf; blöde, matt, muthlos

ἀμβλύτης, ἡ die Stumpfheit. ἀμβλύνω, f. υνῶ ich stumpfe ab, schwäche. ἀμβλυώσσω, f. ώξω und ἀμβλυωπέω, f ήσω ich habe ein stumpfes, schwaches Gesicht. ἀμβλυωπὴς stumpf an Gesicht. ἀμβλυωπία Stumpfheit des Gesichts.

Ἀμείβω, f. ψω, auch (poet.) ἀμεύω ich vertausche, wechsele, löse ab; erwiedere, antworte, vergelte; gehe hinaus über; ich übertreffe (mit dem accus.).

ἀμοιβὴ, ἡ die Abwechselung, Verwechselung, Tausch; Wiedervergeltung. ἀμοιβαῖος, αία, αῖον wechselnd, wechselseitig, gegenseitig, ἀμοιβαδὸν. adv.

ἀπαμείβομαι ich antworte.

διαμείβω und ἐξαμείβω ich wechsele, vertausche. διάμειψις, ἡ die Vertauschung.

παραμείβω und παραμείβομαι ich vertausche; ich gehe vorbei.

Ἀμέλγω, f. ξω, ich melke. ἀμολγεὺς, εως, ὁ Gefäß zum Melken. ἀμολγὸς, οῦ, ὁ Zeit des Melkens. ἀμολγαῖος, αία, αῖον zu melken.

Ἀμέργω, f. ξω, ich streife, pflücke ab; ich presse, drücke aus.

ἀμοργὴ, ἡ Oelhefe, amurca.

ὀμόργνυμι, ich wische, trockne ab. ὄμοργμα, ατος, τὸ was man abwischt, Fleck.

Ἀμνὸς, ὁ (in den Cas. obliq. auch ἀρνὸς, ἀρνὶ, ἄρνα, plur. ἄρνες) das Lamm. ἀμνὴ, ἡ und ἀμνὰς, άδος, ἡ oder ἀμνὶς, ίδος, ἡ ein weiblich Lamm dem. ἀρνίον. Vgl. ὄϊς u. πρόβατον.

ἀμνεῖος, εία, εῖον und ἀρνεῖος, εία, εῖον vom Lamme. ἀρνέα, ἡ und ἀρνακὶς, ίδος Schaafspelz; sonst auch νάκη, ἡ und νάκος, τὸ, wovon κατωνάκη, ἡ ein Sklavenkleid unten (κάτω) mit einem Vorstoß von Schaffell.

ἀρνὼν, ῶνος, ὁ Schaafstall.

ἀρνειὸς, ὁ Widder. Dass. κριὸς, ὁ, wovon κριηδὸν adv. nach Art eines W.

Ἀμὸς, ὁ jemand, einer (dorisch oder ionisch); ἀμῇ auf irgend eine Art, ἀμόθι irgendwo, ἀμοῖ irgend wohin, ἀμόθεν irgend woher. οὐδαμὸς, μηδαμὸς niemand, keiner. οὐδαμοῦ nirgend, οὐδαμόσε nirgendhin.

"Ἄμπελος, ἡ Weinstock; Weinberg. dem. ἀμπέλιον, τὸ u. ἀμπελὶς, ίδος, ἡ.
ἀμπέλινος, ίνη, ινον vom Weinstock, zur Rebe gehörig. Auch ἀμπελώδης, ὁ, ἡ.
ἀμπελὼν, ῶνος, ὁ, auch ἀμπελεὼν, der Weinberg.
ἀμπελουργὸς, ὁ der Winzer. ἀμπελουργέω ich bestelle den Weinberg.

"Ἄμπρον, τὸ das Joch, oder das Seil, woran das Zugvieh zieht.
ἀμπρεύω ich ziehe am Joch, ziehe, schleppe. συναμπρεύω ich ziehe mit einem zusammen am Joch.

'Ἀμύνω, f. υνῶ ich wehre ab, halte ab (τὶ τινὸς oder τὶ τινὶ); helfe (τινὶ); ich räche einen (περί τινος). ἀμύνεσθαι sich wehren, sich vertheidigen; τινά sich an einem rächen; streiten, jemand vertheidigen (τινα oder ὑπέρ τινος); vergelten, z. B. τινὰ ὁμοίοις einem gleiches mit gleichem.
ἄμυνα, ἡ die Hülfe, Vertheidigung, Rache.
ἀμύντωρ, ορος, ὁ u. ἀμυντὴρ, ῆρος, ὁ der Vertheidiger, Helfer, Rächer.
ἀμυντήριος, ία, ον zur Vertheidigung dienlich oder geschickt.
ἀπαμύνω ich wehre ab. ἐπαμύνω ich vertheidige, helfe.

'Ἀμύσσω, f. ξω ich steche, ritze, zerkratze, zerreiße. καταμάσσω, id.
ἄμυξις, εως, ἡ und ἀμυχὴ, ἡ das Zerfleischen, Kratzen, Ritzen.

'Ἀμύγδαλον, τὸ und ἀμυγδάλη, ἡ und ἀμυγδαλὶς, ίδος, ἡ die Mandel. ἀμύγδαλος, ἡ und ἀμυγδαλέα oder ἀμυγδαλῆ, ἡ Mandelbaum. ἀμυγδαλίτης, ου, ὁ und ἀμυγδαλοειδὴς, ὁ, ἡ mandelartig. ἀμυγδαλοκατάκτης, ου, ὁ (κατάγνυμι) Mandelknacker.

'Ἀμφὶ, praep. um, c. gen. dat und acc.
ἀμφὶς, adv. zu beiden Seiten; gesondert, ohne, c. gen., wie δίχα.
ἀμφισβητέω, f. ήσω ich streite, hadre; ich zweifle. ἀμφισβήτησις, εως, ἡ Streit, Hader, Zweifel. ἀμφισβητήσιμος, ὁ, ἡ streitig; zweifelhaft. ἀμφισβητητὸς, ὁ, ἡ bestritten, streitig. ἀναμφισβήτητος, ὁ, ἡ unbestritten, unbezweifelt.
ἀμφιάζω, f. άσω ich thue um, ziehe an.

"Ἄμβων, ωνος, ὁ, Ion. ἄμβη, ἡ (umbo) der erhabene Rand am Schilde, an der Schüssel; der erhobene Boden des Bechers.

"Ἄμπυξ, υκος, ὁ das Stirnband oder Kopfstück am Pferdegeschirr; Band oder Binde um die Haare der Weiber. ἀμπυκτὴρ, ῆρος, ὁ eben das.
ἀμπυκάζειν u. ἀμπυκίζειν die Haare mit einem Band zusammenfassen.

"Ἄμφω (gen. und dat. ἀμφοῖν, acc. ἄμφω) beide.
ἀμφότερος, έρα, ερον ein jeder von beiden, gewöhnlicher ἑκάτερος. pl. ἀμφότεροι, αι, α beide. ἀμφοτέρωθεν und ἑκατέρωθεν, oder poet. ἑκάτερθεν, von beiden Seiten her; ἀμφοτέρωθι und ἑκατέρωθι auf beiden Seiten; ἀμφοτέρωσε, ἑκατέρωσε nach beiden Seiten hin.
ἕκαστος, η, ον jeder. ἑκασταχῇ auf jede Weise; ἑκασταχοῦ und ἑκασταχόθι an jedem Ort, überall; ἑκασταχόθεν von überall her; ἑκασταχόσε überall hin; ἑκάστοτε jedesmal.

'Ἀνὰ, praep. c. acc. auf, über. ἀνὰ τὸν ποταμὸν stromauf (κατὰ τ. π. stromab), ἀνὰ τὸν πόλεμον den Krieg über. ἀνὰ πέντε je fünf, bei fünfen, quini. ἀνὰ στόμα im Munde, ἀνὰ κράτος mit Gewalt.

"Ἄνω, adv. (comp. ἀνωτέρω, sup. ἀνωτάτω) oben, über; vormals. οἱ ἄνω die Vorfahren. ἄνωθεν von oben; von Alters her.
ἐπάνω, adv. (c. gen.) oberhalb. ἐπάνωθεν von oben.

"Ἄνω ich bringe auf den Gipfel, vollende. νὺξ ἄνεται, die Nacht verläuft.
ἀνύω, att. ἀνύτω, f. ύσω, ich vollbringe, vollende; komme zum Ziel, richte etwas aus. ἄνυσις, εως, ἡ Vollendung, Erfüllung.

ἀνυστικὸς, η, ον und ἀνύσιμος, ὁ, ἡ förderlich, wirksam.
ἀνυστὸς, ἡ, ὸν thulich, möglich. ἀνήνυστος und ἀνήνυτος unthulich, unvollendet.
διανύω, ἐξανύω, κατανύω ich vollende, bringe zu Stande, erreiche.

Ἄναξ, ακτος, ὁ der Vorsteher, Fürst, Herr. ἄνασσα, ἡ Herrscherin. ἄνακες, ων, οἱ die Dioskuren, Kastor und Polydeukes. ἀνακῶς, adv. sorgfältig, fleißig: ἀ. ἔχειν τινὸς für etwas sorgen, darauf achten.
ἀνάσσω, f. ξω ich herrsche. ἀνάκτορον, τὸ Wohnung des Herrschers.
ἀνακτόριος, ὁ, ἡ herrschaftlich, königlich. ἀνακτορία, ἡ Herrschaft, Herrscherwürde.

Ἄνευ, Aeol. ἄνις, poet ἄνευθε und ἀπάνευθε, ferne, sonder, ohne, mit dem Genit. Poetisch auch ἄτερ und ἀπατερθεν.

Ἀνὴρ, ἀνδρὸς (poet. ἀνέρος) ὁ Mann. γυνὴ, γυναικὸς, ἡ Weib, Frau. dem. ἀνδρίον und ἀνδράριον, γύναιον und γυναικάριον.
ἀνδρεῖος, εία, εῖον männlich, mannhaft, tapfer; γυναικεῖος weibisch; auch γύννης u. γυναικίας, ου, ὁ. ἀνδρεία, ἡ od. ἀνδρία poet. ἀνδροτὴς, ῆτος, ἡ) Männlichkeit, Mannheit, Tapferkeit. ἀνδρικὸς, ἡ, ὸν und ἀνδρώδης, ὁ, ἡ dem Manne eigen oder ähnlich. γυναικικὸς und γυναικώδης weibisch, weichlich.
ἀνδρὼν, ῶνος, ὁ oder ἀνδρωνῖτις, τιδος, ἡ das Zimmer für die Männer, γυναικὼν, γυναικωνῖτις, γυναικεῖον für die Weiber. ἄνδρια, ων, τὰ Männermahlzeiten auf Kreta, wie die φιδίτια in Sparta.
ἀνδριὰς, αντος, ὁ Bild oder Statue eines Mannes; Statue überhaupt. dem. ἀνδριαντάριον und ἀνδριαντίσκος. ἀνδριαντοποιὸς, ὁ Bildhauer. Auch ἀνδριαντογλύφος, ἀνδριαντοπλάστης.
ἀνδρίζω, f. ίσω ich mache zum Manne, stärke, kräftige; med männlich oder mannhaft werden; ins Mannsalter treten, was auch ἀνδρεύομαι u. ἀνδρόομαι. γυναικίζω ich mache weibisch, verweichliche. γυναίκισις oder γυναικισμος weibisches Betragen, ἀνδρισμὸς männliches.
ἄνανδρος, ὁ, ἡ unmännlich. ἀνανδρία, η Unmännlichkeit, Weichlichkeit, Feigheit.
εὔανδρος, ὁ, ἡ wohlbevölkert, voll tapferer Männer. εὐανδρία, ἡ Fruchtbarkeit an tapfern Männern. καλλιγύναιξ voll schöner Weiber.
ἀγήνωρ, ορος, ὁ (ἄγαν) männlich, muthig, übermüthig. ἀγηνορία, ἡ Uebermuth, auch ὑπερηνορία, von ὑπερήνωρ.
ἀνδραγαθέω (ἀγαθὸς) ich beweise mich als einen braven Mann. ἀνδραγαθία, ἡ Charakter eines braven Mannes, Bravheit. ἀνδραγάθημα, ατος, τὸ männliche That.
ἀνδράποδον, τὸ (πούς) ein Gefangener zum Sklaven gemacht, ein Sklave.
ἀνδραποδώδης, εος, ὁ, ἡ sklavisch; sklavisch gesinnt, unedel. ἀνδραποδωδία, ἡ Sklavensinn.
ἀνδραποδίζω ich mache zum Sklaven; ich raube einen zum Sklaven, stehle Menschen. ἀνδραποδιστὴς, οῦ, ὁ Menschenräuber. ἀνδραπόδισις, εως, ἡ und ἀνδραποδισμὸς, ὁ das Auflegen der Sklaverei, der Menschenraub. ἀνδραποδοκάπηλος, ὁ Sklavenhändler.
ἀνδρείκελον, τὸ (ἔοικα) das Menschenähnliche; Abbildung eines Menschen; Farbe, die die natürliche des Menschen wiedergiebt.
ἀνδρογύνης, ου, ὁ und ἀνδρόγυνος, ὁ Zwitter, Mannweib.
ἀνδρομήκης, ὁ, ἡ mannslang.
ἀνδροβόρος (βορά) und ἀνδροφάγος (φαγεῖν), ὁ, ἡ Menschenfresser.
ἀνδροφόνος, ὁ Mörder.
καταγύναιξ, καταγύνης den Weibern ergeben.

Ἄνθρωπος, ὁ der Mensch. (Von einem Frauenzimmer auch ἡ ἄνθρωπος.) dem. ἀνθρώπιον und ἀνθρωπάριον, τὸ und ἀνθρωπίσκος, ὁ.

ἀνθρωπότης, ητος, ἡ die Menschheit, Menschennatur.

ἀνθρώπειος, ὁ, ἡ, ἀνθρώπινος, ίνη, ινον und ἀνθρωπικὸς, ἡ, ὸν menschlich, die Menschen betreffend.

ἀνθρωπεύομαι und ἀνθρωπίζω ich betrage mich menschlich. ἀνθρωπισμὸς, ὁ menschliches Betragen.

συνανθρωπεύομαι u. συνανθρωπίζω ich lebe mit Menschen. ζῶα συνανθρωπευόμενα Hausthiere.

ἀπάνθρωπος, ὁ, ἡ unmenschlich, hart, grausam; menschenleer. ἀπανθρωπία, ἡ Unmenschlichkeit, Hartherzigkeit; Grobheit.

ἀνθρωπόμορφος, ὁ, ἡ von menschlicher Bildung (μορφη).

ἀνθρωποπαθὴς, ὁ, ἡ menschlich fühlend und empfindend (πάθος).

ἀνθρωποφάγος, ὁ, ἡ Menschenfresser. ἀνθρωποκτόνος, ὁ Mörder (κτείνω).

Ἄῤῥην oder ἄρσην, ενος, ὁ, ἄῤῥεν, τὸ (Jon. ἔρσην) männlich, mas; stark. ἀῤῥενικὸς, ὁ, ἡ männlich, masculinus. ἀῤῥενότης Mannheit. ἀῤῥενόπαις, ὁ, η der männliche Kinder hat. ἀῤῥενωπὸς von männlichem Ansehn. ἀῤῥενωπία männliches Ansehn.

Ἄρης, εος und εως, ὁ der Kriegsgott, Mars; Krieg.

ἄρειος, ὁ, ἡ kriegerisch, martialisch. ἄρειος πάγος, ὁ der Marshügel, Areopag, der Criminalgerichtshof zu Athen. ἀρεοπαγίτης, ου, ὁ ein Mitglied dieses Gerichts.

Ἀρείων, ονος, ὁ, ἡ tüchtiger, stärker, besser

ἄριστος, ίστη, ιστον der stärkste, tapferste, beste.

ἀριστεὺς, έως, ὁ der das beste thut, sich auszeichnet durch Tapferkeit.

ἀριστεύω ich bin der beste, erweise mich als den vorzüglichsten.

ἀριστεία, ἡ That des Helden die den Preis (τὸ ἀριστεῖον) verdient.

ἀριστίνδην, adv. nach der Güte, mit Auswahl der Besten.

ἀριστοκρατία, ἡ (κράτος) Herrschaft der Besten, der optimates.

Ἀριστερὸς, ὰ, ὸν links, zur Linken (auch λαιὸς, α, ὸν laevus), was auch ἐπαρίστερος; von unglücklicher Vorbedeutung: daher der Euphemismus daß man für ἀριστερὸν sagte εὐώνυμον (εὖ, ὄνομα). Rechts heißt δεξιὸς, ὰ, ὸν, poet δεξιτερὸς, ὰ, ὸν (von δέχομαι). Daher δεξιότης ητος, ἡ Geschicklichkeit, Gewandtheit. δεξιόομαι ich fasse bei der Rechten, bewillkomme, nehme freundlich auf.

δεξίωμα, ατος, τὸ freundliche Aufnahme; was man gut aufnimmt.

ἀμφιδέξιος und περιδέξιος, ὁ, ἡ auf beiden Händen rechts, ambidexter.

ἐπιδέξιος geschickt, gewandt. ὑπερδέξιος, ὁ, ἡ höher gelegen; überlegen.

Ἄριστον, τὸ das Frühstück. ἀνάριστος, ὁ, ἡ der oder die nicht gefrühstückt hat.

ἀριστάω, f. ήσω und ἀριστοποιέομαι ich frühstücke.

ἀριστίζω, f. ίσω ich bewirthe mit einem Frühstück.

Ἄνθος, εος, τὸ die Blüthe, Blume; das Schönste, Beste in seiner Art: poet auch ἄωτον, τὸ. ἀνθολογέω ich sammle Blumen (λέγω). ἀνθολογία, ἡ Blumenlese.

ἀνθηρὸς, ὰ, ὸν blühend; reizend, jugendlich. ἄνθινος, η, ον von Blumen, blumig, bunt. ἀνανθὴς, ὁ, ἡ blüthenlos.

ἀνθέω, f. ήσω ich blühe; prange, glänze, bin in der Kraft. ἄνθη, ἡ oder ἄνθησις, ἡ das Blühen, die Blüthe.

ἀπανθέω ich blühe ab, verblühe. ἀνανθέω ich blühe auf.

ἐξανθέω ich blühe auf, schlage aus, treibe hervor; figürlich von den Ausschlägen auf der Haut. ἐξάνθημα, ατος, τὸ die Blüthe; der Ausschlag auf der Haut, auch ἐξανθισμὸς, ὁ.

ἐπανθέω ich blühe oder prange an oder auf etwas.

ἀνθίζω, f. ίσω blumig machen, schmücken, bunt ausputzen.
ἀνθερὼν, ῶνος, ὁ das Kinn (wegen der Haare darauf, welche die Alten mit den Blüthen verglichen).
ἀνθεστηριὼν, ῶνος, ὁ der achte Monat bei den Athenern, der in unsern Februar und März fällt, wo die ἀνθεστήρια (Blumenfest) gefeiert wurden.

Ἄνθραξ, ακος, ὁ die Kohle; Brandbeule (carbunculus).
ἀνθρακιὰ, ἡ Kohlenfeuer, Kohlenhaufen. ἀνθρακὶς, ίδος, ἡ Kohle, Kohlenfeuer.
ἀνθρακεὺς, έως, ὁ der Kohlenbrenner, Köhler. ἀνθρακίζω und ἀνθρακόω ich mache oder brenne Kohlen, auch ἀνθρακεύω.
ἀνθρακίας, ου, ὁ kohlschwarz. ἀνθρακώδης kohlenartig.

Ἀνία, ἡ Kränkung; Niedergeschlagenheit, Kummer.
ἀνιαρὸς, ὰ, ὸν kränkend, beschwerlich; betrübt, traurig. In erster Bedeutung auch ἀνιώδης, ὁ, ἡ.
ἀνιάω und ἀνιάζω ich kränke, mache Kummer oder Langeweile.

Ἀντὶ, praep. c. gen. gegen, wider; für, anstatt.
ἔναντι, ἀπέναντι, κατέναντι vor (coram), gegenüber.
ἄντα oder ἄντην adv. (beide poet.) gegen, entgegen, vor Augen, gegenüber ἀντικρὺ und ἀντικρὺς (auch ἀπαντικρὺ) gegenüber, geradezu; ganz und gar. ἀνταῖος, αία, αῖον entgegenstehend, feindlich; entgegen kommend, antretend. ἀντίος und ἐναντίος entgegengesetzt, zuwider: τοὐναντίον das Gegentheil. ὑπεναντίος zum Theil entgegengesetzt.
ἀντιόω u ἐναντιόω ich stelle entgegen, ἐναντιοῦμαι ich widersetze mich.
ἐναντίωμα, ατος, τὸ das Widrige, der Unfall, Widerspruch. ἐναντίωσις, εως, ἡ das Widerstreben, Widersprechen.
ἀντάω (ion. ἀντέω) auch ἀντιάω und ἀντιάζω ich gehe entgegen, begegne c. dat.; ich erhalte, bekomme, nehme Theil, c. gen.; ich bitte, flehe. ἄντησις, εως, ἡ das Entgegenkommen.
ἀπαντάω ich begegne, gehe entgegen; ich entgegne, antworte; hinkommen, hingelangen. ἀπάντησις und ἀπάντημα, τος, τὸ das Begegnen, die Antwort.
καταντάω ich komme an; sich endigen, sich womit beschließen; begegnen, sich zutragen. κατάντημα, τὸ Ereigniß, Ausgang, Ende.
συναντάω ich begegne, gehe entgegen; sich zutragen.
ὑπαντάω und ὑπάντομαι ich gehe entgegen. ὑπαντιάζω, id.
ἀνάντης, ὁ, ἡ aufwärts, bergan. κατάντης abwärts, bergab.
ἐπάντης, ὁ, ἡ und προσάντης aufwärts, steil, beschwerlich.

Ἄντλος, ὁ das in den Schiffsboden eindringende Meerwasser, sentina.
ἀντλέω, f. ήσω, ich schöpfe das Wasser aus dem Schiff; ich arbeite hart; ich erdulde, ertrage.
ἀντλητὴρ, ῆρος, ὁ der da schöpft. ἀντλητήριον, τὸ, auch ἄντλον und ἀντλίον, τὸ Schöpfgefäß, Eimer.
ἀπαντλέω ich schöpfe ab, vermindere.
διαντλέω und ἐξαντλέω ich schöpfe aus, erschöpfe; ich halte aus, erdulde.
ἐπαντλέω ich schöpfe darauf, begieße.
ὑπέραντλος, ὁ, ἡ überschwemmt, überladen, niedergedrückt. ὑπεραντλεῖσθαι überladen seyn.

Ἄντυξ, υγος, ἡ ein runder Knopf am obern Rande des Wagens, woran man das Seil band, wenn man still hielt; der Wagen; jeder rund erhabene Körper (poet.).

Ἄνωγα ich befehle, rathe, treibe an (pros. κελεύω). ἀνωγὴ, ἡ der Befehl.

Ἄξιος, ία, ιον werth, würdig, c. gen. ἀξίως adv.

ἀξία, ἡ Werth, Würdigkeit; Würde, Ansehn; Preis.
ἀξιόω, f. ώσω ich achte, halte werth, schätze, τινὰ τινός. ich halte für billig; ich fodre als billig, begehre, wünsche.
ἀξίωσις, εως, ἡ Würdigung, Schätzung; Ehre, Ansehn; Bitte.
ἀξίωμα, ατος, τὸ Würdigung, was ἀξίωσις; aber auch ein allgemein angenommener Satz, Grundsatz. ἀξιωματικὸς, ή, όν würdig, geehrt; mit einem Ehrenamt bekleidet.
ἀνάξιος, ὁ, ἡ und ἀπάξιος, ὁ, ἡ unwerth, unwürdig. ἀπαξιόω ich halte für unwerth; verschmähe.
ἀντάξιος, ὁ, ἡ an Werthe gleich c. gen.
ἀξιεπαίνετος, ὁ, ἡ lobenswerth; ἀξιοθέατος sehenswerth
ἀξιόλογος, ὁ, ἡ der Rede werth, bedeutend; ἀξιοπρεπὴς, ὁ, ἡ anständig, geziemend; ἀξιόχρεως, ὁ, ἡ (χρέος) der Sache werth; tüchtig, brauchbar, glaubwürdig (v. Zeugen), beträchtlich, ansehnlich.

Ἅπτω, f. ψω ich binde an, verknüpfe; ich stecke an, zünde an (was auch ἀναύω u. ἐναύω). ἅπτομαι ich berühre, τινός, ich fasse an, taste an.
ἅψις, εως, ἡ die Berührung, das Angreifen. ἀψίκορος, ὁ, ἡ (κόρος) satt beim ersten Berühren, ekel, wählig.
ἀψὶς und ἁψὶς, ῖδος, ἡ Verknüpfung, Knoten; Umfang, Rundung, Bogen, Gewölbe.
ἁπτικὸς, ή, όν zum Berühren geschickt. ἁπτὸς, ή, όν was sich berühren läßt. ἄαπτος, ὁ, ἡ unberührbar. Auch ἀναφὴς, ὁ, ἡ von ἁφὴ, ἡ das Berühren, das Gefühl, tactus; das Anzün[illegible]. ἀφάω, und ἀφάσσω und ἀφάζω ich berühre, befühle. ἀμφαφάω ich betaste von allen Seiten.
ἄφθαι, ῶν, αἱ Schwämmchen im Munde (sacer ignis). ἄπτρα, ἡ Docht, sonst θρυαλλὶς, ἡ (von θρύον Binse).
ἀνάπτω, ich binde oder hänge an; ich eigne oder schreibe zu; ich zünde an; ermuntere.
ἀνθάπτομαι ich berühre, greife an; ich fasse dagegen an, nehme Antheil.
ἀφάπτω ich hänge auf, lasse hängen.
ἐνάπτω, ἐφάπτω anknüpfen, anbinden; anzünden.
ἐφαπτὶς, ίδος, ἡ das Oberkleid.
καθάπτω ich knüpfe, binde, passe an, bekleide; med. ich berühre, greife an; tadle, mache Vorwürfe; ich streichle, besänftige. καθαπτὸς, ή, όν angeknüpft, angezogen. κάθαμμα, τος, τὸ Band, Knoten.
περιάπτω ich binde um oder an; ich füge zu.
προσάπτω ich binde an, füge an; verschaffe, gewähre.
συνάπτω ich verbinde; μάχην ich fange einen Kampf an, werde handgemein; neutr. sich nähern, z. B. τῆς ὥρας συναπτούσης.
συναφὴ und συνάφεια, ἡ Verbindung, Zusammenhang.
ὑφάπτω ich lege Feuer an, zünde an.

Ἁπαλὸς, ή, όν zart, weich. ἁπαλότης, ητος, ἡ Zartheit, Weichheit. ἁπαλύνω, f. νῶ ich mache zart, verweichliche. ἁπαλόθριξ, ότριχος, ὁ, ἡ mit weichem Haar (θρίξ). ἁπαλόσαρκος, ὁ, ἡ von zartem Fleisch (σάρξ). ἁπαλόφρων, ονος, ὁ, ἡ von weichem kindlichen Sinn (φρήν).

Ἀπὸ, praep. c. gen. von, ab. adv. ἄπο davon, fern, (comp. ἀπωτέρω, sup. ἀπωτάτω); ἄποθεν oder ἄπωθεν und ἀπόπροθεν von ferne. ἀπόπρο und ἀπόπροθι fern.
ἄπιος, ία, ιον ferne (poet.).

Ἅπαξ, adv. einmal, auf einmal; auch εἰσάπαξ und καθάπαξ.

Ἁπλόος, όη, όον, contr. ἁπλοῦς, ῆ, οῦν einfach; ohne Falten, ehrlich, offen; einfältig, dumm. ἁπλῶς adv.

ἁπλότης, ητος, ἡ Einfachheit, Ehrlichkeit, Aufrichtigkeit.
ἁπλοϊκὸς, ή, όν, dem ἁπλοῦς eigen.
ἁπλοΐζομαι, f. ίσομαι ich bin offen, aufrichtig.
ἁπλόω und ἐξαπλόω ich entfalte, öffne, breite aus. ἐξάπλωσις Entfaltung, Entwicklung.
διπλοῦς, ῆ, οῦν zwiefach; doppelt; falsch. διπλῶς adv.
διπλόη, ἡ Doppelheit; das Verdoppelte, Umgelegte.
διπλοΐς, ΐδος, ἡ ein doppelt um den Leib geschlagenes Kleid, Mantel.
διπλόω, f. ώσω ich verdopple, lege doppelt, um, zusammen. δίπλωμα, ατος, τὸ ein zusammengelegtes Papier, offener Brief. διπλάζω ich bin doppelt.
διπλάσιος, ία, ιον und διπλασίων, ονος, ὁ, ἡ doppelt so viel, doppelt so groß. διπλασιάζω, f. άσω ich verdoppele. διπλασιασμος, οῦ, ὁ Verdoppelung.
τριπλοῦς dreifach, τριπλάσιος dreimal so viel oder so groß, τριπλασιάζω ich verdreifache. Und so weiter (4) τετραπλοῦς, τετραπλάσιος, τετραπλασιάζω; (5) πενταπλοῦς, πενταπλάσιος; (6) ἑξαπλοῦς; (20) εἰκοσαπλάσιος, (100) ἑκατομπλασίων; (1000) χιλιοπλασιος, (10,000) μυριοπλάσιος.

Ἀπειλέω, f. ήσω ich drohe; ich prahle, rühme.
ἀπειλὴ, ἡ und ἀπείλημα, ατος, τὸ Drohung. ἀπειλητὴρ, ῆρος, ὁ ein Droher; fem. ἀπειλήτειρα. ἀπειλητήριος, ία, ον u. ἀπειλητικὸς, ή, όν drohend.

Ἀπήνη, ἡ ein Wagen von Mauleseln gezogen.

Ἄπιος, ἡ Birnbaum. ἄπιον, τὸ Birne. Beides auch ὄγχνη, ἡ. Der wilde Birnbaum ἀχράς, άδος, ἡ.

Ἀρὰ, ᾶς, ἡ Bitte, Gebet; Fluch, Verwünschung; Schaden, Unglück.
ἀράομαι, ῶμαι ich bitte, flehe; verwünsche, verfluche Dies letztere auch καταράομαι. κατάρα, ἡ Fluch. κατάρατος, verflucht. ἀρητὴρ, ῆρος, ὁ der Beter, Priester.
ἀρειὰ, ἡ Drohung, Schmähung. ἐπηρεάζω ich behandle schmählich, chikanire. ἐπήρεια, ἡ schimpfliche, übermüthige Behandlung; auch ἐπηρεασμός. Dazu geneigt oder geschickt ἐπηρεαστικός, ή, όν.

Ἀράχνης, ου, ὁ und ἀράχνη, ἡ die Spinne. ἀράχνη auch das Spinngewebe, gewöhnlicher ἀράχνιον, τὸ. ἀραχνιώδης, ὁ, ἡ spinnenwebenartig.
ἀραχνοειδὴς, ὁ, ἡ spinnenartig.

Ἀργὸς, ή, όν weiß; poet. ἀργὴς, ῆτος und ἀργήεις, εσσα, εν, auch ἀργινόεις, σσα, εν.
ἐναργὴς, έος, ὁ, ἡ hell, deutlich, evident, offenbar. ἐνάργεια, ἡ Klarheit, Deutlichkeit.
ἄργιλος und ἄργιλλος, ἡ weiße Thonerde, argilla. ἀργιλλώδης, ὁ, ἡ thonartig.
ἄργυρος, ὁ Silber; Silbergeld, Geld. ἀργύριον, τὸ, dem.
ἀνάργυρος, ὁ, ἡ ohne Geld.
ἀργυρέος, έα, έον, contr. ἀργυροῦς, ᾶ, οῦν silbern; poet. ἀργύρειος und ἀργύρεος. ἀργυρεῖον, τὸ Silbergrube; Werkstätte eines Silberarbeiters.
ἀργυρικὸς, ή, όν zum Silber oder Geld gehörig.
ἀργυροειδὴς, ὁ, ἡ und ἀργυρώδης, ὁ, ἡ silberartig.
ἀργυρόω, f. ώσω ich versilbere, mache silbern. ἀργύρωμα, ατος, τὸ Silbergeschirr.
ἀργυρίζω, f. ίσω ich mache zu Silber: med. ich mache mir Silber, verdiene Geld.

ἐξαργυρίζω und ἐξαργυρόω ich mache zu Gelde, setze in Geld um, verkaufe; med. (τινὰ) einen seines Geldes berauben.
ἀργυροθήκη, ἡ Geldkasten. ἀργυρολογέω ich sammle oder treibe Geld ein.
ἐπάργυρος und κατάργυρος versilbert.

Ἄρδω, gewöhnlicher ἀρδεύω, f. ἀρδεύσω, ich benetze, begieße, tränke.
ἄρδευσις, εως, ἡ, ἄρδεία, ἡ und ἀρδμὸς oder ἀρδηθμὸς, ὁ die Begießung, Tränkung. ἀρδάνιον und ἀρδάλιον, τὸ Gefäß das Vieh zu tränken.
ἄρδα, ἡ Unreinigkeit, Schmutz. ἄρδαλος, ὁ, ἡ benetzt, unrein. ἀρδαλόω ich beschmutze.
ἄρδις, εως, ἡ Pfeilspitze.

Ἄρκευθος, ὁ der Wachholder. ἀρκευθίς, ίδος, ἡ Wachholderbeere.

Ἀρκέω, f. έσω ich halte ab, wehre ab, τὶ τινί; helfe τινὶ (vergl. ἀρήγω, f. ήξω, wovon ἀρωγὴ, ἡ die Hülfe, und ἀρωγὸς, ὁ oder ἀρηγὼν, ό, ἡ der Helfer); ἀρκεῖ es ist genug, es reicht hin; ἀρκοῦμαι ich behelfe mich, begnüge mich, τινὶ, bin zufrieden.
ἄρκιος, ία, ιον was abhält und vorhält, nützlich, hinlänglich.
ἀρκετὸς, ή, ὸν hinreichend, genug, auch ἀπαρκὴς und ἐξαρκὴς, ὁ, ἡ. adv. ἀρκετῶς und ἀρκούντως.
ἀπαρκέω ich bin hinreichend. ἐξαρκέω ich richte aus.
διαρκέω ich daure aus, habe hinlängliche Kraft.
ἐπαρκέω ich theile mit, reiche dar.
συναρκεῖσθαί τινι bei jemand aushalten.

Ἄρκτος, ὁ, ἡ der Bär; der Bär am Himmel, daher der Norden.
ἀρκτικὸς, ὁ, ἡ und ἀρκτῷος, ῴα, ῷον nördlich. ἄρκτειος, εία, ειον zum Bären gehörig, von ihm herkommend.

Ἄρκυς, υος, ἡ das Jägergarn, Stellnetz. Das Fischernetz δίκτυον τό.

Ἀρνέομαι, οῦμαι f. ήσομαι ich läugne; schlage ab, verweigre. Auch ἀπαρνέομαι und ἐξαρνέομαι.
ἔξαρνος, ὁ, ἡ läugnend.
ἄρνησις, εως, ἡ das Läugnen, die Weigerung.
ἀρνητικὸς, ή, ὸν verneinend, läugnend.

Ἀρόω, f. όσω ich pflüge, ackere. ἄροσις, εως, ἡ das Pflügen.
ἀροτὴρ, ῆρος und ἀρότης, ου, ὁ der Pflüger, Ackersmann. ἀρόσιμος, ὁ, ἡ was sich pflügen läßt, ackerbar. ἀνήροτος, ὁ, ἡ ungepflügt.
ἄροτος, ὁ das Pflügen, Ackern; die Zeit des Ackerns, bei Dichtern ein Jahr.
ἀροτρεύω und ἀροτριάω ich pflüge. ἀροτρίασις, ἡ das Pflügen. ἀροτρήτης, ου, ὁ und ἀροτρεὺς und ἀροτρευτὴρ, der Pflüger. ἀρότριος, ὁ, ἡ und ἀροτήσιος, ὁ, ἡ zum Ackerbau gehörig, ihn betreffend.
ἄρουρα, ἡ Ackerland, Saatland; Flur. ἀρουραῖος, ία, ῖον dazu gehörig.

Ἁρπάζω, f. άσω und άξω ich raffe weg, entführe, raube.
ἀναρπάζω ich reiße in die Höhe, schleppe weg. ἀνάρπαστος, ὁ, ἡ fortgerissen, weggeschleppt.
ἀφαρπάζω ich reiße weg. διαρπάζω ich zerreiße; ich plündere.
ἐξαρπάζω ich entreiße. καθαρπάζω ich reiße herunter.
συναρπάζω mit andern rauben; ergreifen, fassen.
ἅρπασμα, ατος, τὸ und ἅρπαγμα, ατος, τὸ Raub; Beute. ἁρπαγή, ἡ (Ion. ἁρπακτύς, ύος, ἡ) das Rauben, Plündern.
ἁρπάγη, ἡ Haken; Harke.
ἅρπαξ, αγος, ὁ, ἡ Räuber. Poet. ἁρπάκτης, ου, ὁ und ἁρπακτὴρ, ῆρος, ὁ, fem. ἁρπάκτειρα. ἁρπακτικὸς, ή, ὸν räuberisch. ἁρπακτὸς, ή, ὸν geraubt, gestohlen, und ἁρπάγιμος. ἁρπάγδην räuberisch, reißend, schnell.

ἅρπη, ἡ die Sichel; der Adler (poet).
ἁρπαλέος, ὁ, ἡ reißend, gierig; erwünscht, angenehm. καρπάλιμος (poet) reißend, schnell.
ἅρπυια, ἡ der reißende Sturm; Harpye.

Ἀῤῥαβὼν, ῶνος, ὁ Angeld, um den Handel sicher zu machen. ἀῤῥαβωνίζω, f. ίσω ich versichere durch gegebenes Angeld. Auch προαῤῥαβωνίζω.

Ἄρχω, f. ξω ich bin der erste, thue zuerst; führe an; beherrsche (τινός). οἱ ἀρχόμενοι die Unterthanen. ἄρχομαι, f. ξομαι ich fange an, beginne (τινὸς oder Particip.).
ἄρχων, οντος, ὁ Anführer, Herrscher; poet. ἀρχός, ὁ, ἀρχέτας, ου, ὁ und ὄρχαμος, ὁ. In Athen sind ἄρχοντες die neun vornehmsten obrigkeitlichen Personen seit Abschaffung der Könige (ἄ. ἐπώνυμος, βασιλεύς, πολέμαρχος und 6 θεσμοθέται).
ἵππαρχος, ὁ Befehlshaber der Reiterei. ὕπαρχος Unterbefehlshaber. ὑπαρχία dessen Amt oder Würde, wie ἱππαρχία die des ὕπαρχος.
ἀρχὴ, ἡ Anfang, Ursprung; Ursache; Anführung, Oberherrschaft; Obrigkeit, magistratus. dem. ἀρχίδιον. τὴν ἀρχὴν überhaupt, gänzlich. ἀρχῆθεν, von Anfang her.
ἀρχαῖος, αία, αῖον alt, alterthümlich, altväterisch; einfältig. ἀρχαῖον, τὸ (verst. δάνειον) das Capital im Gegensatz der Zinsen (τόκοι).
ἀπαρχαιόω und ἀπαρχαΐζω alt machen, alterthümlich gestalten.
ἀρχαιόγονος, ὁ, ἡ von alter Abkunft, ursprünglich. ἀρχαιολόγος (λόγος) der die alte Geschichte, die Alterthümer erklärt oder versteht. ἀρχαιότροπος, ὁ, ἡ (τρόπος) von altväterischen Sitten.
ἀρχαϊκός, ή, όν alterthümlich, altväterisch, einfach. ἀρχαΐζειν nach Art der Alten sein u. thun. ἀρχαϊσμός, ὁ Nachahmung der Alten.
ἀρχαιρεσία, ἡ (αἱρέω) die Wahl einer Obrigkeit; die Zeit dazu. ἀρχαιρεσιάζω ich halte oder besuche die Volksversammlung zur Magistratswahl; ich bewerbe mich um eine Magistratur. καταρχαιρεσιάζω ich besiege durch ambitus.
ἀρχικός, ή, όν zu herrschen geschickt; zur Herrschaft gehörig.
ἀρχεῖον, τὸ Versammlungsort der Obrigkeit, Rathhaus; Wohnung einer Magistratsperson; Archiv.
ἄναρχος, ὁ, ὁ ohne Anfang; ohne Anführer. ἀναρχία, ἡ regierungsloser Zustand eines Staats, Zügellosigkeit.
ἀπάρχομαι ich mache den Anfang; ich opfre die Erstlinge oder einen Theil von dem Ganzen.
ἀπαρχὴ, ἡ das Opfern der Erstlinge; dies Opfer selbst, z. B. die Stirnhaare, und Fleisch von allen Theilen des Thiers. Auch ἄπαργμα, ατος, τό.
ἐξάρχω ich hebe an. ἔξαρχος, ὁ der den Anfang macht, Urheber; Erster, Vornehmster.
ἐπάρχω ich führe an, beherrsche. ἔπαρχος Vorsteher, Statthalter einer Provinz. ἐπαρχία dessen Würde; auch die Provinz, Statthalterschaft.
κατάρχω ich fange an; ich beherrsche; med. beim Opfer den Anfang machen, einweihen.
καταρχὴ der Anfang; die Erstlinge; Erstlingsopfer.
ὑπάρχω ich fange an; liege zum Grunde, bin vorhanden, bin da, stehe zu Gebote.
ὕπαρξις, εως, ἡ das Dasein; das Vermögen, sonst ἡ οὐσία. Dass. τὰ ὑπάρχοντα und τὰ ὄντα.
ἀρχέγονος, ὁ Stammvater. ἀρχέκακος, ὁ Unglücksstifter.

ἀρχηγὸς, ὁ und ἀρχηγέτης, ου, ὁ (ἄγω) Stifter, Urheber, Stammvater. ἀρχηγετεύω ich bin Anführer, der Erste
ἀρχιερεὺς, έως, ὁ der Oberpriester. ἀρχίκλωψ Anführer von Dieben.
ἀρχιτέκτων, ονος, ὁ Baumeister, Architekt, Baudirektor. ἀρχιτεκτονικὴ (sc. τέχνη) die Baukunst. ἀρχιτεκτονέω ich bin ein Baumeister, baue wie ein Architect, erfinde, ersinne. ἀρχιτεκτόνημα Bau, Anschlag, List.

Ἄρω, f. ἄρσω ich füge, passe an, mache gerecht und zurecht; pf. ἄραρα ich fuge, passe, schicke mich.
ἄρμενος und ἐπάρμενος geschickt, bequem, passend.
ἀρετὴ, ἡ Tüchtigkeit, Tugend.
ἀρετάω ich tauge, fruchte; gedeihe.
ἀρέσκω, f. ἀρέσω ich stelle zufrieden, mache geneigt; gefalle (τινὶ). τὰ ἀρέσκοντα placita. ἀπαρέσκω ich misfalle.
ἀρεστος, ἡ, ὸν (auch εὐάρεστος) beliebt, gefällig, angenehm: τὸ ἀρεστὸν placitum, Beschluß, Dekret. ἀρεστήριον ἱερὸν Sühnopfer. δυσάρεστος, ὁ, ἡ schwer zu befriedigen, misvergnügt. δυσαρεστέω ich bin so. δυσαρέστησις Misvergnügen.
ἄρεσκος gefällig, einschmeichelnd. ἀρεσκεύομαι ich betrage mich gefällig, schmeichle mich ein. ἀρεσκεία, ἡ gefälliges Betragen. ἀρέσκευμα, το Gefälligkeit, Schmeichelei.
ἄρα folglich, also (poet. auch ἄρ und ῥά). ἆρα an.
ἄρτιος, ὁ, ἡ bereit, fertig; ganz, vollkommen, unversehrt; grade, z. B. eine grade Zahl, entggs. περισσός ungrade. ἀρτίως u. ἄρτι kurz vorher, jüngst, eben erst. ἀρτιάζω ich spiele grade oder ungrade.
ἀρτιγενὴς, ὁ, ἡ eben geboren. ἀρτίγαμος, ὁ, ἡ neuverheirathet.
ἀρτίπλουτος, ὁ, ἡ vor kurzem reich geworden.
ἀρτιμελὴς, ὁ, ἡ von gesunden Gliedmaßen. ἀρτίπους, ὁ, ἡ mit gesunden Füßen. ἀρτίνους oder ἀρτίφρων, ὁ, ἡ von gesundem Verstande. ἀρτιεπὴς, ὁ, ἡ fertig redend.
ἀρτίζω, f. ίσω und ἀπαρτίζω ich mache fertig, bereite, vollende. ἀπάρτισις, ἡ und ἀπαρτισμὸς, ὁ Vollendung, Vervollkommnung. ἀπαρτιλογία, ἡ grade Rechnung; volle Summe. ἀπαρτὶ und ἀπαρτίως, adv. vollkommen.
καταρτίζω ich bringe in Ordnung, richte ein verrenktes Glied ein; stelle wieder her, söhne aus. κατάρτισις und καταρτισμὸς, ὁ das Einrichten, Zurechtbringen, Wiederherstellen, Aussöhnen.
ἀρτύω oder ἀρτύνω ich füge zusammen, verfertige, bereite, würze, Speisen z. B., ordne, regiere
ἀρτῦναι, οἱ Obrigkeit in Argos und Epidauros.
ἄρτυσις, εως, ἡ das Anrichten, Würzen, Einmachen.
ἄρτυμα, τὸ die Würze. ἄρωμα, τὸ Gewürz, wohlriechende Kräuter ἀρωματικὸς, ἡ, ὸν gewürzhaft. ἀρωματίζω ich bin gewürzhaft.
ἐξαρτύω, ἐπαρτύω und καταρτύω ich bereite, mache zurecht.
ἀρτὺς, ύος, ἡ u. ἀρθμὸς, ὁ Verbindung, Freundschaft; auch ἀρθμία, ἡ. ἄρθμιος, ὁ, ἡ verbunden, freund, hold. ἀρθμέω ich füge zusammen, verbinde.
ἀριθμὸς, ὁ Zahl.
ἀνάριθμος, ὁ, ἡ unzählig; ohne Werth, verachtet.
ἐνάριθμος, ὁ, ἡ od. ἐναρίθμιος, ὁ, ἡ mitgezählt, geachtet.
ἀριθμέω, f. ήσω ich zähle. ἀναριθμέω, ἀπ-, δι- und καταριθμέω ich zähle, zähle her.
ἀρίθμησις, εως, ἡ das Zählen.

ἀριθμητὸς, ἡ, ὸν zählbar, ἀναρίθμητος, ὁ, ἡ unzählbar, εὐαρίθμητος leicht zu zählen, wenig.
ἀριθμητικὸς, ἡ, ὸν im Zählen geschickt, Rechner. ἀριθμητικὴ, ἡ sc. τέχνη die Rechenkunst.
ἄρθρον, τὸ Gelenk, Glied: dem. ἀρθρίδιον, τὸ.
ἀρθρόω ich vergliedere, befestige; ich theile in Glieder, articulire.
ἀρθρικὸς, ἡ, ὸν zu den Gliedern gehörig; gliederkrank. Auch ἀρθρίτης, ὁ, ῖτις, ἡ: ἀρθρῖτις sc. νόσος Gliederkrankheit, Gicht.
ἀρθρώδης, ὁ, ἡ gliederartig.
ἄναρθρος, ὁ, ἡ nicht gegliedert, unarticulirt.
ἅρμα, ατος, τὸ, dem. ἁρμάτιον, τὸ Gespann; Pferd u. Wagen; Wagen.
ἁρμάμαξα, ἡ ein bedeckter Reisewagen.
ἁρμάτειος und ἁρμάτιος, α, ον zum Wagen gehörig. ἁρματεύω ich fahre den Wagen; auch ἁρματηλατέω, von ἁρματηλάτης, ου, ὁ (ἐλαύνω) der Wagenfahrer. ἁρματήλατος, ὁ ἡ auf dem Wagen gefahren.
ἁρματοδρομία, ἡ Wettrennen der Wagen.
ἁρματοπηγὸς, ὁ (πήγνυμι) oder ἁρματοποιός, ὁ (ποιέω) Wagenmacher
ἁρμὸς, οῦ, ὁ die Zusammenfügung, Fuge, Ritze; Schulter, Bug (armus).
ἁρμόζω (auch ἁρμόσσω, ἁρμόττω), f. όσω ich füge zusammen, passe an, verbinde; auch ἐφαρμόζω u. καθαρμόζω. ἁρμογὴ, ἡ die Zusammenfügung, Fuge; Ordnung.
μεθαρμόζω ich stimme um, verändere.
περιαρμόζω ich füge ringsum, lege um.
προσαρμόζω ich füge nach etwas, richte ein einem andern gemäß.
συναρμόζω ich füge zusammen.
ἁρμοστὴρ, ῆρος, ὁ und ἁρμοστὴς, οῦ, ὁ der fügt, lenkt; Regent, Gouverneur einer Stadt bei den Lakedämoniern.
ἁρμοστὸς, ἡ, ὸν od. ἁρμόδιος, ία, ιον passend, schicklich, bequem. ἀνάρμοστος unschicklich, unpassend. δυσαρμοστία, ἡ Disharmonie, Uneinigkeit.
ἁρμονία Zusammenfügung; Einklang, Harmonie in der Musik. ἁρμονικὸς, ἡ, ὸν harmonisch; ein Musiker.
ἁρμοῖ, adv. jüngst, neulich, sogleich.
Ἄρτος, ὁ Brod, besonders Waizenbrod, wie μᾶζα, ἡ Gerstenbrodt.
ἀρτίδιον, τὸ und ἀρτίσκος, ὁ, dem.
ἀρτοποιέω ich mache oder backe Brod. ἀρτοποιὸς, ὁ, ἡ zum Brodbacken gehörig; Bäcker, der auch ἀρτοκόπος (κοπτω, pistor) und ἀρτοπόπος (πεπτω) heißt. ἀρτοπώλης, ὁ Brodverkäufer. ἀρτοπωλεῖον Ort wo Brod verkauft wird, Bäckerladen. ἀρτοδοτέω ich gebe, vertheile Brod. ἀρτοσιτέω ich esse Brod. ἀρτοφάγος Brod essend.
Ἀσελγὴς, ὁ, ἡ übermäßig, unmäßig; in Begierden unmäßig, üppig, frech, unzüchtig.
ἀσέλγεια, ἡ Muthwille, Ueppigkeit, Geilheit.
ἀσελγέω und ἀσελγαίνω ich bin unmäßig, ausschweifend, wollüstig.
Ἀσκέω, f. ήσω ich besorge, bearbeite; ich übe, übe aus, unterrichte, bs. von den körperlichen Uebungen der Athleten.
ἄσκημα, ατος, τὸ Uebung, Geschäft, Arbeit.
ἄσκησις, εως, ἡ Uebung, Ausübung; die Lebensart der Athleten.
ἀσκητὴς, οῦ, ὁ der etwas übt, Leibesübungen treibt, Athlet. ἀσκητὸς, ἡ, ὸν mit Sorgfalt gearbeitet, geschmückt; geübt, durch Uebung erworben. ἀνάσκητος, ὁ, ἡ ungeübt.
ἐξασκέω, διασκέω, ἐπασκέω ich übe; ich schmücke aus, ziere.

Ἀσκὸς, ὁ, ἀσκίον u. ἀσκίδιον, dem. der lederne Schlauch, Weinschlauch. ἀσκώλια, τὰ das Bakchosfest zu Athen, wo man auf geölten Schläuchen herumtanzte. ἀσκωλιάζω auf Schläuchen tanzen; auf Einem Bein tanzen.

Ἀσπὶς, ίδος, ἡ der runde Schild, wie θυρεὸς der lange viereckige, und πέλτη der kleine leicht bewaffneter Truppen. ἐξ ἀσπίδος, auch ἐπὶ oder πρὸς ἀσπίδα, zur linken Hand, weil man den Schild auf der Linken trägt. dem. ἀσπίδιον, ἀσπιδίσκη, πελτάριον.

παρασπίζω ich fechte neben an. παρασπιστὴς, οῦ, ὁ Beistand, Waffengefährte, Waffenträger. προασπίζειν mit vorgehaltenem Schilde beschützen. συνασπίζειν mit zusammengehaltenen Schilden oder mit geschlossenen Gliedern fechten.

ἀσπιδοφόρος und ἀσπιδηφόρος (θυρεοφόρος, πελτοφόρος oder πελταστὴς, οῦ, ὁ) Schildträger, Soldat mit dem Schild bewaffnet. πελτάζω ich diene als πελταστής. τὸ πελταστικὸν so viel als οἱ πελτασταί.

Ἀστὴρ, έρος, ὁ der Stern. ἀστερίσκος, ὁ, dem. ἄστρον, τὸ das Gestirn, Sternbild.

ἀστερόεις, όεσσα, όεν gestirnt. ἀστροειδὴς, ὁ, ἡ sternartig. ἀστερίας, ου, ὁ mit Flecken gestirnt. ἀστεριαῖος, αία, αῖον von der Größe eines Sterns. καταστερίζω ich besterne; ich setze unter die Sterne. καταστερισμὸς, ὁ die Versetzung unter die Sterne.

ἀστροβολέομαι ich bin krank von der Hitze des Hundssterns, sideror; ἀστροβόλητος, ὁ, ἡ u. ἀστροβλὴς, ῆτος, ὁ, ἡ, sideratus.

ἀστρολόγος, ὁ und ἀστρονόμος sternkundig; ersteres auch der Sterndeuter. ἀστρολογεῖν oder ἀστρονομεῖν sich mit Astronomie beschäftigen. ἀστρολογία und ἀστρονομία, ἡ Sternkunde, Sterndeuterei.

Ἀστράγαλος, ὁ, dem. ἀστραγάλιον, τὸ u. ἀστραγαλίσκος, ὁ, der Wirbelknochen; das Sprungbein in der Ferse, sechseckig und strahlig, talus, zum Spielen gebraucht; der Würfel von länglichter Gestalt.

ἀστραγαλίτης, ὁ, -ῖτις, ἡ, oder ἀστραγαλώδης, ὁ, ἡ von Art oder Gestalt eines Würfels. ἀστραγαλίζω, f. ίσω ich spiele Würfel. ἀστραγαλισμὸς Würfelspiel. ἀστραγαλιστικὸς, ἡ, ὸν dazu gehörig.

Ἄστυ, εος, τὸ die Stadt: vorzugsweise Athen, wie Rom urbs. ἄστυδε nach der Stadt.

ἀστυκὸς, ἡ, ὸν, auch ἀστικὸς, städtisch; fein, gesittet, was gew. ἀστεῖος, εία, εῖον, auch ἀστεῖος, ὁ ἡ. ἀστειότης, ἡ und ἀστειοσύνη städtische Manierlichkeit, Artigkeit, Witz. ἀστεΐζομαι ich betrage mich wie ein ἀστεῖος, rede oder scherze artig und witzig. ἀστεϊσμος, ὁ witzige Rede oder Handlung

ἀστὸς, ὁ Bürger, Städter; ἀστὴ, ἡ Städterin, Bürgerin.

προάστειον, τὸ Vorstadt; vorstädtischer Besitz, suburbanum.

ἀστυγείτων, ὁ, ἡ nahe der Stadt wohnend. ἀστυγειτονέω ich bin ἀστυγείτων. ἀστυνόμος, ὁ der Polizeidirektor der Stadt, aedilis. ἀστυνομέω ich bin ἀστυνόμος.

Ἄσφαλτος, ἡ Judenpech, ein Erdpech. ἀσφαλτίτης, ὁ, -ῖτις, ἡ von Judenpech. ἀσφαλτώδης, ὁ, ἡ dem ἄσφ. ähnlich. ἀσφαλτόω ich bestreiche mit ἄσφ.

Ἄτη, ἡ Unbesonnenheit, Verblendung, daraus entstehender Schaden.

ἀτέω ich bin verblendet. ἀτάω ich schade, verletze

ἄατος und ἀάατος und ἄνατος unschädlich; unverletzlich.

ἀτηρὸς, ἀτηρὴς und ἀτήριος schädlich.

ἀτάσθαλος, ὁ, ἡ schädlich, boshaft. ἀτασθαλία, ἡ Frevel, Bosheit. ἀτασθάλλειν und ἀτασθαλεῖν freveln, Bosheit üben.

ἀτύζω, f. ξω ich setze in Erstaunen, Betäubung, Schrecken.

Ἀέξω, f. ήσω, pros. αὔξω und αὐξάνω f. ήσω, augeo, ich mache wachsen, vermehre, vergrößere, verstärke; ich wachse.
αὔξη und αὔξησις, εως, ἡ Zuwachs, Vermehrung. αὔξημα, τὸ das Vermehrte, Vergrößerte.
αὐξητικὸς, ή, ὸν und αὔξιμος, ὁ, ἡ vermehrend, Wachsthum befördernd; wachsend.
ἀναυξὴς, ὁ, ἡ nicht-vermehrend; nicht wachsend, was auch ἀναύξητος, ὁ, ἡ.
συναύξω ich vermehre mit, mache fruchtbar. συναυξάνομαι ich wachse mit auf.
ὑπεραυξάνω ich vergrößere od. wachse über die Maßen.
Αὖ und αὖθις, Jon. αὖτις u. αὖτε, auch ἄψ, wieder, auf neue; zurück; gegentheils. Dasselbe bedeutet πάλιν.
εἰσαῦθις hinfüro, ins künftige. ἐξαῦτις von neuem.
ἔμπαλιν im Gegentheil.
ἄψοῤῥος u. ἀψόῤῥοος ὁ ἡ zurückfließend; auch παλίῤῥοος, wovon παλιῤῥοια, ἡ das Hin- und Wiederfließen, Ebbe und Fluth.
παλιγγενεσία ἡ Wiedergeburt.
παλίμβλαστος, ὁ, ἡ wiedersprießend.
παλίμβολος, ὁ, ἡ wetterwendisch, falsch, tückisch.
παλίμπαις, ὁ, ἡ zum zweiten Mal Kind.
παλίλλογος das Gesagte wiederholend; widersprechend. So παλινῳδία das Widerrufen des frühern Gesangs (ᾠδή).
παλιδερκὴς zurücksehend. παλικυμπὴς zurückgebogen.
αὐτὸς, ή, ὸ selbst. ἐμαυτοῦ, σεαυτοῦ oder σαυτοῦ, ἑαυτοῦ oder αὑτοῦ, mein - dein - sein selbst. ὁ αὐτὸς derselbe. ταὐτὸ dasselbe.
ταυτότης, ητος, ἡ die Einerleiheit.
αὐτοῦ dort, daselbst: auch αὐτόθι u. αὖθι. αὐτόσε dorthin. αὐτόθεν von dort her; von da an; sogleich.
αὐτίκα sogleich.
αὐθάδης, ὁ, ἡ (ἁδεῖν) selbstgefällig, anmaßend, αὐθάδεια u. -δία, ἡ Selbstsucht, Anmaßung. αὐθαδίζομαι und αὐθαδιάζομαι ich erweise mich selbstgefällig, bin anmaßend.
αὐθαίρετος, ὁ, ἡ (αἱροῦμαι) selbst gewählt, freiwillig.
αὐθέκαστος, ὁ, ἡ jeder selbst, für sich; einfach, grade, unverholen, wahr.
αὐθέντης, ου, ὁ, ἡ (poet. αὐτοέντης) mit eigner Hand tödtend; eigner Herr, Gewalthaber; Urheber. αὐθεντία, ἡ Macht, Ansehen, Würde.
αὐθεντικὸς, ή, ὸν authentisch, was seinen Urheber oder seine Gründe für sich hat. Entg. ἀδέσποτος.
αὐθημερὸν (ἡμέρα) an demselben Tage. αὐθωρὸν u. αὐθωρεὶ (ὥρα) zur selben Stunde.
αὐτάρκης, ὁ, ἡ (ἀρκέω) sich selbst genügend: hinreichend; zufrieden mit seinem Auskommen. αὐτάρκεια, ἡ Genügsamkeit; hinreichendes Auskommen. αὐταρκέω ich genüge mir selbst, reiche aus.
αὐτήκοος, ὁ, ἡ (ἀκούω) der selbst gehört hat, Ohrenzeuge, wie αὐτόπτης Augenzeuge; wovon αὐτοπτέω ich sehe selbst, und αὐτοψία, ἡ das Sehn mit eignen Augen.
αὐτοδίδακτος, ὁ, ἡ (διδάσκω) der sich selbst gelehrt hat.
αὐτόδικος, ὁ, ἡ der sich selbst, nach eigenen Gesetzen, richtet.
αὐτοκασίγνητος, ὁ leiblicher Bruder, — τη, ἡ leibliche Schwester (poet.).
αὐτοκέλευστος (κελεύω) auf eigenen Befehl, freiwillig, ungeheißen.
αὐτοκράτωρ, ορος, ὁ (fem. αὐτοκράτειρα und αὐτοκρατορίς, ίδος) selt. αὐτοκρατὴς, ὁ, ἡ nach eigner Macht (κράτος) handelnd, sein eigner Herr; Selbstherrscher, Imperator; bevollmächtigt.
αὐτολήκυθος, ὁ der den Oelkrug (λήκυθος) selbst auf den Ringplatz trägt, arm, niederträchtig; Schmarotzer.

αὐτόματος, ὁ, ἡ (μάομαι) aus eigner Bewegung, von selbst ὁ. θάνατος natürlicher Tod. ταὐτόματον der Zufall. ἀπὸ od. ἐκ τοῦ αὐτομάτου von ungefähr. αὐτόματα τὰ sich selbst bewegende Maschinen. Adv. αὐτοματί. αὐτοματίζω ich handle aus freiem Antrieb. αὐτοματισμός, ὁ freies Handeln.

αὐτόμολος, ὁ, ἡ (μολεῖν) freiwillig gehend; Ueberläufer. αὐτομολεῖν desertiren. αὐτομολία, ἡ Desertion.

αὐτόνομος, ὁ, ἡ nach eignen Gesetzen lebend. αὐτονομία, ἡ Regierung nach eignen Gesetzen. αὐτονομοῦμαι ich lebe nach eignen Gesetzen.

αὐτόπους, οδος, ὁ, ἡ auf eignen Füßen (ohne Führer) gehend.

αὐτοπρόσωπος, ὁ, ἡ (πρόσωπον) in eigner Person, ohne Maske.

αὐτοφυής, ὁ, ἡ (φύω) von selbst gewachsen.

αὐτόφωρος, ὁ, ἡ (φωρᾶν) auf Diebstahl ertappt. αὐτόφωρον, τὸ der Diebstahl selbst. ἐπ' αὐτοφώρῳ in flagranti, auf der That.

αὐτόχειρος, ου und αὐτόχειρ, ρος, ὁ, ἡ (χείρ) der mit eigner Hand arbeitet, sich vertheidigt, tödtet. αὐτοχειρία, ἡ Anlegen der eignen Hand, bs. Selbstmord.

αὐτόχθων, ονος, ὁ, ἡ eingeboren in einem Lande (aborigines).

Ἄφαρ u. αἶψα bald, geschwind, sogleich. ἀφάρτεροι schneller, rascher.

αἰψηρός, ά, όν (auch λαιψηρός) rasch, geschwind. Alles poet.

Ἀφρός, ὁ Schaum. ἀφρέω und ἀφρίζω ich schäume.

ἀφρώδης, ὁ ἡ schäumend, voll Schaum. Auch ἀφριόεις, εσσα, εν.

Ἀφροδίτη, ἡ die Liebesgöttin (weil sie aus dem Schaum des Meeres hervorgegangen); Liebe, Reiz.

ἀφροδίσιος, ία, ιον (oder ὁ ἡ ἀφροδίσιος) zur Liebe gehörig oder reizend, wollüstig: auch ἀφροδισιακός, ή, όν. ἀφροδίσια τὰ Fest der Aphrodite; Liebesgenuß, Wollust. ἀφροδισιάζω der Liebe genießen. Subst. ἀφροδισιασμός, ὁ.

ἀφρογενής, ὁ, ἡ und ἀφρογένεια, ἡ aus dem Schaum geboren.

Ἦχος, ὁ, poet. ἠχή, ἡ, Schall, Laut. ἠχώ, οῦς, ἡ Wiederhall.

ἀπηχής und δυσηχής, ὁ, ἡ mistönend, mishellig. ἀπήχεια ἡ Mißhelligkeit.

ἠχήεις, εσσα, εν tönend, rauschend.

ἠχέω, f. ήσω ich töne, schalle.

ἀντηχέω ich töne entgegen, töne wieder.

ἐπηχέω ich töne dazu, dabei.

κατηχέω ich belehre, unterrichte. κατήχησις, ἡ u. κατηχισμός, ὁ der Unterricht. κατηχητής, ὁ od. κατηχιστής, ὁ der Lehrer. περιηχέω ich umtöne.

ἄχος, εος, τὸ Schmerz, Betrübniß, Kummer.

ἄχομαι u. ἄχνυμαι, perf. ἀκάχημαι, ich betrübe mich. ἀχέω f. ήσω u. ἀχεύω, f. εύσω ich bin betrübt. ἀκαχίζω ich betrübe. ὀχθέω ich stöhne, seufze.

ἄχθος, εος, τὸ Last, Beschwerde.

ἀχθεινός, ή, όν und ἐπαχθής, ὁ, ἡ lästig, beschwerlich. ἀνεπαχθής nicht beschwerlich.

ἄχθομαι, f. έσομαι und ήσομαι ich bin beschwert; bin unwillig.

ἀχθοφόρος, ὁ, ἡ Lastträger. ἀχθοφορέω ich trage Last. ἀχθοφορία, ἡ das Lasttragen.

ἔχθος, εος, τὸ und ἔχθρα, ἡ Hass, Feindschaft.

ἔχθομαι und ἀπέχθομαι oder ἀπεχθάνομαι, f. ήσομαι, ich bin verhaßt.

ἐχθαίρω, ἐχθραίνω, ἐχθρεύω ich hasse, ich mache verhaßt.

ἐχθρός (comp. ἐχθίων, sup. ἔχθιστος) Feind, verhaßt, feindlich. Auch ἀπεχθής, ὁ, ἡ, wovon ἀπέχθεια, ἡ so viel als ἔχθρα.

ἐχθρικός, ή, όν dem Feinde gehörig.

ἐχθροδαίμων, ὁ, ἡ den Göttern verhaßt. ἐχθρόξενος, ὁ, ἡ Feind der Gäste, der Fremden; entg. φιλόξενος gastfrei.

Ἀχλύς, ύος, ἡ Nebel; Dunkelheit, Finsterniß. ἀχλυόεις, όεσσα, όεν und ἀχλυώδης, ὁ, ἡ dunkel, finster. ἀχλύω ich bin dunkel; ich verdunkele.

Ἄχυρον, τὸ Spreu, Hülse, Kleie. ἀχυρὼν, ῶνος, ὁ u. ἀχυρμιὰ, ἡ ein Haufen Spreu. ἀχυρώδης, ὁ, ἡ od. ἀχυρίτης, ὁ, ῖτις, ἡ spreuartig; voll Spreu: ἀναχύρωτος davon gesäubert. Ich schwinge, wurfle λικμάω, f. ήσω, od. λικμαίνω f. ανῶ. Wer wurfelt λικμητὴρ od. -ὴς od. -ήτωρ, ὁ. Wurfschaufel λικμὸς, ὁ, λικμὰς, ἡ, λικμητήριον, τὸ. Schwinge λίκνον, τὸ.

Ἄψινθος, ου, ἡ und ἀψίνθιον, τὸ Wermuth. ἀψινθίτης, ὁ, ῖτις, ἡ von oder mit Wermuth.

Ἄημι, f. ήσω ich wehe, blase, athme.

ἀήτη, ἡ und ἀήτης, ὁ das Wehen, der Wind, pros. ἄνεμος. ἀητὸς ἡ ὸν durchwehet. διάημι ich durchwehe. εὐαὴς, ὁ, ἡ günstig wehend; gut durchwehet.

ἦτορ τὸ (poet.) Leben, Seele, Herz.

ἀετὸς, ὁ (poet. αἰετὸς) der Adler; der Giebel am Hause, der auch ἀέτωμα, ατος, τὸ. ἀετιδεὺς, έως, ὁ junger Adler. ἀέτειος vom Adler. ἀετώδης, ὁ, ἡ adlerartig. ἀετοφόρος, ὁ Adlerträger.

ἄνεμος, ου, ὁ der Wind: dem. ἀνεμίδιον, τὸ.

ἀνεμόεις u. ἠνεμόεις, όεσσα, όεν windig; dem Winde ausgesetzt: auch ἀνεμώδης, ὁ, ἡ. ᾠὸν ἀνεμιαῖον Windey.

ἀνεμόω, f. ώσω ich setze dem Winde aus, lüfte.

ἀνεμώνη, ἡ Anemone, Windröschen.

ἀνεμώλιος, ὁ, ἡ in den Wind geredet, nichtig.

νήνεμος, ὁ, ἡ windstill. νηνεμία, ἡ Windstille, sonst γαλήνη, von γαληνὸς, ἡ, ὸν heiter, ruhig, woher γαληνιᾷν ruhig sein, γαληνίζειν ruhig machen.

ἀὴρ, έρος, ὁ (Jon. ἡ ἠὴρ) die Luft; bs. die untere dicke Luft, Nebel, Dunkelheit. ἀέριος, ὁ, ἡ luftig. δυσαερος, ὁ, ἡ mit schlechter, εὐάερος mit guter Luft. ἠέριος, ία, ιον im Morgennebel. ἦρι früh Morgens, pros. πρωΐ od. πρῷ. ἦρ, ἦρος, pros. ἔαρ, ἔαρος, τὸ, Frühling. ἐαρινὸς, ἡ, ὸν vernus, im oder vom Frühling. ἐαρίζω und ἐνεαρίζω, f. ίσω verno, ich bringe den Frühling zu, wie θερίζω od. ἐνθερίζω den Sommer (θέρος) und χειμάζω den Winter (χειμών).

αὔρα, ἡ Luft, Wind, Ausdünstungen von Flüssen und Seen am Morgen.

αὔριον morgen. ἡ αὔριον der morgende Tag: übermorgen ἔνη od. ἕνη. Gestern χθὲς od. ἐχθὲς, poet. χθιζά: gestrig χθεσινὸς, ἡ, όν: vorgestern πρώην, poet. πρώϊζα.

εὖρος, ὁ Südostwind. εὐρόνοτος, ὁ Süd-Süd-Ost (νότος). Nordost καικίας, ὁ. Ost subsolanus, ἀπηλιώτης, ου, ὁ. West ζέφυρος, ὁ. Südwest λίψ, λιβός, ὁ. Nordwest ἰάπυξ υγος ὁ.

οὖρος, ὁ günstiger Wind. οὔριος, ια, ιον mit günstigem Winde: auch ἔπουρος. οὐρίζω und ἐπουρίζω, f. ίσω unter günstigen Wind bringen, fördern.

ὥρα, ἡ Zeit, Jahreszeit, Tageszeit; Jugend, Jugendreiz.

ὡραῖος, αία, αῖον (poet. auch ὥριος u. ὥριμος) zeitig, reif, in voller Schönheit und Kraft: τὰ ὡραῖα oder καρποὶ ὡραῖοι Früchte der Jahrszeit. ὡραιοπώλης, ὁ der solche verkauft.

ὡραΐζω, f. ίσω ich mache schön, schmücke, ziere; ὡραϊσμός, ὁ das Schmücken, Ausputzen; ὡραϊστής, ὁ wer auf Putz und Schönheit hält.

ἄωρος, ὁ, ἡ unzeitig, unreif, ungestalt. Entggs. ἔνωρος und εὔωρος ἔξωρος, ὁ, ἡ außer der Jahrszeit, über die blühenden Jahre hinaus. πρόωρος vorzeitig, früh reif.

ἕως, ἕω, ἡ (Jon. ἠώς, ἠόος, Aeol. αὔως) Morgenröthe, Morgen; Osten. Abend ἑσπέρα, ἡ, Abendstern ἕσπερος, ου, ὁ: Morgenstern ἑωσφόρος. ἠῷος und ἑῷος, ῴα, ῷον zum Morgen gehörig, früh; orientalisch: auch ἑωθινὸς, ὴ, όν. Abendlich, westlich ἑσπέριος, ία, ιον oder ἑσπερινὸς, ὴ, ὸν. ἑσπερίζω ich esse zu Abend. ἑσπερίς, ἡ Nachtviole. ἠῶθεν und ἕωθεν vom Morgen an.

ἕωλος, η ον vom vorigen Tag übrig, abgestanden.

ἡμέρα ἡ, poet. ἦμαρ, ατος, τὸ der Tag: die Nacht ἡ νύξ, -κτός. καθ' ἡμέραν täglich, μεθ' ἡμέραν bei Tage, νύκτωρ bei Nacht. σήμερον, att. τήμερον, heute.

ἡμέριος, ὁ, ἡ u. ἡμερινὸς, ὴ, ὸν, poet. ἠμάτιος, täglich; bei Tage geschehend. νύκτιος, ία, ιον, νύχιος, ία, ιον, νυκτερὸς, ὰ, ὸν, gew. νυκτερινος, ὴ, ὸν nächtlich.

ἡμερήσιος, ία, ιον auf den Tag bestimmt; für jeden Tag. τὸ ἡμερήσιον der Tagelohn. Entggs. νυκτερήσιος.

ἡμερεύω und διημερεύω ich bringe den Tag zu: νυχεύω, νυκτερεύω, διανυκτερεύω ich bringe die Nacht zu. νυχεία oder νυκτερεία das Nachtwachen. ἀπονυκτερεύω ich bringe die Nacht außer Hause zu.

ἡμεροδρομέω (δρόμος) den Tag über laufen, eilige Botschaft bringen. ἡμεροδρόμος, ὁ der Eilbote. νυκτιπόρος, ὁ, ἡ in der Nacht reisend.

ἡμεροσκόπος (σκοπός) Schildwache am Tage, Tagewächter: νυκτοφύλαξ Nachtwächter.

εὐημερία, ἡ ein heitrer, glücklicher Tag. εὐημερέω ich habe einen guten Tag, bin glücklich. Entg. δυσημερία, δυσημερέω.

ἐφήμερος und ἐφημέριος, ὁ, ἡ täglich; einen Tag dauernd. ἐφημερὶς, ίδος, ἡ das Tagebuch. ἔννυχος nächtlich, bei Nacht.

πανημέριος od. πανήμερος den ganzen Tag, πάννυχος die ganze Nacht dauernd. πανημερεύω ich bringe den ganzen Tag zu, παννυχίζω ich durchwache die ganze Nacht; dies auch ich halte eine Nachtfeier, pervigilium, παννυχίς, ίδος, ἡ: παννυχισμός, ὁ das Begehn der παννυχίς.

μεσημβρία, ἡ Mittag, μεσονύκτιον, τὸ Mitternacht. μεσημέριος, pros. μεσημβρινὸς, ὴ, ὸν mittäglich, μεσονύκτιος mitternächtlich. μεσημβριάω, μεσημβριάζω, μεσημβρίζω ich bin — thue — ruhe am Mittag. Nachmittag δείλη πρωΐα: der spätere, gegen Abend, δείλη ὀψία: ich vespere δειελιάω (poet.), abendlich δειλινὸς, ὴ, όν, poet. δείελος: εὐδείελος schön in der Abendbeleuchtung

συνημερεύω ich bringe den Tag zusammen mit jemand zu; gehe mit ihm um. συννυκτερεύω ich bin die Nacht zusammen.

ὑπερήμερος, ὁ, ἡ übertägig, den Termin nicht haltend. ὑπερημερία, η die über den Termin verflossene Zeit.

αὐγὴ, ἡ Licht, Glanz, Strahl. αὐγήεις glänzend, strahlend. διαυγὴς, ὁ, ἡ durchscheinend.

αὐγάζω ich erhelle, erleuchte; ich sehe; ich glänze. αὐγασμὸς, ὁ u. αὔγασμα, ατος, τὸ Schimmer, Glanz, Erleuchtung.

διαυγάζω ich durchglänze, durchleuchte; ich werde helle. διαυγασμὸς, ὁ der durchbrechende Glanz, das Blitzen. διαύγασμα, τὸ das durchbrechende Tageslicht, Tagesanbruch.

καταυγάζω ich bescheine, beleuchte.

ἀΰω und ἀΰτέω ich ertöne, schreie. ἀϋτὴ, ἡ Geschrei, Schlachtgeschrei. αὐδὴ, ἡ Rede, Sprache. ἄναυδος und ἀναυδὴς, ὁ, ἡ sprachlos, stumm; was auch ἄνεω, οἱ und ἐνεὸς, ὁ, ἡ.

αὐδάω und αὐδάζομαι ich rede, spreche: ὑδέω ich singe, erzähle (wov. ὕδης Dichter, Sänger. vgl. ἀείδω). ἄναυδητος, ὁ, ἡ unaussprechlich

ἀπαυδάω, f. ησω ich verstumme; werde kraftlos.

ἐξαυδάω ich spreche aus; παραυδάω u. προσαυδάω ich spreche an oder zu.

οὖας, ατος, τὸ, gew. οὖς, ὠτὸς Dor. ὦς, Kret. αὖς; dem. ὠτίον u. ὠτάριον, τὸ) Ohr; Oehr, Oese, Henkel. οὐατόεις und ὠτόεις od. ὠτώεις geöhrt, gehenkelt: ἄμφωτος und ἀμφώης an beiden Seiten gehenkelt.

ὦτος od. ὦτος, ὁ Ohreule. ὠτὶς, ίδος, ἡ Trappe.

ὠτακουστὴς, οῦ, ὁ Horcher, Lauscher. ὠτακουστέω ich horche, lausche.

ὠταλγία, ἡ Ohrenschmerz. ὠτογλυφὶς, ίδος, ἡ Ohrlöffel.

αὐλὴ, ἡ freier, luftiger Ort; Hof; auch Viehhof; Landsitz; Vorsaal, vestibulum, worein man von der Straße zuerst tritt; Halle, Pallast. αὔλειος θύρα die Thür zum Vorsaal.

αὐλαία, ἡ, sc. πάτις, der Vorhang.

αὖλις, ιδος wo man sich verweilt, Zelt, Lager, Stall, Hürde, Gehöft. Auch αὔλιον und ἔπαυλις, ἡ. αὐλίζομαι ich schlage die Wohnung oder das Lager auf; durchnachte. συναυλίζομαι ich lagere mich mit jemand zusammen, ἀπαυλίζομαι von einem abgesondert.

αὐλὸς, οῦ, ὁ (dem. αὐλίσκος, ὁ) Blasinstrument, Flöte, Pfeife; überhaupt Röhre, Rohr, hohler Körper.

αὐλέω, f. ήσω ich pfeife, flöte. αὔλησις, εως, ἡ das Blasen auf der Flöte, αὔλημα, ατος, τὸ das Geblasene. αὐλητὴς oder -τὴρ, ὁ Flötenspieler; αὐλητρὶς, ίδος, ἡ Flötenspielerin. αὐλητικὸς, η, ὸν zum Flötenspiele gehörig, die Flöte betreffend.

αὐλῳδὸς, ὁ, ἡ der zur Flöte singt.

αὐλὼν, ῶνος, ὁ Höhlung zwischen Bergen oder Ufern, Thal, Schlucht, Canal.

αὖος, η, ον (att. αὖος) trocken, dürre; durstig.

αὐαλέος trocken; vor Hitze aufgesprungen, rauh. αὐόνη, Trockenheit.

αὐαίνω, f. αὐανῶ (auch ἀζαίνω, wovon ἀζαλέος vertrocknet, verbrannt), ich mache trocken. αὔανσις, ἡ oder αὐασμὸς, ὁ das Austrocknen, Verdorren. αὐαντικὸς, ἡ, ὸν austrocknend. αὐαντὴ νόσος Dürrsucht.

αὐστηρὸς, ὰ, ὸν was die Zunge trocken macht, herbe; ernsthaft, mürrisch. αὐστηρότης, ητος, ἡ saures, mürrisches Wesen.

αὐχμὸς, ου, ὁ Trockenheit, Dürre; das Ansehn der rauhen, aufgeborstenen, staubigten Erde, squalor; auch das schmutzige, verwilderte Ansehn eines Menschen αὐχμώδης, ὁ, ἡ od. αὐχμηρὸς, ὰ, ὸν u. αὐχμαλέος trocken, dürr; schmutzig, rauh.

αὐχμάω u. αὐχμέω ich bin trocken; habe ein schmutziges, rauhes Ansehn.

ἀάζω ich hauche aus offnem Munde ἆσθμα, ατος, τὸ das tiefe, schwere Athemholen. ἀσθμάζω u. ἀσθμαίνω schwer Athem holen, engbrüstig seyn.

ἀτμὸς ὁ und ἀτμὴ ἡ oder ἀτμὶς, ίδος, ἡ Dampf, Dunst. ἀτμίζω und ἀτμιάω ich rauche, dunste, dampfe. ἀτμώδης, ὁ, ἡ voll Rauch und Dunst.

ἰαύω ich schlafe: ἰαυθμὸς, ὁ der Schlaf; der Ort, wo man schläft, Lager, Schlupfwinkel. Auch ἀωτέω und ἀωτεύω. Gew. εὕδω, pros.

καθεύδω, f. ήσω und ὑπνώττω, f. ώξω, von ὕπνος, ὁ, Schlaf (der tiefe betäubende κάρος, ὁ: Schlafsucht κῶμα, τὸ).

ὑπνηλὸς, ἡ, ὸν und ὑπναλέος, α, ον schläfrig; κωματώδης schlafsüchtig.

ὑπνίζω, f. ίσω und ὑπνόω, f. ώσω ich bringe in Schlaf (in schweren καρόω). Ich schlafe ein δαρθάνω (gew. καταδαρθάνω) f. -θήσομαι, aor. ἔδαρθον od. ἔδραθον.

ἄϋπνος u. ἄγρυπνος, ὁ, ἡ schlaflos. ἀϋπνία u. ἀγρυπνία, ἡ Schlaflosigkeit. ἀγρυπνέω ich bringe die Nacht ohne Schlaf zu.

δυσυπνέω ich schlafe schlecht.

ἄφυπνος u. ἔξυπνος, ὁ, ἡ aus dem Schlaf geweckt, κάθυπνος darin begriffen.

ἐνύπιον, τὸ Traum; der klare und vorbedeutende ὄνειρος, ὁ oder ὄνειρον, τὸ, poet. ὄναρ: κατ' ὄναρ im Traum, ὕπαρ in der Wirklichkeit.

ἐνυπνιάζομαι f. άσομαι und ὀνειρώττω f. ώξω ich träume. ὀνείρωξις, ἡ u. ὀνειρωγμὸς, ὁ das Träumen.

εὐνὴ, ἡ das Lager, Bett; εὐναὶ bei Homer Steine statt Anker gebraucht εὐναῖος, αία, αῖον zum Lager gehörig.

εὐνάω, εὐνάζω ich bringe zu Bette, schläfere ein; beruhige. εὐναστής, εὐναστὴρ, εὐνητὴρ od. εὐνήτωρ, (f. εὐνάστρια od. εὐνήτειρα) der zu Bette bringt; Beischläfer, Ehemann.

εὐνοῦχος, ὁ (ἔχω) Kämmerling; Verschnittener (auch σπάδων, ωνος, ὁ).

B.

Βαβαὶ, auch βαβαιάξ, παπαὶ, παπαιάξ, πόποι, Ausruf der Verwunderung, des Schmerzes u. s. w.

βάζω, f. ξω ich schwatze, schreie (poet.); auch βαβάζω und βάσκω. βάξις, εως, ἡ Rede, βάβαξ, ακος, ὁ u. βαβάκτης, ου, ὁ Schwätzer, Schreier.

βασκαίνω, f. ανῶ ich verläumde; beschreie, behexe, fascinor; beneide.

βάσκανος, ὁ Verläumder, neidischer Mensch. βασκανία, ἡ dessen Art.

βασκάνιον u. προβασκάνιον, τὸ Mittel gegen Behexung, Amulet, Scheuche.

βαμβαίνω ich stammle, rede undeutlich; zittre vor Kälte oder Furcht. Auch βαμβακίζω und βαμβαλίζω.

Βάρβαρος, ὁ, ἡ ein Ausländer, Nicht-Grieche (entggs. Ἕλλην ὁ, Ἑλληνὶς, ἡ; ausländisch sprechend; fehlerhaft sprechend; ungebildet, roh.

βαρβαρότης, ητος, ἡ Charakter des βάρβαρος.

βαρβαρίζω, f. ίσω ich betrage mich wie ein Ausländer, rede ausländisch und fehlerhaft (entggs. ἑλληνίζω).

βαρβαριστὶ, adv. auf ausländische Art. βαρβαρισμὸς fehlerhaftes Reden, Verletzung des ἑλληνισμός: bei Grammatikern Verstoß gegen Declination od. Conjugation, wie σολοικισμός gegen die Syntax.

βαρβαρικὸς, ἡ, ὸν ausländisch. βαρβαρόγλωσσος, βαρβαρόστομος, βαρβαρόφωνος ausländisch von Zunge, Mund, Stimme.

βαρβαρόω und ἐκβαρβαρόω ich mache einen zu einem Ausländer, lasse ihn verwildern (entggs. ἐξελληνίζω); bringe unter die Gewalt der Ausländer.

Βορβορίζειν kurren, kullern (von dem hohlen Getöse im Bauche).

βορβορυγὴ, ἡ und βορβορυγμὸς, ὁ das Kullern: auch κορκορυγή und κορκορυγεῖν.

Βόρβορος, ὁ Koth, Schlamm, Schmutz. βορβορώδης, ὁ, ἡ kothig.
βορβορίζω, f. ίσω ich bin wie Koth, rieche danach.
βορβορόω ich beschmutze, verwandle in Koth.
βορβοροκοίτης, ὁ, ἡ im Koth liegend (κοίτη).
βαρβοροτυράξις, ὁ, ἡ Koth umrührend (ταράσσω).

Βόμβος, ου ὁ das Summen, Sumsen.
βομβέω, f. ήσω, auch βομβάζω u. βομβαίνω, ich summe, sumse. βομβητὴς, οῦ, ὁ Sumser. βομβητικὸς, ἡ, ὸν und βομβήεις, εσσα, εν sumsend. Adv. βομβηδόν.
βομβύλιος, ὁ Hummel. βόμβυξ ῦκος, ὁ Seidenwurm.

Βαΰζω, f. ξω ich belle. Gew. ὑλακτέω, f. ήσω.
ὕλαξ, ὁ, ὑλάκτης, ὁ, ὑλακτητὴς, ὁ Beller.
ὑλακτικός bellend, gern bellend: bei Homer ὑλακόμωρος.
ὑλακὴ, ἡ und ὑλαγμός, ὁ Gebell.

Βοάω, f. ήσω ich schreie, rufe; Jon. auch βωστρέω.
ἀναβοάω aufschreien.
διαβοάω ausschreien; bekannt oder berühmt machen. διαβόητος, ὁ, ἡ ausgeschrien; berüchtigt, berühmt.
ἐπιβοάω zuschreien; anrufen um Hülfe (im med.).
καταβοάω über einen schreien, schelten, anklagen (c. gen.); überschreien (c. acc.).
βοὴ, ἡ das Geschrei. βόημα, τος, τὸ u. βοητὺς, ύος, ἡ das Schreien.
βοηθὸς, οῦ, ὁ, ἡ der dem Geschrei zueilt (θέω), zu Hülfe eilt: Helfer. Poet. auch βοηδρόμος.
βοηθέω, f. ήσω ich eile zu Hülfe, helfe (τινὶ); auch βοηδρομέω.
βοήθεια, ἡ die Hülfe. βοήθαρχος, ὁ Anführer der Hülfstruppen.
ἀβοήθητος, ὁ ἡ hülflos, unheilbar.

βοῦς, βοὸς, ὁ, ἡ Rind, Ochse; Kuh. Stier ταῦρος, ου, ὁ.
βόειος, εία, ειον, auch βόεος, έα, ον vom Rinde; ταύρειος, εία, ειον od. ταύρεος vom Stier. βοεία od βοῆ Rindsfell, ταυρῆ Stierhaut.
βοεικὸς und βοεικὸς aus Rindsfell gemacht.
ταυρηδὸν wie ein Stier, adv.
ταυρώδης, ὁ, ἡ stierartig
ταυρόομαι ich sehe stier an (ταυρηδὸν ὑποβλέπω).
βουλυτὸς, ὁ Zeit wo die Ochsen aus dem Pflug gespannt werden, Abend (λύω).
βοίτης u. βοώτης, auch βουνόμος u. βουπόλος, ου, ὁ Ochsenhirt, pros. βουκόλος.
βοωτέω ich treibe Ochsen, pflüge: βουκολέω ich weide; wie pascere u. lactare, ich halte hin, tröste, täusche; ich streife umher.
ἀποβουκολέω ich verliere oder verlocke von der Weide. διαβουκολέω ich täusche.
βουκόλιον, τὸ Rinderheerde. βουκολικὸς, ἡ, ὸν den Hirten oder die Heerde betreffend. βουκολιάζω ich dichte oder singe ein Hirtenlied. βουκολιασμὸς, ὁ, Gesang, βουκολιαστὴς, ὁ Sänger eines solchen.
βουθύτης ὁ der Ochsen opfert. βουθυτέω ich opfre Ochsen. βουθυσία, ἡ das Opfern.
βούκερως, ὁ, ἡ, neutr. ρων, mit Ochsen-, ταυρόκερως mit Stierhörnern (κέρας).
βούλιμος, ὁ u. βουλιμία, ἡ der Heißhunger: auch βούπεινα. βουλιμιάω ich bin heißhungrig. βούνεβρος ein groß Hirschkalb. βούπαις, ὁ ein großer Junge.

βουπλὴξ, ῆγος, ἡ Stachel, womit man die Ochsen treibt.
βοώνης, ου, ὁ Ochsenkäufer (ὠνέομαι).
βούτυρον, τὸ Butter (τυρός Käse, τυρόω od. τυρεύω ich mache Käse, rühre durch einander).
βοῶπις, ιδος, ἡ die großäugige, farrenäugige.

Βαίνω, f. βήσομαι (poet. βάσκω und βίβημι) ich gehe; ich bespringe. ἔβησα ich machte gehn, führte, brachte; ἔβην ich ging. βέβηκα ich bin gestellt, gegründet.

ἀναβαίνω, f. βήσομαι ich gehe hinauf; ich gehe landeinwärts; besteige; wachse, schieße auf.
ἀνάβασις, εως, ἡ das Aufsteigen; Zug vom Meer ins Mittelland.
ἀναβάτης, ου, ὁ Besteiger; Reiter; Bescheler. ἀνάβατος, ὁ, ἡ besteigbar. ἀναβατικὸς, ἡ, ὸν der aufzusteigen versteht.

ἀντιβαίνω ich gehe entgegen; ich widerstehe.

ἀποβαίνω ich steige ab oder aus; ich gehe fort, weg. ἀποβαίνει (auch ἐκβαίνει) es läuft ab, erfolgt, trifft zu, evenit. ἀπόβασις, ἡ das Absteigen, Aussteigen; Weggehn; der Ausgang, eventus. ἀποβάτης, ὁ der vom Wagen oder Pferd im Rennen absteigt. ἀποβατικὸς ἀγὼν Wettkampf in solcher Uebung. ἀποβάθρα, ἡ die Aussteigeleiter

διαβαίνω ich gehe oder fahre durch; ich setze über; ich gehe mit ausgesperrten Beinen. διάβασις, ἡ das Durch- oder Uebergehen. διαβατὸς, ὁ, ἡ wodurch man gehen kann. διαβατήρια τὰ Opfer für glücklichen Uebergang.

ἐκβαίνω ich gehe heraus; ich überschreite (τι). ἔκβασις, ἡ das Ausgehen, der Ausgang, Erfolg.

ἐμβαίνω ich gehe hinein; ich gehe einher.
ἐμβάτης, ὁ der darauf sitzt, Reiter, Schiffssoldat rc. ἐμβατεύω, f. εύσω ich gehe hinein; ich trete an, z. B. eine Erbschaft; ich gehe auf etwas aus, suche.
ἐμβατήριον μέλος Melodie wonach marschirt wird.
ἐμβὰς, ἁδος, ἡ (dem. τὸ ἐμβάδιον) ein Schuh (von weißem Filz).

ἐπιβαίνω ich gehe hinauf, besteige, betrete; ich gehe auf einen zu, greife an; ich unternehme, fange an.

καταβαίνω ich gehe od. steige herab; ich gehe aus dem Mittellande dem Meere zu; ich komme auf etwas. κατάβασις, ἡ das Herabsteigen. καταβαθμὸς, ὁ eine steilherabgehende Gegend.

μεταβαίνω ich gehe anderswohin, gehe über. μετάβασις, ἡ das Uebergehen.

παραβαίνω ich gehe vorbei; unterlasse; übertrete; gehe hinüber. παραβάτης, ὁ der neben dem Kämpfer auf dem Streitwagen steht; παραβατέω und παραβάσκω ich bin ein παραβάτης. παράβασις, ἡ die Uebertretung.

προβαίνω ich trete vor; ich gehe weiter; ich habe Fortgang; ich gehe voraus, übertreffe, τινός.
πρόβατον, τὸ ein zahmes vierfüßiges Thier; bs. das Schaaf. προβάτειος, εία ειον vom Schaaf; zum Schaaf gehörig, auch προβατικὸς, ἡ, όν. προβατεὺς, έως ὁ und προβατευτής, οῦ ὁ der Schaafe hält; Schaafhirt (auch προβατοβοσκός, ὁ; gew. ποιμήν): προβατεύω ich halte oder weide Schaafe; προβατεύσιμος χώρα eine Gegend geschickt zur Schaafweide oder Zucht. προβατεία od. τία, ἡ das Vieh- oder Schaafhalten, Viehstand.

προσβαίνω ich gehe hinzu oder hinauf. πρόσβασις, ἡ der Zugang. προσβατὸς, ἡ, ὸν zugänglich.

συμβαίνω ich halte die Füße zusammen; ich komme zusammen mit jemand; ich komme überein. συμβαίνει μοι es begegnet, widerfährt mir; es ereignet sich. σύμβασις, εως, ἡ Uebereinkunft, Vertrag, Friede. συμβασείω ich habe Lust zu einer σύμβασις. συμβατικὸς, ἡ, ὸν und συμβατήριος, ία, ιον zur σύμβασις gehörig od führend.

ὑπερβαίνω ich gehe, fahre hinüber, τινός; ich übertreffe, besiege; ich übergehe, verschweige; ich übertrete. ὑπερβασία, ἡ Uebertretung, Vergehn.

ὑποβαίνω ich gehe herunter; ich bin niedriger, trete zurück; nehme ab; ich gehe oder trete unter etwas; ich stehe darunter, diene als Stütze; ich gehe fort. ὑπόβασις, ἡ das Zurückgehn; das Sinken; die Verminderung; die Basis. ὑποβάθρα u. -θρον Untergestell, Fußgestell, Fußbank, Unterlage.

βῆμα, ατος, τὸ Schritt, Tritt; worauf man tritt, Erhöhung für den Redner oder Richter. βηματίζω, f. ίσω ich schreite ab, messe mit Schritten: βηματιστὴς, οῦ, ὁ der dies thut. ἀποβηματίζειν herunterwerfen.

βάσις, εως, ἡ Fußgestell; Fuß, Fußsohle; Gang, Schritt. βάσιμος, ὁ, ἡ ersteigbar; zugänglich; feststehend.

βασιλεὺς, έως, ὁ König, Herrscher. (βασιλεύτερος königlicher). βασίλεια, ἡ Königin, auch βασίλισσα, βασιλίς, βασίλιννα. βασιλίσκος, ὁ regulus; Zaunkönig; Basilisk. Ein anderes Dem. βασιλείδιον τὸ.

βασίλειος, ὁ, ἡ od. βασιλικὸς, ἡ, ὸν königlich. βασίλεια τὰ die königliche Wohnung.

βασιλεύω f. εύσω ich herrsche, regiere, τινός. βασιλεία, ἡ die Königswürde. ἀβασίλευτος, ὁ, ἡ nicht von Königen regiert.

βασιλίζομαι ich betrage mich königlich; βασιλίζω ich bin von der Königs Partei.

βασιλειάω ich habe Lust König zu sein.

βατὸς, ἡ, ὸν gangbar, zugänglich, profan: auch βέβηλος, wovon βεβηλόω ich mache gemein, entweihe. (βάτος ἡ Bromberstrauch, βάτον τὸ Brombeere). ἄβατος, ὁ, ἡ und ἀβέβηλος unzugänglich, wüste, heilig (ἄδυτον). δυσβατος schwer zugänglich. ἀκροβατέω, f. ήσω ich gehe auf den Zehen.

βάδος, ὁ Schritt, Gang; Pfad, Weg: auch πάτος ὁ. ἀπόπατος ὁ Abtritt. περίπατος das Umhergehn, der Spatziergang.

πατέω ich trete, trete nieder; behandele verächtlich; Αἴσωπον πεπάτηκα ich habe den Aesopos oft gelesen. ἀπάτητος, ὁ, ἡ unbetreten. λακπάτητος mit Füßen getreten.

ἀποπατέω ich gehe ab vom Wege, gehe bei Seite. καταπατέω ich zertrete.

περιπατέω ich gehe umher, spaziere. περιπατητικὸς Schüler des (in einem περίπατος, dem Lykeion, lehrenden) Aristoteles. ἐμπεριπατέω, συμπεριπατέω ich gehe darin herum, mit herum.

βαδίζω, f. ίσω ich gehe langsam, Schritt vor Schritt; ich gehe, reise. βαδιστὴς, ὁ ein Fußgänger.

βιβάζω, f. άσω ich mache gehn, lasse besteigen, bringe.

ἀναβιβάζω ich lasse hinaufsteigen. καταβιβάζω ich bring herunter.

ἀποβιβάζω ich lasse aussteigen, setze ab, setze ans Land.

διαβαβάζω ich setze über, z. B. über den Fluß.

ἐπιβιβάζω ich setze hinauf.

προβιβάζω ich lasse hervorkommen; befördere; treibe vorwärts; nöthige.

προσβιβάζω ich bringe einen zu etwas, treibe an.
συμβιβάζω ich bringe zusammen, verbinde, versöhne (τινὰ τινί); stelle zusammen, vergleiche, schließe, lehre.

βαστάζω, f. άσω und άξω ich stütze, hebe, trage; ich trage weg, nehme weg; ich erhebe, lobe; ich wäge in der Hand. βάσταγμα, ατος, τὸ was man trägt, Last, Stock. βαστακτὴς, οῦ ὁ Träger, Lastträger. βαστακτὸς ἡ ὸν getragen, zu tragen.

βάκτρον, ου, τὸ, βακτήριον, τὸ und βακτηρία, ἡ Stütze, Stock, Stab: dem. βακτηρίδιον, τὸ. βακτρευω u. βακτηρεύω, f. εύσω ich stütze mich.

βέβαιος, ὁ, ἡ und αία, αιον feststehend, fest, dauerhaft, sicher, zuverläßig. βεβαιότης, ητος, ἡ Festigkeit, Beständigkeit. βεβαιόω, f. ώσω ich befestige, bestätige, versichere. βεβαίωσις, ἡ Befestigung, Versicherung. βεβαιωτὴς, οῦ, ὁ der etwas bestätigt, versichert.

ἀβέβαιος, ὁ, ἡ unzuverläßig, unsicher; nicht fest.
διαβεβαιοῦμαι ich behaupte eifrig, versichere stark.

βηλὸς, οῦ ὁ die Schwelle; sonst ὀδὸς oder οὐδὸς ὁ.

βαλβὶς, ίδος, ἡ Schranken in der Rennbahn.

βαθμὸς, ὁ Stufe, Tritt, Schwelle; Ehrenstufe. βάθρον, τὸ Stufe, Tritt, Leiter (was ἀναβάθρα, ἡ); Sitz, Basis.

βωμὸς, οῦ, ὁ Stufe; Erhöhung über den Boden, worauf man etwas setzt oder stellt; bes. Altar: dem. βῶμαξ ο. βωμολόχος, ὁ, ἡ der am Altar auf die Ueberbleibsel des Opfers lauert, der des Essens willen Spaß macht und Spaß mit sich treiben läßt. βωμολοχία, ἡ Schmarotzerei. βωμολοχεύομαι ich betrage mich wie ein βωμολόχος. βωμολόχευμα That od. Rede eines solchen.

βουνὸς, οῦ, ὁ (dem. βουνὶς, ίδος, ἡ) Anhöhe, Hügel, sonst κολώνη, ἡ od. κολωνὸς, ὁ. βουνώδης, ὁ, ἡ hüglicht. κολωνοειδὴς hügelartig.
βουνίζω ich häufe auf, hügele.

Βάθος, εος, τὸ Tiefe: auch βένθος, τὸ u. βυθὸς od. βυσσὸς, ὁ. Höhe ὕψος, εος, τὸ: ὕψι od. ὑψόθι, ὑψοῦ in der Höhe, ὑψόθεν aus der Höhe, ὑψόσε in die Höhe: ὕψιστος, ίστη, ιστον am höchsten.

ἀβαθὴς, ὁ, ἡ seicht. ἄβυθος u. ἄβυσσος ὁ, ἡ grundlos, unergründlich.

βύθιος, ία, ιον in der Tiefe befindlich, untergetaucht. βυθίζω, f. ίσω und ἐμβυθίζω ich werfe in die Tiefe, tauche unter.
βυσσοδομεύω, f. εύσω ich baue in der Tiefe, habe heimlich vor.

βαθὺς, εῖα, ὺ tief: hoch, erhaben ὑψηλὸς, η, όν.
βαθύβουλος, ὁ, ἡ od. βαθυμήτης u. βαθύμητις von tiefem Rath, tiefer Einsicht.
βαθύδοξος, βαθυκλεὴς ὁ ἡ hochberühmt.
βαθύζωνος, ὁ, ἡ, βαθύκολπος tief (um die Hüften) gegürtet, so daß die weite Kleidung bauschige Falten bildet.
βαθυπλούσιος, ὁ, ἡ von hohem Reichthum.
βαθύσκιος, ὁ, ἡ mit tiefem Schatten.

βαθύνω, f. υνῶ ich vertiefe, mache tief, höhle aus: ich erhöhe ὑψόω.
βάθυνσις, ἡ das Vertiefen: ὕψωμα das Erhöhte, der hohe Stand.

βῆσσα, ἡ Schlucht, Tiefe, Thal (auch νάπη, ἡ und νάπος, εος, τὸ). βησσήεις, εσσα, εν od. ναπαῖος, αία, αῖον voll Schluchten.

πυθμὴν, ένος, ὁ (dem. πυθμένιον) Boden eines Gefäßes; Stammende eines Baumes, was sonst πρέμνον, wovon ἐκπρεμνίζω ich entwurzele. πυθμενόθεν od. πρεμνόθεν von Grund auf. Boden eines Gefäßes auch πύνδαξ, ακος ὁ.
ἀπύθμενος und ἀπυνδάκωτος, ὁ, ἡ ohne Boden.

πόντος ἁλός Tiefe des Meers; später auch ohne ἁλός.

διαπόντιος über das Meer, jenseit des Meers.
καταποντίζω, f. *ίσω* ich versenke ins Meer, ersäufe. *καταποντιστὴς, οῦ, ὁ* Seeräuber.

Βόθρος und *βόθυνος, ου, ὁ* (dem. *βοθρίον τό*) Grube, Loch.
βοθρεύω f. *εύσω*, *βοθρίζω* f. *ίσω*, *βοθρόω* f. *ώσω* ich mache eine Grube, vertiefe, vergrabe.
βοθροειδης, ὁ, ἡ grubenförmig, ausgehölt.

βάραθρον, *τὸ* Schlund, Abgrund: in Athen ein Ort wo man Verbrecher hinabstürzte, wie in Sparta in den *καιάδας*.
βάραθρος, ὁ ein Mensch der das *βάραθρον* verdiente.

Βάπτω, f. *ψω* ich tauche ein oder unter; ich tauche in Farbe, färbe; ich wasche, schöpfe.
βάμμα, τος, τὸ worein man etwas taucht; Tunke; Farbe. *ἔμβαμμα* Tunke, Brühe.
βαπτὸς, ὴ, ὸν eingetaucht, gefärbt. *πορφυροβαπτος* od. - *αφής* mit Purpur gefärbt.
βαφὴ, ἡ das Eintauchen, Färben; Farbe; die Härtung des Eisens im Wasser, daher Schärfe, Schneide. *βαφεὺς, εως, ὁ* der Färber: f. *βάπτρια*. *ἄβαφος, ὁ, ἡ* ungefärbt.
βαπτίζω, f. *ίσω* ich tauche ein, versenke; taufe. *βαπτισμὸς, ὁ*, od. *βάπτισμα, τὸ* Taufe.

Βάκχος, *ὁ* der Weingott, auch *Ἴακχος*, am gew. *Διόνυσος* genannt; der das Bakchosfest feiert, Bakchant, wie *βάκχη, ἡ* Bakchantinn. Ein Lied auf den Bakchos *διθύραμβος*, wovon *διθυραμβοδιδάσκαλος* und *διθυραμβοποιός, ὁ* Dithyrambendichter, und *διθυραμβώδης, ὁ, ἡ* in Art des Dithyrambus, hochbegeistert, schwülstig.
βακχικὸς, βακχιακὸς und *βάκχιος, ὁ, ἡ* bakchantisch, begeistert, rasend.
βακχεῖος, εία, εῖον zum Bakchos oder zu seiner Feier gehörig. *Βακχεῖον, τὸ* od *Διονύσιον* der Tempel des Bakchos. *τὰ βαχεῖα* od. *διονύσια* das Fest desselben.
βακχεύω und *διονυσιάζω* ich feire das Bakchosfest; rase, schwärme, handle fanatisch. *βακχεία ἡ* diese Feier selbst, das Betragen eines *βάκχος* od. *βακχευτής*.
ἐκβακχεύω ich setze od. gerathe in bakchische Wuth; liebe rasend; schände durch bakchischen Unfug.
βακχάζω f. *άσω* ich rufe *βάκχε βάκχε*.

Βάλανος, *ἡ* die Eichel; jeder eichelförmige Körper, z. B. Dattel, Zapfen, Vorsteckpflock.
βαλάνινος, ίνη, ινον aus der *βάλανος* gemacht. *βαλανίτης, ῖτις* eichelartig, eichelförmig. *βαλανηρὸς, ὰ, ὸν* zur Gattung der Eichel gehörig.
βαλανίζω τὴν δρῦν ich schüttle oder schlage die Eicheln von der Eiche.

βαλανεῖον, *τὸ* balneum Bad, auch *λουτρὸν, τὸ* von *λούω*, f. *λούσω* ich wasche, bade.
βαλανεὺς, εως, ὁ, (f. *βαλανεύτρια* od. *βαλανὶς*, auch *βαλάνισσα*) der Bader. *βαλανεύω* ich besorge das Bad und diene dabei als Bader.
λούστης, ὁ der sich gern badet, auch *φιλόλουτρος*. *λουτιάω* ich habe Lust mich zu baden. *λουτὴρ ὁ* Wasch= oder Badefaß, dem. *λουτήριον, λουτηρίδιον, λουτηρίσκος*.
λουτρὼν, ῶνος, ὁ Badehaus, Badezimmer.
λουτροφόρος, λουτροχόος, ὁ ἡ der Wasser zum Baden trägt, gießt.

Βαλάντιον, *τὸ* (dem. *βαλαντίδιον*) Beutel, Sack, Geldbeutel, sonst *μαρσύπιον*. *βαλαντιοτόμος, ὁ* (v. *τέμνω*) Beutelschneider, Taschendieb. *βαλαντιοτομέω* ich stehle so.

Βάλλω f. βαλῶ, pf. βέβληκα, ich werfe (poet. auch δίκω, wovon δίσκος, ὁ Wurfscheibe; runde Platte) treffe, verwunde, erlege; ich lasse fallen; ich lege; lege an, weg, nieder Vergl. πάλλω.

βλῆμα, ατος, τὸ das Geworfene; der Wurf; der Pfeil; die Wunde.

βλητὸς, ή, ὸν geworfen; getroffen βλήδην wurfsweise.

βολὴ, ἡ das Werfen, der Wurf; der Schlag, Streich, das Verwunden.

βόλος, ὁ Wurf, z. B. mit dem Würfel oder dem Netz.

βολὶς, ίδος, ἡ Pfeil, Wurfspieß, Senkblei. βολίζω ich werfe das Senkblei.

βολεὼν, ῶνος, ὁ Ort wo man etwas hinwirft; der Misthaufen. σιτοβολεὼν Kornboden.

βαλλίζω, f. ίσω ich werfe oft hin und her, ich hüpfe, tanze.

βέλος, εος, τὸ poet. βέλεμνον, τὸ) Wurfgeschoß, Pfeil, Spieß. βελόνη, ἡ Pfeilspitze, Nadel, Fichtennadel.

ὀβελὸς, ὁ (dem. ὀβελίσκος, ὁ) Spieß, Bratspieß; Spitzsäule; kritisches Zeichen bei verdächtigen Stellen. ὀβελίζω ich bezeichne mit diesem Zeichen, erkläre für unecht

ὀβολὸς, ὁ eine Münze = $\frac{1}{6}$ Drachme (anfangs kleine spitzige Stücken Metall). ὀβολιαῖος und ὀβολιμαῖος, αία, αῖον von der Größe oder dem Werth eines Obolos. ἡμιωβολιαῖος vom Werth eines ἡμιωβόλιον, eines halben Obolos, 3 χαλκοῦς werth.

ἀμφιβάλλω ich werfe um, ziehe an; ich werfe hin und her, bezweifle, stehe an. ἀμφίβλημα, ατος, τὸ das umgeworfene Gewand, Kleid ἀμφίβληστρον, τὸ Fischernetz, ἡ ἀμφιβληστρική die Netzfischerei, ἀμφιβολεὺς, έως, ὁ Fischer. ἀμφίβολος, ὁ, ἡ von beiden Seiten getroffen; zweideutig, ungewiß. ἀμφιβολία, ἡ Zweideutigkeit; ungewisser Zustand.

ἀναβάλλω ich werfe in die Höhe, werfe auf; ich schiebe auf, verzögere; im Med ich hebe an, stimme an, prälubire.

ἀνάβλησις, εως, ἡ der Aufschub. ἀναβολὴ, ἡ Aufwurf; Aufschub; Umwurf, Mantel.

ἀναβολεὺς, έως, ὁ Reitknecht, der aufs Pferd hilft.

ἀντιβάλλω ich werfe entgegen; ich vergleiche mit andern.

ἀντιβολὴ, ἡ und ἀντιβόλησις das Vergleichen, Begegnen, Flehen, Bitten.

ἀντιβολέω ich begegne, c. dat.; ich gelange zu etwas, erhalte, c. gen; ich bitte, c. acc.

ἀποβάλλω ich werfe weg; verwerfe; verschleudere; verliere.

ἀποβολὴ, ἡ das Weg= oder Verwerfen; der Verlust. ἀπόβλητος, ὁ, ἡ verwerflich, verächtlich.

διαβάλλω ich werfe oder setze hinüber; ich ziehe durch, ich verläumde, mache verhaßt; ich überrede, täusche. διαβολὴ ἡ die Verläumdung, das Anschwärzen: auch διαβολία. διάβολος Verläumder, Ankläger. ἀδιάβλητος, ὁ, ἡ ungetadelt, untadelhaft.

εἰσβάλλω ich werfe hinein; ich thue einen Einfall; ich ergieße mich hinein (v. Fluß). εἰσβολὴ, ἡ feindlicher Einfall; Eingang, Paß; Anfang.

ἐκβάλλω ich werfe hinaus; verwerfe; neutr. hervorspringen, heraussprudeln. ἐκβολὴ, ἡ das Auswerfen; das Emporschießen; der Ausfluß. ἔκβλητος, ὁ, ἡ verwerflich, verächtlich.

ἐμβάλλω ich werfe oder stecke hinein, schiebe ein oder zwischen; neutr. ich thue einen Einfall.

ἔμβλημα, ατος, τὸ was an= oder eingesetzt ist, Relief das sich abnehmen läßt. ἐμβολὴ, ἡ Einbruch, Anfall; Eingang, Mündung; Anfang. ἐμβολὰς, άδος, ἡ Propf=

reiß. ἔμβολος, ὁ oder ἔμβολον, τὸ was man hineinsteckt, Pflock, Zapfen; Schiffsschnabel; keilförmige Schlachtordnung ἐμβόλιμος, ὁ, ἡ und ἐμβολιμαῖος, αία, αῖον eingeschoben, eingeschaltet

παρεμβάλλω ich stelle oder schiebe zwischen ein; ich komme mit der Armee; ich beziehe ein Lager. παρεμβολή, ἡ das Aufstellen der Armee; die aufgestellte Armee; das Lager.

ἐπιβάλλω auf etwas werfen, legen, stellen; auf etwas merken, Acht haben (τινί); Hand an etwas legen, angreifen, übernehmen, gew. im Med. τόδε μοι ἐπιβάλλει das gehet mich an, kommt mir zu.

ἐπίβλημα, τος, τὸ das Aufgelegte; Anzug, Kleid: aufgesetzter Fleck; Zusatz; Deckel. ἐπιβλής, ῆτος, ὁ daran od. davor gesetzt, Riegel, Balken. ἐπιβολή, ἡ Zusatz; Anfall; Beobachtung; Vorhaben, Beginnen.

καταβάλλω ich werfe herab, werfe hin: werfe zu Boden, besiege; erlege, bezahle; im Med. gründen, stiften. κατάβλημα, τὸ das Niedergelegte, die Grundlage; das Niederhängende, der Vorhang. καταβολή, ἡ Grundlage; Anfang; das Erlegen, die Bezahlung; das Niederwerfen.

μεταβάλλω ich versetze, stelle um; verändere, ändere, kehre um, wende; ich tausche um, wechsele. μεταβολή, ἡ Veränderung, Verwandlung. μετάβολος, ὁ, ἡ veränderlich: ἀμετάβολος unveränderlich μεταβολεύς, έως u. μετάβολος, ὁ Tauschhändler.

παραβάλλω ich werfe vor, z. B. Futter dem Vieh; ich halte vor, zeige; ich stelle neben einander, vergleiche; lege bei einem hin, vertraue an; ich werfe seitwärts, z B. die Augen, im Schielen; ich gehe hinüber, hinzu; med. ich setze in Gefahr, wage mich.

παραβολή, ἡ das Nebeneinanderstellen; das Gleichniß, die Vergleichung. παράβολος, ὁ, ἡ verwegen, gefährlich.

περιβάλλω ich werfe um, lege an, z. B Kleider, Fesseln; ich umringe; ich umarme, umschließe; bekomme in meine Gewalt, erlange, bs. im Med.

περίβλημα, τος, τὸ und περιβόλαιον, τὸ das Umgeworfene; Kleid, Gewand. περίβολος, ὁ Gehege, Zaun, Mauer. περιβολή, ἡ Gewand, Mantel; Umarmung· Bestreben, Unternehmen, Absicht; das Umzingeln; Umfang.

προβάλλω ich werfe hin; ich lege vor, gebe auf, z. B. eine Frage; bringe hervor, z. B. Früchte, Blätter προβάλλομαι ich decke mich mit dem vorgehaltenen Schilde; daher προβεβλημένος vorsichtig, umsichtig; ich wende vor, schütze vor.

πρόβλημα, τος, τὸ (dem. προβλημάτιον, τὸ was vorgehalten wird, Schild, Schutzwehr; Aufgabe, Streitfrage; Vorgeben, Vorwand. προβλής, ῆτος, ὁ, ἡ vorgelegt, vorspringend, prof. πρόβολος od. πρόβλητος.

προβολή, ἡ das Hinwerfen, Vorwerfen; das Vorhalten zur Wehr; Schutzwehr; das Hervorstehende, z. B. Ufer, Fels; Vorwand; Anklage wegen eines Verbrechens wider den Staat. προβόλιον, τὸ eine vorgestreckte Wehr.

προσβάλλω ich werfe hinzu, werfe hin, z B. die Augen auf etwas; ich gehe hinzu, greife an, lande an. προσβολή, ἡ das Hinzuwerfen; Hinzufügen; der Angriff, die Anfuhrt

συμβάλλω ich werfe, trage, bringe zusammen, friedlich zu Verabredung und Vertrag, oder feindlich zu Kampf und Streit; ich vergleiche (meine Meinung mit den Umständen), muthmaße, errathe, schließe, conicio; ich trage bei, helfe, fördere.

συμβολὴ ἡ das Zusammentreffen; Vereinigung; Fuge, Nath; Treffen, Schlacht; das Zusammenlegen, der Beitrag.
σύμβολον, τὸ ein Zeichen woraus man etwas schließt, omen; ein verabredetes Kennzeichen, Marke, Billet, Siegel; Handgeld, beim Kaufcontract; Verabredung, Pact.
σύμβολος, ὁ der zusammentrifft, begegnet, in Verbindung steht. συμβόλαιον, τὸ Verkehr im Handel und Wandel, Vertrag, Verschreibung. ἀσύμβολος der keinen Beitrag giebt. δυσσύμβολος, ὁ, ἡ mit dem sich nicht gut verkehren läßt; ungesellig. εὐσύμβολος gesellig, gesprächig.
ὑπερβάλλω ich werfe hinüber, z. B. über das Ziel; ich übertreffe überbiete, bin übermäßig; ich gehe hinüber, z. B. über den Berg. ὑπερβαλλόντως, adv. übermäßig. ὑπερβολὴ, ἡ das Hinübersetzen, = werfen, = gehen; das Verschieben, der Aufschub; die Vortreflichkeit; das Uebermaaß; Uebertreibung. ἀνυπέρβλητος, ὁ ἡ unübertreflich.
ὑποβάλλω ich werfe, lege, schiebe unter; ich gebe an die Hand, helfe ein, erinnere; ich falle in die Rede; ich erwiedere, antworte.
ὑποβολὴ, ἡ das Unterlegen; Unterschieben; Erinnerung, Warnung. ὑπόβλητος, ὁ, ἡ und ὑποβολιμαῖος untergeschoben, unächt. ὑποβολεὺς, εως, ὁ Erinnerer, Einbläser.

Βάρος, εος, τὸ Schwere, Last, Gewicht; Beschwerlichkeit, Kummer; Nachdruck, Würde, Ernsthaftigkeit; Macht, Einfluß.
ἀβαρής, ὁ ἡ leicht; nicht beschwerlich. καταβαρὴς sehr schwer.
βαρέω, f. ήσω und βαρύνω, f. νῶ ich drücke, belästige. κουφίζω ich erleichtere, hebe in die Höhe. βαρύθω ich bin gedrückt
ἐπιβαρέω ich belaste, beschwere. καταβαρέω ich drücke nieder durch Last.
βαρὺς, εῖα, ὺ schwer; beschwerlich, lästig; wichtig, ernst, standhaft; von Einfluß, mächtig; grob, plump. Leicht levis κοῦφος, η, ον.
βαρύτης, ητος, ἡ Schwere, Gewicht; Beschwerlichkeit; Schwerfälligkeit.
βαρύθυμος, ὁ ἡ mißmüthig, traurig; aufgebracht. κουφόνους ὁ ἡ leichtsinnig, κουφόνοια Leichtsinn. βαρύοσμος, und βαρύοδμος, ὁ, ἡ von beschwerlichem, unangenehmen Geruch. βαρύτιμος von schwerem Preis. βαρυώδυνος mit schweren Schmerzen.
βρίθω, pf. βέβριθα, ich bin schwer, belastet, voll, beuge mich nieder vor Schwere; falle plump zu, belästige, drücke. (poet. Wort).
βρῖθος, εος, τὸ und βριθοσύνη, ἡ Schwere.
ἐμβριθὴς εος, ὁ, ἡ schwer, beschwerlich; gesetzt, gravitätisch; nachdrücklich. ἐμβρίθεια, ἡ, subst.
βριθὺς, εῖα, ὺ was βαρύς.
βρίζω, f. σω oder ξω ich nicke ein, schlummere.
βραδὺς, εῖα, ὺ schwerfällig, langsam, träge; stumpf von Verstand. (Comp. βραδύτερος, auch βραδίων und βράσσων. Sup. βραδύτατος, βράδιστος und βάρδιστος.)
βραδύγλωσσος ὁ, ἡ von langsamer Zunge. βραδυπειθὴς, ὁ, ἡ langsam zu überreden. βραδύπους, ὁ, ἡ mit langsamem Fuße.
βράδος, τὸ und βραδυτὴς, τῆτος, ἡ Langsamkeit, Trägheit, Stumpfheit.
βραδύνω, f. νῶ ich verweile, verzögere.

Βάσανος, ἡ Probirstein, lapis Lydius; Probe, Untersuchung; die Folter.
βασανίζω f. ίσω ich probire, foltere, quäle. βασανισμὸς, ὁ Erforschung; Marter, Qual.
βασανιστὴς und -στὴρ, ὁ der Peiniger: fem βασανίστρια
ἀβασάνιστος, ὁ, ἡ unerforscht, ungeprüft.
βασανιστήριον τὸ Ort oder Werkzeug zum Foltern.

Βάτραχος, ὁ der Frosch. βατράχειον χρῶμα Froschfarbe, grün. βατραχίς, ίδος, ἡ dunkelgrünes Kleid.
βατραχίζω ich thue, bin wie ein Frosch.

Βαῦνος, ὁ Schmelzofen, Feuerheerd.
βάναυσος, ὁ, ἡ Feuerarbeiter, Handwerker überh., der eine sitzende, ungesunde, verachtete Lebensart führt; auch βαναυσουργός, ὁ, ἡ (ἔργον). βαναυσικὸς, ἡ, ὸν handwerksmäßig, illiberal. βαναυσία, ἡ Handwerk; Lebensart und Gesinnung des Handwerkers

Βδάλλω (u. βδέλλω), f αλῶ ich melke; ich sauge. βδέλλα, ἡ Blutigel. βδελλίζω ich besetze mit Blutigeln.

βδέω, f. έσω u. ήσω, auch βδέννυμαι u. βδύλλω, einen Wind gehen lassen. Sonst πέρδομαι, perf. πέπορδα.
βδελύσσομαι ich ekle mich, verabscheue.
βδέλυγμα, ατος, τὸ verabscheuete Sache, Gräuel, Scheusal. βδελυγμία und βδελυγμὸς, ὁ Abscheu, Ekel.
βδελυρὸς, ὰ, ὸν oder βδελυκτὸς, ἡ, ὸν abscheulich, gräulich, unflätig. βδελυρία, ἡ Unverschämtheit, Schaamlosigkeit.
βδέσμα, ατος, τὸ u. βδόλος, ὁ der Gestank vom Winde, von der πορδή.

Βέλτερος, έρα, ερον, pros. βελτίων, besser. βέλτιστος, ἡ, ὸν, best: poet. auch βέλτατος.
ἀβέλτερος, ὁ, ἡ dumm, einfältig. ἀβελτερία, ἡ Dummheit, Einfalt.
βελτιόω, f. ώσω ich verbessere. βελτίωσις, ἡ Verbesserung.

Βέμβηξ, ηκος, ἡ (auch βέμβιξ) Kreisel; Wirbelwind.
βεμβηκίζω ich drehe, treibe wie einen Kreisel; βεμβηκιάω ich drehe mich.

Βήξ, χὸς, ἡ der Husten. βήσσω oder βήττω, f. ξω ich huste. βηχικὸν φάρμακον Mittel gegen den Husten. βηχώδης, ὁ, ἡ hustenartig.

Βύβλος, ἡ od. πάπυρος ὁ ἡ die ägyptische Papierstaude, cyperus papyrus, deren Bast zum Schreiben diente. βυβλίον Papier. Blatt Papier χάρτης, ὁ, dem. χαρτίον u. χαρτίδιον. βύβλινος, ίνη, ινον aus βύβλος gemacht. παπυρώδης papierartig.
βίβλος, ἡ liber, Baumbast; Buch, Schrift; auch βιβλίον, τὸ: dem. βιβλάριον, βιβλίδιον, βιβλύδριον. βιβλιακὸς, ἡ, ὸν zu den Büchern gehörig; belesen.
βιβλιοθήκη, ἡ Ort wo man Bücher hinstellt. βιβλιοπώλης, ου, ὁ Buchhändler.
βιβλιαγράφος u. βιβλιογράφος, ὁ Bücherschreiber. βιβλιαφόρος u. βιβλιοφόρος, ὁ Briefträger.
βιβλίς, ίδος, ἡ Seil aus Bast.

Βίος, ὁ Leben; Lebensart, Gewerbe; Lebensunterhalt, Vermögen. Auch βίοτος u. βιοτή, wovon βιοτεύω ich lebe; nähre mich von etwas. βιοτεία, ἡ Lebensart.
ἄβιος, ὁ, ἡ ohne Leben, ohne Vermögen. ἀμφίβιος doppellebig, im Wasser und auf dem Lande lebend.
βιόω, f. ώσομαι, aor. ἐβίων, ich lebe.
ἀποβιόω ableben, sterben. ἀποβίωσις ἡ Tod.
διαβιόω u. καταβιόω das Leben hinbringen. ἐπιβιόω u. περιβιόω ich überlebe, c. dat.
βιώσιμος, ὁ, ἡ vitalis, in dem Leben ist. βιωτικὸς, ἡ, ὸν zum Leben dienlich. ἀβίωτος βίος ein Leben das nicht zu leben ist, unerträglich ist.

Βλαισὸς, ἡ, ὸν auswärts gebogen, bs. von den Füßen: einwärts gebogen ῥαιβὸς od. ῥοικὸς, ἡ, όν. βλαισόω, ῥαιβόω ich krümme auswärts, einwärts. βλαισότης, ἡ Krümmung nach Außen.

Βλάξ, ακὸς, ὁ, ἡ schlaff, fahrlässig, dumm. βλακικὸς, ἡ, ὸν od. βλακώδης, ὁ, ἡ zum βλάξ gehörig, in der Art des βλάξ.

βλακεύομαι ich bin od. verfahre schlaff, träge, dumm. βλάκευμα τὸ Handlung eines βλάξ. βλακεία, ἡ Schlaffheit, Trägheit.

βληχρὸς ά, ὸν od. ἄβληχρος, ὁ, ἡ schwach, sanft.

Βλάπτω (poet. βλάβω) f. ψω ich behindere im Lauf; ich schade, verletze (τινα).

βλάψις, εως, ἡ Beschädigung. βλαψίφρων, ονος, ὁ, ἡ verletzt am Verstande; auch φρενοβλαβής, ὁ, ἡ.

βλάβη ἡ und βλάβος, εος, τὸ Schaden, Verderben. βλαβερὸς, ά, ὸν schädlich. ἀβλαβὴς, ὁ, ἡ unschädlich, unschuldig; unbeschädigt, was auch ἄβλαπτος.

βλάσφημος, ὁ, ἡ am Rufe schadend, od. in der Andacht störend, lästerlich, von böser Vorbedeutung; entggs. εὔφημος.

βλασφημέω, f. ήσω ich lästere; ich spreche was keine gute Vorbedeutung hat. βλασφημία, ἡ Lästerung.

Βλαστάνω, f. ήσω ich keime, ich sprosse.

βλάστη, ἡ Keim, Sproß, Schößling; Wachsthum, auch βλάστημα, ατος, τὸ u. βλαστὸς, ὁ. ἀποβλάστημα, τὸ Sprößling, Abkömmling.

Βλέπω, f. ψω ich sehe; sehe aus (beides auch poet. δέρκομαι und δερκιάομαι); nehme Rücksicht, liege nach einer Gegend hin.

βλέπος, εος, τὸ u. βλέμμα od. auch δέργμα, ατος, τὸ der Blick; das Auge, auch δράκος, εος, τὸ. βλέψις od. δέρξις εως, ἡ u. δεργμὸς, ὁ das Sehen, Ansehen.

ἀβλεπὴς, ὁ, ἡ nicht sehend, schlecht sehend. ἀβλεπτέω ich sehe nicht, ich versehe. ἀβλέπτημα τὸ Versehn. ἀβλεψία, ἡ Blindheit, Unbesonnenheit.

ἀναβλέπω ich sehe auf, hinauf; ich sehe an; ich sehe wieder. ἀνάβλεμμα, τὸ Aufblick, Anblick. ἀνάβλεψις, ἡ das Wiedersehen.

ἀποβλέπω ich sehe auf etwas hin: ich bewundere; ich nehme Rücksicht auf etwas; ich erwarte.

ἐμβλέπω ich sehe an, sehe ins Gesicht.

ἐπιβλέπω ich sehe darauf, sehe an. ἐπίδερκτος, ὁ, ἡ sichtbar.

περιβλέπω ich sehe herum, betrachte. περίβλεπτος, ὁ, ἡ angesehen, geehrt.

προσβλέπω ich blicke an. ὑποβλέπω ich sehe mit halbgeöffneten Augen oder von der Seite an, sehe scheel an.

βλέφαρον, τὸ Augenlied. βλεφαρὶς, ίδος, ἡ Augenwimper (seltener σκύνιον, τὸ, wovon ἐπισκύνιον die Haut woran die Augenbrauen sitzen). βλεφαρίζω f. ίσω ich blinzele, sonst σκαρδαμύττω f. ξω, wovon σκαρδαμυγμὸς, ὁ das Blinzeln, σκαρδαμυκτὴς, ὁ der Blinzler, σκαρδαμυκτικὸς zum Blinzeln geneigt, ἀσκαρδαμυκτὶ ohne zu blinzeln, ἀσκαρδαμυκτέω ich sehe an mit unverwandtem Blick. Augenbraue ὀφρῦς, ύος, ἡ: ὀφρυάζω oder ὀφρυόομαι ich ziehe die Augenbrauen, blicke stolz; μίξοφρυς oder σύνοφρυς, ὁ, ἡ mit zusammengewachsenen Augenbrauen.

δορκὰς, άδος, ἡ (dem. δορκάδιον τὸ) od. δὸρξ (auch ζὸρξ) κὸς ἡ Gazelle (von den hellen Augen) δορκάδειος, εια, ειον der G. eigen. δορκαδίζω ich bin wie eine Gazelle, hüpfe, springe.

δράκων, οντος, ὁ (dem. δρακόντιον, τὸ), δράκαινα ἡ Drache, Schlange, (von dem scharfen Gesicht, der ὀξυδέρκεια od. ὀξυβλεψία). δρακοντίας, ου, ὁ, od. δρακοντοειδὴς schlangenähnlich. δρακοντόπαις, ὁ Schlangenkind. δρακοντοφόνος Schlangentödter.

Βληχάομαι, f. ήσομαι ich blöke, von Schaafen, wie μηκάομαι od. μηκάζω von Ziegen, μυκάομαι von Rindern, βρυχάομαι vom Löwen, βρωμάομαι und ὀγκάομαι vom Esel.

βληχὴ ἡ und βλῆχημα τὸ oder βληχηθμὸς ὁ das Blöken. μηκὴ, μηκηθμος, μηκασμος ὁ das Meckern. μυκὴ, μυκηθμος, μύκημα das Brüllen; auch βρυχὴ, βρυχηθμός; βρύχημα u. ὀγκηθμός, ὄγκημα.
βληχὰς αδος ἡ das blökende Schaaf, μηκὰς die meckernde Ziege.
μυκητὴς οῦ ὁ oder ὀγκητης Brüller: σεισμος μυκητίας Erdbeben mit unterirdischem Gebrüll.

Βλοσυρὸς ὰ ὸν wild von Ansehen, martialisch; auch βλοσυρώπης und βλοσυρωπος ὁ, βλοσυρῶπις ἡ.

Βλύω, βλύζω, βλυσσω f. ύσω ich fließe über; ergieße. βλυσμὸς ὁ das Ueberfließen, Hervorquellen. βλυστὴρ ῆρος ὁ überfließend.

βρύω ich bin voll, strotze, fließe über, keime auf.
ἀναβρύω ich quelle hervor. περιβρυὴς ὁ ἡ ringsumblüht, voll Frucht.
ἔμβρυος ὁ ἡ innerhalb eines andern Körpers keimend und wachsend: τὸ ἔμβρυον das Kind im Mutterleibe.

βλώσκω f. μολοῦμαι ich komme hervor, auch προβλώσκω. καταβλώσκω ich gehe od. komme herunter (poet).
αὐτόμολος ὁ ἡ freiwillig gekommen, Ueberläufer. αὐτομολέω ich bin ein Ueberläufer. αὐτομόλησις od. αὐτομολία das Ueberlaufen.
βλωθρὸς ἡ ὸν aufgeschossen, hoch (poet.).

Βολβὸς ὁ Bolle, Zwiebel, Bollengewächs: auch κρόμυον od. κρόμμυον τὸ, wovon κρομυόεις εσσα εν zwiebelreich, und κρομυὼν ῶνος ὁ Zwiebelgarten.

Βορέας ου u. βοῤῥᾶς ᾶ ὁ der Nordwind, eigentlich unser Nordnordost; der Norden. βόρειος ὁ ἡ nördlich. βορεαζω ich feire das Fest des Boreas.
ὑπερβόρεος u. ὑπερβόρειος ὁ ἡ über den Boreas hinausliegend.

Βότρυς υος ὁ, auch βότρυον τὸ, die Traube, der Traubenstengel: dem. βοτρύδιον Traube auch σταφυλὴ ἡ und σταφυλίς ίδος ἡ. getrocknete Traube, Rosine σταφίς u. ἀσταφίς od. ἀσταφις ἡ, wovon σταφίδιος od. σταφιδίτης οἶνος Rosinenwein. Weinbeere ἄκινος ὁ u. ῥάξ ῥαγὸς (od. ῥώξ ῥωγὸς) ἡ, wov. ῥαγίζω u. ῥαγολογεω ich lese Beeren od. Trauben.
βοτρυδὸν adv. traubenartig. βοτρυηρὸς ὰ ὸν zum Traubengeschlecht gehörig. βοτρυΐνος ίνη ινον von Trauben.
βοτρυοεις εσσα εν reich an Trauben.
βοτρυόω ich bringe Trauben hervor: ἡ ἄμπελος βοτρυοῦται der Weinstock setzt Trauben an,
βόστρυξ υχος ὁ, auch βόστρυχος ὁ, Ranke womit Wein und Kürbisse sich anhängen; Locke, krauses Haar (sonst κίκιννος od κίκιννος ὁ).
βοστρυχώδης ὁ ἡ lockig, kraus. βοστρυχίζω ich kräusele, lege in Locken.

Βουβὼν ῶνος ὁ die Theile u Drüsen um die Schaam; Geschwulst dieser Theile. βουβωνιάω ich habe eine solche Geschwulst.

Βούλομαι f. ήσομαι, aor ἐβουλήθην, ich will, wünsche, verlange. Sonst ἐθέλω od. θέλω f. ήσω: poet. u. Dor. δήλομαι u. λῶ (λῇς, λῇ), auch ἔλδομαι od. ἐέλδομαι.
βούλησις εως ἡ u. βούλημα od. ἐθέλημα τος τὸ das Wollen, der Wille, das Vorhaben. ἐέλδωρ τὸ Wunsch, Verlangen.
βουλητὸς ἡ ὸν was man will od. wollen kann ἐθελήμων ονος ὁ ἡ u. ἐθελοντὴς ὁ, ἐθελοντίς ἡ od ἐθελούσιος ία ιον (adv. ἐθελοντί, ἐθελοντὴν, ἐθελοντηδόν) freiwillig. Was auch ἑκὼν οῦσα ὸν und ἑκούσιος ία ιον, adv. ἑκοντί: entggs. ἄκων u. ἀκουσιος, adv. ἀκοντί, unfreiwillig, wider Willen
ἀβουλέω f ήσω ich will nicht; ἀβούλητος ὁ ἡ u. ἀνεθέλητος od. ἀθέλητος unwillkürlich; nicht wollend; nicht nach unserm Willen, unangenehm.

βουλὴ ἡ Rath, Wille; Rathsversammlung, Senat. βούλαιος ὁ ἡ zum Rath gehörig; rathgebend.

βουλεύω f. εύσω ich gebe Rath, rathe; bin im Rath; im Med. ich berathschlage, überlege βούλευμα ατος τὸ der Rathschluß; Entschluß. βούλευσις εως ἡ Berathschlagung. βουλευτὴς οῦ ὁ Mitglied des Raths, Senator. βουλευτικὸς η ον den Rath angehend, ihm zukommend βουλευτήριον und βουλεῖον τὸ Ort der Rathsversammlung, Rathhaus. βουλευτὸς η ὸν zu überlegen; der Ueberlegung oder Berathschlagung bedürftig. βουλεία ἡ Amt eines Rathmannes.

ἄβουλος ὁ ἡ ohne Ueberleguug, unklug: ἀβουλία ἡ Unüberlegtheit; Vermessenheit. Entggs. εὔβουλος, εὐβουλία.

διαβουλία ἡ Ueberlegung; Unentschlossenheit. διαβούλιον τὸ Rath, Rathschluß, Berathschlagung.

ἐπιβουλὴ ἡ Anschlag gegen jemand, Nachstellung, Hinterlist. ἐπίβουλος ὁ ἡ hinterlistig.

ἐπιβουλεύω ich stelle nach (τινί); habe etwas wider jemand vor (τὶ τινί). ἐπιβούλευσις ἡ die Nachstellung, ἐπιβουλευτὸς ὁ ἡ der Nachstellung ausgesetzt, ἐπιβουλευτὴς ὁ Nachsteller.

μεταβουλεύομαι ich ändere den Entschluß, komme auf andere Gedanken. μετάβουλος ὁ ἡ der sich eines andern besonnen hat.

προβουλὴ ἡ Ueberlegung; Vorsatz. πρόβουλος ὁ der vorher berathschlagt; Rathgeber, Consulent; Vorsteher des Senats. προβουλεύω ich berathschlage vorher, überlege im Voraus; ich sehe voraus, sorge für etwas. προβούλευμα τὸ Senatsschluß, den nachher die Volksversammlung zum ψήφισμα erhob.

ἀπροβούλευτος nicht vorher bedacht, unbedachtsam, unbesonnen.

συμβουλὴ u. συμβουλία ἡ der Rath (consilium). συμβούλιον Rathsversammlung. σύμβουλος ὁ ἡ Rathgeber. συμβουλεύω ich gebe Rath; med. ich berathschlage mich mit einem (τινί, auch μετά τινός). συμβούλευμα τὸ der ertheilte Rath. συμβουλευτικὸς ἡ ὸν zum Rathgeben gehörig, geneigt; rathend.

Βόσκω f. σκήσω ich weide, nähre. βόσκημα ατος τὸ Vieh; auch βοτόν. βόσκησις εως ἡ das Füttern. βοσκὴ ἡ Futter. βοσκὸς und βοτὴρ ὁ Hirt; βότειρα ἡ Hirtin. βοτηρικὸς ἡ ὸ dem Hirten gehörig.

ἀποβόσκομαι, ἐκβόσκομαι, καταβόσκομαι ich weide ab, fresse ab.

ἐπιβόσκομαι ich weide drauf.

συμβόσκω ich weide zugleich.

προβοσκὶς ίδος ἡ der Rüssel des Elephanten; ἐπιβοσκὶς Saugrüssel der Fliegen u. Bienen.

βόσις εως ἡ Weide; Speise

βοτὸς η ον genährt, geweidet.

βοτάνη ἡ Kraut, Gras, Pflanze. βοτανικὸς ἡ ὸν zu den Kräutern gehörig βοτανίζω ich jäte.

βορὰ ἡ Fraß, Weide. βορὸς ὰ ὸν gefräßig.

βιβρώσκω f. βρώσομαι, aor. ἔβρων, ich esse, verzehre.

καταβρώσκω ich esse auf, verschlucke.

βρῶμα ατος τὸ die Speise. ἔμβρωμα Anbiß, Frühstück

βρῶσις εως ἡ (Jon. βρωτὺς ύος ἡ) Essen, Fressen; βρώσιμος ὁ ἡ eßbar. βρωσείω ich will essen, esurio.

βρωτὴρ u. βρωστὴρ ῆρος ὁ der Esser, Fresser.

βρωτὸς ὁ ἡ gegessen, verzehrt. ἄβρωτος ὁ ἡ ungegessen; nicht eßbar.

Βραβεὺς έως und βραβευτὴς οῦ ὁ der Kampfrichter, Preisaustheiler; Schiedsrichter überhaupt.

βραβεύω f. εύσω ich bin Kampfrichter oder Schiedsrichter; ich lenke, leite eine Sache.

βραβεία ἡ Amt oder Geschäft eines Kampf= oder Schiedsrichters.

βραβεῖον τὸ Kampfpreis.

Βράζω und βράσσω f. ξω, aor. ἔβραχον, ich rassele, tose; ich brause auf, siede auf; siebe, schüttele.

βράσμα τὸ das Aufsiedende, der Sud. βρασματώδης ὁ ἡ und βρασματίας ου ὁ aufbrausend, erschütternd, z. B. Gelächter.

ἀναβράσσω ich brause, siede auf; ich lasse aufsieden.

Βρέχω f. ξω ich netze, mache feucht. βεβρεγμένος betrunken, uvidus, madidus. ὑποβρέχω ich feuchte an.

βροχὴ ἡ das Anfeuchten. βροχετὸς ὁ Regen. ἄβροχος ὁ ἡ nicht feucht, trocken, wasserarm. διάβροχος durchfeuchtet, naß.

βρέγμα τος τὸ und βρεγμὸς ὁ (auch βρέχμα und βρεχμός) der Vorderkopf, wo bei Neugebornen die Fontanelle ist.

Βραχίων ίονος ὁ der Arm; beim Vieh die Schulter, der Bug. βραχιόνιον τὸ u. βραχιονιστὴρ ὁ Armband. περιβραχιόνιον τὸ Armrüstung.

Βραχὺς εῖα ὺ kurz, klein, gering (Comp. βραχίων und poet. βράσσων). ἐν βραχεῖ im Kurzen. κατὰ βραχὺ paullatim allmälig. παρὰ βραχὺ um ein geringes, beinah.

βραχύτης ητος ἡ die Kürze. βραχύνω ich kürze, mache kurz.

βράχεα τά seichte Stellen, Untiefe.

βραχυλογεῖν kurz reden. βραχυλογία ἡ Kürze im Reden. βραχυλόγος.

βραχύβιος ὁ ἡ von kurzem Leben. βραχύπνοος kurzathmig. βραχυτράχηλος ὁ ἡ kurzhalsig.

Βρέμω f. μῶ ich brumme, knirsche, rausche, fremo.

βρόμος ὁ Getöse, Geprassel, Gemurmel. βρομέω und βρομιάζω so viel als βρέμω. βρόμιος ὁ der Lärmende, ein Beiwort des Bakchos.

ἄβρομος ὁ ἡ stark lärmend. ὑψιβρεμέτης ὁ der hochdonnernde und ἐριβρεμέτης ὁ der weitdonnernde, poet.

βροντὴ ἡ Donner; Donnerschlag κεραυνὸς ὁ, Blitz ἀστραπή, poet. ἀστεροπή und στεροπή. βροντάω ich donnere: κεραυνόω und καταχεραυνόω ich erschlage mit dem Donner, donnere nieder: ἀστράπτω f. ψω ich blitze. ἀστραπεὺς έως od. ἀστεροπητής οῦ ὁ Blitzer. βρονταῖος αία αῖον und κεραύνειος od. κεραύνιος zum Donner gehörig, ἀστραπαῖος zum Blitze.

ἐμβροντάω ich donnere an, betäube. ἐμβρόντητος ὁ ἡ vom Donner getroffen, betäubt, stupid.

Βρόγχος ὁ Kehle, Schlund, auch Luftröhre. τὰ βρόγχια das Ende der Luftröhre, das sich in die Lungen verbreitet.

βρογχοκήλη ἡ Kropf (κήλη ἡ Bruch), κηλήτης ἡ der einen Bruch hat).

βράγχια oder βράγχη τὰ Fischkiemen. βράγχιος Kiemen habend.

βράγχος ου ὁ Heiserkeit. βραγχὸς und βραγχαλέος α ον heiser. βραγχάω und βραγχιάω ich bin heiser.

βρόχθος ου ὁ Gurgel, Kehle. βροχθίζω ich schlucke, verschlinge.

βρόχος ου ὁ, klein. βροχὶς ίδος ἡ, Schlinge, Schleife, Masche.

Βρύκω f. ξω ich beiße, zerbeiße, knirsche mit den Zähnen. βρύγμα τὸ der Biß. βρυγμὸς ὁ das Beißen, Zähneknirschen.

Βρύον τὸ Moos; Meergras, alga, auch μνίον τό: eine andere zum Färben und Schminken gebrauchte Art φῦκος od. φύκιον τό. βρυώδης u. μνιώδης (auch μνιαρός, μνιόεις, μνιός) u. φυκώδης ὁ ἡ tangartig, moosig; wollig, weich). φυκιόεις voll Tang. βρυόω ich bemoose: φυκόω und φυκιόω ich schminke. μνόος od. μνοῦς ὁ Flaum, weiches Haar junger Thiere und Vögel.

Βύρσα ἡ, dem. βυρσίς ἡ, abgezogene Haut, Fell; auch δορὰ ἡ und δέρμα ατος τὸ, poet. δέρας ατος τὸ, von δείρω f. δερῶ ich schinde, wovon auch δορὸς ὁ ein lederner Schlauch oder Sack, und δέῤῥις εως ἡ lederne Decke, Ueberzug von Leder.

βύρσινος u. δερμάτινος ίνη ινον von Leder gemacht, ledern. βυρσεὺς έως u. βυρσοδέψης ου ὁ (δέψω) Gerber, auch βυρσοποιὸς u. δερματουργός. βυρσεύω u. βυρσοδεψέω ich gerbe. βυρσόω und καταβυρσόω ich überziehe mit Fellen.

Βύω und βύζω f. σω und ξω ich stopfe voll, verstopfe.

βύσμα τος τὸ Stöpsel, Pfropf, Spund.

ἐμβύω u. ἐπιβύω ich stopfe hinein, hinzu. παραβύω ich schiebe ein, flicke ein. παραβυστὸς ὁ ἡ untergesteckt, in der Masse unbemerkt.

βύζην und βυζὸν voll, dicht, gedrängt.

βύκτης ου ὁ blasend; Trompeter. βυκάνη Trompete. βυκανίζω ich trompete. βυκανιστὴς οῦ ὁ was βύκτης.

Βῶλος ὁ, dem. βῶλαξ ακος ὁ u. βωλάκιον τὸ, Erdscholle, Erdkloß, Klumpen.

βωλοειδὴς od. βωλώδης ὁ ἡ schollig, einem Erdkloß ähnlich. βωληδὸν adv. wie ein Erdkloß. βώλινος ίνη ινον aus Erdschollen bestehend od. gemacht.

ἐριβῶλαξ ὁ ἡ mit breiten großen Schollen.

Γ.

Γῆ ἡ, poet. γαῖα und αἶα, Dor. γᾶ und δᾶ (wovon Δημήτηρ τερος u. τρος Mutter Erde, Ceres) Erde, Land. γῆθεν od. γαίηθεν aus oder von der Erde, auch χαμᾶθεν und χαμόθεν: zur Erde ἔραζε u. χαμᾶζε oder χαμάδις: auf der Erde χαμαί humi, wovon χαμηλὸς od. χθαμαλὸς ἡ ὸν niedrig, humilis. γήδιον τὸ (dem.) ein kleines Landgut.

γεωγράφος ὁ (γράφω) Erdbeschreiber. γεωγραφέω ich zeichne od. beschreibe die Erde. γεωγραφία ἡ Erdbeschreibung.

γεωδαισία ἡ die Land- oder Äckereintheilung (δαίω).

γεωμέτρης ου ὁ der Erdmesser, Landmesser (μέτρον) γεωμετρία ἡ die Erd- oder Landmeßkunst. γεωμετρικὸς ἡ ὸν dazu gehörig. γεωμετρέω ich treibe Geometrie. ἀγεωμέτρητος ὁ ἡ unerfahren in Geometrie.

γεώμορος ὁ (μοῖρα) Landeigenthümer.

γεωπένης ου ὁ arm an Land (πένης).

γεωρύχος ὁ ἡ der in der Erde gräbt oder wühlt (ὀρύσσω).

γηγενὴς ὁ ἡ u. γηγενέτης ου ὁ erdgeboren, Erdensohn, Gigant γίγας.

γήϊος irdisch, irden. γαιώδης und γεώδης ὁ ἡ erdartig, erdig; auch γεηρὸς ὁ ἡ.

ἔγγειος ὁ ἡ im Lande, in der Erde befindlich: τὰ ἔγγεια Grundstücke. κατάγαιος und κατάγειος ὁ ἡ unterirdisch; auch ὑπόγαιος.

γηΐτης und γήτης ὁ, auch γεωπόνος (πόνος), gew. γεωργὸς (ἔργον) Landbauer, Landmann: γεωπονία, gew. γεωργία ἡ, Landbau, Landwirthschaft. γεωργικὸς ἡ ὸν zum Landbau gehörig, darin erfahren. γεωργέω ich treibe Landwirthschaft. γεώργημα τὸ bebautes, bestelltes Land.

γείτων ονος ὁ ἡ Nachbar; fem. auch γείταινα.

γειτονία u. γειτνία od. γειτνίασις εως ἡ die Nachbarschaft: auch γειτόνημα ατος τὸ. γειτονέω, γειτονεύω, γειτνιάω, γειτνιάζω ich bin benachbart, gränze an.

γύα oder γυία ἡ Ackerland, Hufe.

Γαίω ich freue mich, bin froh (was auch γέγηθα, wovon γῆθος τὸ und γηθοσύνη ἡ froher Muth); brüste mich, stolziere.
ἄγαμαι, poet ἀγαίομαι u. ἀγάζομαι ich staune, bewundere (τινά, wegen etwas τινός); ich beneide ἄγη ἡ Bewunderung; Ehrfurcht; Neid.
ἀγητὸς ἡ ὸν bewundernswerth; auch ἀγαστός. ἄγασμα ατος τὸ Gegenstand der Bewunderung.
ἀγάλλω f. αλῶ ich ziere, schmücke; im Med. ich rühme od. brüste mich mit –, bin froh über – stolz auf –
ἄγαλμα τος τὸ woran man sich freut, worauf man stolz ist, Prachtstück; Statue ἀγαλματοποιὸς ὁ oder ἀγαλματογλύφος Bildhauer. ἀγαλματοποιέω ich mache Bilder oder Bildsäulen.
ἀγλαὸς ἡ ὸν (poet.) geschmückt; glänzend, schön, herrlich ἀγλαΐα Schmuck, Glanz; Freude; Stolz. ἀγλαΐζω ich mache glänzend, verherrliche. ἀγλαόκαρπος ὁ ἡ mit glänzenden Früchten.
ἀγαπάω f. ήσω, auch ἀγαπάζω. ich schätze hoch, ich liebe τι; ich bin zufrieden τινί, was auch ἀγαπητῶς ἔχω. Synonym στέργω f. ξω.
ἀποστέργω ich höre auf zu lieben.
ἀγάπη od. στοργή ἡ die Liebe. ἀγάπησις od. στέρξις ἡ und ἀγαπησμὸς ὁ das Lieben. ἀγάπημα τὸ das Geliebte. ἀγαπητὸς u. στερκτὸς ἡ ὸν geliebt, lieblich. ἀγαπητικὸς od. στερκτικὸς liebend, zur Liebe geneigt: ἄστεργὴς ὁ ἡ unfreundlich, unhold.
στέργηθρον τὸ Reizung zur Liebe, Liebestrank, gew. φίλτρον.
ἀγαπήνωρ ορος ὁ (ἀνὴρ) Mannheit liebend, männlich, tapfer.
γάνυμαι ich bin heiter, freue mich. γάνος εος τὸ Glanz, Schmuck, Heiterkeit: auch γάνωμα, von γανόω ich mache glänzend od. heiter; ich glänze.
ἀγανὸς ἡ ὸν u. ἀγανὴς ὁ ἡ freundlich; milde, sanft. ἀγανώπης ὁ, ἀγανῶπις ιδος ἡ mit holdem Blick. ἀγανόφρων ονος ὁ ἡ mit mildem Sinn.
γαῦρος, auch ἀγαυρὸς, ὰ ὸν vor Freude sich brüstend, stolz. γαυριάω od. γαυρόομαι ich bin froh oder stolz, brüste mich. γαυρόω ich mache stolz. γαῦραξ ακος ὁ Prahlhans.
Γλάγος εος τὸ, gew. γάλα ακτος τὸ, Milch. γαλακτίζω ich bin wie Milch. γαλακτιάω ich habe oder gebe Milch; auch γαλουχέω u. γαλακτουχέω. γαλακτόω ich mache zu Milch. γαλακτώδης ὁ ἡ milchartig.
γαλαξίας κύκλος, circulus lacteus, die Milchstraße am Himmel.
γαλακτοπότης ου ὁ Milchtrinker, γαλακτοποτέω ich trinke Milch, γαλακτοποσία ἡ das Milchtrinken. γαλακτοτροφέω ich nähre mit Milch.
γαλακτουργέω ich bereite Milchspeisen. γαλακτοφάγος ὁ ἡ Milch essend, von Milch lebend.
Γαλῆ ἡ Wiesel, sonst ἰκτίς ἴδος ἡ. γαλιδεύς έως ὁ Junge des Wiesels. γαλεώδης ὁ ἡ wieselartig. γαλεάγρα ἡ Wieselfalle. ἰκτιδῆ ἡ Wieselfell.
Γελάω f. άσομαι ich lache; sehe heiter aus, glänze. μειδάω od. μειδιάω ich lächle.
διαγελάω u. καταγελάω ich lache aus, verspotte. ἐγγελάω u. ἐπιγελάω irrideo. προσγελάω ich lache an.
γελασείω ich habe Lust zu lachen.
γελάσιμος ὁ ἡ u. γελαστὸς ἡ ὸν lächerlich.
ἀγέλαστος od. ἀμειδὴς u. ἀμείδητος ὁ ἡ der nicht lacht, ernsthaft.
ἀγελαστέω ich lache nicht. ἀγελαστί ohne zu lachen. φιλομμειδὴς ὁ ἡ gern lächelnd.
καταγέλαστος ὁ ἡ verlachenswerth.
γελασῖνος ὁ der Lacher; pl. die Lachzähne (Vorderzähne), die beim Lachen sichtbar werden; die Lachgrübchen auf den Backen. Lacher auch γελαστὴς οῦ.

γέλως ωτος (poet. ω) ὁ das Gelächter. μείδημα od. μείδιαμα das Lächeln. κατάγελως das Verlachen, Verspotten.
γελοῖος οία οῖον lächerlich, scherzhaft, spaßhaft. γελοιάζω od. γελωτοποιέω ich spaße γελοιασμὸς, ὁ Scherz, Spaß. γελωτοποιός od. γελοιαστὴς ὁ Spaßmacher.

Γάμος ου ὁ Hochzeit, Heirath. γαμικὸς ἡ ὸν u. γαμήλιος ία ιον dazu gehörig.
ἄγαμος oder ἀγάμητος ὁ ἡ unverheirathet, ehelos: Junggesell ἠΐθεος ου, Jungfrau παρθένος ου, dem. παρθενισκάριον τὸ (παρθένειος εία ειον od. παρθενικὸς ἡ ὸν jungfräulich): παρθενία, παρθενεία ἡ Jungfrauschaft, Leben als Jungfrau, auch παρθένευμα τὸ v. παρθενεύομαι ich lebe als Jungfrau: παρθενὼν ῶνος ὁ Jungfraunzimmer; Tempel der ἀειπαρθένος Athene: παρθενίας ου od. παῖς παρθένιος Jungfernkind).
ἐπίγαμος ὁ ἡ zur Heirath reif, mannbar.
γαμέω f. ήσω, aor. ἔγημα, ich heirathe, act. vom Mann, med. von der Frau.
ἐπιγαμέω ich heirathe dazu, nehme eine zweite Gattin. ἐπιγαμία ἡ zweite Heirath; gegenseitige Heirath, Verschwägerung, sonst κῆδος εος τὸ.
γαμησείω ich habe Lust zu heirathen.
γαμέτης ὁ Ehemann, poet. auch πόσις ιος ὁ: γαμετὴ ἡ, auch γαμέτις ίδος ἡ, Ehefrau.
γαμβρός οῦ ὁ Schwiegersohn, seltener Schwiegervater u. Schwager; bei den Doriern und Aeoliern auch Bräutigam, gew. νυμφίος, wie die Braut νύμφη (nubo). Jene drei Bedeutungen fließen auch in κηδεστὴς οῦ ὁ zusammen: Schwiegervater = mutter ist, wo genau gesprochen wird, ἑκυρὸς u. ἑκυρά (Mannsvater = mutter) od. πενθερός u. πενθερά (Frauenvater = mutter). Schwager (Mannsbruder, levir) δαήρ έρος. Schwägerin (Mannsschwester, glos) γάλως ω. Brudersfrau εἰνάτειρ od. -ηρ ἡ. Schwiegertochter, nurus, νυός οῦ; auch Braut.
γαμβρεύω ich verschwägere; bin verschwägert.
γαμίζω u. γαμίσκω ich verheirathe; auch νυμφεύω.
νυμφευτὴς οῦ ὁ oder παρανυμφίος ὁ der die Braut dem Bräutigam zuführt; fem. νυμφεύτρια od. παράνυμφος.
νυμφὼν ῶνος ὁ od. νυμφεῖον τὸ Brautgemach.

Γάργαλος ὁ der Kitzel. γαργαλίζω ich kitzele. γαργαλισμὸς ὁ das Kitzeln.

Γαργαρεὼν ῶνος ὁ Gurgel, Kehle (eigentlich der Zapfen im Munde).
γαργαρίζω ich gurgele. γαργαρισμὸς ὁ das Gurgeln.

Γάρον τὸ eine salzige Brühe aus Fischen bereitet.

Γαστήρ στέρος od. στρὸς ἡ Magen, Bauch; Mutterleib, uterus, sonst δελφὺς ύος ἡ, (wovon ἀδελφός Bruder u. νηδὺς ύος ἡ, u. ὑστέρα, wov. πάθη ὑστερικὰ Mutterbeschwerden, hysterische Uebel.
γάστρα oder γάστρη ἡ Bauch eines Gefäßes: das bauchichte Gefäß.
γάστρις ιδος ὁ ἡ u. γάστρων ωνος ὁ Dickbauch, Fresser.
γαστρίζω ich fülle den Bauch; ich schlage auf den Bauch.
γαστρίμαργος ὁ gefräßig, gierig (μάργος). γαστριμαργία Gefräßigkeit.
ὁμογάστωρ od. ὁμογάστριος aus demselben Mutterleibe, leiblicher Bruder.
προγάστωρ ορος ὁ ἡ mit hervorstehendem Bauch.
ὑπογάστριον Unterleib, sonst ἦτριον.

γαῦλος ὁ ein Schiff von runder Bauart; γαυλὸς ὁ ein Eimer oder Milchgefäß, auch πέλλη ἡ. γαυλικὸς u. γαυλιτικὸς zum Schiffe gehörig; χρήματα γαυλικὰ Waaren womit das Schiff beladen ist.

Γέ wenigstens: dient meist nur das Wort, hinter dem es steht, herauszuheben.

Γεῖσον τὸ Wetterdach, Vorsprung des Daches über und mit dem Simms (θριγκὸς ὁ). γεισόω u. ἀπογεισόω ich verwahre mit einem Vordach. θριγκόω ich bringe bis unter den Simms, vollende, vollbringe; ich schließe ein, zäune ein. γείσωμα τος τὸ einerlei mit γεῖσον. θρίγκωμα Verzäunung.

Γίγνομαι (später γίνομαι) f. γενήσομαι ich werde, werde geboren; ich geschehe. ἐγεινάμην ich erzeugte.

ἀπογίγνομαι ich bin nicht da, bin fern von etwas (τινός); ich gehe ab, sterbe.

διαγίγνομαι ich bin dazwischen (von der Zeit); ich daure eine Zeit hindurch, verharre.

ἐγγίγνομαι ich bin darin, komme darein; werde darin erzeugt.

ἐκγίγνομαι ich entstehe, entspringe daraus; bin oder gehe weg.

ἐπιγίγνομαι ich komme oder entstehe dazu, darauf, darnach. ἐπιγενόμενοι οἱ die Nachkommen.

παραγίγνομαι ich komme herbei, herzu.

περιγίγνομαι ich bleibe übrig; überlebe; übertreffe (τινός).

προγίγνομαι ich bin vorher; gehe od. komme vor, vorwärts, voran.

προσγίγνομαι ich komme hinzu; komme an; entstehe daran.

συγγίγνομαι ich entstehe zugleich, komme mit einem zusammen, gehe mit ihm um.

γένεσις εως ἡ Entstehung, Ursprung, Geburt, Erzeugung: poet. γενετὴ ἡ. γενέσια ίων τὰ der Geburtstag: auch τὰ γενέθλια, von γενέθλα ἡ od. γένεθλον τὸ Geburt, Ursprung, Geschlecht.

γνήσιος ία ιον genuinus, vollbürtig, echt, gesetzmäßig: poet. auch ἰθαγενὴς oder ἰθαιγενὴς ὁ ἡ. γνησιότης ητος ἡ Echtheit. Unecht, Bastard, spurius, νόθος ὁ ἡ od νόθος η ον; Unechtheit, unechliche Geburt νοθεία ἡ. νοθεύω ich mache unecht, halte dafür. Im Ehebruch erzeugt μοιχίδιος ία ιον, von μοιχὸς Ehebrecher, μοιχὰς od. μοίχαινα od. μοιχαλὶς Ehebrecherin (μοιχεία ἡ Ehebruch), μοιχάω u. μοιχεύω ich verführe eine Ehefrau). Unecht, verfälscht, von Metallen und Waaren, κίβδηλος ὁ ἡ: κιβδηλεύω ich verfälsche, κιβδηλιάω ich sehe aus wie unecht Gold, bleich, blaß: echt ἀκίβδηλος, ἀκιβδήλευτος, δόκιμος (δέχομαι ich nehme an), wovon δοκιμάζω ich prüfe auf die Echtheit, nehme für bewährt an, probo: δοκιμασία Prüfung, δοκιμαστὴς Prüfer: δοκίμιον Probierstein: εὐδοκιμέω ich finde Beifall, stehe in gutem Rufe.

γενέτης ου, γενέτωρ ορος, auch γενετὴρ ῆρος der Erzeuger: fem. γενέτειρα.

γένος εος τὸ Geschlecht, Stamm, Gattung.

ἀγενὴς έος ὁ ἡ ohne Geschlecht; unedel; kinderlos.

δυσγενὴς ὁ ἡ von niederer, εὐγενὴς von edler Geburt. εὐγένεια ἡ edle, δυσγένεια unedle Geburt.

ἐγγενὴς έος ὁ ἡ eingeboren, Inländer; angeboren.

συγγενὴς εος ὁ ἡ verwandt, poet. auch ὁμόγνιος. συγγένεια ἡ Verwandtschaft. συγγενικὸς ἡ ὸν die Verwandten betreffend, ihnen anständig.

γενεὰ ἡ Erzeugung, Geburt; Geschlecht; Generation, Menschenalter, Zeitraum von ungefähr 30 Jahren.

γενεαλογία Geschlechtsregister, Geschlechtsableitung. γενεαλογέω ich zähle das Geschlecht auf, ich leite das Geschlecht her.

γέννα ἡ Geschlecht, Geburt. γενναῖος αία αῖον angeboren; adlich; tüchtig, tapfer, was auch γεννάδας ου ὁ und γεννικὸς ἡ όν. γενναιότης ητος ἡ edle Geburt, edler Sinn, Tüchtigkeit.

γεννάω f. ήσω ich zeuge, bringe hervor.

γέννημα ατος τὸ das Erzeugte, Geborne, die Frucht. γέννησις εως ἡ die Erzeugung. γεννήτης ου ὁ (auch γεννητὴρ) Erzeuger. γεννητὸς ὁ ἡ erzeugt, geboren. ἀγέννητος nicht erzeugt, ἀγένητος nicht geworden, nicht entstanden. γεννητικὸς ἡ ὸν erzeugend, zu erzeugen geschickt.

γονὴ ἡ und γόνος ὁ die Erzeugung; der Saame; das Erzeugte.
γόνιμος ὁ ἡ erzeugend, fruchtbar. γονεὺς έως ὁ Vater, γονεῖς οἱ Eltern.
ἄγονος ὁ ἡ ohne Kinder, unfruchtbar.
ἀπόγονος ὁ ἡ od. ἔκγονος Abkömmling, Nachkomme.
ἔγγονος ὁ ἡ Enkel, sonst υἱωνός. Enkelin auch ἐγγόνη ἡ.
ἐπίγονος ὁ ἡ nachgeboren, nachgewachsen; auch μεταγενής. ἐπιγονὴ ἡ Zuwachs, Nachkommenschaft.
πρόγονος ὁ ἡ vorher geboren; pl. Vorfahren, Ahnen.

Γένυς υος ἡ Kinn; Bart; Kinnbacken (auch σιαγὼν όνος ἡ: Wange παρειὰ ἡ, wov. καλλιπάρειος schönwangig); Schärfe od. Schneide des Beils.
γένειον τὸ Kinn; Bart: auch γενειὰς άδος ἡ.
ἀγένειος ὁ ἡ unbärtig: γενειήτης od. γενειάτης ὁ bärtig (von γενειάω ich habe einen Bart), auch πωγωνίας u. πωγωνιάτης ου ὁ (von πώγων ωνος ὁ). πωγωνοτροφέω ich lasse den Bart wachsen.
γενειάζω u. γενειάσκω ich bekomme einen Bart; auch ἰουλίζω, von ἴουλος ὁ Milchhaar.

Γέρανος ὁ Kranich; Krahn, eine Hebemaschine. γερανίας ου ὁ Kranichhals, Langhals. γερανοβοσία ἡ das Halten von Kranichen.

Γῆρας αος τὸ das hohe Alter, senectus.
ἀγήρατος ὁ ἡ u. ἀγήραος od. ἀγήρως unveraltert, nicht alternd.
εὐγήρως glücklich im Alter. ἐσχατόγηρως od. ὑπέργηρως steinalt. γηροκόμος ὁ ἡ der das Alter oder im Alter pflegt, versorgt. γηροτροφεῖον ου τὸ Ort wo alte Leute ernährt werden.
γηράω u. γηράσκω ich werde alt. γηρᾶναι alt seyn.
ἐγγήραμα τὸ wobei oder worin man alt wird.
γέρων οντος ὁ (dem. γερόντιον) ein Alter, ein Greis (vgl. πρεσβύτης); pl. die Senatoren, wie γερουσία (in Sparta γεροντία) der Senat, der Rath der Alten, wovon γερουσιάζω ich sitze im Rath, bin γερουσιαστής.
γεροντεῖος εία ειον od. γεροντικὸς ὴ ὸν, auch γερούσιος, zum Alter oder zum Greise gehörig. γεροντιάω ich werde alt, schwach.
γεραιὸς ὰ ὸν alt (comp. γεραίτερος): poet. γηραιὸς ὰ ὸν u. γηραλέος έα έον.
γραῦς γραὸς ἡ (od. γραία) eine Alte (dem. γράδιον τὸ); die (runzlige) Haut auf dem kochenden oder sich abkühlenden Topfe.
γραϊκὸς ὴ ὸν einer alten Frau gehörig oder geziemend. γραολογία Altweibermährchen.
γέρας ατος τὸ Ehrenbelohnung, Preis; Ehrenbezeigung.
γεράσμιος ὁ ἡ geehrt; ehrend. ἀγέραστος ὁ ἡ ungeehrt, unbelohnt.
γεραρὸς ὰ ὸν verehrungswerth: γέραιραι Priesterinnen des Bakchos in Athen
γεραίρω f. αρῶ ich belohne mit einem Ehrengeschenk, ehre, verehre.

Γέῤῥον τὸ Flechtwerk; ein solcher Schild mit Häuten bezogen. γεῤῥοφόρος ὁ Schildträger. γεῤῥάδια τὰ Decken von Flechtwerk.

Γεύω f. σω ich lasse kosten, gebe zu essen: med. ich koste; probire, versuche, τινός. γεῦσις ἡ das Kosten oder zu kosten geben; der Geschmack.
γεῦμα ατος τὸ Probe zum Kosten, das Gekostete. ἄγευστος ὁ ἡ ungekostet; nicht kostend.
προγεύομαι ich koste vorher.

Γέφυρα ἡ Damm; Gasse zwischen den Schlachtlinien; Brücke.
γεφυρόω ich dämme; schlage eine Brücke über den Fluß, τὸν ποταμόν. γεφύρωμα τὸ der überbrückte Ort.
γεφυρίζω ich spotte, verspotte, wie müßige Leute von der Brücke herab zu Eleusis bei den Mysterien. γεφυρισμὸς ὁ das Spötteln. γεφυριστὴς ὁ Spötter.

Γῆρυς υος ἡ Stimme, Laut. γηρύω ich gebe einen Laut von mir, rede. κῆρυξ υκος ὁ (fem. κηρύκαινα) Herold, Ausrufer. κηρύκειον (ὁ) caduceus, Heroldstab. κηρυκεύω ich bin κῆρυξ, verfahre als solcher. κηρύσσω f. ξω ich rufe aus, mache öffentlich bekannt κήρυξις εως ἡ das Ausrufen, κήρυγμα ατος τὸ der Inhalt des Ausrufs. ἀκήρυκτος πόλεμος unangekündigter, erbitterter Krieg. ἀκηρυκτί ohne Ankündigung.

ἀποκηρύσσω ich verbiete oder verzichte durch öffentlichen Ausruf. ἀποκήρυκτος ein Sohn von dem der Vater sich öffentlich losgesagt hat, enterbt.

ἐπικηρύσσω τινὶ χρήματα ich proklamire daß ein Preis auf jemandes Kopf gesetzt ist.

προκηρύσσω ich verkündige voraus.

Γιγγλυμὸς ὁ die Vergliederung der Knochen, wenn der Kopf des einen in die Höhlung des andern paßt, Fuge, Gelenk übhpt.

γιγγλυμοῦσθαι sich vergliedern, in einander passen. γιγγλυμωτὸς durch einen γιγγλυμὸς verbunden.

Γλαυκὸς ἡ ὸν eine Farbe zwischen blau und meergrün (dah. γλαυκὴ poet. das Meer), wie die Augen der Katze oder der Eule. γλαυκωπὸς od. γλαυκώψ ὁ ἡ, γλαυκῶπις ιδος ἡ, der, die solche Augen hat: auch γλαυκόμματος. γλαυκιάω ich habe solche Augen, solche Farbe.

γλαύκωμα τος τὸ eine Verdunkelung der Augen durch ein blaues Häutchen. ἀπογλαυκόομαι ich bekomme ein solches.

γλαῦξ κὸς ἡ die Nachteule.

Γλάφω und γλύφω f. ψω ich höhle aus, grabe aus, schnitze.

γλάφυ τὸ Höhle, gew. ἄντρον und σπέος εος od. σπήλαιον (dem. σπηλάδιον τὸ u. σπῆλυγξ γγος ἡ). ἀντρώδης u. σπηλαιώδης höhlenartig. ἀντρίτης ὁ, ἀντριᾶος αία αῖον, σπηλαίτης ὁ zur Höhle gehörig, in Höhlen lebend; was auch ἀντροδίαιτος.

γλαφυρὸς ἁ ὸν ausgehöhlt; geglättet, fein, zierlich.

γλυφὴ ἡ das Ausschnitzen; das Geschnitzte, die Gravüre: auch γλύμματὸ.

γλύπτης und γλυπτὴρ od. γλυφεὺς έως ὁ der in Metall oder Stein gräbt.

γλυπτὸς ἡ ὸν geschnitzt, gegraben. ἀνάγλυπτος erhaben gearbeitet, διάγλυπτος vertieft. γλύφανον od. γλυφεῖον τὸ Werkzeug zum γλύφειν, Grabstichel, Meissel.

ἀναγλύφω ich mache in erhabener Arbeit, διαγλύφω in vertiefter.

Γράφω f. ψω ich grabe ein; zeichne, mahle, schreibe; Med. ich verklage wegen Vergehns wider den Staat.

γραφὴ ἡ Schrift, Gemälde; Anklage gegen einen Staatsverbrecher (entggs. δίκη Klage in Privatsachen).

γραφικὸς ἡ ὸν zum Schreiben, Zeichnen, Mahlen gehörig; geschickt darin. γραφικὴ Malerkunst, auch ζωγραφία (ζῶον).

γραφεὺς έως ὁ Schreiber; Maler, gew. ζωγράφος, wov. ζωγραφέω ich male.

γραφὶς ίδος ἡ u. γραφίδιον od. γραφεῖον τὸ womit man schreibt oder mahlt, Griffel, Pinsel.

γράμμα τος τὸ (dim. γραμμάτιον u. γραμματίδιον) das Geschriebene; Buchstab; Schrift, Buch. γράμματα litterae Brief; Wissenschaften; bs. was die Knaben lernten, Sprache, Poesie, Geschichte, entggs. den μαθήμασι der Erwachsenen in den Hörsälen der Philosophen.

γραμματικὸς ἡ ὸν die Buchstaben od Wissenschaften betreffend; subst. der gehörig lieset und schreibt; der die genannten Wissenschaften lehrt, Grammatiker: der Lesen und Schreiben lehrt γραμματιστὴς οῦ ὁ. γραμματικὴ (sc. τέχνη) die Kunst des Grammatikers; bs. die Grammatik oder Sprachlehre. γραμ-

ματικεύομαι ich bin ein Grammatiker, thue was ein solcher thut.
ἀγράμματος ungelehrt, illitteratus.
γραμματεὺς έως ὁ Schreiber. ὑπογραμματεύς Unterschreiber, zweiter Schreiber.
γραμματεύω f. εύσω ich bin Schreiber.
γραμματεῖον τὸ (dem. γραμματείδιον) worauf geschrieben wird, Schreibtafel; Brief, Acte: wo γράμματα gelehrt werden, die Schule.

γραμμὴ ἡ Strich, Zug, Linie; pl. das mit Linien bezogene Brett worauf man mit Steinchen spielte (scripta), Brettspiel. γραμμικὸς ὴ ὸν aus Linien bestehend, dahin gehörig.

γραπτὺς ύος ἡ das Ritzen, Verwunden der Haut. ἐπιγράβδην adv. streifend, ritzend. γραπτὸς ὴ ὸν geritzt; geschrieben. ἄγραπτος od. ἄγραφος ὁ ἡ ungeschrieben.

γραψείω ich habe Lust zu schreiben

ἀναγράφω ich schreibe auf, schreibe ein in Akten. ἀναγραφεὺς Aufschreiber. ἀναγραφὴ ἡ das Aufschreiben, Aufgeschriebene, Verhandelte.

ἀντιγράφω ich schreibe dagegen; antworte schriftlich. ἀντιγραφὴ Gegenschrift, schriftliche Anklage, Gegenklage. ἀντιγραφεύς Gegenschreiber, Controleur. ἀντίγραφος ὁ ἡ abgeschrieben, ἀντίγραφον τὸ Abschrift, Exemplar.

ἀπογράφω ich schreibe ab, copire; ich schreibe auf, trage ein in Rechnungsbücher, Listen ꝛc. ἀπογραφὴ das Abschreiben, Einschreiben; Liste. ἀπόγραφον τὸ Abschrift; Repertorium. ἀπόγραφος ὁ ἡ abgeschrieben.

διαγράφω ich zeichne ab; zeichne vor; ich streiche durch, streiche aus (διάγραπτος ὁ ἡ durchstrichen); ich zahle Geld durch Anweisung. διάγραμμα τὸ Zeichnung, Riß, Schema; mathematische Figur.

ἐγγράφω ich schreibe ein, hinein, darauf.

ἐπιγράφω ich mache eine Aufschrift, einen Titel; ich schreibe zu, rechne zu. ἐπίγραμμα τος τὸ Aufschrift, Inschrift. ἐπιγραφὴ ἡ die Angabe des Vermögens; Angabe überhaupt, Vorwand, Ursache die man angiebt.

καταγράφω ich male aus, verziere mit Gemälden; schreibe nieder, schreibe ein; beschreibe; verschreibe, lasse zuschreiben. καταγραφὴ ἡ die Aufschreibung, Enrollirung; Beschreibung; die Malerei oder Zeichnung im Profil.

μεταγράφω ich schreibe um, ändere; ich übersetze; ich schreibe ab.

παραγράφω ich schreibe dazu oder daneben. παραγράφομαι ich excipire gegen die Anklage παραγραφὴ ἡ beigeschriebenes Zeichen; Punkt am Ende der Periode (auch παράγραφος ἡ); Exceptionsschrift.

περιγράφω ich umgränze: schränke ein, bestimme; endige; ich mache einen Umriß, zeichne ab, verzeichne. περιγραφὴ ἡ Umschreibung; Umkreis, Umriß, Grenze.

προγράφω ich schreibe vorher; ich mache durch öffentlichen Anschlag bekannt, schreibe aus, befehle an, erkläre in die Acht, proscribo. προγραφὴ u. πρόγραμμα τος τὸ öffentlicher Anschlag; Achtserklärung.

προσγράφω ich schreibe dazu od. dabei; ich schreibe oder eigne einem zu.

συγγράφω ich schreibe auf; verfertige eine Schrift; ich mache einen schriftlichen Kontrakt, eine συγγραφή. συγγραφεύς έως ὁ Geschichtschreiber. σύγγραμμα τὸ Schrift, Buch.

ὑπογράφω ich schreibe unter, unterschreibe; ich untermale, bestreiche die untern Augenlieder mit στίβι oder στίμμι, stibium (schwarzgebranntem Spießglasoxyd); ich schreibe vor, lehre schreiben.
ὑπογραφὴ ἡ Unterschrift; das Untermalen; die Vorschrift, die auch ὑπογραμμός οῦ ὁ. ὑπογραφεὺς έως ὁ Unterschreiber; auch Nachschreiber, dem ein andrer dictirt.

Γλήνη ἡ Augenstern, Pupille; klein Mädchen, Püppchen (beides auch κόρη). γλῆνος εος τὸ was zur Schau und Zierde dient, wie ἄγαλμα.

Γλία od. γλοιὰ ἡ Leim, gluten (auch κόλλα ἡ, wovon κολλάω ich leime, προσκολλάω ich leime an, συγκολλάω ich leime zusammen, κολλητὸς geleimt, δυσκόλλητος übel geleimt, schlecht zusammenhangend. κολλώδης leimartig, klebrig. Vogelleim viscus ἰξός οῦ ὁ, wie auch die Mistel heißt, aus deren Beeren er bereitet wird: davon ἰξεύω f. ευσω ich fange Vögel mit Leimruthen, und ἰξευτὴς οῦ ὁ oder ἰξευτὴρ ein solcher Vogelsteller).

γλοιὸς ὰ ὸν klebrig, zähe, filzig, halsstarrig.

γλίσχρος α ον leimig, klebrig, zäh; karg, knapp; mühsam auf kleinliche Weise oder an kleinlichen Gegenständen.

γλισχρότης ητος ἡ Klebrigkeit, Schlüpfrigkeit, Kargheit.

γλίσχρων ὁ ein Filz, kümmerlich lebender Mensch.

γλισχραίνω ich mache klebrig, zähe. γλισχρεύομαι ich bin zähe, karg.

γλίχομαι ich verlange, strebe nach etwas (c. gen.).

Γλουτοὶ οἱ od. γλουτία τὰ Hinterbacken, Gesäß. Auch πυγὴ ἡ und πρωκτός ὁ. πυγίζω ich schlage auf den Steiß.

Γλυκὺς εῖα ὺ süß; angenehm; sanft, zart: auch γλυκερὸς ὰ όν. Bitter πικρὸς ὰ όν, poet. auch πευκεδανὸς ἡ όν (von πεύκη Fichte, von dem Geschmack des Harzes): herbe, scharf von Geschmack δριμύς εῖα ύ

γλυκύτης ητος ἡ Süßigkeit: Bitterkeit πικρία od. πικρότης ἡ, Herbigkeit δριμύτης. γλυκαίνω und γλυκάζω ich mache süß, πικραίνω und πικρόω ich mache bitter: πικράζω od. πικρίζω ich schmecke bitter. δριμύσσω ich reize durch scharfen Geschmack.

γλυκυθυμία ἡ die Behaglichkeit (θυμός): γλυκύμυθος ὁ ἡ angenehm redend. πικρόγλωσσος mit bitterer Zunge. δριμυφάγος der scharfe Sachen ißt.

γλεῦκος εος τὸ Most. γλεύκινος ίνη ινον von Most. γλευκοπότης ὁ Mosttrinker.

Γλῶσσα ἡ, att. γλῶττα, Zunge; Sprache; dunkles, einer Auslegung (eines γλώσσημα) bedürfendes Wort; Flötenmundstück.

ἄγλωσσος ὁ ἡ ohne Zunge oder Sprache; unberedt: εὔγλωσσος zungenfertig; beredt.

γλώσσαλγος ὁ ἡ od. γλώσσαργος geschwätzig, frech im Reden. γλωσσαλ(ρ)γέω ich schwatze. γλωσσαλ(ρ)γία ἡ Geschwätzigkeit.

γλωσσοκομεῖον od. γλωσσόκομον τὸ Kiste, Futteral, anfangs für das Mundstück der Flöte (γλῶσσα und γλωσσὶς ίδος), hernach überhaupt.

γλωσσοκρατέω ich beherrsche meine Zunge.

γλωχὶν ῖνος und γλωχὶς ίδος ὁ Spitze, Ecke, Ende. τριγλώχιν drieckig.

Γοάω f. ήσω und γοάομαι ich klage, traure, beklage. γόος ὁ u. γόη ἡ Klage, Kummer. γοερὸς ὰ ὸν od. γοώδης ὁ ἡ klagend: auch γεδνὸς.

γόης ητος ὁ Zauberer, Gaukler; Betrüger.

γοητεύω f. εύσω ich bezaubere, betrüge, täusche.

γοητεία ἡ u. γοήτευμα ατος τὸ Gaukelei, Blendwerk, Betrug.

γογγύζω ich murmele, brumme; bin unwillig. γογγυσμὸς οῦ ὁ Gemurmel. γογγυστὴς οῦ ὁ der brummt.

Γόμφος ὁ der (hölzerne) Nagel, Pflock: Nagel auch ἧλος ὁ. γομφόω u. ἡλόω od. καθηλόω ich verbinde und befestige durch Nägel: προσηλόω ich nagle an. γόμφωσις ἡ das Nageln. γόμφωμα τὸ das Festgenagelte. γομφωτὸς durch hölzerne Nägel befestigt.

γομφίος ὁ (sc. ὀδοὺς) der Backzahn, Mahlzahn.

Γόνυ γόνατος (poet. auch γουνὸς) τὸ, (dem. γονάτιον) Knie; Knoten am Halm. Kniekehle ἰγνὺς ύος ἡ und ἰγνύα ας ἡ. γονατίζω f. ίσω ich stoße mit dem Knie.

γουνόομαι und γουνάζομαι ich knie, falle auf die Knie, bitte fußfällig. γονυκλινὴς und γονυπετὴς fußfällig.

γνὺξ u. πρόχνυ adv. mit gebogenem Knie.

γωνία ἡ (dem. γωνίδιον) Winkel, Ecke; Winkelmaaß. τρίγωνος ὁ ἡ dreieckig. τριγωνοειδὴς ὁ ἡ in Gestalt eines Dreiecks. τριγωνίζω ich mache dreieckig.

τετράγωνον Viereck, τετραγωνίζω ich quadrire, τετραγωνισμὸς ὁ Quadratur. πεντάγωνον. ἑξάγωνον Fünfeck, Sechseck u. s. w.

γωνιαῖος αία αῖον winklig, eckig. γωνιώδης winkelförmig.

γωνιασμός ου ὁ das Richten nach dem Winkelmaaß.

γωνιόω ich mache winklich.

Γοργὸς ἡ ὸν lebhaft, munter; wild, fürchterlich anzusehn. γοργότης ητος ἡ Lebhaftigkeit, Heftigkeit.

γοργόομαι ich betrage mich muthig, wild.

Γρῖπος ὁ Fischernetz. γριπεὺς έως ὁ der Fischer. γριπεύω u. γριπίζω ich fische

γρῖφος ὁ Netz; Räthsel. γριφώδης ὁ ἡ räthselhaft. γριφεύω oder γριφολογέω ich spreche Räthsel oder in Räthseln.

Γρῦ od. γρὺ Laut der Schweine; übhpt Laut, Mucks; das Geringste: οὐδὲ γρῦ auch nicht einen Pfifferling.

γρύζω ich grunze, grannio: auch γρυλλίζω von γρύλλος ὁ Schwein, Ferkel. γρυσμὸς u. γρύλλη od. γρυλλισμὸς das Grunzen.

γρύτη ἡ (dem. γρυτάριον) Trödelwaare, Rumpelei, scruta. γρυμαία ἡ id.; Beutel, Tasche, crumena.

Γρυπὸς ἡ ὸν gekrümmt, gebogen, mit einer Habichtsnase; entggs. σιμὸς ἡ ὸν u. ἀνάσιμος mit einer eingedrückten Stumpfnase. γρυπότης ητος, σιμότης ἡ die Krümmung, Eingebogenheit.

σιμόω ich biege ein, rümpfe die Nase. σίμωμα τὸ das wie ein Schweinsrüssel umgebogene Vordertheil des Schiffes.

γρὺψ πὸς ὁ Greif, ein fabelhaftes Thier.

Γυμνὸς ἡ ὸν nackt; ohne Oberkleid; unbewaffnet; entblößt, dürftig, verlassen. τὰ γυμνὰ die Blöße, die Schaam.

γυμνόω ich entblöße; ich decke auf, enthülle; ich beraube, mache arm. Auch ἀπογυμνόω.

γυμνάζω ich übe nackt auf dem Ringplatz; richte ab, mache geschickt. καταγυμνάζω ich verthue durch gymnastische Spiele

γύμνασμα τὸ u. γυμνασία ἡ die Uebung. γυμναστὴς οῦ ὁ der die Athleten unterrichtet: γυμναστικὸς ἡ ὸν zum Gymnasten, zu Leibesübungen gehörig; dazu geneigt: ἀγύμναστος ungeübt darin. γυμναστικὴ (sc. τέχνη) die Kunst des Gymnasten. γυμναστήριον, gew. γυμνάσιον τὸ, Ort wo man Leibesübungen trieb. γυμνασίαρχος ὁ u. γυμνασιάρχης ου ὁ Vorsteher, Aufseher über ein Gymnasium: γυμνασιαρχέω ich bin ein Gymnasiarch.

γυμνικὸς ἀγὼν Wettkampf in körperlicher Gewandtheit, wie μουσικὸς in Musik Beredsamkeit und Poesie.

γυμνὴς ῆτος ὁ u. γυμνήτης ου ὁ ein leichtgerüsteter Soldat; auch ψιλὸς: entggs. ὁπλίτης. γυμνητία od. γυμνητεία ἡ das leichtbewaffnete Fußvolk. γυμνητεύω ich diene unter den Leichtbewaffneten.

γυμνοπαιδία od. γυμνοπαιδιὰ ἡ Fest zu Sparta, an welchem die Knaben nackend tanzten. γυμνόπους ὁ ἡ u. γυμνοπόδης ὁ barfuß.

Γῦρος ὁ Kreis, Rundung; runde Grube worein man Bäume pflanzt. γυρὸς ὰ ὸν gerundet, rund; gebogen, gekrümmt, gew. κυρτὸς ἡ ὸν, wov. κυρότης ητος ἡ die Krümmung, Convexität, κυρτιάω ich bin krumm, κύφων ωνος ὁ ein krummer buckliger Mensch. γυρόω ich runde; drehe im Kreise, kreisele; ich krümme, auch κυρτόω, wov. κύρτωμα ein krummer, converer Theil. γυρεύω ich bringe in einen Kreis, grabe im Kreise herum.

Γυῖα τὰ Gliedmaßen, bs. Hände und Füße (poet.).
γυιος ἡ ὸν lahm, gelähmt, ἀμφιγυήεις auf beiden Füßen lahm.
γυιόω u. ἀπογυιόω ich lähme die Glieder, entkräfte.
ὑπόγυιος u ὑπόγυος bei der Hand, bereit; frisch, neu.
γύαλον τὸ Höhlung, bs des Panzers od. der Hand.
ἐγγυαλίζω ich händige ein, überliefere.
ἐγγύη ἡ Einhändigung eines Pfandes, Bürgschaft; Verlobung, Verlöbniß.
ἔγγυος ὁ ἡ der Bürge (gew. ἐγγυητὴς οῦ ὁ); versichert, sicher (auch ἐχέγγυος): ἀνέγγυος unverbürgt.
ἐγγυάω f. ησω ich händige ein als Unterpfand; ich verlobe: Med. ich verbürge mich, ich lasse mir verbürgen. ἐγγυητὸς ἡ ὸν verbürgt, versprochen, verlobt.
ἐξεγγυάω ich befreie durch Verbürgung. κατεγγυάω ich verbürge; verlobe. κατεγγύη ἡ Verbürgung, Verlobung
παρεγγυάω ich händige ein, übergebe, bs im Kriege von mündlich gegebenen und von Glied zu Glied überlieferten Befehlen.

Γὺψ ῦπὸς u. αἰγυπιὸς οῦ ὁ der Geier. γύπινος ίνη ινον vom Geier.

Γύψος ἡ Gyps, τίτανος ἡ Kalk. γυψόω, τιτανόω ich bestreiche mit Gyps, mit Kalk. γυψωτὸς ἡ ὸν, τιτανωτὸς ἡ ὸν mit G., mit K. bestrichen.

Γωρυτὸς ὁ der Köcher; auch κώρυκος ὁ u. φαρέτρα ἡ.

Δ.

Δαίδαλος od. δαιδάλεος έα εον od. δαιδάλειος bunt verziert; künstlich.
διαδάλλω f. αλῶ u. δαιδαλόω f. ώσω ich mache künstlich, verziere bunt.
δαιδαλεύτρια ἡ Künstlerin.

Δαίω f. δαίσω od. δάσομαι ich theile; vertheile, gebe einem jeden seine Portion (auch δατέομαι); ich bewirthe, gebe zu essen, gew. δαίνυμι: δαίνυμαι ich schmause, esse.
δαὶς τὸς od. δαίτη ἡ, Jon. δαιτὺς ύος ἡ, Schmaus, Gastmahl. δαιτυμὼν όνος ὁ der ein Gastmahl zubereitet; Gast, auch δαιταλευς έως ὁ.
δαιτρὸν getheilt in Portionen. δαιτρὸς ὁ der Zerleger, Koch: δαιτροσύνη ἡ dessen Kunst. δαιτρεύω f. ευσω ich theile in Portionen, zerlege.
δαΐζω f. ΐσω u. ΐξω ich spalte; zerreiße, tödte. δαικτὴρ u. δαΐκτωρ ὁ zerstörend, tödtend.
δατητὴς ὁ Vertheiler. δασμὸς ὁ Vertheilung (auch δάτησις u. δάσμευσις ἡ); Abgabe, Tribut. δασμολογέω ich sammle Tribut ein; belege mit Tribut. δασμολόγος der Einnehmer des Tributs, δασμοφόρος tributar.
δάπτω f. ψω ich zerreiße, zerfleische; fresse, auch δαρδάπτω u. διαδάπτω, καταδάπτω.
δάπτριος fressend, verzehrend. δαψιλὴς έος ὁ ἡ viel verzehrend od. aufwendend; reichlich, überflüssig. δαψίλεια ἡ reichlicher Aufwand; Ueberfluß. δαψιλεύομαι ich lasse aufgehn; bin freigebig od ergiebig. ἐπιδαψιλεύω ich gebe noch dazu, setze reichlich hinzu.
δαπανάω f. ήσω ich verwende, τι εἴς τι; mache Aufwand, verthue
δαπάνη ἡ u. δαπάνημα τος τὸ Aufwand, Unkosten. δαπανη-

ρὸς ἀ ὸν verschwenderisch; kostspielig. ἀδάπανος ὁ ἡ ohne Kosten, umsonst.

Δάημι, gew. μανθάνω f. μαθήσομαι, ich lerne: διδάσκω f. ξω ich lehre. ἀπομανθάνω ich verlerne. ἐκμανθάνω ich lerne auswendig. προσμανθάνω ich lerne zu.

διδάσκαλος ὁ Lehrer: μαθητὴς οῦ ὁ. μαθήτρια ἡ, Schüler. μαθητεύω ich bin Schüler, μαθητιάω ich habe Lust es zu sein. διδασκαλία ἡ die Lehre, die Unterweisung.

διδασκαλικὸς od διδακτικος ἡ ὸν zum Unterricht gehörig od. geschickt: μαθητικὸς zum Lernen, zum Schüler gehörig.

διδασκαλεῖον τὸ die Schule.

δίδαγμα ατος τὸ Lehre; Vorschrift; Unterricht. μάθημα was gelernt wird, Wissenschaft, bs. Mathematik, die auch ἡ μαθηματική: μαθηματικὸς ὁ Mathematiker, Astrologe.

διδακτὸς ἡ ὸν gelehrt, lehrbar: μαθητὸς gelernt, lernbar. ἀδίδακτος ὁ ἡ ungelehrt. ἀμαθὴς ὁ ἡ der nichts gelernt hat; ungezogen: ἀμαθία ἡ Ungezogenheit: ἀμαθαίνω ich bin ungezogen. εὐμαθὴς gelehrig, δυσμαθὴς schwer lernend: εὐμάθεια od. -θία ἡ Gelehrigkeit. δίδακτρον τὸ Lehrgeld.

διδαχὴ ἡ Unterricht, Lehre. μάθησις ἡ das Lernen.

δαήμων ονος ὁ ἡ wissend, kundig, erfahren: ἀδαήμων od. ἀδαὴς unerfahren. δαημοσύνη ἡ Kenntniß, Wissenschaft: ἀδαημοσύνη Unkunde

δαίμων ονος ὁ ἡ Genius, guter od. böser; Gott. δαιμόνιος ὁ ἡ von einem Genius od. Gott herrührend, ihm eigen; außerordentlich, übernatürlich: δαιμόνιον τὸ die Einwirknng des Dämons, auch der Dämon selbst. δαιμονάω od. δαιμονιάω, auch δαιμονιάζω u. δαιμονίζομαι, ich bin von einem Dämon besessen od. begeistert; ich rase. δαιμονιακὸς ἡ ὸν von einem Dämon besessen; von ihm eingegeben

δυσδαίμων ὁ ἡ und κακοδαίμων unglücklich. εὐδαίμων ὁ ἡ glücklich: selig μάκαρ ὁ. μάκαιρα ἡ od. μακάριος ία ιον: μακαρίτης ὁ, ῖτις ἡ, selig verstorben. εὐδαιμονία Glück: Seligkeit μακαρία od. μακαριότης ἡ. εὐδαιμονέω f. ησω ich bin glücklich. εὐδαιμονικὸς ἡ ὸν zur Glückseligkeit gehörig. εὐδαιμονίζω ich preise glücklich: μακαρίζω ich preise selig, μακαριστὸς ἡ ὸν selig gepriesen od. zu preisen, μακαρισμὸς ὁ das Seligpreisen.

δῆλος η ον klar, offenbar, deutlich.

δηλαδὴ offenbar, versteht sich.

ἄδηλος ὁ ἡ undeutlich, unbekant, ungewiß διάδηλος u. κατάδηλος ὁ ἡ sehr deutlich. πρόδηλος vorher bekannt, offenbar.

δηλόω ich mache offenbar, gebe zu erkennen, zeige an. δήλωμα τος τὸ das Erklärte; Anzeige, Erklärung, Kennzeichen: auch δήλωσις ἡ. δηλωτικὸς ἡ ὸν zum Erklären gehörig od. geschickt.

Δαίω ich zünde an, verbrenne; pros. καίω.

δαΐς ΐδος ἡ Brand, brennende Fackel; Krieg, Schlacht, Jon. δηΐς, auch δηϊοτὴς ἡ u. δῆρις, wov. δηριάομαι ich streite, kämpfe

δάϊος ΐα ϊον (Jon. δήϊος) sengend und brennend, feindlich. δηϊόω oder δηόω f. ώσω, poet, δηϊάω ich behandele feindlich, verwüste. ἀδήωτος ὁ ἡ unverwüstet.

δαλὸς ὁ Feuerbrand, Kienscheit.

Δάκνω od. δαγκάνω f. δήξομαι ich beiße. δακνώδης ὁ ἡ beißend; empfindlich. δακέθυμος od. δηξίθυμος od. θυμοδακὴς ὁ ἡ herzfressend.

δῆγμα ατος τὸ der Biß, δηγμὸς ὁ u. δῆξις ἡ das Beißen.

δακνᾶς ᾶ od. δήκτης ου ὁ Beißer. δηκτικὸς u. δηκτήριος ὁ ἡ beißig, beißend. δακετὸν τὸ Thier das beißt; auch δάκος τό. ἄδηκτος ὁ ἡ nicht gebissen, unangefressen von Würmern; nicht beißend, nicht anzüglich.

ὀδάξ beißend, mordicus.

ὀδαξάω od. ὀδαξάω, auch ὀδακτάζω, ich beiße, jucke. ὀδαξησμὸς und ὀδαξησμὸς ὁ das Beißen, Jucken. ὀδαξητικὸς ἡ ὸν od. ὀδαξώδης Beißen od. Jucken verursachend.

Θήγω f. ξω ich schärfe, wetze (sonst ἀκονάω), reize an. Θῆξις ἡ Schärfung. Θηκτὸς ἡ ὸν od. Θηγαλέος έα έον geschärft, scharf: ἀμφίθηκτος od. ἀμφιθηγὴς ὁ ἡ auf beiden Seiten geschärft. Θήγανος άνη ανον schärfend, Θηγάνη ἡ od. Θήγανον τὸ Schleifstein.

δάκρυ υος od. δάκρυον τὸ (dem. δακρύδιον τὸ) Thräne.

δακρύῤῥοος in Thränen fließend, δακρυχέω ich vergieße Thränen.

δακρυόεις όεσσα όεν weinend, kläglich. δακρυώδης ὁ ἡ thränenartig.

δακρύω f. ύσω ich weine, beweine, sonst κλαίω (Att. κλάω) f. κλαύσομαι od. κλαιήσω. κλαυσιάω ich habe Lust zu weinen, thue weinerlich.

δεδακρυμένος verweint, éploré.

ἀποδακρύω u. ἀποκλαίω, auch καταδακρύω u. κατακλαίω, ich beweine.

δακρυτὸς u. κλαυτὸς od. κλαυστὸς ἡ ὸν beweint, ἀδακρυτὶ od. ἀκλαυτὶ ohne zu weinen. ἀδάκρυτος u. ἄδακρυς υος ὁ ἡ od. ἄκλαυτος, ἄκλαυστος ὁ ἡ unbeweint. ἀρίδακρυς ὁ ἡ od. κλαυστικὸς leicht weinend.

κλαυθμὸς ὁ u. κλαυθμονὴ ἡ das Weinen. κλαυθμυρίζω ich winsele, wimmere, sonst κινύρομαι u. μινύρομαι od. μινυρίζω: κινυρὸς u. μινυρὸς ά ὸν winselnd, klagend. κλαυθμὼν ὁ Ort des Weinens.

κλαύσιμος zum Weinen, weinerlich.

Δαμάω od. δαμάζω, auch δάμνημι, ich bändige, spanne ins Joch; bezwinge; ich heirathe.

δάμαρ αρτος ἡ die Ehefrau. δαμάλη u. δάμαλις ἡ eine junge Kuh.

δμῆσις od. δάμασις ἡ das Bändigen: δαμασίφρων den Sinn bändigend.

δμητὴρ ῆρος u. δαμαστὴς οῦ ὁ Bändiger: fem. δμήτειρα u. δαμάτειρα.

δαμαστήριος ία ιον zum Bändigen dienlich.

δμητὸς ἡ ὸν gebändigt: ἄδμητος ὁ ἡ unbezwungen; unverheirathet (vom Mädchen), auch ἀδμὴς ῆτος. ἀδάμαστος unbezwinglich. ἀδάμας αντος ὁ gehärtet Eisen, Stahl; späterhin Diamant. ἀδαμάντινος ίνη ινον stählern, eisern; sehr hart u. fest: auch ἀδαμαντόδετος.

δμῶς ωὸς ὁ Sklave, δμωὴ u. δμωΐς Sklavin; auch ἀδμὴν ένος ὁ u. ἀδμενὶς ἡ, od. ἀτμὴν u. ἀτμενίς: ἀτμενία Sklaverei.

δέμω, aor. ἔδειμα, pf. δέδμηκα, ich baue; auch δωμάω. εὔδμητος schön gebaut. (poet.)

δέμας τὸ (indecl.) Leib, Körper, poet.

δέμνιον τὸ Bettgestell. δεμνιοτήρης ου ὁ das Bett hütend, gew. κλινήρης.

δομὴ u. δόμησις ἡ Bau, Erbauung, Gebäude; auch δώμησις u Ion. δωμητὺς ἡ.

δόμος ὁ Schicht, Reihe; Haus, auch δῶμα ατος τὸ, pros. οἶκος ὁ. δωμάτιον τὸ Zimmer.

πρόδομος. ὁ was vor dem Hause ist, Vorzimmer, Vorhaus, atrium.

ὀπισθόδομος Hinterhaus; Schatzkammer hinter dem Parthenon.

δῆμος ὁ (dem. δημίδιον u. δημακίδιον τὸ) Volk; auch λαός, Att. λεώς (δημὸς ὁ Fett, Schmeer). δῆμοι οἱ die Ortschaften od. Gauen, worein das Volk in und um Athen sich abtheilt: οἱ λαοὶ od. οἱ λεῴ die Leute.

δημόθεν adv. aus dem Volk, aus dem Demos.

ἀπόδημος od. ἔκδημος ὁ ἡ außer dem Staat, in der Fremde sich aufhaltend. ἀποδημία ἡ Aufenthalt in der Fremde. ἀποδημέω ich bin in der Fremde, reise.

ἔνδημος ὁ ἡ (poet. auch μεταδήμιος) in der Heimat befindlich: ἐνδημέω ich bin in der Heimat, bin einheimisch.

ἐπίδημος u. ἐπιδήμιος ὁ ἡ unter dem Volke, landüblich; unter das Volk kommend, heimkehrend; fremd, eingewandert. ἐπιδημέω od. ἐπιδημεύω ich bin in der Heimat; ich kehre in die Heimat zurück; ich komme als Fremder unter ein Volk. ἐπιδήμησις od. ἐπιδημία ἡ Ankunft aus der Fremde.

δημώδης ὁ ἡ gemein; allgemein bekannt.

λήϊτος od. λεῖτος, gew. δημόσιος ία ιον, dem Volke gehörig, das Volk betreffend, publicus. (τὸ δημόσιον Staatsgeschäfte; Staatskasse; Staatsgefängniß.) Entggs. ἴδιος ία ιον dem Einzelnen gehörig; eigen, eigenthümlich: ἰδιότης ἡ Eigenheit, Eigenthümlichkeit; auch ἰδίωμα. δημοσίᾳ öffentlich; von Seiten od. im Namen des Staats, auf Staatskosten: privatim ἰδίᾳ.

δημοσιεύω od. δημοσιόω ich publicire; eigne dem Staat zu, confiscire, gew. δημεύω. (Confiscirt auch δημιόπρατος od. δημόπρατος von πιπράσκω ich verkaufe; Confiscation δημοπρασία ἡ.) δημοσιώνης ὁ (ὠνέομαι ich kaufe der die Einkünfte des Staates pachtet, publicanus. ἰδιόω ich mache zu eigen, eigene zu: ἰδίωσις ἡ Zueignung, Vindication eines Eigenthums.

λειτουργία ἡ munus publicum, Leistung an den Staat aus eigenem Vermögen, bs. τριηραρχία u. χορηγία. λειτουργὸς der dergleichen in seiner Reihe übernimmt. λειτουργέω ich verwalte ein öffentliches Amt, bestreite die damit verknüpften Kosten. ἀλειτούργητος ὁ ἡ frei davon: ἀλειτουργησία ἡ diese Befreiung.

δημότης ου ὁ, δημότις ιδος ἡ, einer vom Volk, Plebejer; Bürger eines δῆμος. δημοτικὸς ἡ ὸν zum Volke oder zum Demos gehörig; einem Bürger geziemend; popular, Freund des Volks. δημοτεύομαι ich gehöre zu einem Demos.

δημίζω ich halte es mit dem Volke. δημόομαι ich spaße: δημώματα τὰ Späße.

δήμιος ία ιον zum Volke oder zum Staat gehörig; subst. der Scharfrichter, auch δημόσιος. δημεῖον τὸ Richtplatz.

λήϊον τὸ Saatfeld, ager publicus.

λεία (Ion. ληΐη) ἡ Beute, bs. geraubte Menschen u. Vieh: sonst λάφυρον τὸ, wov. λαφυραγωγὸς der Beute wegführt u. λαφυροπώλης der die an sich gekaufte Beute im Einzelnen wieder verkauft.

ληΐδιος ία ιον (fem. auch ληϊὰς άδος u. ληΐς ἴδος) erbeutet. ληΐτις ιδος od. ἀγέλεια ἡ die Beute machende

ληΐζομαι ich erbeute, raube; verwüste, verheere ληϊστὸς ἡ ὸν erbeutet. ληϊστὴς od. ληστὴς οῦ ὁ (poet. auch ληϊστήρ u. ληΐστωρ) Räuber, Pirat. ληστεία, ληϊστὺς ύος, ἡ das Rauben, Plündern. ληστεύω ich treibe Räuberei, raube. λῃστικὸς ἡ ὸν u. λῃστρικὸς ἡ ὸν zum Rauben gehörig od. geneigt: τὸ λῃστρικὸν Räuberbande. λῃστήριον τὸ Aufenthalt von Räubern.

ληλατέω (ἐλαύνω) ich treibe Beute weg: ληλασία ἡ das Beutemachen.

ἰδιώτης ὁ, ἰδιῶτις ἡ, Privatmann; gemeiner Mann; ohne Kunst, ohne Wissenschaft, ohne Leibesübung.

ἰδιωτικὸς ἡ ὸν dem ἰδιώτης eigen od. anständig. ἰδιωτεία ἡ dessen Leben und Lage. ἰδιωτεύω ich bin ἰδιώτης. ἰδιωτίζω ich spreche wie ein solcher: ἰδιωτισμὸς ὁ Sprechart des gemeinen Lebens.

ἰδιάζω ich bin allein, abgesondert, eigenthümlich; ἰδιαστὴς ὁ der für sich lebt.

δημαγωγὸς ὁ (ἄγω) Volksführer; Rathgeber des Volks. δημαγωγέω ich lenke und leite das Volk.

δήμαρχος ὁ Vorsteher eines Demos; bei den Römern tribunus plebis.

δη-

δημηγόρος ὁ (ἀγορέω) Volksredner. δημηγορέω ich rede zum Volk, δημηγορία ἡ eine solche Rede, δημηγορικὸς dazu geschickt od. gehörig.

δημιουργὸς ὁ (ἔργον) Arbeiter, Werkmeister; in den Dorischen Republiken oberste Magistratus. δημιουργέω ich treibe ein Handwerk, arbeite, verfertige. δημιουργία ἡ das Arbeiten, das Verfertigen. δημιούργημα τὸ Werk des δημιουργος.

λεωργὸς od. λαοργὸς ὁ Bösewicht, Missethäter.

δημοκρατία ἡ Volksregierung (κράτος). δημοκρατέομαι ich lebe in einer Demokratie. δημοκρατίζω ich halte es mit der Demokratie.

δημοτελὴς ὁ ἡ auf Kosten des Staats gemacht (τέλος).

Δάνος εος τὸ auf Zinsen gegebenes od. genommenes Geld, gew. δάνειον od. δάνεισμα τὸ, von δανείζω f. είσω ich leihe aus auf Zinsen, δανείζομαι ich borge auf Zinsen. δανεισμὸς ὁ das Leihen auf Zinsen, δανειστὴς οῦ ὁ der Wucherer, δανειστικὸς ἡ ὸν zum Wucher geneigt oder geschickt.

ἕδνα u. ἔεδνα τὰ Brautgeschenke, vom Bräutigam den Eltern der Braut gemacht: Mitgift φερνὴ od. προὶξ κὸς ἡ (dem. προικίδιον τὸ). προῖκα umsonst, προίκιος od. προικιμαῖος wofür nichts bezahlt wird. ἑδνοφορέω ich bringe ἕδνα, φερνοφορέω od. προικοφορέω ich bringe eine Mitgift: φερνίζω od. προικίζω ich statte aus. ἑδνάζω, ἑδνεύω, ἑδνόω ich verspreche oder verlobe gegen ἕδνα, ἑδνωτὴ die Verlobte, ἑδνωτὴς der Brautvater; der Freier. ἕδνιος χιτὼν Brautkleid.

Δίδωμι f. δώσω ich gebe: ich bekomme, ich nehme λαμβάνω (poet. auch λάζομαι und λάζυμαι) f. λήψομαι od. (Jon.) λάμψομαι. δωσείω ich habe Lust zu geben.

δόμα ατος τὸ Gabe, Geschenk, auch δόσις εως ἡ, gew. δῶρον τὸ u. δωρεὰ ἡ (δωρεὰν umsonst), poet. auch δῶς u. δωτὶς u. δωτίνη ἡ, wov. δωτινάζω ich nehme und sammle Geschenke. λῆμμα (dem. λημμάτιον) τὸ was man bekömmt oder annimmt, λῆψις εως ἡ das Nehmen, Fassen; Anfall einer Krankheit.

δότης ου u. δοτὴρ ῆρος ὁ der Geber, auch δωτὴρ u. δώτωρ: Geberin δότειρα. Nehmer, Empfänger λήπτωρ od. λήπτης. δοτικὸς ἡ ὸν zum Geben geneigt, ληπτικὸς zum Nehmen od. Fassen. δοτὸς ἡ ὸν gegeben od. zu geben, ληπτὸς genommen od. zu nehmen. ἄληπτος nicht zu fassen, nicht zu nehmen: εὔληπτος leicht zu fangen.

δωρέομαι f. ήσομαι ich schenke. δώρημα τὸ Geschenk, δωρητικὸς od. δωρηματικὸς ἡ ὸν zum Geschenk gehörig, zum Schenken geneigt. δωρητὴς ὁ Schenker. δωρητὸς ἡ ὸν geschenkt; bestechlich, gew. δωροδόκος, wovon δωροδοκέω ich nehme Geschenke, δωροδόκημα τὸ genommenes Geschenk, δωροδοκία ἡ Bestechlichkeit, ἀδωροδόκητος unbestechlich. ἄδωρος ὁ ἡ unbeschenkt: der nicht schenkt.

λαβὴ ἡ das Anfassen, Anpacken; der Griff, die Handhabe, dies auch λαβὶς ἡ, dem. λαβίδιον τό. ἀλαβὴς ὁ ἡ nicht anzugreifen, nicht zu fassen. εὐλαβὴς bedächtig, vorsichtig: εὐλάβεια Bedächtigkeit, Behutsamkeit: εὐλαβοῦμαι ich nehme mich in Acht; ich scheue, fürchte.

ἀναδίδωμι ich gebe herauf, bringe hervor; ich breche hervor, wie Feuer od. Quellen; ich gebe zurück. ἀναλαμβάνω ich nehme auf, nehme zurück, verbessere; erhole mich. ἀνάληψις Erholung, Genesung; Annahme eines Kindes. ἀνάδοτος ὁ ἡ zurückgegeben. ἀναληπτικὸς ἡ ὸν erfrischend, stärkend.

ἀντιδίδωμι ich gebe dagegen, ersetze: ἀντιλαμβάνω ich bekomme dagegen: ἀντιλαμβάνομαί τινος ich halte mich an etwas, nehme mich dessen an, maße es mir an. ἀντίδοτος ἡ od. ἀντίδοτον τὸ Gegengift. ἀντίδοσις ἡ Vermögenstausch als Nöthigung zur Trierarchie. ἀντίληψις das Ergreifen, Angreifen (auch mit Tadel und Vorwurf).

ἀποδίδωμι ich gebe ab, übergebe; gebe wieder; bezahle; med. ich verkaufe. ἀπολαμβάνω ich nehme von –; ich bekomme wieder od. zurück; ich schneide ab, fange auf. ἀπολαύω f. αύσομαι ich genieße, habe Vortheil oder Schaden, von etwas τινός: ἀπόλαυσις ἡ Genuß, ἀπολαυστὸς genossen od. genießbar, ἀπολαυστικὸς ἡ ὸν zum Genuß gehörig od. geneigt. ἀπόδοσις ἡ das Wiedergeben, Abzahlen: das Wiederbekommen ἀπόληψις. ἀποδόσιμος was wiedergegeben werden soll od. kann. ἀνταποδίδωμι ich erstatte, vergelte.

διαδίδωμι ich gebe von Hand zu Hand, theile aus, breite aus. διαλαμβάνω ich bekomme ausgetheilt, ich nehme auseinander, ich trenne, ich erwäge, discepto.

ἐκδίδωμι ich gebe heraus; statte aus, z. B. eine Tochter; verdinge; neutr. ich breche hervor: ἐκλαμβάνω ich nehme heraus, suche aus, nehme verdungene Arbeit an (auch ἐργολαβέω von ἐργολάβος ὁ Entrepreneur). ἔκδοσις ἡ die Herausgabe; Ausstattung: ἔκληψις das Herausnehmen, die Ausnahme. ἔκδοτος ὁ ἡ ausgegeben; ausgestattet: entggs. ἀνέκδοτος. συνεκδίδωμι ich helfe ausstatten.

ἐνδίδωμι ich gebe in die Hand, übergebe; thue hinein, neutr: ich gebe nach, hänge nach. ἐνδόσιμον τὸ Vorspiel, Zeichen zum Anfang, Antrieb.

ἐπιδίδωμι ich gebe dazu; ich übergebe; ich schenke, bringe freiwillig dar. neutr ich nehme zu, wachse. ἐπιλαμβάνω ich ergreife, nehme ein: ἐπιλαμβάνομαι τινος ich fasse und halte fest; ich taste an, schelte. συνεπιλαμβάνομαι ich fasse mit an, unterstütze. ἐπίδοσις ἡ die Zugabe; das freiwillige Geschenk; das Zunehmen. ἐπίληψις od. ἐπιληψία ἡ Anfall einer Krankheit, bs. die fallende Sucht: ἐπίληπτος gefaßt, getadelt; epileptisch: ἐπιληπτεύομαι u. ἐπιληπτίζομαι ich habe die Epilepsie

καταδίδωμι ich vergebe, vertheile; neutr. ich ergieße mich, vom Fluß. καταλαμβάνω ich nehme ein, hole ein, halte fest, begreife. κατάληπτος od. καταλήψιμος zu greifen, einzuholen, begreiflich: ἀκατάληπτος unerreicht, unbegreiflich: ἀκαταληψία ἡ Unbegreiflichkeit.

μεταδίδωμι ich theile mit, lasse Theil nehmen. μεταλαμβάνω ich nehme Theil τινός; ich wechsele, tausche τι; ich bekomme nach einem andern. μεταδοτικὸς ἡ ὸν mittheilend; ansteckend: μετάληπτος woran Theil genommen wird od. genommen werden kann. μετάδοσις ἡ Mittheilung; Beitrag, Beisteuer: μετάληψις Theilnahme, Tausch.

παραδίδωμι ich übergebe, überliefere: παραλαμβάνω ich überkomme, übernehme; nehme hinzu. παράδοσις ἡ Uebergabe, Ueberlieferung: παράληψις Uebernahme.

περιδίδωμι ich gebe herum, lege herum; med. ich wette, τινὸς um etwas. περιλαμβάνω ich umfasse, umschließe, umarme. περίλημμα τὸ das Umfassen, der Fang. περίληπτος zu umfassen, zu begreifen: ἀπερίληπτος unbegränzt, unbegreiflich

προδίδωμι ich gebe vorher; ich verrathe, lasse im Stich. προλαμβάνω ich nehme vorher; nehme im Voraus an; ich komme zuvor (sonst φθάνω). πρόληψις ἡ das Zuvorkommen; der vorgefaßte od. vorläufige Begriff. προδοσία ἡ Verrätherei, προδοσέταιρος ὁ ἡ der seine Freunde verräth. προδότης ὁ der Verräther, προδοτικὸς ἡ ὸν verrätherisch: προληπτικὸς vorausnehmend, vorgreifend. πρόδοτος verrathen.

προσδίδωμι ich gebe hinzu: προσλαμβάνω ich nehme od. bekomme hinzu; ich lege mit Hand an, helfe, gew. συλλαμβάνω, wov. συλλήπτωρ od. συλλήπτωρ ὁ (συλλήπτειρα od. συλλήπτρια ἡ) Gehülfe.

συλληψις ἡ Hülfe; Zusammenfassung (auch συλλαβή); Empfängnis. συλλήβδην zusammengefaßt, im Ganzen.

ὑπολαμβάνω ich nehme auf, erwiedere (die Rede); ich meine, glaube; ich nehme heimlich weg, entziehe. ὑπόληψις ἡ das Aufnehmen der Rede des Andern; Antwort, Einwurf; Meinung, Vorstellung. ὑπόληπτος vermeint.

λάβρος α ον gierig, gefräßig, großmäulig, unverschämt. λαβρότης od. λαβροσύνη ἡ Gefräßigkeit. λαβρεύομαι ich rede viel u. dreist. λαβρόστομος ὁ ἡ mit dreistem Munde.

λάπτω f. ψω ich schlürfe, lecke, schlinge. ἀπολάπτω ich lecke ab od. auf, verschlucke.

λαπάζω od. λαπάσσω f. ξω ich leere, räume aus; erweiche den Leib durch abführende Mittel, wie λάπαθον τὸ Sauerampfer. ἀλαπάζω u. ἐξαλαπάζω ich plündere, zerstöre: ἀλαπαδνὸς ἡ ὸν leicht zu zerstören. λαπαρὸς od. λαγαρὸς ὰ ὸν schlaff, eingesunken, weich, schmächtig. λαπάρα ἡ od. λαγὼν όνος ἡ die Dünnen od. Weichen (Seiten von den Rippen bis an die Hüften), an Thieren κενεὼν ῶνος ὁ. λαγαρίζω od. λαγαρόω ich mache schlaff, dünne, weich.

λαφύσσω f. ξω ich verzehre gierig, schlemme, prasse: λαφυγμὸς ὁ das Schlemmen, Prassen. λαφύκτης ὁ Fresser, Schlemmer.

λαρὸς ἡ ὸν lecker, schmackhaft: λάρος ὁ Möwe, gefräßiger Seevogel. λαρινὸς ἡ ὸν gemästet, λαρινεύω ich mäste.

λάρυγξ (od. φάρυγξ) γγος ἡ Schlund; Kehle, auch λαιμός ὁ. λ(φ)αρυγγίζω f. ίσω ich schreie aus voller Kehle (auch λαρυγγιάω); ich kehle ab, auch λαιμίζω: λαιμήτομος abgekehlt, λαιμητόμος abkehlend (τέμνω). λαρυγγισμὸς ὁ das Geschrei. λαιμάσσω od. λαιμάζω ich fresse gierig.

λαίμαργος ὁ ἡ gefräßig, gierig: λαιμαργία Gefräßigkeit.

λαμία ἡ ein Kinder fressendes Ungeheuer; Hayfisch.

λαμυρὸς gefräßig, mit weitem und tiefem Schlund; keck, frech.

Δάπεδον τὸ Boden, Fußboden.

ἐνδαπὸς ὁ ἡ od. ἐνδάπιος ία ιον einheimisch: ἡμεδαπὸς ἡ ὸν aus unserm Lande (nostras), ὑμεδαπὸς aus euerm (vestras), ἀλλοδαπὸς aus anderm, fremdem, τηλεδαπὸς aus fernem.

ποδαπὸς ἡ ὸν aus welchem Lande? woher? cuias? ποταπὸς ἡ ὸν was für einer? von welcher Beschaffenheit?

δάπις od. τάπις ιδος ἡ, auch τάπης ητος ὁ, (dem. δαπίδιον u. ταπήτιον τὸ) Fußdecke, Teppich.

ταπεινὸς ἡ ὸν niedrig, gering, kleinmüthig, demüthig. ταπεινότης ἡ Niedrigkeit, Kleinmuth, Demuth. ταπεινόω ich erniedrige, schlage nieder, demüthige: ταπείνωσις Erniedrigung: ταπεινωτικὸς ἡ ὸν erniedrigend.

ταπεινολογία od. ταπεινοῤῥημοσύνη ἡ demüthige Rede, ταπεινοφροσύνη demüthiger Sinn (von ταπεινολόγος, ταπεινοῤῥήμων, ταπεινόφρων).

τόπος ὁ (dem. τόπιον τὸ) Ort, Stelle, Stäte, Platz; Gemeinplatz, locus communis.

τοπικὸς ἡ ὸν den Ort betreffend, zum Ort gehörig; örtlich. ἡ τοπικὴ (τέχνη) die Kunst Gemeinplätze zu finden und daraus zu argumentiren, Topik.

τοπάζω f. άσω ich stelle hin, placire; ich ziele, vermuthe, errathe. ὑποτοπάζω od. ὑποτοπέω ich vermuthe, wähne, argwohne: auch καχυποτοπέομαι von ὑπότοπος ὁ ἡ verdächtig

ἄτοπος ὁ ἡ nicht an seinem Ort, unschicklich; ungereimt, seltsam. ἀτοπία ἡ Unschicklichkeit, Seltsamkeit; Absurdität, Widerspruch. ἀτόπημα τὸ seltsame Handlung od. Rede.

ἔντοπος u. ἐντόπιος ὁ ἡ einheimisch; Einwohner.

ἔκτοπος ὁ ἡ abwesend, außer Landes (auch ἐκτόπιος); ungewöhnlich; ungereimt. ἐκτοπίζω ich entferne; ich gehe fort. ἐκτοπισμὸς ὁ Entfernung, das Weggehn von einem Ort.

Δασὺς εῖα ὺ (poet. auch λάσιος ία ιον) rauch, dicht, dick bewachsen: ψιλὸς ἡ ὸν kahl, ohne Haare, Bäume, schwere Waffen; bloß, allein.

δασύτης ἡ Rauchheit, ψιλότης Kahlheit, Blöße.

δασύνω f. υνῶ ich mache rauch, haaricht, dicht oder dick: ψιλόω ich mache kahl, entblöße. ψίλωθρον τὸ Mittel die Haare ausfallen zu machen.

δάσος εος τὸ Dickicht, Gebüsch: auch λασιὼν ῶνος ὁ.

δασύπους οδος ὁ der Hase (von den auch unterwärts behaarten Füßen), gew. λαγὼς ῶ ὁ (dim. λαγώδιον τὸ): λαγιδεὺς έως ὁ junger Hase, λαγῷον κρέας Hasenfleisch, λαγωτροφεῖον τὸ Hasenhecke.

Δὲ conj. aber: auch ἀτάρ, poet. αὐτάρ. δή also, denn also: auch δῆτα, und, meist ironisch gemeint, δῆθεν.

Δείκνυμι f. δείξω ich zeige, weise: ich zeige an, verrathe μηνύω f. ύσω.

δεῖγμα ατος τὸ Probe die man vorzeigt; Ort im Hafen zu Athen, wo die angekommenen Waaren ausgestellt wurden: μήνυμα τὸ Anzeige, Angabe.

δεῖξις εως ἡ das Zeigen; Anzeige, Vorhalten: μήνυσις das Angeben. μήνυτρον τὸ Lohn für die Angabe.

δεικτὴρ od. -ὴς ὁ der zeigt, μηνυτὴς Angeber, Verräther. δεικτικὸς ἡ ὸν zum Zeigen gehörig, μηνυτικός zum Angeben.

δείκελος od. δείκηλος darstellend, nachahmend: δείκελον od. δείκηλον τὸ Darstellung, Bild. δεικελίζω ich stelle dar, ahme nach: δεικελιστὴς od. δεικηλικτὴς ὁ mimus, Schauspieler, bei den Lakedämoniern (sonst ὑποκριτής).

ἀναδείκνυμι ich zeige auf, weise vor; ich wähle, ernenne. ἀνάδειξις εως ἡ das Vorzeigen; die Ernennung.

ἀποδείκνυμι ich zeige vor, stelle fertig hin; beweise, thue dar. ἀπόδειξις εως ἡ das Darstellen, Darthun; Beweis, abgelegte Probe. ἀπόδεικτος zu erweisen od. erwiesen, ἀναπόδεικτος unerwiesen od. unerweislich. ἀποδεικτικὸς ἡ ὸν beweisend.

ἐνδείκνυμι ich zeige an, klage an; med. ich zeige an mir, zeige mich mit etwas, prae me fero. ἔνδειξις u. ἔνδειγμα τὸ Anzeige, Beweis; Anklage. ἐνδείκτης ὁ Ankläger.

ἐπιδείκνυμι ich zeige als Probe, stelle zur Schau; med. ich zeige mich. ἐπίδειξις εως ἡ abgelegte Probe, Schaustellung. ἐπιδεικτικὸς ἡ όν dazu gehörig od. geneigt. ἐπιδεικτιάω ich habe Lust dazu.

καταδείκνυμι ich zeige an; lehre, führe ein.

παραδείκνυμι ich zeige daneben; vergleiche παράδειγμα ατος τὸ Beispiel, Muster: παραδειγματίζω ich stelle zum Beispiel auf, stelle an den Pranger: παραδειγματισμὸς ὁ solches Aufstellen.

προδείκνυμι ich zeige vorher.

ὑποδείκνυμι ich lehre durch ein Beispiel, mache vor; ich deute an, gebe zu verstehen.

Δέχομαι (poet. auch δέχνυμαι) f. δέξομαι ich nehme an, nehme auf.

δεκτὸς ἡ ὸν angenommen; angenehm, auch πρόσδεκτος.

δοχὴ ἡ Aufnahme, Gastmal; Gefäß. δεξαμενὴ ἡ Behältniß, Wasserbehältniß. δοχεῖον Ort zum Aufnehmen, Behälter. δοχεὺς έως ὁ der aufnimmt, bewirthet.

δοχμὴ ἡ Spanne, sonst σπιθαμὴ u. παλαιστὴ ἡ, wovon σπιθαμιαῖος u. παλαιστιαῖος eine Spanne lang. δόχμιος u. δοχμὸς in die Queere gehend, überzwerch. δοχμόω ich krümme in die Queere.

ἀναδέχομαι ich nehme auf, übernehme, ertrage. ἀναδοχὴ ἡ Versprechen. ἀνάδοχος ὁ ἡ od. ἀναδοχεὺς έως ὁ Bürge.
ἀποδέχομαι ich nehme an, genehmige. ἀποδοχὴ freundliche Aufnahme, Beifall.
διαδέχομαι ich übernehme, ich folge auf einen, löse ihn ab. διαδοχὴ ἡ Nachfolge; Erbschaft, Nachkommen. διάδοχος ὁ Nachfolger, Ablöser
ἐκδέχομαι ich nehme auf, verstehe; fange auf; folge nach; erwarte.
ἐνδέχεται es ist möglich. ἐνδεχόμενα mögliche Dinge. ἀνένδεκτος ὁ ἡ unmöglich.
ἐπιδέχομαι ich nehme noch darüber auf; ich lasse zu, erlaube.
παραδέχομαι ich nehme an; übernehme; billige, lasse zu.
προσδέχομαι ich erwarte, auch προσδοκάω f. ήσω. προσδόκητος ὁ ἡ od. προσδόκιμος η ον erwartet, zu erwarten: ἀπροσδόκητος unerwartet. προσδοκία ἡ Erwartung.
ὑποδέχομαι ich bewirthe; ich übernehme, verspreche; ich fange od. halte auf, z. B. den Feind.
Δοκέω f. δόξω ich wähne, meine, denke; ich gelte für –, ich scheine. ἔδοξεν od. δέδοκται es ist beliebt oder beschlossen worden. ἀποδοκεῖ es misfällt, wird nicht beliebt.
ἀντιδοκέω ich bin entgegengesetzter Meinung.
καταδοκέω od. καταδοξάζω ich habe Verdacht wider –, glaube von –.
εὐδοκέω ich genehmige, bin zufrieden mit etwas (τινί).
δόκησις εως ἡ Meinung, Wahn (auch δόκημα τὸ); gute Meinung worin man bei andern steht. δοκησίσοφος od. δοξόσοφος ὁ ἡ der sich weise dünkt.
δόγμα τος τὸ Beschluß, Verordnung; Lehre, Meinung, Satz. δογματίας ὁ voller Sätze und Sentenzen. δογματίζω ich setze als Beschluß fest, führe als Meinung ein. δογματικὸς ἡ ὸν aus Lehrsätzen abgeleitet, dazu sich bekennend.
δόξα ἡ (dem. δοξάριον τὸ) Meinung (παρὰ δόξαν wider Vermuthen; als Adj. παράδοξος ὁ ἡ); Ruf, Ruhm, Ansehn. δοξάζω f. άσω ich meine, glaube; ich rühme. δοξασία ἡ das Meinen, Wähnen, auch δόξασμα τὸ. δοξαστὸς ἡ ὸν vermuthet; eingebildet; gepriesen. δοξόω ich bringe zu Ruhm.
ἄδοξος ὁ ἡ unberühmt; unvermuthet, auch ἀδόκητος. ἀδοξία ἡ Ruhmlosigkeit, üble Nachrede. ἀδοξέω ich bin ohne Ruhm.
ἔνδοξος, ἐπίδοξος u. εὔδοξος berühmt, εὐδοξία ἡ Berühmtheit, Ruhm, εὐδοξέω ich bin berühmt: ἐπίδοξος aber auch was προσδόκιμος. πρόδοξος vorschnell in Meinungen.
παραδοξία ἡ das Auffallende, Wunderbare; die Verwunderung darüber. παραδοξολογία ἡ Erzählung von wunderbaren Dingen.
δοκεύω f. εύσω ich beachte, beobachte, passe auf; erwarte.
Δεῖπνον (dem. δειπνάριον u. δειπνίδιον) τὸ Abendessen, coena, die Hauptmahlzeit bei den Alten (poet. auch δόρπος ὁ); Gastmal, was auch σύνδειπνον, sonst συμπόσιον. περίδειπνον Leichen- od. Begräbnißschmaus. Festlicher Schmaus bei Homer εἰλαπίνη ἡ: εἰλαπινάζω ich schmause, εἰλαπιναστὴς Gast des Schmauses.
δειπνέω (poet. δορπέω) f. ήσω ich esse zu Abend, δειπνίζω f. ίσω ich gebe zu essen, bewirthe.
παραδειπνέω ich esse daneben od. mit, schmarotze (wie παρασιτέω).
συνδειπνέω ich speise mit, zusammen. σύνδειπνος ὁ Gast, Tischgenoß.
ὑποδειπνέω ich bin statt eines andern zu Gast.
δειπνηστὸς u. δορπηστὸς ὁ Zeit des Abendessens.
δειπνητήριον τὸ Speiseort od. -zimmer.

Δίω, prs διώκω (Att. διωκάθω) f. ξω, ich treibe, verfolge; ich laufe, fliehe. διωγμὸς ὁ od δίωξις (Jon. διωκτὺς ύος) ἡ Verfolgung; Beunruhigung: poet auch ἰωκή ἡ u. ἰωχμὸς ὁ. δίωγμα ατος τὸ das Verfolgte. διώκτης ου ὁ, διώκτρια ἡ Verfolger, διωκτὸς ἡ ὸν verfolgt. ἀποδιώκω u. ἐκδιώκω ich treibe fort, heraus: ἐπιδιώκω ich verfolge weiter

δέος ους τὸ (poet. δεῖος) Furcht.

ἀδεής ὁ ἡ furchtlos, sicher: ἄδεια ἡ Furchtlosigkeit, Sicherheit, Freiheit. περιδεής ὁ ἡ furchtsam; furchtbar.

δείδω f. δείσω pf. δέδοικα u. δέδια ich erschrecke, ich fürchte: δεδίσσομαι, δειδίζομαι, δειδίσκομαι ich setze in Furcht, schrecke: jenes auch δειμαίνω f. ανῶ, dies δειματόω u. ἐκδειματόω f. ώσω, von δεῖμα ατος τὸ Furcht, Schrecken, poet. δειμὸς ὁ. δειμαλέος έα έον furchtsam (auch δειδήμων ὁ ἡ); fürchterlich (auch δειματόεις).

δειλὸς ἡ ὸν (auch δείλαιος αία αιον) furchtsam, feige; jämmerlich, armselig δειλότης, gew. δειλία, ἡ Furchtsamkeit. δειλάω, gew. δειλιάω u. δειλιάζω, ich bin furchtsam, ängste mich: ἀποδειλιάω ich stehe ab aus Furcht, καταδειλιάω ich verderbe durch Feigheit. δειλίασις εως ἡ Furcht, Angst

δεινὸς ἡ ὸν fürchterlich, entsetzlich, gewaltig, stark, tüchtig. δεινότης ητος ἡ Fürchterlichkeit, Stärke, Tüchtigkeit in irgend etwas. δεινόω ich mache fürchterlich, stelle so dar. δεινολογέομαι ich beschwere mich heftig: δεινολογία ἡ Beschwerde; vergrößernde Rede

δεισίθεος, gew. δεισιδαίμων ονος, ὁ ἡ gottesfürchtig; abergläubisch. δεισιδαιμονέω ich bin so. δεισιδαιμονία ἡ Religiosität, Aberglaube.

Δέκα οἱ αἱ τὰ zehn. δεκάκις zehnmal.

δεκὰς αδος ἡ die Zahl zehn; eine Anzahl von zehn, Rotte von zehn Mann δεκάρχης; od. δεκαδάρχης ὁ Anführer von zehn, Decurio; Decemvir: δεκαρχία od. δεκαδαρχία ἡ dessen Amt.

δεκάζω ich besteche, vorzgl. die Richter, wie decuriare: δεκασμὸς ὁ Bestechung

δέκατος η ον der zehnte. ἡ δεκάτη der Zehend: auch δεκατημόριον τὸ. δεκατεύω f. εύσω ich zehnte, nehme den Zehend. δεκατεία od. δεκάτευσις ἡ das Nehmen des Zehends. δεκατευτήριον Ort wo der Zehend erhoben wird, δεκατευτής Einnehmer, δεκατώνης Pächter desselben.

δεκαταῖος αία αῖον am zehnten Tage; δεχήμερος zehntägig; δεκαμήνιαιος zehnmonatlich; δεκαέτης ὁ, δεκαέτις ἡ u. δεκαέτηρος ὁ ἡ zehnjährig (ιον): δεκαετηρὶς ἡ Jahrzehnd.

δεκαπλοῦς, u. δεκαπλάσιος zehnfach, δεκαπλασιάζω ich verzehnfache.

δεκάμναιος od. δεκάμνους zehn Minen werth, δεκατάλαντος zehn Talente werth.

Δέλτα der vierte Buchstab des Alphabets; Unterägypten zwischen den Nilarmen wegen der dreieckigen Gestalt). δέλτος ἡ, dem. δελτάριον u. δελτίον τὸ, Schreibtafel ebenso gestaltet): δελτογράφος, darauf schreibend. δελτόω ich lege wie ein δέλτα. δελτωτὸν τὸ Dreieck.

Δέλεαρ ατος τὸ Köder, Lockspeise. δελεάζω f. άσω ich ködere; locke; fange; betrüge. δελεασμὸς ὁ das Locken, die Täuschung. δελέασμα ατος τὸ, was δέλεαρ: δελεαστρ ἡ u. δελέαστρον τὸ Falle mit der Lockspeise.

δόλος ὁ List, Betrug. ἄδολος ὁ ἡ ohne Betrug, ehrlich; unverfälscht.

δόλιος ία ιον u. δολερὸς ὰ ὸν betrügerisch, hinterlistig, poet. auch δολόεις εσσα εν, δολοπλόκος u. δολοῤῥάφος ὁ ἡ (πλέκω, ῥάπτω).

δολόω f. ώσω ich überliste, betrüge; ich verfälsche, δόλωσις εως ἡ der Betrug.

δόλων ωνος ὁ versteckter Dolch.

δολόφρων ονος betrugerischen Sinnes: δολοφρονέω, δολοφροσύνη.

δολοφόνος Meuchelmorder: δολοφονέω od. εύω, δολοφονία

Δηλέομαι f. ήσομαι ich schade, verletze, verwüste. δήλησις εως ἡ Schade, Verletzung, auch δήλημα ατος τὸ δηλήμων u. δηλητήριος ὁ ἡ schädlich: τὸ δηλητήριον Gift, δηλητηριώδης giftartig.

Δένδρον, auch δένδρεον u. δένδρος εος (dem. δενδρίον u. δενδρύφιον) τὸ Baum.

δενδρών ῶνος ὁ Baumgarten, arboretum. δενδρίτης ὁ, δενδρῖτις ἡ zum Baum gehörig, zur Baumzucht geschickt. δενδρίζω ich werde ein Baum (auch δενδρόομαι), bin wie ein Baum. δενδροκοπέω od. -τομέω ich haue Bäume ab. δενδρόφυτος ὁ ἡ mit Bäumen bepflanzt

ἀναδενδρὰς άδος ἡ ein Weinstock der sich am Baum hinaufschlingt.

Die gewöhnlichsten Bäume: δάφνη ἡ Lorbeerbaum, δαφνίς ἡ Lorbeere, δαφνών ῶνος ὁ Lorbeerhain, δάφνινος ίνη ινον von Lorbeerholz oder Lorbeeren gemacht; δαφνίτης ὁ, δαφνῖτις ἡ dem Lorbeerbaum ähnlich, (auch δαφνοειδής), mit Lorbeern bekränzt (auch δαφνηφόρος, δαφνηκόμος).

δρῦς υος ἡ (dem. δρυάριον τὸ) Eiche, Baum überhaupt. Steineiche ilex πρῖνος ὁ: daraus gemacht πρίνινος ίνη ινον, ihr ähnlich πρινώδης, ein damit bewachsener Ort πρινὼν ῶνος ὁ. Korkeiche φελλὸς ὁ od. φελλόδρυς ἡ: φέλλινος η ον von Kork δρύινος eichen. δρυὰς u. ἁμαδρυὰς άδος ἡ Baumnymphe. δρυμὸς u. δρυμὼν ὁ Eichenwald; Wald: κατάδρυμος ὁ ἡ waldig. Busch, Wald auch δρίος εος u. δρίον τὸ.

δρυοκόπος (κόπτω) od. δρυοτόμος ὁ (τέμνω) Holzhauer. δρυοτομία ἡ das Holzschlagen. δρυοτομέω.

δρύοχος ὁ Loch in der Art für den Stiel; pl. Grundlage am Schiffskiel, Grundlage übhpt.

δρυπετὴς ὁ ἡ (πέπτω) am Baum gereift: δρυπετὴς ὁ ἡ (πίπτω) vom Baum fallend, überreif.

ἐλαία (Att. ἐλάα) ἡ Oelbaum, Olive, auch ἐλαιὰς άδος ἡ. Der wilde Oelbaum oleaster κότινος ὁ, dessen Frucht κοτινὰς ἡ. ἔλαιον τὸ Olivenöl. ἐλαιὼν ῶνος ὁ olivetum Oelberg. ἐλάϊνεος u. ἐλάϊνος vom Oelbaum und dessen Holz gemacht, ἐλαιώδης öl= od. oliven=artig, ἐλαιήεις od. ἐλαιηρὸς ölig. ἐλαΐζω ich bin olivenfarbig; baue oder sammle Oliven.

ἐλάτη ἡ die Tanne. ἐλάτινος ίνη ινον von Tannenholz.

ἰτέα ἡ u. οἶσος ὁ od. οἰσύα ἡ Weide. ἰτεὼν ῶνος ὁ Weidicht. ἰτέϊνος u. οἰσύϊνος von Weiden geflochten. ἰτὺς ἡ (geflochtener) Schild, gew. Schildesrand.

καρύα ἡ Nussbaum, κάρυον τὸ Nuss, dem. καρύδιον. καρυηρός nussartig.

κέδρος ἡ Ceder, κέδρον τὸ deren Frucht, κεδρὼν ῶνος ὁ Cedernwald, κέδριον od. κεδρέλαιον τὸ Cedernöl, κέδρινος von Cedernholz, κεδρόω ich bestreiche mit Cedernöl, κεδρωτὸς ἡ ὸν einbalsamirt.

κέρασος ὁ od. κερασέα ἡ Kirschbaum, κεράσιον τὸ Kirsche. μορέα od. συκαμινέα ἡ, auch συκάμινος ἡ, Maulbeerbaum, μόρον od. συκάμινον τὸ Maulbeere. μεσπίλη ἡ Mispelbaum, μεσπιλον τὸ Mispel.

κλήθρα ἡ Erle, Else

κόμαρος ἡ Erdbeerbaum, arbutus: κόμαρον τὸ dessen Frucht.

κυπάρισσος (Att. κυπάριττος) ἡ Cypresse, κυπαρισσὼν ὁ Cypressenwald, κυπαρίσσινος von Cypressenholz, κυπαρισσοτρόφος ὁ ἡ Cypressen nährend od. tragend.

μελία ἡ Esche. ἐϋμμελίης ίω ὁ mit einer guten Lanze (von Eschenholz).

μυῤῥίνη od. μυρσίνη, auch μύρτος, ἡ Myrte, μύρτον τὸ od. μυρτίς ίδο, ἡ Myrtenbeere, μυῤῥινὼν od. μυρσιὼν ὁ Myrtenhain, μυρσίνινος od μύρτινος von Myrten, οἶνος μυῤῥινίτης od. μυρτίτης Wein mit Myrtenbeeren bereitet.

μηλέα od. μηλίς ἡ Apfelbaum, μῆλον τὸ Apfel, μηλὼν ὁ Obstgarten, μηλίζειν wie ein Apfel sein, μήλινος von Aepfeln. Granatapfel ῥοα u. σίδη ἡ: σίδιον το dessen Schale. μηλοσπορος mit Apfelbäumen bepflanzt

πεύκη ἡ pinea Pechfichte, πεύκινος fichten, πευκήεις mit Fichten bewachsen; πευκεδανος od ἐχεπευκής, u. περιπευκης, gew. πικρο, α ον bitter wie Pech, πίσσα (Att. πίττα) ἡ: πίσσινος von Pech, πισσοειδὴς od πισσώδης pechartig, πισσηρὸς pechig, nach Pech riechend oder schmeckend, πισσίζω ich bin wie Pech, πισσόω u. καταπισσόω ich verpeche, überziehe mit Pech, πισσοκαυτεω (καίω) ich brenne Pech, πισσουργὸς (ἔργον) Pechschweler, πισσούργιον τὸ Pechhütte. Fichte ist auch noch πίτυς υος ἡ, wovon πιτυὼν ὁ Fichtenwald.

πτελέα ἡ Ulme, Rüster: πτελεὼν ὁ Ulmenwald, πτελέινος von Ulmenholz, πτελεώδης ulmenartig od. voll Ulmen. Rüster auch σφενδ μνος ἡ, wov. σφενδάμνινος von Rüsternholz, fest, hanebüchen.

σμῖλαξ ακος ἡ Eibe, Taxus. σμιλάκινος von Eibenholz.

συκέα oder συκῆ ἡ Feigenbaum, dem. συκάς. σύκινος ίνη ινον vom Feigenbaum.

σῦκον το (dem. συκάριον) Feige. συκάζω ich lese Feigen: συκαστὴς ὁ u. συκάστρια ἡ der od. die Feigen abnimmt. συκίζω und συκόω ich füttere mit Feigen.

συκόμορος ὁ die ägyptische Feige, welche die Frucht (συκόμορον το) am Stamme trägt.

συκοτραγεω ich esse Feigen (von τρώγω). συκοφάντης ου ὁ u. —φάντρια ἡ (φαίνω) Feigenanzeiger, Angeber von verbotener Feigenausfuhr, Calumniant, Chicaneur. συκοφαντέω ich klage falsch an, chicanire. συκοφαντία ἡ Chicane.

ἐρινὰς άδος ἡ, ἐρινος u. ἐρινεὸς ὁ caprificus wilder Feigenbaum; ἐρινὸν το dessen Frucht.

ὄλυνθος grossus, eine Art Feige, die den Winter über nachwächst und selten reif wird.

φίλυρα ἡ Linde; Lindenbast. φιλύριον τὸ Täfelchen von Lindenholz. φιλύρινος von Lindenholz oder von Lindenbast.

φοῖνιξ ικος ὁ Palme; Dattel, auch φοινικοβάλανος ἡ. οἶνος φοινίκινος od. φοινικίτης Palmwein. φοινικων ὁ Ort wo Palmen stehn. φοινικόφυτος ὁ ἡ mit Palmen bewachsen.

Δονέω f ήσω u. δονεύω f. εύσω ich bewege hin und her, erschüttere, schwenke poet. auch δνοπαλίζω). δονησις ἡ u. δόνημα τὸ Erschütterung, Bewegung.

δόναξ ακος ὁ Rohr, auch ἠλακατη ἡ; was daraus gemacht ist, Pfeil, Angelruthe, Pfeife, Schreibfeder. δονακεῖον το, δονακων ῶνος u. δονακεις εντος ὁ Geröhr, Rohricht. δονακώδης ὁ ἡ oder δονακόεις εσσα εν voller Rohr. δονακοτρεφὴς od. δονακοτρόφος ὁ ἡ Rohr nährend.

Δίνη ἡ kreisförmige Bewegung; Wirbel; Strudel. δινήεις εσσα εν od. δινώδης ὁ ἡ voll Wirbel, wirbelnd.

δινεω f. ήσω ich kreisele, wirbele, drehe; auch δινεύω. δινητὸς herumgedreht δίνησις ἡ od δινηθμὸς ὁ das Herumdrehn.

δῖνος ὁ das Tanzen im Kreise; der Schwindel (sonst ἴλιγγος); die Dreschtenne sonst ἅλωα).

δινόω ich drehe, bes. auf der Drehbank; δινωτὸς rund gedreht, rund.

Δέω f. δέσω u. δήσω ich binde, lege in Bande. Ich löse λύω: λύομαι ich löse ein, kaufe los, was auch λυτροῦμαι, von λύτρον τὸ Lösegeld.

δέσις ἡ das Binden, Verbinden, der Knoten: λύσις Lösung, Befreiung. λυτήρ ῆρος ὁ, λύτειρα ἡ Erlöser, Befreier. λύσιος (α ιον od. λυτήριος lösend, befreiend. λυτός ἡ ὸν gelöset; lösbar, was auch λύσιμος: unauflöslich ἄλυτος. δετός ἡ ὸν gebunden; zusammengebunden: δέτη ἡ od. δετίς ιδος ἡ Fackel aus zusammengebundenen Kienspänen, sonst δᾴς δαδός ἡ taeda (dem. δᾴδιον το), wovon δᾳδοῦχος ὁ Fackelträger, δᾳδουργός der Fackeln macht.

ἀμφίδεα τα u. ἀμφιδέαι αἱ was umgebunden wird um Arm Knie ꝛc.

ἀναδέω ich binde an, um, bekränze. ἀναλύω ich löse auf, trenne auf, entwickle, segle ab: ἀνάλυσις Auflösung, Auseinanderlegung, Abreise.

ἀποδέω u. ἀποδεσμεύω ich binde ab; binde fest. ἀπολύω ich lasse los, spreche los.

διαδέω ich binde ins Haar: διάδημα τος τὸ die weiße Kopfbinde der Könige. διαλύω ich bringe auseinander, söhne aus, lege bei.

καταδέω ich verbinde: καταλύω ich hebe auf, beendige; spanne aus, kehre ein. κατάλυσις Auflösung, Zerstörung; Einkehr, Herberge.

παραλύω ich löse heimlich; lähme eine Seite des Körpers: παράλυσις Lähmung, παραλυτικός lähmend, παράλυτος gelähmt.

περιδέω ich binde um, προσδέω ich binde an.

συνδέω ich binde zusammen, vereinige: σύνδετος verbunden, ἀσύνδετος unverbunden. σύνδεσμος ὁ Verband, Verbindung, Bündel.

ὑποδέω ich binde unter, med. ich binde mir die Schuhe, ὑποδήματα, unter: ὑπολύομαι ich ziehe die Schuhe aus. ὑπόδησις ἡ das Unterbinden; Anschuhen: ἀνυπόδετος od. ἀνυπόδητος ὁ ἡ baarfuß, ἀνυποδησία ἡ das Baarfußgehn.

δεσμὸς ὁ (pl. δεσμὰ τα) Band, Fessel; poet. δέσμα ατος τό. δέσμιος ὁ ἡ gebunden, gefesselt. δέσμη od. δεσμὶς ἡ Bündel. δεσμόω, δεσμέω u. δεσμεύω so viel als δέω. δεσμώτης ου ὁ der Gefangene. δεσμωτήριον das Gefängniß.

δεσπότης ου ὁ (dem. δεσποτίσκος ὁ u. δεσποτίδιον τὸ) Herr, δέσποινα u. δεσπότις ιδος ἡ Herrin, Gebieterin (auch κεκτημένη Besitzerin). δοῦλος ὁ (dem. δουλάριον τὸ) Knecht, Sklav; δούλη ἡ Sklavin. ἀδέσποτος ὁ ἡ herrenlos. ἄδουλος ohne Knechte. ὁμόδουλος od. σύνδουλος ὁ ἡ Mitsklave.

δεσπόσιος, δεσπόσυνος, δεσποτικὸς ἡ ὸν dem Herrn od. zum Herrschen gehörig: δούλειος oder δουλικὸς ἡ ὸν dem Sklaven eigen. δουλοπρεπὴς ὁ ἡ dem Sklaven anständig. δουλοφανὴς von dem Ansehn eines Sklaven.

δεσποτεία, auch δεσποσύνη, ἡ unbeschränkte Herrschaft, δουλεία Knechtschaft, poet. δουλοσύνη.

δεσπόζω f. σω, auch δεσποτέω u. δεσποτεύω, ich bin Herr, δουλεύω ich bin Sklav. δούλευμα τὸ Dienst, Dienstleistung.

δουλόω od. καταδουλόω ich mache zum Sklaven. δούλωσις od. καταδούλωσις εως ἡ Unterjochung. ἀδούλωτος ὁ ἡ nicht unterjocht.

Δέω f. δεήσω ich bedarf, ermangele einer Sache, τινός, z. B. ἔτη ἑνὸς δέοντα εἴκοσι zwanzig Jahre weniger eins. ὀλίγου δέω δακρῦσαι ich bedarf nur noch wenig um zu weinen, ich weine beinah. Auch δεῖ μοί τινος ich bedarf etwas. δεῖ με τοῦτο ποιεῖν ich muß dies thun. δέομαι f. δεήσομαι ich bedarf (poet. δεύομαι u. επιδεύομαι); verlange; bitte, einen τινός.

δέον τὸ (particip.) was nöthig ist; Nothwendigkeit, Schicklichkeit. δεόντως auf nöthige, schickliche Art

δέησις ἡ das Bedürfen, das Bitten. δέημα τος τὸ Bedürfniß, Bitte.

ὑποδέω ich fehle, stehe nach, bin weit davon. ὑποδεής, gew. καταδεής, ὁ ἡ nachstehend, geringer.

ἐνδέω ich reiche nicht zu, ἐνδέομαι ich leide Mangel. ἐνδεής ὁ ἡ dürftig, schwach in etwas, mangelhaft. ἔνδεια ἡ Mangel, Bedürfniß.
ἐπιδέομαι ich habe noch dazu nöthig, verlange.
προσδεῖ es ist überdies nöthig.

δεύτερος έρα ερον geringer (οὐδενὸς δεύτερος der keinem nachsteht, nulli secundus); der zweite, andre. τὸ δεύτερον od. ἐκ δευτέρου zum zweitenmal. τὰ δεύτερα od. δευτερεῖα zweite Stelle, zweiter Preis. δεύτατος άτη ατον der letzte.
δευτερεύω f. εύσω ich bin der zweite; τινὸς ich stehe einem nach; τινὶ ich spiele die zweite Rolle nach einem, was auch δευτεριάζω u. δευτεραγωνιστέω, von δευτεραγωνιστής, entggs. dem πρωταγωνιστής.
δευτεραῖος αία αῖον am zweiten Tage.

Δεύω f. εύσω ich benetze, feuchte an (auch διαίνω); ich knete; färbe: auch ἀναδεύω. δευσοποιὸς ὁ ἡ schön d h. echt färbend; dauerhaft, unauslöschlich: entggs. ἐξίτηλος ausgehend, vergänglich. δευσοποιΐα ἡ solche Färberei. δευσοποιέω ich färbe so.

δέψω f. ψω ich gerbe; auch δεψέω f. δεψήσω. διφθέρα ἡ Fell, Leder; Kleid von Fellen Pelz σίσυρα od. σίσυρνα ἡ, wov. σισυρνοδύτης od. σισυροφόρος der einen Pelz trägt); Pergament zum Schreiben. διφθέρινος aus Fellen gemacht, διφθερίας od. διφθερίτης damit bekleidet, διφθερόω ich überziehe mit Fell.

Διὰ c. gen durch; c. acc. wegen. Wegen, um - willen auch ἕνεκα, εἵνεκα, ἕνεκεν; poet. ἕκητι, c. gen.

Δίαιτα ἡ Leben, Lebensart; Verhalten in Absicht der Gesundheit, Diät; Wohnung, Aufenthalt (auch διαιτητήριον τὸ); Amt oder Spruch des διαιτητής, des Schiedsrichters.
διαιτάω f. τήσω ich ernähre, erhalte; ich schreibe eine Diät vor (med. ich befolge eine Diät, führe eine Lebensart); ich bin Schiedsrichter, entscheide und schlichte als solcher. διαίτημα τος τὸ Lebensart, Lebensordnung. διαιτητικὸς ἡ ὸν zum Schiedsrichteramt, zur Lebensart oder Diät gehörig. διαιτήσιμος vor den Schiedsrichter gehörig.
ἐκδιαιτάομαι ich weiche von der Lebensordnung ab, schweife aus: ἐκδιαίτησις ἡ dieses Ausschweifen.
ἐνδιαιτάομαι ich wohne od. lebe darin: ἐνδιαίτημα τὸ Wohnung.
εὐδίαιτος ὁ ἡ gut od. mäßig lebend εὐδιαίτητος leicht zu schlichten.
καταδιαιτάω ich verurtheile als Schiedsrichter, ἀποδιαιτάω ich spreche los als Schiedsrichter.
μεταδιαιτάομαι ich ändere die Lebensart. συνδιαιτάομαι ich wohne od. lebe zusammen.

Ζεύς, gen. Διός, Iuppiter: auch Ζὴν Ζηνός. δῖος α ον vom Zeus; göttlich. διόσδοτος vom Zeus gegeben. διοσημεία od. -μία ἡ u. διοσημεῖον τὸ Zeichen vom Himmel, ostentum, prodigium. διόσκοροι od. διόσκουροι die Söhne des Zeus, Kastor u. Polydeukes.
ἔνδιος ία ον am hellen Tage, am Mittage. ἐνδιάω u. ἐνδιάζω ich halte mich auf unter freiem Himmel (sub divo), mache Mittag.
εὐδία ἡ heiteres, stilles, warmes Wetter; Meeresstille, Windstille. εὔδιος ο η (comp. εὐδιαίτερος) heiter, hell, auch εὐδιεινος od. εὐδιηνός. εὐδιάω u. εὐδιάζω ich bin heiter, ruhig.

Θεὸς ὁ Gott; Göttin ἡ θεὸς od. ἡ θεά, poet. auch ἡ θέαινα. θεόθεν von Gott her.
ἄθεος ὁ ἡ ohne Gott, gottlos: ἀθεότης ἡ Atheismus: gottesfürchtig θεουδής, pros. θεοσεβής, ὁ ἡ. ἀντίθεος oder ἰσόθεος ὁ ἡ gottähnlich; auch θεοειδής ὁ ἡ.
ἀποθεόω ich vergöttere, versetze unter die Götter. ἀποθέωσις ἡ Vergötterung.
ἐκθεόω od. ἐκθειάζω ich vergöttere, weihe, widme.

ἔνθεος ὁ ἡ, auch ἔνθους, von einem Gott besessen, begeistert. ἐνθεάζω u. ἐνθουσιάζω ich bin begeistert: auch θεοφορέομαι. ἐνθουσιασμὸς ὁ und ἐνθουσίασις ἡ Begeisterung; auch θεοληψία ἡ (λαβεῖν). ἐνθουσιαστὴς ὁ begeistert, poet. θεόληπτος. ἐνθουσιαστικὸς ἡ ὸν begeisternd, mit Begeisterung gethan.

ζάθεος εη ον sehr göttlich. ἡμίθεος ὁ ἡ Halbgott.

θεάρεστος od. θεοφιλὴς ὁ ἡ gottgefällig; fromm. θεομισὴς den Göttern verhaßt: θεοσεχθρίαἡ das Gehaßtsein von den Göttern.

θεοβλαβὴς ὁ ἡ von den Göttern verletzt, mit Blindheit und Wahnsinn geschlagen.

θεοκλυτέω ich rufe die Götter an (κλύω).

θεολογέω ich rede von göttlichen Dingen, erkläre sie. θεολόγος ὁ der über die Götter redet und belehrt. θεολογία ἡ Rede oder Unterricht von den Göttern und göttlichen Dingen.

θεομάχος ὁ wider die Götter streitend. θεομαχέω, θεομαχία.

θευμορία ἡ göttliches Verhängnis (μοῖρα).

θεοπρεπὴς ὁ ἡ (πρέπω) einem Gott anständig.

θεῖος εια εῖον göttlich, poet. auch θέσκελος: τὸ θεῖον die Gottheit. θειοτης ἡ Göttlichkeit. θειόω f. ώσω ich mache göttlich, weihe. θειάζω ich begeistere; weissage: θειασμὸς ὁ Begeisterung, Weissagung, Aberglaube: ἐπιθειάζω ich beschwöre bei den Göttern, flehe mit Anrufung der Götter.

θέσπις ιος ὁ ἡ göttlich redend, weissagend (ἔπος). θεσπέσιος ὁ ἡ göttlich, bewundernswerth. θέσφατος ὁ ἡ von Gott gesagt, geweissagt. θεσπίζω u. ἀποθεσπίζω ich weissage, erkläre od. befehle durch einen Orakelspruch, gew. χρᾷ ὁ θεός od. ἀνεῖλεν. θέσπισμα τὸ Spruch des Orakels; poet. auch θεοπροπία ἡ, gew. χρησμὸς ὁ: das Orakel (der Ort) χρηστήριον τὸ: ich befrage das Orakel χρηστηριάζομαι od. χρῶμαι: der den Spruch giebt, deutet, versificirt θεοπρόπος, χρηστὴρ, χρησμοδότης, χρησμολόγος, χρησμῳδός (ᾠδή) od. θεσπιῳδός ὁ. θεσπιῳδέω u. χρησμῳδέω, auch θεοπροπέω, ich weissage (ᾠδή).

θίασος ὁ eine Gesellschaft die einer Gottheit zu Ehren Aufzüge, Opfer, Chöre anstellt. θιασεύω ich bin in einem θίασος. θιασεία der Aufzug, die Feier. θιασώτης ὁ Mitglied, θιασάρχης Vorsteher eines θίασος θιασὼν ῶνος ὁ Lokal desselben.

Δίψα ἡ u. δῖψος εος τὸ Durst: Hunger λιμὸς ὁ (von λείπω) u. πεῖνα ἡ (von πένομαι). δίψιος ία ιον, διψαλέος έα έον, διψηλὸς ἡ ον, διψήρης ὁ ἡ, διψηρὸς ὰ ὸν durstig: hungrig λιμηρὸς ὰ ὸν, λιμώδης ὁ ἡ, πειναλέος έα έον od. πεινητικος ἡ ὸν

διψὰς άδος ἡ durstig; subst. eine giftige Schlange, deren Biß Durst verursacht. διψώδης ὁ ἡ Durst machend; durstig.

διψάω f. ήσω ich durste; ich sehne mich. δίψησις ἡ das Dursten.

λιμαίνω, gew. λιμώττω f. ξω od πεινάω f. ήσω, ich hungere.

Δόρυ (dem. δοράτιον) τὸ Holz; Stange, Lanze, Spieß, sonst ἔγχος εος τὸ (wovon ἐγχείη ἡ die Geschicklichkeit im Gebrauch der Lanze, ἐγχεικέραυνος mit dem Donnerkeil bewehrt, ἐγχέσπαλος die Lanze schwingend) u. λόγχη ἡ (dem. λογχάριον), was eigtl. das Eisen an der Lanze (die Makedonische σάρισσα ἡ, das Römische pilum ὑσσὸς ὁ).

δουράτεος od. δούρειος, δούριος hölzern.

δορυφόρος ὁ (φέρω) Lanzenträger; Soldat von der Leibwache. δορυφορέω ich diene unter der Leibwache; beschütze, escortire.

λογχεύω ich steche mit der Lanze, λογχόω ich versehe mit einer eisernen Spitze.

δοριάλωτος od. δορυάλωτος ὁ ἡ mit der Lanze genommen, erobert.

Δρέπομαι f. ψομαι ich pflücke, breche ab. δρεπτὸς ἡ ὸν gepflückt, zu pflücken νεοδρεπὴς, νεόδρεπτος, νεόδροπος ὁ ἡ frisch gepflückt. ἐαρίδρεπτος od. ἐαρόδροπος im Frühling gepflückt.

δρέπανον τὸ u. δρεπάνη ἡ Sichel, Hippe. δρεπανοειδὴς ὁ ἡ sichelförmig. ἅρμα δρεπανηφόρον Sichelwagen. δρεπανουργὸς ὁ Sichelschmid.

δρῶπαξ ακος ὁ Pechpflaster zum Ausreißen der Haare. δρωπακίζω ich reiße damit die Haare aus; subst. δρωπακισμὸς ὁ.

Δρύπτω f. ψω ich kratze, zerkratze, zerreiße: subst. δρύψις od. δρυφὴ ἡ. ἀμφίδρυπτος, ἀμφίδρυφος, ἀμφιδρυφὴς ὁ ἡ ganz (auf beiden Wangen) zerkratzt od zerrissen.

Δοῦπος, pros. κτύπος, ὁ Schall, Geräusch. δουπέω od. κτυπέω ich rausche, tose, lärme. ἐρίγδουπος ὁ ἡ stark tosend.

Τύπτω f. ψω od. (att.) τυπτήσω ich schlage; verwunde. τύμμα τὸ od. τυπὴ ἡ Schlag, Wunde. τυπὰς άδος u. τυπὶς ίδος ἡ Schlägel, Hammer. τυπετὸς ὁ das Schlagen; das Brustschlagen bei der Trauer, wie κοπετός.

ἀντιτύπτω ich schlage od. stoße zurück. ἀντίτυπος u. ἀντιτυπὴς ὁ ἡ den Schlag zurückgebend, widerstehend, hart; widerspenstig: ἀντιτυπία ἡ das Widerstreben, Zurückstoßen: ἀντιτυπέω ich stoße zurück, lasse abprallen.

ἀποτύπτω ich höre auf zu schlagen. ὑποτύπτω ich schlage od. stoße von unten od hinunter.

τύπος ὁ der Eindruck vom Schlage; Gepräge; Figur, Bild, Ebenbild; Vorbild, Modell; Umriß, Entwurf. τυπώδης ὁ ἡ einem Abdruck oder Umriß ähnlich, skizzirt, summarisch. τυπικὸς ἡ ὸν nach einem Vorbilde gemacht, bildlich, figürlich.

τυπόω ich präge, drücke ein od. ab; forme, bilde: τύπωμα τὸ etwas geformtes, τύπωσις ἡ das Formen.

ἄτυπος u. ἀτύπωτος ὁ ἡ ungeformt

ἀνατυπόω ich bilde wieder; ich mache mir ein Bild von

ἀντίτυπον τὸ Gegenbild, Abbild.

ἀποτυπόω ich drücke, bilde ab od. nach.

διατυπόω ich bilde aus, gestalte, forme; erneue; ich stelle mir vor.

ἔκτυπος ὁ ἡ nach einer Form abgedrückt, erhoben gearbeitet, en relief. ἐκτυπόω ich bilde in erhobener Arbeit. ἐκτύπωμα τὸ das Abgedruckte; Relief.

ἔντυπος ὁ ἡ eingedrückt, abgedrückt. ἐντυπόω ich drücke, präge ein. ἐντυπὰς adv. knapp eingehüllt, daß die Form des Körpers sich durchzeichnet.

παράτυπος ὁ ἡ verprägt, unecht. παρατυπόω ich bilde falsch, nachläßig.

ὑποτυπόω ich bilde ab, stelle dar, vor.

τύπανον u τύμπανον (dem. τυμπάνιον) τὸ Stock, Prügel; Handpauke, tambourin. τυμπανίζω ich schlage; pauke. τυμπανισμὸς ὁ das Schlagen od. Pauken; die Feier der Cybele, wobei die Pauke üblich war. τυμπανιστὴς ὁ Pauker; fem. τυμπανίστρια.

Δράσσομαι f. ξομαι ich greife, fasse (poet. auch μάρπτω).

δράγμα ατος τὸ od. δραγμὴ ἡ eine Hand voll, manipulus (auch δρὰξ ακός ὁ); Aehrenbündel, so viel man beim Abschneiden griff.

δραχμὴ ἡ eine Silbermünze, 5½ Groschen werth, deren 100 auf die μνᾶ (22 Thlr. 22 Gr.) gingen, wie 60 μναῖ auf das τάλαντον (1375 Thlr.); ein Gewicht. δραχμαῖος od. δραχμιαῖος αία αῖον eine Drachme werh. δίδραχμος ὁ ἡ zwei Drachmen werth. τετράδραχμον τὸ Vierdrachmenstück.

Δράω f. άσω ich thue, handle, verübe (poet. auch δραίνω). δρασείω ich habe Lust zu thun).

δρᾶμα ατος (dem. δραμάτιον) τὸ That, Handlung; bs. auf der Bühne, Drama. δραματικὸς ἡ ὸν zum Drama gehörig, dramatisch. δραματίζω f. ίσω od. δραματοποιέω ich bring: auf die Bühne, mache ein Schauspiel. δραματοποιὸς oder δραματουργος Schauspieldichter.

δρηστηρ ὁ u. δρήστης ὁ Arbeiter, Knecht (auch ὑποδρηστὴρ ὁ und ὑποδρήστειρα ἡ); thätig, unternehmend, wirksam, auch δραστήριος ια ον und δραστικος; unthätig ἀδρανής ὁ ἡ, εὐδρανὴς robust und wohl. δρηστοσύνη ἡ Geschicklichkeit im Dienen od. Aufwarten.

*Ἀποδιδράσκω f. ἀποδράσομαι, aor. ἀπέδραν ich laufe davon, entfliehe; auch ἐκδιδράσκω: διαδιδράσκω ich schlüpfe durch. ἀπόδρασις ἡ od. δρασμὸς ὁ das Entlaufen.

δραπέτης ου ὁ (dem. δραπετίσκος ὁ), δραπέτις ιδος ἡ entlaufener Sklave. δραπετεύω f. εύσω ich entlaufe.

ἄδραστος ὁ ἡ nicht entflohn; nicht zu entfliehn.

τρέχω f. θρέξομαι, aor. ἔδραμον, ich laufe (poet. auch τροχάω u. τροχάζω).

τρόχος ὁ Lauf; Rennbahn (beides auch δρόμος ὁ, für Pferde ἱππόδρομος): der Läufer (gew. δρομεὺς εως ὁ): τροχάδην od. δρομάδην im Lauf.

τροχαῖος αία αῖον laufend, schnell (auch δρομαῖος αία αῖον, δρομίας ὁ, δρομὰς ἡ, δρομικὸς ἡ όν): ein Trochäus, – ∪.

τροχὸς (dem. τροχίσκος) ὁ Rad; Kreisel; Töpferscheibe; Marterinstrument als Rad gestaltet; alles Runde oder Rundliche.

τροχαλὸς ἡ ὸν u τροχερὸς ὰ ὸν laufend, schnell; rund, rollend.

τροχαλία ἡ Rolle; Haspel, Winde, auch τροχιλία. τροχαλεῖον τὸ Kreis, Kugel.

τρόχιλος od. τροχῖλος ὁ eine Art Strandläufer; Zaunkönig.

τροχιὰ ἡ Wagengleis. τροχίζω ich drehe mit dem Rade herum, martere; versehe mit Rädern.

ἀτρεκὴς ὁ ἡ zusammentreffend, richtig; recht, genau; gewiß. ἀτρεκία od. ἀτρέκεια ἡ Richtigkeit, Gewißheit.

ἀνατρέχω ich laufe in die Höhe; wachse, nehme zu; ich laufe zurück, ich ändere den Lauf; verbessere.

ἀποτρέχω ich laufe weg, davon.

διατρέχω ich laufe durch; ich entlaufe; ich laufe hin und her; ich laufe in die Wette διαδρομὴ ἡ das Durchlaufen od. Hinundherlaufen. διάδρομος ὁ ἡ durch einander laufend, hin und her laufend· als Subst. ὁ Durchgang.

ἐκτρέχω ich laufe heraus, davon; thue einen Ausfall, eine ἐκδρομή. ἐκδρομος der aus Reihe und Glied gegen den Feind anrennt.

εἰστρέχω ich laufe hinein: εἰσδρομὴ Einfall, Angriff.

ἐντρέχω ich laufe hinein, hinan; hänge mich an, klebe an; passe. ἐντρεχὴς ὁ ἡ der darauf zu laufen weiß, klug, verständig, gewandt. ἐντρέχεια ἡ Klugheit, Gewandtheit.

ἐπιτρέχω ich laufe dazu, darnach, dagegen; falle an; laufe darüber; durchlaufe etwas schnell, handele kurz ab. ἐπίδρομος worauf od. wohinauf sich laufen läßt; drauf laufend, vermessen. ἐπιδρομὴ ἡ Zulauf, Anlauf. ἐξ ἐπιδρομῆς obenhin, auch ἐπιδρομάδην u. ἐπιτροχάδην.

κατατρέχω ich belaufe, durchstreife, verheere; greife an; durchlauf mit den Augen. καταδρομὴ ἡ Streifzug; Invective.

μετατρέχω ich laufe über, weg; ich laufe nach. μεταδρομὴ ἡ da Nachlaufen, Verfolgen. μετάδρομος ὁ ἡ verfolgend, rächend.

παρατρέχω ich laufe herbei, hinzu; ich laufe daneben (τινί)· ich lau: vorbei; übertreffe (τινα). ἐκ παραδρομῆς od. παραδρομάδην i Vorbeigehn. τὰ παράδρομα Zwischenraum daß man vorbei kann περιτρέχω ich laufe umher; bin im Umlauf, gemein; ich laufe um etwas herum, umgebe; belaufe, besehe im Laufe. περίδρομος od. ἀμφίδρομος ὁ ἡ herumlaufend, fem. περιδρομὰς u. περιδρομίς. περιδρομὴ ἡ od. περίδρομος ὁ Umlauf, Umweg, Umfang.

προστρέχω ich laufe zu einem (τινί); ich halte mich zu ihm.

προτρέχω ich laufe vor, zuvor (τινός). πρόδρομος ὁ Vorläufer.

συντρέχω ich laufe zusammen; treffe zusammen; treffe zu, passe; komme überein, vereinige mich. συνδρομὴ ἡ das Zusammenlaufen, die Vereinigung. σύνδρομος ὁ ἡ zusammentreffend, übereinstimmend: fem. auch συνδρομὰς άδος.

ὑποτρέχω ich laufe hinunter, unter etwas hin; laufe hinein; falle ein, komme in den Sinn; schmeichele, komme entgegen. ὑποδρομὴ ἡ Zuflucht, Rettung.

τρέω f. έσω ich zittre; fürchte mich (auch τρέμω, τετρεμαίνω, τρομέω); ich fliehe aus Furcht.

ἀτρεμὴς ὁ ἡ nicht zitternd, ruhig, still: auch ἀτρεμαῖος αία αῖον, adv. ἀτρέμας od. ἀτρέμα. ἀτρεμέω u. ἀτρεμίζω ich bin ruhig, ἀτρεμία ἡ Ruhe.

διατρέομεν wir fliehn aus einander, παρατρέω ich fliehe vorbei.

ὑποτρέω od. ὑποτρέμω ich zittere etwas.

τρηρὸς ὰ ὸν u. τρήρων ωνος ὁ ἡ flüchtig, schüchtern; ἡ τρήρων auch die wilde Taube.

ὀτρηρὸς ἡ ὸν oder ὀτραλέος eilig, emsig. ὀτρύνω f. υνῶ ich treibe an, muntre auf: ὀτρυντὴρ ὁ Antreiber, ὀτρυντικὸς ἡ όν antreibend, ὄτρυνσις (Jon. ὀτρυντὺς ύος) ἡ das Antreiben.

τρόμος ὁ das Zittern; der Schrecken. τρομώδης ὁ ἡ u. τρομερὸς ὰ ὸν od. ἔντρομος ὁ ἡ zitternd, furchtsam: ἄτρομος u. ἄτρεστος ὁ ἡ unerschrocken.

Δύο od. δύω, g. δυοῖν u. δυεῖν, zwei. Jon. δυοὶ u. δοιοί.

δυοκαίδεκα od. δυώδεκα, gew. δώδεκα, zwölf. δωδεκὰς ἡ die Zwölfe.

δωδέκατος η ον der zwölfte. δωδεκαταῖος am zwölften Tage.

σύνδυο οἱ αἱ τὰ zwei zusammen. συνδυάζω ich paare; ich paare mich. συνδυασμὸς ὁ Paarung.

δίδυμος ὁ ἡ doppelt, zwiefach; pl. Zwillinge, auch Hoden, sonst ὄρχεις οἱ (dem. ὀρχίδια τά). ἔνορχις od. ἔνορχος der Hoden hat.

δὶς zweimal: auch δισσάκις von δισσός (att. διττός, ion. διξός) ἡ ὸν zwiefach, doppelt. δισσεύω ich bin doppelt. δισσοτόκος ὁ Zwillinge gebährend.

δίπους οδος ὁ ἡ zweifüßig. διστάδιος von zwei Stadien. δίφθογγος mit doppeltem Laut. δίχηλος ὁ ἡ mit gespaltenen Klauen.

διστάζω u. ἐνδοιάζω f. άσω ich zweifle, bin unschlüssig (poet δοάζομαι): δοιὴ ἡ Zweifel, gew. δίστασις εως ἡ u. δισταγμὸς ὁ, od. ἐνδοίασις u. ἐνδοιασμός. διστακτικὸς od. ἐνδοιαστικὸς zum Zweifeln gehörig, Zweifel ausdrückend. ἐνδοιάσιμος od. ἐνδοιαστὸς zweifelhaft, ἀνενδοίαστος unzweifelhaft.

δίχα entzwei, in zwei Theile (poet. auch διχθά u. ἄνδιχα od. διάνδιχα); gesondert, sonder, ohne c. gen. διχῇ adv. getheilt, zwiefach: als Adj. διχήρης od. (poet.) διχθάδιος. διχόθεν von zwei Seiten her. διχάζω f. άσω ich zertheile, trenne, veruneinige.

διχογνώμων ονος ὁ ἡ von verschiedener Meinung: διχογνωμονέω od. διχογνωμέω ich bin διχογν. διχόθυμος ὁ ἡ zweifelhaft, unentschlossen (θυμός). διχόνοια ἡ Unentschlossenheit, Verschiedenheit des Sinnes (νοῦς). διχοτομέω ich schneide in zwei Hälften (τομή). διχοστατέω ich stehe getrennt; ich bin uneins mit mir selbst, ungewiß. διχοστασία ἡ Trennung, Zwiespalt.

δίκη ἡ Recht; Gerechtigkeit; Brauch, Sitte (κυνὸς δίκην nach Art eines Hundes, wie ein Hund —; Rechtshandel, Proceß (über eine Privatsache, entggs. der γραφή. die eine causa publica betrifft). δίκην εἰπεῖν causam dicere, sich vertheidigen; δίκην δίδωμι poenas do ich gebe Genugthuung, werde bestraft.

δικανικὸς ἡ ὸν in den Rechten erfahren, geschickt sie zu vertheidigen; zum Recht gehörig; gerichtlich.

δικάζω ich spreche Recht; δικάζομαι ich lasse mir Recht sprechen, processire.

δικαστὴς ου ὁ (fem. δικάστρια) Richter (poet. δικασπόλος). δικαστικὸς μισθὸς od. τὸ δικαστικὸν dessen Sold. δικαστήριον τὸ Gerichtshof. δικάσιμος streitig: δικάσιμος ἡμέρα dies fastus, entggs. ἀποφράς nefastus.

δίκαιος αία αιον gerecht; gesetzmäßig; richtig, gehörig. Ungerecht ἄδικος ὁ ἡ: ἀδικέω ich bin ungerecht, habe Unrecht, behandle ungerecht: ἀδίκημα τὸ ungerechte That.

δικαιότης, gew. δικαιοσύνη, ἡ Gerechtigkeit: Ungerechtigkeit ἀδικία ἡ.

δικαιόω f. ώσω ich mache recht; richte, verurtheile, bestrafe; halte für recht od. billig, verlange. δικαίωμα τος τὸ Rechtsspruch; Strafe; gerechte Handlung; Rechtsgrund, Grund übhpt. δικαίωσις εως ἡ Gerechtmachung; Vertheidigung vor Gericht; Bestrafung; Foderung, Anspruch. δικαιωτήριον τὸ Strafort.

ἀντίδικος ὁ ἡ Widersacher, Gegner im Proceß: πρόδικος, gew. σύνδικος, Vertheidiger, Beistand. ἀντιδικέω od. ἀντιδικάζομαι ich processire gegen —. συνδικέω τινὶ ich vertheidige einen.

ἀποδικέω ich vertheidige mich vor Gericht, gew. ἀπολογοῦμαι. ἀποδικάζω ich spreche los od. spreche zu, καταδικάζω ich verurtheile, spreche einem etwas ab. καταδίκη ἡ Verurtheilung.

ἔκδικος ὁ ἡ das Recht ausführend; rächend, strafend. ἐκδικέω ich räche, strafe. ἐκδικία od. ἐκδίκησις ἡ Rache, Strafe; auch ἐκδίκημα τό. ἐκδικητὴς οῦ ὁ Rächer.

ἔνδικος ὁ ἡ gesetzmäßig; gerichtlich. συνδικάζω ich sitze mit im Gericht.

Δυς kommt als unabtrennliche Partikel in Compositionen vor, und bezeichnet unser un oder miß, z. B. δύσαγνος unrein, δυσειδὴς ungestalt od. mißgestalt, δύσμαχος schwer zu besiegen. Entggs. εὖ.

Δύω u. δύνω, f. δύσω, aor. ἔδυν, ich bringe hinein, hinunter; ich gehe od. tauche hinein, hinunter; ziehe an (sonst ἕννυμαι). Poet. auch δύσομαι als Präs.

δύη ἡ Untergang, Unglück, Elend. δυερὸς od. δυηπαθὴς unglücklich. δυάω ich mache unglücklich.

δύσις εως ἡ das Untertauchen; der Untergang der Sonne (auch δυσμὴ, Jon. δυσμὴ ἡ): Aufgang ἀνατολὴ ἡ.

δύτης od. δύπτης ου ὁ der Taucher. δυτικὸς ἡ ὸν zum Tauchen geschickt; westlich, auch δυσμικός.

δυτὸς ἡ ὸν wo man hineingehn, was man anziehen kann.

ἄδυτος ὁ ἡ unzugänglich, heilig: τὸ ἄδυτον das Heiligthum im Tempel.

ἀναδύομαι ich komme herauf, tauche auf; ich ziehe mich zurück, vermeide; nehme zurück. ἀνάδυσις εως ἡ das Hervorkommen; das Zurücktreten, die Ausflucht.

ἀποδύω ich ziehe aus, lege ab; med. rüste mich zu etwas (τινὶ), wie die Athleten sich vorher ausziehen.

διαδύομαι ich gehe mitten hindurch; mache Ausflüchte.

εἰσδύω ich gehe hinein. παρεισδύω ich schleiche mich nebenher ein.

ἐκδύω, ἐκδύνω ich komme hervor; komme davon, rette mich; ich ziehe aus, beraube. ἔκδυσις das Emporkommen, die Rettung, das Ausziehen.

ἐνδύω, ἐνδύνω ich bringe hinein, ziehe an; med. ich gehe hinein:

bringe ein ins Innere. ἐνδυκέως u. ἐνδυκὲς adv. hineindringend, innig, sorgfältig, immerfort (poet.) ἐνδιδύσκομαι ich ziehe mich an. ἔνδυμα τό Kleid, Anzug, ἔνδυσις ἡ das Anziehn ἐπενδύω ich ziehe darüber an: ἐπένδυμα τὸ u. ἐπενδύτης ὁ Oberkleid.

καταδύω, καταδύνω ich tauche unter, versenke; neutr. ich bin versenkt, versteckt; ich krieche hinunter, hinein; ich begebe mich hinein, mische mich darunter.

ὑποδύω ich gehe hinunter; unterziehe mich einer Sache τί; ich ziehe darunter an. ὑποδύτης ὁ Unterkleid unter dem Panzer.

δύναμαι f. ήσομαι ich kann, vermag, gelte (von Münzen), bedeute (von Wörtern).

δύναμις, εως ἡ Kraft, Macht, Vermögen; Geschicklichkeit; obrigkeitliche Gewalt; Kriegsmacht, Heer; Geltung, Bedeutung. δυναμικός ἡ όν vermögend; viel wirkend; mächtig.

δυνατὸς ἡ ὸν vermögend, stark, geschickt; möglich. ἀδύνατος ὁ ἡ unvermögend, schwach; unmöglich. ἀδυνατέω ich bin unvermögend od. unmöglich: auch ἐξαδυνατέω. ἀδυναμία, ἀδυνασία, ἀδυναΐα ἡ Unvermögen, Schwäche.

δυνάστης ου ὁ Machthaber, Herrscher: fem. δυνάστις. δυναστεία ἡ Macht, Oberherrschaft. δυναστεύω ich bin mächtig, herrsche. καταδυναστεύω ich übe Gewalt gegen jemand aus, unterdrücke ihn (c. gen.).

E.

Ἒ ἒ od. ἒ ἒ weh! weh! ἔα od. εἶα auf! wohlan! (sonst ἄγε u. φέρε). εἰάζω ich rufe εἶα. εὐάν u. εὐοῖ Ausrufe u. Zurufe am Fest des Εὔιος, des Bakchos: εὐάζω ich rufe so.

Ἐγείρω f. ερῶ ich wecke; ich ermuntere, richte auf; pf. m. ἐγρήγορα ich bin wach.

ἐγρήσσω, pros. ἐγρηγορέω od. γρηγορέω, ich wache, bin wachsam: διεγρηγορέω ich durchwache. ἐγρήγορος u. γρήγορος wachsam, munter. ἐγρήγορσις ἡ Wachsamkeit.

ἔγερσις, εως ἡ das Erwecken, Errichten, Aufbauen. ἐγέρσιμος zu erwecken, νήγρετος nicht zu erwecken ἐγερσίγελως ὁ ἡ Lachen erregend.

ἀνεγείρω, διεγείρω, ἐξεγείρω ich wecke auf, richte auf.

Ἔγχελυς υος u. ἔγχελις εως ἡ Aal. ἐγχέλειος ὁ ἡ vom Aal.

Ἔδω, gew. ἐσθίω, f. ἔδομαι pf. ἐδήδοκα, ich esse. ἔδεσμα ατος τὸ die Speise; auch ἐδωδή ἡ, εἶδαρ ατος τὸ u. ἐδητὺς υος ἡ.

ἐπεσθίω ich esse überdies, esse dazu. κατεσθίω ich esse auf, verzehre. συνεσθίω ich esse mit. ὑπερεσθίω ich esse zu viel.

νῆστις ιος ὁ ἡ nüchtern, bei Homer auch ἄκμηνος ὁ ἡ: ἡ νῆστις der Leerdarm. νηστεύω f. εύσω ich faste, νηστεία ἡ das Fasten, προνηστεύω ich faste vorher.

ἐδώδιμος od. ἐδανὸς ὁ ἡ eßbar; angenehm.

Ἔτνος εος τὸ Brei von (ὄσπρια) Hülsenfrüchten. ἐτνηρὸς ὰ ὸν breiartig. ἐτνήρυσις ἡ (ἀρύω) Kochlöffel, Kelle den Brei zu rühren und herauszunehmen.

Ὀδούς οντος ὁ Zahn: ἀνόδους ὁ ἡ od. νωδὸς ἡ ὸν zahnlos.

ὀδοντιάω ich zahne, bekomme Zähne; auch ὀδοντοποιέω u. ὀδοντοφυέω, wovon ὀδοντοφυΐα ἡ das Zahnen.

ὀδοντόω ich versehe mit Zähnen: ὀδοντωτὸς ἡ ὸν gezahnt.

ὀδονταλγέω ich habe Zahnschmerz ὀδοντογλυφὶς ἡ od. ὀδοντόγλυφον τὸ Zahnstocher, ὀδοντοξέστης ὁ Zahnbürste.

Εἰ, poet. αἰ, wenn; ob. εἴτε – εἴτε sive – sive. εἴγε da ja. εἰ ἄρα wenn etwa, ob etwa. εἴπερ wenn anders, wofern. εἰ γὰρ, εἴθε, εἴθε γὰρ ja wenn! wenn doch!

ἐὰν od. ἤν, poet. αἴκε, c. conj. falls: κἄν falls auch, sogar im Fall daß —

εἶτα u. ἔπειτα darauf, hernach: poet. auch μετέπειτα.

Εἶδον ich sah (aor. zu ὁράω), οἶδα (f. εἴσομαι) ich weiß: σύνοιδα ich weiß mit um —, bin mir bewußt. εἴδομαι ich erscheine; sehe ähnlich, auch ἰνδάλλομαι.

εἶδος εος (dem. εἰδύλλιον) τὸ Ansehen, Gestalt, Schein; Art, species. εἰδάλιμος ὁ ἡ ansehnlich, schön, gew. εὐειδής. εἰδεχθὴς, ὁ ἡ (ἔχθος) häßlich, scheußlich: εἰδέχθεια ἡ Scheußlichkeit.

ἀειδὴς u. poet.) ἀείδελος, od. ἀΐδης u. ἄδηλος, ὁ ἡ unsichtbar, dunkel; unansehnlich, häßlich. Ἀΐδης Ἀΐδαο od. Ἄϊδος, pros. Ἅιδης ου, ὁ der Gott der Unterwelt: ἐν Ἅιδου in der Unterwelt.

ἵστωρ ορος ὁ wissend, kundig; Zeuge (pros. μάρτυρ), Schiedsrichter (pros. διαιτητής). ἱστορία ἡ Erkenntniß, Untersuchung; Erzählung, Geschichte. ἱστορικὸς ἡ ὸν zur Geschichte gehörig, derselben kundig.

ἱστορέω f. ήσω ich untersuche, forsche, besehe; ich erzähle, ich bezeuge. ἱστοριογράφος ὁ Geschichtschreiber, gew. συγγραφεύς.

Ἴσος η ον (alt ἶσος; comp. ἰσαίτερος) gleich, ähnlich. τὸ ἴσον od. ἡ ἰσότης ητος Gleichheit, Billigkeit. ἴσως adv. gleicher Maßen, was auch ἐξ ἴσης; vielleicht, sonst τάχα. ἰσάκις gleich vielmal.

ἰσόω od. ἰσάζω ich gleiche aus, mache gleich. Dasselbe ἀνισόω, ἀνισάζω, ἐξισόω, ἐξισάζω, παρισόω.

ἄνισος ungleich. πάρισος ungefähr gleich.

ἰσηγορία ἡ gleiche Freiheit u. Berechtigung zu sprechen (ἀγορεύω).

ἰσόκωλος ὁ ἡ von gleichen Gliedern od. Theilen (κῶλον).

ἰσομέτωπος ὁ ἡ von gleicher Stirn od. Fronte (μέτωπον).

ἰσομοιρία ἡ gleicher Theil, gleicher Antheil (μοῖρα).

ἰσοπαλὴς ὁ ἡ gleich im Kampf (πάλη), einem gewachsen.

ἰσόπεδος ὁ ἡ auf gleichem Boden (πέδον); eben.

ἰσόπλευρος ὁ ἡ gleichseitig (πλευρά).

ἰσόῤῥοπος ὁ ἡ im Gleichgewicht stehend (ῥέπω).

ἰσότιμος ὁ ἡ gleich geehrt, von gleichem Werth od. Stand (τιμή).

Εἰκῇ temere aufs Gerathewohl, sonst μάτην (ματάω ich bin schlaff u. unthätig, zaudere, thue ohne Kraft und Wirkung); unüberlegt, umsonst, vergebens, poet. μάψ. temerarius εἰκαῖος αία αῖον od. μάταιος αία αιον (wovon ματαΐζω ich handle thöricht, mache mich unnütz, u. ματαιόω ich vereitele), poet. μαψίδιος. εἰκαιότης u. εἰκαιοσύνη od. ματαιότης u. ματαιοσύνη ἡ Unbesonnenheit, Eitelkeit, Vergeblichkeit.

εἰκαιοβουλία od. ματαιοβουλία ἡ unkluger, eitler Rath.

εἰκαιολέσχης, εἰκαιόμυθος, εἰκαιοῤῥήμων ὁ ἡ unbedacht redend, ματαιόπονος umsonst bemüht.

Εἴκοσι zwanzig: εἰκοσάβοιος ὁ ἡ 20 Rinder werth, εἰκοσαέτης 20 Jahr alt, εἰκοσάπηχυς von 20 Ellen. εἰκοσάκις zwanzigmal. εἰκοστὸς ἡ ὸν der Zwanzigste, εἰκοσταῖος am 20sten Tage. εἰκὰς άδος ἡ die Zahl 20; der 20ste im Monat.

Ἔοικα, Jon. οἶκα, Att. εἶκα, ich gleiche, bin ähnlich. ἔοικε es sieht so aus, es scheint. τὸ εἰκὸς das Wahrscheinliche; Natürliche; Schickliche: adv. εἰκότως. ἀπέοικα ich bin unähnlich, unschicklich, widersinnig.

εἰκάζω (auch παρεικάζω und προσεικάζω) ich vergleiche; mache gleich, äffe nach; vermuthe. ἐπεικάζω ich vermuthe hinzu, deute auf oder von —. εἴκασμα ατος τὸ Abbildung, Bild. εἰκασία ἡ Vergleichung, Abbildung; Muthmaßung. εἰκαστὴς ὁ der Muthmaßer, Errather.

εἴκελος od. ἴκελος η ον ähnlich: auch ἐπιείκελος.

εἰκὼν όνος ἡ, dem. εἰκόνιον τὸ, Ebenbild, Bild. εἰκονικὸς ἡ ὸν bildlich darstellend, porträtmäßig. εἰκονίζω ich bilde ab, auch ἀπεικάζω. εἰκονισμὸς ὁ Abbildung. εἰκονογράφος ὁ Porträtmaler.

ἀεικὴς od. αἰκὴς εος u. ἀεικέλιος od. αἰκέλιος ὁ ἡ unziemlich; schmählich, schimpflich. ἀεικεία od. ἀεικία, pros. αἰκία, ἡ Schmach, Mißhandlung durch Schläge. ἀεικίζω od. αἰκίζω ich behandle schmählich, beschimpfe.

ἐπιεικὴς ὁ ἡ geziemend, billig; bescheiden: ἐπιεικῶς ziemlich, sehr. ἐπιείκεια ἡ Billigkeit, Glimpflichkeit.

Εἰλέω od. εἰλέω f. ήσω, Att. ἴλλω, ich drehe, wälze; ich drehe zusammen, wickle zusammen; ich dränge, presse.

ἀνειλέω ich wickle od. rolle auf, ἐνειλέω wickle ein, περιειλέω herum, συνειλέω zusammen.

εἵλη od. ἕλη ἡ Sonnenlicht, Wärme: auch ἀλέα. ἀλεεινὸς ἡ ὸν warm, auch εἱληθερής ὁ ἡ. ἀλεάζω ich bin warm, ἀλεαίνω od. εἰλέω ich wärme, sonne; auch εἱληθερέω. εἵλησις ἡ das Sonnen; die Hitze. εἰλικρινὴς ὁ ἡ (bei hellem Tage beurtheilt) ächt, rein, ganz; deutlich, offenbar: εἰλικρινῶς an und für sich, absolut: εἰλικρίνεια ἡ Aechtheit, Reinheit, Deutlichkeit.

ἥλιος ὁ Sonne. ἡλιεῖον τὸ Sonnentempel. ἐνιαυτὸς ἡλιακὸς Sonnenjahr. ἡλιόω, ἡλιεύω, ἡλιάζω ich sonne: ἡλιαστήριον τὸ Ort sich zu sonnen. εὐήλιος ὁ ἡ der gute Sonne hat, apricus. ἡλιαία ἡ das größte Gericht in Athen (in einer offenen Gallerie gehalten). ἡλιαστὴς οῦ ὁ ein Richter aus der Heliäa.

εἴλη u. ἴλη ἡ Haufen, Rotte, bs. eine Reiterschaar (ala). εἰληδὸν od. ἰλαδὸν schaarenweis. εἰλάρχης u. ἰλάρχης ου ὁ Anführer einer ἴλη.

εἶλαρ τὸ (poet.) Bedeckung, Schutzwehr. ἔλυτρον τὸ Deckel, Futteral, Gehäuse. εἴλημα τὸ Hülle, Decke, involucrum; auch εἴλυμα, von εἰλύω f. ύσω ich wälze, drehe; winde, umwinde, hülle ein; poet. auch εἰλύσσω, εἰλυφάω, εἰλυφάζω, pros. ἑλίσσω od. εἱλίσσω f. ξω. ἐξελίσσω ich wickle auseinander, rolle auf.

ἑλιγμὸς ὁ das Winden, Drehen, Wickeln; Gewinde, Krümmung, Kreis, auch ἕλιγμα τό.

ἕλιξ ικος ἡ ein gewundener Körper, Wirbel, Kreisel; adj. gewunden, kraus, wie auch ἑλικὸς ἡ ὸν u. ἑλικτός. adv. ἑλικηδὸν od. ἑλιγδόν. ἑλικὼψ ῶπος ὁ, ἑλικῶπις ιδος ἡ, mit rollenden, lebhaften Augen.

ἐλελίσσω f. ξω ich schwinge, erschüttere.

εἰλυσπάομαι od. ἰλυσπάομαι ich winde und wälze mich wie ein Wurm.

ἕλμινς, ινθος ἡ (dem. ἑλμίνθιον τὸ) Wurm, vorz. Eingeweidewurm. Wurm auch εὐλὴ ἡ u. σκώληξ ηκος ὁ (dem. σκωλήκιον τὸ). ἑλμινθιάω u. σκωληκιάω od. σκωληκοῦμαι ich habe od. bekomme Würmer. σκωληκίζω ich bewege mich wie ein Wurm.

εἴλιγγος od. ἴλιγγος ὁ das Drehen, der Schwindel. ἰλιγγιάζω ich schwindele.

εἰλεὸς u. ἰλεὸς ὁ die Darmverwickelung (eine Krankheit), das Miserere; Schlupfwinkel der Thiere, sonst φωλεὸς ὁ (φωλέω od. φωλεύω ich liege in meiner Höhle, halte Winterschlaf: φωλεία solches Liegen od. Schlafen: φωλητὴρ ὁ u. φωλὰς ἡ in der Höhle steckend: φωλεώδης höhlenartig).

εἰλὺς od. ἰλὺς ύος ἡ Schlamm, Bodensatz, Moder. ἰλυώδης ὁ ἡ od. ἰλυόεις voll davon. ἰλύω u. κατιλύω ich beschmutze, bedecke mit Schlamm. ὑλίζω u. διυλίζω ich reinige von Hefen, seige durch.

ἕλος εος τὸ Sumpf, Morast; auch τέλμα τό. ἑλώδης ὁ ἡ sumpficht; auch ἕλειος ὁ ἡ, was sonst in Sümpfen lebend, wie ἑλειονόμος. ὕδωρ τελματιαῖον Wasser aus dem Sumpfe. τελματόω ich verwandle in Sumpf und Moder.

ἄελλα ἡ Wirbelwind. ἀελλαῖος, ἀελλήεις stürmisch. ἀελλόπους windschnell.
ἀολλής ὁ ἡ versammelt, gedrängt. ἀολλίζω ich versammle, poet.
αἰόλος η ον hin und her fahrend, schnell (αἰολόπωλος schnell zu Roß); schillernd, bunt (pros. ποικίλος η ον: ποικιλία ἡ Buntheit, Mannichfaltigkeit); verschlagen, schlau, auch αἰολόβουλος u. αἰολόμητις od. αἰολόμητις, wie ποικιλόμητις u. ποικιλόβουλος. Bunt u schnell auch βαλιος od. βάλιος. αἰόλλω ich bewege hin und her; mache bunt, auch ποικίλλω, wovon ποίκιλσις ἡ od. ποικιλμὸς ὁ das Buntmachen durch Malerei, Weberei, Stickerei: ποίκιλμα τὸ das so verzierte, ποικιλτής ὁ der webt od stickt, ποικιλτικὴ ἡ dessen Kunst. αἰολάω u. ἀπαιολάω ich täusche, berücke: ἀπαιόλη od. ἀπαιόλημα Betrug. αἴλουρος od. αἴλουρος ὁ die Katze (οὐρά).
σέλας αος τὸ Glanz, Licht. σελαγέω u. σελαγίζω ich glänze, leuchte.
σελάγισμα τὸ das Blitzen, Wetterleuchten.
σελήνη (poet. auch σεληναία: dem. σελήνιον τὸ, σεληνὶς ἡ, σεληνίδιον τὸ) ἡ Mond, sonst μήνη ἡ (dem. μηνίσκος ὁ) wov. μεὶς od. μὴν μηνὸς ὁ Monat, ἐπιμήνιος auf den Monat, καταμήνιος monatlich, μηνιαῖος von der Größe od. Dauer eines Monats.
σεληνοειδής od. μηνοειδής ὁ ἡ mondförmig.
σεληνιάζω ich bin mondsüchtig: σεληνιακὸς mondsüchtig, auch σεληνόβλητος ὁ ἡ: σεληνιασμὸς ὁ od. σεληναῖον πάθος Mondsucht.
Εἴρω ich reihe an, reihe zusammen. εἶρσις ἡ series Verbindung, Schnur, Band, auch ὁρμαθὸς ὁ. ὁρμιὰ ἡ Angelschnur. ἕρμα ατος τὸ Ohrgehäng.
ἀνείρειν anknüpfen: διείρειν durchstecken: ἐνείρειν hineinstecken, einflechten, einfügen: ἐξείρειν herausstecken, herausziehn: συνείρειν zusammenknüpfen, aneinanderreihen.
ὅρμος ὁ Halsband; Reihentanz; Ankerplatz, Bucht.
ὁρμέω f. ήσω ich liege in der Bucht, im Hafen: ὁρμίζω ich führe in den Hafen, lege vor Anker, auch καθορμίζω u. προσορμίζω, entggs. ἐξορμίζω. ἀνθορμεῖν gegenüber vor Anker liegen. ἀφορμεῖν u. ἐξορμεῖν die Rhede verlassen, auslaufen. ἐφορμεῖν liegen um dem Feinde aufzupassen od. ihn zu blockiren; auflauren, im Wege sein. ὑφορμεῖν im Hafen verborgen liegen.
εὔορμος ὁ ἡ opportunus, gut zur Landung od. zum Einlaufen, entggs. δυσορμος ὁ ἡ. ἔφορμος ὁ ἡ im Hafen liegend; mit einem Hafen versehn.
σειρὰ ἡ (dem. σειρὰς od. σειρὶς ἡ u. σειράδιον τὸ) Seil, Band, Strick.
σειράω, σειρίζω, σειρεύω ich binde od ziehe mit dem Seil. ἀνασειράζω ich ziehe zurück; bringe vom rechten Wege ab.
Εἷς μία ἕν, gen. ἑνὸς; μιᾶς ἑνός. (poet ἴος ἴα ἴον) einer, eine, eines: keiner οὐδεὶς οὐδεμία οὐδὲν od. μηδεὶς μηδεμία μηδὲν (später οὐθεὶς u οὐθὲν, μηθεὶς u. μηθὲν): οὐδένεια od. οὐδενία ἡ Nichtigkeit, οὐδενόω ich vernichte. Pass. οὐδαμός u. οὔτις (μηδαμός, u μήτις), wovon οὐδαμινος u. οὐτιδανὸς ἡ ὸν nichtig, nichts werth. ἔνιοι αι α einige, ἐνίοτε einigemal. ἑνικὸς ἡ ον einzig. ἑνίζω od. ἑνόω ich vereinige, ἕνωσις ἡ Vereinigung. ἑνότης ητος ἡ Einheit, Einigkeit.
οἶος οἴη οἶον allein; pros. μόνος η ον (Jon. μοῦνος)
οἰόω u. μονόω f. ώσω ich vereinzele, lasse allein.
μόνιος od. μονιὸς ὰ ὸν u. μονήρης ὁ ἡ allein und einsam lebend: auch οἰόβιος u. μονόβιος: als Substantiv μονίας u μοναχὸς οῦ ὁ (Mönch), auch μοναστης ὁ u. μονάστρια ἡ von μονάζω f. άσω ich bin allein, lebe einsam: μοναστήριον τὸ Kloster.
οἰωνὸς ὁ (einsam lebender) Raubvogel, wie Geier u Adler, aus deren Flug und Stimme man Vorbedeutungen abnahm. οἰωνίζομαι augurium capio; ich ahnde; vermeide als schlimmes

omen. οἰώνισμα τὸ Wahrzeichen, Prophezeiung aus dem Flug ꝛc. der Vögel. οἰωνισμὸς ὁ Befragung der Vögel. οἰωνιστης od. -ης ὁ ἡ der den Vogelflug beobachtet; auch οἰωνοσκόπος, οἰωνόμαντις, οἰωνοπόλος. οἰωνιστήριον τὸ der Ort solcher Beobachtung, templum.

μονὰς άδος ἡ Einheit, Eins. μοναδικὸς ἡ ὸν einzeln, einfach.

μόναρχος od. μόναρχος ὁ Alleinherrscher. μονόλιθος aus Einem Stein verfertigt. μονομαχία ἡ Kampf gegen Einen, Zweikampf μονόφθαλμος ὁ ἡ einäugig. μονοπώλιον τὸ Alleinhandel. μονότροπος ὁ ἡ eigensinnig.

ἕνος od. ἔνος ὁ das Jahr; gew. ἔτος τὸ od. ἐνιαυτὸς ὁ (poet. auch λυκάβας αντος ὁ).

ἔνος od. ἕνος η ον jährig, vorjährig (sonst περυσινὸς ἡ ὸν von πέρυσι vor einem Jahre, πρωπέρυσι vor zwei Jahren), dem diesjährigen (νέον od. ν[illegible]ινον) entggs. ἕνη καὶ νέα der letzte Tag im Monat, wo der alte mit dem neuen Mond wechselt. σῆτες, Att. τῆτες, heuer. νέωτα od. εἰς νέωτα übers Jahr, kommendes Jahr.

ἦνις ιος ἡ jährig, ein Jahr alt: δίενος, τρίενος zweijährig, dreijahrig, gew. διετὴς, τριετής. διετία, τριετία od. διετηρίς, τριετηρίς ἡ Zeit von 2, von 3 Jahren. εὐετηρία ἡ Fruchtbarkeit des Jahres, gesegnetes Jahr: entgs δυσετηρία.

ἄφενος ὁ u. ἄφενος ιος τὸ Ertrag des Jahres, Vorrath auf Jahre; Reichthum, pros. πλοῦτος ὁ wovon πλουτέω ich bin reich, πλουτίζω ich mache reich, πλούταξ ὁ ein reicher Kauz, πλουτίνδην dem Reichthum nach, πλουτοκρατία ἡ Herrschaft des Reichthums.

ἀφνειός ἡ ὸν reich, pros πλούσιος ία ιον, wovon πλουσιάω was πλουτέω u. πλουσιίζω was πλουτίζω. Arm πένης.

ἐνιαύσιος ὁ ἡ od. ἐνιαυσιαῖος, auch ἐτήσιος, jährlich, ein Jahr dauernd: ἐτησίαι οἱ Nordwinde die alljährlich um die Hundstage 40 Tage lang über den Archipelagus wehn. ἐπέτειος ὁ ἡ auf ein Jahr, jährlich wechselnd, wie ἐφήμερος nur einen Tag dauernd.

ἐνιαυτίζειν ein Jahr zubringen od. dauern, auch διετίζειν: ἀπενιαυτίζειν ein Jahr von der Heimath entfernt zubringen.

Εἰς od. ἐς c. acc., ἐν (poet ἐνὶ u. εἰν) c. dat. in: εἰς τὴν πόλιν in die Stadt, ἐν τῇ πόλει in der Stadt. ἐκ, vor einem Vocal ἐξ, c. gen. aus, von, seit.

ἐντὸς od. ἔνδον (dor. ἔνδοι, poet. ἔνδοθι: comp. ἐνδοτέρω, sup. ἐνδοτάτω) drinnen, innerhalb: ἐκτὸς u. ἔξω (comp. ἐξωτέρω, sup. ἐξωτάτω) außerhalb, außer.

εἴσω od. ἔσω hinein (comp. ἐσωτέρω, sup. ἐσωτάτω), ἔκτοσε hinaus, nach außen. εἴσωθεν od. ἔσωθεν von innen, ἔκτοσθε od. ἔξωθεν von außen.

ἐσωτερικὸς ἡ ὸν zum Innersten u. Geheimsten gehörig; entggs. ἐξωτερικὸς. ἐξωτικὸς ἡ ὸν ausländisch, fremd.

ἔστε bis, so lange als: auch ἕως.

ἔσχατος η ον der äußerste, letzte, poet. auch ἐσχάτιος u. ἐσχατόεις. ἐσχατάω od. ἐσχατεύω ich bin der letzte, wohne zu äußerst ἐσχατιὰ ἡ Grenze; entlegenes Stück Land. ἐσχατόγηρως ὁ ἡ im höchsten Alter.

ἔνεροι die drinnen (in der Erde) od. drunten sind, die Todten, inferi. ἐνέρτεροι od. νέρτεροι inferiores, ἐνέρτατοι od. νέρτατοι infimi.

ἔνερθεν od. νέρθεν drunten, unterhalb: entggs. ὕπερθεν drüber.

ἔντερα τὰ Eingeweide (auch ἐντόσθια, ἔνδινα, ἔγκατα, pros. σπλάγχνα τὰ). δυσεντερία ἡ Ruhr: δυσεντερικὸς ἡ ὸν daran leidend. μεσεντέριον τὸ Gekröse.

ἔντεα τὰ Geräth, Geschirr, Rüstung: ἐντύω od. ἐντύνω ich rüste, bereite zu.

ἔνθα hier, da (auch ἐνταῦθα u. ἐνταυθοῖ): wo.

ἐνθάδε od. (Att.) ἐνθαδί, auch ἐνταυθοῖ u. δεῦρο od. δευρί, hieher.

ἔνθεν, ἐνθένδε, ἐντεῦθεν von hier; daher, wie hinc.

Ἑκὰς (comp. ἑκαστέρω, sup. ἑκαστάτω) fern; sonst τῆλε, τηλόθι, τηλοῦ (sup. τηλοτάτω), auch ἀποτῆλε u. ἀποτηλοῦ. ἕκαθεν od. τηλόθεν von ferne, τηλόσε in die Ferne. ἕκατος u. ἑκάτη Apollon u. Artemis als weitschießende, ἑκηβόλοι od. ἑκατηβόλοι. ἑκάταιον od. ἑκαταῖον τὸ Bildsäule der Hekate; ἑκάταια τὰ oder δεῖπνον Ἑκάτης die zur Reinigung des Hauses gebrauchten Eier, Zwiebeln, junge Hunde, die man auf den Kreuzweg warf, wo arme Leute sie verzehrten.

τηλαυγὴς ὁ ἡ in die Ferne glänzend.

τηλέσκοπος od. τηλωπὸς ὁ ἡ in die Ferne sehend od. zu sehn.

τηλύγετος η ον od. τηλέγονος ὁ ἡ in der Ferne od. im Alter geboren.

Ἑκατὸν οἱ αἱ τὰ hundert. ἑκατοντὰς ἀδος od. ἑκατοστὺς ύος ἡ die Zahl 100; ein Haufe von 100 Mann. ἑκατοντάκις hundertmal. ἑκατοστὸς ἡ ὸν der Hundertste, ἑκατοσταῖος αία αῖον am hundertsten Tage. 200 διακόσιοι αι α, 300 τριακόσιοι, 400 τετρακόσιοι, 500 πεντακόσιοι.

ἑκατόμβη ἡ Opfer von 100 Rindern; feierliches Opfer übhpt. τὰ ἑκατόμβαια Fest wo Hekatomben geopfert werden.

ἑκατονταπλάσιος ία ιον od ἑκατονταπλασίων ονος ὁ ἡ hundertfältig.

ἑκατόγχειρ od. ἑκατοντάχειρ ὁ ἡ hunderthändig, ἑκατογκέφαλος od. -κεφάλας hundertköpfig.

ἑκατονταετηρὶς ἡ Jahrhundert.

Ἐλαύνω f. ἐλάσω pf. ἐλήλακα (poet. auch ἐλαστρέω, frequent. ἠλασκάζω) ich treibe, setze in Bewegung, z. B. ἵππον ich reite, ἅρμα ich fahre, ναῦν ich rudere, χαλκὸν ich schmiede; ich treibe fort, verfolge, plage: εἰς τοσοῦτον ἐλαύνω ich treibe es so weit, komme so weit.

ἔλασις εως u. ἐλασία ἡ das Treiben, Reiten, Fahren. ἐλασείω ich habe Lust zur ἔλασις.

ἐλατὴρ ῆρος ὁ (ἐλάτειρα ἡ) u. ἐλαστὴς ὁ der Treiber. ἁρματηλάτης ὁ der den Wagen fährt, ἁρμηλατέω ich bin ἁρμηλάτης, ἁρμηλασία ἡ das Fahren.

ἐλατὸς ἡ ὸν getrieben, geschmiedet, gestreckt: εὐήλατος wohl gehämmert, leicht zu treiben; wo sich gut reiten läßt: σφυρήλατος ὁ ἡ mit dem Hammer getrieben, gehämmert; gediegen. ἔλασμα τὸ gehämmerte Platte. ἐλατικὸς ἡ ὸν zum Treiben geschickt.

ἀπελαύνω ich treibe fort, weg.

διελαύνω ich durchreite, durchfahre, durchbohre. διέλασις u. διελασία ἡ das Durchtreiben, Durchreiten.

εἰσελαύνω ich treibe, reite, fahre hinein; greife an. ἐξελαύνω ich treibe aus, vertreibe; ich fahre, reite aus. διεξελαύνω ich treibe od. fahre durch.

ἐπελαύνω ich renne od. reite auf jemand los, falle an. παρελαύνω ich treibe, fahre, reite vorbei od. vorüber.

περιελαύνω ich reite herum, προσελαύνω hinzu.

συνελαύνω ich treibe od dränge zusammen, in die Enge.

ἐλαφρὸς ὰ ὸν leicht, geschwind, behend; unbeschwerlich; sanft, mild; leichtsinnig; gering, ohne Ansehn.

ἐλαφρία ἡ Geschwindigkeit; Leichtsinn; Geringfügigkeit.

ἐλαφρίζω u. ἐλαφρύνω, ich mache leicht, erleichtere.

ἔλαφος ὁ ἡ der Hirsch, die Hirschkuh: junger Hirsch ἐλλὸς, pros. νεβρὸς (von νεαρὸς, νέος) ὁ: νεβρὶς ἡ Fell des Hirschkalbes, das die Bakchanten trugen: νεβρίζω ich feire Bakchanalien, νεβρισμὸς ὁ diese Feier. ἐλάφειος ὁ ἡ vom Hirsche. ἐλαφηβόλος ὁ ἡ Hirsche schießend, ἐλαφηβολία ἡ Schießen der Hirsche, ἐλαφηβολιὼν ὁ Monat der Hirschjagd (halb Februar halb März).

Ἐλέγχω u. ἐξελέγχω f. ξω ich mache zu Schanden, beschäme; überführe; widerlege, verweise, tadele; ich prüfe, untersuche. ἐλεγμὸς ὁ u. ἔλεγξις od. ἐξέλεγξις ἡ Ueberführung, Widerlegung, Tadel; Prüfung. ἐλεγκτικὸς ἡ ὸν zum überführen, tadeln, widerlegen geschickt. ἐλεγκτὸς ἡ ὸν widerlegt, überführt: ἀνέλεγκτος od. ἀνεξέλεγκτος ὁ ἡ unwiderleglich.

ἔλεγχος ὁ Beweismittel zur Beschämung u. Ueberführung; Widerlegung; Tadel; Prüfung: ἔλεγχος εος τὸ u. ἐλεγχείη ἡ (poet.) Vorwurf, Schande. ἐλέγχιστος ίστη ιστον wer Vorwürfe verdient, schmählich, schändlich.

Ἐλεύσομαι (pf. ἐλήλυθα, aor. ἤλυθον, pros. ἦλθον) ich werde kommen.

ἔλευσις εως ἡ das Kommen. ἔπηλυς υδος ὁ ἡ, auch ἐπηλύτης u. ἐπήλυτος, Ankömmling, Fremder. ἐπέλευσις ἡ Ankunft, Hinzukunft. προσήλυτος ὁ ἡ zu einem andern Volk od. Glauben getreten, Proselyt.

ἐλεύθερος έρα ερον frei (der gehen kann wohin er will, entggs. dem gefesselten Sklaven). ἐλευθερία ἡ Freiheit, ἐλευθέριος ὁ ἡ einem Freien anständig: ἀνελεύθερος illiberal. ἐλευθερόω ich befreie, ἐλευθέρωσις ἡ die Befreiung.

ἀπελεύθερος u. ἐξελεύθερος ὁ ἡ Freigelassener, libertus. ἀπ- u. ἐξελευθερόω ich lasse frei, manumitto.

Ἔρχομαι f. ἐλεύσομαι ich komme, gehe. ἔρχομαι λέξων je vais dire.

ἀνέρχομαι ich gehe, steige hinauf; komme zurück, gew. ἐπανέρχομαι.

ἀπέρχομαι ich gehe fort, weg; sterbe. προσέρχομαι ich gehe hinzu; ich gehe ein, komme ein: πρόσοδοι αἱ Einkünfte.

διέρχομαι ich gehe durch; ich erzähle, spreche, überdenke, auch διεξέρχομαι.

εἰσέρχομαι ich gehe hinein, ἐξέρχομαι ich gehe aus, weg; gehe in Erfüllung. ἐπέρχομαι ich komme hinzu; komme über einen, ich überfalle τινί: ἐπέρχεταί μοι es wandelt mich an, fällt mir ein

κατέρχομαι ich komme herab; komme zurück ins Vaterland.

μετέρχομαι ich gehe hinüber; ich gehe nach, hole, räche, bestrafe; ich strebe nach etwas.

παρέρχομαι ich gehe vorbei od. vorüber; trete auf vor –; übertreffe.

περιέρχομαι ich gehe herum; ich hintergehe, betrüge, circumvenio.

προέρχομαι ich gehe hervor, trete vor; gehe fort, vorwärts.

συνέρχομαι ich komme zusammen mit andern.

ὑπέρχομαί τινα ich beschleiche, schmeichle mich ein.

Ἐλέφας αντος ὁ Elephant; Elfenbein. ἐλεφάντειος α ον zum Elephanten gehörig, ἐλεφάντινος η ον elfenbeinern, ἐλεφαντώδης ὁ ἡ elephantenartig.

ἐλεφαντιστής ὁ Elephantenwärter, ἐλεφανταγωγὸς Elephantenführer, ἐλεφαντουργὸς ὁ Arbeiter in Elfenbein.

ἐλεφαντίασις ἡ eine Art Aussatz (von der Aehnlichkeit mit der Haut des Elephanten). ἐλεφαντιάω ich leide daran.

Ἑλεῖν fangen, wegnehmen: aor. zu αἱρέω. ἑλετὸς ἡ ὸν was sich fahen od. fassen läßt. ἕλωρ u. ἑλώριον τὸ Fang, Beute.

Ἕλκω f. ξω (od. ἑλκύω, frequent. ἑλκυστάζω) ich ziehe, zerre, schleppe fort: πλέον ἕλκειν mehr wiegen, die Wagschale niederziehen.

ἀνέλκω u. ἀνελκύω ich ziehe hinauf, καθέλκω ich ziehe herunter. ἀνθέλκω ich ziehe entgegen; zerre hin u. her. ἀφέλκω -κύω ich ziehe fort. ἐφέλκω ich ziehe an. διέλκω ich ziehe von einander, dehne aus. ἐξέλκω ich ziehe weg, ab. παρέλκω ich ziehe auf die Seite, in die Länge; hange über, bin überflüssig, daher παρολκὴ was πλεονασμός.

ἑλκηθμὸς u. ἑλκυσμὸς ὁ das Ziehen, der Zug, gew. ἕλξις u. ὁλκὴ ἡ.

ὁλκὸς ὁ der Zug; die Furche (auch ὦλξ od. ἄλοξ, pros. αὖλαξ, ἡ wov. ὁλοκίζω u. αὐλακίζω f. ίσω ich furche, αὐλακισμὸς ὁ das Furchen); die Bahn eines Meteors; Canal; Zugmaschine. ὅλκιμος ὁ ἡ sich ziehend od. ziehen lassend, zäh, klebrig. ὁλκὰς άδος ἡ (dem. ὁλκάδιον τὸ) Lastschiff.

ἑλκυστὴρ ὁ Zieher, Instrument zum Ziehen: ἑλκτικὸς od. ἑλκυστικὸς ἡ ὸν ziehend.

ἕλκος εος τὸ (dem. ἑλκύδριον) ulcus, Geschwür; Wunde. ἑλκόω ich verursache ein Geschwür; ἕλκωμα verwundeter, schwärender Theil; ἕλκωσις εως ἡ das Schwären.

Ἔλπω, pros. ἐπελπίζω, ich mache hoffen, halte hin mit Hoffnung. ἔλπομαι, pros. ἐλπίζω, ich hoffe.

ἀελπτέω u. ἀπελπίζω ich verzweifle. ἀπελπισμὸς ὁ Verzweiflung.

δυσελπίζω u. δυσελπιστέω ich hoffe wenig, verzweifele.

ἐλπιστὸς ἡ ὸν gehofft, zu hoffen, hoffnungswerth: ἄελπτος od. ἀνέλπιστος ὁ ἡ unverhofft, nicht zu hoffen. Auch ἀελπὴς ὁ ἡ, was gew. hoffnungslos, verzweiflend. δυσέλπιστος schwer zu hoffen.

ἐλπωρὴ, pros. ἐλπὶς ίδος, ἡ Hoffnung. εὔελπις ιδος ὁ ἡ der gute Hoffnung hat; von dem man sie hat. Entggs. δύσελπις.

ἐλεφαίρομαι ich halte hin, betrüge.

Εὑρίσκω f. εὑρήσω ich finde; erfinde, entdecke. ἀποδόσθαι τοῦ εὑρόντος verkaufen für jeden Preis.

ἀνευρίσκω ich finde auf. ἐφευρίσκω ich erfinde hinzu. ἐξευρίσκω ich erfinde, sinne aus.

εὕρημα od. εὕρεμα ατος τὸ Fund; Erfindung. εὕρεσις εως ἡ das Finden od. Erfinden. εὑρετὸς ἡ ὸν gefunden, erfunden; zu finden; δυσεύρετος schwer zu finden. εὑρετὴς οῦ ὁ Erfinder. εὑρετικὸς ἡ ὸν erfinderisch.

Ἐλλέβορος u. ἑλλέβορος ὁ Nieswurz, womit man Wahnsinn u. Stumpfsinn heilte (wuchs besonders bei Antikyra).

ἐλλεβοριάω ich habe Nieswurz nöthig, ἐλλεβορίζω ich heile mit Nieswurz, ἐλλεβορισμὸς ὁ Nieswurzkur.

Ἐννέα neun. ἔνατος η ον, Jon. εἴνατος, der Neunte, ἐναταῖος am neunten Tage. ἐννεὰς ἡ die Neune. ἐνενήκοντα 90, ἐνενηκοστὸς der Neunzigste. ἐνεάκις oder ἐννάκις neunmal. ἐνακόσιοι αι α 900, ἐνακοσιοστὸς ἡ ὸν der 900ste. ἐννεάκρουνος mit 9 Quellen. ἐνναέτης neunjährig, ἐνναετηρὶς ἡ. Zeit von 9 Jahren.

Ἐνυὼ οῦς ἡ die Kriegsgöttinn, der Römer Bellona: ἐνυεῖον τὸ ihr Tempel. ἐνυάλιος kriegerisch; Ares.

Ἕξ sechs. ἑξάκις sechsmal. ἑξὰς άδος ἡ die Zahl 6. ἕκτος η ον der Sechste, ἑκτεὺς έως ὁ der sechste Theil des μέδιμνος. ἑκκαίδεκα 16, ἑκκαιδεκαέτης od. -κέτης 16jährig. ἑξηκοστὸς der Sechzigste. ἑξακόσιοι αι α 600, ἑξακοσιοστὸς der 600ste. ἑξαέτης od. ἑξέτης 6jährig. ἑξάπους od. ἑξαπόδης 6 Fuß lang.

Ἑορτὴ (Jon. ὀρτή) ἡ Fest, Festtag. ἑορταῖος od. ἑόρτιος festlich; auch ἑορτώδης.

ἑορτάζω ich begehe ein Fest, ich feire. ἑορτάσιμος ὁ ἡ zu feiern, ἑορταστὴς ὁ der Feiernde, ἑορταστικὸς ἡ ὸν zur Feier gehörig.

ἑορτολόγιον τὸ Festkalender.

Ἐπὶ auf. ἐπὶ Κύρου zur Zeit des Kyros. ἐπὶ τούτοις hierauf, nach diesem: ἐφ' ἡμῖν ἐστὶν es beruht auf uns, steht in unsrer Gewalt. ἐπὶ πόντον auf das Meer hin.

ἐπεὶ (poet. ἐπειὴ, Jon. ἐπείτε) nachdem, seitdem; da, sintemal, weil: auch ἐπειδὴ u. (mit dem Conjunctiv) ἐπειδάν.

Ἑπτὰ sieben. ἑπτάκις siebenmal. ἑπτὰς άδος ἡ die Zahl 7.

ἕβδομος (poet. ἑβδόματος) η ον der Siebente. ἑβδομὰς άδος ἡ die Zahl 7; der siebente Tag; Zeit von 7 Tagen. ἑβδομαῖος oder ἑπταῖος αία αιον am siebenten Tage, in sieben Tagen. ἑβδομήκοντα 70, ἑβδομηκοστὸς ἡ ὸν der Siebzigste, ἑβδομηκοντάκις 70 mal. ἑπτακόσιοι αι α 700, ἑπτακοσιοστὸς der Siebenhundertste.

ἑπταγράμματος ὁ ἡ aus 7 Buchstaben bestehend.

Ἕπομαι f. ἕψομαι ich folge, τινί.

ἀμφιέπω od. ἀμφέπω, auch περιέπω, τι, ich bin herum um etwas, besorge, warte, ehre.

διέπω ich besorge, verwalte. διόπος ὁ Aufseher, Verwalter, Regent: ἀδίοπος ὁ ἡ ohne Aufsicht.

ἐφέπω u. μεθέπω ich bin hinterher, verfolge; ich schicke hinterher.

ὀπάζω f. άσω ich folge; verfolge, dränge (auch κατοπάζω); ich gebe zum Geleit; ich gebe, füge zu.

ὀπάων ονος od. ὀπαδὸς, Jon. ὀπηδὸς, ὁ Begleiter; Bedienter; auch ὀπηδητὴρ, von ὀπαδέω od. ὀπηδέω ich folge nach, begleite.

ὄπις ιδος ἡ die göttliche Rache, die auf böse Handlungen folgt; die Furcht vor göttlicher Rache.

ὀπίσω (poet. ὀπίσσω) in der Folge, hernach; rückwärts, zurück, hinter. Auch ὄπισθε u. ὄπισθεν, od. ὄπιθε u. ὄπιθεν, ἐξόπισθε u. κατόπισθε, desgl. κατόπιν: entggs. πρόσθεν u. πρόσω.

ὀπισθόγραφος ὁ ἡ hinten od. auf der Rückseite beschrieben.

ὀπισθόδομος ὁ Hinterhaus; in Athen die Schatzkammer hinter dem Tempel der Athene auf der Burg.

ὀπίσθιοι πόδες οἱ die Hinterfüße.

ὀπίστερος posterior. ὀπίστατος postremus.

ὀψὲ nach (c. gen.); spät (comp. ὀψιαίτερον, sup. ὀψιαίτατα). ὄψιος ία ιον u. ὄψιμος ίμη ιμον od. ὀψινὸς ἡ ὸν spät. ὀψιότης ἡ Verspätung, Langsamkeit.

ὀψιμαθὴς ὁ ἡ der spät gelernt hat, halb od. unrecht weiß u. anwendet. ὀψίνοος ὁ ἡ der spät klug wird.

ὀψίζω f. σω ich thue od. komme zu spät, verspäte mich. ὀψισμὸς ὁ Verspätung.

Πέμπω f. ψω ich geleite, schicke. πέμπεσθαί τινα, gew. μεταπέμπεσθαι, nach einem schicken, ihn holen lassen.

πέμψις εως ἡ die Sendung, das Schicken. πεμπτὸς ἡ ὸν geschickt, μετάπεμπτος ὁ ἡ herbeigeholt.

πομπὴ ἡ das Schicken, die Absendung; Entlassung der Begleitung; Aufzug, Procession. πομπικὸς ἡ ὸν zum Aufzug gehörig; prächtig, stattlich. πομπεῖα τὰ das Geräth zum Festaufzug.

πομπεύω ich führe, begleite im Aufzuge; ich halte einen Aufzug, gehe in Procession; ich stolzire, brüste mich; ich spotte, höhne, schimpfe, wie die Männer an des Dionysos, die Frauen an der Demeter Aufzügen, und zu Rom die Soldaten beim Triumphzuge.

ἐπιπομπεύω ich triumphire bei - über -. προπομπεύω ich gehe im Aufzug voran: προπομπία ἡ der erste Platz im Aufzug.

πομπεία ἡ das Aufziehn, das Gepränge, die beißenden Reden.

ἀναπέμπω ich schicke zurück od. herauf, καταπέμπω herab.

ἀποπέμπω ich schicke weg, entlasse; verstoße; schicke zurück. ἀποπομπὴ ἡ Entlassung; Entfernung.
διαπέμπω ich schicke hinüber; verschicke.
εἰσπέμπω ich schicke hinein, ἐκπέμπω ich schicke heraus. ἐπιπέμπω ich schicke zu - nach - gegen -.
παραπέμπω ich lasse vorbei, übergehe; ich begleite, führe vorbei, convoyire. παραπομπὴ ἡ Convoy, Transport.
προπέμπω ich schicke vor, vorher, fort, weiter. προπομπὸς ὁ ἡ begleitend, beschützend.
προσπέμπω ich schicke zu - od. an - (τινί). συμπέμπω ich schicke mit.
πομπεὺς έως ὁ Begleiter, Führer (auch πομπός); der in Prozession geht, auch πομπευτὴρ od. - τής.
πομπαῖος Ἑρμῆς der die Seelen in die Unterwelt geleitet, auch ψυχοπομπός.
πόμπιμος ὁ ἡ, auch fem. ίμη, begleitend, fortbringend; fortzubringen.
σπεύδω f. σω ich treibe an, setze in Bewegung; betreibe, suche, bewerbe mich um; σπεύδομαι ich spute mich, eile. σπευστικὸς ἡ ὀν eilig.
ἀποσπεύδω ich halte od. rathe ab. ἐπισπεύδω ich treibe an; neutr. eile hinzu. κατασπεύδω ich treibe, dränge; eile hinzu.
σπουδὴ ἡ Eile, Eifer, Ernst. σπουδῇ eifrig, eilig, ernstlich; mit Mühe, kaum. ἀσπουδεὶ ohne Anstrengung, ohne Eifer.
σπουδαῖος αία αῖον emsig, fleißig; ernsthaft, gesetzt, rechtschaffen, brav. σπουδαιότης ἡ Ernst; Fleiß; Bravheit. σπουδαιολογέω ich rede ernsthaft od. von ernsten Dingen.
σπουδάζω, f. άσω ich bin od. rede im Ernst; ich bin emsig, eifrig, thätig, περί τι um etwas; ehre, schätze, suche, τινά.
ἀποσπουδάζω ich lasse nach im Eifer.
σπουδαστικὸς ἡ ὀν eifrig, thätig. σπουδαστὴς ὁ Gönner, Anhänger. σπούδασμα τὸ eifrig betriebnes Werk. περισπούδαστος ὁ ἡ eifrig betrieben, gewünscht.
σπουδαρχέω ich bewerbe mich um Magistratsstellen. σπουδάρχης ὁ der sich um Magistratsstellen bewirbt. σπουδαρχία ἡ das Werben um Ehrenstellen.
σφοδρὸς ὰ ὸν heftig, ungestüm: adv. σφόδρα vehementer, sehr.
σφοδρότης ἡ Heftigkeit, σφοδρύνομαι ich werde heftig.
Ἔπος εος (dem. ἐπύλλιον) τὸ Wort, Sage; Gedicht, bs. das heroische; Vers. εὐεπὴς ὁ ἡ wohlredend, beredt: εὐέπεια ἡ Wohlredenheit. καλλιεπέω ich spreche schön.
ἐπητὴς ὁ u. ἤπιος ία ιον od. ὁ ἡ sanft, mild, gelind (sonst auch πρᾶος, Jon. πρηΰς). ἠπιότης od. πραότης ἡ Milde, Gelindigkeit. πραΰνω od. καταπραΰνω, ἠπιάω u. κατηπιάω, auch ἠπιόω, ich mildere, lindere: ἤπιαμα τὸ Linderung, Heilmittel: πραΰνσις ἡ Besänftigung, πραϋντικὸς besänftigend. ἠπιόδωρος ὁ ἡ mild in Gaben, ἠπιόθυμος od. πραΰθυμος sanftmüthig. πρευμενὴς ὁ ἡ günstig, gewogen: πρευμένεια ἡ Gunst, Gnade.
νήπιος ία ιον (auch νηπίαχος und νηπύτιος) unmündig, infans; kindisch, thöricht. νηπιότης ητος, νηπιέα, νηπιία, ἡ Kindheit, kindisches Wesen. νηπιάζω, νηπιαχεύω, νηπιεύομαι ich bin ein Kind, bin kindisch.
ἠπεροπεύω ich beschwatze, betrüge: pros. ἀπατάω f. ήσω u. ἐξαπατάω. ἠπεροπευς ῆος u. ἠπεροπευτὴς ὁ Betrüger, gew. ἀπατεὼν ῶνος ὁ. ἀπάτη od. ἐξαπάτη ἡ, ἀπάτημα od. ἐξαπάτημα, poet ἠπερόπευμα, τὸ Betrug. ἀπατηλὸς od. ἀπατητικὸς ἡ ὀν betrügerisch.

ἐνέπω od. ἐννέπω, auch ἐνίσπω, ἐνίπτω, ἐνίσσω, ich sage, sage an, erzähle (poet): ἐνοπὴ ἡ Stimme, Geschrei. Stimme auch ὄψ ὀπὸς u. ὀμφὴ u. ὄσσα ἡ, beide letztere Formen bs. von der göttlichen Stimme, die man in Orakeln und Vorbedeutungen zu vernehmen glaubte. ὀμφήεις εσσα εν der eine Stimme hören läßt, ein Vorzeichen giebt: Ζεὺς πανομφαῖος von dem alle Vorbedeutung ausgeht

εἶπα u. εἶπον ich sagte, Aor. zu λέγω. ἄσπετος unsäglich.

Ἐράω f. άσω ich liebe (τινός), auch ἔραμαι u. ἐρατίζω (poet.). ἀντεράω ich liebe wieder, τινός, ich bin Nebenbuhler, τινί.

ἐραστὴς οῦ ὁ, ἐράστρια ἡ, Liebhaber, ἀντεραστὴς Nebenbuhler.

ἐρατὸς ἡ ὸν, ἐρατεινὸς u. ἐραννὸς, pros. ἐράσμιος u. ἐπήρατος, liebenswürdig.

ἔρως ωτος (poet. auch ἔρος ου) ὁ Liebe, Verlangen: ἀντέρως Gegenliebe. ἐρωτικὸς ἡ ὸν zur Liebe gehörig od. geneigt. ἐρόεις εσσα εν was ἐρατός.

δύσερως ωτος ὁ ἡ heftig liebend; unglücklich liebend; schwer sich verliebend.

ἔρανος ὁ gemeinschaftliche Mahlzeit, coena collatitia; Beisteuer zur Unterstützung armer Freunde.

ἐρανίζω f. ίσω ich steure bei; ich sammle die Beiträge ein, τινά von einem.

ἐρανισμὸς ὁ dieses Einsammeln, ἐρανιστὴς ὁ der Beitragende, am ἔρανος Theilnehmende.

Ἔργω, pf. ἔοργα, ich wirke, mache, thue. Auch ἔρδω od. ἕρδω (aor. ἀποέρσαι) u. ῥέζω f. ῥέξω, wov. ῥέκτης od. ῥεκτὴρ ὁ Thäter, ῥεκτήριος thätig, ἄῤῥεκτος ungemacht, unvollendet; καταῤῥέζω od. καῤῥέζω ich streichle, besänftige.

ἔργον τὸ Werk, Arbeit, Mühe. ἐργώδης ὁ ἡ mühevoll, beschwerlich: auch ἀργαλέος α ον (poet.).

ἄεργος u. ἀργὸς ἡ ὸν geschäftig, müßig, faul. ἀεργία u. ἀργία ἡ Muße, Müßiggang, Faulheit. ἀεργέω u. ἀργέω ich bin müßig, faullenze. καταργέω ich verabsäume, vernachläßige.

δύσεργος od. δυσεργὴς ὁ ἡ schwer; träge, kraftlos.

ἐνεργὸς od. ἐνεργὴς ὁ ἡ wirksam, thätig, kräftig; bewirkt, bearbeitet. ἐνέργεια ἡ Wirksamkeit, Kraft. ἐνεργέω ich wirke.

εὐεργὸς od. -ὴς ὁ ἡ leicht zu machen; wohlgethan, gut gearbeitet. εὐεργέτης ου ὁ Wohlthäter, εὐεργετικὸς ἡ ὸν wohlthätig, εὐεργετέω ich thue Gutes, einem τινά: ἀντευεργετέω ich thue wieder Gutes. εὐεργέτημα ατος τὸ u. εὐεργεσία ἡ Wohlthat.

ἐργολαβέω (λαμβάνω) ich übernehme verdungene Arbeit; ziehe Gewinn wovon. ἐργολάβος ὁ Unternehmer, Entrepreneur: auch ἐργολήπτης u. ἐργώνης. ἐργολαβία ἡ Unternehmung, Pachtung.

πάρεργον τὸ Nebenwerk, Nebensache.

περίεργος ὁ ἡ sorgfältig, übergenau; neugierig, vorwitzig. περιεργία ἡ Sorgfalt; Vorwitz

συνεργὸς Helfer, Gehülfe. συνεργέω ich helfe.

ὑπουργὸς ὁ ἡ Helfer, Diener. ὑπουργία ἡ Hülfe, Dienst. ὑπουργέω ich helfe, diene.

ἐργάζομαι ich arbeite, thue, verrichte; verfertige; ich bearbeite, z. B. γῆν das Land; ich treibe, z. B. eine Kunst, Wissenschaft; ich erarbeite, verdiene.

ἀπεργάζομαι ich verfertige, vollende.

διεργάζομαι ich vollende, vollbringe; ich bringe um.

ἐνεργάζομαι ich bringe hinein, flöße ein.

ἐξεργάζομαι ich vollende; erarbeite, verdiene; ich verderbe, stürze ins Unglück.

κατεργάζομαι ich bewirke, vollende; besiege, tödte; ich bringe einen zu etwas, bewege. δυσκατέργαστος schwer, εὐκατέργαστος leicht zu thun, zu besiegen, zu verdauen.

περιεργάζομαι ich thue mit Sorgfalt; thue was unnütz ist; bin vorwitzig.

ὑπεργάζομαι ich thue heimlich; mache unterthänig.

ἐργασία ἡ Arbeit, That; Tagewerk; Handthierung; Erwerb; Anbau, cultus. ἐργάσιμος ὁ ἡ was gethan, gearbeitet oder bearbeitet werden kann. ἐργαστὴρ, ἐργαστὴς, ἐργάτης. ἐργατίνης ου ὁ Arbeiter (fem. ἐργάτις u. ἐργατίνη); adj. arbeitsam, thätig. ἐργαστήριον Arbeitsstätte, Werkstätte: ἐργαστηριάρχης ὁ Vorsteher einer solchen. ἐργαστικὸς ἡ ὸν zur Arbeit gehörig od. geschickt; wirksam. ἀνέργαστος ὁ ἡ nicht bearbeitet, nicht fertig.

ἐργαλεῖον od. ὄργανον (dem. ὀργάνιον) τὸ Werkzeug, Organ. ὀργανόω ich versehe damit. ὀργανικὸς von od. mit Werkzeugen, dazu gehörig: ἀνόργανος ὁ ἡ ohne Organe.

ὀργὰς άδος ἡ urbares Land.

ὄργια τὰ Opfer, Opfergebräuche, bs. an den Festen des Dionysos: geheime Weihungen. ὀργιάζω ich feire Orgien, weihe dazu ein: ὀργιαστὴς ὁ der sie feiert, ὀργιασμὸς ὁ die Feier. ὀργεῶνες οἱ in Athen die Theilnehmer an sacra gentilitia, ὀργεωνικὰ ἱερά: auch γεννῆται genannt.

ὀργάζω f. άσω ich wirke, knete.

Εἴργω (Att. εἵργω) f. ξω ich schließe ein, sondere ab, halte ab, verwehre: auch ἀνείργω u. ἀπείργω: ἄπειρξις ἡ das Abhalten od. Verwehren.

διείργω ich bringe auseinander. ἐξείργω ich schließe aus. κατείργω ich sperre ein; dränge, nöthige. περιείργω ich schließe rundum ein.

εἰργμὸς ὁ das Einsperren. εἱρκτὴ ἡ Gehege, Gefängniß: εἱρκτοφύλαξ ὁ Kerkermeister.

ἕρκος εος τὸ Einschluß, Zaun, Käfig, Netz. εὐερκὴς wohl umzäunt. Ζεὺς ἑρκίος od. ἑρκεῖος der Beschützer von Haus und Hof.

ἑρκάνη und ὁρκάνη ἡ Einschluß, Zaun, Netz, Belagerungswerke. πολιορκέω f. ήσω ich umzingele eine Stadt, belagere: ἐκπολιορκέω ich bezwinge durch Belagerung, durch πολιορκία ἡ. πολιορκητὴς ὁ Belagerer, πολιορκητικὸς ἡ ὸν zur Belagerung gehörig od. geschickt.

ὅρκος ὁ Eid, Schwur. ὅρκιοι θεοὶ Götter die auf den Schwur achten: ὅρκια τὰ Opfer beim Schwur; beschwornes Bündniß (poet.)

ἔνορκος der geschworen hat, durch einen Schwur verpflichtet ist.

ἐπίορκος meineidig, ἐπιορκία ἡ Meineid, ἐπιορκέω ich schwöre falsch: entggs. εὔορκος, εὐορκία, εὐορκέω.

ὁρκόω u. ὁρκίζω ich lasse schwören, vereidige. ὁρκωτὸς ἡ ὸν vereidigt, ὁρκωτὴς ὁ Vereidiger.

ὁρκωμότης ὁ der schwört; ὁρκώμοτος ὁ ἡ beschworen; ὁρκωμοτέω ich schwöre, auch ὁρκωμοσιάζω; ὁρκωμοσία ἡ das Schwören; ὁρκωμόσια τὰ was ὅρκια.

Ἔρημος ὁ ἡ einsam, verlassen, wüst; entblößt (τινός). ἡ ἔρημος (sc. γῆ) eine Wüste. ἐρήμη (sc. δίκη) ein aufgegebener Prozeß, wenn eine Partei am Termin nicht erscheint: ἐρήμην κατηγορεῖν einen Abwesenden anklagen.

ἐρημάζω ich lebe einsam od. verlassen: ἐρημόω ich mache wüste; ich verlasse, lasse im Stich. ἐρημωτὴς ὁ Verwüster. ἐρημία ἡ einsamer Ort; Einsamkeit; Verlassenheit: auch ἐρημοσύνη.

ἐρημικὸς ἡ ὸν einsam; an Einsamkeit gewöhnt. ἐρημίτης ὁ Einsiedler.

ἤρεμος ὁ ἡ (comp. ἠρεμέστερος) od. ἠρεμαῖος αία αῖον stille, ruhig, sacht: Adv. ἤρεμα u. ἠρέμας.

ἠρεμία ἡ Ruhe, Stille, Gelassenheit. ἠρεμέω ich bin ruhig, ἠρεμίζω ich bringe zur Ruhe.

Ἐρι eine Partikel, die vorne in Zusammensetzungen vorkommt, und die Bedeutung verstärkt: sehr, z. B. ἐριοθενὴς sehr stark, ἐρίγδουπος laut tosend, ἐριθαλὴς stark blühend.

Ἔρος und εἶρος εος, gew. ἔριον, τὸ Wolle (selten λῆνος τὸ, wovon lana). ἐρίνεος od. ἐρεοῦς von Wolle, wollen. εὔερος od. εὔειρος ὁ ἡ schönwollig.

ἐριοπώλιον τὸ Wollmarkt. ἐριουργὸς in Wolle arbeitend. ἐριοφορέω ich trage Wolle od. wollne Kleider.

λάχνη ἡ Wollhaar, Flaum (z. B. beim ersten Bart). λαχναῖος αία αῖον haarig, zottig.

χλαῖνα ἡ Oberkleid der Männer bei Homer mit rauher Oberfläche: Unterkleid χιτὼν ῶνος ὁ, dem. χιτωνίσκος ὁ. χλανὶς ἡ (dem. χλανίδιον τὸ, χλανίσκος ὁ, χλανίσκιον u. χλανισκίδιον τὸ) Oberkleid für beide Geschlechter, u. feiner, weicher: χλαμὺς ύδος ἡ, dem. χλαμύδιον τὸ, für Reiter.

χλαινουργός, χλανιδοποιός, χλαμυδοποιὸς oder χλαμυδουργός der solche macht.

χλαμυδηφόρος der eine χλαμὺς trägt.

χλανιδόω, χλαμυδόω ich bekleide mit der χλανὶς, mit der χλαμύς. χλανιδωτὸς, χλαμυδωτός damit bekleidet.

λίνον τὸ (dem. λινάριον) Flachs, linum; auch was daraus bereitet ist, Leinwand, Garn, Netz, Angelschnur, Segel. Feinere Arten Flachs βύσσος ου ἡ und, aus Spanien, κάρπασος ἡ, carbasus: Baumwollenzeug (aus Indien) σινδὼν όνος ἡ od. σινδόνη ἡ, auch ὀθόνη ἡ: Hanf κάνναβις εως ἡ. βύσσινος, καρπάσινος ίνη ινον aus βύσσος, aus κάρπασος gemacht. (Seiden σηρικὸς ἡ ὸν von σὴρ ὁ Seidenwurm, aus dem Land der Σῆρες.) σινδονίτης ου ὁ der Sindon trägt.

λίνεος έα εον, contr. λινοῦς ῆ οῦν, leinen. λινοϋφος ὁ Leinweber.

λινόπτης ὁ der beim Garn od. Stellnetz lauert, bis Thiere darin sind. λινοπτῶμαι od. λινοπτάζω ich laure so.

σινδονοφορέω ich trage Kleider aus σινδών.

Ἕρπω f. ψω serpo, ich krieche (auch ἑρπυστάζω); ich verbreite mich unvermerkt, greife um mich.

ἀνέρπω, ἀνερπύζω ich krieche hinauf. ἀφέρπω, ἀφερπύζω ich krieche weg. ἐφ- εἰσ- περιέρπω ich krieche hinzu, hinein, herum.

ἕρψις ἡ od. ἑρπυσμὸς ὁ das Kriechen. ἑρπηστὴς od. ἑρπυστὴς ὁ Kriecher. ἑρπη(υ)στικὸς ἡ ὸν zum Kriechen geschickt.

ἑρπετὸς kriechend; ἑρπετὸν kriechendes Thier, bs. Schlange: Wurm, Insekt ἑρπύλη od. ἑρπήλη ἡ. ἑρπετώδης einem ἑρπετὸν ähnlich.

ἕρπης ητος ὁ ein um sich greifender Schaden auf der Haut.

Ἐρῶ ich werde sagen, fut. zu λέγω: pf. εἴρηκα, aor. pass. ἐῤῥήθην.

ῥῆσις εως ἡ (dem. ῥησείδιον τὸ) das Reden, Sagen; Sentenz, Stelle aus einem Autor. ἀνάῤῥησις das Ausrufen, Proclamiren. ἀπόῤῥησις Verbot. παῤῥησία ἡ das Reden über alles (πᾶν), die Freimüthigkeit: παῤῥησιάζομαι ich rede freimüthig, παῤῥησιαστὴς ὁ ein solcher Redner.

ῥῆμα ατος (dem. ῥημάτιον u. ῥηματίσκιον) τὸ Wort, Rede, Spruch; Verbum, wie ἐπίῤῥημα Adverbium.

πρόσρημα τὸ, προσρήσις ἡ Anrede, Begrüßung.

ῥητὸς ἡ ὸν gesagt, ausgesprochen, bestimmt, ratus; was gesagt werden darf; erzählenswerth, berühmt: ἄῤῥητος ungesagt, nicht zu sagen. ἀναντίῤῥητος unwidersprechlich. ἀπόῤῥητος untersagt; geheim. ἐπίῤῥητος über den gesprochen wird, berüchtigt.

ῥήτωρ ορος ὁ Redner (poet. ῥητήρ); Lehrer der Beredsamkeit.

ῥητορικὸς ἡ ὸν rednerisch, die Redekunst (ῥητορικὴ) betreffend.

ῥητορεύω ich zeige mich als Redner, declamire: subst. ῥητορεία ἡ.

ῥήτρα ἡ Erlaubniß zu sprechen; Sprache, Rede; Ausspruch, Orakelspruch: in Sparta hießen die Gesetze des Lykurgos ῥῆτραι.

ἔρομαι f. ἐρήσομαι ich lasse mir sagen, ich frage: auch ἐρωτάω (poet. ἐρέω u. ἐρεείνω). ἀντέρομαι u. ἀντερωτάω ich frage dagegen, ἐπανέρομαι u. ἐπανερωτάω ich frage wieder, von neuem. ἐρώτησις ἡ Frage: auch ἐρώτημα ατος τὸ: ἐρωτηματικὸς ἡ ὸν zur Frage gehörend, frageweis.

ἔρευνα ἡ das Forschen; die Nachsuchung; Tortur. ἐρευνάω ich forsche nach, spüre auf; untersuche, prüfe. ἐρευνητὴς οῦ u. ἐρευνητὴρ ῆρος ὁ Nachforscher.

διερευνάω ich durchforsche, durchsuche: προδιερευνάω ich durchsuche vorher. ἐξερευνάω ich spüre aus: ἐξερευνητικὸς ἡ ὸν zum Ausspüren geschickt.

εἴρων ωνος ὁ der sich im Reden verstellt, sich für geringer giebt als er ist: entggs. ἀλαζών. εἰρωνεία ἡ diese Verstellung, εἰρωνικὸς ἡ ὸν dazu geneigt od. geschickt, εἰρωνεύομαι ich verstelle mich so.

εἴρην ενος ὁ in Lakedämon der Jüngling von 18 Jahren (der schon mitspricht.)

εἴρη od. ἔρη ἡ (poet.) Versammlung; Ort der Versammlung, sonst ἀγορά.

Ἶρις ιδος ἡ die Botin der Götter; der Regenbogen.

εἰρήνη ἡ Friede. εἰρηναῖος αία αῖον friedlich, ruhig; auch εἰρηνικὸς ἡ όν. εἰρηνέω od. εἰρηνεύω ich lebe in Frieden; ich bringe in Friede u. Ruhe. εἰρηνεῖον τὸ Friedenstempel. εἰρηνάρχης ου ὁ Friedensrichter, Polizeidirector: εἰρηνοδίκαι od. εἰρηνοφύλακες οἱ feciales.

εἰρηνοποιέω ich mache Friede.

Ἐρέθω, pros. ἐρεθίζω f. ίσω, ich errege, reize, necke: auch ἀνερεθίζω u. διερεθίζω. ἐρεθισμὸς ὁ u. ἐρέθισμα τὸ Reizung, Reiz: ἐρεθιστὴς ὁ der da reizt od. neckt, ἐρεθιστικὸς ἡ ὸν was reizen kann oder zu reizen pflegt. ἐρεσχηλέω ich necke; treibe Spaß.

ἐρέσσω (Att. ἐρέττω) f. έσω ich rudere. ἐρεσία (Jon. εἰρεσία) ἡ das Rudern; die rudernde Mannschaft. ἐρέτης ου ὁ der Ruderer. ἐρετικὸς ἡ ὸν zum Ruderer od. zum Rudern gehörig. ἐρετμὸς ὁ u. ἐρετμὸν τὸ das Ruder.

ὑπηρέτης ου ὁ Ruderer, Matrose; übhpt. wer dient oder hülfreiche Hand leistet. ὑπηρετέω ich leiste Handdienste; diene, bin behülflich (τὶ τινὶ einem in etwas). ὑπηρεσία ἡ Dienst, Beistand (auch ὑπηρέτημα), Dienerschaft. ὑπηρέσιον τὸ Kissen worauf der Ruderer sitzt.

ἐρείδω f. σω ich stelle fest, drücke auf od. an, stütze, stämme.

ἀντερείδω ich dränge entgegen, widerstrebe. ἀπερείδομαι ich bestehe od. verlasse mich worauf. προσερείδω ich lehne an, stütze an. ὑπερείδω ich unterstütze, ὑπέρεισμα τὸ die Stütze.

ἔρεισις ἡ das Stützen, Feststellen. ἔρεισμα ατος τὸ Eindruck, Druck; Stütze; Unterlage.

ἕρμα ατος τὸ worauf od. wodurch etwas feststeht, Stütze, Sandbank, Ballast: Sandbank auch ἑρμὰς ἡ. ἑρμάζω u. ἑρματίζω ich stütze; belade mit Ballast. ἑρμῖνες αἱ Füße der Bettstelle.

Ἑρμῆς οῦ ὁ, poet. Ἑρμείης ω u. Ἑρμάων ωνος, (dem. ἑρμίδιον τὸ) Mercurius, der Götterbote, Erfinder und Vorsteher der Beredsamkeit, der gymnastischen Uebungen und übh. jeder Kunst und Wissenschaft; eine Herme, ein vierkantiger unten schmälerer Pfeiler mit dem Kopf des Gottes od. auch anderer.

ἑρμαϊκὸς ἡ ὸν mercurialis. ἑρμαΐζω ich ahme den Hermes nach. ἕρμαιον τὸ Fund, unverhoffter Gewinn (den man dem Hermes zu verdanken glaubte). δύσερμος unglücklich im Finden od. Jagen: entggs. εὔερμος: Subst. δυσερμία u. εὐερμία ἡ.

ἑρμογλυφεὺς έως od. ἑρμογλύφος ὁ (γλύπτω) ein Hermenmacher; Bildhauer übh. ἑρμογλυφεῖον τὸ dessen Werkstätte, ἑρμογλυφικὴ seine Kunst.

ἑρμηνεύω f. εύσω ich bringe in Worte; ich lege aus, erkläre, dolmetsche: μεθερμηνεύω ich übersetze. ἑρμηνεία ἡ Ausdruck der Gedanken durch Worte; Auslegung. ἑρμηνευτικὸς ἡ ὸν zur Auslegung gehörig. ἑρμηνεὺς έως od. ἑρμηνευτὴς οῦ ὁ Erklärer, Dolmetscher.

Ἔρις ιδος ἡ Streit; Eifer, Wetteifer; Streitsucht. ἐρίζω u. ἐρίζομαι, poet. auch ἐριδαίνω u. ἐριδμαίνω, ich streite, wetteifre.

ἔρισμα ατος τὸ Gegenstand des Zanks. ἐριστὴς οῦ ὁ der Zänker, ἐριστικὸς ἡ ὸν gern streitend, zänkisch: auch δυσέριστος u. δύσερις ὁ ἡ, δύσερι τό.

Ἕτερος ὁ oder ἅτερος, ἡ ἑτέρα od. ἡτέρα, τὸ ἕτερον od. θάτερον alter der andere; der eine von zweien. οὐδέτερος od. μηδέτερος έρα ερον keiner von beiden. ἑτέρωθι anderswo, ἑτέρωθεν von der andern Seite her, ἑτέρωσε nach der andern Seite hin.

ἑτερότης ητος ἡ die Verschiedenheit. ἑτερόω ich ändere.

ἑτεροῖος οία οῖον von anderer Art. μετεξέτεροι einige, gewisse.

ἑτερεγκὴς od. ἑτεροβαρὴς auf einer Seite belastet. ἑτερόκωφος auf einem Ohr taub. ἑτερομήτωρ von einer andern Mutter. ἑτερόφθαλμος einäugig.

Ἔτι noch, ἤδη schon. οὐκέτι (μηκέτι) nicht mehr, οὔπω (μήπω) noch nicht. οὐδεπώποτε noch niemals. προσέτι noch dazu.

Ἐΰς od. ἠΰς, gen. ἐῆος, gut, schön, tapfer, brav; auch ἐσθλὸς ἡ όν, Dor. ἐσλός: wov. ἐσθλότης ἡ Tapferkeit, ἔσθλωμα τὸ tapfere That. ἐσθλοδότης od. δώτωρ ἐάων Geber des Guten.

εὖ adv. gut, wohl, recht, schön. εὖγε! recht so! bravo!

ἐνηὴς έος ὁ ἡ gütig, milde, sanft; auch προσηνής. ἀπηνής ὁ ἡ unfreundlich, wild, hart.

Εὔχομαι f. εὔξομαι (poet. auch εὐχετάομαι) ich rühme mich (was auch αὐχέω u. καυχάομαι); ich gelobe, thue ein Gelübde; ich bete, θεοῖς; ich wünsche.

εὐκτὸς ἡ ὸν u. εὐκταῖος gewünscht; wünschenswerth: entggs. ἀπευκτὸς ὁ ἡ von ἀπεύχομαι ich verbitte, verwünsche, verabscheue: verwünschen auch κατεύχεσθαι.

εὐχὴ (poet. εὐχωλὴ) ἡ Gelübde, Bitte, Gebet; Wunsch; das Prahlen, auch καύχησις u. καύχημα. εὖχος 'εος τὸ Lob, Ruhm.

ἐπεύχομαι ich rühme mich od. ich gelobe über –. προσεύχομαι ich bitte, bete: προσευχὴ ἡ Bitte, Gebet.

Ἐχῖνος (dem. ἐχινίσκος) ὁ Igel; der rauhe Magen der wiederkäuenden Thiere; die innere rauhe Magenhaut einiger Vögel, z. B. der Hühner; ein kupfernes od. irdenes Behältniß, worein man beim Schiedsrichter die Documente that, und das man bei der Appellation versiegelt dem Richter überlieferte.

ἐχινώδης ὁ ἡ igelartig, stachlicht.

Ἔχις εως ἡ (dem. ἐχείδιον τὸ) u. ἔχιδνα ἡ (dem. ἐχίδνιον), auch ὄφις εως ὁ (dem. ὀφείδιον) u. ἀσπὶς ίδος ἡ Otter, Viper, Schlange. ἐχιδναῖος αία αῖον u. ἐχιδνήεις εσσα εν od. ὀφιόεις u. ὀφιώδης von der Otter. ἐχίτης u. ὀφίτης ου ὁ schlangenähnlich. ἐχιδνόδηκτος, ἐχιόδηκτος, ὀφιόδηκτος ὁ ἡ von einer Schlange gebissen.

Ἔχω (auch ἴσχω) f. ἕξω u. σχήσω ich habe, halte. εἰπεῖν ἔχω ich habe zu sagen, kann sagen. καλῶς ἔχει es verhält sich schön. med. ἔχομαί τινος ich halte mich an etwas, hange daran.

ἕξις εως ἡ Verhältniß, Zustand, Beschaffenheit; Fertigkeit. ἑκτικὸς ἡ ὸν eine Eigenschaft habend od. betreffend; fertig, geübt. εὐεξία ἡ gute Beschaffenheit; εὐεκτέω ich befinde mich wohl; εὐεκτικὸς der sich wohl befindet: entggs. καχέκτης ου ὁ, καχεκτικὸς ἡ όν, καχεκτέω, καχεξία ἡ.

σχέσις ἡ Beschaffenheit, Lage; Verhältniß; das Befinden, die Beschaffenheit des Körpers; das Anhalten. σχετικὸς ἡ ὸν haltend, festhaltend; an= od. zurückhaltend; relativ. ἄσχετος ὁ ἡ unaufhaltsam; unerträglich.

σχέτλιος ία ιον keck, gewaltthätig, frevel; elend, unglücklich. σχετλιάζω ich klage, jammere: σχετλιασμὸς ὁ das Jammern, σχετλιαστικὸς ἡ ὸν dazu gehörig od. dienend.

σχετήριον τὸ was abhält, Hinderniß.

σχέδην, adv. anhaltend; langsam, gemach.

σχολὴ ἡ Feier, Rast, Muße; gehörige Zeit zu etwas; Sorge, Aufmerksamkeit, die man auf etwas wendet; jede Beschäftigung, Unterredung, Arbeit, die man mit Muße thut; Ort wo der Lehrer sich mit den Schülern unterhält (auch σχολεῖον τὸ). σχολῇ gemach, langsam; mit Mühe, kaum.

ἄσχολος ὁ ἡ ohne Muße, beschäftigt. ἀσχολία ἡ Beschäftigung. ἀσχολέω ich beschäftige; halte auf, hindere, was auch ἀπασχολέω. ἀσχόλημα τὸ Beschäftigung, Verhinderung.

σχολαῖος αία αῖον ruhig, müßig; langsam. σχολαιότης ἡ Langsamkeit.

σχολάζω f. άσω ich ruhe, raste, feire (Ion. ἐλινύω), ἀπό τινος von etwas; τινὶ ich habe Zeit zu etwas od. für jemand, bin eines Schüler. σχολαστὴς u. σχολαστικὸς ὁ der Muße hat; der sich mit den Wissenschaften beschäftigt; später ein Pedant. συσχολαστής Mitschüler, gew. συμφοιτητής.

σχόλιον τὸ Erläuterung, Erklärung. σχολιαστὴς ὁ Ausleger.

ἑξῆς od. ἐφεξῆς u. καθεξῆς adv. hinter einander, nach der Reihe; nächstdem.

σχεδὸν nahe; beinahe.

σχέδιος ὁ ἡ nahe; sogleich, plötzlich; eilfertig gemacht, auch αὐτοσχέδιος. σχεδιάζω od. αὐτοσχεδιάζω ich mache in der Eile, obenhin. σχεδίασμα τὸ ein flüchtig gearbeitetes Werk. αὐτοσχεδιαστὴς ὁ der aus dem Stegreif arbeitet, unüberlegt handelt.

σχεδία ἡ Schiff, Floß, Brücke.

σχῆμα ατος τὸ Haltung, Stellung, Gestalt, Gebärde, Figur; Aufzug, Anzug, Anstand. σχηματίζω ich gebe eine Gestalt, forme, bilde; med. ich gebe mir ein Ansehn, stelle mich, simulo: μετασχηματίζω ich bilde um, gestalte anders. σχηματισμὸς ὁ Gestaltung; Gestalt; Verstellung.

ἀσχήματος od. ἀσχημάτιστος ὁ ἡ nicht od. schlecht gestaltet; ohne Figur gesagt. ἀσχήμων ονος ὁ ἡ ungestalt, garstig, unanständig: ἀσχημοσύνη ἡ Ungestaltheit; unanständige Handlung, Schande: ἀσχημονέω ich bin ungestalt; betrage mich unanständig. Entggs. εὐσχήμων, εὐσχημοσύνη, εὐσχημονέω.

ἀμπέχω (auch ἀμπίσχω u. ἀμπισχνοῦμαι) f. ἀμφέξω ich habe um, thue um. ἀμπεχόνη ἡ od. ἀμπεχόνιον τὸ Kleid, Mantel.

ἀνέχω ich halte in die Höhe; ich halte an, zurück; neutr. ich komme hervor, entstehe (ὁ ἥλιος ἀνέχει od. ἀνίσχει die Sonne geht auf); med. ich halte aus, ertrage (τινός). ἀνεκτὸς od. ἀνασχετὸς (poet. ἀνσχετος) ἡ ὀν erträglich, δυσανάσχετος od. δυσάνεκτος ὁ ἡ schwer zu ertragen: δυσανασχετέω ich finde unerträglich, werde böse, mag nicht. ἀνεξίκακος ὁ ἡ Unglück duldend.

ἀνοχὴ ἡ das Aufhalten, Anhalten; Geduld, Nachsicht: Waffenstillstand. Dasselbe ist ἀνοκωχὴ od. ἀνακωχή, wovon ἀνακωχέω, ἀνακωχεύω, ἀνακωχίζω soviel als ἀνέχω.

ἀνάσχεσις ἡ Erduldung; Aufgang der Sonne.

ἀντέχω ich halte gegen, daure aus, halte aus, τινί; c. inf. ich vermag, kann; med. ich halte mich an etwas, hange daran τινός.

ἀπέχω ich halte ab; ich stehe ab, bin entfernt; ich habe dahin, habe weg z. B. den Lohn; med. ich enthalte mich τινός.

διέχω ich halte von einander, trenne; bin entfernt; ich erstrecke mich. συνέχω ich halte zusammen, fasse zusammen. διεχὴς ὁ ἡ getrennt, zerstreut: συνεχὴς zusammenhangend, in einer Reihe beisammen: συνεχῶς in einem fort, beständig. συνέχεια ἡ Zusammenhang, Fortdauer, anhaltende Bemühung. συχνὸς ἡ ὸν anhaltend, häufig, viel: συχνάκις vielmals, oft.

εἰσέχω ich halte od. reiche hinein, ἐξέχω ich stehe hervor. εἰσοχὴ ἡ das Einwärtsstehn, die Vertiefung: ἐξοχὴ ἡ das Hervorragen, der Vorrang: κατ' ἐξοχὴν vorzugsweise. ἔξοχος ὁ ἡ hervorragend, vorzüglich: Adv. ἔξοχα u. ὄχα (poet.).

ἐνέχω ich habe drinnen; halte od. ziele auf etwas; halte befangen od. verstrickt in. ἔνοχος ὁ ἡ festgehalten, befangen, unterworfen, schuldig.

ἐπέχω ich halte od. lege an od. auf etwas (νοῦν ἐπέχω τινὶ animum adverto ich achte auf etwas, denke drauf); ich halte an, zurück; halte an mich, trage Bedenken; ich nehme ein, behaupte. ἐποχὴ ἡ das Anhalten, Hinderniß (auch ἐπίσχεσις ἡ): Zeitabschnitt; Zweifel, Unentschlossenheit. ἐπισχεσία ἡ das Vorhalten, Vorgeben, Vorwand, gew. πρόσχημα τὸ od. πρόφασις ἡ.

κατέχω ich halte fest, habe inne, habe im Besitz; halte an, fahre fort, neutr. lande an. καθεκτὸς ἡ ὸν in Schranken gehalten oder zu halten: δυσκάθεκτος ὁ ἡ nicht leicht zu halten, ausgelassen. κατοχὴ das Festhalten, der Besitz, das Einhalten, Hinderniß; Besessenheit, Begeisterung, Enthusiasmus, auch κατοκωχὴ ἡ. κάτοχος od. κατόχιμος eingenommen, besessen.

μετέχω ich habe Theil an etwas, τινός. μετοχὴ ἡ Theilnahme, Gemeinschaft; Participium. μέτοχος ὁ ἡ theilhaftig.

παρέχω ich halte daneben; ich reiche dar, gebe: παρέχει es ist Zeit, Gelegenheit, möglich.

περιέχω ich umgebe, umfasse.

προέχω ich habe voraus; ich habe vor, halte vor, z. B. den Schild; ich schütze vor; übertreffe, τινὸς τινὶ einen in etwas.

προσέχω ich halte, richte, wende hin; merke darauf, achte; folge, befolge; ναῦν ich lande; med. ich hange einem an (τινί). προσεχὴς ὁ ἡ anhangend, angrenzend; in Zusammenhang stehend. προσοχεια ἡ Aufmerksamkeit (auch προσοχή); Zusammenhang, Nachbarschaft. προσεκτικὸς ἡ όν aufmerksam, sorgfältig.

ὑπερέχω ich halte darüber; ich stehe darüber, rage hervor; habe die Oberhand; übertreffe, τινὰ τινὶ einen in einer Sache. ὑπεροχὴ ἡ Hervorragung; Vortreflichkeit. ὑπέροχος ὁ ἡ vorzüglich.

ὑπέχω ich halte unter; ertrage (sustineo); halte hin, vor, schütze vor: ἑαυτόν τινι sich einem hingeben, δίκην sich der Strafe unterterwerfen, λόγον der Rechenschaft: med. ich verspreche, gew. ὑπισχνέομαι: ὑπόσχεσις ἡ das Versprechen.

ἔχμα u. ὄχμα ατος τὸ (auch ὀχεὺς έως ὁ) was anhält, festhält; Fessel, Gelenk, Hinderniß. ὀχμὴ ἡ Handgriff, Handhabe, auch ὀχάνη ἡ od. ὄχανον τὸ. ἐχμάζω, ὀχμάζω ich halte fest, an, auf; binde.

ἐχέτλη ἡ Handhabe, Stiel, Pflugsterz.

ἐχυρὸς u. ὀχυρὸς ὰ ὸν haltbar, fest, sicher: ἀνώχυρος ὁ ἡ unbefestigt. ὀχυρότης ἡ Haltbarkeit, Festigkeit. ἐχυρόω u. ὀχυρόω ich befestige: ὀχύρωμα τὸ ein haltbarer Ort.

ἐνέχυρον τὸ was man zur Sicherheit giebt od. nimmt, Pfand, Handgeld. ἐνεχυράζω ich nehme Pfand, pfände aus; ich verpfände, versetze.

ὀχέω ich trage; bringe; führe. ἵππῳ ὀχεῖσθαι equo vehi, reiten, ναυσὶν fahren. ἐποχέομαι ich fahre od. reite auf –, παροχέομαι neben od. vorbei. ὄχημα, dem. ὀχημάτιον, τὸ Fuhrwerk, Fahrzeug. ὀχηματικὸς ἡ ὸν dazu gehörig.

ὄχος ὁ der da fährt, trägt, faßt: ὄχος εος τὸ der Wagen.

ἔποχος ὁ der auf dem Wagen od. Pferde sitzt; unbeweglich, beständig: ποταμὸς ναυσὶν ἔποχος Fluß der Schiffe tragen kann. πάροχος ὁ der neben einem auf dem Wagen sitzt, bs. der Brautdiener.

ὀχεύει ὁ ἵππος der Hengst bespringt, belegt: ὀχεύεται ἡ ἵππος die Stute wird besprungen, belegt. ὀχεία ἡ od. ὄχευμα τὸ Bespringung, Befruchtung. ὀχευτὸς ἡ ὸν befruchtet, ὀχευτικὸς ἡ ὸν zum Befruchten geneigt. ὀχεῖον τὸ das zum Belegen gehaltene männliche Thier: auch ὀχευτὴς οῦ ὁ.

ὀπυίω (auch οἰφάω od. οἰφέω) ich beschlafe, meist vom gesetzmäßigen Beiwohnen, wie βινέω vom unerlaubten. οἰφόλης u. φιλοίφης geil.

ὀχετὸς ὁ (dem. ὀχέτιον τὸ) Wasserleitung, Rinne, Graben, Canal. ὀχετηγὸς od. ὀχεταγωγὸς ὁ ἡ (ἄγω) Graben ziehend, Wasser leitend od. ableitend. ὀχετεύω u. ὀχετηγέω od. ὀχεταγωγέω ich leite durch eine Rinne od. Graben: ὀχέτευμα τὸ so geleitetes Wasser. ὀχετεία u. ὀχετηγία od. ὀχεταγωγία ἡ das Führen in einem Canale, die Bewässerung durch Canäle.

διοχετεύω, ἐποχετεύω ich leite Wasser durch – darauf. μετοχετεύω ich leite anderswohin. παροχετεύω ich leite ab, nebenbei, auf unrechte Weise.

ὀχλεὺς έως, gew. μοχλὸς οῦ (dem. μοχλὶς ἡ, μοχλίον τὸ, μοχλίσκος) ὁ Hebel, Hebebaum, Riegel. ἐποχλεὺς ὁ Hemmschuh am Wagenrade, sonst τροχοπέδη ἡ. ὑπομόχλιον τὸ Unterlage unter dem Hebel.

ὀχλεύω od. ὀχλίζω u. μοχλεύω od. μοχλάω ich bewege mit dem Hebel; befestige mit dem Riegel: μοχλευτὴς ὁ der in Bewegung setzt. μοχλεία u. μόχλευσις ἡ das Heben u. Bewegen mit Hebeln.

μετοχλίζω ich hebe weg, bringe anders wohin: ἀναμοχλεύω ich hebe in die Höhe, bewege von neuem.

ὀχὴ ἡ Unterhalt, Speise. εὐοχέω ich halte gut, füttere gut. εὔοχθος ὁ ἡ überflüssig, reichlich: εὐοχθέω ich bin im Wohlstande. εὐωχία ἡ Gastmal, Mahlzeit: εὐωχέω ich füttere, bewirthe; med. ich schmause: εὐωχητὴς οῦ ὁ Gast, Schmauser: εὐωχητήριον τὸ Ort des Schmauses.

ὄκνος ὁ Zaudern aus Trägheit od. Bedenklichkeit. ἄοκνος ohne Zaudern, unverdrossen.

ὀκνὸς ἡ ὸν u. ὀκναλέος α ον, gew. ὀκνηρὸς ὰ ὸν, zaudernd, träge, saumselig.

ὀκνέω ich zaudere, bedenke mich, scheue mich. ἀποκνέω ich verzögere od. verweigere aus Furchtsamkeit.

σχέθω u. ἰσχάνω od. ἰσχανάω (poet.) ich halte an – zurück.
ἴσχαιμος ὁ ἡ (αἷμα) blutstillend. ἰσχουρία ἡ Harnzwang. ἰσχόφωνος ὁ ἡ stockend, stotternd.

ἰσχνὸς ἡ ὸν (poet. ἰσχαλέος έα έον) dürr, hager; knapp, genau. ἰσχνότης ἡ Magerkeit, Schmächtigkeit, Knappheit. ἰσχναίνω od. ἰσχνόω ich mache dünn, dürr.
ἰσχνολογέω ich rede mit feiner Stimme od. feine spitzsindige Sachen.
ἰσχνολέσχης ὁ subtiler Schwätzer.
ἰσχνοσκελὴς ὁ ἡ mit dünnen Beinen.

ἰσχὰς άδος ὁ (dem. ἰσχάδιον τὸ) trockne Feige. ἰσχαδοπώλης ὁ, -ῶλις ἡ der – die damit handelt.

ἰσχὺς ύος ἡ Kraft, Stärke, Macht.
ἰσχύω ich bin stark, mächtig; vermag. ἐνισχύω ich bin irgendworin stark.
ἐπισχύω ich stärke; ich werde oder bin stark. ἐξισχύω ich siege od. κατισχύω ich überwältige (τινός); ich thue einem Gewalt an (τινί).
ἰσχυρὸς ὰ ὸν stark; fest. ἰσχυρικὸς ἡ ὸν in der Art eines ἰσχυρός.
ἰσχυρόω ich stärke; befestige. ἰσχυρίζομαι ich zeige mich stark, strenge die Kräfte an; ich steife mich auf etwas (τινί), behaupte, streite.
διισχυρίζομαι ich behaupte, versichre; ἀντισχυρίζομαι ich versichre dagegen, setze mich dagegen. ἀπισχυρίζομαι ich widersetze mich, weigere mich.

ἰξύς, ύος ἡ od. ἰσχίον τὸ die Hüfte, Lende; auch μηρὸς ὁ od. μηρίον τὸ (wov. μηριαῖος αία αῖον zu den Hüften gehörig) u. ὀσφῦς ύος ἡ. ἰσχιὰς άδος ἡ Hüftschmerz: ἰσχιακὸς od. ἰσχιαδικὸς ἡ ὸν daran leidend, dagegen dienlich.

ὄσχος od. ὤσχος ὁ, auch ὄσχη u. ὤσχη ἡ, junger Zweig, sonst ὄζος ὁ u. ἔρνος τὸ, wie auch metaphor. der Abkömmling, der Sohn heißt.
ὀσχοφόρια od. ὠσχοφόρια τὰ ein Tag des Festes σκιρά, an dem Kinder, Weinranken mit Trauben in der Hand, zum Tempel der Ἀθηνᾶ σκιρὰς zogen.

μόσχος ὁ ἡ (dem. μοσχίον u. μοσχάριον τὸ) Schößling, Zweig; Sprößling von Menschen u. Thieren, bs. Kalb.
μοσχεύω ich pflanze einen Ableger, ein μόσχευμα: μόσχευσις ἡ Fortpflanzung durch Ableger.

μίσχος ὁ Stiel, Stengel; Auge, Knospe.

Ἐνεγκεῖν u. ἐνέγκαι od. ἐνεῖκαι tragen, aor., wie ἐνήνοχα pf., zu φέρω.
ἠνεκὴς εος ὁ ἡ lang, weit. διηνεκὴς ὁ ἡ der Länge nach, durchreichend. δουρηνεκὲς τὸ so weit eine Lanze trägt.

Ἕψω f. ἑψήσω ich koche, siede. εὔεφθος ἡ ὸν leicht zu kochen. ἑφθὸς ἡ ὸν gekocht, gesotten: ἀπεφθος ὁ ἡ ausgekocht, gereinigt. ἕψημα τὸ das Gekochte; eingekochter Most. ἕψησις ἡ das Kochen. ἑψητὸς ἡ ὸν kochbar, gekocht: auch ἑφθαλέος u. ἑψαλέος. ἑψητήριον τὸ Geschirr zum Kochen.

ὀπὸς ὁ Saft; ὄπιον τὸ Mohnsaft, sonst μηκώνιον τὸ von μήκων ωνος ἡ Mohn; ὀπίας τυρὸς Käse von Milch die mit Feigensaft geronnen. ὀπώδης ὁ ἡ saftartig.

ὄψον, dem. ὀψάριον, τὸ, alles Gekochte was zum Brod gegessen wird, Fleisch, bs. Fisch. Auch ὄψημα von ὀψάομαι u. ἐποψάομαι ich esse Zukost. ὀψὼν ῶνος ὁ Marktkorb.
εὔοψος ὁ ἡ wohl mit Speisen versehen.
παροψὶς ίδος ἡ eine Nebenschüssel mit leckeren Speisen.
ὀψαρτυτὴς οῦ od. ὀψοποιὸς ὁ Koch, sonst μάγειρος (fem. μαγείραινα u. μαγείρισσα). ἡ ὀψαρτυτική, ὀψοποιική, μαγειρικὴ Kochkunst. ὀψοποιέω, μαγειρεύω ich bereite Speisen.
ὀψωνέω ich kaufe zum Essen ein. ὀψωνία ἡ dieser Einkauf. ὀψώνιον τὸ Kost, Proviant. ὀψωνιάζω ich beköstige, verproviantire.

ὀπτὸς ἡ ὀν gebraten; auch ὀπταλέος, ὀπτανός, ὀπτητός von ὀπτάω f. ήσω ich brate, backe, mache durch Hitze gar. ὄπτησις ἡ das Braten; das Brennen der Töpferwaare ὀπτήσιμος zu braten. ὀπτάνιον u. ὀπτανεῖον τὸ Bratofen, Küche. ὀπτανεύς έως ὁ der brät.

πέπτω (poet. πέσσω) f. πέψω ich koche; mache weich u. reif; verdaue.

περιπέπτω ich überziehe mit einer Rinde, überkleistere, verdecke, beschönige.

πέμμα τὸ was gekocht ist, bs. Backwerk. πέψις ἡ das Kochen; die Verdauung. πεπτός ἡ όν gekocht, verdaut; kochbar, verdaulich: unverdaulich ἄπεπτος, schwer zu verdauen δύσπεπτος, leicht εὔπεπτος: Unverdaulichkeit ἀπεψία ἡ, entggs. εὐπεψία.

πεπτήριος ία ιον u. πεπτικός ή όν zum Kochen od. zum Verdauen gehörig od. geschickt. πόπανον τὸ Opferkuchen, sonst πέλανος ὁ.

πέπων ονος ὁ ἡ (comp. πεπαίτερος) weich, mürbe, reif: auch πέπειρος u. πεπανός: unreif, ungekocht, roh ὠμός ή όν: Rohheit, Grausamkeit ὠμότης ἡ.

ὠμοβόειος od. ὠμοβόϊνος von rohem (ungegerbten) Rindsfell.

ὠμοβόρος, ὠμοβρὼς ῶτος, ὠμόσιτος, ὠμοφάγος roh essend.

ὠμογέρων οντος ὁ noch im Alter frisch und munter.

ὠμοθετέω f. ήσω ich lege rohes Fleisch vom Opferthier auf die mit dem Netz (δημός) eingewickelten Schenkelknochen (μηρούς).

ὠμόλινον ungeröstteter Flachs; daraus gemachtes Linnenzeug.

ὠμόϋπνος halb im Schlaf.

ὠμόφρων ονος ὁ ἡ von rohem, grausamen Sinn.

ὄμφαξ ακος ὁ ἡ unreif, herbe, sauer. ὀμφάκη ἡ, ὀμφάκιον τὸ, od. οἶνος ὀμφακίας, ὀμφακίτης, ὀμφάκινος Wein von unreifen Trauben. ὀμφακίζομαι ich pflücke unreife Trauben.

πεπαίνω f. ανῶ ich mache weich, reife. πέπανσις ἡ u. πεπασμὸς ὁ das Reifen. πεπαντικὸς ἡ όν reif machend, erweichend.

σοφὸς ἡ ὀν sapiens weise, der etwas weiß od. kann; ἄσοφος ὁ ἡ unklug, unweise. σοφία ἡ Weisheit.

σοφίζω ich mache weise od. klug, med. ich erweise mich so: σόφισμα (dem. σοφισμάτιον) τὸ weiser, kluger Gedanke; Trugschluß, verfängliche Frage od. Deutung.

σοφιστὴς οῦ ὁ, σοφίστρια ἡ, ein Weiser, Meister; ein Lehrer der Philosophie und Beredsamkeit; ein spitzfindiger Schwätzer. σοφιστεύω ich handele od. behandele wie ein Sophist, auch διασοφίζομαι: κατασοφίζομαι ich besiege durch Sophismen. σοφιστεία ἡ Sophisterei. σοφιστικὸς ἡ ὸν sophistisch. σοφιστήριον τὸ Lehrort eines Sophisten.

σαφὴς u. σαφηνὴς ὁ ἡ deutlich, offenbar: adv. σάφα. Undeutlich ἀσαφὴς ὁ ἡ, Undeutlichkeit ἀσάφεια ἡ, Deutlichkeit σαφήνεια ἡ. σαφηνίζω f. ίσω ich mache deutlich, erkläre: ἀποσαφέω u. διασαφέω ich sage deutlich. σαφηνισμὸς ὁ Erklärung, Erläuterung, σαφηνιστικὸς ἡ ὸν erläuternd.

Εἶμι ich gehe; auch ich werde gehn. med. ἵεμαι ich gehe; fahre dahin.

ἄνειμι ich gehe hinauf; gehe zurück, was auch ἐπάνειμι: synonym mit ἀνέρχομαι u. ἐπανέρχομαι, wie auch alle übrigen Composita mit den entsprechenden von ἔρχομαι.

ἰτέον od. ἰτητέον man muß gehn. ἴτης ου ὁ od. ἰταμὸς ἡ ὸν der darauf losgeht; kühn, unverschämt: ἰταμότης ἡ Dreistigkeit. ἐξίτηλος vergänglich. ἀπρόσιτος unzugänglich, εὐπρόσιτος leicht zugänglich.

ἴθμα τὸ Gang, Schritt, Tritt.

ἰσθμὸς ὁ Erdenge, bs. die bei Korinth; Hals, Schlund. ἰσθμώδης einer Erdenge ähnlich. τὰ ἴσθμια die Isthmischen Spiele: ἰσθμιονίκης ὁ der Sieger, ἰσθμιαστής ὁ der Zuschauer in denselben.

ἵκω u. ἱκάνω f. ἵξομαι, gew. ἱκνοῦμαι u. ἥκω, ich komme, gelange, erreiche. ἱκνούμενος zukommend, gebührend, gew. καθήκων u. προσήκων. ἵκμενος οὖρος ventus secundus.

ἀνήκω ich komme hinauf, gehe an, betreffe. ἐπανήκω ich komme wieder zurück.

ἀφικνέομαι und ἀφικάνω ich komme an, gelange hin. ἄφιξις ἡ Ankunft. διικνέομαι ich gehe durch.

ἐξήκω ich gehe aus, weg; vergehe (von der Zeit).

ἐξικνέομαι ich gelange hin; erlange; vollbringe; ich lange hin, reiche zu.

ἐφικνέομαι ich erreiche (τινός), erlange. ἐφικτὸς ἡ ὸν erreichbar, ἀνέφικτος ὁ ἡ unerreichbar, δυσέφικτος ὁ ἡ schwer zu erreichen.

καθήκω ich komme hin, reiche hin; καθήκει μοι oder προσήκει μοι mir kommt zu. τὸ καθῆκον od. προσῆκον οντος Pflicht, Schuldigkeit. οἱ προσήκοντες die Verwandten.

καθικνέομαι ich erreiche, berühre, fahre an, schelte, schlage.

παρήκω ich komme hin, erstrecke mich daneben.

ἱκανὸς ἡ ὸν gebührend; hinreichend, genügend, geschickt, tauglich.

ἱκανότης ἡ Tüchtigkeit, Geschicklichkeit. ἱκανόω ich mache tüchtig od. geschickt.

ἱκέτης ου ὁ, ἱκέτις ἡ der zu einem andern geht u. um Hülfe fleht, supplex.

ἱκετηρία ἡ u. τὰ ἱκετήρια was ein solcher in der Hand trug, gew. ein Oelzweig mit weißer Wolle umwunden.

ἱκετεύω u. καθικετεύω ich flehe um Hülfe: ἱκετεία od. ἱκεσία ἡ u. ἱκέτευμα τὸ das Flehen. ἱκέσιος Ζεὺς der Beschützer der ἱκέται.

ἴχνος εος (poet. ἴχνιον) τὸ Tritt, Fußstapfe, Spur.

ἰχνεύω ich spüre auf od. nach. ἴχνευσις εως u. ἰχνεία ἡ das Auf- od. Nachforschen. ἰχνευτὴς ὁ der Spürer, Jäger.

ἀνιχνεύω ich spüre nach: ἐξιχνεύω ich spüre aus.

ἰχνεύμων ονος ὁ ägyptische Wieselart, so die Eier des Krokodils (κροκόδειλος ὁ) aufsucht.

εἴκω f. ξω ich weiche; ὑπείκω ich gebe nach, gehorche, räume ein. ὕπειξις εως ἡ das Nachgeben, die Folgsamkeit.

ἐπείγω f. ξω ich treibe an, dränge; auch κατεπείγω: med. ich eile.

ἔπειξις ἡ das Eilen, poet. ἐπειγωλὴ ἡ.

οἴχομαι f. οἰχήσομαι, pf. οἴχωκα, ich gehe weg, bin fort, bin hin, bin verloren.

ἀποίχομαι ich gehe weg; bin entfernt: ἀποιχόμενος verstorben. κατοίχομαι ich fahre hinunter, sterbe. παροίχομαι ich gehe vorbei.

κίω (part. κιών) u. κιάθω ich gehe: μετακιάθω ich gehe nach (poet.).

κιχάνω f. κιχήσομαι ich erreiche, hole ein (poet.).

κινέω f. ήσω (poet. auch κίνυμι) ich setze in Bewegung.

διακινέω ich bewege durch und durch; bringe in Unordnung. μετακινέω ich stelle um, ändre um. παρακινέω ich bewege unrichtig, verrücke; ich bin verrückt, außer mir. προκινέω ich bewege fort oder weiter; rücke vor. ὑποκινέω ich bewege ein wenig od. leichthin.

κίνημα τὸ, κίνησις ἡ u. (poet.) κινηθμὸς ὁ Bewegung.

κινητης od. κινητὴρ ὁ Beweger, Erschütterer: κινησίχθων ονος ὁ Erderschütterer: ὀνοκίνδιος ὁ Eseltreiber. κινητὸς ἡ ὸν bewegt; beweglich: unbeweglich od. unbewegt ἀκίνητος ὁ ἡ: ἀκινησία ἡ Unbeweglichkeit: εὐκίνητος leicht beweglich. κίνητρον oder κίνηθρον τὸ Werkzeug zum Bewegen od. Umrühren.

κίνδυνος ὁ Wagniß, Versuch, Gefahr. κινδυνώδης ὁ ἡ gefährlich, gewagt: auch ἐπικίνδυνος. Gefahrlos ἀκίνδυνος.

κινδυνεύω ich wage mich, laufe Gefahr; riskire. κινδύνευμα τὸ Wagstück, Probe. κινδυνευτής ὁ Wagehals.

ἀνακινδυνεύω ich wage wieder. ἀποκινδυνεύω περί τινος ich wage den Versuch der über etwas entscheidet; τινός ich trenne mich von einem in der Gefahr.

προκινδυνεύω ich gehe in Gefahr vor einem andern od. (was auch ὑπερκινδυνεύω) für einen andern.

Εἰμί f. ἔσομαι ich bin. ἔστιν ὅς jemand, ἔστιν οἵτινες einige, ἔστιν ὅπως auf irgend eine Art. ἔστιν u. ἔξεστιν, auch πάρεστιν od. πάρα, es ist erlaubt, steht frei. εἶεν es mag sein. Partic. ὤν οὖσα ὄν, poet. ἐών ἐοῦσα ἐόν.

ὄντως wirklich, in Wahrheit.

οὐσία ἡ Wesen; Vermögen, Habe, dem. οὐσίδιον τό. οὐσιώδης ὁ ἡ wesentlich, substantial. ἐξουσία ἡ Vermögen, Erlaubniß, Vollmacht.

ἄπειμι ich bin weg, abwesend. ἀπουσία, Jon. ἀπεστώ οὖς, ἡ Abwesenheit. ἀειεστώ ewiges Sein, εὐεστώ Wohlsein, Glück.

διειμι ich bin durchweg, daure fort.

ἔνειμι ich bin, befinde mich darin; ἔνεστι es ist möglich. ἐκ τῶν ἐνόντων nach Möglichkeit.

ἔπειμι ich bin darauf, daran, darnach.

μέτειμι ich bin dazwischen, dabei; μέτεστί μοι τούτου ich habe Theil daran. μετουσία ἡ Gemeinschaft, Theilnahme.

πάρειμι ich bin da, dabei: τὰ παρόντα die gegenwärtigen Umstände. παρουσία ἡ Gegenwart; Ankunft.

περίειμι ich bleibe übrig, werde gerettet; übertreffe. περιουσία ἡ Ueberschuß, Ueberfluß; Erhaltung, Rettung: ἐκ περιουσίας zum Ueberfluß, ohne Noth. περιουσιάζω ich habe Vermögen, Ueberfluß. περιώσιος (Dor. für περιούσιος) überschwenglich.

πρόσειμι ich bin dabei, daran.

σύνειμι ich bin mit oder bei jemand, gehe mit ihm um. συνουσία ἡ Umgang; Zusammenkunft; ehelicher Umgang. συνουσιαστής οῦ ὁ Gesellschafter; Schüler.

Ἐτός, ἐτεός, ἔτυμος, ἐτήτυμος ὁ ἡ wahr, wirklich, echt.

ἐτυμολογέω ich erkläre ein Wort nach seiner Wahrheit d. h. nach seiner Uebereinstimmung mit der Sache; ich zeige den Ursprung und die erste Bedeutung des Worts: ἀνετυμολόγητος od. ἀνέτυμος ὁ ἡ nicht abzuleiten, ohne bekanntes Etymon. ἐτυμολογία ἡ die Wortableitung. ἐτυμολόγος ὁ ἡ wer ἐτυμολογεῖ.

ἐτητυμία ἡ Wahrheit, Echtheit.

ἐτάζω u. ἐξετάζω ich sehe ob etwas wahr u. echt ist, prüfe, untersuche; frage aus; mustere. ἐξετασμός ὁ u. ἐξέτασις εως ἡ Untersuchung, Musterung. ἐξεταστής ὁ Untersucher, Forscher. ἐξεταστικός ἡ ὸν zum Prüfen, Untersuchen geschickt.

Ἕτοιμος η ον bereit, fertig: sonst εὐτρεπής ὁ ἡ. ἑτοιμάζω f. άσω od. εὐτρεπίζω f. ίσω ich bereite, rüste. ἑτοιμασία u. ἑτοιμότης ητος ἡ Bereitschaft, Bereitwilligkeit; λόγων das Sprechen aus dem Stegreif.

ἑτοιμόδακρυς stets zu Thränen bereit, ἑτοιμοπειθής bereit sich überreden zu lassen.

Ἕζω u. ἵζω od. ἱζάνω, gew. καθέζω, καθίζω, καθιζάνω, ich setze: ἕζομαι, ἵζομαι, gew. καθέζομαι und καθίζομαι f. καθεδοῦμαι u. καθιζήσομαι, ich setze mich: ἧμαι od. κάθημαι ich sitze.

ἕδρα ας ἡ Sitz, Stuhl; Gesäß; Basis; Sitzung. Stuhl, Sessel auch καθέδρα u. poet. auch θᾶκος u. θῶκος od. θόωκος ὁ (von dem ebenfalls poet. θάσσω oder θαάσσω ich sitze), ein erhöhter θρόνος ὁ (θρῆνυς υος ὁ Fußschemel; θρᾶνος ὁ die oberste Ruder=

bank von den dreien der Triere: θρανίτης ὁ der Ruderer auf dem θρᾶνος, wie ζυγίτης der auf der mittlern u. θαλαμίτης auf der untern Ruderbank).

ἑδραῖος αία αῖον sitzend; befestigt, fest. ἱδρύω f. ύσω ich stelle fest, errichte, gründe. ἵδρυμα τὸ was errichtet, gegründet ist. ἵδρυσις ἡ das Errichten, Gründen. ἱδρυτὸς festgestellt, gegründet: ἀΐδρυτος od. ἀνίδρυτος nicht ansässig, unstät.

ἐνέδρα ἡ insidiae Hinterhalt, Nachstellung: ἐνεδρεύω ich stelle nach (τινά); ἐνεδρευτὴς ὁ der im Hinterhalt liegt ἐνέζομαι u. ἐγκαθέζομαι ich setze mich hinein. ἐφίζω, ἐφιζάνω ich sitze drauf. ἔφεδρος drauf od. daneben sitzend; Kämpfer der für den Ueberwundenen eintritt und den Kampf erneuert: ἐφεδρεύω, ἐφεδρεία ἡ. παρέζομαι u. παρακαθέζομαι ich setze mich daneben, einem zur Seite: πάρεδρος Beisitzer, παρεδρεύω u. προσεδρεύω ich sitze dabei: auch παρακάθημαι u. προσκάθημαι. περικάθημαι ich sitze herum, belagere. πρόεδρος ὁ Vorsitzer, προεδρία ἡ Vorsitz, προεδρεύω ich habe den Vorsitz. συνεδρεία od. συνεδρία ἡ das Zusammensitzen; die berathschlagende Versammlung. σύνεδρος ὁ Beisitzer, Mitglied der Versammlung. συνέδριον τὸ Rathsversammlung; Ort der Versammlung.

ἕδος εος τὸ Sitz, Sessel; Basis; Sitz der Götter, Tempel, Bildsäule; das Sitzen, Verweilen. ἑδώλιον τὸ Sitz, Ruderbank.

ἔθος εος τὸ Gewohnheit, Sitte. εἴωθα ich pflege, bin gewohnt.

ἐθὰς άδος ὁ ἡ gewohnt, auch ἐθήμων ονος ὁ ἡ u. ἔθιμος; bekannt, zahm.

ἐθίζω f. ίσω ich gewöhne; auch κατεθίζω u. συνεθίζω. ἐθισμὸς ὁ u. ἔθισμα τὸ Gewöhnung. ἐθιστὸς ἡ ὸν gewöhnt, zu gewöhnen.

ἀπεθίζω ich gewöhne ab. ἐνεθίζω u. προσεθίζω ich gewöhne daran, dazu.

ἦθος εος τὸ gewohnter Aufenthalt; Sitte, Charakter. ἠθικὸς ἡ ὸν die Sitten betreffend, den Charakter darstellend.

εὐήθης ὁ ἡ gutmüthig, einfältig: εὐήθεια ἡ Ehrlichkeit, Einfalt.

συνήθης ὁ ἡ gewohnt, vertraut, auch ἠθάς u. ἠθαλέος: συνήθεια ἡ Gewohnheit.

ἠθεῖος εία εῖον lieb, werth (poet).

ἠθοποιὸς ὁ ἡ den Charakter bildend od. nachbildend. Was auch ἠθολόγος.

ἔθνος εος τὸ Volk, Nation; Geschlecht: ἐθνηδόν völkerweise, nach Völkern.

ἐθνίτης ὁ Landsmann. ὀθνεῖος εία εῖον fremd, ausländisch.

ἐθνικὸς ἡ ὸν zum Volk gehörig, national; heidnisch (bei christlichen Schriftstellern).

ἔτης ου ὁ Freund, Gesell, Gefährte (voc. ὦ 'τάν): gew. ἑταῖρος ὁ, was s bs. auch Schüler, wie ἑταίρα ἡ (dem. ἑταιρὶς ἡ u. ἑταιρίδιον τὸ) Buhlerin. ἑταιρία u. ἑταιρεία ἡ Freundschaft; Verbrüderung: Ζεὺς ἑταιρεῖος deren Beschützer.

ἑταιρέω ich treibe Buhlerei: ἑταίρησις ἡ Buhlerei.

ἑταιρίζω ich geselle mich zu; ich mache zum Freund.

Ἑστία ἡ Heerd (sonst ἐσχάρα ἡ od. ἐσχαρεὼν ῶνος ὁ); die auf dem Heerde verehrte Göttin, der Römer Vesta. Ἑστιὰς άδος ἡ Vestalin.

ἑστιάω f. άσω ich bewirthe; τοὺς ὀφθαλμοὺς ich weide die Augen. ἑστίαμα ατος τὸ das Gastmal, ἑστίασις εως ἡ das Geben desselben, ἑστιάτωρ ορος ὁ der es giebt, ἑστιατόριον τὸ Speisezimmer.

ἀνέστιος ὁ ἡ ohne Heerd, ohne Haus: entggs. ἑστιοῦχος. ἐφέστιος ὁ ἡ der am Heerde sitzt od. Schutz sucht.

ἑστιάρχης ὁ Herr im Hause, Wirth: Dor. ἑστιοπάμων.

Ἕννυμι (f. ἕσω, pf. pass. εἷμαι) ich ziehe an, bekleide: auch ἀμφιέννυμι (wov. ἀμφίεσμα τὸ u. ἀμφιεσμὸς ὁ Anzug). u. περιέννυμι. ἐφέννυμι ich ziehe über, μεταμφιέννυμι ich ziehe anders an.

εἷμα ατος, gew. ἱμάτιον, τὸ Kleid, bs. Mantel (bei Homer χλαῖνα). ἱματίζω ich bekleide. ἱματισμὸς ὁ Kleidungsstücke, Garderobe. ἱματονργὸς ὁ Schneider.

ἀνείμων ονος ὁ ἡ unbekleidet, δυσείμων schlecht gekleidet, εὐείμων gut gekleidet: μελανειμονέω ich kleide mich schwarz.

ἐφεστρὶς ίδος ἡ das Oberkleid.

ἐσθὴς ῆτος ἡ Kleid, ἐσθέω ich bekleide, ἔσθησις ἡ u. ἔσθημα τὸ Bekleidung.

Ἵημι f. ἥσω, ich setze in Bewegung, ich lasse, entlasse, sende, schicke, werfe; ἵεμαι (wie ὀρέγομαι) ich strebe, verlange, τινὸς nach etwas.

ἶμα τὸ das Geworfene, der Wurf: ἵμων ὁ ἡ Werfer, ἀκοντιστής: ἡμοσύνη ἡ dessen Kunst.

ἀνίημι f. ἀνήσω ich lasse hinauf; lasse los, nach; überlasse; unterlasse. ἀνειμένως adv. nachläßig, sorglos; ausgelassen, zügellos, was auch ἀνέδην. ἄνεσις εως ἡ das Nachlassen; die Abspannung; Erholung; Ausgelassenheit. ἄνετος ὁ ἡ nachgelassen, abgespannt; ausgelassen, frech; freigelassen.

ἀφίημι ich lasse od. schicke weg; lasse los; lasse frei, gestatte: ἄφεσις ἡ das Loslassen, Entlassen: ἄφετος ὁ ἡ entlassen; frei; überlassen; verlassen. διαφίημι ich lasse auseinander, entlasse. ἐπαφίημι ich werfe etwas auf einen (τι τινί), lasse auf einen los.

διίημι ich schicke, lasse durch oder vorbei; lasse erweichen, zerlasse.

εἰσίημι ich schicke, lasse hinein.

ἐνίημι ich bringe hinein, bringe bei. ἐνεσία ἡ Eingebung, Rath. ἐνετὸς ἡ ὸν hineingesteckt, eingeschoben: ἐνετὴ ἡ die Spange.

ἐξίημι ich schicke od. lasse heraus; lasse fahren; bringe fort: ἔξεσις ἡ u. ἐξεσία Abschickung; Fortschickung; Entlassung der Ehefrau. διεξίημι ich lasse heraus, fort.

ἐφίημι ich lasse, schicke, werfe darauf od. dagegen; ich reize auf, hetze an; ich lasse zu, lasse nach; überlasse; med. ich strebe nach etwas (τινός). ἔφεσις ἡ Streben, Appetit, Antrieb; Erlaubniß; Appellation. ἐφέται οἱ Criminalrichter zu Athen; Bevollmächtigte. ἐφετμὴ ἡ Auftrag, Befehl (poet.).

καθίημι ich lasse herunter, herab; ich schicke hin, stelle an. κάθετος ὁ ἡ herabgesenkt. καθετὴρ ῆρος ὁ ein Körper den man hineinsteckt; Sonde der Wundärzte, sonst μήλη ἡ, wovon μηλόω u. καταμηλόω ich sondire.

μεθίημι ich lasse los; entlasse; lasse nach; vernachlässige; überlasse. μεθήμων ὁ ἡ nachlässig, μεθημοσύνη ἡ Nachlässigkeit.

παρίημι ich lasse vorbei; vernachlässige; ich lasse nach, löse; ich lasse zu, gestatte; lasse herbei od. herein. παρειμένος erschlafft, nachlässig. πάρεσις ἡ das Erschlaffen, die Entkräftung.

προΐημι ich lasse, schicke vor, voraus, vorwärts; ich lasse fahren, lasse los; gebe Preis προετικὸς ἡ ὸν verschwenderisch.

προσίημι ich lasse, schicke hinzu; ich lasse zu, begehe z. B. einen Fehler. προσίεταί με es zieht mich an sich, gefällt mir.

συνίημι ich bringe zusammen, an einander; verstehe, sehe ein, merke; med. komme überein über etwas. σύνεσις ὁ Verstand, Einsicht: ἀσυνεσία ἡ Unverstand. συνετὸς ἡ ὸν verständig, ἀσύνετος ὁ ἡ unverständig, δυσξύνετος ὁ ἡ schwer zu verstehen. συνημοσύνη ἡ Uebereinkunft, Vertrag, sonst συνθήκη.

ὑφίημι ich lege, thue darunter; ich lasse herunter; lasse nach, gebe nach, lasse geschehen. ὑφειμένως adv. gelassen, sacht. ὕφεσις ἡ das Nachlassen; Nachgeben.

ἥσυχος ὁ ἡ (comp. ἡσυχώτερος) ruhig, still: auch ἡσύχιος, ἡσύχιμος u. ἡσυχαῖος od. ἡσυχιαῖος αία αῖον: adv. ἡσυχῇ u. ἥσυχα.

ἡσυχία ἡ Ruhe, Muße; Stille, Einsamkeit: auch ἡσυχιότης ἡ.

ἡσυχάζω u. ἡσυχαίνω ich bin od. halte mich still, ruhig; schweige.

ἡσυχαστὴς ὁ Einsiedler, ἡσυχαστήριον τὸ Einsiedelei.

ἵμερος ὁ Verlangen, Liebe: ἱμερόεις verlangenswürdig, auch ἱμερτὸς ἡ ὸν von ἱμείρομαι ich verlange, sehne mich, nach etwas τινός.

ἰὸς ὁ Geschoß, Pfeil; Gift; Rost. ἰόω u. κατιόω ich mache rostig; ἰίζω ich sehe rostig aus.

ἱερὸς ὰ ὸν (Jon. ἱρὸς ἡ ὸν) den Göttern geweiht, heilig: τὸ ἱερὸν Opfer; Tempel: τὰ ἱερὰ Eingeweide der Opferthiere (der ἱερεῖα, Jon. ἱρήϊα), woraus der ἱερόπτης od. ἱεροσκόπος weissagt. ἱερωστὶ auf heilige Art.

ἀνίερος ὁ ἡ nicht heilig; entweiht.

δυσίερος unheilig, gottlos. δυσιερέω ich opfere unglücklich, erhalte beim Opfer keine gute Vorbedeutung; entggs καλλιερέω lito.

ἱερογλυφικὰ (sc. γράμματα) die heilige Bilderschrift bei den Aegyptern. ἱερογλύπτης ου ὁ der solche eingräbt.

ἱερόθυτος ὁ ἡ Gott geweiht od. geopfert (θύω).

ἱερομηνία ἡ od. ἱερομήνια τὰ heiliger Monat, Fest.

ἱερονίκης ου ὁ Sieger in den heiligen Spielen, Ὀλύμπια, Ἴσθμια, Πύθια, Νέμεα τὰ.

ἱεροφάντης ὁ der den Gottesdienst zeigt (φαίνει), in Mysterien einweiht: zu Athen der Vorsteher des Eleusinions.

ἱεροπρεπὴς ὁ ἡ dem heiligen Ort od. der heiligen Handlung anständig (πρέπω), ehrwürdig.

ἱερόσυλος ὁ ἡ Tempelräuber (σύλη), ἱεροσυλία ἡ Tempelraub, ἱεροσυλέω ich begehe Tempelraub, ἱεροσύλημα τὸ das Geraubte.

ἱερουργέω (ἔργον) ich opfere, verrichte den Gottesdienst.

ἱερόω f. ώσω, auch ἀνιερόω, ἀφιερόω, καθιερόω, ich weihe, heilige: ἱέρωμα τὸ das Geweihte.

ἱερεὺς έως ὁ Priester; ἱέρεια ἡ (selten ἱερὶς u. ἱέρη ἡ) Priesterin. ἱεράομαι od. ἱερατεύομαι ich bin Priester od. Priesterin (τινός).

ἱερατικὸς ἡ ὸν priesterlich, den Priester betreffend. ἱερεία od. ἱερατεία ἡ u. ἱεράτευμα τὸ Priesterthum.

ἱερεύω ich weihe, opfere: ἱερεύσιμος zum Opfern geschickt.

ἐάω f. ἐάσω ich lasse; lasse zu; lasse fahren.

ἰάλλω ich schicke, werfe, schleudere. ἐφιάλλω (f. αλῶ) τῷ ἔργῳ (sc. τὰς χεῖρας) ich lege die Hände ans Werk, gew. ἐπιχειρέω. ἐφιάλτης ου ὁ der Alp: auch ἠπίαλος.

ἰάπτω ich werfe, schicke.

Z.

Ζάω f. ζήσω ich lebe, poet. auch ζώω.

ἀναζάω ich lebe wieder auf. ἀποζάω ich lebe davon, ich lebe kümmerlich. διαζάω ich durchlebe, bringe das Leben zu. ἐπιζάω ich überlebe. συζάω ich lebe mit.

ζωὴ ἡ Leben. ζωὸς ἡ ὸν lebendig, auch ζοὸς u. ζῶς. ζῶον (dem. ζώδιον, ζωδάριον, ζωΰφιον) τὸ lebendiges Wesen, Thier, animal: ζώδιον auch Bild; bs. Sternbild, wovon ζωδιακὸς der Thierkreis.

ζωηρὸς ὰ ὸν lebendig; belebend; von der Klasse der Thiere.
ζωϊκὸς ἡ ὸν thierisch, animalisch; zum Leben gehörig. ζωηδὸν nach Art der Thiere. ζωότης ἡ Thierheit, thierische Natur.
ζώσιμος ὁ ἡ der leben kann, vitalis.
ζωτικὸς ἡ ὸν zum Leben gehörig; Leben gewährend; voller Leben, lebhaft.
ζωγρέω ich fange lebendig, ich mache gefangen (ἄγρα). ζωγρεία u. ζωγρία ἡ das Fangen, das Gefangennehmen.
ζωογονέω ich gebähre lebendige Jungen; ich zeuge übh., bringe hervor. ζωογονία ἡ Erzeugung lebendiger Jungen.
ζωοποιέω ich mache lebendig, erzeuge; belebe.

σάος od. σόος η ον, auch σῶς u. σῶος, sanus u. salvus, gesund, wohl erhalten. δύσσοος schwer zu retten.
σώφρων ονος ὁ ἡ (poet. σαόφρων) gesund am Verstande, (φρὴν), besonnen, mäßig. σωφροσύνη ἡ Verständigkeit, Besonnenheit, Mäßigung: σωφρονικὸς ἡ ὸν geneigt dazu, gewöhnt daran; auch σωφρονητικός, von σωφρονέω ich bin σώφρων: σωφρονίζω ich mache dazu, witzige: σωφρόνημα τὸ That des σώφρων, Beweis von Besonnenheit od. Enthaltsamkeit. σωφρόνισις (Jon. σωφρονισὺς ύος) ἡ Witzigung, Erinnerung, Warnung, Züchtigung, auch σωφρόνισμα τὸ und σωφρονισμὸς ὁ: σωφρονιστὴς οῦ od. -στὴρ ῆρος ὁ der klug macht, straft: σωφρονιστικὸς ἡ ὸν dem σωφρονιστὴς eigen, zum σωφρονισμὸς dienlich.
σαόω od. σόω, pros. σώζω (auch σωννύω), f. σώσω ich erhalte, rette, errette; behalte im Gedächtniß, wie διόλλυμι = λανθάνομαι.
ἀνασώζω ich rette wieder, stelle her. ἀποσώζω ich bringe glücklich fort od. hin. διασώζω ich bringe durch. ἐκσώζω ich rette heraus, befreie. περισώζω ich erhalte am Leben. συσσώζω ich erhalte zusammen; behalte bei.
σωτὴρ ῆρος ὁ, σώτειρα ἡ Retter, Erhalter, Beglücker. σωτηρία ἡ salus, Rettung, Erhaltung; Heil, Glück. σωτήριος od. σωστικὸς ἡ ὸν erhaltend, rettend, beglückend; τὰ σωτήρια Dankopfer, Dankfest für Errettung. σωτηριώδης ὁ ἡ heilsam. ἄσωστος, gew. ἄσωτος ὁ ἡ nicht zu retten, verloren; ausschweifend, liederlich: ἀσωτεία ἡ Liederlichkeit, Schwelgerei: ἀσωτεύομαι ich schwelge, prasse; ἀσωτεῖον τὸ Aufenthalt der ἄσωτοι.
σῶστρον od. σῶτρον τὸ Lohn für Rettung, für Erhaltung. (σῶτρον auch die Felge, deren Beschlag ἐπίσωτρον τὸ od. κανθὸς ὁ: Nabe πλήμνη ἡ.)
σωκὸς (poet.) stark, kräftig; Beiwort des Hermes. σωκέω ich vermag, kann.

σῶμα (dem. σωμάτιον) τὸ Leib, Körper, Leichnam; Mensch, bs. Sklave, dh. σωματέμπορος ὁ Sklavenhändler u. σωματοτροφεῖον τὸ ergastulum.
σωματότης ἡ Körperlichkeit, ἀσωματία ἡ Unkörperlichkeit, von ἀσώματος unkörperlich. εὐσώματος u. εὔσωμος ὁ ἡ wohl bei Leibe, stark: εὐσωματέω ich bin wohlbeleibt, εὐσωματία ἡ Wohlbeleibtheit.
σωματικὸς ἡ ὸν od. σωματώδης ὁ ἡ körperlich; dicht, fest.
σωματόω oder σωματοποιέω ich mache zu einem Körper, zu einem Ganzen; mache fest, dick, stark. σωμάτωσις od. σωματοποιΐα ἡ Bildung des Körpers.
σωμασκέω ich treibe Leibesübungen.
σωματοφύλαξ ακος ὁ Leibwächter. σωματοφυλακία ἡ Leibwache. σωματοφυλάκιον τὸ Ort wo der Körper bewacht wird, Gruft.

Ζέω od. ζέννυμι f. ζέσω ich siede, koche; sprudle. ἀναζέω ich siede auf, ὑπερζέω ich koche über.

ζέμα τὸ das Gesottene, Decoct, Absud: ἔκζεμα etwas durch Hitze herausgetriebenes, Ausschlag. ζέσις ἡ das Sieden, Wallen. ζεστὸς ἡ ὸν gesotten, siedend heiß: ἔκζεστος ausgeworfen durch Hitze: ζεστότης ἡ Hitze des siedenden Wassers.

ζῆλος ὁ Eifer, Eifersucht, Nacheiferung. ἄζηλος ohne Eifersucht, der Eifersucht nicht werth: δύσζηλος von schlimmer, unglücklicher, heftiger Eifersucht. ζηλη ἡ die Nebenbuhlerin. ζηλήμων ονος od. pros. ζηλότυπος ὁ ἡ eifersüchtig, neidisch.

ζηλέω u. ζηλεύω, gew. ζηλόω, ich eifre; eifre nach, bewundere, strebe nach etwas; beneide, hasse: auch ζηλοτυπέω. ζήλωσις od. ζηλοτυπία ἡ das Eifern; die Nacheiferung, Bewunderung. ζηλωτὴς οῦ ὁ Eiferer; Nacheiferer, Nachahmer. ζηλωτὸς ἡ ὸν beneidet; bewundert; nachgeahmt; nachahmungswerth.

παραζηλόω ich reize zum Eifer; mache eifersüchtig.

ζύμη ἡ Sauerteig. ζυμίτης ἄρτος gesäuert Brod, ἄζυμος ὁ ἡ ungesäuert. ζυμόω ich bringe in Gährung; säure; blähe auf. ζύμωσις ἡ das Säuren, Aufblähn: ζυμωτικὸς zum Säuren geschickt, ζυμωτὸς gesäuert. ζυμίζω ich schmecke od. rieche sauer.

ζωμὸς ὁ (dem. ζωμίδιον τὸ) die Brühe des gesottenen Fleisches, auch ζώμευμα τὸ von ζωμεύω ich koche mit einer Brühe. ζωμήρυσις ἡ (ἀρύω) Schöpfkelle, Schaumlöffel.

Σβέννυμι od. σβεννύω f. έσω ich lösche, lösche aus; auch ἀποσβ. u. κατασβ. σβέσις ἡ das Löschen, σβεστὴς u. σβεστὴρ ὁ der auslöscht, σβεστήριος ία ιον u. σβεστικὸς ἡ ὸν zum Auslöschen geschickt. ἄσβεστος unauslöschlich.

Ζημία ἡ (poet. auch θωὴ ἡ) Schaden, Nachtheil, Geldstrafe, Strafe: ζημιώδης ὁ ἡ schädlich. ζημιόω ich bringe in Schaden; bestrafe: ζημίωμα τὸ zugefügter Schaden, erlittene Strafe. ἀζήμιος u. ἀθῷος ὁ ἡ unbeschädigt, unbestraft: ἀθωόω ich lasse unbestraft. ἐπιζήμιος ὁ ἡ schädlich; strafend.

Ζητέω f. ήσω (auch ζητεύω, poet. δίζομαι u. δίζημαι) ich suche; spüre auf; untersuche; verlange.

ζήτημα ατος τὸ das Gesuchte, die Frage, Aufgabe. ζήτησις od. δίζησις εως ἡ das Suchen, die Untersuchung; ζητητὴς, poet. ζητήτωρ u. διζήμων, ὁ Sucher, Frager, Inquisitor. ζητητικὸς zum Suchen geneigt, ζητήσιμος untersucht zu werden geeignet.

ἀναζητέω ich suche auf. ἐπιζητέω ich vermisse. συζητέω ich suche od. untersuche zugleich, zusammen: συζήτησις ἡ die gemeinschaftliche Untersuchung, συζητητὴς οῦ ὁ Mituntersucher.

Ζευγνύω od. ζεύγνυμι f. ζεύξω ich joche, joche zusammen; spanne an; verbinde.

ἀναζεύγνυμι ich spanne wieder an; breche auf, segele ab. ἀναζυγὴ ἡ Wiederaufbruch, Ausmarsch.

διαζεύγνυμι ich spanne auseinander, trenne: συζεύγνυμι ich spanne zusammen. ἐπιζεύγνυμι ich spanne hinzu. παραζεύγνυμι ich spanne neben an: πάραζυξ nebengespannt, überzählig.

καταζεύγνυμι ich spanne ab, kehre ein, lagere mich, lasse mich nieder.

ὑποζεύγνυμι ich unterjoche, unterwerfe; knüpfe daran.

ζεῦγμα ατος τὸ od. ζεῦξις εως ἡ Zusammenjochung, Verbindung. ζευκτὴρ ὁ, ζεύκτειρα ἡ Jocher, Verbinder. ζευκτήριος ία ιον zum Verbinden geschickt. ζευκτὸς ἡ ὸν gejocht, gepaart, verbunden: auch ὁμοζυγὴς u. ὁμόζυξ, συζυγὴς n. σύζυξ: entggs. ἄζευκτος, ἀζυγὴς, ἄζυξ.

ζεύγλη ἡ Riemen zur Befestigung des Joches: auch ζυγόδεσμον τὸ.
ζεῦγος εος (dem. ζευγάριον) τὸ Gespann, Paar. ζευγίτης ὁ angejocht; gepaart: ζευγῖται Bürger der dritten Klasse zu Athen nach Solons Eintheilung (von dem Halten eines Ackergespanns).
ζευγηλάτης ὁ der ein Gespann Ochsen od. Pferde treibt (ἐλαύνω): ζευγηλατέω ich fahre, pflüge.
ζυγὸς ὁ u. ζυγὸν τὸ (dem. ζύγιον τὸ) das Joch; alles was verbindet, Band, Querholz, Ruderbank; Reihe in der Schlachtordnung; Wagebalken, Wage. ζυγάδην joch= od. paarweise. ζυγόω ich joche, unterjoche, koppele: ἀναζυγόω ich hebe das Joch, spanne aus, öffne.
ζύγωμα u. ζύγωθρον τὸ Verbindungsmittel, Riegel, Wagebalken.
ζυγέω ich stehe in Verbindung, in der Reihe. Ἥρα ζυγία Juno iugalis die Vorsteherin der Ehen. ὑποζύγιος unter dem Joch gehend.
ζυγομαχέω ich bin widerspänstig, streite mit dem Cameraden od. Ehegenossen. ζυγομαχία ἡ dieser Streit.

Ζώννυμι u. ζωννύω f. ζώσω ich gürte, umgürte, ziehe an.
ἀναζώννυμι ich gürte auf, an. ἀποζωννύω ich gürte ab, los; ziehe einem die Rüstung aus, danke ihn ab.
διαζώννυμι ich trenne durch einen Gurt. διάζωμα u. διάζωσμα τὸ die Gegend am Leibe, wo man sich gürtet; Taille.
ὑποζώννυμι ich gürte od. binde unten an.
ζῶμα τὸ, ζωστὴρ ῆρος ὁ, ζώνη ἡ (dem. ζωνάριον) Gürtel; alles was umgürtet od. wie ein Gürtel herumläuft. ἄζωνος od. ἄζωστος ὁ ἡ ungegürtet, entgürtet, εὔζωνος wohlgegürtet, rüstig.

H.

Ἢ (poet. ἠέ) oder; nach dem Compar. als; ἢ – ἢ od. ἤτοι – ἢ entweder – oder. ἠμὲν – ἠδὲ (poet.) et – et.
Ἦ an? num? ἦ γάρ; nicht wahr? ἦ μὴν fürwahr.
Ἠϊὼν (att. ἠών) όνος ἡ Ufer, Gestade. ἠϊόεις εσσα εν hochufrig, poet. ἠϊόνιος ὁ ἡ zum Ufer gehörig.
Ἥρως ωος ὁ bei Homer Ehrenname aller Freien u. irgendwie Ausgezeichneten, später Held, Götterabkömmling, als Gott verehrter Mensch, Halbgott, fem. ἡρωΐνη od. ἡρώνη, auch ἡρωΐς u. ἡρωΐσσα od. ἡρῶσσα.
ἡρωϊκὸς ἡ ὸν einem Heros eigen od. ähnlich: auch ἡρώϊος. ἡρῷον τὸ Tempel eines Heros. ἡρωΐζω ich bin od. handle wie ein Heros; ich dichte im heroischen Sylbenmaaße. ἡρωελεγεῖον τὸ Gedicht aus Hexametern und Pentametern.

Θ.

Θάλπω f. ψω ich wärme, mache heiß. θαλπιάω ich bin warm. θάλπος τὸ Wärme, Hitze. θαλπωρὴ ἡ Erwärmung, Erquickung: θαλπνὸς ἡ ὸν. erwärmend, erhitzend.
Θάλαμος ὁ Gemach im innern Hause, Schlafzimmer; Zimmer der Frau; Lager der Thiere, gew. θαλάμη ἡ. θαλαμεύω f. εύσω ich führe als Braut in den θάλαμος, θαλαμεύομαι ich lebe darin. θαλαμευτρία ἡ die das Brautbett od. den θάλαμος besorgt. θαλαμηπόλος ὁ ἡ Diener im Frauengemach.
Θέρω f. έρσω ich wärme, erwärme, trockne; dörre.
θερμὸς ἡ ὸν (auch διάθερμος u. ἔνθερμος ὁ ἡ) warm, heiß; hitzig. θερμότης ἡ Wärme, Hitze; auch θερμωλὴ u. θέρμη. θέρμαι warme

Bäder: θερμολούτης ὁ der warm badet. θέρμω, gew. θερμαίνω, ich mache warm od. heiß. θέρμανσις ἡ Erwärmung, auch θερμασία ἡ: θερμαντος ἡ ὀν erwärmt, zu erwärmen, θερμαντὴρ ὁ Gefäß zum Erwärmen.

θέρος εος τὸ Sommer, Ernte.

θερινὸς ἡ ὸν, poet. θέρειος εια ειον, sommerlich. θερειγενὴς ὁ ἡ im Sommer erzeugt.

θερίζω f. ίσω ich übersommere; ich ernte: ἀποθερίζω u. ἐκθερίζω ich ernte ab, mähe ab. θερισμὸς ὁ od. θέρισις ἡ das Ernten. θεριστὴς od. -τὴρ ὁ der Schnitter: fem. θερίστρια. θεριστὸς ἡ ὸν geerntet.

τέρσω u. τερσαίνω ich trockne, dörre.

ταῤῥὸς od. ταρσὸς ὁ, auch ταρσιὰ ἡ, Horde (crates) um darauf zu dörren, z. B. Obst, Käse; das breite Ende des Ruders; die Fußsohle.

θεράπων οντος (poet. auch θέραψ απος) ὁ Wärter, Diener, Gehülfe, fem. θεραπὶς, θεράπαινα, θεραπαινίς.

θεραπεύω f. εύσω ich bediene; ich warte, pflege, heile, ehre, verehre: ἐκθεραπεύω ich gewinne durch Pflege u. Aufmerksamkeit. θεραπεία ἡ Dienst; Pflege, Verehrung; Dienerschaft. θεράπευμα τὸ Dienstleistung, Heilmittel, Achtungsbezeigung. θεραπευτὴς u. θεραπευτὴρ ῆρος ὁ Wärter; Pfleger; Arzt. θεραπευτικὸς ἡ ὸν in Dienst, Pflege, Heilung geübt od. dazu gehörig. θεραπεύσιμος od. θεραπευτὸς ἡ ὸν zu heilen, geheilt: ἀθεράπευτος ὁ ἡ ungepflegt; unheilbar: ἀθεραπευσία ἡ Mangel an Pflege.

Θάῤῥος od. θάρσος ους τὸ Muth, Dreistigkeit, Zuversicht: θράσος τὸ Keckheit, Trotz; auch θρασύτης ἡ von θρασὺς εῖα ὺ dreist, keck, muthig, poet. auch θαρσαλέος έα έον u. θάρσυνος. θαρσέω u. θαῤῥέω ich habe Muth, habe Zutrauen zu jemand (τινὶ od. εἴς τινα): ἀναθαρσέω ich fasse neuen Muth: ἀποθαῤῥέω τι ich wage etwas: καταθαῤῥέω τινὸς ich bin dreist gegen jemand τινός, τι ich wage etwas, τινὶ ich verlasse mich auf einen. θαρσύνω u. θαῤῥύνω ich mache dreist od. muthig, muntere auf: ἀναθαρσύνω ich ermuthige wieder.

Θάλλω f. αλῶ pf. τέθηλα (poet. auch θαλέθω u. τηλεθάω) ich blühe, grüne, bin bei Kraft; ich mache grünen.

θαλλὸς ὁ Zweig, Sprößling, auch θάλος τὸ. θαλερὸς ἡ ὸν u. θάλειος blühend, kräftig, jung. θάλεια u. θαλία ἡ blühendes Glück; Freude; Festlichkeit, Gastmal. θαλιάζω ich feire ein Fest, ein Gastmal.

θαλύσια τὰ Erntefest.

Θῆσθαι, aor. θήσατο, saugen: pros. θηλάζεσθαι, von θηλὴ ἡ Mutterbrust (auch τιτθὸς u. μαστὸς ὁ, dem. τιτθὶς ἡ u. τιτθίον τὸ). θηλάζω f. άσω u. άξω od. τιτθεύω f. εύσω ich säuge. θηλασμὸς ὁ oder τιτθεία ἡ das Säugen od. Saugen. θηλάστρια od. θηλὼ οῦς, gew. τιθήνη, ἡ Amme, θηλαμινὸς ὁ Säugling. τιθηνέω ich pflege, warte, erziehe. τυτθὸς ἡ ὸν jung, klein.

θῆλυς εια υ weiblich, weiblichen Geschlechts; weichlich, zärtlich, schwächlich: θῆλυς ἔρση befruchtender Thau. θηλύτης ητος ἡ Weiblichkeit; Weichlichkeit. θηλύνω ich schwäche, verzärtele. θηλυδρίας ὁ ein weibischer Mensch. θηλυκὸς ἡ ὸν femininus.

τιθασὸς od. τιθασσὸς ὁ ἡ zahm, sonst ἥμερος ερα (od. ερίς) ερον: ἡμερότης ἡ Zahmheit, Sanftheit. ἀνήμερος, ἀτίθασος wild, unbändig. τιθασεύω u. τιθασσεύω od. ἡμερόω ich zähme: τιθασσευτὴς οῦ ὁ, poet. τιθασεύτωρ u. τιθασευτὴρ, der Bezähmer: τιθασεία od. ἡμέρωσις ἡ Zähmung: τιθασευτὸς gezähmt, zu zähmen, ἀτιθάσευτος ὁ ἡ wild, unbezähmbar.

θοίνη ἡ Speise, Mahlzeit, Gastmahl. θοινάομαι ich esse, schmause: καταθοινάομαι ich schmause auf, verzehre. θοινατὴρ od. θοινάτωρ ὁ der einen Schmaus giebt. θοινητικὸς ἡ ὸν od. θοινατήριος zum Schmause gehörig.

Θὴρ ηρὸς ὁ u. θηρίον τὸ Thier, Wild, fera (von dem Aeol. φήρ). θήρειος ὁ ἡ ferinus, vom Wilde, von einem Thiere: θήρειοι κρέα Wildpret. θηριότης ἡ thierisches Wesen, Wildheit. θηριακὸς von wilden Thieren gemacht; davon handelnd. θηριώδης ὁ ἡ thierisch, wild (auch θηριοπρεπής); voll von wilden Thieren. θηριόω ich mache wild, lasse verwildern; pass. voll Würmer werden.

θηρίβρωτος u. θηριόβρωτος (βιβρώσκω) von wilden Thieren gefressen.

θηριμάχης od. θηριομάχος (μάχη) mit wilden Thieren kämpfend: θηριομαχία ἡ Thierhetze.

θήρα ἡ Jagd; Fang, auch θήραμα od. θήρευμα ατος τὸ von θηράω od. θηρεύω ich jage.

θηρατὴς ου ὁ (poet. θηρητὴρ u. θηρήτωρ ὁ, θηρήτειρα ἡ) od. θηρευτὴς, θηρευτὴρ Jäger. θηρατικὸς od. θηρευτικὸς ἡ ὸν zur Jagd gehörig od. geschickt. θηρατὸς od. θηρευτὸς ἡ ὸν, auch θηράσιμος od. θηρεύσιμος, zu jagen, zu fangen: ἀθήρατος od. ἀθήρευτος nicht zu fangen. δυσθήρευτος schwer zu jagen.

θήρατρον τὸ Werkzeug zum Fang, Netz, Garn.

σύνθηρος ὁ ἡ Jagdgefährte.

Θάομαι (nur im Aor. θησαίατο übrig) ich staune an.

τέθηπα ich bin erstaunt, ταφὼν in Erstaunen gerathen.

τάφος u. θάμβος τὸ das Staunen: ἄθαμβος od. ἀθαμβὴς ὁ ἡ unerstaunt, unerschrocken, adv. ἀθαμβεί, subst. ἀθαμβία ἡ. θαμβέω u. ἐκθαμβέω ich staune, erschrecke: καταθαμβέω ich staune an, scheue. θαμβητὸς ἡ όν angestaunt, gefürchtet: θάμβημα τὸ Schrecknis.

θαῦμα ατος τὸ (Jon. θῶυμα) wunderbarer Anblick, Wunder, pl. auch Taschenspielereien, Blendwerk, dah. θαυματουργὸς od. θαυματοποιὸς ὁ Gaukler.

θαυμάζω f. άσω ich bewundre τι, wundre mich über etwas τινός.

θαυμαστὴς ὁ Bewunderer, θαυμαστὸς ἡ ὸν od. θαυμάσιος ια ιον bewundernswerth, wunderbar: θαυμαστόω ich mache wunderbar.

θεάομαι (Jon. θηέομαι) ich sehe, betrachte, schaue zu. παραθεάομαι ich betrachte daneben, vergleiche.

θέαμα ατος τὸ Schauspiel. θεατὴς οῦ ὁ, θεάτρια ἡ (poet. θεατὴρ ὁ od. θεάμων ὁ ἡ) Zuschauer. θεατὸς ἡ ὸν sichtbar, sehenswerth (auch ἀξιοθέατος): ἀθέατος unsichtbar, nichtsehend.

θέατρον τὸ (dem. θεατρίδιον) Schauplatz; Schauspielhaus, einen halben Zirkel bildend, wie das (mehr zu athletischen als dramatischen Spielen gebrauchte) ἀμφιθέατρον τὸ einen ganzen. θεατρίζω ich bin auf dem Theater od. bringe auf das Theater: θεατριστὴς ὁ Schauspieler. θεατρομανέω ich rase für das Theater, bin unsinnig eingenommen dafür.

θέα ἡ Anschauen; Anblick, Schauspiel; ein Platz im Theater.

θεωρὸς ὁ Zuschauer, bs. der von der Stadt zum Besuch der Kampfspiele in Olympia rc. abgeordnete. θεωρία ἡ eine solche Deputation; das Betrachten, Untersuchen; die Beschauung, die Theorie od. Speculation, der Ausübung oder Praxis entgegengesetzt.

θεωρέω f. ήσω ich schaue an, betrachte; ich untersuche. θεώρημα ατος τὸ das Angeschaute, das Schauspiel; der durch Betrachtung gefundene Satz, Grundsatz, Lehrsatz. θεωρητὸς sichtbar, durch

Betrachtung zu erkennen. θεωρητικὸς ἡ ὸν betrachtend; theoretisch. θεωρητήριον τὸ Platz zum Zusehn.

θεωρικὸν τὸ Geld um die Plätze im Theater zu bezahlen.

Θὼψ ωπὸς ὁ Schmeichler, θωπικὸς ἡ ὸν schmeichlerisch, θωπεύω ich schmeichle, θωπεία ἡ u. θώπευμα τὸ Schmeichelei.

Θαμά u. θαμάκις oft hintereinander, häufig, auch θαμινὰ von θαμινὸς ἡ ὸν frequens. Dass. θαμὴς u. θαμειὸς ὰ όν.

θαμίζω f. ίσω ich gehe häufig wohin, frequento.

θάμνος ὁ (dem. θαμνίσκος ὁ und θαμνίον τὸ) Dickicht, Gebüsch; Strauch. θαμνίτης od. θαμνοειδὴς strauchartig.

Θείνω ich schlage.

Ἔπεφνον u. κατέπεφνον ich tödtete (poet.): βροτοφόντης ὁ der Sterbliche tödtet.

φόνος ὁ Mord: ἀντίφονος ὁ ἡ gegenmordend, Mord büßend. φονικὸς ἡ ὸν zum Mord gehörig od. geneigt. ὀσμὴ φονώδης Geruch nach Blut. φόνιος ία ιον mörderisch, blutig. φονόω ich beflecke mit Mord, φονάω mich verlangt nach Mord. φονεὺς έως ὁ Mörder, φονεύτρια ἡ Mörderin. φονεύω ich morde, φόνευμα τὸ das Ermordete, der Leichnam.

φοινὸς u. δαφοινὸς, auch φοίνιος u. φοινήεις, blutroth. φοινίσσω f. ξω ich mache blutroth.

Θνήσκω f. θανοῦμαι, aor. ἔθανον, pf. τέθνηκα, f. exact. τεθνήξομαι, ich sterbe, gew. ἀποθνήσκω.

ἐναποθνήσκω ich sterbe darin, συναποθνήσκω ich sterbe mit, προαποθνήσκω vor, ἐπαποθνήσκω nach, ὑπεραποθνήσκω für.

θάνατος ὁ Tod. θανατικὸς ἡ ὸν zum Tode gehörig, den Tod betreffend. θανάσιμος und θανατηφόρος ὁ ἡ tödtlich, todbringend. θανατάω u. θανατιάω ich wünsche zu sterben. θανατόω ich tödte, θανάτωσις ἡ das Tödten; Todesurtheil. θνητὸς ἡ ὸν sterblich, ἀθάνατος ὁ ἡ unsterblich, ἀθανασία ἡ Unsterblichkeit. δυσθάνατος schwer od. unglücklich sterbend: δυσθανατέω ich habe einen schweren Tod, εὐθανατέω ich habe einen leichten od. rühmlichen Tod, eine εὐθανασία ἡ.

κρέα θνησείδια od. θνησιμαῖα Fleisch von todtem Vieh; sonst auch κενέβρια od. κενέβρεια u. νεκριμαῖα, von νεκρὸς ὰ όν todt, als Subst. νεκρὸς ὁ Leiche, was auch νέκυς υος ὁ (νεκρόω u. ἀπονεκρόω ich ertödte, mache absterben: νεκρώδης todtenhaft, leichenhaft: νεκυία ἡ Todtenopfer wobei die Todten hervorgerufen und befragt werden, νεκρόμαντις od. νεκυόμαντις εως ὁ Todtenbeschwörer, νεκρομαντεῖον od. νεκυομαντεῖον τὸ Ort solcher Beschwörung: νεκροκαύστης ὁ der die Todten verbrennt, νεκρορύκτης der sie ausgräbt), verwandt mit νάρκη ἡ Erstarrung, Betäubung, (auch der Fisch torpedo der berührt sie hervorbringt), ναρκάω ich bin starr, ναρκόω ich mache starr, ναρκώδης ὁ ἡ erstarrt, ναρκωτικὸς ἡ ὸν betäubend.

Θέλγω f. ξω ich streichle; bezaubere, besänftige, verblende.

θελκτικὸς u. θελκτήριος ὁ ἡ bezaubernd, lindernd. θελκτήριον u. θέλγητρον od. θέλκτρον, auch θέλγμα, τὸ Zaubermittel. θελκτὴρ ὁ Beschwichtiger, Linderer.

Τίθημι f. θήσω ich setze, stelle, lege. Als Perf. Pass. dient auch κεῖμαι.

θέσις ἡ das Setzen, Stellen, Niederlegen; der Satz, Proposition: ὁ κατὰ θέσιν πατὴρ Vater durch Adoption. θετὸς ἡ ὸν gesetzt, festgesetzt; υἱὸς angenommener, adoptirter Sohn.

ἄθετος ὁ ἡ abgestellt, verworfen: ἀθετέω ich schaffe ab, verwerfe, ἀθέτησις ἡ Verwerfung. εὔθετος ὁ ἡ wohlgestellt, geordnet, bequem zu etwas: εὐθετέω ich bin in Ordnung, ich setze in Ordnung, was auch εὐθετίζω und εὐθημονέω von εὐθήμων ὁ ἡ der Ordnung liebt oder gut geordnet ist: εὐθημοσύνη ἡ gute Ordnung.

θετικὸς ἡ ὸν setzend, bestimmend; positiv; zu Sätzen gehörig, daraus bestehend. θέτης ου ὁ der etwas setzt, festsetzt; versetzt od. verpfändet.

θέμα ατος τὸ das Gesetzte, Aufgestellte, Niedergelegte; der Satz; der Einsatz. θήκη ἡ Behältniß etwas hineinzustellen od. zu legen.

ἀνατίθημι ich stelle, hänge, lege auf; ich weihe, widme; ich lege bei, schreibe zu; ich setze wieder anders, versetze; ich schiebe auf. ἀνάθημα ατος τὸ das Aufgestellte, Gewidmete, Tempelgeschenk, Geschenk zum Andenken, Zierde. ἀνάθεμα τὸ (bei Kirchenvätern) ein öffentlich zur Schau gestellter, Verfluchter: ἀναθεματίζω ich verfluche, belege mit dem Kirchenbann.

ἀντιτίθημι ich setze oder stelle dagegen od. entgegen; vergleiche. ἀντίθεσις ἡ Gegensatz, ἀντίθετος ὁ ἡ entgegengesetzt.

ὑποτίθημι ich lege ab, weg; lege beiseite, hebe auf. ὑπόθεσις ἡ das Aussetzen, z. B. der Kinder; das Aufbewahren. ἀποθέσιμος ὁ ἡ zum Beilegen, Aufbewahren. ἀποθήκη ἡ Aufbewahrungsort, Niederlage.

διατίθημι ich disponire, setze aus einander; ordne, ordne an; verwalte; behandle. διάθεσις ἡ das Ordnen, Anordnen; die Disposition; Zustand, Stimmung. διαθήκη ἡ Disposition, Testament.

εἰστίθημι od. ἐντίθημι ich setze, stelle, stecke hinein. ἔνθεσις ἡ der Bissen: ἔνθεμα τὸ Pfropfreis, ἐνθεματίζω ich pfropfe, ἐνθεματισμὸς ὁ das Pfropfen. ἐκτίθημι ich setze aus.

ἐπιτίθημι ich setze od. lege auf; gebe Auftrag; setze hinzu; med. ich unternehme, fange an; ich greife feindlich an (τινί), stelle nach.

ἐπίθεσις ἡ das Auflegen, =stellen; Unternehmen, Angriff; Nachstellung, Betrug.

ἐπιθετικὸς ἡ ὸν geschickt zum Angreifen, Nachstellen.

ἐπίθετος ὁ ἡ zugesetzt; künstlich, geziert; hinzugedichtet, fremd.

ἐπίθημα od. ἐπίθεμα τὸ Deckel, sonst πῶμα τὸ, wovon πωμάζω u. πωμαίνω. auch ἐπιπωματίζω u. περιπωμάζω, was ἐπιθηματόω. ich verschließe mit einem Deckel.

κατατίθημι ich stelle, setze, lege nieder; ich erlege, bezahle.

παρακατατίθημι ich lege bei einem nieder, vertraue an. παρακαταθήκη ἡ das Depositum.

συγκατατίθεμαι ich stimme ein, trete bei, auch προστίθεμαι. συγκατάθεσις ἡ Zustimmung; Beifall: συγκαταθετικὸς beifällig.

μετατίθημι ich versetze, lege um, verändere. μετάθεσις ἡ Versetzung, Vertauschung, Aenderung. ἀμετάθετος ὁ ἡ unveränderlich.

παρατίθημι ich setze, stelle dazu od daneben; vergleiche; ich setze vor, proponire; hebe auf, lege beiseit.

παράθεσις ἡ das Danebenstellen, die Vergleichung; das Aufbewahren.

παραθήκη ἡ Zusatz, Zulage; Depositum, Pfand.

περιτίθημι ich setze, lege herum; ziehe an, thue um. περίθεσις ἡ das Umthun, Anlegen, Anziehn. περιθέσιμος ὁ ἡ zum Umthun, zum Anlegen.

προτίθημι ich setze, stelle, lege vor, setze aus; mache bekannt; trage vor; ich ziehe vor. πρόθεσις ἡ Vorstellung; Vorsatz, Entschluß; aufgestellter Satz; Ankündigung.

προστίθημι ich setze, lege, füge dazu od. daran (θύραν ich mache die Thür zu); beilegen, zuschreiben; einem etwas beibringen.

πρόσθετος ὁ ἡ zugesetzt; durch Kunst zugefügt, falsch; zugesprochen als Eigenthum. προσθήκη ἡ Zusatz, Anhang, Zugabe.

συντίθημι ich setze, stelle mit od. zugleich; ich setze, stelle, lege zusammen; ich verfertige (compono): ich bringe zu Stande; med. ich verabrede mich mit jemand, schließe einen Vertrag τινί u. πρός τινά): ich stimme bei (τινί). σύνθεσις ἡ das Zusammenfügen od. -stellen; Composition; Vertrag. σύνθετος ὁ ἡ zusammengesetzt. συνθετικὸς zum Zusammenstellen u. Ordnen geschickt, dazu gehörig. σύνθημα τὸ das Verabredete, Parole, Zeichen; Vertrag, auch συνθεσία u. συνθήκη ἡ.

ὑπερτίθημι ich setze darüber; ich übertrage, vertraue an; ich erhebe, ziehe vor; med. ich verschiebe; ich übertreffe. ἀνυπερθέτως ohne Aufschub, unverzüglich.

ὑποτίθημι ich setze, lege unter; gebe zum Pfande; gebe an die Hand, zeige, verschaffe; ich lege zu Grunde, setze voraus. ὑπόθεσις ἡ das Untersetzen od. Legen; Grund, Basis; Voraussetzung, fingirter Fall; Rath; Argument, Inhalt. ὑποθετικὸς bedingt; angenommen; anrathend. ὑποθήκη ἡ Unterpfand; Rath, Lehre, poet. auch ὑποθημοσύνη ἡ.

θεσμὸς ὁ Satzung, Gesetz; Sitte. θέσμιος ία ιον u. ἔνθεσμος ὁ ἡ gesetzmäßig: ἄθεσμος gesetzlos; ungesetzmäßig.

θεσμοθέτης ἡ Gesetzgeber: θεσμοθετέω ich gebe Gesetze. θεσμοφόρος ὁ ἡ Gesetze bringend (φέρω), Beiname der Demeter, weil sie durch den Feldbau zur bürgerlichen Gesellschaft u. Gesetzen Veranlassung gegeben; ihr Fest θεσμοφόρια τά. Dies feiern θεσμοφοριάζειν.

θέμις ιδος od. ιτος, Dor. ιστος, ἡ Satzung, Brauch. θεμιστὸς u. θεμιτὸς ἡ ὸν gesetzmäßig, gerecht: ἀθέμιστος ὁ ἡ gesetzlos, gesetzwidrig. θεμιστεύω ich gebe Gesetze; spreche Recht, gebe Bescheid (auch vom Orakel). θεμίστιος Ζεύς der Beschützer des Rechts. θεμιστοπόλος od. θεμιστοῦχος poet. Richter.

θεμέλιον τὸ u. θεμέλιος ὁ (poet. auch θέμηλον, θέμεθλον, θέλυμνον τὸ) Grundlage, Grund: θεμελιόθεν von Grund aus; als Adj. προθέλυμνος ὁ ἡ. θεμελιόω f. ώσω ich lege den Grund, gründe: ἀποθεμελιόω ich zerstöre von Grund aus: θεμελίωσις ἡ Gründung, θεμελιωτὴς ὁ Gründer.

θεμερὸς ἡ ὸν gesetzt, ernsthaft, ehrwürdig. θεμερύνομαι ich erweise mich so. θεμερόφρων ὁ ἡ von solchem Sinn, wie θεμερῶπις ἡ von solchem Ansehn.

θησαυρὸς ὁ das Beigelegte, der Vorrath, der Schatz (mit einem Persischen Worte γάζα ἡ); die Schatzkammer, auch θησαυροφυλάκιον od. γαζοφυλάκιον, wie θησαυροφύλαξ od. γαζοφύλαξ ακος ὁ Schatzbewahrer. θησαυρίζω u. ἀποθησαυρίζω ich lege bei, bewahre auf.

θημὼν ῶνος ὁ, auch θημονία ἡ u. θωμὸς ὁ, der Haufe: gew. σωρὸς ὁ, wov. σωρηδὸν haufenweise, σωρείτης od. σωρίτης einem Haufen ähnlich, σωρεύω ich häufe auf, σώρευσις od. σωρεία ἡ Aufhäufung, σωρευτὸς ἡ ὸν aufgehäuft. Sandhaufe, Dünen, Gestade θὶς od. θὶν ινὸς ὁ u. ἡ: θινώδης sandig, θινόω u. ἀποθινόω ich versande.

θὴς ητὸς ὁ, θῆσσα ἡ Lohnarbeiter (zu Athen die vierte und unterste Bürgerklasse, von öffentlichen Aemtern ausgeschlossen): sonst χερνὴς ῆτος od. χερνήτης ου ὁ, χερνῆτις ἡ, u. ἔριθος ου ὁ ἡ. Diener für Lohn λάτρις ιος ὁ ἡ: λάτρον τὸ Dienstlohn, λατρεύω ich diene, λατρεία ἡ Zustand od. Stand des λάτρις. θητικὸς od. χερνητικὸς ἡ ὸν zum Tagelöhner gehörig, ihm anständig od. eigen. θητεύω od. ἐριθεύομαι ich arbeite

beite od. diene um Lohn: ἐξεργοθεύομαι ich gewinne durch schlechte Künste, durch ambitus: ἀνεργόθευτος ὁ ἡ unverkauft, unbestochen. Lohn μισθὸς ὁ (dem. μισθάριον τὸ); auch Miethe, Sold.

μισθόω od. ἀπομισθόω ich vermiethe, verdinge um Lohn: μισθοῦμαι ich miethe, nehme in Lohn od. Sold. μίσθωσις ἡ Miethung, Vermiethung: μίσθωμα (dem. μισθωμάτιον) τὸ das Bedungene, das Gemiethete. μισθωτὸς ἡ ὸν gemiethet, Miethling; auch μίσθιος, μισθάρνης, μισθοφόρος, ἔμμισθος, ὑπόμισθος: μισθαρνέω od. μισθοφορέω ich diene für Lohn, nehme Sold. ἄμισθος ohne Lohn: ἀμισθί umsonst: ἀπόμισθος außer Lohn, entlassen, emeritus

Θολὸς (Att. ὀλὸς) ὁ Schmutz, Unreinigkeit des trüben Wassers; Saft des Dintenfisches sepia. Θολερὸς ὰ ὸν trübe, dunkel: auch θολώδης ὁ ἡ.

θολόω, ἀναθολόω, διαθολόω, ἐπιθολόω ich trübe, verdunkele.

Θρέομαι ich erhebe Lärm, Geschrei, Klagegeschrei.

θρόος od. θροῦς ὁ Lärm, Geräusch, lautes Rufen od. Reden; Gerede, Gerücht θροέω ich lärme, schreie: διαθροέω ich sprenge aus (als Gerücht).

θρῆνος ὁ lautes Klagen, Weinen. θρηνώδης ὁ ἡ klagend; kläglich. θρηνέω ich klage, beklage, beweine: ἐπιθρηνέω, συνθρηνέω ich klage über, mit: θρήνημα τὸ das Geklage, θρηνητὴς od. -ὴρ ὁ der da klagt (fem. θρηνήτρια), θρηνητικὸς ἡ ὸν zum Klagen gehörig od. geneigt.

θρηνῳδὸς ὁ ἡ (ᾠδη) Klagelieder singend, θρηνῳδέω ich singe Klagelieder, θρηνῳδία ἡ solches Singen.

θρῦλος ὁ Gemurmel, Gerede, Gerücht. θρυλέω f. ήσω ich rede häufig von etwas τι, verbreite ein Gerücht, auch διαθρυλέω: θρύλημα τὸ Gegenstand des Geredes. πολυθρύλητος ὁ ἡ vielbesprochen.

θρῆσκος ὁ ἡ gottesfürchtig, religiös; abergläubisch. θρησκεύω f. εύσω ich verehre gottesdienstlich, bete an, halte heilig: θρησκεία ἡ Gottesdienst, Gottesverehrung; religiöse Ceremonie: θρησκευτήριον τὸ Ort dazu, θρησκευτὴς ὁ gottesfürchtiger Verehrer.

Θρίαμβος ὁ Loblied auf den Dionysos bei der Procession an seinen Festen; bei den Römern der Triumph. θριαμβικὸς ἡ ὸν zum Triumph gehörig. θριαμβεύω ich triumphire; ich führe einen im Triumph auf. θριαμβευτὴς ὁ triumphator. θριαμβὶς στολὴ Kleid desselben.

Θρὶξ τριχὸς ἡ das Haar: coma κόμη (poet. auch ἔθειρα) ἡ: das lose fliegende χαίτη ἡ. Zotte od. Flechte von Wolle, Zopf von Haar μαλλὸς ὁ (dem. μαλλίον τὸ u. μάλλυξ).

τρίχινος ίνη ινον von Haaren. τριχώδης ὁ ἡ haaricht, voll Haare. χαιτήεις εσσα εν mit langem Haar, bemähnt.

τριχόω ich versehe mit Haaren: τρίχωσις εως ἡ das haarig machen od. sein, μάλλωσις das Bedecken od. Besetzen mit Wolle: τρίχωμα od. χαίτωμα ατος τὸ Behaarung, Haarwuchs: τριχωτὸς behaart, μαλλωτὸς od. μαλλοφόρος mit langer Wolle. κομάω ich trage langes Haar, lasse das Haar wachsen: κομήτης ὁ der langes Haar trägt; Haarstern, Komet. εὔκομος (poet. ἠΰκομος) u. εὐκόμης ὁ ἡ mit schönem Haar.

ἀναχαιτίζω ich sträube die Mähne, werfe den Reiter ab.

ἀμφίμαλλος auf beiden Seiten wollig.

Θύρα ἡ (poet. auch θύρετρον τὸ, dem. θύριον u. θυρίδιον τὸ) Thür: πύλη ἡ (poet. auch πύλος ὁ, dem. πυλὶς ἡ) Thor. θύραζε foras hinaus, θύραθεν foris draußen.

θυραῖος od. πυλαῖος αία αῖον zur Thür gehörig: draußen, abwesend, fremd. πυλαία ἡ die Versammlung der Amphiktyonen in Pylä od. Thermopylä: ein Abgeordneter dazu πυλαγόρας od. πυλάγορος.

θυρὶς ἡ Thür= od. Fensteröffnung. θυρὼν od. πυλὼν ῶνος ὁ Portal; Platz vor der Thür, Vorhof, auch πρόθυρον u. πρόπυλον od. προπύλαιον τὸ.

θυρόω od. πυλόω ich versehe mit einer Thüre, verschließe. θύρωμα τὸ das Verthüren, Versperren; die Thür; Bretterwerk; Gerüst, Stockwerk. ἀθύρωτος od. ἄθυρος ὁ ἡ ohne Thür, unverschlossen. ὑπέρθυρον u. ὑπερθύριον τὸ die Oberschwelle, ὑπόθυρον τὸ u. ὑποθυρὶς ἡ die Unterschwelle. Thürpfosten bei Homer φλιαὶ αἱ.

θυραυλέω (αὐλὴ) ich lebe außer dem Hause, im Freien. θυραυλία ἡ das Leben im Freien.

θυρωρὸς od. πυλωρὸς ὁ Thürhüter; poet. auch πυλάρτης.

Θύω f. θύσω ich brause od fahre daher, tobe, rase, auch θύνω od. θυνέω u. ἰθύω poet.; ich zünde Räucherwerk an, ich opfere; med. ich lasse opfern.

θύος εος τὸ Räucherwerk, thus; Opfer, auch θῦμα u. θύωμα od. θύημα τὸ, θυηλὴ ἡ, θυήλημα τὸ. θυήεις od. θυόεις εσσα εν u. θυώδης ὁ ἡ wohlriechend. θυόω ich durchräuchere, mache wohlriechend. θυητὸς ἡ ὸν geräuchert. θυητὴς ὁ Opferer, auch θυτὴς od. θυτήρ: Opferpriester θυηπόλος od. θυοσκόος ὁ (poet.): Weissager aus dem Opfer θυοσκόπος ὁ.

θυσία ἡ das Opfern, das Opfer: πρόθυμα τὸ Voropfer. θυσιάζω ich opfere, θυσιαστήριον τὸ Altar. θύσιμος ὁ ἡ zum Opfer geschickt od. üblich.

θυτικὸς ἡ ὸν zum Opfer od. Opferer gehörig: ἄθυτος ungeopfert; der nicht geopfert hat.

θυμέλη ἡ Ort zum Opfern; auf dem Athenischen Theater eine Erhöhung in der ὀρχήστρα, von wo aus der Chorführer den Chor dirigirte. θυμελικὸς ἡ ὸν zum Chor gehörig.

θυμιάω u. θυμιάζω f. άσω ich räuchere. θυμίαμα ατος τὸ das Räucherwerk, θυμιατήριον τὸ das Rauchfaß. ἀναθυμιάω u ἀποθυμιάω ich dampfe aus, dünste aus: ἐπιθυμιάω ich räuchere dabei, darauf.

θεῖον τὸ Schwefel, θειώδης ὁ ἡ schweflicht, θειόω ich schwefele.

θύελλα ἡ Sturmwind, auch λαῖλαψ απος ἡ. θυελλήεις εσσα εν u. θυελλώδης od. λαιλαπώδης ὁ ἡ stürmisch. θυελλόπους οδος sturmfüßig.

θυμὸς ὁ Herz, Seele als Sitz der Begierden u. Leidenschaften; Zorn, Muth. (θύμος ὁ Thymian: ἅλες θυμῖται Salz mit Thümian abgerieben.)

ἄθυμος ὁ ἡ muthlos, ἀθυμία ἡ Muthlosigkeit, ἀθυμέω ich bin muthlos.

ὑπόθυμος ὁ ἡ unlustig; abgeneigt. ἀποθύμιος verhaßt: καταθύμιος nach dem Sinn, angenehm.

δύσθυμος ὁ ἡ mißmüthig, δυσθυμία ἡ Mißmuth, δυσθυμέω ich bin mißmüthig: entggs. εὔθυμος, εὐθυμία, εὐθυμέω.

ἔκθυμος ὁ ἡ muthig, heftig, leidenschaftlich.

ἐνθύμιος ὁ ἡ am Herzen od. in Gedanken liegend: ἐνθύμιον ποιοῦμαι od. ἐνθυμέομαι ich nehme zu Herzen, überlege, erwäge. ἐνθύμησις ἡ Ueberlegung, Erwägung. ἐνθύμημα τὸ Gedanke, Reflexion; eine Art Schluß.

ἐπιθυμία ἡ Begierde, Verlangen. ἐπιθυμέω ich begehre, verlange τινός: ἐπιθυμητὴς οῦ ὁ, ἐπιθυμήτειρα ἡ, begehrend, Liebhaber: ἐπιθύμημα τὸ das Begehrte.

πρόθυμος ὁ ἡ geneigt, willig, bereit. προθυμέομαι ich bin willig u. bereit; betreibe eifrig. προθυμία ἡ guter Muth; Willigkeit. ὑπέρθυμος ὁ ἡ zu muthig, übermüthig, περίθυμος ὁ ἡ sehr zornig.

θυμικὸς ἡ ὸν u. θυμώδης ὁ ἡ zornig, muthig.

θυμόω ich mache zornig, θυμαίνω ich bin zornig.

θυμάρης od. θυμήρης (ἄρω), θυμήδης (ἡδύς) ὁ ἡ herzerfreuend.

θυμόσοφος ὁ ἡ von Natur klug od. weise. θυμοφθόρος ὁ ἡ den Muth niederschlagend, herzkränkend: auch θυμοβόρος.

ἰθὺς ύος ἡ das Andringen, Verlangen, Begehren, Unternehmen, pros. ὁρμή. ἰθὺς, pros εὐθὺς, εῖα ὺ, gerade: krumm σκολιὸς ὰ όν. Adv εὐθέως (auch εὐθὺς u. εὐθὺ) grade gegenüber, sogleich. εὐθύτης ἡ gerade Richtung, Geradheit: krumme Richtung σκολιότης. εὐθύνω ich mache gerade, führe gerade, lenke, prüfe, richte: ich mache krumm σκολιόω. εὔθυνος ὁ (poet. εὐθυντὴρ, ἰθυντὴρ ὁ. ἰθύντειρα ἡ) Prüfer, Richter, der Rechenschaft (εὐθύνας τὰς) abnimmt.

εὐθύῤῥιν ὁ ἡ mit grader Nase. εὐθυπόρος den geraden Weg gehend, σκολιοπόρος krumme Wege gehend.

εὐθύθριξ ὁ ἡ mit schlichtem Haar (auch τετανόθριξ), σκολιόθριξ mit krausem (was gew. οὐλόθριξ, οὐλοκόμης, οὖλος).

θυεία ἡ (dem. θυΐς ἡ u. θυείδιον τὸ) Mörser: sonst ὅλμος (dem. ὀλμίσκος) ὁ u. ἴγδη ἡ (dem. ἰγδὶς) ἡ, wov. ἰγδίζω ich reibe im Mörser. Mörserkeule θυΐστης ὁ, gew. ἀλετρίβανος ὁ, ὕπερον τὸ. δοῖδυξ υκος ὁ: ἀναδοιδυκίζω ich rühre auf, διαδοιδυκίζω ich bewege hin u. her. θυεστὸς ὁ Trank aus gestoßenem Gewürz.

τύφω f. θύψω ich brenne, verbrenne, brenne an: ὑποτύφομαι ich glimme.

τύφος ὁ Rauch, Dampf; Dünkel, Stolz; bei den Aerzten Sinnlosigkeit, Gefühllosigkeit, auch eine besondere Krankheit, Nervenfieber.

ἄτυφος ὁ ἡ ohne Stolz, bescheiden: ἀτυφία ἡ Dünkellosigkeit. ὑπότυφος etwas stolz.

τυφώδης ὁ ἡ betäubt, stupid. τυφόω ich räuchere; ich benebele, mache stolz, thöricht, stupid.

τυφὼν ῶνος, auch τυφὼς ῶ u. τυφωεὺς, ὁ Wirbelwind: τυφωνικὸς zum Typhon gehörig.

θυμάλωψ ωπος ὁ Feuerbrand, schwelende Kohle.

τυφεδὼν όνος ἡ das Anbrennen, Anzünden, Entzünden.

τύμβος od. τύφος ὁ, die Stelle wo ein Todter verbrannt wird, bustum, Grab, Grabhügel: auch ἠρίον τὸ, wov. κενήριον was κενοτάφιον, leeres Grab, Grabmal ohne Leiche.

τυμβογέρων οντος ὁ Greis der auf der Grube wandelt.

τυμβωρύχος ὁ der Gräber aufgräbt u. plündert.

θάπτω f. ψω od. τυμβεύω ich begrabe, bestatte: τύμβευμα τὸ die zu bestattende Leiche: ταφὴ od. τυμβεία ἡ Bestattung. τυμβήρης ὁ ἡ bestattet, ἄταφος od. ἄθαπτος unbestattet. τυμβίτης ὁ u. τυμβίδιος ια ιον zum Grabe gehörig, ἐπιτύμβιος u. ἐπιτυμβίδιος ὁ ἡ auf dem Grabe: ἐπιτάφιος λόγος Rede am Grabe, Leichenrede. ἐντάφιον τὸ Sterbekleid, ἐνταφιάζω ich kleide den Todten an, bestatte ihn.

τάφρος ἡ der Graben. ταφρεύω ich ziehe einen Graben, διαταφρεύω ich trenne durch einen Graben, περιταφρεύω od. ἀποταφρεύω ich befestige durch einen Graben umher.

τέφρα ἡ Asche, auch σποδὸς ἡ: σποδιὰ ἡ Aschenhaufen. τεφραῖος od. τεφρὸς ὰ ὸν u. σποδιαῖος od. σπόδιος α ον aschfarbig. τεφρώδης od. σποδοειδὴς ὁ ἡ aschicht. ἄρτος σποδίτης Brot in der Asche gebacken. τεφρόω u. σποδόω ich brenne zu Asche, brate in der glühenden Asche: τεφρίζω u. σποδίζω ich sehe aus wie Asche.

θυάω ich bin in der Brunst, subo: ἀναθυάω ich bin es wieder.

θυάζω ich rase, ich feire das Fest des Bakchos. θυὰς άδος ἡ eine Rasende, die Bakchantin. θύρσος ὁ der mit Epheu (κισσὸς ὁ) und Weinlaub umwundene Stab, den die Bakchanten trugen, auch θύσθλον τὸ poet. θυρσοτινάκτης, θυρσοφόρος Schwinger, Träger des Thyrsus.

αἰθύσσω f. ξω ich schüttele, bewege, fache an. αἰθυκτὴρ ὁ der stürmende, heftig bewegte. αἴθυγμα τὸ Zunder, Funke; Schimmer eines bewegten Körpers.

θύσανος ὁ Troddel, Franze, Bommel. θυσανόεις εσσα εν damit besetzt, auch θυσανωτὸς ἡ ὸν u. θυσανώδης ὁ ἡ.

ἀθύρω u. ἀθυρεύομαι ich spiele. ἄθυρμα, dem. ἀθυρμάτιον, τὸ Spielzeug, Spiel.

Θόρνυμι od. θρώσκω, aor. ἔθορον, ich springe; bespringe.

ἀναθρώσκω ich springe in die Höhe, ὑποθρώσκω u. καταθρώσκω ich springe herab - herunter, ἐκ - ἐν - ἐπι - προ-θρώσκω ich springe heraus - hinein - hinauf - hervor.

θορὸς ὁ u. θορὴ ἡ Same. θορόεις εσσα εν samenartig, im Keime.

θορικὸς πόρος Samengang.

θοῦρος ὁ, θούριος ία ιον, θουρὶς ίδος ἡ anstürmend, ungestüm.

θρωσμὸς ὁ Anhöhe (poet.)

Θώραξ ακος ὁ Rumpf; Rüstung des Rumpfs, Harnisch.

θωράκιον u. θωρακεῖον τὸ Schutzwehr, Schutzdach; Gerüst auf dem Rücken des Elephanten.

θωρακίζω f. ίσω, poet. θωρήσσω f. ξω, ich bepanzere, bewaffne: θωρακισμὸς ὁ od. θώρηξις ἡ Bepanzerung.

θωρηκτὴς, prosf. θωρακίτης od. θωρακοφόρος, ὁ ein bepanzerter, ἀθωράκιστος ὁ ἡ unbepanzert; wehrlos.

I.

Ἰή, ἰού, ἰώ Ausrufe der Freude od. des Schmerzes. ἰύζω ich jauchze, schreie: ἰυγμὸς ὁ u. ἰυγὴ ἡ das Jauchzen: ἰυκτὴς od. ἰυκτὴρ ὁ Schreier, Lärmer. ἰωὴ ἡ Geschrei, lauter Ton, Stimme: auch ἰά od. Ion. ἰή.

ἰάχω u. ἰαχέω ich rufe, schreie. ἴακχος ὁ Jubelgeschrei am Bakchosfest; Bakchos selbst: ἰακχάζω ich erhebe ein Jubelgeschrei.

ἰάλεμος ὁ Klagelied: ἰαλεμίζω ich beklage, bejammere: ἰαλεμίστρια ἡ Klageweib.

Ἴαμβος ὁ Versfuß aus einer kurzen u. einer langen Sylbe; Gedicht in dergleichen Metrum, bs. Spottgedicht. ἰαμβίζω ich verspotte.

Ἰαίνω ich erwärme, ich erfreue.

ἰάομαι ich heile, kurire. ἐξιάομαι ich heile aus, heile völlig.

ἴασις εως ἡ Heilung, Kur: ἴαμα τος τὸ Heilmittel. ἰάσιμος ὁ ἡ heilbar; heilend. ἰατὸς ἡ ὸν geheilt, ἀνίατος ὁ ἡ ungeheilt od. unheilbar. ἰατήριος ία ον od. ἰατικὸς ἡ ὸν heilend, heilsam.

ἰητὴρ ῆρος. gew. ἰατρὸς ὁ der Arzt: fem. ἰάτρια u. ἰατρίνη. ἰατρικὸς ἡ ὸν ärztlich; der Heilkunst kundig: ἰατρικὴ (sc. τέχνη) die Arzneikunde. ἰατρεύω ich bin Arzt, ich heile: ἰατρεία od. ἰάτρευσις ἡ die Heilung, Kur. ἰατρεῖον τὸ Wohnung od. Officin eines Arztes; Arztlohn, auch ἴατρον τὸ.

Ἰκμὰς άδος ἡ Feuchtigkeit, Nässe. ἰκμάζω u. ἰκμαίνω ich feuchte, nässe; löse auf, erweiche. ἰκμαλέος, auch ἴκμιος, feucht, naß. ἄνικμος ὁ ἡ trocken.

ἰχὼρ ῶρος ὁ Blutwasser (serum); Eiter, verdorbene Säfte. Poet. das Blut der Götter. ἰχωροειδὴς od. ἰχωρώδης eiterartig.

Ἴκριον, dem. ἰκρίδιον τὸ Brett, Tafel; Gerüst; aufgerichteter Balken; getäfelter Boden. ἰκριόω ich errichte von Holz.

῞Ιλαος (Att. ἵλεως) ὁ ἡ mild, gewogen, gnädig: ἀνίλεως unmild, unfreundlich. ἵλημι u. ἱλήκω ich bin ἵλαος: ἱλάομαι u. ἱλάσκομαι (auch ἐξιλάσκομαι) ich mache dazu, besänftige, versöhne.

ἱλαρὸς ὰ ὸν heiter, munter: ἱλαρότης ητος ἡ Heiterkeit, Frohsinn: ἱλαρόω od. ἐξιλαρόω u. ἱλαρύνω ich ermuntere, erfreue.

῾Ιμὰς ἄντος ὁ (dem. ἱμάντιον, ἱμαντίδιον, ἱμαντάριον τὸ) lederner Riem; Peitsche aus Riemen; Cästus. ἱμάντινος ίνη ινον aus Riemen gemacht, ἱμαντώδης riemenartig. ἱμάντωμα τὸ Verbindung durch Riemen oder Querhölzer. ἱμονιὰ ἡ Seil am Brunneneimer, auch ἱμητήριον von ἱμάω u. ἀνιμάω ich ziehe herauf, schöpfe: καθιμάω ich lasse hinunter. ἱμονιοστρόφος ὁ der das Brunnenseil dreht.

ἱμάσσω od. ἱμάζω f. άσω ich peitsche. ἱμάσθλη ἡ die Peitsche, auch μάσθλη u. μάστις ιος od. μάστιξ ῖγος ἡ: μαστίω, μαστίζω, μαστιγόω ich peitsche: μαστιγεὺς έως ὁ der peitschet, μαστιγίας verbero der die Peitsche verdient od. bekommt, μαστιγιάω mich verlangt nach der Peitsche, μάστιγμα τὸ Peitschenhieb.

῞Ιππος ὁ, dem. ἱππάριον τὸ. Pferd ἵππος ἡ Stute; Reiterei, Cavallerie, wie ἡ κάμηλος die sämmtlichen Kamele in einem Heer. Füllen πῶλος ου ὁ ἡ, dem. πωλίον u. πωλάριον τὸ.

ἄνιππος ὁ ἡ u. ἄφιππος ohne Pferd; unkundig des Reitens; wo sich nicht reiten läßt.

ἔφιππος ὁ ἡ zu Pferde sitzend: τὸ ἐφίππιον Pferdedecke.

ἱππηδὸν nach Pferdeart. ἱππώδης ὁ ἡ pferdeartig.

ἵππειος εία ειον vom Pferde, dazu gehörig; ritterlich.

ἱππικὸς ὴ ὸν zum Reiten od. zur Reiterei gehörig: ἡ ἱππικὴ (sc. τέχνη) die Reitkunst (poet. ἱπποσύνη): τὸ ἱππικὸν die Reiterei. ἀπήνη πωλικὴ Wagen mit Füllen bespannt.

ἱππὼν ῶνος ὁ Pferdestall; Poststation.

ἱππότα u. ἱππευτὴς ου, gew. ἱππεὺς έως, ὁ Reiter; Ritter. ἱππὰς άδος ἡ Ritterstand, die zweite Bürgerklasse in Athen.

ἱππεύω ich reite; ich diene als Reiter; ich bin Ritter. Ich reite auch ἱππάζομαι. πωλεύω ich reite junge Pferde. ἵππευσις u. ἱππασία ἡ das Reiten: πώλευσις das Zureiten junger Pferde.

καθιππάζομαι u. καθιππεύω ich reite gegen an, greife an od. falle ein zu Pferde; übhpt. anfallen, gegen jemand losziehn.

ἱππάσιμος ὁ ἡ zum Reiten tauglich. ἱππαστὴς οῦ ὁ der Reiter. ἱππαστὶ rittlings.

ἱππεία ἡ das Reiten; die Reitkunst; die Reiterei; die Pferdezucht, auch πωλεία u. ἱπποτροφία ἡ.

ἵππαρχος u. ἱππάρχης ὁ Anführer der Reiterei (ἀρχὴ).

ἱππηλάτης ὁ Wagenlenker; Reiter (ἐλαύνω): καμηληλάτης od. καμηλίτης ὁ Kameeltreiber od. -reiter. ἱππίατρος ὁ Pferdearzt.

ἱππόδρομος ὁ Pferderennen, Rennbahn. ἱπποκρατία ἡ Ueberlegenheit der Reiterei: ἱπποκρατέω ich bin an Reiterei überlegen, siege damit. ἱπποκόμος ὁ Pferdewärter. ἱππονόμος Pferde weidend.

῎Ιπτω f. ἴψομαι ich drücke, bedrücke, verletze.

ἶπος ὁ Last; Presse; Mausefalle. ἰπόω ich drücke, presse.

ἰπνὸς u. ἶπνος ὁ Backofen, Ofen zum Heizen der Badstube; Heerd, Rauchfang; Laterne. ἴπνιος ία ιον od. ἰπνίτης ὁ -ῖτις ἡ zum Ofen gehörig. ἰπνεύω ich dörre in od. auf dem Ofen.

῏Ις od. ἲν ἰνὸς ἡ Sehne, Senne; Kraft, Stärke, Gewalt, pros. βίᾳ. ἶφι mit Macht, gewaltiglich. ἴφιος ία ιον u. ἴφθιμος ίμη ιμον stark, tüchtig. ἰνίον τὸ das Genick.

ἰνώδης ὁ ἡ u. ἰνοειδὴς ὁ ἡ nervigt, faserig.

ἶνις ὁ ἡ Sohn, Tochter (poet.).

ἀντίβιος ὁ ἡ entgegenkämpfend: Adv. ἀντιβίην. ὑπέρβιος ὁ ἡ übermächtig, übermüthig, gewaltthätig.

βίαιος αία αιον und βίαιος ὁ ἡ. gewaltthätig; erzwungen. βιαιότης, ητος ἡ Gewaltthätigkeit.

βιάζομαι ich brauche Gewalt, thue Gewalt an, zwinge; überwältige.

βιασμὸς ὁ gewalthätige Behandlung, Nothzüchtigung. βιαστὴς ὁ der Stärke oder Gewalt anwendet. βιαστικὸς ἡ ὸν zur Gewalt geneigt, zum Zwang gemacht.

ἀποβιάζομαι ich stoße od. dränge mit Gewalt fort.

εἰσβιάζομαι ich bringe od. dränge mit Gewalt hinein. ἐκβιάζομαι ich treibe gewaltsam hinaus; ich breche heraus. ἀνεκβίαστος nicht zu zwingen, unbezwinglich.

καταβιάζομαι ich erzwinge, bezwinge. προσβιάζομαι ich zwinge zu etwas.

βιὸς οῦ ὁ Sehne am Bogen, Bogen, pros. τόξον.

Ἰχθὺς ύος ὁ, dem. ἰχθύδιον τὸ, Fisch: großer Meerfisch od. Meerthier κῆτος τό, z. B. δελφὶν ῖνος ὁ Delphin (dem. δελφινίσκος ὁ: δελφινοειδὴς delphinartig, δελφινίζω ich tauche unter wie ein Delphin), θύννος ὁ Thunfisch (dem. θυννὰς od. θυννὶς ἡ u. θύνναξ ακος ὁ: θυννώδης thunfischartig, θυννάζω ich steche den Thunfisch mit dem Dreizack, θυννοθήρας ὁ Thunfischfänger.), καρχαρίας u. κεντρίνης ὁ Haifischarten, ξιφίας ὁ Schwertfisch, φάλαινα ἡ balaena Wallfisch, φώκη ἡ Seehund.

ἰχθύα ἡ Fischhaut

ἰχθυόεις όεσσα όεν fischreich, ἰχθυώδης ὁ ἡ fischartig: ἰχθύϊνος, ἰχθυηρὸς von Fischen, zu den Fischen gehörig.

ἰχθυάω ich fische (poet.).

ἰχθυβόλος od. ἰχθυβολεύς u. ἰχθυοθήρας od. ἰχθυοθηρευτὴρ ὁ Fischer (poet.). ἰχθυοκόλλα ἡ Fischleim ἰχθυοπωλεῖον τὸ der Fischmarkt. ἰχθυοφάγος od. ἰχθυφάγος ὁ ἡ Fische essend: ἰχθυοφαγέω ich lebe von Fischen.

Ἰάων ονος, pros. Ἴων ωνος, ὁ Jonier. Ἰωνὶς ίδος u. Ἰὰς ίδος ἡ die Jonierin. Ἰωνία ἡ Jonien. ἰωνικὸς ἡ ὸν u. ἰακὸς ionisch. ἰωνίζω od. ἰάζω ich rede od. handle als ein Jonier. ἰαστὶ auf ionisch.

K.

Καθαίρω f. αρῶ ich reinige, säubere, putze; ich reinige durch Opfer, entsündige.: ich beflecke, verunreinige μιαίνω f. ανῶ u. μολύνω f. υνῶ, auch μορύσσω f. ξω.

ἀνακαθαίρω ich reinige nach oben durch Brechen; räume auf, bringe ins Reine ἀποκαθαίρω ich putze ab, wische ab. διακαθαίρω ich reinige durch und durch. ἐκκαθαίρω ich reinige völlig, fege aus. περικαθαίρω ich reinige um nnd um.

καθαρμὸς ὁ u. κάθαρσις ἡ Reinigung; Aussöhnung: μόλυνσις ἡ u. μολυσμὸς ὁ Befleckung, Verunreinigung: auch μιασμὸς ὁ u. μίανσις ἡ, aber bs. von der Befleckung mit Schuld.

κάθαρμα ατος τὸ Auskehr, Auswurf; schändlicher Mensch. μόλυμμα od. μόλυσμα τὸ Fleck, Unreinigkeit. μίασμα τὸ Schandfleck, Schuld, piaculum. μιαιφονος mit Blut befleckt, μιαιφονία ἡ Mord, μιαιφονέω ich morde.

καθάρσιος u. καθαρτήριος ὁ ἡ reinigend, sühnend: τὸ καθάρσιον Reinigungsopfer. καθάρτης ὁ der Reiniger, Versöhner; καθαρτικὸς ἡ ὸν zum Reinigen geschickt.

καθαρὸς ὰ ὸν rein; einfach; lauter: ἀκάθαρτος od. μιαρὸς ὰ όν unrein, gottlos: ἀμίαντος u. ἀμόλυντος ὁ ἡ unbefleckt: befleckt, beschmiert auch μολυχρὸς u. μόρυχος. καθαρότης ητος ἡ Reinheit, ἀκαθαρσία u. μιαρία ἡ Unreinigkeit, Verruchtheit.

καθαρεύω u. καθαριεύω ich bin rein τινὸς, von etwas.
καθαρίζω ich mache rein. καθαρισμὸς ὁ Reinigung.
καθάριος u. καθάρειος ὁ ἡ reinlich, Reinigkeit liebend.

Καὶ conj. und, auch, sogar. καὶ — καὶ sowohl — als auch. καὶ μὴν gleichwohl; nun aber. καίτοι und doch. καίπερ obgleich. κἂν (d. i. καὶ ἐὰν, u. καὶ εἰ auch wenn, wenn gleich.

Καίω, Att. κάω, f. καύσω, aor. ἔκηα, ich brenne; zünde an; verbrenne.
καῦμα τὸ auch καῦσος ὁ) Brand, Hitze; hitzig Fieber. καυματίζω u. καυσόω ich quäle durch Hitze, dörre aus. καυματηρὸς ὰ ὸν od. καυματώδης u. καυσώδης heiß.
καῦσις εως ἡ u. καυθμὸς ὁ das Verbrennen; das Brennen; der Brand.
καύσιμος ὁ ἡ brennbar, verbrennlich. καυσία ἡ ein makedonischer breiter Hut gegen die Sonnenhitze.
καυστηρὸς heiß, brennend. καυστὸς ἡ ὸν verbrannt; brennbar. καυστικὸς ἡ ὸν brennend, ätzend. καύστρα ἡ Brandstätte wo man Leichen od. andre Körper verbrennt. καύτης od. καύσιης ὁ der brennt od. verbrennt: νεκροκαύτης der Todte verbrennt. καυτὴρ ὁ u. καυτήριον τὸ Brenneisen, z. B. der Wundärzte: καυτηριάζω ich brenne damit.
ἀνακαίω ich zünde an. ἀποκαίω ich brenne ab, verbrenne, versenge.
ἐγκαίω ich brenne ein; male mit Wachsfarben: ἔγκαυμα τὸ das Eingebrannte; eingebranntes Gemälde. Diese Art der Malerei ἐγκαυστική.
ἐκκαίω ich entzünde; verbrenne, brenne aus.
κατακαίω ich verbrenne. κατάκαυμα Brandblase, sonst φῷς ἡ.
ὑποκαίω ich zünde unten an. ὑπόκαυστον τὸ ein von unten geheiztes Zimmer.
κήλεος u. κήλειος (poet.) brennend, flammend.
κηώεις εσσα εν, auch κηώδης ὁ ἡ dampfend, duftend, wohlriechend.

κᾶλον (Jon. κῆλον) τὸ Holz, κῆλα Pfeile, pros. τόξα od. ὀϊστοί. καλιὰ (auch καλιὰς) ἡ hölzerne Wohnung, Scheune, Kapelle, Nest. καλόπους οδος ὁ Leisten.

καυλὸς ὁ (dem. καυλίον τὸ u. καυλίσκος ὁ) Stengel, Stiel: ἄκαυλος ὁ ἡ ohne Stengel, καυλωτὸς ἡ ὸν mit einem Stengel versehn, καυλίας ὁ od. καύλινος η ον vom Stengel gemacht, καυλώδης stengelartig, καυλέω ich treibe einen Stengel.

κάλαμος ὁ (dem. καλάμιον u. καλαμίσκος) Halm, Rohr; was daraus gemacht wird, Pfeil, Feder, Pfeife, Meß- od. Angelruthe, Vogelstange.
καλάμη ἡ Halm, Kornhalm; Stoppel, Stroh. καλαμάομαι ich lese Halmen, halte Nachlese. καλαμητομέω (τέμνω) ich mähe.
καλαμεύω ich schneide od. lese Halmen; ich angle. καλαμεὺς έως u. καλαμευτὴς οῦ ὁ Schnitter; Angler. καλαμίζω ich pfeife auf einem Rohr: καλαμαύλης od. καλαμοβόας ὁ der das thut.
καλάμινος η ον aus Halmen od. Rohr gemacht, καλαμόεις od. καλαμώδης voll Rohr. καλαμὼν od. καλάμεὼν ῶνος ὁ Röhricht.

κάλαθος ὁ, dem. καλαθὶς ἡ u. καλαθίσκος ὁ, ein geflochtener Handkorb: καλαθοειδὴς ὁ ἡ von dessen Gestalt, καλαθηφόρος ὁ ἡ der ihn trägt.

κάννα u. κάννη ἡ Rohr, Decke od. Einschluß von Rohr od. Binsen geflochten.
κάνης od. κάννης ητος ὁ (dem. κανήτιον τὸ) Rohrmatte.
κάνεον oder κανοῦν, auch κάναστρον u. κάνιστρον, τὸ Korb, sonst ἄῤῥιχος od. ἄρσιχος ὁ ἡ u. κόφῖνος ὁ.
κανηφόρος ὁ ἡ einen Korb tragend am Feste der Demeter od. des Bakchos zu Athen: κανηφορία ἡ, κανηφορέω.
κάναθρον τὸ Wagenkorb; Korbwagen.
κανὼν όνος ὁ (dem. κανόνιον τὸ) Richtscheit, Wagebalken, Lineal, Regel, Norm. κανονικὸς ἡ ὸν regelrecht. κανονίας ὁ lang u. schlank gewachsen. κανονίζω ich mache od. beurtheile nach dem Richtscheit, der Regel gemäß.

κάμαξ ακος ἡ Stange, Schaft (auch κοντὸς ὁ); Weinpfahl (sonst χάραξ ακος ὁ u. ἡ, wovon χαρακόω u. χαρακίζω ich stütze auf Pfähle, umgebe mit Pfählen: χαράκωμα τὸ ein pallisadirtes Lager). καμάκινος η ον aus der Stange gemacht.

κάμινος ἡ Ofen zum Backen, Brennen, Schmelzen. καμιναῖος αία αῖον zum Ofen gehörig. καμινεύω ich arbeite vor dem Ofen, backe, brenne, schmelze Metalle: καμινευτὴς ὁ u. καμινεὺς ὁ ein solcher Arbeiter, καμινεία ἡ solche Arbeit. καμινίτης ἄρτος Brod im Ofen gebacken.

καμάρα ἡ gewölbte Decke, Gewölbe; Ort mit gewölbter Decke, z. B. Zimmer, Wagen, Schiff. καμαροειδὴς ὁ ἡ gewölbartig, καμαρόω ich wölbe, καμαρωτὸς ἡ ὸν gewölbt.

καλὸς ἡ ὸν (comp. καλλίων, sup. κάλλιστος) schön: häßlich αἰσχρός.

κάλλος ους τὸ u. καλλονὴ ἡ Schönheit: ἀκαλλὴς ὁ ἡ nicht schön, περικαλλὴς ὁ ἡ sehr schön.

καλλιόω ich verschönere. καλλιστεύω ich bin der schönste: καλλίστευμα τὸ u. καλλιστεῖα τὰ Vorzug od. Preis der Schönheit.

καλλύνω ich mache schön; reinige, putze. καλλυντὴρ ὁ der schmückt, reiniget. καλλυντήριος ία ιον zum Schmücken rc. gehörig od. geschickt. κάλλυντρον τὸ Besen (auch κόρηθρον τὸ u. σάρος ὁ od. σάρωθρον τὸ, von κορέω u. σαίρω od. σαρόω ich fege, kehre: σάρμα, σάρον, σάρωμα τὸ Kehricht).

καλοκἀγαθὸς schön u. gut: καλοκἀγαθία ἡ Art und Sinn eines καλοκἀγαθός.

καλογνώμων ὁ ἡ schöngesinnt, καλοηθὴς ὁ ἡ von schönen Sitten (ἦθος).

καλλιερέω ich opfre glücklich, lito: καλλιέρημα τὸ glückliches Opfer.

καλλίνικος ὁ ἡ der einen schönen Sieg erhalten.

καλλίπαις od. καλλίτεκνος ὁ ἡ schöne Kinder habend: καλλιπαιδία od. καλλιτεκνία ἡ der Besitz schöner Kinder.

καλλίφυλλος ὁ ἡ schönblättrig. καλλίχειρ schönhändig.

καλλωπίζω ich gebe ein schönes Ansehn, ziere, putze; med. ich thue schön, brüste mich. καλλωπισμὸς ὁ u. καλλώπισμα τὸ der Putz. καλλωπιστὴς οῦ ὁ der Andre od. sich selbst schmückt u. putzt.

κηλὶς ῖδος ἡ Fleck, Schandfleck: κηλιδόω ich beflecke, κηλιδωτὸς ἡ ὸν befleckt.

καγκαίνω ich dörre aus: κάγκανος, καγκανέος, καγχαλέος dürr, trocken.

Κάρφω f. ψω ich lasse einschrumpfen, mache welk; auch καρφύνω: καρφύω ich bin welk od. dürre.

καρφαλέος έα έον dürre, trocken: trocken, hart, spröde auch κραῦρος, wov. κραυρότης ἡ Sprödigkeit u. κραυρόω ich mache trocken.

κάρφος τὸ jeder trockne Körper, bs. Halm, Reiß, Splitter, Spreu, auch die Ruthe (sonst καρφὶς u. καρπὶς ἡ, vindicta, festuca) womit der Prätor den Sklaven berührt, indem er ihn für frei erklärt. καρπίζω ich mache einen Sklaven frei: καρπισμὸς ὁ diese Handlung, καρπιστὴς ὁ der sie vornimmt.

καρφίνης aus Halmen gemacht. καρφώδης ὁ ἡ od. καρφοειδὴς dünn od. leicht wie κάρφος.

καρπὸς ὁ Frucht; Verband zwischen Finger und Handwurzel.

ἄκαρπος ὁ ἡ unfruchtbar, ἀκαρπία ἡ Unfruchtbarkeit: εὔκαρπος fruchtbar, auch καρποφόρος: καρποφορέω (φέρω) ich bringe Früchte, bin fruchtbar, καρποφορία ἡ Fruchtbarkeit.

καρπόω ich trage als Frucht; καρποῦμαι ich habe die Frucht, genieße. κάρπωσις ἡ u. κάρπωμα τὸ Nutzen; Nutzung, Genuß. καρπώσιμος ὁ ἡ wovon man Nutzen haben kann; auch κάρπιμος.

καρπίζω ich ernte, sammle ein (auch καρπολογέω); καρπίζομαι was καρποῦμαι.

Κόνις εως u. κονία ἡ Staub (auch κονίσσαλος u. κονιορτὸς ὁ, bs. der aufgeregte u. fliegende); Asche, Lauge: κονία auch kleingeschlagener Kalk.

κόνιος υ. κονισαλέος α ον staubig. κονίω u. κονίζω ich mache Staub, bestäube; med. ich rüste mich zum Kampf (weil die Athleten sich mit Staub bewarfen). ἀκονιτί ohne Staub, ohne Mühe und Arbeit.

κονιάω ich bestäube; übertünche mit Kalk, weiße eine Wand: κονίαμα τὸ der Anstrich, κονίασις ἡ das Uebertünchen, κονιατὸς ἡ ὸν angestrichen, κονιατὴς ὁ der übertüncht.

Κάμνω, f. καμοῦμαι, pf. κέκμηκα, aor. ἔκαμον, ich arbeite; erwerbe durch Arbeit; ich werde matt, müde, krank: οἱ καμόντες od. κεκμηκότες (poet.) die Todten.

ἀποκάμνω u. ἐκκάμνω ich werde matt, schlaff, muthlos. ἐπικάμνω ich arbeite od. mühe mich nach, προκάμνω ich arbeite, ermüde, erkranke vorher.

κάματος ὁ Arbeit, Mühseligkeit, Ermüdung, Leiden: ἀκάματος unermüdet, unermüdlich, auch ἀκμὴς ῆτος ὁ ἡ u. ἀκάμας αντος ὁ: Adv. ἀκμητί, entggs. καματηδόν.

καματηρὸς ὰ ὸν arbeitsam; mühselig. καματώδης ὁ ἡ ermüdend; kränklich.

ἄκμων ονος ὁ der Amboß. ἀκμόθετον τὸ od. ἀκμοθέτης ὁ Amboßblock.

Καίνω f. κανῶ ich schlage, tödte (poet.), auch κατακαίνω.

καίνυμαι ich überwinde, pf. κέκασμαι ich bin ausgezeichnet, bin geziert (poet.).

κτείνω (auch κτίννυμι, κτιννύω) f. ενῶ ich tödte, auch ἀποκτείνω u. κατακτείνω.

κτόνος ὁ Mord, Ermordung, gew. φόνος. πατροκτόνος ὁ Vatermörder.

Κτάομαι f. κτήσομαι ich erwerbe, κέκτημαι ich besitze.

ἀνακτάομαι ich erwerbe wieder, ἐπικτάομαι od. προσκτάομαι ich erwerbe hinzu.

κτῆμα ατος (dem. κτημάτιον), poet. κτέανον, κτέαρ ατος (wovon κτεατίζω = κτάομαι) u. κτέρας, τὸ das Erworbene, Besitzthum, Gut, Vermögen. κτηματικὸς ἡ ὸν der Eigenthum hat, ἀκτέανος od. ἀκτήμων ὁ ἡ ohne Eigenthum: ἀκτημοσύνη ἡ Zustand des ἀκτήμων.

κτῆσις ἡ (dem. κτησείδιον τὸ) Erwerb, Besitz, Eigenthum. κτήσιος ὁ ἡ zum Eigenthum gehörig; es verleihend.

κτητὸς ἡ ὸν erworben, zu erwerben: ἄκτητος nicht erworben, nicht zu erwerben. κτητικὸς ἡ ὸν zum Erwerb od. Besitz gehörig. κτήτωρ ορος ὁ Eigenthümer, Besitzer.

κτέρεα τὰ die Habe die man beim Begräbniß dem Todten mitgiebt od. auf den Scheiterhaufen wirft; Leichenbegängniß, Bestattung. κτερείζω ich bestatte.

κτῆνος εος τὸ Vieh. κτηνηδὸν nach Art des Viehes. κτηνίτης ὁ zum Vieh gehörig, κτηνώδης wie ein Vieh geartet, κτηνωδία ἡ viehische Dummheit. κτηνόομαι ich werde zum Vieh. κτηνοτροφία ἡ Viehzucht, κτηνοτροφεῖον od. κτηνοστάσιον τὸ Viehstall, sonst μάνδρα ἡ u. σηκὸς ὁ.

Κτίζω f. ίσω ich baue an; erbaue, stifte; schaffe, bringe hervor.

κτίσις ἡ Anbauung, Erbauung, Erschaffung. κτίσμα τὸ das Geschöpf; das Angebauete, die Niederlassung. κτίστης u. κτίτης ου ὁ Erbauer, Stifter, Schöpfer. κτιστὸς ἡ ὸν erbauet, gestiftet, erschaffen: ἄκτιστος u. ἄκτιτος ὁ ἡ unbebaut, unerschaffen: εὔκτιστος od. εὔκτιτος ὁ ἡ gut gebaut od. bebauet, auch ἐϋκτίμενος.

περικτίονες u. ἀμφικτίονες od. ἀμφικτύονες die herumwohnenden; die Theilnehmer an dem Staatenbunde, dessen Abgeordnete (πυλάγοροι u. ἱερομνήμονες) zuerst in Delphi, später in Thermopylä zusammenkamen.

Κεάζω ich spalte; pros. σχίζω f. ίσω.

ἀνασχίζω, ἀποσχίζω, διασχίζω, κατασχίζω ich spalte auf = ab = durch, zerspalte.

σχίσις oder σχισμὴ ἡ und σχισμὸς ὁ das Spalten, Trennen. σχίσμα ατος τὸ Spalte; Spaltung. σχιστὸς ἡ ὸν gespaltet, zu spalten. κλάσμα τὸ ein abgehauen Stück. σχίζα ἡ Scheit, Spliß, Schindel, auch σχίδη ἡ, σχίδαξ ὁ u. σχινδαλμὸς ὁ. σχέδη ἡ, dem. σχεδάριον τὸ, Tafel, Blatt.

σχιζόπους od. σχιδώνυχος ὁ ἡ mit gespaltenen Füßen od. Zehen.

κίδνημι u. κεδάζω, gew. σκεδάννυμι u. σκεδάζω f. άσω, ich verbreite, zerstreue.

ἀποσκεδάννυμι ich lasse weg u. auseinander gehn. ἐπισκεδάννυμι ich verschütte od. verschwende auf =, an =. κατασκεδάννυμι ich schütte herab auf –, überschütte.

σκέδασις ἡ u. σκεδασμὸς ὁ das Zerstreuen. σκεδαστὸς ἡ ὸν zerstreut, zerstreubar.

Κένσαι u. κεντῆσαι stechen; spornen.

κέντωρ ορος ὁ der da sticht, spornt. κένταυρος ὁ der den Stier stachelt.

κέντρον τὸ Stachel, Spitze, (auch κέντημα τὸ), Sporn; Mittelpunkt. κεντρόω ich spitze zu, versehe mit Stacheln; stelle ins Centrum: κεντρήεις od. κεντρωτὸς mit Stacheln versehen. κέντρων ωνος ὁ ein zusammengeflickter Rock (cento): ὁμηροκέντρων Gedicht aus einzelnen homerischen Versen od. Halbversen zusammengesetzt. κεντρίζω ich steche, treibe an: ἐγκεντρίζω ich propfe ein. κεντρηνεκὴς (ἐνεγκεῖν) mit dem Stachel angetrieben, κεντροτυπὴς vom Stachel getroffen, κεντροτύπος damit treffend.

κεστὸς ἡ ὸ gestickt, acu pictus. κέστρον τὸ Grabstichel, κεστρόω ich gravire, spitze zu.

Κενὸς (poet. κενεὸς u. κεινὸς) ἡ ὸν leer, eitel, nichtig: voll μεστὸς ἡ ὸν, (auch ἀνάμεστος u. ἔμμεστος) u. πλέως od. πλήρης. διὰ κενῆς ins Leere, umsonst, vergeblich.

διάκενος ὁ ἡ durch u. durch leer. κενόδοξος ὁ ἡ eiteln Ruhmes süchtig: κενοδοξία ἡ Eitelkeit, Dünkel. κενόσοφος voll leerer eingebildeter Weisheit. κενόσπουδος um nichtige Dinge bemüht.

κενόω ich leere aus; beraube: μεστόω ich mache voll. κενότης ἡ Leere, μεστότης das Vollsein. κενεὼν ῶνος ὁ die Höhlung zwischen den Rippen und Hüften.

Κνάω, κναίω u. κνήθω f. ήσω ich schabe, kratze; knaue, kneipe; kitzele: auch κνίζω, κνύω, κνύζω.

ἀποκναίω und διακναίω ich reibe ab, reibe auf, quäle, ermüde. προσκνάομαι ich reibe mich an etwas, τινί. ὑποκνίζω ich kneipe heimlich, necke, reize.

κνησείω, κνησιάω u. κνηστιάω ich habe Lust mich zu reiben, empfinde Jucken.

κνηστὴρ ῆρος ὁ, poet. κνῆστις ιος ἡ, Schabemesser.

κνηστὸς ἡ ὸν geschabt, zerschnitten. κνηθμὸς od. κνησμὸς ὁ u. κνησμονὴ ἡ das Jucken, Brennen: κνησμώδης ὁ ἡ mit Jucken behaftet.

κνισμὸς ὁ das Kneipen, Zwicken; Reiz, Neckerei. κνίσμα τὸ das Abgekneipte, Stückchen, Brocken.

κνίδη ἡ Brennessel: κνιδάω ich peitsche mit Nesseln: κνίδωσις ἡ das Jucken, Brennen

χναύω ich nage, knuppere, bs. an Dessert u. Leckereien: χναῦμα τὸ Naschwerk: χναυστικὸς ἡ όν u. χναυρὸς ὰ όν lecker, naschhaft.

κνύος τὸ u. κνύζα ἡ das Jucken, die Krätze.

κνάπτω od. γνάπτω f. ψω ich kratze ab, walke Tuch, reinige Kleider. κναφεὺς oder γναφεὺς έως ὁ Walker, Tuchscheerer. γναφεύω ich treibe Walkerei, γναφεῖον τὸ Walkerwerkstatt. ἄκναπτος u. ἄκναφος ὁ ἡ ungewalkt, noch neu: ἐπίγναφος aufgewalkt, wie neu gemacht.

κνυζάομαι ich knurre wie schmeichelnde Hunde. κνυζηθμὸς ὁ das Knurren.

χνόος (χνοῦς) das Knarren der Achse: daher χνόη, Jon. χνοίη, ἡ die Büchse der Achse. χνόος od. χνοῦς ὁ was abgeschabt oder abgenagt wird od. werden kann, Moos, Flaum, weiche Wolle, Schaum (ἁλὸς ἄχνη): χνοώδης wie od. voll χνοῦς: χνοάζω ich habe od. bekomme Flaum, Milchbart ꝛc.

γνάθος ἡ Kinnbacken, Backzähne; Backen. γνάθων ωνος ὁ Fresser, Schmarotzer. γναθόω ich schlage auf die Backe.

Κνήμη ἡ Schienbein, Bein; Wade; Radspeiche: κνημαῖος αία αῖον dazu gehörig. κνημώδης u. κνημοπαχὴς od. παχύκνημος ὁ ἡ mit starker Wade.

κνημὶς ῖδος ἡ Beinschiene, Radschiene. κνημιδωτὸς ἡ ὸν od. κνημιδοφόρος ὁ ἡ beschient.

κνημὸς ὁ die mittlere Waldgegend des Berges. ἀντικνήμιον τὸ das (der Wade gegenüberstehende) Schienbein.

Κνίσσα ἡ (dem. κνισσάριον τὸ) nidor Fettdampf, Opferduft: κνισσαλέος έα έον. κνισσήεις εσσα εν, auch κνισσηρὸς ὰ ὸν u. κνισσώδης ὁ ἡ voll von solchem Dampf. κνισσάω ich bringe dergl. hervor, erfülle damit: auch κνισσόω.

κνισσοδιώκτης ου ὁ der dem Bratengeruch nachgeht.

Κάπετος ὁ Graben, Grube, auch σκάμμα ατος τὸ von σκάπτω f. ψω ich grabe.

ἀνασκάπτω ich grabe auf, aus; reiße aus; zerstöre.

ἀποσκάπτω ich grabe ab, versperre durch einen Graben.

κατασκάπτω ich vergrabe; reiße nieder, zerstöre. κατασκαφὴς ὁ ἡ vergraben, zerstört, niedergerissen.

σκαπτὸς ἡ ὸν gegraben. σκαπτὴρ ῆρος u. σκαφεὺς od. σκαπανεὺς έως ὁ der Gräber. σκαφεῖον τὸ u. σκαπάνη ἡ Grabscheit.

σκαφὸς ὁ od. σκαφὴ ἡ das Graben, κατασκαφὴ ἡ das Niederreißen, Zerstören: σκάφη ἡ (dem. σκαφὶς ἡ u. σκαφίδιον τὸ) ein ausgehöhlter Körper, Wanne, Wiege, Backtrog, Kahn. σκαφίτης ὁ der den Kahn regiert.

σκάφος εος τὸ Bauch des Schiffs, Schiffsraum.

Κάμπτω u. γνάμπτω f. ψω ich biege, beuge.

ἀνακάμπτω ich beuge od. lenke zurück, ἀπο-ἐπι-περι-κάμπτω ich beuge od. lenke ab, ein, herum, συγκάμπτω ich biege zusammen, ὑποκάμπτω ich kehre um.

καμπὴ od. κάμψις εως ἡ Biegung, Bug, Krümmung: κάμπη ἡ die Raupe. καμπτὴρ ῆρος ὁ Bug, Krümmung; Wendung des Wegs.

καμπτὸς, γναμπτὸς, γαμψὸς u. καμπύλος η ον gebogen, gekrümmt: auch, bs. von krummen Füßen, σκαμβὸς u. σκαῦρος. ἄκαμπτος u. ἀκαμπὴς ὁ ἡ unbiegsam, steif, starr. καμπύλλω u. καμπυλίζω was κάμπτω. καμπυλότης ἡ Gebogenheit. καμπυλόῤῥιν ὁ ἡ krummnasig.

γαμφηλαὶ αἱ die Kinnbacken, gew. γνάθος.

κιμβάζω od. ὀκιμβάζω u. σκιμβάζω ich hocke, kaure; sonst ὀκλάζω.

Κάπτω f. ψω ich esse gierig, verschlucke. ἀνακάπτω ich schnappe auf u. schlucke, ἐγκάπτω ich schlucke hinein. κάψις ἡ das Hapsen, Essen.

κάπη ἡ Krippe, gew. φάτνη ἡ, wovon φατνίζω ich halte im Stalle, u. φατνόω ich höhle aus, versehe mit Täfelwerk, mit φατνώματα, lacunar. φατνωτὸς od. φατνωματικὸς ἡ ὸν getäfelt, laqueatus.

κάπηλος ὁ, καπηλὶς ἡ der mit Lebensmitteln handelt, Höker; Krämer, entgas. dem ἔμπορος der die Waaren holt u. im Großen verkauft; bs. Weinschenk; adj. verfälscht, betrügerisch: ἀκάπηλος u. ἀκαπήλευτος ὁ ἡ nicht verfälschend, nicht verfälscht. καπηλεῖον u. καπήλιον τὸ Laden des κάπηλος, Schenke. καπηλικὸς ἡ ὸν zur Hökerei geschickt; betrügerisch.

καπηλεύω ich bin Höker od. Weinschenk, habe feil; ich verfälsche.

καπηλεία ἡ die Schenkwirthschaft.

Καλέω f. έσω, pf. κέκληκα (poet. auch κικλήσκω u. καλιστρέω), ich rufe; nenne; lade ein, lade vor.

καλήτωρ ορος ὁ u. κλήτωρ der Rufer, Herold. κλητὴρ ῆρος ὁ Zeuge der Vorladung. κλητεύω ich lade vor; zwinge einen vor Gericht als Zeuge zu erscheinen od. Strafe zu zahlen. κλήδην od. ὀνομακλήδην namentlich, pros. ὀνομαστί. κλητὸς ἡ ὸν gerufen, eingeladen: ἄκλητος ungerufen, τηλέκλητος weither gerufen. κλῆσις εως ἡ Ruf, Einladung, Vorladung vor Gericht.

ἀνακαλέω ich rufe auf, rufe zu, rufe an; widerrufe. ἀνάκλησις ἡ Zuruf, Anrufen; Widerruf. ἀνάκλητος ὁ ἡ zurückberufen, ἀνακλητικὸς ἡ ὸν zurückrufend.

ἀντικαλέω ich rufe od. lade gegenseitig.

ἀποκαλέω ich rufe ab od. zurück; verbiete; ich nenne, benenne.

ἐγκαλέω ich mahne, beschuldige, τινὶ τὶ od. τινὶ τινός: ἔγκλημα ατος τὸ Beschuldigung, Vorwurf.

εἰσκαλέω ich rufe herein. ἐκκαλέω ich rufe heraus od. hervor. ἐκκλησία ἡ das zusammengerufene Volk, die Volksversammlung; der Ort derselben: ἐκκλησιάζω ich bin in der Volksversammlung, rede darin: ἐκκλησιαστὴς ὁ der Volksredner. ἔκκλητος ὁ ἡ aufgefordert; an den man appellirt.

ἐπικαλέω ich rufe herbei, zur Hülfe; ich gebe einen Zunamen; ich werfe vor, beschuldige (τινί): ich berufe mich auf einen. ἐπίκλημα ατος τὸ Vorwurf, Beschuldigung. ἐπίκλησις εως ἡ Zuname; Anrufung; Provocation; Beschuldigung. ἐπίκλητος ὁ ἡ angerufen, herbeigerufen; beschuldigt, getadelt: ἀνεπίκλητος ὁ ἡ untadelich

κατακαλέω ich rufe herunter, herbei; rufe zurück.

μετακαλέω ich rufe weg, anderswohin.

παρακαλέω ich rufe herbei, zur Hülfe, flehe an; lade ein; ermuntere, tröste. παράκλησις ἡ das Anrufen; Zuruf, Ermunterung, Trost. παράκλητος ὁ ἡ herbeigerufen, Beistand, Fürsprecher.

προκαλέω, poet. προκαλίζομαι, ich rufe heraus, hervor, fordre auf; reize; thue einen Vorschlag, biete Vergleich an. πρόκλησις εως ἡ die Auffoderung; Ausforderung; Vergleichsantrag.

προσκαλέω ich rufe zu; rufe herbei, hole; rufe zu Hülfe; fordre vor Gericht, klage an. πρόσκλησις ἡ Anklage, Vorladung.

συγκαλέω ich rufe zusammen, versammle. σύγκλητος ὁ ἡ zusammenberufen: ἡ σύγκλητος (βουλὴ) der Rath: συγκλητικὸς ἡ ὸν zum Rath gehörig.

κλείω u. κληΐζω ich nenne; bringe in Ruf, rühme. κλειτὸς ἡ ὸν bekannt, berühmt; auch κλεινὸς ἡ ὸν u. εὐκλεὴς od. περικλεὴς ὁ ἡ von κλέος ους τὸ Ruf, Sage, Gerücht, Ruhm, Ehre, auch κῦδος τὸ (poet.), wov. κύδιμος, κυδάλιμος, κυδρὸς u. κυδνὸς (comp. κυδίων) = κλεινός. κυδαίνω ich rühme u. preise, κυδάζω ich schmähe, κυδιάω ich rühme mich, stolzire. ἀκλεὴς unberühmt: εὔκλεια ἡ Ruhm, guter Name: δυσκλεὴς übelberüchtigt.

κληδὼν u. κλεηδὼν oder κληηδὼν όνος ἡ Ruf, Rede, Gerücht; Omen, Vorbedeutung, Ahndung: κληδονέω od. κληδονίζω ich verbreite ein Gerücht, gebe ein Omen.

κυδοιμὸς ὁ Getümmel, Lärm: κυδοιμέω ich lärme.

κηλέω f. ήσω ich bezaubere, vergnüge; beruhige, besänftige; ich verführe, schade. κήλησις ἡ, κήλημα τὸ u. κηληθμὸς ὁ Bezauberung, Vergnügen; Täuschung. κηλητήριος ία ιον besänftigend, bezaubernd: τὸ Besänftigungsmittel, Zaubermittel.

ἀκήλητος ὁ ἡ nicht zu besänftigen, unzähmbar: ἔκηλος od. εὔκηλος ruhig, still: ἐκηλία od. εὐκηλία ἡ Ruhe, Stille.

Κέλλω u. ὀκέλλω ich treibe; bs. neutr. treibe ans Land, lande. ἐποκέλλω u. προσοκέλλω ich bringe od. gerathe auf - an -, ἐξοκέλλω ab vom graden Wege.

κέλευθος ἡ der Gang, Weg. ὁμοκέλευθος ὁ ἡ mitgehend, Reisegefährte.

ἀκόλουθος ὁ ἡ der folgt od. mitgeht, Begleiter, Nachtreter, Diener (pedisequus): ἀκολουθία ἡ Folge, Gefolge, Consequenz: ἀνακόλουθος ὁ ἡ nicht folgend, nicht übereinstimmend. ἀκολουθέω f. -ήσω ich folge, befolge, hänge an: ἀκολούθησις εως ἡ das Folgen: ἀκολουθητικὸς ἡ ὸν zum Folgen, Nachfolgen gehörig od. geneigt.

ἐπακολουθέω ich folge auf einen andern.

παρακολουθέω ich gehe nebenher, komme mit, verstehe.

μάκελλα ἡ (auch μακέλη) eine breite Hacke; δίκελλα ἡ eine zweizähnige Hacke, sonst σμινύη ἡ.

κέλομαι, gew. κελεύω, ich treibe an, ermuntere, befehle, heiße (poet. auch κελευτιάω).

διακελεύομαι u. παρακελεύομαι ich muntere auf, ermahne.

κέλευσμα ατος τὸ Zuruf, Befehl, Anspornung: auch κελευσμὸς ὁ u. κελευσμοσύνη ἡ. κελευστὴς οῦ ὁ Antreiber, Befehler.

κέλης ητος ὁ (dem. κελήτιον τὸ) Pferd zum Wettrennen; Jagdschiff mit einer Ruderbank. κελητίζω ich reite.

κέλαδος ὁ das Brausen, Rauschen des Wassers; Geräusch, Lärm. κελαδέω u. κελαρύζω ich rausche, riesele.

Κλάζω f. κλάγξω ich klinge, töne: auch κλαγγάζω u. κλαγγαίνω. κλαγγὴ ἡ Klang, Geschrei, Getöse. κλαγγηδὸν mit Getöse. κλαγερὸς ὰ ὸν tönend.

ἀνακλάζω ich schreie auf, schlage an.

κράζω f. κεκράξομαι ich krächze, ich schreie: auch κραυγάζω u. κραυγάνω. κραυγὴ ἡ u. κεκραγμὸς ὁ Geschrei, κεκράκτης ὁ Schreier.

ἀνακράζω ich schreie auf, sage heraus, bekenne.

ἐγκράζω ich schreie an, zu (τινί). κατακράζω ich schreie nieder, überschreie.

κρίζω, pf. κέκριγα, ich knarre, schnarre, schrille, auch τρίζω: κριγμὸς ὁ od. κριγὴ ἡ das Schnarren, Schrillen, auch τρισμὸς u. τριγμὸς ὁ. τρύζειν girren: τρυγὼν όνος ἡ Turteltaube.

κρώζω ich schreie, krächze (von Raben u. Krähen). κρωγμὸς ὁ Gekrächz.

καγχάζω, poet. καγχαλάω, auch καχλάζω, κιχλίζω, ich lache laut; ich lache aus, spotte; ich frohlocke. ἀνακαγχάζω ich lache laut auf; ἐκκαγχάζω ich breche aus in lautes Lachen.

καναχὴ ἡ Geräusch, Ton: καναχέω od. καναχίζω ich töne, rausche. ἐγκανάξαι, ἐκκανάξαι mit Geräusch einschenken, austrinken. Aehnlich κόναβος ὁ, κοναβέω, κοναβίζω.

κότταβος ὁ ein Spiel auf mancherlei Weise gespielt, am einfachsten so, daß man die Neige Wein (τὴν λάταγα od. λαταγὴν) aus dem Becher in ein metallnes Becken (κοτταβεῖον, λαταγεῖον, χαλκεῖον) fallen ließ u. aus dem Klange auf die Zuneigung eines geliebten Gegenstandes schloß.

κοτταβίζω ich spiele den Kottabos: das Spielen κοττάβισις ἡ od. κοτταβισμὸς ὁ.

καρκαίρω ich dröhne, ertöne (poet.).

Κλύζω f. σω ich plätschere; ich benetze, spüle ab od. aus.

κλύσμα τὸ das Abwaschen; womit abgewaschen wird; der Ort wohin die Fluth spült, aestuarium. κλυσμὸς ὁ das Plätschern, der Wellenschlag. κλυστὴρ ὁ das Klystier, sonst ἔνεμα τὸ.

κλύδων ωνος ὁ, dem. κλυδώνιον τὸ, Woge, Welle. κλυδωνίζομαι ich woge; werde von Wogen hin und her getrieben: auch κλυδάζομαι, wovon κλυδασμὸς ὁ = κλυσμός.

ἐπικλύζω u. κατακλύζω ich überschwemme; ich überhäufe, überschütte: κατακλυσμὸς ὁ u. κατάκλυσις ἡ Ueberschwemmung.

κλύω u. κλῦμι ich höre, höre sagen, erfahre durchs Gerücht; ich folge, gehorche; ich erhöre: κακῶς κλύειν πρός τινος von jemand geschmähet werden. κλυστὸς ἡ ὸν, auch κλυτὸς ὁ ἡ, hörbar; berühmt: περικλυτὸς, ἀγακλυτὸς sehr berühmt. κλυτοτέχνης, κλυτότοξος durch die Kunst, durch den Bogen berühmt.

Κλάω f. άσω ich breche, zerbreche, breche ab.

ἀνακλάω ich biege in die Höhe od. zurück. ἀποκλάω u. ἐκκλάω ich breche ab. ἐγκλάω ich knicke ein. ἐπικλάω, κατακλάω, συγκλάω ich zerbreche; beuge den Muth; schwäche. περικλάω ich breche rings umher ab; zerbreche.

κλάσις ἡ u. κλασμὸς ὁ das Zerbrechen, Abbrechen, Abblatten. κλάσμα ατος τὸ das Abgebrochne, das Stück, der Splitter. κλαστὸς ἡ ὸν zerbrochen. κλαστάζω ich breche ab, blatte ab. κλαστὴρ od. κλαστὴς ὁ der Winzer der den Wein beschneidet: κλαστήριον τὸ Messer zum Beschneiden.

κλάδος (dem. κλαδίσκος ὁ) Reiß, Schößling (den man abbricht u. zum Pfropfen braucht): auch κλῶν ωνὸς ὁ, dem. κλωνίον τὸ. κλαδεύω, κλαδάω, κλωνίζω ich breche od. schneide junge Schößlinge ab: κλαδευτήριον τὸ das Messer dazu.

κλῆμα ατος τὸ (dem. κλημάτιον τὸ u. κληματὶς ἡ) Zweig, Schoß, bs. Weinranke. κλημάτινος ίνη ινον von Weinranken. κληματώδης od. κληματίτης Ranken ähnlich. κληματόομαι ich treibe Ranken.

ὀκλαδὸν u. ὀκλὰξ mit gebogenem Knie.

ὀκλάζω f. άσω ich sinke in die Knie, kaure, hocke: μετοκλάζω ich setze mich um, ändre den Platz. ὀκλαδίας ου ὁ ein Stuhl zum Zusammenlegen. ὀκλαδιάω ich bin in Begriff in die Knie zu sinken.

κλῆρος ὁ (auch λάχος τὸ, Ion. λόγχη ἡ) Loos, das durchs Loos erhaltene Land, das Erbe.

ἄκληρος od. ἀπόκληρος ὁ ἡ ohne Loos od. Antheil, erblos: entggs. ἔγκληρος.

ἐπίκληρος ἡ Erbtochter. εὔκληρος ὁ ἡ der ein glückliches Loos gezogen hat: εὐκληρέω, εὐκληρία ἡ: entggs. δύσκληρος, δυσκληρέω, δυσκληρία.

κληρονόμος ὁ ἡ (νέμω) der Erbe, συγκληρονόμος Miterbe. κληρονομία ἡ das Erbe, die Erbschaft. κληρονομέω ich erbe, τινὸς von einem: κληρονόμημα τὸ Erbtheil.

κληροῦχος ὁ (ἔχω) der von erobertem Lande sein Theil bekommen hat, Colonist: κληρουχέω, κληρουχία ἡ. κατακληρουχέω ich vertheile erobertes Land.

κληρόω ich loose; med. ich bekomme durchs Loos, auch λαγχάνω f. λήξομαι, wov. λῆξις od. λάχεσις ἡ u. ληχμὸς ὁ das Loosen. κληρωτὸς ἡ ὸν durchs Loos gegeben od. gewählt. κληρωτὴς ὁ loosend, wählend durchs Loos. κληρωτήριον τὸ Wahlort. κληρωτὶ durchs Loos, ἀκληρωτὶ ohne zu losen.

ἀντιλαγχάνω δίκην ich stelle eine Gegenklage an. ἀποκληρόω ich loose; verloose; beraube des Looses, enterbe: ἀπολαγχάνω ich bekomme ab; falle durch. διακληρόω u. διαλαγχάνω ich vertheile, ἐπικληρόω u. προσκληρόω ich theile zu durchs Loos: ἐπιλαγχάνω ich erloose nach einem andern. μεταλαγχάνω ich bekomme Theil an –

Κλίνω f. νῶ (pf. κέκλικα) ich neige, senke, lehne. κλίσις ἡ Neigung, Biegung. κλίμα ατος τὸ Neigung, abschüssige Lage, bs. die Neigung der Erde vom Aequator zum Pol hin, und die dadurch bestimmte Wärme od. Kälte.

ἀνακλίνω (poet. ἀγκλίνω) ich lehne an od. zurück (von der Thüre: öffne).
ἀποκλίνω ich beuge ab, lenke vom Wege ab; ich neige mich wohin.
ἐγκλίνω ich neige od. beuge wohin, schlage in die Flucht; ich neige mich, gebe nach, fliehe. ἔγκλισις ἡ Neigung, Beugung.
ἐκκλίνω ich biege ab, aus; ich weiche aus, vermeide.
ἐπικλίνω ich lege od. lehne an etwas an; ich neige mich zu etwas.
κατακλίνω ich biege herunter, lege nieder; gebe einen Platz bei Tische. ὑποκατακλίνω ich setze unten an: ὑποκατάκλισις ἡ der unterste Platz, πρωτοκλισία ἡ der oberste.
παρακλίνω ich neige auf die Seite; ich lege daneben. παρακλίντωρ od. παρακλίτης ὁ der neben mir am Tische liegt: συγκλίτης der mit-am Tische liegt. παρακλιδὸν auf die Seite.
κλῖμαξ ακος ἡ, dem. κλιμακὶς ἡ, κλιμακίσκος ὁ u. κλιμάκιον τὸ, Treppe, Leiter. κλιμακωτὸς u. κλιμακώδης ὁ ἡ treppenähnlich: adv. κλιμακηδόν. κλιμακτὴρ ῆρος ὁ Stufe.
κλισία ἡ der Ort wo man liegt od. ruht; Ruhebette, Zelt, Hütte. κλίσιον τὸ Schoppen, Stall, Hütte, Sklavenwohnung. κλισιάδες αἱ die Thürflügel. κιγκλὶς ἡ Gitterthür, Doppelthür; Verschlag mit solcher Thür, Schranken, sonst δρύφακτος ὁ.
κλιτὺς ύος ἡ Neigung, Abhang: abschüssig περικλινὴς ὁ ἡ.
κλίνη ἡ (dem. κλινάριον od. κλινίδιον τὸ u. κλινὶς ἡ) Lager, Bett. κλινήρης ὁ ἡ od. κλινικὸς ἡ ὸν bettlägrig: κλινικὸς auch der Arzt am Krankenbett. κλιντὴρ ῆρος ὁ (dem. κλιντήριον τὸ) Lehnstuhl (auch κλισμός ὁ). Ruhebett.
Κλόνος ὁ heftige Bewegung, Geräusch, Getümmel. κλονόεις εσσα εν u. κλονώδης ὁ ἡ geräuschvoll, unruhig. κλονέω ich bewege heftig, erschüttere, treibe.
Κραδάω od. κραδαίνω ich schwenke, schwinge, schüttle. κράδασις ἡ od. κραδασμὸς ὁ das Schwingen, Schwenken. κραδαλὸς ἡ ὸν geschwungen, erschüttert.
Κλείω f. κλείσω ich schließe, verschließe: Ion. κλῄω u. κλῄζω.
ἀποκλείω ich schließe aus od. ab, lasse nicht herein od. nicht heraus. ἐκκλείω ich schließe aus. ἐπικλείω ich schließe zu. κατακλείω ich schließe ein, treibe in die Enge.
κλειστὸς ἡ ὸν verschlossen, ἄκλειστος ὁ ἡ unverschlossen. κατάκλειστος eingeschlossen.
κλεῖστρον od. κλεῖθρον τὸ Schloß, Riegel. κλειθρία ἡ Schlüsselloch, Thürritze.
κλεὶς κλειδὸς ἡ (Ion. κληῒς ῖδος) Schlüssel, Schlüsselbein. εὔκληϊς ὁ ἡ wohl verschlossen.
κλοιὸς (att. κλωὸς) ὁ Halsband für Hunde; Halseisen für Menschen. κλοιόω ich bringe ins Halseisen: κλοιωτὸς ἡ όν darein gebracht.
Καλύπτω f. ψω ich bedecke, verhülle.
ἀνακαλύπτω, ἀποκαλύπτω, διακαλύπτω, ἐκκαλύπτω ich decke auf, enthülle. ἀνακαλυπτήρια τὰ der Tag wo die Braut sich dem Bräutigam ohne Schleier zeigt: ἀνακάλυπτρα τὰ Geschenke an diesem Tage.
ἐγκαλύπτω ich hülle ein. ἐπι – κατα – περι – συγ-καλύπτω ich decke zu, bedecke.
προκαλύπτω ich hänge davor; med. ich wende vor.
κάλυμμα ατος τὸ Decke, Bedeckung; Kopfbedeckung der Frauen, auch κάλυπτρα ἡ. καλυπτὴρ ῆρος ὁ u. καλυπτήριον τὸ Decke; Dekkel; Dachziegel. καλυπτὸς ἡ ὸν bedeckt: unbedeckt ἀκάλυπτος.
καλύβη ἡ (dem. καλύβιον τὸ) Hütte, Laube, Zelt: darin wohnend καλυβίτης ὁ -ῖτις ἡ. καλυβοποιοῦμαι ich baue mir eine Hütte.

κάλυξ υκος ἡ (dem. καλύκιον τὸ) Knospe, Blumenkelch.
κέλυφος ους τὸ od. κελύφη ἡ Hülse, Schale; Schneckenhaus.
κάλπη u. κάλπις ιδος ἡ Gefäß zum Schöpfen, Trinken, Loosen. Wassergefäß auch κρωσσὸς ὁ, dem. κρωσσίον τὸ.
Κλέπτω f. ψω ich stehle; thue etwas heimlich; betrüge, täusche.
κλεψίγαμος od. κλεψίνυμφος ὁ ἡ heimlich heirathend. κλεψίῤῥυτος heimlich fließend.
κλέμμα ατος τὸ das Gestohlne; List, Betrug. κλεμμάδιος gestohlen, auch κλεψιμαῖος od. κλοπαῖος und κλοπιμαῖος αία αῖον von κλοπὴ (auch κλωπεία) ἡ Diebstahl, poet. κλέπος τὸ.
κλεμματικὸς od. κλεπτικὸς ἡ ὸν zum Stehlen gehörig oder geneigt, letzteres auch κλεπτός, sup. κλέπτιστος. κλεπτοσύνη ἡ Dieberei, Verschlagenheit: ἐπίκλοπος ὁ ἡ verschlagen. κλέπτης ου od. κλοπεὺς έως od. κλὼψ ωπὸς Dieb, sonst φὼρ, ωὸς. φωρὰ ἡ Diebstahl: φώριος ὁ ἡ gestohlen, heimlich gethan; poet. auch φωρίδιος ία ιον: φωράω ich spüre dem Diebe nach, visitire, ertappe; dies auch καταφωράω.
κατάφωρος u. περίφωρος ὁ ἡ ertappt, überführt; offenbar: ἀφώρατος ὁ ἡ nicht ertappt, δυσφώρατος ὁ ἡ schwer zu ertappen.
κλωπεύω u. κλοπεύω = κλέπτω.
Κρύπτω f. ψω ich verberge, poet. auch κεύθω u. κευθάνω: ich bin verborgen λανθάνω f. λήσω, einem τινά.
ἀποκρύπτω ich verberge, verhehle, verliere aus den Augen: ἀπόκρυφος ὁ ἡ verborgen, dunkel. ἐγκρύπτω ich verberge darin od. darunter. διαλανθάνω ich bin durchaus verborgen, schlüpfe durch.
κρύψις εως ἡ das Verbergen. κρυπτὸς ἡ ὸν versteckt, heimlich, auch κρυπτάδιος, κρύφιος, κρυφαῖος, λαθραῖος, λαθρίδιος: adv. κρύβδα, κρύβδην, κρύφα, κρυφηδόν, λαθρηδόν, λάθρα. κρυφιότης ἡ Verborgenheit, Dunkelheit.
κρυφογενὴς od. κρυψίγονος ὁ ἡ heimlich geboren. κρυφόνους od. κρυψίνους ὁ ἡ der seine Gedanken, κρυψίχολος der seine Galle verbirgt. λαθροδάκνος od. λαθροδήκτης heimlich beißend.
κρύπτη ἡ verdeckter Gang; Grotte. κρυπτήριον τὸ Schlupfwinkel, versteckter abgelegner Ort, auch κεῦθος τὸ u. κευθμὸς od. κευθμὼν ὁ. κρυπτικὸς ἡ ὸν was verstecken kann. κρυπτεύομαι ich verstecke mich, lege mich in einen Hinterhalt. λαθρόω ich thue heimlich, schade heimlich.
κεκρύφαλος ὁ Netz worin die Weiber das Haar verbergen.
Κεράννυμι od. κεραννύω (poet. κίρνημι) f. κεράσω ich mische, vermische, tempero: misceo μίσγω od. μίγνυμι f. μίξω u. κυκάω f. ήσω (welches letztere bs. vom Zusammenrühren u. Durcheinanderwirren gebraucht wird).
διακεράννυμι ich mische durcheinander, ἐγκεράννυμι hinein, συγκεράννυμι zusammen.
ἐπιμίγνυμαί τισι ich mische mich unter sie, verkehre mit ihnen. ἐπιμιξία ἡ Verbindung durch Handel u. Verkehr.
κρᾶσις εως ἡ Mischung, Temperatur: mixtio μῖξις ἡ: das Um- u. Durcheinanderrühren κύκησις ἡ. κρᾶμα u. μῖγμα τὸ Gemisch: κύκημα das durch einander gerührte, in Unordnung gebrachte.
κρατὴρ (Ion. κρητὴρ) ῆρος ὁ (dem. κρατήριον τὸ) Gefäß worin der Wein mit Wasser vermischt wird. ὑποκρητηρίδιον τὸ das dreifüßige Gestell unter dem crater. κρατηρίζω ich pocul ire, zeche (wie κωθωνίζω von κώθων ωνος ὁ Becher).
κεραστὸς gemischt: ἄκρατον τὸ merum, ungemischter, reiner Wein, poet. ζωρόν. ἀκρατοπότης ὁ der reinen Wein trinkt: ἀκρατοποτέω, ἀκρατοποσία.
δύσκρατος od. δυσκρατὴς ὁ ἡ übel gemischt, schlecht temperirt, bs. von Witterung u. Säften: Subst. δυσκρασία. Entggs. εὔκρατος, εὐκρασία.

μιγὰς άδος ὁ ἡ od. μικτὸς ἡ ὸν u. σύμμικτος ὁ ἡ vermischt, vermengt: adv. μίγα u. σύμμιγα, μίγδα, μίγδην, ἀναμίξ. ἐπιμὶξ durcheinander: ἀμιγὴς od. ἄμικτος unvermischt, unvermischlich: ἀμιξία ἡ Unvermischtheit, Ungeselligkeit.

κυκεὼν ῶνος ὁ ein Getränk aus Gerstengraupe, Wein u. Ziegenkäse.

κύκηθρον τὸ Rührkelle; Unruhstifter.

Κρύος εος τὸ Frost, Kälte: sonst ῥῖγος τὸ. κρυμὸς ὁ das Frieren, der Fieberanfall.

ῥιγόω ich friere, habe Frost: ῥιγέω ich schaudre, erstarre, auch φρίσσω od. φρίττω f. ξω: Schauer od. Schauder φρίκη ἡ u. φρὶξ ικὸς ἡ, letzteres bs. von der krausen Oberfläche des Meers, wenn ein Wind darüber hinfährt.

κρυόεις εσσα εν od. κρυερὸς u. κρυμαλέος α ον kalt, schauerlich; auch κρυμώδης ὁ ἡ, ῥιγηλὸς und ῥιγεδανὸς (sup. ῥίγιστος), φρικαλέος, φρικώδης, φρικτός: ἄῤῥιγος u. ἀῤῥίγητος ὁ ἡ ohne Frost, nicht schaudernd. κρυμοπαγὴς ὁ ἡ (πήγνυμι gefroren.

κρυόομαι ich gefriere, κρυσταίνω ich mache gefrieren. κρύσταλλος ὁ ἡ Eis; Krystall: κρυσταλλίζω ich glänze wie Krystall, κρυστάλλινος ίνη ινον oder κρυσταλλοφανὴς ὁ ἡ durchsichtig wie Krystall, κρυσταλλόω ich mache zu Eis.

ῥικνὸς ἡ ὸν zusammengeschrumpft, runzlig. φριξὸς ἡ ὸν starrend, gesträubt.

Κρίνω f. νῶ ich scheide, sondere; ich unterscheide; wähle aus; entscheide, urtheile, richte.

κρίμα ατος τὸ u. κρίσις εως ἡ Urtheil, Entscheidung.

κριτὴς οῦ ὁ Richter, κριτὶς ίδος ἡ Richterin. κριτικὸς ἡ ὸν zum Richten, Beurtheilen, Entscheiden gehörig od. geschickt od. geneigt: subst. ὁ der Kritiker, Sprachforscher und Beurtheiler der Schriften: κριτικὴ ἡ die Wissenschaft des Kritikers.

κριτήριον τὸ Richtscheid, Prüfstein; Merkmal, Kennzeichen; Ort des Gerichts

κριτὸς ἡ ὸν gesondert; unterschieden; ausgewählt, auserlesen; beurtheilt: entggs. ἄκριτος ὁ ἡ, adv. ἀκριτί: ἀκρισία ἡ Mangel an Sonderung, an Ueberlegung, an Kritik. δύσκριτος, εὔκριτος schwer - leicht zu unterscheiden.

ἀνακρίνω ich befrage, untersuche, beurtheile. ἀνάκρισις ἡ Untersuchung, ἀνακριτικὸς ἡ ὸν dazu gehörig.

ἀποκρίνω ich sondre ab, wähle aus, verwerfe; spreche ab (τινὰ τινὸς einem etwas); med. ich antworte. ἀπόκριμα τὸ das Lossprechen; der Richterspruch; die Antwort, auch ἀπόκρισις ἡ. ἀποκριδὸν abgesondert, besonders, adv.

διακρίνω ich sondere, zerlege, unterscheide, entscheide; med. sich veruneinigen, aus einander kommen, entggs. συγκρίνω. διάκρισις ἡ Unterscheidung; Trennung, Streit: σύγκρισις Vereinigung, Vergleichung. διακριδὸν adv. mit Unterschied, bestimmt, vorzüglich: ἀδιάκριτος ὁ ἡ nicht zu unterscheiden od. zu entscheiden; nicht entschieden od. unterschieden. σύγκριτος verglichen, vergleichbar: ἀσύγκριτος nicht zu vergleichen; unvereinbar.

ἐγκρίνω u. εἰσκρίνω ich wähle hinein, nehme an, lasse zu, lasse gelten: ἐκκρίνω ich sondere ab, merze aus, verwerfe. ἔγκριτος ὁ ἡ aufgenommen, gebilligt: ἔκκριτος ausgesondert; auserlesen.

ἐπικρίνω ich genehmige, bestätige; erkenne zu. ἐπίκρισις ἡ Bestätigung.

εὐκρινὴς ὁ ἡ wohlgeordnet; deutlich, klar; rein; genesend: εὐκρίνεια ἡ Deutlichkeit, Reinheit: εὐκρινέω und διευκρινέω ich sondere gehörig, bringe in Ordnung. Entggs. δυσκριτής, δυσκρίνεια, δυσκρινέω.

κατακρίνω ich verurtheile, verdamme. κατακρίσιμος u. κατάκριτος zu verurtheilen, verurtheilt.

παρακρίνω ich beurtheile n ben einem andern, vergleiche; urtheile obenhin.

προκρίνω ich entscheide vorher; ziehe vor. πρόκρισις ἡ Vorherentscheidung; Vorzug, Wahl, auch πρόκριμα τὸ.

ὑποκρίνομαι ich antworte; erkläre, deute; ich stelle dar (vom Schauspieler), agire; ich verstelle mich, heuchle. ὑπόκρισις ἡ Vorstellung, Darstellung; Verstellung, Heuchelei. ὑποκριτὴς οῦ ὁ Ausleger; Darsteller, Schauspieler; Heuchler. ἀνυπόκριτος ὁ ἡ ungeheuchelt, aufrichtig.

Κρίνον τὸ, pl. κρίνεα, Lilie; die weiße λείριον τὸ. κρίνινος od. λείρινος ίνη ινον von Lilien gemacht, κρινοειδὴς ὁ ἡ od. λειριόεις εσσα εν lilienartig. κρινὼν ῶνος ὁ od. κρινωνιὰ ἡ Lilienbeet.

Κρέκω f. ξω ich kreische, schnarre; ich schlage die Cither od. das Gewebe, τὸν ἱστόν. ὑποκρέκω ich töne leise od. begleitend.

κερκὶς ἡ die Weberlade; das Plectrum zum Schlagen der Saiten.

κερκίζω ich webe, κέρκισις ἡ das Weben, κερκιστικὴ ἡ Weberkunst, gew. ὑφαντική.

κρόκη ἡ der Einschlag beim Gewebe: der Aufzug ἤτριον τὸ od. στήμων ονος ὁ. (κρόκος ὁ u. κρόκον τὸ Safran: κροκώδης ὁ ἡ, κρόκινος ίνη ινον u. κροκόεις εσσα εν safrangelb. κροκόω ich färbe mit Safran: κροκωτὸς ὁ, dem. κροκωτίδιον τὸ, festliches Kleid von Safranfarbe: κροκωτοφορέω ich trage ein solches.)

κροκὶς ίδος od. κροκὺς ύδος ἡ Flocke am Kleide; Flausch Wolle. κροκυδίζω ich lese die Flocken ab, sonst καρφολογέω: Subst. κροκυδισμὸς od. κροκυλεγμὸς ὁ.

κέρχω, κερχνάω κερχνέω ich bin od. mache rauh od. heiser. κερχαλέος u. κερχώδης od. κερχναλέος u. κερχνώδης rauh, heiser. κέρχνος od. κερχνασμὸς ὁ Heiserkeit.

Κρεμάννυμι od. κρεμαννύω f. άσω ich hänge auf, halte in der Schwebe κρέμαμαι od. κρήμναμαι ich hange, schwebe.

κρεμασμὸς ὁ das Aufhängen. κρεμαστὴρ ῆρος ὁ der aufhängt; woran etwas hängt, z. B. Band, Muskel, Stiel. κρεμαστὸς ἡ ὸν aufgehängt, schwebend. κρεμάστρα oder κρεμάθρα ἡ Hängematte, Hängekorb.

κρημνὸς ὁ Abhang, abhängiger Rand eines Berges od. Ufers, steiler Abgrund. κρημνώδης od. ἀπόκρημνος u. κατάκρημνος ὁ ἡ abschüssig, steil. κρημνίζω u. κατακρημνίζω ich stürze herunter.

Κρηπὶς ῖδος ἡ Schuh, crepida: Grundlage, Basis, Sockel; Rand eines Flusses, crepido, auch κράσπεδον τὸ. κρηπιδόω ich gründe, stütze, beschuhe. κρηπιδοποιὸς ὁ der κρηπῖδας macht.

Κάρα, Ion. κάρη (gen. κάρητος, καρήατος, κρατός), auch κάρηνον, τὸ Kopf, Haupt, pros. κεφαλὴ ἡ (dem. κεφαλὶς ἡ u. κεφάλιον τὸ). ἀνάκαρ adv. Kopf an, aufwärts: ἐπίκαρ u. κατωκάρα Kopf über, auf den Kopf: κρῆθεν von oben her.

καρηβαρέω od. -άω ich habe einen schweren Kopf, habe Kopfschmerz. καρηκομάω ich lasse mein Haar am ganzen Kopf wachsen.

καραδοκέω f. ήσω ich passe auf mit aufgerichtetem Haupt, ich erwarte, harre. καραδοκία ἡ das Aufpassen

κρήδεμνον τὸ Kopfbinde, Kopfhülle verheiratheter Frauen; pl. Mauerzinnen.

κεφάλαιον τὸ Hauptsache, Summe: κεφαλαιώδης summarisch, κεφαλαιόω ich summire, ἀνακεφαλαιόω ich wiederhole summarisch.

κεφαλικὸς ἡ ὸν den Kopf od. das Leben betreffend, capitalis, poet. καρανιστὴρ ὁ. κεφαλίτης λίθος Eckstein. κεφαλωτὸς ἡ όν mit einem Kopfe: ἀκάρηνος od. ἀκέφαλος ὁ ἡ ohne Kopf, ohne Anfang.

ἀποκεφαλίζω ich enthaupte, auch κεφαλοτομέω u. καρατομέω. ἀποκεφαλισμὸς ὁ od. καρατομία ἡ die Enthauptung.

ἐγκέφαλος ὁ (sc. μυελὸς) Gehirn. προσκεφάλαιον τὸ Kopfkissen.

κράνος τὸ Helm, auch κόρυς υθος ἡ, dem. κορύθιον τό (κορυθάϊξ ϊκος od. κορυθαίολος ὁ ἡ den Helm schüttelnd, so daß der Busch, ὁ λόφος, flattert) u. πήληξ ηκος ὁ. κρανίον τὸ Schädel: κρανιόλειος ὁ ἡ kahl auf dem Scheitel.

Κάρανος od. κοίρανος ὁ Herr, Herrscher. κοιρανία ἡ Herrschaft, Anführung: πολυκοιρανίη Herrschaft vieler: κοιρανέω ich herrsche, befehle, ordne.

τύραννος ὁ = κοίρανος, bs. der eigenmächtige Herrscher in einem gewesenen Freistaat: τυραννὶς ίδος ἡ eines solchen Herrschaft, τυραννεῖον τὸ Wohnung des Tyrannen, τυραννέω od. τυραννεύω ich herrsche als Tyrann, τυραννησείω ich habe Lust zur τυραννίς: τυραννιῶσιν οἱ λογοι die Reden schmecken nach τυραννίς. τυραννίζω ich halte es mit dem Tyrannen.

τυραννοποιὸς ὁ ἡ Tyrannen machend, τυραννοκτόνος Tyrannen tödtend, wovon τυραννοκτονέω u. -νία ἡ.

Κῦρος εος τὸ Hauptsache, Kraft, Macht, Ansehen; Gültigkeit, Bestätigung.

ἄκυρος ὁ ἡ ungültig; ohne Macht u. Recht auf etwas τινός; uneigentlich: ἀκυρολογέω ich rede uneigentlich od. figürlich, entggs. κυριολογέω od. κυριολεκτέω: ἀκυρολογία ἡ Proprietät, κυριολογία od. κυριολεξία ἡ Impropriëtät des Ausdrucks. ἀκυρόω ich mache ungültig, schaffe ab.

κυρόω ich bestätige, ratificire, auch ἐπικυρόω u. κατακυρόω: προκυρόω ich sanctionire vorher, im Voraus.

κύριος ία ιον Herr od. Eigenthümer von etwas, Macht darüber habend; hauptsächlich, vorzüglich, gültig, entscheidend; eigenthümlich. κυρία u. κυρεία od. κυριότης ἡ Herrschaft, Besitz. κυριεύω ich bin Herr od. Eigenthümer; ich bemächtige mich, erwerbe, bekomme τινός. ἀκυρίευτος ὁ ἡ ohne Oberherrn.

Κύρω f. κύρσω, auch κυρέω f. κυρήσω (pros. τυγχάνω), ich stoße auf etwas (τινί), begegne, gerathe hinein (auch ἐγκύρω, ἐπικύρω, προσκύρω); ich bekomme, erreiche τινός: ich treffe mich, bin gerade. κύρμα ατος τὸ Fund, Beute.

συγκύρω u. συγκυρέω ich stoße od. treffe zusammen; συγκυρεῖ es trägt sich zu, ereignet sich. συγκύρημα τὸ u. συγκυρία ἡ Ereigniß, Zufall.

Κραίνω u. κραιαίνω f. κρανῶ ich vollende, erfülle (auch ἐπικραίνω); ich herrsche, beherrsche.

κραντὴρ od. κράντης u. κράντωρ ὁ, κράντειρα ἡ, Vollender, Beherrscher; der (zuletzt erscheinende) hinterste Backenzahn. ἄκραντος od. ἀκράαντος ὁ ἡ unvollendet.

κρέων od. κρείων οντος ὁ Herrscher, Herr: κρείουσα fem.

Κρουνος ὁ Bett od. Weg eines Flusses; Quell, Spring, auch κρήνη (dem. κρηνὶς) u. πηγὴ ἡ (dem. πηγίον od. πηγίδιον τὸ) Brunnen φρέαρ (έατος u. ητός), dem. φρεάτιον, τό: Brunnenwasser ὕδωρ φρεάτειον od. φρεατιαῖον.

κρουναῖος od. κρηναῖος u. πηγαῖος od. πηγιμαῖος αία αῖον von oder aus dem Quell: auch κρουνίτης ὁ u. κρηνιὰς ἡ. κρουνηδὸν wie ein Spring. κρουνίζω ich ergieße wie ein solcher: κρούνισμα τὸ was so fließt. πηγάζω ich quelle; ich lasse quellen. πηγόῤῥυτος ὁ ἡ aus der Quelle fließend.

Κρόνος ὁ Saturnus, der Gott der Zeit; schwachsinnig vor Alter, auch κρόνιππος u. κρονόληρος ὁ.

κρονικὸς ἡ ὸν saturnisch; altfränkisch, albern.
κρόνια τὰ Saturnalia, auch ἡμέραι κρονιάδες.

χρόνος ὁ Zeit.

μετάχρονος ὁ ἡ nach der Zeit geschehen: μεταχρόνιος überirdisch.
πολύχρονος od. πολυχρόνιος ὁ ἡ lange Zeit dauernd, poet. auch δηναιὸς und δηρός, von δήν od. δηθά lange Zeit, lange Zeit her: δηθύνω ich zaudere.
σύγχρονος ὁ ἡ gleichzeitig, συγχρονέω oder συγχρονίζω ich bin gleichzeitig, συγχρονισμὸς ὁ Gleichzeitigkeit.

χρονικὸς ἡ ὸν zur Zeit gehörig, sie betreffend; χρονικὰ τὰ Zeit= od. Geschichtsbücher: χρονογράφος ὁ der solche schreibt.
χρόνιος ὁ ἡ, fem. auch ία, zeitig, in der Zeit; langwierig; zaudernd, lange verweilend. χρονιότης ἡ Langwierigkeit.
χρονίζω ich daure lange Zeit, verweile, zögere, was auch χρονοτριβέω: χρονισμὸς ὁ das Weilen, Zögern, χρονιστὸς ἡ ὸν verweilend, lange ausbleibend. ἐγχρονίζω ich bringe lange Zeit wobei zu.
χρονολογία ἡ Zeitrechnung, χρονολόγος ὁ derselben kundig.

Κρούω f. ούσω (poet. auch κρουαίνω) ich schlage, klopfe; spiele ein Saiteninstrument.

ἀνακρούω ich stoße zurück, halte auf: med. ich rudre zurück ohne umzuwenden; ich schlage an (ein Instrument), stimme an, präludire.
ἀντικρούω ich schlage gegen, stoße zurück.
ἀποκρούω ich stoße od. schlage ab; wehre ab.
διακρούω ich schlage durch; med. ich wende von mir ab, vermeide; halte od. bringe zurück; verhindere.
ἐγκρούω ich schlage ein od. an; ich tanze, terram pede pulso.
ἐκκρούω ich schlage, stoße, treibe aus; neutr. ich breche aus od. hervor.
ἐπικρούω ich stoße, schlage daran od. darauf.
κατακρούω ich schlage hinunter, hinein; zerschlage, öffne die Haut z. B. durch Messer od. Lancette.
παρακρούω ich schlage daneben od. falsch; med. ich betrüge; schiebe auf die Seite, verwerfe.
προσκρούω ich stoße an; beleidige.
συγκρούω ich schlage zusammen; hetze an einander, veruneinige.

κροῦμα od. κροῦσμα τὸ das Geschlagene, der Ton, Schall; das gespielte Stück. κρουματικὸς oder κρουσματικὸς ἡ ὸν zum Spielen der Instrumente gehörig; tönend. κρουμὸς od. κρουσμὸς ὁ u. κροῦσις ἡ das Schlagen, Klopfen; das Spielen der Saiteninstrumente.
κρουστικὸς ἡ ὸν was κρουματικός.

κρότος ὁ das Geräusch vom Schlagen, Stoßen, Stampfen; Beifallgeklatsch; leeres Wortgetöse. ἀπόκροτος u. ἐπίκροτος ὁ ἡ festgeschlagen, festgestampft.

κροτέω ich schlage, spiele ein Instrument; beklatsche; klappre, plappre. κρότησις ἡ u. κροτησμὸς ὁ das Schlagen, Klatschen: das Auszischen κλωγμὸς ὁ, ich zische aus κλώζω.
ἀνακροτέω ich klatsche mit aufgehobenen Händen. ἀποκροτέω ich schlage od. schnelle fort: ἀποκρότημα τὸ mit den Fingern geschlagenes Schnippchen. ἐπικροτέω ich applaudire; mache ein Geräusch dabei od. dazu. παρακροτέω ich schlage daneben od. falsch; ich ermuntere durch Zuklatschen. συγκροτέω ich schlage od. hämmere zusammen; mache fest u. derb; vereinige, bringe zusammen; mache zurecht, fertig: ἀσυγκρότητος nicht zusammengedrängt, nicht eingeübt.

κρόταλον τὸ Klapper, Schelle, auch κρέμβαλον τὸ; ein Schwätzer.

auch κρότημα τὸ. κροταλίζω ich klappere, auch κρεμβαλίζω u. κρεμβαλιάζω; ich klatsche Beifall.

κρόταφος ὁ der Schlaf am Haupte, auch κόρση ἡ; der Kolben am Hammer. κροταφὶς ίδος ἡ der Spitzhammer. κροταφιαῖος α ον den Schlaf treffend, in den Schlaf.

Καιρὸς ὁ die rechte Zeit, das gehörige Maaß: οἱ καιροὶ die Zeitumstände. καίριος ία ιον zur rechten Zeit, paßlich, treffend, tödtlich.

ἄκαιρος ὁ ἡ od. ἀκαίριμος η ον u. παράκαιρος od. παρακαίριος unzeitig, ungelegen; der keine Zeit beobachtet, indiscret: ἀκαιρία ἡ Unzeit; Indiscretion. ἀκαιρολόγος od. ἀκαιροῤῥήμων ὁ ἡ zur unrechten Zeit redend, ἀκαιροπαῤῥησιαστὴς ὁ zur Unzeit freimüthig.

ἔγκαιρος, ἐπίκαιρος u. εὔκαιρος zeitig, zu gelegener Zeit, schicklich: Zeit habend. ἐγκαιρία ἡ u. εὐκαιρία ἡ die schickliche Zeit; Gelegenheit; Muße. εὐκαιρέω ich habe gute Zeit od. Gelegenheit; habe Muße; wende die Zeit auf etwas. εὐκαίρημα τό That zur rechten Zeit.

πρόσκαιρος ὁ ἡ auf eine Zeitlang; zur rechten Zeit.

Κὴρ κηρὰς ἡ Schicksal, Schicksalsgöttin, Unglück, Tod. ἀκήριος u. ἀκήρατος od. ἀκηράσιος ὁ ἡ unversehrt, unzerstörbar, immerwährend. ἐπίκηρος u. ἐπικήριος ὁ ἡ dem Schicksal unterworfen, vergänglich, sterblich.

Κέρας, ατος (od. αος u. ως) dem. κεράτιον τὸ, Horn; Flügel einer Armee.

κερατaύλης od. κεραύλης ὁ (αὐλός) der das Horn bläst.

κερατογλύφος, κερατοξόος ὁ der Horn schnitzt, polirt.

κεράτινος ίνη ινον von Horn, κερατώδης od. κεροειδὴς ὁ ἡ hornartig.

κερουτίας ὁ qui cornua tollit, übermüthig, stolz: κερουτιάω. κεραὸς ὰ ὸν u. κερόεις εσσα εν gehörnt, auch κερασφόρος u. κερατηφόρος od. κερατοφόρος ὁ ἡ, desgl. κεράστης u. κερατίας ὁ: ungehörnt ἄκερως u. ἀκέρατος ὁ ἡ.

κερατόω od. κερόω ich mache zu Horn, krümme wie ein Horn: κερατίζω ich stoße mit dem Horne, auch κυρίττω f. ξω u. κορύπτω od. κορυπτιάω: κυρίττολος od. κορύπτιλος stößig.

κεραΐζω ich verheere, plündere, raube; ich tödte, morde. κεραϊστὴς ὁ Plünderer, Verwüster. ἀκέραιος ὁ ἡ unverletzt, unversehrt: ἀκεραιότης ἡ Unversehrtheit.

κεραία ἡ Horn; Hervorragung; Segelstange; Punkt oder Accent über einem Worte, apex.

κορύσσω od. κορθύω ich hebe in die Höhe; ich setze in Bewegung, errege, rüste. κορυστὴς οῦ ὁ Streiter, ἱπποκορυστὴς reisig, χαλκοκορυστὴς mit Erz gewaffnet, κεκορυθμένος ὀξέϊ χαλκῷ. κόρθυς υος ἡ Haufen, Erhöhung.

Κράτος u. κάρτος εος τὸ Stärke, Kraft, Macht; Gewalt, Herrschaft; Uebermacht, Sieg.

ἀκρατὴς (poet ἀκράτωρ ορος) ὁ ἡ einer Sache nicht mächtig; seiner Begierden nicht Herr, unenthaltsam, ausschweifend: ἀκράτεια ἡ Unmäßigkeit, Unenthaltsamkeit, ἀκρατεύομαι ich bin unmäßig. Entggs. ἐγκρατὴς, ἐγκράτεια, ἐγκρατεύομαι: ἐγκράτευμα τὸ Handlung eines ἐγκρατής, Probe von Selbstbeherrschung.

ἐπικρατής τινος der einen in seiner Gewalt hat: ἐπικράτεια ἡ Uebermacht, Obmacht; erobertes Land.

κράτιστος ίστη ιστον der stärkste, mächtigste, beste: stärker, besser κρείσσων, Att. κρείττων, Ion. κρέσσων, Dor. κάῤῥων, entggs. ἥσσων (Att. ἥττων), wovon ἧσσα ἡ Niederlage, ἡσσάομαι ich unterliege, ἀήσσητος unüberwindlich. κρατιστεύω ich bin der beste, zeige mich als solchen; τινὸς ich übertreffe einen. κρατιστίνδην adv. mit Auswahl der Besten.

κρατὺς εῖα ύ, κραταιὸς u. κρατερὸς, pros. καρτερὸς ὰ ὸν stark, mächtig; fest, hart: adv. κάρτα sehr, gew. λίαν od. μάλα (comp. μᾶλλον magis; sup. μάλιστα maxime, entggſ. ἧσσον ἥκιστα) od. σφόδρα.

κρατέω ich habe Macht über etwas (τινός), gewinne, beſitze; beherrſche; ich beſiege, übertreffe; ich faſſe u. halte feſt, behalte die Oberhand. ἀκράτητος unbezwinglich, unbändig.

κρατύνω ich mache ſtark od. feſt. καρτερέω ich bin ſtark od. feſt; ich halte aus, erdulde: διακαρτερέω, ἐγκαρτερέω, προσκαρτερέω ich halte ganz durch aus, verharre in etwas od. bei einem. καρτερία ἡ das Aushalten, Dulden; Enthaltſamkeit: καρτερικὸς ἡ ὸν dazu gehörig od. geſchickt.

Κρέας ατος od. κρέαος u. κρέως, dem. κρεάδιον, τὸ Fleiſch, ſonſt σὰρξ ρκὸς ἡ, dem. σαρκίον u. σαρκίδιον τὸ.

κρεῖον τὸ Fleiſchtopf. κρεάγρα ἡ Gabel das Fleiſch herauszunehmen.

σάρκινος η ον u. σαρκώδης ὁ ἡ fleiſchern, fleiſchigt: σαρκικὸς ἡ ὸν fleiſchlich. ἄσαρκος ὁ ἡ fleiſchlos, mager, entggſ. κατάσαρκος u. εὔσαρκος: ἀσαρκία ἡ Magerkeit, εὐσαρκία Wohlbeleibtheit.

σαρκόω ich mache zu Fleiſch, fülle mit Fleiſch aus.

κρεανομέω u. κρεωνομέω ich theile das Fleiſch (der Opferthiere) aus; κρεανόμος ὁ ἡ, auch κρεωδαίτης u. κρεαδότης, der ſolches vertheilt: κρεωδαισία u. κρεωνομία ἡ dieſe Vertheilung.

κρεωπώλης ὁ Fleiſchhändler, κρεουργὸς Fleiſcher. κρεωβορέω u. κρεωφαγέω od. κρεηφαγέω ich eſſe Fleiſch, auch σαρκοβορέω u. σαρκοφαγέω: σαρκοφάγος (λίθος eine Kalkſteinart von Aſſos in Troas, woraus Särge (σοροὶ αἱ) verfertigt wurden, die das Fleiſch der Leichname verzehrten.

Καρδία ἡ (poet auch κραδίη ἡ u. κέαρ ατος od. κῆρ ῆρος τὸ) Herz; der obere Magenmund. ἀκήριος od. ἀκάρδιος ὁ ἡ ohne Herz.

καρδιαλγία ἡ Magendrücken, Herzgeſpann: καρδιαλγέω, καρδιάω, καρδιώσσω ich leide daran, bin καρδιαλγὴς od. καρδιακός.

Κορδύλη ἡ, die Keule, der Prügel; Beule, Brauſche; eine Bedeckung od. Binde des Kopfs. ἐγκορδυλόω ich umwickle, binde ein.

Κόνδυλος ὁ Gelenkkopf der Knochen, bſ. der Finger, Knöchel; die geballte Fauſt; ein Schlag damit ins Geſicht, auch κόλαφος ὁ.

κονδυλίζω od. κολαφίζω ich ſchlage mit der Fauſt: mit der flachen Hand ἐπὶ κόρρης πατάσσω.

Κόλος u. κολοβὸς ὁ ἡ verſtümmelt, abgeſtutzt: κολοβότης ὁ Verſtümmelung, Kürze κολοβόω ich verſtümmele, verkürze: κολόβωμα τὸ der verſtümmelte Theil, κολοβωτὴς ὁ Verſtümmler.

κολοβόπους κολοβόρριν ὁ ἡ mit verſtümmelten Füßen, verſtümmelter Naſe.

κόλουρος od. κολόβουρος ὁ ἡ Stutzſchwanz.

κολούω f. ούσω ich ſtutze, verkürze; unterdrücke, verhindere.

κολάζω f. άσω ich beſchneide, verkürze; mäßige, warne; ſtrafe, züchtige.

κόλασις ἡ Einſchränkung; Strafe, Züchtigung: auch κόλασμα τὸ u. κολασμὸς ὁ κολαστὴς οῦ ὁ, κολάστειρα ἡ der- die einſchränkt od. ſtraft, κολαστικὸς ἡ ὸν zum Strafen, Züchtigen ꝛc gehörig: κολαστήριον τὸ Ort od Werkzeug der Züchtigung. ἀκόλαστος ὁ ἡ der ſich nicht einſchränken läßt, frech, zügellos: ἀκολασταίνω ich bin zügellos, ſchweife aus: ἀκολάστημα τὸ eine Ausſchweifung: ἀκολασία ἡ Ausgelaſſenheit, Zügelloſigkeit.

κωλύω f. ύσω ich hindere: κωλυτικὸς ἡ ὸν hinderlich, κώλυμα τὸ Hinderniß, ἀκώλυτος ὁ ἡ ungehindert.

Κόλπος ὁ der (durch das Gürten entſtehende) Bauſch des Kleides; Buſen; Schooß; Meerbuſen. κολπίας ὁ mit einem Buſen, κολπώδης buſenartig κολπίζω od. κολπόω ich bauſche, ziehe in einen Buſen zuſammen: κόλπωσις ἡ das Bauſchen, Blähen, κολπωτὸς ἡ ὸν bauſchig.

ἐγκολπίζω od. ἐγκολπόω ich ſtecke in den Buſen.

ὑποκόλπιος ὁ ἡ am Buſen liegend.

Κῶλον (dem. κωλάριον) τὸ Glied (am Körper, in einer Periode ꝛc.); der Grimmdarm: κωλικὴ νόσος dessen Krankheit, Colik κωλέα od. κωλῆ ἡ u. κωλὴν ῆνος ὁ Hüftknochen mit dem Fleische daran, Schinken.

Κόρος ὁ Jon. κοῦρος, Dor. κῶρος Kind, Knabe. κόρη ἡ (dem. κορίσκη ἡ od. κόριον, κορίδιον, κοράσιον, κορίσκιον τὸ) Mädchen, Jungfrau; Persephone, Libera; Puppe (κοροπλάθος ὁ der Puppen macht); die Pupille im Auge. κουροσύνη ἡ Kindesalter.

κορεύομαι ich lebe als Jungfrau. κορεία ἡ u. κόρευμα τὸ Jungfrauschaft. τὰ κορεῖα das Fest der Persephone. διακορεύω ich entjungfere.

κουρίζω ich bin ein Kind od. Knabe; erziehe den Knaben. ὑποκορίζομαι ich benenne schmeichelnd, gelinder, verkleinernd: ὄνομα ὑποκοριστικὸν ein Deminutivum, ὑποκορισμὸς ὁ deren Gebrauch.

κουρίδιος ία ιον jugendlich (von Eheleuten, die jung geheirathet haben).

ἐπίκουροι οἱ ἡ Helfer, Hülfsvölker, Söldner. ἐπικουρέω ich diene als Söldner; ich helfe: ἐπικούρησις ἡ das Helfen, Beistehn. ἐπικουρία ἡ u. ἐπικούρημα τὸ Hülfe, Hülfsmittel, Hülfstruppen.

Κορύβας αντος ὁ (fem. κορυβαντίς) Priester der Kybele, die in wilder Begeisterung mit lärmender Musik und bewaffneten Tänzen ihre Göttinn feierten.

κορυβαντιάω ich begehe die Korybantenfeier, ich bin begeistert, außer mir: κορυβαντιασμὸς ὁ jene Feier. κορυβαντίζω ich weihe ein in die Gebräuche der Korybanten; reinige od. heile durch korybantische Ceremonien. κορυβάντιον τὸ Tempel der Korybanten.

Κόβαλος ὁ Schmarotzer, Possenreißer, scurra; adj. verschmitzt. κοβαλεύω und κοβαλικεύω ich bin κόβαλος, κοβαλικεία ἡ u. κοβαλίκευμα τὸ Art od. Streich eines solchen.

Κύβη ἡ Kopf, κύβος ὁ Würfel, cubus. κυβικὸς ἡ ὸν würflicht, cubisch. κυβεύω ich spiele Würfel, wage: διακυβεύω ich würfle mit andern od. gegen andre, ἐκκυβεύομαι ich verliere im Spiel. κυβευτὴς ὁ Würfelspieler, κυβεία ἡ Würfelspiel, κυβεῖον od. κυβευτήριον τὸ Spielhaus. Kopf auch (Dor.) κόττα ἡ, wov. κώδεια ἡ Mohnkopf u. κώδων ωνος ὁ Glocke, Schelle: κωδωνίζω ich visitire die Nachtwache mit der Glocke, auf deren Ton sie anrufen muß, auch κωδωνοφορέω.

κυβιστάω ich stelle mich auf den Kopf, stürze mich über Kopf hinein. κυβίστημα τὸ der Burzelbaum, κυβίστησις ἡ das Kopfüberschlagen, κυβιστητὴρ ῆρος ὁ der sich auf den Kopf stellt, Gaukler.

κύπτω f. ψω ich bücke mich. κυπτὸς ἡ ὸν gebückt. κύβδα mit dem Kopf vorn über, adv.: adj. κύβδοχος ὁ ἡ.

ἀνακύπτω ich beuge zurück, richte den Kopf in die Höhe; richte mich auf, ducke auf. διακύπτω ich stecke den Kopf durch, gucke hindurch. ἐκκύπτω ich gucke heraus, siehe hervor. ἐπικύπτω ich bücke mich auf od. über –.

κατακύπτω ich bücke mich nieder. παρακύπτω ich bücke mich daneben od. nach etwas hin, was auch προσκύπτω.

συγκύπτω ich stecke den Kopf mit andern zusammen, halte mit ihnen zusammen.

ὑπερκύπτω ich sehe hinüber, rage empor.

ὑποκύπτω ich bücke mich unter das Joch, unterwerfe mich.

κυπτάζω ich bücke und ducke mich, thue etwas in dieser Stellung, bin emsig über etwas, schleiche herum, laure.

κυφὸς od. ὑβὸς ἡ ὸν gibbus, gebogen, krumm, höckerig: κυφότης ἡ das Krumm- od Höckerigsein. κύφος od. ὕβος εος τὸ u. κύφωμα od ὕβωμα ατος τὸ Krümmung, Höcker: κυφόω u. ὑβόω od. ὑβίζω ich krümme, biege. κύφων ωνος ὁ Werkzeug worin die Verbrecher krumm geschlossen werden; der solche Strafe verdient; das krumm gebogene Joch.

Κόλαξ ἄκος ὁ. κολακὶς ίδος ἡ. Schmeichler: auch κολακευτὴς ὁ von κολακεύω ich schmeichele: κολακεία ἡ die Schmeichelei.
κολακευτικὸς u. κολακικὸς ἡ ὸν schmeichlerisch.
δύσκολος ὁ ἡ schwierig, schwer zu befriedigen, mürrisch: δυσκολία ἡ Schwierigkeit, Unzufriedenheit: δυσκολαίνω ich bin δύσκολος. Entggs. εὔκολος u. εὐκολία.

Κολάπτω f. ψω ich hacke od. picke auf etwas, höhle durch Schlagen aus, grabe aus. κολαπτὴρ ῆρος ὁ Meißel. ἐγκολάπτω ich grabe ein, gravire. ἐκκολάπτω ich grabe aus, schlage od. picke heraus.

Κόπτω f. ψω ich haue, hacke; stoße, zerstoße; klopfe, poche; ich ermüde, plage; med., wie τύπτομαι, plango ich betraure, einen τινά, wov. κοπετὸς ὁ das Schlagen an die Brust, das Wehklagen.
κόμμα ατος τὸ Einschnitt, Abschnitt; Schlag, Gepräge der Münze.
κομμὸς ὁ das Schlagen, das Klagen.
κοπτὸς ἡ ὸν geschlagen, gestoßen.
κοπὴ ἡ das Hauen, Schlagen, Stoßen, Schneiden. κοπεὺς έως ὁ Meißel. κοπὶς ίδος ἡ Dolch, Messer, kurzer Säbel; auch κόπανον τὸ, wov. κοπανίζω, κοπανισμὸς ἡ όν, κοπανιστὴρ ὁ. κοπὰς ἡ gestutzt, beschnitten. κόπις εως ὁ Zungendrescher, Schwätzer. Geschwätzig, plauderhaft auch κώτιλος ίλη (od. ιλὰς) ιλον: κωτιλία ἡ Geschwätzigkeit, κωτίλλω ich schwatze, plaudere, schmeichele.
ἀνακόπτω retundo, ich stoße zurück, halte ab, hemme: ἀνακοπὴ ἡ Hemmung, Verhinderung.
ἀποκόπτω ich schneide od. haue ab; beschneide. ἀπόκομμα τὸ das Abgeschnittene, ἀποκοπὴ ἡ das Abhauen, Verkürzen. ἀπόκοπος ὁ ἡ abgeschnitten; entmannt.
διακόπτω ich zerschneide, zerhaue. συγκόπτω ich haue zusammen; ziehe ins Kurze: συγκοπὴ ἡ Verkürzung.
ἐκκόπτω ich haue aus; schneide, schlage aus; zerstöre, vertilge.
ἐγκόπτω ich schneide ein, unterbreche.
ἐπικόπτω ich behaue, schlage drauf; kappe.
κατακόπτω ich zerschneide, zerhaue; haue nieder; ermüde; zerprügele.
παρακόπτω ich schlage falsch Geld; ich betrüge; schnappe über, werde verrückt, παράκοπος ὁ ἡ: Wahnsinn παρακοπὴ ἡ.
περικόπτω ich beschneide, verstümmle, schwäche. περίκομμα τὸ das Zerhackte, Ragout. περικοπὴ ἡ das Beschneiden, der Abschnitt.
προκόπτω ich strecke, ich fördere; ich mache Fortschritte, komme vorwärts. προκοπὴ ἡ Fortgang, Wachsthum.
προσκόπτω ich stoße an; ich begehe einen Verstoß: ich beleidige (τινὶ einen) προσκοπὴ ἡ Anstoß, auch πρόσκομμα τὸ.
κόπος ὁ Ermüdung, Mattigkeit: ἄκοπος ὁ ἡ unermüdet. κοπώδης ὁ ἡ od. κοπηρὸς u. κοπιαρὸς ὰ όν ermüdend, mühselig. κοπόω ich ermüde durch Arbeit: κοπιάω ich werde müde; höre auf, auch κοπάζω.
κόμπος ὁ Schall des Pochens, Geräusch; hochtönende u. hohle Reden, Großsprecherei, Prahlerei. κομπὸς ὁ u. κομπώδης ὁ ἡ prahlerisch, ὑπέρκομπος überaus prahlerisch. κομπέω u. κομπάζω ich töne, rausche, prahle: κομπαστὴς οῦ ὁ Prahler. κομπασμὸς ὁ Prahlerei.
κώπη ἡ (dem. κωπίον τὸ) Ruder; Degengriff. κωπήεις ήεσσα ῆεν mit einem Griff, κωπήρης ὁ ἡ mit einem Ruder versehen. κωπεὺς έως ὁ Holz woraus Ruder gemacht werden. κωπηλάτης ὁ (ἐλαύνω) Ruderer, κωπηλατέω ich rudere, κωπήλατος ὁ ἡ gerudert, κωπηλασία ἡ das Rudern.
κωφὸς ἡ ὸν obtusus, stumpf; taub, stumm, unempfindlich, dumm: ὑπόκωφος ὁ ἡ etwas stumpf od. taub. κωφότης ἡ Stumpfheit,

Taubheit. κωφάω u. κωφόω, auch ἐκκωφάω u. ἐκκωφόω, ich mache taub od. stumm: κωφεύω ich bin es.

Κόπρος ἡ Koth, Mist; Dünger.
κοπρία ἡ oder κοπρὼν ὦνος ὁ Misthaufen; Abtritt, auch κοπροβολεῖον, κοπροδοχεῖον, κοπροθέσιον τό. κοπρίας ὁ Unfläter, niedriger Possenreißer, auch κοπρολόγος ὁ ἡ.
κόπριος ία ιον mistig, dreckig; gering, verachtet. κοπρώδης mistartig.
κοπρέω, κοπρεύω, κοπρίζω, κοπρόω ich miste: κόπρισις od. κόπρωσις ἡ u. κοπρισμὸς ὁ das Misten.

Κάραβος ὁ eine Käferart, Feuerschröter (eine andere κάνθαρος ὁ: κανθαρὶς ἡ Spanische Fliege); Hummer. Krebs κάρκινος ὁ, dem. καρκινὰς ἡ u. καρκίνιον τό: καρκίνωμα τὸ Krebsschaden: καρκινευτὴς ὁ der krebset, Krebse fängt: καρκινοβάτης ὁ krebsgängig.

Κάστωρ ορος ὁ der Biber. καστόριον τὸ Bibergeil, καστορίζω ich schmecke od. rieche wie καστόριον.

Κείρω f. ερῶ od. (Aeol.) ἔρσω ich scheere, auch ξύρω f. ήσω: vom Wollenvieh (pecus) πέκω f. ξω, pros. πείκω od. πεκτέω, was auch ich kämme.
κάρσις, κουρά, ξύρησις ἡ die Schur. κουρεὺς έως ὁ Barbier: fem. κουρεύτρια von κουρεύω ich bin κουρεύς. κουρεῖον τὸ Barbierstube.
κουρὶς ἡ u. ξυρὸν τὸ Scheermesser. κουρίας od. ξυρίας ὁ geschoren, der abgeschnittenes Haar trägt: auch κόρσης. κουριάω od. ξυριάω ich verlange nach der Schur. κουρὶξ adv. bei den Haaren (poet.).
κουρικὸς ἡ ὸν zum Scheeren gehörig, κούριμος od. ξυρήσιμος zu scheeren.
κέρμα (dem. κερμάτιον) τὸ klein Geldstück, Scheidemünze, sonst κόλλυβος ὁ. κερματίζω ich zerstücke, mache klein. κερματιστὴς ὁ Geldwechsler, auch κολλυβιστής.
ἀκαρὴς ὁ ἡ untheilbar; ganz klein, augenblicklich. ἀκαρεὶ in einem Augenblick, ἀκαριαῖος ιαία αῖον einen Augenblick dauernd.
πέκος od. πέσκος τὸ u. πόκος ὁ Wolle, Fließ. πεκτὸς ἡ ὸν geschoren, gekämmt. Kamm κτεὶς ενὸς ὁ: κτενίζω ich kämme, ἀκτένιστος ungekämmt.
κορμὸς ὁ Klotz, Block, vom Stamm gehaunes Stück. κορμηδὸν wie ein Klotz. κορμάζω ich schneide od. haue in Klötze, Stücke rc.

Κέρδος εος (dem. κερδάριον u. κερδύφιον) τὸ Gewinn, Vortheil: κέρδεα τὰ od. κερδοσύνη ἡ (poet.) List, Schlauigkeit. κερδίων ονος ὁ ἡ vortheilhafter, listiger: sup. κέρδιστος η ον.
ἀκερδὴς ὁ ἡ ohne Gewinn, unvortheilhaft. αἰσχροκερδὴς ὁ ἡ schändliche Weise gewinnsüchtig: αἰσχροκέρδεια ἡ: αἰσχροκερδέω. φιλοκερδής Gewinn liebend.
κερδαλέος έα έον (poet. κερδαλεόφρων ὁ ἡ) gewinnsüchtig, listig: κερδαλεότης ἡ was κερδοσύνη.
κερδῷος Gewinn bringend. κερδὼ οῦς ἡ der Fuchs (der Listige).
κερδαίνω f. δανῶ u. δήσω, ich gewinne, profitire. ἀποκερδαίνω ich habe Nutzen davon. κατακερδαίνω ich vernachläßige oder drücke aus Gewinnsucht.

Κῆδος εος τὸ Sorge, Kummer; Trauer; Leichenbegängniß; Verwandschaft durch Heirath, Schwägerschaft. κηδίων theurer, werther: sup. κήδιστος.
κήδω (poet.) ich betrübe, ängste, schade; med. ich sorge, besorge, τινός.
κηδεύω f. εύσω ich besorge, ich bestatte eine Leiche; verheirathe; ich bin verschwägert, mit einem τινί. κήδευμα τὸ u. κηδεία ἡ = κῆδος.
κηδεστὴς οῦ ὁ Verwandter durch Heirath, Schwiegervater, Schwiegersohn: κηδέστρια ἡ Schwiegermutter. κηδεστία ἡ Verschwägerung, Schwägerschaft.

κηδεμὼν όνος od. κηδεμονεὺς ῆος u. κηδευτὴς ὁ Besorger, Pfleger, Beschützer. κηδεμονία ἡ Besorgung, Pflege. κηδεμονικὸς ἡ ὸν sorgfältig, sorgsam, pflegend.

κήδειος od. κήδιος u. κεδνὸς ἡ ὸν (poet.) sorgsam; der Sorge werth, theuer.

ἀκηδὴς ὁ ἡ sorglos, unbesorgt, vernachlässigt, unbestattet, auch ἀκήδευτος u. ἀκήδεστος ὁ ἡ. ἀκηδέω ich vernachlässige, ἀκηδία u. ἀκήδεια ἡ Sorglosigkeit, Verwahrlosung.

ἐπικήδειος ὁ ἡ zum Leichenbegängniß gehörig.

Κῆπος ὁ (dem. κηπίον u. κηπίδιον τὸ) Garten. κηπαῖος αία αῖον aus dem Garten, im Garten gezogen: auch κηπεύσιμος u. κηπευτὸς ἡ όν, von κηπεύω ich baue im Garten. κηπεία ἡ Gartenbau. κηπεὺς έως, κηπευτὴς οῦ, gew. κηπουρὸς od. κηπωρὸς ὁ, Gärtner: κηπουρέω ich treibe Gartenbau.

κηποτάφιον τὸ Grab im Garten.

Κίρκος u. κρίκος ὁ (dem. κρικίον u. κρικέλλιον τὸ) Zirkel, Ring, Bogen; römischer Circus: κιρκήσια τὰ ludi Circenses. κιρκόω od. κρικόω ich mache zum Ring, umgebe mit einem Ring. κρικοειδὴς ὁ ἡ ringförmig. κρικηλασία ἡ das Treiben eines Reifen, ein Kinderspiel.

Κύκλος (dem. κυκλίσκος) ὁ Kreis: κύκλα τὰ runde Körper, Ringe, Räder rc. κύκλῳ im Kreise: κυκλόθεν aus dem Umkreis, von allen Seiten, rings herum: κυκλόσε in einen Kreis. κυκληδὸν wie ein Kreis.

κύκλιοι χοροὶ Chöre an den Festen des Dionysos, von der Figur des Tanzes. ἐγκύκλιος ὁ ἡ reihumgehend, jeden treffend: ἐγκύκλια μαθήματα od. ἐγκύκλιος παιδεία diejenigen Kenntnisse, Wissenschaften, Künste, die jeder Freie lernte.

κυκλικὸς ἡ ὸν od. κυκλώδης ὁ ἡ, poet. κυκλόεις, εσσα εν, kreisförmig, rund; auch κυκλοτερὴς ὁ ἡ.

κυκλάδες νῆσοι die Inseln die im Kreis um Delos liegen; ὧραι die Jahrszeiten die einen Kreis durchlaufen.

κυκλέω u. κυκλεύω ich drehe im Kreise, bewege auf Rädern, fahre: κύκλησις ἡ das Herumdrehen; die kreisförmige Bewegung, auch κυκλοφορία ἡ. κυκλαίνω ich runde. κυκλόω f. ώσω ich bringe in einen Kreis; umzingle, auch ἐγκυκλόω u. περικυκλόω. κυκλωτὸς ἡ ὸν gerundet.

κύκλωψ ωπος ὁ rundäugig, mit Einem runden Auge, der Kyklop.

Κυλίω u. κυλίνδω od. κυλινδέω, auch καλινδέω u. ἀλινδέω, ich wälze, rolle, drehe herum.

ἀνακυλίω ich wälze hinauf od. zurück, κατακυλίω herab.

ἀποκυλίω ich wälze weg, ἐπικυλίω od. προσκυλίω drauf, dazu.

ἐγκυλίω ich wälze hinein, ἐκκυλίω heraus.

προκυλινδοῦμαι ich falle jemanden zu Fuß.

κύλισις, κυλίνδησις, ἀλίνδησις εως ἡ das Wälzen, Rollen.

κύλινδρος ὁ die Walze. κυλινδρικὸς ἡ ὸν od. κυλινδροειδής ὁ ἡ cylindrisch, walzenförmig. κυλινδρόω ich walze, ebne mit der Walze.

κυλίστρα, καλινδήθρα u. ἀλινδήθρα ἡ Platz wo die Pferde sich wälzen: ἐξαλίω ich lasse sie sich wälzen.

Κισσὸς, Att. κιττὸς, ὁ Epheu. κίσσινος ίνη ινον od. κισσοποίητος ὁ ἡ aus Epheu gemacht, κισσοειδὴς ὁ ἡ epheuartig, κισσόω ich umwinde mit Epheu: κισσωτὸς od. κισσοκόμης ὁ od. κισσοστέφανος ὁ ἡ mit Epheu im Haar od. bekränzt.

Κόγχη ἡ u. κόγχος ὁ (dem. κογχίον τὸ) eine zweischalige Muschel; muschelförmiges Gefäß. κογχώδης od. κογχοειδὴς muschelartig, auch κογχυλιώδης od. κογχυλιοειδὴς von κογχύλη ἡ u. κογχύλιον τὸ Muschel; bs. Purpurschnecke; auch Purpurfarbe und das damit Gefärbte. κογχυλιωτὸς mit Purpur gefärbt, κογχυλιευτὴς ὁ der Purpurschnecken fängt. λίθος κογχίτης, κογχυλίας, κογχυλιάτης ὁ Muschelmarmor.

Κοχλὸς od. κοχλίας ὁ (dem. κοχλὶς ἡ u. κοχλίδιον τὸ) Schnecke mit gewundenem Gehäuse; Muschel überhaupt.

κοχλίον τὸ kleine Schnecke; was schneckenförmig gewunden ist, z. B. Wendeltreppe, Schraube.

κοχλιώδης ὁ ἡ schneckenförmig, gewunden.

Κόθορνος ὁ hoher Schuh, bs. der tragischen Schauspieler; ein falscher Mensch, Achselträger (weil der Kothurn auf beide Füße und für beide Geschlechter paßte).

Κόκκος ὁ Kern im Obst; Beere, bs. Scharlachbeere: ἡ κόκκος der Baum der diese trägt. κόκκινος ίνη ινον scharlachroth.

Κόμμι ι od. ιδος od. εως, dem. κομμίδιον, τὸ Gummi: κομμιώδης od. κομμιδώδης gummiartig, κομμίζω ich sehe aus wie Gummi. Harz ῥητίνη ἡ resina: harzicht ῥητινώδης, ich überziehe mit Harz ῥητινόω, ich schmecke danach ῥητινίζω, Wein der nach Harz schmeckt οἶνος ῥητινίτης.

Κομέω f. ήσω ich besorge; versorge, pflege; schmücke.

κομίζω f. ίσω was κομέω; ich bringe od trage fort; med. ich hole mir, bekomme. κομιδὴ ἡ Sorge, Wartung, Pflege; das Bringen od. Herbeischaffen; das Wiedererhalten. κομιδῇ mit Sorgfalt; sehr. κομιστὸς ἡ ὸν besorgt, gepflegt, bestattet: ἀκόμιστος ὁ ἡ vernachläßigt, ἀκομιστία ἡ Sorglosigkeit, Nachläßigkeit.

ἀνακομίζω ich bringe hinauf od. zurück, bekomme wieder.

ἀποκομίζω ich bringe weg διακομίζω ich bringe hinüber; überbringe εἰσκομίζω ich bringe hinein, ἐκκομίζω hinaus. κατακομίζω ich bringe herab od. zurück, bringe hin; med. kehre zurück, gerathe wohin. μετακομίζω ich bringe von einem Ort zum andern.

παρακομίζω ich führe zu; fahre vorbei. προσκομίζω ich bringe hinzu.

συγκομίζω ich trage od. bringe zusammen: συγκομιδὴ ἡ das Zusammenbringen, die Ernte.

κομψὸς ἡ ὸν geputzt; zierlich, fein, artig; verschlagen, listig: ἄκομψος ὁ ἡ unfein. κομψεύομαι ich spreche od handle wie ein κομψός: κομψεία ἡ u. κόμψευμα τὸ od. κομψότης ἡ artiges, feines Wesen od. Betragen.

κομμὸς ὁ Putz, sorgfältige Toilette: auch κόμμωμα τὸ von κομμόω ich putze. κομμωτὴς ὁ der putzt, schmückt, schminkt: κομμῶτις u. κομμώτρια ἡ Putzmädchen. κομμωτικὸς ἡ ὸν zum Putz od. zur Toilette gehörig.

Κόσμος ὁ (dem. κοσμάριον τὸ) Ordnung; Schmuck, Zierath; Welt, Weltall, Sternenhimmel.

κοσμογένεια od κοσμογονία ἡ Entstehung der Welt. κοσμολογία ἡ Lehre od Wissenschaft von der Welt. κοσμοκράτωρ ορος ὁ der die Welt beherrscht, κοσμοπλάστης ου der die Welt gebildet.

κόσμιος ία ιον ordentlich, anständig, sittsam, still: κοσμιότης ἡ Anständigkeit, Gesetztheit, geregeltes Betragen. κοσμικὸς ἡ ὸν von der Welt, die Welt betreffend, durch die Welt verbreitet. κοσμιαῖος von der Größe der Welt.

κοσμέω ich ordne, richte ein (auch διακοσμέω u. κατακοσμέω); schmücke, ziere ἐγκοσμέω ich ordne ein, stelle in die Reihe.

κόσμημα ατος τὸ das Geschmückte; der Schmuck: κόσμησις ἡ das Ordnen, Schmücken: κοσμήτωρ ορος, κοσμητὴρ ῆρος, κοσμήτης ου ὁ der ordnet od schmückt; fem. κοσμήτρια od. κοσμήτειρα. κοσμητικὸς ἡ ὸν zum Ordnen od Schmücken gehörig od geschickt. κοσμητὸς ἡ ὸν geordnet, geschmückt: ἀκόσμητος od. ἄκοσμος ὁ ἡ ungeschmückt, ungeordnet. ἀκοσμία ἡ Unordnung; entggs. εὐκοσμία: ἀκοσμέω ich bin unordentlich, εὐκοσμέω ich bin ordentlich.

Κόρος ου ὁ das Sattseyn, die Sättigung; Ueberdruß, Ekel, Uebermuth. κορέννυμι od. κορεννύω f. έσω u. ήσω ich sättige.

κορεστὸς ἡ ὁ gesättigt, zu sättigen: ἀκορὴς u. ἀκόρεστος od. ἀκόρητος ὁ ἡ ungesättigt, unersättlich. ἀκορία ἡ Unersättlichkeit. διάκορος u. διακορὴς ὁ ἡ durchaus gesättigt, voll; überdrüßig. κατάκορος u. κατακορὴς ὁ ἡ sehr sättigend; gesättigt, überdrüßig; dunkel (von Farben).

Κατὰ praep. c. gen. herab von, nieder auf; wider, gegen: c. acc. in, an, bei.

Κεῖμαι f. κείσομαι ich liege, bin gelegt od. gestellt od. gesetzt, τέθειμαι.

ἀνάκειμαι ich bin aufgestellt, gewidmet ἀντίκειμαι ich liege od. stehe gegenüber. ἀπόκειμαι ich bin bei Seite gelegt, bin aufbewahrt; bin verachtet. διάκειμαι ich bin beschaffen, gesinnt, gestimmt, eingerichtet. ἔγκειμαι ich liege drinn od. drauf; ich liege einem an, setze ihm zu. ἔκκειμαι ich bin ausgesetzt; liege öffentlich da. ἐπίκειμαι ich liege auf od. über etwas; dringe darauf ein, verfolge. κατάκειμαι ich liege darnieder, bin unthätig; ich liege zu Tisch. παράκειμαι ich liege dabei, daneben; bin aufgesetzt, stehe da. περίκειμαι ich liege um etwas her; ich habe um, bin umgeben. πρόκειμαι ich liege vor, bereit, vor Augen. πρόσκειμαι ich bin nahe daran, setz zu, dränge; hänge einem an; bitte. σύγκειμαι ich bin zusammengesetzt: τὰ συγκείμενα das Verabredete. ὑπόκειμαι ich liege darunter, zum Grunde, zur Bedingung.

κειμήλιος ὁ ἡ was als kostbar hingelegt ist u aufbewahrt wird: κειμήλιον τὸ Kostbarkeit, Kleinod. κειμηλιόω ich bewahre auf. κειμηλίαρχος ὁ Aufseher über Kostbarkeiten.

κοιμάω u κοιμίζω ich bringe zu Bette, beruhige; med. ich lege mich zu Bette, poet. κακκείω. κοίμησις ἡ u. κοίμημα τὸ das Schlafen. ἀκοίμητος ὁ ἡ schlaflos, wach, unruhig.

ἀποκοιμάομαι ich schlafe abgesondert. ἐκκοιμάομαι ich wache auf, κατακοιμάομαι ich schlafe ein. παρακοιμάομαι ich schlafe bei od. neben. συγκοιμάομαι ich schlafe zusammen.

κοίτη ἡ oder κοῖτος ὁ Lager, Bett; Schlaf. κοιταῖος αία αῖον zu Bette liegend; zur Schlafzeit. κοιτάζω was κοιμάω. κοιτὼν ῶνος ὁ Schlafgemach. ἀκοίτης u. παρακοίτης ου ὁ Bettgenosse, Ehemann: ἄκοιτις u. παράκοιτις ιος ἡ Ehegenossinn. ἀπόκοιτος ὁ besonders schlafend.

Κώμη ἡ (dem. κωμίον, κωμίδιον, κωμύδριον τὸ) Dorf; Bezirk od. Quartier einer Stadt. κωμηδὸν dorfweise, quartierweise; dorfmäßig.

κωμήτης ου ὁ Dorfbewohner; einer aus demselben Stadtviertel, Nachbar. κωμητικὸς ἡ ὸν die κωμήτας betreffend.

κωμόπολις ἡ Dorf so groß wie eine Stadt.

κῶμος ὁ Aufzug an den Festen des Bakchos, auf Wagen von Dorf zu Dorf, wobei man dem Gott zu Ehren lustige Lieder sang und mit den Vorübergehenden Spaß trieb; Zug von einem Schmause durch die Straßen zu Geliebten oder Freunden unter Musik und Muthwillen, comissatio; Procession womit die Wettsieger eingeholt wurden, begleitet von Musik, Tanz u. Lobgesang.

κωμάζω ich ziehe so umher, bin κωμαστὴς ὁ.

ἐπικώμιος ὁ zum κῶμος gehörig: σύγκωμος ὁ Theilnehmer daran.

ἐγκώμιος ὁ ἡ einheimisch, in derselben κώμῃ; zum κῶμος gehörig: τὸ ἐγκώμιον Lobgesang, Lobrede. ἐγκωμιάζω ich lobpreise, ἐγκωμιαστὴς ὁ Lobpreiser.

κωμικὸς ἡ ὸν zum κῶμος gehörig, lustig; zur Komödie gehörig, komisch, subst. ὁ ein komischer Dichter, Lustspieldichter, auch κωμῳδοποιὸς u. κωμῳδοδιδάσκαλος. früher κωμῳδὸς ὁ. κωμῳδία ἡ Komödie.
κωμῳδέω ich bin Komödiendichter, ich verspotte, ziehe durch.

Κίστη ἡ Kiste, Kasten: auch κιβωτὸς ὁ, λάρναξ ακος ἡ, χηλὸς ὁ, φωριαμὸς ὁ. κιστηφόρος od. κιστοφόρος ὁ Kistenträger: λαρνακοφόρος im Kasten fortgetragen. κίβισις od. κίβυσις ἡ Tasche, Ränzel, gew. πήρα ἡ, dem. πηρίδιον τό: πηροφόρος ὁ ἡ einen Ränzel tragend.

Κοτύλη ἡ (dem. κοτυλὶς u. κοτυλίσκη ἡ od. κοτυλίσκιον τὸ) Höhlung, z. B. Knochenpfanne, Becher; ein Maaß flüssiger Dinge, 7½ Unze an Gewicht. κοτυλιαῖος αία αῖον eine Kotyle haltend. κοτυλίζω ich verkaufe Kotylenweis, im Detail.
κοτυληδὼν όνος ὁ Knochenpfanne; Saugwarze des Dintenfisches, πολύπους.

Κύω u. κυέω f. ήσω ich fasse, habe in mir; bin schwanger, ἔγκυος od. ἐγκύμων ὁ ἡ: κυΐσκω ich schwängere: ἀποκυέω ich gebäre.
κῦμα u. κύημα ατος, auch κύος, τὸ Leibesfrucht. κῦμα gew. Welle, Woge, wov. ἀκύμων od. ἀκύμαντος wellenlos, κυματώδης wellicht, κυμαίνω u. κυματόω od. κυματίζω ich setze in wogende Bewegung, κυματωγὴ ἡ die Brandung, κυματοπλὴξ ῆγος ὁ ἡ von Wellen geschlagen.
σκύμνος ὁ, dem. σκυμνίον τὸ, ein junges Thier, bs. ein junger Löwe. σκυμνεύω ich ziehe Junge auf, σκυμνοτοκέω ich gebäre Junge.
κύαρ ατος τὸ Höhle, Loch, Nadelöhr. κύαθος ὁ, dem. κυάθιον τὸ, Becher: κυαθώδης becherartig.
κύτος εος τὸ Höhlung, Weite, Raum, jeder hohle Körper od. hohle Theil des Körpers. σκύτος τὸ Haut; Leder; Peitsche: σκύτινος η ον ledern. σκυτεύω ich bin σκυτεὺς έως ὁ Schuster, auch σκυτοτόμος: dessen Werkstäte σκυτεῖον od. σκυτοτομεῖον τὸ: Gärber σκυτοδέψης ὁ. σκυτόω ich überziehe mit Leder. σκυτάλη ἡ bei den Lakedämoniern ein um einen Stock gerollt gewesener Riemen mit Schrift, nur für den lesbar der ihn um einen Stock von gleicher Dicke rollte; sonst Stock, Stecken, wie σκυταλόω ich prügele u. σκυταλισμὸς ὁ Prügelei.
ἐγκυτὶ adv. bis auf die Haut, sonst ἐν χρῷ.
κύσθος, auch κυσὸς od. κυσσὸς u. κύσσαρος, ὁ Höhlung, bs. After u. Schaam. κύστις εως ἡ Blase, Urinblase, Gallenblase.
κοῖλος η ον hohl, κοιλότης ἡ Hohlheit, κοιλόω u. κοιλαίνω ich höhle aus: κοίλωμα τος τὸ Höhlung, Vertiefnng, auch κοίλη u. κοιλὰς ἡ.
κοιλία ἡ (dem. κοιλίδιον τὸ) Bauchhöhle, Unterleib. κοιλιώδης ὁ ἡ bauchicht. κοιλιακὸς ἡ ὸν am Magen leidend. κοιλιολυσία ἡ Leibesöffnung, κοιλιολυτικὸς ἡ ὸν Oeffnung schaffend.
κύλιξ ικος ἡ Becher, Kelch.
σκῦλον τὸ Haut, Balg; Decke; Beute, spolium. σκυλοδέψης = σκυτοδέψης. σκυλόω u. συσκυλόω ich bedecke: σκυλάω od. σκυλεύω, auch συλάω u. συλεύω, ich plündere, beraube der Haut, der Kleidung, der Rüstung. σκυλεία u. σκύλευσις od. σύλησις ἡ Plünderung, σκύλευμα od. σύλημα τὸ das Erbeutete: σκυλευτὴς u. συλήτης od. συλήτωρ ὁ, σκυλήτρια oder συλήτρια ἡ, der –, die raubt oder Beute macht: σύλη ἡ u. σῦλον τὸ das Recht zu plündern od. in Beschlag zu nehmen. ἄσυλος ὁ ἡ nicht zu berauben, unverletzlich: ἄσυλον τὸ Freistäte, ἀσυλία ἡ Unverletzlichkeit.
κύμβη ἡ u. κύμβος ὁ, κύμβιον τὸ hohles Gefäß, Becher, Becken, Kahn. κύμβαλον τὸ Becken, Cymbel: κυμβαλίζω ich schlage die Cymbel: κυμβαλιστὴς οῦ ὁ, κυμβαλίστρια ἡ, Cymbelschläger, κυμ-

βολισμὸς ὁ das Schlagen der Cymbel. Becher auch κύπελλον τὸ u. σκύφος ὁ (dem. κυπελλὶς ἡ u. σκύφιον τὸ), desgl. ἄλεισον u. δέπας τὸ, gew. ποτήριον od. ἔκπωμα τὸ.

κύπη ἡ Höhle, Höhlung.

κυψέλη ἡ, dem. κυψελὶς ἡ u. κυψέλιον τὸ, Höhle des Ohrs; Behältniß, Kiste, Bienenkorb. κυψελόβυστος ὁ ἡ dem das Ohr verstopft ist (βύω).

Κύων κυνὸς ὁ u. ἡ (dem. κυνίσκος ὁ u. κυνάριον od. κυνίδιον τὸ) Hund; junger Hund σκύλαξ ακος ὁ, dem. σκυλάκιον τὸ, fem. σκυλάκαινα. κύντερος hündischer, unverschämter, sup. κύντατος.

κυνικὸς ἡ ὸν hündisch; Kyniker, Philosoph aus der Schule des Antisthenes.

κύνειος od. σκυλάκειος εία ειον hündisch; vom Hunde: κυνέη od. κυνῆ ἡ Hundsfell, Kappe, Helm. σκυλακώδης ὁ ἡ hundeartig.

κυνηδὸν u. κυνιστὶ nach Hundeart.

κυνίζω u. κυνέω ich bin wie ein Hund, lebe als Kyniker: κυνισμὸς ὁ die kynische Denk- und Lebensart. σκυλακεύω ich ziehe Hunde auf, lasse sie sich paaren: σκυλακεία ἡ Hundezucht.

σκυζάω u. σκυλακίζω ich bin läufisch, σκύζα ἡ Brunst.

σκύζομαι u. σκυδμαίνω ich knurre, bin unwillig od. böse. σκυθρὸς ὰ ὸν u. σκυθρωπὸς unfreundlich, mürrisch: σκυθράζω, σκυθρωπέω u. σκυθρωπάζω ich bin mürrisch: σκυθρωπασμὸς ὁ od. σκυθρωπότης ἡ mürrisches od. finsteres Ansehn od. Wesen.

κυνηγὸς, κυναγωγὸς, κυνηγέτης ὁ Jäger (ἄγω): κυνηγεσία ἡ das Jagen, die Jagd: κυνηγετέω ich jage, κυνηγετικὸς ἡ ὸν zur Jagd gehörig.

κυνοδρομέω (δρόμος) od. κυνηλατέω (ἐλαύνω) ich jage mit Hunden: κυνοδρομία ἡ u. κυνηλασία die Hetzjagd.

κυνοκέφαλος, κυνοπρόσωπος ὁ ἡ mit einem Hundskopf, einem Hundsgesicht.

Κωκύω ich heule, weine. κωκυτὸς ὁ das Heulen, Weinen; ein Fluß in der Unterwelt.

Κῶνος ὁ (dem. κωνίον od. κωνάριον τὸ) Kegel, conus; kegelförmiger Körper, z. B. Tannenzapfen, Helmspitze, Kreisel; das flüßige u. trockene Pech..

κωνικὸς ἡ ὸν od. κωνοειδὴς ὁ ἡ kegelförmig, konisch. κωνάω ich drehe den Kreisel; ich piche, verpiche, auch κωνίζω. κωνίας οἶνος verpichter Wein, auch κωνίτης.

κώνειον τὸ Schierling cicuta κωνειάζομαι ich trinke Schierling.

Κώνωψ ωπος ὁ die Mücke, auch ἐμπὶς ίδος ἡ. Fliege μυῖα ἡ. Mückennetz κωνωπεῖον τὸ od. κωνωπεὼν ὁ.

Κώρυκος ὁ lederner Beutel, Tasche.

Λ.

Λᾶας ᾶαος (contr. λᾶς ᾶος) ὁ, dem. λαΐγξ ιγγος ἡ. Stein, auch πέτρα ἡ od. πέτρος ὁ (dem. πετρίδιον τὸ): pros. λίθος ὁ ἡ (dem. λιθὶς ἡ u. λιθίδιον, λιθάριον, λιθαρίδιον τὸ). Ziegelstein πλίνθος ἡ (dem. πλινθίον τὸ od. πλινθὶς ἡ).

λάϊνος ίνη ϊνον od. λαΐνεος έα εον, πέτρινος, λίθινος von Stein, πλίνθινος von Ziegeln gemacht.

λιθώδης u. πετρώδης wie Stein, steinhart: adv. πετρηδόν. πλινθηδὸν wie ein Ziegelstein.

πετραῖος αία αῖον u. πετρήεις εσσα εν steinicht, felsicht: auch φελλεος έα εον. πετρὼν ῶνος od. φελλεὺς έως ὁ Ort voll Steine.

λιθάω od. λιθιάω ich leide an Steinschmerzen: λιθίασις ἡ diese Krankheit. λιθόω od. πετρόω f. ώσω ich versteinere (πέτρωμα τὸ Versteinerung): πλινθόω ich mache wie Ziegel od. von Ziegeln, πλινθεύω ich streiche Ziegel (auch ἑλκύω πλίνθους: ich brenne sie ὀπτάω): πλινθεία od. πλινθουλκία ἡ das Ziegelstreichen, πλινθευτὴς od. πλινθουλκὸς od. πλινθουργὸς (ἔργον) der Ziegelstreicher, πλινθεῖον τὸ die Ziegelstreicherei.

λεύω u. καταλεύω, λιθάζω u. καταλιθάζω ich steinige. λευστὴρ ῆρος od. λιθαστὴς ὁ Steiniger: λευσμὸς od. λιθόλευστος ὁ ἡ zu steinigen od. gesteinigt, auch λιθόβλητος u. πετρόβλητος: Steine werfend λιθοβόλος u. πετροβόλος. λευσμὸς ὁ Steinigung.

λατόμος ὁ (τέμνω) od. λιθοκόπος (κόπτω) Steinhauer. λατομέω od. λατυπέω ich haue od breche Stein. λατομία od. λιθοτομία ἡ und λατομεῖον od. λιθοτομεῖον τὸ Steinbruch. λατόμημα τὸ ausgehauenes Gestein, λατομητὸς ἡ ὄν in Stein gehauen.

λαξεύω (ξέω) ich behaue Steine, haue in Stein. λαξευτὴς od. λιθοξόος ὁ Steinmetz, Bildhauer: λιθοξοεῖον τὸ Werkstatt, λαξευτήριον Werkzeug desselben: λαξευτὸς od. λιθόξεστος aus Stein gehauen.

Λακεῖν reißen, bersten, rauschen, klingen.

λάκος ὁ Lärm, Geräusch: λάκος τὸ, λακὶς ἡ, λάκισμα τὸ abgerissenes Stück, Fetzen. λακίζω od. λακιδόω ich zerreiße, λακιστὸς ἡ ὸν zerrissen. λακερὸς ὰ ὸν zerrissen; lärmend. λακερολογία ἡ Geschwätzigkeit. λακερύζω ich plaudere, schwätze. λακέρυζα ἡ geschwätzig, lärmend.

λάκκος ὁ Loch; Grube, Cisterne. λακκαῖον ὕδωρ Cisternenwasser.

Λεκὸς ὁ u. λέκος εος τὸ Schüssel, Teller; auch λεκάνη ἡ, dem. λεκάνιον τὸ od. λεκανὶς u. λεκανίσκη ἡ, sonst τρύβλιον τὸ. Becken, Kessel λέβης ητος ὁ (dem. λεβήτιον od. λεβητάριον τὸ): λεβητίζω ich werfe in den Kessel, λεβητοχαρὴς ὁ Schüsselfreund. Topf χύτρος ὁ u. χύτρα ἡ, dem. χυτρὶς ἴδος ἡ u. χυτρίον od. χυτρίδιον τὸ: χυτραῖος α ον od. χύτρειος, χύτρεος, χυτροῦς, auch χυτρεοῦς, desgl. χύτρινος ίνη ινον irden. χυτρεὺς έως ὁ Töpfer, auch κεραμεὺς von κέραμος ὁ Thon (κέραμον od. κεράμιον τὸ irdenes Geschirr, Ziegel: κεράμεος, κεράμειος, κεράμινος, κεραμικὸς thönern, irden: κεραμῖτις γῆ Thonerde: κεραμεύω ich arbeite in Thon, κεραμεῖον τὸ Werkstäte des Töpfers, κεραμευτικὴ ἡ Töpferkunst: κεραμωτὸς ἡ ὸν von Ziegeln gebaut). χυτρίτης ὁ im Topf bereitet. χυτρίζω. u. ἐγχυτρίζω ich thue in einen Topf, setze darin aus (z. B. ein Kind): χυτρισμὸς ὁ das Aussetzen eines Kindes. Flasche λάγηνος ὁ od. λαγήνιον τὸ.

Λὰξ adv. mit dem Fuß, mit der Ferse stoßend: πὺξ mit der Faust.

λακτίζω f. ίσω ich schlage mit dem Fuß aus; ich springe, hüpfe: ἵππος λακτιστὴς ὁ ein Pferd das ausschlägt. πύκτης ου ὁ Faustkämpfer, pugil: πυκτεύω ich bin πύκτης. πυκτικὸς ἡ ὸν zum Faustkampf gehörig od. darin geschickt: πυκτικὴ, poet. πυκτοσύνη, ἡ die Kunst des πύκτης. πυγμὴ ἡ Faustkampf: πυγμαῖος eine Faust hoch, Däumling.

λακπατέω ich trete mit Füßen, sonst κολετράω.

Λαχαίνω f. ανῶ ich grabe, grabe um.

λάχανον (dem. λαχανάριον) τὸ Gartenkraut, Gemüse. λαχανιὰ ἡ Gemüsegarten. λαχανηρὸς ὰ ὸν von der Art der λάχανα, z. B. ἀνδράχνη ἡ Portulak, ἀνδράφαξυς ἡ Spinat, ἄνηθον τὸ Dill, βλίτον τὸ Melde, γήθυον od. (Att.) γήτειον τὸ Porezwiebel, γογγύλη od. γογγυλὶς ἡ Rübe rapa, εὔζωμον τὸ Rauke eruca, θρίδαξ ακος od. (Att.) θριδακίνη ἡ Lattich lactuca sativa, κάρδαμον τὸ Kresse, κολόκυνθα u. κολοκύνθη od. κολοκύντη ἡ der runde Kürbis cucurbita (der lange σικύα ἡ), κορίαννον τὸ Koriander, κρόμμυον τὸ Zwiebel, λάπαθον τὸ Sauerampfer, νάπυ od σίνηπι τὸ Senf, ὀρίγανον τὸ origanum, πέπων ὁ Pfebe od. Angurie, πήγανον τὸ Raute, πράσον τὸ Schnittlauch, ῥαφανὶς ἡ Rettig, ῥάφανος ο Kohl Att. (sonst κράμβη ἡ), σέλινον τὸ Eppich, σίκυος od. σικυὸς ὁ Gurke, σκάνδιξ ικος ὁ Kerbel, σκόροδον τὸ Knoblauch, σεύτλιον (Att. τεύτλιον) τὸ Mangold beta, ὤκιμον τὸ Basilienkraut.

Λάκων ωνος od. Λακεδαιμόνιος ὁ ein Lakedämonier, fem. Λάκαινα ἡ. Λακωνικὸς ἡ ὸν lakedämonisch, lakonisch. λακωνίζω ich ahne den Lakedämoniern nach, halte es mit ihnen: λακωνισμὸς ὁ lakonische Sitte u. Weise; lakonische Kürze im Ausdruck. λακωνομανέω ich bin toll für die Lak, vernarrt in sie.

Λαλέω ich schwatze, plaudere, rede: auch λαλαγέω.

ἀπολαλέω od. ἐκλαλέω ich schwatze aus. διαλαλέω ich breite aus. καταλαλέω ich behellige mit Reden; berede, verläumde. περιλαλέω ich schwatze herum. προσλαλέω ich rede an.

λάλη ἡ Ton, Rede: λάλλη ἡ Kiesel den das Wasser bespült.

λαλιὰ ἡ od. λάλημα τὸ Geschwätz, Rede, Gerücht.

λάλος (comp. λαλίστερος) od. λάληθρος ὁ ἡ u. λαλητικὸς ἡ ὸν redselig, geschwätzig: λαλαγήτης ὁ Plauderer: ἄλαλος ὁ ἡ nicht sprechend.

Λῆρος ὁ Geschwätz, Possen, nugae; Schwätzer, Possenmacher, nugator. ληρώδης ὁ ἡ läppisch. ληρέω u. ληραίνω ich rede od. handle albern, thöricht: λήρημα τὸ alberne od. thörichte Rede od Handlung.

Λίζω f. γξω ich gebe einen hellen u. scharfen Ton, klirre, sause, klinge: auch λιγαίνω u. λιγυρίζω von λιγὺς εῖα ὺ (poet.) u. λιγυρὸς ἡ ὸν laut u. hell tönend, argulus: adv. auch λίγα.

λίγδην u. ἐπιλίγδην adv. darüber hinsausend wie ein Pfeil; streifend, obenhin.

Λύζω f. γξω ich habe den Schlucken, auch λυγγάζω u. λυγγαίνω. λυγμὸς ὁ od. λὺγξ γγὸς ἡ der Schlucken (λὺγξ γκὸς ὁ Luchs: λύγκειος α ον mit Luchsaugen). λύγδην adv. schluchzend. ἀναλύζω ich schluchze auf.

Λάω u. λεύσσω f. λεύσω ich sehe, pros. ὁράω.

ἀλαὸς ὁ ἡ blind, dunkel, pros. τυφλὸς ἡ όν. ἀλαόω od. τυφλόω (auch ἀποτυφλόω u. ἐκτυφλόω) ich mache blind: τυφλώττω f. ώξω ich bin blind. ἀλαωτὺς ύος od. τύφλωσις εως ἡ Blendung, τυφλότης ἡ Blindheit.

λευκὸς ἡ ὸν weiß: schwarz μέλας αινα αν, poet. auch κελαινὸς ἡ όν. διάλευκος u. ἐπίλευκος ὁ ἡ weißlich: ἐπιμέλας schwärzlich, oberwärts schwarz.

κελαινεφὴς ὁ ἡ schwarzwolkig, κελαινόφρων von schwarzem Sinn.

λευκανθὴς ὁ ἡ weiß von Blüthe: λευκανθίζω ich blühe weiß. μελανίζω ich bin schwärzlich.

λευκηπατίας od. λευχηπατίας ὁ mit weißer Leber, feig: μελάγχολος schwarzgallicht, μελαγχολάω ich bin gallsüchtig.

λεύκιππος ὁ ἡ mit weißen Pferden, μελάνιππος mit schwarzen.

λευκόπηχυς od. λευκώλενος ὁ ἡ weißarmig. μελάμφυλλος schwarzblättrig.

λευκοφόρος od. λευχείμων ὁ ἡ weiß gekleidet, μελανηφόρος od. μελανείμων schwarz gekleidet: λευκοφορέω, λευχειμονέω, μελανειμονέω ich bin so gekleidet.

λευκότης ἡ Weiße, κελαινότης, μελανότης od. μελανία ἡ Schwärze.

λευκαίνω u. λευκόω ich mache weiß, μελαίνω ich schwärze: μελανέω od. κελαινιάω ich bin schwarz. λεύκωμα ατος τὸ das Ueberweißte; eine weiße Tafel, worauf man Bekanntmachungen schrieb; das Weiße im Ey (Dotter λέκιθος ἡ); der weiße Staar (λευκωματώπης mit diesem Staar behaftet): μέλασμα τὸ schwarzer Fleck.

μέλαθρον τὸ Decke des Zimmers; Zimmer. λυλύγη und ἠλύγη ἡ Dämmerung (auch λυκόφως und λυκαυγὲς τὸ, poet. ἀμφιλύκη νύξ): Schatten, Finsterniß. λυγαῖος u. ἐπηλυγαῖος αία αῖον schattig, dunkel. ἐπηλυγάζω u. ἐπηλυγίζω ich beschatte, überdunkle.

λύκος ὁ Wolf, λύκαινα ἡ (dem. λυκὶς u. λυκαινὶς ἡ, λυκαίνιον τὸ) Wölfin, λυκιδεὺς έως ὁ junger Wolf. πρόβ. τα λελυκωμένα Schaafe vom Wolf angegriffen od. gebissen: gefressen λυκόβρωτα.

λυκοκτόνος ὁ ἡ Wolfstödter: λυκόμορφος wie ein Wolf gestaltet.

λύκειος εία ειον u. λύκειος ὁ ἡ vom Wolfe: λυκέη od. λυκῆ ἡ Wolfshaut. λυκηδὸν nach Wolfsart.

λύχνος ὁ (dem. λυχνὶς ίδος ἡ, λυχνίσκος ὁ u. λυχνίον od. λυχνίδιον τὸ) Leuchte, Lampe, Licht.

λυχναψία ἡ das Anzünden, λυχνοκαΐα od. λυχνοκαυτία das Brennen der Lichter. λυχνάπτης ὁ der anzündet: λυχνοκαυτέω ich brenne Licht.

λυχνίτης ὁ, ῖτις ἡ, dem Leuchter ähnlich: λυχνιαῖος dazu gehörig.

λυχνία od. λυχνεία ἡ, auch λυχνεῖον τὸ u. λυχνοῦχος ὁ ἡ, Leuchter, Leuchterstand. ἐλλύχνιον τὸ Tocht.

λιγνὺς ύος ἡ Qualm, Dampf; Ruß, auch ἄσβολος ἡ u. ψόλος ὁ: λιγνυόεις, ἀσβολώδης ὁ ἡ od ἀσβολόεις, u. ψολόεις rußigt, voll Ruß: ἀσβολαίνω ich schwärze mit Ruß.

λέων οντος ὁ poet. λῖς: dem. λεοντίσκος ὁ u. λεόντιον τὸ) Löwe, λέαινα ἡ Löwin, λεοντιδεὺς έως ὁ junger Löwe, auch σκύμνος λέοντος.

λεόντιος u. λεόντειος, auch λέοντεος, vom Löwen: λεοντέη, c ntr. λεοντῆ Löwenhaut. λεοντώδης u. λεοντοειδὴς ὁ ἡ löwenartig, λεοντιαῖος von der Größe eines Löwen, λεοντηδὸν nach Löwenart.

λεοντόθυμος ὁ ἡ löwenherzig, λεοντοκόμος ὁ Löwenwärter.

λάμπω f. ψω (poet. auch λαμπετάω) ich leuchte, glänze, schimmere, sonst στίλβω.

ἀναλάμπω ich leuchte auf, lodre auf.

ἀπολάμπω u. ἀποστίλβω ich leuchte vonwoher, strahle aus.

διαλάμπω u. διαστίλβω ich leuchte hindurch od. hervor, auch ἐκλάμπω.

ἐλλάμπω ich scheine in od. an –.

ἐπιλάμπω u. ἐπιστίλβω ich scheine darauf, darnach; erleuchte.

καταλάμπω u. καταστίλβω ich beleuchte, erhelle.

περιλάμπω u. περιστίλβω ich umschimmere; leuchte ringsum.

λαμπηδὼν u. στιλβηδὼν όνος ἡ das Leuchten, der Glanz.

λαμπτὴρ ῆρος ὁ od. λαμπὰς άδος ἡ, dem. λαμπάδιον τὸ, Leuchte, Fackel.

λαμπαδηφόρος u. λαμπαδοῦχος ὁ der die Fackel trägt (φέρει), hält (ἔχει).

λαμπρὸς ὰ ὸν leuchtend, glänzend (auch στιλβὸς u. στιλπνὸς ἡ όν); hell, deutlich; weiß, rein; berühmt; splendid, freigebig: ἀλαμπὴς u. ἀλάμπετος ὁ ἡ ohne Glanz. λαμπρότης ητος ἡ Glanz, auch στίλβη, στιλβότης, στιλπνότης ἡ; Helle, Deutlichkeit; Ehre, Ruhm. λαμπρύνω u. ἀπολαμπρύνω od. στιλβόω ich mache glänzend, hell, deutlich, berühmt, prächtig: λαμπρυντὴς ὁ der glänzend macht; der sich brüstet: λάμπρυσμα τὸ das glänzend gemachte; womit man glänzend macht.

λάμπη und λάπη ἡ weiße Haut die sich übersetzt, Schaum, Kahm.

λαμπηρὸς u. λαμπώδης ὁ ἡ schaumicht, schleimicht.

λαμπυρὶς od. λαμπουρὶς ίδος ἡ (οὐρὰ) Johanniswurm.

Λάω ich will (Dor.). λῆμα ατος τὸ Wille, Entschluß, Entschlossenheit, Muth; Uebermuth. λῃματιάω ich bin muthig, λῃματόω ich mache muthig. λῃματίας ὁ muthig, tapfer.

λιλαίομαι ich verlange, nach etwas τινός: part. λελιημένος u. λελιμμένος. λωΐων od. λωΐτερος erwünschter, besser; λώϊστος u. λῷστος der beste.

Λέγω f. λέξω 1) ich lege, bringe zu Bett (ich lege mich, d. h. ich höre auf, λήγω f. ξω, wov. λῆξις das Ende, u. ἄληκτος unaufhörlich); 2) ich lege zusammen, sammle, lese; ich zähle, überzähle; 3) ich lege dar, sage, erzähle.

1) λέχος εος u. λέκτρον ου τὸ Lager, Bett. ἄλοχος ου u. ἀλέκτωρ ορος ἡ Bettgenossin, Ehefrau: ἀλέκτωρ ὁ der Hahn (der nicht schlafende, wachsame), gew. ἀλεκτρυὼν όνος ὁ: ἀλεκτρὶς ἴδος ἡ Henne.

λεχὼ όος od. οῦς, u. λεχωΐς ΐδος, ἡ Kindbetterin; auch λοχὸς u. λοχεύτρια von λοχεύω ich entbinde, λοχεύομαι ich gebäre. λεχώϊος ὁ ἡ zum Kindbett gehörig, auch λοχαῖος αία αῖον u. λοχεῖος εία εῖον od. λόχιος ία ιον: Ἄρτεμις λοχεία od. λοχία die Beschützerin der Gebärenden. λοχεῖα τὰ die Reinigung der Kindbetterin nach der Geburt. λόχευμα τὸ das Geborne. λοχεία ἡ das Gebären.

λόχος ὁ Hinterhalt; Nachstellung; Abtheilung Fußvolk, deren Anführer λοχαγός, die Vertheilung darein καταλοχισμὸς ὁ von καταλοχίζω.

λοχίζω (auch λοχάω u. λοχάζω) ich laure einem (τινὰ) auf im Hinterhalt: προλοχίζω ich lege vorher einen Hinterhalt. λοχίτης ὁ der im Hinterhalt liegt; der zum selben λόχος gehört, auch συλλοχίτης. λοχισμὸς ὁ u. λόχησις ἡ Nachstellung. λοχάδην adv. hinterlistiger Weise; abtheilungsweise.

λόχμη ἡ Dickicht, Busch: λοχμαῖος u. λόχμιος dazu gehörig. λοχμώδης ὁ ἡ buschig, mit Buschwerk besetzt. λοχμοῦμαι ich wachse od. breite mich aus wie ein Strauch.

λέχρις od. λικριφὶς adv., λέχριος adj. von der Seite, in die Quere.

λοξὸς ἡ όν schief, schräg; nicht geradezu ausgesprochen, zweideutig. λοξόω od. λοξεύω ich mache od. führe schief. λοξίας ὁ Apollon wegen seiner dunkeln Orakel. λοξοβλεπτέω ich sehe schiel an, λοξοπορέω ich gehe schief.

2) λεκτὸς ἡ ὸν u. ἀνάλεκτος ὁ ἡ gesammelt; auserlesen, auch λογὰς ἄδος u. ἀπόλεκτος, ἔκλεκτος, ἐπίλεκτος ὁ ἡ.

ἀναλέγω ich lese auf; rechne zusammen: ἀναλέγομαι ich lese, lese vor, gew. ἀναγινώσκω. ἀναλογεῖον το Lesepult.

ἀπολέγω ich lese ab, pflücke ab; lese aus, wähle; verwerfe, schlage aus; im med. auch ich ziehe den Kürzern, bin verloren.

διαλέγω ich sondre aus od. ab. διαλογὴ ἡ Auswahl.

ἐκλέγω ich wähle aus; hebe aus, werbe; sammle ein, fodere ein. ἐκλεκτικὸς ἡ όν auswählend. ἐκλογὴ ἡ Auswahl; ausgewähltes Stück; das Einfodern.

ἐπιλέγω ich wähle, suche aus.

καταλέγω ich schreibe auf die Liste, enrollire; zähle dazu, nehme darunter. κατάλογος ὁ Verzeichniß der zum Kriegsdienst od. zu Liturgien verpflichteten Bürger. καταλογεὺς ὁ der dies Verzeichniß führt. καταλογὴ ἡ das Auslesen, Aufschreiben.

προλέγω ich wähle vor andern aus.

συλλέγω ich lese zusammen, sammle. σύλλεξις ἡ das Sammeln, die Versammlung. συλλογὴ ἡ Sammlung.

3) λόγος ὁ (dem. λογίδιον u. λογάριον τὸ) oratio u. ratio, Rede, Wort, Sage (bei Homer μῦθος ὁ, was später Fabel bedeutet; wie bei ihm μυθέομαι ich rede, erzähle, sp. μυθίζω ich fable); Rechnung, Verhältniß, Rechenschaft, Grund.

λογογραφέω ich schreibe καταλογάδην, in Prosa.

λογομαχέω ich streite mit Worten, zanke. λογομαχία ἡ Wortstreit.

λογοποιέω ich rede, erzähle; schwatze, fable. λογοποιὸς ὁ Schriftsteller, Geschichtschreiber; Schwätzer, Märchenerzähler: Fabeldichter μυθοποιὸς od. μυθογράφος (fabelhaft μυθώδης, in Fabeln bestehend μυθικὸς ἡ όν: Moral der Fabel ἐπιμύθιον τό).

λόγιος ία ιον verständig, kundig, gelehrt: λόγιον τὸ Orakelspruch, sonst χρησμὸς ὁ.

λογικὸς ἡ όν zum Reden u. Denken gehörig; vernünftig, logisch, beredt.

λόγιμος ὁ ἡ der Rede werth, bedeutend, berühmt, gew. ἐλλόγιμος.

λογίζομαι ich rechne, berechne; überrechne, überlege; ich mache einen Schluß, schließe. λογισμὸς ὁ Rechnung, Ueberlegung, Schluß. λογιστὴς ὁ Rechner, Rechnungsrevisor, später λογοθέτης ὁ. λογιστεύω ich bin λογιστής, λογοθετέω ich ziehe zur Rechenschaft: λογιστήριον τὸ Versammlungsort der λογισταί; Rechenschule. λογιστικὸς ἡ όν zum Rechnen, Ueberlegen, Schließen gehörig od. darin geschickt.

λέξις εως ἡ (dem. λεξείδιον τὸ) das Sprechen, die Rede; Ausdruck; Styl; Redensart; Wort. λεξικὸν τὸ (sc. βιβλίον) Wörterbuch.

λεκτικὸς ἡ όν zum Reden, Sprechen gehörig od. geschickt; den Ausdruck betreffend. λεκτὸς ἡ όν geredet od. zu reden: ἄλεκτος nicht gesagt; unaussprechlich, poet. ἀμύθητος).

λέσχη ἡ das Sprechen, Plaudern; Ort wo man zum Sprechen u. Plaudern zusammenkommt. ἔλλεσχος wovon allgemein gesprochen wird. λεσχάζω, λεσχαίνω, λεσχηνεύω ich plaudre.

ἀλέγω u. ἀλεγίζω ich bringe in Anschlag, beachte, kehre mich an etwas τινός (sonst auch ἐμπάζομαι, pros. ἐπιστρέφομαι): ἀλεγύνω ich besorge, bereite, τι.

ἄλογος ὁ ἡ unvernünftig, ungereimt, grundlos: ἔλλογος mit Vernunft begabt: εὔλογος vernünftig, gegründet, wahrscheinlich. ἀλογέω ich nehme nicht Rücksicht auf etwas, achte nicht, τινός, poet. ἀθερίζω τινα: ἀλογοῦμαι ich verrechne mich, irre. ἀλογία ἡ die Unvernunft; das Nichtachten. ἀλόγιστος ὁ ἡ unüberlegt, unbesonnen: ἀλογιστί unbesonnener Weise: ἀλογιστία ἡ Unbesonnenheit: ἀλογιστέω ich bin od handle unbesonnen. Entggs. εὐλόγιστος, εὐλογιστία, εὐλογιστέω.

ἀμφιλέγω ich rede nach beiden Seiten hin, streite; zweifle: auch ἀμφιλογέω von ἀμφίλογος ὁ ἡ zweifelnd, ungewiß; pass. bezweifelt, streitig, auch ἀμφίλεκτος. ἀμφιλογία ἡ Streit; Zweideutigkeit, Doppelsinn.

ἀνάλογος ὁ ἡ verhältnißmäßig; ähnlich, entsprechend. ἀναλογία ἡ Verhältniß, Aehnlichkeit.

ἀντιλέγω ich sage dagegen, widerspreche. ἀντίλεκτος ὁ ἡ streitig. ἀντίλογος ὁ ἡ widersprechend.

ἀπολέγω ich verneine, verbiete; schlage ab; sage laut, erkläre. ἀπόλογος ὁ Erzählung, Fabel. ἀπολογία ἡ Ausrede, Entschuldigung, Vertheidigung. ἀπολογέομαι ich entschuldige od. vertheidige mich. ἀπολογίζομαι ich führe Rechnung od. lege Rechnung ab: ἀπολογισμὸς ὁ das Rechnungsführen; die abgelegte Rechenschaft.

διαλέγομαι ich unterrede mich mit einem τινί. διάλεξις εως ἡ Unterredung, Gespräch, gew. διάλογος ὁ: dazu gehörig od. in Gesprächsform διαλογικὸς ἡ όν. διάλεκτος ἡ Landessprache eines Volks, Mundart eines Stammes διαλεκτικὸς ἡ όν zur Unterredung od. zum Disputiren gehörig od geschickt: ἡ διαλεκτικὴ (sc. τέχνη) die Dialektik od. Logik. διαλογίζομαι πρός τινα ich setze mich auseinander mit einem, rechne ab, untersuche, überlege: διαλογισμὸς ὁ Abrechnung; Ueberlegung.

ἐπιλέγω ich sage nachher, setze hinzu: προλέγω ich sage vorher, voraus. ἐπίλογος ὁ Schluß der Rede, peroratio: Eingang, Vorrede

πρόλογος ὁ: ich halte den Prolog προλογίζω. ἐπιλογίζομαι ich rechne an, schreibe zu: ἐπιλογισμὸς ὁ od. ἐπιλόγισις ἡ Ueberlegung.
ἐλλογέω ich rechne hinzu.
εὐλογέω ich lobe, rühme. εὐλογία ἡ Lob, Preis: etgs. κακολογία u. κακηγορία.
καταλέγω ich nenne her, zähle auf. καταλογίζομαι ich berechne, rechne an; überlege, bedenke.
παραλέγω ich rede irre. παράλογος ὁ ἡ unvermuthet, ungegründet.
παραλογίζομαι ich rechne falsch, betrüge, mache Trugschlüsse: παραλογισμὸς ὁ falsche Rechnung, Betrug; Trugschluß.
συλλογίζομαι ich rechne zusammen; ich folgere, schließe, argumentire.
συλλογισμὸς ὁ das Zusammenrechnen; der Schluß; die Schlußform.
ὑπολογίζομαι ich bringe in Rechnung, berücksichtige: auch ὑπὸ λόγον (od. ὑπόλογον) ποιοῦμαι.
Λείβω f. ψω ich fließe, tröpfele, lasse fließen: ἀπολείβω, καταλείβω ich lasse abfließen, herunterfließen.
λοιβὴ ἡ Trankopfer. λοιβὶς ἡ u. λοιβάσιον od. λοιβεῖον τὸ Geschirr zum Trankopfer.
λείβηθρον τὸ Wasserkanal; feuchter Ort, Wiese, gew. λειμὼν ῶνος ὁ. λειμώνιος ία (od. ὶς u. ιὰς) ιον auf Wiesen wachsend: auch λειμωνίτης ὁ, -ῖτις ἡ.
λὶψ ιβὸς od. λιβὰς άδος ἡ u. λίβος εος τὸ Tropfen, Thräne; Wasser.
λίβανος ὁ der Baum woraus der Weihrauch, λιβανωτὸς ὁ, träufelt.
λιβανώδης ὁ ἡ weihrauchartig, λιβανώτινος η ον von Weihrauch, λιβανωτίζω ich räuchere mit Weihrauch, λιβανωτρὶς ἡ Räucherfaß.
λίμνη ἡ Teich, See, Sumpf. λιμναῖος αία (od. ὰς) αῖον sumpfig.
λιμνάζω ich werde zum Sumpf, überschwemme; habe sumpfiges Wasser: λιμνασία ἡ das Austreten u. Stehenbleiben des Wassers: λιμνοφυὴς im Sumpf geboren od. gewachsen.
λιμὴν ένος ὁ (dem. λιμενίσκος ὁ und λιμένιον τὸ) Hafen: λιμένιος od. λιμενίτης dazu gehörig. λιμενίζω ich bin im Hafen; ich bilde einen Hafen. ἐλλιμένιον τὸ Hafenzoll: ἐλλιμενίζω ich erhebe den Zoll, ἐλλιμενιστὴς ὁ Einnehmer desselben. ἀλίμενος ὁ ἡ hafenlos.
Λίπος εος τὸ Fett; Schmalz, Talg, Salbe. λιπάω ich bin fett, klebrig.
λιπάζω u. λιπαίνω ich mache fett, salbe, dünge.
λιπαρὸς ὰ ὸν fett, feist; glänzend; reich, prächtig. λιπαρότης ἡ Fettigkeit, Glanz.
λιπαρὴς ὁ ἡ klebrig, anhaltend, emsig, beharrlich. λιπαρία ἡ Beharrlichkeit, Standhaftigkeit. λιπαρέω ich halte an, beharre; liege an, bitte inständig.
ἀλείφω f. ψω ich bestreiche mit Oel, Wachs, Kalk; salbe ein, z. B. Athleten vor dem Kampf; bereite vor, treibe an; überstreiche, wische aus.
ἀπαλείφω u. ἐξαλείφω ich trockne die Salbe ab, verwische, tilge.
ἀλοιφὴ, ἄλειψις, ἄλειμμα das Einsalben: ἀλείπτης οῦ ὁ der einsalbt, Lehrer des Athleten: ἀλειπτήριον τὸ Ort zum Salben. ἄλειφαρ ατος τὸ Salbe, Salböl.
Λείπω (auch λιμπάνω) f. λείψω ich lasse, lasse zurück, lasse übrig; neutr. ich fehle; pass. ich bleibe zurück, werde besiegt.
λεῖμμα ατος u. λείψανον τὸ Ueberbleibsel, Rest.
ἀπολείπω ich lasse im Stich; lasse hinter mir: ἀπολείπω ποιῶν ich höre auf zu thun: μικρὸν ἀπέλιπον ἀποθανεῖν od. τοῦ ἀποθανεῖν ich war nah am Sterben, starb fast. ἀπόλειψις εως ἡ das Verlassen, Zurücklassen; das Zurückbleiben: das Abnehmen.
διαλείπειν dazwischen lassen, unterlassen; entfernt od. aus einander sein. διάλειμμα τὸ Zwischenraum. ἀδιάλειπτος ὁ ἡ ununterbrochen (poet. νωλεμὴς, adv. νωλεμέως).

ἐκλείπω ich lasse aus, unterlasse, verlasse; gehe aus, nehme ab, werde ohnmächtig. ἔκλειψις εως ἡ das Ermangeln, die Abnahme, bs. Sonnen- u. Mondfinsterniß.

ἐλλείπω ich lasse drin, lasse im Stich, unterlasse; ich fehle, bin nicht da; bleibe worin zurück, thue weniger als ich sollte, entggs. πλεονάζω. ἔλλειμμα τὸ Mangel, Fehler. ἔλλειψις εως ἡ Unterlassung; Mangel; Auslassung; das Zurückbleiben.

ἐπιλείπω ich mangle, gehe aus, bleibe aus. ἐπίλειψις ἡ Mangel.

καταλείπω ich lasse an Ort u. Stelle, hinterlasse als Erbtheil.

παραλείπω ich lasse vorbei; lasse aus, übergehe. παράλειψις εως ἡ das Uebergehen.

περιλείπω ich lasse übrig. ὑπολείπω ich lasse zurück.

λοιπὸς ἡ ὸν (auch ἐπίλοιπος, κατάλοιπος, περίλοιπος ὁ ἡ) übrig. τοῦ λοιποῦ künftighin. τὸ λοιπὸν übrigens.

Λοιμὸς ὁ Pest, Seuche. λοιμώττω f. ξω ich leide an der Pest. λοιμικὸς ἡ ὸν u. λοιμώδης ὁ ἡ pestartig, ansteckend.

Λίσσομαι f. λίσομαι, aor. ἐλιτόμην, ich bitte, flehe, pros. δέομαι od. ἀντιβολέω.

λιτὴ ἡ das Flehen, die Bitte: λιτάζομαι, λιταίνω, λιτανεύω = λίσσομαι, λιτανεία ἡ = λιτή, λιτήσιος u. λίτανος ὁ ἡ od. λιτανευτικὸς ἡ ὸν flehend, λιτανευτὸς ἡ ὸν erfleht.

Λήμη u. γλήμη od. γλάμη die Unreinigkeit in den Augenwinkeln, gramia. λημάω od. γλαμάω lippio, ich bin triefäugig, bin λημαλέος, γλαμυρὸς od. γλάμων.

Λήκυθος ἡ Schminkdose, Salbenbüchse, Oelflasche (die auch ὄλπη ἡ od. ὀλπίς); das rednerische Aufstutzen u. Aufputzen von Schriften od. Reden; der Adamsapfel am Halse. ληκυθίζω ich streiche an, stutze auf; ich rede mit starker, hohler Stimme.

Λείχω f. ξω ich lecke, belecke; auch λιχμάω, λιχμάζω, λιχμαίνω.

ἀπολείχω ich lecke ab. διαλείχω u. περιλείχω ich lecke durch, belecke umher.

λιχανὸς ὁ Zeigefinger.

λίχνος η ον od. ὁ ἡ lecker; lüstern. λιχνεία ἡ Leckerheit, Lüsternheit. λιχνεύομαι ich bin lecker, λίχνευμα τὸ Leckerbissen.

Λειχὴν ῆνος ὁ Flechte, sowohl die Pflanze als auf der Haut. λειχηνιάω ich habe Flechten.

Λεῖος εία εῖον (poet. auch λὶς u. λισσὸς ἡ ὸν) glatt, kahl, eben. λειότης ητος ἡ Glätte. λειόω u. λειαίνω od. λεαίνω ich mache glatt, eben, kahl.

λίστρον od. λίστριον τὸ ein Instrument zum Ebnen, Schaufel. λιστρόω λιστραίνω, λιστρεύω ich ebne; behacke, schürfe.

λῖς (dat. λιτὶ, acc. λῖτα) od. λῖτον τὸ glatte Leinwand, ohne eingewebte Figuren.

λιτὸς ἡ ὸν schlicht, einfach: λιτότης ἡ Schlichtheit, Einfachheit; Geringigkeit; Feinheit. λιτόβιος od. λιτοδίαιτος mit geringer Kost zufrieden, frugal.

λίσπος od. (Att.) λίσφος abgerieben, glatt: λίσπαι αἱ Hälften eines durchgeschnittenen Würfels als tesserae hospitales.

ὄλισθος ὁ Schlüpfrigkeit; das Gleiten od. Fallen auf schlüpfrigem Wege. Dies auch ὀλίσθησις u. ὀλίσθημα, von ὀλισθάνω od. ὀλισθαίνω f. ήσω ich gleite, falle. ὀλισθηρὸς ὰ ὸν schlüpfrig.

Λέπω u. ἀπολέπω f. ψω ich schäle, schuppe ab; auch λεπίζω, von λέπος εος τὸ od. λεπὶς ίδος ἡ Schale, Rinde, Schuppe. Dass. λέμμα u. λέπισμα ατος τὸ. Schuppe an Schlangen u. Eidechsen φολὶς ἡ. Baumrinde φλοιὸς ὁ, wov. φλοιώδης ὁ ἡ rindenartig, φλόϊναι ἐσθῆτες Kleider aus Rinde od. Bast, φλοΐζω ich beschäle, φλοιοῤῥαγὴς mit geborstener Rinde.

λεπιδωτὸς u. φολιδωτὸς ἡ ὸν schuppicht.

λέπυρον od. λεπύριον τὸ Schale, Hülse: λεπυρὸς ὰ ὸν schaalig, hülsig. ἐκλεπυρίόω ich schäle od. hülse aus: ἐκλεπίζω ich brüte aus.

λέπας τὸ kahler Fels λεπὰς άδος ἡ Napfschnecke, patella. λεπαῖος felsicht, bergicht (poet.).

λεπρὸς ὰ ὸν schuppig, schäbig; aussätzig, krätzig. λέπρα ἡ der Aussatz: Krätze ψώρα ἡ. λεπρώδης ὁ ἡ aussätzig, schäbig, rauh: krätzig ψωρὸς. ψωραλέος, ψωρώδης. φάρμακον ψωρικὸν Mittel gegen die Krätze, λεπρικὸν gegen den Aussatz.

λεπράω od λεπριάω ich habe od. bekomme den Aussatz, ψωράω od. ψωριάω die Krätze. λεπρόω od. λεπρύνω ich mache rauh, schuppig.

λεπτὸς ἡ ὸν (poet. auch λεπταλέος u. λεπταλέος) geschält, dünn, fein, zart, klein, gering; fein, scharfsinnig. λεπτότης ἡ Dünnheit, Feinheit rc. λεπτολογέω ich spreche spitzfindig, untersuche genau. λεπτόμιτος. λεπτόνητος, λεπτοσπάθητος fein gewebt, von feinem Faden. λεπτόπους, λεπτοσκελὴς, λεπτόκνημος dünnbeinig.

λοπὸς od. λόπος ὁ Rinde, Schaale; Haut, Fell. λοπὶς ἡ, λοπίζω, λόπισμα τὸ = λεπὶς, λεπίζω, λέπισμα. λόπιμος ὁ ἡ schälbar, wovon sich die Rinde leicht abziehen läßt. λοπὰς άδος ἡ, dem. λοπάδιον τὸ, ein flaches Trink- Eß- od. Kochgeschirr, Schale, Napf, Tiegel.

λῶπος τὸ u. ὁ auch λώπη ἡ (dem. λωπίον τὸ) Haut, Fell, Schaafpelz, Kleid davon (poet.). λωποδύτης ὁ Dieb der den Leuten die Kleider auszieht od. beim Baden stiehlt: λωποδυτέω, λωποδυσία ἡ.

λόφος ὁ Genick, zunächst das vom Joch geschundene des Zugviehs; Helmbusch (aus der Mähne λοφιὰ ἡ); Hügel, auch γεώλοφος und ὄχθος ὁ (ὄχθη ἡ hohes Ufer, Gestade). λοφόεις εσσα εν u. λοφώδης od. ὀχθηρὸς u. ὀχθώδης hügelicht λοφεῖον Futteral für den Busch. λοφάω ich trage einen Busch od. verlange danach.

ἄλοφος ὁ ἡ ohne Busch. εὔλοφος ὁ ἡ wohl bebuscht; mit gutem Nacken fürs Joch, geduldig: entggs. δύσλοφος ὁ ἡ.

λωφάω ich bekomme den Nacken wieder frei, wie Thiere denen das Joch abgenommen wird; ich erhole mich, ruhe aus (τινός); höre auf, lasse nach, gew παύομαι λώφησις ἡ die Erholung, das Nachlassen.

λοβὸς ὁ dem. λόβιον τὸ, Ohrlappen, Lappen an der Leber; Samenkapsel, Hülse: ἐλλόβιον τὸ Ohrgehenk. ἔλλοβα τὰ Hülsenfrüchte.

Λίτρα ἡ ein Pfund. λιτραῖος α ον ein Pfund schwer.

Λοίδορος ὁ ἡ schmähend, schimpfend: λοιδορία ἡ Schmähung, Lästerung λοιδορέω ich schelte, schimpfe, schmähe (τινά): λοιδοροῦμαί τινι ich schimpfe mich herum mit einem. λοιδόρημα, dem. λοιδορημάτιον, τὸ Schelte, Scheltwort, λοιδορησμὸς ὁ das Schelten.

Λύγος ἡ vitex eine zähe und biegsame Strauchart; Gerte, Ruthe. λύγινος ίνη ινον daraus gemacht. λυγώδης ὁ ἡ schlank, zähe, auch λυγηρὸς u. λυγιστὸς od. λυγιστικὸς von λυγίζω od. λυγόω ich biege, schmiege; binde. knüpfe, flechte λυγισμὸς ὁ das Biegen, Winden, λύγισμα τὸ das Gewundene, Geflochtene, λυγιστὴς od. λυγοπλόκος ὁ der flicht.

Λῦμα ατος τὸ Unreinigkeit, Schmutz; Schande, Schmach: eben das λύμη ἡ, aber auch Schaden, Nachtheil, Verderben.

λυμαίνομαι ich behandle schmählich, schade, verderbe: ἀπολυμαίνομαι ich reinige mich. λυμαντὴρ u. -τὴς od. λυμεὼν ῶνος ὁ Verderber.

λύθρον τὸ vergossen od. geronnen Blut, auch βρότος ἡ, cruor. λυθρώδης ὁ ἡ u. βροτόεις εσσα εν mit Blut befleckt λυθρόω u. βροτόω ich beflecke mit Blut, cruento.

Λώβη ἡ Schmach, schmähliche Behandlung, Beschimpfung, Schaden, Verletzung. λωβήεις εσσα εν schmählich, verderblich.

λωβάομαι und λωβεύω ich behandele schmählich; beschädige, verletze. λωβητὸς ἡ ὸν beschimpft, verletzt. λωβητὴρ - ητὴς - ήτωρ ὁ Beschimpfer; Verwüster.

Λύπη ἡ Betrübnis, Aerger; Kränkung. ἄλυπος ὁ ἡ nicht betrübt, nicht kränkend, ἀλυπία ἡ Kummerlosigkeit: betrübt ἐπίλυπος u. περίλυπος.
λυπηρὸς od. λυπρὸς ὰ ὸν schmerzlich, kränkend, poet. auch λυγρὸς u. λοίγιος; kümmerlich: λυπρότης ἡ Kümmerlichkeit. λυπρόβιος ὁ ἡ kümmerlich lebend, λυπρόγαιος od. λυπρόγεως von schlechtem Boden.
λυπέω f. ήσω ich betrübe, ärgere. συλλυπέομαι ich betrübe mich mit, kondolire. λυπητικὸς ἡ ὸν betrübend.

Λύρα ἡ die Leier, auch βάρβιτος ὁ u. ἡ od. βάρβιτον τὸ: κιθάρα od. κίθαρις ἡ (bei Homer φόρμιγξ γγος ἡ) die Cither, Guitarre. λυρικὸς ἡ ὸν zur Lyra gehörig, von ihrem Spiel begleitet. λυρίζω, βαρβιτίζω. φορμίζω f. ίσω ich spiele die Lyra, κιθαρίζω ich spiele die Cither: λυρισμὸς ὁ, κιθάρισις od. κιθαρισὺς ύος ἡ dies Spiel, λυριστὴς oder φορμιγκτὴς (auch φορμικτὴς) u. κιθαριστὴς ὁ, - ίστρια od. - ιστρὶς ἡ, der Spieler: κιθάρισμα ein Lied für die Cither. λυρῳδὸς, βαρβιτῳδὸς, κιθαρῳδὸς der zur Lyra od. zur Cither singt.
κόλλοψ οπος od. κόλλαβος ου ὁ Wirbel woran die Saiten der Lyra gespannt werden: μαγὰς άδος ἡ Steg an der Cither. Saite (Darm) χορδή: παραχορδίζω ich greife die unrechte Saite, von παράχορδος so fehlend od. gefehlt: πρόσχορδος od. σύγχορδος übereinstimmig, im Einklang: συγχορδία ἡ Einklang: χορδολογέω ich wähle od. versuche die Saiten, stimme (χορδεύω ich mache Wurst, καταχορδεύω ich zerhacke).

M.

Μαρμαίρω u. μαρμαρύσσω od. ἀμαρύσσω ich leuchte, schimmere, vibrire. μαρμαρυγὴ od. ἀμαρυγὴ ἡ strahlendes Licht, Glanz, zitternde Bewegung, auch ἀμάρυγμα τὸ.
μαρμαρόεις εσσα εν od. μάρμαρος ὁ ἡ schimmernd, glänzend: ὁ μάρμαρος Marmor, μαρμάρειος od. μαρμάρινος η ον marmorn, μαρμαρίζω ich bin wie Marmor.
μάραγδος, gew. σμάραγδος, ὁ ἡ (dem. σμαράγδιον τὸ) Smaragd: σμαράγδινος η ον aus Smaragd, σμαραγδίτης ὁ wie Smaragd, σμαραγδίζω ich sehe aus wie Smaragd.
μάργαρον τὸ u. μαργαρίτης ὁ Perle. μαργαρώδης ὁ ἡ perlartig.
μαρίλη ἡ glimmende Kohle, Loderasche, Kohlenstaub. μαριλεύω ich brenne Kohlen, μαριλευτὴς ὁ Köhler, gew. ἀνθρακεύς.
μαραίνω ich dörre, trockne aus, entkräfte, mergele aus, auch ἀπομαραίνω u. καταμαραίνω. μαρασμὸς ὁ u. μάρανσις ἡ das Verwelken, Verdorren.
ἀμάραντος ὁ ἡ unverwelklich; subst. ὁ Tausendschön. ἀμαράντινος ὁ ἡ von Amaranten.

Μαλὸς od. ἁμαλὸς ἡ ὸν zart, weich: zart, reizend, weichlich, üppig auch ἁβρὸς ὰ ὸν, wov. ἁβρότης od. ἁβροσύνη ἡ Zartheit, Ueppigkeit: ἅβρα ἡ junge Sklavin, Zofe: ἁβρύνω ich mache weich od. weichlich, ἁβρυντὴς ὁ der sich putzt, Weichling: ἁβροβάτης ὁ weibisch einhergehend, ἁβρόβιος ὁ ἡ weichlich lebend, ἁβροκόμης od. ἁβροχαίτης mit weichem Haar.
ἀμαλδύνω (poet.) ich zerstöre.
μαλερὸς ὰ ὸν schmelzend, zermalmend.
μαλάσσω u. μαλθάσσω f. ξω ich erweiche. μάλαξις u. μάλθαξις ἡ Erweichung. μάλαγμα ατος τὸ erweichter od. erweichender Körper,

z. B. Pflaster. μαλακτὴρ ὁ der erweicht. μαλακτὸς ἡ ὸν erweicht, ἀμάλακτος ὁ ἡ unerweichlich, unbiegsam. μαλακτικὸς od. -κτήριος α ον erweichend.

μαλακὸς od. μαλθακὸς ἡ ὸν weich; weichlich, schlaff; weichmüthig; furchtsam. μαλακότης u. μαλακία ἡ Weichheit, Weichlichkeit. μαλακίας ου u. μαλακίων ωνος ὁ Weichling. μαλακιάω ich bin weichlich od. schwächlich, μαλακίζω u. μαλακύνω ich mache dazu, μαλακίζομαι ich erweise mich so. τὰ μαλάκια Wasserthiere mit weicher Bedeckung, entggs. den Schaalthieren, den ὀστρακοδέρμοις.

μαλακαίπους ὁ ἡ mit weichen Füßen, μαλακογνώμων u. μαλακόφρων weichmüthig, μαλακοψυχέω ich bin feig.

μάλκη ἡ Erstarrung vor Kälte. μαλκάω, μαλκίω, μαλκιάω ich verklamme.

μάλθα ἡ Wachs mit Pech vermischt zum Ueberziehen des Schiffskiels; Wachs zu den Schreibtafeln.

Μέλι ιτος τὸ Honig: μελίγηρυς, μελίγλωσσος ὁ ἡ mit süßer Stimme, Zunge. μελιτουργὸς (ἔργον) Bienenwärter: μελιτουργέω ich bereite Honig, μελιτουργεῖον Ort dazu. μελιτόεις εσσα εν aus Honig gemacht, honigsüß, was auch μελιχρὸς ὰ ὸν u. μελιηδής: μελιτώδης εος ὁ ἡ honigartig. ἄγγος μελιτηρὸν Honiggefäß. μελίτειον u. μελίτιον τὸ Getränk aus Honig und Wasser: οἶνος μελιτίτης Wein mit Honig bereitet. μελιτόω ich bereite od. versüße mit Honig. μελιτισμὸς ὁ Gebrauch des Honigs.

μέλισσα (Att. μέλιττα) ἡ Biene: Drone κηφὴν ῆνος ὁ. μελισσαῖος αία αῖον oder μελίσσειος und μελίσσιος von Bienen, dazu gehörig: κηφηνώδης dronenartig. μελισσὼν ῶνος ὁ Bienenstock, gew. σίμβλος ὁ od. σίμβλη ἡ u. σίμβλον τὸ: σιμβλεύω ich setze in Stöcke. μελισσεὺς ὁ Bienenwärter, auch μελισσουργὸς u. σμηνουργὸς οῦ ὁ von σμῆνος τὸ Bienenschwarm (sonst ἑσμὸς ὁ).

Wachs κηρὸς ὁ. κηρίον τὸ Wachsscheibe, Honigwabe: κηριάζω ich sehe einer Honigwabe ähnlich, bin κηριοειδής.

κηρόδετος od. κηροπαγὴς ὁ ἡ (δέω, πήγνυμι) durch Wachs verbunden, befestigt.

κηροπλάστης Wachsbossirer. κηρόχυτος aus geschmolzenem Wachs (χέω).

κήρινος ίνη ινον wächsern, κηρώδης wachsartig. κηρόω ich überziehe mit Wachs: κηρωτὸς ἡ όν überzogen mit Wachs, gemacht aus Wachs: κήρωμα τὸ Schreibtafel; Wachspflaster; Salbe der Ringer.

Μειλίσσω f. ξω ich mache süß, angenehm; vergnüge, versöhne, besänftige. μείλια τὰ, μείλιγμα u. μείλικτρον τὸ was vergnügen kann: adj. μειλικτήριος u. μειλικτικός. μειλικτὸς besänftiget, zu besänftigen: ἀμείλικτος od. ἀμείλιχος nicht zu erweichen, unmild. μειλινὸς ἡ ὸν, μείλιχος ὁ ἡ u. μειλίχιος ία ιον süß, angenehm; sanft: μειλιχία ἡ Sanftmuth, Freundlichkeit: μειλιχόγηρυς od. μειλιχόφωνος ὁ ἡ mit süßer Stimme, μειλιχόμειδος süß lächelnd.

Μάργος ἡ ον u. μάργος ὁ ἡ albern, thöricht, auch μωρὸς (Att. μῶρος) ὰ ὸν; üppig, wollüstig, sonst λάγνης ου ὁ od. λάγνος ὁ ἡ u. μάχλος ὁ ἡ od. μαχλὰς u. μαχλὶς ἡ. μαργότης u. μαργοσύνη ἡ Albernheit, Ueppigkeit: μωρία ἡ Thorheit, Dummheit: λαγνεία od. μαχλοσύνη ἡ Geilheit. μαργάω od. μαργαίνω u. μωραίνω ich bin albern 2c.: μαργόομαι, μωρόομαι ich werde es: λαγνεύω u. μαχλάω od. μαχλεύω ich bin unkeusch. μαργίτης ὁ alberner Mensch. μωρολόγος ὁ ἡ thöricht redend, μωρολόγημα τὸ thörichte Rede.

Μάρτυρ od. μάρτυς υρος ὁ ἡ Zeuge: ἀμάρτυρος ὁ ἡ ohne Zeugen; nicht zeugend.

μαρτυρία ἡ u. μαρτύριον τὸ Zeugniß: ἐκμαρτυρία ἡ Zeugniß eines Abwesenden, ψευδομαρτυρίαι αἱ falsches Zeugniß.

μαρτύρομαι ich rufe zum Zeugen an. μαρτυρέω f. ήσω ich zeuge, bezeuge.
ἀντιμαρτυρέω ich zeuge dagegen.
διαμαρτύρομαι ich mache eine Exception durch Zeugenstellung: διαμαρτυρία ἡ diese Exception.
καταμαρτυρέω ich zeuge wider einen τινός. συμμαρτυρέω ich bezeuge mit. προσμαρτυρέω ich bestätige durch mein Zeugniß, stimme bei.

Μασχάλη ἡ Achsel, Achselhöhle, auch μάλη: ὑπὸ μάλης unter dem Arme, versteckt. μασχαλίζω ich hänge an den Achseln auf, wie man that mit dem verstümmelten Körper eines Ermordeten.
μασχαλιστὴρ ῆρος ὁ Achselriem (als Pferdegeschirr).

Μάω ich betaste, greife nach –, suche, strebe nach –: μεμαὼς υῖα ὸς begierig, eifrig Auch μαίομαι, μώομαι, μαιμάω u. μαιμάσσω.
ἐπίμαστος ὁ ἡ aufgegriffen, aufgelesen: ἀπροτίμαστος nicht anzurühren.
μαστὴρ od. μάστωρ u. μαστρὸς ὁ, μάστειρα ἡ der da sucht, untersucht, inquirirt: auch μαστευτὴς od. ματευτὴς ὁ von μαστεύω od. ματεύω ich suche. μαστὺς ύος u. μαστρία od. μαστεία u. μάστευσις ἡ das Suchen, die Untersuchung.
μαστροπὸς od. μαστρωπος ὁ ἡ Kuppler, Kupplerin, sonst προαγωγός. μαστρωπεύω ich kuppele, verkuppele: μαστρωπεία ἡ Kuppelei, μαστρώπιον τὸ Ort dazu, auch μαστρύλλιον u. ματρύλλιον.
μοῦσα ἡ (Dor. μῶσα u. μοῖσα) die Muse. μουσικὸς ἡ ὸν den Musen angehörig, die Künste treibend denen sie vorstehn, bs. Poesie, Musik, Beredsamkeit (auch μουσουργός). ἄμουσος ὁ ἡ ohne Musen u. Musenkunst, ungebildet, roh: ἀμουσία ἡ Rohheit: ἀμουσολογία ἡ das Reden eines ἄμουσος
μουσηγέτης od. μουσαγέτης ὁ Führer der Musen. μουσόληπτος ὁ ἡ von den Musen ergriffen u. begeistert. μουσόφιλος od. μουσοφίλης Musenfreund. μουσοχαρὴς der sich an den Musen freut.
μουσεῖον τὸ Musensitz. μουσίζω od. μουσικεύομαι ich musicire, singe. μουσόω ich mache den Regeln der Musenkünste gemäß, z. B. setze in Verse od. Musik; ich unterrichte in jenen Künsten.

μαίνω ich setze in Raserei od Wuth; auch ἐκμαίνω, sonst λυσσόω. μαίνομαι f. μανοῦμαι u μανήσομαι ich rase, wüthe, auch λυσσάω u. λυσσαίνω.
μαινὰς od. λυσσὰς άδος ἡ die Rasende.
ἀπομαίνομαι ich rase aus, höre auf zu rasen. ἐπιμαίνομαι ich wüthe od. tobe wonach od. wogegen, τινί, liebe rasend. περιμαίνομαι ich rase umher.
μανία od. λύσσα (Att. λύττα) ἡ Heftigkeit des Gemüths, Raserei, Wuth; Wahnsinn. μανικὸς ἡ ὸν u. λυσσαλέος έα έον rasend, wahnsinnig; auch ἐμμανὴς ὁ ἡ u. περιμανής. μανιώδης od. λυσσώδης ὁ ἡ wie rasend, wie toll.
μάντις εως (poet. auch μαντιπόλος) ὁ Begeisterter, Weissager. μαντικὸς η ὸν zum Weissagen gehörig, prophetisch: μαντικὴ ἡ die Kunst der Weissagung, auch μαντοσύνη ἡ.
μαντεύομαι ich weissage; ich vermuthe; ich frage das Orakel. μαντεία ἡ Weissagung, Orakelspruch, auch μάντευμα τό: προμαντεία ἡ Recht das Orakel zuerst zu befragen. μαντεῖον τὸ Orakel, Ort desselben. μαντευτὴς ὁ = μάντις: μαντευτικὸς ἡ ὸν zum Weissagen gehörig od. geschickt, μαντευτὸς ἡ ὸν geweissagt.

μένω (poet μίμνω u. μιμνάζω) f μενῶ ich bleibe, warte. μέμονα (poet.) ich trachte, verlange, auch μενεαίνω u. μενοινάω: μενοινὴ ἡ Verlangen, Trieb.
μένανδρος ὁ ἡ seinen Mann stehend: μενεμάχος μενεπτόλεμος, μενεχάρμης den Kampf od. Krieg aushaltend, tapfer.

μενετὸς ἡ ὸν wartend, Geduld habend.
μονὴ ἡ das Bleiben, Verweilen, Zögern; Wohnort. μόνιμος ὁ ἡ bleibend, beharrlich; beständig, treu, fest.
ἀναμένω ich warte ab; verbleibe, verharre; stehe an, verschiebe.
διαμένω ich harre aus, daure fort. ἐμμένω, παραμένω u. προσμένω ich bleibe in – bei –. παράμονος u. παραμόνιμος ὁ ἡ treu, standhaft.
ἐπιμένω ich bleibe noch, warte ab: erwarte bei –.
καταμένω ich bleibe an Ort u. Stelle.
περιμένω ich warte ab, bleibe übrig. συμμένω ich bleibe mit, zusammen.
ὑπομένω ich halte aus, ertrage; bestehe. ὑπομονὴ ἡ das Aushalten, die Geduld. ὑπομονητικὸς ἡ ὸν geduldig.
μένος εος τὸ Muth, Gemüth; Stärke, Kraft.
δυσμενὴς ὁ ἡ übelgesinnt, feindselig: δυσμένεια ἡ Widerwille, Feindseligkeit: δυσμεναίνω ich bin feindselig. εὐμενὴς ὁ ἡ geneigt, günstig (εὐμενίδες αἱ euphemistisch die Erinnyen): εὐμένεια ἡ Wohlwollen, Geneigtheit: εὐμενίζω ich mache geneigt.
ὑπερμενὴς ὁ ἡ übermächtig, gewaltthätig, auch ὑπερμενέτης ὁ: ὑπερμενέω ich bin es.
μῆνις ιος ἡ Zorn, Groll. μηνίω u. μηνιάω ich zürne, grolle, τινὶ auf einen. μήνιμα τὸ u μηνιθμὸς ὁ das Zürnen. ἀμήνιτος ὁ ἡ ohne Zorn, δυσμήνιτος od. δύσμηνις schwer zürnend.

Μάσσω, Att. μάττω, f. ξω ich rühre ein, knete; ich wische, streiche, reibe.
ἀναμάσσω ich berühle, knete; drücke ab, ahme nach, exprimo; wische ab, reinige, büße; besudele, beschmiere.
ἀπομάσσω ich wische ab; streiche ab; ich drücke ab, ahme nach (auch ἐκμάσσομαι): med. ich nehme mir an, ziehe mir zu. ἀπομάκτρα ἡ Streichholz.
εἰσμάσσω ich fühle hinein, befühle.
ἐπιμάσσομαι ich berühre, betaste, bestreiche, wische ab.
μάγμα ατος τὸ die eingerührte Masse. μαγμὸς ὁ das Abwischen, Reinigen. μαγεὺς ὁ der knetet, der abwischt. μαγὶς ίδος ἡ Teig od. Brod in einer gewissen Form; Backtrog, gew. μάκτρα od. κάρδοπος ἡ.
μάγειρος ὁ urspgl. Bäcker, dann Koch: μαγείραινα ἡ Köchin. μαγειρεῖον τὸ Küche; Kochgeschirr. μαγειρεύω ich bin Koch, koche. μαγειρικὸς ἡ ὸν zum Kochen gehörig od. geschickt.
μᾶζα ἡ (dem. μαζίον τὸ u. μαζίσκος ὁ) Gerstenbrod (ἄρτος Weizenbrod): πίναξ μαζηρὸς Teller zur μᾶζα. ὑπερμαζᾶν aufgehn wie Teig, übermüthig werden.
μαζὸς, μασθὸς, μαστὸς ὁ (dem. μαστάριον τὸ) Brust: Euter οὖθαρ ατος τὸ, mit Eutern οὐθατόεις. ἐπιμαστίδιος ὁ Säugling. μεταμάζιον τὸ Raum zwischen den Brüsten.
σμάω, σμέω u. σμήχω f. ξω ich reibe, wische, wische ab.
σμῆμα u. σμῆγμα τὸ das Abwischen, Schmieren; was zum Abwischen, Salben, Schmieren dient: ἀπόσμηγμα der Abgang beim Abwischen σμηκτὴς οῦ ὁ der reibt od. abreibt. γῆ σμηκτὶς od. σμηκτρὶς Walkererde.
σμώχω ich reibe, reinige; schmiere einen ab, prügele. σμῶδιξ ικος od. σμῶδιγξ γγος ἡ Strieme, Schwiele. σμωδικὸν τὸ Mittel dafür.

Μάχομαι f. μαχέσομαι od μαχοῦμαι ich streite, kämpfe, mit einem τινὶ (poet. auch μάρναμαι): μαχάω ich habe Lust zu streiten.
ἀναμάχομαι ich kämpfe von neuem, mache durch ein zweites Treffen eine Niederlage wieder gut.

ἀντιμάχομαι ich kämpfe entgegen.
ἀπομάχομαι ich widersetze mich (τινί); wehre ab (τινά); lehne ab.
διαμάχομαι ich kämpfe durch od. aus, depugno.
καταμάχομαι ich kämpfe nieder, bezwinge.
μαχητὴς ὁ Streiter, μαχητὸς ἡ ὸν zu bestreiten, περιμάχητος ὁ ἡ warum man streitet, μαχητικὸς ἡ ὸν zum Streit gehörig od. geneigt.
μάχη ἡ Streit, Treffen, Schlacht poet. auch ὑσμίνη ἡ: dat. ὑσμῖνι).
μάχιμος od. μαχήμων ὁ ἡ streitbar
ἄμαχος od. ἀμάχητος ὁ ἡ nicht streitend; unbestritten; unbesiegbar: ἀμαχεὶ od ἀμαχὶ u. ἀμαχητὶ ohne Streit.
ἀντίμαχος gegenkämpfend, widerstreitend.
ἀπόμαχος ὁ ἡ entfernt vom Treffen; unkriegerisch.
ἐπίμαχος ὁ ἡ zu bestreiten; zum Streit verbündet. ἐπιμαχία ἡ Vertheidigungsbündniß. ἐπιμαχέω ich stehe im Streite bei.
πρόμαχος ὁ ἡ voran fechtend; Vertheidiger. προμαχέω od. προμαχίζω ich fechte voran. προμαχεὼν od. προμαχὼν ῶνος ὁ Vormauer, Schutzwehr.
σύμμαχος ὁ ἡ Mitstreiter, Bundesgenoß. συμμαχία ἡ Hülfe im Streit, Bundesgenossenschaft. συμμαχέω ich streite mit, stehe bei.
μάχαιρα ἡ, dem. μαχαιρὶς ἡ u μαχαίριον τὸ, Messer; Säbel: Schwert ξίφος τὸ, dem. ξίφιον u. ξιφείδιον: wov. ξιφήρης od. ξιφηφόρος ὁ ἡ ein Schwert tragend, ξιφηφορέω ich trage ein Schwert: ξιφιστὴρ od. ξιφιστὴς ὁ Degengehenk: ξιφοθήκη ἡ Scheide, sonst κολεὸς (Jon. κουλεὸς) ὁ: ξιφίας ὁ von Gestalt eines Schwertes; Schwertfisch: διαξιφιζόμεθα wir kämpfen mit Schwertern untereinander.
Μασάομαι od. μασσάομαι ich kaue: ἀναμασάομαι ich käue wieder; überlege aufs neue. μάσησις ἡ das Kauen, μάσημα τὸ was man kaut, μασητὴρ ὁ der kaut.
μάσταξ ακος ἡ Mund, gew. στόμα τὸ; Oberlippe u. der Bart daran, auch μύσταξ. μαστάζω u. μαστιχάω = μασάομαι. μαστίχη ἡ Mastix (ein Harz das man des Wohlgeruchs wegen kauet). μασταρύζω ich murmele, spreche undeutlich, sonst τονθορύζω u. γογγύζω: γογγυστὴς u. τονθρυστὴς ὁ der Murmelnde, Brummende: γογγυσμὸς ὁ das Brummen.
Μιμνήσκω f. μνήσω ich erinnere, μνάομαι ich erinnere mich, μέμνημαι memini ich gedenke, habe im Gedächtniß: ich vergesse λανθάνομαι u. ἐπιλανθάνομαι, poet. λήθομαι u. ἐπιλήθομαι: ich mache vergessen ἐπιλήθω, poet. ληθάνω u. ἐκληθάνω. μνάομαι auch ich werbe, freie, wov. μνηστὴρ ὁ Freier; μνηστεύω ich bin Freier, freie, act. für einen andern (was auch προμνάομαι u προμνηστεύω), med. für mich: ἀμνήστευτος nicht zur Ehe begehrt, πολυμνήστη viel begehrt: μνήστευμα τὸ u. μνηστεία od. μνηστὺς ἡ Bewerbung: προμνήστρια ἡ Freiwerberin: ὑπομνάομαι ich werbe heimlich, ὑπομνηστεύω ich verlobe vorher.
ἀναμιμνήσκω ich erinnere wieder: ἀνάμνησις ἡ Wiedererinnerung.
μνῆμα ατος (dim. μνημάτιον) u. μνημεῖον, τὸ Denkmal; Grabmal: μνημεῖον auch Ort wo Denkwürdigkeiten aufbewahrt werden. ὑπόμνημα τὸ Denkschrift; Commentar: ὑπομνηματίζω ich schreibe zum Andenken auf; ich commentire: ὑπομνηματογράφος ὁ Verfasser eines Commentars, einer Denkschrift.
μνήμη ἡ Gedächtniß, Erinnerungskraft; Erwähnung, Andenken, auch μνῆστις u. μνεία ἡ: λήθη ἡ Vergessenheit, poet. auch λησμοσύνη, λῆστις, ληθεδὼν ἡ, λῆθος τὸ.
μνήμων ονος ὁ ἡ eingedenk; stark von Gedächtniß: uneingedenk ἀμνήμων u. ἄμνηστος, ich gedenke nicht ἀμνημονέω od. ἀμνηστέω, Vergessenheit ἀμνηστία ἡ: unvergessen od. unvergeßlich

ἄληστος ὁ ἡ: vergeßlich ἐπιλήσμων, Vergeßlichkeit ἐπιλησμοσύνη od. ἐπιλησμονὴ ἡ.

μνημόσυνος η ον die Erinnerung befördernd, das Andenken erhaltend od. enthaltend: ἐπιλήθης vergessen machend, poet. ληθεδανος ἡ όν. μνημοσύνη ἡ = μνήμη; personificirt die Mutter der Musen.

μνημονικὸς ἡ ὸν zur Erinnerung gehörig (ἁμάρτημα μνημονικὸν Gedächtnißfehler); ein gut Gedächtniß habend: τὸ μνημονικὸν Gedächtniß, Erinnerungskunst.

μνημονεύω ich erinnere mich, c. gen. u. acc.; ich erwähne, erzähle, c. acc., auch ἀπομνημονεύω. μνημόνευμα τὸ Erinnerung, Erwähnung: ἀπομνημονεύματα τὰ Denkwürdigkeiten, Memoiren: εὐμνημόνευτος ὁ ἡ leicht zu behalten od. zu erwähnen.

μνῆσις ἡ das Erinnern, das Gedenken. μνησίκακος ὁ ἡ der an erlittenes Unrecht denkt, nachträgt: μνησικακία ἡ, μνησικακέω.

Μέδω u. μεδέω, gew. μέδομαι, ich denke an etwas, τινός; besorge, regiere.

μήδομαι ich sorge für etwas, τινός; erdenke u. führe aus, τι: ἐπιμήδομαί τινι ich ersinne gegen einen. μήστωρ ωρος ὁ Rath, Berather.

μῆδος εος τὸ Sorge, Sorgfalt; Ueberlegung, Rath, auch μῆτις ιδος ἡ, wov. μητιάομαι u. μητίομαι = μήδομαι u. μητιέτης ὁ = μήστωρ: μητιόεις εσσα εν od. πολύμητις ὁ ἡ klug, sinnreich. ἐπιμηθεὺς έως ὁ od. ἐπιμηθὴς ὁ ἡ der nach der That klug wird, προμηθεὺς έως ὁ od. προμηθὴς ὁ ἡ vorher überlegend, vorsichtig: προμηθεύομαι ich überlege vorher, ἐπιμηθεύομαι nachher: προμήθεια ἡ Vorsicht, ἐπιμήθεια Ueberlegung nach der That.

Μείρω ich theile: med. ich erhalte zugetheilt: ἔμμορα (Dor. μεμόραγμαι) ich habe zugetheilt erhalten. εἵμαρται es ist zugetheilt vom Schicksal, das selber ἡ εἱμαρμένη heißt (wie sonst πεπρωμένη von πορεῖν).

μέρος εος τὸ Theil, Antheil: ἐν μέρει nach der Reihe, παρὰ μέρος einer um den andern, κατὰ τὸ ἐμὸν μέρος meinerseits.

μερίτης ὁ der Theil hat. μεριτεύεσθαι unter sich theilen.

μερὶς ίδος ἡ Theil; Portion; Partei. μεριδάρπαξ αγος ὁ Bröseldieb. μεριδάρχης ὁ Anführer einer Abtheilung.

μερίζω ich theile, vertheile: διαμερίζω ich zertheile, zerstückle, συμμερίζομαι ich bekomme mit einen Theil. μερισμὸς ὁ Theilung, μεριστὴς οῦ ὁ Theiler, Eintheiler: μεριστικὸς ἡ ὸν zum Theilen gehörig, darin geschickt.

μόρος ὁ u. μοῖρα ἡ Antheil, Loos; Schicksal, Tod: αἱ μοῖραι die Parcen.

ἄμμορος u. ἄμοιρος ὁ ἡ nicht theilhaftig, ἀμοιρέω ich habe kein Theil: ἔμμορος ὁ ἡ theilhaftig.

δύσμορος ὁ ἡ unglücklich, δυσμορία ἡ Unglück: entggs. εὔμοιρος u. εὐμοιρία ἡ. δίμοιρος ὁ ἡ zwei Theile habend, διμοιρία ἡ doppelte Portion, διμοιρίτης ὁ wer doppelte Portion erhält.

μόρσιμος u. μοιραῖος α ον fatalis, durchs Schicksal bestimmt, tödtlich.

μορτὸς, gew. βροτός, ὁ der Sterbliche, der Mensch (auch, von der articulirten Stimme, μέροψ οπος). βρότειος, βρότεος, βροτήσιος, μεροπήϊος α ον dem Sterblichen gehörig. ἄβροτος u. ἄμβροτος ὁ ἡ unsterblich, ἀμβρόσιος ία ιον den Unsterblichen gehörig: ἀμβροσία ἡ die Speise der Götter, νέκταρ αρος τὸ ihr Trank. νεκτάρεος έα εον süß wie Nektar.

μόριον τὸ Theil, Glied, Partikel.

μορία ἡ ein der Athene heiliger Oelbaum, zuerst der auf der Burg zu Athen.

μόρα ἡ Abtheilung; das Spartanische Heer bestand aus 12 μόραι.

μέρμηρα ἡ Sorge, Angst, pros. μέριμνα: ἀμερμηρεὶ ohne Sorge, adiect. ἀμέριμνος: Sorglosigkeit ἀμεριμνία ἡ: μερμηρίζω ich sorge, sinne hin u. her.

μέρμερος ὁ ἡ Sorge machend; schwierig, schlimm.

μεριμνάω f. ήσω ich sorge, denke nach, grübele: προμεριμνάω ich sorge vorher.

μεριμνητὴς οῦ ὁ der da sorgt u. grübelt. μεριμνητικὸς ἡ ὸν zum Sorgen u. Grübeln geneigt.

Μέλει μοι τοῦτο oder τούτου (f. μελήσει, pf. μέμηλε) es liegt mir an, kümmert mich: ich bekümmere mich darum, sorge dafür μέλομαι τῦτε.

μεταμέλει μοι τούτου es gereuet mich, μεταμέλομαι od. μεταμελέομαι ich bereue. μεταμέλεια ἡ od μετάμελος ὁ Reue.

παραμελέω ich sorge schlecht, vernachläßige.

μέλημα ατος τὸ Gegenstand der Sorge. μελέτωρ ὁ der Sorge trägt, Besorger, Versorger, auch μελεδωνεὺς u. μελεδωνὸς ὁ von μελεδὼν (od. μεληδὼν) όνος u. μελεδώνη ἡ Sorge: μελεδαίνω ich sorge.

μελησίμβροτος wofür sich Menschen interessiren.

ἀμελὴς έος, ὁ ἡ unbekümmert (τινὸς um etwas), nachläßig; vernachläßigt: ἐπιμελὴς sorgsam; wofür gesorgt wird. ἀμελέω od. ἔχω ἀμελῶς ich bin unbesorgt (τινὸς um etwas), vernachläßige (ἀμέλει sei unbesorgt, gewiß, freilich): ἐπιμέλομαι od. ἐπιμελέομαι ich trage Sorge, besorge, pflege τινός. ἀμελησία u. ἀμέλεια ἡ Sorglosigkeit, ἐπιμέλεια Sorgfalt: ἀμελητὶ adv. sorglos. ἐπιμέλημα τὸ das Besorgte od. zu besorgende, Besorgung: ἐπιμελητὴς οῦ ὁ Besorger, Aufseher, Anordner: ἐπιμελητικὸς ἡ ὸν zum Besorgen od. Pflegen geschickt, geneigt, gehörig.

μελέτη ἡ die Sorge, Besorgung; das Treiben u. Ueben einer Sache, Fleiß, Eifer, Studium; Redeübung, Deklamation.

μελετάω f. ήσω ich besorge, treibe mit Sorgfalt, studire, meditire. ἐμμελετάω ich übe ein, ἐκμελετάω ich studire aus, lerne völlig, καταμελετάω ich erhalte in Uebung, προμελετάω ich überdenke im Voraus.

μελέτημα ατος τό mühsame Arbeit.

μελετηρὸς u. μελετητικὸς gern studirend. μελετητήριον τὸ Uebungsort. ἀμελέτητος unvorbereitet, unstudirt: ἀμελετησία ἡ Mangel an Uebung u. Studium.

Μέλλω f. ήσω ich gedenke, bin im Begriff, zaudere. τὸ μέλλον das Zukünftige, die Zukunft.

μελλέποσις u. μελλόγαμος der heirathen, μελλέπταρμος der niesen wird od. will.

μέλλημα, ατος τὸ, μέλλησις εως ἡ u. μελλησμὸς ὁ das Zögern, Zaudern. μελλητὴς οῦ ὁ Zauderer, μελλητικὸς zum Zaudern geneigt: μελλητιάω ich habe Lust dazu. ἀμέλλητος ὁ ἡ nicht aufzuschieben, ἀμελλητὶ adv. unverzüglich.

Μέλος εος (dem. μελύδριον) τὸ Lied, Glied.

ἐμμελὴς έος ὁ ἡ in der Melodie, harmonisch; passend, schicklich, richtig: ἐμμέλεια ἡ richtiger Gesang, Schicklichkeit. Entggs. πλημμελὴς u. πλημμέλεια ἡ: πλημμελέω ich verstoße, πλημμέλημα τὸ Verstoß.

εὐμελὴς έος ὁ ἡ schön modulirt: Subst. εὐμέλεια od. εὐμελία ἡ.

μελεϊστὶ od. μεληδὸν gliederweise. μελίζω ich gliedere, zergliedere, zerstücke; ich modulire, singe: μέλισμα ατος (dem. μελισμάτιον) τὸ Gesang, Melodie: μελισμὸς ὁ das Zerstückeln; das Singen: μελιστής, Dor. μελικτάς, ὁ Sänger. μελικὸς ἡ ὸν zum Gesang gehörig, singend.

μελογράφος ὁ ἡ der Lieder schreibt, μελοποιὸς ὁ der Lieder oder Melodien macht, μελῳδὸς der sie singt.

μελῳδία ἡ das Singen, die Gesangweise. μελῳδέω ich singe, bringe in Melodie: μελῴδημα τὸ Gesang, μελῳδητὸς ἡ ὸν gesungen, sangbar.

Μέλπομαι ich singe, tanze; spiele (poet.). μέλπηθρον τὸ womit man spielt, Spielzeug, Spiel. μολπὴ ἡ Spiel, Gesang, Tanz: μολπάζω was μέλπομαι. μολπηδὸν im Spiel.
εὐμολπέω ich singe schön.

Μέμφομαι f. ψομαι ich tadle, schelte; auch μωμάομαι. μέμψις od. μομφὴ ἡ u. μῶμος ὁ Tadel. μεμψίμοιρος ὁ ἡ unzufrieden mit seinem Theil od. Schicksal, mißvergnügt: μεμψιμοιρέω, μεμψιμοιρία ἡ.
μεμπτὸς od. μωμητὸς η ὸν auch ἐπιμεμφὴς, ἐπίμομφος, ἐπίμωμος ὁ ἡ, getadelt, zu tadeln: ἄμεμπτος oder ἀμεμφὴς, ἄμωμος, ἀμώμητος (poet. ἀμύμων) ὁ ἡ ohne Tadel, ἀμεμφία ἡ Tadellosigkeit. μεμπτικὸς zum Tadeln geneigt, dazu gehörig. μωμητὴς ὁ Tadler.

Μὲν conj. zwar. μέντοι u. μὴν doch, jedoch. ἦ μὴν fürwahr. καὶ μὴν u. καὶ μὲν δὴ nun aber. τί μὴν was sonst?

Μέσος η ον poet. μέσσος, μέσσατος μεσσάτιος. μεσήεις: comp. μεσαίτερος) mitten, in der Mitte; mittelmäßig; neutral: τὸ μέσον Mitte; Hälfte.
μέσαυλος ὁ ἡ u. μεσαύλιον τὸ der Hof in der Mitte des Hauses.
μεσοβασιλεία ἡ interregnum, μεσοβασιλεὺς έως ὁ interrex.
μεσόγαιος od. μεσόγειος ὁ ἡ mittelländisch, mitten im Lande.
μεσοκρινὴς ὁ ἡ in der Mitte scheidend.
μεσολαβέω ich fasse in der Mitte; ich fange auf.
μεσοπόρος ὁ ἡ in der Mitte gehend: μεσοπορέω ich gehe in der Mitte.
μεσουρανέω (οὐρανὸς) ich stehe mitten am Himmel, culminire. μεσουράνημα τὸ der Stand mitten am Himmel, die Mittagslinie.
μέσωρος ὁ ἡ im Mittelalter zwischen Jüngling u. Mann.
μεσότης ητος ἡ Mitte; Mittelmäßigkeit. μεσεύω u. μεσάζω ich bin in der Mitte: μεσόω ich vermittle, auch μεσιτεύω. Vermittler μεσωτὴρ u. μεσίτης od. μεσόδικος (δίκη).
μεσηγὺ u. μεσηγὺς, auch μεσσηγὺ, zwischen, pros. μεταξὺ, von μετὰ mit c. gen. u. (poet.) c. dat.: nach c. acc μέτασσαι αἱ nachgeborne Lämmer.
ἥμισυς εια υ halb. ἡμισεύω f. εύσω ich bin halb; vertheile zur Hälfte, verringere auf die Hälfte. ἡμίσευμα ατος τὸ Hälfte.
ἡμιθνὴς ῆτος od. ἡμιθανὴς έος ὁ ἡ halbtodt. ἡμιόλιος (ὅλος) anderthalb.
ἡμιστίχιον τὸ (στίχος) Halbvers, ἡμιωβόλιον τὸ (ὀβολὸς) halber Obol. ἡμιτελὴς έος ὁ ἡ halb vollendet. ἡμίτομος ὁ ἡ halb durchschnitten.

Μέταλλον τὸ Bergwerk, Metall.
μεταλλεύω ich grabe, minire; suche auf, forsche nach; letzteres auch μεταλλάω. μεταλλεία u. μετάλλευσις ἡ das Ausgraben, Nachsuchen. μεταλλεὺς und μεταλλευτὴς ὁ Bergmann, Minirer. μεταλλευτὸς ἡ ὸν aus der Erde gegraben, μεταλλευτικὸς zum Graben in der Erde geschickt od. gehörig. μεταλλουργεῖον τὸ Ort wo Metall verarbeitet wird, Werkstatt des μεταλλουργὸς ὁ.

Μέτρον τὸ Maaß; Sylbenmaaß, wov μετρικὸς ἡ ὸν metrisch.
ἄμετρος ὁ ἡ ohne Maaß; unmäßig. ἔκμετρος u ὑπέρμετρος das Maaß überschreitend, ἔμμετρος od. εὔμετρος es haltend. σύμμετρος ebenmäßig, angemessen: συμμετρία ἡ Ebenmaaß, συμμετριάζω ich halte das Ebenmaaß.
διάμετρος ἡ (sc. γραμμὴ) Durchmesser, περίμετρος Umkreis. ἐπίμετρον τὸ Zugabe über das Maaß.
μετρέω f. ήσω ich messe: μέτρησις ἡ das Messen. μέτρημα ατος τὸ

das Zugemessene, das gewöhnliche Maaß. μετρητὴς οῦ ὁ Messer, Schätzer; Maaß für Flüssigkeiten, 12 χόες od. 144 κοτύλαι haltend (für Getraide μέδιμνος ὁ = 6 ἑκτεῖς od 48 χοίνικες oder 192 κοτύλαι, etwa 6 Römische modii u. 15 Berliner Metzen). μετρητὸς ἡ ὸν gemessen; zu messen: ἀμέτρητος unermeßlich. μετρητικὸς ἡ ὸν zum Messen gehörig od. geschickt.

ἀναμετρέω ich messe wieder: ἀντιμετρέω ich messe dagegen, ἀπομετρέω ich messe ab, vermesse.

διαμετρέω ich vertheile nach dem Maaße.

ἐπιμετρέω ich messe zu; gebe über das Maaß.

καταμετρέω ich messe aus, vermesse

παραμετρέω ich messe nach od. neben, vergleiche, mache gleich groß; messe nach gleichem Maaß.

περιμετρέω ich messe ringsherum.

συμμετρέω ich messe nach einem andern ab, bringe in Verhältniß u. Ebenmaaß: συμμέτρησις ἡ Abmessung, Verhältniß.

μέτριος ία ιον das rechte Maaß habend; mäßig; mittelmäßig. μετριότης ητος ἡ Mäßigkeit, Mäßigung; Mittelmäßigkeit. μετριάζω f. άσω ich betrage mich gemäßigt, ich mäßige mich, auch μετριεύομαι; mäßige, regiere.

μετριοπαθὴς ὁ ἡ gemäßigt in Leidenschaften: μετριοπάθεια ἡ, μετριοπαθέω.

μετριοπότης ὁ mäßig im Trinken, μετριόσιτος ὁ ἡ im Essen.

Μῆκος εος τὸ Länge: εὐμήκης u. περιμήκης ὁ ἡ sehr lang

μηκύνω u. ἀπομηκύνω f. νῶ ich mache lang, verlängere, auch μακρύνω von μακρὸς ὰ όν (comp. poet. μάσσων, sup μήκιστος) lang, (poet. auch μακεδνὸς ὴ όν); sonst auch δολιχὸς ὴ όν. (δόλιχος ὁ Dauerlauf, entggs. dem kürzeren στάδιον: δολιχοδρόμος der jenen Lauf läuft: δολιχοδρομία ἡ, -μέω) μακρὰν weit: οὐκ εἰς μακρὰν bald: μακρόθεν von weiten. Kurz βραχύς.

μακραύχην, μακροτράχηλος od. δολιχαύχην, δολιχόδειρος ὁ ἡ langhalsig.

μακρόβιος, μακροχρόνιος ὁ ἡ lang lebend, lang dauernd.

μακρόθυμος ὁ ἡ langmüthig, μακροθυμία ἡ Langmuth, μακροθυμέω ich bin langmüthig.

μακρολόγος ὁ ἡ weitschweifig in Reden. μακρονοσέω ich habe eine langwierige Krankheit.

μηκυσμὸς ὁ od. μάκρωσις ἡ Verlängerung.

μῆχαρ u. μῆχος, Ion μῆκος τὸ, pros. μηχανὴ ἡ, Erfindung, Anschlag, Kunstgriff; Mittel etwas auszurichten; Werkzeug, Maschine. μηχανικὸς ἡ ὸν erfinderisch, voll Hülfsmittel, auch μηχανητικὸς von μηχανάομαι f. ήσομαι ich ersinne, habe vor; veranstalte, führe heimlich aus. μηχανεύω ich bereite, baue.

μηχανητὴς u. μηχανιώτης ου ὁ der List od. Klugheit gebraucht.

μηχάνημα τὸ u. μηχάνησις ἡ Anwendung von Klugheit u. List.

ἀμήχανος ὁ ἡ ohne Hülfsmittel, verlegen, einfältig: pass. wozu od. wogegen man kein Mittel hat, schwierig, unmöglich. ἀμηχανέω ich weiß mir nicht zu helfen, bin ohne Mittel: ἀμηχανία ἡ Hülflosigkeit. Entggs. εὐμήχανος u. πολυμήχανος, εὐμηχανία u. πολυμηχανία.

μάγγανον τὸ Zaubermittel, Trank, Maschine. μαγγανεύω ich zaubere; täusche, betrüge.

μαγγάνευμα τὸ Zauberstückchen, Täuschung: μαγγανευτὴς ὁ Zauberer, Gaukler: μαγγανεία ἡ Bezauberung, Gaukelei. Auch μαγεία, μαγεύω, μαγευτὴς, μάγευμα von μάγος ὁ Magier, Zauberer.

Μέγας (μεγάλου) μεγάλη μέγα groß: klein μικρὸς od. σμικρὸς ὰ όν, Dor. μικκὸς ὰ όν, dem. μικκύλος. Größer μείζων ον, kleiner μείων u. ἐλάσσων: sup. μέγιστος u. ἐλάχιστος.

μεγαλάδικος ὁ ἡ der in großen, μικραδικητικός der in kleinen Dingen Unrecht thut.

μεγαυχης u. μεγαλαυχὴς od. μεγάλαυχος ὁ ἡ prahlend, hoffärtig: μεγαλαυχία ἡ Prahlerei, μεγαλαυχέομαι ich prahle.

μεγαληγορέω ich spreche von großen Dingen; prahle; rühme, preise: μεγαληγορία ἡ, μεγαλήγορος ὁ ἡ. μικρολογος ὁ ἡ der auf Kleinigkeiten achtet, μικρολογία ἡ Kleinigkeitskrämerei: μικρολογέομαι.

μεγαλόδωρος ὁ ἡ der große Geschenke macht: μεγαλοδωρία ἡ reichliche Beschenkung. μικροδοσία ἡ das Geben, μικροληψία ἡ das Nehmen von kleinen Geschenken.

μεγαλοεργὴς od. μεγαλουργὴς ὁ ἡ große Thaten thuend. μικροφιλότιμος der Ehre sucht in Kleinigkeiten

μεγαλοπολίτης ὁ Bewohner einer großen, μικροπολίτης einer kleinen Stadt.

μεγαλοπρεπὴς ὁ ἡ einem großen Mann anständig; prächtig: Subst. μεγαλοπρέπεια ἡ, entggs. μικροπρεπής, μικροπρέπεια.

μεγαλόφρων ονος u. μεγαλόψυχος ὁ ἡ großgesinnt, stolz. μεγαλοφρονέω u. μεγαλοψυχέω ich habe hohen Sinn, bin stolz: μεγαλοφροσύνη u. μεγαλοψυχία ἡ hoher Sinn, Stolz: entggs. μικρογνώμων, μικρόθυμος, μικρόφρων, μικρόψυχος ἡ

μεγασθενὴς od. μεγαλοσθενὴς ὁ ἡ von großer Stärke od. Macht.

μεγαλίζω u. μεγαλύνω ich mache groß: μικρύνω od. μειόω ich mache klein, verringere (μείωσις ἡ Verringerung), poet. auch μινύθω. ἐλαττόω ich verringere, bringe in Nachtheil: ἐλάττωμα Verlust, Nachtheil. μίνυνθα ein wenig: μινυνθάδιος ὁ ἡ kurze Zeit dauernd.

μεγαλεῖος εία εῖον grandios, ansehnlich, prächtig.

μέγεθος (Jon. μέγαθος) εος τὸ Größe: μικρότης ἡ Kleinheit.

ἀμεγεθὴς ὁ ἡ ohne Größe, εὐμεγεθὴς schön groß, ὑπερμεγεθὴς übergroß. μεγεθύνω u. μεγεθοποιέω was μεγαλύνω u. μεγαλοποιέω.

Μιμέομαι f. ήσομαι ich ahme nach, τινά τι einem in etwas.

μίμημα ατος τὸ das Nachgemachte, Bild, Ebenbild. μίμησις εως ἡ die Nachahmung μιμητὴς οῦ ὁ Nachahmer. μιμητὸς ἡ όν nachahmlich; nachgeahmt: ἀμίμητος unnachahmlich. μιμητικὸς ἡ όν zur Nachahmung geschickt od. geneigt. μιμηλὸς ἡ όν nachahmend; nachgeahmt: μιμηλάζω = μιμέομαι.

μῖμος ὁ Nachahmer, Schauspieler (fem. μιμάς); Schauspiel, besond. Posse. μιμικὸς ἡ όν zu den Mimen gehörig, mimisch; mimenartig; unanständig. μιμογράφος der Mimen schreibt. μιμὼ ἡ Affe.

Μίνθα od. μίνθη ἡ die Münze (eine Pflanze). μίνθος ὁ Menschenkoth; sonst σπέλεθος ὁ u. κάκκη ἡ: vom Vieh ὄνθος ὁ. μινθόω ich besudele mit Koth.

Μιστύλλω u. διαμιστύλλω ich schneide in kleine Stücke. μιστύλη ἡ ein ausgehöltes Stück Brod statt des Löffels: μιστυλάομαι ich esse damit. μίτυλος ύλη υλον verstümmelt, bs. ohne Hörner.

Μίτος ὁ Faden, Saite.

μιτόω ich spanne die Fäden auf; spanne die Saiten, singe, spiele. μίτρα ἡ (dem. μιτρίον τὸ) Band, Binde. μιτρόω ich umgebe mit der Binde. μιτρηφόρος od. μιτροφόρος ὁ ἡ der eine μίτρα trägt: ἄμιτρος ὁ ἡ ungegürtet.

Μορφὴ ἡ Gestalt, Bildung; Schönheit, forma.

ἄμορ-

ἄμορφος od. δύσμορφος ὁ ἡ ungestalt, häßlich; ἀμορφία ἡ Häßlichkeit: entggs. μορφήεις od. εὔμορφος u. εὐμορφία ἡ.

σύμμορφος ὁ ἡ von gleicher Gestalt, gleichförmig. συμμορφόω od. συμμορφίζω ich mache ähnlich.

μορφάω, gew. μορφόω, ich gestalte, bilde. μόρφωμα τὸ Gestalt, Bild. μόρφωσις ἡ Gestaltung, Abbildung; Bild: μορφώτρια ἡ Bildnerin.

μεταμορφόω ich gestalte um, verwandle: μεταμόρφωσις ἡ Umgestaltung, Verwandlung.

μορφεὺς έως ὁ, der Traumgott.

μορφάζω ich mache Gebärden od. Grimassen, gesticulire.

μορμὼ όος u. μορμὼν όνος ἡ Popanz, Schreckbild, auch μορμολύκη ἡ u. μορμολύκειον τὸ. μορμολύττομαι f. ξομαι ich schrecke, scheuche.

Μὺ od. μῦ der Ton der bei verschlossenen Lippen aus der Nase gestoßen wird. μύζω u. μυχθίζω ich seufze od. schnaube so, ἐπιμύζω bei od. über –, in Spott od. Hohn. μυγμὸς, μυχμὸς, μυχθισμὸς ὁ dieses Seufzen od. Schnauben.

μύω f. μύσω ich verschließe den Mund, die Augen, auch καταμύω od. καμμύω. μύσις ἡ das Zusammendrücken, Schließen.

μυΐνδα ἡ Blindekuhspiel. ἀμυστὶ ohne den Mund zu schließen, in vollen Zügen: ἀμυστίζω ich trinke so.

μύωψ ωπος ὁ ein Kurzsichtiger, auch μυωπίας u. μυωπὸς ὁ; die Viehbremse, sonst οἶστρος ὁ; der Sporn. μυωπία ἡ Kurzsichtigkeit, μυωπάζω od. μυωπιάζω ich bin kurzsichtig: μυωπίζω ich sporne an; plage.

μυζάω od. μυζέω ich sauge: ἐκμυζάω ich sauge aus, ἐκμύζησις ἡ u. ἐκμυζηθμὸς ὁ das Aussaugen.

μυέω f. ήσω ich weihe in die Mysterien ein. μύησις ἡ Einweihung.

μύστης ου ὁ, μύστις ιδος ἡ der Eingeweihte: uneingeweiht ἀμύητος ὁ ἡ: der Einweihende μυσταγωγὸς, wov. μυσταγωγέω = μυέω, μυσταγωγία = μύησις. μυστικὸς ἡ ὸν geheim, geheimnißvoll; die Mysterien betreffend.

μυστήριον τὸ Geheimniß; pl. bs. der geheime Dienst der Eleusinischen Göttinnen. μυστηριώδης ὁ geheimnißvoll, mystisch. μυστηριάζω ich weihe ein, μυστηριασμὸς ὁ Einweihung

μυελὸς ὁ Mark. μυελόεις εσσα εν markig, fett. μυελώδης ὁ ἡ markartig. μυελόω ich fülle mit Mark an. μυελοποιός, μυελοτρεφής ὁ ἡ Mark machend – nährend.

μυάω ich drücke die Lippen zusammen, verzerre den Mund vor Schmerz od. Unwillen, auch μοιμυάω, μοιμύλλω, μυλλαίνω.

ἀπομύττω ich schneuze; ich betrüge, emungo.

μυκτὴρ ῆρος ὁ Nase, Nüster (sonst ῥὶν ῥινὸς ἡ, wov. ἄῤῥιν ὁ ἡ ohne Nase, nicht spürend, u. εὔριν von feiner Nase); das Naserümpfen, auch μυκτηρισμὸς ὁ von μυκτηρίζω u. ἐκμυκτηρίζω ich verspotte, verhöhne: μυκτηριστὴς ὁ Spötter. ῥινάω f. ήσω ich führe an der Nase umher, habe zum Besten: ῥινηλατέω od. ἐκρινίζω ich spüre aus. ῥινόκερως ὁ Nashorn.

μύξα ἡ Schleim, Rotz; Schnauze, Dille: λύχνος δίμυξος Lampe mit 2 Dillen.

μύκης ου u. ητος ὁ Pilz, Erdschwamm.

μύσος εος τὸ etwas stinkendes, wobei man durch die Nase schnaubt um es nicht zu riechen; Gräuel, abscheuliche Handlung. μυσαρὸς ὰ ὸν unflätig; abscheulich, ekelhaft. μυσάττομαι f. ξομαι ich verabscheue: μύσαγμα τὸ Gegenstand des Abscheus.

μῖσος εος τὸ Haß, Feindschaft: Freundschaft, Liebe φιλία od. φιλότης ἡ von φίλος η ον Freund, lieb (comp. φίλτερος u. φιλαίτερος). Dem

Freunde gehörig oder freundlich gesinnt φίλιος u. φιλοτήσιος, ία ιον: ἡ φιλοτησία zugetrunkene Gesundheit.

ἀμισὴς έος ὁ ἡ nicht verhaßt: ἄφιλος ohne Freund; unfreund. προσφιλὴς lieb, freundlich. ὑπέρφιλος übermäßig freund.

μισέω f. ήσω ich hasse: φιλέω ich liebe; ich küsse, poet. auch κυνέω f. κύσω od. κυνήσομαι, wov. προσκυνέω adoro. φίλημα τὸ Kuß.

ἀντιμισέω, ἀντιφιλέω ich hasse – ich liebe gegenseitig. καταφιλέω ich küsse – herze ab.

μισητὸς ἡ ὸν hassenswerth, gehaßt: φιλητὸς geliebt, liebenswürdig. μισητικὸς ἡ ὸν zum Haß, φιλητικὸς zur Liebe geneigt od. gehörig.

μισητὴς οῦ ὁ Hasser, φιλητὴς Liebhaber. μίσηθρον, φίλτρον τὸ Mittel Haß, Liebe zu erwecken.

μισάδελφος, φιλάδελφος ὁ ἡ Brüder od. Geschwister hassend – liebend: φιλαδελφία ἡ Geschwisterliebe.

μισάλληλοι, φιλάλληλοι einander hassend – liebend: μισαλληλία, φιλαλληλία ἡ gegenseitige Feindschaft – Liebe.

μισαλέξανδρος, μισοφίλιππος ὁ ἡ Feind des Alexandros, des Philippos: φιλοπλάτων, φιλόμηρος Freund des Platon, des Homeros.

μισάνθρωπος ὁ ἡ menschenfeindlich, φιλάνθρωπος menschenliebend, liebreich, nachsichtig: μισανθρωπία ἡ Menschenhaß, φιλανθρωπία Menschenfreundlichkeit. φιλανθρωπέω u. φιλανθρωπεύομαι ich handle menschenfreundlich; behandle gelind.

μισάργυρος das Geld hassend: φιλάργυρος od. φιλοχρήματος ὁ ἡ geldgierig, geizig: φιλαργυρία od. φιλοχρηματία ἡ Geiz, Geldsucht.

μισέλλην, φιλέλλην ηνος ὁ ἡ Feind – Freund der Hellenen.

μίσιππος ὁ ἡ Pferdefeind, φίλιππος Pferdefreund.

μισογύνης ὁ ἡ Weiberfeind, φιλογύνης od. φιλογύναιος Weiberfreund.

μισόδημος, φιλόδημος das Volk hassend – liebend. μισόπολις, φιλόπολις die Stadt hassend – liebend.

μισόπαις od. μισότεκνος, φιλόπαις od. φιλότεκνος Kinderfeind – freund.

μισόθηρος, φιλόθηρος (θήρα) Jagdfeind – freund.

μισοκερδὴς Gewinn od. Wucher hassend: φιλοκερδὴς gewinnsüchtig, φιλοκερδέω ich bin gewinnsüchtig, φιλοκέρδεια ἡ Gewinnsucht.

μισολόγος die Rede od. die Wissenschaft hassend: φιλολόγος sie liebend: φιλολογία ἡ Liebe zur Litteratur; Beschäftigung damit. φιλολογέω ich liebe od. treibe Litteratur; führe gelehrte Gespräche.

φιλόνεικος ὁ ἡ streitsüchtig, φιλονεικία ἡ Streitsucht, Rechthaberei: φιλονεικέω.

μισοπάτωρ ορος den Vater hassend, φιλοπάτωρ den Vater liebend.

μισόπονος arbeitscheu, φιλεργὸς od. φιλόπονος arbeitsam. φιλεργία od. φιλοπονία ἡ Arbeitsamkeit.

μισοπράγμων ονος ὁ ἡ Geschäfte hassend: φιλοπράγμων thätig, unruhig. φιλοπραγμοσύνη ἡ Art des φιλοπράγμων.

μισόφιλος seine Freunde hassend, φιλέταιρος od. φιλόφιλος seine Freunde liebend. φιλεταιρία ἡ Freundesliebe.

μισόσοφος Feind, φιλόσοφος Freund der Weisheit u. Wissenschaft.

φιλότιμος ὁ ἡ ehrliebend, ehrgeizig: φιλοτιμία ἡ Ehrliebe, Ehrgeiz: Eifer, Wetteifer; Stolz. φιλοτιμέομαι ich bin ehrliebend; suche meine Ehre worin.

φιλόφρων ὁ ἡ gütig und liebreich gesinnt od. handelnd. φιλοφρονέομαι ich behandle einen freundschaftlich, nehme ihn liebreich auf (τινά). φιλοφροσύνη ἡ.

Μυχὸς ὁ der innerste Ort, Winkel: μυχόθεν aus dem Innersten, μυχόνδε in das Innerste. μυχώτατος, μυχαίτατος, μυχοίτατος, μύχατος innerst: auch μύχιος u. μυχιαῖος α ον. μυχώδης ὁ ἡ voll Winkel u. Höhlen.

Μυδάω f. ήσω ich bin feucht od. durchnäßt; faule od. verderbe vor Nässe.
μυδαίνω ich befeuchte.
μυδαλέος έα έον feucht, naß; vor Nässe faulend: auch μυδόεις εσσα εν.
μυδὼν ὁ faules Fleisch.

Μύλη ἡ die Mühle; der untere Mühlstein; die Kniescheibe; das gemahlne Getraide; pl. die Backzähne.
μύλος ὁ Mühle; Mühlstein (auch μυλίας und μύλαξ); Backzahn, auch μυλόδους u. μύλακρος.
μυλὼν ὁ Mühlhaus, Ort wo die (Roß- od. Hand-) Mühle befindlich ist.
μυλικὸς ἡ όν zur Mühle gehörig. μυλεὺς od. μυλωθρὸς ὁ Müller.
μυλιάω ich knirsche die Zähne. μύλλω ich mahle, gew. ἀλήθω.
ἄμυλον τὸ Kraftmehl (nicht in der Mühle, sondern auf mühsamere Art gemacht).

Μύριοι αι α 10,000: μυρίοι viele, unzählige, sexcenti. διομύριοι 20,000, δεκάκις μύριοι 100,000.
μυριὰς άδος ἡ eine Zahl von 10,000, auch μυριοστὺς ἡ. μυριάκις 10,000 mal. μυριοστὸς ἡ ὸν der 10,000ste. μυριοστημόριον τὸ $\frac{1}{10000}$. μυριοπλάσιος ὁ ἡ 10,000fältig. μυριόλεκτος ὁ ἡ tausendmal gesagt: μυριόνεκρος μάχη Schlacht worin Tausende bleiben: μυριόμματος od. μυριόφθαλμος mit unzähligen Augen.

Μύρμος ὁ, gew. μύρμηξ ηκος ὁ die Ameise. μυρμήκειος ὁ ἡ von der Ameise, ihr ähnlich. μυρμηδὼν ῶνος ὁ od. μυρμηκιὰ ἡ Ameisenhaufe. μυρμηκιάω od. μυρμηκίζω ich habe Kriebeln u. Jucken.

Μύρω ich fließe, fließe herab: μύρομαι ich zerfließe in Thränen, weine, klage; auch μυρωδέω.
μύρον, dem. μυρίδιον, τὸ der aus Bäumen, bs. der Myrte (μύῤῥα), fließende wohlriechende Saft; Salbe, wohlriechendes Oel. μυρίζω f. ίσω u. μυρόω ich salbe, auch μυραλοιφέω: μύρισμα od. μύρωμα τὸ aufgetragene Salbe, μυρισμὸς ὁ das Parfümiren. μυροθήκη ἡ Salbenbüchse, μυροπώλιον τὸ Salbenladen.

Μῦς υὸς, dem. μυΐσκος, ὁ Maus; Muskel. μυώδης ὁ ἡ mäuseartig; voller Muskeln.
μυὼν ῶνος ὁ eine Stelle wo viele Muskeln zusammen liegen, z. B. Wade.
μυωνία, μυωξία, μυωπία ἡ Mauseloch.

Μῶκος ὁ Spott, Hohn, sonst χλευή ἡ: μωκὸς od. χλευαστὴς Spötter. μωκάομαι u. καταμωκάομαι od. χλευάζω u. καταχλευάζω ich verspotte, verhöhne, sonst τωθάζω f. άσω, wov. τωθασμὸς = μῶκος od. χλευασία, τωθαστὴς = μωκός: τωθαστικὸς u. χλευαστικὸς ἡ ὸν höhnisch, spöttisch.

N.

Νάνος ὁ, dem. νάνιον τὸ, Zwerg, eigtl. wer einen unverhältnißmäßig großen Kopf hat. νανώδης od. νανοφυὴς ὁ ἡ zwergartig.

Νάρθηξ ηκος ὁ Ruthenkraut, ferula, zu Stöcken und Gerten gebraucht: in dem Marke erhielt man Feuer glimmend; Büchse zu Salben, auch ναρθήκιον τὸ. ναρθηκώδης ὁ ἡ in der Art des νάρθηξ, ναρθήκινος davon gemacht. ναρθηκοφόρος ὁ ἡ wer einen Stab od. Thyrsus von νάρθηξ trägt. ναρθηκίζω ich schlage mit einem solchen Stabe.

Νάρκισσος ὁ und ἡ die Narzisse. ναρκίσσινος η ον aus Narzissen gemacht.

Νάω (aor. νάσσα) ich setze, siedle an: ναίω ich wohne, auch ναιετάω.
ἀπονάω od ἀποναίω ich versetze einen wohin zu wohnen.
ναὸς (Att. νεὼς, Jon. νηὸς) ὁ Götterwohnung, Tempel. πρόναος (Jon. προνήϊος) ὁ ἡ was vor dem Tempel ist, πρόναον τὸ Tempel-

vorhof. νεωκόρος ὁ Aufseher über die Reinigung (κορέω) des Tempels: νεωκορέω ich bin νεωκόρος: νεωκορία ἡ dessen Amt.

ναετὴς οῦ u. ναετὴρ ῆρος ὁ Bewohner: ἐνναέτης Einwohner. μετανάστης ου ὁ der an einen andern Ort zieht, Auswandrer, Fremdling, pros. μέτοικος.

Νέμω f. μῶ ich beweide, theile zu, vertheile; ich lenke, regiere; ich besitze, habe inne: νέμομαι ich weide, fresse. Poet. auch νεμέθω u. νωμάω.

ἀπονέμω ich vertheile davon, διανέμω ich zertheile, theile aus.

καταντέμω ich betreibe mit Vieh, weide ab, verzehre.

ἐπινέμω ich weide auf fremdem Grunde; med. ich weide, fresse um mich, verheere. ἐπινομὴ u. ἐπινομία ἡ gegenseitiges Benutzen der Trift.

προνέμομαι ich weide weiter, gehe weiter fort. προνομὴ ἡ Fütterung; Fouragirung.

νέμησις u. νομὴ ἡ die Vertheilung; das Weiden. νεμέτωρ ὁ Vertheiler (poet.).

νέμεσις ἡ Unwille über das Glück der Schlechten; die Göttin, die solches Glück zerstört und den Uebermuth demüthigt. νεμεσάω ich finde unwürdig; rüge, misgönne, trage Scheu u. Bedenken: νεμεσητὸς ἡ ὸν zu rügen, zu tadeln, zu ahnden: ἀνεμέσητος ὁ ἡ unbeneidet; unbestraft, ungetadelt. νεμεσίζομαι = νεμεσῶμαι; bs. aber ich scheue, fürchte die Göttet.

νέμος εος τὸ Weideplatz; Wald, Hain, nemus.

νομεὺς έως ὁ Vertheiler; Hirt. νομεύω ich weide, treibe auf die Weide. νομευτικὸς ἡ ὸν und νόμιος α ον die Weide od. die Hirten betreffend, wie Θεὸς νόμιος Hirtengott, μέλος νόμιον Hirtenlied. νομαῖος αια αῖον von der Weide od. Heerde, βοῦς z. B.

νομὰς άδος ὁ ἡ weidend; umherziehend. νομαδικὸς ἡ ὸν od. νομαδίτης ὁ nomadisch. νομαδία ἡ Nomadenhorde.

νομὸς ὁ Weide; Aufenthalt, Wohnsitz; in Aegypten Distrikt, Präfektur. νομάρχης ὁ Vorsteher des Distrikts.

νόμος ὁ Gewohnheit, Gebrauch; Gesetz; Tonart

ἄνομος ὁ ἡ gesetzlos; ungerecht. ἀνομία ἡ Gesetzlosigkeit, Ungerechtigkeit. ἀνομέω ich handle gesetzlos, ungerecht.

ἔννομος ὁ ἡ gesetzmäßig; dem Gesetz unterworfen

εὐνομία ἡ gute Gesetze, gesetzliche Verfassung, Recht und Sitte. εὐνομέω ich handle gesetzmäßig, εὐνομοῦμαι ich lebe unter guten Gesetzen, εὐνόμημα τὸ gesetzmäßige Handlung.

παράνομος ὁ ἡ gesetzwidrig, παρανομία ἡ Uebertretung des Gesetzes, παρανομέω ich handle wider das Gesetz.

νομοθέτης ὁ Gesetzgeber, νομοθετέω ich gebe Gesetze. νομοθεσία ἡ Gesetzgebung, auch νομοθέτησις: νομοθετικὸς ἡ ὸν dazu gehörig od. geschickt.

νομικὸς ἡ ὸν die Gesetze betreffend; rechtskundig: νομικὴ ἡ (sc. ἐπιςήμη) die Rechtsgelahrtheit.

νόμιμος η ον gesetzmäßig, rechtmäßig; gebräuchlich, üblich. τὰ νόμιμα Gesetze, Gebräuche.

νομίζω f. ίσω ich habe im Gebrauch (τὰ νομιζόμενα Sitten, Gebräuche); ich halte für —, meine, glaube.

νόμισμα ατος (dem. νομισμάτιον) τὸ Geld, Münze.

νόμισις εως ἡ Gebrauch, Sitte, Meinung.

Νέος α ον neu; frisch; jung: alt, ehemalig παλαιὸς ὰ ὸν von πάλαι ehemals, schon längst: neu, ungewohnt καινὸς ἡ όν, wovon καινίζω ich neuere u. καινοποιέω ich mache neu, ich erfinde. νεώτατος auch der letzte, wie novissimus. ἐκ νέου od. ἐκ νέας von neuem (auch ἐκ καινῆς); von Jugend auf. ὁ νέος od. νεώτερος der Jüngling, poet. auch νέαξ. νέον neulich, auch νεωστί. νεόθεν von neuem (poet.).

νεάπολις ἡ Neustadt, παλαιόπολις Altstadt.

νεόγαμος ὁ ἡ jüngst verheirathet (γάμος).

νεόπλουτος neulich reich geworden (πλοῦτος): entggs. παλαιόπλουτος.

νεογενὴς (γένος) u. νεογέννητος (poet. νεαγενὴς u. νηγενής), auch νεογνὸς, neugeboren: entggs. παλαιγενὴς u. παλαίγονος.

νεολαία ἡ junge Mannschaft (λαός). νεομηνία od. νουμηνία ἡ Neumond (μήνη).

νεόλουτος ὁ ἡ neu gewaschen od. gebadet. νεόφυτος ὁ ἡ neu gepflanzt. νεώνητος neu gekauft.

νεότης ητος ἡ Neuheit (auch καινότης), Frischheit; Jugend, poet. auch νεοίη. παλαιότης ἡ Alter, Alterthum. νεοίησιος ὁ ἡ jugendlich.

νεὸς (poet. νειός) ὁ ἡ Brachland, novale: auch νέωμα τὸ von νεόω ich erneuere, pflüge die Brache. Dass. νεάζω, aber auch ich bin jung, bin jugendlich, kräftig u. muthig. νέασις ἡ u. νεασμὸς ὁ das Pflügen der Brache, des νεάσιμον, der νεατὴ od. νεατίς. νεατὸς ὁ Bestellzeit.

ἀνανεάζω u. ἀνανεόω od. ἀνακαινόω u. ἀνακαινίζω ich erneuere, verjünge: παλαιόω ich mache alt, lasse veralten und eingehen, antiquo.

νεωτερικὸς ἡ ὸν dem νεώτερος anständig oder eigen; heftig, gewaltthätig. νεωτερίζω od. καινουργέω u. καινοτομέω ich mache Neuerungen, fange Unruh und Aufruhr an. νεωτερισμὸς oder καινουργισμὸς ὁ u. καινουργία od. καινοτομία ἡ Neuerung, Neuerungssucht. νεωτεριςὴς οῦ ὁ Neuerer, Aufwiegler; auch νεωτεροποιός, καινοτόμος, καινουργὸς ὁ ἡ.

νεανίας ου (dem. νεανίσκος) ὁ Jüngling, sonst μειράκιον τὸ (dem. μειρακίσκος ὁ u. μειρακύλλιον τὸ). νεᾶνις od. μεῖραξ ακος (dem. μειρακίσκη) ἡ Jungfrau, Mädchen.

νεανικὸς ἡ ὸν jugendlich, jünglingsmäßig; kräftig, tüchtig.

νεανιεύομαι (auch νεανίζομαι od. νεανισκεύομαι u. μειρακιεύομαι) ich betrage mich jugendlich, leichtsinnig, muthwillig, verwegen: νεανίευμα τὸ jugendliche That, Jugendstreich. μειρακίζομαι u. μειρακιόομαι ich werde ein Jüngling, komme in dessen Jahre.

νεαρὸς ὰ ὸν neu, frisch, jugendlich: auch νεαλὴς ὁ ἡ.

νεοττὸς od. νεοσσὸς ὁ (dem. νεόσσιον τὸ) ein Junges der Thiere, bs. der Vögel. νεοσσιὰ od. νεοττιὰ ἡ Nest voll Jungen. νεοσσεύω ich niste, hecke: νεοσσία ἡ das Hecken, die Heckzeit. νεοσσοκόμος od. νεοσσοτρόφος ὁ ἡ junge Vögel pflegend, fütternd: νεοσσοτροφεῖον τὸ Ort wo das geschieht: νεοσσοκομέω, νεοσσοτροφέω.

νέατος η ον der letzte, unterste: νήτη ἡ die unterste Saite, ὑπάτη die oberste. νείρη od. νείαιρα ἡ Unterleib, gew. κοιλία.

Νεῦρον τὸ (dem. νευρὶς ἡ u. νευρίον τὸ) Sehne, Senne, Ligament; Bogensehne, Saite (auch νευρὰ ἡ), Drath zum Nähen; figürlich Kraft, Stärke; bei den Neuern erst, was wir jetzt Nerve nennen: Werkzeug der Empfindung.

νευροβάτης ὁ Seiltänzer. νευρόκαυλος ὁ ἡ mit sehnichtem Stengel.

νευροκοπέω od. ἐκνευρίζω ich schneide die Sehnen heraus, entkräfte.

νευροῤῥάφος ὁ Schuhflicker: νευροῤῥαφία ἡ, νευροῤῥαφέω.

νευροσπαδὴς od. νευρόσπαστος u. νευροτενὴς od. νευρότονος ὁ ἡ an Sehnen gezogen od. gespannt: νευροσπαστέω ich bewege durch Sehnen: νευροσπάστης ὁ Puppenspieler.

νεύρινος η ον aus Sehnen gemacht. νευροειδὴς ὁ ἡ sehnenartig. νευρώδης sennig, nervig.

Νεύω f. νεύσω ich nicke, winke; ich neige mich, poet. auch ἡμύω.
ἀνανεύω ich verneine. ἀπονεύω ich schlage ab, mißbillige. διανεύω ich vermeide, weiche aus. ἐπινεύω u. κατανεύω ich winke zu, willige ein; neige mich hinab, hange herab. προνεύω ich neige mich vorwärts, hange vorn über. συννεύω ich pflichte bei, stimme zusammen
νεῦμα τὸ der Wink; das Zuwinken, der Beifall. νεῦσις ἡ das Winken; die Neigung. νευστάζω ich winke, nicke zu.
νυστάζω f. ξω ich nicke im Schlaf, gebe nicht Acht.
ἀπονυστάζω ich bin schläfrig; bin unachtsam, faul: ὑπονυστάζω ich schlummere ein wenig.
νύσταγμα τὸ, νυσταγμὸς ὁ, νύσταξις ἡ das Nicken, Schlafen. νυστακτὴς ὁ Schläfer, νυστακτικὸς u. νυσταλέος schläfrig.
Νεφρὸς ὁ Niere. νεφρίδιος α ον die Nieren betreffend, auch νεφρίτης: νεφρῖτις ἡ Nierenkrankheit, Steinschmerz: νεφριτικὸς ἡ ὸν damit behaftet.
Νάω ich fließe. διανάω ich fließe durch.
νᾶμα ατος (dem. ναμάτιον) τὸ Fluß, Wasser, Quelle. ναματιαῖος αία αῖον fließend. ναματώδης ὁ ἡ wasserreich, quellenreich: auch νασμώδης von νασμὸς ὁ das Fließen, Quellen.
Νέω f. νεύσομαι, gew. νήχομαι f. νήξομαι. ich schwimme. νεῦσις od. νῆξις ἡ das Schwimmen, νήκτης u. νήκτωρ od. νευστὴς u. νευστὴρ ὁ Schwimmer. ἐλαῖαι νηκτρίδες Oliven in Salzwasser eingemacht, sonst κολυμβάδες.
ἀνανέω od. ἀνανήχομαι ich schwimme herauf, tauche auf. ἀπονήχομαι ich schwimme davon, ἐκνέω heraus, παρανήχομαι nebenher, προσνήχομαι hinzu. ὑπονήχομαι ich schwimme unter dem Wasser, tauche unter, sonst κολυμβάω u. ἀρνεύω. ἀρνευτὴρ (urinator) u. κολυμβητὴρ od. ῆς ὁ Taucher, auch κόλυμβος ὁ, κολυμβὰς od. -ὶς ἡ: κολυμβητικὸς ἡ ὸν zum Tauchen geschickt: κολυμβήθρα ἡ Ort zum Tauchen, Schwemme, Teich. ἀποκολυμβάω ich rette mich durch Schwimmen.
νευστὸς u. νευστικὸς od. νηκτὸς ἡ ὸν schwimmend, schwimmen könnend τὸ νηκτὸν das Vermögen zu schwimmen. τὰ νηκτὰ die Fische.
νῆσος ἡ (dem. νησὶς ῖδος ἡ u. νησίδιον od. νησύδριον τὸ) Insel: νησαῖος αία αῖον dazu gehörig, νησοειδὴς inselartig.
νησιώτης ου ὁ Inselbewohner: νησιωτικὸς ἡ ὸν dem gehörig, den betreffend.
νησίζω ich bin eine Insel, liege wie eine Insel. νησόω od. νησοποιέω ich mache zur Insel.
νῆσσα od. νῆττα ἡ (dem. νησσάριον τὸ) Ente. νησσαῖος αία αῖον von der Ente.
ναῦς ς (Jon. νηῦς νηὸς) ἡ Schiff; Nachen, Kahn λέμβος ὁ, dem. λεμβάδιον τὸ.
ναυαγὸς ὁ ἡ schiffbrüchig (ἄγνυμι): ναυαγία ἡ Schiffbruch, ναυαγέω ich leide Schiffbruch, ναυάγιον τὸ Wrack.
ναύαρχος ὁ Befehlshaber der Flotte: ναυαρχέω, ναυαρχία ἡ. ναυαρχὶς ίδος ἡ Schiff des ναύαρχος.
ναύκληρος Schiffsherr, Patron; Hausherr der Wohnungen vermiethet, wie jener Plätze.
ναύλοχος ὁ ἡ Schiffe aufnehmend; subst. ὁ Ort wo Schiffe liegen können. ναυλοχέω ich liege im Hafen u. laure dem Feind auf.
ναυμάχος ὁ ἡ zur See streitend, ναυμαχία ἡ Seeschlacht, ναυμαχέω ich liefere eine Seeschlacht. ἀναυμαχίου ἡ Klage wegen Desertion im Seekriege.
ναυπηγὸς ὁ (πηγνύω) Schiffszimmermann, ναυπηγέω ich baue

ein Schiff, ναυπηγία ἡ Schiffbau, ναυπηγήσιμος ὁ ἡ u. ναυπηγικὸς ἡ ὸν zum Schiffbau dienlich od. gehörig. ναυπήγιον τὸ Werft.

ναύσταθμος ὁ u. ναύσταθμον τὸ Schiffsstation, Rhede: ἐπίνειον τὸ Ankerplatz, Hafen, Seestadt.

ναυστολέω (στέλλω) ich schicke ein Schiff aus; ich bringe zu Schiffe od. in einem Schiffe; neutr. ich fahre zu Schiffe. ναυστόλος der zu Schiffe bringt, ναύστολος zu Schiffe gebracht.

νεωλκέω (ἕλκω) ich ziehe ein Schiff aufs Trockne: νεώλκιον τὸ der Ort wohin es gezogen wird.

νεώριον τὸ der Ort wo die Kriegsschiffe im Trocknen verwahrt liegen: die Abtheilung darin für ein Schiff νεώσοικος ὁ. νεωρὸς ὁ Aufseher über das νεώριον.

ναύτης ου ὁ, ναῦτις ιδος ἡ, Schiffer, poet. ναυτίλος. περίνεως ὁ übrig auf dem Schiffe, keine Dienste thuend.

νήϊος od. νηϊτικὸς zum Schiff, ναυτικὸς ἡ ὸν zum Schiffer od. Schiffswesen gehörig. ναυτικὴ ἡ (sc. τέχνη) Schiffahrtskunde. τὸ ναυτικὸν Seemacht; Bodmerei, auf Schifferzinsen ausgeliehen Geld. ναυτιλία ἡ Schiffahrt. ναυτίλλομαι ich schiffe.

ναυτία u. ναυσία ἡ Seekrankheit, Erbrechen; Ekel: ναυτιώδης ὁ ἡ Ekel erregend; zum Ekel geneigt. ναυσιάω u. ναυτιάω ich habe Ekel, erbreche mich (sonst ἐμέω f. έσω vomo, wov. ἔμετος ὁ das Erbrechen, ἔμεσμα τὸ das Ausgebrochene, ἐμετὸς ἡ ὸν ausgebrochen, ἐμετήριος ία ιον u. ἐμετικὸς ἡ ὸν Brechen erregend, ἐμετιάω vomiturio ich habe Neigung zum Erbrechen, ἐμετηρίζω ich bringe zum Erbrechen, ἀπεμέω u. ἐξεμέω ich breche weg od. aus). ναυσίασις ἡ das Erbrechen.

ναῦσθλον, gew. ναῦλον, τὸ Schifferlohn, Fährgeld, Fracht. ναυσθλόω od. ναυλόω ich vermiethe ein Schiff; med. ich miethe es.

ναϊὰς od. νηϊὰς άδος ἡ Najade, Flußnymphe.

ναρὸς ἡ ὸς, auch νηρὸς, naß, fließend: davon Νηρεὺς έως ὁ u. Νηρεΐδες αἱ.

Νέομαι od. νεῦμαι (auch νίσσομαι u. νείσσομαι) f. νείσομαι ich komme, gehe. ἀπονέομαι ich komme zurück. ἐπινίσσομαι ich komme an. μετανίσσομαι ich gehe hinüber.

νόστος ὁ Rückkehr, ἄνοστος nicht zurückkehrend. νόστιμος ὁ ἡ heimkehrend, der noch zurückkommen kann; bei spätern auch reif, süß, angenehm.

νοστέω f. ήσω u. ἀπονοστέω ich komme zurück, kehre heim.

περινοστέω ich gehe herum, begehe. ὑπονοστέω ich gehe herunter, sinke, falle ein.

Νέω, gew. νηέω u. νηνέω, ich häufe auf: ἐπινέω od. ἐπινηνέω ich häufe darüber, παρανέω od. παρανηνέω daneben, περινέω ringsherum, συννέω mit. νητὸς ἡ ὸν aufgehäuft.

νάσσω f. ξω ich sacke ein, drücke fest. ναστὸς ἡ ὸν festgedrückt, voll, dicht. ἐπινάσσω ich fülle voll.

Νέω, gew. νήθω f. σω, ich spinne, sonst κλώθω.

ἐπινήθω od. ἐπικλώθω ich spinne zu, theile zu, von den Mören, die bei Homer κατακλῶθες (die Spinnerinnen) heißen, wie eine von ihnen immer Κλωθώ.

νῆμα od. κλῶσμα ατος τὸ Gespinst, Faden. νῆσις od. κλῶσις εως ἡ das Spinnen. κλωστὴρ ὁ Spinner; Spindel, auch νῆτρον τὸ und ἄτρακτος ὁ ἡ: Rocken ἠλακάτη ἡ.

νητὸς od. κλωστὸς ἡ ὸν gesponnen, νηστικὸς ἡ ὸν zum Spinnen gehörig.

Νήφω f. ψω ich bin od. lebe nüchtern; ich bin mäßig, klug, bescheiden. ἀνανήφω ich werde wieder nüchtern u. klug.

νῆψις ἡ die Nüchternheit, auch *νηφαλιότης ἡ*.

νήπτης ου ὁ u *νηπτικὸς ἡ ὸν* nüchtern, auch *νηφάλιος, νηφάλιμος, νηφαλέος*: *νηφάλια ἱερὰ* Opfer ohne Wein. *νηφαντικὸς ἡ ὸν* nüchtern machend.

Νίπτω f. *ψω* (poet *νίσσω* u *νίζω*) ich benetze, wasche; med. ich wasche mich od mir bſ die Hände. *ἀπονίπτω* u. *ἐκνίπτω* ich wasche ab.

νίμμα od. *νίπτρον τὸ* Waschwasser. *νιπτὴρ ῆρος ὁ* Waschbecken, Waschwanne. *ἐπινιπτρὶς* od. *μετανιπτρὶς ίδος ἡ* ein Trunk nach dem Händewaschen herumgereicht.

ἄνιπτος ὁ ἡ ungewaschen. *ἀναπόνιπτος, δυσέκνιπτος* unabgewaschen, schwer abzuwaschen

νίτρον τὸ Natrum (das mit Oel gemischt zur Seife diente). *νιτρόω* ich reinige mit Natrum. *νιτρώδης ὁ ἡ* od. *νιτρίτης ὁ* voll Natrum. *νιτρία ἡ* Ort wo Natrum gegraben wird.

νίψ ιφὸς ἡ Schnee: der liegende *χιὼν ονος ἡ*.

νιφόβολος u *χιονόβολος*, od. *νιφόβλητος* u. *χιονόβλητος* mit Schnee beworfen, beschneit. *χιονόχρως ὁ ἡ* von der Farbe des Schnees.

νίφω od *νείφω* ich schneie: *χιονίζω* und *χιονόω* oder *ἐπινείφω* ich beschneie.

νιφάδες αἱ Schneeflocken, *νιφετὸς ὁ* Schneegestöber, *νιφετώδης* od. *χιονώδης ὁ ἡ* schneeig, voll Schnee.

νέφος (dem. *νέφιον*) *τὸ* u. *νεφέλη ἡ* (dem. *νεφέλιον τὸ*) Wolke, Gewölk.

ἐπινεφὴς od. *ἐπινέφελος ὁ ἡ* bewölkt, auch *συννεφής*, wovon *συννέφεια ἡ* der bewölkte Himmel. *ἀνέφελος ὁ ἡ* unbewölkt.

νεφόω od. *συννεφέω* ich bewölke, verfinstere. *νεφοειδὴς ὁ ἡ* wolkig, finster.

γνόφος, δνόφος, ζόφος ὁ u. *κνέφας αος τὸ* Finsterniß, Dunkelheit: *κνέφας* auch Dämmerung. *γνοφόω* od. *γνοφέω* u. *ζοφόω* ich verdunkle. *γνοφερὸς, δνοφερὸς, ζοφερὸς ὰ ὸν* u. *γνοφώδης ὁ ἡ*, *κνεφαῖος αία αῖον, ζοφόεις εσσα εν* dunkel, finster.

Νόος νόου od. *νοῦς νοῦ ὁ* (dem. *νοΐδιον τὸ*) Vernunft, Verstand.

νουθετέω ich lege ans Herz, warne, ermahne. *νουθέτημα τὸ* oder *νουθέτησις* u. *νουθεσία ἡ* Vorstellung, Ermahnung. *νουθετητικὸς ἡ ὸν* ermahnend.

νουνεχὴς ὁ ἡ verständig, klug: *νουνέχεια ἡ* Klugheit.

νοερὸς ὰ ὸν vor den Verstand gehörig, intellectual (entggſ. dem Sinnlichen, dem *αἰσθητόν*). *νοερότης ἡ* Intellectualität.

νοέω f. *ήσω* ich werde gewahr; ich verstehe, sehe ein, gedenke, überlege (Jon. auch *νοέω*, wov. *ἀκούω*): *νοόω* ich verständige, wie *φρενόω*.

νόημα τὸ Gedanke, Gesinnung, Entschluß; das Erdachte. *νόησις ἡ* das Denken, Begreifen, Bemerken.

νοήμων ονος ὁ verständig: unverständig *ἀνοήμων*, gew. *ἄνους ου ὁ ἡ*: Unverstand *ἄνοια ἡ*.

νοητὸς ἡ ὸν verständlich; verstanden: *ἀνόητος* unverständlich, unverständig. *δυσνόητος* schwer zu verstehn. *ἀνοηταίνω* oder *-τεύω* ich bin od handle unverständig. *ἀνοητία* od. *ησία ἡ* Unverständlichkeit.

ἀπόνοια ἡ Verzweiflung, Tollkühnheit. *ἀπονοέομαι* ich komme von Sinnen, verzweifle.

διάνοια ἡ das Durchdenken, Nachdenken; Denkkraft; Meinung, Sinn; Entschluß. *διανοέομαι* ich habe im Sinn; denke nach; denke. *διανόησις ἡ* das Denken, Nachdenken. *διανόημα τὸ* Gedanke; Meinung; Entschluß.

δύσνοος od. *δύσνους ὁ ἡ* übel gesinnt, *τινὶ* gegen jemand: *εὔνους* wohlwollend, *εὐνοϊκὸς ἡ ὸν* dem *εὔνους* eigen. *δύσνοια ἡ* feindselige Gesinnung, εὔνοια ἡ Wohlwollen. δυσνοέω ich bin feindselig gesinnt, εὐνοέω ich bin freundlich, gewogen.

ἔννοος od. ἔννους ὁ ἡ besonnen, verständig. ἔννοια ἡ Gedanke, Vorstellung; Ueberlegung. ἐννοέω ich habe im Sinn; bedenke; begreife. ἐννόημα τὸ Gedanke, Reflexion. ἐννοηματικὸς η ὀν gedankenreich

ἐπίνοια ἡ Einfall, Erfindung, spätere Einsicht. ἐπινοέω ich erdenke, ersinde. ἐπινοηματικὸς ἡ ὀν zum Erfinden geschickt.

κατανοέω ich bemerke; sehe ein; lerne kennen. κατανόημα τὸ Bemerkung, Wahrnehmung. κατανόησις ἡ das Bemerken. κατανοητικὸς ἡ ὀν beobachtend, scharfsichtig.

μετάνοια ἡ Sinnesänderung, Reue. μετανοέω ich ändre den Sinn od. Entschluß, bereue.

παράνοια ἡ Wahnsinn, Thorheit. παρανοέω ich verstehe unrecht; bin wahnsinnig.

πρόνοος od πρόνους ὁ ἡ vorher bedenkend; klug. πρόνοια ἡ Vorsehung, Fürsorge. προνοέω ich sehe vorher; bedenke; besorge, sorge (τινὸς für etwas). προνοητικὸς ἡ ὀν vorsorgend, vorsichtig, bedachtsam: ἀπρονόητος ὁ ἡ unvorsichtig, unvorhergesehen.

σύννοος od. σύννους ὁ ἡ nachdenkend; ernsthaft, mürrisch. συννοέω ich verstehe; überlege, bedenke. σύννοια ἡ Nachdenken; Ernst, Betrübniß.

ὑπονοέω ich habe in Verdacht, vermuthe. ὑπόνοια ἡ Verdacht, Argwohn; Vermuthung; versteckter Sinn, Allegorie.

ἄγνοια ἡ Unwissenheit, Unkunde. ἀγνοέω f. ήσω ich sehe nicht ein, ich weiß nicht. ἀγνόημα τὸ Irrthum; was man aus Unwissenheit thut.

γιγνώσκω od. γινώσκω f. γνώσομαι, aor. ἔγνων, ich erkenne; lerne kennen; weiß; ich urtheile, halte dafür; ich beschließe.

γνῶσις ἡ Einsicht, Erkenntniß; Untersuchung des Richters.

γνωσιμαχέω ich bestreite u. ändere meine Meinung; besinne mich eines Bessern.

γνώστης ου u. γνωστὴρ ῆρος ὁ Kenner; Bürge, cognitor. γνωστὸς ἡ ὀν bekannt; Bekannter: poet. γνωτός, was auch Blutsverwandter, Bruder: ἀρίγνωτος ὁ ἡ sehr bekannt. γνωστικὸς gehörig od. geschickt zum Erkennen. ἀγνὼς ῶτος ὁ ἡ nicht kennend; unbekannt, was auch ἄγνωτος, gew. ἄγνωστος ὁ ἡ: ἀγνωσία ἡ Unbekanntschaft; Unwissenheit.

γνώμη ἡ (dem. γνωμίδιον τὸ) Sinn, Verstand, Einsicht; Meinung; Gutachten; Entschluß; Sinnspruch, Sentenz. γνωμικὸς ἡ ὀν voll Sinnsprüche. ἀγνώμων ὁ ἡ unverständig, unerkenntlich: ἀγνωμοσύνη ἡ Unverstand, Unerkenntlichkeit: ἀγνωμονέω ich bin od handle unverständig od. undankbar. ἀντιγνώμων ὁ ἡ entgegengesetzter Meinung: ἀντιγνωμονέω ich bin entgegengesetzter Meinung. εὐγνώμων gut gesinnt, verständig: εὐγνωμονέω.

γνώμων ονος ὁ ἡ Kenner, Untersucher, Schiedsrichter (auch ἐπιγνώμων); Zeiger an der Sonnenuhr; Richtschnur; Winkelmaaß. γνωμονικὸς ἡ ὀν einsichtsvoll; zur Sonnenuhr gehörig.

γνωρίζω f. ίσω ich mache bekannt: ich untersuche; ich erkenne: ἀναγνωρίζω ich erkenne wieder. γνώρισμα ατος τὸ Kennzeichen. γνωρισμὸς ὁ das Anzeigen, Erkennen: ἀναγνωρισμὸς Wiedererkennung, auch ἀναγνώρισις ἡ. γνώριμος ὁ ἡ bekannt; Bekannter, Freund: ἀγνώριστος ὁ ἡ unerkannt; unbekannt.

ἀναγινώσκω ich lese; bringe zu einem Entschluß, berede. ἀναγνωσείω ich habe Lust zum Lesen. ἀνάγνωσμα τὸ das Gelesene od. Vorgelesene: ἀνάγνωσις εως ἡ das Lesen, Vorlesen: Bereden. ἀναγνώστης ου ὁ Vorleser: ἀναγνωστήριον τὸ Ort zum Lesen; Lesepult.

ἀπογινώσκω ich verwerfe, mißbillige; spreche los; gebe auf, verzweifle an etwas, τινὸς, auch τί. ἀπόγνωσις u. ἀπόγνοια ἡ Verzweiflung, ἀπογνώστης ὁ verzweifelnd.

διαγινώσκω u. διαγνωρίζω ich unterscheide; ich entscheide. διάγνωσις εως ἡ Unterscheidung; Entscheidung. διαγνώστης ου ὁ u. διαγνώμων ὁ ἡ der unterscheidet od. entscheidet. διαγνώμη ἡ Ueberlegung; Entschluß; Beschluß.

ἐπιγινώσκω ich erkenne an; ziehe ein Resultat, fälle ein Urtheil; ersinne. ἐπίγνωσις ἡ Erkenntniß; das Anerkennen.

καταγινώσκω ich erkenne an einem od. gegen einen, τινός. κατάγνωσις ἡ Mißbilligung, Verdammung.

μεταγινώσκω = μετανοέω.

παραγινώσκω ich erkenne od. urtheile falsch.

προγινώσκω ich kenne od. weiß vorher; beschließe vorher. πρόγνωσις ἡ das Vorherwissen.

συγγινώσκω ich stimme überein (τινὶ mit einem); ich weiß mit um etwas; ich verzeihe. συγγνώμων ὁ ἡ verzeihend, nachsichtig.

Νόσος (Jon. νοῦσος) ἡ Krankheit: ἄνοσος ὁ ἡ ohne Krankheit.

νοσώδης ὁ ἡ, auch νοσηρὸς u. νοσερὸς ὰ ὸν, krank; krank machend, auch νοσοποιός, νοσοφόρος.

νοσέω f. ήσω ich bin krank: νοσίζω ich mache krank. νόσημα (dem. νοσημάτιον) τὸ Krankheit, νοσηματικὸς ἡ ὸν krank, Krankheiten unterworfen: νοσηματώδης ὁ ἡ von Krankheiten herrührend.

νοσηλεύω od. νοσοκομέω ich warte Kranke: νοσηλεία ἡ Krankenpflege; Krankenkost, auch νοσοτροφία. νοσοκόμος ὁ ἡ Krankenpfleger, νοσοκομεῖον τὸ Krankenhaus.

Νοτὶς u. νοτία ἡ Nässe, Feuchtigkeit.

νότος ὁ der Südwind, weil er den Regen bringt; der Süden, die Mittagsgegend. νοτόθεν aus Süden.

νότιος ὁ naß, feucht, regnicht; südlich. νοτερὸς ὰ ὸν naß; näßend.

νοτιάω u. νοτέω ich bin naß od. feucht: νοτίζω ich benetze; bin südlich.

Νῦν nun, jetzt, Att. νυνί. οἱ νῦν ἄνθρωποι die jetzigen Menschen. νῦν δὴ so eben.

Νωθὴς ὁ ἡ u. νωθρὸς ὰ ὸν langsam, träge, auch νωχελὴς ὁ ἡ. νώθεια, νωθρία od. νωθρότης u. νωχέλεια ἡ Langsamkeit, Trägheit. νωθρεύομαι u. νωχελεύομαι od. νωχελίζω ich bin langsam, träge. νωθρεπιθέτης ὁ langsam angreifend.

Νύσσω u. νύττω f. ξω ich steche, ritze; durchbohre; treibe an. νύγμα τὸ, νυγμὸς ὁ, νύξις ἡ der Stich, das Stechen.

κατανύσσω ich zersteche, verwunde; kränke. κατάνυξις ἡ das Zerstechen; die Kränkung. ὑπονύσσω ich steche unten od. etwas.

νύσσα ἡ meta die Säule in der Rennbahn, um welche gelenkt wurde.

νεῖκος εος τὸ Zank, Streit, Krieg; Schmähen. Poet. νείκη ἡ.

νεικέω u. νεικείω ich necke, reize, schelte, schimpfe.

ἀμφινεικὴς auch ἀμφινείκητος, ὁ ἡ warum viel Streit ist.

νίκη ἡ (selten νῖκος εος τὸ) Sieg. νικάω f. ήσω ich siege, besiege, übertreffe: νικᾷν μάχην eine Schlacht gewinnen, γνώμην eine Meinung durchsetzen.

ἐκνικάω ich siege ob, gewinne die Oberhand. ὑπερνικάω ich übertreffe weit.

νίκημα ατος τὸ das Besiegte; der Siegspreis, was auch νικητήριον τὸ: Siegslied ἐπινίκιον τὸ.

νικητὴς οῦ ὁ u. νικητὴρ ὁ, νικήτρια ἡ, Sieger. τὰ νικητήρια Siegsfest. νικητικὸς ἡ ὸν siegend, siegreich: νικηφόρος ὁ ἡ siegbringend.

ἀνίκητος ὁ ἡ unüberwindlich.

Νῶτος ὁ (pl. νῶτα τὰ) Rücken.

νωταῖος u. νωτιαῖος αία αῖον zum Rücken gehörig, auf dem Rücken.

νωτίζω ich mache den Rücken kehren, schlage in die Flucht; ich kehre den Rücken, fliehe: νωτίζομαι ich nehme auf den Rücken νώτισμα τὸ was man auf dem Rücken trägt.

νωτοβατέω ich steige auf den Rücken (βαίνω), νωτοφορέω ich trage auf dem Rücken (φέρω): νωτοφορία ἡ das Tragen auf dem Rücken.

Ξ.

Ξένος (poet. ξεῖνος) η ον fremd, ausländisch; ungewöhnlich, befremdend; subst. ὁ Gastfreund hospes (dem. ξενύδριον u. ξενίλλιον τὸ). ξένη ἡ die Fremde, das fremde Land: ἐπὶ ξένης in der Fremde. ξένοι auch fremde Soldaten, Miethstruppen.

ἄξενος od. ἄξεινος u. ἀπόξενος ὁ ἡ ungastlich. εὔξενος gastfrei.

παράξενος ὁ ἡ Halbfreund, falscher od. verstellter ξένος.

ἰδιόξενος ὁ ἡ Gastfreund eines Einzelnen, πρόξενος einer Commune: προξενία ἡ das gastrechtliche Verhältniß mit od. unter Communen. προξενέω f. ήσω ich übe das Gastrecht gegen eine Commune od. im Namen einer solchen aus; ich versorge, vertrete, vermittele, verschaffe. προξενήτης ὁ der etwas vermittelt od. verschafft.

ξενία, poet. ξενοσύνη, ἡ Gastfreundschaft: ξένιος ία ιον dazu gehörig, z. B. Ζεὺς ξένιος der Schutzgott derselben. ξένιον, Ion. ξεινήϊον, τὸ Geschenk an Freunde.

ξενικὸς ἡ ὸν die Fremden od. Gastfreunde betreffend, ihnen gehörig. τὸ ξενικὸν = οἱ ξένοι.

ξενίζω ich bewirthe; ich handle fremd od. ungewöhnlich; ich befremde. ξένισις ἡ, ξενισμὸς ὁ, ξένισμα τὸ Bewirthung, Befremdung.

ξενιτεύω ich bin in der Fremde; bin in fremden Kriegsdiensten. ξενιτεία ἡ das Leben in der Fremde od. im fremden Dienst.

ξενόεις εσσα εν voll von Fremden od. Gastfreunden.

ξενόω ich nehme Fremde auf, bewirthe; med. ich kehre als Fremder ein, bin in der Fremde.

ἀποξενόω f. ώσω ich mache zum Fremden, treibe aus dem Vaterlande.

ἐπιξενοῦμαι ich komme zu einem als Gastfreund.

ξενὼν ῶνος ὁ Fremdenzimmer.

ξενηλατέω (ἐλαύνω) ich treibe die Fremden aus. ξενηλασία ἡ Vertreibung der Fremden.

ξενοδοχέω ich beherberge Fremde (δέχομαι). ξενοδοχία ἡ Bewirthung der Fremden. ξενοδοχεῖον u. ξενοδοκεῖον τὸ Herberge, Wirthshaus.

ξενοκτονέω od. ξενοφονέω ich tödte Fremde (κτείνω, φονεύω).

Ξέω f. έσω u. ξύω f. ύσω ich kratze, schabe; glätte, polire; ich haue in Stein, schnitze in Holz.

ἀποξέω u. ἀποξύω ich schabe ab, streife ab.

ἐπιξέω u. ἐπιξύω ich kratze od. schnitze darauf, auf der Oberfläche.

καταξέω u. καταξύω ich zerkratze, zerschabe; ich beschnitze, ziere mit Schnitzwerk.

ξέσις u. ξύσις ἡ das Schaben; Poliren; das Schnitzen od. Behauen.
ξυσμὸς ὁ u. ξυσμὴ ἡ das Kratzen beim Jucken. ξεστὸς u. ξυστὸς ἡ ὸν geschabt, polirt, ausgehauen, geschnitzt: ὁ ξυστὸς planirter Platz, bedeckte Gallerie bei Gymnasien zu Winterübungen: τὸ ξυστὸν Schaft, Spieß.
ξύσμα τὸ Schabsel, das Abgeschabte; das Geschabte.
ξυστὴρ u. ξύστης ὁ der schabt od. kratzt; Werkzeug dazu, auch ξυστήριον und ξύστρον τὸ: ξύστρα oder ξυστρὶς ἡ Striegel, sonst στλεγγὶς ἡ, wov. στλεγγίζω ich striegele. ξυήλη ἡ Schnitzmesser.
ξόανον τὸ ein geschnitztes od. ausgehauenes Bild: ξοανογλύφος ὁ Bildschnitzer.
Ξαίνω f. ανῶ ich kratze, kremple Wolle; spinne, webe; ich schlage, prügle. ξάσμα τὸ die gekrempelte Wolle, ξάνσις ἡ das Krempeln. ξάντης ὁ Wollkrempler. ξαντικὸς ἡ ὸν zum Krempeln gehörig.
καταξαίνω ich zerkratze, zerprügele; ich reibe auf, entkräfte.
ξανάω ich erstarre, schlafe ein (von Händen u. Füßen).
Ξανθὸς ἡ ὸν gelb, goldgelb, auch ξουθὸς ἡ ὸν. ξανθότης ἡ die goldgelbe Farbe.
ξανθόθριξ od. ξανθοκόμης mit gelbem Haar.
ξουθόπτερος ὁ ἡ mit gelben Flügeln.
ξανθίζω u. ξανθόω ich mache gelb: ξάνθισμα τὸ das gelbgefärbte, die gelbe Farbe.
Ξηρὸς ὰ ὸν trocken, poet. auch ξερός: ἡ ξηρὰ (sc. γῆ) das feste Land. κατάξηρος ὁ ἡ sehr trocken. ξηρότης ἡ Trockenheit, ξηραίνω f. ανῶ ich trockne aus, ξηραντικὸς ἡ ὸν zum Trocknen gehörig od. geschickt.
ξηραλοιφέω u. ξηραλειφέω (ἀλείφω) ich salbe trocken, entggs. dem Salben nach dem Bade. ξηράλειψις od. ξηραλοιφία ἡ dieses Salben.
Ξὺν, gew. σὺν, mit, c. dat. (sonst μετὰ c. gen.).
ξυνὸς ἡ όν od. ξυνήϊος, gew. κοινὸς ἡ όν, gemein (auch ἐπίκοινος): adv. κοινῇ.
κοινότης ητος ἡ Gemeinheit; Gemeinschaft, freundliches Betragen.
κοινόω ich mache gemein, theile mit: κοινοῦμαί τινι ich überlege gemeinschaftlich mit –. κοίνωμα τὸ Gemeinschaft.
κοινὼν u. κοινεὼν ῶνος, gew. κοινωνὸς ὁ ἡ Theilnehmer. κοινωνία ἡ Theilnahme, Gemeinschaft. κοινωνικὸς ἡ ὸν dazu geschickt od. geneigt: auch κοινωνητικὸς von κοινωνέω ich nehme Theil, τινὶ τινός mit einem an etwas. κοινώνημα τὸ das Mitgetheilte, Gemeinschaft, Umgang.
ἀκοινώνητος ὁ ἡ nicht mitgetheilt; nicht mittheilend. ἀκοινωνησία ἡ Mangel an Mittheilung; Ungeselligkeit.

O.

Ὁ ἡ τὸ der, die, das.
Wer? τίς; dieser ὅδε (Att. ὁδί) ἥδε τόδε od. οὗτος (Att. οὑτοσί) αὕτη τοῦτο, jener ἐκεῖνος (Jon. κεῖνος, Dor. τῆνος) ἐκείνη ἐκεῖνο, welcher ὅς ἡ ὅ od. ὅστις (gen. οὗ τινὸς u. ὅτου) ἥτις ὅτι: wer auch immer (quicunque) ὁστισδὴ, ὁστισοῦν, ὁστισποτὲ, ὁστισδήποτε, ὁστισδηποτοῦν. ὃς μὲν – ὃς δὲ der eine – der andre, gew. ὁ μὲν — ὁ δὲ.
welcherlei od. wie beschaffen (qualis)? ποῖος ποία ποῖον; ein solcher τοῖος τοία τοῖον, gew. τοιόσδε τοιάδε τοιόνδε od. τοιοῦτος τοιαύτη τοιοῦτο (od. -ον), wie (qualis) οἷος od. ὁποῖος α ον: qualiscunque οἱοσ' od. ὁποιοσ)δήποτε od. οἱοσ(ὁποιοσ)ποτοῦν: von irgend einer Beschaffenheit ποιὸς ὰ όν. Beschaffenheit ποιότης ἡ, ich qualificire ποιόω: von anderer Beschaffenheit ἀλλοῖος od. ἑτεροῖος, allerlei παντοῖος.

wieviel od. wie groß (quantus)? πόσος η ον; so groß τόσος η ον, gew. τοσόσδε τοσήδε τοσόνδε oder τοσοῦτος τοσαύτη τοσοῦτο (od. -ον), wie (quantus) ὅσος od. ὁπόσος η ον: quantuscunque ὁσοσ(ὁποσοσ)-δήποτε od. ὁσοσ(ὁποσοσ)ποτοῦν: von irgend einer Quantität ποσὸς ἡ όν. Quantität ποσότης ἡ, ich mache so u. so groß ποσόω.

der wievielte? πόστος η ον; am wievielten Tage? ποσταῖος α ον; am Tage vorher προτεραῖος, am zweiten δευτεραῖος, am dritten τριταῖος ꝛc. wieviel Tage? ποσοήμερος; poet.

wie oft? ποσάκις; so oft als τοσάκις od. τοσαυτάκις ὁσάκις. vielmals πολλάκις, viermal τετράκις, fünfmal πεντάκις ꝛc.

wie groß od. wie alt? πηλίκος η ον; so groß τηλίκος η ον, gew. τηλικόσδε od. τηλικοῦτος, wie ἡλίκος η ον. ἧλιξ od. ὁμῆλιξ ικος ὁ ἡ u. ἡλικιώτης ὁ -ῶτις ἡ gleich an Alter, Gespiel, Gesell: ἡλικία ἡ das Alter, bs. das mannbare u. waffenfähige, sonst ἥβη: ἐνῆλιξ od. ἐνήλικος u. ἔνηβος erwachsen, παρῆλιξ u. πάρηβος alternd.

ἀλίγκιος u. ἐναλίγκιος α ον gleich, ähnlich, poet.

πάλλαξ od. πάλληξ ακος od. -ηκος ὁ ἡ Jüngling, Mädchen: παλλακὴ ἡ (auch παλλακὶς ἡ u. παλλάκιον τὸ) Kebsweib, παλλακὸς ὁ amasius: παλλακεία ἡ Concubinat: παλλακεύομαί τινι ich bin eines Concubine, τινὰ ich halte eine als Concubine. Παλλὰς άδος die jungfräuliche Göttin Athene: παλλάδιον τὸ deren Bild.

Wann? πότε od. πηνίκα; poet. auch πῆμος: dann od. damals τότε od. τηνικάδε u. τηνικαῦτα, poet. τῆμος, als (cum) ὅτε od. ὁπότε, poet. auch ἦμος u. εὖτε: quandocunque ὁποτεδὴ od. ὁποτοῦν. Irgend einmal ποτέ (ποτὲ μὲν - ποτὲ δὲ einmal - das andre Mal, bald - bald: auch ὁτὲ μὲν - ὁτὲ δὲ u. τοτὲ μὲν - τοτὲ δέ): niemals οὔποτε oder μήποτε, auch nicht irgend einmal οὐδέποτε od. μηδέποτε, nicht mehr οὐκέτι od. μηκέτι, noch nicht οὔπω od. μήπω, noch niemals οὐδεπώποτε od. μηδεπώποτε: ein ander Mal ἄλλοτε, jedesmal ἑκάστοτε, allemal πάντοτε. Seit ἐξ οὗ, ἐξ ὅτου, ἐξότε. So lange als τέως ἕως, poet. τόφρα ὄφρα.

Wo? ποῦ; poet. πόθι; da τόθι (pros. αὐτοῦ, ἐκεῖ, ἐνταῦθα), wo ἔνθα u. οὗ od. ὅπου (poet. ὅθι u. ὁπόθι): ubicunque ὁπουδὴ, ὁπουδήποτε, ὁπουδηποτοῦν. Irgendwo πού (enklit.), nirgends οὐδαμοῦ od. μηδαμοῦ, poet. οὐδαμόθι u. μηδαμόθι: anderswo ἄλλοθι u. ἀλλαχοῦ od. ἀλλαχόθι: auf einer andren Seite ἑτέρωθι, auf beiden Seiten ἀμφοτέρωθι od. ἑκατέρωθι, an vielen Orten πολλαχοῦ, überall ἑκασταχοῦ od. πανταχοῦ: an wieviel Orten? ποσαχοῦ; an so vielen als - τοσαυταχοῦ ὁσαχοῦ.

wohin? ποῖ; poet. πόσε; dorthin ἐκεῖσε, hieher δεῦρο u. ὧδε, wohin οἷ od. ὅποι: quocunque ὁποιδὴ oder ὁποιδήποτε. Irgendwohin ποί (enklit.), nirgendhin οὐ(μη)δαμόσε od. οὐ(μη)δαμοῖ, anderswohin ἀλλαχόσε, nach einer andern Seite ἑτέρωσε, nach beiden Seiten ἀμφοτέρωσε od. ἑκατέρωσε, nach vielen Orten hin πολλαχόσε, überallhin πάντοσε.

woher? πόθεν; daher τόθεν (pros. ἐκεῖθεν u. ἐντεῦθεν), woher ὅθεν od. ὁπόθεν: undecunque ὁποθενοῦν. Irgendwoher ποθέν, nirgendher οὐ(μη)δαμόθεν, anderswoher ἄλλοθεν od. ἀλλαχόθεν, von einer andern Seite her ἑτέρωθεν, von beiden Seiten her ἀμφοτέρωθεν od. ἑκατέρωθεν, von vielen Orten her πολλαχόθεν, von allen πανταχόθεν.

auf welchem Wege (qua)? πῇ; auf dem worauf τῇ (pros. τῇδε u. ταύτῃ) ᾗ: quacunque ᾗδήποτε: auf irgend einem πῄ (enklit.), auf keinem οὐ(μη)δαμῇ, auf einem andern ἀλλαχῇ od. ἑτέρᾳ, auf vielen πολλαχῇ, auf allen πάντῃ od. πανταχῇ.

Wie? πῶς; so τὼς od. ὧς (pros. ὧδε u. οὕτως), wie ὡς od. ὅπως: quomodocunque ὁπωσοῦν od. ὁπωσδήποτε: ebenso ὡσαύτως: auf keine Weise οὐ(μη)δαμῶς.

Ὀαρ ερος ἡ (pl. ὤρες Gesellin, Gattin. ὀαρίζω ich habe Umgang, lebe in Gesellschaft, spreche vertraulich: ὀάρισμα τὸ, ὀαρισμὸς ὁ, ὀαριστὺς ἡ trauliches Gespräch, Kosen: ὀαριστὴς ου ὁ Gesellschafter, mit dem man umgeht.

Ὄγκος ὁ Winkel, Ecke, Haken, uncus (vgl. ἄγκος, ἀγκών); Bauch, Bausch, Wulst; Masse, Größe, Umfang eines Körpers; hervorragender Körper, Geschwulst, Hügel, Erhabenheit; Aufgeblasenheit, Hochmuth.

ὑπέρογκος ὁ ἡ übergroß, sehr aufgeblasen.

ὀγκώδης ὁ ἡ u. ὀγκηρὸς ἁ ὀν groß von Umfang; angeschwollen; hochmüthig, stolz ὀγκόω u. ὀγκύλλω, auch ἐξογκόω, ich vergrößere dem Umfang nach, mache höher, bringe zu Ansehn; blähe auf. ὀγκωτὸς ἡ ὀν vergrößert, aufgebläht.

Ὄνυξ υχος ὁ Nagel, Klaue, Huf; Haken; Onyx, eine Art Edelstein.

παρωνυχία u. παρωνυχὶς ἡ der Neitnagel, reduvia.

ὀνυχίζω u. ἀπονυχίζω ich schneide die Nägel ab; berücke, übervortheile.

ἐξονυχίζω ich untersuche genau.

Ὄγμος ὁ Linie, Reihe, beim Mähen der Schwad, beim Pflügen die Furche. ὀγμεύειν in einer Linie vor sich her etwas thun, z. B. gehen, mähen, pflügen, auf der Jagd Thiere vor sich hertreiben.

Οὖδας εος τὸ Boden, Erdboden (poet.).

ἀμφουδὶς von der Erde empor

προσουδίζω f. ίσω ich werfe zu Boden.

Ὁδὸς ἡ Weg, Gang, Straße; Mittel u. Wege um etwas auszurichten, Art u. Weise etwas anzugreifen

ὅδιος ὁ ἡ zur Reise gehörig, sie befördernd: Ἑρμῆς ὅδιος der Beschützer der Wege und der Reisenden. ὁδίτης oder ὁδευτὴς und ὁδοιπόρος ου ὁ Wanderer; παροδίτης der Vorbeigehende, συνοδοιπορος Reisegefährt. ὁδεύω f. εύσω od. ὁδοιπορέω ich gehe, reise, wandere. ὁδεία ἡ u. ὅδευμα τὸ Weg, Reise: gew. ὁδοιπορία ἡ. ὁδεύσιμος ὁ ἡ gangbar, wegsam.

ὁδάω u. ὁδέω ich ziehe zu Markte, verkaufe. τὰ ὁδαῖα Waaren, Kaufmannsgut.

ὁδόω ich zeige den Weg, bringe auf den Weg; gew. ὁδηγέω.

ὁδοποιὸς ὁ der den Weg macht, ausbessert. ὁδοποιέω ich mache, bahne den Weg; pass. auch ich werde gefördert. προοδοποιέω ich bahne vorher; bereite vor; gehe voran. ὁδοποιΐα ἡ das Wegbahnen.

ἄνοδος ὁ ἡ unwegsam: ἀνοδία ἡ die unwegsame Gegend.

ἄνοδος ἡ der Weg hinauf; der Feldzug; der Rückweg, was auch ἐπάνοδος ἡ.

ἄμφοδος ἡ u. ἄμφοδον τὸ die von Straßen umgebenen Häuser; die Straße selbst.

ἄφοδος ἡ der Weggang; das Abtreten um sich zu entledigen; der Abtritt selbst u. der dort befindliche Mist: ἀφοδεύω ich gehe zu Stuhle, ἀφόδευμα τὸ Stuhlgang.

δίοδος ἡ der Durchgang.

δύσοδος ὁ ἡ schwer zu passiren: entggs. εὔοδος. εὐοδόω ich bringe auf guten Weg, fördere.

ἐνόδιος ὁ ἡ auf od. am Wege liegend od. befindlich.

εἴσοδος ἡ der Eingang. ἐπείσοδος ἡ das Dazukommen: ἐπεισόδιον τὸ Nebengeschichte die in eine Erzählung gelegentlich eingeschoben ist, Episode, Zwischenspiel.

ἔξοδος ἡ Ausgang; Ausmarsch, Feldzug; Ausfall; Ende. ἐξόδιον τὸ Ausgang; ein Lied beim Ausgang des Chors; ein komisches Nachspiel. διέξοδος ἡ Durchgang; Fortgang; Verfolg einer Rede.

ἔφοδος ἡ Zugang; Mittel zu etwas; Anmarsch, Angriff. ἔφοδος ὁ der umhergeht zu visitiren, die Wachen z. B.: ἐφοδεύω ich gehe so umher ἔφοδος ὁ ἡ zugänglich.

ἐφόδιον τὸ Reisegeld; Reiseproviant; Hülfsmittel. ἐφοδιάζειν zur Reise versorgen; med. sich mit etwas versehen, bekommen.

κάθοδος ἡ Herabreise; Rückkehr eines Verbannten.

μέθοδος ἡ das Nachgehen; Verfolgen, Nachforschen; Untersuchen, der Gang od. die Art und Weise der Untersuchung, Methode.

μεθοδεύω ich spüre nach, untersuche; handle methodisch ab.

πάροδος ἡ Herankunft; das Vorbeigehen, Durchgang, Paß. παροδεύω ich gehe vorbei. παρόδιος ὁ ἡ am Wege liegend.

περίοδος ἡ Umgang; Herumgehen; Umkreis, Periode. περιοδεύω ich reise herum; durchgehe mit der Seele, betrachte; hintergehe, täusche.

πρόοδος ἡ Ausgang, Ausmarsch; Fortgang. φροῦδος η ον fort, entflohn, verloren.

πρόσοδος ἡ das Hinzugehen, Ankunft; die Einkünfte; Vortheil. δυσπρόσοδος ὁ ἡ schwer zugänglich: entggs. εὐπρόσοδος.

σύνοδος ἡ Zusammenkunft, Versammlung; Handgemenge.

συνοδεύω ich reise zusammen συνοδία ἡ die Reisegesellschaft.

Ὀδύομαι ich werde betrübt od. zornig.

ὀδύνη ἡ Betrübniß, Schmerz. ὀδυνάω ich verursache Schmerz. ὀδυνηρὸς ὰ ὸν schmerzhaft.

περιώδυνος ὁ ἡ schmerzumfangen. ἀνώδυνος, auch νώδυνος, schmerzlos, schmerzstillend.

ὠδὶν od. ὠδὶς ῖνος ἡ Geburtsschmerz, Wehen. ὠδίνω f. νῶ ich bekomme die Wehen, gebäre mit Schmerzen.

ὀδύρομαι u. ἀποδύρομαι ich traure, klage, beweine. ὀδυρμὸς ὁ u. ὄδυρμα τὸ das Wehklagen, Weinen: ὀδυρτικὸς ἡ ὸν klagend, kläglich: ὀδυρτὸς ἡ ὸν beweint, beklagt, beklagenswerth.

Ὄζω, f. ὀζήσω u. ὀζέσω, pf. ὄδωδα, ich rieche, gebe einen Geruch (τινός).

ἀπόζω ich rieche nach etwas.

ὀσμὴ od. ὀδμὴ ἡ Geruch, Gestank. ὀσμάομαι ich rieche, spüre, merke, gew. ὀσφραίνομαι f. ὀσφρήσομαι.

εὔοσμος u. εὔοδμος ὁ ἡ wohlriechend: übelriechend δυσώδης ὁ ἡ; auch ὀζώλης. εὐοσμία, εὐωδία ἡ Wohlgeruch; entggs. δυσωδία.

ὀσμητὸς u. ὀσφραντὸς ἡ ὸν riechbar, zu riechen. ὄσμησις u. ὄσφρησις ἡ das Riechen, der Geruch.

ὄνθος u. μίνθος ὁ Mist, Koth (vgl. ἄνθος).

Οἴ o! weh! auch ἐαὶ ναὶ u. ὀτοτοῖ, wov. ὀτοτύζω ich wehklage. οἴμοι weh mir!

οἰμώζω f. ξω ich klage, weine; beklage. οἰμωγὴ ἡ das Klagen. οἰμωκτὸς ἡ ὸν kläglich, zu bedauern; klagend.

ὀϊζύω ich jammere, bin betrübt, bin elend. ὀϊζὺς ύος ἡ Jammer, Leiden. ὀϊζυρὸς ὰ ὸν jämmerlich, elend.

οἶκτος ὁ die Klage, das Jammern; das Bedauern, Mitleid, sonst ἔλεος ὁ.

οἰκτίζω u. οἰκτίζομαι od. ἐλεαίρω, gew. οἰκτείρω u. ἐλεέω, ich bedaure, bemitleide. οἰκτισμὸς u. οἰκτιρμὸς ὁ, ἐλεητὺς u. ἐλεημοσύνη ἡ das Mitleiden.

οἰκτίρμων ονος ὁ ἡ od. ἐλεήμων mitleidig: ἀνηλεής (poet. νηλεής) mitleidslos.

οἰκτρὸς ὰ ὸν od. ἐλεεινὸς (Att. ἐλεινὸς) ἡ ὸν beklagenswerth, jämmerlich. (sup. οἴκιστος.)

ὄτοβος od. ὄττοβος, auch ὄτταβος, ὁ Getön, Getöse: ὀτοβέω ich töne, tose.

Οἴγω, auch οἰγνύω u. οἴγνυμι, f. οἴξω, gew. ἀνοίγω od. ἀνοίγνυμι, ich öffne. διανοίγω u. διοίγω, ἐξανοίγω ich öffne, thue auf: παροίγω u. παρανοίγω ich öffne halb, beinah. ἄνοιγμα τὸ Oeffnung, Loch.

Οἶδος εος τὸ Geschwulst; Erhebung.

οἰδάω u. οἰδέω, gew. οἰδαίνω od. οἰδάνω, ich schwelle auf; walle auf in Leidenschaft: οἴδημα, poet. οἶδμα, τὸ das Aufschwellen, das Aufwallen, der Schwall. οἰδηματώδης ὁ ἡ geschwollen, mit Geschwulst.

Οἶκος ὁ (dem. οἰκίδιον od. οἰκίον τὸ u. οἰκίσκος ὁ) Haus (poet. auch δόμος, δῶμα, μέγαρον): Hauswesen, Vermögen, Haushaltung; Familie; Zimmer. οἴκαδε u. οἰκόνδε nach Hause: οἴκοι, poet. οἰκόθι, zu Hause: οἴκοθεν von Hause.

ἄοικος u. ἄνοικος ὁ ἡ hauslos, heimathlos.

οἰκοδεσπότης ου ὁ Hausherr, οἰκοδέσποινα ἡ Hausfrau: οἰκοδεσποτέω ich bin Hausherr.

οἰκοδόμος (δέμω) der ein Haus bauet, Baumeister: οἰκοδομέω ich baue, οἰκοδόμησις ἡ Erbauung, οἰκοδόμημα τὸ Bau, Gebäude.

οἰκοδομικὸς ἡ ὸν zum Bau gehörig.

ἀποικοδομέω ich verbaue; reiße nieder. διοικοδομέω ich baue auseinander. μετοικοδομέω ich baue um.

οἰκονόμος ὁ (νέμω) Haushalter, Wirth. οἰκονομία ἡ Haushaltung, Wirthschaft; Verwaltung; Einrichtung. οἰκονομικὸς ἡ ὸν zur Wirthschaft, zur Anordnung u. Einrichtung gehörig. οἰκονομέω ich wirthschafte, verwalte, richte ein.

οἰκοσόος ὁ ἡ das Haus erhaltend, wirthschaftlich: entggs. οἰκοφθόρος.

οἰκόπεδον τὸ (πέδον) die Hausstelle.

οἰκόσιτος ὁ ἡ sich selbst beköstigend; der etwas umsonst thut: entggs. ἐπίσιτος der für die Kost arbeitet, u. παράσιτος.

οἰκουρὸς ὁ ἡ (οὖρος) der das Haus hütet, der einsam u. eingezogen lebt. οἰκουρέω, auch οἰκοφυλακέω, ich lebe so., οἰκουρία ἡ ein solches Leben.

οἰκία ἡ Haus; Hausgesinde, Hauswesen.

οἰκεῖος εία εῖον zum Hause, zur Familie, zum Eigenthum gehörig, eigenthümlich, freundlich, geeignet, gehörig: ἡ οἰκεία das Vaterland, entggs. ἡ ξένη: οἱ οἰκεῖοι die Verwandten. ἀνοίκειος ὁ ἡ fremd, unpassend.

οἰκειοπραγέω ich treibe meine eignen Geschäfte, entggs. ἀλλοτριοπραγέω u. πολυπραγμονέω.

οἰκειότης ητος ἡ Verwandtschaft, Bekantschaft, Traulichkeit.

οἰκειόω ich mache zu eigen, zum Freunde, bequem od. geschickt: οἰκείωσις ἡ Zueignung, Anmaßung; das Vertrautmachen.

οἰκέτης ὁ Hausgenosse, Domestik, Sklave, οἰκετία ἡ u. οἰκετεία das Gesinde, οἰκετικὸς ἡ ὸν zum Gesinde gehörig. οἰκετεύομαι ich diene als Sklave. Verna οἰκότριψ βος od. οἰκοτριβὴς ὁ, auch οἰκογενὴς u. οἰκοτραφὴς, sonst μόθων ωνος od. μόθαξ ακος: μοθωνία ἡ die Frechheit, der Muthwille eines solchen.

οἰκέω f. ήσω ich wohne, bewohne; halte Haus, verwalte, regiere: ἡ οἰκουμένη (sc. γῆ) die (bewohnte) Erde, Welt. οἴκησις ἡ das Wohnen, die Wohnung. οἴκημα ατος τὸ Zimmer, Zelle, Kabuse, z. B. im Gefängniß oder Bordell. οἰκητὴς u. οἰκητὴρ, auch οἰκήτωρ ὁ Bewohner, Einwohner. οἰκητήριον τὸ Wohnung, Behausung. οἰκητὸς ἡ ὸν bewohnt, οἰκήσιμος ὁ ἡ bewohnbar: ἀοίκητος unbewohnt, unbewohnbar.

οἰκίζω f. ίσω ich baue, erbaue; ich lasse wohnen, siedle an; ich mache urbar, bevölkere. οἴκισις ἡ Erbauung, Besetzung mit Bewohnern.

οἰκιστὴς οῦ ὁ Erbauer, Colonieführer.

ἀνοικίζω ich baue wieder auf, ziehe landeinwärts. ἀποιἄποικος ὁ ἡ fern vom Hause, vertrieben, Colonist. ἀποικὶς ἡ (sc. πόλις) Coloniestadt. ἀποικία ἡ Auswanderung, Colonie. ἀποικέω ich wandere aus, wohne fern. ἀποικίζω ich lasse auswandern, versetze als Colonisten: ἀποικισμὸς ὁ das Ausführen einer Colonie.

διοικέω ich bewirthschafte, verwalte, richte ein, besorge: διοίκησις ἡ Verwaltung; Verwaltungsdistrikt, Provinz: διοικητὴς ὁ Verwalter, bs. des öffentlichen Schatzes. διοικίζω ich quartire auseinander.

δυσοίκητος ὁ ἡ schwer zu bewohnen.

εἰσοικίζω ich führe ins Haus, nehme auf.

ἔνοικος ὁ ἡ Einwohner ἐνοικέω ich wohne darin.

ἔποικος ὁ ἡ neuer Einwohner, Ankömmling, Colonist. ἐποικέω ich ziehe dazu, wohne dabei, bewohne als Colonist. ἐποικία ἡ die Colonie.

ἔξοικος ὁ ἡ ausgewandert. ἐξοικέω ich wandre aus, ἐξοικίζω ich verjage.

κάτοικος ὁ ἡ Einwohner. κατοικέω ich wohne, bewohne: κατοίκησις ἡ u. κατοικητήριον τὸ od. κατοικία ἡ Wohnung κατοικίζω ich baue an, besetze mit Ansiedlern, mache ansässig. ἐπικατοικέω ich wohne auf —.

μέτοικος ὁ ἡ der anders wohin zieht um zu wohnen; Schutzgenoß, Einsasse. μετοίκιον τὸ das Schutzgeld. μετοικέω ich ziehe aus od. um, wohne als Fremder für Schutzgeld: μετοίκησις und μετοικία ἡ das Ausziehen; das Wohnen in einer Stadt als Schutzbürger. μετοικίζω ich bringe an einen andern Ort, verpflanze.

πάροικος ὁ ἡ Nachbar. παροικέω ich wohne daneben.

περίοικος ὁ ἡ herumwohnend. περιοικὶς ἡ die Gegend umher. περιοικέω ich wohne umher.

σύνοικος ὁ ἡ zusammenwohnend, Hausgenoß, Gatte. συνοικία ἡ das Zusammenwohnen, die zusammenstehenden Häuser; ein Haus worin mehrere Wohnungen sind. συνοικέω ich wohne zusammen, bs. von Eheleuten. συνοικίζω ich bringe in eine Wohnung zusammen, gebe zur Ehe.

Ὄϊς ὄϊος od. οἶς οἰὸς ἡ das Schaaf. ὁ ὄϊς der Widder, auch κτίλος ὁ poet.

οἴεος u. οἶεος α ον vom Schaafe.

οἰὰ ἡ Schaaffell, sonst κῶας u. κώδιον τὸ, auch μηλωτὴ ἡ (μῆλα τὰ poet. Vieh, bs. Schaafe u. Ziegen: εὔμηλος ὁ ἡ mit schönem Vieh).

οἰσπώτη ἡ u. οἴσυπος ὁ Schmutz der ungewaschenen Schaafwolle (Jon. οἰσύπη u. οἴσπη).

γῆ οἰόβοτος od. μηλόβοτος Land worauf Schaafe weiden, ungebaut, wüste.

οἰοπόλος od. μηλοβότης -ου ὁ Hirt, pros. ποιμην.

Ὀΐω, pros. οἴομαι u. οἶμαι (f. οἰήσομαι, a. ᾠήθην) ich meine, halte dafür, glaube. οἰητὸς ἡ ὸν gemeint: ἀνώϊστος ὁ ἡ unvermuthet.

οἴημα τὸ u. οἴησις ἡ Meinung, Einbildung, Dünkel. οἰηματίας ου ὁ der eine große Meinung von sich hat.

οἰησίσοφος ὁ ἡ der sich weise dünkt: sonst δοκησίσοφος.

οἴσω ich werde tragen (fut. zu φέρω).

οἰστὸς ἡ ὸν zu tragen; erträglich: subst. ὁ Pfeil.

οἶστρος ὁ Trieb, starke Begierde, bs. Liebestrieb, Zorn, Wahnsinn; Viehbremse. οἰστρώδης ὁ ἡ wüthend. οἰστρέω ich mache unruhig, wild. οἰστράω ich bin od. werde unruhig.

οἴαξ ακος ἡ (dem. οἰάκιον τὸ) Griff am Steuerruder; Steuerruder, gew. πηδάλιον τὸ (von πηδὸς ὁ od. πηδὸν τὸ das flache Ende des Ru-

ders); poet. auch οἰήϊον τὸ. οἰακίζω ich steure, lenke, regiere. οἰακιστὴς od. οἰακονόμος u. πηδαλιοῦχος ὁ Steurer, pros. κυβερνήτης.
οἶμα τὸ Anfall, Angriff, impetus.
οἰμάω ich breche hervor, eile hin: pros. ὁρμάω.
οἶμος ὁ u. οἴμη ἡ Fahrt, Gang; Pfad, Weg; Gang od. Weise des Gesanges; der Gesang.
παροίμιον τὸ od. παροιμία ἡ Sprüchwort. παροιμιακὸς ἡ ὸν u. παροιμιώδης ὁ ἡ sprüchwörtlich. παροιμιάζω ich mache zum Sprüchwort, sage im Sprüchwort
προοίμιον τὸ Vorspiel; Eingang, Vorrede. προοιμιάζομαι ich mache den Eingang, die Vorrede.
ὦμος ὁ Schulter. ὠμοπλάτη ἡ Schulterblatt.
ἐπωμὶς ίδος ἡ Kleid mit Aermeln, ἐξωμίς ohne Aermel oder nur mit Einem: ἔξωμος u. ἐξωμίας der den Arm außer dem Mantel hat, gerüstet, bereit, expeditus: ἐξωμίζω ich entblöße den Arm.
κατωμίζω ich lege einem die Schulter unter, hebe ihn. κατωμαδὸν auf den Schultern: κατωμάδιος auf den Schultern getragen od. befindlich.
οἶτος ὁ Schicksal, Loos, Tod.
φοῖτος ὁ das Herumschweifen, Schwärmen; der Wahnsinn, die Tollheit.
φοιτὰς άδος ἡ die sich herumtreibt, schwärmt; auch φοιταλέος έα έον.
φοιτάω f. ήσω ich gehe od. komme häufig, gehe ein u. aus: εἰς διδασκάλου in die Schule.
ἀποφοιτάω ich bleibe aus der Schule weg.
διαφοιτῶμεν wir gehn auseinander; durchstreifen.
ἐπιφοιτῶ u. προσφοιτῶ ich komme oft hin – zu –. συμφοιτῶ ich gehe mit, zusammen.
φοίτησις ἡ das öftere Gehn u. Kommen, das Gehn in die Schule.
φοιτητὴς ὁ der in die Schule geht: συμφοιτητὴς Mitschüler.
Ὀκτὼ acht. ὀκτάκις achtmal. ὄγδοος όη οον der achte. ὀγδοήκοντα achtzig, ὀγδοηκοστὸς ἡ ὸν der achtzigste. ὀκτακόσιοι αι α 800. ὀκτακισχίλιοι 8000.
Οὐλαὶ od. οὐλόχυται αἱ grobgemahlenes Getraide, mola salsa.
ὄλυρα ἡ eine Getraideart zwischen Gerste u. Weizen. ἄρτος ὀλυρίτης Brod aus ὄλυρα.
ὄλλυμι u. ὀλλύω (poet. auch ὀλέκω), gew. ἀπόλλυμι (f. ὀλέσω u. ὀλῶ, pf. ὀλώλεκα), ich verderbe; ich verliere: ὄλωλα ich bin verloren.
παραπόλλυμι ich verderbe nebenher, wider Verdienst.
προσαπόλλυμι ich verderbe noch dazu. συνόλλυμι od. συναπόλλυμι ich verderbe zugleich, mit.
ἐξόλλυμι u. ἐξολοθρεύω ich richte gänzlich zu Grunde.
ὀλετὴρ ῆρος ὁ der Verderber; auch ὀλοθρευτὴς οῦ ὁ, von ὄλεθρος ὁ Verderben, Tod (poet. auch λοιγὸς ὁ). ὀλέθριος ὁ ἡ (poet. auch ὀλοός, ὀλώϊος, ὀλοφώϊος od. λοίγιος, λυγρός, λευγαλέος) verderblich: ὀλεθρεύω od. ὀλοθρεύω = ὄλλυμι.
ἀπώλεια ἡ das Verderben.
ἐξώλης ὁ ἡ ganz zu Grunde gerichtet; sehr verderblich.
Ὅλος η ον ganz: καθ᾽ ὅλου überhaupt, im Allgemeinen: κατὰ μέρος speciatim. ὁλικὸς u. καθολικὸς ἡ ὸν allgemein.
οὖλος η ον (Jon. für ὅλος wie οὖρος für ὅρος) heil, unversehrt, gesund, auch ἀρτεμὴς u. ἀσκηθής. οὐλέω ich bin gesund: οὖλε vale.
οὐλὴ ἡ die Narbe. οὐλόω, ἀπουλόω, ἐπουλόω ich vernarbe. ὕπουλος ὁ ἡ unterködig, versteckt, tückisch, falsch.
ὁλόκαυστον τὸ Brandopfer. ὁλοκαυτόω -τίζω -τέω ich bringe als ein Brandopfer dar.

ὁλόκληρος ὁ ἡ (κλῆρος) u. ὁλοσχερὴς ὁ ἡ ganz in seinen Theilen, vollständig, unversehrt ὁλοκληρία ἡ Vollständigkeit, ὁλοσχέρεια Rechnung in Pausch und Bogen.

ὁλοσίδηρος ὁ ἡ ganz von Eisen, ὁλόχρυσος ὁ ἡ ganz golden.

Ὀλόπτω f. ψω ich rupfe, zupfe, reiße aus: sonst τίλλω (wovon τιλτὸς ἡ ὸν gerupft, gezupft; τίλμα τὸ Charpie, sonst μότος ὁ od. μότον τὸ; τίλος ὁ Flocke, Faser). τίλλομαί τινα ich raufe mir die Haare aus in der Trauer um jemanden.

ὀλοφύρομαι f. οῦμαι ich klage, jammere; ich beklage, beweine: auch ἀπολοφύρομαι. ὀλοφυρμὸς ὁ u. ὀλόφυρσις ἡ das Klagen, Jammern. ὀλοφυδνὸς ἡ ὸν jämmerlich; jammernd.

Ὁμὸς ἡ ὸν zusammen, vereinigt; gleich. ὁμῶς zusammen, gleicher Weise: ὅμως gleichwohl, dennoch. ὁμοῦ an demselben Orte (wie ἅμα zu derselben Zeit). ὁμόσε an denselben Ort: ὁμόσε ἰέναι τινὶ mit einem zusammentreffen, handgemein werden. ὁμόθεν von demselben Ort.

ὁμογνώμων u. ὁμόφρων ονος ὁ ἡ gleichgesinnt. ὁμογνωμονέω od. ὁμονοέω ich bin von gleicher Gesinnung. ὁμόνοια ἡ Eintracht.

ὁμοεθνὴς ὁ ἡ von derselben Nation.

ὁμόθυμος ὁ ἡ einmüthig, adv. ὁμοθυμαδόν. ὁμοθυμία ἡ Eintracht.

ὁμοκλέω f. ήσω ich rufe zu drohend od. ermunternd. ὁμοκλὴ ἡ Zuruf

ὁμολόγος ὁ ἡ einstimmig; passend; gestehend, zusagend. ὁμολογία ἡ Zustimmung; Zusage; Geständniß; Abrede, Vergleich. ὁμολογέω f. ήσω ich stimme bei, überein (τινί); gebe zu, bejahe; ich gestehe ein; ich komme überein, verspreche. ὁμολόγημα ατος τὸ das Zugestandene; Verabredete.

ἀνθομολογούμεθα wir gestehen uns gegenseitig ein.

ἐξομολογέω ich bekenne, sage öffentlich; ich verspreche. ἐξομολόγησις ἡ das Bekenntniß; das öffentliche Sagen.

ὁμότεχνος ὁ ἡ kunstverwandt, Handwerksgenosse (τέχνη). ὁμότιμος ὁ ἡ gleichgeehrt (τίω). ὁμόφυλος ὁ ἡ stammverwandt (φῦλον). ὁμόφωνος ὁ ἡ gleichstimmig (φωνή). ὁμώνυμος ὁ ἡ gleichnamig (ὄνομα).

ὁμόω ich vereinige.

ὁμαλὸς ἡ ὸν u. ὁμαλὴς ὁ ἡ eben, gleich.

ἀνώμαλος u. ἀνωμαλὴς ὁ ἡ uneben, ungleich. ἀνωμαλία ἡ Unebenheit

ὁμαλίζω u. ὁμαλύνω ich mache eben od. gleich. ὁμαλισμὸς ὁ das Ebnen.

ὁμοῖος, später ὅμοιος οία οιον (poet. ὁμοίϊος) ähnlich: ἀνόμοιος unähnlich, παρόμοιος fast gleich. ὁμοιότης ἡ Aehnlichkeit. ὁμοιόω ich mache ähnlich; vergleiche: auch ἀφομοιόω u. ἐξομοιόω. ὁμοίωμα τὸ u. ὁμοίωσις ἡ Abbildung, Vergleichung. ὁμοιάζω ich gleiche, bin gleich.

ὅμαδος ὁ Versammlung, Menge, Lärm, Getümmel. ὁμαδέω ich lärme

ὅμιλος ὁ Versammlung, Menge; Haufe; der gemeine Mann; Getümmel des großen Haufens: ὁμιλαδόν haufenweis. ὁμιλία ἡ Zusammenkunft; Umgang; Unterhaltung, Gespräch. ὁμιλέω τινὶ ich gehe um mit einem, unterrede mich; gebe mich ab mit etwas, beschäftige mich: ὁμίλημα ατος τὸ Gegenstand der Unterhaltung: ὁμιλητὴς οῦ ὁ Gesellschafter; Zuhörer; Schüler. ὁμιλητικὸς ἡ ὸν umgänglich, gesprächig: ἀνομίλητος od. δυσόμιλος ὁ ἡ ungesellig, ungesprächig: ἐξόμιλος ὁ ἡ fremd.

ἐξομιλέω ich besänftige, berede: ἐξομιλοῦμαι ich befinde mich außer meiner Gesellschaft, fern von meines Gleichen.

καθομιλέω ich gewinne durch Umgang oder Gespräch.

ὁμαρτῇ u. ὁμαρτήδην zusammen, zugleich, mit. ὁμαρτέω ich treffe zusammen; gehe mit, folge (τινί). παρομαρτέω ich gehe nebenher, begleite.

ὅμηρος ὁ ἡ zusammengefügt; Geißel, Unterpfand der Einigkeit. ὁμηρέω ich treffe zusammen, stimme überein: ὁμηρεύω ich bin Geißel, ὁμηρεία ἡ das Geißelgeben, das Dienen zur Geißel. ἐξομηρεύω τινὰ ich nöthige einen Geißeln zu geben.

Ὄμνυμι u. ὀμνύω f. ὀμοῦμαι ich schwöre (θεὸν od. κατὰ θεοῦ bei einem Gotte).

ἀνώμοτος ὁ ἡ ungeschworen; unbeschworen.

ἀντόμνυμι ich schwöre dagegen. ἀντωμοσία ἡ der Gegenschwur; der Eid des Klägers, daß er nicht chicanire.

ἀπόμνυμι ich schwöre ab. ἀπωμοσία ἡ die Abschwörung. ἀπώμοτος ὁ ἡ abschwörend; abgeschworen; was man verschwören kann.

διόμνυμι ich beschwöre, betheure gerichtlich. διωμοσία ἡ der gegenseitige Schwur des Klägers und des Beklagten.

ἐξόμνυμι ich schwöre ab, entschuldige mich schwörend.

ἐπόμνυμι ich schwöre darauf, beschwöre (τὶ); schwöre noch dazu.

συνόμνυμι ich schwöre mit; ich verschwöre mich mit andern. συνωμοσία ἡ Verschwörung, συνωμότης ὁ Verschworner.

Ὀμφαλὸς ὁ Nabel, Mittelpunkt; erhabener Theil in der Mitte des Schildes, sonst ἄμβων ωνος umbo. ὀμφαλόεις εσσα εν u. ὀμφαλωτὸς ἡ ὀν nabelrund; genabelt. ὀμφαλιστὴρ ὁ Messer die Nabelschnur abzuschneiden, ὀμφαλητομία ἡ dies Schneiden: ὀμφαλητόμος ου ἡ Hebamme, gew. μαῖα ἡ, auch μαιεύτρια von μαιεύω od. μαιόω ich entbinde: μαίευσις ἡ die Entbindung, μαίευμα τὸ das geholte Kind: μαίωτρον τὸ Hebammenlohn.

Ὄνημι, gew. ὀνίνημι f. ὀνήσω ich helfe, nütze: ὄναμαι u. ἀπόναμαι ich genieße, werde froh, ziehe Nutzen, τινός. ὄνησις ἡ Nutzen, Hülfe, Genuß. ὀνήσιμος ὁ ἡ u. ὀνητὸς ἡ ὀν nützlich, nutzbar: ἀνόνητος unnütz. ὄνειαρ ατος τὸ Nutzen, Hülfe, poet.

Ὄνομαι ich tadle, schelte; auch ὀνοτάζω von ὀνοτὸς (od. ὀνοστὸς) tadelnswürdig.

ὄνοσις ἡ, pros. ὄνειδος τὸ Tadel, Vorwurf, Schimpf. ὀνειδίζω f. ίσω ich tadle, schimpfe, schmähe. ὀνειδισμὸς ὁ od. ὀνείδισις ἡ Schmähung, Beschimpfung. ὀνειδιστὴς ὁ schimpfend. ὀνειδιστὸς ἡ ὀν u. ἐπονείδιστος ὁ ἡ = ὀνοτός.

ὄνομα (Jon. οὔνομα, Dor. ὄνυμα) τὸ Name; Ruf; Vorwand.

ἀνώνυμος ὁ ἡ (poet. νώνυμος) namenlos; unberühmt.

διώνυμος ὁ ἡ zweinamig (δίς); berühmt (διά).

δυσώνυμος ὁ ἡ einen schlechten od. unglücklichen Namen habend.

ἐπώνυμος ὁ ἡ zubenamt; benannt nach jemand (τινός); der einer Sache den Namen giebt. ἐπωνυμία ἡ Zuname, Beiname, Benennung nach od. von etwas.

παρώνυμος ὁ ἡ von einem Namen od. Wort abgeleitet; darnach benannt. παρωνύμιον τὸ Beiname, Zuname.

ὀνομαίνω f. ανῶ, pros. ὀνομάζω f. άσω, ich nenne, rufe, ernenne.

ἐπονομάζω ich gebe einen Beinamen, μετονομάζω ich nenne um.

ὀνόμασμα τὸ Name. ὀνομασία ἡ Benennung.

ὀνομαστὸς ἡ ὀν genannt; zu nennen; berühmt. ὀνομαστὶ namentlich, poet. ὀνομακλήδην.

Ὄνος ὁ der Esel, ἡ die Eselin (dem. ὀνάριον u. ὀνίδιον τὸ od. ὀνίσκος ὁ, ὀνίσκη ἡ: sonst κάνθος, κάνθων, κανθήλιος ὁ, dem. κανθὶς ἡ); Rolle, Haspel, Winde zum Aufziehen; der Spinnrocken; der untere Mühlstein.

ὀνικὸς ἡ ὸν zum Esel gehörig: ὄνειον γάλα Eselsmilch: ὀνεία ἡ Eselshaut ὀνεῖον τὸ Eselstall. ὀνὶς ἴδος ἡ Eselsmist.
ὀνεύω ich ziehe mit der Winde, winde.
ἡμίονος ὁ Maulesel, Maulthier: auch ὀρεὺς u. γίννος od. ἴννος ὁ. ἡμιόνειος zum Maulesel gehörig. ζεῦγος ὀρεικὸν Gespann Maulthiere.
ὄναγρος ὁ der wilde Esel. ὀνοβάτης ὁ – ᾶτις ἡ auf einem Esel reitend. ὀνηλάτης od. ὀνοκίνδιος ὁ Eseltreiber.
Ὦνος ὁ Waare; Preis: ὠνὴ ἡ Kauf, ὤνιος ία ιον käuflich, feil.
εὔωνος ὁ ἡ wohlfeil, εὐωνία ἡ Wohlfeilheit, εὐωνίζω ich mache wohlfeil.
ὠνέομαι f. ήσομαι ich kaufe, pachte. ἐξωνέομαι ich kaufe ab, los.
ὤνησις ἡ das Kaufen, ὠνητὴς ὁ Käufer, ὠνητὸς ἡ ὸν gekauft od. käuflich, ὠνησείω u. ὠνητιάω ich habe Lust zu kaufen.
Οἶνος ὁ (dem. οἰνάριον τὸ) Wein, auch μέθυ υος τὸ.
ἄοινος ὁ ἡ ohne Wein, sich des Weins enthaltend: ἀμέθυσος u. ἀμέθυστος ὁ ἡ nicht betrunken; der Trunkenheit widerstehend.
κάτοινος ὁ ἡ u. μέθυσος ἡ ον betrunken.
παροινία ἡ Verstoß im Rausch, Beleidigung in der Trunkenheit.
παροινέω ich betrage mich beim Wein frech od. beleidige andre.
μεθυπλανὴς oder μεθυσφαλὴς ὁ ἡ vom Wein verirrt, zu Falle gebracht, taumelnd.
οἰνάνθη ἡ (ἄνθος) Weinblüthe.
οἰνοβαρὴς ὁ ἡ vino gravis betrunken(βαρύς). οἰνοβαρέω ich bin betrunken.
οἰνοπότης ου ὁ od. οἰνοποτὴρ ὁ Weintrinker. οἰνοποτάζω ich zeche.
οἰνοκάπηλος od. οἰνοπώλης ὁ Weinhändler: οἰνοπωλέω ich handle mit Wein.
οἰνόφλυξ υγος ὁ ἡ dem Trunk ergeben: οἰνοφλυγέω ich bin das: οἰνοφλυγία ἡ Trunkliebe.
οἰνοχόος ὁ Mundschenk. οἰνοχοέω od. – εύω ich schenke Wein ein.
οἶνοψ οπος od. οἰνοχρὼς ῶτος ὁ ἡ weinfarbig.
οἰνώδης ὁ ἡ weinartig; weinreich. ὄξος οἴνινον Weinessig.
οἰνὼν u. οἰνεὼν ῶνος ὁ Weinkeller; Weinlager.
οἰνόω ich mache zu Wein; mache trunken, was auch μεθύσκω: ich bin trunken μεθύω und κραιπαλάω: Trunkenheit μέθη ἡ, Rausch κραιπάλη ἡ. οἴνωσις ἡ Berauschung. οἰνωτὸς von od. mit Wein gemacht; betrunken. μεθυστὴς ὁ, μεθύστρια ἡ Trunkenbold: μεθυστικὸς ἡ ὸν berauschend: κραιπαλώδης rauschartig.
οἰνίζω f. ίσω ich rieche od. schmecke nach Wein, med. ich kaufe Wein, hole Wein. οἰνεύομαι ich trinke Wein.
οἴνη und οἰνὰς άδος ἡ Weinstock, gew ἄμπελος. οἴναρον τὸ Weinlaub: οἰναρίζω ich beschneide den Weinstock.
Ὀξὺς εῖα ὺ (von ἀκή) scharf; scharfsinnig; scharftönend; scharf von Geschmack, sauer, herb; heftig, hitzig. ὀξὺ u. ὀξέως adv. schnell, bald.
ὀξύτης ἡ Schärfe, Spitze; Scharfsinn; scharfer Geschmack; Heftigkeit, Schnelle; scharfer Ton.
ὄξος εος τὸ der Essig. ὀξώδης ὁ ἡ säuerlich. ὀξηρὸς ὰ ὸν essigartig. ὀξὶς ίδος ἡ Essiggefäß. ὀξίνης ὁ saurer Wein, Krätzer. ὀξίζω ich bin sauer, παροξίζω ich habe einen sauren Nebengeschmack.
ὀξύνω ich schärfe; feure an; erbittere; mache sauer; spreche scharf aus.
ἀποξύνω ich schärfe; säure.
παροξύνω ich schärfe; reize, sporne an; erbittere: παροξυντικὸς ἡ ὸν anreizend, παροξυσμὸς ὁ Anreizung; Anfall des Fiebers od. erhöhte Heftigkeit desselben.
ὠκὺς εῖα ὺ schnell, geschwind, auch θοὸς, κραιπνὸς, ταχινὸς ἡ ὸν, pros.

ταχὺς εῖα ὺ (comp. θάσσων, sup. τάχιστος). Adv. ὠκέως u. ὦκα, ταχέως u. τάχα, τάχα meist im Sinn von ἴσως vielleicht.

ὠκύτης u. ταχυτὴς ἡ Schnelligkeit, auch τάχος τὸ.

ταχύνω u. ἐπιταχύνω, f. υνῶ ich beschleunige. καταταχύνω od. καταταχέω ich hole ein, eile vor.

ὀξύγαλα ακτος τὸ saure Milch. ταχυγράφος ὁ ἡ geschwind schreibend. ὀξυδερκὴς u. ὀξύδορκος ὁ ἡ scharfsichtig: ὀξυδέρκεια u. ὀξυδορκία ἡ Scharfsichtigkeit.

ὀξύθυμος u. ὀξύχολος ὁ ἡ hitzig, jähzornig: ὀξυθυμία ἡ Jähzorn.

ὠκύμορος od. ταχύμορος ὁ ἡ (μορος) schnell od. früh sterbend.

ὠκύνοος od. ταχύνοος der geschwind begreift. ὠκύπτερος od. ταχύπτερος ὁ ἡ schnellflügelig. κραιπνόσσυτος schnell bewegt, rasch daher fahrend.

φοξὸς ἡ ὸν zugespitzt: φοξὸς κεφαλὴν spitzköpfig.

Ὅπλον (dem. ὁπλάριον) τὸ Geräth, Zeug; Tauwerk; Rüstung, Wehr, bs. der schwere Schild der Infanterie, der ὁπλῖται.

ἄοπλος od. ἄνοπλος ὁ ἡ unbewaffnet; ἔνοπλος in Waffen. εὔοπλος wohlbewaffnet, glücklich in Waffen. ὑπέροπλος übermäßig, übermüthig, sonst ὑπερήνωρ (f. ὁπλότερος): ὑπεροπλία ἡ Uebermuth.

ὁπλομάχος ὁ ἡ mit schweren Waffen streitend: ὁπλομαχέω ich streite so. ὁπλοποιὸς ὁ Waffenschmid. ὁπλοφορέω ich trage Waffen.

ὁπλίζω f. ίσω (poet. ὅπλω) ich rüste aus, bewaffne (auch καθοπλίζω); ich bereite zu, mache zurecht; übe in den Waffen. ἀφοπλίζω ich entwaffne, ἐξοπλίζω ich lasse bewaffnet ausrücken, ἐφοπλίζω ich rüste zu oder gegen. ὅπλισις ἡ u. ὁπλισμὸς ὁ Zurüstung; Bewaffnung. ὅπλισμα τὸ Rüstung; die Waffen. ὁπλιστὴς ὁ der bewaffnet, rüstet.

ὁπλίτης ου ὁ schwer bewaffneter Infanterist; entggs. πελταστής. ὁπλιτεία ἡ Dienst als ὁπλίτης. ὁπλιτεύω ich bin ὁπλίτης. ὁπλιτικὸς ἡ ὸν den betreffend, dazu gehörig.

ὁπλότερος rüstiger, jünger.

ὁπλὴ ἡ Klaue, Huf (Wehr der Thiere).

Ὄσσομαι (poet.) ich sehe, bs. im Geiste, ich ahnde. προτιόσσομαι ich habe vor Augen, stelle mir vor.

ὄψομαι ich werde sehen (fut. zu ὁράω: pf. ὄπωπα).

ὄμμα τὸ (dem. ὀμμάτιον u. ὀμματίδιον τὸ) Anblick, Gesicht; Auge, auch ὤψ ὠπός, im Dual ὄσσε, pros ὀφθαλμὸς ὁ (dem. ὀφθαλμίδιον τὸ). ὀμματόω ich versehe mit Augen, mache sehend

ὀφθαλμία ἡ Augenkrankheit. ὀφθαλμιάω ich leide an den Augen. ὀφθαλμίζω ich stecke an mit Augenkrankheit; ich inoculire, gew. ἐνοφθαλμίζω.

δυσόμματος ὁ ἡ mit schlechten Augen, häßlich anzusehen: schönäugig εὐόφθαλμος od εὔωψ ὁ ἡ, auch εὐωπὴς ὁ, εὐῶπις ἡ

δυσωπέω ich beschäme; bringe einen durch Schaam od. Scheu zu od. von etwas: med. ich schäme mich, bin scheu od. schüchtern, τινὰ vor jemand. δυσωπία ἡ Schaam, Blödigkeit. δυσώπησις ἡ Beschämung, das Abschrecken. δυσωπητικὸς ἡ ὸν geschickt od. geeignet zu beschämen od. abzuschrecken.

ἐνώπιος ία ιον vor den Augen, gegenwärtig: adv. ἐνωπαδίως u. ἐνωπαδίς.

μέτωπον τὸ Stirn; Vordertheil. μετωπηδὸν in der Fronte, von vorn. μετώπιος und μετωπίδιος ία ιον zur Stirn gehörig. μετωπίας ὁ fronto mit einer großen Stirn.

ἀντιμέτωπος ὁ ἡ gegenüberstehend. προμετωπὶς ἡ u. προμετωπίδιον τὸ Stirnschmuck.

πρόσωπον τὸ Gesicht, Angesicht, Maske (eigtl. προσωπεῖον το): was einer vorstellt, Person. προσωποποιὸς ὁ Maskenmacher, προσωποιέω ich personifizire.

ἀντιπρόσωπος ὁ ἡ gegenüberstehend. εὐπρόσωπος ὁ ἡ von guter Gesichtsbildung, εὐπροσωπέω ich habe ein schön Gesicht.

ὑπώπιον τὸ das Gesicht unterhalb der Augen; ein Schlag ins Gesicht und die daraus entstandene Brausche. ὑπωπιάζω ich schlage einem ins Gesicht, ich schlage ihm eine Brausche. (Brausche, Schwiele, Strieme auch κορδύλη, μώλωψ, σμῶδιγξ: μωλωπίζω ich verwunde, haue Striemen.)

ὄψις u. ὀπωπὴ ἡ das Sehen, Gesicht; Angesicht; Ansehn, Aussehn.

ἄποψις ἡ Aussicht, Prospekt. δίοψις ἡ das Durchsehen, Durchsicht.

ἔποψις ἡ Aufsicht, Uebersicht: ἐν ἐπόψει ἀλλήλοις einer dem andern im Gesicht, sichtbar. ἐπόψιμος od. ἐπόψιος ὁ ἡ sichtbar (auch κατόψιος): sehenswerth.

πρόοψις ἡ das Vorhersehen, πρόσοψις das Anblicken.

σύνοψις ἡ Uebersicht; Abriß.

ὑπεροψία u. ὑπέροψις ἡ das Uebersehen, der Uebermuth, die Verachtung.

ὑποψία ἡ Argwohn.

ὀπτὴρ ὁ der Seher, Späher, Spion.

διοπτὴρ u. διόπτης ὁ der durchsieht, recognoscirt, Spion; Aufseher. διοπτεύω ich besehe genau, führe die Aufsicht, besorge; spionire. διόπτρα ἡ u. δίοπτρον τὸ Instrument um dadurch zu sehen, Diopter.

εἴσοπτρον, ἔνοπτρον, κάτοπτρον τὸ der Spiegel. κατοπτρικὸς ἡ ὸν den Spiegel betreffend. κατοπτρίζω ich zeige im Spiegel: med. ich spiegle mich.

ἐπόπτης ὁ Aufseher; Augenzeuge; der den höchsten Grad in den Mysterien erreicht hat (der den ersten hat, μύστης). ἐποπτεύω ich sehe drauf; bin Aufseher, bin Epopt. ἐποπτεία ἡ die Aufsicht; der höchste Grad der Mysterien, Anschauung.

κατόπτης ὁ belauschend, spähend. κατοπτεύω ich forsche aus.

ὑπερόπτης ὁ Verächter, ὑπεροπτικὸς ἡ ὸν übermüthig.

ὑπόπτης ὁ argwöhnisch. ὑποπτεύω ich argwöhne.

ὀπτὸς ἡ ὸν gesehen, sichtbar. ὀπτάνω, ὀπταίνω, ὀπτάζω, ὀπτεύω ich sehe, auch ὀπωπέω. ὀπτασία ἡ Anblick, Gesicht, Schauspiel.

ἄποπτος ὁ ἡ zu übersehen; nicht sichtbar. δύσοπτος ὁ ἡ schwer zu sehen. κάτοπτος ὁ ἡ sichtbar. ἀπρόοπτος ὁ ἡ unvorhergesehen.

ὕποπτος ὁ ἡ verdächtig, argwöhnisch.

ὀπτικὸς ἡ ὸν das Sehen betreffend. συνοπτικὸς Uebersicht gewährend; scharfsichtig.

ὀπιπεύω ich schaue mich um, beäugele, τι: ὀπιπευτὴρ ὁ u. γυναικοπίπης, παιδοπίπης, παρθενοπίπης der nach Weibern, Knaben, Mädchen guckt.

ὄπιλλος ὁ Dor für ὀφθαλμός: davon πτιλώσσω ich blinzele, bin blind.

ὀπὴ ἡ Luke, Oeffnung, Loch. ὀπαῖος αία αῖον mit einer Luke versehn: τὸ ὀπαῖον das Loch im Dache den Rauch hinauszulassen, sonst κάπνη od. καπνοδόχη ἡ u. καπνοδοχεῖον τὸ von κάπνος ὁ Rauch. (καπνώδης räucherich: καπνίζω u. καπνόω ich mache Rauch, räuchere.)

Ὁράω pf. ἑώρακα ich sehe.

ἀφοράω ich sehe weg; sehe in die Ferne. διοράω ich sehe durch; unterscheide. εἰσοράω ich sehe hinein. ἐνοράω ich bemerke an einem.

ἐφοράω ich sehe auf etwas, habe in Aufsicht; ich sehe an, übersehe, besehe. ἔφορος ὁ Aufseher; in Lakedämon waren fünf Ephoren den beiden Königen zur Seite gesetzt: ἐφορεύω ich bin Ephoros, ἐφορεία ἡ das Amt eines Ephoros.

καθοράω ich sehe herab; werde ansichtig

παροράω ich sehe daneben, vorbei, obenhin, ich versehe mich.

περιοράω ich sehe umher; sehe mit an, lasse geschehen. Ich sehe mich um nach etwas (παπταίνω, παπταλάομαι, παμφαλάω poet.).

προοράω ich sehe vorher; vermuthe, argwöhne

προσοράω ich sehe an. ὑπεροράω ich sehe darüber weg, verachte.

ὑφοράω ich sehe scheel oder argwöhnisch an.

ὅραμα τὸ das Gesehene, Schauspiel, Anblick: παρόραμα Versehen.

ὅρασις ἡ das Sehen; das Gesicht; der Anblick.

ὁρατὸς ἡ ὸν sichtbar; gesehen: ἀόρατος ὁ ἡ unsichtbar, δυσόρατος schwer zu sehn.

ὤρα ἡ Aufsicht, Acht, Sorge. ὀλιγωρὸς unachtsam, sorglos: ὀλιγωρέω ich vernachlässige, etwas τινός: ὀλιγωρία ἡ Unachtsamkeit, Nachlässigkeit: entggs. πολυωρὸς -ρέω -ρία.

οὖρος ὁ u. ἐπίουρος, auch οὐρεὺς u. φρουρὸς, Aufseher, Wächter, fem. φρουρὶς ἴδος; sonst φύλαξ ακος (auch φύλακος ἄκου, poet. φυλακτὴρ u. φυλάκτωρ) ὁ, φυλακὶς ἴδος ἡ. φρουρὰ u. φυλακὴ ἡ Wache; Bewachung, Gefängniß; Besatzung, Garnison, Posten. ἔμφρουρος ὁ ἡ in Besatzung; im Gefängniß. φρούριον u. φυλακεῖον od. φυλακτήριον τὸ fester Platz, Schloß mit Besatzung. φρουρέω ich bewache, bin auf der Wache: φρουροῦμαι od. φυλάττομαί τινα ich hüte mich vor einem.

φυλακίζω ich setze ins Gefängniß.

φρουρητὸς ἡ ὸν bewacht, φυλάξιμος zu bewachen.

ἀφρούρητος u. ἀφύλακτος ὁ ἡ unbewacht, unbesetzt. ἀφυλακτέω ich wache nicht, bin unbesorgt: ἀφυλαξία ἡ Mangel von Wächtern.

δυσφύλακτος schwer zu bewachen oder zu verhüten: entggs. εὐφύλακτος.

Ὀρέγω u. ὀρέγνυμι f. έξω ich recke, strecke aus, reiche. ὀρέγνυμαι od. ὀριγνάομαι ich lange nach etwas, verlange u. begehre es, auch ὀρεχθέω poet. u. ὀρεκτιάω.

ὄρεγμα τὸ das Ausstrecken, Hinstrecken; der Schritt. ὀρέγδην adv. mit ausgestreckten Händen, mit Verlangen. ὄρεξις ἡ Verlangen, Begierde.

ὀρεκτὸς ἡ ὸν gestreckt, ausgestreckt; begehrt: ἀνόρεκτος ὁ ἡ ohne Begier, bs. ohne Eßlust: ἀνορεξία ἡ Mangel der Eßlust. ὀρεκτικὸς ὁ ἡ zum Begehren gehörig, Begierden erweckend.

ὀργυιὰ ἡ die Klafter, der Raum zwischen den zwei ausgestreckten Händen, = 6 Fuß od. 4 πήχεις. ὀργυιαῖος α ον eine Klafter lang.

Ὀργάω ich fühle Begierde od. Leidenschaft; schwelle, treibe, setze zur Frucht an.

ὀργὴ ἡ das Gemüth mit seinen Trieben u. Affecten; Zorn, Eifer: eine Regung desselben ὄργημα τὸ

εὔοργος od. εὐόργητος ὁ ἡ sanftmüthig, von guter Sinnesart.

εὐοργησία ἡ Gutartigkeit, Gelassenheit.

ὀργίζω f. ίσω ich erzürne: auch διοργίζω, ἐξοργίζω, παροργίζω: pass. ich zürne, poet. auch ὀργιάω. εὐόργιστος ὁ ἡ leicht zu erzürnen.

ὀργίλος η ον zum Zorn geneigt, jähzornig: ἀόργητος ὁ ἡ zornlos. ὀργιλότης ἡ Jähzorn, ἀοργησία Zornlosigkeit.

Ὀρύσσω, Att. ὀρύττω, f. ξω ich grabe.
ἀνορύσσω ich grabe auf, διορύσσω ich grabe durch, ἐξορύσσω ich grabe aus, κατορύσσω ich vergrabe.
ὄρυγμα ατος τὸ Graben, Grube, poet. auch οὐρὸς ὁ. ὄρυξις od. ὀρυχὴ ἡ das Graben. ὀρυκτὸς ὴ ὸν gegraben: ὀρυκτὴ ἡ Grube, Teich. ὀρυκτὴρ u. ὀρυκτὴς ὁ der gräbt; Werkzeug zum Graben. ὄρυξ υγος ὁ Werkzeug der Steinmetzen zum Eingraben od. Hauen.
Ὀρφόω, gew. ὀρφανόω od ὀρφανίζω u. ἀπορφανίζω, ich mache zur Waise: Waise ὀρφανὸς ἡ όν: dazu gehörig ὀρφανικὸς ἡ όν. ὀρφανιστὴς od. ὀρφανοφύλαξ ὁ Waisenvormund od. =pfleger: ὀρφανοτρόφος der sie ernährt u. erzieht, ὀρφανοτροφεῖον τὸ Waisenhaus.
ὀρφανεύω ich sorge für Waisen; ὀρφανεύομαι ich bin verwaiset, werde als Waise erzogen.
ὀρφανία ἡ od. ὀρφάνευμα τὸ der verwaisete Zustand.
Ὄρχος ὁ Reihe von Bäumen u. Reben. ὄρχατος ὁ Garten. μετόρχιον τὸ Zwischenraum zwischen den Reihen.
Ὄρνυμι f. ὄρσω ich rege auf, errege, erhebe, treibe an, auch ὀρίνω u. ὀροθύνω (poet.): ὄρωρα ich bin erregt, erhoben, entstanden, ortus. ὄρσο u. ὄρσεο erhebe dich, rühre dich.
ἀπόρνυμι ich bewege von woher od. weg, ἐνόρνυμι drin, ἐπόρνυμι od. ἐπορίνω auf etwas los.
ὀρσίκτυπος ὁ ἡ Geräusch erregend, ὀρσινεφὴς Wolken treibend, ὀρσίπους die Füße regend.
ὄρμενος sich erhebend od. regend; subst. ὁ Schoß, Sproß, auch ὄρπηξ ηκος, ὀροδαμνὸς, ὀρσὸς ὁ: ὀρταλὶς ἡ u. ὀρτάλιχος ὁ das Junge eines Thieres: ἀνορταλίζω ich hüpfe muthwillig, schlage mit den Flügeln: ἐξορμενίζω ich sprieße hervor.
ὀρούω σω u. ιππω ich springe auf, auch ἀνορούω; stürze darauf ein, auch ἐνορούω und ἐπορούω. ἀπορούω und ἐξορούω ich breche hervor, κατορούω ich fahre herunter.
ὁρμὴ ἡ Regung, Antrieb, Begierde, Unternehmen. ὁρμηδὸν mit Ungestüm, mit Heftigkeit.
ὁρμάω f. ήσω ich errege, treibe; ich trachte, strebe; ich setze mich in Bewegung, eile.
ὅρμημα τὸ Gegenstand des Strebens; Begierde. ὁρμητικὸς ἡ ὸν geneigt, eifrig, ungestüm. ὁρμητήριον τὸ Anreizungsmittel; Ort wovon man ausgeht und wohin man sich wieder zurückzieht, Waffenplatz.
ἀφορμάω ich gehe aus, eile fort. ἀφορμὴ ἡ wovon man ausgeht, Anregung, Veranlassung, Mittel u. Kräfte womit man etwas anfängt.
ἐξορμάω ich treibe heraus, treibe an, ich gehe od. eile heraus.
εἰσορμάω ich breche hinein.
ἐφορμάω u. προσορμάω ich treibe darauf los od. dazu an; ich stürze darauf.
παρορμάω ich treibe an, ermahne: παρόρμημα τὸ Antrieb, Sporn: παρόρμησις ἡ Ermunterung, Ermahnung. παρορμητικὸς ἡ ὸν antreibend, ermunternd.
ὁρμαίνω ich bewege im Herzen, habe vor, habe im Sinne.
Ὄρος τὸ Berg. ὀρεινὸς ἡ ὸν gebirgig. ὄρειος ὁ ἡ, poet. ὀρέστερος έρα ερον, auf Bergen wohnend. ὀρειὰς άδος ἡ Bergbewohnerin, Oreade: Bergbewohner ὀρείτης u. ὀρειώτης (poet.). ὑπόρειος u. ὑπώρειος ὁ ἡ unten am Berge: ἡ ὑπώρεια Fuß des Berges.
ὀρειβάτης od ὀρεσιβάτης, auch οὐρεσιφοίτης ὁ u. οὐρεσφοιτὰς od. οὐρεσιφοῖτις ἡ, auf Bergen gehend: ὀρειβασία ἡ das Gehn auf Bergen, ὀρειβατικὸς dazu geschickt, ὀρειβατέω ich gehe auf Bergen.

ὀρειγενὴς ὁ ἡ aus od. von Bergen stammend, ὀρεινόμος od. οὐρεσιβώτης auf Bergen weidend, ὀρειτρεφὴς od. ὀρείτροφος auf Bergen erzogen. ὀρείχαλκος ὁ Messing.

ὀρέκτυπος ὁ ἡ auf dem Berge rauschend, ὀροδεμνιὰς ἡ auf Bergen sich bettend, ὀροπέδιον τὸ Bergfläche.

Ὄρος od. ὄῤῥος, Ion. οὖρος, ὁ Bürzel, Ende des Steißbeins, auch οὐροπύγιον od. ὀῤῥοπύγιον τό.

οὐρὰ ἡ Schwanz (auch κέρκος ἡ): Hintertreffen, Nachtrab: dessen Anführer οὐραγὸς ὁ: οὐραγέω ich führe den Nachtrab.

οὐραῖος αία αῖον zum Schwanze gehörig: κερκοφόρος ὁ ἡ geschwänzt.

ὀῤῥωδέω, Ion. ἀῤῥωδέω, f. ήσω ich fürchte mich, eigtl. von Thieren die den Schwanz sinken lassen. κατοῤῥωδέω ich fürchte, scheue. ὑπεροῤῥωδέω ich fürchte mich sehr, ὑποῤῥωδέω etwas.

οὐρίαχος ὁ das Eisen unten am Spießschaft, sonst σαυρωτὴρ ῆρος u. στύραξ ακος ὁ.

Ὀρὸς od. ὀῤῥὸς, Ion. οὐρὸς, ὁ der wäßrige Theil, der sich nach dem Gerinnen einer Masse absondert, z. B. Molken, Blutwasser, Theerwasser (dieses auch ὀῤῥόπισσα ἡ). ὀῤῥόω ich mache zu Molken.

οὖρον τὸ Urin, Harn, auch οὔρημα u. ὄμιχμα τὸ von οὐρέω f. ήσω u. ὀμιχέω f. ίξω ich harne: mich pissert οὐρησείω u. οὐρητιάω. οὐρητὴρ ὁ u. οὐρήθρα ἡ Uringang. οὐρητικὸς u. διουρητικὸς ἡ ὸν harntreibend; zum Harn gehörig. ἄγγος οὐρηρὸν Nachttopf, auch οὐροδόχη ἡ u. οὐροδοχεῖον τὸ od. ἀμὶς ἡ.

Ὅρος, Ion. οὖρος, ὁ Grenze (auch ὅριον τὸ); Grenzstein; Ziel, Zweck; Definition.

ὁροθεσία ἡ Aufstellung der Grenzsteine, Bestimmung der Grenze: ὁροθέτης ὁ der sie bestimmt, ὁροθετέω ich bestimme sie.

πρόσορος ὁ ἡ angrenzend, ὅμορος od. σύνορος zusammengrenzend: προσορέω ich grenze an, ὁμορέω od. συνορέω grenze zusammen: συνορία ἡ das Zusammengrenzen, die Nachbarschaft.

ὅριος ὁ ἡ zur Grenze gehörig. ἐξόριος außerhalb der Grenze, verwiesen. μεθόριος zwischen zwei Grenzen, die Grenze bildend. ὑπερόριος über die Grenzen, ausländisch: ὑπερορία od. ἐξορία ἡ Ausland; Verbannung.

ὁρίζω f. ίσω ich begrenze; bestimme, setze fest. ὁρίζων οντος ὁ die Grenzlinie des Gesichtskreises, der Horizont, auch ὁριστὴς ὁ. ὅρισμα ατος τὸ Begrenzung, begrenzende Mauer, Bestimmung; Sitte, Gebrauch. ὁρισμὸς ὁ das Begrenzen, Bestimmen, Definiren. ὁριστικὸς ἡ ὸν zum Begrenzen, Bestimmen und Definiren gehörig: ἀόριστος ὁ ἡ unbegrenzt, unbestimmt: δυσόριστος schwer zu bestimmen.

ἀφορίζω ich grenze ab, begrenze, bestimme. ἀφορισμὸς ὁ Begrenzung, Bestimmung; kurzer Satz, der die Hauptbegriffe einer Sache enthält.

διορίζω ich trenne durch Grenzen, unterscheide; ich bringe über die Grenze. διορισμὸς ὁ Unterschied, Bestimmung: auch διόρισμα.

ἐξορίζω u. ὑπερορίζω ich verbanne: ἐξόριστος ὁ ἡ verbannt.

παρορίζω ich übertrete die Grenze. περιορίζω ich umgrenze.

προορίζω ich bestimme zuvor. συνορίζω ich bringe in dieselbe Grenze.

Ὀρθὸς ἡ ὸν aufrecht; grade; recht. ὀρθοσύνη, gew. ὀρθότης ἡ Gradheit; aufrechte Stellung.

ὀρθοβατέω, ὀρθοδρομέω ich gehe od. laufe gerade.

ὀρθόβουλος der geraden aufrichtigen Rath giebt.

ὀρθογραφία ἡ Rechtschreibung; Aufriß.

ὀρθογώνιος u. ὀρθόγωνος ὁ ἡ rechtwinklicht.

ὀρθοδοξία ἡ die rechte Meinung. ὀρθόδοξος ὁ ἡ der die rechte Meinung hat.

ὀρθόω ich richte auf; mache grade: ὄρθωσις ἡ das Gradmachen od. Aufrichten; Richtung; Lenkung. Ζεὺς ὀρθώσιος Iuppiter Stator.

ἀνορθόω, ἐπανορθόω u. διορθόω ich richte wieder auf, helfe auf, verbessere, berichtige. ἐπανόρθωσις od. διόρθωσις ἡ u. ἐπανόρθωμα od. διόρθωμα τὸ Verbesserung. ἀδιόρθωτος unberichtigt, ἀνεπανόρθωτος ὁ ἡ unverbesserlich.

κατορθόω ich mache recht; führe glücklich aus. κατόρθωμα τὸ glücklich ausgeführte That, κατόρθωσις ἡ das glückliche Ausführen, κατορθωτὴς ὁ der glücklich ausführt.

ὄρθιος ία ιον, auch ὄρθιος ὁ ἡ, gerade auf, steil; hoch, laut: ὄρθιοι λόχοι colonnenweise marschirende λόχοι. ὀρθιάδε od. ὀρθιάζε adv. bergan.

ὀρθιάζω ich rede oder rufe laut. ὀρθίασμα τὸ lautes Wort, laute Stimme.

Ὄρθρος ὁ Tagesanbruch, Morgen: ὀρθροβόας ὁ am Morgen rufend, ὀρθρογόη ἡ die frühe klagt. ὄρθριος, ὀρθρίδιος, ὀρθρινὸς ἡ ὸν früh, am Morgen: τὸ ὀρθρινὸν die Frühzeit. ὀρθρεύω u. ὀρθρίζω ich thue-gehe - liege des Morgens; stehe früh auf.

Ὄρνεον τὸ u. ὄρνις ιθος, Dor. ὄρνιξ ιχος, ὁ ἡ, (dem. ὀρνίθιον, ὀρνιθάριον, ὀρνύφιον τὸ) Vogel; Huhn; Augurium.

ὀρνίθειος od. ὀρνίθιος α ον vom Vogel; vogelartig, auch ὀρνεώδης ὁ ἡ. ἄνεμοι ὀρνιθίαι Frühlingswinde, mit denen die Zugvögel ankommen.

ὀρνιθεύω ich fange Vögel: med. ich nehme Zeichen aus dem Vogelflug. ὀρνιθευτὴς od. ὀρνιθοθήρας ου ὁ Vogelsteller, ὀρνιθεία od. ὀρνιθοθήρα ἡ Vogelfang.

ὀρνιθοβόσκος od. ὀρνιθοτρόφος Vögel fütternd - haltend: ὀρνιθοβοσκεῖον od. ὀρνιθοτροφεῖον τὸ Vogelhaus, Hühnerstall.

ὀρνιθοκρίτης ὁ der den Vogelflug deutet, ὀρνιθοσκόπος ὁ der denselben beobachtet.

Die gewöhnlichsten Vögel: ἀκαλανθὶς od. ἀκανθὶς ἡ Stieglitz, Distelfink.

βύας ου ὁ bubo Schuhu, auch βύζα: κικκαβὴ Nachteule (deren Geschrei κικκαβίζειν): ὦτος ὁ Ohreule: σκὼψ ωπὸς ὁ Kauz.

δρυοκολάπτης ὁ Baumhacker, Specht.

ἔποψ οπος ὁ upupa Wiedehopf. ἐρωδιὸς ὁ Reiher.

ἴυγξ γγος ἡ Drehehals, Wendehals (als φίλτρον gebraucht).

ἶβις ιδος ἡ Ibis.

ἱέραξ ακος, Ion. ἴρηξ ηκος, dem. ἱερακίσκος, ὁ Habicht: ἱερακιδεὺς έως ὁ junger Habicht, ἱερακώδης habichtartig, ἱερακίζω ich schreie wie ein Habicht ἱερακόμορφος ὁ ἡ in Habichtsgestalt.

ἰκτὶν od. ἰκτῖνος ὁ Weihe

κέγχρη u. κεγχρηῒς ἡ Thurmfalke (andre Falkenarten κίρκος u. φασσοφόνος ὁ).

κίχλη ἡ, dem. κιχλίον τὸ, Drossel, Krammetsvogel.

κίσσα, Att. κίττα, ἡ Elster: κισσαβίζω ich schreie wie eine Elster.

κόκκυξ υγος ὁ Kukuk: κοκκυσμὸς ὁ dessen Geschrei.

κολοιὸς ὁ Dohle: κολωὸς ὁ Getümmel, Lärm; κολωάω ich lärme.

κόραξ ακος ὁ Rabe: κορακίας ὁ u. κορακοειδὴς ὁ ἡ rabenartig, κοράκινος vom Raben, rabenschwarz

κορυδαλὸς ὁ u. κορυδαλλὶς ἡ Schopflerche.

κορώνη ἡ Krähe, κορωνιδεὺς ὁ junge Krähe.

κόσσυφος, Att. κόψιχος, ὁ Amsel: κοσσυφίζω ich pfeife.

κύκνος ὁ Schwan, κυκνίτης od. κυκνίας ὁ dem Schwan ähnlich, κύκνειος dem Schwan eigen.

μελεαγρὶς ἡ Perlhuhn. νυκτερὶς ἡ Fledermaus.

ὄρτυξ υγος ὁ, dem. ὀρτύγιον τὸ, Wachtel: ὀρτυγοθήρας ὁ Wachtelfänger, ὀρτυγοτρόφος ὁ ἡ Wachteln fütternd od. haltend, ὀρτυγοτροφεῖον τὸ Wachtelhaus.

πελεκὰν ᾶνος u. πελεκᾶς ᾶντος ὁ Baumspecht; Pelikan.

πέλεια und πελειὰς ἡ wilde Taube, auch φὰψ αβὸς ὁ u. φάσσα oder φάττα ἡ palumbus: columba περιστερὰ ἡ, dem. περιστέριον und περιστερίδιον: junge Taube περιστεριδεὺς ὁ, Täuberich περιστερὸς ὁ: Taubenschlag περιστερεὼν od. περιστερὼν ῶνος ὁ.

πελαργὸς ὁ (πελὸς schwarz, ἀργὸς weiß) Storch, πελαργιδεὺς ὁ junger Storch, πελαργόχρως ὁ ἡ storchfarben. ἀντιπελαργέω ich liebe u. pflege gegenseitig, erwiedere elterliche Liebe mit kindlicher.

πέρδιξ ῖκος ὁ ἡ Rebhuhn, περδικιδεὺς junges Rebhuhn, περδικοθήρας ὁ der Rebhühner fängt, περδικοτροφεῖον τὸ Ort wo Rebhühner gehalten werden: ihr Geschrei κακκαβίζειν. ἐκπερδικίζειν entwischen.

σκολόπαξ ακος ὁ Schnepfe. σπίζα ἡ Fink, dessen Stimme σπίζειν.

στρουθὸς ὁ, dem. στρουθάριον τὸ, Sperling: ἡ μεγάλη der Strauß, auch στρουθοκάμηλος: στρουθίζω ich schreie wie ein Sperling.

τρόχιλος ὁ Zaunkönig. φασιανὸς ὁ Fasan.

χελιδὼν όνος, dem. χελιδονὶς, ἡ Schwalbe, χελιδονεὺς ὁ junge Schwalbe, χελιδόνειος α ον der Schwalbe gehörig.

ψὰρ αρὸς ὁ Staar. ψιττακὸς; auch σιττακὸς ὁ Papagei.

Ὀρχέω ich bewege in die Höhe, ὀρχέομαι f. ήσομαι ich tanze.

ἀπορχέομαι ich vertanze, bringe mich durch Tanzen um etwas.

ἐξορχέομαι ich tanze aus; verrathe, plaudere aus, mache lächerlich.

διορχέομαι ich durchtanze; τινὶ wetteifere mit einem im Tanz.

ἐπορχέομαι ich tanze dazu od. darauf; verhöhne, insulto.

κατορχέομαι ich nehme ein durch Tanzen τινά; ich insultire τινός.

προορχέομαι ich tanze vor.

ὀρχηθμὸς ὁ u. ὄρχησις, Ion. ὀρχηστὺς, ἡ das Tanzen, der Tanz: der in der alten Komödie κόρδαξ ακος ὁ (ihn tanzen κορδακίζειν, subst. κορδακισμὸς ὁ), in den satyrischen Dramen σίκιννις ἡ (σικιννίζω, σικιννιστὴς ὁ). ὀρχηστὴς od. ὀρχηστὴρ ὁ Tänzer, ὀρχήστρια od. ὀρχηστρὶς ἡ Tänzerin. ὀρχηστοδιδάσκαλος ὁ Tanzlehrer. ὀρχηστικὸς ἡ ὸν zum Tanz gehörig; dazu geneigt, darin geschickt: ὀρχηστικὴ ἡ Tanzkunst.

ὀρχήστρα ἡ der Theil des Theaters wo der Chor tanzt; der Raum vor der Scene um welchen herum die Sitze gebauet waren (bei den Römern waren die Sitze der Senatoren darin).

Ὅσιος ία ιον durch göttliche od. allgemein menschliche Gesetze bestimmt u. geheiligt; heilig, fromm: ἀνόσιος unheilig, frevelhaft.

ὁσιότης ητος ἡ Heiligkeit, Frömmigkeit: ἀνοσιότης ἡ Gottlosigkeit.

ὁσία ἡ das göttliche od. natürliche Recht; was dadurch geheiligt, darnach erlaubt ist. ὁσίας ἕνεκα dicis causa obenhin, zum Schein: ich thue obenhin ἀφοσιοῦμαι.

ὁσιόω ich heilige; reinige: auch ἐξοσιόω u. καθοσιόω. ὁσίωσις ἡ Heiligung, Reinigung.

Ὀστέον od. ὀστοῦν, dem. ὀστάριον, τὸ Knochen; Kern od. Stein einer Frucht.

ἀνόστεος ὁ ἡ knochenlos. ἐξοστεΐζω ich entknoche.

ὀστώδης ὁ ἡ knochicht; knochenartig. ὀστέϊνος oder ὄστινος η ον knöchern.

ὀστεοκόπος od. ὀστοκόπος ὁ ἡ die Knochen zerschlagend.

ὀστολόγος ὁ ἡ Knochen sammelnd, bs. beim Verbrennen der Todten: ὀστολογέω, ὀστολογία ἡ.

ὄστρακον τὸ, dem. ὀστράκιον τὸ u. ὀστρακὶς ἡ, irden Gefäß; Scherbe, womit die Athener auch votirten; harte Schale, z. B. der Eier, Muscheln. ὀστρακώδης ὁ ἡ scherbenartig. ὀστράκινος η ον u. ὀστρακόεις εσσα εν von gebrannter Erde, mit harter Schale testaceus: mit harter Schale auch ὀστρακόδερμος ὁ ἡ.

ὀστρακίζω ich stimme mit Scherben, entferne einen Bürger aus dem Staat, auch ἐξοστρακίζω. ὀστρακισμὸς u. ἐξοστρακισμὸς ὁ diese Verbannung.

ὄστρεον od. ὄστρειον τὸ Muschel, Auster, Purpurmuschel; Purpurfarbe. ὄστρειος εία ειον purpurn. ὀστρειώδης u. ὀστρεώδης ὁ ἡ muschelartig. ὀστρειογραφὴς mit Purpurfarbe bemalt.

ὄστακος od. ἄστακος ὁ Meerkrebs.

ὄσπρια u. χέδροπα τὰ Hülsenfrüchte, z. B. ἀφάκη ἡ Vogelwicke, δόλιχος ὁ türkische Bohne, ἐρέβινθος cicer Kichererbse (ervum ὄροβος ὁ, pisum πίσος ὁ, cicercula λάθυρος ὁ: groß wie eine Erbse ἐρεβινθιαῖος u. ὀροβιαῖος, erbsenähnlich ἐρεβινθώδης ὁ ἡ u. ὀροβίας od. ὀροβίτης ὁ, von Erbsen πίσινος η ον, ich mäste mit Erbsen ὀροβίζω), θέρμος ὁ Feigbohne od. Lupine, κύαμος ὁ (dem. κυάμιον τὸ) Bohne (κυάμινος η ον von Bohnen, κυαμιαῖος α ον von der Größe einer Bohne, κυαμὼν ῶνος ὁ Bohnenfeld, κυαμεύω ich stimme mit Bohnen od. erwähle so, κυαμευτὴς ὁ der so stimmt, κυαμευτὸς der so gewählt ist), φακὸς ὁ Linse (φακῆ ἡ Linsengericht, φάκινος η ον von Linsen, φακοειδὴς od. φακωτὸς linsenförmig, φακώδης mit linsenartigen Flecken).

ὀσπριώδης ὁ ἡ von der Art der Hülsenfrüchte, ihnen ähnlich.

Οὐ (vor dem Lenis οὐκ, vor dem Asper οὐχ) od. οὐχί, Jon. οὐκί, nein, nicht, objektiv, wie μὴ subjektiv. οὐ γὰρ nicht wahr? οὐδὲ (μηδὲ), auch nicht, nicht einmal. οὐκέτι (μηκέτι) nicht mehr, οὔπω (μήπω) noch nicht. οὔτε – οὔτε (μήτε – μήτε) weder – noch. οὐκοῦν also nicht? (von οὖν also). Ja ναὶ u. ναίχι: νὴ τὸν Δία ja beim Zeus, μὰ τὸν Δία nein beim Zeus.

Οὖλος ὁ die Garbe. Davon ἡ οὐλὼ Beiname der Demeter.

οὐλαμὸς ὁ eine Reuterschaar (wie εἴλη u. ἴλη s. εἴλω).

Οὐτάζω od. οὔτημι f. ήσω ich verwunde. ὠτειλὴ ἡ die Wunde.

ἄουτος u. ἀνούτατος ὁ ἡ unverwundet (poet.).

'Ομπη u. ὄμπνη ἡ Nahrung, bs. Feldfrüchte (poet.).

ὄμπνιος ία ιον, auch ὀμπνηρὸς ὰ ὸν, ὀμπνικὸς u. ὀμπνιακὸς, opimus, opulentus nährend; wohlgenährt; wohlhabend, reich; reichlich, groß, stark.

ὀπώρα ἡ Spätsommer; die dann reifen Früchte, bs. Obst. μετόπωρον τὸ die Zeit nach der ὀπώρα, Herbst.

ὀπωριαῖος od. ὀπωρινὸς zu jener Jahrszeit od. zu den Früchten gehörig. ὀπωρίζω ich sammle Früchte.

ὄφελος εος τὸ Nutz, Nutzen, Hülfe: ἀνωφελὴς ὁ ἡ unnütz.

ὀφέλλω u. ὀφείλω f. ήσω ich mehre, vergrößere, helfe, bin schuldig, soll: ὤφελον (poet. ὄφελον) θανεῖν ich sollte gestorben sein, wäre ich doch gestorben.

ἀντοφείλω ich bin dagegen schuldig od. verbunden.

ἐποφείλω u. προσοφείλω ich bin noch dazu schuldig.

ὀφείλημα τὸ u. ὀφειλὴ ἡ Schuld, ὀφειλέτης ου ὁ Schuldner: auch ὄφλημα u. ὀφλητὴς von ὄφλω, ὀφλίσκω, ὀφλισκάνω f. ὀφλήσω ich werde schuldig: δίκην ὦφλεν er verlor einen Prozeß, mußte eine Geldbuße zahlen: γέλωτα ὦφλεν er verdiente ausgelacht zu werden.

ὠφελέω f. λήσω ich nütze; helfe (τινά).

ἀντωφελέω ich helfe od. nütze wieder. συνωφελέω ich helfe mit. ὠφέλεια od. ὠφελία ἡ Nutzen, Hülfe, Gewinn, Beute: auch ὠφέλημα τὸ. ὠφέλιμος u. ὠφελήσιμος ὁ ἡ nützlich. ὠφέλησις ἡ das Nützen, Helfen. ἀνωφέλητος ὁ ἡ ungenützt; dem nicht zu helfen ist.

ὄλβος ὁ Wachsthum, Gedeihen, Reichthum, Glück. ὄλβιος ία ιον, auch ὁ ἡ, glücklich, reich, poet. ὀλβήεις εσσα εν: entggs. ἄνολβος u. ἀνόλβιος. ὀλβίζω ich preise glücklich.

Ὄχλος ὁ Haufen, Menge, Volk, Pöbel; Lärm, Auflauf, Unruhe; Belästigung.

ὀχλαγωγὸς, ὀχλοκόπος der sich um die Gunst der Menge bewirbt: ὀχλοκοπία ἡ. ὀχλοκοπέω.

ὀχλοκρατία ἡ Pöbelregiment: ὀχλοκρατέομαι ich lebe darunter.

ὀχλοτερπὴς die Menge ergetzend, ὀχλοχαρὴς an der Menge Freude habend.

ὀχλικὸς ἡ ὸν zum Volke gehörig, vom Volk; popular. ὀχλώδης ὁ ἡ wie das Volk, unruhig, lästig, dies auch ὀχληρὸς ὰ ὸν: ὀχληρία ἡ Lästigkeit.

ὀχλέω u. ἐνοχλέω ich belästige, beunruhige: παρενοχλέω ich belästige bei –, während –. ὄχλησις ἡ Beunruhigung, Belästigung.

Π.

Πήγνυμι u. πηγνύω f. πήξω pango u. figo, ich mache fest, schlage ein; stecke, hefte; ich mache steif, starr, compact. pf. m. πέπηγα ich stehe fest.

ἀναπήγνυμι ich hefte an, spieße auf.

ἀποπήγνυμι ich mache gerinnen od. gefrieren

διαπήγνυμι ich stecke od. befestige dazwischen. συμπήγνυμι ich füge zusammen, verbinde.

ἐμπήγνυμι ich schlage ein, προσπήγνυμι ich schlage an.

πῆγμα τὸ etwas Zusammengesetztes, Gestell, Gerüst; geronnener Körper; Laab. πῆξις ἡ das Stecken, Einsetzen; Zusammenfügen, Festmachen; Gerinnenmachen.

πηκτὸς ἡ ὸν zusammengesetzt, geronnen, verdickt, dicht, befestigt: ἡ πηκτὴ der Käse, gew τυρὸς ὁ πηκτὶς ίδος ἡ eine Art Lyra; Hirtenflöte aus mehrern Röhren verbunden. πάκτων ωνος ὁ ein leichter Kahn der sich auseinander nehmen läßt. πακτόω ich verstopfe, verschließe, befestige.

πηκτικὸς ἡ ὸν zum Gerinnen, Verdicken rc. gehörig od. förderlich.

πηγὸς ἡ ὸν (poet. feist, derb, gedrungen, stark.

πηγεσίμαλλος ὁ ἡ (poet.) dickwollicht.

πηγὰς άδος ἡ zusammengetrocknetes Erdreich; Fels (poet.).

πηγετὸς u. παγετὸς ὁ Reif, Eis, Frost: auch πηγυλὶς ίδος ἡ, was aber auch = παγετώδης u. παγερὸς reif= od. eisartig, bereift, gefroren.

πάχνη ἡ Reif, auch στίβη ἡ: Thau δρόσος ὁ, ἔρση ἡ, πρὼξ ωκὸς ὁ. παχνήεις u. παχνώδης ὁ ἡ od. στιβήεις reifig: thauig δροσερὸς od. δροσώδης u. ἐρσήεις od. ἐρσαῖος. παχνόω ich überziehe mit Reif: δροσίζω ich bethaue.

πάγος ὁ Erdhügel; Geronnenes: Eis, Reif, Glatteis, Haut auf der Milch. ἐπίπαγος ὁ darüberstehende, geronnene Masse od Haut.

πάγη u. παγὶς ἡ Falle, Schlinge, Schlagbauer. παγιδεύω ich fange od. verstricke in der Schlinge.

πάγιος ία ιον fest, sicher. παγιότης ἡ Festigkeit. παγιόω ich mache fest, dauerhaft.

παχὺς εῖα ὐ dick, feist; stark, fest; wohlhabend; grob, dumm. πάχος τὸ u. παχύτης ἡ Dicke, Feistigkeit. παχύνω ich mache dick, πάχυνσις ἡ das Dickmachen, παχυντικὸς ἡ ὸν dazu gehörig od. geschickt παχύαιμος ὁ ἡ mit dickem Blut, παχύδερμος dickhäutig, παχυμερὴς aus groben Theilen bestehend. παχυλὸς ἡ ὸν dicklich.

πάσσαξ ακος u. πάσσαλος ὁ (dem. πασσαλίσκος ὁ u. πασσάλιον τὸ) hölzerner Nagel, Pflock; Schnittling zum Pflanzen. πασσαλίζω u. πασσαλεύω ich nagele an, πασσαλευτὸς ἡ ὸν angenagelt: προσπασσαλεύω ich hänge an einem Nagel od. Pflock auf.

Παῖς αιδὸς ὁ Knabe, ἡ Mädchen; Sohn, Tochter; Sklave, Sklavin: dem. παιδίον u. παιδάριον τὸ od. παιδίσκη ἡ. παιδόθεν von Kindheit auf.

ἄπαις αιδος ὁ ἡ kinderlos, ἀπαιδία ἡ Kinderlosigkeit.

ἀντίπαις ὁ erwachsener Knabe, auch βούπαις.

εὔπαις u. καλλίπαις gute od. schöne Kinder habend, εὐπαιδία u. καλλιπαιδία ἡ Besitz guter od. schöner Kinder.

παιδαγωγὸς ὁ (ἄγω) Führer, Begleiter, Erzieher eines Knaben. παιδαγωγέω ich führe od. erziehe Kinder. παιδαγωγικὸς ἡ ὸν zum Lehren der Kinder gehörig od. geschickt. παδαγωγεῖον τὸ Lehrzimmer, Schule.

παιδεραστὴς ὁ (ἐράω) od. παιδοφιλὴς (φιλέω) der Knaben liebt.

παιδογέρων οντος ὁ kindischer Alter.

παιδοποιοῦμαι ich zeuge Kinder. παιδοποιΐα ἡ das Zeugen, Gebären, auch παιδουργία.

παιδοτρίβης ου ὁ (τρίβω) der Knaben im Ringen unterrichtet. παιδοτριβέω ich übe die Knaben. παιδοτριβεῖον τὸ Ort zu solchen Uebungen.

παίδειος u. παιδικὸς ἡ ὸν od. παιδιώδης u. παιδαριώδης ὁ ἡ, auch (poet.) παιδνὸς ἡ όν, kindlich, kindisch, knabenhaft, puerilis: τὰ παιδικὰ Liebling, geliebter Gegenstand. παιδαριεύομαι ich betrage mich kindisch.

παιδία ἡ Kindheit: ἥβη ἡ Jugend, Mannbarkeit u. deren Zeichen, pubes. ἡβηδὸν adv. nach Jugend Art; im männlichen od. waffenfähigen Alter. ἡβάω od. ἡβάσκω ich werde mannbar; bin jugendlich, kräftig. ἀνηβάω od. ἀνηβάσκω ich werde wieder jung, παρηβάω ich komme über die blühenden Jahre hinaus, ältere. ἡβήτης ὁ mannbarer Jüngling, puber, pros. ἔφηβος, wov. ἐφηβεύω ich bin ἔφηβος; ἐφηβεία ἡ dessen Alter (in Athen vom 18 Jahr an), ἐφηβεῖον τὸ Uebungsplatz der ἔφηβοι: noch nicht mannbar ἄνηβος, nahe daran πρόσηβος. ἡβητικὸς ἡ ὸν jugendlich. ἡβητήριον τὸ Belustigungsort, eigtl. für junge Leute.

παιδεύω ich erziehe, unterrichte, bilde. προπαιδεύω ich unterrichte vorher, bereite vor zu künftigem Unterricht: συμπαιδεύω ich erziehe mit od. zusammen.

παιδεία ἡ Erziehung, Unterricht, Bildung: προπαιδεία vorgängiger Unterricht. παίδευμα τὸ das Erzogene od. Gelehrte, Lehre, Unterricht: προπαίδευμα ein Stück des vorläufigen, vorhergehenden Unterrichts. παίδευσις ἡ das Unterrichten, παιδευτὴς οῦ ὁ Lehrer, παιδευτήριον τὸ Schule, παιδευτικὸς ἡ ὸν zum Unterricht gehörig od. geschickt. παιδευτὸς ἡ ὸν unterrichtet, gelehrt: ἀπαίδευτος ὁ ἡ ununterrichtet, ungebildet, ἀπαιδευσία ἡ Mangel an Bildung: εὐπαίδευτος ὁ ἡ wohlunterrichtet.

παίζω f. σω od. (Dor.) ξω ich kindere, spiele; scherze, spaße: παιδιὰ ἡ u. παῖγμα τὸ Spiel, Scherz, auch παίγνιον, was auch womit man spielt: παιγνιώδης ὁ ἡ scherzhaft, zum Spaß. φιλοπαίγνων ονος ὁ ἡ Scherz od. Spiel liebend. παίκτης ὁ Spieler: ἐμπαίκτης ὁ der verspottet, zum Besten hat: κοντοπαίκτης der mit der Balancirstange tanzt.

παικτικὸς od. παιστικὸς ἡ ὸν zum Spielen od. Spaßen geschickt od. geneigt παικτὸς ἡ ὸν gespielt, gespaßt; spaßhaft.

διαπαίζω ich verspotte, verlache. ἐμπαίζω ich spiele worin od. worauf; ich habe zum Besten, betrüge, illudo. ἔμπαιγμα τὸ Sp tt, Spaß mit einem od. über einen. ἐμπαιγμὸς ὁ das Spaßen.

προσπαίζω ich spiele an; scherze mit einem, τινί.

συμπαίζω ich spiele mit. συμπαιστὴς od. συμπαίστωρ u. συμπαικτὴρ od. συμπαίκτωρ, auch συμπαίγμων, ὁ Mitspieler. συμπαίστρια od. συμπαίκτρια Mitspiel rin.

Παιήων όνος u. παιὼν ῶνος od. παιὰν ᾶνος ὁ der Gott der Heilkunst, Apollon als Arzt; Gesang zur Abwendung eines Uebels, später vor od. nach der Schlacht; Versfuß aus einer Länge u. drei Kürzen.

παιηόνιος od. παιώνιος ία ιον u. παιωνικὸς ἡ ὸν ärztlich, heilend. ἡ παιωνία Heilkunst

παιανίζω u. παιωνίζω ich singe Hymnen, stimme das Kriegslied an: παιανισμὸς ὁ das Singen od. Anstimmen, παιανιστὴς ὁ der Sänger des Päans.

Παίω f. παιήσω ich schlage, stoße, verwunde; ich schlage hin, falle.

ἀναπαίω ich schlage wieder od. zurück. ἀνάπαιστος ein Versfuß, ◡◡–, als umgekehrter Dactylus.

εἰσπαίω ich springe drein, stürze hinein. ἐπεισπαίω ich dringe noch dazu od hinterher hinein.

ἐμπαίω ich schlage hinein, präge ein. ἔμπαισμα τὸ vertiefte od. eingelegte Arbeit in Metall. ἐμπαιστικὴ die Kunst solche Arbeit zu machen.

παραπαίω ich gleite aus, werde unklug od. verrückt

πρόσπαιος zustoßend, unversehn, neu: ἐκ προσπαίου plötzlich.

Πταίω u. προσπταίω ich stoße an, strauchele, fehle; gerathe in Unglück: πταῖσμα τὸ Anstoß, Verstoß, Fehler; Unglück, Niederlage: πρόσπταισμα auch Verwundung. ἄπταιστος ὁ ἡ nicht anstoßend, nicht fehlend.

Πάλλω f. αλῶ ich schwinge, schüttle: κλήρους πάλλειν die Loose durch einander rütteln, bis eines herausspringt. πάλλει ἡ καρδία das Herz bebt.

ἀναπάλλω ich schwinge in die Höhe. ἀνάπαλσις ἡ das Schwingen nach oben.

παλμὸς ὁ das Schwenken, Zittern; Puls, Aderschlag, sonst σφυγμὸς ὁ od. σφύξις ἡ von σφύζω ich pulsire (σφυγμώδης u. σφυγματώδης mit heftigen Pulsen verbunden: ἄσφυκτος ohne Pulsschlag, ἀσφυκτέω ich bin ohne Pulsschlag, ἀσφυξία ἡ der Mangel od. das Aufhören desselben). παλμικὸς ἡ ὸν zum Pulsiren gehörig παλμοσκοπία ἡ Weissagung aus der Vibration od. dem Pulsschlag eines Theils.

πάλμα τὸ der geschwenkte Körper. πάλμη ἡ der Schild, parma.

παλτὸς ἡ ὸν geschwungen, geschleudert. πάλτον τὸ Wurfspieß, παλτάζω ich werfe den Wurfspieß od. mit dem Wurfspieße.

πάλλα ἡ der Ball, gew. σφαῖρα.

πάλος ὁ die Schwingung; das Loos. παλάσσω f. ξω ich loose.

παλαχὴ ἡ Loos; das Erlooste.

παλάμη ἡ die flache Hand; Handgriff, Mittel zu etwas.

ἀπάλαμνος ὁ ἡ unbehülflich, dem nicht zu helfen ist. δυσπάλαμος u. δυσπαλὴς schwierig: entggs. εὐπάλαμος, εὐπαλὴς

παλαμάομαι ich handhabe, greife an, ersinne Griffe od. Anschläge.

παλάμημα τὸ Kunstgriff, Erfindung. παλαμναῖος ὁ Mörder (wie αὐτόχειρ); Rächer des Mordes, Plagegeist, wie ἀλάστωρ u. προστρόπαιος.

παλαιστὴ od. παλαστὴ ἡ Maaß von 4 Fingerbreit, Handbreit, palmus. παλαιστιαῖος α ον so breit od. groß

Πάλη ἡ das Ringen. ἀντίπαλος ὁ ἡ Gegner; gleich, gewachsen.
παλαίω ich ringe, καταπαλαίω ich ringe nieder. πάλαισμα τὸ Ringerkunststück, z. B. das Beinstellen; List, Rank: παλαισμοσύνη ἡ Ringerkunst (poet.). παλαιστὴς οῦ ὁ Ringer. παλαιστικὸς ἡ ὸν das Ringen betreffend, darin geschickt: auch παλαιστρικὸς von παλαίστρα ἡ Ringschule. παλαιστρίτης ὁ dem Ringer ähnlich.

πάλη ἡ das feingesiebte Mehl, pollen; Staub, Asche: auch παιπάλη. παιπάλη aber auch, wie παιπάλημα τὸ, ein durchtriebener u. verschlagener Mensch.
παλύνω ich bestreue, sonst πάσσω.

Παλεύω ich locke, locke an. παλευτὴς ὁ Lockvogel; der damit fängt.

Παρὰ, poet. πὰρ u παραὶ, c. gen. von, von Seiten; c. dat. bei; c. acc. hin zu, vorüber an.

Πάρδος ὁ u. πάρδαλις od. πόρδαλις εως ἡ Panther, auch πάνθηρ ηρος ὁ. παρδαλιδεὺς έως ὁ junger Panther.
παρδάλεος u. παρδάλειος εία ον zum Panther gehörig: παρδαλέη od. παρδαλῆ ἡ Pantherfell: παρδαληφόρος ein solches tragend. παρδαλωτὸς ἡ ὸν gefleckt, getiegert.

Πᾶς πᾶσα πᾶν od. ἅπας ἅπασα ἅπαν jeder, all, ganz: σύμπαντες od. συνάπαντες alle zusammen.
ἔμπας u. ἔμπης, Att. ἔμπα, bei dem allen, doch, dennoch; durchaus, überhaupt.
πάντῃ od. πανταχῇ in allen Stücken, auf alle Weise.
πάντως durchaus, allerdings, ganz und gar: auch πάνυ, παράπαν, παντάπασιν, poet. πάγχυ u. πάμπαν.
πάντοθι oder πανταχοῦ überall: πάντοσε, πανταχόσε, πανταχοῖ überall hin: πάντοθεν od. πανταχόθεν von allen Seiten. πάντοτε zu allen Zeiten.
παντοῖος οία οιον allerlei, auch παντοδαπὸς ἡ όν.
παγγέλοιος ὁ ἡ ganz lächerlich παγκληρία ἡ das ganze Erbtheil, πανοπλία ἡ vollständige Rüstung
παγκράτιον τὸ (κράτος eine Art Leibesübung, Ringen u Faustkampf zugleich. παγκρατιάζω ich übe das παγκράτιον, bin παγκρατιαστὴς ὁ: παγκρατιαστικὸς ἡ ὸν dazu gehörig od. geschickt.
πάγχρηστος ὁ ἡ zu allem gut, durchaus brauchbar (χρηστός): πάγκακος od. παμπόνηρος ganz böse od. schlecht.
πάμβορος od. παμφάγος ὁ ἡ der alles frißt (βορά, φαγεῖν).
πάμμεγας od. παμμεγέθης sehr groß. παμπληθὴς od. πάμπολυς sehr viel.
πανάκεια ἡ Universalmittel (ἄκος).
πανδέκτης u. πανδέκτωρ ὁ, πανδεχὴς ὁ ἡ alles umfassend od. aufnehmend.
πάνδοκος, πανδοκεύς, πανδοχεὺς ὁ Gastwirth, πανδοκεύτρια od. πανδοχὶς ἡ Gastwirthin. πανδοχεύω u. πανδοκεύω ich treibe Gastwirthschaft. πανδοχεῖον τὸ Wirthshaus.
πάνδημος u. πανδήμιος ὁ ἡ das ganze Volk betreffend, allgemein, öffentlich. πανδημεὶ od. πανεθνεὶ mit dem ganzen Volk.
πανήγυρις ἡ (ἀγορὰ) allgemeine Versammlung: Volksfest, öffentliche Feierlichkeit. πανηγυρίζω ich begehe ein Volksfest; halte eine öffentliche Rede zu jemandes Lob. πανηγυρικὸς ἡ ὸν zum Volksfest gehörig; subst. ὁ Rede in der Volksversammlung; Lobrede. πανηγυρισμὸς ὁ das Feiern eines Volksfestes: πανηγυριστὴς ὁ der es feiert; der einen Panegyricus hält.

πανόπτης ου ὁ allsehend. πανοῦργος ὁ ἡ (ἔργον) alles zu thun im Stande, Schelm, schelmisch, verschlagen. πανουργία ἡ Schelmerei, πανούργημα τὸ Schelmstück.

πανσέληνος νὺξ Nacht im Vollmonde, τὸ πανσέληνον Vollmond, πανσεληνιακὸς ἡ ὸν dazu gehörig, πανσεληνιάζω ich bin im Vollmond.

παντάρχης od. παντοκράτωρ ορος ὁ Allherrscher, παντοκράτειρα ἡ Allherrscherin, παντοκρατορία ἡ Allgewalt.

πάσσοφος ὁ ἡ ganz weise, πασσυδὶ od. πασσυδίῃ mit aller Gewalt.

Πατάσσω f. ξω ich klatsche, klopfe, schlage; auch vom Biß der Schlangen.

πάταγος ὁ das Getöse, Geräusch, Geklapper zusammenschlagender Körper; auch παταγὴ ἡ und πάταγημα τὸ von παταγέω f. ήσω ich klatsche, klappere, krache.

Πατὴρ τέρος od. τρὸς ὁ (dem. πατέριον u. πατρίδιον τὸ) Vater, in der Kindersprache πάππας, ἀπφὺς, ἄττα: μήτηρ τέρος od. τρὸς ἡ Mutter (dem. μητράριον τὸ), auch μάμμα (dem. μαμμίον, μαμμίδιον, μαμμάριον). πατρόθεν vom Vater her, μητρόθεν von der Mutter her.

ἀπάτωρ ορος ὁ ἡ vaterlos, ἀμήτωρ mutterlos. εὐπάτωρ u. εὐπατρίδης ὁ. εὐπατρὶς u. εὐπατέρεια ἡ von edlen Vorfahren stammend.

πατραλοίας, μητραλοίας ου ὁ der den Vater, die Mutter schlägt.

μητροδίδακτος ὁ ἡ von der Mutter gelehrt, μητροήθης mütterlich gesinnt.

μητροκτόνος od. πατροφόνος Vatermörder, μητροκτόνος od. μητροφόνος Muttermörder.

πατρονομέω ich regiere wie ein Vater, μητροκομέω ich pflege die Mutter.

πατρώϊος od. πατρῷος α ον vom Vater od. von den Ahnen ererbt: πάτριος ὁ ἡ väterlich, von den Vorfahren herrührend, vaterländisch: πατρικὸς ἐχθρὸς Erbfeind. Mütterlich μήτριος, μητρικὸς, μητρῷος: τὸ μητρῷον in Athen der Tempel der Göttermutter Kybele, deren Bettelpriester auch μητραγύρται (ἀγείρω) u. μητροπόλοι heißen, wie die Feier ihres Festes μητρῳασμὸς ὁ.

πατρίζω od. παππάζω ich nenne Vater. πατρῴζω od. πατριάζω ich arte dem Vater nach, μητρῴζω der Mutter.

πάτρα, gew. πατρὶς ἡ Vaterland: μητρὶς, gew. μητρόπολις ἡ Mutterstadt. πατριώτης ὁ, -ῶτις ἡ der aus demselben Lande ist, Landsmann. πατριὰ ἡ Abkunft, Geschlecht, Stamm.

πατρυιὸς u. μητρυιὸς ὁ Stiefvater: μητρυιὰ ἡ Stiefmutter, μητρυιάζω ich bin Stiefmutter, betrage mich so.

πάτρως ωος od. πατράδελφος, poet πατροκασίγνητος, Vaterbruder, Oheim väterlicher Seits: μήτρως, θεῖος, μητράδελφος, μητροκασίγνητος Mutterbruder, Oheim von mütterlicher Seite. Tante θεία, τηθὶς, μητραδελφὴ, πατραδελφή.

μήτρα ἡ matrix Gebärmutter, sonst δελφὺς ύος ἡ.

Großvater πάππος u. προπάτωρ, Großmutter τήθη u. μάμμη. von väterlicher Seite πατροπάτωρ u. πατρομήτωρ, von mütterlicher μητροπάτωρ u. μητρομήτωρ. Großväterlich παππικὸς od. παππῷος. Urgroßvater ἀπόπαππος, ἐπίπαππος, πρόπαππος, πεππεπίπαππος: Urgroßmutter ἐπιτήθη. τηθαλλαδοῦς οῦ od. μαμμόθρεπτος ὁ von der Großmutter erzogen, Muttersöhnchen.

Sohn υἱὸς οῦ u. έος, dem. υἵδιον τὸ. Tochter θυγάτηρ τέρος u. τρὸς, dem. θυγάτριον. Enkel ἔγγονος, Enkelin ἐγγόνη: (Sohnssohn) υἱωνεὺς, υἱωνὸς, υἱδοῦς οῦ, (Tochtersohn) θυγατριδοῦς: (Sohnstochter) υἱωνὴ od. υἱδῆ, (Tochtertochter) θυγατριδῆ. υἱόω ich mache zum Sohn, υἱοῦμαι ich nehme zum Sohn an, auch υἱοποιοῦμαι u. υἱοθετοῦμαι: υἱοθεσία ἡ die Annehmung an Sohnes Statt. θυγατρίζω ich nenne Tochter.

Bruder ἀδελφός, poet. ἀδελφεὸς u. ἀδελφειός, auch κάσις od. κασίγνητος u. γνωτός: Schwester ἀδελφή, poet. κασιγνήτη: von derselben Mutter ὁμογάστωρ od. ὁμογάστριος (uterinus) u. ὁμομήτωρ oder ὁμομήτριος, von demselben Vater ὁμοπάτωρ od. ὁμοπάτριος ἀδελφικὸς ἡ ὸν brüderlich, schwesterlich: ἀδελφίζω ich mache zum Bruder, zur Schwester; nenne so: ἀδελφότης ἡ Brüderlichkeit. Bruder= od. Schwestersohn ἀδελφιδοῦς οῦ, =tochter ἀδελφιδῆ. Geschwisterkind (Vetter) ἀνεψιὸς ὁ, (Cousine) ἀνεψιὰ ἡ: Kinder von Geschwisterkindern ἀνεψιαδοῖ οἱ u. ἀνεψιαδαῖ αἱ: Vetterschaft ἀνεψιότης ἡ.

Blutsverwandte πηοὶ u. ὅμαιμοι od. ὁμαίμονες, pros. συγγενεῖς, οἰκεῖοι, προσήκοντες, ἀγχιστεῖς: Blutsverwandtschaft πηοσύνη, ὁμαιμοσύνη, συγγένεια, οἰκειότης, ἀγχιστεία ἡ. Verschwägert κηδεστής.

Παύω f. παύσω ich mache aufhören; endige, stille, halte zurück: παύομαι ich höre auf, τινὸς mit etwas, λέγων zu reden.

παῦσις ἡ das Aufhören: παυσίλυπος, παυσίνοσος, παυσίπονος, παυσώδυνος ὁ, ἡ Kummer, Krankheit, Arbeit, Schmerz stillend.

ἀναπαύομαι ich ruhe aus, raste, erhole mich. ἀνάπαυσις ἡ u. ἀνάπαυμα, Jon. ἄμπαυμα, τὸ Rast, Erholung. ἀναπαυστήριον, ἀναπαυστήριον, ἀμπαυστήριον τὸ Ruheplatz, Ruhestunde.

διαναπαύομαι od. μεταπαύομαι ich ruhe dazwischen aus. ἐπαναπαύομαι ich ruhe auf –. συναναπαύομαι ich ruhe mit.

ἀποπαύομαι ich lasse ab, stehe ab.

καταπαύω ich stille, beschwichtige; setze ab. κατάπαυμα τὸ Ruhe, Ende. κατάπαυσις ἡ Beruhigung, Absetzung.

παυσωλὴ, παῦλα, ἀνάπαυλα ἡ Stillstand, Ruhe, Rast: μεταπαυσωλὴ Erholung dazwischen.

παυστὴρ ῆρος ὁ Endiger, Beruhiger: παυστήριος od. παυστικὸς ἡ ὸν stillend, endigend: ἄπαυστος ὁ ἡ, unaufhörlich.

Πάομαι ich esse: (ἄπαστος nüchtern): πᾶομαι ich besitze (pros. κέκτημαι). πᾶμα τὸ Besitz Dor.): πολυπάμων viel besitzend, reich.

πῶῦ εος τὸ die Heerde, bs. von Schaafen; auch ποίμνη ἡ u. ποίμνιον τὸ, von ποιμὴν ένος ὁ der Hirt. ποιμενικὸς ἡ ὸν zum Hirten gehörig. ποιμαίνω f. ανῶ ich weide, führe auf die Weide.

πόα (Jon. ποιὴ) ἡ Pflanze, Gras; Unkraut. ποώδης od. ποιώδης ὁ ἡ u. ποιηρὸς ὰ ὸν grasig; grasreich, auch ποιήεις εσσα εν.

ποάζω ich sehe aus wie Gras; ich jäte aus.

Πάσχω f. πείσομαι od. πήσομαι, aor. ἔπαθον, pf. πέπονθα, ich erleide, erfahre: es widerfährt mir.

ἀντιπάσχω ich erleide dagegen; ich bin von entgegengesetzter Beschaffenheit.

προπάσχω ich leide vorher od. voraus, συμπάσχω mit

πασχητιάω ich habe Lust zu leiden (bs. von der Geschlechtslust). πασχητιασμὸς ὁ dies Gelüst.

πάθος τὸ das Leiden; Leidenschaft oder Affect, Gefühl, Empfindung: auch πάθη u. πάθησις ἡ. πάθημα τὸ was erlitten wird, zu begegnen pflegt; passiver Zustand.

ἀπαθὴς ὁ ἡ ohne Leiden; ohne Leidenschaft: ἀπάθεια ἡ Affectlosigkeit, Gefühllosigkeit, Gelassenheit ἐμπαθὴς in Gemüthsbewegung, leidenschaftlich: ἐμπάθεια ἡ Gemüthsbewegung.

ἀντιπαθὴς ὁ ἡ von entgegengesetzter Beschaffenheit od. Neigung, συμπαθὴς von derselben. ἀντιπάθεια ἡ entgegengesetzte Beschaffenheit, Abneigung: συμπάθεια gleiche Empfindung od. Leidenschaft, Mitleiden: συμπαθέω ich leide mit, werde in gleichen Affect gesetzt.

δυσπαθὴς ὁ ἡ heftig leidend; ungeduldig im Leiden; abgehärtet gegen Leiden. δυσπάθεια ἡ schweres Leiden, Ungeduld im Leiden; Härte, Festigkeit. δυσπαθέω ich leide heftig; bin ungeduldig od. unempfindlich.

εὐπαθὴς ὁ ἡ empfindlich, leicht leidend od. in Leidenschaft gerathend. εὐπαθέω ich lasse mir wohl sein, befinde mich wohl; ich bin empfindlich. εὐπάθεια ἡ Wohlsein, Behagen.

ἐκπαθὴς ὁ ἡ außer dem Leide, unbeschädigt; in heftiger Leidenschaft, auch περιπαθής. περιπαθέω ich bin in heftigem Affect.

παθογνωμονικὸς zur Kenntniß der Leidenschaft od. Krankheit gehörig od. geschickt.

παθοκράτεια ἡ Herrschaft über Leidenschaften.

παθολογέω ich rede od. handle von Leidenschaft od. Krankheit: παθολογικὴ ἡ die Wissenschaft davon.

παθητὸς ἡ ὸν dem Leiden od. der Leidenschaft ausgesetzt; deren fähig.

παθητικὸς ἡ ὸν leidend, empfindend; dazu gehörig od. geschickt; Leiden od. Empfindung erregend od. ausdrückend, pathetisch; passiv.

παθαίνω ich setze in Leidenschaft od. Affect; bin in Affect od. drücke ihn aus.

πῆμα ατος τὸ Schaden, Verlust, auch πημονὴ u. πημοσύνη ἡ. ἀπήμων ὁ ἡ ohne Schaden, unschädlich.

πημαίνω f. ανῶ ich schade, verletze: ἀπήμαντος ὁ ἡ unbeschädigt, εὐπήμαντος leicht zu beschädigen.

πηρὸς ὰ ὸν u. ἀνάπηρος ὁ ἡ bresthaft, gelähmt, auch πωρός: sonst σιφλός.

πηρόω od. σιφλόω f. ώσω ich verletze, lähme. πήρωμα τὸ u. πήρωσις ἡ Verstümmelung, Verletzung. σίφλος ὁ Mangel Gebrechen.

πένθος τὸ Leid, Trauer: ἀπενθὴς ohne Trauer, νηπενθὴς Trauer stillend.

πενθαλέος α ον, πενθήμων u. πενθήρης ὁ ἡ, πενθικὸς ἡ ὸν, πένθιμος ὁ ἡ od. ος η ον, in Trauer, traurend; traurig.

πενθέω f. ήσω ich traure, klage. πένθημα τὸ Trauer, Klage: πενθητήριος od. πενθητικὸς zum Trauern od. Klagen gehörig: πενθήτρια ἡ Klageweib, praefica. ἀπένθητος unbetrauert.

ἀποπενθέω ich höre auf zu trauren. διαπενθέω ich traure durch od. aus.

Πείθω f. σω ich bewege, gewinne, berede: πείθομαι ich folge, ich glaube (τινί): πέποιθα ich vertraue, verlasse mich auf – τινί.

ἀναπείθω ich reize an, rege auf, wiegle auf.

μεταπείθω ich stimme um, bringe auf andre Gedanken.

παραπείθω ich berede od. beschwichtige durch List u. Betrug.

πειθανάγκη ἡ Ueberredung u. Zwang zugleich.

πειθαρχέω f. ήσω (ἀρχὴ) ich folge den Vorgesetzten, gehorche. πειθαρχία ἡ Gehorsam. πειθαρχικὸς ἡ ὸν willig folgend.

πειθήνιος ὁ ἡ dem Zügel (ἡνία) folgend, lenksam, auch πεισιχάλινος.

πεῖσις ἡ das Ueberreden.

πεῖσμα τὸ Tau das Schiff anzubinden: ἐν πείσῃ in Ruhe, ohne Bewegung. πειστὴρ ῆρος ὁ Ueberreder. πειστήριος u. πειστικὸς zum Ueberreden gehörig od. geschickt. ἄπειστος ὁ ἡ nicht zu überreden.

πειθὼ οῦς ἡ Suade, Ueberredung; Folgsamkeit.

πειθήμων u. ἐπιπειθὴς ὁ ἡ gehorchend, folgsam: ἀπειθὴς ὁ ἡ ungläubig, ungehorsam: ἀπείθεια ἡ Unglaube, Ungehorsam: ἀπειθέω ich bin ungläubig, ungehorsam. δυσπειθὴς schwer, εὐπειθὴς leicht zu überreden.

πιθανὸς ἡ ὸν überredend, wahrscheinlich; einnehmend, gefällig: unwahrscheinlich, nicht einnehmend ἀπίθανος ὁ ἡ. πιθανότης ἡ Wahrscheinlichkeit, Gabe zu überreden: ἀπιθανότης Unwahrscheinlichkeit, Mangel an Ueberredungsgabe. πιθανόω ich mache wahrscheinlich. πιθανεύομαι od. πιθανολογέω ich rede od. argumentire auf eine überzeugende Weise.

πίσυνος ὁ ἡ (poet.) vertrauend; folgsam.

πίστις εως ἡ Glaube; Treue; Beweis. πιστικὸς ἡ ὸν dazu gehörig; treu; überredend.

πιστὸς ἡ ὸν treu, redlich; gläubig, folgsam: entggs. ἄπιστος. πιστότης ἡ Zuverläßigkeit, Glaubwürdigkeit: ἀπιστία ἡ Mistrauen, Treulosigkeit ἀπιστέω ich traue nicht, bin ungetreu, gehorche nicht.

πιστόω ich mache zuverlässig, beglaubige: pass. ich leiste Sicherheit: πίστωσις ἡ u. πίστωμα τὸ Beglaubigung, Bestätigung.

πιστεύω ich traue, vertraue an; ich glaube. πιστευτικὸς ἡ ὸν der leicht trauet od. glaubt; auch εὔπιστος od. εὔπειστος.

Πίθηξ ηκος u. πίθων ωνος, gew. πίθηκος ὁ Affe: πιθηκιδεὺς ὁ junger Affe, πιθήκειος α ον äffisch, πιθηκώδης ὁ ἡ affenartig, πιθηκίζω ich thue wie ein Affe, schmeichele: πιθηκισμὸς ὁ dies Betragen.

Πέλας u. πλησίον adv. nahe: ὁ πέλας od. ὁ πλησίον der Nachbar; der Nebenmensch, der Nächste. Adj. πλησίος ία ίον (comp. πλησιαίτερος).

ἐμπελαδὸν od. ἐμπελάδην (poet.) nahe dran, nahe bei: auch ἔμπλην.

παραπλήσιος α ον nahe kommend; ähnlich.

πελάζω od. προσπελάζω u. πλησιάζω (poet. auch πλάθω u. πίλνημι) ich nähere; ich nahe, habe Umgang. πλησιασμὸς ὁ das Nahekommen, der Umgang. ἀπέλαστος ὁ ἡ dem man sich nicht nähern darf.

πελάτης ου ὁ, πελάτις ἡ Nachbar; der für Lohn arbeitet; der sich in den Schutz eines Mächtigen begiebt, cliens. πελατεία ἡ die Clientel. πελατικὸν τὸ die um Lohn arbeitende Classe; die sich zu einem Schutzherrn halten.

Πέλεκυς εως ὁ od. ἀξίνη ἡ (dem. πελεκύδιον, ἀξινίδιον u. ἀξινάριον τὸ) Beil, Axt: die zweischneidige σκέπαρνον τὸ. Zweischneidige Streitaxt σάγαρις ἡ.

πελεκυφόρος ὁ Axtträger, Lictor.

πελεκάω od. σκεπαρνίζω ich behaue mit der Axt. πελέκημα τὸ was behauen od. abgehauen ist; Späne: πελέκησις ἡ od. σκεπαρνισμὸς ὁ das Behauen, πελεκητὸς ἡ ὸν behauen.

πελεκίζω ich enthaupte mit dem Beile.

ἀποπελεκίζω ich haue ab mit dem Beile.

πέλεκκον τὸ Stiel der Axt; auch στελεὰ od. στειλειὴ ἡ u. στειλειὸν od. στελεὸν τὸ.

Πελὸς od. πελλὸς u. πέλλος η ον, auch πέλιος, πέλειος, πελιδνὸς, schwarz, schwärzlich, grau, bleifarbig, lividus, wie eine von Blut unterlaufene Stelle, ein πελίδνωμα od. πελίωμα. πελιδνότης u. πελιότης ἡ diese Farbe, livor. πελιαίνω od. πελιόω u. πελιδνόω ich mache schwarzblau.

πολιὸς ὰ ὸν grau: πολιαὶ αἱ graue Haare.

πολιόθριξ u. πολιοπλόκαμος ὁ ἡ mit grauen Haaren, πολιοκρόταφος u. πολιοκόρσης mit grauen Schläfen.

πολιότης ἡ graue Farbe. πολιόω u. πολιαίνω ich mache grau.

Πέρκος u. περκνὸς ἡ ὸν dunkel, schwärzlich (von reifenden Früchten).

πέρκη u. περκὶς ἡ der Barsch (von der Farbe).

περκάζω (von Früchten) ich fange an mich zu färben u. zu reifen: περκαίνω ich mache schwärzlich.

Πέλω ich schwinge, drehe, wende; drehe mich, rege mich, bin: ἐπιπλόμενος herankommend, περιπλόμενος umrollend.

πέλτη ἡ leichter Schild (s. ἀσπίς). καταπέλτης ου ὁ catapulta, Wurfmaschine zum Abschießen von Pfeilen, Lanzen rc.

πελεμίζω ich schwenke, erschüttere, poet.

πόλεμος ὁ Krieg: ἀπόλεμος unkriegerisch, entggs. εὐπόλεμος.

πολεμικὸς ἡ ὸν zum Krieg gehörig od. geneigt: auch πολεμήϊος (poet.) u. πολέμιος ία ιον, was gew. feindlich od. Feind: ἡ πολεμία Feindesland.
πολεμόω u. ἐκπολεμόω ich mache zum Feinde, verfeinde.
πολεμέω f. ήσω (poet. πολεμίζω) ich führe Krieg, τινὶ mit jemand; ich behandle feindselig (τινά). πολεμησείω mich verlangt nach Krieg.
ἀπολέμητος ὁ ἡ unbekriegt, δυσπολέμητος schwer zu bekriegen.
ἀντιπολεμέω ich kämpfe gegenan, διαπολεμέω ich führe den Krieg durch-aus. καταπολεμέω ich kriege nieder, bezwinge. προσπολεμέω ich führe den Krieg gegen -. συμπολεμέω ich kriege mit, stehe bei.
πολεμιστὴρ ὁ Krieger: πολεμιστήριος ἵππος Streitroß, πολεμιστήρια ἅρματα Streitwagen.
πολέμαρχος od. πολεμάρχης ὁ General im Felde, Kriegsminister zu Hause; bei den Spartanern Anführer einer μόρα von 400 Mann.
πόλος ὁ Drehpunkt, Angel, Pol, Himmel; gestürzter Acker; Stundenuhr.
πολέω u πολεύω ich drehe, wende um; pflüge den Acker um. med. mit etwas umgehen, wo verkehren versari.
ἀμφιπολέω ich drehe mich herum, halte mich wo auf.
ἀναπολέω ich wende wieder um, käue wieder; überlege, erwäge.
ἐπιπωλέομαι ich begehe, mustere. ἐπιπολῆς auf der Oberfläche.
περιπολέω ich treibe um; ich gehe umher. περίπολος ὁ der umhergeht, recognoscirt: περίπολος ἡ Wachtschiff, περιπόλιον τὸ Wachthaus. πρόπολος ὁ ἡ Diener.
πωλέω ich verkaufe, πωλὴ od. πώλησις ἡ das Verkaufen. πώλημα τὸ was feil ist, Waare. πωλητήριον τὸ Verkaufsplatz. πωλήτης ὁ u. πώλης ου ὁ Verkäufer: προπώλης Vorkäufer, Aufkäufer, προπωλέω ich hökere.
ἐμπολάω und ἐμπολέω ich treibe Handel; ἐμπολοῦμαι ich erwerbe ἐμπολὴ ἡ Waare, Erwerb: auch ἐμπόλημα τὸ. Ἑρμῆς ἐμπολαῖος der Beschützer des Handels. ἐμπόλησις ἡ das Verhandeln.
ἀπεμπολάω ich verkaufe. διεμπολάω ich verkaufe an mehrere.
Πέλωρ ωρος τὸ das Ungeheuer; adj. ungeheuer, groß, auch πέλωρος u. πελώριος ὁ ἡ.
Πέμφιξ ιγος u. πεμφὶς ἴδος ἡ Hauch, Wind; Wasserblase, Blase auf der Haut, Tropfen. Blase auch πομφόλυξ υγος ἡ.
Πέντε (Aeol. πέμπε) οἱ αἱ τὰ fünf. πεντὰς od. πεμπὰς άδος ἡ die Zahl 5: πεμπαδάρχης ὁ Anführer von 5. πεντάκις fünfmal. πενταχῆ, πενταχῶς, πένταχα fünffach, πενταμερὴς fünftheilig, πενταπέτηλος, od. πεντάφυλλος fünfblättrig. πεντεναΐα ἡ Zahl von 5 Schiffen.
πεμπάζω ich zähle an den fünf Fingern. πεμπαστὴς ὁ der zählt.
πέμπτος η ον der fünfte. πεμπταῖος am fünften Tage kommend, geschehend ꝛc προπεμπτα 5 Tage vorher.
πεντεκαίδεκα 15. πεντεκαιδέκατος η ον der 15te. πεντεκαιδεκαετηρὶς ἡ Periode von 15 Jahren.
πεντήκοντα 50. πεντηκοστὸς ἡ ὸν der 50ste. πεντηκοστὺς ύος ἡ Anzahl von 50. πεντηκοντὴρ, πεντηκονταὴρ, πεντηκοστὴρ ὁ Führer von 50 Mann, auch πεντηκόνταρχος. πεντηκόντερος od. πεντηκόντορος Schiff mit 50 Rudern.
πεντακόσιοι αι α 500. πεντακοσιοστὸς der 500ste. πεντακοσιομέδιμνοι die 500 Maaß ernten, die erste Bürgerklasse in Athen.
πεντακισχίλιοι 5000. πεντακισμύριοι 50000.
Πένομαι ich arbeite, bin beschäftigt; ἀμφιπένομαι ich bin um - mit etwas beschäftigt
πόνος ὁ Arbeit; Mühe; Ermüdung; Krankheit; Leiden, Noth: poet.

auch μόγος u. μόχθος ὁ. μόγις od. μόλις mit Mühe, kaum: μογίλαλος mit Mühe sprechend.

ἄπονος und ἄμοχθος ὁ ἡ ohne Arbeit, ohne Mühe, arbeitscheu: ἀπονία ἡ Mühelosigkeit, Trägheit.

διάπονος ὁ ἡ mühselig, auch δυσπονής u. ἐπίπονος; arbeitsam, durch Arbeit geübt od. ermüdet, auch κατάπονος. ὑπέρπονος überaus ermüdet od. ermüdend.

πονέω f. ήσω ich arbeite, erarbeite; ich mache Mühe od. Schmerz; ich ermüde, werde matt; bin in Noth (poet. μογέω u. μοχθέω). ἀπόνητος unbearbeitet; mühlos: ἀμόγητος ὁ ἡ unermüdlich: ἀμογητὶ, ἀμοχθὶ, ἀπονητὶ ohne Mühe.

ἀποπονέω ich höre auf zu arbeiten. διαπονέω ich bearbeite od. erarbeite mit Anstrengung, erwerbe; übe, bilde, härte ab.

ἐκπονέω ich arbeite aus, bringe zu Stande, erlange durch Mühe u. Arbeit.

ἐπιπονέω ich arbeite fort, weiter. καταπονέω ich ermüde, matte ab, plage: καταπόνησις ἡ Ermüdung.

προπονέω ich arbeite od. ermüde vorher. ὑπερπονέω ich arbeite od. leide übermäßig.

πονηρὸς und μοχθηρὸς ἡ ὸν mühselig, unglücklich, auch μογερὸς u. σμογερός: böse, schlecht. πονηρία od. μοχθηρία ἡ schlimme Beschaffenheit; Bosheit. πονηρεύομαι ich bin böse, schlecht.

πένης ητος ὁ, πένησσα ἡ (auch πενιχρός, poet. πενιχραλέος, α ον) arm (comp. πενέστερος). πενία u. πενιχρότης ἡ Armuth, Dürftigkeit.

πενητεύω ich bin arm.

πενέσται οἱ die Sklaven der Thessalier, die unterjochten Urbewohner des Landes, wie die κλαρῶται od. ἀφαμιῶται in Kreta u. die εἵλωτες in Sparta. πενεστικὸς ἡ ὸν zum Sklavenstand, zur πενεστεία gehörig.

πεῖνα ἡ der Hunger, πεινάω ich hungere.

Πέπλος ὁ Gewand der Weiber zum Ueberwerfen, auch nachschleppend; Decke, Ueberwurf.

τανύπεπλος ἡ in einem langen Oberkleide.

Πέρα und πέραν, Jon. πέρην, (comp. περαιτέρω) drüben, jenseits (sonst ἐπέκεινα, wie diesseits ἐπίταδε): ἀντιπέραν u. ἀντίπερας gegenüber. πέρα τοῦ μέτρου über das Maaß. πέραθεν od. ἀντιπέρηθεν von jenseits.

περαῖος αία αῖον jenseitig: περαίη ἡ das Land jenseits od. gegenüber, auch περάτη und ἀντιπεραίη. περαιόω u. διαπεραιόω ich setze oder bringe hinüber.

πέρας (poet. πεῖραρ) ατος τὸ Ende, Grenze; Vollendung, Vollbringung; Macht od. Kraft etwas zu thun.

περατόω f. ώσω ich begrenze, bestimme; endige: ἀπεράτωτος ὁ ἡ unbegrenzt.

περαίνω, auch διαπεραίνω u. ἐκπεραίνω, ich bringe zu Ende, vollende; schließe, folgere. περαντικὸς ἡ ὸν zum Vollenden, Schließen gehörig od. geschickt. ἀπέραντος nicht zu Ende gebracht od. nicht zu Ende zu bringen.

ἄπειρος ὁ ἡ ohne Grenzen, unendlich: poet. ἀπείρων, ἀπείριτος, ἀπειρέσιος ὁ ἡ.

ἤπειρος ἡ das feste Land: ἠπειρόθεν vom festen Lande. ἠπειρόω ich mache zu festem Lande. ἠπειρώτης ὁ, -ῶτις ἡ einer vom festen Lande, poet. ἠπειρογενὴς ὁ ἡ

περάω f. άσω ich gehe od. bringe hinüber; ich bringe von jenseits zum Verkauf, verkaufe, gew. πιπράσκω: kaufen πρίασθαι, ab- od. loskaufen ἀποπρίασθαι u. ἐκπρίασθαι: ohne Kauf, umsonst ἀπριάδην, pros. δωρεάν.

πέρασις ἡ das Uebersetzen, Durchgehen. περάσιμος ὁ ἡ u. περατὸς ἡ ὸν wo man übersetzen, wo man durchgehen kann.

πρᾶσις ἡ Verkauf. πράσιμος ὁ ἡ verkäuflich, feil; auch πρατὸς ἡ ὸν: ἄπρατος ὁ ἡ nicht feil; nicht verkauft: ἀπρασία ἡ Mangel an Käufern, an Absatz. πρατὴρ u. πράτης ὁ Verkäufer. πρατήριον τὸ Verkaufsplatz

πόρνη ἡ (Dem. πορνίδιον τὸ) Hure.

πορνεύω, ἐκπορνεύω, καταπορνεύω ich mache zur Hure: πορνεύομαι ich hure. πορνεία ἡ Hurerei: πορνεῖον τὸ Hurenhaus, auch πορνοβοσκεῖον von πορνοβοσκὸς ὁ Hurenwirth.

πείρω f. ερῶ ich fahre od. gehe über od. durch; ich durchdringe; durchbohre, auch ἀναπείρω u. διαπείρω. διαμπερὲς durch u. durch, durchaus.

περόνη ἡ die Zunge in einer Schnalle; die Schnalle od. Spange selbst: περονάω ich durchsteche mit der Spange, hefte zusammen. ἐμπερονάω u. προσπερονάω ich hefte dran od. drauf.

περόναμα τὸ u. περονατρὶς ἡ ein an den Seiten offenes, über den Schultern mit Spangen zusammengehaltenes Kleid der Dorischen Frauen.

πόρπη ἡ der Ring der Spange; Heftel, Haken, Schnalle. πόρπαξ ακος ὁ der Ring od. die Handhabe am Schilde. πορπάω, πορπάζω, πορπακίζω ich befestige mit der Spange: διαπορπακίζω ich stecke den Arm durch die Handhabe des Schildes. ἐπιπορπάω u. ἐμπορπάω ich schnalle an, um, fest: ἐπιπόρπημα τὸ ein umgeschnalltes Gewand

πεῖρα ἡ Erfahrung, Probe, Versuch; Versuchung zur Unzucht: πρόπειρα ἡ vorläufiger Versuch.

ἄπειρος ὁ ἡ unerfahren, ἔμπειρος erfahren: ἀπειρία u. (poet.) ἀπειροσύνη ἡ Unerfahrenheit, ἐμπειρία Erfahrung, Erfahrenheit: ἐμπειρέω ich bin erfahren, ἐμπειρικὸς ἡ ὸν der Erfahrung folgend.

ἀπειροθάλασσος ὁ ἡ unerfahren zur See: ἐμπειροπόλεμος kriegserfahren. ἀπειρόκακος ὁ ἡ ohne Erfahrung vom Bösen od. vom Unglück: ἀπειροκακέω. ἀπειρόκαλος unbekannt mit dem Schönen u. Anständigen: ἀπειροκαλία ἡ, ἀπειροκαλέομαι od. εύομαι.

πειράω u. πειράζω f. άσω ich versuche (poet. auch πειρητίζω), führe in Versuchung: πειρῶμαι ich mache den Versuch, unternehme; erfahre. ἀναπειρῶμαι ich versuche od. übe mich zur See, μεταπειρῶμαι ich versuche anders.

πείρασις ἡ u. πειρασμὸς ὁ das Versuchen, Probiren. πειραστὴς ὁ Versucher, Verführer: πειραστικὸς ἡ ὸν zum Versuchen gehörig od. geschickt: ἀπείρατος od. ἀπείραστος ὁ ἡ unversucht. καταπειρατὴρ ὁ od. καταπειρατηρία ἡ Senkblei.

πειρατὴς οῦ ὁ Seeräuber, πειρατικὸς ἡ ὸν dazu gehörig. πειρατεύω ich treibe Seeräuberei; capere: πειρατεία ἡ Seeräuberei. πειρατήριον ὁ Aufenthalt der Seeräuber.

πόρος ὁ Uebergang, Durchgang; Ausgang, Loch; Fuhrt, Meerenge, fretum; Mittel u. Weg etwas zu thun od. zu erlangen; Erwerb; Einkünfte.

ἄπορος ὁ ἡ ohne Weg od. Ausweg, schwierig, zweifelhaft; verlegen; arm: entggs. πόριμος ὁ ἡ ergiebig, im Besitz von Mitteln; sich zu helfen wissend: ἀπορία ἡ Zweifel; Verlegenheit; Mangel. ἀπορέω ich bin verlegen, ungewiß, ohne Mittel: ἀπόρημα τὸ Ungewißheit, Zweifel, ἀπορητικὸς ἡ ὸν zu Zweifeln geneigt

δύσπορος ὁ ἡ wo schwer durchzukommen ist, schwierig: δυσπορία ἡ Schwierigkeit. εὔπορος ὁ ἡ wohl zu passiren; bemittelt, vermögend: εὐπορία ἡ guter Weg, Leichtigkeit etwas zu thun, Besitz von Mitteln; εὐπορέω ich bin bemittelt, ἔμπορος ὁ ἡ der auf dem Wege ist, Reisender; Seefahrer, Kauffahrer, Handelsmann: ἐμπορικὸς ἡ ὸν zum Handel gehörig, ἐμπορία ἡ Handel, Seehandel: ἐμπόριον u. ἐμπορεῖον τὸ Handelsplatz, Markt. ἐμπορέω u. ἐμπορεύομαι ich treibe Handel; führe als Waare ein; ich wuchere, überliste: ἐμπορευτικὸς ἡ ὸν kaufmännisch

πορίζω f. ίσω ich bringe in Gang od. auf den Weg; ich schaffe Mittel, ersinne, verschaffe; med. ich erlange, erwerbe.

ἐκπορίζω ich sinne aus, ersinde; verschaffe. προσπορίζω ich verschaffe od. erwerbe dazu; schaffe neu an. συμπορίζω ich verschaffe mit, bringe zusammen.

πόρισμα τὸ das Angeschaffte, Erworbene. πορισμὸς ὁ das Anschaffen; Erwerb, Erwerbmittel. ποριστὴς οῦ ὁ der verschafft od. erwerben lehrt. ποριστὸς ἡ ὸν erworben, verschafft; zu erwerben. ποριστικὸς ἡ ὸν zum Schaffen od. Erwerben geschickt od. geneigt.

πόρω f. πόρσω ich schaffe, gebe, gewähre (poet.). πορσαίνω und πορσύνω ich schaffe, bereite, besorge.

πορεύω f. εύσω ich bringe, führe; ich schaffe herbei; med. ich gehe, reise, gehe fort.

ἀποπορεύομαι ich gehe od. reise weg. διαπορεύομαι ich reise durch, hinüber. εἰσπορεύομαι ich reise hinein. ἐκπορεύομαι ich gehe heraus od hervor; reise ab. ἐπιπορεύομαι ich reise hin. μεταπορεύομαι ich gehe nach, verfolge. παραπορεύομαι ich gehe nebenher, vorbei, vorüber. περιπορεύομαι ich gehe herum. προπορεύομαι ich gehe vorher, voraus. προσπορεύομαι ich komme hinzu. συμπορεύομαι ich reise mit.

πορεύσιμος ὁ ἡ u. πορευτὸς ἡ ὸν gangbar, wo durchzukommen ist: ἀπόρευτος unwegsam. πορεία ἡ das Gehen; Gang, Weg, Reise. πορεῖον τὸ Maschine etwas fortzubringen

πορθμὸς ὁ Ueberfahrt; Meerenge, fretum, sonst εὔριπος, wie bs. die bei Euböa mit auffallend starker Ebbe u. Fluth, dh. εὐριπώδης ὁ ἡ unbeständig, wetterwendisch.

πορθμίον u. πορθμεῖον τὸ Fähre; Ort zum Uebersetzen; Fährgeld.
πορθμεύω ich fahre hinüber: πορθμεὺς έως ὁ der Fährmann.
πορθμεία ἡ das Ueberfahren, πόρθμευμα τὸ die Ueberfahrt, πορθμευτικὸς ἡ ὸν zum Ueberfahren gehörig.

Πράσσω, Att. πράττω, Jon. πρήσσω, f. ξω ich thue, handle, betreibe. εὖ, κακῶς πράττειν gut, schlimm fahren; glücklich, unglücklich sein πράττειν od. πράττεσθαί τινα ἀργύριον Geld für einen andern od. für sich von jemand eintreiben, auch ἀναπράττειν u. εἰσπράττειν.

πρᾶγμα (dem. πραγμάτιον) τὸ That; Geschäft; Sache: poet. auch πρᾶγος τὸ.

ἀπράγμων ονος ὁ ohne Geschäfte; ohne Mühe: ἀπραγμοσύνη ἡ Geschäftlosigkeit, Ruhe; Unthätigkeit, Müßiggang, auch ἀπραγία ἡ. ἀπραγέω ich gehe müßig.

δυσπραγὴς ὁ ἡ unglücklich, δυσπραγία u. δυσπραξία ἡ Unglück, δυσπραγέω ich bin unglücklich: entggs. εὐπραγὴς, εὐπραγ(ξ)ία, εὐπραγέω.

πραγματώδης ὁ ἡ voll Geschäfte, mühsam. πραγματικὸς ἡ ὸν thätig, geschäftig: erfahren in Geschäften. πραγματεύομαι ich treibe eine Sache, handle, handthiere, unternehme: διαπραγματεύομαι ich arbeite durch, untersuche genau. πραγματεία ἡ Betreibung, Handthierung, Geschäft, Unternehmung: πραγματειώδης ὁ ἡ geschäftig, mit Mühe verbunden: πραγματευτὴς ὁ Geschäftsmann, Handelsmann: πραγματευτικὸς ἡ ὸν geneigt od. geschickt zur πραγματεία: δυσπραγμάτευτος schwer zu behandeln.

πρᾶξις εως ἡ Handlung, Geschäft; Streich, List; Eintreibung, Beitreibung. πραξικοπέω ich nehme durch List, τινὰ überliste einen.

πράξιμος ὁ ἡ od. πρακτὸς ἡ ὸν thulich; beizutreiben: ἄπρακτος ungethan, unthulich, wogegen sich nichts thun läßt: ἀπρακτέω ich thue nichts; ich richte nichts aus: ἀπραξία ἡ = ἀπραγία. εὔπρακτος leicht zu thun.

πρακτικὸς ἡ ὸν zum Handeln od. zu Geschäften gehörig, geschickt, geneigt: thätig, wirksam, unternehmend.

πράκτης, πράκτηρ, πράκτωρ ὁ der Geld eintreibt, Executor: συμπράκτωρ Helfer.

διαπράσσομαι ich setze durch, bringe zu Stande. διάπραξις ἡ Vollendung, Vollbringung.

ἐκπράσσω ich führe aus, vollende; thue ab, tödte.

καταπράσσω ich richte aus, bewirke; med. ich erwerbe, verschaffe mir.

παραπράσσω ich handle unrecht, zweck- oder befehlswidrig.

συμπράσσω ich thue mit, helfe (τινὶ); med. ich födere mit ein, räche mit. σύμπραξις ἡ Mitthun, Hülfe

Περὶ um, c. gen. dat. acc. περὶ ἄλλων vor andern, über andre (poet.): λέγειν περί τινος über od. von etwas reden. δεδιέναι περί τινι um jemanden besorgt sein οἱ περὶ Σωκράτην Sokrates mit seiner Umgebnng, seinen Schülern und Freunden. πέρι = περίεστιν.

πέριξ ringsum.

περισσὸς, Att. περιττὸς, ἡ ὸν vorzüglich; überflüssig; unnöthig. περισσότης ἡ Ueberflüssigkeit, Vortreflichkeit: auch περισσεία ἡ von περισσεύω ich übertreffe; bin überflüssig, unnöthig. περίσσωμα. Att. περίττωμα, τὸ das Uebriggebliebene; Auswurf, Abgang, Unrath.

περισσοεπὴς od. περισσολόγος ὁ ἡ der weitschweifig od. überflüssiges redet. περισσολογία ἡ, περισσολογέω.

περισσόνους u. περισσόφρων ὁ ἡ von ausnehmendem Verstande.

περισσοσύλλαβος ὁ ἡ mit einer Sylbe mehr: περισσοσυλλαβέω.

Πέρπερος ὁ ἡ leichtsinnig, eitel, geschwätzig, prahlerisch. περπερεύομαι ich bin od. rede so. περπερεία ἡ Charakter eines solchen

Πέρσης ου ὁ der Perser. Περσὶς ἴδος ἡ Persien; Perserin; Persisches Oberkleid.

περσοκτόνος ὁ ἡ Perser tödtend. περσονόμος Perser beherrschend: περσονομέω.

περσικὸς ἡ ὸν Persisch. περσιστὶ auf Persisch.

περσίζω ich bin Persisch gesinnt, halte es mit den Persern, ahme ihnen nach, spreche Persisch.

Πεσσὸς u. πεττὸς ὁ Stein im Brettspiel; pl. Brettspiel u. Ort des Spiels (auch πεσσευτήριον τὸ); Zapfen, Bougie, länglich runder mit Arznei bestrichner Körper, in hohle Theile zu stecken.

πεσσεύω u. πεττεύω ich spiele im Brett. πεττεία ἡ das Spielen.

Πετάννυω od. πετάννυμι f άσω ich breite aus; thue von einander: poet. auch πιτνάω u. πίτνημι. πέτασμα τὸ das Ausgebreitete, Decke, Vorhang.

ἀναπετάννυμι ich decke auf, öffne: καταπετάννυμι ich breite über, bedecke: καταπέτασμα τὸ Vorhang.

περιπετάννυμι ich breite umher, hänge um: περιπέτασμα τὸ was umgehängt ist. προπετάννυμι ich breite vorn od. davor aus.

πέτασος ὁ Hut mit breiten Krempen: πετασίτης ὁ od. πετασώδης ὁ ἡ hutförmig.

πέταλον τὸ Platte; Blatt, bs. Pflanzenblatt, Blumenblatt. πεταλώδης blattartig, πεταλόω ich verwandle in Blätter: πεταλίζω ich ballotire aus, stoße aus dem Rath in Athen (weil die Stimmen auf Blätter geschrieben wurden), sonst ἐκφυλλοφορέω: πεταλισμὸς ὁ u. ἐκφυλλοφορία ἡ diese Ausstoßung.

πέταμαι, ἵπταμαι, ποτάομαι, gew. πέτομαι (f. πτήσομαι, aor. ἐπτόμην u. ἔπτην, pf. πέπτηκα), ich fliege.

ἀναπέτομαι ich fliege auf, ἀποπέτομαι ich fliege davon, ἐκ- παρα- περι- προς- ὑπερπέτομαι ich fliege heraus, vorbei, herum, herzu, hinüber.

ποτή, gew. πτῆσις, ἡ das Fliegen, der Flug. πτητικὸς ἡ ὸν zum Fliegen gehörig od. geschickt.

πετεινὸς, πετηνὸς, ποτηνὸς, πτηνὸς, poet. auch ποτητὸς, ἡ ὸν fliegend, geflügelt. ἀπτὴν ῆνος ὁ ἡ unbefiedert, noch nicht flügge.

πτερὸν τὸ Flügel, Feder; an den Tempeln ein freier mit Säulen umgebener Platz

ἄπτερος ὁ ἡ unbeflügelt. δίπτερος ὁ ἡ zweiflüglicht. εὔπτερος ὁ ἡ schön geflügelt. περίπτερος ὁ ἡ mit einer Säulenreihe umgeben.

πτεροείμων ονος ὁ ἡ mit Federn bekleidet, πτερόπους mit beflügelten Füßen.

πτερορῥοέω ich verliere die Federn, πτεροφυέω ich treibe od. bekomme Federn.

πτέρινος ίνη ινον aus Federn. πτερόω ich beflügele: ἀναπτερόω ich erhebe die Flügel, beseele mit Lust od. Hoffnung. πτέρωμα τὸ u. πτέρωσις ἡ Befiederung; Gefieder. πτερωτὸς ἡ ὸν gefiedert, beflügelt, auch κατάπτερος u. ὑπόπτερος, desgl. πτερόεις εσσα εν u. πτερυγωτὸς ἡ ὸν von πτέρυξ υγος ἡ, dem. πτερύγιον τὸ, Feder, Flügel; ein äußerster od. abwärts gehender Theil, z. B. des Ohrs, des Kleides, der Lunge; die Schneide des Säbels; das Schwert des Schwertfisches; alles was bedeckt wie ein Flügel.

πτερυγοῦμαι ich schwinge die Flügel, flattere: auch πτερυγίζω u. πτερύσσομαι: πτέρυσμα τὸ das Schlagen der Flügel.

πτερὶς ἡ Farrenkraut.

πτίλον τὸ Flügel (von Insecten); Flaumfeder. πτιλωτὸς ἡ ὸν mit Dunen gestopft.

πτύσσω f. ύξω ich lege übereinander, falte; lege um.

ἀναπτύσσω ich entfalte, breite aus; auch διαπτύσσω.

περιπτύσσω ich wickle um, umgebe; med. ich umschlinge, umarme.

προσπτύσσομαι ich lege mich an, umfasse, begrüße.

πτύγμα τὸ das gefaltete, doppelt genommene. πτύξις ἡ das Falten. πτυκτὸς ἡ ὸν gefaltet, zusammengelegt, blättrig: πτυκτίον τὸ gefaltetes Buch, Schreibtafel.

πτὺξ υχὸς u. πτυχὴ ἡ Falte, Lage, Blatt, Tafel; Krümmung, Schlucht. πτυχώδης ὁ ἡ faltig, runzelicht. δίπτυξ u. δίπτυχος ὁ ἡ zweimal zusammengelegt, doppelt.

Πίπτω f. πεσοῦμαι, aor. ἔπεσον, pf. πέπτωκα, ich falle.

πέσημα u. πτῶμα τὸ der Fall; das Gefallene: πτωματίζω ich bringe zu Falle. Fall auch πτῶσις ἡ: πτώσιμος u. πτωτὸς ἡ ὸν gefallen, ἀπτὼς ῶτος od. ἄπτωτος ου ὁ ἡ nicht fallend, nicht fehlend.

ἀναπίπτω ich falle zurück, verliere den Muth.

ἀποπίπτω ich falle ab; verfehle; verirre mich.

διαπίπτω ich komme unter die Leute; komme durch, entwische; ich falle durch, verfehle; schlage fehl, mislinge; ich zerfalle, falle auseinander.

δυσπετὴς ὁ ἡ schwer od. unglücklich fallend, schwer: δυσπετέω ich bin lästig, bin unglücklich: δυσπέτημα τὸ Unglücksfall. εὐπετὴς leicht, εὐπέτεια ἡ Leichtigkeit.

προπετὴς vorwärts fallend, geneigt, voreilig, vorschnell. προπέτεια ἡ Vorschnelligkeit, Dreistigkeit, Unbesonnenheit: προπετεύομαι ich erweise mich als προπετής.

εἰσπίπτω ich falle hinein, ἐκπίπτω ich werde ausgestoßen; ich entkomme: ἔκπτωσις ἡ das Herausfallen; die Verbannung.

ἐμπίπτω ich falle drauf, gerathe hinein: συνεμπίπτω ich treffe zusammen, überein.

ἐπιπίπτω ich falle über - auf -, befalle.

καταπίπτω ich falle herunter, nieder.

μεταπίπτω ich falle auf die andere Seite, schlage um.

παραπίπτω ich falle daneben; komme vor, begegne; falle vorbei, verfehle. παράπτωμα τὸ Fall; Fehler, Verstoß.

περιπίπτω ich gerathe hinein, stoße auf etwas.

προπίπτω ich falle vorwärts, lege od. strecke mich vor.

προσπίπτω ich treffe auf einen, falle ihn an, falle ihm zu Fuß.

συμπίπτω ich falle zusammen; treffe zusammen mit jemand (τινί), greife an; trage mich zu.

ὑποπίπτω ich falle nieder; unterwerfe mich.

πότμος ὁ Loos, Schicksal; Tod. ἄποτμος u. δύσποτμος ὁ ἡ unglücklich, πανάποτμος ganz unglücklich: εὔποτμος glücklich. εὐποτμία ἡ Glück, δυσποτμία ἡ Unglück, δυσποτμέω ich bin unglücklich.

πτόα, poet. πτοία, ἡ Scheu, Furcht, Flucht; leidenschaftliche Unruh, heftige Liebe.

πτοέω od. πτοιάω f. ήσω ich verschüchtere, jage in die Flucht; setze in Unruh u. Leidenschaft. ἐπτόημαι περί τι ich bin leidenschaftlich mit etwas beschäftigt. πτόησις ἡ das Erschrecken, in Leidenschaft setzen; Schreck, Leidenschaft.

ἀπτόητος od. ἀπτοίητος ὁ ἡ unerschrocken.

ἀναπτοέω ich scheuche auf.

διαπτοέω ich scheuche auseinander.

πτήσσω u. πτώσσω f. ξω ich ducke u. verkrieche mich vor Furcht; bin schüchtern u. demüthig. Auch πτωσκάζω u. πτωκάζω, desgl. καταπτήσσω u. ὑποπτήσσω.

πτὼξ ωκὸς ὁ ἡ geduckt, scheu, flüchtig: Subst. Hase: fem. auch πτωκάς.

πτωχὸς ἡ ὸν (comp. πτωχίστερος) bettelnd, bettelarm. πτωχικὸς ἡ ὸν bettelhaft, zum Bettler gehörig. πτωχεῖον τὸ Bettlerherberge. πτωχοδοχεῖον od. πτωχοτροφεῖον Armenhaus (christl.).

πτωχεύω ich bettele, καταπτωχεύω ich mache zum Bettler: πτωχεία ἡ Bettelei: Armuth.

πτύρω ich mache scheu, schrecke. πτυρμὸς ὁ und πτύρμα τὸ das Scheuwerden. πτυρικὸς ἡ ὸν schreckhaft.

πταίρω f. αρῶ u. πτάρνυμαι ich niese. πταρμὸς ὁ das Niesen, πταρμικὸς u. πταρτικὸς ἡ ὸν niesend: niesen machend. ἐπιπταίρω ich niese dazu.

Πτίσσω pinso ich enthülse Körner durch Stampfen od. Schroten, stampfe. πτίσμα τὸ enthülsetes Korn, πτισμὸς ὁ das Enthülsen, πτιστικὸς ἡ ὸν dazu gehörig od. geschickt.

πτισάνη ἡ enthülsete Gerste: Trank davon.

πίτυρον τὸ Kleie; Schurf, Ausschlag, auch πιτύρισμα τὸ: πιτυρόομαι ich bekomme einen solchen. ἄρτος πιτυρίας, πιτυρίτης, πιτύριος, πιτυρηνὸς Kleienbrod.

Πίτυλος ὁ tactmäßige Bewegung der Hände und Ruder; das Geräusch des Wassers beim Ruderschlag.

πιτυλεύω u. πιτυλίζω ich bewege die Hände schnell, rühre mich.

Πηδάω f. ήσω ich springe; hüpfe. πήδημα τὸ Sprung, πήδησις ἡ u. πηδηθμὸς ὁ das Springen. πηδητὴς ὁ Springer, πηδητικὸς ἡ ὸν zum Springen geneigt od geschickt.
ἀναπηδάω ich springe auf, καταπηδάω ich springe hernieder.
ἀποπηδάω ich springe ab, ich entspringe.
διαπηδάω ich springe durch, über. εἰσπηδάω ich springe hinein, ἐκπηδάω heraus. ἐμπηδάω u. ἐπιπηδάω ich springe in, auf. μεταπηδάω ich springe auf die andre Seite. παραπηδάω ich springe vorbei. ὑπερπηδάω ich springe hinüber.
πιδύω u. πιδύομαι ich quelle, quelle hervor
πῖδαξ ακος ὁ ἡ Spring, Quell, Quellwasser. πιδακόεις εσσα εν quellenreich. πιδακίτης ἡ am Quell wachsend.

Πηλὸς ὁ Koth; Lehm; Thon
πηλοβάτης ὁ Kothtreter. πηλόδομος ὁ ἡ aus Lehm gebaut, πηλοδόμος aus Lehm bauend. πηλοτυπος in Lehm od. Thon arbeitend, πηλόπλαστος daraus gebildet.
πήλινος ίνη ινον lehmern, thönern. πηλώδης ὁ ἡ kothig.
πηλόω ich beschmiere mit Koth.
προπηλακίζω ich beschimpfe, mißhandle: προπηλακισμὸς ὁ schimpfliche Behandlung, προπηλακιστικὸς ἡ ὸν schimpflich, schmählich.

Πῆνος ὁ, πήνη ἡ, πηνίον τὸ der Faden des Einschlags (dav. pannus).
πηνίζομαι ich haspele den Faden ab, ich webe: ἀναπηνίζομαι ich haspele od. wickle auf. πήνισμα τὸ das aufgehaspelte Garn; Gewebe.
εὔτηνος ὁ ἡ gut gewebt.

Πῆχυς εως ἡ Ellbogen, poet. Arm, sonst ὠλένη ἡ; Elle; die Seitenhölzer der Lyra, die durch den Steg (ζυγὸν) oben verbunden sind; Richtscheit.
λευκώλενος ὁ ἡ weißarmig. ὑπωλένιος ὁ ἡ unter dem Ellbogen od. dem Arme befindlich
πηχυαῖος αία αῖον u. πηχύϊος ellenlang.

Πιέζω f. έσω, dor. πιάζω f. ξῶ, ich presse, drücke; ich behaupte fest, bestehe auf etwas; ich setze einem zu, quäle, ängstige.
ἀποπιέζω u. ἐκπιέζω ich drücke aus. καταπιέζω u. ὑποπιέζω ich drücke herunter, unterdrücke. συμπιέζω ich drücke zusammen.
πίεσις ἡ u. πιεσμὸς ὁ das Pressen, Drücken: πίεσμα τὸ ausgepreßter Saft, Trestern. πιεστὴρ ὁ u. πιεστήριον od. πιεστρον τὸ Presse.
πιεστὸς ἡ ὸν gepreßt, zu pressen.

Πῖλος ὁ (dem. πιλίον od. πιλίδιον τὸ u. πιλίσκος ὁ) Filz; was daraus gemacht ist, z. B. Hut, Decke, Teppich.
πίλινος η ον von Filz. πιλοφόρος ὁ ἡ Filz tragend.
πιλέω, πιλόω u. πιλοποιέω ich filze, mache Filz πίλημα τό gefilzte Wolle od. Haare. πιλητὸς ἡ ὸν gekrempt, gefilzt: πιλητικὸς ἡ ὸν dazu gehörig.

Πίναξ ακος ὁ (dem. πινάκιον od. πινακίδιον τὸ u. πινακὶς ἡ, πινακίσκος ὁ) Brett, was dav. gemacht ist, z. B Schreibtafel, Tisch; Teller, Schüssel; Anschlagebrett, Anzeige, Verzeichniß; Gemälde.
πινακηδὸν adv. brettweise, wie ein Brett. πινάκωσις ἡ contabulatio, Sparrwerk.
πινακοθήκη ἡ Bildersaal, Landchartensammlung.
πινακογραφέω ich zeichne od. male eine Tafel, ein Gemälde, eine Charte.

Πίνω f. πίομαι u. πιοῦμαι, aor. ἔπιον, pf. πέπωκα, ich trinke: πιπίσκω f. πίσω ich tränke, auch ποτίζω
ἀποπίνω, ἐκπίνω ich trinke ab, aus ἐμπίνω ich trinke hinein, trinke eins. ἐπιπίνω ich trinke darauf, dazu, dabei.

καταπίνω ich trinke hinunter, verschlucke; vertrinke
προπίνω ich trinke zu; schenke od verkaufe beim Trunk. προπομα τὸ Vortrank, Trunk zum Frühstück. πρόποσις ἡ das Zutrinken.
συμπίνω ich trinke mit od. zusammen, ὑποπίνω ein wenig.
πῖσος od. πεῖσος τὸ feuchter Ort, Aue, Wiese. πίστρα od. ποτίστρα ἡ und πίστρον τὸ Tränke, Gefäß zum Tränken, zum ποτισμὸς ὁ.
πότης ὁ (sup. ποτίστατος) Trinker, Säufer, fem. πότις: συμπότης ὁ der mittrinkt, Gast. ποτικὸς ἡ ὸν zum Trinken geneigt: συμποτικὸς zum Gastmahl u. Zechen gehörig od. geeignet.
ποτὴρ ῆρος ὁ, gew. ποτήριον u. ἔκπωμα τὸ, Becher.
πόμα, Att πῶμα, τὸ Trank, Trunk: auch ποτὴς ῆτος ἡ u. πότημα τό.
πόσις ἡ der Trank, das Trinken: das gemeinschaftliche beim (συμπόσιον) Gastmahl πότος ὁ.
πόσιμος ίμη ιμον trinkbar, gew. ποτὸς ἡ ὸν u. πότιμος: ἄποτος ὁ ἡ nicht trinkbar: ungetrunken.
ποταμὸς ὁ (dem. ποτάμιον τὸ u. ποταμίσκος ὁ) Fluß. ποταμηδὸν wie ein Fluß, ποτάμιος u. ποτάμειος α ον von od. aus dem Fluß.
ποταμηπόρος ὁ ἡ über den Fluß setzend od. gehend. ποταμόκλυστος vom Fluß bespült. ποταμόχωστος vom Fluß angespült od. aufgehäuft.

Πίων ονος ὁ ἡ (comp πιότερος) fett; feist; fruchtbar. πῖαρ τὸ Fett; Fruchtbarkeit; adj. fett, gew. πιαρὸς od. πιερὸς u. πιαλέος α ον, fem. auch πίειρα. πιότης ητος ἡ Fettigkeit; Fett.
πιαίνω ich mache fett, mäste, dünge: πιασμὸς ὁ das Mästen, πίασμα τὸ Dünger, πιαντήριος α ον zum Fettmachen gehörig od. geschickt.
πιμελὴ ἡ Fett, Schmeer. πιμελὴς ὁ ἡ fett· απιμελὴς u. ἄπιμελος ohne Fett πιμελώδης ὁ ἡ fettig, fettartig.
πίνος ὁ Schmutz, Fettglanz: Schimmel, Moder εὐρὼς ῶτος ὁ. πιναρὸς ὰ ὸν schmutzig, poet. πινόεις εσσα εν· εὐρώεις schimmlig, dumpfig. πινόω ich beschmutze, mache schmierig: εὐρωτιάω ich bin od. werde schimmlig, verkomme im Schmutz.
ἀπινὴς ὁ ἡ ohne Schmutz; ohne Ringeröl.
δυσπινὴς ὁ ἡ widrig schmutzig: εὐπινὴς ὁ ἡ glänzend vom Oel der Ringer; vom Rost des Alterthums überzogen.

Πάσσω, Att. πάττω, f. άσω ich sprenge, streue; besprenge, bestreue.
παστὸς ἡ ὸν bestreut, ἄλπαστος gesalzen. παστὸς ὁ od. παστὰς ἡ Gemach der Weiber, thalamus; Vorsaal, atrium: Halle vor dem Hause, porticus.
διαπάσσω ich streue zwischen od. hin u. wieder. ἐπιπάσσω ich streue darauf; besprenge. ἐμπάσσω ich webe ein.

Πλάδος ὁ Nässe, Feuchtigkeit. πλαδαρὸς ὰ ὸν naß, feucht, auch παρδακὸς ἡ όν.
πλαδάω ich bin naß, feucht, erschlafft, schwammigt.

Πλάζω f. γξω, pros. πλανάω f. ήσω, ich führe irre; πλάζομαι, πλανῶμαι, πλανύττω ich irre: ἀποπλανῶμαι od παραπλάζομαι ich irre ab, komme vom Ziele ab.
πλαγκτὸς u. πλανητὸς ἡ ὸν irrend; dem Irrthum unterworfen.
πλαγκτοσύνη ἡ, pros. πλάνη ἡ u. πλάνος ὁ, das Irren, Umherirren; Irrung, Irrthum: πλάνος auch Landstreicher, Betrüger.
πλανης ητος od. πλανήτης ου ὁ irrend, umherstreichend: fem. πλανῆτις.

Πλάσσω u. πλάττω f. άσω ich hantire in od. mit einer weichen Masse; forme, bilde, erdichte.
ἀναπλάσσω ich bilde neu. ἀναπλασμὸς ὁ neue Bildung.

ἐμπλάσσω u. ἐπιπλάσσω ich schmiere darein, darauf. ἔμπλαστρος ἡ u. ἔμπλαστρον τὸ Pflaster. ἐπίπλαστος ὁ ἡ übertüncht, verstellt.
καταπλάσσω ich beschmiere, verschmiere, stopfe zu.
μεταπλάσσω ich gestalte um.
περιπλάσσω ich bestreiche rund um.
πλάσμα ατος τὸ Bildwerk; das Nachgemachte, die angenommene Form od. Manier, Fiction, Nachäffung. πλασματώδης ὁ ἡ erdichtet, verstellt. πλασματίας ου ὁ erdichtet; erdichtend, Fabelfreund.
πλάσις ἡ das Bilden, Gestalten.
πλαστὸς ἡ ὸν gebildet; erdichtet, falsch: ἄπλαστος ὁ ἡ echt, wahrhaft.
πλαστικὸς ἡ ὸν zum Bilden gehörig, geschickt: πλαστικὴ ἡ (sc. τέχνη) die Kunst des πλάστης.
πλάστης od. πλαστὴρ ὁ Bildner, fem. πλάστρια u. πλάστειρα. κοροπλάθος ὁ der Puppen, χυτροπλάθος der Töpfe formt.
πλαθάνη ἡ, πλάθανον τὸ und πλάθανος ὁ Brett od. Form zu Kuchen und Brod.
παλάθη ἡ (dim. παλάθιον τὸ) getrocknete Feigen in eine längliche Form zusammengedrückt. παλαθώδης ὁ ἡ einer solchen Masse ähnlich.
Πλατὺς εῖα ὺ platt; breit; weit, eben: ἡ πλατεῖα (sc. ὁδὸς) die Straße, (sc. χεὶρ) die flache Hand.
πλατυλέσχης oder πλατυλόγος ὁ breiter Schwätzer: πλατυπόρφυρος ὁ ἡ mit breitem Purpursaum. πλατύπους plattfüßig.
πλάτος τὸ und πλατύτης ἡ Breite, Weite. ἀπλατὴς ὁ ἡ ohne Breite.
πλατύνω ich mache breit, verbreite, erweitere.
πλατειάζω od. πλατυστομέω ich rede platt: πλατειασμὸς ὁ solches Reden.
πλαταμὼν ῶνος ὁ breiter u. platter Körper, platter Fels.
πλάτη ἡ Schaufel des Ruders; breiter Knochen, Platte.
πλάτιον od. πλατεῖον τὸ Tafel, Platte, gew. πλὰξ ακὸς ἡ: πλάκινος η ον daraus bestehend, πλακίτης ὁ u. πλακώδης ὁ ἡ plattenartig, πλακόω ich belege od. überziehe mit Platten, πλακοῦς οῦντος ὁ (dem. πλακούντιον und πλακουντάριον τὸ) Kuchen, πλακουντώδης kuchenartig.
πλατυγίζω ich schlage mit dem Ruder ins Wasser, rudere; ich mache Lärm, prahle.
πλατάσσω ich plätschere, klappere, auch πλαταγέω u. πλαταγίζω. πλαταγὴ ἡ das Klappern, Klatschen. Klapper πλαταγὼν ὁ u. πλαταγώνιον τὸ. πλατάγημα τὸ das Geklatsch.
πλαίσιον τὸ längliches Viereck; Schlachtordnung en quarré.
πλάγιος ὁ ἡ od. f. ία seitwärts, in die Queere (τὰ πλάγια die Flanken); zweideutig; zweifelhaft; hinterlistig. πλαγιάζω u. πλαγιόω ich ziehe od. stelle in die Queere; lavire; täusche: πλαγιασμὸς ὁ das Schiefmachen. Schief, schräge auch ἐγκάρσιος ία ιον od. ὁ ἡ.
πλαγίαυλος ὁ Querflöte: πλαγιαυλίζω ich spiele darauf.
πλαγιοφύλαξ ὁ der die Flanken deckt.
Πλέκω f. ξω ich flechte, πλέγδην adv. flechtweise; verflochten.
ἀναπλέκω ich flechte od. knüpfe auf, um, ein.
διαπλέκω ich flechte zwischen, verflechte; wickle auseinander, trenne auf. διαπλοκὴ ἡ das Verflechten; Verwirrung Verfeindung.
ἐμπλέκω ich flechte ein, verwebe, verwickele. ἐμπλοκὴ ἡ Verwickelung, Knoten.
καταπλέκω ich verflechte; flechte fertig.
περιπλέκω ich umflechte, umwickele, umschlinge: περιπλοκὴ ἡ Umarmung.
συμπλέκω ich flechte zusammen; med. ich umarme, geselle mich zu einem (τινί); werde handgemein. συμπλοκὴ ἡ Verknüpfung; Handgemenge; Umarmung.

λέγμα ατος (dem. πλεγμάτιον) τὸ Flechtweek, Korb; Haarflechte, gew. πλόκαμος ὁ u πλοκαμὶς ἡ: εὐπλόκαμος u. εὐπλοκαμὶ, ἴδος ὁ ἡ schön gelockt. πλεγματεύω ich mache Flechtwerk.

πλεκτὸς η ον geflochten: ἡ πλεκτὴ Strick; Jagdnetz; Korb. πλεκτάνη ἡ Flechte, Seil, Netz; Arme od. Fangfüße der Meerpolypen u Dintenfische

πλοκὴ ἡ das Flechten; das Geflecht, Gewebe; Verwicklung: ἄπλοκος ὁ ἡ ungeflochten, auch ἄπλεκτος und νήπλεκτος. πλοκεὺς ὁ der flicht. πλόκος ὁ u. πλοκὰ, ἡ = πλόκαμος. πλοκαμον u. πλόκανον τὸ Flechtwerk; Wurfschwinge, vannus.

Πίμπλημι f. πλήσω ich fülle, fülle an, mache voll: auch ἀναπίμπλημι, ἐκπίμπλημι, ἐμπίμπλημι.

πλησίγναθος, πλησίστιος ὁ ἡ die Backen, die Segel füllend. μήνη πλησιφαὴς od. πλησίφωτος Vollmond (poet).

πλήθω ich bin voll (sonst γέμω, wov. γεμίζω ich fülle an u. γόμος ου ὁ Schiffsladung).

πλέος od. πλεῖος α ον, Att. πλέως ὁ ἡ, voll, auch ἀνάπλεως, ἔμπλεως, κατάπλεως, πλήρης ὁ ἡ.

πληρόω, ἀποπληρόω, συμπληρόω ich fülle, mache voll, sättige; ersetze, bezahle, auch ἀντιπληρόω u. ἀνταναπληρόω. πλήρωσις ἡ das Füllen; Erfüllung; Vollendung. πλήρωμα ατος τὸ das Anfüllen; die Erfüllung; die Bemannung des Schiffs. πληρωτὴς ὁ der ausfüllt, vollzählig macht, mitbeiträgt ἀπλήρωτος od. ἄπληστος ὁ ἡ nicht auszufüllen, unersättlich: ἀπληστία ἡ Unersättlichkeit. ἄπλετος ὁ ἡ unermeßlich, sehr groß.

πλῆσμα τὸ = πλήρωμα. πλήσμη, auch πλήμη u πλήμμυρα od. πλημμυρὶς, ἡ Fluth· πλημμύριον τὸ Ort wo Fluth u. Ebbe Statt findet, πλημμυρέω u. πλημμυρίζω ich fließe über, fluthe.

πλήσμιος ία ιον füllend, bald sättigend: τὸ πλήσμιον der Ekel. πλησμονὴ ἡ Fülle, Ueberfluß; Anfüllung, Sättigung, Uebersättigung.

πληθὺς ύος ἡ, pros. πλῆθος εος τὸ, Menge, Haufen, Volk, Pöbel. πληθύω u. πληθύνω ich fülle, vermehre; bin od. werde voll, nehme zu, wachse. πληθυντικὸς ἡ ὸν vermehrend, πληθυσμὸς ὁ Vermehrung.

πληθώρη ἡ Anfüllung, Fülle: Ueberfluß an Säften und Blut. πληθωρέω ich bin voll od. gesättigt: πληθωρικὸς ἡ ὸν vollsäftig, vollblütig.

πολλὸς ἡ ὸν, gew. πολὺς πολλὴ πολὺ, viel: wenig ὀλίγος η ον, poet. auch παῦρος, Wenigkeit ὀλιγότης ἡ. οἱ πολλοὶ der große Haufe, τὰ πολλὰ meistentheils, ὡς ἐπὶ πολὺ gewöhnlich, παρὰ πολὺ bei weitem: ὀλίγου od. παρ' ὀλίγον beinah, κατ' ὀλίγον allmählig.

πολύανδρος od. πολυάνθρωπος ὁ ἡ volkreich, ὀλίγανδρος od. ὀλιγάνθρωπος wenig bevölkert· πολυανδρία, πολυανθρωπία ἡ Menschenmenge, starke Bevölkerung, ὀλιγανδρία, ὀλιγανθρωπία Mangel daran: πολυανδρέω πολυανθρωπέω ich bin reich an Menschen, entggs. ὀλιγανδρέω u ὀλιγανθρωπέω.

πολυγονος ὁ ἡ vielzeugend, fruchtbar: ὀλιγόγονος unfruchtbar.

πολυδάπανος viel, ὀλιγοδάπανος wenig aufwendend.

πολυκοιρανίη ἡ Herrschaft vieler, ὀλιγαρχία weniger.

πολυλόγος ὁ ἡ geschwätzig, ὀλιγόμυθος, wenig redend: πολυλογία ἡ Geschwätzigkeit, entggs. ὀλιγομυθία.

πολυμαθης ὁ ἡ der viel, ὀλιγομαθὴς der wenig gelernt hat

πολύπαις od. πολύτεκνος reich an Kindern, ὀλιγοτεκνία ἡ geringe Zahl von Kindern.

πολύπονος ὁ ἡ mühselig; viel arbeitend: ὀλιγόπονος wenig arbeitend.
πολυπράγμων viel thuend, thätig; der sich um vieles bekümmert: πολυπραγμοσύνη ἡ Geschäftigkeit, πολυπραγμονέω ich bin geschäftig, kümmere mich um vieles. Entggs. ὀλιγοπράγμων u. ὀλιγοπραγμοσύνη.
πολυωρέω ich beachte, ehre, versorge: ὀλιγωρέω ich kümmere mich wenig (τινὸς um etwas), vernachlässige.

πολλάκις u. πολλάκι oft: selten ὀλιγάκις, παυράκις, σπανιάκις. πολλαχῇ u. πολλαχῶς auf viele Weisen: πολλαχοῦ an vielen Orten, πολλαχόθεν von vielen Orten her.
πολλαπλάσιος od. πολλαπλασίων ὁ ἡ vielfältig. πολλαπλασιόω u. πολλαπλασιάζω ich vervielfältige.
πολλοστὸς ἡ ὸν einer von vielen; klein, gering: ὀλιγοστὸς in Gesellschaft von wenigen.

Mehr πλείων od. πλέων: weniger (poet.) ὀλίζων.
πλεονέκτης ὁ, sup. πλεονεκτίστατος, (ἔχω) der mehr haben will, habsüchtig, eigennützig. πλεονεκτέω ich bin πλεονέκτης, habe od. suche Vortheil: ich habe weniger, komme zu kurz μειονεκτέω. πλεονέκτημα τὸ Vortheil; Vorzug; List wodurch man einen übervortheilt. πλεονεκτικὸς ἡ ὸν dem Habsüchtigen eigen; zur Bevortheilung geneigt od. geschickt. πλεονεξία ἡ das Mehrhaben, der Vortheil; Bevortheilung; Habsucht.
πλεονάκις öfter. πλεοναχῶς auf mehrere Weisen.
πλεονάζω ich bin mehr; bin überflüssig, übermäßig πλεόνασμα τὸ u. πλεονασμὸς ὁ das mehr od. zu viel thun; Ueberfluß. πλεοναστικὸς ἡ ὸν überflüssig.
πλὴν außer, mit Gen. od. ἤ; jedoch.

Am meisten πλεῖστος η ον: πλειστάκις am öftersten.
πλειστηριάζω ich übertheuere, steigere.

Πλέω f. πλεύσομαι ich schiffe, fahre zur See; ich schwimme. Poet. auch πλώω, aor ἔπλων.
ἀναπλέω ich schiffe aufwärts, stroman; wieder, zurück. ἀποπλέω ich fahre ab. διαπλέω ich schiffe über od. durch, εἰσπλέω hinein, ἐκπλέω heraus. ἐπιπλέω ich schiffe darauf los. καταπλέω ich fahre herab, ans Land, παραπλέω vorbei, προσπλέω hinzu, συμπλέω mit.
πλόος, contr. πλοῦς, ὁ das Schiffen, die Schifffahrt. πλοΐζω u. πλωΐζω ich schiffe, schwimme. πλόϊμος od. πλώϊμος u. πλώσιμος ὁ ἡ schiffbar; zum Schiffen geschickt. πλωτὸς ἡ ὸν schiffbar, schwimmend, fem. auch πλωὰς u. πλωΐς. πλώτης od. πλωτὴρ ὁ Schwimmer, Schiffender, Schiffer.
ἄπλοος, contr. ἄπλους, ὁ ἡ nicht schiffbar; zum Schiffen nicht tauglich.
ἄπλοια ἡ Mangel an Schiffen; Zeit da man nicht schiffen kann.
εὔπλοια ἡ glückliche Fahrt: εὐπλοέω ich fahre glücklich. σύμπλοος ὁ der mitfährt.
πλοῖον (dem. πλοιάριον) τὸ das Schiff, bs. Transportschiff, sonst ὁλκὰς od. ναῦς στρογγύλη.
πλειὰς ἡ das Siebengestirn, mit dessen Aufgang die Schifffahrt anhob und mit dessen Untergang sie schloß.

Πλήσσω, Att. πλήττω, f. ξω ich schlage, verwunde.
πληγὴ ἡ u. πλῆγμα τὸ Schlag, Wunde. πλήγανον τὸ Stock, Prügel.
πλήκτης ου ὁ der schlägt: πληκτίζομαι ich schlage mich herum, τινί, auch διαπληκτίζομαι; schlage an meine Brust (plango). πλῆκτρον τὸ Instrument womit man schlägt, bs. womit man die Saiten der Cither schlägt.

ἀποπλήσσω ich schlage zu Boden; betäube; lähme. ἀπόπληξία ἡ Betäubung, Lähmung, Schlagfluß.
διαπλήσσω ich schlage auseinander, συμπλήσσω zusammen: πέτραι συμπληγάδες Felsen die an einander schlagen.
ἐκπλήσσω ich erschrecke, erschüttere, betäube. ἐκπληκτος u. ἐκπλαγὴς ὁ ἡ erschrocken, erstaunt: ἔκπαγλος erstaunlich.
ἐμπλήσσω ich stürze od. gerathe hinein; ich setze in Schrecken. ἐμπληξία ἡ Bestürzung, Betroffenheit. ἔμπληκτος ὁ ἡ betroffen, erschrocken.
ἐπιπλήσσω ich tadle, schelte (τινί): ἀνεπίπληκτος ὁ ἡ tadellos.
καταπλήσσω ich schlage nieder; setze in Erstaunen od. Schrecken. καταπλὴξ ῆγος, ὁ ἡ erstaunt, verdutzt. κατάπληξις ἡ das Erschrecken, Bestürzung.
παραπλήσσω ich schlage daneben, vorbei. παραπλὴξ u. παράπληκτος ὁ ἡ verrückt.
πλῆγξ ηγγος u. πλάστιγξ ιγγος ἡ Peitsche; Wagebalken; Wagschaale.
ὕσπληξ u. ὕσπληγξ γγος ἡ Stachel zum Antreiben der Thiere: repagulum, Schlagbaum vor der Rennbahn, der weggenommen wird, wenn die Wettrenner auslaufen sollen; das Schnell= oder Stellholz bei Fallen.

Πλίσσομαι f. ξομαι ich trappele, trabe. ἀποπλίσσομαι ich gehe davon
Πλύνω f. πλύσω ich wasche, wasche aus, spüle; schimpfe, schelte.
ἀποπλύνω u. καταπλύνω ich wasche ab. ἐκπλύνω ich wasche aus.
πλύσις ἡ u. πλυσμὸς ὁ das Waschen, πλύσιμος was sich waschen läßt.
πλυντὴρ u. πλύνης ὁ Wäscher, πλύντρια u. πλυντρὶς ἡ Wäscherin.
πλῦμα τὸ Spülicht, unreines Wasser πλυτὸς ἡ ὀν gewaschen.
πύελος u. πύαλος ὁ Waschtrog, Badewanne πυελὶς ἡ u. πυέλιον τὸ pala am Siegelring die Fassung worin der Stein sitzt. πυελώδης ὁ ἡ ausgehölt, hohl.

Πνέω f. πνεύσω ich blase; hauche, schnaube; athme; dunste, rieche. πέπνυμαι ich bin verständig, bin πινυτός: πινυτή od. πινυτὴς ῆτος, auch πινυτότης u. πίνυσις, ἡ Verstand, Klugheit: πινύσσω u. πινύσκω ich mache verständig: ἀπινύσσω ich bin unverständig.
ἀναπνέω, poet. ἄμπνυμαι, ich athme auf, verschnaufe, erhole mich: ἀνάπνευσις u. ἄμπνοὴ ἡ das Aufathmen, Verschnaufen; Luftloch.
ἀποπνέω ich athme od. dünste aus; verhauche, sterbe: auch ἐκπνέω.
εἰσπνέω ich athme ein; hauche ein, begeistere. εἴσπνιλος ὁ der Liebende (Lakon.).
ἐμπνέω ich hauche ein, gebe ein, begeistere; ich lebe, athme.
ἐπιπνέω ich hauche an (auch προσπνέω); treibe an, ermuntere.
καταπνέω ich bewehe, durchwehe.
συμπνέω ich blase zusammen; stimme überein
πνεῦμα, dem. πνευμάτιον. τὸ Hauch, Athem; Wind; Geist, Seele, Leben. πνευματίας ὁ stark athmend: aufgeblasen. πνευματικὸς ἡ ὸν zum Winde, Hauch, Athem gehörig, sie betreffend; windig; gebläht, blähend; geistig. πνευματώδης ὁ ἡ windig, aufgeblasen, blähend. πνευματόω ich verwandle in Wind, ich blähe, blase auf.
ἐκπνευματόω ich lüfte aus; ich bewege durch Wehen. ἐμπνευματόω ich fülle mit Luft.
πνεύμων (Att. πλεύμων) ονος ὁ Lunge: πνευμονία u. πλευμονὶς ἡ Lungensucht: πνευμονικὸς ἡ ὸν zur Lunge gehörig, an der Lunge leidend.
πνεῦσις ἡ das Blasen, Wehen, Athmen. πνευστικὸς ἡ ὸν blasend, blähend. πνευστιάω, poet. ποιπνύω, ich keuche, athme schwer. ἄπνευ-

στος ὁ ἡ athemlos, entseelt: ἀπνευστία ἡ das Nichtathmen: ἀπνευστὶ ohne Athem zu holen, ununterbrochen.

πνοή, poet. πνοιή, ἡ Wind, Luft, Athem; Ton; Duft.

ἄπνοος od. ἄπνους ὁ ἡ windlos, athemlos: ἄπνοια ἡ Windstille.

ἔμπνους athmend, lebend. ἐπίπνους angehaucht, begeistert: ἐπίπνοια ἡ Begeisterung κατάπνους beweht, angeweht. σύμπνους conspirans übereinstimmend: σύμπνοια ἡ Uebereinstimmung.

Πνίγω f. ξω ich ersticke, dämpfe. ἀποπνίγω u. καταπνίγω ich erwürge, erdrossele.

πνιγμὸς ὁ od. πνῖγμα τὸ das Sticken; Würgen: auch πνιγμός u. πνιγμονὴ ἡ. πνικτὴρ ὁ erstickend, πνικτὸς ἡ ὸν erstickt, gedämpft.

πνιγεὺς ὁ Schmortopf, Kohlendampfer.

πνῖγος εος τὸ Stickhitze, Schwüle. πνιγώδης ὁ ἡ u. πνιγηρὸς ὰ ὸν stickend heiß, schwül

Πόθος ο, poet. auch ποθὴ ἡ, Verlangen, Sehnsucht, Liebe.

ποθέω f. έσω u. ήσω ich verlange, sehne mich nach etwas, vermisse; liebe, begehre. πόθησις ἡ das Verlangen, Sehnen. πόθημα τὸ das Verlangte.

ποθεινὸς u. ποθητὸς ἡ ὸν od. περιπόθητος begehrenswerth, ersehnt, geliebt: τριπόθητος dreimal erwünscht: ἀπόθητος ὁ ἡ nicht ersehnt, nicht vermißt

πότνα u. πότνια ἡ Geehrte, Verehrte (nur in der Anrede üblich).

ποτνιάομαι ich rufe an, flehe, jammere: ποτνίασις ἡ u. ποτνιασμὸς ὁ das Anrufen u. Flehen.

Ποιέω (Att. ποέω) f. ήσω ich mache, thue.

ποίησις ἡ das Machen, Thun; die Dichtung. ποίημα, dem. ποιημάτιον, τὸ das Gemachte, Machwerk; Gedicht.

ποιητὴς οῦ ὁ der etwas macht; Dichter. ποιήτρια ἡ Dichterin. ποιητικὸς ἡ ὸν zum Dichter gehörig od. geschickt, dichterisch.

ποιητὸς ἡ ὸν gemacht, künstlich, schön gemacht; erdichtet: παῖς ποιητὸς adoptirter Sohn. ἀποίητος ὁ ἡ nicht gemacht; ohne Kunst, ungeschickt, entggs. εὐποίητος.

ἀντιποιέω ich thue wieder od. dagegen; med. ich mache Anspruch auf etwas (τινός); mache einem streitig (τινὶ τινος).

ἀποποιέομαι ich entferne von mir, verstoße, verwerfe

εἰσποιέω ich mache od. bringe hinein, einen Sohn z. B. in ein fremdes Haus durch Adoption (εἰσποίησις): εἰσποιοῦμαι ich adoptire.

ἐκποιέω ich mache heraus od. los; veräußere; gebe ein Kind einem andern zu adoptiren; ich mache fertig.

ἐμποιέω ich mache, thue, bringe hinein; bringe bei; flöße ein, lehre.

εὔποιος ὁ ἡ wohlthuend, εὐποιΐα ἡ Wohlthätigkeit, εὐποιέω ich thue wohl (einem τινί), εὐποιητικὸς geneigt od. gewohnt wohlzuthun. Entggs. κακοποιος, κακοποιΐα ἡ, κακοποιέω.

μεταποιέω ich mache anders, ändere; med. c. gen. eigne mir zu.

παραποιέω ich mache nach; verfälsche; mache unrecht.

περιποιέω ich lasse übrig, errette, erlöse: med. ich erübrige, erwerbe.

προσποιέω ich thue hinzu; med. affecto ich erwerbe mir, maße mir an, stelle mich an, nehme die Miene an. προσποίημα τὸ das Angemaßte; Verstellung, Larve, Vorgeben: προσποίησις ἡ Anmaßung, Vorgeben, Affectation: προσποίητος ὁ ἡ angenommen, verstellt.

ὑποποιέω ich mache od. verursache heimlich od. allmälig; schiebe unter od. ein; med. ich bringe an mich; nehme an, mache nach.

Ποινή ἡ Blutrache, Buße, Wiedervergeltung, Strafe. ἄποινεὶ od. νηποινεὶ ungestraft, adj. νήποινος ὁ ἡ.
ποίνιμος ὁ ἡ od. ποιναῖος u. ποινοποιὸς rächend, strafend. ποινάω u. ποινάζω ich räche, strafe: ποινάτωρ od. ποινήτωρ u. ποινητὴρ od. ἥτις ὁ, ἥτις ἡ Rächer: ποινήλατος ὁ ἡ von den Strafgöttinnen (Ποιναὶ = Ἐριννύες) umhergetrieben.
ἄποινα τὰ Lösegeld. ἀποινάω od. ἀποινόω ich lasse gegen ein Lösegeld los; ich med. erhalte losgelassen.
ἀνάποινος ὁ ἡ ohne Lösegeld; nicht losgekauft.

Πόλις εως ἡ (poet. πτόλις: dem. πολίδιον, πολίδριον, πολίχνιον τὸ u. πολίχνη ἡ) Stadt, Burg. ἄπολις ὁ ἡ ohne Stadt, ohne Vaterland.
πολίαρχος u. πολιανόμος od. πολιονόμος ὁ der die Stadt regiert.
πολιπόρθος ὁ Städtezerstörer.
πολιεὺς ὁ u. πολιὰς ἡ Zeus u. Athene als Beschützer der Stadt, πολιοῦχοι.
πολίζω ich baue eine Stadt, baue einen Ort mit einer Stadt an: πόλισμα τὸ Stadt.
πολίτης ὁ (poet. πολιήτης) Bürger; Mitbürger, spät συμπολίτης: fem. πολῖτις u. συμπολῖτις.
πολιτικὸς ἡ ὸν dem Bürger oder dem Staat eigen: πολιτικὸς ὁ Staatsmann, πολιτικὴ ἡ Staatskunst, πολιτικὰ τὰ Staatsgeschäfte.
πολιτεύω ich mache zum Bürger; πολιτεύομαι ich lebe als Bürger, nehme Theil an Staatsgeschäften, verwalte ein Amt.
ἀντιπολιτεύομαι u. διαπολιτεύομαι ich bin Gegner od. Nebenbuhler in der Staatsverwaltung. ἀντιπολιτεία od. διαπολιτεία ἡ Gegenpartei, Verschiedenheit der politischen Grundsätze.
ἐμπολιτεύομαι ich lebe als Bürger in einer Stadt. καταπολιτεύομαι ich bezwinge oder gewinne durch politisches Benehmen συμπολιτεύομαι ich bin Bürger desselben Staats, verwalte den Staat mit.
πολιτεία ἡ Stand u. Leben des Bürgers; Staatsverwaltung; Staatsverfassung: συμπολιτεία politische Verbindung. πολίτευμα τὸ Handlung od Maxime eines Staatsmannes. ἀπολίτευτος ὁ ἡ an Staatsgeschäften nicht theilnehmend, dazu ungeschickt.

Ποππύζω f. ύσω ich pfeife; ich schnalze, z. B. um Thiere zu locken od. um zu applaudiren: auch ποππυλιάζω.
πόππυσμα τὸ u. ποππυσμὸς ὁ das Pfeifen; das Applaudiren.

Πορφύρα ἡ Purpurschnecke, Purpurfarbe; das damit Gefärbte.
ἀπόρφυρος ὁ ἡ ohne Purpur. περιπόρφυρος ἡ Kleid mit einem Purpurstreifen, toga praetexta od. laticlavia.
πορφυρόβαπτος od. πορφυροβαφὴς in Purpur getaucht od. gefärbt: πορφυροβάφος ὁ Purpurfärber, πορφυροβαφεῖον τὸ Purpurfärberei.
πορφυρογέννητος ὁ geboren im Purpur, od. als der Vater den Purpur trug.
πορφύρεος εα εον, contr. πορφυροῦς ᾶ οῦν, purpurn (bald dunkelroth, bald hellroth, bald violett): auch πορφυρόεις εσσα εν.
πορφυρίτης ὁ u. πορφυροειδὴς ὁ ἡ dem Purpur ähnlich.
πορφυρεὺς έως ὁ Purpurfischer; Purpurfärber. πορφυρεύομαι ich fange Purpurschnecken.
πορφυρὶς ίδος ἡ Purpurkleid od. Decke.
πορφύρω ich färbe purpurn, bin purpurfarbig, auch πορφυρέω und πορφυρίζω.

Πόσθη ἡ od. πόσθιον τὸ männlich Glied, gew. πέος τὸ.

Πέδον τὸ Boden, Erde, Land. πέδονδε od. πεδοῖ zur Erde, πεδόθεν von der Erde.

πεδοβάμων ὁ ἡ auf der Erde gehend, πεδοκοίτης darauf liegend: πεδοσκαφὴς in die Erde gegraben.

πεδίον τὸ Feld, Ebne: πεδίονδε ins Feld. πεδινὸς u. πεδιακὸς ἡ ὸν eben, flach (auch ἄπεδος ὁ ἡ); auf dem flachen Lande lebend, was auch πεδιαῖος πεδιάσιος πεδιάσιμος; fem. auch πεδιὰς ἄδος.

ἔμπεδος ὁ ἡ in der Erde stehend, feststehend, fest, dauerhaft. ἐμπεδόω ich befestige; bestätige.

ἐμπεδόκαρπος, ἐμπεδόφυλλος ὁ ἡ beständig Früchte, Blätter tragend: sonst ἀείκαρπος, ἀείφυλλος.

ἐμπεδόμυθος von beständiger Rede, ἐμπεδόφρων von festem Sinn. ἐμπεδορκέω ich bleibe meinem Eide treu.

ἐπίπεδος ὁ ἡ auf dem Boden, der Erde gleich, niedrig: τὸ ἐπίπεδον Oberfläche.

πέδη ἡ Fußeisen, Fessel. πεδάω f. ήσω ich fessele, verstricke. πεδητὴς ὁ der fesselt, πεδήτης der Gefesselte. πέδων ωνος ὁ ein immer gefesselter Sklav.

πέδιλον τὸ Schuh, gew. ὑπόδημα: χρυσοπέδιλος u. ὠκυπέδιλος ὁ ἡ mit goldenen, mit schnellen Sohlen

πέζα ἡ Fuß, Saum, Kante, Rand: ἀργυρόπεζα ἡ silberfüßig.

πεζὸς ἡ ὸν zu Fuß, zu Lande; Infanterist: λόγος πεζὸς die Prosa, πεζολεκτέω od. πεζολογέω ich rede in Prosa, πεζογράφος ὁ Prosaist.

πεζῇ zu Fuß, zu Lande.

πεζομάχος ὁ ἡ zu Fuß od. zu Lande kämpfend, entggs. ναυμάχος: πεζομαχία ἡ Landschlacht, ναυμαχία Seeschlacht.

πεζονόμος ὁ ἡ auf dem Lande weidend, πεζοπόρος Fußgänger.

πεζικὸς ἡ ὸν zum Fußgänger od. Infantristen gehörig: τὸ πεζικὸν (wie auch τὸ πεζόν) das Fußvolk. πεζεύω od. πεζοπορέω ich reise zu Fuß; reise zu Lande.

πῆδος ὁ das breite Ende des Ruders, sonst πλάτη ἡ. πηδάλιον τὸ Steuerruder: πηδαλιώδης ὁ ἡ dem ähnlich: πηδαλιοῦχος ὁ ἡ der es hält, πηδαλιουχέω ich steure, gew. κυβερνάω.

πούς οδός ὁ (dem. πόδιον od. ποδάριον τὸ u. ποδίσκος ὁ) Fuß; Zipfel des Segels, womit es nach dem Winde gestellt wird; daher ὅλῳ ποδὶ mit aller Macht. ἀνὰ πόδα zurück. ἐκ ποδὸς u. κατὰ πόδας auf dem Fuß, sogleich. τὰ ἐν (od. παρὰ) ποσὶ was vor den Füßen liegt, das Gegenwärtige; oft vorkommende, gemeine. ἐπὶ ποδῶν stehend. περὶ πόδα passend, eben recht (eigl. von Schuhen welche schließen).

ἄπους οδος ὁ ἡ ohne Füße δίπους zweifüßig, τρίπους dreifüßig: ὁ (dem. τριπόδιον τὸ) Dreifuß, Geräth mit drei Füßen. τετράπους vierfüßig, τετραποδίζω ich gehe auf vier Füßen, τετραποδισμὸς ὁ dieser Gang: τετραποδηδὸν, τετραποδητὶ, τετραποδιστὶ auf allen vieren.

ἐκποδῶν adv. aus dem Wege.

ἐμποδῶν, adv. im Wege, hinderlich: adj. ἐμπόδιος ὁ ἡ. ἐμποδίζω od. παρεμποδίζω u. παραποδίζω ich hindere: ἐμπόδισμα τὸ u. ἐμποδισμὸς od. παραποδισμὸς ὁ Hinderung, Hinderniß.

ποδάγρα ἡ (ἄγρα) Fußschlinge; Fußgicht, Podagra. ποδαγράω, ποδαγριάω, ποδαγριάζομαι ich leide am Podagra, bin ποδαγρὸς od. ποδαγρικός.

ποδηγὸς u. ποδηγέτης ὁ leitend, anführend: ποδηγία ἡ Leitung, ποδηγέω u. ποδηγετέω ich leite.

ποδοκάκη u. ποδοκάκκη ἡ = πέδη, sonst auch ξύλον.

ποδανιπτὴρ od. ποδανιπτὴρ ὁ u. ποδανίπτρα ἡ Becken zum Fußwaschen: ποδάνιπτρον τὸ Wasser dazu.

ποδώκης od. ὠκύπους ὁ ἡ (ὠκὺς) schnellfüßig: ποδωκία u. εια ἡ Schnellfüßigkeit.

ποδιαῖος α ον einen Fuß lang od. tief: διποδιαῖος od. διπόδης 2, τετραπόδης 4.

ποδηρὴς χιτὼν Kleid bis auf die Füße reichend; auch ποδηνεκὴς ὁ ἡ.

ποδίζω f. ίσω ich fessle die Füße (auch συμποδίζω); ich messe nach Füßen.

ἀναποδίζω ich gehe od. trete zurück; ich lasse zurückkommen od. noch einmal vortreten. ἀναπόδισις ἡ u. ἀναποδισμὸς ὁ das Zurückkommen.

προποδίζω ich gehe od. schreite vorwärts, fort.

Πρέπω ich glänze, steche hervor, auch διαπρέπω, ἐκπρέπω, ἐμπρέπω, μεταπρέπω. πρέπει es geziemt sich, schickt sich.

πρεπώδης, ἐπιπρεπὴς, εὐπρεπὴς ὁ ἡ schicklich, anständig: ἐπιπρέπεια u. εὐπρέπεια ἡ Anstand, Schicklichkeit, Schönheit: unschicklich ἀπρεπής: hervorstechend διαπρεπὴς u. ἐκπρεπής.

πρεπτὸς ή ὸν anständig, verehrungswürdig, gew. σεμνός.

Πρήθω, πρημαίνω, πίμπρημι f. πρήσω ich blase, blase an; ich zünde an, verbrenne.

πρῆσις ἡ das Anschwellen, Verbrennen. πρηστὴρ ῆρος ὁ Blitzstrahl; Wirbelwind: πρηστήριος ία ιον brennend, blasend, stürmisch. πρῆσμα τὸ Entzündung, Geschwulst.

πέρθω f. πέρσω; a. 2. ἔπραθον, ich verwüste, zerstöre, auch διαπέρθω u. ἐκπέρθω, gew. πορθέω. πέρσις u. πόρθησις ἡ Verwüstung.

πορθητὴς οῦ ὁ Verwüster, Zerstörer: πτολίπορθος Städtezerstörer (poet.). ἀπόρθητος ὁ ἡ unverwüstet, unverwüstlich.

Πρίω ich säge; ich knirsche mit den Zähnen.

διαπρίω u. καταπρίω ich zersäge. ἐκπρίω ich säge aus. ἐμπρίω ich beiße hinein; beiße, schmecke scharf.

πρίσις εως ἡ das Sägen; ὀδόντων Zähnknirschen. πρίσμα ατος τὸ das Gesägte; Sägespäne; Prisma. πρισιὴς u. πριστὴρ ὁ der Säger. πριστὸς ἡ ὸν gesägt, zu sägen. ἀπρὶξ festhaltend, unablässig.

πρίων ονος ὁ (dem. πριόνιον τὸ) Säge. πριονίτης ὁ, πριονώδης ὁ ἡ u. πριονωτὸς ἡ ὸν sägenförmig.

Πρὸ c. gen. vor: πρὸ τοῦ od προτοῦ vordem, ehemals: auch πρίν, poet. πάρος, πάροιθεν, προπάροιθεν (comp. παροίτερον).

πρότερος έρα ερον prior, ὕστερος έρα ερον posterior: πρῶτος (poet. πρώτιστος) η ον primus, ὕστατος άτη ατον (poet. auch λοῖσθος od. λοισθεὺς u. πύματος) postremus. πρότερον od. πρὶν vorher, eher, ὕστερον nachher: πρῶτον zuerst, ὕστατον zuletzt. προτεραῖος αία αῖον am vorigen Tage, ὑστεραῖος αία αῖον am folgenden Tage; προτεραία ἡ der Tag vorher, ὑστεραία ἡ der Tag nachher. προτερέω u. -εύω ich bin vor, eher, habe den Vorzug in Zeit Ort od. Würde: ὑστερέω u. -εύω, auch ὑστερίζω, ich bin zurück, komme später, stehe nach.

τὰ πρῶτα od. τὰ πρωτεῖα der erste Preis: λοισθήϊα der letzte Preis. πρωτεύω und πρωτιστεύω f. εύσω ich bin der Erste, habe den Vorzug: πρωτεία ἡ erster Platz, Vorrang.

πρόσθε u. πρόσθεν vorn, vorher; in Gegenwart (c. gen.): auch ἔμπροσθε od. ἔμπροσθεν u. ἐπίπροσθε od. ἐπίπροσθεν. ἐμπρόσθιος ὁ ἡ der vordere. Entggs. ὄπισθεν, ὀπίσθιος.

πρόσω, pros. πόῤῥω, vorwärts, weiter vor. πρόσωθεν u. πόῤῥωθεν aus der Ferne. ποῤῥωτέρωθεν aus weiterer Ferne.

πρωῒ u. πρῷ, πρωῒ u. πρῷ früh am Morgen; frühzeitig, vor der Zeit. πρώϊος od. πρῷος α ον (comp. πρωαίτερος, sup. πρωαίτατος), auch πρώϊμος u. πρωϊνὸς ἡ ὸν, morgendlich; frühzeitig: πρωΐα ἡ (sc. ὥρα) der Morgen. Spät ὀψέ.

πρώην, poet. πρώϊζα, vorgestern, neulich.

πρῷρα ἡ Vordertheil des Schiffs, πρύμνα ἡ das Hintertheil (πρυμνὸς ἡ ὸν der äußerste, letzte). πρῴραθεν vom Vordertheil her, πρύμνηθεν vom Hintertheil her. ἀντίπρωρος mit entgegenstehendem Vordertheil; übhpt. entgegengerichtet.

πρυμνήτης ὁ Steuermann, der auf der πρύμνα seinen Platz hat (sonst κυβερνήτης ὁ, poet. κυβερνητὴρ, fem. κυβερνήτειρα, von κυβερνάω f. ήσω ich steure, lenke: κυβέρνησις ἡ das Steuern, Lenken: κυβερνητικὸς ἡ ὸν zum Steuern gehörig od. geschickt: ἀκυβέρνητος ungesteuert, ohne Steuermann).

πρωράτης u. πρωρεὺς ὁ Untersteuermann (auf dem Vordertheil).

πρωρατεύω od. πρωράζω ich bin πρωράτης.

πρυμναῖος α ον zur πρύμνα gehörig. πρυμνήσια τὰ Taue zum Festbinden an das Land (Tau sonst κάλως ω od. ωος ὁ, dem. καλώδιον τὸ: καλωστρόφος ὁ der Seile dreht (στρέφει), Seiler).

πρὼν ωνὸς od. πρηὼν ὄνος ὁ abhängiger Berghügel.

πρηνὴς ὁ ἡ pronus, vorwärts über, Kopfüber: auch λορδὸς ἡ όν. πρηνίζω ich kehre od. wende vorwärts über: λορδαίνομαι oder λορδόομαι ich biege mich so: λόρδωσις ἡ od. λόρδωμα τὸ diese Biegung.

πρύτανις εως ὁ Fürst, Herrscher (poet.); in Republiken bald der Oberpriester, bald der oberste Magistrat; in Athen πρυτάνεις das jedesmal (35 od. 36 Tage, eine πρυτανεία, lang) regierende Zehntel des Raths der 500, alle 50 aus derselben φυλή, getheilt in 5 successive Decurien von πρόεδροι, unter Vorsitz des (täglich wechselnden) ἐπιστάτης.

πρυτανεῖον τὸ öffentliches Gebäude worin der Vesta ein beständiges Feuer brannte und nebst den Prytanen Gesandte u. verdiente Bürger gespeiset wurden. (Der Speisesaal θόλος.) τὰ πρυτανεῖα das Geld welches beim Anfang des Processes die Parteien deponiren mußten: wer den Proceß verlor, verlor auch seine πρυτανεῖα.

πρέσβυς (εος u. εως) εια υ (sup. πρέσβιστος u. πρεσβύτατος) alt; geehrt: οἱ πρέσβεις die Gesandten, συμπρέσβεις Mitgesandte.

πρεσβύτης ου ὁ ein Alter, πρεσβῦτις ιδος ἡ eine Alte, auch πρέσβα u. πρέσβειρα. πρεσβυτικὸς ἡ ὸν zum Greise gehörig, für ihn schicklich.

πρεσβεύω ich bin der Aeltere; bin Gesandter, verhandle als solcher.

ἀποπρεσβεύω ich richte meine Aufträge als Gesandter aus; erstatte Bericht von der Gesandtschaft

παραπρεσβεύω ich führe die Gesandtschaft unredlich.

πρεσβεῖον τὸ Vorzug, Ehre, Ehrengeschenk. πρεσβεία ἡ Alter (nach dem Alter κατὰ πρεσβείαν od. κατὰ πρέσβιν): Gesandtschaft, auch πρέσβευσις ἡ u. πρέσβευμα τὸ. πρεσβευτὴς οῦ ὁ Gesandter. πρεσβευτικὸς ἡ ὸν zum Gesandten gehörig, dazu geschickt.

Πρὸς praep. (poet. προτὶ u ποτὶ) zu, bei. πρὸς τῶν θεῶν bei den Göttern, um der Götter willen: πρὸς βορέου gegen Norden, auf der Nordseite: πρὸς ἐμοῦ auf meiner Seite, für mich. πρὸς τούτοις überdies: πρὸς τῇ πόλει bei od. an der Stadt: πρὸς τὴν πόλιν hin zur Stadt, an die Stadt. οὐδὲν πρὸς αὐτὸν nichts gegen ihn, im Vergleich mit ihm.

Πτέρνα ἡ (dem. πτερνὶς ἡ u πτερνίον τὸ) Ferse; Schinken perna. πτερνίζω ich stoße mit der Ferse; stelle einem ein Bein: πτερνιστὴς ὁ der dies thut, πτερνισμὸς ἡ das Supplantiren.

Πύκα adv. dicht, fest, genau, sorgfältig.

πυκάζω f άσω ich mache dicht od. fest; bedecke dicht. πεπυκασμένος sorgfältig, klug, auch πυκιμήδης u. πυκινόφων.

πυκινὸς u. πυκνὸς ἡ ὸν dicht, fest, gedrängt, derb; häufig; solid, klug, verständig, auch πευκάλιμος. Entggs. ἀραιὸς ὰ ὸν rarus, dünn, locker, schlaff: und μανὸς ἡ όν. Locker, schwammicht auch σομφὸς ἡ όν. πυκνάκις dickmals, häufig.

πυκνόκαρπος ὁ ἡ dick voll Früchte. πυκνοκίνδυνος der sich häufig in Gefahr begiebt.

πυκνότης ητος ἡ Dichtigkeit, Gedrängtheit; Vielfältigkeit; Klugheit: ἀραιότης u. μανότης Dünnheit, Lockerheit.

πυκνόω ich mache dicht od. fest, verdichte, dränge zusammen; thue oft: ἀραιόω u. μανόω ich mache dünn, locker. πύκνωμα τὸ was dicht macht od. gemacht wird: ἀραίωμα τὸ Ritze, Lücke, Zwischenraum. πύκνωσις ἡ das Dichtmachen, die Verdichtung: ἀραίωσις.

πνὺξ πυκνὸς ἡ Ort zu Athen an der Akropolis für Volksversammlungen.

πὺξ adv. mit geballter Faust. πυγμὴ ἡ Faust; Faustkampf. πύγμαχος ὁ Faustkämpfer, gew. πύκτης πυγὼν όνος ὁ Ellenbogen, Ellenmaaß = 5 παλαισταί: einen πυγὼν lang πυγονιαῖος und πυγούσιος α ον.

πὺξ υγὸς, gew. πυγὴ ἡ (dem. πυγίδιον τὸ) Steiß. πυγηδὸν ärschlings. πυγαῖος α ον zum Steiß gehörig; geil, gew. καταπύγων ὁ.

Πῦρ υρὸς (pl. τὰ πυρὰ: dem. πυρίδιον) τὸ Feuer.

ἄπυρος ὁ ἡ feuerlos: διάπυρος durchglüht, heiß: ἔμπυρος im Feuer befindlich.

πυρακτόω u. πυρακτέω (ἄγω) ich drehe im Feuer herum, mache glühend, härte im Feuer.

πυρίπνοος od. πυρίπνους ὁ ἡ feuerschnaubend.

πυρκαϊὰ ἡ brennender Holzstoß; Feuersbrunst.

πυρπολέω ich stecke in Brand, verheere. πυριφλεγὴς ὁ ἡ brennend heiß.

πυρόεις εσσα εν feurig. πύρινος ίνη ινον von Feuer.

πυρίτης λίθος Feuerstein, πυρίτης τὴν τέχνην Feuerarbeiter.

πυρόω ich brenne, verbrenne; beleuchte; reinige durch Feuer, prüfe, bewähre. πύρωσις ἡ das Brennen; Dörren, Kochen; Entzündung, Brand. πυρωτὸς ἡ ὸν feurig; glänzend: ἀπύρωτος ὁ ἡ nicht im Feuer bereitet, nicht versehrt vom Feuer.

πυρεύω ich mache Feuer; ich zünde an, verbrenne. πυρευτὴς ὁ der bei Fackellicht fischt: diese Fischerei πυρευτική. πυρεῖον τὸ Ort wo Feuer unterhalten wird; Kohlenpfanne: πυρεῖα τὰ Hölzer die man an einander reibt um Feuer anzumachen. ἐμπύρευμα τὸ der Geschmack des Angebrannten.

πυρετὸς ὁ Fieberhitze; Fieber (das kalte ἠπίαλος ὁ): ἀπύρετος ὁ ἡ ohne Fieber. πυρετώδης ὁ ἡ Fieberhitze bringend od. damit verbunden.

πυρέσσω f. ξω u. πυρεταίνω f. ανῶ ich fiebere, habe Fieber. πύρεξις ἡ das Fiebern, ἀπυρεξία ἡ die fieberlose Zwischenzeit.

πυρὰ ἡ Scheiterhaufen.

πυρία ἡ trocknes Schwitzbad; Ort u. Gefäß dazu, was auch πυριατήριον τὸ. πυριάω ich bringe durch ein solches in Schweiß. πυρίαμα τὸ Schwitzbad, Erwärmung, Bähung: πυριατὸς ἡ ὸν dadurch erhitzt.

πυρσὸς ὁ Fackel, Brand, nächtliches Feuerzeichen. πυρσεύω ich melde durch ein Feuerzeichen.

πυῤῥὸς ὰ ὸν feuerfarben, röthlich, goldgelb. πυῤῥότης ἡ Feuerfarbe. πυῤῥόθριξ ὁ ἡ rothhaarig.

πύῤῥιχος = πυῤῥός. ἡ πυῤῥίχη (sc. ὄρχησις) der Waffentanz, von dem Erfinder Pyrrhichos: πυῤῥιχίζω ich tanze den Waffentanz, πυῤῥιχιστὴς ὁ der den Waffentanz tanzt.

πύρνον τὸ Stück Brod od. Brodrinde. πυρναῖαι σταφυλαὶ eßbare od. gelbe Trauben.

Πυρὴν ῆνος ὁ Kern des Steinobstes, der Weinbeeren (sonst γίγαρτον τὸ: von Aepfeln ꝛc. κόκκος ὁ), der Fichtenzapfen; die Fischgräte; Korn von Salz od. Weihrauch. ἐκπυρηνίζω, ἐκγιγαρτίζω, ἐκκοκκίζω ich entkerne, nehme den Kern heraus.

Πύργος ὁ (dem. πυργίσκος ὁ u. πυργίον od. πυργισκάριον τὸ) Thurm (auch τύρσις od. τύῤῥις ἡ), Schloß, Burg; Schlachtordnung im Viereck. πυργηδὸν thurmweis, im Viereck.

πυργόω ich versehe od. befestige mit Thürmen; ich thürme auf, erhöhe, vergrößere. πύργωμα τὸ das Aufgethürmte, πυργωτὸς ἡ ὸν gethürmt, mit Thürmen versehn; auch πυργήρης ὁ ἡ.

ἄπυργος u. ἀπύργωτος ὁ ἡ ungethürmt; unbefestigt. εὔπυργος ὁ ἡ wohlgethürmt; wohlbefestigt.

Πυτίνη ἡ eine mit Bast od. Weiden umflochtene Weinflasche.

Πτύω f. ύσω ich spucke; speie aus.

ἀποπτύω, ἐκπτύω ich speie aus, verabscheue, verachte. ἐμπτύω, καταπτύω, προσπτύω ich speie an, bespeie.

πτύσις ἡ das Spucken, πτύσμα τὸ das Gespuckte. πτύελον od. πτύαλον τὸ Speichel.

πυτίζω ich spucke häufig; ich sprütze eine zum Kosten in den Mund genommene Feuchtigkeit aus; koste, versuche.

Πύθω f. ύσω ich mache faulen, sonst σήπω f. ψω (aor. ἐσάπην): πύθομαι, σήπομαι ich verfaule, verwese.

πυθεδὼν όνος ἡ Fäulniß: auch σῆψις ἡ, σηπετὸς ὁ u. σηπεδὼν od. σηπεδόνη ἡ.

σηπτὸς ἡ ὸν verfault; Fäulniß bewirkend, auch σηπτικὸς ἡ όν, σηπτήριος ία ιον, σηπεδονικός, σηποποιός. Nicht faulend ἄσηπτος od. ἀσαπὴς ὁ ἡ.

σαπρὸς ὰ ὸν faul; stinkend; verdorben, schimmlicht, morsch: σαπρόω od. σαπρύνω ich mache dazu, σαπρίζω ich bin od. rieche so: σαπρότης ητος ἡ Fäulniß. Morsch, baufällig, schadhaft auch σαθρὸς ὰ όν: σαθρότης ἡ, σαθρόω.

σὴψ ηπὸς ἡ eine Schlange auf deren Biß Fäulniß erfolgt.

σὴς ητὸς ὁ Kleidermotte: Büchermotte σίλφη ἡ (σίλφιον τὸ laserpitium, asa foetida: σιλφιωτὸς ἡ ὸν damit bereitet).

πύον τὸ pus, Eiter, πύος od. πυὸς ὁ die erste Muttermilch, colostrum. πυέω, πυόω od. πυοποιέω ich bringe zur Eiterung, vereitere: Vereiterung πύωσις, διαπύησις, ἐκπύησις ἡ. πυοειδὴς od. πυώδης ὁ ἡ eiterig. πυετία u. πυτία ἡ Laab, coagulum: Dor. auch τάμισος ἡ.

ἔμπυος ὁ ἡ der ein innerlich Geschwür hat: ἐμπυέω ich habe ein solches: ἐμπύη u. ἐμπύησις ἡ Lungengeschwür.

Πυθὼ οῦς ἡ die Gegend bei Delphi wo Apollon die Schlange πύθων ωνος ὁ erlegte. πύθιος ία ιον u. πυθικὸς ἡ ὸν pythisch: ὁ Πύθιος Apollon, der zu Delphi ein Orakel hatte: ἡ Πυθία die Priesterin, die das Orakel ausspricht (πυθιάζει): τὰ πύθια die pythischen Spiele, πυθιονίκης ὁ Sieger in denselben, πυθιὰς ἡ Zeitraum von einer Feier zur andern. πυθωνικὸς ἡ ὸν od. πυθόληπτος vom Pythischen Gotte begeistert.

πεύθομαι, pros. πυνθάνομαι, f. πεύσομαι (aor. ἐπυθόμην), ich forsche, frage; erforsche, erfahre, höre: auch ἀναπυνθάνομαι, ἀποπυνθάνομαι, ἐκπυνθάνομαι.

πύσμα τὸ das Erfragte; die Frage. πυσματικὸς ἡ ὸν zum Fragen

gehörig, fragweise. πεῦσις u. πύστις ἡ das Fragen; das Vernehmen; das Gerücht; die Nachricht.
πευστήριος u. πευστικὸς ἡ ὸν fragend, forschend.
ἀπευθὴς u. ἄπυστος ὁ ἡ wovon man nicht hört (entggs. ἀνάπυστος, διάπυσιος, ἔκπυστος); der nicht gehört hat.
πευθὴν ῆνος ὁ Frager, Forscher, Horcher, Spion.
Πῶρος ὁ Tufstein; callus, verhärtete Geschwulst. πώρινος ἴνη ινον von Tufstein. πωρόω ich verhärte; verursache eine Verhärtung od. callus; mache hart, verstockt. πώρωμα τὸ u. πώρωσις ἡ Verhärtung.

Ρ.

Ῥάπτω f. ψω ich nähe zusammen.
ἀποῤῥάπτω ich vernähe, flicke zu. ἐνράπτω ich nähe ein. ἐπιῤῥάπτω od. προσράπτω ich nähe an. συῤῥάπτω ich nähe zusammen.
ῥάμμα τὸ das Genähte, das Nähen: die Nath, auch ῥαφὴ ἡ; der Faden.
ῥάπτης od. ῥαφεὺς ὁ, ῥάπτρια ἡ Näther, Nätherin.
ῥαπτὸς ἡ ὸν u. κατάῤῥαφος ὁ ἡ zusammengenähet, geflickt: ἄῤῥαφος ὁ ἡ ohne Nath. ῥαπτικὸς ἡ ὸν zum Nähen gehörig od. geschickt.
ῥαφὶς ίδος ἡ Nadel: ῥαφιδεὺς έως ὁ Sticker, ῥαφιδευτὸς ἡ ὸν gestickt.
Ῥέω f. ῥεύσω u. ῥυήσομαι ich fließe, rinne.
ῥέος εος, gew. ῥεῦμα (dem. ῥευμάτιον), τὸ Fluß, Strom; Fluß als Krankheit, gew. ῥευματισμὸς ὁ. ῥευματικὸς ἡ ὸν Flüssen ähnlich, dazu gehörig: ῥευματίζομαι u. ῥυἴσκομαι ich leide an Flüssen.
ῥεῦσις, u. ῥύσις ἡ das Fließen. ῥευστὸς u. ῥυτὸς ἡ ὸν, auch ῥευστικὸς u. ῥευσταλέος, flüssig, schwankend; hinfällig. ῥυτὸν τὸ ein Trinkgefäß, unten spitz oben breit.
ῥέεθρον od. ῥεῖθρον τὸ der Fluß, das Fließen, auch ῥοὴ ἡ u. ῥόος ὁ; das Flußbett. ῥοώδης ὁ ἡ flüssig; fließend; wogend, reißend.
ῥοϊκὸς ἡ ὸν am Flusse leidend.
ἀναῤῥέω ich fließe zurück, bergan: ἀνάῤῥοια ἡ das Zurückfließen, die Ebbe.
ἀποῤῥέω ich fließe weg, ab, aus; verfließe, verlaufe mich: ἀπόῤῥοια ἡ Ausfluß, Abfluß: ἀπόῤῥοος od. ἀπόῤῥους u. ἀπόῤῥυτος ὁ ἡ abfließend; abschüssig.
διαῤῥέω ich fließe durch, zerfließe. διαῤῥοὴ ἡ das Durchfließen: διάῤῥοια ἡ Durchfall: διάῤῥυτος ὁ ἡ durchflossen, bewässert.
εἰσρέω ich fließe ein, ἐκρέω ich fließe aus, entfließe, verschwinde. ἐκροὴ ἡ u ἔκροος ὁ Ausfluß, Mündung.
ἐπιῤῥέω ich fließe dazu, darauf, darüber. ἐπίῤῥυτος zufließend, reichlich.
καταῤῥέω ich fließe herunter, herab, falle ab. κατάῤῥοος od. κατάῤῥους ὁ Katarrh der in den Mund herabsteigt (κόρυζα wenn er in der Nase bleibt). καταῤῥυὴς ὁ ἡ herabfließend, κατάῤῥυτος bewässert.
μεταῤῥέω ich fließe um, fließe in anderer Richtung.
παραῤῥέω ich fließe vorbei, daneben, entfalle, vergehe.
περιῤῥέω ich fließe herum; ich fließe über. περίῤῥοος ὁ ἡ umflossen, περιῤῥοὴ u. περίῤῥοια ἡ das Umherfließen.
προῤῥέω ich fließe hervor, fließe weiter; ich gieße aus, ergieße.
συῤῥέω ich fließe zusammen. σύῤῥευσις u. συῤῥοὴ ἡ Zusammenfluß.
ὑποῤῥέω ich fließe unten weg: komme od. gehe unbemerkt.
ῥύδην u. ῥυδὸν stromweis, in Haufen, in Menge.
ῥύμη ἡ die Geschwindigkeit u Kraft eines sich bewegenden Körpers Schwung, Schuß. ῥυμηδὸν mit Gewalt, im Schuß.

ῥυθμὸς ὁ Bewegung nach einem Zeitmaaß, Tact, Cadence; Ebenmaaß, numerus. ῥυθμικὸς ἡ ὸν in Zeit- u. Ebenmaaß: entggs. ἄῤῥυθμος ὁ ἡ. ῥυθμίζω ich bringe in Zeit- u. Ebenmaaß.

ῥύαξ ακος ὁ Feuerstrom des Aetna. ῥυὰς άδος ὁ ἡ hinfällig, abfallend: subst. ἡ das Thränen der Augen. οἱ ῥυάδες Fische die in Schaaren ziehn.

ῥέα u. ῥεῖα adv. leicht: adj. ῥηΐδιος, pros. ῥάδιος ία ιον (comp. ῥηΐτερος od. ῥηΐων, pros ῥάων, sup. ῥηΐτατος od. ῥήϊστος, pros. ῥᾷστος).

ῥᾳδιουργὸς ὁ ἡ (ἔργον) gewandt, fertig im Handeln; verschmitzt, boshaft; nachläßig, leichthin: ῥᾳδιουργέω ich handle so, ῥᾳδιουργία ἡ dergleichen That od. Wesen.

ῥάθυμος ὁ ἡ (θυμός) leichtsinnig, sorglos, dem Vergnügen nachhängend: ῥαθυμέω ich bin ῥάθυμος, ἀποῤῥαθυμέω ich unterlasse aus ῥαθυμία.

ῥαΐζω ich werde leichter, bessere mich, erhole mich: auch ἀναῤῥαΐζομαι.

ῥαστώνη ἡ Leichtigkeit, Fertigkeit; leichter Fortgang, Glück; Erleichterung, Linderung, Erholung, Muße, Unthätigkeit. ῥαστωνεύω ich erhole mich, bin sorglos u. müßig.

ῥέμβω ich bewege in einem Kreise, wälze, drehe; med. ich drehe od. treibe mich herum, irre umher, auch ῥεμβάζω u. ῥεμβεύω. ῥέμβη ἡ u. ῥέμβος ὁ das Herumtreiben: ῥεμβὸς ἡ ὸν u. ῥεμβώδης ὁ ἡ fahrläßig.

ῥόμβος, Att. ῥύμβος, ὁ schnelle kreisförmige Bewegung; Reif den die Knaben treiben; Zauberrad; eine mathematische Figur: ῥομβοειδὴς ὁ ἡ in Gestalt eines Rhombus. ῥομβέω ich kreisele, schleudere, werfe: auch ῥυμβονάω von ῥύμβων ἡ Umschwung; Schleuder.

ῥόπαλον τὸ Keule, Kolbe. ῥοπαλοειδὴς ὁ ἡ u. ῥοπαλωτὸς ἡ ὸν in Form einer Keule. ῥοπαλίζω ich schlage mit der Keule: ῥοπαλισμὸς ὁ dies Schlagen.

ῥόπτρον τὸ Keule, Knittel, Klöpfel; Handpauke.

ῥομφαία ἡ Säbel. ῥάμφος τὸ Schnabel der Vögel.

ῥέπω f. ψω ich neige mich, wie die Wageschale; ich bin geneigt zu etwas. ἐπιῤῥέπω ich neige mich zu - über -: καταῤῥέπω ich neige mich hinab.

ῥοπὴ ἡ Bewegung nach unten, Neigung; das Gewicht das die Wageschale herunterzieht; was den Ausschlag giebt, momentum.

ἀμφίῤῥοπος od. ἀμφιῤῥεπὴς ὁ ἡ nach beiden Seiten schwankend. ἀντίῤῥοπος ὁ ἡ das Gegengewicht haltend. ἐπιῤῥεπὴς sich wohin neigend; geneigt, günstig.

ἐρέφω f. ψω ich bedache, bringe unter Dach. ἔρεψις ἡ das Decken, Bedachen. ἐρέψιμα ξύλα Holz zu Sparrwerk u. Dächern. κατηρεφὴς u. συνηρεφὴς ὁ ἡ bedeckt, bedacht.

ὀροφὴ ἡ u. ὄροφος ὁ Dach, Decke; ὄροφος auch Rohr zum Decken. ὀροφόω = ἐρέφω, ὀρόφωσις = ἔρεψις. ὑπώροφος u. ὑπωρόφιος ὁ ἡ unter dem Dach befindlich. Kuppeldach θόλος ἡ.

ἔρεβος τὸ Finsterniß, bs. der Unterwelt. ἐρεβώδης ὁ ἡ u. ἐρεβεννὸς od. ἐρεμνὸς ἡ ὸν dunkel, finster, auch ὀρφνὸς, ὄρφνιος, ὀρφναῖος, ὀρφνήεις furvus: ὄρφνη ἡ Dunkelheit.

ῥίπτω u. ῥιπτέω f. ψω ich werfe, schmeiße: ῥίψις ἡ das Werfen, Schmeißen.

ἀναῤῥίπτω ich werfe auf, in die Höhe: κίνδυνον ich begebe mich in Gefahr. ἀνάῤῥιψις ἡ das Aufwerfen.

ἀποῤῥίπτω ich werfe ab, weg; werfe hin.

διαῤῥίπτω ich werfe auseinander. ἐπιῤῥίπτω ich werfe worauf. καταῤῥίπτω ich werfe herab.

ῥιπτάζω ich werfe hin u. her, werfe häufig. ῥιπτασμὸς ὁ das Hin- u. Herwerfen, die Unruhe.

ῥιπὴ u. ῥιφὴ ἡ Wurf, Schwung, Heftigkeit, unruhige Bewegung.
ῥιπὶς ἡ, dem. ῥιπίδιον τὸ, Fächer. ῥιπίζω ich fächle, kühle ab, fache an: ῥίπισις ἡ u. ῥιπισμὸς ὁ das Fächeln, Anfachen: ῥιπισιὸς ἡ ὸν angefacht, gefächelt.
ἀναῤῥιπίζω ich fache wieder an, entzünde aufs neue.
ἐκριπίζω ich erwecke. ὑποῤῥιπίζω ich fache an von unten od. facht, hetze auf.
ῥίμφα adv. leicht, schnell: adj. ῥιμφαλέος α ον: schnell zu Wagen ῥιμφάρματος ὁ ἡ.
ῥὶψ ιπὸς ὁ Schilf, Rohr. ῥῖπος ὁ u. τὸ daraus geflochtene Matte.
ῥὼψ ωπὸς ἡ u. ῥώπιον τὸ Reiß, Strauch, Strauchwerk. ῥωπεῖον, Jon. ῥωπήϊον, τὸ Ort wo Strauchwerk steht.
ῥῶπος ὁ allerlei Kram, Zeug, Waare. ῥωπικὸς ἡ όν zu gemeiner Waare gehörig: schlecht, gering. ῥωπογράφος ὁ der gemeine Gegenstände malt: ῥωπογραφία ἡ dergl. Malen.

ῥάβδος ὁ (dem ῥαβδίον τὸ) u. ῥαπὶς ίδος ἡ Ruthe, Stecken, Stab: χρυσόῤῥαπις ὁ ἡ mit goldenem Stab.
ῥαβδοῦχος ὁ (auch ῥαβδοφόρος) der einen Stab od. fasces trägt: zu Athen die Richter der poetischen Wettkämpfe, bei den Römern die Lictoren od. auch die Magistratus, vor denen die fasces hergetragen werden. ῥαβδουχέω ich trage Stab od. fasces: ῥαβδουχία ἡ dieses Tragen od. das Recht darauf.
ῥαβδονομέω ich bin ῥαβδονόμος Kampfrichter.
ῥαβδομαχία ἡ das Fechten mit Stöcken statt Rappieren.
ῥαβδίζω u. ῥαπίζω ich schlage, peitsche: ἐπιῤῥαβδίζω ich strafe ab, schelte. ῥάπισμα τὸ ein Schlag mit der Peitsche; Backenstreich.
ῥάβδωσις ἡ die Riefung oder Canelirung an den Säulen. ῥαβδωτὸς ἡ ὸν gerieft, canelirt; aus Ruthen geflochten, auch ῥάβδινος.
ῥαβδεύω ich angle mit der Angelruthe.
ἐρείπω f. ψω ich werfe nieder, zerstöre; ich stürze ein. ἔρειψις ἡ das Niederreißen, das Einstürzen: ἐρείψιμος ὁ ἡ eingestürzt. ἐρείπιον τὸ der Sturz, das Eingestürzte, die Trümmer: ἐρειπιὼν ῶνος ὁ Ort voll Trümmer.

ῥύπτω ich (spüle) reinige, wasche: auch ἀποῤῥύπτω.
ῥύμμα τὸ das Abgewaschene, Unreinigkeit; Reinigungsmittel, Lauge, Seife. ῥύψις ἡ Reinigung. ῥυπτὴρ ὁ, ῥύπτειρα ἡ der die wäscht u. reinigt. ῥυπτικὸς ἡ ὸν reinigend.
ῥύπος ὁ Schmutz, Unsauberkeit; Siegelwachs.
ῥυπόεις εσσα εν, ῥυπώδης ὁ ἡ, gew. ῥυπαρὸς ὰ ὸν schmutzig, schmutzig geizig (auch ῥύπαξ ὁ): ῥυπαρία u. ῥυπαρότης ἡ Schmutzigkeit.
ῥυπαρεύομαι ich betrage mich wie ein ῥυπαρός.
ῥυπαρομέλας αινα αν schmutzig schwarz. ῥυπαροφάγος ὁ ἡ der schmutzige Dinge ißt.
ῥυπάω ich bin schmutzig, ῥυπαίνω und ῥυπόω ich beschmutze: auch καταῤῥυπαίνω. ῥύπασμα τὸ der Schmutz.
ῥαίνω f. ανῶ ich sprenge, besprütze: ἀποῤῥαίνω ich sprütze weg, ἐκραίνω aus, ἐπιῤῥαίνω drauf od. dran, καταῤῥαίνω ich besprenge.
ῥάσμα τὸ das Ausgießen, Versprützen. ῥαντὸς ἡ ὸν besprengt: ῥαντίζω = ῥαίνω, ῥάντισμα τὸ u. ῥαντισμὸς ὁ = ῥάσμα: ῥάντιστρον od. περιῤῥαντήριον τὸ Wedel zum Sprengen: ἀποῤῥαντήριον der Kessel woraus man sprengt, ῥαντὴρ ὁ der sprengt od. benetzt: ῥαντήριος ία ιον dazu dienlich.
ῥανὶς ίδος ἡ der Tropfen, auch ῥαθάμιγξ ιγγος ἡ: ῥαθαμίζω, ῥαθάσσω, ῥαθαίνω = ῥαίνω.

ἐράω, gew. ἐξεράω f. άσω ich gieße aus; ich gebe von mir, bs. durch Erbrechen od. Stuhlgang. ἐξέραμα τὸ was man von sich gegeben hat.

ἐρεύγω, pros. ἐρυγγάνω, ich rülpse; speie aus; ich brülle.

ἐνερεύγω ich speie od. ergieße hinein. κατερεύγω u. προσερεύγω ich rülpse entgegen, speie an.

ἐρευγμὸς und ἐρυγμὸς ὁ od. ἔρευξις u. ἐρυγὴ ἡ das Rülpsen, das Speien: ἐρευξίχολος ὁ ἡ Galle speiend. ἐρευκτικὸς ἡ ὸν zum Speien geneigt. ἐρύγμηλος ὁ ἡ brüllend.

ὠρύω u. ὠρύομαι ich brülle, heule. ὠρυγμὸς u. ὠρυθμὸς ὁ od. ὠρυγὴ ἡ u. ὤρυγμα τὸ Gebrüll, Geheul. ὀρυγμαδὸς u. ὀρυμαγδὸς ὁ Getöse, Lärm.

μηρυκάζω u. μηρυκάομαι ich käue wieder.

ῥώννυμι f. ώσω ich stärke (auch ἐπιῤῥώννυμι). ῥώομαι ich bewege mich schnell, ἔῤῥωμαι ich bin stark: ἔῤῥωσο vale. ῥώμη ἡ (= ῥύμη) Kraft, Macht, Stärke. ῥωμαλέος έα έον u. εὔρωστος ὁ ἡ stark, mächtig: ἄῤῥωστος ὁ ἡ kraftlos, matt, krank: ἀῤῥωστία ἡ Schwäche, Krankheit, auch ἀῤῥώστημα von ἀῤῥωστέω ich bin schwach od. krank.

ἐρωέω ich fließe, schieße hervor; ich gehe zurück, weiche, lasse ab, auch ἀπερωέω; ich halte zurück, halte auf, gew. ἐρητύω u. ἐρύκω, ἐρυκάνω, ἐρυκανάω (aor. ἠρύκακον), auch ἀπερύκω u. κατερύκω od. κατερητύω.

ἐρωὴ ἡ Heftigkeit u. Gewalt eines Körpers in Bewegung; das Nachlassen, die Ruhe. ἀπερωεὺς ὁ der zurückhält, verhindert.

Ἔῤῥω f. ἐῤῥήσω ich gehe zum Unglück od. ins Unglück, gehe zu Grunde. ἀπέῤῥω u. ἐξέῤῥω ich gehe weg, heraus zum Unglück.

ῥοῖβδος u. ῥοῖζος ὁ das Sausen, Rauschen, Pfeifen, auch ῥοίβδησις u. ῥοίζησις ἡ od. ῥοίζημα τὸ, von ῥοιβδέω u. ῥοιζέω ich sause, rausche; bewege daß es saust. ῥοιβδέω auch ich schlürfe, gew. ῥοφέω u. ῥοφάω f. ήσω, desgl. ῥοφάνω, ῥυμφέω, ῥυμφάνω.

ἀναῤῥοιβδέω ich schlürfe zurück, verschlucke wieder.

ἐκροφέω ich schlürfe aus. ἐπιῤῥοφέω ich schlürfe dazu, schlürfe nach. καταῤῥοφέω ich schlürfe herunter, verschlucke.

ῥόφημα τὸ das Geschlürfte; auch ῥόμμα. ῥόφησις ἡ das Schlürfen.

ῥοιζηδὸν u. ἐπιῤῥοιβδην im Sausen, mit Gewalt.

ῥόθος u. ῥόχθος ὁ Geräusch der Wellen, der Ruder, der Flügel.

ἐπίῤῥοθος u. ἐπιτάῤῥοθος ὁ ἡ herbei eilend, beistehend, helfend.

ῥοθέω u. ῥοθιάζω od. ῥοχθέω u. ῥοχθίζω ich rausche, brause, auch ὀρεχθέω. ἐπιῤῥοθέω ich rausche dazu; ich applaudire.

ῥόθιος ὁ ἡ rauschend: subst. τὸ die brausende Woge; die rauschende Bewegung.

ῥέθος τὸ (poet.) Gesicht; Glied.

ῥοδανὸς, gew. ῥαδινὸς ἡ ὸν schwank, schlank.

ῥύγχος (dem. ῥυγχίον) τὸ Schnauze, Rüssel; Schnabel.

ῥέγκω u. ῥέγχω f. γξω ich schnarche. ῥέγξις ἡ, ῥέγκος u. ῥέγχος τὸ, ῥόγχος ὁ das Schnarchen. ῥογχάζω = ῥέγχω. ῥεγχώδης ὁ ἡ wie schnarchend.

ῥύομαι f. ῥύσομαι ich ziehe; ziehe heraus; errette, auch ἐρύω u. ἐρύομαι.

ἀναῤῥύω ich ziehe zurück, z. B. den Kopf des Opferthieres um es zu stechen (poet. αὐερύω), ich opfere, schlachte; ich erlöse, löse aus.

ῥῦμα τὸ Zug; das Ziehn; Zugseil; Rettung, Schutz. ἔρυμα Schutzwehr, Befestigung. ἐρυμνὸς ἡ ὸν befestigt, wohl verwahrt: ἐρυμνότης ἡ Festigkeit, ἐρυμνόω ich mache fest.

ῥύσις εως ἡ Errettung, Befreiung. ῥύσιος ία ιον rettend, befreiend: τὸ ῥύσιον Lösegeld, Dank od. Geschenk für Rettung; was man wegschleppt, Beute; wodurch man sich bezahlt macht od. Andere zur Gerechtigkeit zwingt, Repressalien. ῥυσιάζω ich nehme weg als Beute od. Pfand; pfände aus. ῥυσίπτολις u. ἐρυσίπτολις ὁ ἡ Retter der Stadt

ῥυτήρ u. ῥυτωρ ὁ der zieht, spannt, z. B. den Bogen (auch ἐρυτήρ); Zaum, Zügel; Retter, Beschützer, auch ῥύστης.

ῥυτὸς u. ἐρυστὸς ἡ ὸν gezogen, geschleppt: τὰ ῥυτα od. ὁ ῥυταγωγεὺς Zügel.

ῥυστάζω ich ziehe, zerre, schleppe; behandle gewaltthätig ῥυσταγμα τὸ od. ῥυστακτὺς ύος ἡ das Zerren, Wegschleppen, Gewaltthätigkeit.

ῥυσσὸς od. ῥυσὸς ἡ ὸν runzlicht, auch ῥυσαλεος, ῥυσώδης, ῥυτιδώδης ὁ ἡ· ῥυτὶς ἡ Runzel.

ῥυσσόω, ῥυσσαίνω, ῥυτιδόω ich runzele. ῥύσσημα τὸ = ῥυτίς: ῥυσότης ἡ Runzlichkeit.

ῥύμη ἡ Stadtviertel, vicus, Straße.

ῥυμοτομεω (τέμνω) ich theile eine Stadt in Straßen ab: ῥυμοτομία ἡ diese Eintheilung.

ῥυμὸς ὁ Deichsel; Zug, Furche, Schweif.

ἀρύω u. ἀρύτω f. ύσω ich schöpfe, auch ἀφύσσω f. ξω. ἀπαρύω ich schöpfe ab, erschöpfe.

ἀρυτὴρ od ἀρυστὴρ ὁ u. ἀρύταινα ἡ Gefäß zum Schöpfen: auch ἀρύβαλος od. ἀρύβαλλος ὁ

μηρύω ich ziehe. μήρυμα τὸ Knäuel μήρυγμα τὸ Faden, Schnur, weg. μήρινθος od. σμήρινθος, poet. μερμὶς ῖθος, ἡ.

Ἐρεύθω ich röthe: pros. ἐρυθραίνω.

ἔρευθος τὸ Röthe. ἐρευθὴς ὁ ἡ und ἐρευθήεις εσσα εν roth, pros. ἐρυθρὸς ὰ ὸν (κινναβάρινος zinnoberroth, κόκκινος scharlachroth, μίλτινος mennigroth, ὑσγινος carmosin).

ἐρυθροβαφὴς ὁ ἡ rothgefärbt, ἐρυθρόκομος rothhaarig.

ἐρευθέδανον od. ἐρυθρόδανον Färberröthe, Krapp.

ἐρευθέω, pros. ἐρυθριάω, ich bin roth, werde roth. ἐρύθημα τὸ od. ἐρυθρίασις ἡ Röthe, Schaamröthe.

ἀπερυθριάω ich erröthe nicht mehr, bin unverschämt (ἀπαισχύνομαι).

ἐρυσίβη Mehlthau, Brandkorn· ἐρυσιβάω ich leide davon.

ἐρυσίπελας ατος τὸ eine rothe Entzündung, Rose.

ῥόδον το (dem. ῥόδαξ ακος ἡ) Rose. ῥόδεος εα εον od. ῥόδινος ίνη ινον rosig, von Rosen.

ῥοδοδάφνη Lorbeerrose, Oleander.

ῥοδοδάκτυλος ὁ ἡ mit rosigen Fingern.

ῥοδῆ ἡ Rosenstrauch, ῥοδων od. ῥοδεὼν ῶνος ὁ Rosenhecke, auch ῥοδωνιὰ ἡ, wie ἰωνιὰ Veilchenbeet von ἴον τὸ Veilchen.

ῥοδίζω ich rieche wie Rosen, ich färbe rosenroth.

Ῥαίω f. ῥαίσω ich zerbreche, zerschmettere, zerstöre.

ἀποῤῥαίω ich verwüste, verderbe; beraube, τινὰ τινός.

ῥαιστὸς ἡ ὸν zerstört, zernichtet. ῥαιστὴρ ῆρος ὁ Hammer, sonst σφῦρα ἡ: ῥαιστότυπος ὁ ἡ worauf der Hammer schlägt ῥαιστήριος ία ιον zerstörend.

Ῥάσσω u. ῥήσσω, gew. ῥήγνυμι od. ῥηγνύω f. ῥήξω (aor. ἐῤῥάγην, pf. m. ἔῤῥωγα) ich zerreiße, zerbreche, zerschlage, mache bersten.

ἀναῤῥήγνυμι ich reiße auf, spalte auf; ich breche hervor, breche los. ἀνάῤῥηξις ἡ das Aufreißen, Spalten.

ἀποῤῥήγνυμι ich reiße ab od. los. διαῤῥήγνυμι ich durchbreche, zerbreche: ἐκρήγνυμι ich breche aus: καταῤῥήγνυμι ich reiße herunter, werfe nieder, mache stürzen: παραῤῥήγνυμι ich zerreiße daneben, dabei, an der Seite: περιῤῥήγνυμι ich reiße ringsum ab: προσῤῥήγνυμι ich schlage od. stoße an. ὑποῤῥήγνυμι ich zerreiße od öffne unterwärts. συῤῥήγνυμι ich schlage zusammen, treffe zusammen.

ῥῆγμα τὸ Bruch, Spalte, Ritze, Riß: auch ῥαγὴ, ῥηγὴ u. ῥωγὴ, ῥαγὰς u. ῥωγὰς, ῥὼξ ωγός, ῥωχμὴ ἡ u. ῥωχμὸς ὁ: ἀπόῤῥηγμα τὸ od. ἀποῤῥὼξ ὁ abgerissen Stück: διαῤῥὼξ durchrissen, durchbrochen.

ῥηγμὶν ῖνος ἡ Brandung, Ufer wo sich die Wogen brechen, sonst ἀκτὴ u. κυματωγή.

ῥῆξις ἡ das Durchbrechen, Zerreißen; ἀνάῤῥηξις ἡ das Aufreißen, Aufspalten. σύῤῥηξις ἡ Zusammenstoß, conflictus, auch σύῤῥαξις u. ῥάξις.

ῥηξήνωρ ορος ὁ ἡ der (die Reihen der) Männer durchbricht. ῥηξίφλοιος mit aufgerissener Rinde. ῥηξίχθων die Erde spaltend.

ῥακτήριος ία ιον schlagend; geschlagen; lärmend. ῥάκτρια ἡ Stange zum Abschlagen der Früchte.

ῥάγδην adv. abgerissen, jach, mit Gewalt. ῥαγδαῖος α ον reißend, heftig, ungestüm.

ῥῆγος τὸ Decke. ῥάκος (dem. ῥάκιον) τὸ abgerissenes Kleid, Lumpen, Fetzen; Runzel. ῥακόεις εσσα εν u. ῥακώδης ὁ ἡ abgerissen, zerlumpt. ῥακόω ich reiße ab, zerreiße, zerlumpe; mache runzlicht: ῥάκωμα τὸ = ῥάκος. ῥακενδύτης ὁ (ἐνδύω) in Lumpen gekleidet, ῥακενδυτέω ich bin das.

ῥαχὶς od. ῥάδιξ ικος ἡ Reiß, Ranke, Zweig. ῥὰξ αγὸς ἡ Weinbeere.

ῥάχος ὁ struppiges Gesträuch; Gehege, Hecke.

φράσσω (Att. φράττω, auch φράγνυμι) f. ξω ich schließe ein, verschließe, verzäune: φράγμα ατος τὸ u. φραγμὸς ὁ das Einschließen, Verzäunen, Befestigen; der Einschluß, Zaun, die Befestigung. φραγμίτης ὁ zum Zaun gehörig, daran wachsend. φραγμὼν ῶνος ὁ Gehege, Hecke.

ἀποφράσσω u. ἀποφράγνυμι ich verzäune, versperre, verstopfe.

διαφράσσω u. διαφράγνυμι ich trenne durch eine Scheidewand, befestige durch einen zwischengezogenen Zaun. διάφραγμα τὸ Zwischenwand; das Zwerchfell, sonst φρένες αἱ.

ἐμφράσσω ich stopfe hinein, verstopfe, versperre. ἐμφραγμὸς ὁ Verstopfung.

καταφράσσω ich bedecke, verwahre, bepanzere. κατάφρακτος ὁ ἡ verwahrt, bepanzert.

παραφράσσω ich schließe ein, versperre zur Seite, neben -.

περιφράσσω ich schließe ringsum ein.

φρακτὸς ἡ ὸν eingeschlossen, verwahrt: ἄφρακτος ὁ ἡ unverzäunt, offen.

σφραγὶς ῖδος ἡ (dem. σφραγίδιον τὸ) Siegel; Siegelring, auch σφραγιστήριον τὸ von σφραγίζω ich siegele od. versiegele, was auch κατασφραγίζω: ἀνασφραγίζω ich entsiegele. σφράγισμα τὸ das aufgedrückte Siegel, σφραγιστὴς ὁ wer siegelt, σφραγιστικὸς ἡ ὸν zum Siegeln gehörig. σφραγιδοφύλαξ ὁ Siegelbewahrer.

ῥάχις εως ἡ der Rückgrat (spina dorsi): μυελὸς ῥαχίτης das Rückenmark, ῥαχῖτις ἡ Krankheit des Rückgrats.

ῥαχίζω ich zerlege, z. B. ein Opferthier; ich schlachte ab, tödte; ich schneide auf, prahle. ῥαχιστὴς u. ῥαχιστὴρ ὁ Zerleger des Opferthiers; Aufschneider. ῥαχιστὸς ἡ ὸν zerlegt.

ῥαχία ἡ Brandung, steiles Ufer; Fluth entggs. der Ebbe.

ἀράσσω f. ξω ich schlage, klopfe, stoße: ἀπαράσσω ich schlage ab, διαράσσω ich durchstoße, καταράσσω ich schmeiße herunter, συναράσσω ich schlage zusammen. ἄραγμα τὸ u. ἀραγμὸς ὁ Gerassel, Geklirr, auch ἄραβος ὁ: ἀραβέω f. ήσω ich rassele, klirre. ἄραδος ὁ Knurren im Leibe: ἀράζειν, ἀῤῥάζειν, ἀραρίζειν hirrire knurren, von Hunden, auch ῥάζειν u. ῥύζειν: ἐπιῤῥύζω ich hetze den Hund auf -.

ἐρείκω f. ξω ich zerbreche, zermalme; schrote: auch κατερείκω u. (poet,) ἐρέχθω. ἔρειξις ἡ das Zermalmen, Schroten: ἐρεικτὸς ἡ ὸν geschroten, zermalmet.

ἐρειγμὸς ὁ u. ἔρεγμα od. ἔρειγμα τὸ geschrotene Hülsenfrüchte.

Ῥίζα ἡ (dem. ῥίζιον τὸ) Wurzel: ῥίζηθεν u. ῥιζόθεν von der Wurzel aus. ῥιζηδὸν wie Wurzeln.

πρόῤῥιζος ὁ ἡ die Wurzel hervor, mit der Wurzel (ausgerissen).

ῥιζοτομέω u. ῥιζολογέω ich schneide od. sammle Wurzeln zum Behuf der Arznei: ῥιζοτόμος ὁ ἡ, ῥιζοτομία ἡ. ῥιζοφαγέω ich esse Wurzeln

ῥιζώδης ὁ ἡ wurzelartig. ὀπὸς ῥιζίας Saft der Wurzel.

ῥιζόω ich wurzele ein; befestige, gründe: ἐκριζόω ich entwurzele. ῥίζωμα τὸ das Eingewurzelte; auch = ῥίζα.

Ῥινὸς ὁ u. ἡ Leder, Haut; lederner Schild.

ῥινοτόρος ὁ Schilddurchbohrer.

ῥίνη ἡ die Feile. ῥινέω u. ῥινίζω ich feile, ῥίνημα u. ῥίνισμα τὸ Feilspäne, ῥινητὴς ὁ der feilt.

καταῤῥινάω, καταῤῥινέω, καταῤῥινίζω ich zerfeile, feile ab, polire.

Ῥίον τὸ Bergspitze; Vorgebirge, pros. ἄκρα od. ἀκρωτήριον.

Σ.

Σαβοῖ ein Ausruf der Bakchanten, wie εὐοῖ. σαβὸς ὁ ein Beiname des Bakchos (auch σαβάζιος); ein Bakchant. σαβάζειν den Bakchos feiern, σαβασμὸς ὁ die Bakchosfeier, das Schreien der Bakchanten.

Σαίρω f. ἀρῶ ich grinze, lache höhnisch (auch σαρκάζω): solches Lachen σαρκασμὸς ὁ u. γέλως σαρδάνιος od. σαρδόνιος: höhnlachend σαρκαστικὸς ἡ όν. σάρμα τὸ Oeffnung, Kluft, Loch.

σήραγξ αγγος ὁ, dem. σηράγγιον τὸ, Erdspalte, Höhle. σηραγγόω ich höhle aus. σηραγγώδης ὁ ἡ höhlicht.

σειρὸς u. σιρὸς ὁ Grube um Getraide darin aufzubewahren.

Σάλος ὁ die unruhige Bewegung, das Schwanken, bs. des Meers; das bewegte, hohe Meer.

ἀσαλὴς ὁ ἡ ruhig, sorglos: ἀσάλεια ἡ Sorglosigkeit. ἐπίσαλος ὁ ἡ auf hohem Meer vor Anker; schwankend.

σαλεύω f. εύσω ich bewege, schwenke (auch σαλάσσω f. ξω u. σαλαγέω f. ήσω); ich schwanke, liege auf hohem Meer vor Anker; gehe gravitätisch im Putze einher.

ἀσάλευτος ὁ ἡ unerschüttert.

ἀποσαλεύω ich liege entfernt vor Anker, halte mich fern.

διασαλεύω ich erschüttere durch u. durch.

σαλαγὴ ἡ Unruhe, Lärm, Geschrei: σαλαΐζω ich klage, schreie. σαλαΐς ἡ u. σαλαϊσμὸς ὁ Wehklage, Angstgeschrei.

σαλάκων ωνος ὁ der schwänzend u. strotzend einhergeht; vornehm od. weibisch thut im Gehn od. Sprechen, auch σαυλὸς ἡ όν: σαλακωνία od. σαλακωνεία ἡ, σαλακωνεύω od. σαλακωνίζω u. σαυλόομαι. σαυλοπρωκτιάω ich bewege den Hintern (πρωκτὸς) im Gehen.

Θάλασσα od. θάλαττα ἡ Meer: ἀθάλασσος ohne Meer, unbekannt damit.

θαλασσογενὴς ὁ ἡ aus dem Meer geboren, θαλασσόπλαγκτος auf dem Meer umherirrend.

θαλασσοκρατία ἡ Herrschaft zur See: θαλασσοκράτωρ, poet. θαλασσομέδων od. ποντομέδων ὁ: θαλασσοκρατέω.

θαλασσουργὸς ὁ ἡ auf der See beschäftigt: θαλασσουργέω, θαλασσουργία ἡ.

θαλάσσιος, θαλασσαῖος, θαλασσίδιος α ον zum Meer gehörig, von od. auf

auf dem Meer: in od. auf dem Meer auch ἐνθάλασσος u. ἐνθαλάσσιος ὁ ἡ, an od. auf ἐπιθαλάσσιος, an od neben παραθαλάσσιος. θαλασσώδης od. θαλασσοειδὴς ὁ ἡ meerähnlich. οἶνος θαλασσίας od. θαλασσίτης Wein mit Meerwasser gemischt.

θαλασσεύω ich bin in od. auf dem Meer: ἀθαλάσσευτος ὁ ἡ unbekannt damit. θαλασσίζω ich schmecke nach Meerwasser. θαλασσόω ich mache zum Meer; überschwemme; reinige od. mische mit Meerwasser: ἀθαλάσσωτος ὁ ἡ ungemischt damit.

Σάλπιγξ γγος ἡ Trompete.

σαλπίζω f. ίγξω u. ίσω ich trompete.

περισαλπίζω ich posaune umher, mache bekannt.

σαλπιγκτὴς u. σαλπιστὴς ὁ Trompeter. σάλπισμα τὸ Trompetenstoß.

Σανὶς ἡ (dem. σανίδιον τὸ) Brett, Tafel; etwas aus Brettern gemachtes, z. B. Thür, Verschlag, Verdeck, Boden.

σανιδώδης ὁ ἡ bretttähnlich, brettern. σανιδόω ich decke mit Brettern: σανίδωμα τὸ Decke von Brettern, Verdeck: σανιδωτὸς ἡ ὸν mit Brettern bedeckt.

σάνδαλον (Aeol. σάμβαλον) τὸ (dem. σανδαλίσκος ὁ u. σανδάλιον τὸ) hölzerne Sohle, Art von Weiberschuh. σανδαλόω ich bekleide mit der Sandale.

Σατράπης ου ὁ Statthalter einer Persischen Provinz: σατραπεύω ich bin das: σατραπεία ἡ Amt od. Provinz eines Satrapen.

Σάττω u. σάσσω f. ξω ich bepacke; ich rüste; drücke ein, fest, zusammen (ἄσακτος ὁ ἡ nicht festgedrückt); ich stopfe voll.

ἀποσάττω ich sattle ab, ἐπισάττω ich sattle, packe auf; häufe an.

σάγμα τὸ Saumsattel; die Last darauf; Ueberzug, Futteral; Haufen. τὰ σαγμάρια Packthiere σάκτης u. σακτὴρ ὁ Sack, gew. σάκος od. σάκκος ὁ (σάκος τὸ Schild, σακεσφόρος ὁ ἡ Schildträger u. θύλακος od. θύλαξ ὁ (dem. θυλάκιον τὸ, θυλακίσκος ὁ, θυλακὶς ἡ): θυλακίτης ὁ, ῖτις ἡ sackartig, in Säcke gethan: θυλακίζω ich sacke ein. σακκεύω od. σακκίζω ich seige durch: οἶνος σακκίας durchgeseigter Wein.

σάγη ἡ Rüstung: Decke, Sattel, Waffen. σαγὶς ἡ Mantelsack, auch σακκοπήρα ἡ

σαγήνη ἡ Zugnetz, Garn. σαγηνεύω ich fange mit dem Zugnetz. σαγηνεὺς, σαγηνευτὴς, σαγηνοβόλος ὁ Fischer: σαγηνεία ἡ Fang mit dem Zugnetz.

Σηκὸς ὁ eingeschlossener Ort, Hürde, Stall, Garten, Kapelle; Stamm des Oelbaums; Gewicht.

σηκοκόρος u. σηκοκόρος ὁ der den Stall od. die Kapelle reinigt.

σηκίτης ου ὁ im Stall gefüttert, jung, zart.

σηκὶς ίδος ἡ Schließerin, Ausgeberin.

σηκάζω ich schließe od. sperre ein.

σήκωμα τὸ Gegengewicht an der Wage: ἀντισηκόω ich bringe ins Gleichgewicht, wiege auf.

Σάτυρος ὁ (dem. σατυρίσκος ὁ u. σατυρίδιον τὸ), Dor. auch τίτυρος ὁ, Satyr, mit den σειληνοῖς Gefährte des Bakchos, mit Bocksfüßen und thierisch geil; Satyrspiel, auch δρᾶμα σατυρικὸν, worin Satyrn den Chor bilden; eine Affenart.

σίλλος ὁ persiflirendes Spottgedicht. σιλλαίνω ich ziehe durch, verspotte.

σατυρίζω ich stelle einen Satyr vor; bin geil

σατυρίασις ἡ u. σατυριασμὸς od. σατυρισμὸς ὁ widernatürliche Geilheit mit Entzündung der Zeugetheile.

σατυρώδης, σειληνώδης ὁ ἡ einem Satyr, einem Silen ähnlich.

Σαῦρα ἡ u. σαῦρος ὁ Eidechse: die ungeschuppte u. giftige σαλαμάνδρα ἡ.

σαυροειδὴς ὁ ἡ u. σαυρίτης ὁ einer Eidechse, σαλαμανδροειδὴς einem Salamander ähnlich. σαυροκτόνος ὁ Eidechsentödter.

Σείριος ὁ Sirius, Hundsstern.

σειριάω ich leuchte, brenne (von der Sonne); bin krank an σειρίασις ἡ Krankheit vom Sonnenbrand od. andrer Erhitzung.

σειριάζω, σειραίνω. σειρέω ich trockne durch Hitze, dörre.

σείρινος sommerlich. σειριόεις εσσα εν voll Hitze u. Gluth.

Σείω f. σω ich schüttere, schüttele, erschüttere

ἀνασείω ich schwinge in die Höhe, schüttle auf; wiegle auf. ἐπανασείω ich schwinge gegen jemand die Waffen, drohe.

ἀποσείω ich schüttle ab; treibe od. jage weg.

διασείω ich schüttle durch, erschüttere; chicanire, placke.

ἐκσείω ich schüttle heraus, ab. ἐνσείω ich schlage, stoße hinein; ich falle ein, breche ein. ἐπισείω ich bewege, schwinge, schüttle gegen jemand. κατασείω ich werfe herunter, ich bewege die Hand abwärts um ein Zeichen zu geben. παρασείω ich bewege an der Seite, z. B. χεῖρας ich schlenkere mit den Händen beim Laufen.

σεῖσις ἡ, σεῖσμα τὸ, σεισμὸς ὁ Erschütterung; σεισμὸς bs. Erdbeben. σεισίχθων ονος Poseidon als Erderschütterer. σεισάχθεια ἡ Abschüttelung der (Schulden=) Last, ἄχθος. σεισοπυγὶς od. σείσουρα ἡ Bachstelze, Wippsterz (πυγή, οὐρά).

σειστὸς ἡ ὸν erschüttert, ἄσειστος ὁ ἡ unerschütterlich.

σεῖστρον τὸ sistrum, Klapperinstrument beim Isisdienst.

ἤθω, gew. ἠθέω f. ήσω od. ἠθίζω f. ίσω, ich seihe durch, auch ὑλίζω. ἠθμὸς od. ἠθμὸς ὁ (dem. ἠθμάριον τὸ) Durchschlag, Seihetuch, auch ἠθάνιον τὸ u. ὑλιστὴρ ὁ od. ὑλίστριον τό. ἠθισμὸς od. ὑλισμὸς ὁ das Durchseihen.

σήθω f. σήσω ich siebe. σῆσις ἡ das Sieben. σῆστρον τὸ das Sieb, auch σινίον τὸ, gew. κόσκινον τὸ· σινιάζω u. κοσκινεύω od. κοσκινίζω ich siebe, κοσκινόμαντις εως ὁ Wahrsager aus dem Siebe.

σαίνω ich wedele, τινὰ gegen jemand, schmeichele: περισαίνω ich umschmeichle, προσσαίνω ich schmeichle an, ὑποσαίνω ich schmeichle ein wenig od. von unten.

σάννας ου ὁ sanna, Grinser, Possenreißer, Narr. σαννίον τὸ Schwanz, Wedel.

σίνομαι ich beunruhige, vexo, ich schädige u. hudele. σίντης ου u. σίντωρ ορος, auch σίνις ιδος, ὁ wer schadet, verwüstet

σίνος εος τὸ Schaden: ἀσινὴς ὁ ἡ unschädlich, unbeschädigt.

σιναρὸς ὰ ὸν od. σινδρὸς u. σινδρων schädlich, beschädigt.

σινόμωρος oder σινάμωρος ὁ schädlich, näschig, wollüstig, geil.

σιναμωρέω ich nasche, entwende aus Näscherei: σιναμώρευμα τὸ Näscherei, Dieberei. σιναμωρία ἡ das heimliche Verthun.

σεύω, aor. ἔσσευα, pl. ἐσσύμαι, ich setze in Bewegung, treibe, hetze, jage fort: pres σοβέω, was auch nennr. von dem raschen Gang des Vornehmen od. Hoffärtigen. ἐσσυμένως u. σύδην ungestüm, heftig.

ἀποσεύω od. ἀποσοβέω ich jage fort, scheuche weg.

διασοβέω ich jage auseinander. διασεύομαι ich eile durch

ἐκσοβέω ich treibe aus, heraus, hervor ἐπισεύω ich treibe an, hetze gegen. παρασοβέω ich gehe rasch und stolz vorbei, περισοβέω herum.

σόβησις ἡ das Scheuchen, der geschwinde Gang.

σοβαρὸς ὰ ὸν rasch bewegt, hochfahrend, hoffärtig. σοβαρεύομαι ich betrage mich wie ein σοβαρός.

σόομαι od. σοῦμαι ich bewege mich heftig, renne, fliehe: auch θοάζω von θέω, f. θεύσομαι, ich laufe (θοὸς ἡ ὸν poet. schnell u., wie ὠκὺς u. ὀξὺς, spitzig: θοόω ich spitze, schärfe).

ἀποθέω ich laufe weg, διαθέω hin u. her od. in die Wette (τινὶ, πρός τινα). καταθέω ich verwüste durch Streifzüge, mache zu Schanden im Disputiren: μεταθέω ich laufe nach, περιθέω herum.

σόος od. σοῦς ὁ Bewegung, auch σοῦσις ἡ.

σέβομαι ich scheue; ich verehre: auch σεβίζω u σεβάζομαι von σέβας τὸ Scheu, Ehrfurcht. σεβασμὸς ὁ Verehrung, σέβασμα τὸ deren Gegenstand.

ἀσεβὴς od. δυσσεβὴς ὁ ἡ gottlos, frevelhaft: εὐσεβὴς fromm.

ἀσέβεια od. δυσσέβεια ἡ Gottlosigkeit, εὐσέβεια Frömmigkeit.

ἀσεβέω ich bin gottlos, frech: entggs εὐσεβέω ἀσέβημα τὸ gottlose That: entggs. εὐσέβημα. ἀσέβησις ἡ das Gottloshandeln.

σεπτὸς od. σεβαστὸς ἡ ὸν verehrt; ehrwürdig, auch σεβάσμιος; u. σεμνὸς ἡ ὸν: ἄσεπτος ὁ ἡ unverehrt; = ἀσεβής, wov. ἀσεπτέω = ἀσεβέω.

σεμνότης ἡ Ehrwürdigkeit, Feierlichkeit, Ernst: σεμνεῖον τὸ Tempel, bs. der σεμναὶ θεαὶ der Eumeniden: σεμνόω ich mache ehrwürdig, schmücke: σεμνύνομαι ich brüste mich, bin stolz, auf etwas ἐπί τινι od ἔν τινι.

σεπτικὸς u. σεπτήριος od. σεβαστικὸς verehrend, zur Verehrung gehörig.

φέβομαι ich fliehe, pros. φεύγω od. φυγγάνω, f. φεύξομαι. ὁ φεύγων der Angeklagte, wie ὁ διώκων der Ankläger πεφύζοτες poet für φεύγοντες.

ἀναφεύγω ich fliehe hinauf, zurück, entfliehe

ἀποφεύγω ich entfliehe; werde vor Gericht losgesprochen. ἀπόφευξις od. ἀποφυγὴ ἡ das Entfliehen; die Lossprechung ἀποφευκτικὸς ἡ ὸν zur Flucht dienlich od. behülflich

διαφεύγω ich fliehe durch, komme durch διάφευκτος ἡ ὸν leicht entwischend. διαφυγὴ ἡ Ausflucht; Zufluchtsort, auch καταφυγή.

ἐκφεύγω ich fliehe heraus, entfliehe καταφεύγω ich fliehe herab, nehme Zuflucht. προσφεύγω ich fliehe zu einem συμφεύγω ich fliehe mit, bin zugleich verbannt. ὑποφεύγω ich entfliehe heimlich.

φευκτὸς od. φυκτὸς ἡ ὸν geflohen, gemieden; zu fliehen, zu vermeiden, auch φύξιμος od. φεύξιμος· ἄφευκτος od. ἄφυκτος ὁ ἡ unvermeidlich.

φύξις, pros φυγὴ, ἡ Flucht; Verbannung, Exil; die Exulanten. Flucht poet. auch φύζα ἡ, wov. φυζαλέος u φυζακινὸς = φύξηλις scheu, furchtsam.

φύγαδε, auch φύγδα u. φύγδην, in die Flucht, fliehender Weise.

φυγὰς άδος ὁ ἡ flüchtig, Flüchtling; Ueberläufer; Vertriebener.

φυγαδικὸς ἡ ὸν zum Flüchtling od Exulanten gehörig, ihn betreffend φυγαδεύω ich verjage, verweise aus dem Lande: φυγαδεία ἡ Verbannung, Exil. φυγαδοθήρας ὁ der auf die Verbannten Jagd macht.

φυγάνθρωπος ὁ ἡ menschenscheu: φυγανθρωπεύω ich fliehe die Menschen.

φύγεργος arbeitscheu, φυγότονος Anstrengung fliehend.

φύξιος ὁ ἡ zur Flucht gehörig, sie befördernd. φύξιον τὸ Zufluchtsort.

φόβος ὁ Flucht; Schrecken, Furcht. φοβερὸς ὰ ὸν furchtbar, schrecklich: φοβερότης ἡ Fürchterlichkeit. φοβερῶψ ὁ ἡ od. φοβερωπὸς furchtbar von Anblick.

ἄφοβος ὁ ἡ ohne Furcht, unerschrocken: ἀφοβία ἡ Unerschrockenheit. Voll Furcht ἔκφοβος, ἔμφοβος, κατάφοβος. ἐπίφοβος der Furcht ausgesetzt περίφοβος u. ὑπέρφοβος sehr, überaus erschrocken.

φοβέω f. ήσω ich schrecke: φοβοῦμαι ich fürchte (τινά).

φόβημα τὸ Schrecken, Schreckniß. φοβητικὸς ἡ ὸν schreckend: προφοβητικὸς im Voraus od. vorher schreckend od fürchtend. ἀφόβητος ὁ ἡ = ἄφοβος. φόβητρον τὸ Schreckbild, Schreckmittel.

φόβη ἡ Mähne, wie σόβη ἡ Schweif.

Σελὶς ίδος ἡ Gang zwischen den Ruderbänken, fori; Pagina, Columne, Blatt.

σέλμα ατος τὸ Sitz des Steuermanns: die Querbänke der Ruderer ζυγὰ τά.

εὔσελμος ὁ ἡ wohl mit Ruderbänken versehn.

Σῆμα (dem. σημάτιον) u. σημεῖον τὸ Zeichen: Grabmal; Fahne (auch σημαία ἡ); Siegel (auch σφραγὶς ἡ); himmlisches Zeichen, Stern; Anzeichen, Vorbedeutung.

ἄσημος, poet. ἀσήμων, ὁ ἡ ohne Zeichen, unkenntlich, unbekannt. ἀσημογράφος ὁ ἡ der undeutlich schreibt.

ἐπίσημος ὁ ἡ bezeichnet, beprägt; ausgezeichnet, berühmt, auch διάσημος. ἐπίσημον τὸ Kennzeichen, Merkmal.

εὔσημος ὁ ἡ von günstiger Vorbedeutung; ausgezeichnet, deutlich. εὐσημία ἡ gutes Zeichen.

παράσημος ὁ ἡ ausgezeichnet, berühmt; falsch bezeichnet, verfälscht. παράσημον τὸ Zeichen, Wahrzeichen.

περίσημος ὁ ἡ ausgezeichnet, kenntlich, deutlich.

σύσσημον τὸ verabredetes Zeichen, Marke.

σημαιοφόρος ὁ Fahnenträger: σημειογράφος der mit Zeichen schreibt, Geschwindschreiber.

σημειώδης ὁ ἡ bezeichnend; bezeichnet; ausgezeichnet, vorbedeutend.

σημειόω ich zeichne, bezeichne; merke, bemerke; merke an. σημείωσις ἡ Bezeichnung, Anmerkung. σημειωτικὸς ἡ ὸν zum Bezeichnen und Anmerken gehörig.

σημαίνω ich zeige an, verkünde, befehle, bezeichne, besiegle; gebe ein Zeichen. σημασία ἡ Zeichen, Anzeige. σημαντὴρ ὁ der ein Zeichen giebt, im Kriege befiehlt, auch σημάντωρ; Siegel, Siegelring. γῆ σημαντρὶς Siegelerde. σημαντήριον u. σήμαντρον τὸ Zeichen, Siegel; Stempel; Münze (als Ort). σημαντικὸς ἡ ὸν bedeutend, deutlich, ausdrucksvoll. ἀσήμαντος ὁ ἡ unbezeichnet, unversiegelt; ohne Anführer.

ἀντισημαίνω ich zeige od. befehle dagegen an.

ὑποσημαίνω ich deute hin auf etwas; rathe durch Zeichen ab; beweise durch ein Zeichen; versiegle.

διασημαίνω ich unterscheide durch ein Zeichen, zeichne aus.

ἐνσημαίνομαι ich bezeichne od. beweise in –, an –.

ἐπισημαίνω ich mache od. gebe ein Zeichen bei –, zu –, nach –: med. ich gebe Beifall od. Misbilligung zu erkennen; neutr. ich melde mich an, zeige mich. ἐπισημασία ἡ.

κατασημαίνω ich bezeichne, besiegle; med. ich versiegle, hebe versiegelt auf.

παρασημαίνω ich präge falsch; ich zeichne an, merke an; ich nehme ab, schließe aus einem Zeichen.

προσημαίνω ich deute vorher an.

προσσημαίνω ich bezeichne noch dazu. συσσημαίνομαι ich untersiegle mit andern.

Σίαλον τὸ u. σίαλος ὁ Speichel, Geifer; Schleim; Schmalz: ὁ σίαλος auch poet. fettes Schwein.

σιαλώδης ὁ ἡ speichelartig, fett. σιαλόω ich mäste, σιαλίζω od. σιαλοχοέω ich geifere: σιαλισμὸς ὁ das Geifern, σιαλιστήριον τὸ Theil des Zaums od. Gebisses worauf der Geifer fällt.

σιγαλόεις εσσα εν (poet.) glänzend.

Σίβυλλα ἡ Sibylle, Weissagerin. βίβλοι σιβύλλειοι die sibyllinischen Bücher. σιβυλλιστὴς ὁ Weissager. σιβυλλαίνω ich prophezeie. σιβυλλιάω ich habe Verlangen nach od. Vergnügen an der Sibylle, rede wahnsinnig, radotire.

Σίζω f. ξω ich zische, von kochenden od. im Wasser sich abkühlenden Körpern. σίξις ἡ u. σιγμὸς ὁ das Zischen.

σίττα od. ψίττα Zuruf des Hirten das Vieh anzutreiben od. wegzujagen. σίττω u. ἐπισίττω ich hetze.

σιγάω f. ήσω ich schweige, auch σιωπάω: ἀποσιωπάω ich verschweige.

σιγὴ u. σιωπὴ ἡ das Schweigen; die Verschwiegenheit: ἀποσιώπησις ἡ das Verschweigen.

σιγαλέος, σιγηλὸς, σιγηρὸς, σιγητικὸς u. σιωπηρός od. σιωπηλὸς ἡ ὸν schweigsam, schweigend, stille.

ἀσίγητος ὁ ἡ nicht verschwiegen; nicht verschweigend. ἀσιγησία ἡ das Nichtschweigen.

σιγάζω u. κατασιγάζω, auch κατασιγάω u. κατασιωπάω, ich heiße schweigen.

Σικχὸς ὁ ekel, delikat; der sich leicht über etwas aufhält. σίκχος ὁ u. σικχότης ἡ Ekel, Ueberdruß: auch σικχασία ἡ von σικχαίνω ich habe Ekel vor etwas: σικχαντὸς ἡ ὸν verekelt. σικχάζω ich halte mich auf über etwas.

Σῖτος ὁ, pl. σῖτα τὰ (dem. σιτάριον τὸ), Waizen, Getreide; Brod, Speise, Kost, auch σιτία τὰ. Getreidearten: ζειὰ ἡ Dinkel far, κριθὴ ἡ, poet. auch κρῖ τὸ, Gerste (κριθάριον τὸ kleines Gerstenkorn, κρίθινος η ον von Gerste, κριθώδης ὁ ἡ gerstenartig, κριθοφάγος ὁ ἡ Gerste essend, κριθιάω mich sticht der Hafer: geröstete Gerste κάχρυς od. κάγχρυς υος ἡ: κέγχρος ὁ ἡ Hirse), ὄλυρα ἡ Einkorn od. St. Peterskorn, πυρὸς ὁ Waizen, (πύρινος η ον von Waizen, πυραμοῦς οῦντος ὁ Kuchen aus geröstetem Waizenmehl u. Honig).

ἀπόσιτος ὁ ἡ nicht essend, ohne Appetit. ἀποσιτέω ich esse nicht mehr, faste. ἀποσιτία ἡ Nüchternheit; Mangel an Appetit.

ἄσιτος ὁ ἡ ohne Essen; fastend. ἀσιτία ἡ Mangel an Essen od. an Zufuhr; Fasten. ἀσιτέω ich esse nicht, faste.

ἐπίσιτος und ἐπισίτιος ὁ ἡ für die Kost arbeitend: τὰ ἐπισίτια Kost. ἐπισιτίζω od. ἐπισιτιάζω ich reiche Nahrungsmittel: med. ich bekomme Nahrungsmittel; ich fouragire. ἐπισιτισμὸς ὁ das Reichen der Kost; das Nehmen od. Holen derselben.

οἰκόσιτος der zu Hause ißt, sich selbst beköstigt: παράσιτος ὁ der bei andern ißt, Schmarotzer. παρασιτέω ich esse bei einem, bin jemandes Schmarotzer (τινί). παρασιτικὸς ἡ ὸν zum Schmarotzer gehörig, ihn betreffend.

σύσσιτος ὁ ἡ mitspeisend, Tischgenoß σύσσιτησις und συσσιτεία ἡ das Zusammenspeisen. συσσιτέω ich speise zusammen. συσσίτιον τὸ gemeinschaftliches Mahl; Ort dazu.

σιτικὸς, σίτινος σιτηρὸς ὰ ὸν zum Getreide gehörig.

σιτέω f. ήσω, σιτεύω f. εύσω, σιτίζω f. ίσω ich füttere, mäste; med. ich esse, speise. σιτευτὸς od. σιτιστὸς ἡ ὸν gemästet. σίτισις ἡ u. σιτισμὸς ὁ das Füttern; das Speisen.

σιτὼν ῶνος ὁ Weizenacker.

σιταρχέω ich verproviantire (ἀρχέω) σιταρχεία ἡ das Proviantamt; der Proviant. σιτάρχης od. σίταρχος ὁ Proviantmeister

σιτοδεία ἡ Getreidemangel. σιτοδέομαι ich leide Getreidemangel.

σιτομέτρης ὁ der Kost zumißt u. austheilt, σιτομετρίον u. σιτόμετρον τὸ die zugemessene Portion von Proviant.

σιτοποιέω f. ήσω ich bereite das Getreide od. die Kost.

σιτοφόρος ὁ ἡ Getreide tragend, σιταγωγὸς Getreide zuführend.

Σίφων ωνος ὁ Röhre, Heber, Sprütze. σιφωνίζω ich zapfe mit dem Heber an.

Σκάζω ich hinke, bin lahm, sonst χωλεύω u. χωλαίνω von χωλὸς ἡ ὸν lahm: ἀμφίχωλος ὁ ἡ auf beiden Füßen lahm, poet. ἀμφιγυήεις.
ὑποσκάζω ich hinke etwas.
σκαληνὸς ἡ ὸν hinkend, wankend; ungleich: schief. σκαληνόω ich mache ungleich, krumm, schief: χωλόω ich lähme, σκαληνία ἡ Schiefheit, χωλότης od. χώλανσις Lahmheit.

σκάνδαλον u. σκανδάληθρον τὸ Stellholz in der Falle; (christl.) Aergerniß: σκανδαλίζω ich ärgere, gebe Anstoß.

Σκαιὸς ὰ ὸν links; von böser Vorbedeutung, unglücklich; ungeschickt, unbeholfen; plump, unfreundlich, unmenschlich. σκαιόθεν von der Linken. σκαιότης u. σκαιοσύνη ἡ linkisches Wesen, Unfreundlichkeit.

Σκαίρω ich hüpfe, springe, gew. σκιρτάω f. ήσω. σκαρθμὸς ὁ, σκίρτησις ἡ, σκίρτημα τὸ das Springen, der Sprung: σκιρτηδὸν im Sprung, sprungweise. εὐσκαρθμος, πολύσκαρθμος ὁ ἡ schön – viel springend. σκάρτης ὁ Springer.
ἀσκαρὴς od. ἄσκαρθμος ὁ ἡ nicht hüpfend.
ἀνασκαίρω od. ἀνασκιρτάω ich hüpfe auf, springe empor. ἀποσκιρτάω ich springe ab od. weg.
σκαρίζω, gew. ἀσκαρίζω f. ίσω ich springe, hüpfe; zapple, zucke.
ἀποσκαρίζω u. ἀπασκαρίζω ich springe weiter; verzappele.
σκαρὶς od ἀσκαρὶς ίδος ἡ ein Eingeweidewurm.

σκάριφος ὁ Griffel, Stift. σκαριφάομαι u. σκαριφεύω ich ritze od. bezeichne die Oberfläche, mache einen leichten Umriß, skizzire. σκαριφισμὸς od. σκαριφηθμὸς u σκαρίφημα τὸ Gekritzel, Krikelkrakel.
διασκαριφάομαι ich scharre auf, zerkratze, zerstöre.

Σκάλλω, σκαλεύω, σκαλίζω u. ἀσκαλίζω ich kratze, scharre, schüre; behacke.
ἀνασκαλεύω ich grabe od. scharre auf.
σκαλεὺς od. σκαλευτὴς ὁ der hackt od behackt.
σκάλσις ἡ u. σκαλισμὸς ὁ das Behacken, auch σκαλεία u. σκάλισις ἡ. ἄσκαλος, ἄσκαλτος, ἀσκάλευτος ὁ ἡ nicht gegraben od. behackt.
σκαλμὸς ὁ (dim. σκαλμίδιον τὸ) der Pflock an der Seite des Schiffes u. das Lager worauf das Ruder ruht.
σκάλεθρον, σκάλευθρον, σκάλευρον τὸ Werkzeug das Feuer zu schüren, σκαλὶς ἡ u. σκαλιστήριον τὸ zum Hacken u. Graben.
σκάλοψ οπος ὁ Maulwurf: auch σπάλαξ u. ἀσπάλαξ ακος.

Σκέλλω ich trockne aus, mache mager. ἀπέσκληκα od. κατέσκληκα ich bin verdorrt od erstarrt.
σκελετὸς ἡ ὸν vertrocknet, hager: τὸ σκελετὸν ausgetrockneter Körper, Mumie. σκελετώδης ὁ ἡ mumienartig. σκελετεύω u. κατασκελετεύω ich mache zur Mumie: σκελετεία ἡ Trockenheit, Hagerkeit.
ἀσκελὴς u. περισκελὴς ὁ ἡ sehr trocken od. hart; starrsinnig, beharrlich
σκλῆμα το Verhärtung, Härte.
σκληρὸς ὰ ὸν trocken, spröde, hart; älter dem Aussehen nach als den Jahren nach, auch σκληφρός.
σκληραγωγέω ich halte od. erziehe hart, σκληροκοιτέω ich liege auf einem harten Lager.
σκληραύχην od. σκληροτράχηλος ὁ ἡ hartnäckig, σκληρόγεως von hartem Boden.
σκληρόστομος hartmäulig, σκληρόψυχος hartherzig.
σκληρότης ἡ Härte, Starrheit: σκληριάω ich bin hart, σκληρόω od. σκληρύνω ich härte, verhärte: σκλήρωμα u. σκλήρυσμα τὸ verhärteter Körper

σκέλος τὸ Schenkel, Schenkelbein: ἀσκελὴς ὁ ἡ ohne Schenkel: παχυσκελὴς, ἰσχνοσκελὴς dick, dünn von Schenkeln.

περισκελὶς ἡ Band od. Binde um den Schenkel.
ὑποσκελίζω ich schlage einem das Bein unter, werfe ihn um; betrüge.
σκελὶς, Att. σχελὶς, ἡ Hinterkeule, Schinken.
Σκέπας τὸ, pros. σκέπη ἡ, Decke, Bedeckung; bedeckter Ort, Schutz.
σκεπάζω ich bedecke, verhülle: σκεπαστὸς ἡ ὸν bedeckt: σκεπαστικὸς od. σκεπαστήριος, auch σκεπανὸς ἡ ὸν, bedeckend: σκέπαστρον od. σκέπασμα τὸ Decke, Hülle.
σκέπτομαι f. ψομαι ich spähe (mit vorgehaltener Hand in die Ferne), speculire, betrachte, überlege, bedenke od. besinne mich: auch σκοπέω, poet. σκοπιάζω.
σκέψις ἡ Betrachtung; Untersuchung; Ueberlegung; das Bedenken.
σκεπτικὸς ἡ ὸν zur σκέψις geneigt, zur Schule des Pyrrho gehörig.
ἄσκεπτος u. ἀνεπίσκεπτος od. ἄσκοπος, ὁ ἡ unüberlegt: περίσκεπτος ringsum sichtbar, hochgelegen.
ἀνασκέπτομαι od. ἀνασκοπέω ich besehe, betrachte wieder.
ἀποσκέπτομαι, ἀποσκοπέω, ἀποσκοπεύω ich sehe von oben herab od. in der Ferne.
διασκέπτομαι u. διασκοπέω ich sehe durch, überlege.
ἐπισκέπτομαι und ἐπισκοπέω ich sehe an, besehe, besuche; betrachte, überlege; untersuche, prüfe. ἐπίσκεψις ἡ Beschauung, Betrachtung, Ueberlegung.
κατασκοπέω od. -εύω ich besehe, erforsche, kundschafte aus. κατασκοπὴ od. κατασκόπευσις ἡ Beschauung, Erforschung.
περισκέπτομαι u. περισκοπέω ich sehe herum: περιεσκεμμένος umsichtig, klug. ἀπερισκεψία ἡ Unbesonnenheit.
προσκέπτομαι u. προσκοπέω ich betrachte vorher, sehe voraus; recognoscire. πρόσκοπος ὁ ἡ vorausgeschickter Kundschafter, vor dem Lager stehende Wache.
σκέμμα τὸ Gedanke, Entschluß, Betrachtung.
σκόπος ὁ Späher, Spion, gew. κατάσκοπος. ἐπίσκοπος Aufseher; (christl.) Bischof: ἐπισκοπεύω ich bin Bischof.
σκοπὸς ὁ das Ziel, sonst στόχος; Absicht, Zweck: ἀπόσκοπος ὁ ἡ ab vom Ziel, ἐπίσκοπος das Ziel treffend.
σκοπὴ u. σκοπιὰ ἡ Ort wo man spähet, Warte: σκόπελος ὁ Fels, Klippe.
σκὼψ ωπὸς ὁ Eule, Kauz (von den glotzenden Augen).
σκώπτω f ψω ich äffe, ahme nach; scherze, ziehe auf, verspotte: auch ἀποσκώπτω, διασκώπτω, ἐπισκώπτω, κατασκώπτω. σκῶμμα (dem. σκωμμάτιον) τὸ Scherzrede, Spaß; Spott. σκώπτης u. σκωπτόλης ου ὁ Spötter; Spaßmacher. σκωπτικὸς ἡ ὸν spöttisch.
Σκεῦος (dem. σκευάριον) τὸ Gefäß, Geräth; Geräthschaft: τὰ σκεύη Gepäck, σκευηφόρος od. σκευοφόρος ὁ ἡ der es trägt. ἄσκευος ὁ ἡ ohne Geräth, ungerüstet, nicht vorbereitet.
σκευοποιέω ich bereite Geräthschaft, Waffen 2c.; ich mache etwas mit List, verfälsche, betrüge, auch σκευωρέομαι: σκευοποίημα u. σκευώρημα τὸ, σκευοποιία u. σκευωρία ἡ.
σκευὴ ἡ Rüstung, Kleidung, Anzug. σκευάζω ich rüste, bekleide, bereite. σκευασία ἡ Zubereitung, Zurüstung. σκευαστὸς ἡ ὸν zubereitet; was sich zubereiten läßt.
ἀνασκευάζω ich packe wieder auf, schaffe weg, zerstöre; widerlege: ἀνασκευαστικὸς ἡ ὸν dazu gehörig od. geschickt.
ἀποσκευάζω u. ἐκσκευάζω ich packe weg, schaffe fort. ἀποσκευὴ ἡ das Abpacken, Wegschaffen.
διασκευάζω ich bereite zu, ordne an, lege zurecht; kleide, ziere; ich überarbeite, arbeite um. διασκευὴ ἡ Anordnung; Anzug; Umarbeitung: διασκευαστὴς ὁ der umarbeitet.
ἐνσκευάζω ich rüste, mache zurecht: schirre an.

ἐπισκευάζω ich bessere aus, setze wieder in Stand: ἐπισκευὴ ἡ Ausbesserung.

κατασκευάζω ich bereite, ordne an, richte ein; setze fest, beweise. κατασκευασείω ich habe Lust einzurichten κατασκεύασμα τὸ das Eingerichtete: Gebäude, Zimmer; Hülfsmittel, Erfindung. κατασκευὴ ἡ Ausrüstung, Anordnung; Geräth, Hausrath, Vorrath.

παρασκευάζω ich bereite vor; rüste aus, versehe; bereite, verursache, bringe zu Wege. παρασκεύασμα τὸ Zurüstung; das Zubereitete: παρασκευαστικὸς ἡ ὸν vorbereitend, ausrüstend, zu Wege bringend. παρασκευὴ ἡ Vorbereitung, Kriegsrüstung; Cabale, Faction: ἀπαράσκευος ὁ ἡ unvorbereitet. ἀντιπαρασκευάζω ich rüste gegenseitig: ἀντιπαρασκευὴ ἡ gegenseitige Rüstung. προπαρασκευάζω ich bereite vorher: προπαρασκευὴ ἡ.

συσκευάζω ich packe zusammen, mache reisefertig; ich setze zusammen, bereite, bewerkstellige.

Σκηνὴ ἡ (dem. σκηνὶς ἡ u. σκηνίδιον od. σκηνύδριον τὸ) bedeckter Ort, Zelt, Laube, Hütte; Theater, Bühne.

σκηνοβατέω ich betrete das Theater; ich bringe aufs Theater.

σκηνογραφία ἡ Theatermalerei, perspectivische Malerei: σκηνογράφος. σκηνογραφέω.

σκῆνος τὸ = σκηνή; Dor. der Körper als Hülle der Seele.

σκηνάω, σκηνέω, σκηνεύω ich wohne im Zelte od. wie im Zelte. σκηνήτης. σκηνίτης, σκηνευτὴς ὁ in einem Zelte lebend; Zeltcamerad, auch σύσκηνος ὁ ἡ u. συσκηνητὴρ ὁ, συσκηνήτρια ἡ.

σκηνόω ich errichte ein Zelt, auch σκηνοπηγέω u. σκηνοποιέω; wohne darin. σκήνωμα u. σκήνημα τὸ = σκηνή.

ἀπόσκηνος ὁ ἡ ferne wohnend, nicht zusammenlebend: ἀποσκηνόω ich bin od. wohne fern.

διασκηνάω, διασκηνέω u. διασκηνόω sich in die Zelte od. Quartiere vertheilen; auseinander gehen; fern von einander Zelte aufbauen.

ἐπίσκηνος ὁ ἡ im Zelt, im Quartier, auf der Bühne; ankommend, fremd. ἐπισκηνόω ich ziehe ein, gehe ins Quartier.

κατασκηνάω u. κατασκηνόω ich schlage Zelte auf, lagere mich. κατασκήνωσις ἡ das Einkehren; die Beziehung des Quartiers.

παρασκήνιον τὸ Eingang zu beiden Seiten des Theaters. παρασκηνόω ich wohne od. esse daneben; bin Nachbar.

προσκήνιον τὸ Vorderbühne, wo die Acteurs spielen.

συσκηνάω, συσκηνέω, συσκηνόω ich wohne od. esse zusammen. συσκηνία ἡ u. συσκήνιον τὸ das Zusammenwohnen; Zusammenessen.

Σκιὰ ἡ Schatten.

σκιαγραφέω ich schattire, vertheile Schatten u. Licht; ich zeichne einen Umriß, lege an; ich mahle perspectivisch. σκιαγράφος ὁ. σκιαγραφία ἡ.

σκιατραφέω od. σκιατροφέω ich erziehe im Schatten, im Zimmer, verzärtele: σκιατραφὴς ὁ ἡ od. σκιατροφίας ὁ so erzogen.

σκίουρος ὁ (οὐρά) Eichhorn, eigtl. Schattenschwanz.

σκιαρὸς od. σκιερὸς ὁ ὸν u. σκιόεις εσσα εν schatticht, beschattet, auch ἐπίσκιος, κατάσκιος, σύσκιος, ὑπόσκιος. σκιώδης ὁ ἡ schattig; finster, dunkel, trübe

σκιὰς άδος ἡ (dem. σκιάδιον τὸ) Schattendach, Pavillon, Sonnenschirm, auch σκίρον τό.

σκιάω u. σκιάζω f. άσω ich beschatte, bedecke: σκίασμα τὸ Beschattung, Bedeckung: σκιαστικὸς ἡ ὸν beschattend, bedeckend.

ἀποσκιάζω ich werfe Schatten; ich stelle in Schatten. ἀποσκίασμα τὸ der geworfene Schatten; das Schatten gebende: ἀποσκιασμὸς ὁ das Schattenwerfen.

ἐπισκιάζω ich mache einem (τινὶ) Schatten, stehe im Lichte; ich beschatte, bedecke (τινά).

κατασκιάζω u. συσκιάζω ich beschatte, verdunkle.

Σκότος εος τὸ u. ου ὁ Finsterniß, Dunkelheit. Licht φῶς τὸ.

σκοτοδίνη u. σκοτοδινία ἡ od. σκοτόδινος ὁ Schwindel, sonst ἴλιγγος ὁ: σκοτοδινέω od. σκοτοδινιάω ich werde schwindlig, mir wird schwarz vor den Augen.

σκοτομήνιος νὺξ Nacht wo der Mond (μήνη) nicht scheint.

σκοτερὸς ὰ ὸν, σκότιος ία ιον, σκοτόεις εσσα εν, σκοτώδης ὁ ἡ finster, dunkel: gew. σκοτεινὸς ἡ όν. σκοτεινότης ἡ Finsterniß, Dunkelheit: auch σκοτία ἡ. σκοταῖος ἦλθε er kam in der Finsterniß od. Dämmerung.

σκοτόω u. σκοτίζω ich mache finster, dunkle; ich mache schwindlich.

ἀποσκοτίζω u. ἀποσκοτόω ich beschatte, schattire; ich nehme den Schatten weg, gehe aus dem Lichte. ἐπισκοτέω u. ἐπισκοτίζω ich verfinstere, verdunkle, decke zu. συσκοτάζει es wird dunkel.

Σκήπτω (poet. σκίμπτω u. σκηρίπτω) f. ψω ich stütze, stelle od. setze nieder, fest; ich falle auf etwas mit ganzem Gewicht, auch ἐνσκήπτω, κατασκήπτω, ἐγκατασκήπτω. σκήπτομαι ich schütze vor: σκῆψις ἡ Vorwand, Ausrede. ἐπισκήπτομαί τινί τινος ich verklage einen um etwas.

σκῆπτρον od. σκηπάνιον τὸ und σκήπων, σκίμπων, σκηπίων ωνος ὁ Stab: σκηπτοῦχος ὁ Zepterträger, σκηπτουχία ἡ dessen Macht od. Gebiet. σκίμπους οδος ὁ (dem. σκιμπόδιον τὸ) Ruhebette.

σκηπτὸς ὁ einschlagender, herabfahrender Blitz od. Sturm.

Σκιμαλίζω ich nasenstübere (τινά), behandele verächtlich.

Σκύβαλον τὸ Auswurf, Kehricht, Mist, Koth. σκυβαλώδης ὁ ἡ wie Auswurf. σκυβάλισμα τὸ verworfene, verächtete Sache od. Person: σκυβαλισμὸς ὁ verächtliche Behandlung.

Σκύλλω ich zerzause, zerreiße; ich ermüde, plage. σκυλμὸς ὁ das Zausen, σκύλμα τὸ zerzaustes Haar: ἄσκυλτος nicht zerzaust, ungeängstiget.

Σκῶλος und σκόλοψ οπος ὁ spitziger Körper; Dorn, Stachel, Gräte, Pfahl. σκολοπίζω ich stecke an einen Pfahl od. Spieß, spieße: ἀνασκολοπίζω ich kreuzige, sonst σταυρόω.

Σκῶρ ατὸς τὸ Koth, Dreck. σκωραμὶς ἡ Nachtstuhl. σκωρία ἡ Schlacke, σκωριοειδὴς ὁ ἡ schlackenähnlich.

Σμαραγέω u. σφαραγέω ich dröhne, prassele, rausche. σμαραγὴ ἡ u. σφάραγος ὁ Tosen, Rauschen.

Σμερδαλέος α ον u. σμερδνὸς ἡ ὸν fürchterlich, furchtbar von Anblick (poet).

Σμίλη ἡ (dem. σμίλιον τὸ) Messer, Kneif: σμιλωτὸς ἡ ὸν so gestaltet. σμιλεύω ich schnitzle, schneide: σμίλευμα τὸ Schnitzel; Geschnitzeltes.

Σπάθη ἡ (dem. σπαθάλιον τὸ) Instrument am senkrechten Weberstuhl, das den Faden dichtet, wie der Kamm am wagerechten; Spatel zum Umrühren; ein breiter Degen; das breite Ende am Ruder, sonst πλάτη: das Schulterblatt, auch ὠμοπλάτη.

σπαθάω ich schlage den Faden fest mit der σπάθη: ich fädele ein, zettele an; ich schlemme, fresse.

διασπαθάω u. κατασπαθάω ich verbringe durch Schlemmerei.

σπατάλη ἡ Schwelgerei, Luxus. σπάταλος ὁ ἡ schwelgerisch σπαταλάω ich schwelge, κατασπαταλάω ich verschwelge.

σπαθίζω ich rühre mit der Spatel um, trage damit auf; ich steche mit dem Degen.

Σπανὸς ὴ ὸν u. σπάνιος ὁ ἡ dürftig, dünn, selten, wenig. σπανιάκις selten, entggs. πολλάκις oft

σπανάδελφος ὁ ἡ wenig Geschwister habend: σπανανδρία ἡ Mangel an Männern, σπανοκαρπία an Früchten, σπανοσιτία an Getreide.

σπανοπώγων ωνος ὁ mit dünnem Bart.

σπάνη, σπάνις, σπανιότης ἡ Dürftigkeit: Seltenheit.

σπανίζω ich habe Mangel; bin selten. σπανιστὸς ὴ ὸν dürftig, Mangel habend; selten.

Σπεῖρα od. σπεῖρα ἡ Windung, gewundene Linie (Spiral: od. Schneckenlinie); Seil, Strick; Abtheilung Soldaten, manipulus. σπειρηδὸν gewunden, gedrehet; manipelweise.

σπειράω ich drehe, winde; drehe zusammen: περισπειράω ich umwinde, umwickele. σπείρημα τὸ das Gewundene, die Windung.

σπεῖρον (dem. σπειρίον) τὸ Bedeckung, Kleid; Segel. σπειρόω ich wickle ein.

σπάργω ich windele, wickele ein, gew. σπαργανάω, σπαργανίζω, σπαργανόω von σπάργανον (dem. σπαργάνιον) τὸ Windel: σπαργανιώτης ὁ Wickelkind. σπαργάνωσις ἡ das Einwickeln, σπαργάνωμα τὸ das Eingewickelte.

σπάρτον τὸ Esparto, eine Pflanze zu Stricken u. Seilen geschickt: ein daraus geflochtener Strick, auch σπάρτη u. σπαρτίνη ἡ, dem. σπάρτιον τὸ was auch der Mittelpunkt des Wagebalkens. σπάρτινος ίνη ινον aus Spartum gemacht. σπαρτοπλόκος ὁ ἡ der Spartum zu Seilen flicht.

σφαῖρα ἡ, dem. σφαιρίδιον τὸ, Ball, Kugel. σφαιρηδὸν wie eine Kugel, adj. σφαιροειδὴς u. σφαιρίτης. σφαιρικὸς ὴ ὸν zur Kugel gehörig.

σφαιρόω ich runde, mache kugelicht. σφαίρωμα τὸ gerundeter Körper. σφαιρωτὸς ὴ ὸν zugerundet; mit Kugeln besetzt.

σφαιρίζω ich spiele Ball. σφαίρισις ἡ oder σφαιρισμὸς ὁ das Ballspielen. σφαιριστὴς ὁ Ballspieler, συσφαιριστὴς der mitspielt: σφαιριστικὸς ὴ ὸν zum Ballspiel gehörig, darin geschickt. σφαιριστήριον τὸ Ballplatz.

σπυρὶς ίδος ἡ, dem. σπυρίδιον τὸ, geflochtener Korb.

σπυρὰς od. σπυραθία ἡ u σπύραθος ὁ Mistkugel von Schafen und Ziegen: Att. σφυράς. σπυραθώδης ὁ ἡ was so aussieht.

σφύρα ἡ (dem. σφυρίον τὸ) Hammer. σφυρὸν τὸ Knöchel am Fuß.

σφυρήλατος ὁ ἡ (ἐλαύνω) gehämmert; dicht, gedrängt; solid, gediegen. σφυροκοπέω (κόπτω) ich hämmere.

ἐπίσφυρος u. ἐπισφύριος ὁ ἡ um die Knöchel, an den Knöcheln: ἐπισφύριον τὸ ein Band od. Riemen darum, auch σφυροδέτης ὁ.

εὔσφυρος od. καλλίσφυρος ὁ ἡ schönfüßig.

Σπάω f. άσω ich ziehe, zerre; zucke

ἀνασπάω ich ziehe in die Höhe; ich reiße aus, ich schicke weg, verweise. ἀνάσπαστος ὁ ἡ verwiesen, aus seinem Lande versetzt.

ἀποσπάω ich reiße ab; reiße hin.

διασπάω ich zerreiße συσπάω ich ziehe zusammen.

ἐκσπάω ich ziehe heraus. ἐπισπάω ich ziehe zu, an, nach: ἐπίσπαστον κακὸν Unheil das man sich selbst zugezogen.

κατασπάω ich ziehe herab; reiße nieder; schlinge herab.

παρασπάω ich verziehe; ziehe weg; reiße ab.

περισπάω ich ziehe herum; reiße ringsum ab.

σπάσμα τὸ das Gezogene; die Zuckung, der Krampf: σπασματώδης ὁ ἡ zuckend, krampfig, convulsivisch. σπασμὸς ὁ das Ziehen, Zucken.

ἀσπάζομαι f. άσομαι ich umfasse, begrüße, bewillkomme, habe gern u. lieb. ἀντασπάζομαι ich begrüße dagegen, wieder.

ἀσπασμὸς οῦ ὁ, (Ion. ἀσπαστὺς ύος ἡ) Umarmung, Begrüßung. ἄσπασμα τὸ das Umarmte, Geliebte. ἀσπαστὸς ἡ ὸν u. ἀσπάσιος ία ιον willkommen, angenehm; gern, willig. ἀσπαστικὸν (οἴκημα) Besuchzimmer.

σπαδίζω ich reiße, ziehe ab. σπατίζω ich sauge.

σπαίρω u. ἀσπαίρω ich zucke, zappele, sperre mich, auch σπαρίζω u. ἀσπαρίζω, desgl. σφαδάζω: σφαδασμὸς ὁ das Zucken, Zappeln.

σπαράσσω f. ξω ich zerre, reiße; zerreiße, zerfleische, zerzupfe. σπαραγμὸς ὁ u. σπάραξις ἡ das Zerreißen, Zerzausen. σπάραγμα τὸ das Abgerissene, Bruchstück: κραυγαὶ σπαραγματώδεις gewaltsames Schreien womit man sich etwas im Leibe zersprengen kann.

Σπείρω f. σπερῶ ich säe, streue aus, verbreite.

ἀποσπείρω ich säe aus, streue aus. διασπείρω ich zerstreue. ἐνσπείρω ich säe od streue ein; streue darunter aus.

ἐπισπείρω ich säe od. streue darauf; säe nach, nochmals. ἐπισπορὰ u. ἐπισπορία ἡ Nachsaat.

ὑποσπείρω ich streue heimlich aus.

σπέρμα τὸ Same: ἄσπερμος ὁ ἡ ohne Samen, ohne Kinder. σπερμαίνω u. σπερματίζω ich säe: σπερματόω ich setze Samen an, mache zu Samen, auch σπερμογονέω, σπερμοφορέω, σπερμοφυέω. σπερματώδης ὁ ἡ samenartig, unentwickelt.

σπερμολόγος ὁ ἡ Samenkörner auflesend od. fressend; die Saatkrähe; der Kleinigkeiten ausklaubt, Müssiggänger, Klätscher. σπερμολογέω ich sammle Samen, bin ein σπερμολόγος: σπερμολογία ἡ dessen Thun und Treiben.

σπαρτὸς ἡ ὸν gesäet, gezeugt; zerstreuet, sonst σποράς ὁ ἡ u. σποραδικὸς ἡ όν, adv. σποράδην.

σπορὰ ἡ u. σπόρος ὁ das Säen, die Saat, der Samen.

σπόριμος ὁ ἡ besäet, zum Besäen geschickt: ἄσπορος unbesäet, ungesäet (auch ἄσπαρτος), ohne Samen.

σποριτὸς ἡ ὸν gesäet; Subst. ὁ Saatzeit.

Σπένδω f. σπείσω ich gieße aus; bringe ein Trankopfer. σπένδομαί τινι ich mache mit einem einen Vertrag, söhne mich mit ihm aus.

ἀποσπένδω ich gieße die Libation ab, ἐπισπένδω ich gieße sie auf: med. ἐπισπένδομαι ich schließe noch ein Bündniß. ἐπίσπεισις ἡ das Aufgießen des Trankopfers.

σπονδὴ ἡ Trankopfer; pl. Vertrag, Friedensschluß. σπονδεῖος εία εῖον zum Trankopfer gehörig: σπονδεῖον τὸ die Opferschale, σπονδεῖος ὁ (sc. πούς) der (in Libationsgesängen übliche) Spondeus.

ἄσπονδος ὁ ἡ ohne Libation; bundbrüchig, treulos; unversöhnlich.

παράσπονδος bundbrüchig: παρασπονδέω ich werde bundbrüchig: παρασπόνδημα τὸ bundbrüchige Handlung.

Σπέρχω (auch ἐπισπέρχω u. κατασπέρχω) f. ξω ich treibe an, fort; setze in Bewegung: med. ich eile, bin aufgebracht (τινὶ gegen jemand).

σπερχνὴν heftig, in Eile. σπερχνὸς ἡ ὸν u. ἐπισπερχὴς ὁ ἡ hastig; heftig, dringend: auch σφεδανὸς ἡ όν.

σπαργάω f. ήσω (auch σφριγάω u. σφαραγέω) ich strotze, bin voll zum Platzen; bin voll Begier, Muthwille, Ueppigkeit. σφριγώδης ὁ ἡ strotzend, voll Kraft u. Begier.

Σπλάγχνα (dim. σπλαγχνίδια) τὰ Eingeweide (Herz, Lunge, Leber); Opferschmaus.

εὔσπλαγχνος ὁ ἡ mit gesunden Eingeweiden, herzhaft.

σπλαγχνόπτης od. σπλαγχνοσκόπος ὁ der die Eingeweide beschaut.

σπλαγχνεύομαι ich verzehre nach dem Opfer die Eingeweide; ich prophezeie daraus. σπλαγχνίζομαι (im N. Test.) ich erbarme mich.

Σπλὴν ηνὸς ὁ die Milz: σπλῆνες die Milzsucht. σπληνώδης ὁ ἡ milzartig, milzsüchtig. σπληνίτης ὁ zur Milz gehörig. σπληνιάω od. σπληνίζομαι ich leide an der Milz, bin milzsüchtig.

Σπόγγος ὁ u. σπογγιὰ ἡ (dem. σπογγίον od. σπογγάριον τὸ) Schwamm: Att. σφόγγος (fungus). σπογγώδης od. σπογγοειδὴς schwammartig. σπογγίζω ich wische mit dem Schwamm ab. σπογγεὺς έως ὁ der die Schwämme aus dem Meere holt, auch σπογγοθήρας, σπογγοκολυμβητής, σπογγολόγος, σπογγοτόμος.

Σπόνδυλος, Att. σφόνδυλος, ὁ (dem. σπ[φ]ονδύλιον τὸ) Wirbelbein; Wirbel an der Spindel.

Στάμνος ὁ ἡ (dem. σταμνίσκος ὁ u. σταμνάριον od. σταμνίον τὸ) irdenes Gefäß worein der Wein abgezogen wird (καταστεμνίζεται). Irdenes Faß sonst πίθος ὁ (dem. πιθάριον τὸ) u. πιθάκνη, Att. φιδάκνη, ἡ (dem. πιθάκνιον τὸ): πιθίτης ὁ, ῖτις ἡ in Gestalt eines Fasses: πιθόγαστρος ὁ ἡ mit einem Bauche wie ein Faß.

Ἵστημι (spät ἱστάνω) f. στήσω, aor. ἔστησα, ich mache stehen, ich stelle; wäge: ἕστηκα ich stehe (f. ἑστήξομαι): ἵσταμαι (aor. ἔστην) ich stelle mich, trete hin, poet. στεύομαι.

ἀνθίστημι ich stelle entgegen. ἀντίστασις ἡ das Entgegenstellen, Vergleichung; Widerstand, Gegenpartei. ἀντιστάτης ὁ entgegenstehend, Gegner: ἀντιστατέω ich bin das.

ἀνίστημι ich stelle auf, richte auf; ermuntere; hebe auf, verrücke, zerstöre. ἀνάστασις ἡ das Aufstehen; die Auferstehung; das Aufheben, Vertreiben, Zerstören. ἀνάστατος ὁ ἡ vertrieben; zerstört.

ἀπανίστημι ich setze anderswohin (auch μετανίστημι): nöthige zur (μετανάστασις) Auswanderung. ἐξανίστημι ich treibe aus, führe weg. ὑπεξανίσταμαι od. ὑπανίσταμαι ich stehe auf vor einem (τινί) ἐπανίστημι ich richte auf, wiegle auf; empöre.

ἀφίστημι ich stelle weg; entferne; mache abwendig; wäge ab, wäge zu. ἀπόστασις ἡ Trennung; Abstand, Zwischenraum; Abfall, auch ἀποστασία ἡ. ἀποστάσιον τὸ Scheidung von der Frau, Abfall vom Patron. ἀποστατὴρ ῆρος od ἀποστάτης ὁ der abfällt, Abtrünniger; der abwägt. ἀποστατέω ich stehe ab; verlasse; bin abwesend. ἀποσταδὰ, ἀποσταδὸν adv. abstehend, in der Ferne, eminus, entggs. συστάδην cominus. ἀπόστημα τὸ Absceß, Geschwür.

διΐστημι ich stelle aus einander, trenne. διάστασις ἡ Uneinigkeit; Zwischenraum, auch διάστημα τό. διαστατικὸς ἡ ὸν trennend, veruneinigend. διαστατέω ich bin getrennt, uneinig.

ἐνίσταμαι ich trete ein – an, fange an (μὴν ἐνιστάμενος angehender Monat, χρόνος ἐνεστὼς gegenwärtige Zeit); trete zwischen, widersetze mich; setze mich, gerinne.

ἐξίσταμαι ich gehe vom Wege ab, trete ab; vermeide, gehe aus dem Wege, lasse fahren. ἔκστασις ἡ Verrückung von der Stelle; Entzückung, Begeisterung. ἐκστατικὸς ἡ ὸν entzückend, verrückend; verrückt, entzückt.

ἐφίστημι ich stelle daran, darauf, darüber (τὸν νοῦν, τὴν γνώμην τινὶ ich achte auf etwas, bin aufmerksam darauf, auch ohne Accusativ); ich halte an, zurück ἐπιστασία und ἐπίστασις ἡ Aufsicht, Befehl über etwas; das Anhalten. ἐπιστάτης ὁ Vorsteher, bs. zu Athen der Prytanen; Lehrer; Hintermann, wie παραστάτης Nebenmann u. προστάτης Vordermann. ἐπιστατέω od. ἐπιστατεύω ich bin Aufseher od. Vorsteher.

ἐπίσταμαι ich verstehe, weiß, kenne: προεπίσταμαι ich weiß voraus. ἐπιστήμη ἡ das Wissen, die Wissenschaft; Einsicht, Kenntniß, auch ἐπιστημοσύνη von ἐπιστήμων wissend, erfahren: ἀνεπιστήμων ὁ ἡ unwissend, unerfahren, unverständig: ἀνεπιστημοσύνη ἡ Unwissenheit, Unverstand.

καθίστημι ich stelle hin, setze fest; bringe in Ordnung: ἀντικαθίστημι ich setze an eines andern Stelle, ἀποκαθίστημι ich stelle wieder her, setze wieder ein. κατάστασις ἡ das Hinstellen, Festsetzen; Anordnung; Ansetzung; Einsetzung; Einrichtung, Beschaffenheit. καταστάτης ὁ Anordner, Wiederhersteller. ἀκατάστατος ὁ ἡ unbeständig, ungeordnet: ἀκαταστασία ἡ Unordnung, Empörung. κατάστημα τὸ Stellung, Stand; Zustand, Beschaffenheit.

μεθίστημι ich stelle um, versetze an einen andern Platz; ändere um. μετάστασις ἡ das Versetzen; das Abtreten, Verschwinden. ἀμετάστατος ὁ ἡ unveränderlich

παρίστημι ich stelle daneben, dabei, vergleiche; ich stelle dar, vor, lehre; gebe an die Hand, bewege wozu: παρίσταμαι ich bringe auf meine Seite, unterwerfe mir: παρίσταταί μοι mir fällt bei, kömmt ein. παράστασις ἡ Darstellung, Vorstellung, Beweis; das Dastehn, die Gegenwart; Geistesgegenwart; Einfall, Gedanke. παραστάτης ὁ, -άτις ἡ Beistand, Gehülfe.

περιΐστημι ich stelle umher; ich bringe herum, stimme um; ich bringe einen wozu, versetze ihn wohinein. περίστασις ἡ Umstand; umstehende Menge; Umänderung.

προΐσταμαι ich stehe vor, regiere, besorge, beschütze; unterziehe mich einer Sache; ich schütze vor, schiebe vor. οἱ προεστῶτες die Vorgesetzten. προστὰς άδος ἡ Gallerie vor dem Hause od. um den Hof mit dem Vorzimmer, auch παραστὰς und παστάς. προστάτης ὁ Vorsteher, Vorgesetzer; Patron des Nichtbürgers zu Athen. προστατεία ἡ Aufsicht, Schutz; Amt eines προστάτης: auch προστασία ἡ, was bs. die Amt u. Macht begleitende Pracht. προστατέω u. προστατεύω ich stehe vor, beschütze

προσίστημι ich stelle dazu; ich wäge zu: med. ich stehe dabei, komme dazu; ich stelle mich entgegen; bin zuwider (τινί).

συνίστημι ich stelle od. bringe zusammen, versammle; ich bringe jemand mit jemand (τινὰ τινὶ) zusammen, stelle vor, empfehle; ich vereinige, mache fest od. dicht, mache gerinnen; ich stelle dar, zeige, beweise; ich setze zusammen, verfertige, lasse entstehen. συστάτης ὁ, συστὰς ἡ zusammenstehend. σύστασις ἡ Zusammensetzung; Vereinigung; Verfertigung; Einrichtung; Empfehlung; Versammlung, Haufe, Partei: Entstehung, Ursprung; Bestehen, Beschaffenheit. σύστημα τὸ zusammengesetztes Ganze, συστηματικὸς ἡ ὸν dazu gehörig.

ὑφίστημι ich stelle- setze- lege unter; med. ich übernehme; nehme auf mich, verspreche; stelle mich entgegen, halte ab; senke od. setze mich. ὑπόστασις ἡ Unterlage, Untersatz; Grund, Anfang; Stoff; Inhalt, Argument; Bodensatz, Hefe, auch ὑποστάθμη; Standhaftigkeit, Muth; Vorsatz, Unternehmung; Substanz, Wesen.

στάσις εως ἡ das Stehen, Stellen; Stand, Stellung; Aufstand, Aufruhr; Partei, Faction.

στάσιμος ὁ ἡ stehend; fest; stätig, beständig; gesetzt, ruhig; gewogen, wägbar; auf Zinsen stehend.

στασιώδης ὁ ἡ aufrührerisch. στασιώτης ου ὁ der von einer Partei ist: ἀντιστασιώτης von der Gegenpartei στασιωτικὸς ἡ ὸν zur Partei gehörig, zu Parteiungen geneigt od. geschickt. στασιωτεία ἡ Parteisucht, Factionsgeist.

στασιάζω ich bringe in Aufruhr; bin im Aufruhr: unter einander διαστασιάζειν. στασιασμὸς ὁ Erregung eines Aufruhrs. στα-

στασιώτης ὁ Aufrührer, στασιαστικὸς ἡ ὸν aufrührerisch. ἀστασίαστος ὁ ἡ durch keine Parteiung beunruhigt.

στατὸς ἡ ὸν stehend, ἵππος Pferd im Stalle: χιτὼν ein langes nicht gegürtetes Kleid. ἄστατος ὁ ἡ unstät, unbeständig: ἀστασία ἡ Unbeständigkeit, ἀστατέω ich bin unbeständig. στατικὸς ἡ ὸν zum Stehen bringend; wägend, fem. die Lehre vom Wägen od. vom Gleichgewicht, Statik. στατίζω = ἵστημι.

στάδην adv. stehend, steif, gerade. στάδιος (α ιον stehend, fest: μάχη od. ὑσμίνη σταδίη entggs. dem Geplänkel. στάδιον τὸ u. στάδιος ὁ ein Wegemaaß = 6 πλέθρα, $\frac{1}{30}$ παρασάγγης (Pers.), $\frac{1}{40}$ Deutsche Meile; Rennbahn. σταδιαῖος αία αῖον ein Stadion lang, πλεθριαῖος ein Plethron lang: ἀπέλεθρος ὁ ἡ (poet.) unermeßlich. σταδιασμὸς ὁ das Messen nach Stadien. ἵππος σταδιεὺς Rennpferd. σταδιοδρόμος ὁ Wettrenner: σταδιοδρομέω ich bin Wettrenner.

σταθερὸς ὰ ὸν feststehend (entggs. ἀσταθής): σταθερὸν ἦμαρ od. ἡ σταθερά, vst. μεσημβρία, die Mittagsglut, wenn die Sonne gerade über dem Kopfe gleichsam still steht. σταθερότης ἡ Stätigkeit, Beständigkeit. σταθεύω ich senge, brenne.

σταθμὸς ὁ (pl. auch σταθμὰ τὰ) Stall; Station, Quartier; Wagebalken; das Gewicht, die Schwere; Thürpfosten. σταθμεύω ich nehme od. habe Quartier: ἐπισταθμεύω ich kehre ein od. bin einquartiert bei jemand: σταθμοῦχος ὁ der Wirth. ἀντίσταθμος gleich an Gewicht: ἀντισταθμέω od. -ίζω ich wiege auf, gleiche aus durch Gegengewicht.

σταθμὴ ἡ Richtschnur; Blei an der Bleiwage (sonst σταφύλη ἡ): σταθμάομαι ich wäge ab, richte, beurtheile. σταθμητὸς ἡ ὸν gerichtet, gerade gemacht; gewogen, zu wägen oder zu messen: ἀστάθμητος ὁ ἡ ungewiß, worauf nicht zu rechnen ist.

στατὴρ ῆρος ὁ eine Münze, gew. von Gold; der Att. (wie auch der Pers. δαρεικός) 20 Drachmen werth, also $\frac{1}{5}$ Mine, $\frac{1}{300}$ Talent. στατηρίδιος od. στατηριαῖος α ον von der Größe od. dem Werth eines Staters.

στατήρ ἡ Wage (dor.): sonst τρυτάνη ἡ trutina: τρυτανεύω ich wäge ab.

στάχυς u. ἄσταχυς υος ὁ Aehre. σταχύϊνος η ον von Aehren. σταχυηρὸς ὰ ὸν od. σταχυη(ο)φόρος Aehren tragend: σταχυηλόγος, σταχυητόμος Aehren lesend, schneidend.

στήμων ονος ὁ, dem. στημόνιον τὸ, Aufzug des Gewebes (Einschlag κρόκη ἡ); Faden. στημονίζομαι ich ziehe das Gewebe auf. Aufzug auch ἱστός ὁ, was sonst Webebaum, Webestuhl, auch Mastbaum. ἱστίον τὸ Gewebe, bs. Segel (poet. auch λαῖφος τὸ). ἱστουργὸς ὁ Weber, gew. ὑφάντης.

Ζεὺς στήσιος ὁ Iuppiter stator.

σταμὶν ῖνος ἡ Seitenbalken am Schiff vom Kiel hinauf bis zum Verdeck.

σταυρὸς ὁ Pfahl, Pallisade; Kreuz. σταυρηδὸν in Kreuzform. σταυρόω ich schlage Pfähle od. Pallisaden ein; kreuzige: σταύρωμα τὸ Verpallisadirung. ἀνασταυρόω ich schlage ans Kreuz: ἀποσταυρόω ich verpfähle, verschanze: περισταυρόω ich umschanze.

στέαρ ατος (dem. στεάτιον) τὸ Talg: Fett, Schmalz πιμελὴ ἡ. στεατώδης ὁ ἡ talgig; voll Talg. στεάτινος ίνη ινον von Talg. στεατόω ich mache zu Talg: στεάτωμα τὸ Fettgeschwulst.

σταὶς u. σταῖς (Att. στὰς) τὸ, g. σταιτὸς, Teig. σταίτινος u. στατίτης od. στατίας ὁ von Teig. σταιτώδης wie Teig, voll Teig.

στῆθος εος (dem. στηθίδιον) τὸ Brust, Oberleib (der breite u. flache

Theil στέρνον, dem. στερνίδιον τὸ); der Ballen an Hand u. Fuß; Hügel, Sandbank, sonst ταινία ἡ.

ἀποστηθίζω ich expectorire mich, spreche von der Brust (von der Leber) weg. προσστερνίζομαι ich drücke an meine Brust.

στηθικὸς, στηθιαῖος, στερνίτης von od. auf der Brust. προστερνίδιον τὸ Bedeckung od. Putz vorn an der Brust. στερνοκοπέομαι od. στερνοτυπέομαι ich schlage an meine Brust: στερνοτυπία ἡ planctus. ὑποστερνίζω ich lege unter die Brust.

στήλη ἡ, dem. στηλὶς ἡ u. στηλίδιον τὸ, Säule, Denksäule cippus, columna κίων ονος ὁ u. ἡ, dem. κιονίσκος ὁ u. κιονὶς ἡ (κιονίς auch der Zapfen im Munde).

στηλίτης ὁ auf die Schandsäule geschrieben; auf einer Säule wohnend. στηλιτεύω ich schreibe auf eine Säule, publicire; brandmarke, auch καταστηλιτεύω.

στηλόω ich mache zur Säule, stelle als Säule auf, auch ἀναστηλόω.

στῦλος ὁ (dem. στυλὶς ἡ u. στυλίσκος ὁ) Säule; Pfahl, Griffel, stilus. στυλόω ich stütze. στυλοβάτης ὁ Säulenfuß, Piedestal.

ἄστυλος ὁ ἡ ohne Stütze. πρόστυλος ὁ ἡ vorn mit Säulen.

περίστυλος ὁ ἡ mit Säulen umgeben: neutr. Säulengang, Gallerie, auch στοὰ ἡ: von der στοὰ ποικίλη, worin Zenon lehrte, hießen dessen Schüler στωϊκοί.

Στέγω tego ich bedecke, verdecke; enthalte, fasse; ich halte ab; ich halte aus: auch στεγάζω f. άσω von στέγη u. τέγη ἡ od. στέγος u. τέγος τὸ Dach; Haus; Zimmer. στεγανόμος ὁ Hausherr. τέγεος θάλαμος Zimmer der Frauen im oberen Stockwerk, sonst ὑπερῷον. στέγασμα od. στέγαστρον τὸ Decke, Deckel.

ἄστεγος od. ἀστεγὴς ὁ ἡ unbedacht, unbedeckt. ὑπόστεγος unter Dach, im Hause.

ἀποστέγω ich bedecke; halte ab durch Bedeckung. ἀποστεγάζω ich decke ab; ich halte ab. καταστεγάζω ich bedecke, bedache.

προστέγιον und προστέγισμα τὸ der Raum im Hause vor dem Zimmer.

στεγανὸς od. στεγνὸς ἡ ὸν bedeckt, verdeckt; verschwiegen; zusammengezogen, dicht gegen Feuchtigkeit (ὑδατοστεγὴς od. ὑδασιστεγὴς ὁ ἡ wasserdicht); zusammenziehend.

στεγανογράφος ὁ der mit Geheimschrift, Chiffern schreibt.

στεγανόπους οδος ὁ ἡ mit Schwimmfüßen versehen.

στεγνόω ich dichte, mache dicht; abstringire, verstopfe; ich löthe, kitte, auch συστεγνόω.

Στείβω ich trete mit Füßen; trete fest.

στιπτὸς ἡ ὸν dicht, festgedrückt, zusammengepreßt.

στιβὰς άδος ἡ Lager von Blättern, Stroh u. dgl. gestopft.

στίβος ὁ Fußsteig, Pfad; Fußstapfe (sonst ἴχνος). ἀστιβὴς ὁ ἡ unbetreten, unwegsam.

στιβέω u. στιβεύω ich betrete, ich spüre nach, spüre aus, wie ἰχνεύω.

στιβεὺς od. στιβευτης ὁ Wanderer; Walker; Spürer: στιβεία ἡ Jagd mit Spürhunden.

στιβαρὸς od. στιφρὸς ὰ ὸν dicht, derb, fest; schwer; stark, kräftig.

στῖφος εος τὸ dichter Haufe von Kriegern.

στοιβὴ u. στοιβὴ ἡ eine Pflanze die man zum Ausstopfen u. Polstern gebraucht, sonst φλέως ω ὁ. στοιβάζω ich packe, häufe an od. zusammen; stopfe od. pfropfe dazwischen: στοιβασία ἡ od. στοιβασμὸς ὁ das Aufhäufen, Zusammenstopfen.

στέμφυλα τὰ ausgepreßte Weintrauben od. Oliven, Trester: οἶνος στεμφυλίτης davon gemachter Wein, lora.

ἀστεμβὴς od. ἀστεμφὴς ὁ ἡ ungestampft, ungekeltert; unerschüttert, unerschütterlich.

στόμφος oder στόμφος ὁ ἡ volltönend, hochtrabend. στομφάζω ich spreche hochtrabend, prahle, poltere: στομφαστικὸς ἡ ὸν od. στόμφαξ ὁ ἡ der mit vollem Munde spricht, Prahler: στομφασμὸς ὁ das Prahlen.

Στόμα ατος τὸ Mund; Mündung, Oeffnung; Vordertheil, Fronte; Schneide des Schwerdts.

ἄστομος ὁ ἡ ohne Mund od. Sprache; mit kleinem Munde; hartmäulig, auch στομίας.

ἀμφίστομος od. δίστομος ὁ ἡ von doppelter Mündung; zweizüngig, falsch; zweischneidig.

εὔστομος mit schönem Munde; nicht hartmäulig; Worte von guter Vorbedeutung redend; dem Munde bequem, leicht auszusprechen. Entggs. δύστομος u. κακόστομος.

σύστομος ὁ mit zusammengezogenem od. enggespitztem Munde, engmündig. συστομόω ich mache engmündig, vermünde.

ἀποστοματίζω ich sage frei vom Munde weg, aus dem Gedächtniß; ich sage vor was auswendig gelernt werden soll.

στοματικὸς ἡ ὸν zum Munde gehörig, am Munde krank.

στομὶς ἡ u. στόμιον od. ἐπιστόμιον τὸ Gebiß am Zaum; Maulkorb, sonst φιμός ὁ.

ἐπιστομίζω ich bändige, bringe zum Schweigen, auch φιμόω.

στομόω ich versehe mit einer Oeffnung; öffne, eröffne; vom Eisen: ich versehe mit einer Schneide, ich härte, stähle στόμωμα τὸ das Geschärfte; Schärfe, Härte: στόμωσις ἡ das Härten, Schärfen; Verstärken: στομωτὴς ὁ der härtet, stählt.

ἀναστομόω ich öffne, verschaffe einem Fluß od. Graben Ausfluß; ich schärfe, spitze; reize den Gaumen.

ἀποστομόω ich verschließe die Mündung, verstopfe; ich mache stumpf.

στόμαχος ὁ Mündung; Magenmund, Schlund, Magen. στομαχικὸς ἡ ὸν zum Magen gehörig, dafür dienlich, daran leidend.

στωμύλος ὁ ἡ redselig, geschwätzig: στωμυλία ἡ Redseligkeit, Mundfertigkeit. στωμύλλομαι, στωμυλέω, στωμυλεύομαι ich schwatze, plaudere artig. στωμυλήθρης u. στωμύληθρος ὁ Schwätzer.

Στέφω f. ψω ich kränze, kröne: auch στεφανόω od. στεφανίζω u. στεμματόω.

ἀποστέφω od. ἀποστεφανόω, auch ἐκστέφω, ich entkränze, beraube des Kranzes.

ἐπιστέφω ich bekränze; ich fülle (den Becher) bis an den Rand.

καταστέφω u. περιστέφω od. περιστεφανόω ich bekränze, umgebe.

στέφος u. στέμμα τὸ od. στέφανος ὁ (selten στεφάνη ἡ: dem. στεφανίσκος ὁ u. στεμμάτιον τὸ) Kranz. ἀγὼν στεφανίτης Wettkampf wo der Preis ein Kranz ist.

ἀστέφανος u. ἀστεφάνωτος ὁ ἡ unbekränzt, ohne Krone.

ἀμφιστεφὴς ὁ ἡ umkränzt, umflochten. ἐπιστεφὴς bekränzt; bis an den Rand gefüllt.

Στείχω f. ξω ich gehe, wandere ziehe: poet. auch στιχάομαι.

ἀποστείχω ich gehe fort, weg. διαστείχω ich gehe durch.

ἐπιστείχω ich gehe dazu, dahin, darüber. καταστείχω ich gehe herunter.

μεταστείχω ich gehe nach. παραστείχω ich gehe hinzu, vorüber.

στίξ ιχὸς ἡ, gew. στίχος ὁ, dem. στιχίδιον τὸ, Reihe, Glied; Zeile, Vers. στιχηδὸν adv. reihen-, versweise. στιχήρης ὁ ἡ in Reihen od. Versen. στιχίζω ich bringe in Reihen, in Verse. στιχοποιΐα ἡ das Versemachen, στιχοποιὸς ὁ Versemacher.

δίστιχος, τετράστιχος ὁ ἡ in zwei, vier Reihen od. Versen bestehend.

στοῖχος ὁ (dem. στοιχάριον τὸ) Reihe, Linie, Schlachtordnung; die in einer Reihe hingestellten Pfähle des Stellgarns.

ἀντίστοιχος ὁ ἡ gegenüber gestellt, parallel: ἀντιστοιχέω ich stehe od. tanze in der Reihe gegenüber.

σύστοιχος ὁ ἡ zusammenstehend, zusammengehörig: συστοιχέω ich stehe in einerlei Reihe, bin gleichartig.

μεταστοιχεὶ adv. in einer Reihe fort.

στοιχέω f. ήσω ich gehe in Reihe u. Glied. περιστοιχίζω ich umstelle mit Netzen.

στοιχεῖον τὸ Stab, Stift, z. B. der an der Sonnenuhr, dessen Schatten die Stunde zeigt; Buchstab; erster Bestandtheil, Element. στοιχειώδης ὁ ἡ zu den Anfangsgründen gehörig, elementarisch. στοιχειόω ich lehre die Anfangsgründe.

ἐλαῖαι στοιχάδες od. περίστοιχοι Oelbäume in Reihen gesetzt.

στόχος ὁ Ziel. ἄστοχος ὁ ἡ nicht treffend; irrig: ἀστοχέω ich verfehle das Ziel (auch παραστοχάζομαι); irre mich. εὔστοχος ὁ ἡ gut treffend; scharfsinnig: εὐστοχία ἡ Geschicklichkeit im Treffen od. Errathen.

στοχάζομαι ich ziele, τινὸς nach etwas; ich beziele, bezwecke; ich errathe, muthmaße. στόχασμα τὸ womit od. wonach man zielt: στοχασμὸς ὁ das Zielen, Treffen, Errathen

Στέλλω f. στελῶ, pf. ἔσταλκα, ich setze in Stand, rüste aus; mache zurecht; ich schicke ab, sende; ich bringe zum Stehn, schränke ein, ziehe zusammen.

στόλος ὁ das Stellen ins Feld; Zurüstung; Feldzug; Flotte.

στολὴ ἡ Zurüstung; Putz; Kleid: dem. στόλιον τὸ u. στολὶς ίδος ἡ was auch Falte, Runzel. στολὰς ἡ Fell, Leder, Kleid davon.

στολίζω und καταστολίζω ich bekleide: στόλισμα τὸ u. στολισμὸς ὁ Bekleidung, Gewand. στολιδόω ich ziehe an; falte: στολιδωτὸς ἡ ὸν bekleidet; gefaltet; runzlicht.

σταλτικὸς ἡ ὸν zusammenziehend, unterdrückend.

ἀμφιστέλλω ich umkleide, umwickle.

ἀναστέλλω ich treibe zurück, hemme, hebe in die Höhe: χιτὼν ἀνεσταλμένος aufgeschürztes Kleid.

ἀποστέλλω ich schicke fort, weg, aus. ἀποστολὴ ἡ Sendung, Entlassung; die Abreise, das Absegeln. ἀπόστολος ὁ ἡ abgesandt, abgeschickt; subst. ὁ eine ausgerüstete od. absegelnde Flotte: ἀποστολεὺς ὁ der die Ausrüstung u. Absendung der Flotte besorgt. προαποστέλλω ich schicke voran od. vorher.

διαστέλλω ich ziehe auseinander; trenne, unterscheide, bestimme genau; διαστολὴ ἡ das Auseinanderziehn (entggs. συστολή); Trennung, Unterschied; Interpunction.

ἐπιστέλλω ich schicke hin, melde durch einen Boten od. Brief, ich bestelle, trage auf. ἐπιστολὴ ἡ (dem ἐπιστόλιον) Brief. ἐπιστολεὺς έως ὁ Unteradmiral einer (spartanischen) Flotte; Briefbote, auch ἐπιστολιοφόρος u. γραμματοφόρος. ἐπιστολιμαῖος αία αῖον im Briefe, auf dem Papier stehend.

εὐσταλὴς ὁ ἡ gut ausgerüstet; fertig, leicht; leicht zu befriedigen, von wenig Aufwand. εὐσταλία ἡ leichte Rüstung; Leichtigkeit.

καταστέλλω ich rüste aus, bekleide; ich halte auf, zurück; stille. καταστολὴ ἡ das Herablassen; das Hemmen.

μεταστέλλομαι ich schicke nach –, lasse holen, gew. μεταπέμπομαι.

περιστέλλω ich umkleide, kleide an; bedecke, verberge; pflege, besorge.

προστέλλω ich bedecke, schütze.

συστέλλω ich ziehe zusammen; verkürze, mindre; bedecke, verberge; ich treibe zurück, halte ab; demüthige. συστολὴ ἡ das Zusammenziehen; Verkürzen, Abkürzung; Einschränkung; Sparsamkeit.

ὑποστέλλω ich ziehe herunter, zusammen; vermindere: med. ich ziehe mich zusammen od. zurück, lasse nach, werde bescheidner, fürchte. ὑποστολὴ ἡ das Nachlassen, Ruhe; Kleinmuth, Furcht.

στέλεχος εος τὸ Stammende, Klotz.

Στενὸς (Jon. στεινὸς) ἡ ὸν eng, schmal: εὐρὺς εῖα ὑ breit, weit. τὰ στενὰ enger Paß.

στένος (Jon. στεῖνος) τὸ u. στενότης ἡ Enge, εὖρος τὸ u. εὐρύτης ἡ Breite, Weite. στενόω ich mache eng, enge ein: εὐρύνω ich breite, erweitere

στένω f. ενῶ ich stöhne, seufze, beseufze, auch στενάζω, στεναχέω, στεναχίζω, στοναχέω, στοναχίζω.

ἀναστένω u. ἀναστενάζω ich seufze auf. ἐπιστένω u. ἐπιστενάχομαι od. ἐπιστοναχίζω ich seufze über –. καταστένω u. καταστενάζω ich beseufze. μεταστένω u. μεταστεναχίζω ich seufze hinterher. περιστένω u. περιστενάζω od. περιστοναχίζω ich umseufze, umtöne. ὑποστένω u. ὑποστοναχέω ich seufze od. beseufze leise.

στόνος u. στεναγμὸς ὁ, στέναγμα τὸ, στοναχὴ ἡ das Geseufze, Seufzen. στονόεις εσσα εν seufzend (poet.).

στενακτὸς ἡ ὸν seufzend; beseufzet: entggs. ἀστένακτος ὁ ἡ.

Σθένω ich habe Kraft, vermag, kann.

σθένος εος τὸ Kraft, Stärke, Macht: ἀσθενὴς ὁ ἡ schwach, kränklich: ἀσθένεια ἡ Schwäche, Kränklichkeit: entggs εὐσθένεια. ἀσθενέω ich bin schwach, kränklich: εὐσθενέω ich bin stark u. munter. ἀσθένημα τὸ Schwächung, Schwäche. ἀσθενόω ich schwäche, σθενόω ich mache stark. ἀσθενικὸς ἡ ὸν dem ἀσθενὴς eigen. σθεναρὸς ὰ ὸν od. εὐσθενὴς u. περισθενὴς ὁ ἡ stark, mächtig.

Στερεὸς od. στεῤῥὸς ὰ ὸν fest, dicht, hart: auch στερέμνιος α ον.

στερεομετρία ἡ Messung solider Körper: στερεομέτρης, στερεομετρέω. στεῤῥόγυιος ὁ ἡ von starken Gliedmaßen.

στερεογνώμων od. στερεόφρων starrsinnig. στερεόσαρκος mit derbem Fleisch.

στερεόω od. στεῤῥοποιέω ich mache fest, hart, dicht. στερέωμα ατος τὸ das Festgemachte, der feste Körper, Grund, Basis. στερέωσις ἡ das Festmachen.

στέριφος ίφη ιφον fest, hart: στερίφη u. στεῖρα ἡ unfruchtbar. στειρόω ich mache hart, fest, unfruchtbar.

τάριχος ὁ u. τὸ (dem. ταρίχιον τὸ) Fleisch od. Fisch getrocknet, eingesalzen, balsamirt.

ταριχέμπορος od. ταριχοπώλης ὁ der mit eingesalzenen Fischen handelt: ταριχηγὸς der sie führt.

ταριχηρὸς ὰ ὸν eingepökelt, eingesalzen, geräuchert, getrocknet. ταριχεύω f. εύσω ich salze ein, pökle, balsamire, bewahre getrocknet auf: ταριχευτὸς ἡ ὸν eingesalzen, gepökelt, einbalsamirt: ταριχευτὴς ὁ der einpökelt, balsamirt. ταρίχευσις u. ταριχεία ἡ Einpökelung, Einbalsamirung: ταριχεῖον τὸ Ort dazu.

τάρχεα τὰ Bestattung einer Leiche ταρχύω f. ύσω u. ταρχεύω ich bestatte: ἀτάρχυτος ὁ ἡ unbestattet.

στηρίζω f. ίξω ich stelle fest, befestige, stärke, stütze. στήριγμα τὸ das Gestützte, Grund, Stütze. στηριγμὸς ὁ das Stützen; das Feststehen. στήριγξ ιγγος ἡ Stütze, Steife. ἀστήρικτος ὁ ἡ nicht befestiget, unbegründet.

Στέρω od. **στερέω**, auch στερίσκω, gew. ἀποστέρω od. -έω, f. ήσω ich raube, beraube (τινὰ τινὸς u. τί). στέρησις u. ἀποστέρησις ἡ Beraubung, ἀποστερητὴς ὁ der beraubt, Betrüger: στερητικὸς od. ἀποστερητικὸς ἡ ὸν zum Berauben geschickt

Στορέω od. **στορέννυμι** f. έσω u. στρωννύω oder στρώννυμι f. στρώσω ich breite hin, lege auf den Boden, lege nieder, bedecke; ich werfe zu Boden, schlage nieder.

στρῶμα ατος τὸ u. στρωμνὴ ἡ Decke, Teppich, Lager.

στρωματίζω = στορέω. στρωματεὺς έως ὁ oder στρωματόδεσμον τὸ Bettsack

στρῶσις ἡ das Decken, Bedecken, Ueberziehen.

στρωτὴρ ῆρος u. στρωτὴς οῦ ὁ der die Polster und Teppiche hinlegt.

στρωτὸς ἡ ὸν hingedeckt, aufgedeckt, gelagert ἄστρωτος ὁ ἡ ohne Decke, ohne Lager: ἀστρωσία ἡ das Liegen auf bloßer Erde.

διαστρώννυμι auseinander decken, mit Lagern bereiten.

ἐπιστρώννυμι darauf, darüber decken.

καταστρώννυμι ich bedecke, ich strecke aus, ich ebene. κατάστρωμα τὸ Verdeck eines Schiffs.

περιστρώννυμι ich lege, decke darüber, herum. περίστρωμα τὸ Decke, Vorhang.

ὑποστρώννυμι ich decke - lege - streue unter. ὑπόστρωμα τὸ Lager, Decke, Streu

στρατὸς ὁ gelagertes Volk, Heer, auch στρατιὰ ἡ u. στράτευμα τὸ von στρατεύω f. εύσω od. στρατεύομαι, poet. στρατάομαι, ich liege zu Felde, diene als Soldat.

ἀποστρατεύομαι ich werde des Kriegsdienstes entlassen. ἐκστρατεύω ich ziehe aus ins Feld. ἐπιστρατεύω (τινὶ) ich ziehe gegen einen, συστρατεύω ich ziehe mit zu Felde.

στράτευσις od. στρατεία ἡ Feldzug, Kriegsdienst. στρατεύσιμος ὁ ἡ zum Kriegsdienst gehörig od. tauglich.

ἀστράτευτος ὁ ἡ nicht im Kriegsdienst, nicht darin gewesen: ἀστρατεία ἡ Freiheit vom Kriegsdienst; Desertion

στρατιώτης ου ὁ Soldat: ναῦς στρατιῶτις Schiff mit Soldaten. συστρατιώτης Mitsoldat. στρατιωτικὸς ἡ ὸν zum Soldaten gehörig.

στρατηγέτης, gew. στρατηγὸς, ὁ (ἄγω) Anführer, Feldherr: poet. στρατάρχης od. στρατηλάτης ὁ.

στρατηγὶς ναῦς Schiff des Feldherrn. στρατηγία ἡ Würde oder Klugheit des Feldherrn. στρατηγεῖον u. στρατήγιον τὸ Feldherrnzelt, praetorium. στρατηγικὸς ἡ ὸν zum Feldherrn gehörig, geschickt.

στρατηγέω ich führe die Armee an, bin Feldherr; ich gebrauche eine Kriegslist, ein στρατήγημα. καταστρατηγέω ich überwinde durch Kriegslist.

στρατηγιάω ich habe Lust zur Feldherrnstelle.

στρατόπεδον τὸ (πέδον) Feldlager, gelagertes Heer, auch στρατοπέδευμα τὸ von στρατοπεδεύομαι ich lagere mich: στρατοπεδεία oder στρατοπέδευσις ἡ das Lageraufschlagen, die Stellung der Armee.

ἀναστρατοπεδεύω mit dem Lager zurückgehen, aufbrechen.

ἀποστρατοπεδεύω (τινὸς) von einem weiter fortrücken.

καταστρατοπεδεύω lagern, cantoniren lassen; med. sich lagern oder in Cantonirungsquartiere legen.

Στίζω f. ξω ich steche; punktire; brandmarke; bläue, schlage. διαστίζω ich bezeichne durch Punkte od. Flecke, interpungire.

στίγμα ατος τὸ Stich, Punkt; Mahlzeichen; Brandmal. στιγματίας ου ὁ ein Gebrandmarkter. στιγματίζω ich brandmarke.

στιγμὴ ἡ Punkt, Stich, Fleck; Augenblick. στιγμαῖος u. στιγμιαῖος α ον von der Größe eines Punkts.

στικτὸς ἡ ὸν gestochen, punktirt, gefleckt, gebrandmarkt, interpungirt.

Στραγγὸς od. στραγὸς ἡ ὸν gedreht, gekrümmt.

στραγγαλὶς u. στραγγαλιὰ ἡ Strick, Schlinge; verfängliche Frage, List, Nachstellung. στραγγαλόω ich drehe, drehe zusammen; würge, ersticke, auch στραγγαλίζω.

στραγγεύομαι ich drehe u. wende mich; druckse, zaudere, auch στρεύγομαι: στραγγεία ἡ das Drucksen, Verweilen.

στρὰγξ γγὸς ἡ Tropfen. στραγγουρία ἡ Harnzwang, tropfenweis abgehender Urin (οὖρον): στραγγουριάω ich leide daran, bin σταγγουρικός.

στρογγύλος η ον rund, auch γογγύλος: στρογγυλότης ἡ Rundung, runde Gestalt. στρογγύλλω ich runde: auch στρογγυλαίνω, στρογγυλίζω u. γογγυλίζω, στρογγυλεύω u. γογγυλεύω, στρογγυλόω.

γογγυλὶς ἡ, dem. γογγυλίδιον τὸ, Rübe.

Στύζω f. ξω, aor. ἔστυγον, ich stutze, scheue, verabscheue, hasse: auch ἀποστυγέω u. καταστυγέω od. καταστύζω.

στυγάνωρ, στυγοδέμνιος ὁ ἡ den Mann, das Ehebett verabscheuend.

στύγημα u. στύγος τὸ Haß, Abscheu; Traurigkeit. στυγητὸς ἡ ὸν verhaßt; hassenswerth.

στυγερὸς ὰ ὸν u. στυγνὸς ἡ ὸν verhaßt, abscheulich; traurig, betrübt: στυγερότης u. στυγνότης ἡ Traurigkeit: στυγνάζω ich bin traurig; sehe so aus, bin στυγερώπης od. στυγερωπός.

Στύφω f. ψω ich schmecke herb od. sauer; ziehe zusammen, mache dicht.

στύψις ἡ zusammenziehender Geschmack, das Dicht- od. Festmachen, z. B. der Farben u. flüchtigen Oele durch Beimischung andrer Substanzen. στύμμα τὸ das dichtmachende, fixirende Material. στυπτικὸς ἡ ὸν zusammenziehend.

στυφελὸς od. στυφλὸς ἡ ὸν dicht, fest; hart, rauh.

στυφελίζω f. ξω ich behandle hart, schlage, stoße, stoße weg, auch ἀποστυφελίζω: στυφελισμὸς ὁ das Stoßen, Hudeln.

στύφη od. στύππη ἡ Werg, auch στυπεῖον u. στυππίον τὸ. στύπινος η ον von Werg.

στύπος τὸ Stengel, Stamm, Stock, stipes

στρυφνὸς ἡ ὸν sauer, herbe; sauertöpfisch. στρυφνότης ἡ saurer Geschmack, herbes Wesen. στρυφνόω ich mache herb.

Σύρω f. υρῶ ich ziehe, schleife, schleppe fort; kehre, fege. σύρδην im Zuge, mit Gewalt fort.

ἀνασύρω ich ziehe herauf, z. B. das Kleid; ich entblöße: κατασύρω ich ziehe od. reiße herab; plündere.

διασύρω ich zerreiße, verzerre; lästere, schmähe. διασυρμὸς ὁ das Verzerren; Schmähung, Spott.

ἐπισύρω ich ziehe od. schleppe nach; ich werfe flüchtig hin, bin fahrläßig. ἐπίσυρμα τὸ Schweif, Schwanz; Furche, Spur; Fahrläßigkeit.

παρασύρω ich ziehe an die Seite, reiße weg.

σύρμα τὸ Schleppe, Talar; das Zusammengekehrte, Kehricht, Spreu.

συρμὸς ὁ der Zug, das Reißen; das Kriechen auf dem Bauch.

σύρτης ὁ Seil zum Ziehen; Kloben worüber ein Seil läuft.

συρτὸς ἡ ὸν geschleppt, gezogen, gefegt; was sich schleppen läßt.

σύρτις εως ἡ Sandbank, zusammengekehrter Sand: sonst ταινία.

συρίζω u. συρίσσω od. συρίττω f. ξω ich pfeife; pfeife aus.

συριγμὸς ὁ das Pfeifen: σύριγμα τὸ das Gepfiffene, ein Pfiff: συρικτὴς u. συριστὴς ὁ Pfeifer.

σύριγξ γγος ἡ (dem. συρίγγιον τὸ) Pfeife, Rohrpfeife, Hirtenflöte;

jede Röhre, z. B. Ader, Fistel, Futteral, Büchse am Rade.
συριγγόω ich mache röhrenförmig, höhle aus. συριγγώδης ὁ ἡ was Röhren u. dgl. hat.

Σειρὴν ῆνος ἡ Sirene, auch κηληδών. σειρήνιος α ον sirenenhaft, bezaubernd.

Σῦς συὸς od. ὗς ὑὸς ὁ ἡ Schwein (dem. συΐδιον od. ὑΐδιον τὸ). Wilder Eber κάπρος ὁ (poet. auch κάπριος: dem. καπρίσκος ὁ), wilde Sau κάπραινα. Ferkel χοῖρος ὁ (dem. χοιρίσκος ὁ u. χοιρίον od. χοιρίδιον τὸ) u. δέλφαξ ακος ὁ (dem. δελφάκιον τὸ). Stachelschwein ὕστριξ ιχος ὁ u. ἡ

συώδης, ὑώδης, χοιρώδης ὁ ἡ u. συηνὸς od. ὑηνός ἡ ὸν schweinisch, säuisch. ὑωδία, χοιρωδία, ὑηνία ἡ säuisches Wesen, pöbelhaftes Betragen: συηνέω od. ὑηνέω ich betrage mich so: ὑηνεὺς ὁ tölpischer Mensch. καπράω ich ranze, bin läufisch: auch καπριάω, καπρίζω, καπρώζω.

σύειος od. ὕειος u. χοίρειος εία ειον vom Schwein: auch συϊκὸς, ὑϊκὸς, ὑεικὸς ἡ ὸν: aprinus κάπρειος.

συῆλαι αἱ Lager eines Schweins: συφεὸς od. συφειὸς ὁ Schweinestall, auch συφεὼν ῶνος ὁ u. χοιροκομεῖον τὸ.

συβώτης ὁ Schweinehirt: auch συφορβὸς, ὑοβοσκὸς od. χοιροβοσκός, ὑοβότης, ὑοπόλος.

ὕνις od. ὕννις εως ἡ Pflugschaar (vom Zerwühlen der Erde).

Σφάλλω f. αλῶ ich mache fallen; mache wankelmüthig, verlegen; mache irre, betrüge, verführe.

ἀνασφάλλω ich richte auf; ich stehe auf, erhole mich; ich falle wieder.

ἀποσφάλλω ich leite irre; mache daß einer etwas verfehlt, τινὰ τινός.

παρασφάλλω ich stoße von der Seite her u. bringe zu Falle.

σφάλμα τὸ Fehltritt, Fehler; Irrthum; Unglück.

σφαλερὸς ἡ ὸν u. ἐπισφαλὴς ὁ ἡ fallen machend, schlüpfrig; unsicher, gefährlich; betrüglich ἀσφαλὴς ὁ ἡ fest; sicher; zuverläßig: ἀσφάλεια ἡ Festigkeit; Sicherheit; Zuverläßigkeit: ἀσφαλίζω ich stelle fest; sichere.

φῆλος ὁ ἡ betrügerisch. φήληξ ηκος ὁ unreife Feige mit dem Schein der Reife: φηλέω u φηλόω ich betrüge, täusche: φήλωσις ἡ u. φήλωμα τὸ Betrug, Täuschung: φηλήτης, auch φιλήτης, ὁ Dieb, Räuber.

Σφέλας τὸ Bank, Ruderbank, Schemel (poet.).

σφενδόνη ἡ Schleuder; Binde, Verband; Ringkasten, worin der Stein sitzt. σφενδονηδὸν wie eine Schleuder, adj. σφενδονοειδὴς ὁ ἡ.

σφενδονάω, σφενδονέω, σφενδονίζω ich schleudere: σφενδονήτης u. σφενδονιστὴς ὁ Schleuderer: σφενδονητικὸς ἡ ὸν zum Schleudern gehörig, darin geschickt.

ἀποσφενδονάω ich schleudere fort, weg: ἀποσφενδόνητος ὁ ἡ weggeschleudert διασφενδονάω ich zerschleudere, zerreiße.

Σφὴν ηνὸς ὁ (dem. σφηνίσκος ὁ u. σφηνάριον τὸ) Keil; keilförmiges Ding, z. B. eine Art Martergeräth σφηνοειδὴς ὁ ἡ keilförmig

σφηνόω ich spalte mit einem Keil, auch διασφηνόω: stopfe mit einem Keil, verkeile, auch ἀποσφηνόω: martere. σφήνωσις ἡ das Einkeilen, Verkeilen, Einzwängen, Versperren.

σφίγγω f. ίγξω ich drücke, dränge, ziehe od. schnüre zusammen; auch ἀποσφίγγω u. διασφίγγω.

σφιγκτὸς ἡ ὸν zusammengeschnürt, festgebunden. σφίγμα τὸ das Festgebundene, das Drücken, Pressen, Reiben. σφιγμὸς ὁ od. σφίγξις ἡ das Zusammenschnüren, Festbinden.

σφὴξ ηκὸς ὁ Wespe. σφηκὼν ῶνος ὁ u. σφηκιὰ ἡ Wespennest, σφήκιον τὸ Wespenzelle.

σφηκώδης ὁ ἡ wespenartig; von dünner Taille, schmächtig.

σφηκόω f. ώσω ich schnüre zusammen; binde fest, binde an, mache zu. σφήκωμα τὸ das Festgebundene, das Band zum Festbinden; am Helm der Ort wo der Busch befestigt ist.

σφηκίσκος ὁ ein langes, zugespitztes Holz.

Σχοῖνος ὁ ἡ (dem. σχοινίον) Binse; daraus gemachter Strick: der solche flicht σχοινιοπλόκος od. σχοινοπλόκος, σχοινιοστρόφος. σχοινοστρόφος.

σχοινίζω ich vermesse u. vertheile Land: σχοινισμὸς ὁ dieses Messen: σχοίνισμα τὸ das vermessene Land. ἀποσχοινίζω ich trenne, trenne ab.

T.

Τλῆναι u. ταλάσαι (aor.), f. τλήσεσθαι, pf. τετλάναι, tollere u. tolerare auf sich nehmen, tragen, dulden; unternehmen, wagen, übers Herz bringen, auch ἀνατλῆναι, pros. τολμῆσαι.

ταλαεργὸς ὁ ἡ bei der Arbeit (ἔργον) ausharrend.

ταλαίπωρος ὁ ἡ (πῶρος) Mühseligkeit ertragend, elend, unglücklich: ἀταλαίπωρος der es sich nicht läßt sauer werden. ταλαιπωρία ἡ Mühseligkeit, Elend, Unglück. ταλαιπωρέω ich ertrage Mühseligkeit; ich bin elend; ich plage, ermüde: ταλαιπώρημα τὸ. προσταλαιπωρέω ich leide od. dulde bei –, über –.

ταλάφρων u. ταλασίφρων ὁ ἡ (φρὴν) von ausharrendem, duldenden Sinn: auch τλήθυμος u. ταλακάρδιος od. τλησικάρδιος.

ταλαπαθὴς od. τληπαθὴς ὁ ἡ der Leiden aussteht: auch τλησίμοχθος od. τλησίπονος

ταλαύρινος ὁ ἡ (poet.) mit dem Schilde (ῥινός) Widerstand leistend.

τάλασις ἡ u. τλῆσις ἡ das Dulden, Leiden.

ταλαὸς ἡ ὸν duldend, leidend, elend: auch τάλας (δυστάλας u. αἰνοτάλας) τάλαινα τάλαν u. τλήμων ονος ὁ ἡ. ταλανίζω ich achte mich elend, jammere, klage. τλημοσύνη ἡ Geduld, Mühseligkeit, Elend.

τλητὸς ἡ ὸν geduldet; zu dulden: ἄτλητος ὁ ἡ unerträglich, ἀτλητέω ich finde unerträglich, ἀτλησία ἡ Ungeduld: δυστλητος schwer zu ertragen.

τάλαντον τὸ Wage, Wagschale; das Gewogene, Gewicht von 53 Pfund u 22 Loth; als Geld 1375 Thaler: ταλαντιαῖος αία αῖον ein Talent schwer od werth ταλαντόω u ταλαντεύω ich wäge, wäge ab, wäge zu. ἀτάλαντος ὁ ἡ gleichwiegend; gleich. ταλαντοῦχος ὁ ἡ der die Wagschale hält u abwägt.

τάλαρος ὁ (dem. ταλαρὶς ἡ, ταλαρίσκος ὁ, ταλάριον τὸ) geflochtener Korb der Wollspinner um das pensum darin aufzubewahren.

ταλάσιος, ταλάσειος, ταλασήϊος zur Wollspinnerei gehörig: ταλάσια τὰ Wolle.

ταλασία ἡ Wollspinnerei, auch ταλασιουργία ἡ: ταλασιουργὸς ὁ ἡ, ταλασιουργέω

τολύπη ἡ Knäuel Wolle; Garn, Faden. τολυπεύω u. ἐκτολυπεύω ich wickle auf einen Knäuel, hasple ab; bringe zu Stande.

τελαμὼν ῶνος ὁ Tragriem am Schild, Degengehenk; Gurt, Riem, Binde: in der Baukunst τελαμῶνες männliche Figuren, die Gebälk tragen, auch ἄτλαντες genannt: die weiblichen καρυατίδες. τελαμωνίζω ich umgürte, umbinde.

τόλμα ὁ Muth, das Herz etwas zu unternehmen, Dreistigkeit: dreist, unternehmend τολμήεις εσσα εν, pros. τολμηρὸς ὰ ὸν u. εὔτολμος ὁ ἡ, wov. εὐτολμέω u. εὐτολμία ἡ: entggs. ἄτολμος u. ἀπότολμος, ἀτολμέω, ἀτολμία ἡ. παράτολμος verwegen, tollkühn. τολμάω f. ήσω ich dulde, ertrage; wage, unternehme, auch ἀποτολμάω. τόλμημα τὸ dreiste od. kühne That. τολμητὴς ἡ Waghals.

Τάρταρος ὁ u. ἡ, pl. τάρταρα τὰ, Tartarus, Unterwelt. ταρταρόω u. καταταρταρόω ich stoße in den Tartarus ταρταρίζω ich zittere vor Kälte. ὑποταρτάριος ὁ ἡ unten im Tartarus.

Τάσσω od. τάττω f. ξω ich stelle, ordne; ich ordne an, bestimme. τάσσομαι ich setze mich mit einem, zahle terminweise.

τάγμα ατος τὸ das Geordnete; geordnete Menge, Legion; Befehl, gew. πρόσταγμα. ταγματάρχης ὁ Anführer des τάγμα, ταγματικὸς ἡ ὸν zum τάγμα gehörig.

ταγὴ, pros. τάξις, ἡ das Stellen, Ordnen, Anordnen; Schlachtordnung; Platz, Stelle; terminweise Zahlung; Abtheilung Fußvolk, angeführt vom ταξίαρχος ὁ.

ταγὸς ἡ Anordner, Anführer; Herrscher, bs. in Thessalien ταγεύω ich bin ταγός, beherrsche: ταγεία ἡ Würde u. Amt des ταγός.

τακτὸς ἡ ὸν gestellt, geordnet; bestimmt; befehligt. ἄτακτος ὁ ἡ ungeordnet, unordentlich: ἀτακτέω, ἀταξία ἡ: entggs. εὔτακτος, εὐτακτέω, εὐταξία.

τακτικὸς ἡ ὸν zum Stellen, Ordnen, Anordnen gehörig od. geschickt: ἡ τακτικὴ die Kunst zu stellen, Taktik.

ἀνατάσσω ich ordne von neuem, nehme wieder vor.

ἀντιτάσσω ich stelle entgegen.

ἀποτάσσω ich stelle von einander, sondere; med. ich nehme Abschied (τινί). ἀπότακτος ὁ ἡ besonders hingestellt; bestimmt, zugemessen.

διατάσσω ich stelle jedes an seinen Ort, theile jedem das Seine zu. διάταγμα τὸ u. διάταξις ἡ Anordnung, Verordnung.

ἐκτάσσω ich führe hinaus u. ordne.

ἐπιτάσσω ich stelle od. ordne nach, hinter, gegen –; c. dat. ich trage auf, lege auf. ἐπίταγμα τὸ Befehl, Auflage, auch ἐπίταξις u ἐπιταγὴ ἡ; Bedingung; Reservecorps. ἐπιτακτὴρ ὁ der Befehlende. ἐπιτακτικὸς ἡ ὸν befehlend, gebieterisch. ἐπίτακτος ὁ ἡ befohlen; hinter andere gestellt, zur Reserve gehörig.

κατατάσσω ich ordne, stelle, rangire; ich schreibe nieder, trage ein.

μετατάσσω ich stelle um.

παρατάσσω ich stelle gegenüber in Schlachtordnung. παράταξις ἡ das Aufstellen in Schlachtordnung; Treffen; Faction.

προστάσσω ich ordne zu; ich befehle, heiße.

προτάσσω ich stelle vorn od. voran; ich setze vor, setze über –; ich ziehe vor; ich setze vorher fest. πρόταξις ἡ das Voranstellen; das erste Glied.

συντάσσω ich stelle zusammen, componire, verfertige; med. auch ich verabrede, τινὶ mit jemand. σύνταγμα (dem συνταγμάτιον) τὸ das Zusammengeordnete; Corps; Schrift Werk; Sammlung von Schriften. σύνταξις ἡ Zusammenstellung od. Zusammensetzung, Anordnung, Schlachtordnung; Schrift, Verabredung. ἀσύντακτος ὁ ἡ ungeordnet, ungerüstet: ἀσυνταξία ἡ.

ὑποτάσσω ich stelle darunter; ich unterwerfe.

Τέγγω f. ξω ich benetze, erweiche: τέγξις ἡ Benetzung, Anfeuchtung. τεγκτὸς ἡ ὸν benetzt, erweicht od. zu erweichen: ἄτεγκτος ὁ ἡ nicht zu erweichen, hart, unerbittlich.

τάγγη ἡ od. τάγγος τὸ Ranzigkeit, ταγγὸς ἡ ὸν ranzig, ταγγίζω ich bin od werde ranzig

τήκω f. ξω ich schmelze, zerschmelze (poet. auch μέλδω); erweiche; verzehre. τηκτὸς ἡ ὸν geschmelzt; schmelzbar: entggs. ἄτηκτος ὁ ἡ. τηκτικὸς ἡ ὸν schmelzend, auch τακερός, was sonst flüssig, weich: τακερόω ich mache weich od. flüssig.

τῆξις od. τηκεδὼν όνος ὁ das Schmelzen; Zergehen; die Auszehrung, sonst φθόη od. φθίσις.

τηξιμελὴς die Glieder auflösend, verzehrend. τακερόχρως weich von Haut od. Fleisch.

τήγανον od. τάγηνον τὸ Tiegel, Pfanne τηγανίζω ich schmelze od. brate im Tiegel. τηγανίτης ὁ in der Pfanne gebacken.

στάζω u. σταλάζω f. ξω act. ich träufle, flöße; neutr. ich tröpfle, fließe.

ἀποστάζω f. ξω ich träufle od. tröpfle ab. ἐνστάζω ich flöße ein. καταστάζω ich träufle drüber od. herab.

στάγμα od. στάλαγμα τὸ od. σταγὼν όνος ἡ Tropfen, auch στὰξ αγὸς ἡ. στάγδην tropfenweis. σταγετὸς ὁ das Träufeln, der Tropfenfall.

στακτὸς od. σταλακτὸς ἡ ὸν tröpfelnd, auch σταλαγμίας ὁ: ἄστακτος u. ἀστάλακτος ὁ ἡ nicht träufelnd. στακτὴ ἡ Myrrhenöl.

Τείνω f. τενῶ p. τέτακα (poet. auch τιταίνω u. τανύω) ich spanne, strecke, dehne; ich erstrecke mich wohin, gehe od. ziele auf etwas.

τάσις ἡ Spannung, Dehnung: Ion τανυστὺς ύος ἡ.

τόνος ὁ Spannung: Ton; womit gespannt wird, z. B. Sehne, Seil, Strick. τοναῖος gespannt, angestrengt, gew. ἀτενὴς u. σύντονος: schlaff ἄτονος od. ἀσύντονος ὁ ἡ. Schlaffheit ἀτονία ἡ. ἀτενίζομαι ich betrachte unverwandt: ἀτενισμὸς ὁ. τονιαῖος von der Länge eines Tons. τονόω ich gebe Ton od. Spannung; ich betone.

ἀνατείνω u. ἐπανατείνω ich strecke in die Höhe; strecke od. dehne aus; strecke hin, zeige vor: med. auch ich drohe. ἀνάτασις ἡ das Ausstrecken, die Ausdehnung, Bedrohung.

ἀντιτείνω ich spanne od. strecke entgegen; ich liege gegenüber; bin entgegen.

ἀποτείνω ich ziehe in die Länge, verzögere; ich spanne auf od. fest; ich gehe angestrengt, contendo.

διατείνω ich spanne auseinander; spanne an, strenge an; erstrecke mich, reiche hin pertineo διάτασις ἡ Anspannung, Anstrengung.

ἐκτείνω ich dehne od. strecke aus: spanne od. strenge an. ἐκτενὴς ὁ ἡ ausgestreckt; angespannt; eifrig, fleißig; reichlich: ἐκτένεια u. ἐκτενία ἡ Anstrengung; Diensteifer; Reichlichkeit.

ἐντείνω ich spanne ein; binde fest an; richte auf einen hin. ἔντονος ὁ ἡ angespannt; hitzig, rasch.

ἐπιτείνω ich spanne an, darauf, darüber; ich strenge an, steigere, vermehre. ἐπίτασις ἡ Spannung, Anstrengung; Verstärkung; auch ἐπίταμα τὸ. ἐπίτονος ὁ Seil, Tau. ἐπιτόνιον τὸ Werkzeug zum Spannen, Schraube, Kurbel.

κατατείνω ich spanne od. recke aus; drücke od. werfe nieder; ziehe zurück, zügle.

παρατείνω ich spanne daneben; dehne aus, verlängere; ich überspanne, ermüde, plage.

περιτείνω ich umspanne, spanne darum od. darüber; spanne sehr aus περίτονος, περιτόναιος, περιτόνειος ὁ ἡ umgespannt: subst. τὸ das Bauchfell, auch ἐπίπλοον u. περίπλοος.

προτείνω ich strecke vor, halte hin; ich lege vor; biete an; ich schütze vor, wende vor. πρότασις ἡ Aufgabe; Vordersatz (Nachsatz ἀπόδοσις); Exposition im Drama.

συντείνω ich spanne an; ziehe zusammen; ich strenge mich an; eile; nehme zu; bin wohin gerichtet, tendo. σύντασις ἡ Spannung, Anstrengung, Zusammenziehung.

ὑπερτείνω ich überspanne; spanne darüber; ich übertreffe (τινὸς u. τινά). ὑπερτενὴς ὁ ἡ darüber gespannt; hervorragend, hoch.

ὑποτείνω ich spanne darunter; bin darunter gespannt; ich halte vor, zeige, verspreche.

ταναὸς ἡ ὸν, auch ταναὸς ὁ ἡ, gestreckt, gedehnt, lang. ταναόδειρος langhalsig. τανηλεγὴς langhinstreckend. τανυπλόκαμος mit langen Locken.

τετανὸς ἡ ὸν gespannt, gestreckt; ausgespannt, glatt. τέτανος ὁ Spannung, Zuckung; Verzerrung des Körpers od. einzelner Theile nach einer Seite hin, mit Steifheit verbunden: τετανικὸς ἡ ὸν daran leidend. τετανόθριξ mit langem od. schlichtem Haar.

ταινία ἡ (dem. ταινίον u. ταινίδιον τὸ) Streif; Band, Binde; Bandwurm; Sandbank, Landzunge. ταινιόω ich ziere od. binde mit einem Bande. ταινιόπωλις ἡ Bandhändlerin.

τεινεσμὸς ὁ Stuhlzwang: τεινεσμώδης ὁ ἡ daran leidend.

τένων οντος ὁ Flechse, Sehne, bs. am Halse.

τινάσσω f. ξω ich schwinge, schüttele. τιναγμὸς ὁ od. τίναγμα τὸ Erschütterung. τινάκτωρ ὁ Erschütterer, fem. τινάκτειρα. ἀποτινάσσω ich schüttle ab, ἐκτινάσσω ich schüttle od. stoße heraus.

Τείρω ich reibe, reibe ab, mache mürbe u. morsch, plage: auch τρύω, pros. τρύχω und κατατρύχω. ἀτειρὴς od. ἄτρυτος ὁ ἡ unermüdlich, unbezwinglich, fem. auch ἀτρυτώνη.

τέρην εινα εν weich, zart: τερενόχροος od. τερενόχρως ὁ ἡ zart von Haut. Weich, leicht kochend (von Hülsenfrüchten) τεράμων ονος u. τέραμνος ὁ ἡ: ἀτεράμων u. ἀτέραμνος ὁ ἡ schwer zu erweichen.

τρῦμα (dem. τρυμάτιον) τὸ u. τρύμη ἡ Loch (auch τρυμαλιὰ ἡ); listiger, durchtriebener Mensch (auch τρίμμα). τρῦσις ἡ das Abreiben, Abmüden; Ermattung: τρυσάνωρ ὁ ἡ der Menschen plagt, τρυσίβιος der das Leben sauer macht.

τρύχος τὸ abgetragenes Kleid; Lumpen, Fetzen. τρύχινος η ον aus Lumpen. τρυχηρὸς ὰ ὸν abgenutzt, abgerissen.

τρυήλης ὁ u. τρύηλις ἡ, auch τορύνη ἡ, Rührkelle. τορυνάω u. τορυνέω ich rühre um: τορυνητὸς ἡ ὸν umgerührt.

τερέω f. ήσω ich bohre, durchbohre, gew. τίτρημι od. τετραίνω f. τρήσω u. τρυπάω f. ήσω; ich drehe rund, gew. τορνόω od. τορνεύω: τόρνευμα τὸ Gedrechseltes; Drechselspäne.

τρῆσις u. τρύπησις ἡ das Bohren, τρῆμα od. τρύπημα τὸ u. τρήμη od. τρύπη ἡ Loch: τρηματόεις εσσα εν u. τρηματώδης ὁ ἡ löcherig, voll Löcher. τρητὸς ἡ ὸν durchbohrt, durchlöchert; mit ausgelegter Arbeit verziert: ἄτρητος od. ἀτρύπητος ὁ ἡ nicht durchbohrt. τρυπητὴς ὁ der bohrt.

τέρετρον u. τρύπανον τὸ, auch τρυπάνη ἡ, Bohrer. τόρνος ὁ Zirkel (sonst διαβήτης ὁ); Dreheisen: ἔντορνος ὁ ἡ gedrechselt, rund: εὔτορνος gut gedrechselt, leicht zu drechseln.

τερηδὼν όνος ὁ Holzwurm; Beinfraß: τερηδονίζομαι ich werde von Würmern angefressen, bekomme den Beinfraß.

τόρος ὁ Grabeisen, Meißel. τορὸς ὰ ὸν durchdringend, laut, deutlich, auch τρανὴς ὁ ἡ: τρανότης ἡ Deutlichkeit, τρανόω ich mache deutlich, τρανωτικὸς ἡ ὸν deutlich zu machen geschickt od. dienlich.

τορέω ich durchbohre, auch ἀντιτορέω u. διατορέω: τορεύω f. εύσω ich sage laut u. deutlich; ich arbeite ins Runde, bilde erhobene Figuren, τορεύματα. So gearbeitet τορευτὸς ἡ όν, der so arbeitet τορευτὴς ὁ, seine Kunst τορευτικὴ od. τορεία ἡ.

ἐντορεύω ich grabe ein, bohre ein, haue ein. περιτορεύω u. περιτορνεύω ich runde ab, runde zu.

τύρβη u. σύρβη ἡ, gew. θόρυβος ὁ, Lärmen, Getümmel, Gedränge, Unordnung: θορυβώδης ὁ ἡ lärmend, geräuschvoll.

τυρβάζω ich rühre durcheinander; dränge; lärme, gew. θορυβέω. ἀνατυρβάζω ich störe auf, bringe in Unordnung. ἀναθορυβέω ich erhebe Geräusch, lärme um Beifall od Unwillen zu bezeugen. ἐπιθορυβέω ich lärme zu, gebe lauten Beifall.

θορυβητικὸς ἡ ὸν od. θορυβοποιὸς ὁ ἡ Lärm machend.

θραύω f. σω ich zerreibe, zerbreche; zerbröckle: auch ἀποθραύω u. καταθραύω, poet. auch θρυλλίσσω f. ξω. θραῦσμα τὸ Bruchstück, θραυσιός ἡ ὸν zerbrochen: ἄθραυστος ὁ ἡ unzerbrochen, unzerbrechlich. θραυλὸς u. θραυρὸς ὰ ὸν zerbrechlich, mürbe: τραυλὸς ἡ ὸν balbus der einen Buchstaben nicht recht aussprechen kann: der einen ausläßt ψελλος ἡ όν. τραυλίζω ich lisple od. schnarre: ψελλίζομαι ich stoße an, stammele. τραυλότης ἡ u. τραυλισμὸς ὁ balbuties: ψελλότης ἡ u. ψελλισμὸς ὁ das Stammeln.

θλάω (Aeol. φλάω) f. άσω ich quetsche, zerdrücke, auch καταθλάω u. συνθλάω.

θλασις ἡ das Quetschen, θλαστὸς ἡ ὸν gequetscht, θλαστικὸς ἡ ὸν zum Quetschen gehörig od. geschickt. ὠτοθλαδίας ὁ dem die Ohren zerschlagen sind, sonst ὠτοκάταξις od. ὠτοκαταξίας (οὖς u. ἄγνυμι).

τρώω, pros. τιτρώσκω f. τρώσω ich verwunde, auch κατατιτρώσκω. τρωτὸς ἡ ὸν verwundet, ἄτρωτος ὁ ἡ unverwundet; unverletzlich: ἀτρωσία ἡ Unverletzlichkeit. τραῦμα, Jon. τρῶμα, τὸ Wunde, Verletzung, Schaden: τραυματίας ὁ verwundet, τραυματίζω ich verwunde.

ἔκτρωμα τὸ unzeitige Geburt, abortus, sonst ἄμβλωμα: ἔκτρωσις ἡ u. ἐκτρωματισμὸς ὁ das Fehlgebären.

τρώγω f. τρώξομαι, aor. ἔτραγον, ich zerreibe, zermalme, nage; knaupere Früchte beim Nachtisch; ich esse.

ἀποτρώγω ich nage od. fresse ab. ἐπιτρώγω ich esse dazu.

κατατρώγω ich verzehre. περιτρώγω ich benage umher.

τρῶξις ἡ das Essen roher Früchte. τρώξιμος ὁ ἡ roh zu essen, eßbar: auch τρωκτὸς u. τρωγάλιος. τρώκτης ου ὁ Nager, Näscher: τρὼξ ωγός Wurm der die Hülsenfrüchte ausfrißt.

τράγημα τὸ woran man knaupert u. knuspert, Nachtisch, Naschwerk: τραγηματίζομαι ich esse Naschwerk, τραγηματισμὸς ὁ dies Essen. ἐπιτραγηματίζω ich setze als Nachtisch auf.

τρώγλη ἡ Loch, Höhle: τρωγλοδύτης ὁ in Höhlen kriechend od. wohnend: τρωγλοδυτέω.

τράγος (dem. τραγίσκος) ὁ Ziegenbock; Bocksgestank (sonst γράσος ὁ u. κινάβρα ἡ, wov. γράσων ὁ ein Mensch mit solchem Geruch, u. κιναβράω od. κιναβρεύω ich bockenze), Geilheit. Ziege αἴξ ἡ, junger Bock ἔριφος ὁ (dem. ἐρίφιον τὸ), junge Ziege χίμαιρα od. χίμαρος ἡ.

τραγοβάμων, τραγόπους, τραγοσκελὴς ὁ ἡ mit Bocksfüßen, τραγόκερως mit Bockshörnern.

τραγῳδὸς ὁ der Tragödien (τραγῳδίας) dichtet u. vorstellt (der Preis war ein Bock).

τραγῳδέω ich recitire eine Tragödie; trage vor in hohem u. prächtigem Tone; declamire.

τραγῳδικὸς, gew. τραγικὸς, ἡ ὸν die Tragödie betreffend, dazu gehörig.

τραγῳδοδιδάσκαλος der eine Tragödie einstudiren läßt. τραγῳδοποιὸς Tragödiendichter.

τράγειος u. ἐρίφειος α ον zum Bock gehörig: τραγῆ ἡ Bocksfell.

τραγίζω ich bin geil; werde mannbar.

τραγάω (v Pflanzen, bs. Reben) ich wachse geil, ohne Frucht anzusetzen.

τρίβω f. ψω ich reibe, zerreibe, dresche; reibe auf, schwäche, verzehre.

τριμμὸς ὁ das Reiben, auch τρῖψις ἡ; das Fahren, Fährte, Furche. τρῖμμα τὸ das Geriebene; ein Schlaukopf. τριπτὸς ἡ ὸν gerieben, zerrieben; zu zerreiben: ἄτριπτος u. ἀτριβὴς ὁ ἡ nicht gerieben, unversehrt, ungebahnt, ungeübt. τρίπτης ου ὁ der reibt, bs. im Bade. τριπτὴρ ῆρος ὁ Reibekeule; Presse

τριβὴ ἡ das Reiben, Uebung, Beschäftigung, Aufschub, Verweilung.

τρίβος ὁ Reiben; Uebung, Leibesübung; Verweilen, Herumtreiben; gebahnter Weg, Fußsteig. τρίβων ωνος ὁ (dem τριβόμενος τὸ) abgetragenes Kleid, bs. Mantel, auch τριβακὸν τὸ; geübt, gewohnt, routinirt, listig, durchtrieben, auch τριβακός.

ἀνατρίβω ich reibe an od. auf; zerreibe, zerstöre.

ἀποτρίβω ich reibe ab od. aus; lösche aus, tilge; med. ich lehne von mir ab, weise ab. δυσαπότριπτος ὁ ἡ schwer zu vertreiben od. los zu werden.

διατρίβω ich zerreibe; ich übe; beschäftige; bringe zu, z. B. das Leben, die Zeit; ich halte auf, hindere; halte mich wo auf, verweile mich. ἐνδιατρίβω, ἐπιδιατρίβω, προσδιατρίβω, συνδιατρίβω ich verweile od. beschäftige mich in – an – bei – mit –. διατριβὴ ἡ das Verbringen der Zeit: Verweilen, Zaudern; Aufenthalt; Zeitvertreib, Beschäftigung, Studium; Unterhaltung, Vortrag der Philosophen; Handthierung, Handwerk.

ἐκτρίβω ich reibe heraus, locke durch Reiben hervor; reinige, polire; ich reibe auf, zernichte.

ἐντρίβω ich reibe ein, salbe, schminke; ich füge zu, drücke auf, gebe z. B. Schläge. ἔντριψις das Einreiben, Schminken: die Schminke, auch ἐντριμμα τὸ. ἐντριβὴς ὁ ἡ eingeübt, erfahren.

ἐπιτρίβω ich bereibe; ich reibe auf, zerstöre; reize an, wiegle auf. ἐπίτριπτος ὁ ἡ abgerieben, verschmitzt: ein solcher Mensch ἐπίτριμμα u. περίτριμμα τὸ.

κατατρίβω ich zerreibe, verringere, verbringe.

παρατρίβω ich reibe daran, zur Seite, im Vorbeigehen; streiche auf dem Probirstein Gold neben anderes Gold: med. ich reibe mich an jemanden (τινί), verfeinde mich. παρατριβὴ ἡ Feindschaft, Streitigkeit. παράτριμμα τὸ wundgeriebene Stelle.

προστρίβω ich reibe an; theile durch Berührung mit, hänge an, einen Schandfleck u. dgl., ein πρόστριμμα.

συντρίβω ich reibe zusammen; ich zerbreche durch Reibung u. Anstoß, zerstoße, zerschlage: συντρίβεσθαι sich quälen; aneinander gerathen. σύντριψις ἡ u. συντριμμὸς ὁ das Zerreiben, Zerstoßen, der Schlag, Stoß. σύντριμμα τὸ das Zerriebene; Anstoß, Bruch.

Θρίψ ιπὸς ὁ Holzwurm: θριπήδεστος u. θριπόβρωτος ὁ ἡ wurmstichig.

Θλίβω (Aeol. φλίβω) f. ψω ich drücke, presse, drücke nieder. θλιβερὸς ὰ ὸν drückend. θλῖψις ἡ u. θλιμμὸς ὁ der Druck, die Bedrückung. θλῖμμα τὸ das Gedrückte, Zerdrückte, Ausgedrückte.

ἀναθλίβω ich drücke herauf, ἀποθλίβω u. ἐκθλίβω ich drücke aus, συνθλίβω ich drücke zusammen, ὑποθλίβω ich drücke von unten od. leise.

Θρύπτω f. ψω ich zerreibe, zerbreche; entkräfte, schwäche: med. ich lebe weichlich u. wollüstig; ich thue spröde: auch ἀποθρύπτω u. διαθρύπτω. θρύμμα u. τρύφος τὸ abgebrochnes Stück, Trümmer. θρύψις ἡ das Zerbrechen; Schwelgerei; Schwächlichkeit. θρυπτικὸς ὴ ὸν weichlich, üppig; spröde. ἄθρυπτος ὁ ἡ unverweichlicht, εὔθρυπτος leicht zu zerbrechen.

τρυφὴ ἡ Weichlichkeit, Ueppigkeit; Sprödigkeit. τρυφηλὸς u. τρυφερὸς ὰ ὸν mürbe, zart, weichlich; schwächlich: τρυφερόβιος ὁ ἡ weichlich lebend, τρυφερόσαρκος von zartem Fleisch. τρυφάω ich schwelge; lebe üppig u. vornehm: ἐντρυφάω ich schwelge in –, habe Lust oder lasse Uebermuth aus an –. τρύφημα τὸ worin man schwelgt, womit man stolz thut: τρυφητὴς ὁ Schwelger, τρυφητικὸς ἡ ὸν zu schwelgen gewohnt od. geneigt. τρυφητιάω ich habe Lust zu schwelgen.

Τρέπω u. στρέφω f. ψω ich drehe, kehre, wende: poet. auch τρωπάω, τροπαλίζω, στρωφάω, στροφαλίζω.

στρεπτὸς ἡ ὸν gedreht, gewunden, geflochten: στρεπτὰ χρυσᾶ goldene Kette (στρεπτοφόρος torquatus), γλῶσσα στρεπτὴ gelenke Zunge.

ἄτρεπτος od. ἄτροπος ὁ ἡ unbeweglich fest; unbewegt: ἀτροπία ἡ Unbiegsamkeit.

τροπὴ ἡ das Umwenden, das in die Flucht treiben; Flucht; Umkehr, Sonnenwende (τροπικὸς κύκλος Wendekreis); Veränderung. τροπαῖος αία αῖον zum Wechsel, zur Veränderung, zum Sieg gehörig: τροπαία ἡ der von der See zurückkehrende Landwind: τρόπαιον od. τροπαῖον τὸ Siegeszeichen.

στροφὴ ἡ Wendung des Chors nach den Zuhörern hin, Gesang desselben; Ränke, List. στροφαῖος αία αῖον listig, verschlagen, als Subst. στρόφις ὁ. στροφὰς ἡ die sich dreht.

τρόπος ὁ Wendung, Stellung; Art u. Weise, Sitte, Lebensart, Charakter, Natur; uneigentlicher, übergetragener Ausdruck: κατὰ τρόπον od. πρὸς τρόπου der Sache gemäß, ἀπὸ τρόπου unangemessen.

στρόφος ὁ Seil, Band, Flechte; Leibschneiden, tormina: στροφόομαι ich habe Leibschneiden.

στρόφιον τὸ Binde um Kopf u. Brust der Frauen. στροφεῖον τὸ Werkzeug zum Drehn, Winde. τροπεῖον τὸ Kelter, gew. ληνός. τραπέω ich trete Trauben, presse Wein.

τρόπις ιδος u. ιος ἡ Schiffskiel, poet. auch στείρη ἡ; Grundlage, Anfang: τροπίδιος ία ιον dazu gehörig. τροπίζω ich versehe mit einem Kiel.

στρόφιγξ od. στροφάλιγξ ιγγος ἡ Wirbel, Thürangel, auch στροφεὺς έως u. θαιρὸς οῦ ὁ.

οἶνος τροπίας od. ἐκτροπίας ου umgeschlagener Wein.

τροπαλλὶς ἡ zusammengewundenes Bündel.

τραπελὸς ἡ ὸν leicht zu drehen od. zu verändern. εὐτράπελος ὁ ἡ gewandt, leicht, geläufig; artig, manierlich, witzig: εὐτραπελία ἡ Gewandtheit, Artigkeit Entggs. δυστράπελος ὁ ἡ u. δυστραπελία ἡ.

ἀτραπὸς u. ἀτραπιτὸς od. ἀταρπιτὸς ὁ Weg, Pfad.

ἀναστρέφομαι ich kehre um von der Flucht; treibe mich herum (versor), bin beschäftigt mit etwas. ἀναστροφὴ das Umkehren; die Beschäftigung, Lebensart.

ἀνατρέπω ich kehre um, werfe um; zerstöre, widerlege. ἀνατροπεὺς έως ὁ Zerstörer.

ἀποτρέπω u. ἀποστρέφω ich wende od. kehre ab; ich rathe ab: med. ich wende mich ab, meide, verabscheue; ich kehre zurück. ἀποτροπὴ u. -στροφὴ ἡ das Abwenden, Abrathen; Abscheu. ἀποτρόπαιος ὁ ἡ abwendend; wovon man sich abwendet, Unglück bedeutend, abscheulich. ἀπότροπος ὁ ἡ abgesondert, entfernt; abwendend; abscheulich. ἀποτροπίασμα τὸ Sühnopfer um Unglück abzuwenden.

διατρέπω ich ändere um; setze in Verlegenheit, beschäme. διαστρέφω ich verdrehe, verrenke. διαστροφὴ ἡ Verdrehung, διάστροφος ὁ ἡ verdreht.

ἐκστρέφω ich kehre das Innere nach außen.

ἐκτρέπομαι ich wende mich ab; gehe aus dem Wege, vermeide; ich arte aus. ἐκτροπὴ ἡ Abwendung; Ablenkung; Abweichung, Digression. ἔκτροπος ὁ ἡ abweichend; abgelegen.

ἐντρέπομαι τινος ich kehre mich an etwas, scheue mich davor. ἐντροπὴ ἡ Beschämung; Scheu.

ἐπιτρέπω ich überlasse, vertraue an; erlaube. ἐπιτρεπτικὸς ἡ ὸν zum

Ueberlassen, zum Nachgeben geneigt. ἐπιτροπὴ ἡ das Anheimstellen, die anvertraute Gewalt; Vollmacht: Uebergabe auf Gnade u. Ungnade. ἐπίτροπος ὁ dem Gewalt anvertraut ist; Statthalter, Aufseher, Vormund: ἐπιτροπεύειν verwalten, Aufsicht führen, Statthalter od. Vormund sein: ἐπιτροπευτικὸς ἡ ὸν zur Verwaltung od. Vormundschaft gehörig, ἐπιτροπεία ἡ Vormundschaft.

ἐπιστρέφομαι τινος ich merke auf etwas, achte darauf. ἐπιστρεφὴς ὁ ἡ aufmerksam, sorgfältig, verständig: ἐπιστρέφεια ἡ Aufmerksamkeit, Sorgfalt, Verständigkeit.

κατατρέπομαι ich schlage in die Flucht καταστρέφω ich endige, beschließe: καταστροφὴ ἡ Wendung, Ausgang. καταστρέφομαι ich bringe unter mich, unterwerfe mir.

μετατρέπω -στρέφω ich kehre, wende um: med. ich kehre mich an etwas.

παρατρέπω ich kehre auf die Seite, wende ab; bringe ab; verführe; verdrehe. παρατροπὴ ἡ das Ablenken, Ableiten; Verleitung, Irrthum. παράστρεμμα τὸ ein verrenktes Glied.

περιτρέπω ich kehre od. wende um; zerstöre; drehe im Kreise, mache schwindlich. περίτροπος ὁ Schwindel.

προστρέπομαι ich wende mich an einen, flehe (τινά).

προστροπὴ ἡ das Flehen z. B. eines Schutzsuchenden, od. eine an die Götter gerichtete Verwünschung; Schuld, Verbrechen, weswegen man Schutz und Sühne suchen muß.

προστρόπαιος αία αιον = ἱκέτης, Schutz suchend nach begangenen Verbrechen; Missethäter der Sühne bedürftig; Beiname des Zeus, weil die Schutzsuchenden sich vorzüglich an ihn wandten.

προτρέπομαι ich treibe vorwärts, treibe an. προτρεπτικὸς ἡ ὸν aufmunternd, erweckend. προτροπὴ ἡ Aufmunterung. προτροπάδην adv. stracks vorwärts (z. B. fliehen).

συστρέφω contorqueo ich drehe- winde zusammen, bringe in einen Haufen, ründe. συστροφὴ ἡ Wirbel, Strudel; Haufen, Zusammenrottung.

ὑπότροπος ὁ ἡ zurückkehrend; zurückgekommen: ὑποτροπὴ ἡ Wiederkehr.

στρεβλὸς ἡ ὸν verdreht, krumm; schiel (auch στραβὸς ἡ ὸν od. στράβων ῶνος ὁ u. ἰλλὸς ὁ, ἰλλὶς ίδος ἡ: ἰλλαίνω, ἰλλίζω, ἰλλώπτω ich sehe von der Seite an, blinzele, liebäugle). στρεβλότης ἡ Krümme.

στρέβλη ἡ Instrument zum Drehen, zum Foltern: στρεβλόω ich foltere, verrenke.

στρόβος od. στρόμβος ὁ Wirbel, Kreisel; Schneckengehäuse, Kegel; Tannzapfen, auch στρόβιλος ὁ. στροβιλέα ἡ Zirbelnuß, στροβιλεὼν ῶνος ὁ pinetum Tannenhain. στροβέω ich drehe im Kreise, στροβητὸς ἡ ὸν gedreht.

Τρέφω s. θρέψω ich mache gerinnen, mache dick od. fest; ich füttere, ernähre; ziehe auf, ziehe groß, pflege.

ἀνατρέφω ich füttre auf, ziehe auf. ἀντιτρέφω ich ernähre od. erziehe wiederum, gegenseitig: παρατρέφω dabei, daneben, συντρέφω zusammen.

τροφὴ ἡ Nahrung, Kost, Futter (Weide νομὴ u. φορβή, von φέρβω).

τροφὸς ὁ Erzieher, ἡ Amme.

ἄτροφος ὁ ἡ nicht nahrhaft; nicht gefüttert; an der Auszehrung krank: ἀτροφεῖν keine Nahrung haben, hungern, die Auszehrung haben: ἀτροφία ἡ Hunger; Auszehrung.

ἀπότροφος fern von der Mutter erzogen, fremd: σύντροφος mit erzogen, durch Umgang und Gesellschaft verbunden.

τρόφις ὁ ἡ gut genährt, feist, stark: τροφιόω ich mache feist: τροφιώδης dick, klumpicht.

τροφίας ου ὁ gemästet, im Stall gefüttert, entggs. φορβὰς u. ἀγελαῖος. τρόφιμος (μη ιμον nahrhaft, nährend; Brodherr, Nährer; Zögling: τροφιμότης ἡ Nahrhaftigkeit.

Θρέμμα (dem. Θρεμμάτιον) τὸ was gefüttert, gezogen wird, Zuchtvieh, Zögling: τρέφος, gew. βρέφος εος (dem. βρεφύλλιον) τὸ neugebornes Kind od. Thier (βρεφόθεν von Kind auf, βρεφικὸς ἡ ὸν kindisch, βρεφοκτόνος Kindesmörder).

Θρεπτὸς ἡ ὸν genährt, zu nähren. Θρεπτὴρ od. τροφεὺς ὁ, Θρέπτειρα u. Θρέπτρια ἡ Ernährer, Ernährerin. Θρεπτήριος ὁ ἡ was genährt, gepflegt wird; zur Ernährung geschickt, was Θρεπτικὸς ἡ όν: τὰ Θρεπτήρια od. Θρέπτρα, Att. τροφεῖα, Kostgeld, Erzieherlohn.

τροφαλὶς od. τροφαλλὶς ίδος ἡ frischer Käse. Θρόμβος ὁ was geronnen ist, Stück geronnen Blut, Krume, Salzkorn: Θρομβοειδὴς dem ähnlich: Θρομβόω ich mache gerinnen.

τραφερὸς ἡ ὸν nährend, genährt, derb, fest: ἡ τραφερὴ das feste Land, wie ἡ ὑγρὴ das Meer.

ταρφὺς εῖα ὺ od. ταρφὴς ὁ ἡ, auch ταρφειὸς ὰ όν, dicht, häufig, oft. τάρφος εος τὸ Dichtigkeit; Dickicht des Waldes.

Τέρπω f. ψω ich ergötze, vergnüge

τέρψις, poet. τερπωλὴ, ἡ Ergötzung, Freude.

τερπικέραυνος ὁ der sich am Blitze freut. τερψίμβροτος ὁ ἡ Menschen erfreuend. τερψίχορος am Tanz sich ergötzend, durch den Tanz ergötzend.

τερπνὸς ἡ ὸν od. εὐτερπὴς ὁ ἡ erfreulich, angenehm, τερπνότης ἡ Annehmlichkeit: ἀτερπὴς ὁ ἡ unerfreulich, ἀτερψία ἡ Unannehmlichkeit. ἐπιτερπὴς dem Vergnügen ergeben.

Τίκτω f. τέξομαι, pf. τέτοκα, ich zeuge, erzeuge; ich gebäre.

ἐκτίκτω ich bringe durch Geburt ans Licht.

ἐντίκτω ich zeuge ein, erzeuge darin.

τέκος u. τέκνον, dem. τεκνίον u. τεκνίδιον, τὸ Kind; Junges.

ἄτεκνος ὁ ἡ kinderlos, ἀτεκνία ἡ Kinderlosigkeit. εὔτεκνος mit guten Kindern, glücklich an seinen Kindern: εὐτεκνία ἡ dies Glück, εὐτεκνέω ich bin εὔτεκνος.

τεκνόω f. ώσω ich versehe mit Kindern; ich zeuge Kinder, auch τεκνοποιοῦμαι; ich mache zum Kinde, adoptire, sonst ποιοῦμαι od. εἰσποιοῦμαι, υἱοποιοῦμαι, υἱοθετοῦμαι. τέκνωσις ἡ das Kinderzeugen; die Adoption.

τοκεὺς έως ὁ Erzeuger, Vater; pl. Eltern. τοκὰς ἡ die geboren hat: ἐπίτοκος od. ἐπίτεξ εκος der Geburt nah. τοκετὸς ὁ Geburt, Niederkunft. τόκος ὁ das Gebären, die Geburt; das Geborne, Erzeugte; Zins, Wucher, Ertrag, dem. τοκάριον. τοκίζω ich leihe auf Zinsen, κατατοκίζω ich bringe herunter durch Wucher, τοκισμὸς ὁ das Wuchern, τοκιστὴς ὁ Wucherer. τοκοφορέω ich trage Zinsen.

ἄτοκος ὁ ἡ die noch nicht geboren hat; unfruchtbar, ohne Zinsen. εὔτοκος leicht gebärend; fruchtbar; schön geboren. δυστοκέω ich gebäre schwer.

Τεύχω f. ξω ich mache, verfertige, bereite.

τύκος ὁ Werkzeug der Steinmetzen: τυκίζω ich behaue den Stein, τύκισμα τὸ Mauer, Gebäude.

τυκτὸς od. τευκτὸς ἡ ὸν bereitet, zurecht gemacht. ἄτυκτος ὁ ἡ nicht gemacht, unvollendet. εὔτυκτος ὁ ἡ gut gemacht, leicht zu machen.

τεῦχος εος τὸ Geschirr, Geräth, Werkzeug, Waffen: τευχηστὴς, τευχητής, τευχηστὴρ ὁ Bewaffneter (poet.): Adj. τευχήεις εσσα εν, τευχήρης, τευχεσφόρος ὁ ἡ.

τέκτων ονος ὁ Handwerker, Künstler, bs. Zimmermann: ἀρχιτέκτων Baumeister.

τεκτονικὸς ἡ ὸν zum Zimmermann, Baumeister, Künstler gehörig, im Bauen geschickt. τεκτοσύνη ἡ Kunst, τεκτονεῖον τὸ Werkstatt des τέκτων. τεκτονεύω ich bin τέκτων, zimmere, baue, verfertige, was auch τεκταίνομαι: παρατεκταίνομαι ich verderbe im Zimmern, baue unrecht.

τέχνη ἡ (dem. τεχνίον. τεχνίδιον u. τεχνύδριον τὸ) Handwerk, Kunst; List, Betrug; Kunstwerk.

ἄτεχνος ὁ ἡ kunstlos; ohne Ränke. ἀτεχνῶς ξένος ordentlich fremd, völlig fremd (nicht verstellter Weise). ἀτεχνία ἡ Kunstlosigkeit.

ἀντίτεχνος ὁ ἡ Nebenbuhler in der Kunst, ὁμότεχνος u. σύντεχνος Kunstgenoß.

ἔντεχνος ὁ ἡ kunstmäßig, künstlich; kundig, erfahren.

κατάτεχνος kunstvoll; gekünstelt.

τεχνήεις εσσα εν u. τεχνήμων ὁ ἡ künstlich, kunstreich.

τεχνικὸς ἡ ὸν zur Kunst gehörig, sie betreffend; künstlich.

τεχνίτης ὁ Künstler, τεχνῖτις ἡ Künstlerin: τεχνιτεύω ich mache künstlich od. listig.

τεχνάομαι u. τεχνάζω ich mache od. bereite durch Kunst od. List; ersinne, wende List und Künste an. τέχνημα τὸ Kunstwerk; List, Ränke, auch τέχνασμα: τεχνητὸς od. τεχναστὸς ἡ ὸν künstlich od. listig gemacht: τεχναστὴς ὁ = τεχνίτης.

ἐπιτεχνάομαι ich brauche Kunst od. List zu –, gegen –; ich erfinde noch od. von neuem: ἐπιτέχνησις ἡ.

τεχνόω ich unterrichte in der Kunst.

τυγχάνω f. τεύξομαι u. τυχήσω ich treffe, erreiche, erlange τινός: τυγχάνω ὢν es trifft sich daß ich bin, ich bin gerade od eben, forte. ὁ τυχὼν der erste beste. τυχὸν wenn es sich trifft, vielleicht.

ἀποτυγχάνω ich verfehle, erreiche nicht; komme um etwas (τινός), verliere: ἐπιτυγχάνω u κατατυγχάνω ich erreiche, bin glücklich. ἀποτύχημα τὸ u. ἀποτυχία ἡ Fehlschlag: auch ἀπότευγμα τὸ u. ἀπότευξις ἡ: entggs. ἐπίτευξις u. ἐπιτυχία ἡ: ἐπίτευγμα τὸ das Erreichte, Geglückte. ἀποτευκτικὸς ἡ ὸν verfehlend.

ἐντυγχάνω ich stoße auf etwas (τινί), treffe an, spreche mit einem, lese ein Buch: ὑπερεντυγχάνω ich spreche od. bitte für –. ἔντευξις ἡ das Zusammentreffen mit jemand, Unterredung, Umgang; Anliegen, Bitte: ἐντευξίδιον τὸ kleine Bittschrift. ἐντευκτικὸς ἡ ὸν umgänglich, δυσέντευκτος ὁ ἡ nicht umgänglich, unfreundlich.

παρατυγχάνω ich bin dabei, komme dazu. παρατυχὼν wen der Zufall hinzuführt.

περιτυγχάνω ich gerathe in etwas hinein, verfalle darauf.

προστυγχάνω ich komme dazu, begegne, stoße auf.

συντυγχάνω ich treffe zusammen, begegne: συντυχία ἡ Zufall.

ὑποτυγχάνω ich komme entgegen; entgegne, antworte.

τύχη ἡ Zufall, Glück, Begebenheit; die Glücksgöttin: τύχαιος α ον vom Glück abhängig, zufällig, ohngefähr, auch τυχηρὸς ὰ ὸν u. τυχικὸς ἡ όν. ἀτυχὴς ὁ ἡ unglücklich, ἀτυχία ἡ Unglück: ἀτυχέω ich bin unglücklich; verfehle, erlange nicht (τὶ u. τινός): ἀτύχημα τὸ Unglücksfall, Fehlschlag. ἀτεύκτος ὁ ἡ der etwas verfehlt hat: ἐπιτυχὴς das Ziel treffend, glücklich. δυστυχὴς ὁ ἡ unglücklich, δυστυχία ἡ Unglück, δυστυχέω ich bin unglücklich, δυστύχημα τὸ unglücklicher Fall, widriges Ereigniß: entggs. εὐτυχής, εὐτυχία ἡ, εὐτυχέω, εὐτύχημα τό.

Τόξον τὸ Bogen; Pfeil (auch οἰστός, Ion. ὀϊστός, ὁ u. poet. ἰὸς ὁ).
τοξότης ου ὁ, τοξότις ιδος ἡ, poet. τοξευτὴς und τοξευτὴρ ῆρος ὁ, τοξεύτειρα ἡ Bogenschütze: dessen Kunst τοξική, poet. τοξοσύνη, ἡ.
τοξεύω u. οἰστεύω, poet. τοξάζομαι ich schieße mit dem Bogen; ich ziele, strebe, jage nach etwas.
ἀποτοξεύω ich schieße herab; ich schieße wonach.
διατοξεύω ich schieße durch; med. ich wetteifere im Schießen.
ἐκτοξεύω ich schieße aus, weg, verschieße.
κατατοξεύω ich zerschieße, schieße nieder.
τόξευμα τὸ od. οἴστευμα das Abgeschossene, Pfeil; Schuß, Schußweite, auch χώρα διατοξεύσιμος.

Τεῖχος, dem. τειχίον u. τειχύδριον, τὸ Mauer, Burg, Castel.
τειχομάχης od. τειχομάχος ὁ ἡ um die Mauer kämpfend, stürmend: τειχομαχέω, τειχομαχία ἡ. τειχομαχεῖον τὸ Maschine zur Belagerung.
τειχιόεις εσσα εν ummauert, befestigt (poet.): εὐτειχὴς ὁ ἡ wohlbefestigt. τειχήρης ὁ ἡ in Mauern eingeschloßen, belagert.
τειχέω u. τειχίζω ich baue Mauern od. Festen: ich ummaure, befestige, beschütze: τείχισμα τὸ Befestigung, Burg: τείχισις ἡ u. τειχισμὸς ὁ das Befestigen: τειχιστὴς ὁ der befestiget, auch τειχοδόμος u. τειχοποιὸς ὁ. Ohne Mauern ἀτείχιστος ὁ ἡ.
ἀνατειχίζω ich baue von neuem, stelle die Mauer her: ἀνατειχισμὸς ὁ.
ἀποτειχίζω ich vermaure, verschließe; ich nehme die Mauern weg: ἀποτείχισις ἡ.
διατειχίζω ich trenne od. schütze durch eine zwischengezogene Mauer.
ἐπιτειχίζω ich errichte Mauern od. Festen gegen etwas.
παρατειχίζω ich ziehe eine Mauer daneben, περιτειχίζω herum, προτειχίζω vor. συντειχίζω ich baue mit andern zusammen eine Mauer; ich verbinde durch eine Mauer.
τοῖχος ὁ Wand; Seite des Schiffs. τοιχίζω, auch ἀνατοιχέω u. διατοιχέω, ich hänge auf eine Seite, schwanke (von Schiffen).
τοίχαρχος ὁ Aufseher der Ruderknechte auf der Seite des Schiffs.
τοιχωρυχέω (ὀρύσσω) ich durchbreche die Wand, breche ein, bin τοιχωρύχος. τοιχωρυχία ἡ Einbruch, Dieberei: τοιχωρύχημα τὸ Loch in der Wand, Spitzbübenstreich.

Τέκμαρ u. τέκμωρ τὸ poet. Ziel, Zeichen, Ende, Grenze; Ausgang; Ausweg, d. i. Mittel etwas zu enden; Merkmal, Wunderzeichen.
τεκμαίρω ich setze ein Ziel od. Zeichen, endige, vollende; bestimme; deute an; bezeichne; ich schließe aus einem Zeichen (τινί) auf etwas (τὶ od. πρός τι), vermuthe, beurtheile. τέκμαρσις ἡ das Schließen, Muthmaßen aus Kennzeichen; das Bezeichnen, Beweisen.
τεκμαρτὸς ἡ ὸν woraus od. was man schließen kann: ἀτέκμαρτος ὁ ἡ ohne Kennzeichen, nicht zu errathen, unbestimmt.
τεκμήριον τὸ Merkmal, Kennzeichen; Beweis. τεκμηριώδης ὁ ἡ bezeichnend, beweisend. τεκμηριόω ich bezeichne, gebe ein Zeichen; beweise: τεκμηρίωσις ἡ Beweisführung

Τέλλω f. τέλσω ich bringe zum Ziel, mache fertig, bringe hervor: τέλλομαι od. τελέθω ich trete hervor, werde, bin (poet.).
ἀνατέλλω (poet. ἀντέλλω) f. ελῶ ich lasse aufgehen; ich gehe auf: ἐξανατέλλω aus –, ἐπανατέλλω über –. ἀνατολὴ ἡ Sonnenaufgang, Orient, sonst ἕως: ἀνατολικὸς ἡ ὸν östlich, orientalisch.
ἐντέλλομαι ich trage auf, befehle, heiße: ἐντολὴ ἡ u. ἔνταλμα τὸ Auftrag, Befehl.

ἐπι–

ἐπιτέλλω ich füge hinzu; gebe auf, befehle an; ich gehe auf mit der Sonne od. nach Sonnenuntergang. ἐπιτολή ἡ solcher Aufgang.

περιτέλλομαι ich gehe herum, laufe um, laufe ab.

τέλος τὸ Ziel, Ende, Grenze (poet. auch τέλσον τὸ), Ausgang, Höchstes (οἱ ἐν τέλει od. τὰ τέλη magistratus); Mysterien u. die Einweihung dazu, initia, gew. τελετή ἡ; Abgabe, Zoll (auch τέλεσμα τὸ); Vermögen od. census des Bürgers; bestimmte Anzahl Krieger, sonst τάγμα u. τάξις, angeführt vom τελάρχης.

εὐτελής ὁ ἡ leicht zu bezahlen, wohlfeil, sparsam, gering: εὐτέλεια ἡ Wohlfeilheit, Frugalität, geringes Ansehn: εὐτελίζω u. ἐξευτελίζω ich achte gering, behandle geringschätzig: εὐτελισμὸς ὁ Geringschätzung.

λυσιτελής ὁ ἡ nutzbar, vortheilhaft: λυσιτέλεια ἡ, λυσιτελέω; ἀλυσιτελής.

τελεσφορέω (φέρω) ich trage zu Ende, bringe zur Reife (von Schwangern); ich bezahle Abgaben, entrichte Zoll; nütze, bringe ein. τελεσφορία ἡ Tribut; Nutzen, Ertrag; Einweihung. τελεσφόρος ὁ ἡ endigend; vollendet; eintreffend, zutreffend; einträglich, nützlich.

τελώνης ὁ Zollpächter (ὠνέομαι), Zöllner: τελωνέω ich pachte od. erhebe den Zoll, τελωνεῖον τὸ Zollhaus, τελωνεία ἡ Amt u. Verrichtung des Zöllners.

τελικὸς ἡ ὸν zum τέλος gehörig, zum Ziel führend, hauptsächlich.

τέλειος u. τέλεος α ον od. ὁ ἡ vollendet, vollkommen; vollständig, auch ἐντελής u. ἐπιτελής ὁ ἡ, poet. auch τελήεις εσσα εν: unvollendet ἀτελής (auch frei von Abgaben, entggs. συντελὴς u. ὑποτελής contribuabel, tributar).

ἐντελέχεια ὁ ἡ Thätigkeit, Wirklichkeit, entggs. der bloßen Möglichkeit (ἐνδελέχεια ἡ Fortdauer, ununterbrochener Zustand: ἐνδελεχής, ἐνδελεχέω).

ἐντελόμισθος ὁ ἡ vollen Sold habend.

τελειογόνος od. τελειοτόκος ὁ ἡ reife, zeitige Kinder gebärend: τελειογονέω u. τελειοτοκέω, τελειογονία u. τελειοτοκία ἡ.

προτέλεια τὰ Opfer vor der Hochzeit od. sonst einer wichtigen Handlung. ἐπιτελέωμα τὸ Nachopfer.

ὑπερτέλεος od. ὑπερτελής ὁ ἡ über das Maaß, überzählig; drüber hinaus.

τελειότης ἡ Vollendung, Vollkommenheit: ἀτέλεια ἡ Unvollkommenheit; Befreiung von Abgaben. τελειόω ich vollende, vollbringe; ich mache vollkommen, vollständig: τελείωσις ἡ das Vollenden, Vollbringen, τελειωτής ὁ Vollender, τελειωτικὸς ἡ ὸν vollendend.

τελέω f. έσω ich endige, vollende, vollbringe; ich weihe ein; ich zahle, erlege, zolle: τελεῖν εἰς ἱππάδα zum Ritterstande zahlen, dessen Abgaben entrichten, dazu gehören.

ἀποτελέω ich vollende, mache fertig; bezahle, entrichte. ἀποτέλεσμα τὸ das Vollendete, Vollbrachte; Ausgang, Wirkung; Einfluß der Gestirne. ἀποτελεσματικὸς ἡ ὸν zum ἀποτέλεσμα gehörig, wirksam.

διατελέω λέγων ich rede immerfort.

ἐπιτελέω ich vollende; ich bezahle, bringe dar, leiste, dulde.

προτελέω ich zahle vorher; ich bereite vor zur Einweihung.

συντελέω ich vollende mit, bringe zu Stande; zahle od. steure mit andern zusammen; steure bei, helfe. συντέλεια ἡ Vollbringung, Beendigung; gemeinschaftliche Abgabe; eine Gesellschaft die etwas durch gemeinschaftliche Beiträge zu Stande bringt.

τελέσιος ὁ ἡ endigend, vollendend. τελεσίδρομος ὁ ἡ den Lauf vollendend: τελεσίκαρπος od. τελεόκαρπος reife Früchte tragend: τελεσιουργὸς das Werk vollendend, zu Stande bringend, wov. τελεσιουργικὸς ἡ ὸν, τελεσιουργία ἡ, τελεσιουργέω, τελεσιούργημα τό.

τελεστὴς ὁ der vollendet; der einweiht: ἀτέλεστος ὁ ἡ unvollendet; uneingeweiht. τελεστήριον τὸ Ort der Einweihung: τελεστήρια τὰ Opfer für glückliche Vollendung.

τελεστικὸς ἡ ὸν vollendend, dem Eingeweihten eigen.

τελευτὴ ἡ Ende; Tod. τελευταῖος αία αῖον endigend, letzter. τελευτάω u. ἀποτελευτάω ich endige; sterbe: προτελευτάω ich sterbe vorher: ἀτελεύτητος ὁ ἡ unbeendigt.

Τέμνω (Jon. τάμνω, poet. τμήγω) f. τεμῶ pf. τέτμηκα, aor. ἔτεμον u. ἔταμον, ich schneide. ὅρκια τέμνειν Bündniß machen, foedus ferire: τέμνειν τὴν γῆν das Land verwüsten: τέμνειν φάρμακον Arznei zubereiten.

τομὸς u. τμητικὸς ἡ ὸν schneidend, scharf, durchdringend: τόμος ὁ (dem. τομάριον τὸ) Schnitt, abgeschnittenes Stück, auch τμῆμα τό. τμήδην adv. schneidend.

τομὴ ἡ das Schneiden, auch τμῆσις ἡ: Schnitt, Wunde; abgeschnittner Theil. τομαῖος αία αῖον schneidend; geschnitten, auch τμητὸς ἡ όν. τομάω ich verlange den Schnitt ἄτομος ὁ ἡ nicht zu zerschneiden, untheilbar, auch ἄτμητος: leicht zu zerschneiden εὔτομος u. εὔτμητος.

τομεὺς ὁ der schneidet, auch τμητὴρ; Messer, Kneif. τομεῖον τὸ u. τομὶς ἡ Kneipzange.

τομίας ου ὁ geschnitten, verschnitten; kastrirt, sonst εὐνοῦχος u. σπάδων.

τόμια u. ἔντομα τὰ Opfer bei feierlichen Eidschwüren.

ἀνατέμνω ich schneide auf. ἀνατομὴ ἡ das Zergliedern.

ἀποτέμνω ich schneide ab, trenne; widme. ἀποτομὴ ἡ das Abschneiden, Absondern. ἀπότομος ὁ ἡ abgeschnitten; schroff, steil; abgesondert, an u. für sich. ἀποτομία ἡ Schroffheit, Strenge, Härte.

διατέμνω ich schneide auseinander. διατομὴ ἡ Durchschnitt, Spaltung: διάτομος ὁ ἡ zerschnitten.

ἐκτέμνω ich schneide aus, kastrire. ἐκτομὴ ἡ das Ausschneiden, Aushauen: ἐκτομὶς ἡ kleine Thür im Thorflügel. ἔκτμημα τὸ das Ab- od. Ausgeschnittene.

ἐντέμνω ich schneide ein, ich schlachte ein Opferthier beim Eidschwur od. bei einem Todtenopfer, od. einem Heros zu Ehren. ἔντομος ὁ ἡ eingeschnitten: τὰ ἔντομα Opferthier; Insekten. ἐντομὴ ἡ Einschnitt; Spalt, Kluft. ἔντμημα τὸ das Eingeschnittene.

ἐπιτέμνω ich beschneide, kürze ab; hemme. ἐπιτομὴ ἡ das Beschneiden, Verkürzen; Auszug. ἐπίτομος ὁ ἡ beschnitten, abgekürzt.

κατατέμνω ich zerschneide, zerlege; ich zerhaue, haue nieder: κατατομὴ ἡ.

περιτέμνω ich schneide ringsum, beschneide, schneide ab, fange auf. περιτομὴ ἡ Beschneidung. ἀπερίτμητος ὁ ἡ unbeschnitten.

προτέμνω ich schneide auf, furche vor mir hin. προτομὴ ἡ Brustbild; Vorderriß, Vorder- od. Obertheil. πρότμησις ἡ die Gegend um Nabel u. Lenden.

συντέμνω ich verkürze, schränke ein; ich werde kurz, mache in der Kürze; hole ein, treffe, poet. τέτμω. σύντομος ὁ ἡ verkürzt, kurz: συντομία ἡ Kürze.

ὑποτέμνω ich schneide vorn ab; fange auf, nehme weg, hindere; ich schneide heimlich, betrügerisch.

τέμαχος (dem. τεμάχιον) τὸ abgeschnittenes Stück, bs. von eingesalzenen Seefischen: τεμαχίτης ὁ solcher Seefisch. τεμαχίζω ich schneide in Stücken u. salze ein, τεμαχιστὸς ἡ ὸν zerschnitten.

τέμενος εος τὸ ein für die Götter abgesondertes Stück Land, Hain. τεμενίζω ich mache zum τέμενος, weihe, heilige: τεμένισμα τὸ geweihter Platz, Heiligthum: προτεμένισμα τὸ Vortempel, Vorhof. τεμένιος α ον od. τεμενίτης ὁ. τεμενῖτις ἡ zum Heiligthum gehörig, vom Hain. τεμενοῦχος ὁ Inhaber, τεμενωρὸς Hüter eines τέμενος.

τέμπεα τὰ Thal zwischen den Bergen Ossa u. Olympos; Thal, Aue übhpt. τεμπώδης ὁ ἡ dem ähnlich.

ταμίας ου ὁ, ταμίη ἡ Wirthschafter, Verwalter, Schatzmeister; in Rom Quästor.

ταμιεύω ich bin ταμίας: med. ich nehme ein, verwahre; vertheile; spare auf, halte zu Rathe. ταμιευτικὸς ἡ ὸν zum Verwalten u. Vertheilen gehörig od. geschickt; sparsam, wirthschaftlich. ταμίευμα τὸ das Verwaltete, Vertheilte, der Vorrath. ταμιεία ἡ Amt u. Geschäft des ταμίας: ταμιεῖον u. ταμιευτήριον τὸ Vorrathskammer, Schatzkammer.

Τέναγος εος τὸ seichtes Wasser, seichte Stelle. τεναγώδης ὁ ἡ sumpfig, morastig. τεναγίζω ich bin seicht, habe flaches Wasser.

Τένδω od. τένθω ich nage, benage, koste, nasche. τένθης u. προτένθης ὁ Leckermaul, der vorher nascht. τενθεύομαι u. προτενθεύω ich nasche, koste vorher.

Τέρας ατος τὸ Zeichen; Wunderzeichen, Wunder, prodigium u. monstrum. τὰ τείρεα Himmelszeichen, Gestirne, poet.

τερατογονία u. τερατοκία ἡ Geburt von Mißgeburten. τερατολόγος u. τερασκόπος od. τερατοσκόπος ὁ Zeichendeuter: τερατοποιὸς od. τερατουργὸς Wunderthäter, Gaukler, auch τερατίας ὁ.

τεράστειος u. τεράστιος ὁ ἡ, auch τερατικὸς ἡ ὸν. portentosus wunderbar, auffallend, widernatürlich; von übler Bedeutung. τερατώδης einem τέρας ähnlich.

τερατεύομαι ich erzähle Wunder, mache Gaukeleien, schneide auf: τερατεία ἡ Gaukelei, Aufschneiderei. τερατόω ich mache zum Wunder: med. staune als Wunder an.

τερθρεύομαι ich treibe Gaukelei, Blendwerk, täusche; führe spitzfindige Reden, schwatze, fasele. τερθρεία ἡ Blendwerk, Täuschung, Geschwätz.

τέρμα ατος τὸ Ziel, Grenze, Ende.

τέρμων ονος ὁ Terminus Grenzgott: auch Ζεὺς τερμιεὺς u. Ἑρμῆς ἐπιτέρμιος.

τερμιόεις εσσα εν zu Ende gehend; auf die Füße herabgehend. τέρμιος u. τερμόνιος ία ιον letzter, äußerster.

τερμάζω und τερματίζω ich begrenze, endige: ἀτερμάτιστος od. ἀτέρμων ὁ ἡ unbegrenzt, grenzenlos.

τέρθρον τὸ das Aeußerste, Höchste, bs. Segelstange, Rha. τέρθριος ὁ ἡ dazu gehörig; subst. ὁ Seil um die Segel einzuziehn.

Τηρὸς ὁ der bewahrt, Acht giebt. τηρέω f. ήσω ich beobachte; bemerke; hüte, bewahre, auch διατηρέω, ἐπιτηρέω, συντηρέω. τήρησις ἡ Beobachtung, Wahrnehmung (auch παρατήρησις); Bewahrung. τηρητικὸς ἡ ὸν beobachtend, bewahrend.

Τερετίζω ich zwitschere, zirpe, trillere, wie Vögel u. Cicaden, τέττιγες. τερέτισμα τὸ Gezwitscher, Geschwirr, Gesang: τερετισμὸς ὁ das Zwitschern, Singen. Aehnliche Töne bezeichnet τρίζω u. τετράζω.

Τέσσαρες (Att. τέτταρες, Jon. τέσσερες, τέττορες, πίσυρες) οἱ αἱ, τέσσαρα τὰ vier. τετρὰς ἀδος (dem. τετράδιον) od. τετρακτὺς ύος ἡ die Vier.
τετραέτης od. τετραετὴς, auch τετραέτηρος ὁ ἡ vierjährig.
τετράπηχυς ὁ ἡ 4 Ellen lang. τετράπλευρος vierseitig.
τετράπους vierfüßig.
τετράρχης ου ὁ Vierfürst, (der selbvierter regiert).
τράπεζα ἡ (dem. τραπέζιον τὸ) Vierfuß, Tisch, Wechslertisch.
τραπεζεὺς έως ὁ Tischfreund, Schmarotzer: auch τραπεζολοιχὸς u. τραπεζοχάρων.
τραπεζίτης ὁ Wechsler: τραπεζιτικὸς ἡ ὸν dem gehörig, den betreffend.
τετράκις viermal. τετρακισχίλιοι αι α 4000. τετραχῆ und τετραχῶς auf viererlei Art. τέτραχα u. τετραχθὰ in vier Theile getheilt.
τέταρτος, poet. τέτρατος, η ον der Vierte. τεταρταῖος αία αῖον am vierten Tage. τεταρταΐζω ich habe das viertägige Fieber. τεταρτημόριον τὸ Viertel.
τεσσαράκοντα 40, τεσσαρακοντάκις 40mal, τεσσαρακοστὸς der 40ste.
τετρακόσιοι αι α 400. τετρακοσιοστὸς ἡ ὸν der 400ste.

Τῖλος ὁ flüssiger Stuhlgang, auch σπατίλη ἡ, wov. σπατίλουρος ὁ ἡ der sich den Steiß bekackt. τιλάω f. ήσω ich habe den Durchfall. κατατιλάω ich bekacke.

Τίω, pros. τίνω u. τίνυμι, f. τίσω ich schätze, taxire; ich ehre; ich bezahle den Werth od. Preis, ich büße: med. ich lasse mir bezahlen, räche, bestrafe, einen für etwas τινὰ τινὸς od. τινὰ τί.
ἀτίω u. ἀτίζω f. ίσω ich ehre nicht. ἀτίτης ὁ u. ἄτιτος ὁ ἡ ungeehrt, ungerächt: ἄντιτος (poet. für ἀνάτιτος) ὁ ἡ gerächt.
ἀντιτίω u. ἀντιτίνω ich zahle od. büße dagegen.
ἀποτίω u. ἀποτίνω ich zahle ab od. zurück, bezahle, vergelte.
ἐκτίω u. ἐκτίνω ich zahle aus, bezahle, büße.
τῖσις ἡ Schätzung; Vergeltung im Guten wie im Bösen, auch ἀντίτισις.
τιμὴ ἡ Preis, Werth; Ehre, Ehrenstelle; Belohnung, Buße, Strafe, auch ἐπιτίμιον τό: Geldstrafe ζημία ἡ. τιμήεις (od. τιμῆς) εσσα εν geschätzt, geehrt, theuer, pros. τίμιος ια ιον u. ἔντιμος ὁ ἡ.
ἄτιμος ὁ ἡ verachtet, entehrt; der Bürgerrechte verlustig: im Genuß derselben ἐπίτιμος. ἀτιμόω ich mache zum ἄτιμος: ἀτιμία ἡ dessen Zustand, entggs. ἐπιτιμία.
ἀντίτιμος ὁ ἡ vergeltend, strafend; an Werth gleich.
ἰσότιμος u. ὁμότιμος ὁ ἡ gleich geehrt, gleich an Stand u. Rechten: ἰσοτιμία u. ὁμοτιμία ἡ.
πρότιμος vorzüglich geehrt, ὑπερτίμιος übertheuer.
τιμάορος u. τιμήορος (ἀείρω), pros. τιμωρὸς ὁ ἡ der ehrt, beisteht, rächt. τιμωρία ἡ Hülfe, Rache, Strafe, Marter. τιμωρέω f. ήσω ich helfe (τινί): med. ich räche mich (an einem τινά), ich strafe, räche. τιμώρημα τὸ, τιμώρησις ἡ, τιμωρητὴς ὁ, τιμωρητικὸς ἡ όν.
τιμάω f. ήσω ich schätze, würdige (τιμᾶται ὁ διώκων τῷ φεύγοντι θανάτου der Ankläger trägt für den Angeklagten auf den Tod an, will das Verbrechen so hoch angeschlagen wissen: τιμᾷ ὁ δικαστὴς θανάτου der Richter erkennt auf Tod: ὑποτιμᾶται ὁ φεύγων δεσμοῦ der Angeklagte trägt dagegen auf Gefängniß an); ich ehre: ἀτιμάζω ich entehre.
ἀντιτιμάω ich schätze dagegen; ehre gegenseitig.
ἀποτιμάω ich setze ein Gut nach der Schätzung zum Pfande, ἀποτιμῶμαι ich nehme es zum Pfande an.
ἐπιτιμάω ich überschätze, übersetze den Preis; ich tadele, schelte

τινί. ἐπιτίμημα τὸ Vorwurf; Strafe. ἐπιτίμησις ἡ das Tadeln; das Steigern des Preises. ἐπιτιμητὴρ u. ἐπιτιμήτωρ ὁ Bestrafer, Rächer.

προτιμάω ich schätze höher, ziehe vor (τινὰ τινός); achte auf etwas, τινός.

προστιμάω ich erkenne Strafe zu, strafe.

ὑπερτιμάω ich ehre übermäßig, überschätze.

τίμημα τὸ das Geschätzte; Vermögen census; Geldstrafe. τίμησις ἡ das Schätzen, Ehren. τιμητὴς οῦ ὁ der schätzt, bs. die Strafe beim Proceß; der römische Censor: τιμητεύω ich bin Censor, τιμητεία ἡ das Censoramt. τιμητικὸς ἡ ὸν ehrenvoll; der gern ehrt; ein Excensor censorius. ἀτίμητος ὁ ἡ nicht geehrt, nicht zu schätzen: δίκη wo die Strafe, durch das Gesetz bestimmt, nicht erst geschätzt zu werden braucht.

τετιημένος u τετιηότες gequält, betrübt.

Ταράσσω, Att. ταράττω od. θράττω, f. ξω ich bringe in Unordnung, rühre um od. auf: auch ἀναταράσσω, διαταράσσω, ἐκταράσσω, συνταράσσω.

ταραγμὸς ὁ u. τάραξις ἡ das Verwirren, die Beunruhigung.

ταρακτικὸς ἡ ὸν beunruhigend, verwirrend.

ταρακτης, poet. ταράκτωρ, ὁ der aufrührt, in Unordnung bringt: ταραξίας ὁ unruhiger Kopf, ταράξιππος ὁ Pferdescheu.

ταραχὴ ἡ u. τάραχος ὁ Unruhe, Lärm, Unordnung. ταραχώδης ὁ ἡ unruhig, unordentlich; beunruhigend: ἀτάραχος od. ἀτάρακτος ὁ ἡ ruhig, unerschütterlich: ἀταραξία ἡ, ἀταρακτέω

τάρβος τὸ und ταρβή od. ταρβοσύνη ἡ Schrecken, Furcht; Ehrfurcht. ταρβαλέος εα εον schrecklich; erschrocken, auch ταρβόσυνος ταρβέω f. ήσω ich bin erschrocken; fürchte, scheue, ehre: ἀτάρβητος u. ἀταρβὴς ὁ ἡ unerschrocken.

Τραχὺς (Jon τρηχὺς) εῖα ὺ rauh, uneben, stachlicht, hart, wild. τραχύτης ἡ Rauhigkeit, Unebenheit, Härte: auch τράχωμα u. τράχυσμα τό.

τραχυβατέω ich gehe auf hartem Boden: τραχύδερμος ὁ ἡ mit rauhem Fell.

τραχύνω, ἀποτραχύνω, ἐκτραχύνω ich mache rauh, hart, zornig: τραχυντικὸς ἡ όν, τραχυσμὸς ὁ.

τραχὼν ῶνος ὁ rauhe Gegend.

Τράχηλος ὁ Hals, Nacken; auch αὐχὴν ένος ὁ u. δειρὰ ἡ: δειρὰς άδος ἡ Bergrücken. τραχήλια τὰ Fleisch vom Halse, das wenig geachtet u. weggeworfen wurde.

αὐχένιος ία ιον zum Hals od. Nacken gehörig. ὑπαυχένιον τὸ Kissen unter den Hals.

αὐχενίζω ich schneide den Hals ab: auch δειροτομέω u. τραχηλοκοπέω.

τραχηλίζω ich drehe den Hals herum, biege zurück, entblöße, öffne, lasse sehen; packe beim Halse, ziehe fort.

ἐκτραχηλίζω ich werfe über den Hals herunter (vom Pferde).

δέραιον u. περιδέραιον τὸ Halsband.

Τρεῖς οἱ αἱ, τρία τὰ drei: τριὰς ἡ die Drei. τρισσὸς ἡ ὸν dreifach, drei u. drei: τρισσόω ich nehme dreifach, thue dreimal. τρισσάκις, gew. τρὶς dreimal.

τρίγωνος ὁ ἡ dreieckig, τρικέφαλος dreiköpfig, τρίπαις mit drei Kindern.

τρικυμία ἡ dreifache Welle, τριλοφία dreifacher Helmbusch, τριοδία Kreuzweg trivium.

τρίτος, poet. τρίτατος, η ον der Dritte. τριταῖος αία αῖον am drit=

ten Tage; drei Tage alt. τριτεύω ich bin der Dritte; bin zum dritten Male. τριτημόριον τὸ ein Drittel, τριτημορίζω ich theile in 3 Theile.

τρίχα u. τριχθὰ in drei Theile, auch διάτριχα, poet.: τριχόθεν von drei Orten od. Seiten her.

τριάζω u. τριάσσω, auch ἀποτριάζω, ich besiege (der dreimal Niedergerungene galt für besiegt): τριαγμὸς ὁ Sieg, τριακτὸς ἡ ὸν besiegt, ἀτρίακτος ὁ ἡ unbesiegt, τριακτὴρ ὁ Sieger (poet.).

τρίαινα ἡ Dreizack, auch τριόδους ὁ, dem. τριοδόντιον τό. τριαινόω ich erschüttere mit dem Dreizack.

τριήρης ὁ Schiff mit drei Ruderbänken, triremis. τριηράρχης ὁ der eine τριήρης ausrüstet u. befehliget: τριηραρχέω, τριηραρχία ἡ. τριηρίτης ὁ auf der τριήρης fahrend od. rudernd, classiarius.

τρεισκαίδεκα od. τρισκαίδεκα 13, τρισκαιδέκατος der 13te, τρισκαιδεκάμηνος ὁ ἡ 13monatlich, τρισκαιδεκάπηχυς 13 Ellen lang.

τριάκοντα 30, τριακοστὸς ἡ ὸν der 30ste, τριακοντάκις 30mal.

τριακόσιοι αι α dreihundert, τριακοσιοστὸς der 300ste.

τρισχίλιοι 3000, τρισμύριοι 30,000.

Τρυγέω u. τρύσκω ich trockene.

τρύγη ἡ Früchte die eingesammelt werden, Getraide, Wein; Weinlese. τρυγάω f. ήσω ich ernte ein. τρυγητὸς ὁ das Einsammeln der Früchte, Ernte, Lese; Erntezeit. τρυγήσιμος zu ernten, reif. ἀτρύγετος ὁ ἡ wo nicht geerntet wird, unfruchtbar, entgegs. τρυγηφόρος.

τρυγητὴς οῦ und τρυγητὴρ ὁ, τρυγήτρια ἡ der- die erntet. τρυγητήριον τὸ Kelter, gew. ληνὸς ὁ od. ἡ, wovon ληναῖος der Keltergott (Beiname des Bakchos), ληναῖα τὰ ein diesem geweihtes Fest zu Athen, ληναιὼν ῶνος ὁ der Monat in den die Lenäen fallen, ληναΐζω od. ληνεύω ich feire die Lenäen, ληναὶ αἱ Bakchantinnen, ληνεὼν ὁ Ort wo die Kelter steht, ὑπολήνιον τὸ Gefäß unter der Kelter.

ἄμπελοι διατρύγιοι Weinstöcke die zu verschiedenen Zeiten, nicht alle auf einmal, reif werden.

τρὺξ υγὸς ἡ ungegohrner Wein, Hefe, auch τρυγία ἡ. τρύγινος η ον aus Hefen οἶνος τρυγηφάνιος od τρυγηφάνιον τὸ Wein von den Trestern, lora. ἄτρυγος ὁ ἡ ohne Hefen. τρυγίζω ich werde hefig.

Τύλος ὁ u. τύλη ἡ Schwiele; übhpt. ein harter vorstehender Körper, z. B. der Buckel der Kameele: τύλη, τυλεία u. τυλεῖον, auch culcita Pfühl, Polster. τυλόεις εσσα εν u. τυλώδης ὁ ἡ schwielicht, verhärtet.

τυλόω ich mache schwielicht, verhärte: τύλωμα τὸ Verhärtung, Schwiele.

ἀνατυλίσσω od. -ττω ich wickle wieder auf; überdenke wieder.

ἐντυλίσσω ich wickle ein.

Υ.

Ὑάκινθος ὁ Hyacinthe od. Schwertlilie; ein Edelstein, unser Sapphir. ὑακίνθινος η ον hyacinthfarbig.

Ὕλη ἡ silva Wald; Holz (auch ξύλον τὸ, dem. ξυλάριον od. ξυλήφιον), Bauholz; Stoff, Materie.

ὑλοτομέω (τέμνω) od. ξυλεύομαι u. ξυλίζομαι ich haue Holz, lese Holz.

ὑλοτόμος od. ὑλητομος, auch ξυλοτόμος ὁ Holzhauer: ξυλεὺς έως der Holz haut od. verkauft.

ὑλομανέω od. ξυλομανέω ins Holz treiben, zu viel Holz treiben (μαίνομαι).

ὑλώδης ὁ ἡ u. ὑλήεις εσσα εν waldig, holzig. ξυλώδης ὁ ἡ holzartig. ξύλινος ίνη ινον hölzern.

ὑλαῖος αία αῖον zum Wald gehörig: θὴρ ὑλαῖος Thier des Waldes (sonst ὑλήβιος od. ὑλόβιος); materiell, gew. ὑλικὸς ἡ όν: ἄϋλος ὁ ἡ immateriell, unkörperlich. ἄξυλος holzarm.

ὕλημα τὸ Strauchwerk, Reisig.

ξυλόω ich mache zu od. von Holz.

ξύλοχος ὁ dicht bewachsener Ort, Buschwerk.

Ὑπὸ, poet. ὑπαί, unter c. gen. dat. acc. (ἀποθανεῖν ὑπὸ τινος unter jemandes Händen sterben, von ihm getödtet werden): ὑπὲρ, poet. ὑπείρ, über c. gen. et acc. (μαχέσασθαι ὑπέρ τινος für jemand streiten).

ὕπαιθα, unten weg, drunter hin. ὕπερθεν od. καθύπερθεν drüber, oben.

ὕπτιος α ον supinus rücklings, rückwärts gebeugt, entggs. πρηνής: ὑπτιότης ἡ Lage des ὕπτιος; Nachlässigkeit. ὑπτιάζω ich lege mich rückwärts od. auf den Rücken; bin nachlässig; ich beuge, lege rückwärts. ὑπτίωμα τὸ u. ὑπτιασμὸς ὁ Zurückbeugung.

ὑπέρτερος α ον mehr oben, höher: ὑπέρτατος u. ὕπατος am höchsten; ὕπατος in Rom der Consul, ὑπατικὸς ἡ ὸν consularis, ὑπατεύω ich bin Consul, ὑπατεία ἡ Consulat. ἀνθύπατος ὁ Proconsul, ἀνθυπατεύω ich bin Proconsul, ἀνθυπατεία ἡ Proconsulat. συνύπατος ὁ Mitconsul.

ὑπερτερέω ich bin drüber, übertreffe, c. gen. ὑπερτερία ἡ Vorzug; Uebermuth; das Obergestell am Wagen, worauf die Last liegt.

ὑπέρα ἡ Seil womit die Rahen an den Mast befestigt sind.

ὑπερῷον od. ὑπερῷον τὸ (sc. οἴκημα) Oberstock, Zimmer im Oberstock: ὑπερῴα ἡ Gaumen, sonst οὐρανίσκος ὁ.

ὕβρις εως ἡ Ueppigkeit, Uebermuth; schnöde Behandlung.

ὑβρίζω ich bin od. handle übermüthig u. insolent, behandle so.

ἀνθυβρίζω ich beleidige dagegen, räche Beschimpfung.

ἐνυβρίζω u. ἐφυβρίζω ich treibe Muthwillen mit –, gegen – (τινί).

ἐξυβρίζω ich breche aus in ὕβρις.

ὕβρισμα τὸ Beschimpfung, Beleidigung. ὑβριστὴρ u. ὑβριστὴς οῦ ὁ, comp. ὑβριστότερος, insolenter, gewaltthätiger Mensch: ὑβριστικὸς ἡ ὸν dem eigen, in dessen Art. ὑβριστὸς ἡ ὸν beschimpft, entehrt: ἀνύβριστος ὁ ἡ unbeschimpft; nicht übermüthig, nicht frech.

Ὑφαίνω f. ανῶ ich webe. ὑφὴ ἡ u. ὕφος od. ὕφασμα τὸ Gewebe, ὕφανσις od. ὑφασία ἡ das Weben. ὑφάντης ου ὁ Weber, ὑφάντρια ἡ Weberin, ὑφαντικὸς ἡ ὸν zum Weben gehörig od. geschickt: ὑφαντική (sc. τέχνη) die Webekunst ὑφαντὸς ἡ ὸν gewebt.

ἐνυφαίνω ich webe hinein: ἐνύφασμα τὸ das Eingewebte. ἐξυφαίνω ich webe fertig. παρυφαίνω ich webe an: ἐσθὴς παρυφασμένη ein Kleid mit einem Vorstoß von Purpur, einer παρυφὴ (clavus): παρυφὴς ὁ ἡ mit einem solchen Kleide angethan (praetextatus.)

προσυφαίνω ich webe hinzu, verwebe mit.

συνυφαίνω ich webe zusammen, verbinde. συνυφὴ ἡ der Einschlag, auch ἐφυφή, sonst κρόκη ἡ. συνυφὴς ὁ ἡ zusammengewebt, verbunden.

ὑμὴν ένος ὁ (dem. ὑμένιον u. ὑμνίον τὸ) Gewebe, Haut, Häutchen: ὑμὴν περικάρδιος Herzbeutel, ὑμὸν. περιτόναιος Bauchfell.

ὑμενόπτερος mit häutigen Flügeln (wie die Fledermaus).

ὑμένινος η ον aus Häuten bestehend, ὑμενοειδὴς ὁ ἡ hautartig.

ὑμέναιος ὁ Hochzeitsgesang; auch ὑμήν. ὑμεναιόω ich singe den ὑμέναιος, ich heirathe.

ὕμνος ὁ Lied, Loblied. ὑμνοπόλος od. ὑμνηπόλος, pros. ὑμνογράφος u. ὑμνοποιός, auch ὑμνῳδός, Dichter, Lobsänger.

ὑμνέω ich besinge, preise, schmähe. ὕμνησις ἡ das Besingen, Preisen: ὑμνητὸς ἡ ὸν besungen: ὑμνητὴρ ὁ, ὑμνητρὶς od. ὑμνήτρια ἡ Lobsänger = in.

Ὕω f. ὕσω ich regne. ὑετὸς ὁ Regen, sonst ὄμβρος ὁ: ὑετώτατος sehr regenhaft. ὑετώδης ὁ ἡ u. ὀμβρηρὸς ὰ ὸν regnicht. Ζεὺς ὄμβριος od. ὑέτιος Juppiter pluvius.

ὑάδες die Hyaden am Kopfe des Stiers (eigtl. Regensterne, weil ihr Aufgang mit der Sonne zur Regenzeit einfiel).

ὕαλος u. ὕελος ὁ Glas, Crystall: ὑάλεος α ον od ὑαλοῦς ῆ οῦν gläsern, von Glas, auch ὑάλινος η ον. ὑαλώδης glasartig. ὑαλίζω ich sehe aus wie Glas, ὑαλόω ich verglase.

ὕδωρ (g. ὕδατος) τὸ, dem. ὑδάτιον τὸ, Wasser; poet. auch ὕδος εος τὸ. ἄνυδρος u. ἄϋδρος ὁ ἡ ohne Wasser, dürre, trocken. ἀνυδρία ἡ Wassermangel, Dürre.

ἔνυδρος ὁ ἡ benäßt, naß; im Wasser lebend. ἐνυδρὶς od. ἔνυδρις ἰδος ἡ Fischotter.

εὔυδρος ὁ ἡ mit gutem Wasser, wohl versehn mit Wasser.

ἔφυδρος ὁ ἡ feucht, naß.

ὑδατοθρέμμων od. ὑδατοτρεφὴς ὁ ἡ vom Wasser genährt.

ὑδατόκλυστος vom Wasser bespült, ὑδατοπλὴξ woran das Wasser schlägt.

ὑδραγωγεῖον τὸ u. ὑδραγωγία ἡ Wasserleitung.

ὑδράργυρος ὁ Quecksilber.

ὑδραυλὶς ἡ Wasserorgel: ὑδραύλης od. ὕδραυλος ὁ der sie spielt.

ὑδατοπότης od ὑδροπότης ὁ Wassertrinker: ὑδροποτέω, ὑδροποσία ἡ.

ὑδροῤῥόα od. ὑδροῤῥοια ἡ Wasserrinne, Kanal, Gosse.

ὑδάτινος η ον von Wasser. ὑδατώδης ὁ ἡ und ὑδατόεις εσσα εν wässerig. ὑδαρὴς ὁ ἡ wässerig, verdünnt, schwach.

ὑδατόω ich mache zu Wasser od. wassersüchtig. ὕδερος u. ὕδρωψ ὁ Wassersucht (wie ἴκτερος ὁ Gelbsucht). ὑδερώδης ὁ ἡ u. ὑδερικὸς od. ὑδρωπικὸς ἡ ὸν wassersüchtig (ἰκτεριώδης ὁ ἡ, ἰκτερικὸς ἡ ὸν, ἰκτερίας ὁ gelbsüchtig). ὑδεραίνω u. ὑδεριάω ich bin wassersüchtig (ἰκτεριάω od. ἰκτεράω ich bin gelbsüchtig, ἰκτερόομαι ich werde es).

ὑδρώδης ὁ ἡ u. ὑδρηλὸς ἡ ὸν wässericht, naß, feucht.

ὑδρία ἡ, dem. ὑδρίον τὸ, Wassereimer, Wassergefäß.

ὑδρεύω ich schöpfe Wasser. ὕδρευσις u. ὑδρεία ἡ das Schöpfen, Wässern. ὑδρεῖον τὸ Wassereimer, Schöpfkanne; Ort wo man Wasser schöpft.

ὑδραίνω ich bewässere, benetze; wasche', bade; med. sich baden.

ὕδρα ἡ u. ὕδρος ὁ Wasserschlange.

ὑγρὸς ὰ ὸν (poet. auch διερὸς ἡ ὸν) naß, feucht; flüssig; geschmeidig, weich, biegsam.

ὑγρόβιος ὁ ἡ im Wasser lebend. ὑγρομελὴς von geschmeidigen Gliedern.

ὑγρόπισσον τὸ flüssiges Pech. ὑγρόφθαλμος ὁ ἡ mit schwimmenden, schmachtenden Augen.

ὑγρότης ἡ Feuchtigkeit; Flüssigkeit; Weichheit. ὑγραίνω f. ανῶ ich mache naß, benetze, befeuchte. ὑγρώσσω ich bin naß. ἀνυγραίνω ich feuchte an; mische, erweiche.

ὑγιὴς ὁ ἡ gesund, ὑγίεια ἡ Gesundheit. ὑγιεινὸς ἡ ὸν u. ὑγιηρὸς ὰ όν der Gesundheit zuträglich

ὑγιαίνω ich bin gesund, ὑγιάζω f. άσω ich mache gesund: ὑγίανσις ἡ Heilung, ὑγίασμα τὸ Heilmittel, ὑγιαντὸς u. ὑγιαστὸς ἡ ὸν heilbar.

ἶδος εος τὸ, gew. ἱδρὼς ῶτος ὁ (dem. ἱδρώτιον τὸ) Schweiß. ἱδρώδης ὁ ἡ mit Schweiß verbunden.
ἰδίω od. ἱδρόω ich schwitze, ἴδισις od. ἵδρωσις ἡ das Schwitzen. ἀνιδιτὶ od. ἀνιδρωτὶ ohne zu schwitzen. ἱδρωτήριος od. ἱδρωτικὸς ἡ ὸν Schweiß treibend.

Φ.

Φάγομαι ich werde essen, aor. ἔφαγον.
φαγᾶς od. καταφαγᾶς u. φάγος ὁ Fresser: φαγάνθρωπος od. ἀνθρωποφάγος Menschenfresser. φάγημα τὸ Essen, Speise.
φάγαινα ἡ u. φαγέδαινα ἡ Freßsucht; um sich fressendes Geschwür.
φηγὸς ἡ Baum mit eßbarer Frucht, fagus od. quercus esculus; die Eichel davon. φηγίνεος εα εον davon kommend od. gemacht.
φηγὼν ῶνος ὁ Ort damit bepflanzt, esculetum.
Φάκελλος u. φάκελος ὁ Bündel. σφάκελος ὁ der kalte Brand, auch γάγγραινα; die Ungeduld u. Unruhe im Schmerz, das Zucken, Zappeln.
σφακελίζομαι ich habe den σφάκελος, bin σφακελίας ὁ: auch γαγγραινόομαι.
Φᾶρος τὸ Kleid, Hülle, Leinwand. ἀφαρὴς ὁ ἡ unbekleidet, ἀφαρέω.
φάραγξ γγος ἡ Spalte, Schlucht, Thal, Höle. φαραγγώδης ὁ ἡ voller Schluchten, schluchtähnlich
φάρυγξ υγγος ἡ Schlund, Anfang der Speiseröhre: auch σφάραγος u. ἀσφάραγος ὁ.
Φάος εος, pros. φῶς ωτὸς, τὸ Licht (φὼς φῶτος ὁ Mann, poet.). Licht auch φέγγος τὸ.
ἀμφιφαὴς ὁ ἡ überall sichtbar. εὐφαὴς u. καλλιφεγγὴς schön leuchtend.
κατηφὴς ὁ ἡ die Augen niederschlagend, traurig, beschämt. κατήφεια ἡ Niedergeschlagenheit, Schaam. κατηφέω od. κατηφιάω ich bin niedergeschlagen, beschämt.
φωσφόρος Licht bringend; Morgenstern.
φωτεινὸς ἡ ὸν licht, hell, leuchtend: lichtlos ἀφεγγὴς ὁ ἡ.
φωτίζω f. ίσω ich leuchte, scheine, auch φαέθω u. φαύσκω od. φώσκω; ich erleuchte, bescheine; bringe ans Licht, mache bekannt, auch πιφαύσκω. φώτισμα τὸ u. φωτισμὸς ὁ das Leuchten, die Erleuchtung.
περιφωτίζω ich umleuchte, beleuchte.
διαφαύσκω od. διαφώσκω ich werde hell: ἡμέρα διαφαύσκουσα Tagesanbruch.
ἐπιφαύω, ἐπιφαύσκω, ἐπιφώσκω, διεπιφώσκω ich erscheine, werde sichtbar.
ὑποφαύσκω ich zeige etwas Licht, komme hervor mit dem Lichte.
φωστὴρ ὁ Lichtloch, Fenster od. Thür wodurch Licht kömmt.
φαῦσις ἡ Licht, Glanz; Feuerzeichen. φαῦσιγξ ιγγος ἡ Brandblase, auch φωΐς od. φῷς φῳδός.
φώγνυμι u. φώζω ich röste, brate.
φαιὸς ὰ ὸν grau, schwärzlich, fuscus, pullus: φαιοχίτων ωνος ὁ ἡ so gekleidet.
φαλὸς ἡ ὸν glänzend, blank, weiß: auch φάλιος u. φαλαρὸς ὰ ὸν, Jon. φαληρός. φαληριάω ich bin weiß, schäume.
φάλακρος α ον u. φάλανθος ὁ ἡ od. φαλανθίας ου ὁ glatzköpfig, kahl: sonst μαδὸς ἡ ὸν od. μαδαρὸς ὰ όν. φαλακρόω od. μαδάω ich werde od. bin kahl: ich mache kahl φαλακρόω, μαδίζω, μαδάλλω, μαδαρόω, μαδρύνω. Kahlheit φαλακρότης od. μαδαρότης ἡ: kahle Stelle φαλάκρωμα τὸ.
φάλος ὁ Knopf od Buckel am Helme. φάλαρον τὸ glänzender Putz, pl. Kopfputz eines Pferdes.

φαλλὸς οῦ od. φάλης ητος ὁ das männliche Glied, der Phallus, als Symbol der Zeugungskraft in der Natur an den Dionysien in Procession getragen. φαλληφόρος od. φαλλοφόρος ὁ ἡ der ihn trägt: φαλλοφορέω.

φάλαγξ γγος ἡ runde Planke, Walze, Rolle, auch φαλάγγης; Glied, Gelenk an Händen u. Füßen; Spinne (von den langen Gelenken an den Füßen), auch φαλάγγιον τὸ; Glied od. Reihe der Schlachtordnung; die Makedonische Aufstellung des Fußvolks.

ὑπερφαλαγγέω od. -ιάω c. gen. ich überflügele mit der Linie der Schlachtordnung: ὑπερφαλαγγίασις ἡ Ueberflügelung.

φαλαγγηδὸν adv. phalanxweise. φαλαγγίτης ὁ ein Soldat aus der Phalanx.

φαῦλος η ον (Att. auch φλαῦρος α ον) schlecht, gering, unbedeutend, unnütz. φαυλότης ἡ Schlechtigkeit u. s. w.

φαυλίζω u. ἐκφαυλίζω ich setze herunter, schätze gering: φαυλισμὸς ὁ Verachtung.

ἀφαυρός ὰ ὸν (poet.) schwach. ἀφαυρόω ich vermindere, verdunkle.

φάλαινα ἡ Lichtmotte.

φαιδρὸς ὰ ὸν hell; rein, blank: heiter, munter, lustig. φαιδρότης ἡ Heiterkeit, Fröhlichkeit. φαιδρόω und φαιδρύνω ich mache hell, rein, heiter: φαιδρυντὴς ὁ, φαιδρύντρια ἡ der-die rein od. glänzend macht: φαιδρωπὸς ὁ ἡ mit heiterm Gesicht.

φαίδιμος ὁ ἡ od. φαιδιμόεις εσσα εν glänzend, berühmt (poet.).

φαείνω, pros. φαίνω f. φανῶ ich zeige, weise; ich zeige an, klage an; med. ich erscheine, scheine.

ἀναφαίνω ich bringe an den Tag, mache sichtbar, zeige, stelle dar: ἀναφανδὰ od. ἀναφανδὸν sichtbar, vor aller Augen, auch ἀμφαδά, ἀμφαδόν, ἀμφάδην: adj. ἀμφάδιος α ον.

ἀποφαίνω ich zeige auf, stelle fertig zur Schau; lege dar, thue dar, beweise: med. ich erkläre mich, spreche mich aus. ἀπόφανσις ἡ Aeußerung, Erklärung, Beweis. ἀπόφαντος ὁ ἡ erklärt, behauptet.

διαφαίνω ich zeige durch, lasse durchscheinen; ich scheine durch. διάφασις u. διάφανσις ἡ das Durchscheinen.

ἐκφαίνω ich zeige hervor od. heraus, mache sichtbar.

ἐμφαίνω ich lasse in od. an etwas sehen, zeige daran. ἔμφασις ἡ Erscheinung (zunächst in od. auf einem spiegelnden Körper); Vorstellung, Darstellung; Kraft des Ausdrucks, mehr andeutend als aussprechend. ἐμφατικὸς ὴ ὸν bezeichnend, bedeutungsvoll, nachdrücklich.

ἐπιφαίνω ich zeige an -, auf -, über -; ich lasse von außen od. obenauf sehen.

παραφαίνω ich zeige daneben, dabei, auch προσφαίνω: πρόσφατος ὁ ἡ neu, frisch.

περιφαίνομαι ich bin ringsum erleuchtet, erscheine ganz im Lichte.

προφαίνω ich leuchte vor; ich zeige vorher, verheiße; ich verkündige, sage vorher. πρόφαντος ὁ ἡ vorhergezeigt, vorausgesagt. προφάντωρ ὁ, προφάντις ἡ = προφήτης u. προφῆτις.

ὑπερφαίνομαι ich erscheine darüber (τινός).

ὑποφαίνω ich zeige unten od. halb, lasse merken.

φάσμα ατος τὸ Erscheinung, Bild von einer Sache; Wahrzeichen, Wunderzeichen.

φάσις εως ἡ Erscheinung, Traum; Anzeige, Anklage wider Schleichhändler.

φανιάζω f. άσω ich mache sichtbar, offenbare, zeige an: med. ich zeige mich, brüste mich, mache Aufsehen.

φαντασία ἡ das Zeigen, Darstellen; Erscheinung; Vorstellung; Einbildung. φαντασιόομαι ich habe eine Erscheinung, Vorstellung, Einbildung. φαντασιώδης ὁ ἡ einer Einbildung ähnlich; reich an Phantasien.

φάντασμα (dem. φαντασμάτιον) τὸ Erscheinung, Traumgesicht, Vorstellung. φανταστὸς ἡ ὸν vorgestellt, durch die Vorstellung hervor gebracht. φανταστικὸς ἡ ὸν zur Vorstellung oder Einbildung gehörig; deren fähig.

φαεινὸς u. φαεννός (comp. φαάντερος), pros. φανὸς ἡ ὸν od. φανερὸς ὰ ὸν hell, sichtbar, offenbar. φανὸς ὁ (dem. φανίον u. φανάριον τὸ) Leuchte, Fackel. φανερόω u. ἀποφανόω ich mache deutlich, offenbare, erkläre.

ἀφανὴς od. ἄφαντος ὁ ἡ dunkel, unsichtbar, unberühmt; verschwunden. ἀφάνεια ἡ Unsichtbarkeit, Dunkelheit. ἀφανίζω ich mache unsichtbar, schaffe aus den Augen, tödte, vertilge; ich mache unscheinend, beschmutze. ἀφάνισις ἡ u. ἀφανισμὸς ὁ das Unsichtbarmachen, ἀφανιστὴς ὁ Zerstörer, ἀφανιστικὸς ἡ ὸν zerstörend.

ἄφνω (v. ἀφανῶς) unversehends, plötzlich, auch ἐξαίφνης u. ἐξαπίνης: als Adj. αἰφνίδιος, ἐξαιφνίδιος, ἐξαπιναῖος α ον.

διαφανὴς ὁ ἡ durchscheinend, durchsichtig. διαφάνεια ἡ Durchsichtigkeit.

δυσφανὴς ὁ ἡ kaum sichtbar, undeutlich: entggs. εὐφανής.

ἐκφανὴς ὁ ἡ hervorscheinend, ausgezeichnet.

ἐμφανὴς ὁ ἡ spiegelnd; sichtlich, augenscheinlich, was auch καταφανής. ἐμφανίζω ich mache augenscheinlich.

ἐπιφανὴς ὁ ἡ sichtbar, angesehen, berühmt. ἐπιφάνεια ἡ Erscheinung, plötzliche Ankunft, bs. eines Gottes; Oberfläche; Schein, Ansehn, Glanz. τὰ ἐπιφάνια das Fest der Erscheinung eines Gottes, auch Θεοφάνια τά.

περιφανὴς ὁ ἡ ringsum erleuchtet, überall sichtbar.

προφανὴς ὁ ἡ vorscheinend, deutlich.

ὑπερφανὴς u. ὑπερήφανος ὁ ἡ über andere scheinend, hervorragend, stolz. ὑπερηφανέω ich überhebe mich, stolzire. ὑπερηφάνεια od. ὑπερηφανία ἡ Stolz, Hochmuth.

φάσκω u. φημί (Att auch ἠμί, poet. πιφάσκω) f. φήσω ich sage; ich sage ja, auch κατάφημι: ich sage nein, verneine ἀπόφημι od. ἀποφάσκω. ἀπόφασις ἡ Verneinung, φάσις od. κατάφασις Behauptung: ἀποφατικὸς ἡ ὸν verneinend, entggs. καταφατικός.

ἀντίφημι ich sage dagegen, antworte, widerspreche. ἀντίφασις ἡ Widerrede; Antwort. ἀντιφατικὸς ἡ ὸν zum Widerspruch geneigt.

μετάφημι ich rede zu – unter – τισίν.

παράφημι ich rede zu, ermahne, tröste, gew. παρηγορέω u. παραμυθέομαι: παραίφασίη ἡ Zurede, Trost, pros. παραμυθία.

πρόσφημι ich rede an, sage zu einem.

πρόφημι ich sage vorher, voraus.

προφήτης ὁ, ῆτις ἡ Verkündiger u. Ausleger von Orakelsprüchen, auch ὑποφήτης. προφητεύω ich verkünde das Orakel; verkünde im Namen der Gottheit; prophezeie. προφητεία ἡ Prophezeiung, Prophetenamt. προφητικὸς ἡ ὸν prophetisch.

πρόφασις εως ἡ Vorwand, Ausrede (poet. μύνη); Veranlassung, Gelegenheit. προφασίζομαι ich wende od. schütze vor (poet. μύνομαι): προφασιστικὸς ἡ ὸν zum Vorwand dienlich od. gehörig. ἀπροφάσιστος ὁ ἡ keinen Vorwand suchend, dienstwillig, bereit. εὐπροφάσιστος ὁ ἡ leicht vorzuschützen, scheinbar.

συμφημι ich stimme bei, genehmige.

φατὸς, poet auch φατειὸς ἡ ὸν gesagt, zu sagen: ἄφατος ὁ ἡ nicht gesagt, nicht genannt, unsäglich: ἀφασία, poet. ἀμφασίη, ἡ Sprachlosigkeit.

φήμη, poet. auch φῆμις u. φάτις, ἡ Rede, Sage, Gerücht, Ruf; Vorbedeutung, göttliche Stimme, Orakel.

ἄφημος ὁ ἡ ohne Ruf, unberühmt.

δύσφημος ὁ ἡ von übler Vorbedeutung; schmähend, lästernd, in üblem Ruf. δυσφημία ἡ Wort von böser Vorbedeutung; Schimpf, Lästerung, übler Ruf. δυσφημέω ich lästere, schimpfe. Entggs. εὔφημος, εὐφημέω: εὐφημισμὸς ὁ milder Ausdruck für eine schlimme Sache.

φημίζω f. ίσω, Dor. ίξω, ich rede, spreche aus, nenne, auch φατίζω; verbreite durchs Gerücht, auch διαφημίζω u. καταφημίζω.

ἐπιφημίζω ich rufe vorbedeutende Worte zu, gebe Beifall oder Mißfallen zu erkennen; ich schreibe zu, messe bei des Omens wegen; ich zeige durch ein Omen an od. entdecke; ich sage zu, gelobe. ἐπιφήμισμα τὸ Zeichen des Beifalls od. der Bestätigung; Name von besonderer Bedeutung.

καταφατίζω ich betheure, gelobe.

φωνὴ ἡ (dem. φωνάριον τὸ) Laut, Stimme, Wort: auch φθόγγος ὁ, φθογγὴ ἡ, φθέγμα τὸ. φωνήεις εσσα εν vocalis lautend, tönend, sprechend: ἄφθογγος od. ἄφωνος ὁ ἡ lautlos, sprachlos: adv. ἀφθεγκτί. ἀφωνία ἡ Sprachlosigkeit. δίφθογγος ἡ Doppellaut, Diphthong.

φωνέω f. ήσω od. φθέγγομαι f. ξομαι ich gebe einen Laut od. Ton von mir, laute, töne, spreche, rufe.

ἀναφωνέω od. ἀναφθέγγομαι ich schreie auf, rufe aus, verkündige laut. ἀναφώνημα τὸ Ausruf, ἀναφώνησις ἡ das Ausrufen.

ἀντίφωνος od. ἀντίφθογγος ὁ ἡ entgegentönend; antwortend. ἀντιφωνέω od. ἀντιφθέγγομαι ich töne entgegen; widerspreche; antworte. ἀντιφωνία u. ἀντιφώνησις ἡ.

ἀποφθέγγομαι ich sage heraus, sage laut, erkläre; sage ein ἀπόφθεγμα einen Orakelspruch, kluge, witzige Rede, Sentenz. ἀποφθεγματικὸς ἡ ὸν spruchreich, sinnreich, in Form einer Sentenz.

διάφωνος ὁ ἡ mißtönig; mißhellig: σύμφωνος u. σύμφθογγος zusammenstimmend, übereinstimmend. διαφωνέω, entggs. συμφωνέω: διαφωνία od. διαφώνησις ἡ, entggs. συμφωνία od. συμφώνησις: διαφωνητικὸς ἡ ὸν entggs συμφωνητικός.

δύσφωνος ὁ ἡ harttönend, widrig: εὔφωνος von schöner oder starker Stimme, wohllautend.

ἐκφωνέω ich schreie od. rufe aus; spreche aus.

ἐπιφωνέω u. ἐπιφθέγγομαι ich rufe zu; sage dabei, dazu, darnach: ἐπιφώνημα τὸ das so gesagte.

παραφωνέω ich sage daneben, bei Seite.

προσφωνέω u. προσφθέγγομαι ich rede an, begrüße, rufe zu; dedicire. πρόσφθεγμα τὸ od. πρόσφθεγξις ἡ Anrede, Gruß.

φέναξ ακος ὁ Betrüger, Lügner. φενακίζω ich betrüge, täusche: φενακισμὸς ὁ Betrug, Täuschung. πενάκη ἡ falsches Haar, Perücke: sonst πηνίκη ἡ.

Σφάζω od. σφάττω f. ξω ich tödte, schlachte.

ἀποσφάζω od. ἀποσφάττω u. κατασφάζω ich schlachte ab, bringe um.

ἐπισφάζω od. ἐπικατασφάζω ich schlachte darüber, dazu, daneben; auch προσσφάζω: solches Opfer πρόσσφαγμα τό.

σφακτὸς ἡ ὸν geschlachtet. σφάκτης ὁ Mörder, auch σφαγεύς.

σφαγὴ ἡ das Schlachten, Opfern; der Mord; die Kehle, wo das Schlachtthier gestochen wird. σφαγὶς ἴδος ἡ Schlacht= od. Opfermesser.

σφάγιον τὸ Schlachtthier; Gefäß das Blut aufzufangen, auch σφαγεῖον. σφαγιάζω ich schlachte, opfere: σφαγιασμὸς ὁ das Schlachten, Opfern.

φάσγανον τὸ Messer, Dolch, Schwert.

Φείδομαι f. φείσομαι u. (poet.) πεφιδήσομαι ich schone, spare.

φειδὸς od. φιδὸς ἡ ὸν sparsam, karg, auch φείδων ωνος u. φειδωλὸς ἡ όν. φειδὼ οῦς u. φειδωλὴ od. φειδωλία ἡ Schonung, Sparsamkeit.

ἀφειδὴς ὁ ἡ nicht sparend, nicht schonend. ἀφειδία ἡ Schonlosigkeit, Verschwendung. ἀφειδέω ich spare nicht, schone nicht (τινός).

φειδίτιον od. φιδίτιον τὸ die gemeinschaftliche Mahlzeit der Spartaner; der Ort dazu. φειδίτης ὁ Theilnehmer daran.

Φέρω (f. οἴσω, aor. ἤνεγκον) ich trage, bringe, führe od. fahre. φέρε age wohlan!

φερανθὴς ὁ ἡ Blumen bringend, φέρασπις den Schild tragend. φερέγγυος Bürgschaft leistend, zuverläßig, hinlänglich. φερένικος Sieg bringend.

φερτὸς ἡ ὸν getragen; zu ertragen: ἄφερτος ὁ ἡ unerträglich; pros. φορητὸς u. ἀφόρητος, von φορέω = φέρω.

φέρτερος od. φερέστερος stärker, besser: sup. φέριστος u. φέρτατος.

φέρετρον od. φέρτρον τὸ Trage, Bahre: φερετρεύω ich trage im Aufzuge herum. φαρέτρα ἡ Köcher.

φέρμα τὸ was getragen wird, Tracht; Leibesfrucht (poet.).

φερνὴ ἡ das Eingebrachte einer Ehefrau. φερνίον τὸ Fischkorb.

φορὰ ἡ das Tragen, Fahrt, Schuß, impetus; das Abtragen, z. B. des Tributs; das Tragen der Frucht, der Ertrag, proventus. φοράδην adv. getragen; auf einem Tragsessel (φορεῖον τὸ).

φορὸς ὁ ἡ tragend; trächtig, schwanger; fortbringend, fördernd; fortreißend, heftig; eintragend, einträglich, fruchtbar.

ἄφορος unfruchtbar, ἀφορία ἡ Unfruchtbarkeit.

δίφρος ὁ (pl. δίφρα τά: dem. διφρίσκος ὁ) Doppelsitz (von δίς) auf dem Streitwagen, für den Lenker u. für den Kämpfer: Sitz übh. διφρεύω od. διφρηλατέω ich fahre: διφρευτὴς od. διφρηλάτης ὁ der da fährt: διφρεία od. διφρηλασία ἡ das Fahren.

δύσφορος schwer zu ertragen: δυσφορέω ich trage ungern, werde unwillig, nehme übel: δυσφορία ἡ Unwille, Misvergnügen. Entggs. εὔφορος, εὐφορέω, εὐφορία.

φόρος ὁ Steuer, Tribut, Abgabe: φορολόγος ὁ ἡ Steuern erhebend.

φορεὺς έως ὁ Träger. ἀμφιφορεύς, gew. ἀμφορεύς, έως ὁ Krug mit 2 Henkeln, Gefäß von bestimmtem Maaße: dem. ἀμφορείδιον u. ἀμφορίσκος.

φόρησις ἡ das Tragen, φόρημα τὸ was man trägt.

ἀναφέρω ich bringe herauf, hebe, erhebe; ich trage auf mir, erdulde; ich beziehe auf jemand, εἴς τινα, führe auf ihn zurück, refero: ich komme in die Höhe, gehe auf. ἀναφορὰ ἡ das in die Höhe kommen od. heben; das Zurückführen, die Beziehung. ἀναφορεὺς ὁ Heber, Träger; Holz über die Schultern um Lasten daran zu tragen, sonst ἄσιλλα ἡ.

ἀντιφέρω ich trage od bringe entgegen: ἀντιφέρομαι u. ἀντιφερίζω ich stelle mich entgegen, messe mich mit – (poet).

ἀποφέρω ich trage weg od. hin; trage ab, entrichte. ἀποφορὰ ἡ das Darbringen, Abbezahlen; Abgabe, Tribut; Gewinn; Dampf, Duft von einer Sache.

διαφέρω ich bringe von einem zum andern, überbringe; zerstreue, verbreite, zerreiße; schiebe auf; trage aus, bin verschieden; bin vorzüglich, übertreffe (τινὰ τινὶ einen in etwas). διαφέρει μοί τινος mir ist an etwas gelegen: διαφέρομαί τινι od. πρός τινα ich bin uneinig mit einem, weiche von ihm ab. τὸ διαφέρον das Interesse. διαφορὰ ἡ Unterschied; Uneinigkeit, Nutzen, Vortheil. διάφορος ὁ ἡ verschieden, uneinig, ausgezeichnet: διαφορότης ἡ Verschiedenheit.

ἀδιάφορος ὁ nicht zu unterscheiden, gleichgültig: ἀδιαφορία ἡ Gleichgültigkeit: ἀδιαφορέω ich bin nicht unterschieden, bin gleichgültig.

εἰσφέρω ich trage od bringe hinein; trage bei, steure. εἰσφορὰ ἡ das Hineintragen; Beitrag, Abgabe

ἐκφέρω ich trage hinaus, begrabe; ich bringe aus, mache bekannt; ich bringe hervor; ich trage aus (z. B. die Leibesfrucht bis zur Reife); ich führe über das Ziel hinaus. ἐκφορὰ ἡ das Hinaustragen; Leichenbegängniß; das Ausbringen, Ausplaudern; Ausdruck. ἔκφορος ὁ ἡ was ausgeführt od. bekannt gemacht werden kann; verführt ἐκφόριον τὸ Frucht des Bodens; Abgabe.

ἐμφέρομαί τινι ich bin einem ähnlich ἐμφερὴς u παρεμφερὴς ὁ ἡ ähnlich, ἐμφέρεια ἡ Aehnlichkeit. ἐμφορέομαι ich fülle mich an, sättige mich, τινός.

ἐπιφέρω ich trage od. bringe darauf, darüber, dazu, dahin; med. ich führe mit mir, bei mir; ich gehe auf einen los. ἐπίφορος ὁ ἡ nachstoßend, günstig (vom Winde); abschüssig, geneigt ἐπιφορὰ ἡ das Herzubringen, Heranbringen; Zugabe; Angriff; das Andringen; Schlußfolge, Syllogismus. ἐπιφόρημα τὸ Nachtisch.

καταφέρω ich trage od. bringe herab, herunter. καταφορὰ ἡ das Herabfallen; Niedersinken; der herabfallende Schlag; tiefer Schlaf κατάφορος u. καταφερὴς od. κατωφερὴς ὁ ἡ herabgehend, abschüssig; geneigt, proclivis. καταφέρεια ἡ Abschüssigkeit.

μεταφέρω ich trage anderswohin, ich übertrage. μεταφορὰ ἡ das Uebertragen; der uneigentliche Ausdruck, Metapher: μεταφορικὸς ἡ ὸν uneigentlich. μεταφόρητος übertragen; übertragbar.

παραφέρω ich trage od. bringe hinzu, daneben; ich bringe ab vom rechten Wege, verführe; ich reiße von der Seite weg; ich gehe vorbei, beachte nicht. παραφορα ἡ Verrücktheit, Wahnsinn. παράφορος ὁ ἡ fortgerissen, irrend, wankend; verrückt; verrückend, verwirrend.

περιφέρω ich trage herum, gebe herum; ich bringe, versetze durch einen Kreislauf; ich halte aus, erhole mich. περιφορὰ ἡ das Herumtragen, Herumgeben; Umlauf; Umkreis; das Herumlaufen. περιφερὴς ὁ ἡ sich herumdrehend, rund: περιφέρεια ἡ Rundung.

προσφέρω ich bringe heran, hinzu; χεῖρας lege die Hände an etwas; ich bringe ein, bin nützlich, confero: προσφέρομαί τινι ich gehe auf jemand los, geselle mich zu ihm, begegne ihm so od. so τὰ προσφερόμενα was man zu sich nimmt, Essen u. Trinken. προσφορὰ ἡ das Darbringen, die Gabe; Essen; Umgang, Begegnung. πρόσφορος ὁ ἡ zuträglich, passend: ἀπρόσφορος ὁ ἡ unzuträglich.

προφέρω ich hole hervor; ich bringe vor (im Reden); ich werfe vor; ich bringe vorwärts, vermehre, fördere; ich übertreffe (τινος); ich wachse, nehme zu. προφορὰ ἡ das Vortragen, Vortrag, Aussprache; Vorwurf.

προφερὴς ὁ ἡ vorzüglich; vorgerückt in Jahren.

συμφέρω ich ertrage zusammen (τινὶ mit einem); ich bringe zusammen; trage bei; bin zuträglich: med. ich komme zusammen; begleite, stimme bei; vertrage mich. τὰ συμφερόμενα Begebenheiten. συμφορὰ ἡ Zufall, bs. Unglück. σύμφορος ὁ ἡ zuträglich, nützlich, geschickt: ἀσύμφορος ὁ ἡ unzuträglich. συμφορητὸς ἡ ὸν zusammengetragen, vereinigt, poet. συμφερτὸς ἡ ον.

ὑπερφέρω ich trage darüber; ich übertreffe (τινὸς τινὶ jemanden worin). ὑπερφερὴς ὁ ἡ vorzüglich, vortrefflich.

ὑποφέρω ich trage- bringe- stelle darunter; ich trage, ertrage; ich stelle entgegen, werfe vor, wende ein: ich ziehe herunter, nieder, mache sinken, fallen. ὑποφορὰ ἡ Einwand; das Sinken, der Verfall; abschüssiger Ort. ἀνθυποφορὰ Erwiederung auf einen Einwand.

φορμὸς (dem. φορμίον τὸ, φορμὶς ἡ. φορμίσκος) ὁ Tragkorb; Flechtwerk, Bündel Holz; Korbgeflecht, Matte, sonst ψίαθος ὁ u. ἡ. φορμηδὸν Bündelweise; nach Art eines Geflechts, auch ψιαθηδόν. φορμοκοιτέω ich schlafe auf einer Matte. ψιαθοπλόκος ὁ der Matten flicht.

φόρτος ὁ Last; das Lästige. φορτίον τὸ Last, Ladung. φορτὶς ἴδος ἡ (sc. ναῦς) Lastschiff: auch φορτηγικὴ u. φορταγωγός. φορτίζω u. φορτόω ich belaste, belade. φορτικὸς ἡ ὸν lasttragend; lästig, plump, insolent: φορτικότης ἡ Ungeschlachtheit. φορτικεύομαι ich betrage mich φορτικῶς.

φὼρ ωρὸς ὁ Dieb.

φωριαμὸς ἡ Truhe, Kasten (poet.).

Φέψαλος ὁ Rauch, Dampf; Funken, gew. σπινθὴρ ῆρος ὁ: σπινθηροβόλος od σπινθηροτόκητος Funken gebend. φεψαλόω ich verbrenne. σπινθηρίζω ich gebe Funken.

Φθάνω f. ήσομαι, aor. ἔφθην, ich komme zuvor, occupo: auch προφθάνω u. ὑποφθάνω.

Φθίω u. φθινύθω, f. ίσω ich verzehre, vernichte, pros. φθείρω u. διαφθείρω f. ερῶ; ich vergehe, schwinde hin, auch φθίνω. προσφθείρομαι ich gerathe zu meinem Unglück wohin od. an jemanden

φθόη u. φθίσις ἡ Auszehrung, Schwindsucht, auch φθίνασμα τὸ od. νόσος φθινάς. φθινάω od. φθισιάω ich bin schwindsüchtig, bin φθισικὸς ἡ ὸν od. φθινώδης ὁ ἡ.

φθισήνωρ u. φθισίμβροτος ὁ ἡ Menschen verderbend.

φθιτὸς od. φθαρτὸς ἡ ὸν verzehrt, gestorben; sterblich, vergänglich: unvergänglich ἄφθιτος u. ἄφθαρτος ὁ ἡ, Unvergänglichkeit ἀφθαρσία ἡ. ἀδιάφθαρτος od. ἀδιάφθορος nicht zu verderben, zu verführen, zu bestechen, incorruptus.

φθαρτικὸς ἡ ὸν verderblich, auch φθόριος u. φθορικὸς ἡ ὸν von φθόρος ὁ, gew. φθορὰ ἡ Verderben, Vernichtung, Untergang, φθορεὺς ὁ Verderber, Zerstörer.

φθεὶρ ρὸς ὁ die Laus: Hundelaus, Zecke κρότων ωνος ὁ: Floh ψύλλα ἡ. Wanze κόρις εως ὁ. Ich habe Läuse φθειριάω: φθειρίασις ἡ Läusekrankheit: φθειρίζομαι ich lause mich.

φθόνος ὁ Neid, Abgunst. φθονερὸς ὰ ὸν neidisch, φθονερία ἡ Neidsucht. ἄφθονος ὁ ἡ neidlos, nicht neidisch; unbeneidet, reichlich, ergiebig, auch ἀμέγαρτος. ἀφθονία ἡ Neidlosigkeit, reichlicher Vorrath.

ἐπίφθονος ὁ ἡ dem Neide ausgesetzt, beneidet, getadelt; tadelnswerth: ἀνεπίφθονος ὁ ἡ nicht beneidet; nicht zu beneiden; untadlich.

φθονέω f. ήσω (poet. auch μεγαίρω) ich beneide, misgönne (τινὶ τινὸς einem etwas).

Φιάλη ἡ (dem. φιαλὶς ἡ u. φιάλιον τὸ) Schale, flaches Trinkgeschirr; die vertieften Felder im Täfelwerk, z. B. in den Zimmerdecken, sonst φάτνωμα. φιαλοειδὴς ὁ ἡ einer Schale ähnlich.

Φλέω, φλύω, φλύζω f. ύσω ich fließe, fließe über; schwatze, rede albern. ἀναφλύω ich sprudle auf, brause auf, ἐκφλύω hervor. περιφλύω ich versenge: περιπεφλευσμένος versengt.

φλὲψ εβὸς ἡ (dem. φλέβιον τὸ) Ader. φλεβικὸς ἡ ὸν von der Ader, zur Ader gehörig. φλεβώδης ὁ ἡ voll von Adern. φλεβοτομέω ich lasse zur Ader: φλεβοτόμος ὁ, φλεβοτομία ἡ.

φλέδων ονος, φλεδὼν ῶνος, φλήναφος, φλύαρος ὁ ἡ Schwätzer, nugator; Geschwätz, nugae, sonst ὕθλος ὁ. φλεδονεύομαι, φληναφάω, φλυαρέω, ὑθλέω ich schwatze, rede Possen, nugor. φλεδονώδης od. φληναφώδης ὁ ἡ nugatorius. φλύαξ ακος ὁ Possenspiel, Possenreißer.

φλυδάω od. φλιδάω ich habe Ueberfluß an Feuchtigkeit; bin weich, faule. φλυδαρὸς ὰ ὸν flüssig, weich.

φλύκταινα u. φλυκτὶς ἡ Blase auf der Haut, auch φλυζάκιον τὸ: φλυκταινόομαι ich bekomme solche: φλυκταινοειδὴς ὁ ἡ blasenartig.

φλοιὸς ὁ Rinde, Borke; Kork, gew. φελλὸς ὁ.

φλοιώδης ὁ ἡ rindenartig. φλοΐζω ich entrinde, beschäle: φλοϊσμὸς ὁ das Beschälen.

φλοῖσβος ὁ das Brausen des Wellen schlagenden Meeres, des siedenden Wassers: auch φλασμὸς ὁ: παφλάζω ich brause; plappere, rede undeutlich.

Φλέγω (poet. auch φλεγέθω) f. ξω ich brenne; leuchte; ich zünde an, erleuchte, verbrenne; ich entzünde, setze in Leidenschaft. καταφλέγω ich verbrenne.

φλέγμα ατος τὸ Brand, Hitze, Entzündung; pituita Schleim im Körper: φλεγματίας ὁ, φλεγματιαῖος α ον, φλεγματικὸς ἡ ὸν daran leidend.

φλεγμαίνω ich verursache Geschwulst, entzünde; ich bin erhitzt od. entzündet, schwelle auf, gähre. φλεγμανσις u. φλεγμασία ἡ Entzündung unter der Haut, auch φλεγμονὴ ἡ: φλεγμονώδης ὁ ἡ der ähnlich, damit verbunden, sie verursachend.

φλεγυρὸς ὰ ὸν brennend; hell.

φλὸξ ογὸς ἡ (dem. φλόγιον u. φλογίδιον τὸ) Flamme. φλόγεος, φλογόεις, φλογερὸς flammend. φλογώδης ὁ ἡ hitzig; feuerroth, auch φλόγινος ίνη ινον.

φλογόω = φλέγω. φλόγωσις ἡ Entzündung, Hitze.

φλογίζω ich röste oder brate am Feuer: Subst. φλογισμὸς ὁ u. φλόγισις ἡ: φλογιστὸς ἡ ὸν verbrannt, angebrannt; geröstet.

φλογὶς ἡ gebratenes od. geröstetes Fleisch.

Φρύσσω, Att. φρύττω, f. ξω ich dörre, röste, brate. φρυγμὸς ὁ das Rösten. φρυγεὺς ὁ u. φρύγετρον τὸ Gefäß worin geröstet wird.

φρυκτὸς ἡ ὸν geröstet. ὁ φρυκτὸς Fackel, Signalfeuer. φρυκτωρὸς ὁ Feuerwächter, der des Nachts auf einer Anhöhe wacht u. durch Feuer

Feuer Signale giebt. φρυκτωρέω f. ήσω ich gebe ein Zeichen mit dem Feuer, melde dadurch an. φρυκτώριον τὸ Ort zum Signalfeuer; Leuchtthurm. φρυκτωρία ἡ Signalfeuer.

φρύγανον τὸ trocknes Strauchholz, Reisig. φρυγανώδης ὁ ἡ wie Reisig. φρυγανίζομαι ich sammle Reisig: φρυγανισμὸς ὁ. φρυγανιστὴρ ὁ, φρυγανίστρια ἡ.

Φοῖβος ὁ rein, glänzend; Beiname des Apollon.

φοίβειος, Jon. φοιβήϊος, α ον dem Phöbos gehörig, ihn betreffend; von ihm begeistert, weissagend, auch φοιβόληπτος ὁ ἡ, φοιβητὸς ἡ όν, φοιβήτωρ od. φοιβητὴς ὁ u. φοιβήτρια od. φοιβὰς ἡ: φοιβητεύω ich weissage.

φοιβάω u. φοιβάζω ich fege, reinige; ich bin begeistert.

Φοῖνιξ ικος ὁ der Phönicier, fem. φοίνισσα; puniceus purpurn, dunkelroth (weil die Phönicier den Purpur erfunden haben); Palmbaum, Palmfrucht, Dattel; der Vogel Phönix.

φοινικόβαπτος od. φοινικοβαφὴς ὁ ἡ roth gefärbt, φοινικογενὴς in Phönicien geboren.

φοινίκεος od. φοινικοῦς, φοινίκειος (Jon. φοινικήϊος), φοινίκινος, φοινίκιος, φοινικόεις (poet.) purpurn, roth.

φοινικίζω ich ahme den Phöniciern nach, spreche phönicisch; bin roth od. purpurn. φοινικιστὴς ὁ Purpurfärber; purpuratus, Vornehmer im Purpurkleide, in der φοινικίς. φοινικιστὶ auf Punisch.

φοινίσσω ich röthe, mache roth: Subst. φοινιγμὸς ὁ od. φοίνιξις ἡ.

Φράζω f. άσω, pf. πέφρακα, ich spreche, sage: φράζομαι ich überlege, bedenke, ersinne, habe im Sinn.

μεταφράζω ich übersetze: μετάφρασις ἡ Uebersetzung, μεταφραστὴς ὁ Uebersetzer.

παραφράζω u. περιφράζω ich umschreibe: παράφρασις ἡ Umschreibung, παραφραστὴς ὁ der umschreibt.

φράσις ἡ das Reden; Sprache, Ausdruck, Redensart. φραστὴρ ῆρος u. φράστωρ ορος ὁ Sprecher, Erklärer, Anzeiger, Wegweiser. ἄφραστος ὁ ἡ ungesagt, unsäglich; unbemerkt, nicht zu bemerken. ἡμέρα ἀποφρὰς dies nefastus.

φραδὴ ἡ Verstand, Klugheit, Rath. φραδὴς u. φράδμων ὁ ἡ verständig, klug, kundig, auch περιφραδής: συμφράδμων mit im Rath, einstimmig: φραδμοσύνη ἡ Verständigkeit. ἀφραδὴς ὁ ἡ unverständig, unbesonnen: ἀφραδία oder ἀφραστὺς ἡ Unbesonnenheit, ἀφραδέω ich bin unbesonnen.

φρὴν ενὸς ἡ Zwerchfell, sonst πραπίδες αἱ, prof. διάφραγμα τὸ; die Seele als Sitz des Verstandes, Sinn, Herz. φρενόθεν von Herzen, aus dem Herzen. μετάφρενον τὸ Rücken, sonst νῶτος. φρενοβλαβὴς ὁ ἡ verletzt am Verstande: φρενοβλάβεια od. φρενοβλαβία ἡ.

φρενόω ich verständige, witzige, mache klug: φρένωσις ἡ Verständigung. φρενῖτις ιδος ἡ Wahnsinn, Hirnwuth, Fieberphantasie. φρενιτίζω u. φρενετίζω ich bin wahnsinnig, phantasire im Fieber.

φρονέω f. ήσω ich habe im Sinn; denke, bin gesonnen, gedenke; ich bin klug, habe Verstand: μέγα φρονεῖν stolz seyn, hohen Muths seyn.

καταφρονέω ich verachte: καταφρόνημα τὸ u. καταφρόνησις ἡ Verachtung, καταφρονητὴς ὁ Verächter, καταφρονητικὸς ἡ όν verächtlich; verachtend. εὐκαταφρόνητος ὁ ἡ leicht zu verachten.

περιφρονέω ich überdenke, überlege; ich verachte; ich bin verständig.

συμφρονέω τινὶ ich bin einig, gleichgesinnt mit jemand, halte es mit ihm; ich bewillige, gehe ein; τι ich begreife, verstehe, merke. συμφρόνησις ἡ Uebereinstimmung, Eintracht.

ὑπερφρονέω ich denke höher (τινὸς als ein anderer), verachte; bin klüger, übertreffe.

φρόνημα τὸ Verstand, Klugheit; Gesinnung, Stolz. φρονηματίας ὁ und φρονηματώδης ὁ ἡ muthig, stolz: φρονηματίζω ich mache stolz.

φρόνησις ἡ Nachdenken, Verstand, Einsicht, Klugheit, poet. φρόνις ἡ.

φρόνιμος ὁ ἡ verständig, klug: auch ἐχέφρων ὁ ἡ.

φρενήρης, auch ἔμφρων, ἐπίφρων, περίφρων ονος, ὁ ἡ bei Sinnen, besonnen: ἄφρων u. παράφρων ονος ὁ ἡ unverständig, ἀφροσύνη u. παραφροσύνη od. παραφρονία ἡ Unverstand, ἀφραίνω u. ἀφρονέω ich bin unverständig, handle thöricht.

ἀντίφρων ὁ Gegner, Feind. πρόφρων ὁ ἡ geneigt, gewogen: fem. auch πρόφρασσα.

δύσφρων ὁ ἡ mißmüthig. εὔφρων wohlgemuth, heiter, froh. εὐφροσύνη u. εὐφρασία ἡ Frohsinn, Heiterkeit. εὐφραίνω ich erfreue. εὐφρόνη ἡ, poet. die Nacht.

ὁμόφρων u. σύμφρων ὁ ἡ gleichgesinnt: ὁμοφροσύνη ἡ Eintracht. ὑπέρφρων ὁ ἡ übermüthig, stolz, hohen Sinnes.

φροντὶς ίδος ἡ das Nachdenken; Sorge, Kummer. ἄφροντις ὁ ἡ sorglos, unbekümmert, auch ἀφρόντιστος (ἀφροντιστέω, ἀφροντιστία ἡ) von φροντίζω (c. gen.) ich bin darauf bedacht, sorge dafür; es liegt mir daran; ich überlege, bedenke. φρόντισμα τὸ Sorge; Beschäftigung, Pflicht: φροντιστὴς οῦ ὁ Denker, Grübler: φροντιστικὸς ἡ ὸν zum Nachdenken geschickt od. geneigt, sorgsam: φροντιστήριον τὸ Ort zum Grübeln.

ἐκφροντίζω ich sinne od. grüble aus. καταφροντίζω ich verstudire.

Φρυάσσ(ττ)ομαι u. φριμάσσομαι f. ξομαι ich schnaube, brause, bs. von muthigen Pferden; bin übermüthig.

φρύαγμα τὸ u. φριμαγμὸς ὁ das Schnauben; stolzes Betragen. φρυαγματίας ου ὁ schnaubendes Roß; übermüthiger Mensch, auch φρυακτής.

Φρῦνος ὁ u. φρύνη ἡ Kröte.

Φύρω f. φύρσω od. φυράω f. άσω, auch φορύνω u. φορύσσω, ich rühre ein, mische unter einander, knete; benetze; verunreinige, verderbe; bringe in Unordnung, verwirre. φύρδην adv. durcheinander, unordentlich.

φύρασις ἡ das Vermischen, Kneten: φύραμα τὸ das Gemischte; Teig: φυρατὴς ὁ der knetet, verwirrt.

φορυτὸς ὁ u. φύρμα τὸ Gemüll, Unreinigkeit, Auswurf: φυρμὸς ὁ Vermischung, Verwirrung: φυρτὸς u. φορυκτὸς ἡ ὸν vermischt, besudelt.

ἀναφύρω u. ἀναφυράω ich mische daran od. darein, auch συναναφυράω; feuchte von neuem an.

διαφυράω ich knete durch. συμφύρω od. συμφυράω ich knete od. mische zusammen, durcheinander. σύμφυρτος ὁ ἡ vermischt, verwirrt.

φαρμάσσω od. φαρμάττω f. άξω ich behandle mit einem φάρμακον τὸ Arznei, Gift, Farbematerial, Schminke, Zaubermittel.

φαρμακεύω ich gebe ein φάρμακον, φαρμακεύομαι ich nehme od. bekomme es: φαρμακεία ἡ das Geben od. Brauchen eines φάρμακον, auch φάρμαξις ἡ. φαρμακεὺς od. φαρμακευτὴς u. φαρμάκτης ὁ, φαρμακεύτρια od. φαρμακίστρια ἡ der Arzneimittel bereitet; Giftmischer, Zauberer, auch φαρμακὸς ὁ, φαρμακὶς ἡ.

φαρμακάω ich bin von empfangenem Gifte wahnsinnig.

Φύω f. σω ich zeuge, bringe hervor: ἔφυν aor. ich ward, entstand: πέφυκα ich bin geworden, bin von Natur.
φυὴ ἡ Wuchs, Größe, Gestalt.
ἀφυὴς ὁ ἡ ohne natürliches Geschick, ungeschickt: ἀφυΐα ἡ Ungeschick. Entggs. εὐφυὴς u. εὐφυΐα.
ἀναφύω ich schieße hervor, wachse auf.
ἀποφύω ich treibe einen Sprößling: med. ich wachse aus, wachse als Nebenschoß. ἀπόφυσις ἡ ein angewachsener Theil.
διαφύομαι ich wachse dazwischen; bin verschiedener Natur. διαφυὴ ἡ Knoten am Halm; Zwischenraum; Ritze.
ἐκφύω ich lasse hervorwachsen: ἔκφυσις ἡ das Hervorwachsen, Keimen. ἐκφυὰς άδος ἡ Auswuchs, Anhängsel.
ἐμφύομαι ich wachse hinein; bin angeboren. ἔμφυσις ἡ das Einpflanzen; das Einbeißen. ἔμφυτος ὁ ἡ eingepflanzt, angeboren; fest, dauerhaft; geimpft.
ἐπιφύομαι u. προσφύομαι ich wachse an, hänge mich an. προσφυὴς ὁ ἡ angewachsen, zugehörig, passend.
μεταφύομαι ich wachse nach; bilde mich um.
προφύομαι ich entstehe vorher.
συμφύομαι ich wachse zusammen. σύμφυσις u. συμφυΐα ἡ das Zusammenwachsen, der Zusammenhang. συμφυὴς u. σύμφυτος ὁ ἡ zusammengewachsen, verwachsen, zusammenhangend.
ὑπερφυὴς ὁ ἡ übergewachsen, hervorragend; übermäßig, außerordentlich.
φῦμα τὸ Erzeugniß, Gewächs; Gewächs am Körper: φυματίας ὁ wer dergleichen hat, φυματόομαι ich bekomme dergleichen.
φύσις εως (poet. auch φύτλη) ἡ Erzeugung, Entstehung; Natur; Naturell, angeborne Beschaffenheit. φυσικὸς ἡ ὸν natürlich: φυσικὴ θεωρία Betrachtung der Natur: φυσικεύομαι ich rede als Physiker.
φυσιογνώμων ονος ὁ (γινώσκω) der das Naturell od den Charakter (aus den Gesichtszügen) erkennt. φυσιογνωμονία ἡ die Kunst des Physiognomen, φυσιογνωμονέω ich übe dieselbe.
φυσιολόγος ὁ Naturforscher: φυσιολογία ἡ, φυσιολογέω.
φύσιμος η ον zum Zeugen od. Keimen geschickt, z. B. σπέρμα.
φυτὸς ἡ ὸν gewachsen, was wachsen kann, fruchtbar: φυτὸν (dem. φυτάριον) τὸ Gewächs; Geschöpf. κατάφυτος und σύμφυτος ὁ ἡ bewachsen.
φυτηκόμος od. φυτοκόμος ὁ der die Pflanzen pflegt: φυτηκομία ἡ, φυτηκομέω.
φυτοσκάφος ὁ der das Land für die Pflanzen umgräbt.
φυτουργὸς ὁ der die Pflanzen bearbeitet, Gärtner. φυτούργιον τὸ Baumschule.
φυτικὸς ἡ ὸν von Gewächsen kommend, pflanzenartig. φυταλιὰ ἡ Pflanzung, Garten (auch φυτὼν ὁ); Zeit zum Pflanzen. φύτιος ία ιον od. φυτάλμιος ὁ ἡ (fem. auch ία) zeugend, ernährend, poet.
φυτεύω ich pflanze, bringe hervor: poet. auch φιτύω.
ἀναφυτεύω ich pflanze wieder. ἀποφυτεύω ich pflanze ab, verpflanze.
ἐμφυτεύω ich pflanze ein, pfropfe. ἐμφυτεία ἡ das Pfropfen.
ἐπιφυτεύω od. προσφυτεύω ich pflanze daran, dazu. καταφυτεύω ich bepflanze. μεταφυτεύω ich pflanze um, versetze.
φυτεία ἡ das Pflanzen, die Pflanzung, der Wuchs. φύτευμα τὸ das Gepflanzte, die Pflanze: auch φίτυμα u. φῖτυ υος τὸ. φύτευσις ἡ das Pflanzen, φυτεύσιμος zur Pflanzung geschickt, φυτευτὴς ὁ Pflanzer, φυτευτὸς ἡ ὸν gepflanzt, φυτευτικὸς

ἡ ὀν zum Pflanzen gehörig, es betreffend. φυτευτήριον τὸ Setzling, Setzreis, auch φυτὰς ἡ.

φῦλον τὸ Geschlecht, Stamm.

φύλοπις ιδος ἡ Heergeschrei, Schlachtgetümmel.

φυλὴ ἡ Stamm (die Athener waren in 4, seit dem Kleisthenes in 10 φυλὰς getheilt, die φυλὴ wieder in 3 φρατρίας), bei den Römern tribus. tribulis φυλέτης ου ὁ: φράτηρ ερος od. φράτωρ ορος der in derselben φρατρία ist. φυλετικὸς ἡ ὸν die φυλὴ betreffend, φρατριακὸς od. φρατορικὸς die φρατρία betreffend. φυλετεύω ich nehme in die φυλὴ auf: φρατριάζω od. φρατρίζω ich halte mich zu derselben φρατρία.

ἔκφυλος ὁ ἡ zu keiner φυλὴ gehörig, fremd, ausländisch; ungewöhnlich; ungebührlich: ἔμφυλος oder ἐμφύλιος ὁ ἡ einheimisch.

καταφυληδὸν nach Stämmen (poet.)

ὁμόφυλος u. σύμφυλος ὁ ἡ von demselben Stamm od. Volk.

φύλλον, dem. φυλλάριον, τὸ Laub; Blatt.

ἄφυλλος ὁ ἡ ohne Blätter, unbelaubt. εὔφυλλος schön belaubt.

ἐπιφυλλὶς ἡ eine kleine Traube, die man in der Weinlese für die Nachleser stehen läßt.

φυλλοκόμος ὁ ἡ belaubt (κόμη): φυλλοβόλος (βάλλω), φυλλοῤῥόος (ῥέω) u. φυλλοχόος (χέω) ὁ ἡ die Blätter verlierend: ich verliere sie φυλλοβολέω, φυλλοῤῥοέω, φυλλοχοέω.

φύλλινος η ον aus Laub o. Blättern φυλλώδης ὁ ἡ laubicht; blattartig.

φυλλόω ich belaube, φύλλωμα τὸ Laub.

φυλλάζω od. φυλλιάω ich treibe Blätter. φυλλίζω od. φυλλολογέω ich breche Blätter ab.

φυλλὰς άδος ἡ belaubter Ast; Blätterhaufen, Lager von Laub.

Φῦσα ἡ (dem φυσάριον τὸ) das Wehn, Blasen; Blase, Blasebalg; Wind, Blähung. φυσώδης ὁ ἡ voll Wind, blähend.

φυσάω f. ήσω (auch φυσιάω u. φυσιόω) ich blase, athme, schnaube.

ἀναφυσάω ich blase auf; blase an, fange an zu blasen: ἀναφύσημα τὸ das Aufblasen.

ἀποφυσάω ich blase weg, aus, hauche aus. διαφυσάω ich durchwehe; ich zerblase. ἐκφυσάω ich blase heraus, athme aus.

ἐμφυσάω ich blase hinein.

συμφυσάω ich blase mit; stimme zusammen.

φύσημα (dem φυσημάτιον) τὸ das Geblasene; die Blase. φύσησις u. φυσίωσις ἡ od. φυσιγμὸς ὁ das Blasen, Schnauben. φυσητὴρ ῆρος ὁ Bläser; Blasebalg; Blasröhre; eine Wallfischart. φυσητήριον τὸ Blasebalg; Luftloch; Blaseinstrument. φυσητὸς od. φυσαλέος α ον aufgeblasen. φυσητικὸς ἡ ὸν zum Blasen gehörig od. geschickt; blasend. φυσίγναθος ὁ ἡ der die Backen aufbläst.

φυσαλλὶς ίδος ἡ Blase; ein Blaseinstrument.

φύσιγξ ιγγος ἡ Blase; äußere Haut einer Bolle od. eines Knoblauchskopfs. φυσιγγόομαι ich werde aufgeblasen, aufgebracht.

φύσκη ἡ (dem. φυσκίον τὸ) Blase; gefüllter Magen, Wurst. φύσκων ὁ Dickbauch.

ποιφύσσω f. ξω ich blase, keuche, schnaube; bin zornig.

X.

Χάζω pf. κέχανδα, ich fasse, nehme in mich auf, enthalte, auch χανδάνω f. χείσομαι: κεκαδεῖν leer machen, berauben.

χάζομαι, ἀναχάζω, ἀποχάζω, ὑποχάζομαι ich weiche, gehe zurück, poet. auch λιάζομαι, wov. ἄλλαστος ὁ ἡ unausweichlich, unaufhaltsam, unaufhörlich.

κακὸς ἡ ὸν (comp. κακίων u. χείρων, poet. χερείων) feige; schlecht, böse, schlimm; unglücklich, gering. τὸ κακὸν Unglück, Schaden, Uebel.
ἄκακος ὁ ἡ nicht schlecht od. boshaft; unschuldig, ehrlich. ἀκακία ἡ Schuldlosigkeit. ἀκακήτης ου ὁ (poet.) vor Schaden schützend; sanft, friedfertig.
κακόβιος ὁ ἡ (βίος) schlecht u. ärmlich lebend.
κακοδαίμων (δαίμων) ὁ ἡ unglücklich; ein böser Geist. κακοδαιμονάω ich rase.
κακόδοξος (δόξα) ὁ ἡ in schlechtem Ruf. κακοδοξέω ich stehe darin. κακοδοξία ἡ übler Ruf.
κακοήθης ὁ ἡ (ἦθος) von schlechtem Charakter. κακοήθεια ἡ Schlechtigkeit, Bosheit.
κακολόγος ὁ ἡ lästernd. κακολογέω (λόγος) ich rede schlecht, lästere: gew. κακηγορέω. κακολογία ἡ das Lästern, Schmähen.
κακομήχανος ὁ ἡ (μηχανὴ) arglistig. κακομηχανία ἡ Arglist, Tücke.
κακοπαθὴς ὁ ἡ unglücklich, elend (πάθος): κακοπαθέω ich leide Ungemach, bin übel daran. κακοπάθεια ἡ Mühseligkeit.
κακοποιὸς ὁ ἡ schadend, schädlich. κακοποιέω ich schade, verderbe.
κακοῦργος ὁ ἡ (ἔργον) Unheil stiftend; Uebelthäter, Bösewicht. κακουργία ἡ böse That, Verbrechen κακουργέω ich bin od. handle schlecht od. boshaft.
καχεξία ἡ (ἕξις) schlechte Beschaffenheit des Körpers sowohl als der Gesinnung. καχέκτης ὁ von schlechter Beschaffenheit: καχεκτέω ich bin das.
κακία ἡ u. κακότης ἡ Schlechtigkeit, Untauglichkeit; Feigheit; Unglück; Bosheit. Feigheit auch κάκη ἡ.
κακόω f. ώσω u. κακύνω υνῶ ich mache schlecht, verderbe, schade; behandle einen schlecht. κάκωσις ἡ üble Behandlung; Beschädigung, Verwüstung ꝛc.
κακίζω ich schelte, tadle: κακίζομαι ich betrage mich schlecht od feig.

κάδος od. κάδδος (dem. καδίσκος) ὁ Gefäß zum Wasser, zum Wein, zum Stimmensammeln: καδίζω ich votire.

χατέω, χατεύω, χατίζω ich bedarf, ermangele; begehre, verlange. χῆτις ἡ u. χῆτος τὸ Mangel, Dürftigkeit, auch ἀχηνία, wie ἀχὴν ῆνος dürftig.

χαίνω f. χανῶ pf. κέχηνα ich öffne mich, thue mich auf, klaffe auseinander; ich gähne, gaffe, schnappe, auch χάσκω, χασκάζω, χασμαίνω. χάσκαξ ακος ὁ Maulaffe. χανδὸν mit offenem Munde, gierig.
ἀχανὴς ὁ ἡ nicht gähnend, verschlossen; weit geöffnet, unermeßlich. ἀχάνεια ἡ unermeßliche Weite.
ἐγχαίνω u. ἐπιχαίνω inhio ich schnappe nach etwas, τινί.
καταχαίνω τινὸς ich verspotte mit lautem Lachen. καταχήνη ἡ Spott, Verhöhnung.
περιχαίνω, περιχάσκω ich verschlinge mit offenem Munde.
χάσμα τὸ Kluft, Schlund, Rachen: σεισμὸς χασματίας od. χασματικὸς Erderschütterung wodurch Schlünde entstehen. χάσμη ἡ das Gähnen, auch χήμη (sonst Gienmuschel): χασμώδης ὁ ἡ gähnend, träge: χασμωδία ἡ oscitantia; Hiatus: χασμάομαι ich gähne: χάσμημα τὸ Oeffnung des gähnenden Mundes.
χάος τὸ Kluft, Abgrund; die ungebildete Masse, woraus die Welt geworden.

χὴν ηνὸς ὁ ἡ (dem. χηνίσκος ὁ u. χηνίον τὸ) Gans, χηνιδεὺς ὁ junge Gans.

χήνειος od. χήνεος α ον von Gänsen. χηνοβοσκὸς ὁ der Gänse hält od. füttert, χηνοβοσκεῖον τὸ Gänsestall.

χαῦνος η ον schlaff, locker, lose; weichlich, liederlich; stolz, aufgeblasen; χαύναξ ὁ solcher Mensch. χαυνότης ἡ Art des χαῦνος.

χαυνόω ich mache lose od. locker; ich blähe auf: χαύνωσις ἡ das Erweichen, das Aufblähen. χαύνωμα τὸ das Aufgelockerte.

χαυνωτικὸς ἡ ὸν zum Erweichen, Auflockern gehörig.

χαυλιόδους ὁ ἡ mit vorstehenden Zähnen oder Hauern; ὁ auch der Hauzahn selbst.

σχάζω ich öffne durch einen Stich, Schlitz rc.; ich lasse los, lasse nieder. σχάσις ἡ u. σχασμὸς ὁ das Ritzen, Einschneiden, Schröpfen: σχάσμα τὸ geschröpfte Stelle. σχαστηρία ἡ Seil vor der Rennbahn zum auf- und niederlassen.

χαλάω f. άσω ich mache schlaff, lasse nach: öffne; gebe nach, bin lose.

χάλασις ἡ u. χαλασμὸς ὁ das Abspannen, Verrenken: χάλασμα τὸ Abspannung, Verrenkung. χαλαστήρια τὰ Seile zum Niederlassen einer Fallthür.

χαλαρὸς ἡ ὸν nachgelassen, schlaff; erweitert, verrenkt: χαλαρότης ἡ Schlaffheit χωλὸς ἡ ὸν lahm: χωλότης ἡ.

χαλίφρων leichtsinnig; unverständig. χαλιφροσύνη ἡ Leichtsinn, Unüberlegtheit. χαλιφρονέω ich bin unüberlegt, unklug (poet.).

χάλαζα ἡ Hagel; hagelartiges Korn, z. B Gerstenkorn am Auge, Finne im Schwein. χαλαζώδης ὁ ἡ hagelartig, auch χαλαζίτης ὁ, ῖτις ἡ; finnig. χαλαζᾶν hageln: behageln ἐπιχαλαζᾶν u. καταχαλαζᾶν, auch χαλαζοβολεῖν und χαλαζοκοπεῖν. χαλαζοῦσθαι Finnen haben.

χαλινὸς ὁ Zaum, Zügel, poet. εὔληρα τὰ od. ἡνία τὰ, auch ἡνία ἡ, wov. ἡνίοχος od. ἡνιοχεὺς ὁ der Wagenlenker, ἡνιοχέω od. ἡνιοχεύω ich lenke: ὑπήνη ἡ der Theil des Kopfes, der unter dem Zaum ist; das Kinn mit dem Bart, der auch selbst ὑπήνη heißt, wie ὑπηνήτης ὁ bärtig. χαλινόω u. ἡνιάζω ich zäume; lenke, zügele: ἀποχαλινόω ich zäume ab: ἀφηνιάζω ich streife den Zügel ab, empöre mich. ἀχάλινος ὁ ἡ ohne Zaum: εὐήνιος lenksam, ἐξήνιος zügellos. χαλινωτήριον τὸ Strick, Tau, z. B. womit Schiffe angebunden werden.

χειὰ ἡ Loch, Höle, Schlupfwinkel, bs. der Schlangen: auch χηραμὸς ὁ u. χηραμὶς ἡ. χηραμοδύτης ὁ der in Hölen kriecht.

χηλὸς ἡ Kiste, Lade, dem. χήλιον τὸ.

χηλὴ ἡ Kerbe, Spalte; gespaltene Klaue, Krebsscheere; Stricknadel zum Netzstricken; die vorgestreckten Arme einer Hafenmündung. χηλόω u. χηλεύω ich stricke, flechte: χηλωτὸς od. χήλινος η ον geflochten: χήλωμα τὸ Kerbe, Flechte.

χεῖλος εος τὸ Lippe, auch χελύνη ἡ; Rand, Saum. περιχειλόω ich fasse ein, umgebe mit einem Rande.

χελυνοίδης ὁ mit geschwollnen dicken Lippen.

χέλυς υος ἡ Schildkröte; Leier (testudo). χελώνη ἡ Schildkröte; Schildbach, testudo; auch eine Belagerungsmaschine, worunter man verdeckt stand. χέλειον, χέλυον, χελώνειον τὸ Schale der Schildkröte.

χεὶρ χειρὸς ἡ (dem. χειρίδιον τὸ) Hand; die flache Hand θέναρ αρος τὸ (θεναρίζω ich schlage mit der flachen Hand).

ἄχειρ oder ἄχειρος und ἀχειρὴς ὁ ἡ ohne Hände; ungeschickt. ἀχειρία ἡ Mangel an Händen, Ungeschicktheit

ἐγχειρίδιον τὸ was man in der Hand hält, Heft, Stiel; Dolch; Handbuch.

ἐγχειρέω u. ἐπιχειρέω f. ήσω ich lege Hand an, ergreife, unternehme (τινί); ich behandle. ἐγχείρημα od. ἐπιχείρημα τὸ Unternehmung, Beginnen.

ἐγχειρίζω ich händige ein, überliefere: auch ἐνθειναρίζω.

εὐχερὴς ὁ ἡ von leichter Hand; leicht zu behandeln, leicht (auch εὐμαρής wovon εὐμαρίζω); leichtsinnig; geschickt od. geneigt zu etwas. εὐχέρεια ἡ Leichtigkeit (auch εὐμάρεια); Leichtsinn; Tauglichkeit. Entggs. δυσχερὴς schwer zu behandeln (auch δυσμαρής), beschwerlich, unangenehm, unfreundlich, böse: δυσχέρεια ἡ Schwierigkeit, Unbequemlichkeit; mürrisches Wesen, Unannehmlichkeit. δυσχεραίνω (c. dat. et acc.) ich bin schwierig, habe Abneigung, verabscheue; finde Schwierigkeiten.

ἐπιχείριον u. ἐπίχειρον τὸ Handgeld, Lohn; Strafe.

μεταχείριος ὁ ἡ unter od. in den Händen befindlich.

πρόχειρος ὁ ἡ bei der Hand, fertig, leicht. προχειρότης ἡ Bereitheit. προχειρίζω ich gebe in die Hand, zeige vor: med. ich nehme zur Hand, setze mir vor.

ὑποχείριος ὁ ἡ unterwürfig, bezwungen.

χειρόβιος od. ἀποχειροβίωτος ὁ ἡ von seiner Hände Arbeit lebend.

χειροήθης ὁ ἡ zur Hand gewöhnt, zahm (ἦθος).

χειροκρατία ἡ Herrschaft des Stärkeren, Faustrecht.

χειρόμακτρον τὸ Handtuch (μάσσω).

χειρομύλη ἡ od. χειρόμυλον τὸ Handmühle.

χειρονομέω ich gesticulire, bewege die Hände beim Tanzen od. Fechten. χειρονομία ἡ Gesticulation. χειρονόμος ὁ ἡ gesticulirend.

χειροπληθὴς ὁ ἡ die Hand füllend (πλήθω): auch χειροπληθιαῖος αία αῖον.

χειρόκμητος od. χειροποίητος ὁ ἡ mit Händen od. durch Kunst gemacht.

χειροτέχνης ου ὁ Handwerker, χειροτεχνία ἡ Handwerk, auch χειρῶναξ ακτος ὁ ἡ u. χειρωναξία ἡ. Abgabe von dem Gewerbe χειρωνάξιον τό.

χειροτόνος ὁ ἡ die Hand ausstreckend (τείνω). χειροτονέω ich strecke die Hand aus, ich stimme, wähle (welches in der Volksversammlung mit Ausstreckung der Hand geschah). χειροτονία ἡ das Stimmen, die Wahl. χειροτονητὸς ἡ ὀν gewählt. ἀποχειροτονέω ich verwerfe, schaffe ab, spreche los. διαχειροτονέω ich stimme durch, entscheide durch Stimmenmehrheit. προχειροτονέω ich erwähle zuvor.

χειρουργὸς ὁ (ἔργον) mit der Hand verrichtend, ausübend, bs. Wundarzt. χειρουργία ἡ Handoperation, Wundarzneikunst. χειρουργέω ich operire, verrichte mit der Hand. χειρούργημα τὸ mit der Hand verrichtete Arbeit.

χερνίπτομαι (νίπτω) ich wasche mir die Hände, bs. vor dem Opfer mit Weihwasser. χέρνιψ ιβος ἡ Waschwasser; Reinigung durch Weihwasser. χέρνιβος ὁ od. χερνίβιον τὸ das Gefäß zum Weihwasser.

χειρίζω ich habe in Händen, behandle, operire, verwalte, auch διαχειρίζω (wovon διαχειρία ἡ u. διαχειρισμὸς ὁ die Handhabung, Verwaltung) u. μεταχειρίζομαι, wovon εὐμεταχείριστος ὁ ἡ leicht zu behandeln.

χειρόομαι ich bezwinge, überwältige, unterwerfe mir. εὐχείρωτος ὁ ἡ leicht zu überwältigen: entggs. δυσχείρωτος.

χειρὶς ίδος ἡ Bedeckung des Arms od. der Hand, Aermel, Handschuh. χειριδωτὸς ἡ ὸν mit Aermeln versehen. Fingerhandschuh δακτυλήθρα ἡ.

Finger δάκτυλος ὁ: δακτυλιαῖος αία αῖον einen Finger lang od. dick: δακτυλωτὸς ἡ ὸν mit Fingern versehen: δακτυλόδεικτος ὁ ἡ worauf man mit Fingern zeigt. δακτύλιος ὁ Ring, Siegelring: δακτυλιογλύφος Steinschneider.

Χαίρω f. χαιρήσω und χαρήσομαι, ich freue mich, τινὶ u. ἐπὶ τινὶ über etwas; auch mit folgendem Particip: χαῖρε salve, vale (wov. χαιρετίζω ich sage χαῖρε, ich grüße: χαιρετισμὸς ὁ der Gruß). χαίρειν λέγειν τινὶ einem Valet sagen, ihn gehn lassen.

χαρὰ ἡ Freude, poet. auch χάρμα τὸ u. χαρμονὴ, χαρμόσυνη, χαιρηδὼν, χαιροσύνη ἡ. χάρμη ἡ Siegsfreude, Schlachtruf, Kampf (poet.). περιχαρὴς ὁ ἡ sehr froh.

χαρτὸς ἡ ὸν erfreulich, ἐπίχαρτος über dessen Schaden man sich freut: ἐπίχαρμα τὸ u. ἐπίχαρσις ἡ Freude über etwas, bs. Schadenfreude, sonst χαιρεκακία ἡ: χαιρέκακος oder ἐπιχαιρέκακος ὁ ἡ schadenfroh.

ἐπιχαίρω (c. dat.) ich freue mich über etwas.

καταχαίρω ich freue mich über jemandes Unglück.

συγχαίρω ich freue mich mit. ὑπερχαίρω ich freue mich überaus.

χάρις ιτος ἡ gratia, Freude, Vergnügen; Reiz, Anmuth, Grazie; Gefälligkeit, Freundschaft, Gunst; Dank (χάριν ἔχειν Dank wissen). χάριν c. gen. zu Liebe, wegen, gratia.

ἄχαρις ιτος ὁ ἡ ohne Anmuth, unlieblich (entggs. ἐπίχαρις u. εὔχαρις od. εὐχάριτος); undankbar, auch ἀχάριστος od. δυσχάριστος ὁ ἡ: entggs. εὐχάριστος. εὐχαριστία ἡ Dankbarkeit, ἀχαριστία ἡ Undankbarkeit. ἀχαριστέω ich bin undienstfertig od. undankbar: εὐχαριστέω ich bin dankbar.

χαρίεις εσσα εν angenehm, reizend, hold; artig, wohlerzogen, scherzend. χαριεντίζομαι ich spreche od. handle mit Grazie; ich scherze. χαριέντισμα τὸ artiger Einfall: χαριεντισμὸς ὁ artiges, scherzhaftes Betragen od. Reden.

χαρίζομαι f. ιοῦμαι ich mache einem eine Freude, thue ihm einen Gefallen, erzeige ihm eine Wohlthat, willfahre: κεχαρισμένος angenehm. χάρισμα τὸ Geschenk, Gefälligkeit. χαριστικὸς ἡ ὸν od. χαριστήριος ὁ ἡ zum Danken od. Gefälligsein gehörig od. geneigt: χαριστήρια τὰ Dankopfer, Dankfest.

ἀντιχαρίζομαι gegenseitig willfahren. καταχαρίζομαι aus Gunst und Gefälligkeit etwas thun.

χαριτία ἡ Scherz, Spaß. χαρίσια τὸ Fest der Chariten.

χαριτόω ich mache angenehm, reizvoll.

Χαλέπτω f. ψω ich verletze; beleidige, erzürne: med. ich bin böse, zürne, poet.

χαλεπὸς ἡ ὸν schädlich, gefährlich, zornig; unzufrieden, mürrisch; schwer, schwierig.

χαλεπότης ητος ἡ Heftigkeit, Zorn; Strenge; Schwierigkeit; Morosität.

χαλεπαίνω f. ανῶ in Prosa was χαλέπτω (auch ἀσχάλλω od. ἀσχαλάω) bei Dichtern.

Χαλκὸς ὁ Erz, Kupfer. Zinn κασσίτερος ὁ, Blei μόλιβδος oder μόλυβδος, auch μόλιβος und μόλυβος ὁ. Eisen σίδηρος ὁ. Stahl χάλυψ υβος ὁ (erfunden von den Chalybern am schwarzen Meer).

ἄχαλκος ὁ ἡ ohne Erz; ohne Geld: ἀχαλκέω ich bin ohne Geld (poet.). Entggs. ἔγχαλκος bei Gelde.

ἐπίχαλκος ὁ ἡ überkupfert. κατόχαλκος verkupfert; verpanzert.
καταχαλκόω ich verkupfere, überziehe mit Kupfer. κατασιδηρόω ich beschlage mit Eisen.
χαλκίοικος ὁ ἡ in einem ehernen Hause wohnend.
χαλκόπους οδὸς ὁ ἡ mit ehernen Füßen.
χαλκουργὸς ὁ (ἔργον) Kupferarbeiter, μολιβδουργὸς Bleiarbeiter, σιδηρουργὸς Eisenarbeiter. χαλκουργεῖον, σιδηρουργεῖον τὸ Local zu solcher Arbeit.
χαλκοφορέω, σιδηροφορέω ich trage od. führe Erz od. Eisen.
χαλκωρυχέω ich grabe Kupfer, χαλκωρυχεῖον τὸ Kupfergrube. μολιβδοχοέω ich gieße Blei.
χάλκεος (poet. auch χάλκειος) α ον od. χαλκοῦς ῆ οῦν ehern, kupfern: μολιβδοῦς ῆ οῦν od. μολίβδινος ίνη ινον bleiern: zinnern κασσιτέρινος, eisern σιδήρεος (σιδήρειος) α ον od. σιδηροῦς ᾶ οῦν.
χαλκεῖον τὸ ein ehernes Geschirr; die Schmiede (auch σιδηρεῖον), poet.
χαλκεὼν ῶνος ὁ. Schmid χαλκεὺς od. σιδηρεὺς έως ὁ, poet. χαλκευτὴς od -τήρ, auch χαλκοτύπος od. σιδηροκόπος und (von μύδρος ὁ glühende Eisenmasse) μυδροκτύπος. χαλκότυπος ὁ ἡ vom Erz erschlagen.
χαλκίον τὸ verarbeitetes Kupfer, Geld, Geschirr (wie σιδήρια τὰ Waffen od. Werkzeuge von Eisen), auch χάλκευμα τὸ von χαλκεύω ich arbeite in Erz, wie σιδηρεύω in Eisen. χαλκεία, σιδηρεία ἡ die Kunst das Metall zu graben od. zu schmieden. χαλκευτικὸς oder σιδηρευτικὸς ἡ ὸν zum Schmieden gehörig, darin geübt.
ἀποχαλκεύω ich schmiede von Erz. ἐπιχαλκεύω ich präge darauf; präge aus, polire aus. καταχαλκεύω ich verschmiede, verarbeite zu Geräthen.
χαλκόω, σιδηρόω ich mache aus Erz, aus Eisen, beschlage damit: κασσιτερόω ich verzinne: μολιβδοῦμαι ich werde zu Blei, schmelze wie Blei. χάλκωμα, μόλιβδωμα, σιδήρωμα τὸ ehernes, bleiernes, eisernes Geräth od. Werkzeug.

Σκιῤῥὸς ὰ ὸν hart, fest. σκίῤῥος ὁ harter Körper, Verhärtung, auch σκίῤῥωμα τὸ von σκιῤῥόω ich verhärte. σκιῤῥώδης ὁ ἡ verhärtet.
χέῤῥος od. χέρσος ἡ festes Land, sonst ἤπειρος; wüstes Land. χέῤῥος ὁ ἡ wüst, unfruchtbar, sonst στείρη.
χεῤῥόνησος u. χερσόνησος ἡ Halbinsel. χεῤῥονησίζω u. -ιάζω ich bilde eine Halbinsel.
χερσαῖος αία αῖον auf oder von dem festen Lande, terrester: τὰ χερσαῖα Landthiere. χερσοειδὴς ὁ ἡ dem festen Lande ähnlich.
χερσεύω f. εύσω ich liege od. lege wüst.

χῆρος α ον getrennt, beraubt; subst. Wittwer, Wittwe. χηροσύνη ἡ Wittwenstand, verwaister Zustand.
χηρεύω ich beraube, trenne; ich bin getrennt, beraubt, lebe als Wittwer od. Wittwe.
χηρόω ich mache leer, mache zur Wittwe od. Waise. χηρωσταὶ οἱ Seitenverwandte u. Erben verstorbener Personen.
Χέω f. χεύσω, aor. ἔχευα, pf. κέχυμαι ich gieße, gieße aus, vergieße; ich mache flüssig, schmelze; ich schütte hin, häufe auf.
ἀμφιχέω ich umgieße, gieße herum. ἀμφίχυτος ὁ ἡ umgossen, ringsum aufgeworfen, umschüttet.
ἀναχέω ich gieße auf od. an; ergieße. ἀνάχυσις ἡ das Ergießen, das Uebertreten der Fluth.
ἀποχέω ich gieße aus od. ab, verschütte: ἀπόχυμα τὸ.
διαχέω ich gieße durch, gieße auseinander; breite aus; zer=

schmelze; heitere auf, erfreue: διάχυσις ἡ Zerstreuung, Belustigung.

ἐγχέω ich gieße ein, schenke ein. ἔγχυμα τὸ das Eingegossene, Aufguß.

ἐκχέω ich gieße aus od. weg, verschwende. ἔκχυσις ἡ das Ausgießen, Ausfließen. ὑπερεκχέω ich gieße darüber aus; gieße über, auch ὑπερχέω.

ἐπιχέω ich gieße od. schütte darauf: ἐπίχυσις ἡ.

καταχέω ich gieße auf etwas herab, über etwas aus, begieße, überschütte.

μεταχέω ich gieße hinüber, von einem Gefäß ins andere.

περιχέω ich gieße herum, προσχέω dazu, daran.

προχέω ich gieße hervor od. fort; lasse hervorfließen. προχοὴ ἡ Ausfluß, Mündung. προχόη ἡ u. πρόχοος od. πρόχους ὁ (dem. προχοΐδιον τὸ) Gießkanne. πρόχυσις ἡ das Ausgießen, Anschlemmen.

συγχέω od. συγχύνω ich gieße zusammen, mische, vermenge.

ὑποχέω ich gieße aus, hin, zu. ὑπόχυσις ἡ das Unterlaufen u. Verdunkeln der Augen.

χεῦμα, χῦμα, χύμα τὸ das Ausgegossene, Guß, Strom; Trankopfer.

χυματίζω ich feuchte an, löse im Wasser auf.

χύσις ἡ das Gießen, Schmelzen. χυτὸς ἡ ὸν gegossen, flüssig, schmelzbar, aufgehäuft. χυτὴρ od. χύτης ὁ der gießt; Gefäß zum Gießen. χύτρα ἡ Topf, χυτρεὺς ὁ Töpfer.

χύδην adv. wie ausgegossen, in Menge. χυδαῖος ὁ ἡ gemein, schlecht: χυδαιόω ich mache dazu, χυδαΐζω ich bin od. spreche gemein, χυδαϊκῶς od. χυδαϊστὶ in gemeiner Sprechweise.

χοὴ ἡ Guß; ausgegossene Flüssigkeit; pl. Todtenopfer. χοηφόρος ὁ ἡ Todtenopfer bringend.

χόος od. χοῦς ὁ, gen. χοῦ u. χοὸς, (dem. χοΐδιον τὸ) Schutt, aufgeworfene Erde; ein Maaß flüssiger Dinge, congius, auch χοεὺς έως ὁ. χοαῖος α ον einen χοεὺς haltend. χοϊκὸς ἡ ὸν von Erde.

χόανος ὁ, χόανον τὸ, χοάνη ἡ od. χῶνος, χώνη (dem. χωνίον τὸ), Vertiefung in welche das zu schmelzende Metall gelegt wird; Schmelztiegel; Form um geschmolzenes Metall hineinzugießen; Trichter. χοανεύω od. χωνεύω ich schmelze, gieße aus Metall. χωνεία u. χώνευσις ἡ das Schmelzen.

χωνεῖον u. χωνευτήριον τὸ Ort zum Schmelzen, Schmelzofen. χωνευτὴς ὁ Schmelzer, Gießer. χωνευτὸς ἡ ὸν geschmolzen, aus Metall gegossen.

χωννύω od. χώννυμι s. χώσω ich häufe auf. χῶμα τὸ Erdhügel, Wall, Grab: ποταμὸς χωματίας Fluß der viel Sand u. Schutt mit sich führt. χῶσις ἡ das Aufhäufen, das Ziehen eines Walles od. Dammes. χωστὸς ἡ ὸν auf- od. zugeschüttet, aufgehäuft, errichtet.

ἀναχώννυμι ich werfe od. schütte auf, erhöhe durch Erde: ἀνάχωμα τὸ.

ἀποχώννυμι ich dämme ab, verschütte.

διαχώννυμι ich trenne durch einen Damm; ich dämme.

καταχώννυμι ich überschütte, vergrabe, schütte zu.

προσχώννυμι ich schütte od. schwemme an, zu. πρόσχωμα τὸ angeschwemmtes Land.

προχώννυμι ich dämme vor, befestige mit einem Damm.

συγχώννυμι ich schütte zu.

χυμὸς ὁ Saft; Geschmack. ἄχυμος ὁ ἡ ohne Geschmack: entggs. ἔγχυμος. χυμόω ich gebe einen Geschmack: χύμωσις ἡ, ἀχύμωτος ὁ ἡ. χυμίζω ich würze.

χύτλον τὸ Flüssigkeit womit man sich nach dem Bade salbt. χυτλάζω od. χυτλόω ich salbe, wasche, reinige; gieße, gieße aus.
χυλὸς ὁ (dem. χυλάριον τὸ) Feuchtigkeit, Saft; Nahrungssaft. χυλώδης ὁ ἡ saftig, saftartig. χύλωσις ἡ das Auspressen des Saftes; das Verwandeln in Saft. χυλίζω u. ἐκχυλίζω ich ziehe den Saft aus. (χιλὸς ὁ grünes Futter, bs. für Pferde, sonst κράστις, Att. γράστις, ἡ: χιλόω u. κραστίζω od. γραστίζω ich versehe damit).
χολὴ ἡ u. χόλος ὁ Galle; Zorn: χολόω ich erzürne, χολωτὸς ἡ ὸν erzürnt.
χολαγωγὸς od. χοληγὸς ὁ ἡ Galle abführend. χοληµεσία ἡ das Speien von Galle (ἐµέω).
χολικὸς ἡ ὸν gallicht, gallsüchtig. χολόεις εσσα εν voll Galle, ἄχολος ὁ ἡ ohne Galle: ἀχολία ἡ Mangel an Galle, Sanftmuth.
χολάω ich bin von schwarzer Galle wahnsinnig od. toll, auch µελαγχολάω.
χολέρα ἡ eine Krankheit, worin bs. ausgetretene Galle abgeführt wird. χολεριάω ich leide daran, bin χολερικός.
χολάδες u. χόλικες αἱ Eingeweide, Gedärme.
χέζω f. χεσοῦµαι pf. κέχοδα ich scheiße: χεζητιάω u. χεσείω cacaturio. µυόχοδον τὸ Mäusedreck. νόσος πολύχεσος Durchfall.
χιὼν ἡ Schnee.
χεῖµα ατος τὸ, pros. χειµὼν ῶνος ὁ Sturm u. Regen, Winterwetter, Winter.
χειµοθνὴς ῆτος ὁ ἡ (θνήσκω) vor Winter u. Frost gestorben. χειµοφυγέω ich fliehe den Winter. χειµωνοτύπος mit Sturm u. Wetter schlagend.
χειµὰς ἡ, χειµάδιος ὁ ἡ winterlich: χειµάδιον τὸ Winteraufenthalt. χειµαδεύω od. χειµάζω f. άσω ich setze dem Winter u. Frost aus; ich bringe ins Winterlager; ich beunruhige durch Sturm. χειµασία ἡ das Durchwintern, das Stehn im Winterquartier.
ἀποχειµάζει der Winter od. der Sturm hört auf.
διαχειµάζω ich durchwintere, überwintere: auch παραχειµάζω.
χειµαίνω = χειµάζω; aber auch ich bin stürmisch.
χείµερος u. χειµέριος ὁ ἡ, χειµεριν ὸς ἡ ὸν winterhaft, kalt, stürmisch: χειµερίζω ich überwintere.
δυσχείµερος, δυσχείµων, δύσχειµος ὁ ἡ sehr kalt: εὐχείµερος ὁ ἡ von leichtem Winter; Kälte gut ertragend.
χείµετλον (od. χίµετλον) τὸ u. χειµέτλη ἡ Forstbeule, bs. an den Füßen: χειµετλιάω ich habe dergleichen.
χείµαρος, χείµαῤῥος, χειµάῤῥους ὁ Gießbach, wildes Wasser. χειµαῤῥώδης ὁ ἡ einem Gießbach ähnlich.
χίµαρος ὁ, χίµαιρα ἡ Geiß.
Χθὼν ονὸς ἡ Erde, Erdboden, Land (poet.): χθονόπλαστος ὁ ἡ aus Erde gebildet, χθονοτρεφὴς vom Boden gezeugt.
χθόνιος α ον irdisch, auf Erden, auch ἐπιχθόνιος: unterirdisch καταχθόνιος u. ὑποχθόνιος.
Χιάζω ich bezeichne (als unecht od. ungewöhnlich) mit einem χ; durchkreuze, setze od. stelle kreuzweis. χιασµὸς ὁ das Bezeichnen mit einem χ; das Durchkreuzen, Kreuzweisstellen. χιάσµατα τὰ Kreuzholz.
Χίλιοι αι α tausend. χιλιὰς άδος ἡ die Zahl 1000; Anzahl von 1000, auch χιλιοστὺς ἡ. χιλιάκις 1000mal. χιλιοστὸς ἡ ὸν der 1000ste. χιλιόω ich strafe um 1000 Drachmen.
χιλιάρχης u. χιλίαρχος ὁ der 1000 Mann befehligt. χιλιόναυς ὁ ἡ aus 1000 Schiffen bestehend. χιλιόπαλαι vor sehr langer Zeit.
Χλιαίνω f. ανῶ ich erwärme, erweiche, schmelze: χλιάω ich bin warm, χλίω ich bin weichlich u. üppig. χλίασµα τό das Erwärmte; was erwärmt, warmer Umschlag, fomentum.

χλιαρὸς ὰ ὸν warm, lau, auch λιαρός: χλιαρότης ἡ.

χλιδὴ ἡ und χλίδος τὸ Weichlichkeit, Ueppigkeit, Luxus; weichlicher Schmuck, Putz, auch χλίδημα von χλιδάω ich bin üppig, schwelge. χλιδανὸς ὴ ὸν weichlich, üppig. χλιδαίνω ich verzärtliche, verweichliche.

Χλόα u. χλόη od. χλοίη ἡ hervorsprossendes Grün, junge Saat, Gras, Laub. χλοερὸς u. χλοηρὸς ὴ ὸν (fem. auch χλωρηΐς), pros. χλωρὸς ὰ ὸν grünend, grün; frisch (τυρὸς z. B.); blühend, kräftig, munter; zart, weich, zärtlich; grüngelb, bleich χλωρότης ἡ das Grünsein, die Frische; die Bleichheit. χλωρίζω ich bin grün, grüne: χλωράζω ich fresse grünes Futter, auch χλωροφαγέω. χλωραίνω ich mache grüngelb od. blaß.

χλοάω od. χλοιάω u. χλοάζω ich grüne, sprosse, treibe, auch χλοανθέω von χλοανθὴς ὁ ἡ.

χλόος od. χλοῦς ὁ die blaßgelbe Farbe, auch χλωρίασις ἡ.

Χοῖνιξ ικος ἡ ein Getraidemaaß, so viel als auf eines Menschen Tagekost gerechnet ward (4 κοτύλαι); eine Art Fesseln von Holz od. Eisen, hohl, worein die Füße gesetzt wurden; Büchse im Rade, auch χοινικὶς ἡ.

χοινικομέτρης ὁ der mit der χοῖνιξ mißt.

Χόνδρος ὁ Weizengraupe (Gerstengraupe πτισάνη); schleimiger Trank daraus bereitet; Knorpel, bs. der Brustknorpel. τὰ ὑποχόνδρια der Unterleib vom Brustknorpel an.

χονδρὸς ὰ ὸν od. χονδρώδης ὁ ἡ graupenähnlich; knorplicht, auch χονδρότυπος u. χονδροφυής.

Χόριον τὸ Haut, Membrane, Leder, corium: bs., das Convolut von Häuten, worin die Leibesfrucht gehüllt ist, und die als Nachgeburt derselben bei der Geburt nachfolgt.

Χορὸς ὁ Tanzplatz; Rundtanz, Reigen, Tanz mit Gesang; Haufe von Sängern u. Tänzern, bs. von solchen die am Feste einer Gottheit auftraten.

χορηγὸς ὁ (ἄγω) der den Chor anführt; der die Kosten dazu hergiebt: χορηγέω ich bin χορηγὸς, führe den Chor an; gebe die Kosten her; rüste aus, versehe, bereite zu: χορηγία ἡ Amt u. Aufwand des Choragen; Kosten, Aufwand; Zufuhr, Vorrath an Lebensmitteln im Kriege. ἀχορηγία ἡ Mangel an Zufuhr, ἀχορήγητος ὁ ἡ ohne Zufuhr. χορηγεῖον od. χορήγιον τὸ Ort zur Vorbereitung des Chores; Vorrathshaus.

χοροδιδάσκαλος ὁ der den Chor einübt u. hernach als Vortänzer u. Vorsänger mitspielt.

χοροιμανὴς ὁ ἡ in Tanz vernarrt: χοροιμανία ἡ, χοροιμανέω.

χοροιτύπος ὁ ἡ im Tanz den Boden schlagend: χοροιτυπία ἡ, χοροιτυπέω.

χορῳδέω ich singe im Chor. χορῳδία ἡ Chorgesang.

χορικὸς ὴ ὸν zum Chor gehörig; vom Chor: auch χορεῖος εία εῖον. ὁ χορεῖος der Trochäus, τὸ χορεῖον der Tanzplatz.

χορεύω ich tanze, führe einen feierlichen Reigen auf; feire mit Tänzen; ich bringe in Tanz. προχορεύω ich tanze vor, συγχορεύω mit. χορεία u. χόρευσις ἡ das Tanzen, χόρευμα τὸ Tanz: χορευτὴς ὁ Tänzer; einer aus dem Chor. ἄχορος u. ἀχόρευτος ὁ ἡ der nicht getanzt hat; durch keine Tänze gefeiert.

Χόρτος ὁ (dem. χορτάριον τὸ) Viehhof, Hof, Einschluß des Hofes; Viehfutter. χορταῖος von Gras, Laub. χορτώδης ὁ ἡ gras- od. heuartig; voll davon.

χορτοβολὼν ῶνος ὁ Heuboden. χορτόστρωμα τὸ Streu für das Vieh.

χορτάζω ich füttere, sättige, mäste: χόρτασμα τὸ Futter, χορτασμὸς ὁ u. χορτασία ἡ das Mästen.

Χαράσσω od. χαράττω f. ξω ich schneide ein, kerbe, zerschneide; präge, stempele; ich schärfe, mache scharf od. rauh; erbittere, exasperc.
ἐγχαράσσω ich schneide, grabe, präge ein, ἐπιχαράσσω darauf, παραχαράσσω ich präge falsch, verfälsche.
χάραγμα τὸ das Eingeschnittene, Schnitt, Gepräge, Zug mit dem Griffel, auch χαραγὴ u. χαραγμὴ ἡ.
χαραγμὸς ὁ u. χάραξις ἡ das Scharf= od. Rauhmachen, Einschneiden.
χαρακτὸς ἡ ὀν geschärft, gezähnt, eingeschnitten.
χαρακτὴρ ῆρος ὁ Werkzeug zum Einschneiden od. Einprägen; Einschnitt, Gepräge, Stempel, eingegrabenes od. eingeschnittenes Zeichen, Bild, Merkmal, Kennzeichen; Gestalt, Form, eigenthümliches Aussehn u. Wesen, Charakter; Charakterschilderung.
χαρακτηρίζω ich bezeichne mit einem Stempel od. Merkmal; ich schildere, charakterisire. χαρακτηριστικὸς ἡ ὸν bezeichnend, unterscheidend. χαρακτηρισμὸς ὁ Bezeichnung durch Merkmale.
χάραξ ὁ ἡ Weinpfahl, Pallisade, verpallisadirtes Lager (auch χαράκωμα τὸ); Schnittling. χαρακόω ich pfähle, verpallisadire, auch χαρακοποιοῦμαι: χαράκωσις u. χαρακοποιία ἡ das Verpallisadiren.
χαράδρα ἡ ausgehöhlte Rinne, Flußbett, Schlucht; reißender Strom.
χαραδρόω u. ἐκχαραδρόω ich höhle aus, erweitere, durchbreche. χαραδρώδης ὁ ἡ einer χαράδρα ähnlich; voll von solchen. χαραδρεὼν ὁ Ort mit vielen χαράδραις.
κάρχαρος ὁ ἡ scharf, spitzig, rauh: auch καρχαρέος u. καρχαλέος. καρχαρόδους ὁ ἡ scharfzähnig. καρχαρίας ὁ Hayfisch, canis carcharias.
Χράω f. χρήσω ich berühre auf der Oberfläche; kratze, ritze (auch χραύω); packe, überfalle (auch ἐπιχράω); med. τινὶ ich handhabe, gebrauche utor (speciell vom Befragen des Orakels): utendum do ich leihe, borge κίχρημι. κεχρημένος poet. bedürftig.
ἀποχράομαι ich verbrauche, brauche auf, ich reibe auf, tödte, auch διαχράομαι. ἀπόχρησις ἡ das Verbrauchen, Verzehren, Ermorden.
ἐπιχράομαι ich brauche dazu, nehme zu Hülfe, verkehre freundschaftlich.
καταχράομαι ich verbrauche, mißbrauche (τινί). κατάχρησις ἡ Mißbrauch.
παραχράομαι ich mißbrauche, übertreibe; ich brauche nicht, verachte. παράχρησις ἡ Mißbrauch.
προσχράομαι ich brauche dazu, bediene mich noch.
συγχράομαι ich brauche od. verbrauche mit, zugleich; ich gehe mit einem um; borge mir zusammen.
χρῆμα ατος τὸ was man bedarf, gebraucht od. nutzt, Ding, Sache: pl. Geld, Vermögen; Handel, Geschäft. παραχρῆμα auf frischer That, auf der Stelle: sonst παραυτὰ u. παραυτίκα.
χρηματίας ὁ der Vermögen hat, auch πολυχρήματος u. πολυχρήμων (πολυχρηματία u. πολυχρημοσυνη ἡ, πολυχρηματέω u. πολυχρηματίζω): ohne Vermögen ἀχρήματος u. ἀχρήμων (ἀχρηματία ἡ, ἀχρημονέω)
χρηματικὸς ἡ ὸν zum Geld gehörig, in Geld bestehend, z. B. δωρεά, ζημία.
χρηματίζω f. ίσω ich mache Geschäfte, mache Geld, handle, verhandle, bespreche, gebe Audienz; med. ich erwerbe, gewinne, bereichere mich. χρηματισμὸς ὁ u. χρημάτισις ἡ das Treiben von Geschäften, das Verhandeln; das Erwerben von Vermögen.
χρηματιστὴς ὁ der Handel u. Gewerbe treibt um Vermögen zu erwerben: χρηματιστικὸς ἡ ὸν dazu gehörig, geschickt, ge=

neigt. χρηματιστήριον τὸ Ort zu Betreibung öffentlicher od. kaufmännischer Geschäfte.

χρήμη ἡ Gesuch, Verlangen.

χρῆσις εως ἡ Gebrauch, Nutzen, Benutzung; das Leihen. ἀχρησία der Nichtgebrauch.

χρήσιμος ὁ ἡ, auch fem. ίμη, nützlich, brauchbar, bequem, dienlich χρησιμεύω ich bin das (poet. χραισμέω ich helfe, stehe bei: χραίσμη ἡ Hülfe, χραισμήεις hülfreich, χραισμήτωρ Helfer): χρησιμότης Brauchbarkeit.

χρηστὸς ἡ ὸν brauchbar, tüchtig; gut, ehrlich, brav; milde; einfältig. χρηστότης ἡ Charakter des χρηστός. χρηστεύομαι ich erweise mich χρηστόν.

ἄχρηστος ὁ ἡ unbrauchbar, unnütz; ungebräuchlich: ἀχρηστία ἡ, ἀχρηστόω, ἀχρηστέω. δύσχρηστος ὁ ἡ schwer zu brauchen, entggs. εὔχρηστος.

χρηστοήθης ὁ ἡ gutmüthig, von guten Sitten (ἦθος): χρηστοήθεια ἡ.

χρηστόκαρπος ὁ ἡ mit guten Früchten. χρηστομαθής der das Nützliche u. Nöthige gelernt hat.

χρηστικὸς ἡ ὸν zum Gebrauch gehörig, geschickt, geneigt: auch χρηστήριος α ον. χρηστήριον τὸ Orakel.

χρήστης ὁ Gläubiger; Schuldner, gew. χρεώστης. χρεωστέω u. χρεωστεύω ich bin schuldig: χρεωστικὸς ἡ ὸν einem Schuldner eigen.

χρέος, poet. χρεῖος, Att. χρέως, τὸ Bedürfniß, Nothdurft; Gebrauch; Nutzen; Geschäft, Handel; Schuld, Schuldigkeit; Nothwendigkeit, Schicksal, Tod, auch τὸ χρεών.

κατάχρεως ὁ ἡ verschuldet, schuldig, auch ὑπόχρεως.

χρεία ἡ Bedürfniß, auch χρειὼ ἡ; Gebrauch, Benutzuug; Umgang usus; Nutzen, Vortheil; Sache, Geschäft.

χρεῖος bedürftig; dürftig; nützlich: ἀχρεῖος unnütz, Jon. ἀχρήϊος.

χρειώδης ὁ ἡ nothwendig, nöthig; nütze, zu gebrauchen.

χρηΐζω u. χρῄζω ich bedarf, brauche: verlange, bitte, will: χρησμοσύνη ἡ Bedürfniß; Verlangen.

χρὴ (inf. χρῆναι, impf. ἐχρῆν) = δεῖ es braucht, ist nöthig, oportet. χρή με σιγᾶν ich muß schweigen: χρή μοι τινος ich bedarf etwas.

ἀπόχρη u. κατάχρη es ist genug

χραίνω f. ανῶ ich färbe; beflecke; inficire. χραντὸς ἡ ὸν bestrichen, befleckt: entggs. ἄχραντος ὁ ἡ.

ἀποχραίνω ich stufe ab in den Farben, nuancire.

χρόα u. χροιὰ od. χροία ἡ Oberfläche, Haut; Farbe.

χρόος od. χροῦς οῦ od. οὸς u. χρὼς ωτὸς ὁ Oberfläche, Haut, Fleisch, Körper. χρωτίζω = χρώζω.

ἄχροος od. ἄχρους ὁ ἡ farblos, blaß: ἄχροια ἡ Blässe. εὔχροος od. εὔχρους ὁ ἡ von guter od. gesunder Farbe. παράχροος, contr. ους ὁ ἡ von veränderter od. falscher Farbe.

χρώζω u. χρωννύω od. χρώννυμι f. ώσω ich berühre, färbe, beflecke, inficire, auch ἀναχρώννυμι.

παραχρώζω ich verfärbe, verderbe in der Färbung.

συγχρώζω ich färbe ab, theile die Farbe mit; ich verschmelze die Farben.

χρῶμα (dem. χρωμάτιον) τὸ Oberfläche, Haut; Farbe; Farbestoff, Schminke. χρωματίζω ich färbe, χρωματισμὸς ὁ Färbung. χρωματικὸς gefärbt, colorirt.

ἄχρωμος ὁ ἡ farblos; sich nicht verfärbend, nicht erröthend. πολύχρωμος od. πολυχρώματος vielfarbig.

χρίω f. ίσω ich salbe. χρῖσις ἡ das Salben, χρῖσμα τὸ Salbe. χριστὸς ἡ ὸν gesalbt; zum Einsalben zu gebrauchen.
διαχρίω ich schmiere dazwischen; streiche aus.
ἐγχρίω ich reibe ein, schmiere ein; bringe hinein od. heran, auch ἐγχρίμπτω u. ἐπιχρίμπτω. ἔγχρισις ἡ Einsalbung, Einreibung, Stich, Biß. ἔγχρισμα τὸ Salbe, Einreibsel. ἔγχριστος ὁ ἡ eingesalbt, aufgeschmiert.
ἐπιχρίω ich str...e od. schmiere daran, darauf, darüber. ἐπίχρισμα τὸ Anstrich, Aufstrich, Pflaster. ἐπίχριστος ὁ ἡ darauf gestrichen.
καταχρίω u. συγχρίω ich beschmiere, bestreiche. περιχρίω ich salbe od. schmiere rings herum. ὑποχρίω ich streiche darunter, daran.
Χρεμέθω, χρεμετίζω, χρεμίζω ich wiehere. χρεμετισμὸς ὁ u. χρεμέτισμα τὸ das Wiehern, das Gewieher, auch χρόμος ὁ u. χρομὴ ἡ. χρόμαδος ὁ Geräusch, Knirschen.
χρέμπτομαι f. ψομαι ich räuspere mich, spucke aus. ἀπόχρεμμα τὸ was man aushustet. καταχρέμπτομαι ich bespucke. ἐγχρέμπτομαι ich spucke an.

Χρυσὸς ὁ (dem. χρυσίον, χρυσίδιον, χρυσιδάριον τὸ) Gold, Goldmünze; κοῖλος zu Gefäßen verarbeitetes. ἄχρυσος ὁ ἡ ohne Gold.
χρύσασπις ὁ ἡ mit goldenem Schilde. χρυσαυγὴς goldglänzend.
χρυσόκερως ωτος ὁ ἡ mit goldenen Hörnern. χρυσόκομος und χρυσοκόμης ὁ mit goldenem Haar. χρυσόμαλλος u. χρυσεόμαλλος ὁ ἡ mit goldenem Vließe. χρυσοφόρος ὁ ἡ goldenen Putz od. goldene Kleider tragend. χρυσοϋφὴς od. χρυσοϋφαντος ὁ ἡ aus oder mit Gold gewirkt. χρυσόχειρ ειρος ὁ ἡ mit goldenen Ringen an den Fingern.
χρύσεος od. χρύσειος α ον, pros. χρυσοῦς ῆ οῦν, golden.
χρυσεῖον τὸ Goldbergwerk; Werkstätte eines Goldarbeiters, eines χρυσουργὸς od. χρυσοχόος.
χρυσὶς ίδος ἡ goldnes Gefäß; goldnes Kleid.
χρυσίτης ὁ, χρυσῖτις ἡ goldhaltig, goldartig.
χρυσίζω ich bin Gold od. golden. χρυσόω ich mache golden, vergolde: χρύσωσις ἡ Vergoldung: χρυσωτὸς ἡ ὸν vergoldet, auch ἐπίχρυσος u. κατάχρυσος ὁ ἡ. χρύσωμα τὸ goldenes Geschirr od. Gefäß.
Χῶρος ὁ u. χώρα ἡ Raum; Platz, Stelle: χώρα auch Gegend u. Land (entggs. der Stadt): daher χωρίτης ὁ, χωρῖτις ἡ ländlich, Landmann. χωριτικὸς ἡ ὸν ländlich; den Landmann betreffend, ihm eigen. χωριάζω ich lebe auf dem Lande.
χωρίον, dem. χωρίδιον, τὸ Platz; fester Platz; Ackergut.
ἄχωρος ὁ ἡ ohne Ort, ohne Vaterland.
δυσχωρία ἡ schwierige od. unbequeme Lage od. Beschaffenheit eines Ortes.
ἔγχωρος u. ἐγχώριος od. ἐπιχώριος ὁ ἡ einheimisch; landesüblich; ländlich: ἐγχωρέω ich fasse, nehme auf; ich verstatte, räume ein, erlaube. ἐγχωρεῖ es ist verstattet, geht an.
ἐπιχωριάζω ich bin im Lande; gehe oft hin nach einem Ort; bin landesüblich.
περίχωρος ὁ ἡ herumliegend, benachbart: auch πρόσχωρος.
χωρίζω u. καταχωρίζω ich stelle an seinen Ort, weise eine Stelle an; ich sondere ab, auch ἀποχωρίζω u. διαχωρίζω. ἀναχωρίζω ich stelle zurück, bringe wieder an seinen Ort.

χωρὶς (poet. νόσφι) adv. abgesondert, getrennt, für sich; praep. c. gen. ohne. νοσφίζω ich entferne, entwende.

χωρισμὸς ὁ das Trennen, die Trennung. νοσφισμὸς ὁ Entwendung. νοσφίδιος ία ιον entwandt, gestohlen.

χωριστὸς ἡ ὸν getrennt, geschieden; trennbar. ἀχώριστος ὁ ἡ unzertrennlich δυσχώριστος schwer zu trennen.

χωρέω f. ησομαι ich nehme einen Raum ein; fasse in mir; ich mache Platz, weiche, gebe nach; ich gehe, komme vorwärts, gehe von Statten

χώρημα ατος τὸ Raum, Platz, Spielraum. χώρησις ἡ das Fassen.

χωρητικὸς ἡ όν fassend, in sich aufnehmend. ἀχώρητος ὁ ἡ nicht zu fassen.

ἀναχωρέω ich gehe zurück; ziehe mich zurück. ἀναχώρησις ἡ u. ἀναχώρημα τὸ das Zurück- od. Abtreten; Rückzug; Zufluchtsort, entlegener Ort, secessus. ἀναχωρητὴς ὁ der abgetreten ist, aus der Gesellschaft sich zurückgezogen hat.

ἀποχωρέω ich gehe weg; weiche, gebe nach. ἀποχώρημα τὸ Abgang; Auswurf, Stuhlgang, auch ὑποχώρημα.

διαχωρέω ich gehe durch, komme durch, bin im Umlauf, gehe auseinander.

ἐκχωρέω ich gehe hinaus, gebe Platz, weiche.

ἐπιχωρέω ich gebe nach, gestatte; ich gehe hinzu, gehe daran.

μεταχωρέω ich gehe über, anders wohin.

παραχωρέω ich gehe hinzu; ich gehe aus dem Wege, gebe nach, weiche, ich gebe zu, überlasse. παραχώρησις ἡ das Nachgeben, Weichen.

περιχωρέω ich gehe od. komme herum.

προσχωρέω ich trete hinzu; trete bei, pflichte bei; gehe zu einer Partei über.

προχωρέω ich gehe od. schreite fort; gehe von Statten, gedeihe.

συγχωρέω ich ziehe mich zusammen; ich gebe nach, verstatte; ich verzeihe; komme überein.

Ψ.

Ψάω f. ψήσω ich reibe, streiche, kratze, schabe; ich reibe ab, mache glatt, zerkrümele; ich streichle, schmeichle Auch ψαίω, ψαίρω, ψήχω.

ἀναψάω ich streife auf, wische auf. ἀποψάω ich streiche od. wische ab.

διαψαίρω ich durchstreiche, durchscharre, durchwehe.

καταψάω u. καταψήχω ich streichle, schmeichle

περιψάω ich wische rundum ab. περίψημα τὸ Unreinigkeit, Unflath.

συμψάω ich scharre od. kratze zusammen, bedecke

ψῆγμα το das Abgeschabte; Abgang, Brocken, Körnchen. ψῆξις ἡ das Abreiben, Striegeln. ψηκτὴρ ὁ und ψήκτρα ἡ Striegel, sonst στλεγγίς.

ψαιστος ἡ ὸν zerrieben, gemahlen: ψαιστὰ τὰ Art Opferkuchen.

ψηκτὸς ἡ ὸν gestrichen, gerieben, geputzt.

ψιλὸς ἡ ὸν abgerieben, kahl, bloß: auch ψεδνὸς ἡ όν: ψεδνοκάρηνος ὁ ἡ kahlköpfig, ψεδνόω u ψιλόω ich mache kahl.

ψιμύθιον τὸ Schminke, Bleiweiß: ψιμυθιόω ich schminke.

ψωρὸς ὰ ὸν schäbig, krätzig, rauh: ψώρα ἡ Krätze

ψαύομαι f. σομαι ich berühre, rühre an, sonst θιγγάνω f. θίξομαι, (τινός).

ψαῦσις od θίξις ἡ das Berühren, die Berührung. ψαυστὸς ἡ ὸν berührt; berührbar. ἄψαυστος u. ἄθικτος ὁ ἡ unberührt; nicht zu berühren; der nicht berührt hat. ἀψαυστέω ich berühre nicht.

ἐπιψαύω ich berühre auf der Oberfläche, fasse sanft an.

ψαθάλλω u. ψηλαφάω ich berühre, betaste: ἀναψαθάλλω ich reize auf durch Betastung.

ψηλάφημα τὸ u. ψηλάφησις ἡ Betastung. ψηλαφητὸς ἡ ὸν betastet.

ψαθυρὸς ὁ ἡ, u. ψαδυρὸς od. ψαθαρὸς u. ψαδαρὸς, desgl. ψαφαρὸς ὰ όν, zerreibbar, locker, mürbe, morsch: ψαθυρόομαι ich werde das: ψαθυρότης od. ψαφαρία ἡ Lockerheit, Mürbigkeit. ψαθύριον u ψάθυρμα τὸ Brocken.

ψακὰς u. ψεκὰς άδος ἡ (dem. ψακάδιον τὸ), auch ψιὰς ἡ, Körnchen; Tropfen, Staubregen.

ψακάζω, ψεκάζω, ψιάζω ich träufle, tröpfele; beträufe, benetze, auch ἐπιψεκάζω u. καταψεκάζω.

ψάλλω f. αλῶ ich zupfe, rupfe, rühre, schnelle; spiele (die Cither): καταψάλλω ich ergötze durch Saitenspiel.

παραψάλλω ich spiele obenhin, sachte

ψάλμα τὸ Lied zum Saitenspiel: auch ψαλμὸς ὁ, was eigentlich das Spielen: ψαλμῳδέω ich singe Lieder zum Saitenspiel.

ψαλτὴρ ῆρος u. ψάλτης ου ὁ der ein Saiteninstrument spielt: fem. ψάλτρια ἡ. ψαλτήριον τὸ Saiteninstrument.

ψαλάσσω od. ψαλάττω = ψάλλω. ψάλαγμα τὸ Berührung, ψαλακτὸς ὴ ὸν berührt: ἀψάλακτος ὁ ἡ unberührt; unberührbar, unbeweglich.

ψαλὶς ίδος ἡ (dem. ψαλίδιον τὸ) Scheere, Bogen, Gewölbe. ψαλίζω ich schneide mit der Scheere ab; ich wölbe, auch ψαλιδόω. ψαλιστὸς ὴ ὸν beschnitten; gewölbt, auch ψαλιδωτός. ψαλίδωμα τὸ Gewölbe, Schwibbogen.

ψάλιον τὸ das Gebiß am Pferdezaum; Bande, Ketten; Armband, gew. ψέλιον od. ψέλλιον. ψελλιόω ich umgebe damit, ψελλιοφόρος ein solches tragend.

ψάμμος u. ἄμμος, auch ψάμαθος u. ἄμαθος ἡ (dem. ψαμμίον u. ψαμάθιον τὸ) Sand: ψαμαθὼν ὁ Sandgrube. ψαμαθηδὸν wie Sand.

ψαμμώδης, ψαμμαθώδης, ἀμμώδης, ἀμαθώδης ὁ ἡ sandig, auch ψαμμίτης ὁ, ψαμαθόεις εσσα εν. ψάμμινος η ον von Sand.

ψαμμισμὸς ὁ das Vergraben im Sande, auch ψαμμοχωσία ἡ: ψαμμωτὸς ὴ ὸν versandet.

ψέγω f. ψέξω ich tadle (rodo, detraho), auch διαψέγω.

ψόγος ὁ od. ψέγμα τὸ der Tadel: ἄψογος od. ἀψεγὴς ὁ ἡ tadellos, ἐπίψογος dem Tadel ausgesetzt. ψέκτης ὁ Tadler. ψεκτὸς ὴ ὸν getadelt; zu tadeln. ψεκτικὸς ὴ ὸν tadelsüchtig, auch ψογερὸς ὰ όν.

ψὶξ ιχὸς ἡ, dem. ψιχίον τὸ Brocken, Krume. ψιχώδης od. ψιχιώδης ὁ ἡ von der Art od. Größe.

ψιὰ u. ψειὰ, auch ἰψιὰ u. ἴψεια, ἡ Steinchen, womit die Kinder spielen, ἰψιάονται od. ψιάζουσιν: Spiel, Spaß, Scherz.

ψῆφος (dem. ψηφὶς) ἡ kleiner Stein calculus; Edelstein; Stein im Brettspiel (auch πεσσός), zum Rechnen, Votiren; Votum, Stimme.

ἰσόψηφος, ὁμόψηφος, σύμψηφος ὁ ἡ einstimmig, gleichstimmig.

ψηφοθέτης ὁ der eingelegte Arbeiten macht, bs. Fußböden, tessellator: ψηφοθετέω.

ψηφοπαίκτης ὁ Taschenspieler: ψηφοπαικτέω, ψηφοπαιξία ἡ.

ψηφίζω ich zähle, rechne: med. ich stimme, verordne, wähle, richte durch Votiren: auch ψηφοφορέω. ψήφισμα τὸ Beschluß, Decret: ψηφισματώδης ὁ ἡ decretmäßig ψηφιστὴς ὁ Rechner, ψηφιστικὸς ὴ ὸν zum Rechnen gehörig od darin geschickt.

ἀποψηφίζομαι ich verwerfe, schaffe ab, spreche los. ἀποψήφισις ἡ Verwerfung, Lossprechung. καταψήφισις ἡ od. καταψηφισ

μὸς ὁ Verurtheilung, καταψηφίζομαι ich verurtheile, stimme gegen –, τινός.
διαψηφίζομαι ich stimme durch, nach der Reihe. διαψήφισις ἡ.
ἐπιψηφίζω ich lasse stimmen: med. ich bestätige, genehmige.
μεταψηφίζομαι ich übertrage auf einen andern, decretire um.
προσψηφίζομαι ich votire einem zu.
ψηφωτὸς ἡ ὸν mit kleinen Steinen angefüllt od. ausgelegt.
ψηφιδώδης ὁ ἡ steinicht, voll Kiesel: auch πολυψηφίς.
Ψώχω f. ξω ich zerreibe, zermalme.
ψωμὸς ὁ, dem. ψωμίον τὸ, Brocken, Bissen, Mundvoll.
ψωμίζω ich füttere, nähre, mäste. ψώμισμα τὸ Mundvoll, Bissen.
Ψέφος u. ψέφας τὸ Rauch, Dunkel, Finsterniß.
ψεφὸς, ψεφηνὸς, ψεφαῖος finster, dunkel (poet.).
Ψίθυρος ὁ das Zischeln, Flüstern; adj. ὁ ἡ zischelnd, flüsternd, zuflüsternd, Ohrenbläser.
ψιθυρίζω ich zischele, flüstere: ψιθυρισμὸς ὁ das Zischeln, ψιθυριστὴς ὁ Zischler.
ψεύδομαι f. εύσομαι ich lüge: ich rede die Wahrheit ἀληθεύομαι u. ἀληθίζομαι: geneigt dazu ἀληθευτικὸς ἡ όν.
ἀποψεύδομαι ich lüge her. διαψεύδομαι ich täusche durch Lügen; ich werde getäuscht. καταψεύδομαι ich belüge (τινός); ich erlüge τί.
ψεῦσις ἡ das Lügen. ψεῦσμα τὸ Lüge, gew. ψεῦδος (dem. ψευδάριον) τὸ; poet. ψύθος. Wahrheit ἀλήθεια ἡ, Jon. ἀληθοσύνη.
ψευδαυτόμολος ὁ ἡ verstellter Ueberläufer. ψευδέφοδος ἡ verstellter Angriff.
ψευδηγόρος, ψευδοεπὴς, ψευδολόγος ὁ ἡ falsch redend, lügenhaft: ψευδηγορέω ich lüge, ψευδηγορία ἡ Lügenrede; entggs. ἀληθοεπὴς u. ἀληθόμυθος.
ψευδόμαντις od. ψευδοπροφήτης ὁ Lügenprophet.
ψευδοπαιδεία ἡ falsche Gelehrsamkeit.
ψευδόρκιος u ψεύδορκος ὁ ἡ meineidig. ἀληθορκέω ich schwöre wahr.
ψευδόχρυσος ὁ ἡ nicht ächt golden. ψευδώνυμος ὁ ἡ unter falschem Namen.
ψεύστης ου ὁ Lügner
ψευδὴς ὁ ἡ, sup. ψευδίστατος, lügend, unwahr; poet. ψευδαλέος α ον, ψυδνὸς, ψυδρός: entggs. ἀψευδὴς ὁ ἡ, ἀψεύδεια ἡ, ἀψευδέω u. ἀψευστέω: wahr ἀληθὴς ὁ ἡ u. ἀληθινὸς ἡ ὸν.
Ψόφος ὁ Geräusch, Getöse, Lärm. ἄψοφος ὁ ἡ geräuschlos. ψοφοδεὴς ὁ ἡ furchtsam bei Geräusch, scheu: ψοφοδέεια ἡ.
ψοφοποιὸς u. ψοφώδης ὁ ἡ lärmend, tönend; auch ψοφητικὸς ἡ ὸν von ψοφέω f. ήσω ich mache ein Geräusch, rausche, knarre; lärme, töne.
Ψύχω f. ξω ich hauche, athme; ich kühle ab, mache kalt, mache trocken.
ἀναψύχω ich erfrische; erquike: med. ich erhole mich. ἀνάψυξις u. ἀνάψυχὴ ἡ Erfrischung, Erquickung, Erholung.
ἀποψύχω ich kühle ab; ich athme aus, athme nicht mehr, werde ohnmächtig, sterbe, auch ἐκψύχω.
διαψύχω ich lüfte durch od. aus, ich trockne, kühle, erfrische.
καταψύχω ich kühle ab; ich trockne; ich verkälte. κατάψυξις ἡ Abkühlung; Verkältung, auch περίψυξις.
προψύχω ich kühle od. trockne vorher ab.
ψυγμὸς ὁ das Abkühlen, Erkälten, Trocknen. ψυκτὸς ἡ ὸν abgekühlt; abzukühlen. ψυκτικὸς ἡ ὸν u. ψυκτήριος α ον kühlend, abkühlend.
ψυκτὴρ ῆρος ὁ Gefäß mit Wasser den Wein abzukühlen.

ψυχὴ ἡ (dem. ψυχίδιον u. ψυχάριον τὸ) Athem, Hauch; Leben, Seele.
ἄψυχος ὁ ἡ leblos; muthlos: ἔμψυχος beseelt, εὔψυχος wohlgemuth.
ἀψυχία ἡ Leblosigkeit; Feigheit.
ψυχαγωγὸς Ἑρμῆς der die abgeschiedenen Seelen zur Unterwelt führt (auch ψυχοπομπός); sonst der sie heraufbeschwört; der die Seele an sich zieht durch irgend einen Reiz; Seelenverkäufer, auch ψυχέμπορος. ψυχαγωγία ἡ, ψυχαγώγιον od. ψυχοπομπεῖον τὸ, ψυχαγωγικὸς ἡ ὸν, ψυχαγωγέω.
ψυχικὸς ἡ ὸν zum Leben, zur Seele gehörig. ψυχαῖος in od. aus Seele bestehend.
ψυχόω u. ἐμψυχόω ich beseele, belebe. ψύχωσις ἡ das Beseelen, μετεμψύχωσις Seelenwanderung.
ψύχος εος τὸ Kühle, Kälte: ψυχεινὸς ἡ ὸν kühl, kühlend, kalt, gew.
ψυχρὸς ὰ ὸν: ψυχρότης u. ψυχρία ἡ Kälte, Frostigkeit.
ψυχρολόγος ὁ ἡ frostig in Ausdrücken: ψυχρολογέω, ψυχρολογία ἡ.
ψυχρολούτης kalt badend, ψυχροπότης ὁ ἡ kalt trinkend: ψυχρολουτέω, ψυχρολουσία ἡ, ψυχροποτέω, ψυχροποσία ἡ.
ψυχάω ich kühle ab, ψυχάζω ich kühle mich ab.

Ω.

Ὦ o! ah! Auch ὠέ, ὠή, ὠαιαί. ὤζω ich rufe o! wie αἰάζω ich rufe αἰαῖ, οἰμώζω ich rufe οἴμοι, φεύζω ich rufe φεῦ: ὠγμὸς ὁ dies Rufen.
Ὠθω u. ὠθέω f. ὤσω ich stoße; stoße fort; dränge.
ἀνωθέω ich stoße od. dränge hinauf, κατωθέω herunter.
ἀπωθέω ich stoße fort, weg; verstoße, vertreibe. ἀπώθητος ὁ ἡ verstoßen, verworfen.
διωθέω u. διωθίζω ich stoße aus einander; durchstoße. διωθοῦμαι ich stoße weg, nehme nicht an.
ἐξωθέω ich stoße heraus, fort, verstoße; ich treibe hervor.
ἐπωθέω ich stoße dahin, dazu, daran.
παρωθέω ich stoße od. dränge auf die Seite; verstoße, verachte.
περιωθέω ich stoße herum, συνωθέω zusammen od. zugleich.
ὦσις u. ὤθησις ἡ das Stoßen, der Stoß. ὠστὸς ἡ ὸν gestoßen; was sich stoßen läßt. ὠστικὸς ἡ ὸν stoßend, anstoßend, treibend, forttreibend. ὠστὴς ὁ der Stößer. ὠστίζω ich stoße hin u. her, auch ὠθίζω: ὠθισμὸς ὁ das Stoßen, Fortstoßen; Gedränge.
Ὠὸν, dem. ὠάριον u. ὤϋφιον, τὸ das Ey (poet. ὠεόν). Dotter λέκιθος ἡ. ὠώδης ὁ ἡ eyförmig, oval; eyartig.
ἐπωάζω u. ἐπώζω ich sitze auf den Eyern u. brüte. ἐπώασις ἡ u. ἐπωασμὸς ὁ das Brüten.
ὠοτόκος ὁ ἡ Eier legend: ὠοτοκέω, ὠοτοκία ἡ.
Ὠχρὸς ὰ ὸν blaß, bleich, gelblich, grünlich: auch ἔνωχρος: etwas blaß πύρωχρος u. ὕπωχρος.
ὦχρος ὁ u. ὠχρία od. ὠχρότης ἡ Blässe, Bleichheit.
ὠχρίας ου ὁ der immer blaß aussieht. ὠχράω od. ὠχριάω, auch κατωχράω u. κατωχριάω, ich werde od. bin blaß: ὠχραίνω u. ὠχρόω ich mache blaß. ὠχρίασις ἡ u. ὤχρωμα τὸ das Blaßsein, Bleichwerden.
ὤχρα ἡ gelbliche Erdfarbe, Oker.

Kolibri 360 GmbH
Ferdinand-Jühlke-Straße 7
99095 Erfurt, Deutschland
produktsicherheit@kolibri360.de